머리말

제9차 개정판

20년이라는 세월 동안, 이 책은 많은 변화와 발전을 거듭하였다. 이번 제9차 개정판은 그동안의 경험과 지식을 바탕으로 더욱 풍부하고 깊이 있는 내용을 담고자 노력하였다. 지난 개정판이 국가건설기준(KDS 및 KCS)을 적극 수용하는 정도였다면 이번 판은 단순한 규정 전달이 아닌 해설의 내용을 지향하였다. 때로는 아무리 정독하여도 규정 의도를 알 수 없는 부분이 적지 않기 때문이다.

이 책은 건축현장의 시공 흐름을 고려하여 6개의 편으로 구성하였고, 현 출제의 틀이 시작된 2000년 60회 시험 이후의 출제 비중에 근거하여 문항수 및 페이지수를 배분하고 있다. 문항수 및 페이지수 배분 현황은 다음의 표와 같다.

❖ [편별 문항수/페이지수 배분 현황] 출제문제(60회~136회)=31×77회분=2,387문항

편 구분	출제 비중(%)	수록 문항수(%)	페이지수(%)
제1편	310 (13.0)	37 (11.2)	216 (13.7)
제2편	206 (08.6)	20 (06.0)	122 (07.7)
제3편	259 (10.9)	30 (09.1)	128 (08.1)
제4편	686 (28.7)	100 (30.2)	412 (26.1)
제5편	374 (15.7)	55 (16.6)	294 (18.6)
제6편	552 (23.1)	89 (26.9)	408 (25.8)
합계	2,387문항(100%)	331개(100%)	1,580쪽(100%)

이번 제9차 개정판은 지난 개정 시(2021) 예고하였던 '스마트 건설기술'의 내용을 국내 여건의 미성숙으로 일부의 내용만 수록하였다. 한편, 곳곳에 고여 있었던 진부한 내용을 걷어 내었고, '제1편 토공사 및 기초공사'는 전체 내용을 개편하여 차기 모델이 되도록 하였다. 나머지 제2~6편은 관련 법령 및 기준(KDS/KCS)의 변경 부분을 모두 반영하였다. 띄어쓰기의 일관성에도 공을 들여 국내 기술서적의 표본이 되도록 하였다. 차기 제10차 개정판은 '제1편'의 재구성 사례를 모델로 하여 전면 개정판의 모습으로 거듭날 것이다.

끝으로 20여 년의 세월 동안 한결같은 믿음으로 출판을 허락하여 주신 존경하는 이종춘 회장님과 최옥현 전무님, 그리고 저자의 온갖 주문을 수용하고 교정·교열에 힘써주신 오영미 부장님께 깊은 감사를 올린다.

2025. 07.

저자 심 영 보

제8차 개정판

이번 개정은 모든 편의 출전 표기를 국가건설기준 코드로 전환하였다. 2016년 이전의 22개 분야별 설계기준과 표준시방을 통합시킨 "국가건설기준"의 제정은 대한민국 건설산업의 발전 측면에서 큰 획을 긋는 사건이어서 이를 적극 수용하였다.

❖ 문항수의 변동과 개정 문항은 다음과 같다.

편 구분	문항수			개정 문항		
	기존	신규	계	전면 개정	부분 개정	계
제1편	47	–	47	1	4	5
제2편	19	1	20	8	1	9
제3편	28	–	28	–	1	1
제4편	100	–	100	8	9	17
제5편	53	1	54	2	2	4
제6편	81	3	84	2	1	3
계	328	5	333	21	18	39

• 문항수는 기존의 328개에서 5개를 추가한 333개이며, 개정 문항은 전면·부분 개정 모두를 합하여 39개이다. 여기에서 총문항수는 회차별 출제문제(31개)의 10배수 정도를 고려한 것이다.

1 신규 문항

• 제2편 '강구조물공사'에 용접사 기량시험, 제5편 '마감공사'에 루프 드레인, 제6편 건설경영 총론에 IPD·모듈러 건축·시설물 유지관리 등 5개 문항을 추가하였다.

편	문항 명칭	추가 사유
제2편	용접사 기량시험	용접품질의 중요성과 최근 출제경향 고려
제5편	루프 드레인	방수성능의 발휘 및 유지에 절대적 요소인 점 고려
제6편	IPD	시공책임형 건설사업관리의 등장에 따른 제도 변화
	모듈러 건축	건축생산의 제조업화 측면에서 중요성 증대
	시설물 유지관리	사용단계의 안전관리 측면에서 현행법령 강화

2 전면 개정

• 총 21개 문항을 전면 개정하였으며, 그 사유는 관련 규정 개정, 실무역량 강화, 내용 정비 및 보강 등이다.
• 관련 규정은 건설 관련 법령, KS 규격, 국가건설기준(KDS·KCS 코드) 등이다.

스마트 건설엔지니어를 위한 건축시공기술지침서

SMART

건축시공 기술사

| 심영보 지음 |

Professional Engineer Building Construction

BM (주)도서출판 성안당

• 문항별 개정 사유는 다음과 같다.

	문항	개정 사유
제1편	1228 말뚝 재하시험	KS 및 KDS, KCS 개정
제2편	2000 강구조공사 일반	내용 보강
	2101 건축용 강재	강재 KS규격 개정
	2102 밀시트	실무 연계성 강화
	2103 공작도	실무 연계성 강화
	2203 현장용접	실무 연계성 강화
	2205 용접부검사	관련 KS규정 개정
	2206 고장력볼트 접합	KS, KDS, KCS 개정
	2207 스터드 용접	내용 보강
제4편	4202 띠철근	KDS 반영
	4203 균형철근비	KDS 반영
	4209 철근정착	KDS, KCS 반영
	4210 수축·온도철근	KDS 및 실무 반영
	4321 물결합재비	KCS 반영
	4326 공기량	KS 및 KCS 반영
	4345 콘크리트 슬럼프시험	실무능력 강화
	4416 온도균열지수	실무능력 강화
제5편	5223 옥상녹화방수	KDS, KCS, KS 규정 반영
	5415 공동주택 차음공사	개정 법령 적용
제6편	6214 녹색건축인증제도	내용 전면 정비
	6502 건축물 유지관리	관련 지침 반영

❸ 부분 개정

• 부분적으로 개정한 문항은 18개이며, 해당 부분은 다음과 같다.

	문항	개정 부분
제1편	1112 보링테스트	시험목적
	1125 흙의 간극비	흙의 구성 및 간극비
	1221 말뚝기초	목차 재구성
	1233 기초 침하	침하 유형
제2편	2202 접합부 시공	'부실시공 대표사례 10선' 추가
제3편	3309 PEB System	'특수구조 건축물' 관련 법령 추가
제4편	4102 동바리 설치해체	설치원칙
	4200 철근공사일반(Tip)	'철근조립 KCS 코드' 추가
	4311 포틀랜드시멘트(수화생성물)	수화반응식 보강

문항		개정 부분
제4편	4333 콘크리트타설	'진동다짐' 내용 보강
	4344 콘크리트압축강도시험	'구조체관리용 압축강도시험' 내용 보강
	4415 매스콘크리트(Tip)	'시공계획' 내용 추가
	4512 콘크리트 중성화	원인별 화학식, '지시약액법' 내용 보강
	4517 콘크리트균열	균열 원인
	4523 콘트리트구조물 보수보강	'대상구조물 선정 절차' 추가
제5편	5222 지붕방수	방수재 요구성능
	5410 단열공사 일반	단열재 사용기준, 단열성능 기준
제6편	6441 품질관리계획	품질관리계획 작성항목

④ 기타

- 제2편의 과목 명칭을 종전의 "철골공사"에서 "강구조물공사"로 변경하였다. 건축용 강재는 "철"이 아니라 "강"이기 때문이다.
- 제2편과 제3편의 흑백사진을 컬러로 전환하여 총목차 바로 뒤에 배치하였다.
- 최근의 출제문제를 각 편별 '과년도 출제문제'와 부록의 '최근 기출문제' 부분에 반영하였다.
- 각 편의 본문 중 일관성을 고려하여 띄어쓰기, 번호체계 등을 바로잡았다.
- 부록에 설계기준(KDS)과 표준시방(KCD) 코드체계를 새롭게 수록하였다.

이 책과 더불어 흘러간 16년, 저자의 나이에 세월의 무게가 얹히고 있지만 능력이 허용될 때까지 업그레이드 행보를 이어 갈 것이며, 다음 개정은 4차 산업혁명 시대의 메가트렌드를 배경으로 "스마트 건설기술" 연관 사항을 모든 편에 반영할 예정이다. 또한 후학들과 관련 도서를 공동 집필하여 연내에 결과물이 나오도록 할 계획이다.

독자님들은 학습 중 언제든 저자와 연락할 수 있으며, 이를 적극 환영하는 의미에서 연락처를 밝혀 둔다(010-3017-9432, sybshim@naver.com).

끝으로 항상 믿음으로 출판을 허락하여 주신 이종춘 회장님과 최옥현 상무님, 그리고 저자 의도를 헤아리면서 수고하여 주신 오영미 차장님께 깊은 감사의 말씀을 올린다.

2021. 02.
고읍동 자택에서
저자 **심 영 보**

2019 개정판

2019 개정은 제1편(토공사/기초공사) 위주로 진행하였으며, 이외의 부분은 내용 중 번호체계 정비, 참고 기준 업그레이드 등에 중점을 두었다. 2018 개정판보다 달라진 부분은 다음과 같다.

1 제1편 일부 개정

• "1100 토공사"를 비롯하여 7개 문항의 내용을 전면 개정하였다.

문 항	개정 내용
1100 토공사 일반	터파기공사 및 흙막이공사 부분을 안내하는 수준에서 중복내용이 없도록 간략화
1111 지반조사	'구조물기초 설계기준'과 새로 제정된 '지하안전관리에 관한 특별법' 등을 확대·반영하여 내용을 체계화
1121 흙의 전단강도	기존의 '쿨롱 파괴규준'에 '모어 이론'을 보강하였으며, KS 규정상의 측정방법을 제시
1131 터파기공사	'흙막이공사'를 '터파기공사'로 바꾸었고 논리체계에 따라 터파기공사를 부분굴착, 전면굴착, 암굴착 등으로 개편
1132 흙막이공사	흙막이 구조체를 토류벽과 지지시스템의 조합으로 구분하였고, 적용 사례가 증가하고 있는 DBS공법을 포함
1145 흙막이 계측관리	계측관리 기법으로서 절대치관리 및 예측관리 기법을 소개하여 계측관리 기준에 대한 개념을 제시
1213 평판재하시험	KS(2018.8.) 시험기준에 근거하여 시험방법 및 지지력 산정 원리를 설명

• 제1편 이외의 편에서는 오·탈자를 비롯하여 어색한 문맥 등은 인지된 범위에서 모두 수정하였다.

2 번호체계 정비

• 기존의 번호체계는 제목 3단체계(대제목, 중제목, 소제목), 본문 3단체계(본문 1, 본문 2, 본문 3) 등을 적용하였으나 일부 문항에서 중제목을 세분하여 본문의 구분이 쉽도록 하였다.
• 즉, 대제목(로마 숫자), 중제목(아라비아 숫자), 소제목(양괄호 숫자) 등의 기존 체계에서 내용 전개에 따라 중제목 아래에 번호체계를 추가하였다.

　예 1235 기초보강 > Ⅲ. 기초지반 보강 > 1. LW 공법 > 1.1 정의

❸ 참고 기준 업그레이드

- 각종 참고 기준과 규정 중에서 개정사항을 모두 반영하였고, 해당 쪽의 하단에 각주로 안내하였다.

이외에도 전 부분에 걸쳐서 일반사항을 부분적으로 손질하였고, 난해한 용어 아래에는 설명란을 추가하거나 각주를 넣는 등 잘 보이지 않는 부분에도 공을 들였다. 이번 제7차 개정은 1년 만에 개정판을 내는 일이 쉽지 않다는 것을 실감하게 한 과정이었으나 좀 더 각오를 다져서 다음 개정에서는 학습 비중이 높은 제4편과 제6편을 대거 업그레이드할 예정이다. 아울러 "건축시공학" 및 "공사관리론"의 출판을 통하여 대한민국 건설기술인의 '공감과 발전'에 기여하겠다는 마음가짐을 높여가고 있다.

끝으로 출판을 허락하신 성안당 이종춘 회장님과 최옥현 상무님, 그리고 제7차 개정 작업을 도맡아 진행한 오영미 과장님과 이희영 부장님께 감사의 말씀을 올린다.

2019. 3.

고읍동 자택에서

저자 심 영 보

기술사 학습에 王道는 없으나 正道는 있습니다. 본 교재의 학습효율을 높이기 위한 활용 방안을 다음과 같이 안내합니다.

학습 범위	→	자료 작성	→	반복학습	→	수험
• 차례, 출제 동향 • 과년도 출제문제 • Study Map 이용		• Summary • 모범 답안 • 암기 시트		• 이해 • 다독, 암기 • 그림 작도		• 반드시 참여 • 시험 후 복기 • 학습 범위 재설정

학습 범위	• 목차, 출제동향, 과년도 출제문제 등을 참조하여 설정한다. – 가용 학습시간 내에서 적정 학습량을 결정할 것 • 수험 후 부족한 부분을 파악하여 학습 범위를 재설정한다.

Summary	• 중요도가 높은 내용 순으로 교재의 내용을 A3용지에 요약한다.
	  – 자신의 이해를 중심으로 내용을 재구성할 것
	• 보완사항이나 그림을 추가하여 완성도를 높인다.
	• 난해한 부분은 별책부록과 북카페의 자료를 적극 활용할 것
	  – 부록에는 이해를 돕기 위한 학습 자료가 다수 있음
	  – 북카페에는 각종 기술자료, 연구논문, 저자 경험현장 사진 등이 교재의
	    목차순으로 정리되어 있음
	• 요약지의 단원별 목차를 작성하여 반복학습에 활용한다.

모범 답안	• 예상문제에 대하여 모범 답안을 작성한다. • 작성된 답안을 제3자의 시각으로 객관화한다. – 교육기관의 강사, 기존 합격자의 의견을 참조할 것
암기 시트	• 모범 답안의 프레임을 암기 시트로 작성한다. – 문제, 대제목, 중제목, 관련 그림의 제목만 기록한다. • 문제 제시어를 반드시 제목에 포함시킨다. • 작성된 암기 시트를 쪽지 등에 기록하여 휴대하면서 암기한다.

반복 학습	• 요약지를 다독, 주요 그림 작도, 암기 시트 내용은 외운다.
	  – 세부내용이 연상되지 않으면 요약지를 읽을 것
	  – 전략적 문제는 제한시간 내에 전문을 작성할 것
	• 부록의 "Study Map"으로 학습 상황을 시각화한다.
	  – 수강, 요약지 · 모범 답안 · 암기 시트 작성 여부를 기록하여 활용할 것

※ 요약, 모범 답안, 암기 시트 등의 작성 사례는 "부록"에 있습니다.

제1편 토공사 / 기초공사

제2편 강구조물공사

제3편 초고층공사 등

제5절 열화현상 및 보수 · 보강

[열화현상]

[보수 · 보강]

제5편 마감공사

제1절 조적 · 석 · 타일 공사

[조적공사]

[석공사]

부 록

A 가설공사

B 최근 기출문제

PART 01

토공사 / 기초공사

제1절 **토공사**
제2절 **기초공사**

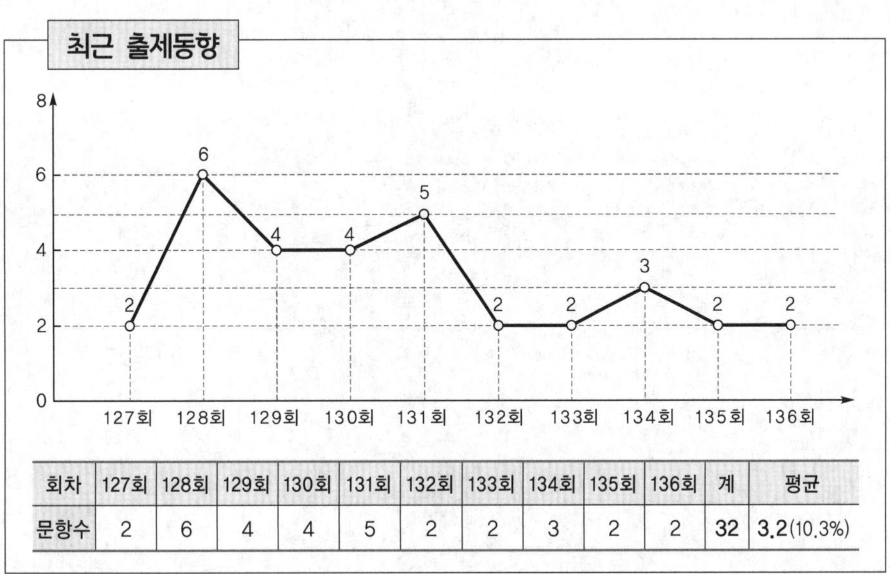

회차	127회	128회	129회	130회	131회	132회	133회	134회	135회	136회	계	평균
문항수	2	6	4	4	5	2	2	3	2	2	32	3.2(10.3%)

📖 학습방향

제1절 **토공사**

- 토질의 물리적 성질, 지반조사의 유형, 목적, 시험결과의 해석
- 흙막이 구성요소(토류벽, 토류벽 지지구조), 유형, 도심지에 적용 가능한 흙막이공법
- 흙막이공사에서 발생하는 문제점과 사고의 유형, 그 방지대책
- 계측항목별 목적, 계측관리방법(계측 부위와 빈도, 계측치의 의미) 등

제2절 **기초공사**

- 기초의 유형(얕은기초, 깊은기초)
- 얕은기초 지내력의 확보 및 확인방법
- 도심지 및 고층건물에 적용 가능한 말뚝공법(기성말뚝, 현장타설말뚝)
- 깊은기초의 시공관리 요점 및 지지력 판정방법
- 기초구조물의 침하 · 부상 방지, 구조물 침하의 정지 및 복원

📖 과년도 출제문제(310)

제1절 (175) **토공사**	지반조사 (24) 토질이론 (15) 사전조사 (6) 터파기공사 (7) 흙막이공법 (16) 슬러리월 (22) 주열식토류벽 (7)	지반앵커 (11) Top Down (17) 사면안정 (6) 지하수 대책 (7) 흙막이하자(22) 계측관리 (15)	
제2절 (135) **기초공사**	얕은기초 (10) 기초안정 (52)	깊은기초 (67)	

제1절 토공사 175

[지반조사] 24
65201 토질주상도의 용도 및 현장 시공시 활용방안을 기술하시오.
69101 Vane Test
70107 N치
76303 착공 전 시추주상도 활용방안에 대하여 기술하시오.
78104 토질주상도(柱狀圖)
79106 압밀도와 시험방법
79202 토질조사 방법에 대하여 기술하시오.
82110 토질주상도
82112 토공사 지내력시험의 종류와 방법
88102 표준관입시험의 N치(N Value)
88302 토질 지반조사의 지하탐사법 및 보링(Boring)에 대하여 기술하시오.
92402 건축물 기초 선정을 위한 보오링 테스트(boring test)에서 보오링 간격 및 깊이에 대하여 설명하시오.
93111 Piezo Cone 관입시험
93203 지반조사의 목적과 방법을 설명하고 설계단계와 시공단계의 지반조사 자료가 서로 상이할 경우 대처방안에 대하여 설명하시오.
94102 현장콘크리트말뚝(Pile) 공내재하시험(Pressure Meter Test)
05205 지반조사에서 보링(Boring) 시 유의사항과 시추주상도(住狀圖)에서 확인할 수 있는 사항에 대하여 설명하시오.
16104 표준관입시험
16106 건축공사의 토질시험
20112 암질지수(Rock Quality Designation)
22104 표준관입시험의 N값
25202 지반조사에서 보링(Boring) 시 유의사항과 토질주상도에 포함되어야 할 사항을 설명하시오.
28201 지반조사의 목적과 조사단계별 내용 및 방법을 설명하시오.
32111 지하 안전 영향 평가 분류 및 평가 항목
36103 지질주상도(시추주상도)를 통해 확인할 수 있는 사항

[토질이론] 15
63110 지반 투수계수

67105 예민비(sensitivity ratio)
69102 Consolidation
71102 흙의 전단강도
73103 흙의 연경도 (Consistency)
76108 흙의 전단강도 및 쿨룽의 법칙
87103 흙의 압밀침하
96101 흙의 전단강도
97112 지반의 팽윤(Swelling)현상
06108 흙의 압밀(Consolidation)
07103 흙의 투수압
11102 Sand Bulking
14108 흙의 전단강도
15101 흙의 연경도(Consistency)
31101 흙의 압밀현상(consolidation)

[사전조사] 6
63402 도심지 밀집지역 근접공사의 인접시설물 및 매설물 안전대책에 대해 기술하시오.
68305 기존 구조물에 근접하여 터파기공사 및 말뚝박기공사를 시행할 때 예상되는 문제점과 대책을 기술하시오.
95103 도심지공사의 착공 전 사전조사(事前調査)
96405 건축현장의 지하토공사 시공계획시 사전조사사항과 장비선정시 고려사항에 대하여 설명하시오.
14102 지하안전 영향평가
21202 대규모 도심지공사에서 지반굴착공사 시 사전조사사항, 발생되는 문제점 및 현상에 대하여 설명하시오.

[터파기공사] 7
62113 개착(Open Cut) 공법
71202 토 공사 암반 파쇄공사 시 소음방지대책과 시공시 유의사항에 대해 기술하시오.
75201 도심지 지하터파기 계획수립 시 고려사항에 대하여 기술하시오.
95401 도심지에서 건축물 지하공사 시 고심도의 터파기를 할 때 적용 가능한 암(岩) 파쇄(破碎)공법에 대하여 설명하시오.
98404 토공사에서 Island Cut 공법과 Trench Cut 공법의 특징 및 시공시 유의사항에 대하여 설명하시오.
00106 토량환산계수에서 L값과 C값
00112 토공사에서 피압수

[흙막이공법] 16
67204 도심지 심층지하 흙막이 공법 선정시 고려사항
68104 토질별(모래, 연약 점토, 강한 점토) 측압 분포
71402 흙막이 벽체에 작용하는 1) 토압의 종류 2) 토압분포도 3) 지지방법을 기술하시오.
80105 흙막이 공사의 IPS(Innovative Prestressed Support)
94402 흙막이공사에서 Strut 시공시 유의사항에 대하여 설명하시오.

02202 굴착공사의 Strut흙막이 지보공과 지하 철골·철근콘크리트공사의 공정마찰로 시공성이 저하되는 바, 개선방안에 대하여 설명하시오.

06101 주동토압, 수동토압, 정지토압

08401 흙막이공법 중 IPS 시스템(Innovative Prestressed Support Earth Retention System)의 공법순서 및 시공시 유의사항을 설명하시오.

11301 도심지 흙막이 스트럿(Strut) 공법 적용 시 시공순서와 해체 시 주의사항에 대하여 설명하시오.

17301 도심지 공사에서 적용 가능한 흙막이 공법에 대하여 설명하시오.

18109 정지토압이 주동토압보다 더 큰 이유

19103 PPS(Pre-stressed Pipe Strut)

23107 IPS(Innovative Prestressed Support)공법

24112 타이로드(Tie Rod) 공법

30305 흙막이 공사에서 H-Pile+토류판 흙막이공법의 시공순서 및 시공 시 유의사항에 대하여 설명하시오.

35202 도심지 흙막이공법이 적용되는 지하층 외벽구조체 공사에서 설계적인 측면과 시공적인 측면에서 검토할 사항에 대하여 설명하시오.

[슬러리월] 22

61406 Slurry Wall공사의 콘크리트 타설시 유의사항을 기술하시오

65401 벽체상부에 Dry Wall이 설치되는 연속지중벽(Slurry Wall) 공사의 굴착과 콘크리트 타설방법에 대하여 논하시오.

70201 지하도로공사에서 사용하는 안정액의 역할과 시공시 관리사항에 대하여 기술하시오.

71103 Cap Beam

72301 지하연속벽(Slurry Wall) 공법의 ① 장비동원 계획 ② 시공순서 ③ 시공 시 유의사항을 기술하시오.

73104 일수(逸水) 현상

73402 Slurry Wall공법에서 Guide Wall의 역할과 시공 시 유의사항을 기술하시오.

74405 트레미관을 이용하여 Slurry Wall의 콘크리트 타설시 유의사항에 대하여 설명하시오.

78205 Slurry Wall 공사의 안정액 관리방법에 대하여 기술하시오.

78404 지하 토공사 작업시 발생하는 Slime 처리방법에 대하여 기술하시오.

81104 Slurry Wall의 안정액

85111 지하연속벽 공사 중의 일수(逸水)현상

85204 지하연속벽 시공시 하자발생의 원인과 대책에 대하여 설명하시오.

98103 Slurry Wall의 안정액

05401 Slurry wall공사 완료 후 구조체와의 일체성 확보를 위한 작업방안에 대하여 설명하시오.

08206 Slurry Wall공사에서 Guide Wall의 시공방법 및 시공시 유의사항에 대하여 설명하시오.

09301 지하연속벽(Slurry wall) 시공 시 안정액의 기능과 요구 성능 및 굴착 시 관리기준에 대하여 설명하시오.

11202 지하연속벽 공사 시 안정액에 포함된 슬라임의 영향 및 처리방안에 대하여 설명하시오.

12101 슬러리월(Slurry Wall)공법의 카운트 월(Count Wall)

23304 도심지 지하굴착공사 흙막이 공법 중 CIP, SCW, Slurry Wall 공법의 장단점과 설계·시공 시 고려사항에 대하여 설명하시오.

27106 슬러리월공사 중 가이드월(Guid Wall)

28106 슬러리월 시공시 안정액의 기능

[주열식 토류벽] 7

60112 SCW (Soil Cement Mixed Wall) 공법

66102 Soil Cement

72112 S.C.P(Soil Cement Pile)

76404 주열식 흙막이 공법의 배치 방법과 특성에 대하여 기술하시오.

80405 도심지 흙막이공사에 적용되는 주열식 흙막이벽 공법의 종류(Soil Cement Wall, Cast In Place Pile, Packed In Place Pile)을 비교 설명하시오.

88403 현장타설 콘크리트 말뚝 중 C.I.P(Cast in place), M.I.P(Mixed in place) 및 P.I.P(Packed in place)에 대하여 공법의 특징 및 시공시 유의사항에 대하여 기술하시오.

92303 SCW(Soil Cement Wall)의 굴착방식, 굴착공법 및 시공시 고려사항에 대하여 설명하시오.

[지반앵커] 11

70113 Removal Anchor

83105 제거식 U-Turn 앵커(Anchor)

86108 Jacket Anchor 공법

89203 어스앵커(Earth Anchor) 공법의 정의, 분류, 시공순서 및 붕괴 방지대책에 대하여 설명하시오.

98205 토공사에서 흙막이 Earth Anchor의 붕괴 원인 및 방지대책에 대하여 설명하시오.

04203 토공사에서 어스앵커 내력시험의 필요성과 시공 단계별 확인 시험에 대하여 설명하시오.

07205 흙막이공사에서 Earth Anchor 천공 시 유의사항과 시공 전 검토사항에 대하여 설명하시오.

14204 흙막이 공사에서 어스앵커(Earth Anchor)의 홀(Hole) 누수경로 및 경로별 방수처리에 대하여 설명하시오.

26403 흙막이벽의 붕괴원인과 어스앵커(Earth Anchor) 시공시 유의사항을 설명하시오.

28104 어스앵커(Earth Anchor)의 홀(Hole) 방수

31206 어스앵커 시공의 기준 및 주의사항을 천공 → 앵커의 삽입 → 그라우트혼입과 주입 → 긴장과 정착의 4단계로 구분하여 설명하시오.

[Top Down] 17

63201 역타공법의 선정배경과 가설 및 장비계획에 대하여 기술하시오.

74302 SPS(Strut as a Permanent System)에 대하여 설명하시오.

75301 Top Down공법 시공순서와 시공시 주의사항에 대하여 기술하시오.

79403 지하·지상 동시공법(Up-Up 또는 Double Up 공법)의 시공 프로세스와 각 프로세스에서의 내용을 간략하게 기술하시오.

83306 흙막이 공사에 적용되는 S.P.S(Strut as Permanent System)공법을 설명하시오.

91306 SPS(Strut as Permanent System)공법의 개요와 특징을 설명하고, Up-Up 공법의 시공순서에 대하여 설명하시오.

94301 흙막이공사에서 CWS(Buried Wale Continuous Wall System)공법과 SPS(Strut as Permanent System)공법을 비교 설명하시오.

95406 대지가 협소한 도심지 건축공사에서 골조공사를 효율적으로 시행하기 위한 1층 바닥작업장 구축방안에 대하여 설명하시오.

97204 지하구조물 구축용 Top Down 공법의 일반사항을 요약하고, 공기단축, 공사비 절감, 작업성 및 안전성 향상 등을 위해 응용적용사례를 설명하시오.

02103 Top Down공법에서 철골기둥의 정렬(Alignment)

03103 Top Down공법에서 Skip시공

10204 SPS(Strut as Permanent System) Up-Up 공법에 대하여 설명하시오.

13101 DBS(Double Beam System)

16204 흙막이공법을 지지방식으로 분류하고 Top-Down 공법으로 시공계획 시 검토사항에 대하여 설명하시오.

20202 Top Down공법의 특징과 공법의 주요 요소를 설명하시오.

21302 흙막이 공법을 지지방식에 따라 분류하고, 탑다운 공법 선정 시 그 이유와 장단점을 설명하시오.

23201 도심지 공사에 적합한 역타공법 중 BRD(Bracketed Supported R/C Downward)와 SPS(Strut as Permanent System)공법에 대하여 설명하시오.

[사면안정] 6

64405 지반 굴착공사에서 사면안정 공법으로 활용되고 있는 Soil Nailing공법의 개요 장, 단점 시공방법에 대하여 서술하시오.

76405 보강토 옹벽의 개요, 특징, 구성재료와 시공시 유의사항에 대하여 기술하시오.

77402 흙막이공법 중 쏘일네일링(Soil Nailing)공법과 어스앙카(Earth Anchor)공법을 비교하여 설명하시오.

80304 토공사시 사면 안정성(斜面 安定性) 검토에 관해 기술하시오.

01306 흙막이공사에서 숏크리트의 건식공법과 습식공법을 비교설명하고, 숏크리트 타설시 Rebound 저감방법을 설명하시오.

06110 압력식 Soil Nailing

[지하수 대책] 7

60301 지하수 수위가 높은 지반의 대규모 흙막이 공사에서 지하수 수압으로 인한 문제점 및 수압방지대책을 기술하시오. (단, 지하수가 GL-8.5m, 지하 30m, 지상 30층)

61204 지하실 흙파기 공사 강제 배수시 발생하는 문제점과 대책에 대하여 설명하시오.

85401 도심지 공사의 굴착공사 중 발생하는 지하수 처리방안에 대하여 설명하시오.

94304 지하 굴착공사시 지하수 처리방안에 대하여 설명하시오.

96205 도심지공사에서 지하굴착할 때 강제배수공법 적용 시 발생할 수 있는 문제점 및 대책에 대하여 설명하시오.

29303 건축물 지하 터파기 시 지하수에 대한 검토사항과 차수공법 및 배수공법에 대하여 설명하시오.

34403 지하수위가 높은 지하공사 시 지하수위 저하공법과 지수 및 차수공법에 대하여 설명하시오.

[흙막이하자] 22

60103 Heaving 현상

61304 엄지말뚝식 흙막이 공사에서 주위의 지반이 침하하는 주요원인과 방지대책에 대해서 설명하시오.

68108 Boiling

77102 Dam Up 현상

77301 흙막이벽 시공시에 있어 주위지반 침하의 원인과 그 대책에 대하여 기술하시오.

83101 히빙(Heaving)현상

84201 흙막이 공사시 주변침하 원인과 방지대책에 대하여 논하시오.

87111 보일링(Boiling)과 히빙(Heaving)

87405 도심지 대형건축물 토공사시 지하 흙막이의 붕괴 전 징후, 붕괴원인 및 방지대책을 기술하시오.

88205 널말뚝식 흙막이공사의 하자발생요인 중에서 Heaving failure, Boiling failure 및 Piping현상에 대한 방지대책에 대해 기술하시오.

91204 H-Pile 토류벽에 L.W Grouting 공법을 적용한 흙막이에서 발생할 수 있는 하자요인과 방지대책에 대하여 설명하시오.

91304 흙막이벽 공사 중 발생하는 하자유형 및 방지대책에 대하여 설명하시오.

94111 흙막이 공사의 Boiling 현상

03206 흙막이 구조물의 설계도면 검토 사항과 굴착 시 발생할 수 있는 붕괴형태 및 대책에 대하여 설명하시오.

03404 건축 토공사 되메우기 후 흙의 동상(Frost Heaving) 발생 원인과 방지대책에 대하여 설명하시오.

78305 지하수 수압에 의해 발생할 수 있는 지하구조물의 변위와 이를 방지하기 위한 설계 및 시공시 유의사항을 기술하시오.

80402 공동주택 지하주차장의 바닥면적 크기가 거대화됨에 따라 지면에 접하는 바닥층공사에서 발생할 수 있는 부력 방지대책을 기술하시오.

88110 De-Watering 공법

92203 부력을 받는 건축물의 Rock Anchor 공사에서 아래사항에 대하여 설명하시오.
   (1) 천공 직경을 앵커본체(anchor body) 직경보다 크게 하는 이유, 천공깊이를 소요 깊이보다 크게 하는 이유
   (2) 자유장과 정착장 길이 확보 이유
   (3) Anchor Hole 누수 대책

97104 부력(浮力)과 양압력(揚壓力)

03401 구조물의 부력(UP-Lifting Force) 발생원인 및 공법에 대하여 설명하시오.

06405 건축물의 기초저면에 설치하는 락 앵커(Rock Anchor)의 시공목적 및 장, 단점과 시공단계별 유의사항에 대하여 설명하시오.

07204 주상복합 건물의 지하수위가 G.L −7.5m에 있으며, 지하굴착 깊이는 30m일 때 지하수 부력에 대한 대응 및 감소방법에 대하여 설명하시오.

11101 PDD(Permanent Double Drain) 공법

13102 부력과 양압력

16405 부력을 받는 지하주차장에 발생하는 문제점 및 대응방안에 대하여 설명하시오.

19301 지하구조물의 부상요인 및 방지대책에 대하여 설명하시오.

24304 부력을 받는 지하구조물의 부상방지 대책에 대하여 설명하시오.

25105 영구배수공법(Dewatering)

26107 지하수에 의한 부력(浮力) 대처 방안

28303 지하구조물에 미치는 부력의 영향 및 부상방지 공법에 대하여 설명하시오.

31301 우기철 부력을 받는 구조물의 부상 방지대책에 대하여 설명하시오.

33402 지하구조물의 부상 방지를 위한 공법을 설명하고, 부위별 계측 대상 및 측정방법에 대하여 설명하시오.

34203 건축물 부상방지를 위한 공법별 특징과 중점관리 대책에 대하여 설명하시오.

〈기초침하〉 7

71304 기초 침하에 대하여 1) 종류 2) 원인 3) 방지대책을 기술하시오.

79301 구조물의 침하발생 원인과 방지대책을 기술하시오.

81302 건축물 기초침하의 종류와 방지대책을 열거하시오.

90301 도심지 건축공사에서 기초의 부등침하 원인과 대책에 대하여 설명하시오.

06205 구조물의 부동침하 원인과 방지대책에 대하여 설명하시오.

09202 토공사에서 기초의 부등침하 원인과 침하의 종류 부등침하 대책에 대하여 설명하시오.

18402 구조물의 부등침하 원인 및 방지대책을 나열하고, 언더피닝(Under Pinning)공법에 대하여 설명하시오.

〈기초보강〉 21

62203 부동침하시의 기초 보강공법에 대하여 기술하시오.

65206 J.S.P(Jumbo Special Pile)공법을 설명하고 적용범위를 기술하시오.

74113 Micro Pile

74306 기성재 말뚝기초의 침하 발생 시 보강방안에 대하여 설명하시오.

75105 기초공사 중 JSP

79402 기존 고층 APT에서 PC 말뚝기초의 침하에 의한 하자 및 보수보강 방안을 기술하시오.

82203 CGS(Compaction Grouting System)공법의 특징 및 용도에 대하여 기술하시오.

86205 언더피닝(Underpinning)공법에 대하여 종류별 적용대상과 그 효과를 설명하시오.

94107 CGS(Compaction Grouting System)

95202 건축공사 흙막이 배면의 차수공법인 SGR(Soil Grouting Rocket)의 현장 적용범위와 시공시 유의사항에 대하여 설명하시오.

98104 기초공사의 마이크로 파일(Micro-pile)

99104 LW(Labiles wasserglass) Grouting

08105 JSP(Jumbo Special Pattern) 공법의 특징

08303 고층건축물의 인접현장에서 기초공사를 할 때 언더피닝(Underpinning) 공법 및 시공시 유의사항을 설명하시오.

13103 헬리컬 파일(Helical Pile)

15301 언더피닝공법이 적용되는 경우와 공법의 종류 및 시공절차에 대하여 설명하시오.

16107 마이크로 파일공법

17102 언더피닝(Underpinning)

29105 부력방지용 인장파일(Micro Pile)공법

29106 언더피닝(Underpinning)

33304 흙막이 배면의 차수 공법 중 주입 압력(저압, 고압)에 대한 약액 주입공법의 종류와 효과에 대하여 설명하시오.

제1편 토공사 / 기초공사

제 1 절 토공사

제 2 절 기초공사

01 토공사

1100 토공사 일반

Ⅰ 개요

1 건축현장의 토공사는 지하구조물 축조를 위한 터파기공사와 흙막이공사를 의미한다.

2 도심지 대규모 공사일수록 토공사의 일정과 비용에 대한 비중이 높아지므로 사전검토에 의한 공법의 합리적 조합과 공사관리 대책이 필요하다.

사전검토사항	터파기공사	공사관리
• 관련자료/대지현황 • 주변여건	• 지반굴착/배수대책 • 흙막이공사	• 시공계획/하도급 관리 • 입회 · 확인/계측관리

Ⅱ 사전검토사항

1. 관련자료

① 흙막이 구조도면
② 굴착심도 및 면적
③ 흙막이공법의 적정성
④ 토공사 물량 내역
⑤ 지반조사보고서 등

2. 대지현황

① 대지의 형상, 면적, 고저 상태
② 대지경계선, 지하외벽선 확인 및 측량
③ 경계표석 설치, 참조점(Benchmark) 위치 확인
④ 지중 · 지상 장애물 보양 및 이설
⑤ 기타 인근 지반정보 자료 검토

3. 주변여건

① 인접지반 현황
  • 하천, 도로, 공원 등

② 인접구조물 현황
- 구조물 용도 및 상태, 밀집 및 근접 현황
③ 공사장 접근로 및 교통 제한
④ 건설공해, 지반침하, 구조물 변이, 등 민원 개연성 고려
- 진동·소음, 비산먼지, 토양 및 지하수 오염, 건설폐기물, 교통장애 등

Ⅲ 터파기공사

1. 지반 굴착

① 안전한 굴착순서 및 속도, 1회 굴착심도 준수
② 현장 지반 조건에 따라 굴착 공법·장비 선정
- 토사층: 전면굴착공법 또는 부분 굴착공법, 암반층: 암파쇄공법 적용
③ 굴착 후 잔토(殘土) 처리
- 잔토 중 굴착오니 및 매립폐기물 구분 및 적법 처리
- 직상차 및 '버킷+크레인'에 의한 상차 후 사토장까지 장외 운반

2. 배수대책

① 굴착에 필요한 배수대책 강구
- 굴착 효율 및 장비주행성(Trafficability)[1] 고려
② 굴착장 내 지표수 및 지하수 유입 방지
- 지표수: 흙막이 상부에 측구 설치, 지하수: 토류벽의 차수성 확보
③ 장내 유입수는 집수정 유도·배수

3. 흙막이공사

① 터파기공사의 안전과 굴착효율 도모
- 토압·수압의 영향 차단, 굴착면 붕괴 방지
② 흙막이 구조체는 토류벽과 토류벽 지지구조로 구성
- 토류벽: 굴착면에 설치하는 벽체, 흙과 물의 장내 유입 차단
- 토류벽 지지구조: 토류벽에 작용하는 측압 지지
③ 설치·해체 및 안전관리에 많은 시간과 비용 소요
- 고도의 기술력과 전문성, 면밀한 계측관리 능력 필요
④ 현장 여건에 따라 합리적으로 공법 조합, 토류벽공법+지보공공법 등
- 관련 자료, 대지 현황, 주변여건 등 사전 검토 철저

---

1) 장비주행성(Trafficability): 장비 주행에 대한 지반의 양부를 일컫는 말. 주행성 양부는 작업능률에 큰 영향을 미치며 콘지수(불도저 $2\sim7kg/cm^3$, 덤프트럭 $15kg/cm^3$)로 판정·표시한다.

Ⅳ 공사관리

1. 시공계획

① 공사 일정계획
② 품질관리 및 안전관리계획
③ 장비 및 인원 투입계획
④ 검토 및 승인, 미흡 시 보완·재검토 후 승인
- '하수급인 → 수급인 → 감리자 → 발주자' 순서로 검토

2. 하도급 관리

① 하수급인 시공능력 검토
- 건설업 등록 이력, 시공실적, 장비·인원 조달 능력 등
② 하도급계약 서류 검토, 하도급 물량 및 공사기간 등
③ 계약에 대한 상호보증 여부 확인, 지급보증 및 이행보증 등

3. 입회 및 확인

① 공사 과정 입회, 계약이행 적부 판단
② 보완사항 지시·확인
③ 단계별 검측 실시, 공사의 적절성 판정
- 관련자료 기록 유지: 검측서, 사진, 일지(공사·감리·감독 일지) 기록
④ 근로자·장비의 안전 도모
⑤ 소음·진동 및 비산먼지 방지, 민원 예방

4. 계측관리

① 계측관리 전담자 및 책임자 선정·운용
- 필요시 전문용역업체 선정 및 관리체계 구비
② 계측항목, 관리기준, 계측빈도 등 관리능력 구비
③ 계측치 해석 및 분석 후 판정
④ 판정 결과에 따라 적정 조치 강구
- 공사 중단, 흙막이 보강 등
⑤ 계측자료 기록 유지, 추후 민원에 대비

1111 지반조사

I 개요

1 지반조사는 예정 구조물의 설계 및 시공에 필요한 지반정보를 얻기 위한 조사로서 예비조사, 본조사, 추가조사로 구분·실시한다.

2 지반조사의 절차, 방법, 유의사항 등을 국가건설기준[2]에 근거하여 설명한다.

조사 절차	➡	조사방법	➡	유의사항
• 예비조사/본조사 • 추가조사/보고서 작성		• 실내토질시험/현장원위치시험 • 물리탐사·검층		• 적용기준/조사 계획 • 장비·인원/부가정보

II 조사 절차

1. 예비조사

(1) 조사 목적

① 구조물 입지의 적합성 평가

• 대안 부지가 있는 경우, 대안 부지의 적합성 비교 검토

② 구조물 시공 영향

③ 지반의 구성 및 특성 파악, 구조물 거동 영향 고려

④ 본조사 계획 수립

⑤ 필요시 골재원 및 토취장 확인

(2) 조사항목

① 기존 자료조사

• 지형도, 지질도, 고지형도, 지진이력, 인공위성 및 항공사진

• 인근의 기존 조사자료 및 시공 경험, 지하수위 조사

• 인접구조물 및 굴착현장 조사 등

② 현장 답사

• 지형, 지질, 지반상태 확인, 지역주민 청문(지형변화 정보 획득)

• 주변시설물 이격거리, 드론 활용 고려, 본조사 및 설계에 반영

③ 본조사 계획용 조사

• 지구물리탐사, 조사지역 전체의 개략적인 지층 조건 파악

• 필요시 시추조사, 현장·실내 시험 실시

---

2) KDS 111010(지반조사) 및 KCS 102020(지반조사) 참조

2. 본조사

(1) 조사 목적

① 기초설계를 위한 지질학적 · 지반공학적 정보 획득
- 기초지반 지지력 및 침하량 산정
- 상부구조물에 적합한 기초형식과 기초 근입장 결정

② 시공계획 수립에 필요한 정보, 제공, 적정 굴착 · 흙막이공법 선정

③ 시공 중 예상 문제점 확인
- 토압 · 수압 영향 예측 및 해결방법 모색

(2) 검토사항

① 지반 성층 상태

② 지반의 강도 · 변형 · 다짐 특성

③ 지하수위 · 간극수압 분포, 투수조건, 동결 가능성

④ 지반의 잠재적 불안정성 유무
- 기초 하부의 연약지반, 피압대수층, 지층 해석오류 등

⑤ 예정 기초저면의 지반개량 가능성 등

(3) 조사항목

① 지질학적 특성
- 지표지질조사, 선구조분석, 암석박편시험 등

> - 자연적 또는 인공적인 공동, 암/흙 또는 매립 재료의 풍화 · 연화
> - 수문지질학적 영향/단층, 절리 등 불연속면/팽창성 또는 붕괴성 지반

② 지반공학적 특성

> - 지층 분포특성, 지질이상대 분포특성, 지층별 수리특성, 지층별 강도,변형특성
> - 토질 · 암석 물리역학적 특성, 토체 · 암반 크리프, 지반의 지진동 특성
> - 폐기물 · 인공재료 유무, 주변 지하수 변동 조사
> - 인접 구조물 · 매설물의 관리주체 및 관리대장, 노후도, 장래 확장계획 여부 조사
> - 지반함몰 예상 시 조사 시행 후 설계 기초자료로 활용

3. 추가조사[3)]

① 설계 중 추가자료 필요시 실시
- 조사 지점 · 심도 · 항목 등의 부족으로 인한 지반정보 획득 목적

② 시공 중 지반특성 추가 발견, '선행조사 – 현장상황' 불일치 발생
- 암반층, 국부적 연약지층, 공동, 파쇄대, 단층 등

③ 조사 범위 · 방법은 본조사와 현장상황 종합 고려

④ 조사 결과는 설계 · 공법 변경에 반영

---

3) KDS 111010 2.2.3(추가조사) 및 KCS 102020 1.6(보완조사) 참조

4. 보고서 작성

① 조사명, 위치, 목적, 범위, 기간
② 조사위치 평면도
③ 토질종단도, 토질주상도
④ 토질시험성과표
⑤ 현장조사 및 원위치시험 성과 등 수록

Ⅲ 조사방법

▶ 실내 토질시험, 원위치시험 및 물리탐사 등의 순서로 설명한다.

1. 실내 토질시험

(1) 물리적 시험

항목	시험방법	지반정보	분석사항
흙의 판별·분류	KS F 2324	• 흙의 분류명, 색, 냄새 • 조직, 입형, 실트·점토 판별	흙의 판별, 분류
입자 비중	–	흙의 비중	예민비 판정
함수비	KS F 2306	함수비	흙의 분류, 점토압축성
입도	KS F 2302	균등계수, 곡률계수	사질토 안정성·액상화 판정
컨시스턴시	KS F 2303	• 액성·소성·수축 한계 • 소성·수축·컨시스턴시 지수	흙의 분류 점토 안정성·점착성 판정
단위질량	–	• 습윤·건조·포화 상태 • 단위질량	흙의 기본적 성질 계산 토압계산, 다짐도 판정
상대밀도	KS F 2308 KS F 2311	최대·최소 단위질량	흙의 다짐도, 액상화 판정

① 흙의 판별 및 분류
② 입자의 비중, 입도
③ 흙의 함수비, 컨시스턴시(Consistency), 단위질량, 상대밀도 등

〈밀도 & 비중〉
• 밀도(密度, Density)＝질량/부피
 − 물질의 단위부피당 질량
 − CGS단위는 g/cm^3 또는 g/mL, SI 단위는 kg/m^3
• 비중(比重, Specific Gravity, 상대밀도도: relative density) 비교물질밀도/표준물질밀도
 − 동일 온도·기압 조건에서 측정한 표준물질에 대한 비교물질의 밀도 비율
 − 고체 및 액체의 표준물질은 1atm, 4℃의 물 사용
 − 기체의 표준물질은 1기압(1atm), 0℃의 공기 사용. 1atm=101,300Pa
 − 기압(대기압, atm: atmospheric pressure): 단위면적(m^2)에 작용하는 공기무게 압력

(2) 역학적시험

　① 삼축·일축압축시험

　② 직접전단시험

　③ 투수성, 다짐성, 지지력비 등을 시험

[역학적시험의 유형]

항목	시험방법	지반정보	분석사항
삼축압축	KS F 2346	점착력, 내부마찰각	• 점성토: 기초·사면·굴착면 안정계산 • 점성토·사질토: 지반 유효응력
일축압축	KS F 2314	일축압축강도, 변형계수	
직접전단	KS F 2343	점착력, 내부마찰각	
압밀단위질량	KS F 2316	압축지수, 압밀계수 체적압축계수, 압밀항복응력	• 점토지반 압밀침하량 산정 • 침하시간 산정
투수성	KS F 2322	투수계수	투수성지반 설계
다짐성	KS F 2312	최적함수비, 최대건조밀도	노반·성토 설계·시공관리
지지력비	KS F 2320	교란토·불교란토 지지력비	투수성지반 설계

(3) 화학적시험

　① pH 시험: 부식성 판정, 안정처리재의 선정을 위한 시험

　② 강열감량 시험: 유기물 함유량이나 점토광물의 판정을 위해 실시

2. 현장 원위치시험

(1) 단위체적질량시험, KS F 2311

　① 흙의 습윤·건조상태에 대한 단위체적질량을 시험

　② 흙의 기본적 성질을 계량화, 지반의 다짐도 판정

(2) CBR(California Bearing Raitio)시험, KS F 2320

　① 노상토 지지력비 시험, 도로포장 설계에 적용

　② 성토의 다짐도 관리 및 Trafficability(장비 현장주행성) 판정

(3) 재하시험

　① 평판재하시험(PBT: Plate Bearing Test), KS F 2310

　　• 지반계수, 극한지지력, 지반변형계수 판정

　　• 얕은기초 지반의 허용지지력과 허용침하량 산정

　② 공내재하시험(PMT: Pressor Meter Test), ASTM D4719

　　• 공내의 '압력－부피' 관계곡선 이용, 깊은기초의 토질정수 파악

　　• 점성토 비배수 전단강도, 사질토 내부마찰각, 정지토압계수, 수평지반반력계수,
　　　말뚝 선단지지력 및 주면마찰력 등 판정

(4) 사운딩시험

① 표준관입시험, KS F 2307

- 기초지반의 지지력, 상대밀도, 점성토의 연경도 추정

② 전자식콘관입시험, KS F 2592

- 콘관입 저항값과 간극수압을 구하기 위한 정적 사운딩시험
- 토질분류, 사질토 내부마찰각, 상대밀도, 점성토 비배수 전단강도, 말뚝 선단지지력 및 주면마찰력 등의 산정

③ 베인시험, KS F 2342

- 비교적 연약한 점성토지반의 비배수 전단강도 산정

3. 물리탐사 및 검층

〈물리탐사의 정의 및 목적〉
- 물리탐사는 토목공사용 지반조사 및 지하안전영향평가를 목적으로 실시하는 조사법으로 신호원, 시간변화, 위치, 목적, 측정량 등에 따라 분류한다.
- 지반조사 및 지하안전영향평가는 '측정량'에 따른 분류를 적용하며 불균질대 위치, 방향, 크기, 간격, 암질 등의 파악에 유용하다.
- 지하안전영향평가는 '지하안전법'에 따라 지반·지질 현황, 지하수 변화 영향, 지반안정성 등의 항목을 평가한다[4].
- 토목물리탐사는 산악터널지대, 절토사면, 댐, 대규모 암반공동 및 건축대지(단지), 절토사면, 교량 기초하부, 도심지장물 등에 적용한다.

[지하안전평가 항목 및 방법]

지반 및 지질 현황	• 지하정보통합체계를 통한 정보분석, 시추조사, 투수시험 • 지하물리탐사: GPR, 전기비저항, 탄성파탐사 등
지하수 변화에 의한 영향	• 관측망을 통한 지하수 조사(흐름방향, 유출량 등) • 지하수 조사시험(양수시험, 순간충격시험 등), 광역지하수 흐름 분석
지반안전성	굴착공사에 따른 지반안전성 분석, 주변 시설물의 안전성 분석

[물리탐사 분류]

분류기준	탐사유형	지반조사 적용
신호원	수동형(Passive)/능동형(Active) 탐사	능동형
시간변화	정적(Static)/동적(Dynamic) 탐사	정적, 동적탐사
위치	항공/지표/시추공/해양 탐사	지표탐사, 시추공탐사
목적	자원/토목물리/지하수/환경물리 탐사 농업물리/유적물리 탐사	토목물리탐사
측정량	중력/자력/전기/전자/레이더/탄성파 탐사	전기/전자/레이더/탄성파

---

4) 지하안전관리특별법 시행령 제14조관련 별표2 "지하안전영향평가의 평가항목 및 방법" 참조

[지표 탐사방법]

탄성파탐사	굴절법, 반사법 TSP(Tunnel Seismic Prediction)
전기탐사	수평탐사, 연직탐사
전자탐사	인공송신원자기지전류(Controlled Source Magnetic Telluric)
GPR탐사	반사법(전자기파의 반사)

[시추공 탐사방법]

단일시추공탐사	다운홀(PS), 레이더 반사법
시추공간 탄성파탐사	크로스홀
시추공간 토모그래피탐사5)	탄성파, 비저항, 레이더
물리검층	전기검층(전기비저항, 자연전위), 밀도검층, 음파검층
시추영상촬영법	텔레뷰어, 시추공 카메라

(1) 탄성파탐사

　① 인공 탄성파의 투과, 반사, 굴절현상으로 지하매질의 형태 추정

　② 반사각 일정의 법칙과 스넬(Snell)의 법칙6) 적용

　③ 반사법, 굴절법으로 구분

(2) 전기(비저항)탐사

　① 특정 지점 간의 전위차 측정량으로 지하의 전기적 물성 추정

　② 지하수의 포화 및 불포화 지층 탐사에 유용

　③ 인공의 직류 송신원 이용

(3) 전자탐사

　① 자기장 또는 전기장의 측정량을 이용하는 탐사법

　② 2차 전자장의 특성을 탐지 · 해석하여 지질구조이나 지하시설물 파악

　　• 지표에서 교류전류를 보내면 흐름 변화율로 1차 전자장 발생

　　• 1차 전자장이 양도성광체에 흐르면 2차 전자장 발생

　③ 송신전자장은 자연발생적인 것과 인공적인 것으로 구분

(4) 지하레이더(GPR, Ground Penetrating Rader)탐사

　① 10MHz~수 GHz 주파수 대역의 전자기 펄스 이용

　　• 다른 탐사법보다 짧은 파장의 전자기파 사용

　② 매질 간 유전율7) 차이에 의한 전자기파의 반사–회절 측정 · 해석

---

5) 토모그래피(Toography): 그리스어로 단면을 자른다는 뜻의 'tomos'와 그림이라는 뜻의 'graph'의 합성어이다. 탐사대상체를 영상으로 구성하는 기술로서 CT(Computed Tomography), CAT(Computer Aided Tomography), 지오토모그래피(Geotomography)라고도 한다.

6) 반사각 일정의 법칙: 특정 매질의 입사파가 투사각과 동일한 각도로 반사하는 현상, 스넬의 법칙: 매질 내로 전파되는 굴절파는 매질의 탄성파 통과속도에 따라 굴절각이 변화하는 현상

③ 지반, 환경오염대, 구조물 비파괴검사, 지하시설물 측량 등에 유용
④ 빙하지대, 원유, 사암, 기반암 또는 순수한 물 등의 지역에서 큰 효율
　• 점토층이나 염수층 등은 전자기파 감쇠특성으로 적용 곤란

(5) 물리검층

① 시추공벽의 물리적 성질을 심도에 따라 연속 측정하는 탐사법의 총칭
② 물리검층 유형
　• 온도검층, 전기검층, 방사선검층, 속도검층, 시추공 영상촬영법 등
③ 지반의 공극률, 투수계수, 지하수 변화, 절리구조 파악

Ⅳ 유의사항

1. 적용기준

① 한국산업표준(KS) 적용: 조사방법, 시료의 채취 · 운반 · 보관 등
② KS기준 부재 시 기타 공인기준 적용
　• ASTM(미국재료시험협회), 한국암반공학회(KSRM), 국제암반공학회(ISRM)
③ 이외의 방법은 발주처 승인 후 적용할 것

2. 조사계획

① 조사 목적 및 현장조건에 부합할 것
② 필수 지반정보의 질과 조사의 경제성 등을 종합 고려
③ 설계자료와 현장답사에 근거, 지반특성을 잘 나타내는 지점 선정
④ 시공과정과 완성 구조물의 특성을 충분히 반영
⑤ 중요도에 따라 예비조사, 본조사, 추가조사 등으로 구분 · 계획

3. 장비 · 인원

① 장비의 정밀도 확보, 정기적으로 검교정한 것 사용
② 유자격자에 의한 시험 실시, 시험 목적과 과정에 적합한 유자격자일 것

4. 부가정보

① 지형 및 지질구조
② 지진활동, 수문학적 정보
③ 대상지역의 과거 기록
④ 지반변화가 큰 곳은 반드시 기록 후 발주처에 보고할 것

---

7) 유전율(誘電率, Permittivity)은 축전지 용량이 내부 삽입물질에 따라 변화할 때의 물리량으로 GPR탐사의 경우 전자파 속도를 결정하는 요소이다.

Ⅴ 결론

1. 지반조사는 구조물의 설계 및 시공에 필요한 지반정보의 획득을 위해 실시하므로 조사 결과의 신뢰도가 공사의 경제성과 구조물의 안전에 미치는 영향은 지대하다.
2. 현장조건에 적합한 시험항목을 선정하여 조사 결과의 신뢰도와 합리성은 물론 물리탐사 및 검층 등으로 건축대지 주변의 안전성을 높여야 할 것이다.

> **tip 지반조사 정보의 활용**
>
> - 지질조사서 표시사항
>   - '건축법 시행규칙 §7①1, §9의2① 관련 별표3'에 근거
>   : '대형건축물의 건축허가 사전승인신청 및 안전영향평가 의뢰'의 '지질조사서'상 표시 사항
>   - 토지 개황, 각종 토질시험 내용, 지내력 산출근거, 지하수위면, 기초에 대한 의견 등
> - 구조기술자 중점 검토사항
>   : 구조기술자는 토질전문가의 의견을 존중하고 다음 사항을 중점적으로 검토한다.
>   - 실내 토질시험 항목 외 지하층 깊이별·지층별 토압계수
>   - 지내력 산출근거: N값 외 깊이별 지내력 및 말뚝기초 허용지지력 등 산정
>   - 설계용 지하수위면 설정: 시추 48시간 후 측정, 지반조사 시기, 지층·주변 현황 종합평가
>   - 기초공법, 기타 토질전문가 의견 등을 중점적으로 검토

1112 시추조사(Boring Test)

I 개요

1 시추조사는 건축대지의 지반정보를 확보하기 위한 가장 기본적인 조사항목으로 설계 전에 하지만 필요에 따라 추가할 때도 있다.

2 관련기준은 설계기준(KDS), 표준시방(KCS) 및 국가표준(KS) 등[8]에 명시되어 있다.

시험 목적	➡	시추 기준/장비	➡	유의사항
• 지반구조 규명/시료채취 • 지하수위 분포/지내력		• 간격/심도 • 장비 구성/코어배럴		• 사전검토 • 시추 중/시추 후

II 시험 목적

1. 지반구조 규명

① 지층의 수직 배열 상태
- 매립층, 풍화토, 풍화암, 연암, 경암층 등의 두께 및 토질

② 지층 불연속면[9]의 위치·폭, 단층 및 파쇄대 등

2. 시료채취

① 실내토질시험용 흙 시료채취, 표준관입시험 시 샘플러 사용

② 암석 시편채취, 시추기 로드 선단(비트 후단)의 코어배럴 사용

3. 지하수 분포 파악

① 지하수위 측정
- 시추공 내 지하수위 변화량 및 지하수 유출량

② 토공사 시공 중의 지하수위 계측

③ 토류벽공법 및 배수공법 선정 시 참조

4. 지내력 추정

① 시추심도별 지내력 추정

② 시추단계별 표준관입시험 병행, 지반의 N치 측정

---

8) KDS 111010 2.2.2 본조사, KCS 102020 3.3 시추조사, KS E 0003 시추용 기계·기구 용어
9) 암반 내에 존재하는 절리, 층리, 엽리, 단층 또는 파쇄대 등에서 나타나는 연속성이 없는 면 등의 총칭

Ⅲ 시추 기준 및 장비

1. 시추 수평간격(빈도)

① 현장조건 및 구조물 규모에 따라 간격 설정
② 기본설계 50~100m
③ 실시설계 30~50m

2. 시추공 심도

① 기초예정저면의 심도 이상 시추
② 지반조건에 따라 추가심도 적용
③ 기반암 3m 이하까지 시추
④ 토사지반일 경우 영향심도 이하까지 시추

3. 시추장비

[시추기 전경]

[시추기 세팅]

(1) 시추장비 구성

① 시추장비 = 시추기계(시추기) + 케이싱 운반구
　• 각각 자주식 엔진 장착, 무한궤도 주행, 장거리는 트럭 적재 이동
② 시추기(Boring Machine)
　• 스위블 헤드, 호이스트, 트랜스미션, 원동기 등으로 구성
　• 호이스트: 로드, 코어배럴, 비트 등의 굴착기구 승강용 권상장치
③ 케이싱 운반장치
　• 다량의 케이싱을 시추 위치로 운반하는 보조장비
　• 케이싱: 튜브, 커플링, 부싱, 헤드, 드라이브슈, 커터 등으로 구성

[시추기 주요구성]

Swivel Head	로드에 회전 및 추진력을 전달하는 장치
Rod	• 회전·추진력을 비트에 전달, 동시에 로드 선단에 절삭유 공급 • 강관형으로 선단에 코어배럴과 비트 장착
Core Barrel	코어형 시료를 채취하기 위한 구성품, 선단에 비트 연결
Bit	• 지반을 굴착하기 위한 절삭장치 • 다이아몬드 비트(경암 이상)와 메탈 비트(연암, 퇴적층)로 구분
Casing Tube	연약지반의 공벽 보호용 강관, 풍화암까지 근입

(2) 코어배럴(Core Barrel)

① 굴착 코어(원기둥형 시료)의 원형 유지 및 채취용 구성품

② 유형: Single Tube형, Double Tube(이중)형, Line Wire형

③ 코어 회수율과 시료의 원상태를 고려하여 선정

④ 일반적으로 NX 이상의 이중 코어배럴 사용

- 외경 $\varnothing73.82mm$, 내경 $\varnothing57.15mm$
- 풍화대·파쇄대에서는 삼중 코어배럴, 대심도일 경우 NQ규격 사용

Ⅳ 유의사항

1. 사전검토사항

(1) 대지 및 구조물 조건

① 건축대지 지형, 지질 및 지반조건

- 가능 시 인근의 지반조사 자료 및 선행공사 관계자의 조언 참조

② 현장 규모, 구조물의 종류 및 중요도

③ 표준개소 이상의 추가 시추의 필요성 여부

④ 시추공(Bore Hole) 직경·간격 및 심도

⑤ 반드시 책임기술자의 판단에 근거하여 결정

(2) 시추기 선정

① 대상 지반의 심도와 목적 고려, 공사감독자 승인 필요

② 일반적으로 회전식 시추 적용

③ 풍화대층 상부 케이싱 사용 고려, 공벽 붕괴 방지

④ 필요시 물리탐사 병용 고려, 지하공동부 및 지지층 기복이 큰 지반

[시추기 유형]

회전(Rotary)식	• 시추용 이수와 드릴비트 사용, 건축현장에 주로 적용 • 깊은 시추에 적합, 시간 및 비용 소요, 불교란시료 채취 가능
충격(Percussion)식	• 로드의 충격력으로 암을 파쇄하면서 시추 • 굴진 속도 신속, 암석층 공동 및 연약층 조사에 유용 • 분말상 교란시료만 채취 가능
오거(Auger)식	• 강관형 오거로 지반을 천공하여 불교란시료 채취 • 표준관입시험 병행 가능
기타 유형	• 수세식 오거: 소규모 연약지반 조사에 적용 • 암코어 시추: 암석층 및 전석층에 적용

3. 시추 중

① 시추 작업 중 공사감독자 입회
- 또는 공사감독자에게 위임받은 전문기술자 입회

② 단계별 시추 및 지반 시료채취, 코어배럴 및 샘플러 사용

③ 실내 토질시험 및 암석 판정, 흙시료 및 암석시편 이용
- 흙시료: 물리적시험, 역학적시험, 화학적시험
- 암석시편: 코어 채취율, RQD, 암석명, 색깔, 절리 간격·경사, 절리면 거칠기

④ 현장 원위치시험 실시
- 사운딩시험(표준관입시험), 재하시험, 투수시험 등

⑤ 지하수위 측정 및 기록, 조사 완료 시까지 매일 공내수위 측정·기록
- 상수위는 인근 우물수위 및 계절적 수위변동 종합하여 결정

4. 시추 후

① 24시간 간격으로 3회(24h, 48h, 72h) 지하수위 측정 및 기록

② 관련법령에 따라 폐공 처리, 시멘트 페이스트·모르타르 충전
- 오염물질 유입으로 인한 지하수 오염 확산 방지

③ 시추공별 시추주상도 작성, 지반조사보고서에 포함
- 시추공 굴착자·조사자 외 각종 조사 정보 명기

Ⅴ 결론

1 시추조사는 건축대지의 지반정보를 획득하기 위한 가장 기본적인 지반조사 수단으로서 조사자료의 신뢰도와 적정 활용이 중요하다.

2 조사단계에서 획득 정보의 신뢰도를 높이고 설계 및 시공 단계에서 이를 최적으로 활용하려면 지반조사자, 공사감독자, 전문기술자, 공사담당자(시공·감리 담당) 등의 입회와 확인 능력이 전제되어야 한다.

1113 | 표준관입시험(SPT, Standard Penetration Test)

I 개요

① 표준관입시험은 시험장치를 사용하여 건축대지의 원위치에서 N값과 실내 토질시험에 필요한 시료를 채취하기 위해 실시하는 시험이다.

② N값은 샘플러에 채취한 시료의 관찰 및 실내 토질시험 자료와 더불어 지반조사보고서상 토질주상도와 함께 표시한다.

시험 목적	➡	시험방법
• 지반 지지력/지반 밀도 • 기타 지반정보		• 샘플러 위치 • 해머 타격/유의사항

II 시험 목적

1. 지반의 지지력 산정

① N값 측정

② 지반의 지지력, 말뚝 연직지지력 등

2. 지반 밀도 파악

① 사질토: 상대밀도, 내부마찰각, 탄성계수, 액상화 가능성

② 점성토: 점착력, 연경도, 압밀침하량 유추

3. 기타 지반정보 획득

① 교란·불교란 시료 채취, 시추로드 선단의 샘플러 사용

• 실내 토질시험에 이용, 흙의 종류 및 물성 파악

② 투수계수, 압밀성 등

III 시험방법[10]

1. 샘플러 위치

① 시험위치까지 지반천공, 시추공 지름 $\varnothing 65\sim150\text{mm}$

• 오거식, 회전식, 충격식 시추기 사용(주로 회전식 적용)

---

10) KS F 2307(표준 관입 시험방법) 참조

② 시험 수직간격: 매 2m 이하, 교란시료 채취 시 매 1m
- 또는 지층 대표성이 있는 곳, 지층이 변하는 곳에서 시험 실시

② 시추로드 선단에 샘플러 부착
- 상부에는 앤빌(Anvil)[11] 및 가이드용 시추로드 연결

③ 공저에 샘플러 자중 재하
- '자중관입 ≥ 450mm'일 경우 차회 심도에서 시험

④ 앤빌에 해머 재하, '관입장 ≥ 450mm'일 경우 차회 심도에서 시험
- '총자중관입량 ≤ 600mm'일 것, 초과 시 차회 심도에서 시험
- 총자중관입량＝시추로드 자중관입량＋해머 자중관입량

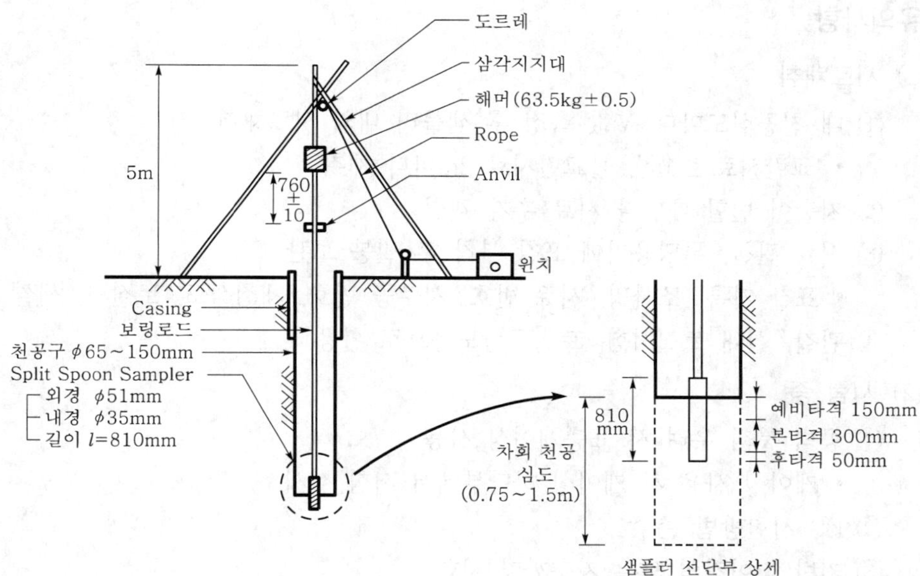

2. 해머 타격

(1) 예비타격

① 굴착저면의 이완 영향 고려

② 공저에서 150mm 관입 시까지 타격
- '$N \geq 50$' 예상 지반은 '관입량 < 150mm' 적용

③ 낮은 낙하고(낙하고 < 760mm)로 경타격, 타격 중 관입저항 확인

---

11) 앤빌(Anvil): 해머의 타격을 직접 받는 강제부위, 2022년 개정 전의 명칭은 '노킹블록(Knocking Block)'

(2) 본타격 및 N값 측정

① 앤빌 위 해머(63.5±0.5kg) 타격, 해머 자유낙하고(760±10mm) 유지
- 반자동식 또는 자동식 해머 낙하장치 사용

② 본타격 횟수 ≥ 50회

③ 300mm 관입 단위로 타격횟수 측정

④ 타격횟수 측정 시마다 N값 기록(mm 단위), 자동 기록장치 사용
- 분수형 N값 표시: 타격횟수(분자)/누계 관입량(분모)
- 45/300: 45회 타격으로 300mm 관입, 50/150: 50회 타격으로 150mm 관입

⑤ 예비타격에서 50회 도달 시 해당 누계 관입량을 N값으로 기록

3. 유의사항

(1) 시료채취

① 매 천공심도마다 N값 측정 후 샘플러 내의 시료채취
- '교란시료 ≤ 1m', 불교란시료 2m마다 채취

② 지층이 변할 때마다 시료 추가 채취

③ 시료 관찰, 투명용기에 표찰 부착 후 밀봉 보관
- 표찰 기록: 조사명, 시료 번호, 시추공 번호, 채취심도, 토질명, 색깔, 채취일 등

④ 관찰, 실내 토질시험, 토질주상도용으로 활용

(2) 시험 중

① 공벽 붕괴 우려 시 표층케이싱 사용
- 케이싱 사용 시 케이싱 하단부에서 시험 실시

② KS 시험방법 준수

③ 기반암 이전의 모든 지층까지 시험

④ N값 기록: 시험장비 효율 60%(N60) 기준으로 환산할 것

(3) N값 보정

① 시추로드 길이에 의한 (−) 보정

② 토질상태에 대한 보정, 실트질·세사층일 경우 (−) 보정

③ 상재압 보정: 지표면이 사질토일 때 (+) 보정

1114 토질주상도

I 개요

① 토질주상도(시추주상도)는 시추조사의 결과를 정리한 그림으로 지층의 성질, N값, 공내 지하수위, 코어 회수율, RQD, 불연속면의 발달 상태 등을 명시한 문서이다.

② 토질주상도에 표시한 지반정보는 지하구조물의 설계·시공 과정에서 가장 폭넓게 활용되는 지반조사 자료이다.

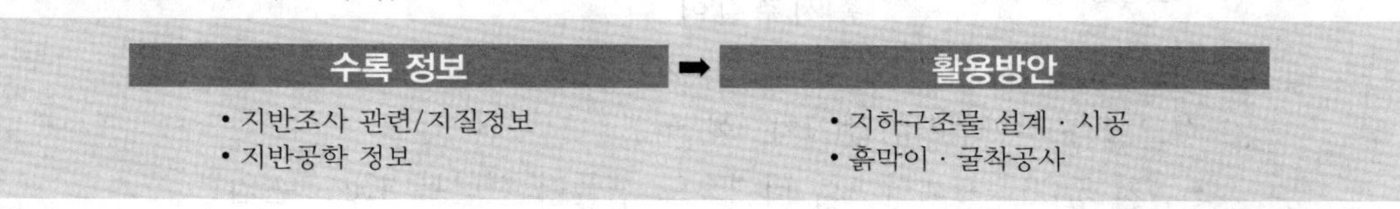

II 수록 정보[12]

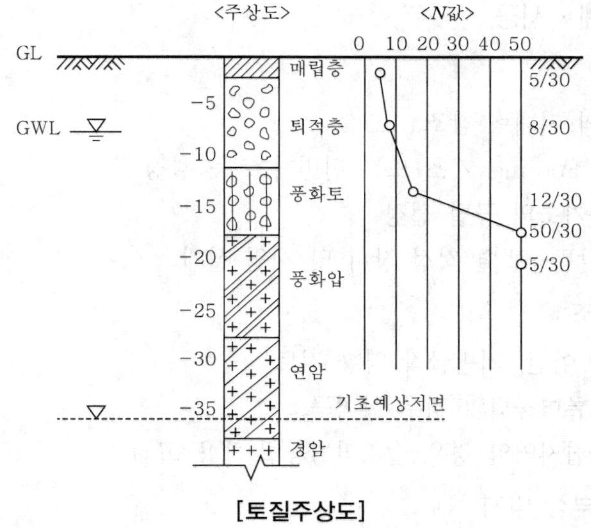

[토질주상도]

1. 일반 정보

① 공사명(현장명), 조사 일자(착수일~종료일)

② 시추 위치(Boring Hole 번호), 지반 표고

③ 지하수위(GL-)

④ 조사자 및 확인자

⑤ 시료채취 방법

• 자연시료, 표준관입시험에 의한 시료, 코어시료, 흐트러진 시료 등

---

12) KCS 102020 1.8(3) 참조

2. 지층별 정보

① 시추 심도 및 지층 두께(층후, 層厚)

② 지층 설명: 색상, 입도, 조밀 상태, 토질별 혼합 정도, TCR 및 RQD

- TCR(Total Core Recovery, 코어 회수율)

$$TCR(\%) = \frac{\text{회수된 암편 } Core \text{ 길이}}{\text{총 시추길이}} \times 100$$

- RQD(Rock Quality Designation, 암질지수)

$$RQD(\%) = \frac{\Sigma 10cm \text{ 이상의 코어길이}}{\text{총 시추길이}} \times 100$$

③ 시료 정보: 시료번호, 채취방법, 채취심도

④ 심도별 표준관입시험값(N치, 회/cm)

- N치 5/30 → 해머 5회 타격으로 샘플러 선단부 30cm 관입

Ⅲ 활용방안

1. 지하구조물 설계 · 시공

(1) 기초형식

① 굴착저면의 지내력 참조

② 직접기초: Footing 기초 또는 전면기초 등 결정

③ PHC 말뚝기초의 공법 선정

④ 현장타설말뚝공법별 적정 장비 및 제원 설계

(2) 지하 외벽구조

① 인접 근린 여건, 지반굴착 영향 검토

② 주열식 토류벽공법일 경우 합벽구조

③ 도심지 밀집지역일 경우 슬러리월공법 채용 고려

(3) 지하구조물 부상 방지

① 토질 및 지하수 분포에 따라 공법 상이

② 지하수 유입량이 큰 지반, Rock Anchoring

③ 지하수 유입량이 작은 비배수 지반, De-Watering

④ 또는 경사지반, 자연배수공법 등 고려

(4) 계측 위치별 항목 결정

① 흙막이 구조물의 변위

② 주변지반과 인접구조물의 변위

③ 지하수위 변동 등의 계측계획 등에 활용

2. 흙막이 및 굴착공사

(1) 흙막이 차수 계획

① 흙막이 공법 채용, 흙막이 배면의 토질·지하수위 고려
② 굴착심도와 면적, 지하수위의 수직·수평 분포 참조

(2) 배수 계획

① 토질주상도상의 공내 지하수위, 토질분포 참조
② 현장 원위치시험(투수시험, 간극수압) 결과 반영
③ Deep Well, Well Point, 집수정 등의 설치 수량위치 계획

(3) 굴착 공법·장비 선정

① 토질·암반층의 종류와 두께 참조
② 굴착·파쇄 장비와 공법 선정
③ 도심지일 경우 저소음·저진동 공법 채용

---

tip　지반분류 명칭별 특징

지반 명칭	특징	시추조사 분류/탄성파 속도
퇴적토층	• 원지반에서 분리, 이동되어 다른 곳에 퇴적된 층 • 대체로 원지반보다 연약, 입자 크기·구성에 따라 세분	흙의 통일분류법으로 세분
풍화토층	• 조암광물이 대부분 완전 풍화, 암석 결합력 상실 • 절리 대부분 풍화산물 점토 등 2차광물로 충전, 흔적만 보임 • 함수 포화 시 전단강도 현저히 저하, 손으로 쉽게 파괴	$N < 50$회/10cm 흙의 통일분류법으로 세분 탄성파 속도 < 1.2(km/s)
풍화암층	• 심한 풍화로 암석 색조가 변색 • 절리에 충전물이 채워지거나 열린 절리가 많음 • 가벼운 망치 타격에 쉽게 파괴, 칼 흠집 가능 • 절리간격은 좁음 이하, 시추 시 암편만 회수	$TCR \geq 10\%$, $N \geq 50$회/10cm, $q_u < 100$kg/cm^2 탄성파 속도 1.0~2.5
연암층	• 절리면 주변의 조암광물은 중간 풍화·변색 • 강한 망치 타격에 다소 맑은 소리로 파괴 • 절리면 대부분이 밀착, 절리간격 넓음	$TCR \geq 30\%$, $RQD \geq 10\%$, $q_u < 100$kg/cm^2, $J_s \geq 20$cm 탄성파 속도 2.0~3.2
보통암층	• 절리면에서 약한 풍화가 진행되어 일부 변색 • 강한 망치 타격에 다소 맑은 소리로 파괴 • 절리면 대부분이 밀착, 절리간격이 넓음	$TCR \geq 60\%$, $RQD \geq 25\%$, $q_u < 250$kg/cm^2, $J_s \geq 60$cm 탄성파 속도 3.0~4.2
경암층	• 조암광물의 대부분이 거의 신선 • 강한 망치 타격에 맑은 소리로 파괴 • 절리면 잘 밀착, 절리간격 매우 넓음	$TCR \geq 80\%$, $RQD \geq 50\%$, $q_u < 500$kg/cm^2, $J_s \geq 200$cm 탄성파 속도 4.0~5.0
극경암층	• 거의 완전하게 신선한 암 • 강한 망치타격에 맑은 소리로 잘 깨지지 않음 • 절리면 잘 밀착, 절리간격 극히 넓음	$TCR \geq 80\%$, $RQD \geq 75\%$ $q_u < 1000$kg/cm^2, $J_s \geq 300$cm 탄성파 속도 > 4.8

1115 ｜ 베인전단시험

Ⅰ 개요

① 베인전단시험(Field Vane Shear Test)은 점성토층에 "＋" 자형 단면의 Vane을 관입시키고 베인의 회전 저항력으로 점성토의 점착력을 판별하기 위한 현장 Sounding 시험이다.

② 베인을 시험지반에 위치시키는 방식에는 시추공을 이용하는 방식과 직접 관입하는 방식이 있다.

시험목적	→	시험방법	→	유의사항
• 불교란 점성토지반 • 교란 점성토지반		• 시추공 천공/베인 관입 · 천공 • 전단강도 산정		• 시험기구 • 시험과정

Ⅱ 시험목적

1. 불교란 점성토지반

① 비배수 전단강도 추정
② 점성토의 점착력 판별

2. 교란 점성토지반

① 전단강도 추정
② 지반의 안정성 해석
③ 지내력 산정
④ 예민비 추정 등

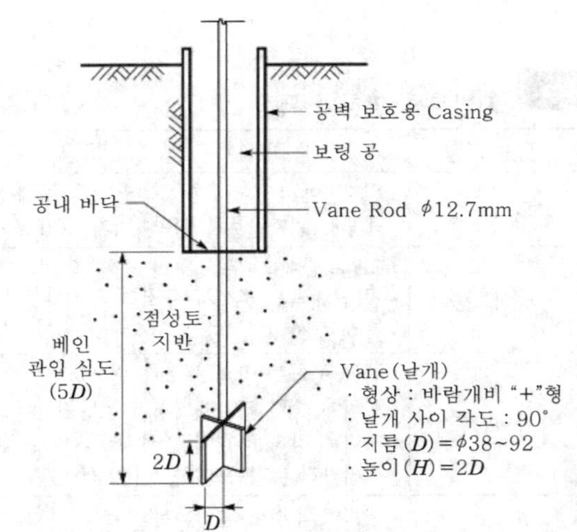

Ⅲ 시험방법[13]

1. 시추공 천공

① 연약 점성토층의 파악
② 베인 시험 위치 결정
③ 인접 시추공과 2~3m 근접하여 예정 심도까지 천공, 또는 직접 관입

---

13) KS F 2342(점성토의 현장 베인 전단시험 방법) 참조

2. 베인 관입 및 회전

① 케이싱 설치 후 공내 청소
② 베인 직경의 5배 가량 압입
③ 베인 최대회전저항치 산정
④ 재성형(Remold) 상태의 최대회전력 산정

3. 전단강도 산정

① 점성토 전단에 필요한 회전모멘트(T) 산정
② $T = S \times K$

　　여기서 T: 베인의 회전력(N·mm)
　　　　　S: 점성토의 전단강도($= C$, MPa)
　　　　　K: 베인의 치수와 형태에 따른 상수(mm^3)

③ 산정값 기록

- 시험일자, 보링공 번호, 베인 치수·모양, 파괴 소요시간, 재성형 비율 등

Ⅳ 유의사항

1. 시험기구

① 지반이 연약할수록 큰 지름의 베인 사용
② KS 추천치수의 기구 사용

- 이외의 치수일 경우 현장 책임기술자 승인 필요

[현장용 베인의 KS 추천치수, mm]

케이싱 크기	지름	높이	날의 두께	Rod 지름
AX	38.1	76.2	1.6	12.7
BX	50.8	101.6	1.6	12.7
NX	63.5	127.0	3.2	12.7
101.6(내경)	92.1	184.1	3.2	12.7

③ 회전력 측정은 전자식 계측기 사용

2. 시험과정

① 연약한 포화상태의 점성토지반에 적용
② 유기질이 많거나 굳은 점성토지반에는 부적합
③ 베인 관입 시 지반의 교란 방지
④ 회전 로드의 주면마찰력 영향 고려

1121 흙의 전단강도

I 개요

1. 흙의 전단강도는 외력으로 전단응력이 발생할 때 전단파괴(활동 및 변형)에 저항하는 전단 저항(Shearing Resistance)의 최대치를 일컫는다.
2. 지반이 전단파괴하면 지반과 구조물의 안정[14]을 저해하므로 사전에 지반의 전단강도를 파악하여 적절한 설계 및 시공대책을 강구하여야 한다.

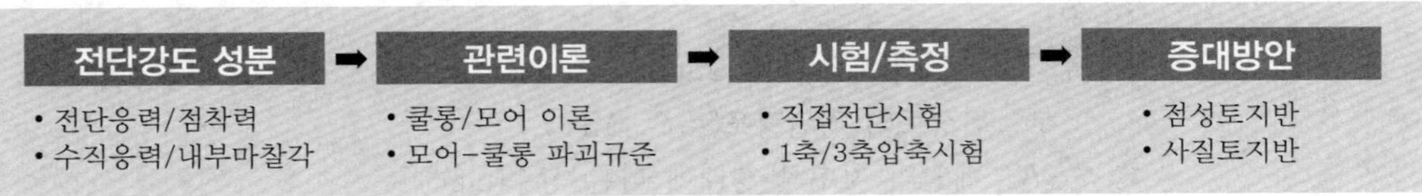

II 전단강도 성분

▶ 지중 고체에 작용하는 응력에는 수직응력, 전단응력, 휨응력 등이 있다.

▶ 전단강도(전단응력 최대치) 성분(강도정수)은 토립자의 점착력, 지중의 수직응력, 토립자 간 내부마찰각 등으로 해석한다.

[토질별 전단강도 성분]

(τ : 흙의 전단강도, c : 흙의 점착력, σ : 수직응력, ϕ : 내부마찰각)

1. 전단응력

① 전단면에 평행하게 작용하는 응력

② 전단력에 대항하는 물질응력, 외력 작용 전 상태를 유지하려는 전단저항력

③ 단위당면적 당 전단력

- 전단응력 $= \dfrac{전단력}{전단면적} = 점착력 + 수직응력 \times \tan\phi$

---

14) 지반의 활동에 대한 안정, 흙막이 가시설물 및 구조물의 안정 등의 의미를 말한다. 지반의 전단강도가 취약하면 각각 사면 활동, 흙막이 구조물 변형·변위, 상부구조물 침하 등의 불안정 현상이 발생한다.

④ 전단강도＝전단 활동면상의 전단응력 최대치

• 즉, 흙이 전단파괴에 이르기 전까지의 전단응력 최대치

〈전단력, Shear Force〉
• 물체 안 임의의 평행면에 반대방향으로 같은 크기의 힘이 작용하여 역방향으로 어긋나도록 작용하는 힘
• 재료 내의 서로 접근한 두 평행면에 크기는 같으나 반대방향으로 작용하는 힘, 이 힘의 작용으로 2면간에 서로 미끄럼 현상 유발
• 부재 축에 직각방향으로 힘이 작용할 때 그 면에 따라서 부재를 절단하려는 힘

2. 점착력(粘着力, Adhesion)

① 점성토의 전단강도 정수

• 외부 변형력(외력)에 대한 저항력, 수직응력과 무관

② 토립자가 흩어지지 않고 서로 부착하는 힘

• 미세 토립자의 표면장력[15]으로 물이 흡착하여 점성 발휘

• 토립자가 미세할수록 점성 증대

③ 유체 흐름에 대한 저항력, 액체·기체 내부에 나타나는 마찰력

• 미세입자의 흙이 미끄러지는 면에 작용하는 전단 저항력

④ 점착력은 소성상태에서 최대, 액성상태에서 최소

⑤ 순수 사질토의 점착력은 '0'

3. 수직응력(垂直應力, ＝法線應力)

▶ 재료 단면에 수직으로 작용하는 단위면적당 내력, 인장응력과 압축응력으로 구분한다.

▶ 압축응력 관점에서 전응력, 유효응력, 주응력 등의 개념을 설명한다.

(1) 전응력(全應力, Total Stress)

① 지중에서 흙의 단위면적당 작용하는 수직응력

• 흙은 토립자와 간극(물과 공기)으로 구성

② 유효응력과 간극수압의 합, 전응력＝유효응력＋간극수압

〈간극수압, 공극수압〉
• 間隙水壓(空隙水壓), Pore Water Pressure, Neutralstress, Pore Pressure
• 토립자 간극에 머물러 있는 물(간극수)의 압력을 말한다.
• 정수압(靜水壓) 상태의 간극수압은 토립자의 압축이나 마찰에 무관하다.
• 하중이 작용하면 과잉 간극수압 상태가 되어 간극수가 유동한다.
• 간극수가 유동하면 지반에 따라 액상화 또는 압밀을 유발시킨다.

---

15) 표면장력: 물 분자 간의 응집력

〈간극수(공극수)〉
- 間隙水, 空隙水, Pore Water
- 고결되지 않은 토립자 사이(간극)에 존재하는 물
- 토립자 표면의 흡착수, 미세 모관상의 간극 내에서 모관력[16]으로 존재하는 모관수, 비교적 큰 간극에서 중력에 지배되는 중력수 등으로 구분한다.
- 간극수 압력은 하중재하 유무에 따라 정수압과 과잉 간극수압 상태로 구분한다.

(2) 유효응력(有效應力, Effective Stress)

① 토립자 간의 접촉에 의해서 발생하는 응력

② 유효응력이 증가하면 지반의 역학적 강도(전단강도)는 증가

③ 전응력에서 간극수압을 뺀 값

유효응력＝전응력－간극수압

(3) 주응력(主應力, Principal Stress)

① 전단응력이 0인 면(=주응력면)에 작용하는 수직응력
- 주응력면에 작용하는 법선 방향의 응력

② 전단응력은 작용하지 않고 수직응력만 작용할 때의 응력

③ 3개의 서로 수직인 면 가운데 하나의 면에 직각인 응력

④ 모어 이론에서 최대주응력, 최소주응력, 중간주응력으로 구분

4. 내부마찰각(內部摩擦角, Internal Friction Angle)

① 사질토의 전단강도 정수

② 상부하중에 대한 흙의 전단저항각, 토립자 간의 마찰저항 요소
- 마찰저항은 전단면(剪斷面)에 작용하는 수직응력에 비례
- 마찰저항은 수직응력에 내부마찰각의 tan값을 적용하여 산정

③ 내부마찰각 영향 요소
- 토립자 크기·분포·형상(흙의 종류), 상대밀도(다짐도), 함수량, 구속압력 등

④ 토압, 지반 지지력, 경사면 안정 등의 산정에 필요

⑤ 순수 점성토의 내부마찰각은 0, 느슨한 모래 30~40°, 다진 모래 40~45°

---

16) 모관력(毛管力, Capillary Forces): 가느다란 관을 통해 상승하는 물의 힘, 모관력은 물 분자와 고체표면 사이 부착력(Adhesion)과 물 분자 사이 응집력(Cohesion)의 작용에서 비롯된다.

Ⅲ 관련이론

▶ 흙의 전단강도 관련 이론에는 쿨롱의 파괴규준과 모어 이론이 있다.

1. Coulomb 파괴규준(Coulomb's Failure Criteria)

▶ 흙의 전단강도 일반이론으로 전응력 또는 유효응력 산정식이 있다.

(1) $S = \tau = c + \sigma \tan\phi$

　　　여기서, S 또는 τ : 흙의 전단강도(kN/m^2, kg/cm^2) [17]
　　　　　　　　　('σ'이 파괴 시에는 'S', 비파괴 시에는 'τ'로 표기)
　　　　　　　　　c : 흙의 점착력(kN/m^2, kg/cm^2)
　　　　　　　　　σ : 剪斷面에 작용하는 수직응력(kN/m^2, kg/cm^2)
　　　　　　　　　ϕ : 내부마찰각

　① 전응력으로 수직응력 해석
　② 간극수압 영향 미고려

(2) $\tau = c + (\sigma - u)\tan\phi = c + \bar{\sigma}\tan\phi$

　　　여기서, u : 간극수압, $\bar{\sigma}$: 유효응력

　① 유효응력으로 수직응력 해석
　② 유효응력($\bar{\sigma}$) $= \sigma - u$, 간극수압이 하중에 의해 소산(消散)하면 전단파괴
　③ 간극수압 영향 고려

2. 모어 이론(Morh's Theory)

(1) 주응력면(主應力面, Principal Stress)

　① 수직응력이 최대로 되어 전단응력이 생기지 않은 면
　② 임의 점에서 수직응력이 최대이고 전단응력이 생기지 않는 3개의 면
　③ 3가지 응력의 주축(主軸)과 각각 직교하는 3면
　④ 주응력이 작용하는 면으로 전단응력(접선응력)이 0인 면

(2) 주응력(主應力, Principal Stress)

▶ 법선응력은 최대주응력, 최소주응력, 중간주응력 등이 있다.

〈法線, Normal Line〉
• 평면에 있는 직선의 한 점을 지나면서 이 직선에 수직인 직선, 평면곡선의 경우 그 곡선 위의 한 점에서 그은 접선에 수직인 직선을 원래 곡선의 법선이라고 한다.
• 삼차원 공간에 있는 평면 위의 한 점을 지나면서 그 평면에 수직인 직선을 법선이라고 한다. 마찬가지로 삼차원 공간에 있는 곡면 위의 한 점에서 접평면이 존재하는 경우 이 접평면에 수직인 직선을 원래 곡면의 법선이라고 한다(수학백과, 2015, 대한수학회).

---

17) 전단강도, 수직응력 등의 단위 병행을 허용하였으나 'KS F 2314'에 따라 SI 단위인 'kN/m^2, 또는 MPa'로 표현하는 것이 바람직하다.

▶ 파괴에 관계하는 것은 최대주응력과 최소주응력만으로 본다.

① 최대주응력(Maximum Principal Stress, σ_1)

- 주축(主軸) 방향에 생기는 주응력 중에서 최대치를 가지는 응력
- 지중 임의 점에 수직으로 작용하는 응력(＝土皮壓)
- 내부마찰각: 최대 주응력면과 응력을 구하려는 면이 이루는 각

② 최소주응력(Minimum Principal Stress, σ_3)

- 주응력 중 가장 작은 값, 지중 임의지점에서 수평으로 작용하는 응력
- 일반적으로 봉압실험에서 적용 봉압이 최소주응력

〈봉압, Confining Pressure, 拘束封壓〉
- 축압축 시 축방향 하중과(axial loading)는 별도로 가하는 측압
- 봉압실험은 지하구조물 축조 시 지압에 대응하는 압력을 조사하여 그때의 파괴강도를 얻기 위해 실시한다.

③ 중간주응력(Middle Principal Stress, σ_2)

- 3축 방향의 주응력 중 중간 값인 것
- 축대칭인 입방체 및 원기둥체는 중간주응력 미고려

(3) 모어 응력원(Mohr's Circle, 모어 應力圓, 모어 圓)

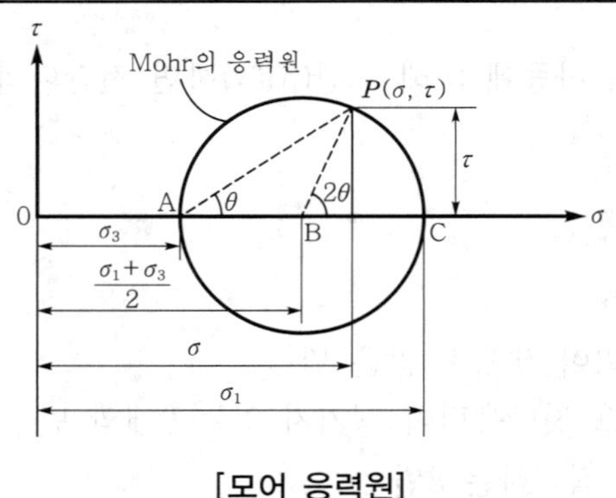

[모어 응력원]

※ 응력원 'P점'의 수직응력 & 전단응력

- 수직응력: $\sigma = \dfrac{\sigma_1+\sigma_3}{2} + \dfrac{\sigma_1-\sigma_3}{2}\cos 2\theta$

  → 최대수직응력은 $\theta = 45°$일 때 발생한다.

- 전단응력: $\tau = \dfrac{\sigma_1-\sigma_3}{2}\sin 2\theta$

- 중심좌표 $\left(\dfrac{\sigma_1+\sigma_3}{2},\ 0\right)$, 반경 $\left(\dfrac{\sigma_1-\sigma_3}{2}\right)$

① '$\sigma - \tau$'의 응력 조합을 수평축 상에 중심을 가진 원으로 나타낸 것

- 최소주응력(σ_1)과 최대주응력(σ_3) 차이의 벡터를 반지름으로 그린 원
- 중심이 $\left(\dfrac{\sigma_1+\sigma_3}{2},\ 0\right)$이고, 반경이 $\left(\dfrac{\sigma_1-\sigma_3}{2}\right)$인 원의 방정식
- 중간주응력(σ_2)을 무시한 2차원적 해석

② 지중 임의 평면상 응력상태를 파악하는 데 활용

- 내부마찰각(위 그림의 "θ"값)으로 수직응력 및 전단응력 산정

③ 독일의 응용역학자 모어가 제안

(4) 모어 파괴포락선(Morh's Failure Envelope)

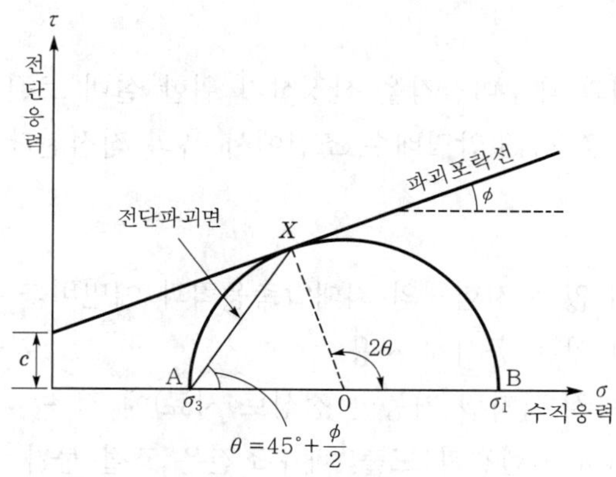

[모어 파괴포락선]

① 상이한 응력조건의 3축압축시험에서 파괴 시의 응력원군을 포락하는 선
- 좌표계상 응력원(σ, τ)들의 공통 접선, 전단응력과 주응력의 규준선

② 공시체 파괴 시 측압(σ_1, σ_3) 관계에 대한 복수의 모어 응력원 작도

③ 점착력＝세로축 기점(절편), 내부마찰각＝파괴포락선(직선) 기울기

④ 실제 규준선은 곡선, 편의상 직선으로 표현

3. 모어-쿨롱 파괴규준

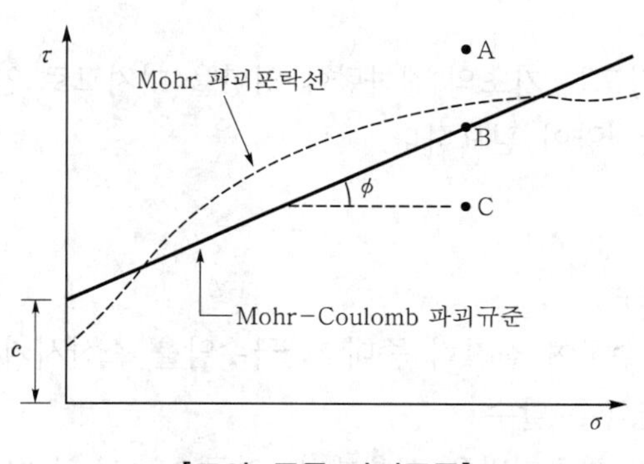

[모어-쿨롱 파괴규준]

① 모어 이론과 쿨롱 파괴규준의 종합 개념
- 모어 포락선과 쿨롱 파괴규준선 개념은 동일

② 지중 특정지점의 전단파괴 여부 판단
- 파괴규준선 상·하부 위치만으로 판단 가능

③ 좌표(σ, τ)별 전단파괴 여부
- A점: 전단파괴 미발생
- B점: 파괴규준선 상으로 전단파괴, C점: 전단파괴 이후 상태로 존재 불가

Ⅳ 시험 및 측정

1. 직접전단시험

① 지반의 점착력과 내부마찰각을 산정하기 위한 실내 토질시험
② 시험방법: KS F 2343(압밀배수 조건에서 흙의 직접전단 시험방법)

2. 일축압축시험

① 구속압을 받지 않는 시험체의 최대압축응력과 예민비를 추정하는 시험
  • 측압을 받지 않는 공시체 사용
② 불교란 점성토 시료(자립 가능한 점성토 시료)에 적용
③ 비배수 조건에서 시험결과 도출, 배수조건은 조절 불가
④ 시험방법: KS F 2314(흙의 일축압축시험 방법)

3. 삼축압축시험

① 3면 구속압 시험체로 압축시험의 배수조건 변화를 측정·해석
② 흙의 점착력, 내부마찰각, 간극수압 파악
③ 시험 유형: 비압밀 비배수시험, 압밀 비배수시험, 압밀 배수시험 등

Ⅴ 증대방안

▶ 기초지반의 전단강도는 기초의 침하량에 영향을 미치므로 연약지반일 경우 전단강도를 높이기 위한 지반개량이 필요하다.

1. 점성토지반

① 지반 압밀·탈수
  • 간극수를 배수하여 점착력 증대, 간극수압을 소산시켜서 유효응력 증대
② 선행재하 & 간극수 탈수
  • 예정구조물의 기초지반을 선행재하, 간극수압 소산 유도
  • 또는 지중 탈수공법으로 배수시간과 배수거리 단축

2. 사질토지반

① 다짐공법 적용, 느슨한 사질지반의 밀도 증대
② 지중 간극수 강제배수, 지하수위 저하
③ 지반 내 주입재 그라우팅, 조밀한 지반 조성, LW Grouting, JSP공법 적용 고려

tip 관련용어 정의

외력	흙에 작용하는 상부의 흙 자중과 적재하중에 의한 힘
전단강도	• 剪斷强度, Shearing Strength • 흙에 외력이 작용하면 전단응력으로 활동에 저항하는 전단저항의 최대치
전단응력	• Shearing Stress, 외력에 대응하는 힘 • 물체에 공학적인 성질이나 외력이 작용하였을 때 외력이 작용하기 전의 상태로 유지하기 위해 생기는 그 전단력에 대항하는 물질의 응력
전단저항	전단응력으로 인한 변형과 활동에 저항하는 힘
전단파괴	• 흙이 전단응력을 받아서 현저한 전단변형을 일으키거나 어느 활동면을 따라 전단활동을 일으킨 상태, 전단파괴＝전단변형＋전단활동 • 외력 작용면에서 전단응력이 전단강도를 초과할 때 발생

1122 지반의 유효응력(有效應力, Effective Stress)

Ⅰ 개요

1 지반 내에 작용하는 전응력(全應力)은 유효응력과 간극수압으로 구성된다.

2 유효응력은 순수하게 토립자가 받는 힘으로, 토질역학에서 전단파괴와 압밀침하에 관련된 응력은 전부 유효응력으로 해석된다.

3 지반 내에서 유효응력의 분포가 변화하면 흙의 역학적 성질에 의하여 지반변형이 수반되므로, 공대지에 지반을 굴착하여 건축물을 축조하려면 유효응력의 영향인자를 고려하여 설계 · 시공하여야 한다.

영향인자	➡	유효응력 산정	➡	현장 고려사항
• 흙의 자중 • 지하수/외력		• 쿨롱 파괴규준 • 유효응력 계산		• 굴착 전/중 • 기초설치 시

Ⅱ 영향인자

1. 흙의 자중

① 단위체적질량이 높으면 유효응력이 증가

② 지반조사 요소는 흙입자비중시험, 흙의 단위질량시험 등으로 파악

2. 지하수

① 수위 상승 시: 간극수압의 상승으로 전응력이 증가하지만 유효응력은 변화가 없음

② 수위 저하 시: 간극수압의 저하로 유효응력 증가(지반변형 동반, 전단파괴)

③ 지반조사 요소: 지하수위계, 간극수압계 등으로 지하수위와 간극수압 계측

[지하수위와 유효응력]

3. 외력

(1) 지진, 진동 등의 수평하중력

① 느슨한 사질지반에 수평하중력이 작용하면 액상화 현상 발생

② 액상화 현상 발생 시
   • 순간적 비배수 상태로 인하여 일시적 간극수압 상승으로 유효응력 소실

③ 액상화 이후의 사질지반은 다짐효과로 침하변형되고 유효응력은 이전보다 증가

(2) 상부의 적재하중(연직하중)

　　① 지반 상부에 적재된 각종 적재하중

　　② 구조물, 현장자재, 차량 및 장비 등

Ⅲ 유효응력의 산정

1. Coulomb의 파괴규준

　　① 전단강도 $S = \tau = C + \sigma \tan \phi$

　　　　　여기서, S: 흙의 전단강도(kgf/cm²)

　　　　　　　　C: 점착력(kgf/cm²)

　　　　　　　　σ: 전단면에 작용하는 수직응력(kgf/cm²)

　　　　　　　　ϕ: 흙 입자의 내부마찰각

　　② 유효응력 $\bar{\sigma} = \sigma - u$

　　　　　여기서, σ: 전응력

　　　　　　　　u: 공극수압

2. 유효응력의 계산

<table>
<tr><td>

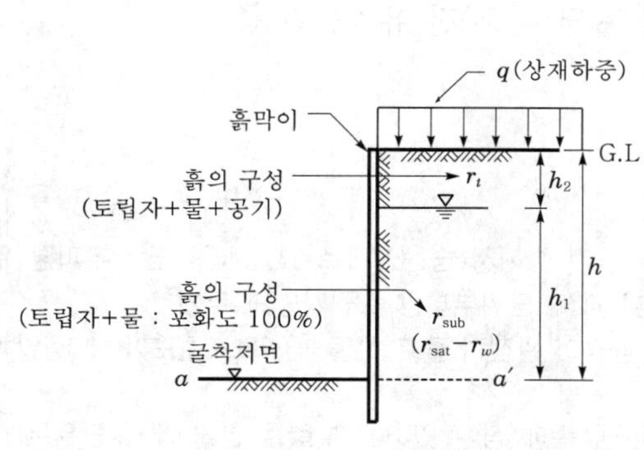

[흙막이 배면의 유효응력]

</td><td>

〈굴착저면의 $a - a'$ 단면에서의 유효응력 분포〉

① $\sigma = \gamma_t \times h_2 + \gamma_{sat} \times h_1 + q$

② $u = \gamma_w \times h_1$

③ $\bar{\sigma} = \sigma - u$

$\quad = (\gamma_t \times h_2 + \gamma_{sat} \times h_1 + q) - \gamma_w \times h_1$

$\quad = \gamma_t \times h_2 + (\gamma_{sat} - \gamma_w) \times h_1 + q$

$\quad = \gamma_t \times h_2 + r$

　　여기서, q: 상재압(상재하중)

　　　　　h: 굴착 깊이(유효응력 측정 위치)

　　　　　h_1: 지하수위

　　　　　h_2: 수두차(상수면위)

　　　　　γ_t: 흙 입자 전체 단위체적질량(습윤단위질량)

　　　　　γ_{sat}: 흙의 포화 단위질량

　　　　　γ_{sub}: 흙의 수중 단위질량

　　　　　γ_w: 물의 단위질량

　　　　　γ_d: 흙의 절건질량

• 단위질량 크기: $\gamma_{sub} < \gamma_d < \gamma_t < \gamma_{sat}$

</td></tr>
</table>

Ⅳ 현장 고려사항

1. 굴착 전

▶ 지반조사 내용을 충분히 검토한다.
① 지반 내 유효응력 요소 파악
② 토립자의 함수상태와 단위질량, 지하수 분포, 상재하중 요소 등

2. 굴착 중

(1) 흙막이 차수벽의 강성, 안정성을 확보
① 지반조건에 적합한 흙막이 시스템 선정
② 흙막이 지보공의 소요단면 확보, 적정간격 유지

(2) Heaving, Boiling 파괴 방지
① 굴착저면과 배면의 유효응력 저하를 고려
② 사질토지반에서의 Boiling, 점성토지반에서의 Heaving 파괴가 없도록 조치

(3) 계측관리 철저
① 지반변형 및 지하수 변동에 의한 지반 내 유효응력의 이상 징후 조기에 발견
② 지하수위계, 간극수압계, 지반변형(수직·수평)계 등으로 철저한 계측관리

3. 기초설치 시

① 지반의 유효응력 증대, 상부하중에 대한 지지력 확보
② 선행압밀 또는 기초지반 내의 공극수 탈수, 사전 유효응력 증대

---

tip **흙의 단위질량(밀도) 구분**

- 습윤단위질량(전체 단위질량, Wet unit weight, γ_t): 공기 중에서 습윤상태로 있을 때의 단위부피당 무게
- 건조단위질량(Dry unit weight, γ_d): 흙을 건조시켰을 때의 단위부피당 토립자만의 무게
- 포화단위질량(Saturated unit weight, γ_{sat}): 흙 중의 공극이 완전히 물로 찼을 때, 즉 포화도가 100%일 때의 단위무게
- 수중단위질량(Submerged unit weight, γ_{sub}): 흙이 물 속에 잠겨 있어서 부력을 받을 때의 단위무게

1123 흙의 연경도(軟硬度, Consistency of Soil)

I 개요

1. 흙의 연경도는 포화 세립토(점성토) 지반이 함수량 감소에 따라 변화하는 물성의 정도를 의미한다.
2. 애터버그(Atterberg)[18] 한계와 관련지수를 통하여 점성토지반의 변형 특성을 설명한다.

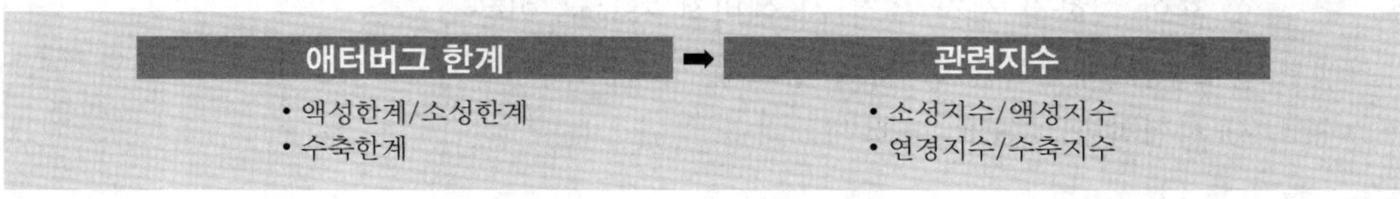

II 애터버그 한계

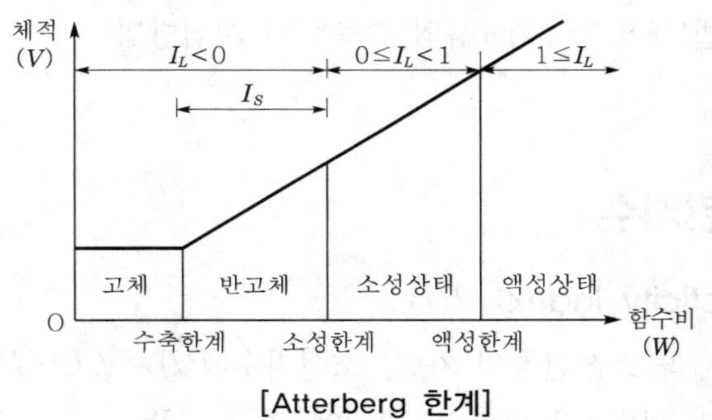

[Atterberg 한계]

1. 액성한계(Liquid Limit: LL)[19]

① 소성상태와 액성상태의 경계가 되는 세립토의 함수비(%)
- 흙이 액성에서 소성으로 변하는 한계
- 액성에서의 최소 함수비, 소성에서는 최대함수비 상태

② 점토분 함유량 및 수축·팽창량에 비례
- 습윤밀도와 건조밀도에 반비례

③ 액성한계에서 모든 흙의 강도값 유사

④ 시험방법: KS F 2303(흙의 액성한계·소성한계 시험방법)
- 액성한계와 소성한계 시험, 소성지수 산정 등 규정

---

18) Adolf von Atterberg(1846~1932): 스웨덴 출신의 토목공학 및 지질학의 학자, 1911년 'Consistency 한계' 발표 후 관련지수를 이용하여 흙의 소성과 유동성의 분석 지표를 제시하였다.

19) 액성한계와 소성한계의 KS기호는 각각 PL과 PP인 반면 수축한계의 기호는 'S_L'로 규정하고 있다. 토질역학 분야에서는 이들의 기호를 각각 W_L, W_p, W_s 등으로 표기하고 있음에 유의할 필요가 있다.

⑤ 액성한계에 따른 세립토의 공학적 분류

> **〈KS F 2324(흙의 공학적 분류 방법)〉**
> - $LL < 50\%$ → 압축성이 작은 무기질 점토(CL)
> - $LL \geq 50\%$ → 압축성이 큰 무기질 점토(CH)

2. 소성한계(Plastic Limit: PL)

① 반고체 상태와 소성상태의 경계가 되는 세립토의 함수비
② 흙의 역학적 성질 추정 시 예비적 자료로 이용
③ 소성한계에서 각종 흙의 강도값 서로 상이
④ 시험방법: KS F 2303[20]

3. 수축한계(Shrinkage Limit: S_L)

① 반고체 상태와 고체상태의 경계가 되는 세립토의 함수비
② 체적이 불변인 상태의 최소 함수비
③ 함수비를 조금만 늘려도 체적 팽창(Bulking)
④ 시험방법: KS F 2305(흙의 수축한계 시험방법)

Ⅲ 연경도 관련지수

1. 소성지수(Plasticity Index: PI)

① 액성한계와 소성한계의 차이, 소성지수$(PI) = LL - PL$
② 소성상태 세립토의 함수비 범위에 대한 지표
③ 점성토 함량과 소성 변형량에 비례
④ 흙의 소성변형 능력 평가 및 세립토 분류에 이용
   - 소성지수 4~7 → 실트질 점토(CL-ML)[21]
   - 구조물 부등침하, 액상화 영향 등 예측
⑤ 비소성(NP, Non Plastic) 사질토는 적용 불가

2. 액성지수(Liquidity Index: LI)

① 자연상태 흙의 함수비(자연함수비) 정도를 나타내는 지수
② 자연함수비와 소성한계의 차이를 소성지수로 나눈 값

$$\text{액성지수}(LI) = \frac{w_n - PL}{PI} = \frac{w_n - PL}{LL - PL} \quad \text{여기서, } w_n: \text{자연함수비}$$

---

20) 종전에는 'KS F 2304(흙의 소성한계 시험방법)'을 적용하였으나 2000.09.19. 'KS F 2303'으로 통폐합되었다.
21) KS F 2324(흙의 공학적 분류방법) 참조

③ "0"에 가까울수록 안정 상태

- 액성지수가 높을수록 물포화량 및 유동성 증가

④ 흙이 유동상태로 변하기 시작하는 함수비 파악

[액성지수별 지반 특성]

$LI > 1$	**정규압밀 점성토**, 극히 예민한 점성토
$LI = 1$	**정규압밀 점성토**, 함수비가 액성한계 상태인 점성토
$LI = 0$	**과압밀 점성토**, 자연함수비＝소성한계, 안정 상태의 점성토
$LI \leq 0$	**과압밀 점성토**, 또는 염류가 용탈된 점성토

〈흙의 Stress History, 압밀상태〉 → 과압밀비에 따라 압밀상태 평가
- **과압밀비(過壓密比, OCR, Over Consolidation Ratio)**: 흙이 과거에 받았던 최대하중(선행압밀하중, σ_c)과 초기유효상재하중(σ_o)의 비, $OCR = \sigma_c / \sigma_o$
- **정규압밀(NC, Normal Consolidation)**
  - 현재 받고 있는 유효연직압력이 선행압밀하중인 상태, '초기유효상재하중＝선행압밀하중' 상태의 압밀 $OCR = \sigma_c / \sigma_o = 1$
  - 정규압밀점토(Normally Consolidated Clay): 초기유효상재하중보다 큰 크기의 하중 경험이 없는 흙
- **과압밀(OC, Overconsolidation)**
  - 현재 받고 있는 유효연직압력이 선행압밀하중보다 작은 상태, '초기유효상재하중＜선행압밀하중' 상태의 압밀 $OCR = \sigma_c / \sigma_o > 1$
  - 과압밀점토(Overconsolidated Clay): '현재 하중＋추가 하중＜선행압밀하중', 압밀침하 거의 미발생
- **과소압밀**
  - '초기유효상재하중＞선행압밀하중' 상태의 압밀
  - 과소압밀점토: 준설토 매립지나 연약 퇴적점토층인 경우 추가하중 없이도 압밀 진행 $OCR = \sigma_c / \sigma_o < 1$

〈점성토지반의 작용하중〉
- **초기유효상재하중(유효연직압력)**
  - 특정 토층의 작용하중에서 간극수압을 제외한 값, 초기유효상재하중＝총 하중－간극수압
  - 토층의 압밀량 영향요소로서 압밀량은 초기유효상재하중에 비례
- **선행압밀하중(선행압밀압력)**
  - 지금까지 흙이 받았던 최대 유효압밀하중(토층에 작용했던 최대 유효응력), 추후의 압밀량은 선행압밀하중에 반비례
  - 지반조사를 통하여 과거의 하중 이력(빙하하중/해수면 변동/인공구조물/운하건설 등으로 인한 경험하중) 추정

3. 연경지수(Consistency Index, CI)

① 소성지수에 대한 액성한계와 자연함수비와의 차이의 비율

- 연경도지수$(CI) = \dfrac{LL - PL}{II} = \dfrac{LL - w_n}{LL - PL}$

② 소성범위 내에서 액성에 근접하는 정도를 나타내는 지수

- '점성토의 상대적 굳기'를 평가하기 위한 지수

③ 연경지수가 높을수록 압밀량 증대
- '0' 근접: 고체상태에 접근, 변형저항성 증대, 부서지기 쉬움
- '1' 근접: 액성상태에 접근, 변형저항성 감소, 유동성 증대

4. 수축지수(Shrinkage Index, SI)

① 소성한계(W_p)와 수축한계(W_S)의 차이, 수축지수$(SI) = PL - S_L$
② 흙의 팽창성 지표, 건조 시 체적 감소의 정도 판단
③ 수축지수에 비례하여 수축 · 팽창량 변화

1124 　지반의 투수계수

I　개요

① 지반의 투수계수는 흙의 투수성을 수량적으로 나타내는 계수로서 침투류의 겉보기 유속과 동수경사를 관계 짓는 비례상수이다.

② 투수계수는 투수시험에 의한 측정값으로 산정하며 투수시험은 실내시험과 현장시험으로 구분한다.

일반사항		산정방법
• 영향요소 • 산정 목적	➡	• 실내시험 • 현장시험

II　일반사항

1. 영향요소

(1) 흙의 특성

　① 토립자(크기, 입도분포, 입형)

　② 간극비

　③ 포화도

　④ 배열상태

(2) 물의 특성

　① 온도 및 점성

　② 밀도 및 수압

2. 산정 목적

(1) 지반의 안정성 평가

　① 기초지반

　② 터파기현장 인접 지반

　③ 경사면 지반 등의 안정성

(2) 기초 설계

　① 얕은기초 및 깊은기초의 결정

　② 기초지반의 지지력

　③ 지반개량 여부 판단

(3) 터파기공사

① 토류벽 형식 결정, 차수벽 또는 투수벽 등
② 배수공법 선정
③ 지반그라우팅 도입 압력

Ⅲ 투수계수 산정방법

1. 실내시험

▶ 현장 채취시료를 사용하여, KS기준[22]에 따라 시험 후 투수계수를 산정한다.

(1) 정수위시험

① 시료(조립토)에 수두차 일정하게 유지
② 일정시간(t) 동안의 시료 투과수량(Q) 측정
   • 매스실린더(Mess-Cylinder) · 스톱워치 사용
③ 산정식에 따라 투수계수 산정

(2) 변수위시험

① 투수계수가 비교적 작은 세립토 시료 사용
② 시험기구의 두 수위(h_1, h_2)를 통과한 각각의 시각(t_1, t_2) 측정
③ 월류수조의 수온(T, ℃) 및 시험 후의 시료 함수비(w) 측정
④ 산정식에 따라 투수계수 계산

2. 현장시험

▶ 현장 투수시험은 불교란시료의 채취가 불가능한 사질토지반에 적용한다.

(1) 양수시험

① 균일한 조립토 지반에 적용
② 양수정(시험정)과 관측정의 수위차 측정에 의한 시험
③ 양수정: 양수량, 관측정: 수위 저하량 측정
   • 기타: 자연수위, 양수 시작 · 종료 시간, 시간별 수위 변화 측정
④ 투수계수 산정, 산정식 이용

(2) 주수시험

① 투수계수가 낮은 지반에 적용, 암반 등
② 보링 및 케이싱 설치, 케이싱 상단까지 수두 유지
   • 정수위법 또는 변수위법 적용

---

22) KS F 2322(흙의 투수시험 방법): 포화지반 내에서 물이 층류상태로 흐를 때의 투수계수를 구하는 시험

③ 정수위법: 추가 주수하면서 일정시간 동안의 주수량 측정
  • 변수위법: 추가 주수 없이 시간경과에 따른 공내수위 변화 측정
④ 투수계수 산정, 산정식 이용

Ⅳ 결론

1 투수계수는 기초형식과 흙막이공법을 결정하기 위한 중요한 지반정보로서 실내시험과 현장시험에 의한 측정값을 산정식에 적용하여 구한다.
2 공사관계자는 올바른 시험방법과 산정식을 채용하여 투수계수를 산정하고, 이를 목적에 맞게 활용할 수 있어야 한다.

1125 흙의 간극비(間隙比, Void Ratio)

I 개요

1 흙의 간극비는 토립자, 물, 공기로 구성된 흙 중에서 토립자에 대한 간극(공극)의 체적비를 말한다.

2 간극비는 흙의 전단강도와 투수성 및 안정성에 직접적인 영향을 미치므로 토공사 착수 전 그 영향을 충분히 검토하여야 한다.

흙의 구성/간극비	→	간극비 영향
• 흙의 구성 • 간극 배율		• 간극비 증가/감소 • 간극비 저감방안

II 흙의 구성 및 간극비

1. 흙의 구성

① 토립자, 물, 공기 등으로 구성
- 토립자는 입자 크기와 성질에 따라 사질토와 점성토로 구분

② 물과 공기는 토립자 사이의 간극에 존재, 간극＝물＋공기

③ 물은 토립자 사이의 간극(틈새)에 존재
- 흙의 함수량은 지하수위와 토질에 따라 상이

④ 공기는 상수위 상부의 토립자 간극에 존재

2. 간극 비율

(1) 간극비

① 간극비는 토립자에 대한 간극의 체적 비율(분수)

② 간극비$(e) = \dfrac{V_w + V_a}{V_s}$

여기서, V_s: 토립자의 체적, V_w: 물의 체적, V_a: 공기의 체적

(2) 간극률(Porosity)

① 흙에 대한 간극의 체적 백분율(%)
- 지반침하 시 흙의 체적변화 비율

② 간극률$(n) = \dfrac{V_w + V_a}{V} \times 100\,(\%)$

여기서 V: 흙의 체적

Ⅲ 간극비 영향

1. 간극비 증가

① 지반 연약화, 지내력 저하

② 지반굴착 시 Boiling 및 Heaving 우려

③ 지중구조물 부등침하, 액상화 영향

2. 간극비 감소

① 지반 압밀침하, 흙의 체적 감소

② 지반 유효응력 증가

3. 간극비 저감방안

▶ 지반의 압밀침하, 흙의 체적 감소, 유효응력 증대 등을 유도하는 방안이다.

(1) 간극 고결 · 안정

① 느슨한 지반 간극에 고결재 충전

② 간극을 고결재로 대체, 하중변화에 안정적으로 대응

(2) 흙의 밀도 증대

① 사질토지반 다짐공법 적용

② 점성토지반 포화도 저감, 선행압밀 및 배수공법 적용

(3) 토립자 입도 개량

① 토립자 입도분포 다양화

② 대소립이 혼합된 양질 토사 치환 등

1126 흙의 예민비(銳敏比, Sensitive Ratio)

I 개요

① 점성토지반에서 토립자의 교란 정도에 따라 흙의 전단강도가 변화하는 정도를 나타내는 비율로서 교란시료에 대한 불교란시료의 일축압축강도 비율을 말한다.

② 예민비가 큰 점성토지반을 굴착할 때에는 굴착면의 붕괴를 방지하기 위한 사전대책이 필요하다.

예민비 측정	➡	예민비 대책
• 일축압축강도시험 • 예민비 산정		• 지반천공 • 기초 터파기/지반개량

II 예민비 측정

1. 일축 압축강도시험

① 시추공 내의 시료채취

② 불교란시료 및 교란시료별 일축압축강도 측정

③ 시험방법: KS F 2314

2. 예민비 산정

① 예민비$(S_t) = \dfrac{q_r}{q_{ur}}$

　　　여기서, q_{ur} : 교란시료의 일축압축강도

　　　　　　　q_r : 불교란시료의 일축압축강도

② '내부마찰각$(\varnothing) = 0$'일 때, 점착력$(c) = \dfrac{q_u}{2}$

③ 예민비가 낮을수록 공학적으로 안정

[예민비에 따른 점성토의 분류]

$S_t \leq 2$	비예민성	$4 < S_t \leq 8$	예민성
$2 < S_t \leq 4$	보통	$8 < S_t$	초예민성

Ⅲ 예민비 대책

1. 지반천공

① 사전 공벽 붕괴 방지조치 강구

② 케이싱 사용, 또는 안정액에 의한 공벽 붕괴 방지

2. 기초 터파기

① 흙막이 강성 확보, 굴착사면 붕괴 방지

② Heaving 파괴 방지, 토류벽 근입장 확보

3. 기초 지반

① 연약지반 개량, 압밀침하 방지

② 선행압밀재하 및 Drain 공법 적용, 지반 내 함수비 저감

1127 흙의 압밀(壓密, Consolidation)

I 개요

1. 흙의 압밀은 흙이 압축력을 받아 흙의 간극수가 소산되면서 지반이 압축되는 현상으로 지반침하를 동반한다.
2. 점성토지반은 압밀침하의 영향을 고려하여 설계 및 시공 대책을 강구해야 한다.

압밀유형	➡	압밀시험	➡	저감대책
• 1차 압밀/2차 압밀 • 압밀속도 요인		• 시험방법 • 관련정보		• 얕은기초/깊은기초 • 터파기 현장/현장 주변

II 압밀유형

1. 1차 압밀

① 상재하중 작용

② 과잉 간극수압 소산(消散)될 때까지 압밀 진행

③ 압밀량은 시간 의존적(Time-Dependent)
  • '시간-침하 곡선'으로부터 압축계수, 압밀계수, 체적변화계수, 투수계수, 1차압밀비 등 산정

2. 2차 압밀

① 1차 압밀 이후에 발생하는 압밀, 간극수압 소산 이후 진행

② 일정 압력상태에서 진행하는 토립자의 Creep 변형

③ 주로 유기질토, 두꺼운 점토층 등에서 발생

④ 얕은기초 적용 시 특히 유의 필요

3. 압밀속도 요인

① 배수거리

② 배수 경계조건
  • '과잉간극수압=0', 하중 영향이 더 이상 확산할 수 없는 배수조건의 경계
  • 투수계수가 크거나 하중 변화율이 작을 때 발생

③ 흙의 압밀계수

④ 토층 두께방향의 유효압력 분포

⑤ 흙의 투수계수

Ⅲ 압밀시험

1. 시험방법[23]

① 시험대상: 투수성이 낮은 포화 세립토
② 시험체 제작 및 8단계 하중 재하, 시험체 규격 $\varnothing 60 \times 20mm$
③ 재하단계별 압밀량 측정 및 기록
④ 재하단계별 '압밀량－시간' 곡선 작도
⑤ 결과 분석 및 보고서 작성

2. 관련정보

(1) 시료 정보

① 채취 위치
② 시험체 초기 높이
③ 시험체 초기 상태: 함수비, 간극비, 체적비, 포화도 등

(2) 시험정보

① 압밀량－시간 곡선
② 압축곡선 및 압축지수
③ 선행압밀응력
④ 압축계수·압밀계수별 평균 압밀압력 관계
⑤ 점성토의 투수계수 산정

Ⅳ 압밀 저감대책

1. 얕은기초

① 기초지반에 압밀침하 선행 유도
② 기초 설치 전 예정구조물 하중 이상 선행 재하
③ Pre-Loading & Drain 공법 적용

2. 깊은기초

① 연약 점성토에 의한 부마찰력 영향 방지
② 말뚝의 선단지지력 확보
③ 연약층이 깊을 경우 '말뚝지지 전면기초' 적용 고려

---

23) KS F 2316(흙의 압밀시험 방법) 참조

3. 터파기 현장

① Heaving 파괴 방지

② 상부 이동하중 통제

③ 흙막이 토류벽의 불투수층 근입장 확보

4. 현장 주변

① 인접 지반 및 구조물의 압밀침하 영향 방지

② 과잉 강제배수 방지

③ 토류벽의 차수성 확보

④ 불가피할 경우 인접구조물 Underpinning 선행

1131 터파기공사

Ⅰ 개요

1 터파기공사는 기초의 예정저면에 이르기까지 토사 및 암반층 등의 지반을 굴착하는 공사이다.

2 터파기공법에는 흙막이 OPen Cut, 경사 Open Cut, Island Cut Trench Cut, 암파쇄공법 등이 있으며 굴착 시에는 사전조사, 흙막이 안정성 확보, 굴착 안전, 계측관리 등에 유의하여야 한다.

일반사항	➡	터파기공법	➡	유의사항
• 공사 특징 • 공법유형		• 흙막이 Opec Cut/경사 Open Cut • Ialand Cut/Trench Cut/암파쇄공법		• 사전조사/흙막이 안정성 확보 • 굴착 안전/계측관리

Ⅱ 일반사항

1. 공사 특징

① 지반 특성, 굴착심도, 인접 시설물에 따라 굴착공법 상이

② 굴착심도에 따라 지하수·토압 영향 증대

③ 육안에 의한 위험징후 발견 한계, 계측관리 필요

④ 대심도일 경우 안전관리계획 및 유해위험방지계획 수립

2. 공법유형

(1) 개착(Open Cut)공법

① 굴착 전면을 일시에 굴착하는 공법

② 경사 Open Cut과 흙막이 Open Cut으로 구분

③ 도심지 깊은 굴착 → 흙막이 Open Cut

④ 넓고 얕은 굴착 → 경사 Open Cut

(2) 분할굴착공법

① 구조물 점유 부분을 중앙부와 주변부로 분할하여 굴착하는 공법

• 굴착면적이 넓을 때 적용 고려

② Island Cut과 Trench Cut으로 구분

③ 넓고 얕은 굴착 → Island Cut, 넓고 깊은 굴착 → Trench Cut

④ 구조물 이음부위에 대한 전단·수밀 보강 필요

Ⅲ 터파기공법

1. 흙막이 Open Cut

(1) 정의

① 흙막이 가시설로 절토면 측압을 지지하면서 굴착
② 대지 전면을 일시에 굴착할 경우 채용
③ 자립식 흙막이와 지보공식 흙막이로 구분
④ 자립식 흙막이＝토류벽
⑤ 지보공식 흙막이＝토류벽＋지보공

(2) 특징

① 도심지 깊은 굴착에 적용
② 주변에 대한 굴착영향 고려
③ 흙막이 요구성능: 강성 및 차수성
④ 최적의 '토류벽＋지보공' 시스템 검토 및 채용
⑤ 굴착 중 정밀 계측관리 필요

2. 경사 Open Cut

(1) 정의

① 경사면의 안식각을 유지하면서 굴착하는 공법
② 넓고 얕은 대지에서 소규모 굴착 시 유효
③ 주변지반 및 인접구조물 영향이 없는 곳에 적용

(2) 특징

① 흙막이 가시설 불필요, 공사비 저렴
② 대형장비 적용 가능, 공사효율 양호
③ 넓은 여유 공간 및 소단 필요
④ 깊은 굴착에 불리
⑤ 지하수 및 우수에 의한 사면 붕괴 우려

3. Island Cut

(1) 정의

① 지하구조물 중앙부를 Island 형상으로 선굴착하는 공법
② 지하구조물 건축선에 토류벽 선설치
③ 휴식각(안식각)을 유지하면서 중앙부 굴착
④ 중앙구조물과 토류벽을 버팀대로 지지하면서 주변부 굴착

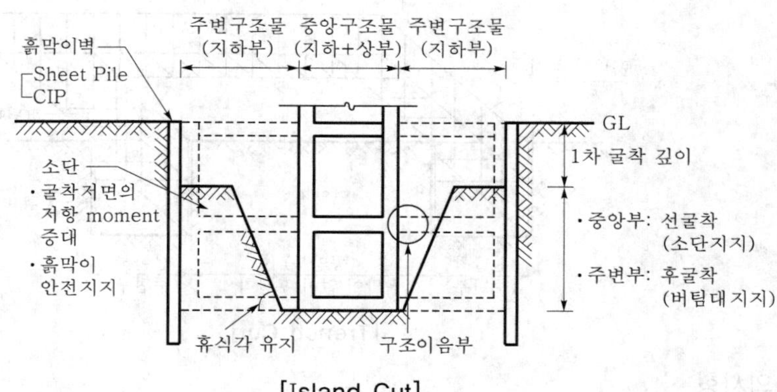

[Island Cut]

(2) 특징

① 넓고 얕은 굴착에 유용
- 지하 1~2층 이내 규모에 고려, 깊고 연약한 지반에 부적합

② 편측 토류벽 안정지지
- 중앙구조물 축조 시 소단지지, 주변부 구조물 버팀대 길이 절감

③ 구조물 분리로 인한 공기지체 우려, 주변부 작업공간 협소

(3) 유의사항

① 주변부 소단의 경사각을 유지하면서 중앙부 선굴착

② 중앙구조물의 '주변구조부–상부구조'에 대한 연속 시공성 확보

③ 주변부 굴착 전 중앙구조물 강성 확보, 굴착 중 구조이음부 손상방지

④ 필요시 구조이음부의 전단보강 및 차수보강 실시

4. Trench Cut

(1) 정의

① 지하구조물의 주변부를 Trench 형상으로 선굴착하는 공법

② 주변부에 토류벽을 선설치하고 굴착

③ 주변부 구조물 축조 후 중앙부 구조물 착수

(2) 특징

① 넓고 깊은 굴착에 유용, 안식각 유지가 곤란한 지반에 적용

② 주변부 굴착 시 중앙부 작업공간 활용

③ 중앙부 구조물 축조 시 흙막이 불필요

④ 지하구조물 구획 시 신중한 검토 필요

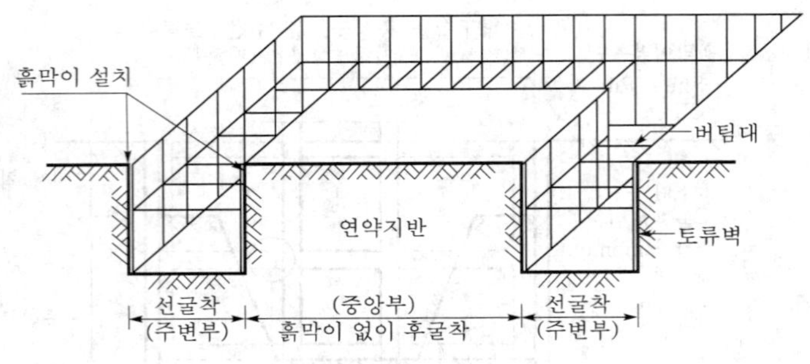

[Trench Cut]

(3) 유의사항

① 작업공간의 효율적 이용방안 강구

② 사례현장을 통하여 문제점 사전 파악

③ 구조이음부에 대한 보강방안 검토 및 적용 등

5. 암파쇄공법

▶ 예정기초저면에 도달하기 전 암반 출현 시 적용한다.

[암파쇄공법 유형]

기계식 파쇄	브레이커공법	백호에 파쇄용 팁을 장착하여 파쇄
	유압식공법	핸드브레이커와 쐐기 이용
화학식 파쇄	팽창성파쇄공법	생석회에 물을 희석하여 팽창력 도입
	플라즈마공법	황산알루미늄의 전기적 산화압력 이용
발파식 파쇄	재래발파공법	화약의 산화 및 폭발 압력 이용
	진동제어발파공법	장약공을 교대 배치하여 천공구 간 균열 유도
	이완발파공법	소량의 장약으로 천공구 간 균열 유도, 비석 방지에 효과적

(1) **기계식 파쇄공법**

① 기계의 힘을 이용하여 암을 파쇄하는 공법

② 브레이커공법과 유압식공법으로 구분

③ 일반적인 공법, 암파쇄 규모가 경미할 경우 적용

④ 깊은 굴착 시 화학식·발파식 공법의 보조 수단으로 채용

(2) **화학식 파쇄공법**

① 천공구에 화학물질을 작용시켜 암을 파쇄하는 공법

② 팽창성 파쇄식과 플라즈마식으로 구분

③ 저진동·저소음 공법

(3) **발파식 파쇄공법**

① 천공구에 화약의 폭발력을 작용시켜서 암을 파쇄하는 공법

② 재래발파식, 진동제어발파식, 이완발파식 등

③ 재래발파식은 파쇄효율을 양호하나 소음진동 영향으로 제한적 채용
④ 도심지에서는 진동제어발파 및 이완제어발파 적용

Ⅳ 유의사항

1. 사전조사

① 지반조사 자료 정밀 분석
  • 지하수위, 지층 구성, 암반 심도 및 절리 상태 등
② 지하매설물 확인 및 이설 계획
③ 인접지반 및 구조물에 대한 굴착영향 예측
④ 계약조건 및 설계도서 검토
⑤ 잔토 처리 방법 및 사토장 확보 등

2. 흙막이 안정성 확보

① 토류벽의 강성과 차수성 확보
② 토류벽 지보공의 지지력 구비
③ 측구 설치, 외부의 우수 침입 방지
④ 집수정 설치, 장내 유입 지하수 및 우수 배수

3. 굴착 안전

① 과굴착 방지, 1회 굴착심도 준수
② 흙막이 상부 안전난간대 및 추락 방지망 설치
③ 토사 붕괴 · 부석(浮石)[24] 대비, 낙하물 방지망 설치
④ 지하 야간조명 및 환기장치 설치
⑤ 암발파에 대한 별도 안전대책 강구

4. 계측관리

① 흙막이 안정성 실시간 모니터링
② 인접지반 및 구조물의 변형 · 변위량 정기 계측
③ 위험징후 조기발견 및 적정 조치
④ 지하구조물 완료 시까지 지속적 계측관리 실시

---

24) 부석(浮石, Unstable Rock): 굴착면에서 떨어지려고 하는 암석 괴편. 인위적으로 제거하는 것이 좋지만 낙하물에 대비하는 것이 바람직하다.

1132 흙막이공사

Ⅰ 개요

① 흙막이공사는 터파기공사의 안전과 본구조체의 품질을 좌우하는 가설 및 본설 공사의 의미를 모두 가지고 있다.

② 흙막이 구조체에 관한 일반사항과 공법의 유형, 공법의 선정 및 적용 등에 대하여 설명한다.

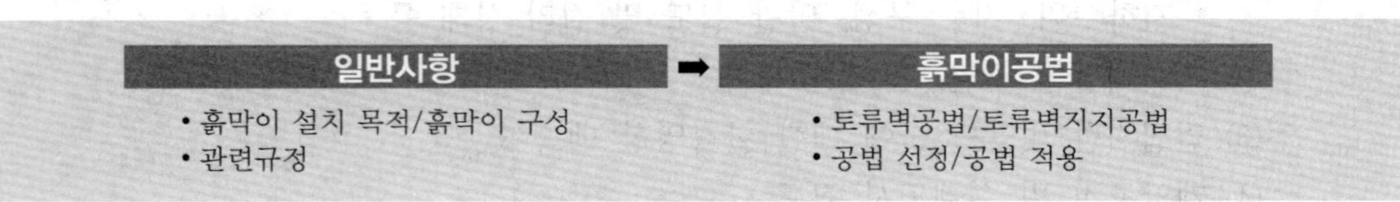

Ⅱ 일반사항

1. 흙막이 설치 목적

① 굴착작업의 안전 및 시공성 확보
  • 절토면 낙석 · 붕괴 방지, 굴착장 지하수 및 지표수 유입 방지

② 지하공사 품질 확보
  • 기초바닥, 지하구조물 골조(기둥, 보, 바닥슬래브) 등

③ 주변에 대한 굴착영향 차단
  • 인접대지 침하, 인접구조물 및 지하매설물 변형 · 변위 등

2. 흙막이 구성

(1) 토류벽(土流壁)

H-Pile & 토류판		• H형강(엄지말뚝)사이에 토류판(목재)을 끼워 넣은 토류벽 • 굴착 전 엄지말뚝 설치, 굴착하면서 토류판 단위재 하향 조립	
강널말뚝		• Sheet Pile을 굴착경계면의 지중에 이음구조로 관입시킨 토류벽 • 측압지지 및 차수 목적, U형, 직선형, 조합형, 강관형 등	
주열식	CIP	• 일반토사 지중에 철근콘크리트 기둥을 연속시켜서 토류벽 형성 • 천공구에 H형강 보강재와 철근망 근입 후 콘크리트 타설	
	SCW	• 일반토사 지중에 소일시멘트 기둥을 연속시켜서 토류벽 형성 • 콘크리트 타설후 천공구에 H형강 보강재 근입	
지하연속벽		• 지중에 강성의 철근콘크리트 패널을 연속시킨 토류벽 • 굴착 중에는 토류벽, 굴착 후에는 영구용 지하외벽 역할	

① 굴착경계면에 설치하여 토사 및 지하수의 장내 유입을 차단하는 벽체

② 굴착 배면의 작용하중을 1차적으로 지지하는 휨 부재

③ 작용하중에 대한 강성, 지하수 유입에 대한 차수성 등 필요

④ 강널말뚝, H-Pile & 토류판, 주열식, 지하연속벽 등으로 구분

(2) **토류벽 지지구조(지지시스템, 지보공)**

① 토류벽 작용하중을 안정지반으로 전달하는 부재의 총칭

띠장	• 토류벽 작용하중을 버팀보나 지반앵커에 균등하게 전달 • 단순보로 설계, 양호한 이음구조일 경우 연속보로 계산
버팀보	• 띠장의 전달하중과 온도응력을 지지하는 압축재 • 상재하중 작용 시 자중을 합한 휨·압축 부재로 설계 • 지반앵커 또는 중간말뚝으로 하중 전가 • 역할에 따라 가설 버팀보와 영구용 버팀보 등으로 구분 • 또는 수평버팀보(Strut)와 경사버팀보(Corner Strut), 경사고임대(Raker)로 구분
까치발	• 띠장으로부터 전달되는 반력을 버팀보에 전달하는 압축부재 • 경사버팀대 또는 경사고임대에 작용하는 하중을 띠장에 분산 • 버팀보의 수평간격을 넓히거나 모서리 띠장을 지지하거나 보강 • 버팀보 양단 중 한 끝에 45° 이내의 각도로 대칭 설치
지반앵커	• 띠장의 작용하중을 토류벽의 배면지반으로 전가시키는 인장부재 • 배면지반과 앵커체에 작용하는 마찰력으로 토류벽지지 • 앵커체, 인장부, 앵커머리 등으로 구성
네일	• 절토 배면지반을 안정적으로 일체화시키는 보강재 • D25(SD 400)이하의 이형철근 사용
중간말뚝	• 버팀보의 전달하중과 상부하중을 지중으로 전가시키는 부재 • 가설용과 영구용(본구조체 겸용, PRD·RCD 기둥)으로 구분
현장타설 콘크리트말뚝	• 영구용 중간말뚝(강기둥)을 근입시키기 위한 말뚝지정 • 중간말뚝의 전달하중을 지반으로 전가시키는 지보공

② 띠장과 띠장 이외의 지보공으로 구분

③ 띠장 이외의 지보공

　• 버팀보, 까치발, 지반앵커, 네일, 중간말뚝, 현장타설 콘크리트말뚝 등

3. 관련규정

(1) **건축법**[25]

① 지반굴착 중 지중매설물 파손을 방지할 것

　• 수도관, 하수도관, 가스관, 통신케이블 등

② 인접구조물 영향을 방지할 것

③ 1.5m 이상 굴착 시 토질별 경사도 기준을 충족할 것

　• 또는 토압에 대하여 안전한 구조의 흙막이를 설치할 것

④ 시공 중 상시 점검 후 흙막이 보강 및 배수 조치

⑤ 흙막이 해체 시 주변 지반침하를 방지할 것

---

25) 건축법 §41 및 영§26(토지의 굴착 부분에 대한 조치) 참조

(2) 설계기준(KDS 213000)

① 설계 외력: 배면토 자중 토압, 지하수 수압, 상재하중, 인접 건물하중·교통하중 등

② 흙막이 구조형식 선정 시 고려사항

③ 흙막이 구조물 해석법

④ 안정성 검토항목: 부재 단면, 굴착저면, 지하수 처리 등

⑤ 재료별 허용응력, 부재별 설계법 등의 내용 규정

(3) 표준시방서(KCS 213000)

① 벽체 및 지지구조 형식별 가설 흙막이 분류

② 시공계획서 및 시공상세도 작성항목

③ 사용재료 규격

④ 공법별 공사 기준: 설치, 해체, 매몰, 되메우기

⑤ 계측: 항목, 빈도, 위치, 분석, 활용 등의 내용 규정

Ⅲ 흙막이공법

1. 토류벽공법

(1) H-Pile & 토류판 공법

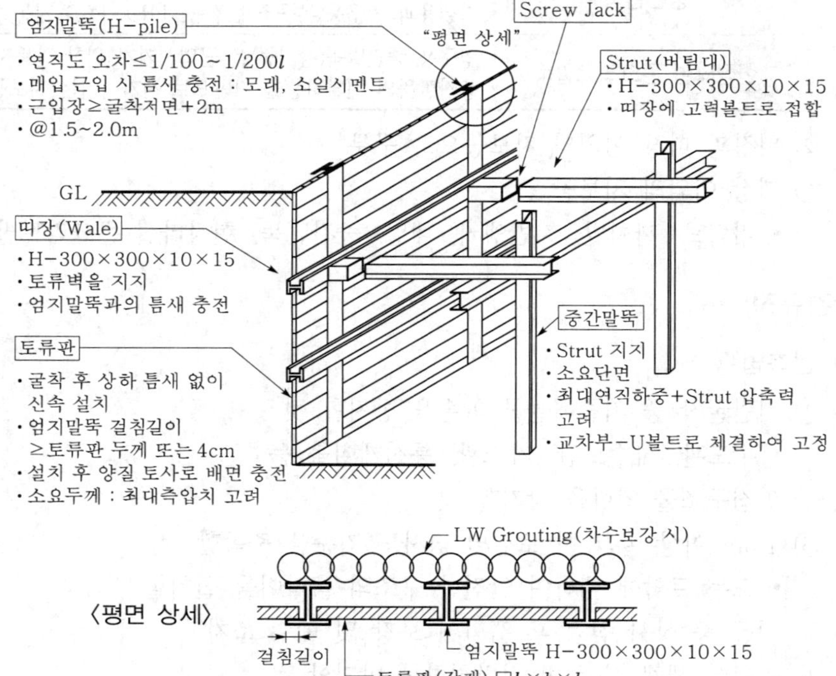

[H-Pile & 토류판]

① 지중에 H-Pile을 박고 굴착 중 목재 토류판을 설치하는 공법
② 다양한 지반조건에 적용 가능
- 굴착심도가 얕거나(지하 1~3층) 암반층에 적용
③ 토류판 틈으로 투수 허용, 투수벽으로서 토압만 부담
- 차수보강 시 뒷채움 전·후 부직포 설치 및 지반 그라우팅
④ 굴착심도가 깊은 곳의 암 굴착 시 보조공법으로 적용
- 주열식 토류벽이나 슬러리월의 하부 암반 굴착 시 적용
⑤ 주요 시공품질: 엄지말뚝의 수직도 및 토류판의 걸침길이

(2) Sheet Pile공법

① 강널말뚝을 지중에 일렬로 관입하는 공법
② 타입, 타입+워터제트, 압입 등으로 관입
- 타입 시 항타음 발생 불가피
③ 지하수량이 많은 연약 점성토지반에 유용
④ 경질지반은 워터제트 방식 적용
⑤ 도심지 공사 여건상 적용 곤란
- 항타 소음 및 도심지 지반 특성 등

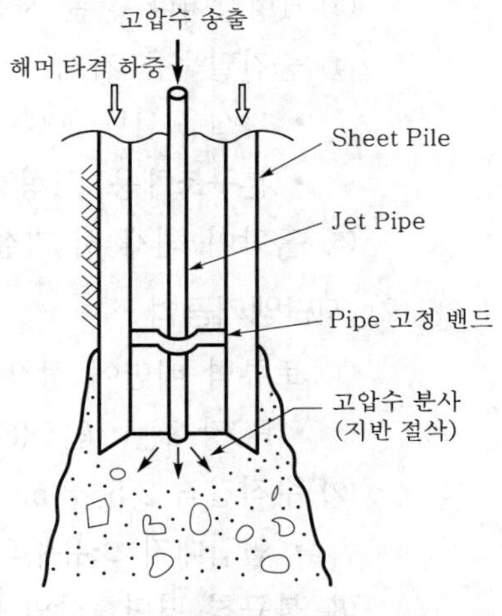

[Water Jet + 항타 병용]

(3) CIP공법

① 지중에 철근콘크리트 제자리말뚝을 연속 설치하는 주열식공법
② 기존구조물 근접 시 굴착영향 최소화
③ 암 출현 전의 일반 토사층에 적용
④ 암 출현 후 H-Pile & 토류판 공법이나 Shotcrete 적용
⑤ 말뚝 수직도, 공벽 붕괴 방지, 수중콘크리트의 건전도 품질에 유의

(4) SCW공법

① 지중에 토사와 시멘트풀을 혼합시킨 제자리말뚝을 연속 설치하는 공법
② 차수성 우수, 인접구조물 영향 최소화
③ 연약지층에 유용, ∅50 이상의 자갈 및 암석층 적용 불가
- 암 출현 시 H-Pile & 토류판 공법이나 Shotcrete 적용
④ CIP공법에 비하여 장비 대형, 공사비 고가
⑤ 말뚝 수직도, 소일시멘트의 압축강도 품질에 유의

(5) 슬러리월공법

① 지중에 강성의 철근콘크리트 패널을 연속시키는 공법
② 제1패널(Primary Panel)과 제2패널(Secondary Panel)로 구성
- 제1패널 격공으로 배치, 이후 제1패널 사이에 제2패널 설치
③ 연약층이 깊은 지층에 유용, 인접구조물 영향 최소화

④ 토류벽과 본구조체 역할 병용

⑤ 대형장비 사용, 패널 상·하, 좌·우, 전·후의 위치 품질 매우 중요

- 미흡 시 후속공정[26] 품질확보 곤란

2. 토류벽 지지공법

(1) 가설 버팀보(Strut)공법

① 토류벽 사이에 중간말뚝과 버팀보를 설치·지지하는 공법

② 설치 유형: 띠장+버팀보+중간말뚝, 중간말뚝+버팀보+중간말뚝

③ H형강이나 강관 사용, 가설용과 본구조체 겸용으로 구분

④ 중간말뚝용 자재

- 가설용: $H - 300 \times 300 \times 10 \times 15$

- 본구조체용: H형강, 또는 강관(각형 및 원형)기둥 등

⑤ 흙막이 해체 시 가설용 띠장, 버팀보 및 중간말뚝 절단 또는 제거

(2) 지반앵커공법

① 토류벽 배면에 정착시킨 PC강재의 인장력으로 토류벽을 지지하는 공법

- PC강재는 7연선(Strand) B종 사용

② 수직간격 2.5~3.5m의 띠장 위치에서 배면방향으로 설치

- 인접대지 소유주의 사전동의 필요

③ 불규칙 평면형상의 대지에 유용, 현장 내 굴착장애물 최소화

④ 설치 전 인발시험 및 인장시험, 설치 후 확인시험 및 Lift Off 시험 실시

⑤ 흙막이 해체 시 강연선 절단, 제거식은 시방에 따라 강연선 제거

(3) 소일네일링공법

① 굴착 배면에 네일을 삽입, 중력식 옹벽 개념의 토류벽을 형성시키는 공법

- 네일 보강 부분을 일체의 중력식 옹벽[27] 거동 해석

② 네일은 D25, SD400 이상의 이형철근 사용

③ 수평·수직 간격 1~1.5m, 설치 각 $\geq 15°$

④ 굴착 직후 천공, 또는 숏크리트 타설 후 천공

⑤ 시공 중 인발시험, 그라우팅 압축강도시험, 숏크리트 압축강도시험 실시

(4) IPS공법

① H형강 받침대, 띠장, 강연선 등의 조합시스템으로 토류벽을 지지하는 공법

- 띠장에 받침대를 대고 양단 고정이 강연선에 긴장력 도입

---

26) 슬러리월과 접속되는 테두리보, 바닥슬래브 등의 접합부 시공품질을 말한다.

27) 중력식 옹벽(Gravity Type Retaining Wall): 콘크리트 옹벽 자체중량으로 토압 등의 외력을 지지하고 지반 붕괴를 막아 내는 옹벽방식이다. 비교적 높이가 낮고(4m 이내) 양호한 기초지반에 적용한다.

② 버팀보 및 지반앵커 설치가 곤란한 지반에 적용 가능
  • 버팀보 설치간격이 넓거나 불규칙한 평면형상의 대지
  • 주변시설물 존재로 앵커 정착이 곤란한 경우 등에 적용
③ 중간버팀보 및 중간말뚝 최소화, 넓은 굴착공간 확보 가능
④ 중간말뚝 받침보와 띠장 연결부는 고장력볼트 접합

(5) SPS공법

① 영구용 버팀보로 토류벽을 지지시키는 공법
  • 최근 20여 년간 Top Down 현장의 대표적 지보공 공법
② 토류벽 사이에는 영구용 중간말뚝 적용
③ 중간말뚝은 현장타설 콘크리트말뚝(RCD, PRD)에 근입
④ 현장타설 콘크리트말뚝은 상부하중을 지반으로 전달
⑤ 정밀시공 능력 부족 시 수정 곤란한 골조 하자[28] 발생

(6) DBS공법[29]

① 영구용 이중버팀대 구조로 토류벽을 지지시키는 공법
  • 강구조보 및 RC보 적용 가능
② 기둥 상부에 가설브래킷 설치, 여기에 이중버팀대 거치
  • PRD기둥 또는 가설 강구조기둥 상부에 브래킷 설치
③ 이중버팀대 교차부에 지판(Drop Panel) 설치
  • 보의 순경간 저감, 처짐 및 장스팬 구조에 유용
④ 골조단면 절감 및 지지력 개선
  • 버팀보공법, SPS공법 등의 문제점 개선
⑤ 향후 지지시스템으로 현장 적용사례 증가 추세
  • 안정지지 측면(특히, 장스팬 구간)에서 적용성 증대 예상

3. 공법 선정 시 고려사항

(1) 대지여건

① 굴착 평면 형상
  • 대칭−비대칭, 예각−직각−둔각, 삼각−사각−다각 형상 등
② 기초예정저면, 굴착 깊이, 흙막이 근입장
  • 투수층−불투수층, 연약층−지내력층 존재 여부
③ 굴착지반 종단구조
  • 지형, 토질, 암반 단층·절리, 지반강도정수
④ 지하수 현황 및 변화
  • 토질주상도상 수위, 계절별 수위변화, 지표수−지하수 유출입 조건 등

---

28) 현장타설 콘크리트말뚝에 근입시키는 강구조기둥의 수직·수평 정밀도가 허용치를 벗어날 경우를 말한다.
29) 건설신기술 제727호 'DBS 탑다운공법' 참조

(2) 주변현황

① 인접대지: 하천, 도로, 공원, 장비 진출입 가능성

② 인접구조물: 노후화, 중요도, 이격거리, 용도, 지하층 깊이 민원 가능성

③ 기타지중매설물 및 지상장애물 유형 등

(3) 흙막이 구조체

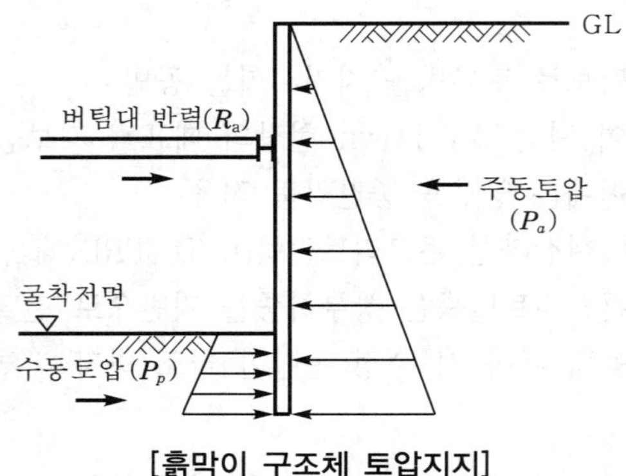

[흙막이 구조체 토압지지]

① 토류벽의 지지력
  • 버팀대 반력, 수동토압, 주동토압 등 고려
  $$R_a + P_p > P_a \quad \text{..} \quad \text{Stability(안정)}$$
  • 주동토압 회전모멘트(M_a)에 대한 수동토압 저항모멘트(M_p)의 비율
  $$F_s = \frac{M_p}{M_a} \geq 1.2 \quad \text{..} \quad \text{Safety(안전)}$$

② 안전 근입장 ≥ 1.5m
  • 굴착저면에 대한 Heaving 및 Boiling 검토
  • 풍화암 이상일 경우 안정성 검토 생략 가능

③ 작용 외력: 각종 고정하중, 활하중, 충격하중 등의 하중 조합
  • 토압, 수압, 인접건물하중, 교통하중, 지중경사하중, 지진하중, 발파충격하중 등

④ 흙막이 취약부 보강
  • 응력 집중 부위 스티프너 보강, 우각부 가새(귀잡이보) 보강

(4) 일정-비용 영향

① 착공시기, 공사기간, 시공 난이도(시공성)

② 공사비의 경제성

4. 공법 적용 시 유의사항

(1) 사례 조사

① 예비공법에 대한 문헌조사 및 사례 현장방문
  • 문헌조사에 의한 예비지식 습득, 현장방문에 의한 시행착오 방지

② 문헌조사 자료: 시방서, 신기술 등록자료, 적용사례 기고문 등

③ 사례 현장방문 조사

- 1차 문헌조사에 대한 의문사항 구체적 해소
- 공사 중 문제점 및 유의 사항, 해당공법의 한계 등 심층적 파악

(2) 지하수 대책

① 토류벽 누수부위 차수 보강

② 토류벽 상부 측구 설치, 지표수의 장내 유입방지

③ 장내 유입수 집수정 유도 및 장외 배수

④ 필요시 강제배수 고려, 토류벽 배면에 Well Point 설치

(3) 지반 굴착

① 안전한 1회 굴착심도 준수, 필요시 소단 설치

- 굴착 중 토압 및 수압 영향 모니터링

② 주변지반 및 인접구조물에 계측기 배치, 굴착 영향 고려

- 굴착 영향범위는 주변현황, 토질 및 지하수위, 흙막이 형식 등 고려
- 굴착에 따른 지반별 수평영향 거리[30)]

사질토	굴착심도의 2배
점성토	굴착심도의 4배
암반	굴착심도의 1배, 불연속면 존재 시 2배

③ 계측치 급속 변화 시 공사 중단, 원인 파악 및 조치 강구

- 최근 계측치 5회 이상 추세 분석 필요

④ 흙막이 설치기간 중 전담 계측요원 선정 및 운용

- 기술적 · 역학적 해석이 가능한 전담자 배치

⑤ 굴착단계별 예측관리기법 적용 ← 굴착심도 ≥ 20m

- '측정-분석-피드백'에 의한 유기적 계측시스템 적용

Ⅳ 결론

① 흙막이공사는 도심지 터파기공사의 안전과 시공성 측면에서 필수 공정이므로 지반과 주변 조건을 고려하여 최적의 공법을 채용하여야 한다.

② 특히, 굴착 중 흙막이 구조물 및 주변지반 등의 변화는 육안으로 조기 감지가 곤란하므로 정밀한 계측관리 대책의 수립 · 이행이 필요하다.

---

30) KCS 213000 가설흙막이공사 표3.16-1 참조

1133 ㅣ 슬러리월공법

Ⅰ 개요

① 슬러리월공법은 벤토나이트 현탁액(懸濁液, Slurry)으로 공벽 붕괴를 방지하면서 지중에 철근콘크리트 연속벽을 형성시키는 공법이다.

② 슬러리월은 Top Down 현장에서 굴착 시에는 흙막이 토류벽, 굴착 후에는 지하구조물의 영구 외벽체가 되므로 정밀하게 시공하여야 한다.

일반사항 ➡	지반 굴착 ➡	패널 타설 ➡	후속공정
• 적용요건 • 기대효과	• 가이드월/패널공 굴착 • 안정액 관리	• 철근망 조립/인양 · 근입 • 콘크리트 타설	• 카운터월/캡빔/테두리보 · 버팀보 • 바닥슬래브/기타

Ⅱ 일반사항

1. 적용요건

(1) 대상 구조물

① 지하연속벽, 굴착 중 토류벽, 굴착 후 영구 지하외벽체 역할

② 지중 Barrette 기초

③ 지하 저장탱크 벽체 등

(2) 공법 선정 요건

① 일정규모 이상의 시공면적, 패널면적 ≥ 400㎡

② 대형장비 안전 통행 및 장비주행성

③ 가설 및 장비 점유 공간

　• 안정액 저장 및 처리시설, 크레인 이동로, 철근망 조립장 등의 공간

④ 공사관계자 간 긴밀한 품질 협력체계

　• 토목-건축, 원 · 하수급사, 시공-감리 등

2. 기대효과[31]

(1) 도심지 근접 시공

① Top Down 현장적용

② 저진동 · 저소음 시공 가능

---

31) 정밀시공할 경우를 의미하며 부실하게 공사하면 후속공정에서 벽체 건전성, 차수벽 기능, 바닥슬래브 접속 등에서 해결 불가능한 여러 문제를 일으킬 수 있다.

(2) 굴착 중 강성·차수성 확보

　① 지중에 대단면 철근콘크리트 벽체 형성, 600~1,200mm

　② 지하연속벽체로 차수성 우수

　③ 경질지반 근입으로 안정성 우수

(3) 굴착영향 최소화

　① 지하수위 변동 및 토사 이동 방지

　② 주변지반 침하 및 인접구조물 변위 방지

(4) 지반 적용성 우수

　① 연암층 이전까지 적용 가능

　② 연약지반, 매립지반, 전석층 및 연암층 등

　③ 경암층 이하는 벽면 하부에 Counter Wall 설치

Ⅲ 지반 굴착

1. 가이드월 설치

〈가이드월 역할〉
- 지중벽 계획고, 안정액 수위, 패널 분할 등의 측점
- 굴착공 수직도 유지, 굴착 시 표층 교란 방지
- 철근망 및 트레미관 설치 가대(架臺)
- 안정액의 저수조, 지표수의 공내 유입 방지 등

(1) 트렌치 굴착

　① 가이드월 위치 측량 및 확인

　② 백호 굴착 및 안식각 유지

　　• 하단부: W=패널 두께+50mm, 깊이 1,000~1,500mm

　　• 상단부: W ≥ 하단부 W+100, 하단부로부터 안식각 유지

　③ 필요시 양질 토사 치환·다짐 후 굴착, 안식각 유지 곤란 시 적용

(2) 철근 선조립 및 배치

　① 시공상세도에 따라 철근 선조립

　　• 수평근 D16-8, Stirrup D13-@250

　② 공장 또는 현장 선조립

　③ 선조립 철근 양중 및 거푸집 내 배치, 백호·크레인 이용

(3) 거푸집 설치

　① 내측용 거푸집널 설치, 유로폼 600×1,200mm 모듈 사용

　② 강관 일체형 '띠장-버팀대' 설치

　③ 가이드월 단면, 토류벽, 철근피복 등의 두께 고려

　④ 벽체 외측에 스티로폼(T=25) 부착, 추후 가이드월 제거 고려

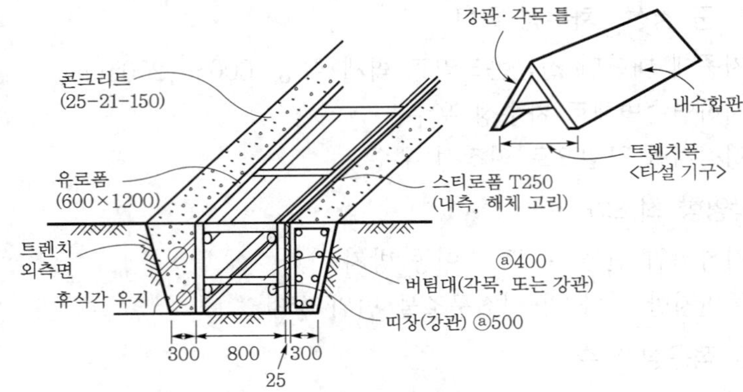

[가이드월 거푸집]

(4) 콘크리트 타설

① 생콘크리트 반입, 25-21-120(150) 규격 적용

② 타설 보조기구 설치

   • 트렌치 내 콘크리트 유입 방지용

③ 타설 중 트렌치 외측면 이완 방지

④ 다짐 및 양생 후 거푸집 등 탈형

2. 패널공 굴착

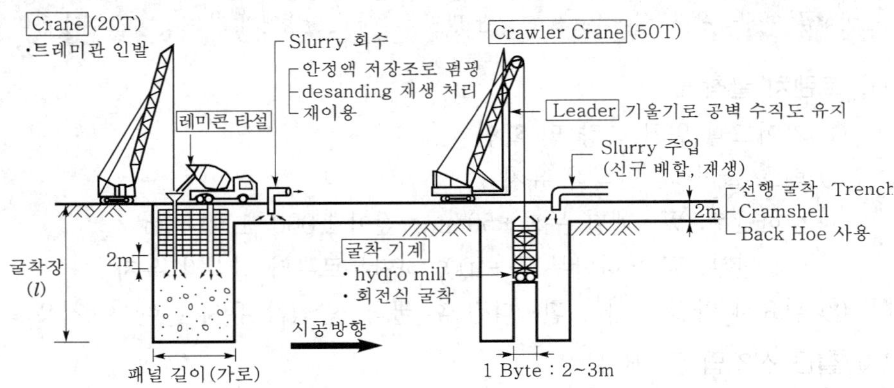

[슬러리월 굴착 및 타설]

(1) 제1패널 굴착

① 제1패널(Primary Panel) 선행 굴착

   • 토사층: Hang Grad 굴착(자유낙하식), 암반층: BC Cutter 굴착(회전식)

② Element 길이 5~7m, 패널 두께 640~2,000mm, 굴착단위 3-Bite

③ 시공계획 순서에 따라 패널공 굴착

④ 굴착 중 안정액 주입, Desanding 등 관리

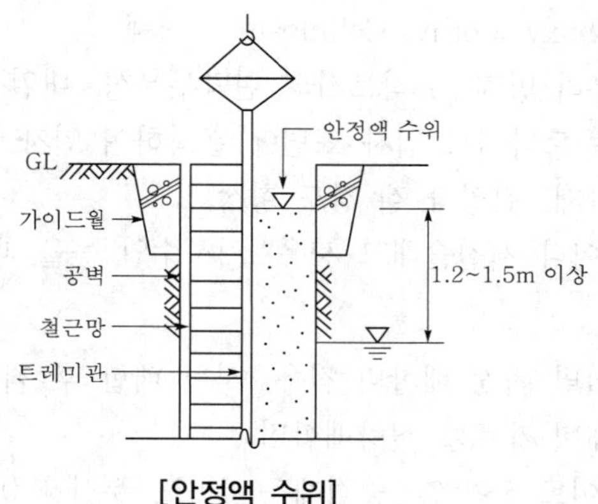

[안정액 수위]

(2) 제2패널 굴착

① 제1패널 '굴착-철근망 근입-타설' 후 굴착 개시

② 제1패널 사이에 BC Cutter 정위치 후 1-Bite 굴착

- Cutter 길이(2,800)＝패널 길이+Over Cutting(200)

③ 제1패널 양단부 Over Cutting 및 공내 굴착

④ 제1패널공과 동일하게 계획심도까지 굴착, 시공계획서상 순서 준수

(3) 장비 운용

① 백호 또는 클램셸(Clamshell, Hang Grab)

- 가이드월 내의 표층부 선행 굴착

② BC Cutter(회전식 굴착기): 폭 640~2,000mm, 길이 2,800~3,200mm

- 패널 규격에 따라 적정 기종 선정, 표층부 이하부터 암석층 전까지 사용

③ 암석층 이하는 암파쇄 장비 운용, Counter Wall 설치

④ 굴착 중 벤토나이트 안정액 투입 및 교환

(4) 수직도 관리

① 가이드월 내 가이드잭 설치, Cutter Body 삽입 및 수직도 유지

② 리더(Leader) 기울기에 의한 수직도 점검 및 수정

③ 굴착 완료 후 굴착공 수직도 검사, Koden Test 초음파 탐상

④ 관리허용오차 $\leq \dfrac{\ell}{300}$, 한계허용오차 $\leq \dfrac{\ell}{100}$

3. 안정액 관리

(1) 재료

① 주성분이 몬모릴로나이트인 벤토나이트 사용

- 이온교환성, 현탁성, 흡착성, 팽윤성 등의 재료적 특성 보유

- '입도 < 0.850mm' 90% 이상, '입도 < 0.075mm' 10% 미만일 것[32]

---

32) KCS 213000 '2.4 지하연속벽' 참조

② CMC(Carboxy Methyl Cellulose) 증점제
- 수중 분리 방지, 굴착토사의 현탁부유성, 내열 · 내알칼리성 향상

③ 분산제, 벤토나이트 입자 표면에 흡착하여 입자 간 전하 증대

④ 비중 증가제, 점성과 겔 강도 향상
- 중정석이나 제철슬래그 사용, 지하수압 높을 때 첨가

(2) 배합

① 지반 토질별 적정 배합비 적용, 시험 배합 후 최적치 적용

② 혼합수 대비 재료별 질량배합비
- 벤토나이트 5~12%, 증점제 0~1.0%, 분산제 0~0.5%

③ 기계교반, 벤토나이트 입자의 안정한 부유상태 확보

④ 교반 후 전용 사일로 보관, 표준비중값 1.07~1.36

(3) 굴착 중

① '안정액 수위 ≥ 지하수위+1.2~1.5m' 유지

② 굴착 중 수시 안정액 품질 시험 및 확인
- 비중, 점성, 사분율, pH값 등

③ '사분율 ≥ 5%'일 때 Desanding 실시
- Mud Pump 이용, 토사 원심분리, '사분율 < 3~5%' 유지

④ 필요시 새 안정액 치환 및 충전
- 반복 사용에 따라 화학적성질 변화, 현탁액 분산(Sol) → 응집(Gel)

⑤ 안정액 일수(逸水[33], Circulation Loss) 현상 방지

[일수 현상: Circulation Loss]

정의	안정액이 패널공 밖으로 유실되는 현상
원인	• 지반 원인: 투수성 지반, 단층 · 균열 지반, 공동지반, 지중매설물 지반 등 • 안정액 원인: 낮은 점성, 높은 비중, 이수벽(Mud Film) 형성 불량 등
영향	• 안정액 유실로 공내 수위 저하 및 공벽 붕괴 • 안정액 사용량 증대, 인근 지하수 오염 등 유발
대책	• 정수압 저감: 안정액 비중 감소, 안정액 수위 저하 • 유출저항성 증대: 점성 증대, Mud Film 성능 보강, 일수방지제[34] 혼입 • 작업 개선: 동수압 방지, 지반 그라우팅, 해당 부위 콘크리트 충전 후 재굴착

---

33) 일수(逸水): '일수 현상'이란 용어의 일부로 사용하고 있으나 표준국어사전에는 등록되지 않은 한자 단어이다. 한자 用例가 없어서 "逸水"와 "溢水" 중 전자로 표기하였다.

34) 일수방지제: 섬유소나 박편상 물질(운모, 셀로판, 사탕수수 줄기, 톱밥, 땅콩 · 호두껍질 분말)을 첨가하여 공벽 손상부를 밀폐(Sealing)시키도록 한 안정액 첨가제

Ⅳ 패널 타설

1. 철근망 조립

(1) 철근 규격 · 간격 유지

① 시공상세도에 따라 철근망 조립
- 수직철근 D25~35mm, 수평철근 D13~16mm 사용

② 배근 교차점 견고하게 결속

③ 양중 시 변형 방지용 보강근 배치

④ 양중용 고리 부착 및 고정

(2) Dowel Bar 부착 · 고정

① 테두리보 및 슬래브 철근 이음 · 정착용
- 철근 굵기: 테두리보용 D13, 슬래브용 D10
- 철근 길이=정착 길이+이음 길이

② 구부림 가공 후 부착 및 고정, 철근망에 정착길이 부분 견고하게 고정

③ 소요량보다 10~20% 할증 적용, 굴착 후 '철근펴기' 손실량 고려

④ 위치정밀도 확보, 정위치 이탈 시 후속공정에서 수정공사 난이[35]

⑤ 부착 · 고정 후 해당부위 보양, 스티로폼재(T=15~20mm) 사용
- 굴착 후 위치 확인과 철근 노출 · 펴기 고려

(3) Embeded Plate(선매입강판) 부착 · 고정

① 토류벽 버팀보(SPS 및 Double Beam) 접합용, 테두리보 없는 부위에 적용

② 선매입강판 공장제작품 품질 확인
- 강판 규격(강종, 크기, 두께), 스터드(규격, 개수, 용접상태) 등

③ 철근망 내 버팀보 접합부 위치정밀도 확인
- 상하, 좌우 위치, 오차 발생 시 후속공정에서 수정 불가능

④ 철근망에 견고하게 고정, 타설 중 변위 방지, 인접 철근 · 스터드에 결속

(4) 기타 매입물 부착 · 고정

① 피복두께 유지용 철근간격재 설치, 9㎡당 1개소 이상일 것
- 롤러형 간격재 사용, 피복두께 80mm 고려

② 각종 외부 인입배관용 슬리브 부착

③ 기타 Tie-Back Anchor 등 부착

2. 철근망 인양 및 근입

(1) 철근망 인양

① 양중 전 Lifting Hook 용접상태 확인

---

35) 다월바 레벨이 테두리보 및 슬래브 접속위치와 다를 경우 케미컬앵커로 대체하여야 하지만 패널의 조밀한 배근과 높은 콘크리트 강도(27~30MPa)로 인하여 소요 개수의 앵커 설치가 곤란하다.

② 인양 시 철근망 변형 방지, 전용 Lifting Frame으로 3점 인양

③ 인양 후 이동 시 크레인 저속 이동

④ 크레인 이동로 포장, 또는 강판 지지상태 사전 확인

(2) 철근망 근입(根入)

① 철근망 근입 직전 공저의 슬라임 제거 선행·확인

  • Suction Pump, Air Lift, 수중 Sand Pump 등 이용

② 패널공 좌우에 Space Beam 설치, 철근망 정위치 유도

③ 수직도 유지하면서 공내 근입, 공벽 손상에 유의

④ 근입 후 철근망 수직도 및 상부 레벨 확인

  • 수직도 불량 시 피복두께 과부족

  • 상부 레벨 부정확 시 지하 전층의 철근이음 레벨 교란

⑤ 정위치 확인 후 철근망 고정

  • 타설 중 철근망 변위 방지, 가이드월에서 철근망 상부 고정

3. 콘크리트 타설

(1) 트레미관 설치

① 적정 내경($\varnothing$)의 트레미관 사용, G_{max} 및 타설깊이 고려

  • '$\varnothing \geq G_{max} \times 8$', 타설깊이에 따라 $\varnothing 250 \sim 500mm$인 것

② '패널 길이 $\geq 5m$' 시 2개 이상 설치, 제1패널 2곳, 제2패널 1곳 설치

③ 트레미관 선단부: 공저에서 150mm 상부 위치

④ 트레미관 이음부 이탈 방지

(2) 레미콘 품질 확인

① 현장 반입검사 실시

② 슬럼프값 180~210mm, 무다짐 시공 고려

③ 배합강도 $\geq f_{ck} \times 1.25$, 수중타설 고려하여 할증, 27~30MPa 가량

(3) 콘크리트 타설

① 철근망 근입 직후 타설 개시

  • 굴착 후 12시간 이내 타설, 공벽 여굴 및 슬라임 침전물 증가 고려[36]

② 제1패널 양단부 콘크리트 취약화 방지

  • 타설 전 제1패널공 양단부에 패널 분할대 설치, 패널 치수 유지

③ 콜드조인트 및 슬라임 유입 방지

  • 콘크리트 연속 공급, 트레미관 일정 속도 유지

---

36) 안정액이 공내에서 장시간 방치되면 물-입자 분리 및 침강 등으로 불투수막 기능이 상실된다.

> - 콘크리트 불연속 공급 시 콜드조인트 발생으로 2차 하자인 '지하수 침투' 우려
>   → 콘트리트 연속 공급, 트레미관 개소별 애지테이터 2대씩 유도
> - 제1패널공의 트레미관별 타설속도 동일 유지, 미흡 시 콘크리트 내 슬라임 유입으로 경화 후 누수
>   → 인접 트레미관 타설속도 동일하게 유지, 안정액의 콘크리트 치환능력 유지 등 필요

④ 콘크리트 수중 분리 방지
  - 타설 중 트레미관 선단부 묻힘깊이 1~2m 이상 유지
⑤ 계획고 이상 타설, 타설 후 상부의 취약 콘크리트층 제거

Ⅴ 후속공정

1. 카운터월(Counter Wall)

▶ 슬러리월 하단부의 암반층에 설치하는 지하외벽 설치공사이다.
▶ 슬러리월 하단부 굴착 곤란 시 적용하며, 기초예정저면 도달 전 암반 출현
　일반적으로 '암굴착 효율 ≤ 0.5m/h'일 경우 적용한다.

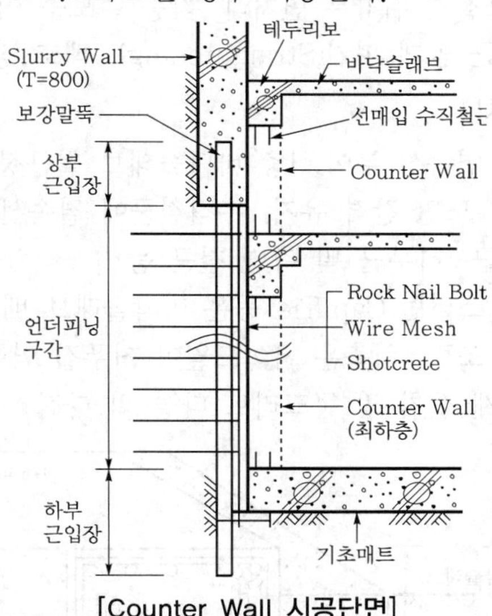

[Counter Wall 시공단면]

(1) 1차 카운터월

① 보강말뚝(Soldier Pile) 선설치, 해당 위치 T4 천공 및 말뚝 근입
  - H-300×300×10×15 형강재 사용, 제1패널 2개, 제2패널 1개 설치
② 암굴착 후 벽면 보강, Rock Nailing 및 Shotcrete 실시
③ 테두리보 및 바닥슬래브 설치
④ 철근 배근 및 거푸집 조립 후 콘크리트 타설
⑤ 최하층까지 '②~④' 공정 반복

(2) 최하층 카운터월

① 기초예정저면까지 굴착 및 벽면 보강

② 매트기초 철근 배근, 카운터월 연결용 철근 선매입

③ 매트기초 타설, 매스콘크리트 시방 적용

④ 카운터월 철근 및 거푸집 조립 후 콘크리트 타설

2. Cap Beam

(1) 가이드월 제거

① 슬러리월 및 현장타설말뚝 완료 후 굴착 단계 시 착수

② 1차 지반굴착, 가이드월 노출 부분에서 1m 심도

③ 내측 가이드월 철거, 브레이커 이용, 외측은 특별 사유 없는 한 지중 존치

④ 폐기 잔재물 적법 처리, 폐콘크리트 및 폐스티로폼 등

(2) 두부정리

① 가이드월 제거 후 실시

② 두부의 취약 콘크리트층 파쇄, 브레이커 사용

③ 패널 상부에서 1~1.5m 하단부까지 제거

④ 파쇄 상부 요철면 취약부 면처리, 각종 손도구 이용

⑤ 패널 수직철근 곧게 펴기(Straightening), 백호 장비 이용

(3) Cap Beam 설치

① 패널 상부의 연속성 부여, 1층 바닥슬래브 철근정착장 역할

② 스터럽 배근, 도면 간격 유지, 수직철근에 결속선 고정

③ 수평철근 배근, 하부근 및 측면 철근 등

• 상부근 및 스터럽 Cap Tie 등은 바닥슬래브 배근 시 설치

④ 내측 거푸집 조립, 외측은 가이드월이 거푸집 역할 수행

⑤ 수팽창 지수재 설치 및 콘크리트 타설 및 다짐

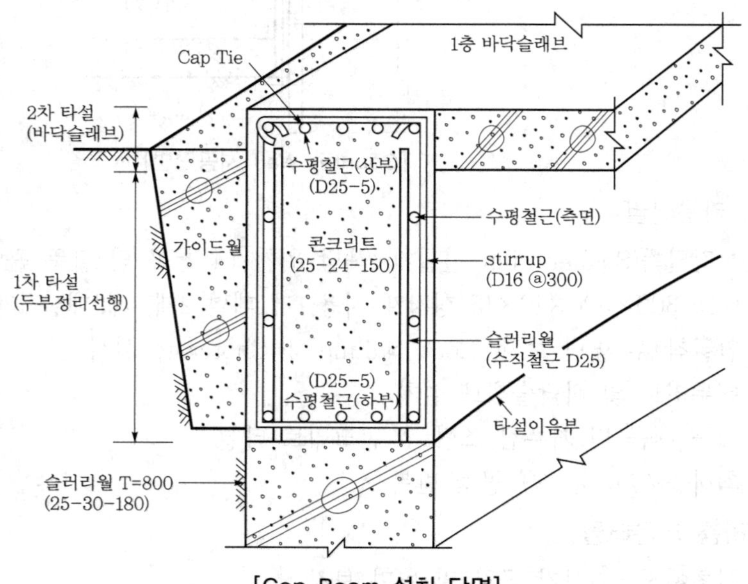

[Cap Beam 설치 단면]

3. 테두리보 · 버팀보

(1) 벽면 정리

① 실내측 벽면 위치 측량 확인

② 가이드월 이하부터 굴착 후 벽면정리 실시, '소형 백호+면갈기 장치' 사용

③ 과다 피복두께 부위 제거

④ 과도한 면갈기 방지, 피복두께 손상 고려

(2) 매입연결재 노출

① 벽면 내 Dowel Bar 및 매입강판(Embeded Plate) 노출

- Dowel Bar: 벽면과 테두리보 및 바닥슬래브 철근 정착용
- Embeded Plate: 버팀대(SPS 부재 등) 단부 고정용

② 벽면 정리 직후 실시

③ 노출 다월바 곧게 펴기(Straightening), 작업 중 손실량 최소화

- 손실량 고려 20% 이내 할증 배치가 바람직

④ 과다 파취에 의한 단면결손 및 변위에 유의

(3) 테두리보 설치

① 위치 확인 후 거푸집 조립, 거푸집 하부는 벽면 브래킷 지지

② 철근배근 및 강구조보 접합용 선매입강판 설치·고정

③ 콘크리트 타설 및 양생

(4) 버팀보 설치

① 선매입 강판 위치 확인

② 거싯플레이트 위치 확인 및 필릿용접 취부

③ 버팀보 설치: Strut, SPS보, Double Beam 등

④ '거싯플레이트–버팀보' 고장력볼트 접합

4. 바닥슬래브

① 영구용 버팀보 설치, SPS 및 Double Beam 등

② 버팀보에 스터드용접, 도면간격 유지

③ 데크플레이트 설치 및 철근 배근

- 배력근, 단부 연결근 및 전단보강근, 개구부 보강근 등

④ 바닥슬래브 콘크리트 타설[37]

- Slurry Wall 접속부: 이물질(스티로폼 및 굴착토) 제거 후 정밀 충전·다짐

⑤ 최하층까지 바닥슬래브 공정 반복

- '지반굴착–벽면정리–테두리보–버팀보–바닥슬래브' 등

---

37) 회차별 굴착 후 버팀보 설치 및 바닥슬래브 타설은 바로 실시하는 것이 바람직하다. 굴착으로 인한 불안정한 상태가 극에 달하는 시점이기 때문이다.

5. 기타 공정

① 최종 굴착 완료, 기초예정저면 도달
- 지내력시험, 영구배수공 및 록앵커링 등 실시

② 슬러리월 접속부의 테두리보 철근 배근

③ 기초매트 철근 배근 및 타설, 매스콘크리트 시방 적용

④ 이후 지하골조 순타설 시공, 합벽부 및 기둥 등

Ⅵ 결론

① 슬러리월공사는 대규모 가설시설과 장비가 소요되며 공사 품질은 토공사와 지하구조물의 안전과 내구성에 큰 영향을 미치므로 후속공정을 배려한 정밀시공 의지가 매우 중요하다.

② 후속공정에서 돌이킬 수 없는 하자를 맞이하지 않으려면 선·후행 공정에 대한 충분한 이해를 바탕으로 토목·건축 및 전문건설업체 담당자가 협업에 적극 동참하여야 한다.

tip 슬러리월공사 하자 원인별 문제점과 방지대책

유형	원인 & 문제점	방지대책

콘크리트 재료 분리	• 콘크리트 수중 분리
	   – 콘크리트 건전도 불량
	   – 누수 및 백화 발생
		• 트레미관 선단부 묻힘깊이 준수
		 • 수중불분리성 혼화제 혼입 고려

콘크리트 콜드조인트	• 콘크리트 불연속 공급 – 균열, 누수 및 백화 발생	• 콘크리트 연속 공급 • 애지테이터 배차관리 철저
콘크리트 슬라임 유입	• 안정액 콘크리트 치환성능 저하 • 트레미관별 타설속도 상이 – 누수 및 백화 발생	• 타설 전 안정액 점성·비중 점검·보완 • 공내 인접 트레미관과 동일 속도 유지

철근망 근입 불량	• 철근망 위치 불량
	   – 피복두께 과부족 발생
	   – 과피복 제거 시 단면결손부 발생
		• 철근망 정위치 확인 및 고정
		   상·하, 좌·우, 전·후 위치 등
		 • 타설 중 철근망 유동 방지

매입철물 누락·불량	• 도면 검토 미흡 • 철근망 근입 레벨 불량 – 후속 추가 공정 발생 및 품질 조악	• 도면상 매입철물 위치 확인 • 다월바 할증(20%) 배치, 손상 물량 고려 • 선매입강판 설치정밀도 확보
패널 수직도 불량	• 굴착공 수직도 불량 – 패널조인트 누수 및 펌핑부하 증대	• 굴착 중 수시 수직도 점검 • 누수 부위 조인트 방수 처리

1134 ┃ CIP(Cast in Placed Pile)공법

Ⅰ 개요

① CIP(Cast in Placed Pile)공법은 터파기 전에 기둥형상의 철근콘크리트 말뚝체를 지중에 연속적으로 형성시키는 주열식 토류벽공법으로 주로 도심지 공사에서 채용한다.

② 표준시방(KCS)과 현장 사례를 중심으로 특징과 시공방법을 안내한다.

특징	➡	시공방법
• 불규칙 평면/민원 예방 • 차수대책/적용한계		• 지반천공/보강재 근입 • 콘크리트타설/캡빔 설치

Ⅱ 특징

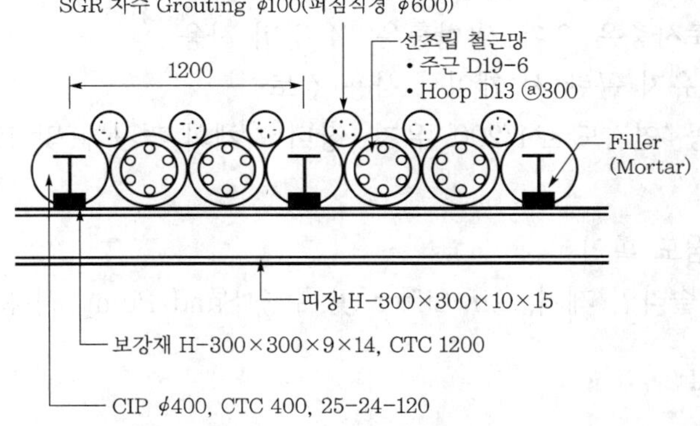

[CIP 설치 상세]

1. 장점

① 불규칙 굴착평면 적용 가능

② 도심지 민원 예방, 인접구조물 및 지반에 굴착영향 최소화

③ 소규모 장비 사용, 현장 접근성 우수

④ 벽체 강성 우수, 철근콘크리트 및 H형강 보강재 근입

2. 단점

① 말뚝 수직도 관리 필요, 미흡 시 토류벽에 틈새 발생

② 별도의 차수대책 필요, 말뚝체 사이의 틈새로 누수

③ 적용 지반 한계, 암반 이하층에는 H-Pile & 토류판 공법 적용

④ 지하구조체 축조 후 지중 존치, 철거 곤란

Ⅲ 시공방법[38]

1. 지반천공

(1) 천공 전

① 천공위치 측량 및 표식

② '높이 ≥ 1m'의 안내벽, 또는 Guid Beam 설치

- 지장물 확인·제거, 말뚝 배열 위치의 정확도 및 연직도 관리 목적

③ 천공장비 위치

- 크롤러 또는 트럭형 크레인, 오거 및 T4 장비 등
- 대규모 현장일 경우 3-Bit 장비 사용 검토

④ 장비 이동로 강판지지 및 콘크리트 가설포장

(2) 천공

① 시방에 따라 계획심도까지 격공(隔孔)으로 천공

- 굴착 중 심도 확인, 천공장비와 파일에 길이 표시

② 일반토사층은 오거, 암반층은 T4 장비 사용

③ 공벽 유지 곤란 시 케이싱 사용 검토

④ 굴착공 '연직도 ≤ 1/200' 유지, 장비 자체의 경사계 및 트랜싯 활용

(3) 천공 후

① 천공심도 확인

② 공내 슬라임 제거, Air Lifter 및 수중 Sand Pump 사용

2. 보강재 근입

(1) 철근망

① 도면상세에 따라 현장 및 공장 선조립

- 주근-띠철근 교차부위 결속, 용접고정 금지
- 원형 나선형 띠철근 가공, 현장에서 나선 간격 조정

[일반적인 배근 사례]

말뚝 직경	주근	나선띠철근[39]
Ø400	D19-6EA	• 굵기 ≥ D13 이상 • 간격: 천공경, 철근 길이/12, 300 mm 중 작은값 이하
Ø500	D19~25-8EA	
Ø600	D32-10EA	

---

38) 'KCS 213000 및 KDS 213000'과 실제 현장시공 사례 중 가장 일반적인 경우를 바탕으로 안내하였다.

39) KDS 213000 가설흙막이 설계기준 3.3.2(부재 단면의 설계) 참조

② '피복두께 ≥ 80mm' 유지, Bar Spacer 적정 배치

③ 철근망 양중 및 근입, 근입 직전 공내 슬라임 제거

- 근입 시 공벽 손상방지, 주근 선단부의 폭 축소 가공

(2) H형강재

① 도면상 규격재 사용, H-300×300×10×15 등

② 설치간격(CTC, Center to Center): CIP 직경에 따라 상이

- ∅400일 경우 CTC 1,200mm

③ 공내 양중·근입 및 수직도 유지

④ 인발 고려 시 강재 표면에 피막재 도포[40] 선행

3. 콘크리트 타설

(1) 생콘크리트 주문

① 콘크리트 공장 주문

② 일반적으로 25-24-150 규격 적용

③ 타설조건(지층구조, 지하수, 타설기구)에 따라 규격 할증 조정

- 25-24-150 → 25-27-150, 25-30-180 등

(2) 타설

① 적정 타설기구 선정, 원칙적으로 Tremie Pipe 사용

- 기타 현장 여건에 따라 슈트, 버킷, 호퍼, 백호 사용 고려

② 타설 직전 공내 슬라임 제거 및 보강재 근입상태 확인

③ 트레미관 묻힘깊이 1m가량 유지, 공내 충전성 및 재료분리 방지 고려

④ 타설 후 인접공 굴착영향 방지

4. 두부정리 및 캡빔 설치

(1) 두부정리

① 캡빔(Cap Beam) 설치를 위한 선행공정

② 레벨 표시 후 두부 파쇄, 백호 브레이커 사용

- 도면상 캡빔 단면 크기를 고려하여 파쇄면 레벨 표시

③ 노출철근 정리 및 파쇄물 제거

---

40) H형강재는 자원 재활용 실익과 지중 악영향을 고려하여 합벽체 완료 후 인발·충전 처리(KCS 213000 3.17.3 참조)한다. 피막재는 인터넷에서 '인발피막제', '인발코팅제' 등으로 검색할 수 있다. 부득이 지중 존치 시에는 '매몰 현황도'를 작성하여 발주자의 승인을 받아 놓아야 한다.

(2) 캡빔 설치

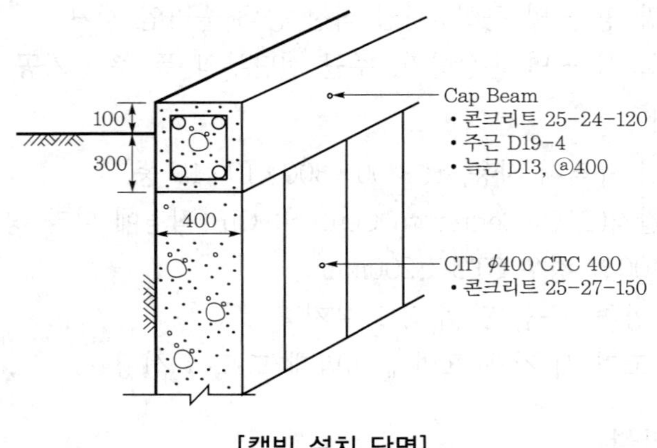

[캡빔 설치 단면]

① 파일 상부구조의 일체화 목적
② 도면상 단면 고려, 주근과 늑근 가공 및 배근
③ 거푸집 설치 및 콘크리트 타설
④ 양생 후 H형강재 인발, 전용 인발장비 사용
  • 인발 후 공극에 무수축 모르타르나 모래 충전

5. 차수 그라우팅

① CIP 사이의 공극 충전, 주열식 토류벽 차수보강
  • CIP 설치 후 굴착 전, 또는 굴착단계에서 실시
② 적용공법은 흙막이 가시설 설계도면 참조
  • 일반적으로 LW 또는 SGR공법 적용
③ 불투수층 계획심도까지 지반그라우팅 실시
④ 굴착 중 누수 발생 시 Post-Grouting 고려

Ⅳ 결론

1 CIP공법은 현장 사례가 적지 않음에도 불구하고 설계도서와 표준시방서의 내용이 구체적이지 못하여 공사담당자의 경험과 재량에 따라 공사가 이루어지는 것이 현실이다.
2 공사 착수 전부터 구조설계 검토에 의한 시공계획을 수립하여 공사에 반영함으로써 자의적 해석 및 임의적 시공을 방지하여야 할 것이다.

1135　SCW공법

I　개요

1. SCW(Soil Cement Wall, MIP: Mixed in Place Pile)공법은 지반천공 시 시멘트페이스트를 주입하여 지중에 연속으로 소일시멘트 기둥을 조성한 후 H-Pile 보강재를 삽입하여 토류벽을 형성시키는 공법이다.
2. 차수성이 우수하여 도심지에서 굴착 영향을 최소화할 수 있는 장점이 있으나 대형장비 사용 등으로 현장 적용사례는 많지 않다.

특징	➡	시공방법
• 장점 • 단점		• 지반천공/보강재 근입 • 유의사항

II　특징

1. 장점

① 일반 토사층 및 점성토지반 적용성 우수
② 차수성 우수, 중첩식 주열 배치
③ 배토량 저감, 천공구 내의 토립자에 시멘트 교반
④ 시공속도 양호, 다축오거 대형장비 사용

2. 단점

① 적용 지반 제한적, 자갈·전석층 장비 효율 저하
　• 토층 변화가 큰 지반에서 배합비 적용 곤란
② 대형장비 공간 소요, 협소한 현장 및 교통 혼잡 지역 적용 곤란
③ CIP 대비 토류벽 강성 미흡
④ 가설용 토류벽, 본구조물 축조를 위해 합벽 처리 필요

III　시공방법

1. 지반천공

(1) 가이드빔 설치

① H형강재 사용, 또는 1m 이상의 안내벽 설치
② 토류벽 계획선에 따라 설치
③ 굴착구의 수직·수평 정밀도 유도

(2) 천공 및 교반

① 시멘트밀크 배합, 결합재＋벤토나이트＋물

[토질별 배합비]

토질	시멘트(kg)	벤토나이트(kg)	혼합수(L)	압축강도(MPa)
점성토	250~450	5~15	400~800	0.5~3.0
사질토	250~400	10~20	350~700	1.0~8.0

- 결합재: 포틀랜드시멘트, 고로슬래그시멘트
- 벤토나이트: 시멘트밀크 블리딩 방지, 초기경화 지연 → 심재 근입 고려
- 물결합재비 ≤ 350%

② 시방에 따라 계획심도까지 오거 천공 및 1차 교반

- 시멘트밀크 주입압력 $5\sim10\mathrm{kgf/cm^2}$

③ 오거 인발 및 2차 교반 실시

- 교반속도: 사질토 1.0m/분, 점성토 0.5~1.0m/분

④ 천공 완료 후 역회전 교반

⑤ 공저에서 1m 이내의 하단부는 2회 교반 실시

2. 보강재(심재) 근입

① 소일시멘트 파일 조성 직후 신속하게 근입

② 도면 규격의 H형강 보강재 사용

- $\mathrm{H}-300\times200\times9\times14$, 또는 $\mathrm{H}-300\times200\times6\times9$ 등

③ 도면상 배치간격 및 근입깊이 준수, 굴착 후 띠장재 접합 고려

④ 지하층 외벽선 침입에 유의

3. 유의사항

(1) 설치 정밀도

① 공벽 수직오차 ≤ 1/200, 150mm

② 설치 심도 ≥ 연암층 이하 1m

③ 두부 높이 ≥ 지반고＋300mm

(2) 두부정리

① 소일시멘트 상부의 취약층(슬라임) 제거 목적

② 계획고 이상 소일시멘트 형성 후 상부층 제거

(3) 압축강도시험

① 지정위치 및 심도에서 토사 시료채취, 채취봉 사용

- 또는 SCW 코어 채취

② 공시체 제작 및 양생, $\varnothing100\times200\mathrm{mm}$ 규격

③ 시험 및 판정, '시험값 ≥ 지정값'이면 합격

1136 지반앵커공법

I 개요

1 지반앵커(Ground Anchor)[41]공법은 흙막이 배면지반에 앵커체를 설치하여 PC강재의 긴장력으로 흙막이 토류벽을 지지시키는 공법이다.

2 가장 우선적으로 검토할 만한 장점이 큰 공법으로 특징, 분류, 구성, 설치 및 검사 방법 등을 설명한다.

일반사항	➡	시공방법	➡	유지관리
• 특징/분류 • 앵커 구성		• 사전검토사항/지반천공 • 앵커체 근입/인장 및 정착		• 앵커 검사 • 계측 및 해체

II 일반사항

1. 공법의 특징

(1) 굴착 능률 제고

① 버팀보와 중간말뚝 불필요, 가설재 절감

② 굴착장 내 지보공 장애물 방지, 굴착 효율 증대

③ 토류벽 지지에 대한 최우선 검토 공법

(2) 공구 분할 용이

① 편토압 부위 적용 및 부분 굴착 가능

② 굴착부 평·단면 형상에 무관하게 적용 가능

(3) 고려사항

① 인접대지 소유주 동의 필수

② 지하수위가 높은 연약지반 적용 곤란

③ 일반적으로 PC강재 제거식 앵커 적용

• 지중 존치 시 인접대지 굴착 장애, 또는 지하수 오염 유발

2. 앵커 분류

(1) 영구앵커

① 지반에 영구 존치되는 앵커, 일반적으로 2년 이상 존치되는 것

② 건축물 부력 방지 및 사면 안정 목적으로 설치

---

41) 지반앵커(Ground Anchor)는 정착지반에 따라 'Soil Anchor'와 'Rock Anchor'로 구분할 수 있으나 표준시방서 (KCS 213000)상의 표기대로 종전의 "Earth Anchor"를 '지반앵커'로 표기하였다.

③ 앵커체 암반 정착 → Rock Anchor

(2) 가설앵커

① 가설구조물 지지용 앵커, 2년 미만 사용

② 인접대지 소유주의 동의 필요

③ 일반적으로 제거식 앵커 적용

④ 인력 제거식과 장비 제거식으로 구분

- 인력 제거식: 앵커두부의 강선을 용접기로 절단한 다음 너트를 돌려 인장력을 해제시킨 후 인력으로 인발 및 제거
- 장비 제거식: 해체용, 또는 U-Turn식 강재를 백호나 유압장치로 인발·제거

[분류기준별 앵커의 종류]

분류기준		앵커 종류
정착 지반	Soil Anchor	앵커체를 토사지반에 정착시키는 앵커
	Rock Anchor	앵커체를 암반에 정착시키는 앵커
앵커 존치 기간	영구앵커	• 일반적으로 2년 이상 지반에 존치시키는 앵커 • 부력앵커와 사면앵커로 구분
	가설앵커	• 지반에 2년 미만 존치시키는 앵커 • 주로 토류벽 지지용, 제거식·비제거식으로 구분 • 제거방식에 따라 인력 제거식·장비 제거식으로 구분
앵커체 지지 원리	마찰형 앵커	• 인장형·압축형으로 구분 • 압축형은 하중집중형과 하중분산형으로 세분
	지압형 앵커	앵커체 단부의 지압저항으로 인장력에 대응시킨 앵커
	혼합형 앵커	마찰형과 지압형 앵커를 혼합한 방식의 앵커

3. 앵커 구성

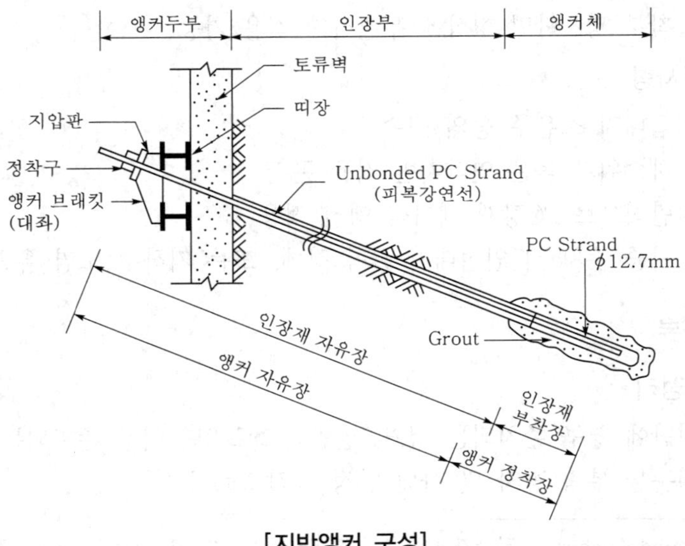

[지반앵커 구성]

(1) 앵커체(Anchor Body, 내하체)

   ① PC강재 선단부를 천공구에 정착시킨 부위

   ② 인장부의 긴장력에 대한 저항체

   ③ 저항방식에 따라 마찰형, 지압형, 혼합형으로 구분

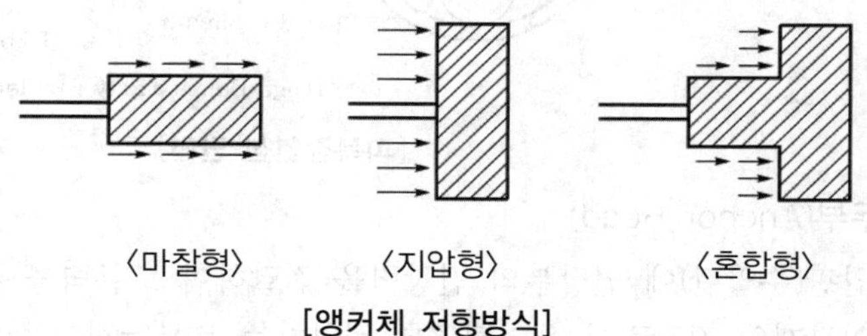

[앵커체 저항방식]

   ④ 일반적으로 마찰형으로서 '압축형' 채용

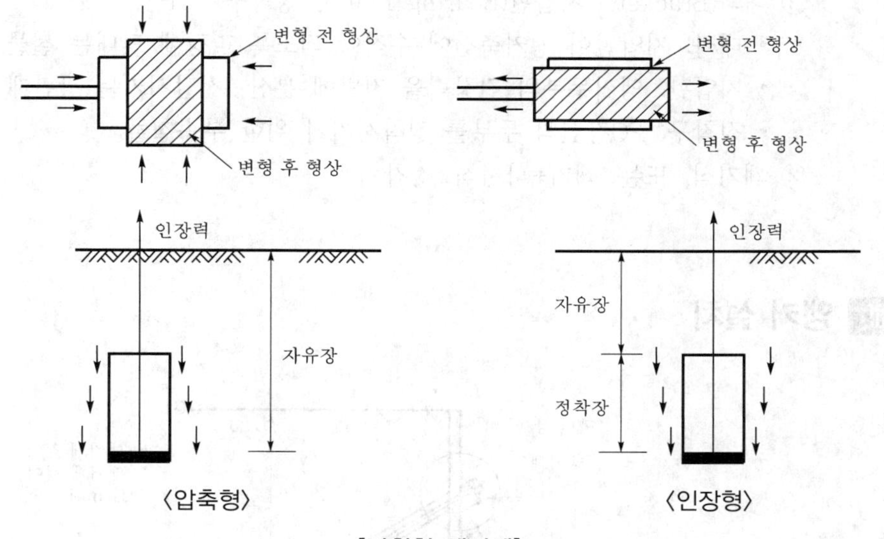

[마찰형 앵커체]

(2) 인장부(PC강재)

   ① 지반 마찰을 배제시킨 PC강재의 인장력 도입부

   ② PC강재 선단은 앵커체에 정착

   ③ PC강재 말단은 소요 긴장력 도입 후 앵커두부에 정착

   ④ 인장부＝자유장＋정착장＋두부여장

   ⑤ PC강재는 강연선(Strand) 사용

     • Unbonded PC 강연선: 4선식, 5선식, 6선식

     • KS D 7002, SW PC7B, Ø12.7mm

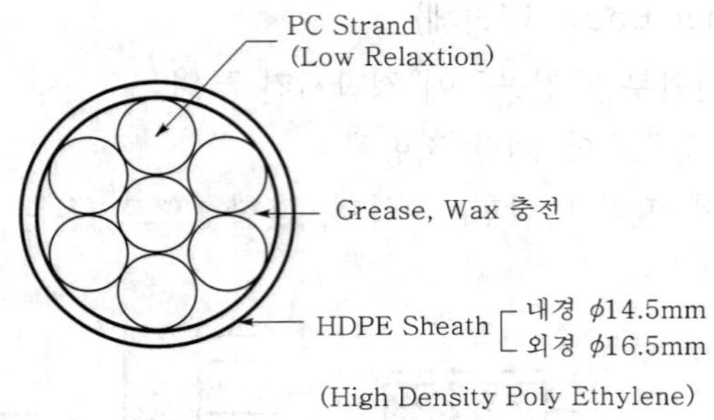

[피복강연선 단면]

(3) 앵커두부(Anchor Head)

  ① 지압판(수압판)에 인장부의 긴장력을 전달하여 토류벽을 지지시키는 부위

    • 인장재의 긴장력이 유지되도록 정착하는 부분(=정착구)

    • 인장재와 쐐기를 수용하는 공간

  ② 대좌(Bracket), 지압판(Bearing Plate), 정착구로 구성

    • 대좌: 지압판이 앵커축선에 수직이 되도록 띠장에 덧대는 철물

    • 지압판: 앵커두부의 긴장력을 지반에 분산·전달시키는 강판재

    • 정착구: PC강선의 두부를 정착시키기 위한 부속철물

  ③ 쐐기식, 또는 '쐐기+나사식' 정착

Ⅲ 앵커 설치

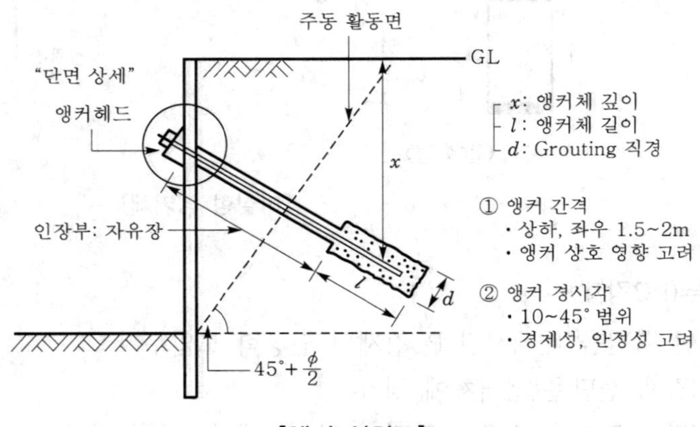

[앵커 설치도]

1. 사전검토사항

(1) 설치환경

  ① 토류벽 배면의 지반 조건

  ② 측압과 상부하중 조건

③ 구조방식과 앵커 배치 간격의 적정성 등

(2) 앵커체 및 인장부

① 설치깊이 산정

② Pre-Stressing 하중 산정

③ 긴장하중＝설계하중×1.2

④ '정착하중＝설계하중' 여부

(3) 그라우팅

① 그라우팅 기기의 적정 압력 산정

② 팩커 및 앵커체 그라우팅재의 적정성 검토

2. 지반천공

(1) 깊이 및 간격

① 설계도면상의 천공지름과 천공깊이 적용

- 천공지름 ≥ 앵커지름＋40mm
- 천공깊이(L)＝정착장＋자유장

② 정착장

- '앵커체－지반' 주면마찰저항 길이, '앵커체－PC강재' 부착력 길이 중 큰 값
- 또는 '3m ≤ 정착장 ≤ 10m', 토사지반은 '4.0m ≤ 정착장 ≤ 10m'
- 인발시험을 통하여 설계정착장 조정

③ 자유장＝파괴면(주동 활동면)까지의 거리＋여유장

④ 여유장 ≥ 0.15H, 또는 1.5m 중 큰 값

⑤ 천공 간격 ≥ 앵커체 직경×4, 또는 1.5m

- 일반적으로 상하·좌우 1.5~2m 간격

(2) 천공 작업

① 설계도면상 천공 위치, 각도, 깊이 적용

- 지반조건에 따라 적정 천공장비 선정

② 지하수 용출 시 Pre-Grouting 후 재천공

- 공벽 교란·붕괴 우려 시 Casing 사용

③ 천공구 ≥ 앵커지름＋40mm, 앵커의 근입 용이성 고려

④ 천공깊이 ≥ 소요깊이＋0.5m, 선단부의 슬라임 처리공간 확보

- 천공 후 즉시 공내 슬라임 제거, 청수·압축공기 이용

⑤ 시공정밀도(허용오차) 정위치±100mm, 각도 ±25°

3. 앵커체 근입

(1) 조립 및 근입

① 앵커체 조립, 간격재 설치 확인
- 중심결정구(Centralizer) 등간격(1~3m) 조립

② 근입 전 공내 슬라임 완전 제거

③ 천공경 중앙에 앵커체 근입, 근입 중 이물질 유입 방지

④ 공벽 붕괴 우려 시 정착장 일부에 그라우팅 선행 후 앵커 근입

⑤ 근입깊이 확인 후 지지대 설치, 앵커 공내 고정

(2) 그라우팅

① 시험 Grouting 선행, 작업 개시 전 1회 이상 주입재 품질시험 실시
- 시험 그라우팅: 주입압력, 겔타임, 주변지반 영향, 주입재 손실량 등 파악

[주입재 품질시험 항목]

블리딩시험	KS F 2414 콘크리트의 블리딩 시험방법
블리딩 및 팽창률시험	KS F 2433 주입모르타르의 블리딩률 및 팽창률 시험방법
압축강도시험	KS F 2426 주입모르타르의 압축강도 시험방법
컨시스턴시시험	KS F 2432 주입모르타르의 컨시스턴시 시험방법

② 주입재 가압 Grouting, 일반적으로 Casing 가압식 적용
- 피압수 지반일 경우 Packer 가압식 채용

③ 연속 그라우팅, 주입펌프 사용
- 주입 전 주입재 강도, 배합비, 주입량 확인
- Casing 사용 시 그라우팅 직후 제거, 이후 잔여량 보충

④ 주입재 배합비 준수, 배합 후 90분 내 주입, 초과 시 사용 금지
- 동절기 주입재 온도 10~25℃, 주입 후 동결 방지

⑤ 그라우트 후 강도 확인 및 기록 유지
- 배합, 강도, 수량, 압력 등 기록 및 보존

4. 인장 및 정착

① 띠장에 앵커두부 설치

② 잭 설치 및 긴장(Jacking)
- 긴장 전 인장잭의 하중계 검교정 확인

③ 설계하중 1.2배 긴장, 정착 시 설계하중치 유지 고려
- 긴장 압력 및 인장재 신장량 전수 기록

④ 쐐기식, 또는 '쐐기＋너트'식 정착

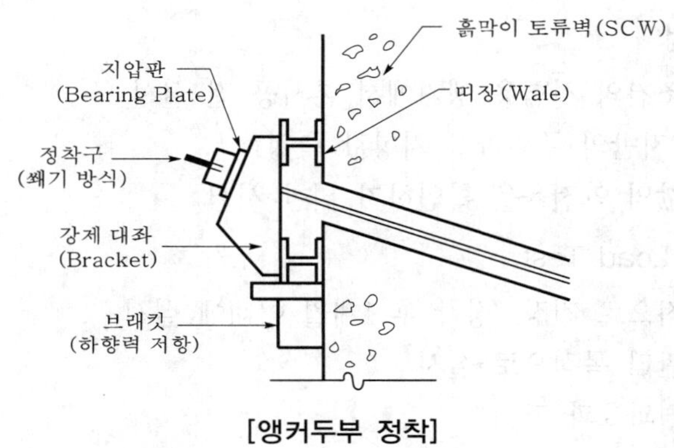

[앵커두부 정착]

Ⅳ 검사 및 유지관리

1. 앵커검사

(1) 인장시험

① 설계에 대한 앵커의 안정성 확인 목적으로 실시

- 인장시험 결과는 확인시험 판정기준으로 활용

② 시공계획서에 시험대상 앵커 명기

- 시험횟수≥3회, 전체 앵커의 5%
- 나머지는 확인시험에 의한 전수검사 실시

③ T_d ≥ 설계하중×1.2, 또는 T_d ≤ 긴장재 항복하중×0.9 적용

- T_d: 계획 최대시험하중

④ 시방에 따라 하중 재하

- 초기하중 ≥ 0.1T_d, 50kN
- 초기하중 재하 이후 T_d까지 5단계 재하, 각 단계별 하중–변위량 및 하중 유지시간 측정
- 시험 결과는 하중–변위량곡선, 하중–탄성변위량곡선, 하중–소성변위량곡선, 시간–하중곡선으로 출력

⑤ 시험결과 해석 후 기록 유지

- 앵커에 이상이 있다고 인정되면 감독자에게 보고 후 조치

(2) 확인시험

① 설계·시공의 안정성과 합리성 판단

- 본시공 앵커를 전수시험

② 단독, 또는 인장시험 결과와 비교하여 판단

③ 안전율의 3.0 이상이면 설계하중까지 확인

④ 2.5이면 '설계하중×1.2' 적용

   (3) 인발시험

     ① 설계조건의 시험용 앵커에서 본시공 전 실시

     ② 실제 지반의 주면마찰 저항값 측정

     ③ 설계값의 안전율을 확인하기 위한 시험

   (4) Lift Off Load Test

     ① 일반적으로 긴장, 정착 후 1개월 이내에 실시

     ② 유지관리 목적으로 실시

     ③ 시간경과효과 고려

     ④ Relaxation 정도에 따라 재긴장 여부 판정

2. 계측 및 제거

   (1) 흙막이 계측

     ① 하중계(Load Cell) 설치, 앵커두부 '지압판 – 정착구' 사이

      • 토류벽에 작용하는 측압 변화치 계측

     ② PC강재에 변형률계(Strain Gauge) 설치, PC강재의 변형률 계측

   (2) 앵커 제거

     ① 급격한 인장력 해제 금지

     ② 인장강선 인발 및 제거

Ⅴ 결론

   ① 지반앵커공법은 토류벽의 배면에서 토류벽에 작용하는 측압을 지지하므로 굴착장 내부 공종의 시공 효율상 매우 유용한 공법이다.

   ② 공사 관계자는 토류벽 지지공법 선정 시 최우선적으로 지반앵커공법의 채용을 고려하고 여의치 않은 경우에 한하여 다른 공법을 채용한다.

---

tip 앵커 긴장력 손실량 요인

• 세트량
 – 세트량은 앵커를 정착할 때 인장재와 정착장치 사이의 미끄러짐(활동)으로 인한 인장재의 되돌림 양이다.
 – 정착장치 세트량은 정착장치의 종류에 따라 달라지며 쐐기식 정착장치에서 세트량은 3~6mm 정도로서 설계 시 안전측으로 6mm를 적용한다.
 – 지압식 정착장치의 세트량은 1mm 정도이지만 컨트롤세팅 등 인장장비의 발전과 정착방법의 개선에 따라 세트량을 감소시켜 적용할 수 있다.
• 릴렉세이션(Relaxation)
 – 인장재의 릴렉세이션은 앵커 인장재의 종류와 인장재에 가해지는 하중의 크기에 따라 좌우된다.
 – 따라서 작용하중 수준이나 시험을 통한 결과 값을 고려하여 릴렉세이션 값을 결정해야 한다.

1137　소일네일링공법

I　개요

1. 소일네일링공법은 절토면에 강봉(Nail)을 삽입하여 원지반의 활동(滑動) 변위를 방지하고 지반을 복합 보강하여 절토·굴착면의 이완을 방지하는 공법이다.

2. 소일네일링공법은 성토지반에 적용하는 보강토공법 및 프리스트레스를 도입하는 지반앵커공법과 구분된다.

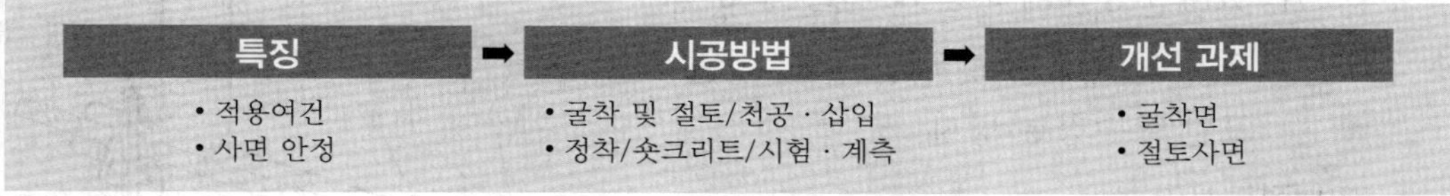

II　특징

1. 적용여건

(1) 적용분야

① 굴착면 안정

② 절토 사면 안정

③ 옹벽 상부 경사면 보강

(2) 적용지반

① Creep 변형량 적은 실트질지반

② 점성토지반

③ 굳은 사질토 및 자갈 지반, 연약 사질토지반은 적용 곤란

(3) 현장 적용성

① 소형장비 사용, 좁은 장소 및 급경사 지형에 적용 가능

② 지반에 따라 시공 변경 용이

③ 도심지 근접시공 가능, 저진동·저소음 공법

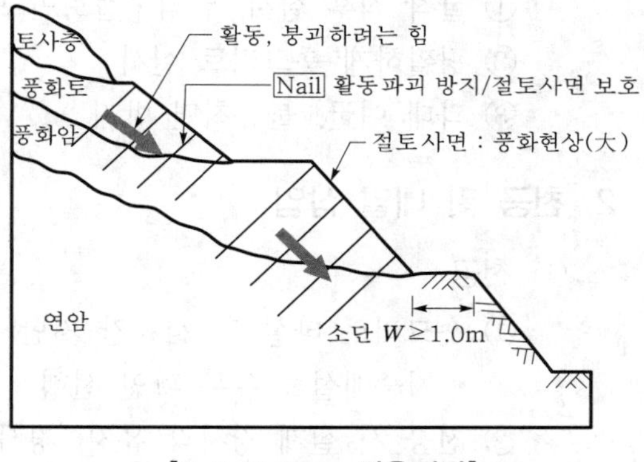

[Soil Nailing 적용지반]

2. 사면 안정

① 원지반 자체로 안정성 높은 옹벽 구축

② 국부적 하자 영향, 연쇄적 영향 배제

③ 영구 사면용 가능
  • 강봉의 부식 방지용 표면처리 및 사면 내 배수공 설치

Ⅲ 시공방법

1. 굴착 · 절토

(1) 굴착면

① 자립고 이내에서 굴착, 과굴착 방지
② 굴착 전 배수구 및 비닐 설치, 상단 지
  표면 우수침투 방지

(2) 절토사면

① 절토사면의 설계 경사도 유지, 토 · 암질
  에 따라 1:0.5~1.2
② 경사면 요철 방지
③ 절토 단계마다 소단 설치(W=1000mm)

(3) 1차 Shot-Crete

① 굴착 직후 실시, 굴착 · 절토면 보호
② 평활하게 숏크리트 실시
③ 과대 여굴, 불규칙면 방지

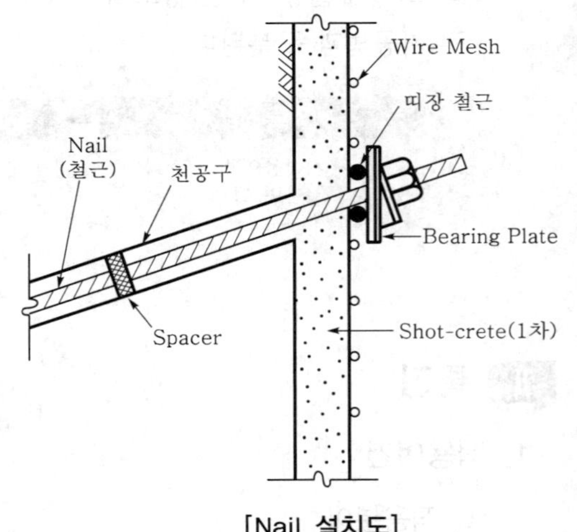

2. 천공 및 네일 삽입

(1) 천공

① 숏크리트 타설 후 24시간 지난 다음 실시
  • 지중매설물 유무 확인 선행
② 천공 시 설계 경사각 유지, 경사각 오차 ≤ ±3°, 천공구 Ø15~14mm
③ 천공 시 비산먼지 방지, 천공구 입구에 집진장치 설치
④ 연약지반에는 여굴 방지용 케이싱 사용

(2) 네일 삽입

① 천공 직후 실시
② 강봉에 Spacer 결속 및 경사각대로 공내 삽입
  • 네일 표면 손상방지, 손상 시 보수 코팅 실시
③ 이음 필요 시 커플러 이음, 용접이음 금지
④ 여굴 발생 시 공내 청소 후 재삽입

(3) 그라우팅

① 주입재의 강도 및 슬럼프 배합품질 확보

② 주입재 연속 충전, 주입관 천공구 선단에 위치

③ 여굴 우려 시 Pre-Grouting 후 네일 삽입

3. 네일 정착

(1) 와이어메시 설치

① 숏크리트 부착성 보강 목적

② $\varnothing 4\sim8\times100\times100$ 규격 사용

③ 굴착면에 앵커 고정, 앵커 간격 유지

(2) 네일 정착

① 와이어메시 위에 띠장(철근)과 지압판 설치

② 네일 두부의 나사산에 너트 체결

4. 2차 Shot-Crete

① 1차 타설면과 일체화되도록 분사, 안면보호대 착용

② 와이어메시, 띠장 철근, 지압판 피복, 도면상 두께 확보

③ 계획지점까지 이상의 공정 반복

④ 25% 이상 양생 후 차회 굴착 및 절토

5. 인발시험 및 계측관리

(1) 인발시험

① 네일 주면마찰력 및 그라우팅재 품질 확인 목적

② 설치 수량 1~2%, 매 200㎡마다 1회, 토질 변화 시 첫 단에서 실시

③ 시험용 네일 길이 ≥ 설계치+500mm

④ 인발 후 내력 평가, '하중-변위량' 곡선 해석

(2) 네일 Strain Guage 계측

① Strain Guage 설치
- 계측 위치의 네일에 1~2m 간격으로 센서 전기용접, 센서에는 Cable 부착
- 네일 공내 삽입 및 Grouting

② Strain Guage 계측
- Cable에 지시계 연결, 지시계상의 변형률 측정

③ 네일 축력 변화 해석, 보강지반의 안정성 평가

Ⅳ　개선 과제

1. 도심지 굴착면

　　① 지하구조물 축조 후 네일 제거

　　② 인접대지의 굴착성 및 민원 영향 고려

　　③ 제거식 공법 적용 적극 검토

2. 대규모 절토사면

　　① 연암층 및 경암층일 경우 Rock Bolt 공법과 병행

　　② 압력식 소일네일링 신공법 채용 고려

　　③ 기존 중력식보다 경제성, 시공성 우수

1138 Top Down공법(逆打工法)

I 개요

1. Top Down공법은 도심지의 대규모 건축에 일반화되었음에도 불구하고 그 개념이 모호하고 공법 적용에 어려움이 많은 실정이다.

2. Top Down공법의 개념, 필요성, 특징 및 지하골조의 구성을 일반사항으로 살펴보고 공법의 선정 및 적용 방안에 대하여 설명한다.

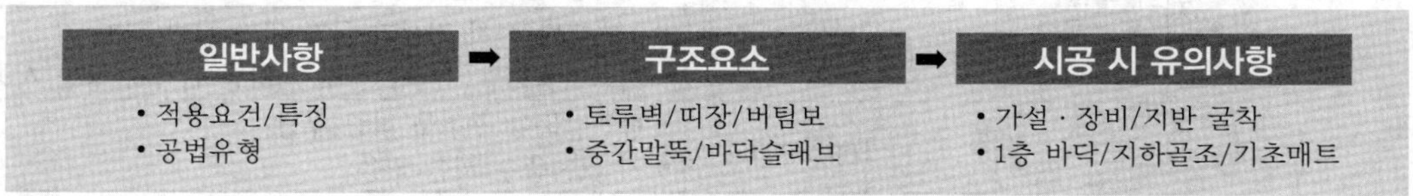

II 일반사항

1. 적용요건

① 인접 토공사 현장 존재
② 부정형 대지 평면
③ 심층 연약지반
④ 대지 고저 단차
⑤ 가설지보공 적용 곤란

2. 특징

(1) 장점

① 굴착 안전성 우수, 횡·연직 지지강성
② 도심지 적용에 유리
   • 넓고 깊은 굴착, 비정형 평면형상, 연약지반, 중요 시설 근접지반 등
③ 작업장 및 작업동선 확보
   • 초기 작업장, 야적장, 주차장 등
④ 공기단축
   • 1층 바닥이 지붕 역할, 전천후 지하층 시공 가능
   • 지하부~지상부 공사 병행 등
⑤ 건설공해 최소화, 소음·진동 및 분진 영향 저감

(2) 단점

① 역타 이음부 발생
   • 역타 슬래브+순타 기둥 접속부 등

② 조명·환기 시설 필요
③ 선기초기둥 수직도 관리 난이, 현장타설콘크리트말뚝+강기둥 소요
  • 필요시 DBS공법에 의한 가설기둥 적용 고려
④ H형강보 적용 곤란
  • 선기초기둥 설치정밀도에 영향, 필요시 RC보 공법 채용 고려

3. 공법유형

지하 구법	Down-Up공법	• 지하층 굴착 및 영구용 골조 시스템으로 지지 • 지하층 골조 완료 후 지상층 착수
	Up-Up공법	• 기초바닥 설치 전까지 굴착 및 토류벽 지지 • 기초 설치 후 지하공간 및 지상공사 동시 상향 시공
기둥 축력 부담	Full Top Down	• 중간말뚝이 구조물 하중 부담 • 지상층 층수 제한 없음
	Semi Top Down	• 중간말뚝이 구조물 일부 하중 부담 • 지상층 층수 제한 있음

(1) Down-Up공법
  ① 굴착하면서 지하 수평 골조공사 하향 병행
  ② 기초바닥 설치 후 지하 수직부 골조공사 착수
  ③ 지하 골조 완료 후 지상층 공사 착수

(2) Up-Up공사
  ① 굴착 및 지하 수평 골조공사 하향 병행
  ② 기초바닥 설치
  ③ 지하 수직골조 및 지상층 공사 병행

(3) Full Top Down공법
  ① 지하층 진행 시 지상층도 동시에 시공
  ② 구조 보강부위 사전 검토
    • 지상층 공사용 자재 야적장, 토공용 개구부 등
  ③ 부분적 구조 보강, 임시 구조 필요 여부 판단
  ④ 기둥 축하중 대형일 경우 적용
  ⑤ 공기단축 효과 우수

(4) 부분역타공법(Partial Top Down)

  〈오픈컷 역타공법〉
  ① 외주부 역타
    • 지하외벽 주변에 테두리 바닥구조 역타 시공
    • 테두리 바닥구조: 토류벽 띠장 역할, 필요시 가설 수평버팀대 보강
  ② 중앙부 순타설
    • 최하층까지 굴착 후 기초부터 상향 순타설
  ③ 전체 역타공법에 비해 선기초기둥 설치 개소 저감, 공사비 절감 가능

〈아일랜드 오픈컷 역타공법〉
　① 토류벽 설치
　② 외주부에 소단지지 및 중앙부 굴착
　③ 중앙부 순타 시공
　④ 외주부 역타 시공

〈코어 외주부 역타공법〉
　① RC 코어벽 초고층건물에 적용, 코어부 선기초기둥 지지 곤란
　② 코어부 가설흙막이 설치 및 굴착
　③ 코어부 기초 및 골조 순타 시공
　④ 외주부 역타 시공

〈Skip 역타공법〉
　① 대형 굴토장비 운용 시 적용 가능
　② 대형장비에 의한 굴토공사 효율 제고
　③ 선기초기둥 설치

Ⅲ 구조요소

1. 토류벽

(1) 슬러리월
　① 굴착 중 토류벽 역할, 토류벽 강성 우수
　② 굴착 후 지하외벽체 역할
　③ 슬래브 연결용 앵커철근(Dowel Bar) 선매입
　④ 토류벽에 버팀보 접합용 강판 선매입(Embeded Plate)
　　• 또는 RC 테두리보 설치 후 강판 선매입
　⑤ '토류벽-중간말뚝'에 버팀보 접합 후 바닥슬래브 설치

(2) 주열식 토류벽
　① 주로 CIP공법 채용
　② RC 또는 H형강 띠장 설치
　③ 굴착 및 기초바닥 설치 후 합벽부 순타
　④ 각종 슬래브 및 버팀보 연결공법 적용

2. 띠장

(1) RC 테두리보
　① 토류벽의 측압을 버팀보에 전달시키기 위한 지보공

② 슬러리월 선매입 앵커에 연결 및 설치
③ 또는 CIP 보강재에 스터드용접 후 설치
④ 최근 다양한 신공법 등장으로 테두리보 생략 추세

(2) H형강 띠장

① CIP 토류벽에 적용
② 토류벽 틈새 충전
③ 슬래브 단부에 위치
④ 띠장 Web에 타설용 개구부 설치

3. 버팀보

(1) 영구보 방식

① 본설용 강제보 사용, 해체 불필요
② 테두리보 또는 토류벽에 연결, 중간말뚝으로 하중 전달
③ 층단위 지지, 작업공간 확보 용이
④ 공법에 따라 Single Beam, Double Beam 방식 적용

(2) 가설보 방식

① 가설용 Strut 사용, H형강재 등
② 영구보 적용 시 슬래브 개구부에 한하여 적용
   • 지하 통로용 계단실, 경사로 부위 등
③ 측압 취약부이므로 계측기 집중 배치 후 관리 필요

4. 중간말뚝

(1) 합성기둥 방식

① 공사 중 측압 및 상부 작업하중지지
② 공사 후 영구 존치, 본설기둥 역할 수행
③ H형, Box형, 조립형 등 다양한 단면형상 적용
④ 기둥 근입부에 현장타설 콘크리트말뚝 선설치
⑤ 기초바닥 설치 후 콘크리트 합성구조 형성, 피복형 또는 충전형 등 적용

(2) 가설기둥 방식

① 굴착 전 H형강 기둥 지중 근입
② 굴착 중 측압 및 상부하중 지중 전달
③ 본설용 RC기둥 설치 후 인발·제거

5. 바닥슬래브

① 안정적 측압 지지 구조 역할, 바닥구조의 강막작용 효과
② 데크플레이트 적용, 동바리 지지 불필요

③ 지반 굴착에 따라 최하층까지 하향 설치 진행
④ 토류벽 앵커철근에 바닥슬래브 철근 연결·정착
⑤ 개구부 주변 철근 보강
 • 계단실, 장비 반입·반출구 등

Ⅳ 시공 시 유의사항

1. 가설 및 장비

(1) 조명 시설

① 작업 유형별 소요 조도(lx) 확보
② 초정밀, 정밀, 보통, 기타 등으로 구분
③ 조명 배선용 배관 콘크리트 내 선매입 조치

(2) 환기 시설

① 환기 개소: 굴착공사 위치, 작업인원, 장비의 수 등 고려
② 환기방식 1~3종 선정
③ 소요 환기량(Q) 산정
④ 송풍기 대수 선정

(3) 장비

① 양중계획에 따라 타워크레인 기종, 제원, 위치 선정
② 토사 양중용 크롤러크레인
③ 잔토 운반용 덤프트럭
④ 굴착 및 집토용 백호 및 불도저 등

2. 지반 굴착

(1) 시공 구획(區劃, Zonning)

① 큰 바닥면적·굴착심도에 적용
② 수직 구획: 1회 굴착심도 구획
 • 측압 분포, 토류벽 강성, 지보공 특성 등 고려
③ 수평 구획: 굴착 및 골조공사 순서 구획, 공사의 연속성 고려

(2) 과굴착 방지

① 1회 굴착심도 준수
② 계측분석 전 차회굴착 금지
③ 차회굴착 전 선행 굴착부 지지상태 확인

④ 측압지지 취약부 계측기 집중 배치
- 토류벽에 면하는 지하경사로 및 계단실 등 바닥 개구부

⑤ 필요시 소단 설치 및 안전요원 배치

3. 1층 바닥

(1) 철근 보강

① 자재 야적장, 철근 및 강구조 부재 등
② 장비 동선, 양중장비 · 자재 적재 차량 및 잔토처리 트럭 등의 동선
③ 하중작용 기간 중 하부층 동바리 존치에 유의

(2) 단차 부위

① 강구조보의 스티프너 보강
② 차량동선 가설 경사면 처리

(3) 공사용 개구부

① 토사 반출, 장비 진출입, 자재 반출입 용도
② 토류벽 이격거리 $\geq 2m$
③ 개구부 크기 $\geq 6m$, 장비 및 자재 크기 고려

4. 지하 골조

(1) 기둥

① 선설치 강기둥 수직도 확보 및 두부 고정, 측량장비 및 다림추 이용
② 굴착 전 Back Fill
③ 굴착 중 정열(Alignment), 정위치 이탈 기둥 대상
④ 굴착 후 기초바닥 및 SRC기둥 타설
- 주철근 및 Hoop 배근 후 거푸집 조립, 하부층부터 층단위 상향 순타설

⑤ 또는 본설 RC기둥 순타설, DBS공법일 경우 적용

(2) 지하층 바닥슬래브

① 해당층 굴착 후 최대한 조기 타설, 바닥슬래브의 강막작용 유도
② 영구 토류벽 접속부 철근 연결
- 토류벽 선매입 연결철근에 슬래브 철근 이음

③ 합벽부일 경우 슬래브 철근 정착장 확보, RC 테두리보 등 선설치

(3) 합벽부

① 가설 토류벽 보강재에 스터드 용접
② RC띠장 또는 띠장 생략공법 적용
③ 기초바닥 타설 후 상향 순타설

5. 기초 매트

(1) **지내력 확인**

① 잡석지정 설치 후 평판재하시험 실시

② 지내력 미달 시 지반개량 후 재확인

(2) **기초부상 방지**

① 지반 특성에 따라 적정 공법 선정

② Rock Anchor, 또는 Dewatering 공법 채용

③ 비닐 보양 후 무근콘크리트 지정 타설

- 콘크리트: 25-21-180, T=60mm

(3) **매트 설치**

① Zoning에 따라 타설

② 타설 이음부 수밀 보강, 지수판 설치

③ 매스콘크리트 시방에 따라 타설, 온도균열에 유의

Ⅴ 결론

① Top Down공법은 주로 도심지 공사의 특성상 채용사례가 많으며 현장여건에 따라 다양한 방식의 공법을 조합하여 적용할 수 있다.

② 도심지의 대규모 초고층공사는 세부공종별 공법의 조합이 복잡하므로 공사관계자는 관련 공법에 대한 전문성을 바탕으로 공사관리 역량을 발휘할 수 있어야 한다.

1139 　SPS공법

Ⅰ 개요

1. SPS공법은 가설 스트러트의 한계를 개선한 공법으로 토류벽의 측압을 영구용 부재로 지지함으로써 가설 Strut의 설치 및 해체 공정을 생략할 수 있는 점이 대표적인 장점이다.

2. SPS부재는 토류벽, 테두리벽, 강기둥 등과 영구 접합되므로 위치정밀도를 확보하기 위한 면밀한 대책이 필요하다.

일반사항	→	선행 공정	→	SPS 설치	→	후속공정
• 적용유형/특징 • 사전검토사항		• 토류벽 설치 • 강기둥 설치		• 테두리보/SPS부재 • 바닥슬래브/하부층		• 지하구조물 • 지상구조물

Ⅱ 일반사항

1. 적용유형

(1) Down Up 방식

① 토류벽 설치 및 지반 굴착 선행

② 토류벽 SPS부재 지지

③ 일부 구간 데크플레이트 바닥슬래브 설치

④ 최하층까지 '지반 굴착-SPS 지지-바닥슬래브 타설' 반복 시공

⑤ 기초매트 및 지하골조 완성, 이후 지상층 공정 착수

(2) Up-Up 방식

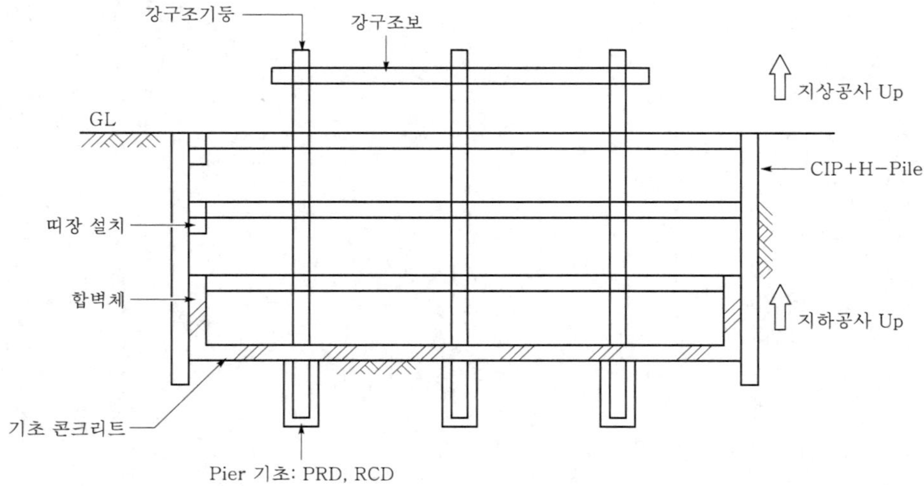

[SPS공법: Up-Up 방식]

① 기초매트 공정까지 Down-Up 방식과 동일
② 지하골조와 지상층 공정 동시 진행
- 지하골조: 바닥슬래브, 합벽부, SRC기둥 등
③ 굴착심도가 큰 지반에서 공정상 유리
- 굴착심도가 깊고 시간이 많이 소요되는 지반

2. 특징

(1) 장점

① 기초공사 후 지하·지상 동시 시공, Up-Up 공법
② 영구부재(SPS)에 의한 토류벽 지지
- 본설-가설 공정간섭 배제 → 가설재 해체 중 응력불균형 위험요소 배제
③ 층 단위 토류벽 지지
- 버팀대 단수 절감, 넓은 작업공간 확보, 장비 작업성 증대
④ 슬래브 일부 구간 Open, 별도의 채광·환기 시설 불필요
- 타설구간은 작업장 이용, 별도의 복공판 설치 불필요
⑤ 굴착 중 압축재로서 측압(토압 및 수압) 지지
- 굴착 후 측압에 의한 압축하중과 해당층 연직하중 부담

(2) 단점

① 기둥 수직도 확보 난해
- 지반천공~SPS 설치 중 수직정밀도 유지 곤란
- 지반천공, 강기둥 근입, 제자리말뚝 타설, SPS부재 설치 과정 등
- 굴착 중·후 수시 수직도 확인 및 보정, KODEN Test 실시 필요
② 현장타설 콘크리트말뚝용 대형장비 동원
- 현장 작업공간 잠식, 소음·진동 공해 유발, 관련공종 공사비 고가 소요
③ 정밀 시공능력 요구, 미흡 시 수정 불가능한 하자 발생
- 현장타설말뚝 위치, 토류벽 매입철물 위치, 선·후행 공정 접합부 품질 등
- 공사참여자 간 긴밀한 협업시스템 필요
④ 보·기둥 단면 적용 한계
- 강구조 보·기둥의 단면증대 영향 고려
- 강구조보 → 층고절감형보, 지상층 강기둥 → RC기둥 전환 등
⑤ 가설지지 구간의 안정성 취약
- 토류벽에 접하는 지하경사로(Ramp), 지하계단, 장비반입구 등의 구간
- 측압 안정성 취약 → 계측기 집중 배치·관리 필요

3. 사전검토사항

(1) 대지 및 주변 여건

① 굴착 면적·심도, 암출현 심도, 지하수위, 토질주상도 등

② 대지 경계, 고저 및 평면 형상, 지상·지중 장애물
③ 인접지반 현황: 하천, 도로, 공원 , 현장 진입로
④ 인접구조물 현황: 구조물의 용도, 규모, 밀집·근접 여부

(2) 공사업체

① 시공실적 및 보유장비
② 기술인력의 전문기술 및 관리 역량, 협력사 소장 및 공사관리자
③ 기능인력의 숙련도
④ 투입 가능한 장비·인원팀의 수

(3) 시공계획서 및 시공상세도

① 시공계획서
- 작업팀 수, 장비 투입계획, 품질·안전 관리계획, 검측 체크리스트 등
② 시공상세도: 실측부재 & 계획제작부재, BH부재, 장스팬부재 등
③ 적절성 검토 및 승인, 임의 시공 방지
④ 내용 미흡 시 보완 지시·확인 후 승인, 반드시 승인 후 착공

(4) 협업시스템 구성

① 소속참여자 간 협업, 발주자–감리자–시공자
② 공정 간 협업, '선행–현행–후행' 공정 등
③ 공종 간 협업, 토목–건축 공종 간 협업
④ 상호 역할 분담, 협업 사항 명문화

Ⅲ 선행 공정

1. 토류벽 설치

① 시공계획 및 시공상세도에 따라 토류벽 설치
- 대지경계선 및 건축선 고려, 측량 확인 선행
② Slurry Wall, CIP, SCW 등의 공법 채용
- CIP 및 SCW 공법일 경우 실내측에 합벽부 설치 필요
③ 선매입물 위치 정밀도 확보, 미흡 시 후속공정 지연 및 하자 발생
- 선매입물: Dowel Bar, Embeded Plate(E/PL) 등

2. 강기둥 설치

① 기둥 위치 측량 및 지반천공, 천공구 수직도 확보
- 소구경일 경우 PRD공법, 대구경일 경우 RCD공법 채용
② 반입 부재 조립 및 조립정밀도 확인
③ 강기둥 근입 및 고정
- 기둥 위치정밀도 및 수직도 확인 후 고정

④ 기둥 근입부 콘크리트 타설
- 콘크리트 타설고: 공저~기초예정저면≒1m 상부
- 타설 중 기둥 변위 방지, 콘크리트 건전도 확보

⑤ 타설 직후 케이싱 인발 및 Back Fill
- 콘크리트 양생 후 Back Fill 실시, 양질 토사 공내 충전

Ⅳ SPS부재 설치

1. 테두리보 설치

① 1차 굴착, 백호 이용
② '토류벽-1층 바닥슬래브'사이에 테두리보 거푸집 조립
- 주열식 토류벽: 보강재 플랜지 노출 후 스터드용접 선행
- 토류벽면의 거푸집 하부에 까치발 지지

③ 테두리보 철근 배근 및 Embeded Plate 정위치 고정
- 합벽부: 하부 벽체용 수직 앵커철근 및 후타설용 슬리브 선매입
- 슬러리월: 테두리보 불필요 부위는 선매입 강판 및 다월바 노출 선행

④ 콘크리트 타설 및 양생, 시공이음부 지수처리 철저

2. SPS 조립 · 접합

① 테두리보 거푸집 탈형 및 거싯플레이트(G/PL) 정위치 취부
- '테두리보 선매입 E/PL+G/PL' 필릿용접 실시

② SPS부재 양중 · 거치 및 가조립
③ 조립 수정 및 SPS Web 고장력볼트 완전 조임
④ 플랜지 맞댐용접, 핀접합일 경우 용접 생략
⑤ 접합부 검사
- 고장력볼트 접합부에 대한 핀테일 파단 육안검사
- 필릿용접부 MT 또는 PT, 맞댐용접부 UT 등

3. 바닥슬래브 타설

① 1층 바닥슬래브 일부 구간 타설
- 기둥 수직 앵커철근 및 타설용 슬리브 선매입
- 타설 구간은 작업 및 가설사무실 공간으로 활용

② SPS보 위에 철근 · 철선 일체형 데크플레이트 설치, 동바리 지지 불필요
③ SPS보에 스터드용접, 도면 간격 유지
④ 연결근, 보강근, 배력근 배근
- 단부 상 · 하 연결근, 단부 전단보강근, 개구부 보강근, 배력근 등

⑤ 콘크리트 타설 중 철근 흐트러짐 방지

4. 하부층 공정

① 층단위 굴착 → 테두리보 설치
② SPS부재 조립 · 접합 → 바닥슬래브 일부 타설
③ 지하1층~최하층 전까지 공정 반복
④ 기초예정저면 도달, 지내력 검사, 영구배수관 · Rock Anchor 설치
⑤ 기초매트 설치

Ⅴ 후속공정

1. 지하구조물

① 최하층부터 층단위로 상향 순타설 진행
② 바닥슬래브 잔여 구간 타설
③ 합벽부 타설, 선매입 슬리브를 통항 콘크리트 주입 및 다짐
④ 기둥 철근 · 거푸집 조립 및 타설
  • 바닥슬래브 선설치 구간은 선매입 슬리브를 통하여 콘크리트 주입 · 다짐

2. 지상구조물

① 기초매트 타설, 또는 지하골조 완료 후 착수
② Down-Up공법: 지하골조 완료 후 지상구조물 착수
③ Up-Up공법: 기초매트 타설 후 지하-지상 골조 동시 상향 시공

Ⅵ 결론

1 SPS공법은 2000년을 전후하여 20여 년간 Top Down 현장을 주도하여 온 공법으로 수많은 개선 공법의 출현을 촉발하는 계기가 되었다.
2 즉, SPS부재는 터파기공사 중 가설 · 본설의 이중적 역할에서 파생되는 문제점을 개선하는 계기가 됨으로써 진일보한 지하공사의 품질과 안전 기술의 발전이 이바지하였다.

1140 보일링 현상

I 개요

① 보일링(Boiling) 현상은 흙막이 굴착저면에서 모래와 물이 솟아오르는 현상으로 토류벽 하부지반을 이완시키므로 흙막이 구조물의 안정성을 저해한다.

② 보일링 현상을 방지하려면 토류벽의 차수성·강성 및 배면 수위에 대한 종합적인 고려가 필요하다.

발생 원인 · 기구	➡	방지대책
• 투수지반/근입장/굴착심도/지하수위 • 수두차/측압/유효응력/토사·물/불안정화		• 토류벽 근입장/차수성 • 흙막이 강성/지하수위

II 발생 원인 · 기구

1. 발생 원인

① 굴착저면 투수지반 및 피압수 존재

② 토류벽 근입장 부족

③ 토류벽 내부 굴착심도 증가

④ 토류벽 배면 지하수위 증가

2. 발생 기구(Mechanism)

① 굴착장 내·외부 수두차 증가, 동수구배(動水勾配)[42] 상승

② 토류벽 측압 상승, 수압 및 토압 등

③ 굴착저면 유효응력 상실

④ 배면 토사 및 물의 굴착장 유입

⑤ 흙막이 하부지반 이완 및 불안정화

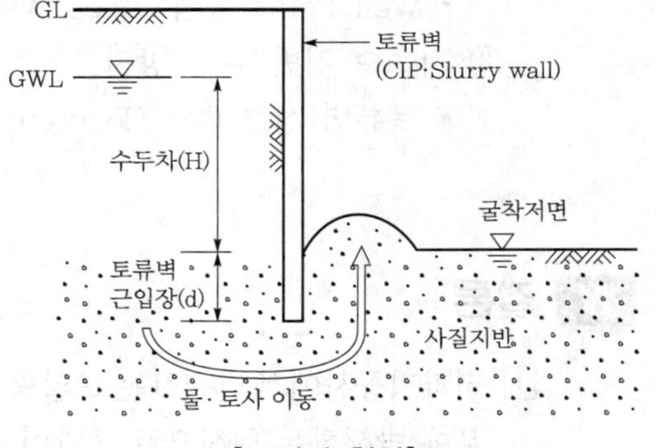

[보일링 현상]

III 방지대책

1. 토류벽 근입장 확보

① 굴착 저면부의 물 이동 차단

---

42) 동수구배(Hydraulic Gradient): 수평을 기준으로 한 경사도, SI단위에서는 수평길이 1m에 대한 수직높이의 비율(분수)로 표시한다. 물매, 동수경도(動水傾度), 동수물매 등으로도 부른다.

② 불투수층 이하까지 근입
③ 측압 거동을 고려한 적정 근입장 확보

2. 토류벽 차수성 증대

① 굴착저면의 물 이동 차단 영향 고려
② 토류벽 배면부 차수성능 확보
③ 필요시 차수용 지반 그라우팅 실시

3. 흙막이 강성 확보

① 지하수위 상승 및 굴착심도 증가 등의 영향 고려
② 토류벽의 적정 두께 확보, CIP 및 슬러리월 등
③ 토류벽 지보공의 지지력 확보
  • 띠장, 테두리보, 버팀보(Strut, SPS), 지반앵커 등

4. 지하수위 저감

① 흙막이 구조물에 대한 측압 거동 고려
② 적정 배수공법 채용, 주변지반 영향 사전검토
  • Well Point 공법, Deep Well 공법 등
③ 지표수 지반 유입 방지
  • 토류벽 상부 Cap Concrete 타설 및 측구 설치

Ⅳ 결론

1. 터파기공사에서 발생하는 보일링 현상은 사질지반에서 흙막이 토류벽 근입장이 부족할 경우에 발생하는 현상으로 흙막이 구조물의 안정성을 해치는 하자 현상이다.

2. 보일링 현상을 방지하려면 토류벽을 불투수층에 안전한 깊이만큼 근입시키는 한편, 흙막이 시스템의 차수성과 강성을 높이고 지하수위를 저감하는 등의 종합적 고려가 필요하다.

1141 | 히빙 현상

Ⅰ 개요

① 히빙(Heaving) 현상은 흙막이 배면의 연약점성토가 굴착장 안으로 유입되어 토류벽 하부 지반을 이완시키는 현상이다.

② 히빙 현상을 방지하려면 토류벽의 근입장을 확보하고 배면의 토압 상승 요인을 제거하여야 한다.

안정성 검토	➡	방지대책
• 활동모멘트/저항모멘트 • 히빙 안전율		• 흙막이 상부/배면토 • 토류벽 근입장/굴착저면

Ⅱ 원인 및 기구

1. 발생 원인

① 굴착저면의 연약 점성토층 존재

② 토류벽 근입장 부족

③ 토류벽 내부 굴착심도 증가

④ 토류벽 배면 토압 증가

2. 발생 기구(Mechanism)

① 터파기 굴착심도 증가

② 배면 토압 상승

③ 연약 점성토 굴착장 유입

④ 토류벽 하부지반 이완 및 불안정

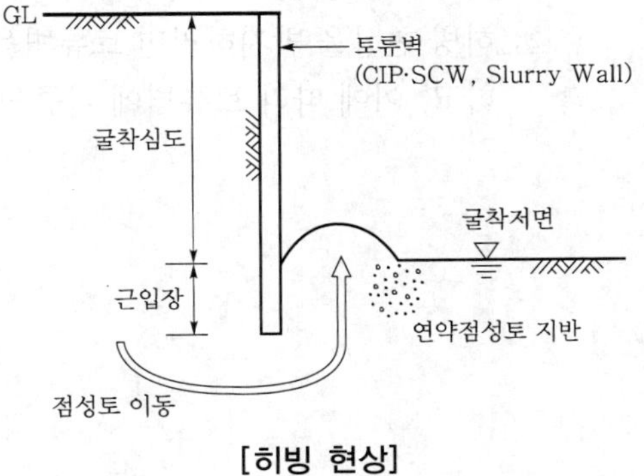

[히빙 현상]

Ⅲ 방지대책

1. 토류벽 근입장 확보

① 굴착 저면부의 점성토 이동 차단

• 배면토의 활동(滑動) 차단

② 토류벽 선단부 경질 지반 이하까지 근입

• 근입장에 의한 저항모멘트 증대

③ 적정 근입장 확보, 측압 및 지반강도 고려

2. 토류벽 배면

① 중량물 근접 적재 금지

② 차량·장비 접근·통행 제한

③ 표토 제거, 배면토 자중 경감

④ 빗물 유입 방지, 측구 설치 등

3. 흙막이 강성 확보

① 굴착심도 증가에 의한 토압 상승 고려

② 토류벽의 적정 두께 확보, CIP 및 슬러리월 등

③ 토류벽 지보공의 지지력 확보

- 띠장, 테두리보, 버팀보(Strut, SPS), 지반앵커 등

Ⅳ 결론

1 터파기공사에서 발생하는 히빙 현상은 점성토지반에서 흙막이 토류벽 근입장이 부족할 때 발생하는 현상으로 흙막이 구조물의 안정성을 해치는 하자 현상이다.

2 히빙 현상을 방지하려면 토류벽을 경질지반에 안전한 깊이만큼 근입하는 것이 가장 중요하고, 이에 따라 토류벽에 가중되는 토압에 대비하여 흙막이의 강성을 확보하여야 한다.

1142 터파기현장 주변지반 침하

I 개요

1. 터파기현장에 인접한 주변지반은 굴착에 따라 불안정한 상태가 될 우려가 있으므로 침하에 대한 사전대책을 강구하여야 한다.

2. 주변지반의 침하는 인접 보도 및 도로의 함몰과 구조물 변위를 유발하므로 인접시설물과 통행인 및 교통차량의 안전 측면에서 원인과 방지대책을 설명한다.

지반침하 원인	➡	방지대책
• 흙막이 변위/토사 · 지하수 이동 • 뒷채움 및 되메우기 불량		• 흙막이공법 채용 • 지반 굴착/계측관리

II 지반침하 원인

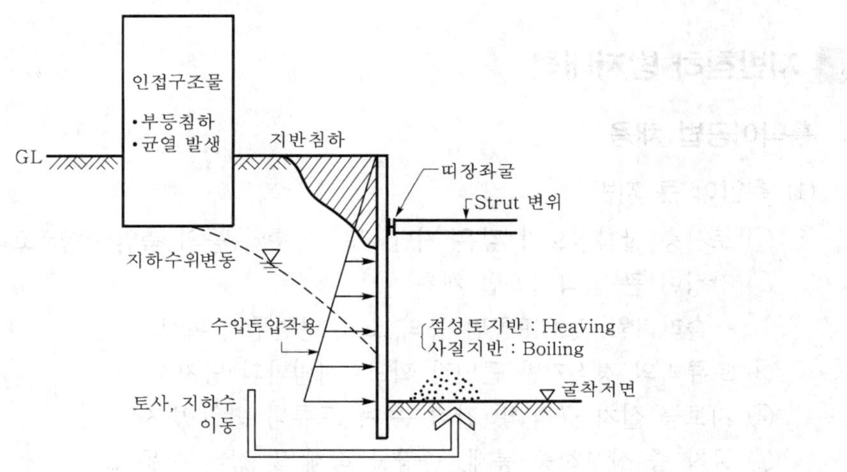

[주변지반 · 인접구조물의 변위 요인]

1. 흙막이 변위

① 흙막이 상부의 상재압 증가

② 굴착심도 증가

③ 토류벽 배면 지하수위 상승

④ 흙막이 강성 미흡, 흙막이 토류벽 변위 발생

2. 토사 · 지하수 이동

① 토류벽 차수성능 미흡
- 지하수위 상승 시 토류벽 배면의 토사 및 지하수 장내 유입

② 연약 점성토지반의 히빙 현상
- 토류벽 배면토사 굴착장 유입

③ 느슨한 사질지반의 보일링 현상
- 토류벽 배면의 지하수와 토립자 굴착장 유입

④ 굴착저면 과잉 배수
- 토류벽 배면지반 지하수위 저하

3. 뒷채움 · 되메우기 불량

① 토류벽 배면 뒷채움 불량
② 토류벽 해체 시 되메우기 미흡
③ 지하매설물 파괴 및 지하공동부 존재
④ 상재압 작용 시 압밀침하 유발

Ⅲ 지반침하 방지대책

1. 흙막이공법 채용

(1) 측압이 큰 지반

① 토사층 굴착심도가 깊은 지반, 토압 · 수압 등의 측압 종합 고려
② 강성이 큰 흙막이공법 채용
- 슬러리월 및 CIP공법 등의 소요 단면두께 확보

③ 토류벽의 경질지반 근입장 확보, 히빙파괴 방지
④ 지보공 설치 규격 및 간격 준수, 토류벽 변위 방지
⑤ 굴착 중 상부하중 통제, 중량물 적재 및 장비 이동 등

(2) 수압이 큰 지반

① 차수성능 높은 토류벽공법 채용, 지하수 영향 차단
② 지반조건과 굴착심도에 따라 적정 공법 채용
- 슬러리월, SCW, 강널말뚝(Sheet Pile) 공법 등

③ 토류벽 투수 우려 시 차수 보강
- 'CIP + H-Pile & 토류판 공법'일 경우 차수용 Grouting 실시

2. 지반 굴착

(1) 1회 굴착심도 준수

① 과잉굴착 시 흙막이 변위

② 흙막이 강성 및 지반조건 고려

③ 매회 굴착 후 신속하게 토류벽 지보공 설치

• Strut, SPS, 지반앵커, 바닥슬래브 타설 등

(2) 소단 설치 · 운용[43]

① 토류벽 내측 굴착저면 파괴 방지, 보일링 · 히빙 파괴 등

② 소단의 안전한 높이와 안식각 유지

• 1회 굴착심도 및 지반조건 고려

③ 굴착장 중앙부 선굴착 후 소단부 굴착

④ 토류벽의 측압 지지력 증대

⑤ 소단의 형상 및 크기 사전검토 후 적용

• 토질 · 기초 관계전문가의 사전검토, 소단 형상 및 크기 등

• 또는 계측 결과 흙막이 변위가 우려 시 적용

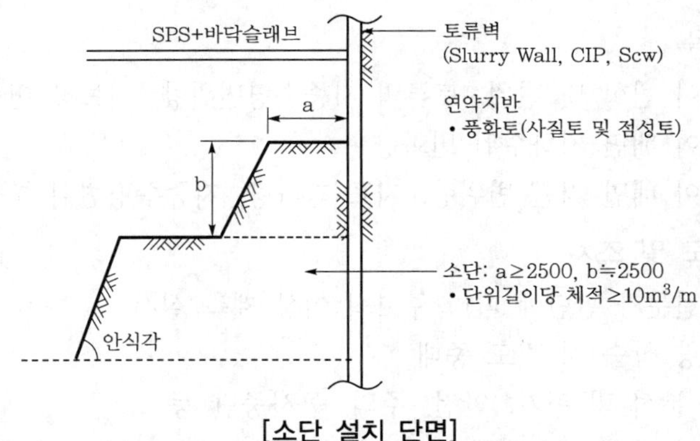

[소단 설치 단면]

(3) 지중매설물 파괴 · 침하 방지

① 매설물 지반보강 및 보양 철저

② 통행로일 경우 매설물 상부 콘크리트 포장, $T \geq 200mm$

• 중량장비 이동에 의한 매설물 파괴 · 침하 방지

③ 불가피할 경우 매설물 관련기관에 이설 신청

---

43) 저자 현장경험 및 연구논문 참조: 양구승 · 박기태, 삼성물산, 한국지반공학회 논문집, 1999.

[매설물별 관련기관]

매장문화재	시·군·구청, 광역시·도, 문화재청 등
상하수도관	지방자치단체, 한국수자원공사(공업용 상수도관)
지중선로	한국전력공사
통신관로	한국통신공사
가스관	한국가스공사, 각 지역별 도시가스 회사
송유관	대한송유공사
열공급관로	한국지역난방(주)

(4) 토류벽 뒷채움 철저

① 가설용 토류벽 설치 및 해체 직후 실시

② 양질의 토사 조밀 충전

③ 뒷채움 후 상부 콘크리트 타설, 지표수에 의한 지반이완 방지

- $W \geq 300mm$, $T \geq 100mm$

④ 엄지말뚝, Sheet Pile, CIP 보강재 인발부위

- 양질 모래 충전 후 물다짐 실시

3. 계측관리

(1) 계측항목

① 흙막이 변형 및 변위: 토류벽 지중수평변위량, 지보공 변형률, 벽면 측압 등

② 흙막이 배면 지하수위 변화량

③ 흙막이 배면 지반 변위량: 지표 침하량, 지중수평변위량 등

(2) 계측빈도 및 조치

① 관계전문가 판단에 따라 주 1회 이상 계측 실시

② 변위량 상승 시 빈도 증대

③ 결과 분석 및 평가: 안전, 주의, 공사중단 등

④ 평가에 따라 후속조치 강구, 흙막이 보강 및 차회 굴착에 반영

Ⅳ 결론

1️⃣ 주변지반 침하는 굴착심도가 큰 현장 주변에서 발생하므로 공사 전 굴착영향에 대한 면밀한 검토를 바탕으로 대책을 세워야 한다.

2️⃣ 방지대책으로서 무엇보다도 차수성과 강성이 높은 흙막이 시스템을 채용하여 과굴착으로 인한 흙막이 변위에 대비하는 것이 중요하다.

1143 터파기공사 지하수 대책

Ⅰ 개요

1️⃣ 터파기공사에서 굴착심도가 깊을수록 지하수의 영향이 증대되므로 이를 고려한 흙막이 설치 및 굴착 시공이 필요하다.

2️⃣ 지반굴착으로 인한 수위변화는 주변지반과 인접구조물에 영향을 미치므로 굴착 전 사전조사를 통하여 흙막이 강성·차수성, 배수, 피압대수층 등의 대책을 강구하여야 한다.

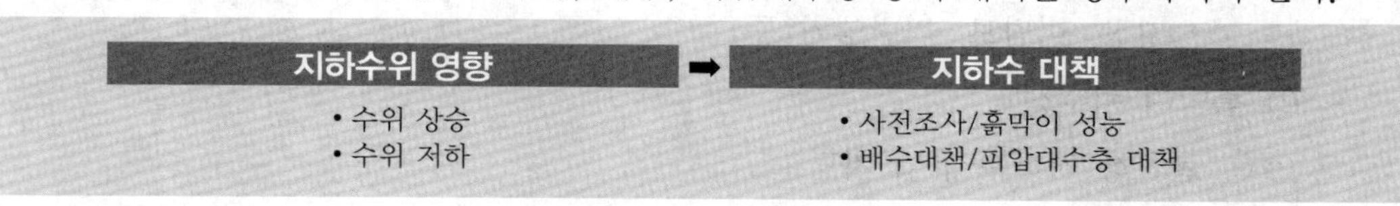

Ⅱ 지하수위 영향

1. 수위 상승

① 흙막이 토류벽에 수압 상승
② 토류벽 틈새로 지하수 유입, Piping 현상 등
  • 사질지반에서 근입장 부족 시 보일링 발생
③ 측압 증대로 흙막이 변형 및 변위
④ 공사 중 기초구조물 부상 및 부등침하

2. 수위 하강

① 주변지반 압밀침하
② 인접구조물 부등침하
③ 지하매설물 이동 및 파괴
④ 주변지반 우물 고갈

Ⅲ 지하수 대책

1. 사전조사

① 지반 투수성 파악, 지반조사보고서 참조
② 지반 유효응력·간극수압
③ 피압수층

④ 계절별 지하수위 변화

⑤ 주변지반 및 인접구조물 분포 등

2. 흙막이 성능 확보

(1) 흙막이 강성

① 측압 증가 요인 고려

② 토류벽 두께 및 재료 강도 확보

③ 토류벽 지보공 적정간격 유지

- 띠장, 버팀보, 지반앵커 등

(2) 흙막이 차수성

① 굴착장 지하수 유입 차단

② 차수성 높은 토류벽공법 채용

③ 필요시 토류벽 배면에 차수 Grouting 실시

④ 토류벽 근입장 확보, 불투수층 이하까지 근입

3. 배수대책

(1) 강제 배수

① 토류벽 배면 지반의 지하수위 저하

② 공법 적용 시 강제배수 영향 사전검토

- 도심지가 아닐 경우 적용 가능

③ 투수성이 크고 지하수위가 높은 지반에 적용

④ 도심지가 아닐 경우 Well Point 공법 채용 고려

[Well Point 공법]

정의	• 지중의 간극수위를 일시적으로 저하시키는 배수공법 • 파이프 선단에 여과기를 부착한 Well Point를 지중에 설치 • 진공흡입펌프로 지하수 양수
적용요건	• 도심지가 아닌 사질토 및 실트질 모래지반 • 최대 6m까지 양정, 초과 시 Well Point를 다단으로 설치 • 예정굴착저면보다 1m가량 이하에 설치
적용효과	• 지반 함수비 저하, 물다짐 효과로 인한 지내력 증진 • 지반 유효응력 증대, 보일링 파괴 방지 • 굴착장의 Dry Work 공간 조성, 굴착 작업성 증대
유의사항	• 과잉 배수 방지, 수위계 설치, 수시 지하수위 계측 • 비상 대비책 강구, 정전에 대비하여 예비동력과 발전기 구비

(2) 지표수 유입 차단

① 지표수의 토류벽 배면 및 장내 유입 차단

② 지중 및 토류벽 지상고 ≥ 300mm

③ 토류벽 배면 상부 Cap Concrete 및 측구 설치, T=100mm, W ≥ 300mm

(3) 굴착장 유입수 배수

　① 우수 및 지하수 장내 유입수 장외 배수

　② 굴착저면에 집수정 설치

　③ 배수용 펌프 및 전원 확보

(4) 유의사항

　① 배수 전·후 지하수위 계측관리, 과잉 배수 방지

　　• 수위계, 간극수압계 설치·운용

　② 예비 전원·펌프 구비, 정전·고장 및 집중호우 등에 대비

　③ 필요시 인접구조물 기초 보강

4. 피압대수층 대책

(1) 기초예정저면 상부

　① 토류벽 근입장 확보

　② 토류벽 불투수층 이하 근입

(2) 기초예정저면 하부

　① 공사 중 기초 부상 방지

　② 굴착저면 지반강도 증대

　③ 필요시 배수용 드레인 설치

　　• 피압대수층에 드레인 관입, 피압수 양압력 저감 → 굴착저면 파괴 방지

Ⅳ 결론

1 터파기공사에서 지하수의 수위 변화는 공사의 안전과 효율에 큰 영향을 미치므로 지하수
위 변화에 대한 사전대책이 필요하다.

2 도심지일 경우 강성과 차수성이 높은 흙막이 시스템을 구성하는 한편, 우수 등의 지표 유입
수는 집수정을 통하여 장외 배수한다.

1144 흙막이 계측관리

Ⅰ 개요

1. 흙막이 계측관리는 지반 굴착의 악영향을 조기에 발견하여 지하공사의 안전성 확보와 주변민원을 예방하기 위한 지원 업무이다.
2. 현장 계측관리는 계측 목적에 적합한 항목을 선정하여 계획에 따라 주기적으로 계측을 실시하고, 그 결과를 분석하여 굴착공사에 적시 반영하는 시스템을 갖추어야 한다.

일반사항	→	계측기 선정 · 배치	→	계측관리 방안
• 계측 목적/계측 항목 • 계측관리기법		• 계측기 선정/계측 위치 선정 • 흙막이/주변지반/인접구조물		• 계획 수립/계측 빈도 • 계측 실시/분석 · 조치/유의사항

Ⅱ 일반사항

1. 계측 목적

(1) 설계 측면

① 설계 미비사항 확인

② 설계변경 자료 확보

③ 측압 증대 영향 파악, 흙막이 변형 및 변위 등

④ 흙막이 설계기준 확립

(2) 시공 측면

① 위험요인 조기 감지 · 예방

② 굴착영향 파악, 주변지반 및 인접구조물 변위 등

③ 후속 굴착 시 지반거동 영향 예측

④ 민원 예방, 공학적 대응자료 확보

⑤ 굴착공사의 안전성 및 경제성 제고

2. 계측항목

(1) 흙막이 구조물

① 토류벽의 지중수평변위량

② 토류벽 지보공의 변형률과 작용하중(측압: 토압 · 수압)

③ 띠장, 버팀보, 지반앵커 두부, 엄지말뚝 등의 지보공

(2) 흙막이 주변지반

① 지표 침하량 및 지중 침하량

② 지하수위 및 간극수압의 변화량

(3) 인접구조물

① 균열 변화량 및 진행 속도

② 구조물 경사각

③ 공사장 소음·진동 영향

3. 계측관리기법

(1) 절대치 관리

① 절대 허용기준치 설정

> - 이론식이나 경험에 근거, 판정기준의 절대 허용기준치 산정
> - 이론식: 각종 하중계수 이론식으로 지반거동과 부재 변형·변위량의 허용치 산정
> - 경험방식: 유사한 굴착지반 및 단면에서의 계측 경험치에 근거, 허용기준치 산정

② 관리구간 세분

- 계측항목에 따라 관리구간을 2~3단계로 세분

2구간 방식	• 절대 허용기준치에 대한 계측치의 백분율 산정 • 1차 관리치 < 허용치×80~100%, 2차 관리치 ≥ 허용치×100%
3구간 방식	• 계측치에 대한 사례 예측치의 비율로 안전율(F) 산정 • F=절대 허용기준치/계측치 • 안전: F > 1.2, 주의: 0.7~0.8, 위험: F < 0.7~0.8

③ 계측치에 대한 관리구간 해석 및 안전조치 강구

- 절대치에 접근할수록 계측 빈도 강화
- 증가 추세일 경우 공사중단, 원인분석 및 조치 강구

(2) 예측 관리

① 선행굴착 시 계측치에 의한 토질정수 및 흙막이 특성값 산정

② 특성값으로 차기굴착 이후의 흙막이 거동 예측 및 안정성 판단

③ '안정' 판정 시 차회 굴착 진행

④ '불안정' 판정 시 대책 강구 후 굴착

(3) 관리기법 선정

① 관리기법별 장단점 파악

구분	장점	단점
절대치 관리	• 해석 용이, 신속 대처 가능 • 얕은 굴착공사에 적합	• 관리허용기준치 설정 안이 • 이상징후 시 대응 지연 우려
예측 관리	• 차기굴착 안전성 관리 • '굴착깊이 ≥ 20m'의 깊은 굴착에 적합	• 역해석으로 예측과정 복잡 • 숙련기술자 해석능력 필요

② 굴착 규모, 관리능력 고려
  • 절대치 관리기법 적용 시 허용기준치의 합리성 검토
  • 깊은굴착일 경우 예측 관리기법에 필요한 숙련기술자 확보
③ 관리기법 병행 고려
  • 사고 위험성이 높거나 중요구조물 공사에 적용

Ⅲ 계측기 선정 및 배치

1. 계측기 선정요건

① 정밀도, 신뢰도, 넓은 계측범위
  • 기타: 견고성, 수밀성, 내식성, 장기간 사용안정성, 저전력 소비 등
② 설치 및 취급 용이성
③ 온·습도 영향이 적고 보정이 간단할 것
④ 원격측정이 가능할 것
⑤ 호환성 있고 판독이 쉬울 것

2. 계측 위치 선정

(1) 공통사항

① 계측기 훼손을 방지할 수 있는 곳
② 집중적으로 배치하여 연관 계측이 가능한 곳
③ 지하수위가 높고 수위 변화가 큰 곳

(2) 굴착현장 관련

① 흙막이 구조물 전체를 대표할 수 있는 곳
② 토류벽 지지구조가 다른 곳
  • Top Down 바닥슬래브의 개구부44) 주변 등
③ 공사 선행 위치

(3) 주변관련

① 중요 구조물 인접 위치
② 민원이 우려되는 지반 및 구조물
③ 교통량 많은 곳
④ 기타 굴착영향이 우려되는 곳

---

44) 토류벽에 접한 지하경사로나 지하계단실은 바닥슬래브의 강막효과를 기대할 수 없는 개구부이므로 배면토압의
  지지구조상 취약부가 된다.

3. 흙막이 구조물

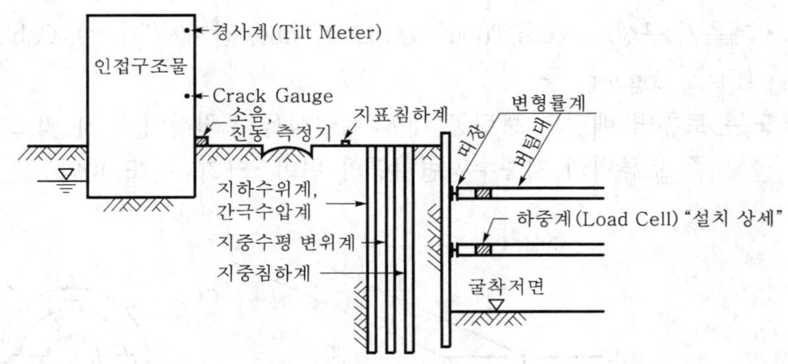

[계측기 배치 단면도]

(1) 변형률계(Strain Gauge)

① 띠장 및 Strut의 웨브에 설치
② 토류벽에 작용하는 측압하중의 영향 계측
③ 띠장과 Strut의 변형률의 변화량 계측

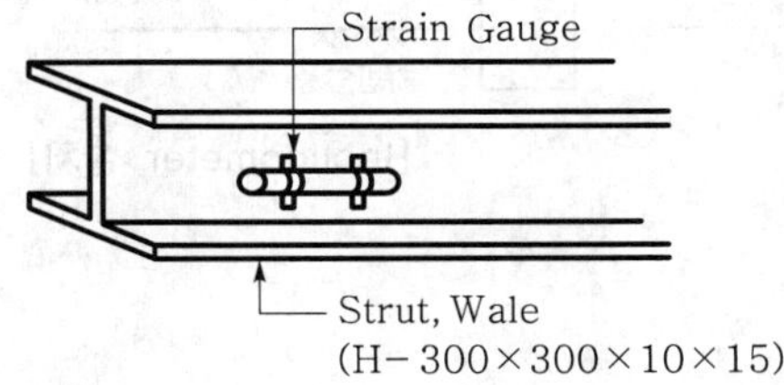

[변형률계 설치]

(2) 하중계(Load Cell)

① Screw Jack과 Strut 사이에 설치
② 또는 앵커두부에 설치
③ Strut · 엥커두부에 작용하는 측압하중 계측

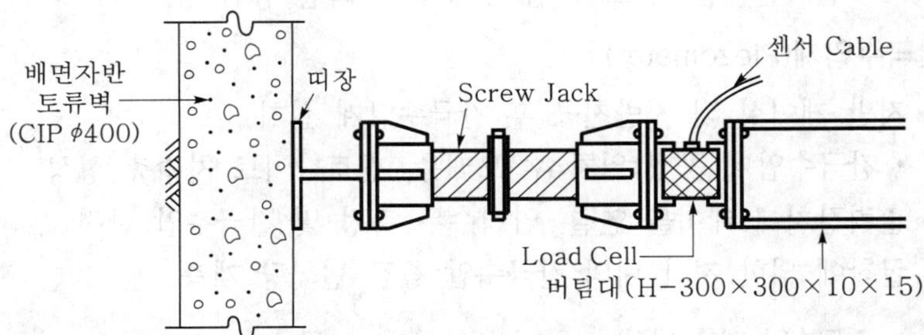

[하중계 설치]

(3) 지중수평변위계(Inclinometer)

① 토류벽 설치 시 단면 내에 Guide Pipe(Access Tube) 선매입
- 계측기 구성: Access Tube, Coupling Tube, 감지기(Prove), Cable, 데이터 수집 장치 (Data Logger) 등

② 또는 토류벽 배면의 보링공 내에 케이싱을 조립하여 설치 및 고정

③ 굴착 중 토류벽의 지중수평변위량의 변화, 크기, 속도 파악

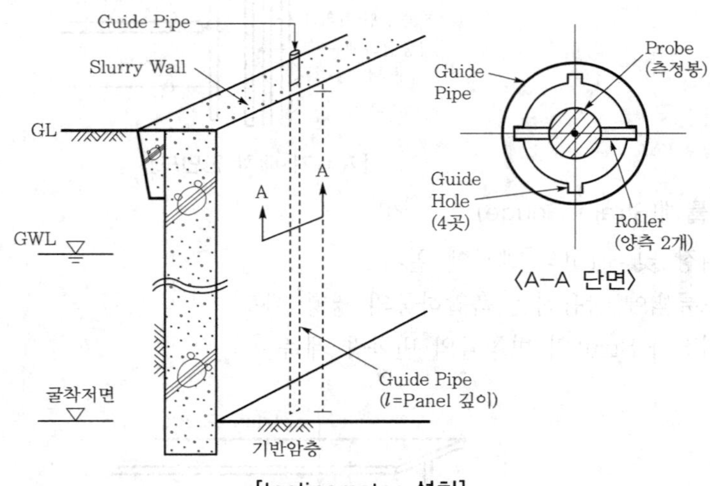

[Inclinometer 설치]

4. 주변지반

(1) 지하수위계

① 토류벽 배면 지반천공구에 PVC관 설치
- 천공구: 예정 굴착저면 1~2m, 또는 대수층 이하까지 천공

② 토류벽 배면 지반 내의 간극수압 증감량 측정
- Stand Pipe에 감지기(Prove) 삽입, 수면에 닿는 신호 수신 · 측정

③ 굴착속도 조절, 흙막이 구조물 안전성 검토
- 주변지반 · 인접구조물 침하, 흙막이 측압 증감 등 파악

(2) 간극수압계(Piezometer)

① 지반 케이싱 및 지반천공 후 간극수압계 설치
- 간극수압계 공내 위치 후 모래층, 벤토나이트 차수층 형성

② 출력장치에 케이블 연결, 압력수두 측정 및 간극수압 산정

③ 굴착에 의한 지반 내의 간극수압 증감 변화량 계측

〈간극수압 계측 목적〉
- 지중 간극수의 흐름 상태, 지반 안정성 등 파악
- 간극수압 및 지반 유효응력에 의한 전단강도 산정
- 지반의 탈수 · 배수 효과 확인, 굴착속도 조절 여부 판단 등

(3) 지표침하계(Surface Settlement)

　① 토류벽 배면의 인접지반에 침하핀 매설

　② 지표면에서 수직침하량 및 수평이동량 관측

　③ 지표면 침하속도 판단, 인접지반 안정성 예측

(4) 지중침하계(Extensometer)

　① 천공구에 PVC Pipe 선매입 고정, 측점에 침하계 설치

　　• 침하계 유형: Magnetic Probe Extensometer, Rod Extensometer

　② 측점에서의 지층 침하량·침하속도 측정

　③ 지중의 지층별 탄성 및 압밀침하량 파악

　　• 총침하량 중 지층별 침하량의 독립적 측정 가능

　　• 연약지반 선행재하(Pre-Loading) 시 구조물의 공사시점 파악 용이

5. 인접구조물

(1) 경사계(Tiltmeter)

　① 현장 근접 부위에 Tilt Sensor 부착

　② '센서-지시계' 기울기에 의해 건물 경사각 측정

　③ 지반변형으로 인한 건물의 경사각 변화 판단

　　• 지표침하계, 지하수위계 등의 계측치와 연계

(2) 균열측정계(Crack Gauge)

　① 인접구조물 균열부에 Crack Gauge 설치

　② '센서-지시계' 길이 측정에 의한 균열폭 변화량 산정

　③ 균열폭 변화량으로 굴착 영향 여부 최종 판단

(3) 진동소음측정기(Vibration Monitor)

　① 측정대상 건축물 위치에서 휴대용 측정기 사용

　② 민원 예정·발생 건물에서 실시간 측정

　　• 장비 이동 및 굴착, 암발파 등에 의한 진동·소음 측정

　③ 측정치와 시간별 규정치와 비교하여 판단

Ⅳ 계측관리 방안

1. 계획 수립

(1) 준비사항

① 자료 및 현장 조사
- 굴착평면도, 흙막이 배치도, 지반조사보고서, 주변 현황조사 등

② 관리기법 선정
- 절대치관리기법, 예측관리기법 등 택일 및 병행

③ 계측 위치, 항목, 빈도 결정

④ 전문용역사업자 및 책임관리자 선임

(2) 계획항목

① 공사개요 및 규모

② 지반여건, 주변환경, 인접구조물 분포 및 기초 상세

③ 계측 목적, 범위, 위치, 빈도, 담당 인원, 시방서, 시스템 구성

④ 계측기 종류, 규격, 수량, 설치 및 보양

⑤ 결과의 수집, 보관, 분류양식, 해석방법, 피드백 체계 등

2. 계측빈도

① 계측 계획 및 공사 진행에 따라 계측 빈도 적용

② 계측치 변위 속도 증가 시 빈도 할증
- 집중호우, 장마철, 해빙기 등

③ 계측 중 임의 중단 금지, 굴착공사 중 지속적 계측

④ 흙막이 해체 후 계측값 안정 시까지 지반변위 계측 실시

3. 계측 실시

① 도면상 계측기 배치 순서에 따라 계측 실시

② 전담자 주도 및 책임자 입회

③ 계측기별 취급요령 준수

④ 굴착 전 계측 초기치 반드시 기록

4. 분석 및 조치

(1) 분석 원칙

① 관리구간별 허용치와 비교 및 분석

② 계측 항목별 상관성 분석

③ 최근 5회분 이상의 계측치에 대한 추이분석 실시

④ 분석 결과는 굴착현장에 즉시 피드백

(2) 절대치 관리

① 분석결과 관리구간별 차회 굴착에 반영

② '안전-주의-위험' 구간으로 구분

③ 안전: 이전 단계와 동일 요령으로 굴착공사 진행

④ 주의: 계측빈도 증대, 변위량 추세에 주의하면서 공사 진행

⑤ 위험: 공사 중단 후 원인 분석 및 보강안 강구

- 보강 후 재계측, 안정조건 확인 후 공사 재개

(3) 예측치 관리

① 선행굴착에 대한 토질정수 벽체 및 지보공 특성값 측정

② 차회굴착 이후의 토류벽 및 지보공의 거동 측정

- 선행값 입력, 역으로 토질정수 출력 및 역해석

③ 선행값과 비교, 안전성 여부 판단

④ 안전 시 굴착공사 진행

- 불안정 시 대책 강구 후 안전성 확인 및 공사 진행

5. 유의사항

① 전담요원 및 책임자 선임, 계측관리 일관성 유지

- '계측-해석-보고-피드백' 시스템 확립
- 담당자의 계측관리 능력 확보, 필요시 전문교육 실시

② 공사 착수 전 계측기 설치와 초기화 선행

③ 시공 중 계측위치 및 계측기 손상방지

- 위치 표시 및 보호캡 설치

④ 계측치 분석 후 즉시 현장 반영, 분석 전 공사 진행 엄금

- 계측치 급등 시 계측빈도 증대 및 책임자 간 협의·조치

⑤ 계측 결과 서면보고 후 기록유지

Ⅴ 결론

1 흙막이 계측관리는 흙막이 구조물의 변위 및 붕괴를 방지하고 주변 지반 및 구조물에 굴착 영향을 차단하기 위한 관리 활동이다.

2 현장 담당자는 적정 계측관리 기법의 선정, 계측정밀도 확보, 계측치에 대한 종합적 해석 능력, 결과치에 대한 신속한 피드백 등의 업무를 주도적으로 수행할 수 있어야 할 것이다.

02 기초공사

1200 기초공사 일반

I 개요

① 기초는 상부구조물의 하중을 지반에 전달하여 구조물의 안정성과 기능을 유지시키기 위한 하부구조이다.

② 기초공사 요구조건, 기초의 종류, 기초형식의 선정 등에 관한 일반사항을 설명한다.

요구조건	➡	기초의 종류	➡	기초형식 선정
• 공사 전/공사 중 • 공사 후		• 얕은기초/깊은기초 • 말뚝−전면 복합기초		• 구조물 측면/기초지반 측면 • 시공조건 검토

II 요구조건

1. 공사 전

① 기초지반의 지지력 확보
- 지반의 전단강도 확보, 전단파괴로 인한 침하 방지

② 허용치 이내의 지반 침하량, 전체 침하량 및 부등침하량 등
- 구조물 안정성과 사용성에 무해한 정도일 것

2. 공사 중

① 인접구조물 · 지반의 유해한 변위 방지

② 건설 공해 최소화: 소음 · 진동, 지반오염 등

③ 경제성 및 안전성 확보

④ 기초재료: 수질 · 토질 영향 고려하여 선정

3. 공사 후

① 자연재해에 대한 안전성: 지진, 폭풍우, 홍수, 한파, 파랑 등

② 전도, 활동, 회전, 부상 등 방지

③ 지반 융기 및 침하 방지: 함수비, 수위의 계절적 변동 고려

④ 내구성 확보: 사용기간 동안 부식 · 변질 방지

Ⅲ 기초의 종류

▶ 건축물의 기초는 얕은기초(직접기초)과 깊은기초(말뚝기초)로 구분한다.

1. 얕은기초(Shallow Foundation, 직접기초)

▶ 기초 폭에 비하여 근입 깊이가 얕고 상부 구조물의 하중을 분산시켜 기초하부 지반에 직접 전달하는 기초[45]이다.

〈얕은기초의 설계조건〉
KDS 115005 얕은기초 설계기준(일반설계법) 1.6 참조
• 기초지반은 전단파괴에 대하여 안전할 것
• 과도한 침하나 부등침하가 발생하지 않을 것
• 경사지반에서 비탈면 활동 및 지지력의 감소가 발생하지 않을 것
• 인접 구조물에 침하, 균열, 손상 등이 발생하지 않을 것

[얕은기초의 종류]

Footing기초 (확대기초)	독립Footing기초	하나의 기둥만을 지지
	연속Footing기초	주열대에서 기둥이나 내력벽을 지지
	캔틸레버Footing기초	2개의 독립기초를 지중보로 연결
	복합Footing기초	2개 이상의 기둥을 지지
전면기초	매트슬래브기초	바닥슬래브 전면이 상부기둥을 지지
	온통기초	지중보를 보강한 바닥슬래브가 상부기둥을 지지

(1) 독립기초(Single Footing)

① 하나의 기둥만을 지지하는 기초판
② 기둥의 하단부 단면을 확대한 기초
③ 독립 Footing 기초

(2) 연속기초(Continuous Footing)

① 주열대의 내력벽을 지중으로 연장시킨 기초
② 기둥 간격이 좁은 구조, 벽식구조 등에 적용
③ 유사 용어는 벽기초, 줄기초, 띠기초(Strip Footing)

(3) 복합기초(Combined Footing)

① 두 개 이상의 기둥을 지지하는 확대기초, 슬래브나 보로 연결
② 복합기초의 형상
　• 직사각형(單形, Rectangular), 사다리꼴(梯形, Trapezoidal), 캔틸레버 등
③ 기둥이 근접 배치된 부분에 적용
④ 기둥 합력이 기초판 중심에 놓이도록 설계

---

45) KDS 411900 건축물 기초구조 설계기준(1.4 용어의 정의) 참조

(4) 전면기초(Raft Foundation, Floating Foundation)

① 바닥슬래브 전면으로 상부 기둥을 모두 지지하는 확대기초
- 지하 외측면은 기초의 유효근입깊이가 됨

② 연약지반이나 불균일 지반에 적용

③ 매트슬래브기초, 온통기초, 말뚝지지전면기초 등으로 구분

[전면기초 유형]

매트슬래브기초	기초보가 없이 슬래브 위에 기둥이 얹히는 기초형식
온통기초	건물 주위와 기둥 사이의 슬래브에 지중보를 설치하여 보강한 기초형식
말뚝지지전면기초	마찰말뚝 위에 전면기초를 설치한 기초형식

2. 깊은기초

▶ 구조물의 지지층 깊이가 기초 최소폭에 비하여 비교적 크고 깊은 기초 형식으로 말뚝기초, 케이슨기초 등을 일컫는다.

▶ 건축현장에서 주로 적용하는 말뚝은 기성말뚝 중 PHC말뚝, 현장타설말뚝은 PRD 및 RCD 말뚝 등이다.

〈깊은기초의 설계조건〉
KDS 115015 깊은기초 설계기준(일반설계법) 1.6 참조
- 구조물별 작용하중에 대하여 기초 지지력에 대한 소정의 안전율을 확보할 것
- 기초 변위에 대한 상부구조물의 유해영향을 방지하고, 축방향 및 횡방향 변위도 검토할 것
- 안정성 외에 경제성, 시공성, 환경영향 등을 종합 검토할 것
- 다양한 시공방법(타입공법, 매입공법, 현장타설공법) 중 최적의 공법을 검토할 것

[깊은기초의 종류]

기성말뚝기초	콘크리트말뚝기초	PHC 말뚝 사용, KS F 4306
	강관말뚝기초	외경 ∅318.5~3,000의 강관 사용, KS F 4602
현장타설말뚝기초 (Pier기초)	PRD 말뚝기초	직경 ∅800~1,000, 축하중 부담 700~1500톤
	RCD 말뚝기초	직경 ∅1,200~2,500, 축하중 부담 2,000~3,000톤
	기타	인력굴착식 공법: Chicago공법, Gow공법 기계굴착식 공법: All Casing공법, Earth Drill공법
케이슨기초	Open Caisson 기초, Pneumatic Caissom 기초, Box Caisson 기초	

(1) 기성콘크리트말뚝기초

① 기성 콘크리트말뚝의 지지력으로 상부구조물의 하중을 지지하는 말뚝기초

② 건축현장은 주로 PHC말뚝[46] 사용

③ 설치공법에 따라 타입말뚝과 매입말뚝으로 구분
- 국내는 대부분 매입말뚝 적용

---

46) PHC말뚝: **P**retensioned Spun **H**igh Strength **C**oncrete Pile, 프리텐션 방식 원심력 고강도 콘크리트말뚝, KS F 4306 참조

(2) 현장타설콘크리트말뚝기초

① 지반천공 후 콘크리트를 타설하여 완성하는 말뚝기초

② 축하중이 큰 건축물 기초에 적용

③ 건축현장에서는 PRD, RCD 공법 적용

(3) 케이슨(Caisson, 상자, 잠함)기초

① 용기의 내부지반을 지지층까지 굴착 후 콘크리트를 속채움하는 기초형식

② 원위치에서 콘크리트 용기 지상 제작, 원형·장방형

③ 수면 아래(12m 이상) 견고한 지지층 존재 시 다른 기초보다 유용

④ Open Caisson, Pneumatic Caisson, Box Caisson 등으로 구분

[케이슨기초 유형]

Open Caisson	대기압 상태에서 케이슨만으로 토압과 수압 지지
Pneumatic Caisson	케이슨 선단에 압축공기를 공급하여 토압과 수압 지지
Box Caisson	격막벽이 있는 케이슨 사용

3. 말뚝지지전면기초[47]

① 전면기초와 말뚝기초가 복합적으로 상부 구조물을 지지하는 기초형식

② 전면기초의 지내력과 마찰말뚝의 주면마찰력을 조합시킨 기초

③ 설계 시 전면기초, 지반, 말뚝의 상호작용 고려

④ 말뚝체와 말뚝머리 접합부 요구조건 동시 고려

Ⅳ 기초형식 선정요소

▶ 기초형식 선정요건을 구조물, 기초지반, 현장시공 측면에서 설명한다.

1. 구조물

① 구조물 용도: 주택, 상업용, 공공시설, 공장 등

② 하중조건: 건축물 자중, 하중 분포, 하중 변화

• 사하중, 활하중, 진동하중, 풍하중, 지진하중 등

③ 구조물 확장성

2. 기초지반

① 기초예정저면의 지반상태: 점성토, 사질토, 암반 등

• 연약지반일 경우 지반개량 후 얕은기초, 또는 깊은기초 적용

② 지하수위 및 수위 변화, 지하수 분포

---

47) KDS 115005 얕은기초 설계기준(일반설계법) 5.4 참조, 현 코드에는 '말뚝지지전면기초'의 개념 정도만 소개하고 있다.

3. 현장 시공

① 공사기간 및 공사비

② 자원조달 용이성: 기능인력, 장비, 자재 등

③ 건설사의 시공능력

④ 부지 형태·지형 및 면적

⑤ 인접시설물 종류 및 분포 등

1211 연약지반 개량

I 개요

① 연약지반은 구조물 기초의 지내력이 설계 지내력에 미달되어 기초의 침하, 변형, 액상화 등이 우려되는 지반을 말한다.

② 연약지반을 개량하기 위한 공법을 사질지반과 점성토지반으로 구분하여 설명한다.

지반개량 목적	사질지반 개량	점성토지반 개량
• 전단강도 증대 • 지반변형 저감/투수성 개선	• 약액주입/동압밀 • 다짐공법	• 치환/탈수/선행재하 · 탈수 • 동치환/고결

II 지반개량의 목적

1. 전단강도 증대

① 기초지반의 지내력 증대, 기초의 침하 방지

② 사면지반의 활동 방지

2. 지반변형 저감

① 시간경과에 따른 압밀침하 방지

② 지반진동 영향 저감, 상부 구조물 변위 방지

3. 투수성 개선

① 지반 내 배수성능 향상

② 연약지반의 액상화 방지 등

III 사질지반 개량

1. 약액주입공법

① 지반 공극에 고결제 주입

• 시멘트 페이스트, 벤토나이트, 아스팔트, LW 등

② 겔타임 경과 후 지반 고결 및 안정

③ 느슨한 사질토지반의 공극 충전, 전단강도 증대

④ 굴착장 보일링 방지, 인접 지반 · 구조물 침하 방지

2. 동압밀공법

① 중량추의 충격에너지 및 진동력 도입
- 자유낙하고 10~40m, 중량추 10~20톤

② 과잉간극수압 소산, 심층부까지 압밀

③ 느슨한 사질지반에 유효
- 개량심도$(D) = \sqrt[a]{W \cdot H}$

  여기서, W: 추의 중량(톤) H: 낙하고
  a: 보정계수(0.4~0.7, 일반적인 경험치 0.5 적용

④ 소음·진동 영향이 적은 곳에서 경제적인 공법

⑤ 광범위한 토질에 적용성 우수
- 모래 및 자갈(조립토), 세립토, 폐기물 매립지반
- 점성토지반은 적용 곤란

3. 다짐공법

① 모래다짐
② 진동다짐
③ 폭파다짐 등 적용

Ⅳ 점성토지반 개량

1. 치환공법

▶ 연약 점성토지반을 양질토사로 치환하는 공법이다.

(1) 굴착치환

① 연약토층 굴착 및 제거
② 양질토사 치환

(2) 활동치환

① 연약지반 위에 양질토사 성토
② 연약지반 압밀침하 및 측방이동 유도
③ 침하 및 이동 공간에 양질토사 치환

(3) 폭파치환

① 연약지반 위에 양질토사 성토
② 발파 충격 및 진동력으로 양질토사 치환
③ 넓고 깊은 연약층 개량 가능

2. 탈수공법

▶ 연약 점성토지반에 배수재를 성치하여 간극수를 탈수하는 공법이다.

(1) Sand Drain공법

① 연약 점성토지반 내에 모래말뚝 설치

② 지반 내 간극수 배수

③ 압밀침하 촉진으로 지반 전단강도 증대

(2) Pack Drain공법

① 지중에서 Sand Pile 유실이 우려될 경우 적용

② 지반천공 후 모래 포대 근입, 모래 분산 및 유실 방지, 4본 단위재 사용

③ 연약지반 간극수 배수에 의한 전단강도 증대

(3) Paper Drain공법

① 액성한계 이하인 초연약 점성토지반에 적용

② 카드보드(합성수지재 판지)를 연약지반 내에 설치

③ 종이 심지 역할로 간극수 탈수 및 압밀침하 유도

④ 샌드드레인공법 대안으로 적용 가능

3. 선행재하 및 탈수공법

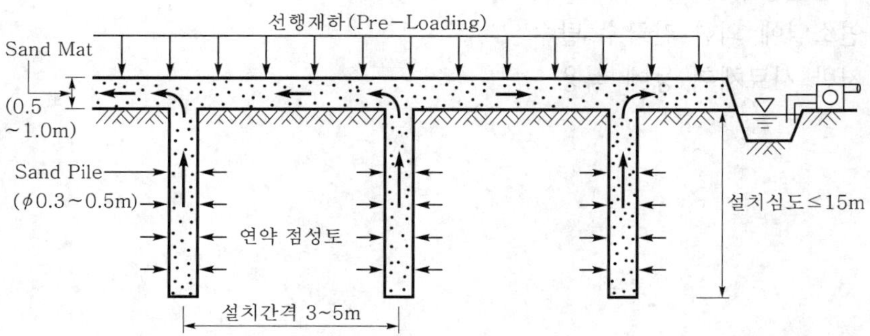

[Pre-Loading & Sand Drain 공법]

① 탈수공법 효율을 높이기 위해 선행재하 병행

② 지반 내 탈수재 설치 선행

 • 샌드파일, 샌드팩, 카드보드재 등

③ 탈수재 설치 및 Sand Mat 포설

④ 토사 적재, 선행재하량≥예정 구조물 하중

⑤ 지반 내 간극수 조기 탈수 가능

4. 동치환공법

① 연약지반 위에 치환재 성토, 모래 및 쇄석 등 사용

② 중량추 자유낙하, 크레인 이용

③ 성토재 지반 내 관입 치환

④ 치환재에 의한 간극수 탈수, 지반강도 증대

5. 고결공법

(1) 생석회말뚝공법

① 지반천공 및 천공구 내 생석회말뚝체 타설

② 간극수에 의한 생석회 수화반응

③ 말뚝체 체적 팽창 및 지반 압밀

(2) 동결(凍結)공법

① 지반의 특정 부위를 동토화(凍土化)시키는 공법

② 불안정 지반의 굴착, 문화재 발굴, 위험지반 굴착 시 적용

③ 동결관 지중 관입 후 액체질소 주입 및 순환

④ 지반 동결, 동토부위의 한시적 지반강도 증대

(3) 소결(燒結)공법

① 지반천공구에 가스 주입 및 연소

② 연소열에 의한 간극수 탈수

③ 지반 시료채취 등에 적용

1212 | 평판재하시험(PBT: Plate Bearing Test)

I 개요

① 평판재하시험은 기초예정저면에서 평판에 예정하중을 재하하여 기초지반의 지내력을 확인하는 시험이다.

② 시험 값이 설계지내력에 미달하면 기초지반을 개량한 다음 재시험으로 확인하여야 한다.

시험방법	➡	지지력 산정	➡	유의사항
• 시험 위치 • 하중 재하		• 극한지지력/항복지지력 • 장기허용지지력		• 지지층 검사/Scale Effect 반영 • 평판 크기 선정

II 시험방법[48]

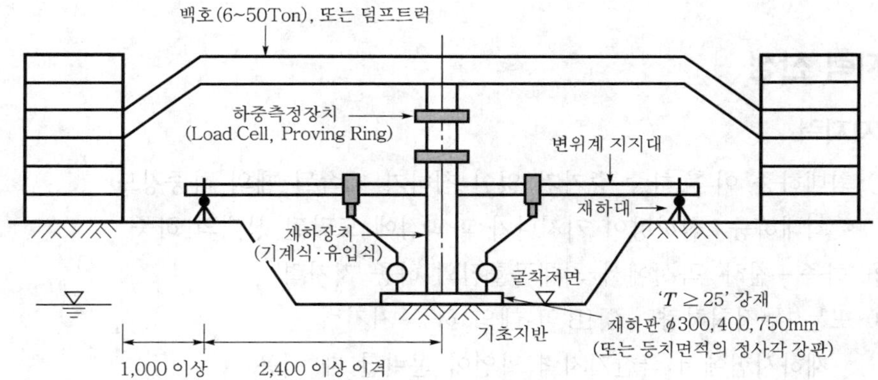

[평판재하시험 기구 설치도]

1. 시험 위치

① 지반조사 및 구조물 설계조건 고려

② 독립기초, 코어 등의 주요부재 굴착저면

   • 굴착저면 잡석 치환 시 잡석지정 상부면

③ 고정식 타워크레인 기초지반

④ 시험위치 ≥ 3개소, 평판 위치별 간격 ≥ 5B(B: 평판 폭)

---

48) KS F 2444(얕은기초의 평판재하시험 방법) 참조

2. 하중 재하

(1) 재하 및 기록

① 재하판 설치 및 사전 재하(35kN/m^2), 재하판 안정화 및 침하량 원점 설정

② 목표하중 단계별 재하, 설계하중의 200~300%

③ 8단계에 걸쳐 동일하중 재하

④ 단계별 15분 이상 하중 유지

- 침하가 정지되거나 일정 침하율이 될 때까지 하중 유지

(2) 침하량 측정

① 다이얼게이지, 또는 LVDT[49] 이용

② 단계별 동일 시간 간격으로 15분간 6회(누적시간 1, 2, 3, 5, 10, 15분) 측정

③ 재하 종료: 시험하중 ≥ 허용하중×3, 또는 누적침하량 > 0.1B

④ 단계적 하중 제하(除荷) 및 탄성거동 기록

- 4단계 제하, 탄성침하량과 압밀침하량 파악에 적용

Ⅲ 지지력 산정

1. 극한지지력

① 최대하중 이후 하중 증가가 없이 침하가 계속될 때의 하중강도
- 최대하중: 침하량이 커지다가 파괴점에 도달된 상태의 하중

② '하중－침하' 곡선에서 최대곡률점의 하중 지지력

③ 또는 '누적침하량 > 0.1B'일 때의 하중 지지력
- 재하시험에서 극한지지력 확인이 곤란할 때 적용

2. 항복지지력

① $P-S$ 곡선에서 파괴점 이전의 변곡점을 항복점으로 해석

② 극한하중 확인 곤란 시 항복하중점 해석
- 최대곡률점 파악 곤란하거나 시험하중으로 확인이 불가할 때 적용

③ 시험 값 관계곡선에서 변곡점 파악 → 항복하중점 해석
- $\log P-\log S$(대수하중－대수침하), $S-\log t$(침하－대수시간),

$$P-\frac{ds}{d(\log t)} \text{(하중－대수침하속도) 등의 관계도 이용}$$

---

49) LVDT(Linear Variable Differential Transformer): 선형거리 차이를 측정하는 전기적 변환기. 실린더 형태의 자석코어가 튜브 중심을 따라 이동하면서 측정대상의 위치 값을 지시한다.

- 이 중에서 'log P − log S' 곡선을 가장 널리 이용

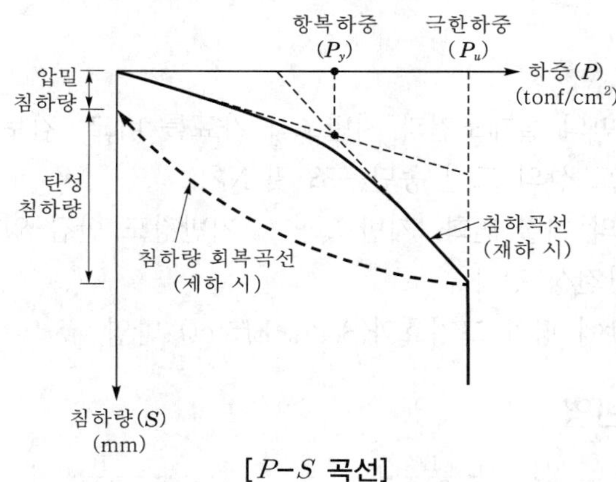

3. 장기허용지지력(Allowable Bearing Capacity)

① '총침하량＝허용침하량'일 때 재하하중의 1/2
② 침하곡선상 항복하중의 1/2
③ 침하곡선상 극한하중의 1/3 중 작은 값
④ 기초 폭의 2배 심도까지 균질지반일 경우의 허용지지력(q_a)

- $q_a = q_t + \dfrac{1}{3}\gamma \cdot D_f \cdot N_q$

  여기서, q_a: 허용지지력

  　　　　q_t: 항복강도의 1/2 또는 극한강도의 1/3 중 작은 값(t/m²)

  　　　　D_f: 기초 근입깊이

  　　　　N_q: 지반의 지지력계수

[지반별 지지력계수, N_q]

사질토지반	느슨할 경우 N_q=3, 조밀한 경우 N_q=9
점성토지반	N_q=3

- 단기허용지지력 산정 시 $2q_t$ 적용

[단기하중 & 장기하중]

단기하중	• 비교적 짧은 시간 동안 작용하는 하중 • 풍하중, 지진하중, 적설하중 등
장기하중	• 오랜시간 동안 지속적으로 작용하는 하중 • 건축물 자중, 적재하중 등

⑤ '설계지지력 ≤ 장기허용지지력'이면 합격, 미달 시 지반개량 후 재확인할 것

Ⅳ 유의사항

1. 지지층 검사

① 기초바닥면의 실제조건과 지반조사 자료를 비교·검토
② 토질주상도 상의 토질 종단구조 및 N치
③ 지하수위의 계절 변화, 지반포화 시 지반강도 반감 영향 고려
④ 지지층 안전성 평가
  • 시험 값에 평판 크기효과(Scale Effect) 반영

2. Scale Effect 반영

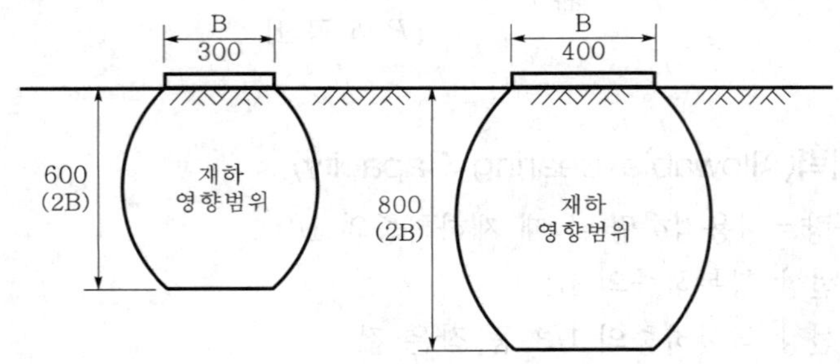

[재하판의 Scale Effect]

① 시험 값 보정에 크기효과(Scale Effect) 반영
② 재하판 영향범위보다 깊은 곳의 지반상태 반영
③ 재하판 크기에 따라 재하 영향범위 상이
  • 2B 이하 연약층의 전단 및 압축특성 등

3. 평판크기 선정

① 평판지름 ≥ 치환두께×0.5[50]
② 모래·잡석 치환두께 고려, 가급적 큰 것 사용
③ '치환두께 ≥ 700mm' → 400mm 및 750mm 폭의 재하판 적용

---

[50] KCS 115005 얕은기초(3.3 지지층 검사) 참조

1220 말뚝공사 일반

I 개요

1. 말뚝공사는 기초예정저면의 하부에 말뚝을 설치하는 공사로서 말뚝은 구조물의 설계하중을 지지할 수 있는 강도를 갖춰야 한다.
2. 말뚝재료를 '콘크리트재-강재-합성재'의 순으로 소개하고 말뚝공사는 건축현장에서 적용하는 기성콘크리트말뚝과 현장타설콘크리트말뚝 등의 관련공법을 설명한다.

말뚝재료	➡	기성콘크리트말뚝공사	➡	현장타설콘크리트말뚝공사
• 기성/현장타설말뚝 • 강말뚝/합성말뚝		• 공사 특징 • 타입공법/매입공법		• 공사 특징 • PRD공법/RCD공법

II 말뚝재료

〈학습 안내〉
• 말뚝재료는 콘크리트, 강재, 합성재 등으로 구분한다. 수험자 및 실무자라면 콘크리트말뚝은 PHC말뚝, 현장타설말뚝은 PRD말뚝 및 RCD말뚝 등을 위주로 학습하는 것이 무난하다.
• 이따금씩 교량 교대 및 교각 기초용 말뚝으로서 강관말뚝과 합성말뚝의 출제 사례가 더러 있으나 건축현장의 특성에서 벗어난 출제이므로 이 부분은 궁금증을 해소하는 정도로만 내용을 소개한다.

[말뚝재 분류]

종류			표준 제정일/건설기준 코드
콘크리트말뚝	기성콘크리트말뚝	RC말뚝	KS F 4301, 1968-08-02
		PC말뚝	KS F 4303, 1975-04-15
		PHC말뚝	KS F 4306, 1988-12-29
	현장타설콘크리트말뚝	PRD말뚝 RCD말뚝	KDS 115015 4.1.1.2
강말뚝	강관말뚝		KS F 4602 강관말뚝, 1979-12-24
	H형강말뚝		KS F 4603 H형강말뚝, 1979-06-25
기타 말뚝	합성말뚝		KDS 115015 4.1.1.2
	마이크로파일		KDS 115015 4.1.1.2

1. 기성콘크리트말뚝

〈시장의 생산 · 수요 현황〉
• 기성콘크리트말뚝은 'RC말뚝-PC말뚝-PHC말뚝' 순으로 발전하여 지금은 PHC말뚝만이 있을 뿐이다. 즉, PHC말뚝이 등장하면서 RC말뚝과 PC말뚝은 이미 시장에서 사라졌으며, 기존의 강관말뚝의 수요량마저 밀어내고 있다.
• KS 및 국가건설기준은 당연히 RC말뚝과 PC말뚝의 내용을 삭제하는 한편 초고층 건축물과 토목 · 플랜트 분야에서 적용성이 높은 'PHC+강관' 합성말뚝에 관심을 높여 나가야 할 것이다.
• 아래에서는 시장현황을 안내하여 독자의 혼선을 방지할 목적으로 RC · PC 말뚝의 내용을 소개하였다.

(1) RC말뚝(Reinforced Concrete Pile)

① 원심력 철근콘크리트말뚝

② 콘크리트 설계기준강도 ≥ 40.0MPa

③ 외경 ∅200~600, 철근 D6~13mm-7~17가닥, 길이 3~15m

④ PC말뚝이 등장하면서 사양화, 현재 사용 사례 없음

(2) PC말뚝(Prestressed Concrete Pile)

① 프리텐션 방식 원심력 PC말뚝

② 콘크리트 설계기준강도 ≥ 50.0MPa

③ 외경 ∅300~1,200, PC강재·철근비 ≥ 0.4%, 길이 7~15m

④ PHC말뚝 등장으로 사용 사례 없음

(3) PHC말뚝(Pretensioned spun High strength Concrete Pile)

① 프리텐션 방식 원심력 고강도 콘크리트말뚝

② 콘크리트 설계기준강도 ≥ 78.5MPa

- 허용압축응력 우수, 축하중 주도형 구조물 기초에 경제적

③ 외경, 강재량, 길이 등은 PC말뚝과 동일

- RC말뚝 대비 항타 내력 우수 → 항타 중 말뚝체 파손(두부파손·중파) 저감

- 강관말뚝 대비 염해저항성 우수 → 치밀 콘크리트 조직, 방식(防蝕) 불필요

④ 강관말뚝의 수요량 잠식 추세

- 또는 PHC말뚝 기반의 강관말뚝 합성·적용 사례 증가

2. 현장타설콘크리트말뚝

(1) PRD말뚝

① 중소구경의 현장타설콘크리트말뚝

- RCD말뚝과 더불어 초고층건축물에 적용하는 대표적인 말뚝

② Auger 및 Air Hammer 굴착, 오거나 압축공기로 배토

③ 케이싱(In-Casing)으로 공벽 유지

④ 말뚝체 외경 ∅800~1,000mm, 설치심도 20~50m

⑤ 다양한 지반에 적용 가능

(2) RCD말뚝

① 대구경의 현장타설콘크리트말뚝

- 축하중이 큰 초고층건축물 현장에 적용

② Hammer Grab 및 Reverse Circulation Drill 굴착

③ 정수압으로 공벽 유지, 표층~풍화토층까지 케이싱(Air Drill Pipe) 설치

④ 말뚝체 외경 ∅2,000~3,000mm, 설치심도 60~70m

⑤ 깊은 점토층, 호박돌[51] 지반에 부적합

---

51) 직경 ∅100~300mm 정도의 둥근 돌, KS F 1004(콘크리트 용어) 참조

3. 강말뚝

(1) 강관말뚝(STP, Steel Tube Pile)[52]

① 기초용 강관말뚝과 버팀대(Strut)용 강관말뚝으로 구분[53]

[용도별 강종 및 적용분야]

구분	강종(항복강도)	적용분야
기초용(5종)	SPT 275/355/380/450/550	토목·건축 구조물의 기초·벽 보강재용
버팀대용(4종)	SPT 275S/355S/450S/550S	흙막이 가시설 버팀보용

＊SPT: Steel Tube Pile, S: Strut

② 말뚝체 구분 제작: 아래말뚝, 중간말뚝, 윗말뚝 등
  • 현장 수송 후 현장 용접이음 후 시공

③ 말뚝체 외경 $\varnothing 60.5 \sim 3,000$mm, 두께 $4 \sim 25$mm

④ 횡하중을 받는 구조물에 적용성 우수, 교량 기초 등

⑤ 또는 광폭 굴착 시 강관 Strut로 이용

(2) H형강말뚝

① 호칭치수($H \times B$) $200 \times 200 \sim 400 \times 400$ 등 6종, 단면치수별 29종[54]

② Top Down 현장에서 현장타설말뚝체의 보강재로 사용

③ 굴착 중 킹포스트 역할[55], 굴착 후 본설 기둥으로 기능

④ 현장타설콘크리트말뚝(PRD·RCD)에 말뚝 선단부 근입·고정

[호칭치수별 단면치수 KS규격]

호칭치수(6종)	단면치수(29종)	
200×200	$200 \times 200 \times 8 \times 12$, $200 \times 204 \times 12 \times 12$, $208 \times 202 \times 10 \times 16$	3
250×250	$250 \times 250 \times 9 \times 14$, $244 \times 252 \times 11 \times 11$, $248 \times 249 \times 8 \times 13$, $250 \times 255 \times 14 \times 14$	4
300×200	$294 \times 200 \times 8 \times 12$, $298 \times 201 \times 9 \times 14$	2
300×300	$294 \times 302 \times 12 \times 12$, $298 \times 299 \times 9 \times 14$, $300 \times 300 \times 10 \times 15$, $3004 \times 305 \times 15 \times 15$ $300 \times 301 \times 11 \times 17$, $310 \times 305 \times 15 \times 20$, $310 \times 310 \times 20 \times 20$	7
350×350	$338 \times 351 \times 13 \times 13$, $344 \times 348 \times 10 \times 16$, $344 \times 354 \times 16 \times 16$, $350 \times 350 \times 12 \times 19$ $350 \times 357 \times 19 \times 19$	5
400×400	$388 \times 402 \times 21 \times 21$, $394 \times 398 \times 11 \times 18$, $394 \times 405 \times 18 \times 18$, $400 \times 400 \times 13 \times 21$ $400 \times 408 \times 21 \times 21$, $406 \times 403 \times 16 \times 24$, $414 \times 405 \times 18 \times 28$, $428 \times 407 \times 20 \times 35$	8

---

52) 강관말뚝: 강관말뚝은 수평지지력이 요구되는 시설물에 주로 적용되나 철강제품의 국제시세에 영향을 많이 받는 고가품이므로 원가절감 측면에서 'PHC말뚝'이나 '합성말뚝'으로 대체되고 있는 추세이다. 기출문제로는 107회와 123회에 "기성 강관말뚝의 특징과 파손 원인 및 대책" 등이 있으나 건축현장과 거리가 먼 출제사례이다.
53) 최근 강관 버팀대의 보급이 확대되면서 2024년 KS F 4602의 표준명을 당초의 '기초용 강관말뚝'에서 '강관말뚝'으로 변경하여 강관말뚝의 사용범위를 확대하였다.
54) KS F 4603(H형강 말뚝) 부표1 참조
55) 킹포스트(King Post): 굴착 중 토류벽의 측압을 지지하는 강구조보의 전달하중(측압)을 지지하는 중간말뚝의 역할을 수행, 굴착 후에는 기초바닥 상부에서 현장타설말뚝에 근입된 기둥으로서 상부하중을 지지한다.

4. 합성말뚝[56]

(1) 정의

① 이질재, 또는 이질구조의 말뚝체를 합성시킨 말뚝

② 이질 요소의 장단점을 활용 및 보완

③ 주로 수평하중 지지말뚝용으로 적용, 이동하중 및 지진하중 등

  • 교량 교대 및 옹벽 구조물, 정유·발전 플랜트 구조물 분야

④ 말뚝체 하부에는 PHC말뚝, 상부에는 강관말뚝 또는 CFT 합성형 적용

[합성말뚝 적용유형]

유형	말뚝 명칭	비고
PHC말뚝 +강관말뚝	SCP말뚝	• 특허 10-1575737 • 하부 PHC말뚝, 상부 강관말뚝
	HCP	• 건설신기술 556호, 2010.12.20. Hybrid Composite Pile • 적용 분야: 토목 교량·옹벽 기초
	스마트파일	• 건설신기술 748호, 2014.11.18. • 상하부 PHC말뚝, 선단근입부 강관파일(L=0.1~1.0D, 12T) • PHC파일 선단부에 강관 부착, 지반근입 품질 개선 → 선단지지력 증대 • 적용 분야: 건축 아파트 말뚝공사
PHC말뚝 +CFT	SC말뚝	• 특허 10-1845870 • 하부 PHC말뚝, 상부 PHC말뚝+CFT
	PCFT복합말뚝	• 신기술 934호, 2022.05.10. • 하부 PHC말뚝, 상부 PCFT말뚝, 강관말뚝·ICP말뚝 대비 휨내력 강화 • 적용 분야: 토목 교량·옹벽 기초, 정유·발전 시설 기초
PHC파일 보강형	ICP말뚝	• 특허 제10-0999020, 2010.12.01. 한국철도시설공단 신기술 2012-0009 • Infilled Composite PHC Pile • PHC말뚝+중공부 RC보강(전단철근+주철근+콘크리트, 상부 4~5m) • 적용 분야: 토목 교량·옹벽 기초, 정유·발전 시설 기초

(2) 'PHC말뚝+강관말뚝' 합성형

① PHC말뚝 하부 위치, PHC말뚝 축하중 부담 우수

② 강관말뚝 상부 위치, 강관말뚝 Footing 근입 용이

③ 또는 PHC 말뚝체 선단부에 강관말뚝 합성, 선단부 지반 근입 용이

(3) 'PHC말뚝+CFT' 합성형

① PHC말뚝 하부 위치

② CFT(Concrete Filled Tube) 상부 위치, 강관의 내부식성과 강성 증대

  • 강관의 높은 인장강도와 콘크리트의 우수한 압축강도 합성

③ 횡하중·이동하중에 대한 휨저항력 우수, 교각 기초(교대) 등에 유용

---

56) 합성말뚝의 적용분야: 합성말뚝은 주로 수평지지력을 부담하는 말뚝기초에 적용하므로 건축 분야에서는 적용사
례가 거의 없다. 다만, 매입공법을 적용하는 PHC말뚝체의 선단지지력을 높이기 위해 말뚝 선단의 근입부에 짧은
길이의 강관재를 덧붙여 사용하는 사례가 있을 뿐이다. 109회 용어형으로 '복합파일(합성파일)'이 출제되었으나
다시 출제될 만한 내용은 아니다.

Ⅲ 기성콘크리트말뚝공사

1. 공사 특징

(1) 장점

　① 기성재의 말뚝 사용, KS규격 다양

　② 높은 강도와 내구성 구비

　　• 고강도콘크리트 ≥ 78.5MPa, 프리텐션 도입, 원심력 다짐,

　③ 강관말뚝 대비 경제성 우수

　④ 다양한 규격 생산 가능

　　• 말뚝의 길이 및 직경, 지지력 등

(2) 단점

　① 운반비 소요

　② 지반조건 제약, 지반조사 선행 필요

　③ 이음부 품질 취약

　④ 최종 경타 시 두부파손 우려

2. 타입공법

(1) 장점

　① 시공속도 신속

　② 높은 지지력 실현, 말뚝체의 비배토 지반 관입

　　• 기초지반 밀도 및 말뚝 주면마찰력 증대

　③ 매입공법 대비 공사비 경제적

　④ 시공 중 지지력 판정 가능

(2) 단점

　① 타격 소음 및 진동 발생, 건축현장 적용 곤란

　② 말뚝 파손 및 지중구조물 변위 우려

　③ 굳은 지반 적용 곤란, 관입 저항 발생 등

3. 매입공법

(1) 장점

　① 민원 발생 저감

　② 타격 소음·진동 최소화, 최종경타 시에만 발생

　③ 말뚝 손상 저감, 선굴착 후 말뚝체 근입

　④ 지반에 따라 공법 적용 가능, SIP공법 및 SDA공법 등

(2) 단점

　① 시공속도 지연, 선굴착 후 말뚝 근입

　② 선굴착 시 공벽 교란, 배토 시 원지반 응력 이완

　③ 공사비 할증, 장비 소요 및 배토량 발생

　　· 전용장비 소요: 지반천공, 케이싱, 시멘트밀크 배합 및 주입 등

　④ 공사 품질관리 기술력 필요

　　· 지반천공, 동재하시험, 최종경타 등

　⑤ 공사 중 지지력 판단 불가

　　· 선굴착 영향에 의한 시간경과효과 발생, 시멘트밀크 양생시간 소요 등

Ⅳ 현장타설콘크리트말뚝공사

1. 공사 특징

(1) 장점

　① 높은 지지력, 축하중이 큰 기둥 지지

　② 지반 적용성 우수

　③ 제작 · 설치 비용 경제적

　④ 강기둥 근입장 역할 수행

　⑤ 토류벽 측압 및 상부하중 부담

(2) 단점

　① 시공 시간 소요, 지반천공 및 콘크리트 타설 · 양생 시간

　② 대형 천공 · 양중 장비 동원

　③ 고도의 기술력 필요, 천공구의 정밀한 심도 및 수직도 유지 등

　④ 콘크리트 품질 저하, 수중콘크리트 시방 적용, 강도 할증 필요

2. 공법유형

(1) PRD공법

　① 케이싱으로 공벽 유지

　　· Out-Casing: 케이싱의 수직도 유도, In-Casing: 공벽 유지

　② 말뚝 직경 ∅800~1,000mm, 천공심도 20~50m

　③ 일반 토사는 Auger 굴착, 암반은 Air Hammer 굴착

　④ 다양한 지반 적용 가능

　⑤ 국내 적용사례 가장 많음

(2) RCD공법

① 정수압으로 공벽 유지
- 연약지반일 경우 표층Caising 또는 All Casising 적용

② 말뚝 직경 ∅800~3,000mm, 천공심도 60~70m

③ 토사층 Hammer Grab, 암반층 Reverse Circulation Drill 굴착

④ 깊은 점토층, 호박돌[57] 지반 등은 부적합

⑤ PRD말뚝보다 축하중이 클 경우 적용

Ⅴ 결론

1 말뚝공사는 구조물, 지반, 현장 등의 특성을 고려하여 적정 말뚝재와 공법을 채용하여 시방에 따라 정밀하게 시공하고 시공과정과 결과를 기록으로 유지해야 한다.

2 공사담당자는 도면 및 시방 내용의 사전 숙지, 공사 중 이상 징후 조기 발견, 필요시 토질 및 기초 분야의 관계기술자에 의한 신속한 조치 등에 유의하여야 한다.

---

57) KS F 1004(콘크리트 용어) 참조, 지름 ∅100~300mm 정도의 등근 돌

1221 기성콘크리트말뚝공사

Ⅰ 개요

1. 말뚝재료의 발전으로 대부분의 건축현장은 PHC말뚝을 사용하고 있으며 말뚝공사는 매입공법인 SDA공법을 주로 채용하고 있다.

2. 기성콘크리트말뚝공사를 일반사항, 말뚝 시공, 주요 관리항목 등을 구분하여 설명한다.

Ⅱ 일반사항

1. PHC말뚝[58]

▶ PHC말뚝은 압축강도(3종: 80, 110, 130MPa), 외경(12종: 300~1,200mm), 유효 프리스트레스(3종: A~C종) 등의 기준에 따라 구분한다.

▶ 범용규격은 압축강도 80MPa, 외경 $D\,600$, 유효 프리스트레스 A종 등이다.

[주요 생산 규격]

품질등급 외경(mm)	균열휨모멘트(kN · m)			파괴휨모멘트(kN · m)			허용축하중(kN, 고강도)			질량: kN (길이=12m)
	A	B	C	A	B	C	A	B	C	
500	103.0	147.2	166.8	155.0	264.9	333.5	1,730	1,780	1,750	32.28
600	166.8	245.2	284.5	250.2	441.4	569.0	2,360	2,430	2,390	44.10
700	264.9	372.8	441.4	397.3	671.0	882.9	3,090	3,180	3,120	57.65
800	392.4	539.6	637.6	588.6	971.2	1,275	3,910	4,020	3,950	72.93

(1) 압축강도(MPa)

[압축강도에 의한 분류]

압축강도(MPa) 규격		국내 생산 및 사용 현황
고강도형	80	가장 일반적 규격
초고강도형	110	$D\,500$ 이상의 중구경 말뚝, 높은 내진성능과 지지력이 필요한 구조물에 적용
	130	$D\,700$ 이상의 대구경 말뚝에 한하여 적용

① 'KS규격 ≥ 78.5MPa'일 것

② 고강도형 80MPa

③ 초고강도형 110, 130MPa 등

---

58) KS F 4306(프리텐숀 방식 원심력 고강도콘크리트말뚝) 참조

(2) 외경(D, mm)

① D300~1,200, 소·중·대 구경으로 구분

- 소구경 및 D800 이상의 대구경 적용사례 거의 없음

② 범용규격 D500 및 D600, 건축 및 토목·플랜트 분야에서 널리 사용

③ 고층아파트 현장에서 D700 일부 적용

[외경에 의한 분류]

	외경(mm) 규격	국내 생산 및 사용 현황
소구경	300, 350, 400, 450	공장생산·현장수요 사양화, D450은 저층용 건축물에 적용
중구경	500, 600	범용규격, 일반건축물 및 토목·플랜트시설물에 적용
대구경	700/800/900/1,000/1,100/1,200	주로 초고층 건축물 및 플랜트 시설물에 적용

(3) 유효 프리스트레스(MPa)

[유효 프리스트레스에 의한 분류]

유효 프리스트레스(MPa)		국내 적용 현황
A종	3.92	건축현장에 범용적, 아파트 및 일반 건축물 등
B종	7.85	주로 토목현장 적용, 강관말뚝 합성 시 사용, 내진 효율 우수
C종	9.81	토목 및 플랜트 현장에서 일부 사용

① PC강재의 유효 프리스트레스[59] 크기에 따라 A, B, C종으로 구분

② 건축현장은 주로 A종 사용

③ 종별 몸체 및 이음부 휨강도 구분

- 몸체의 휨강도·축력휨강도·전단강도, 이음부의 휨강도 등

④ C-B-A 순으로 휨강도 우수

(4) 기타 규격

① 표준길이 7~15m, 협의에 따라 5~6m 주문 가능

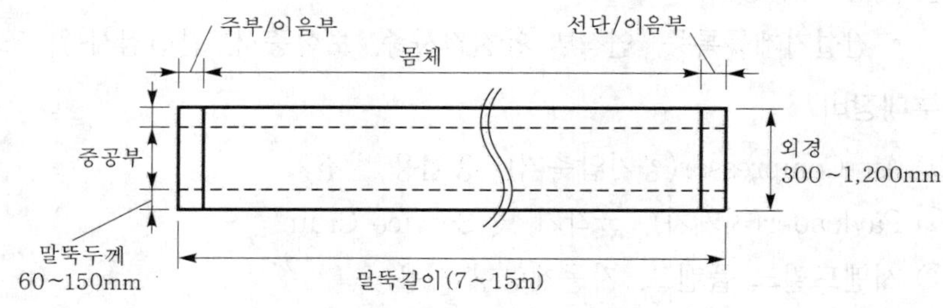

[PHC말뚝 규격]

② 콘크리트 두께, (외경-중공부)/2, 60~150mm

③ 질량 D500×12m → 32.28kN(≒3.2톤)

---

59) 유효 프리스트레스(Effective Prestress): 콘크리트구조에서 건조수축 및 Creep 응력손실이 끝난 후 PC강재에 남는 프리스트레스 응력

(5) 수송 및 야적

① 차량 적재: 계곡쌓기 4단 이하 적재, 받침재에 쐐기 고정

  • 상·하차 시 충격 손상에 유의

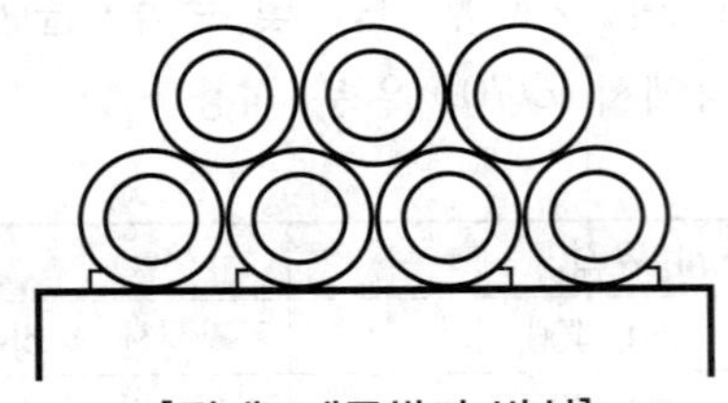

[적재: 계곡쌓기 방식]

② 차량 수송: 과적 방지, 도로 침하 및 주변 시설물 손괴에 유의

③ 현장 야적: 2단 이하 적재, 말뚝 받침대 수평 유지 및 2곳 이상 지지

  • 가급적 인양 편의상 항타기 근처에 규격별 구분 적치

2. 장비 및 가설

(1) 전용장비

① Pile Driver 항타기, 리더 길이: 28~58.6m, 질량: 100~225톤

  • '자갈 ≤ ∅100~150mm'의 자갈지반에는 Auger Screw,
    나머지 지반 굴착에는 T4(Air Hammer Drill) 사용

② Drop Hammer 5~7톤, Hydraulic Hammer 7~45톤

③ 오거·케이싱 모터 및 선단부 직경

  • 모터 120~200HP, 오거 $D+20\sim45$mm, 케이싱 $D+60\sim100$mm

④ Service Crain: 말뚝 이음, 삽입, 하차, 항타기 조립 등에 사용

⑤ 제반 확인증서

  • 건설기계등록증, 연식별 안전검사증, 보험증서, 안전검사증, 조종원 면허증 등

(2) 부대장비

① Air Compressor(공기압축기), 용접용 발전기

② Payloader(지게차), 굴착기 및 Service Crain

③ 시멘트밀크 플랜트, 자동계량형 사용

  • 믹서(혼합기), 애지테이터(교반기), 펌프, 발전기, 수조, 시멘트 사일로 등

④ 측량기(GPS, 광파기), 다림추, 수평기, 경사계

⑤ 관입량 측정대 및 기록지, 말뚝 위치 표식용 링

  • 기타 Mud Balance, Ram, 항타보조말뚝 등

〈KCS 115015 2.4.5(항타보조말뚝)〉
• 말뚝머리를 지중·수중 소정깊이까지 침설시키는 데 사용, 해머 캡과 말뚝 사이에 설치
• 가급적 사용 지양, 불가피할 경우[60]에 한하여 공사감독자 승인 하의 시공계획에 따라 적용 가능
• 시험용 말뚝 시공하여 지지력 및 시공성에 대한 신뢰도를 확보한 후 시공 가능
• 본말뚝−보조말뚝의 임피던스(Impedance)[61]가 가능한 유사할 것, 동재하시험으로 최종관입량, 항타응력 및 타격에너지 전달효율 등이 검토된 조건에서 보조말뚝 사용
• 보조말뚝 적정길이 5m, 5m 초과 시 편심 최소화 대책 강구 후 공사감독자 승인 및 사용
• 타격력에 대한 소요내력, 타격력 균등 전달구조일 것
• 타입 시 축선 일치, 횡방향 진동 및 편심타격에 의하여 두부손상 방지, 타격 시 말뚝 내부에 토사·물 상승 우려 시 보조말뚝과 저판을 개단으로 할 것

(3) 가설 준비물

① 가설 강판(복공판)

② 가설 방음벽 및 방음 울타리

③ 분진 방지망 및 가림막, 살수장치

④ 배토 처리용 Hopper 및 비산 방지용 고무판 등

3. 사전점검사항

(1) 말뚝 위치 측량

① 말뚝 위치(항심, 원꽃심) 측량, GPS 또는 광파기 측량

② 측량 후 철근으로 말뚝 위치 표시

③ 강제링과 스프레이 페인트 사용

(2) 장비 주행성 확보

① 양중, 굴착, 운반 등의 장비 대상

② 말뚝 소운반 동선 및 굴착 장비 동선

③ 장비 접지압($150\sim250kN/\text{m}^2$) 및 주행성 확보
  • 장비 안전운행 및 지반침하 방지

④ 가설강판($6\times2.4\text{m}\times25\sim35\text{T}$) 사용
  • 지반개량 또는 콘크리트 가설포장 실시

(3) 지상·지중 장애물

① 사전 지상·지중 장애물 조사

② 매설물 주변의 지반보강 및 보양

③ 필요시 매설물 관련기관에 이설 신청

---

60) 아파트 신축현장의 기초바닥에 레벨 단차가 있어서 시공 편의상 높은 레벨로 모든 말뚝을 일괄 설치하는 것이 유리하다고 판단하는 경우에 해당한다.
61) Pile Impedance: 항타 시 속도 변화에 대한 말뚝체 저항의 정도를 말한다.

(4) 인원 · 장비 정위치

① Pile Driver 정위치

- 조립 및 해체 공간 확인, 20×40m 이상

② Cement Milk Plant 작동 확인

- 플랜트 구성별 가동 및 배합재료 준비 상태 등

③ 케이싱 설치: 케이싱–말뚝 중심 일치

- 2방향 측량 연직도 확인, 연직도 ≤ 1/100

〈연직도 측량방법〉
- 본체, 리더: 전자식 수평 · 연직 각도계에 의한 측량
- 케이싱: 다림추, 트랜싯 측량, 수평기, 디지털각도기 등에 의한 측량
- 인접건축물에 의한 측량 등

④ 시공 참여자 정위치

- 장비 조종원, 작업자, 공사관리자(시공 및 감리 담당) 등

Ⅲ 말뚝 시공[62]

1. 공법유형

▶ 기성콘크리트말뚝의 공법은 타입공법과 매입공법으로 구분하며, 타입공법은 소음 · 진동 문제로 현장적용이 곤란하다.

▶ 국내 현장은 대부분 매입공법 중 선굴착공법으로서 '선굴착＋선단고정(SDA공법)' 방식을 채용하고 있으며, 중굴공법은 적용사례가 거의 없다.

타입공법		타격공법(항타공법)
		혼합공법(선굴착＋항타공법)
매입공법	선굴착공법	선굴착＋최종경타
		선굴착＋선단고정(시멘트밀크공법): SIP공법, SDA공법 등
	중굴공법	중굴＋최종경타
		회전관입＋선단고정

(1) 타입공법

① 타격공법과 '선굴착＋타격공법'으로 구분

② 타격공법: 해머의 타격에너지로 말뚝을 지반에 관입시키는 공법

③ 선굴착＋타격공법

- 소정심도까지 선굴착 후 말뚝 근입 후 계획심도까지 타격공법 적용

---

62) KCS 115015(기성말뚝) 및 KS F 7001(원심력 콘크리트말뚝의 시공 표준) 참조

(2) 선굴착(Pre-Boring)공법

　① 선굴착+최종경타

　　• 지지층 도달 직전까지 선굴착 후 최종경타로 말뚝을 안착시키는 공법

　② 선굴착+선단고정(시멘트밀크공법)

　　• 선굴착공법 중 가장 신뢰도 높은 범용적 공법

〈특징〉
• 계획심도까지 선굴착 후 시멘트밀크를 주입하면서 어스오거 인발
• 이후 말뚝을 근입하여 압입 또는 경타하여 지지층에 정착
• 선단고정액과 말뚝주면고정액의 경화에 의해 지지력 확보

　③ 선굴착+확대선단고정

〈특징〉
• 지지층 도달 직전 선단고정액 주입과 확대 비트 굴착 병행
• 말뚝지름 이상의 선단고정 구근 형성 후 말뚝 근입 및 정착
• 말뚝 선단고정액과 말뚝 주면고정액의 경화에 의해 지지력 확보

(3) 중굴공법

　① 중굴+최종경타

　　• 지지층 직전까지 말뚝 중공부를 통하여 어스오거 굴착하여 말뚝 근입

　　• 이후 말뚝두부를 타격하여 지지층에 도달시키는 공법

　② 중굴+선단고정

　　• 지지층 직전 선단고정액 지반 주입, 선단고정 구근 형성

　　• 이후 말뚝두부를 타격하여 지지층에 안착시키는 공법

　③ 국내 적용 사례 거의 없음

2. 시험시공

〈시험시공 목적〉
• '설계조건-현장'의 부합 여부 확인, 굴착 및 최종항타 장비의 성능 확인
• 오거굴착 관리기준 마련 → 시공 중 지지력 판단 근거로 활용, 최종경타 기준 제시 → 적정 최종경타 횟수
• 시멘트밀크의 양생 품질 확인, 말뚝 재료의 건전도 판정, 시간경과에 따른 말뚝의 지지력 변화 사전 확인

(1) 시험시공말뚝

　① 기초부지 인근에 시험말뚝 시공, 시공성 확인 시 생략 가능

　② 시험시공 수량: 구조물 기초별 ≥ 1개 또는 전체 말뚝수의 1%

　③ 설계도서에 따라 시험 방법·항목 선정

　　• 제시 내용 없으면 공사감독자 지시·승인 필요

　④ 설계 규격의 말뚝 사용, 말뚝길이 ≥ 설계치+2m

[말뚝 명칭의 구분]

사용말뚝	구조물의 기초로 설치된 본말뚝
시험말뚝	재하시험용 말뚝, 시험시공말뚝과 사용말뚝 중 재하시험 대상이 되는 말뚝
시험시공말뚝	사용말뚝(본말뚝) 시공 전 기초부지 인근에 시험적으로 시공하는 별도의 말뚝

(2) 지반천공

① 설계심도까지 일정한 천공속도 유지

② 회전수(RPM) · 전류치(Apere) 변화 관찰 및 기록

③ 계획심도까지 굴착 후 지지층 확인

- 오거 선단부의 토사와 지반조사 시료 사진을 대조하여 판단

(3) 경타 및 동재하시험

① 계획심도까지 경타하면서 초기 동재하시험 실시

② 경타 중 지반조사 결과와 토질조건 등 제반 사항 고려

③ 필요시 천공깊이 조절, 케이싱 추가 결정

- 말뚝관입 불능 및 경타회수 과다 시 공사감독자와 협의하여 조치

④ 초기 동재하시험 후 일정 기간 경과 후 재항타 동재하시험 실시

- 시멘트밀크 양생 및 시간경과에 따른 말뚝지지력 변화추이 확인

(4) 시험결과

① 말뚝 길이, 직경, 시공방법 등의 변경 여부 결정

② 지반조사 결과, 토질조건 등의 제반사항 충분히 검토

③ 공사감독자와 협의 결정

④ 시험시공 결과 본시공에 반영(Feedback), 시공관리 기준으로 활용

3. SIP공법(선굴착＋선단근고공법)

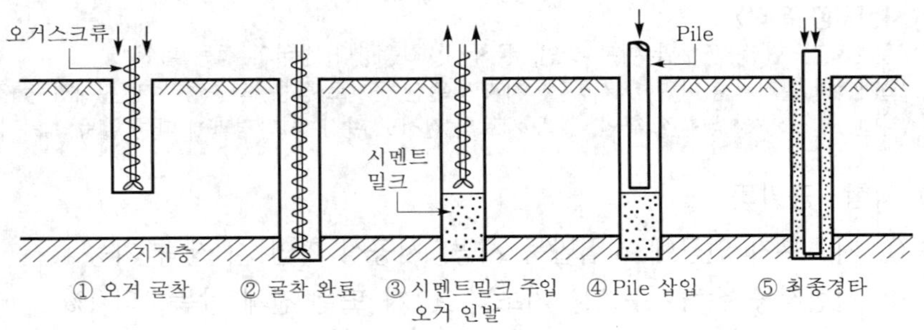

[SIP공법 개요]

(1) 오거 굴착

① '오거헤드 $\geq D+100$'인 것 사용

② 굴착액 분출, 천공구 공벽 보호

- 굴착액: 시멘트페이스트 또는 벤토나이트 현탁액 사용

③ 3~5m/분 속도 굴진, 주변지반 교란 방지

④ 지지층 이하 1.5m까지 굴착

　• 선단근고정액 주입: 공저+$4D$+1m, 주면고정액: 기초저면까지 주입

⑤ 공저 슬라임 ≤ 500mm, 초과 시 재굴착 및 선단근고액 재주입

(2) 오거 인발

① 굴착저면에 하부고정액 주입

　• 선단부 소일시멘트 28일 재령 압축강도 ≥ 20MPa

② 말뚝 주면부에 시멘트밀크 분출하면서 오거 인발

　• 선단근고액 W/B 0.7, 주면고정액 ≥ 490kPa

　• 공사감독자 승인 시 공벽안정액·주면고정액 동일 사용 가능

　• 주입고＝공저에서 '$4D$+1m'까지, 주면고정액은 기초저면까지 주입

③ 인발 과속에 의한 부압 발생방지

(3) 말뚝 근입

① 말뚝 세우기: 두부 2m 하단에 로프 거치, 수직상태에서 공벽 내 삽입

　• 중·대구경일 경우 2~4점 인양 또는 인양 전용로그 사용

② 수직상태 유지하면서 자중으로 공내 근입, 지지층 근입 ≥ 1m

③ 이음 시 축선어긋남 ≤ 2mm, Root 간격

　• 지상 1m 위에서 말뚝의 이음부 용접, 용접 후 비파괴시험(UT, MT) 실시

④ 근입 후 시멘트밀크 침강 시 보충 주입

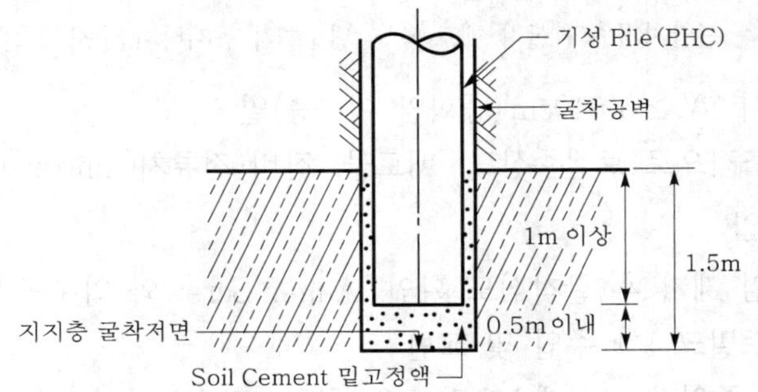

[말뚝 선단 근입부]

(4) 최종경타

① 말뚝 자중만으로 안착되지 않을 때 적용, 압입 또는 경타

　• 압입: 오거장비의 자중으로 압입, 경타: 해머 낙하고 ≤ 500mm

② 말뚝 수직도 유지상태에서 3~5회 경타, Drop Hammer 사용

③ 말뚝 선단부 지지층에 1m 이상 관입, 굴착저면과는 0.5m 이내일 것

4. SDA공법

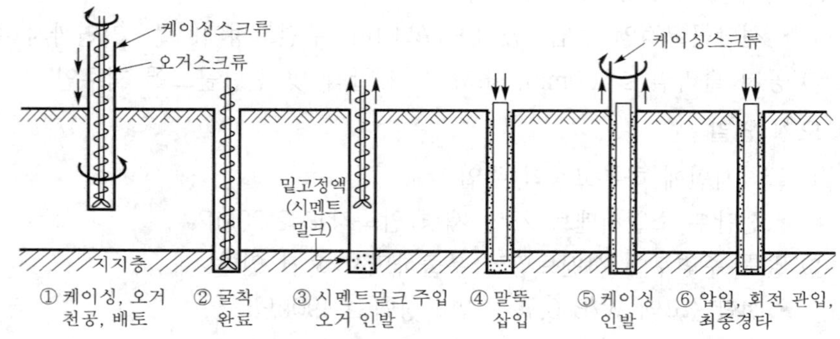

[SDA공법 개요: 오거형]

(1) 천공 및 배토

① 상부 Auger Screw와 하부 Casing Screw 상호 역회전 굴착

- 천공경 $\geq D+80$mm, Casing$+20$mm[63]
- Casing $= D+60$mm, D: 말뚝 외경

② 굴착 수직 정밀도 유지, 수직오차 $\leq l/100$, l: 말뚝길이

③ 굴착 토사·암편 공외 배토, Auger Screw와 압축공기 이용

- 배토물 공내 유입 방지, 배토구에 호퍼·비산 방지 장치 설치

④ 천공깊이 및 선단지지층 확인

〈확인 기준〉
- 지지력 산정식에 의한 말뚝 관입길이
- 말뚝 선단지지층의 굴착 배토 및 암편, 초기 동재하시험 시의 선단지지 심도 등

⑤ 반드시 '$N \geq 50/10$cm'(풍화암 이하층)일 것

- 보조적으로 토질주상도, 배토물, 장비 전류치(Ampere) 등 참조

(2) 말뚝 근입

① 슬라임 제거 후 굴착심도 확인, Auger Screw와 압축공기 이용

② 시멘트밀크 1차 주입 및 교반

- 1차 주입량 $\geq$ 설계소요량 1/3, 천공선단으로부터 $5D$(3m) 이상

〈선단지지력 강화 방안〉
- 선단지지력 요소: 시멘트밀크 배합비, 주입량, 교반횟수, 소일시멘트 액상화 등
- 시멘트밀크 물시멘트비: 59~83%(59, 68, 83%), 설계지지력 및 지반조건 고려
- 빠른 유속의 지하수 지반: 시멘트밀크 부배합(물결합재비 저감), 또는 급결제 사용
- 오거비트 2m 이상 높이로 2회 왕복 교반 → 소일시멘트 액상 유도 → 선단지지력 증대

---

63) KCS 115015(3.5.1)에서는 천공경을 말뚝지름(D)보다 100mm 이상 크게 하도록 규정하고 있으나 정밀시공을 전제로 실무에서 80mm를 적용할 수 있다. 굴착공이 작아지면 지반교란과 시멘트밀크 소요량이 감소하고 말뚝의 수직도 관리에는 유리해진다.

③ 하부 Casing-Auger 분리, Auger Screw 인발

④ 즉시 케이싱 내에 말뚝(이음말뚝 또는 단일말뚝) 근입

> **〈말뚝세우기 및 공내 근입〉**
> - 중구경 말뚝: 단본 1~2점, 이음말뚝 강제링+2점 인양
> - 대구경 말뚝: 3~4점 인양, 파일 연직오차 $\leq l/100$, 편심위치 $\leq D/4$

⑤ 말뚝 자중에 의한 소일시멘트층 관통 및 선단부 공저 안착

(3) Casing 인발

① 하부 오거로 말뚝 고정, 말뚝 두부에 쿠션재 놓고 오거로 떠오름 방지
- 쿠션재: 타격력 균등 전달, 두부손상 방지, 소음 저감, CM 유실방지
- T=30mm 압축합판재 사용, 원형 또는 팔각형

② 케이싱 역회전 인발

③ 시멘트밀크 2차 주입, 설계량의 1/3 이상, 파일-케이싱 사이 충전

(4) 최종경타

① 천공구 내의 말뚝 수직도 확인 후 3~5회 경타
- 경타 전 두부에 Pile Cap 및 쿠션재 설치, 연직도 $\leq 1/50$ 유지

② 드롭해머 또는 유압해머 사용, 두부파손에 유의
- 말뚝-해머 중심축 일치, 동일 직경의 해머 사용, 해머 낙하고 $\leq 1m$

③ 말뚝 선단 천공깊이 이상 근입 및 정착
- 타격횟수별 관입깊이, 최종평균관입깊이 산정 및 기록유지

④ 최종경타 후 시멘트밀크 3차 주입, 말뚝 주면공간 충전 확인

⑤ 생활환경 소음·진동 기준치 이내 관리

Ⅳ 주요 관리항목

1. 말뚝 이음

▶ 용접이음을 원칙으로 하되 다른 이음공법은 공사감독자 승인 후 적용한다.

[말뚝 이음공법]

구분	공법	비고
이음방법	용접이음	일반적 공법, 수동·반자동 용접기 사용
	볼트이음	말뚝이음부에 이음전용판을 대고 여기에 상하말뚝 단면을 볼트로 이음 특허 제1460562(스마트조인트)
	장부이음	이음부에 강판밴드를 대고 볼트 고정, 시공 단순, 인장내력 취약
	충전이음	말뚝 중공부에 이음용 철근 삽입 후 콘크리트 충전, 압축·인장 내력 우수
이음위치	제자리이음	본말뚝 위치의 천공구에서 이음
	보조공이음	본말뚝 인접 위치의 보조공에서 이음 후 본말뚝 위치에 양중·근입

(1) 용접이음

① 상·하부 말뚝 축선 일치, 축선 어긋남 ≤ 2mm, 루트간격 ≤ 4mm
  • 축선 안정상태 유지, 하부말뚝 지상 돌출길이 0.7~1.5m 확보
② 시방에 따라 CO_2 반자동용접 실시, 용접관리자(시공자·감리자) 입회
  • 용접기능사 자격 확인, 필요시 기량시험 사전 실시
③ 목두께(a)별 맞댐용접 실시, 목두께 ≥ 7mm
  • 목두께별 운봉(運棒) Pass: 7 ≤ a < 12 → 2패스, a ≥ 12mm → 3패스
④ 용접 후 외관검사(전수) 및 MT(발췌) 실시[64]

[전수 외관검사 항목]

구분	판정기준[65]
용접부 형상	• 비드표면요철(비드길이 25mm 범위에서의 고저차) ≤ 4mm • 비드 폭/용접치수/보강살/용접길이 등이 적절할 것
용접 결함	• 균열: 육안검사, 의심 부위는 MT 또는 PT, 언더컷 깊이 ≤ 0.5~1.0mm • 오버랩·피트 없을 것
마무리 정도	• 슬래그, Spatter, 용접 누락 등이 없을 것 • 그라인더 마감상태 양호할 것

  • MT: 이음말뚝 20개소마다 공사감독자 지정말뚝에서 1회 이상

  〈MT 판정기준〉
  • 균열 모양이 없을 것, 선상·원형상 길이 ≤ 4 mm, 분산 결함자분 길이 ≤ 8 mm

  • 불합격 부위 보정용접 후 재검사 실시
⑤ 용접조건, 용접작업, 검사결과 기록유지

(2) 제자리이음

① 본말뚝 위치 지반천공, 지지층 심도까지 도달
② 아래 말뚝 공내 근입 및 로프 고정, 지상 돌출길이 1.5m
  • 로프 지지대 설치, 말뚝 수직도 유지
③ 위 말뚝 양중·거치, 상·하 말뚝 축선 일치
④ 시방에 따라 말뚝 이음 및 검사
⑤ 이음말뚝 공저까지 근입 및 경타 마무리

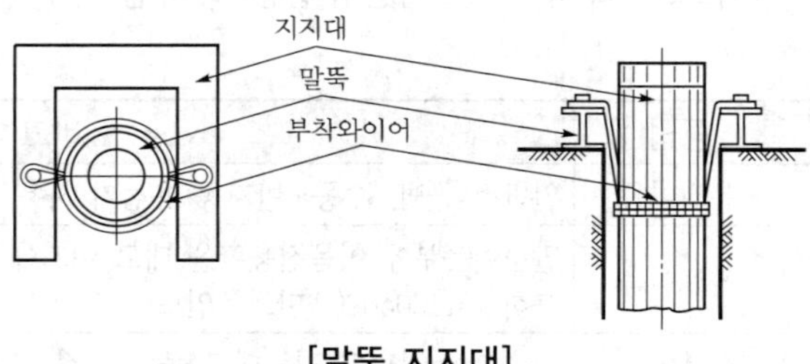

[말뚝 지지대]

---

64) LHCS 11501505(3.7.3 현장용접 이음부 검사) 참조
65) 'LHCS 11501505(표3.7-1)'에서 용접부 외관검사 항목에 대한 합부판정은 'KCS 143120 및 KCS 143110'에 따르도록 하고 있으나 일부만을 확인할 수 있는 상태이므로 명확한 안내가 필요하다.

(3) 보조공 이음

① 계획 위치에 지반천공, 아래 말뚝길이보다 1.5m 얕게 천공

② 아래 말뚝 공내 근입, 윗 말뚝 양중 및 거치

③ 시방에 따라 말뚝 이음 및 검사

④ 이음말뚝 양중·이동 및 본말뚝공 내에 근입

2. 말뚝 시공

(1) 시멘트밀크 배합 · 충전

① 포틀랜드시멘트 또는 고로슬래그시멘트 사용

- 사용 결합재(비중): 고로슬래그(2.95, 3.05), 포틀랜드시멘트(3.15)

② W/B 지반조건 · 말뚝강도에 따라 다르게 적용(0.59, 0.68, 0.83 등)

- 표준배합비 0.83: 단위시멘트량 880kg, 단위수량 730kg

- 연약지반 · 초고강도말뚝(110MPa 이상) → 물결합재비 저감(0.59, 0.68)

③ 물결합재비 배합 확인, 혼합비중법에 의한 Mud Balance 측정

- 검사 순서: 시료채취 → 밀도 측정 → '측정값 – 기준값' 비교 · 판정

④ 3회에 걸쳐 균등량 충전

- 1차: 오거 인발 시, 2차: 케이싱 인발 시, 3차: 최종경타 직후 등

⑤ 주면고정액 압축강도시험(LH전문시방서 3.4.2)

- 시편: $\varnothing 50 \times 100$mm, '압축강도 ≥ 490kPa'일 것

(2) 시공 오차

① 말뚝 중심간격 ≥ $2.5D$, 기초측면 – 말뚝중심 ≥ $1.25D$[66]

② 말뚝 평면상 위치 ≤ $D/4$, 100mm 중 큰 값[67]

- 위치 이탈 말뚝: 공사감독자 승인 후 벗어난 만큼 기초 크기 확대

③ 말뚝 연직도 ≤ 1/50

(3) 최종관입량

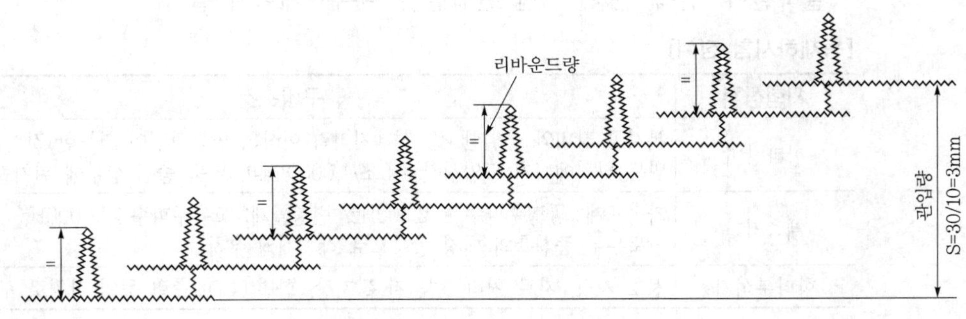

[리바운드 체크 기록]

---

66) KDS 115015(깊은기초 설계기준, 일반설계법, 4.1.5.2) 참조
67) KCS 115015(기성말뚝, 3.2.4) 참조

① 시공관리기준에 따라 3~5회 경타, 매 타격당 관입량 기록

지지층	5회 원칙, '말뚝관입량 ≤ 1mm'일 경우 3회 측정 ← 두부파손 고려
일반토사층	풍화토: 10회, 사질토: 15회, 점성토: 20회

② 시공관리기준에 따라 경타 종료

- 경타 종료: 시험시공 자료, 지반조사 보고서, 동재하 보고서 등 참조
- 또는 3회 연속 리바운드 변화가 1mm 이내일 경우 경타 종료

③ 최종관입량 산정 및 해석

- 자동측정방식 적용, 작업자에 의한 수동측정 지양
- 최종관입량(최종평균관입량)=Σ경타관입량/타격횟수

④ 말뚝별 전수검사 및 기록유지, 현장대리인 및 공사감독자 확인

['경타 기록지' 기재 내용: LHCS 11501510(부록 2) 참조]

말뚝	규격(외경), 재질(PHC/강관), 길이(설계길이/시공길이)
굴착/말뚝근입	굴착심도, 지지층 전류치(또는 RPM), 오거 상하교반 길이·높이, 말뚝자중 근입심도
경타/기타	해머 낙하고, 타격수, 최종관입량, 미관입고, 전류치, 말뚝 위치편차
기타	시공 소요시간, 굴착액 주입량, 근고액 주입량

3. 동재하시험

(1) 시험 준비

① 시험말뚝 선정: 사용말뚝 중 대표적인 말뚝과 동일 제원[68]

- 시험말뚝 지상 돌출길이≒$3D$

② 항타장비, 계측기기, 항타분석기 등 시험장치 확인

③ 계측기기 부착, 말뚝 두부 이하의 $1.5~2.0D$ 지점

- 드릴 천공 후 계측기기(게이지) 부착, 고강도 볼트 사용

④ 초기값 입력: 말뚝길이, 단면적, 탄성계수, 계측기기 보정계수 등

- 말뚝길이: 말뚝 전장, 지반 관입길이, 두부~게이지 길이

[동재하시험 장치]

시험장치	구비조건
항타장비	본시공 장비와 동일한 것, 설계지지력 이상의 말뚝관입이 가능한 것 말뚝 타격에너지 도입시간 ≥ 3초/1,000(3ms), 말뚝 중심 상부에 위치할 것
계측기기	가속도계: 공명주파수 ≥ 2,500Hz, 변형률계: 고유주파수 ≥ 2,000Hz 말뚝두부 중심축의 대칭 방향으로 각 2개씩 부착
항타분석기	신호 저장, 자료 처리, 변환자료 저장, 화면(LCD) 출력 등의 장치로 구성

---

68) 시험말뚝은 사용말뚝과 별개로 계획하지만 구조물에 악영향을 미치지 않는다고 판단할 경우 사용말뚝으로 대체
　　할 수 있다. KCS 115040(2.1.4) 참조

(2) 시험빈도

① 설계서(공사시방), 또는 설계기준(KDS)[69] 적용

② 시험말뚝 ≥ 전체 말뚝수의 1%

③ 100본 미만 시 1개 이상

④ 초기시험 및 재항타시험에 동일 빈도 적용

⑤ 시공조건 변화, 중요 구조물일 경우 시험횟수 추가

(3) 초기(EOID, End Of Initial Driving)시험

① 시험 목적

- 시공장비(해머)의 성능 확인 및 적합성 판정, 지반조건 확인
- 말뚝의 건전도 판정, 지지력 확인 등

② '해머-말뚝 축선' 일치하도록 거치

③ 최초 3~5회 항타, 편타 여부 확인

- 편타 확인 시 항타장비 조정 후 재항타 실시

④ 최종관입깊이 확인 및 측정 자료 항타분석기 입력·저장

(4) 재항타(Restrike)시험

① 지지력 감소현상(Relaxation)이 우려될 경우 실시

- 지지층이 얇거나 포화된 조밀 세립 사질토지반일 경우 적용[70]

② 초기시험 말뚝에 대한 시간경과효과 확인

③ 초기시험 종료, 재항타시험 시작·종료 시점 기록

④ 초기시험과 동일 요령으로 시험 실시, 낙하고: 초기시험과 동일

⑤ 재항타 종료 조건

- 타격횟수: 50회 타격 또는 추가 관입깊이 75mm 중 빠른 쪽
- '10회 타격 후 추가 관입깊이<3mm'인 경우

(5) 분석 및 판정

① 초기항타 시 관입성 분석

- 항타분석기 저장 자료 분석, 분석 프로그램 이용

② 측정파-재현파 분석(Signal Matching)

③ 극한지지력, 주면마찰력, 하중-침하량 곡선 분석

④ 지지력 산정치 합부 판정, 설계지지력 이상이면 합격

---

69) KDS 115040(2.1.4), KDS 411010(9.5) 참조
70) LHCS 115040(3.3 동재하시험) 참조

4. 정재하(靜載荷, Static Pile Load)시험[71]

▶ 재하방식은 압축정재하, 인발정재하, 수평정재하 등으로 구분한다.

[정재하 방식]

압축정재하	사하중(Dead Load), 반력하중 재하
인발정재하	말뚝 두부에 인발하중 재하
수평정재하	말뚝 측부에 횡하중 재하

▶ 건축물 현장에서는 일반적으로 반력하중에 의한 압축정재하 방식을 채용한다.

(1) 시험장치

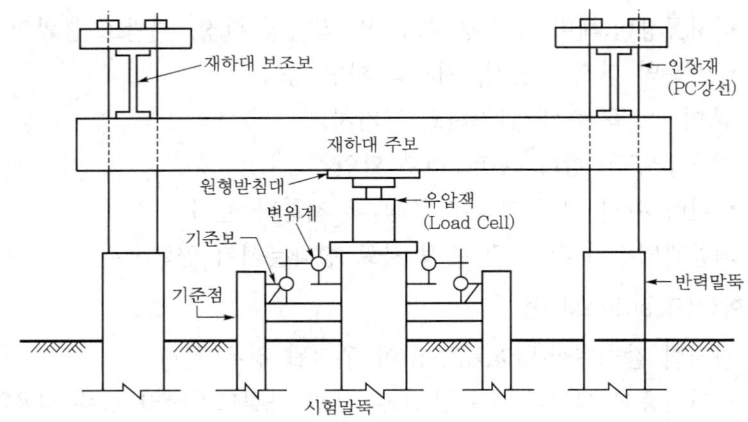

[정재하 시험장치 설치단면]

[시험장치 유형]

재하장치	• 유압잭, 펌프, 재하판 등으로 구성 • 유압잭: 원형바닥판 붙은 것 사용, 검교정 확인, 두부 중심에 설치, 편심 방지 • 펌프: 유압잭 재하능력과 재하속도에 대응하는 용량 구비, 변위에 따른 유압보상 가능할 것 • 재하판: 계획최대시험하중에 대한 강성 구비
반력장치	• 반력저항체, 재하대, 접합부재 등으로 구성 • 반력저항체: 시험말뚝에 대칭 설치, 인근의 사용말뚝 또는 지반앵커 사용 • 시험말뚝에 재하대 하중 전달 방지
측정장치	• 계측기구, 기준점, 기준보로 구성 • 계측기구: 측정용 센서와 측정치를 표시·기록하는 계측시스템으로 구성, 검교정 필요 • 기준점: 사용말뚝 또는 가설말뚝에 설치, 기준보: 기준점에 견고하게 설치

① 재하장치, 반력장치, 측정장치 등으로 구성
② 실시계획에 따라 시험말뚝 위치에 시험장치 설치
③ 시험장치 중 검교정 확인 대상 점검

(2) 시험빈도

▶ 공사시방서 또는 설계기준[72]을 적용한다.

---

71) KS F 2445(말뚝의 압축정재하 시험방법) 참조
72) KDS 115015(깊은기초 설계기준, 일반설계법) 2.5.5 참조

① 말뚝 250본당 1회 또는 구조물별 1회

② 시공조건 변경 또는 인명관련 중요구조물일 경우 시험 추가

  • 시공조건: 지반조건, 시공장비, 말뚝 종류

(3) 재하 및 제하(Loading & Unloading)

① 시험하중 8단계 완속재하, 시험하중=설계하중×200%

  • 8단계: 설계하중값의 25, 50, 75, 100, 125, 150, 175, 200% 도입

② 단계별 '재하하중 ≥ 30분' 유지, '두부침하량≤0.25mm/h'까지 최대 2시간

③ 최종단계에서 '두부침하량≤0.25mm/h'이면 12시간 하중 유지 후 재하 종료

  • '두부침하량>0.25mm/h'이면 24시간 유지 후 재하 종료

④ 시험하중값의 25%씩 4단계 제하(除荷, Unloading)

  • 4단계 제하: 시험하중값의 25, 50, 75, 100% 등

⑤ 각 제하단계별 1시간 간격 유지

(4) 시험값 측정

① 재하·제하 시간, 재하·제하 하중, 말뚝두부 변위량 측정

② 말뚝설계 시험값 측정

  • 선단·중간부 변위량, 말뚝재 변형량, 두부 수평변위량, 반력장치 변위량 등

③ 기준보 온도 및 외기온

④ 주변지반 계측: 지표변위량, 지중변위량, 간극수압 등

(5) 해석 및 판정

① 하중-변위량(P-S) 곡선 해석

  • 기타 자료: 하중-시간 곡선, 변위량-시간 곡선, 하중-탄성회복량,
    하중-잔류변위량 곡선 등

② 연직지지력 산정

  • 연직지지력=항복지지력×1/2, 또는 연직지지력=극한지지력×1/3

③ 설계지지력과 비교 및 판정

5. 두부정리

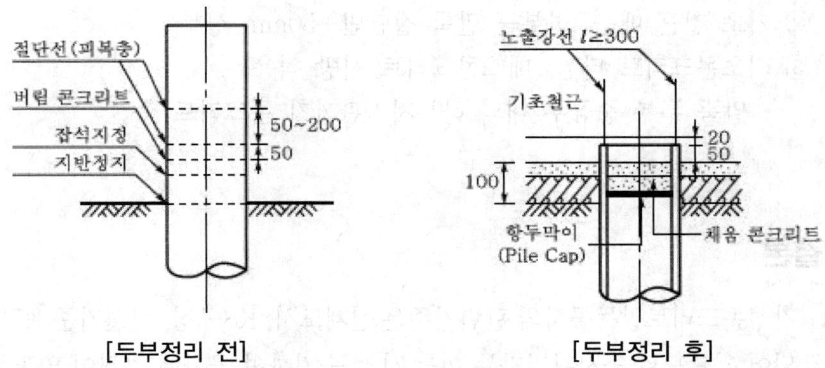

▶ 말뚝 시공 후 7일 이상 경과한 뒤에 두부정리를 실시[73]한다.

---

73) LHCS 11501510 3.6(두부정리) 참조

[두부정리 방식]

강선노출방식	• 기초 근입부의 말뚝 강선을 노출시켜서 기초에 근입시키는 종전의 방식 • 말뚝 기초근입부의 300mm 상부 지점에서 말뚝 절단 • 절단면 하부 300mm 부위의 콘크리트 파쇄·제거 및 강선 노출 • 파쇄잔재 폐기물 다량 발생, 노출 강선으로 작업 여건 불량
강선절단방식	• 기초 근입부에서 말뚝 절단 후 중공부에 철근조립체를 넣어 기초에 근입 • 공장제작 철근조립체 사용, 말뚝 규격별 다양한 특허품 제작 및 유통 • 파쇄잔재물 발생량 방지, 대부분의 건설현장에서 채용하는 방식

(1) 절단부 측량

① 터파기 저면 고름

② 잡석 포설 및 다짐

③ 절단부 레벨 측량 및 표시, 확대기초 근입장 고려
- 절단면(두부 근입장)＝잡석지정 상부＋100mm

(2) 말뚝 절단

① 전용절단기 사용, 수동식 및 반자동식 등

② 파일 내부 강선까지 절단, 말뚝 시공 후 7일 이상 경과 후 실시

③ 절단 잔재물 처리, 백호 이용

④ 말뚝 안전덮개 설치, 작업자 발빠짐 방지

(3) 철근조립체 설치

① 공장 제작품 철근조립체 사용

② 말뚝 규격별 구성품 확인
- 철근 굵기 및 가닥수, 하부지지판, 상부 간격재 등

③ 말뚝 중공부 내 삽입 및 고정

④ 철근조립체의 중공부 근입장 $\geq 1.0D$

(4) 기초 배근·타설

① 버림콘크리트 타설, T=50mm

② 기초 철근 배근, 하부근 말뚝 절단면＋50mm 상부

③ 기초콘크리트 타설, 매스콘크리트 시방 적용
- 말뚝 두부 중공부 내의 하부지지판까지 콘크리트 충전

Ⅴ 결론

1 기성콘크리트말뚝공사의 관련기준은 설계도서, KS규정, 건설기준(KDS/KCS) 등에 명시되어 있으므로 공사관리자는 이를 사전 숙지하여 공사에 차질이 없도록 준비한다.

2 아울러 말뚝공사 전 시험시공을 통한 시공관리 기준 확립, 공사 중 기준에 따른 굴착 및 최종 경타·동재하시험, 공사 후 정재하시험 및 두부정리 등의 입회관리 및 기록유지가 필요하다.

1222 │ 현장타설콘크리트말뚝

Ⅰ 개요

① 현장타설말뚝공사는 기초지반을 천공하여 축하중이 큰 강기둥을 근입부에 말뚝체를 형성시키는 공사이다.

② 건축현장에서 주로 적용하는 PRD공법 및 RCD공법을 중심으로 시공방법 및 주요관리 사항 등을 설명한다.

일반사항	→	PRD 말뚝공사	→	RCD 말뚝공사	→	주요 관리항목
• 선·후행 공정/특징 • 공법의 선정		• 아웃케이싱/지반 굴착 • 강기둥 근입/콘크리트 타설		• 준비사항/지반 굴착 • 강기둥 근입/콘크리트 타설		• 설치정밀도/건전도시험 • Toe-Grouting/양방향 재하시험

Ⅱ 일반사항

1. 선·후행 공정

토류벽 설치	→	현장타설말뚝	→	터파기/지보공	→	기초매트 시공
• 현장 개설 • CIP, SCW • Slurry Wall		• 지반천공 • PRD, RCD 말뚝 • 철골기둥, 철근망		• 토사, 암굴착 • 테두리보, 철골보 • 바닥슬래브 타설		• 평판재하시험 • 잡석/무근지정 • 매스콘크리트 타설

[지하층 공정 Flow]

(1) 선행 공정

① 현장 개설

② 측량 후 지중에 토류벽 선설치

③ CIP, SCW, Slurry Wall 설치

(2) 후행 공정

① 기초예정저면까지 터파기

② 토류벽 지보공용 영구부재 설치

　• 띠장용 테두리보, 버팀보용 강구조보 설치 등

③ 데크바닥판 설치, 강막작용[74]으로 전면(全面)으로 토류벽 지지

④ 지내력 확인 및 기초매트 시공, 매스콘크리트 시방 적용

---

74) 슬래브의 强膜作用(Floor Rigid Diaphram Action): 슬래브가 횡하중(풍, 지진, 토압)에 대하여 변형하지 않고 수직부재로 전달하는 작용, 이를 응용한 지하층 공법에는 CWS 및 ESD 공법이 있다.

2. 특징

(1) 장점

① 대구경 말뚝, 축하중 부담능력 우수

② 저소음·저진동 시공, 도심지 말뚝공사에 적용

③ 연약층, 암반층, 동토층 등 지반조건에 따라 공법 채용 가능

④ 주변지반 영향(교란) 최소화, 압밀침하량 저감

⑤ 터파기공사 중 가설흙막이 지지

> • 토류벽에 작용하는 측압＋상부 적재하중＋작업하중지지
> • 토류벽 측압 전달경로: 띠장 → 버팀보 → 강기둥 → 현장타설말뚝 → 원지반

(2) 단점

① 시공절차 복잡, 세심한 품질관리 필요

② 피압대수층, 깊은 초연약지반 등 적용 곤란

③ 수중콘크리트 시방 적용, 콘크리트 건전도 관리 필요

④ 대형장비 및 전문인력 소요, 넓은 작업공간 필요

3. 공법의 선정

[공법유형]

관입방식		• Frankie Pile(無角), Pedestal Pile(無角), Raymond Pile(有角)
굴착방식	인력	• Chicago공법, Gow공법
	기계	• All Casing공법, Earth Drill공법, PRD공법, RCD공법, Barrette공법
	기계＋인력 (심초말뚝)	• Open Caisson공법, Pneumatic Caisson공법, Box Caisson공법

> **〈공법 적용현황〉**
> • 현장타설콘크리트말뚝은 지반천공 유형에 따라 관입방식과 굴착방식으로 분류
> • 관입방식은 케이싱 해머 타격 및 인발에 의해 지반천공, 굴착방식은 회전식 굴착장비 사용
> • 굴착방식은 인력굴착식, 기계굴착식, '기계＋인력굴착식'으로 세분, 건축물은 주로 기계굴착식 적용
> • 도심지 건축물은 기계굴착식 중 PRD공법이나 RCD공법 채용, 드물게 Barrette공법 적용
> • 심초(Caisson)말뚝은 토목구조물에 적용

(1) 구조물 조건

① 기초바닥, 지하외벽, 바닥슬래브 및 보의 구조형식

② 기초에 작용하는 외력

③ 말뚝의 선단지지력 및 주면마찰력 도입 특성

(2) 지반조건

① 지지층 깊이: 연암, 경암 등의 기반암층 위치

② 지하수위, 피압대수층의 존재 여부

③ 토질주상도 상의 지층 구조
- 세사층, 호박돌층, 연약지반 등에 따라 채용공법 상이

(3) 현장조건

① 인접구조물 및 주변지반 여건
② 가설 및 장비 설치 공간
③ 지중·지상 장애물
④ 장비·인력의 동원 여건
⑤ 가설용수 공급 및 배수, 굴착 시 다량의 급배수 필요

(4) 기타

① 공사비의 경제성
② 시공 효율 등 고려

Ⅲ PRD 말뚝공사

1. 아웃케이싱

① 말뚝위치 측량
② 측량지점 백호 굴착, 굴착심도 1m 가량
③ 강관 거푸집 정위치, 인케이싱 크기 고려
④ 무근콘크리트 타설
⑤ 강관거푸집 제거

[아웃케이싱 설치]

2. 지반 굴착

① 아웃케이싱 내에 인케이싱 근입
② 인케이싱 내부 오거 굴착
③ 암 출현 시 Air Hammer 굴착
④ 굴착공 수직도 확인, KODEN Check
⑤ 굴착 완료 후 슬라임 제거, Air Surging

3. 강기둥 근입

① 강기둥 현장 조립 및 접합
② 강기둥 양중 및 공내 근입
③ 근입심도, 수직도 확인
④ 공내 기둥 하부 및 상부 고정, 타설 중 기둥 이동 방지

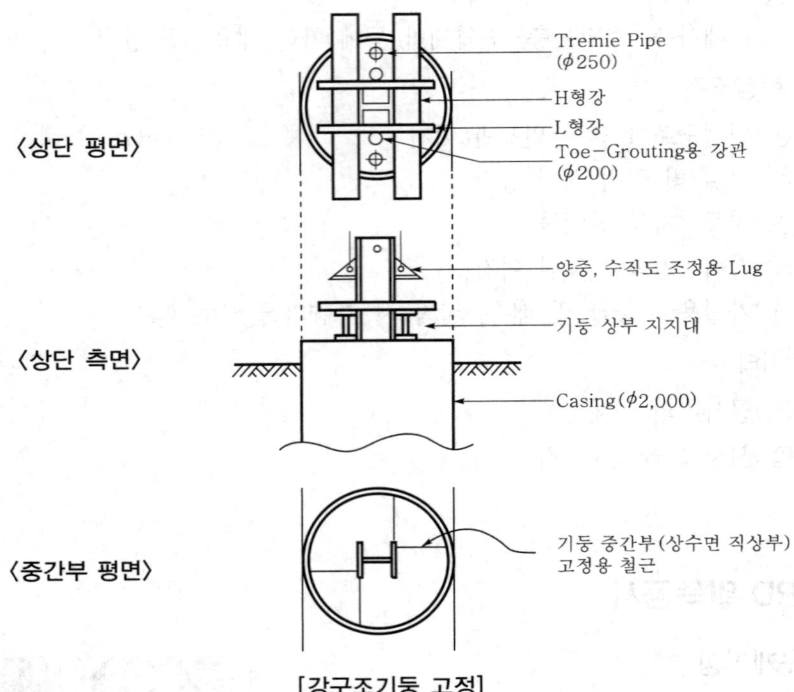

[강구조기둥 고정]

4. 콘크리트 타설

① 트레미관 설치

② 콘크리트 연속공급

③ 타설량 확인, 줄자 및 디지털 거리측정기 사용

④ 타설 후 공내 양질 토사 충전

⑤ 콘크리트 경화 전 인케이싱 인발

Ⅳ RCD 말뚝공사

1. 준비사항

① 케이싱 위치 선행 굴착

② 보조점 선정 및 케이싱 근입위치 확인

③ 풍화토 0.5m 이하까지 케이싱 근입, 오실레이터 장비 이용

④ 장비 고장에 대비, 고장 시 신속 조치

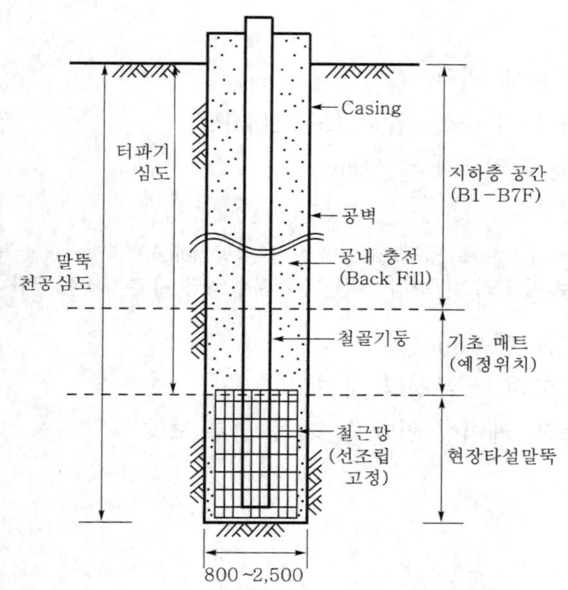

[RCD말뚝 단면도]

[PRD/RCD 차이점]

항 목	PRD말뚝	RCD말뚝
말뚝직경	800~1,000mm	1,200~2,500mm
토사굴착	Auger	Hang Grab
암굴착	Air Hammer Casing+Ring Bit	Drill Bit
공벽 유지	In-Casing	Casing+정수압
말뚝체	무근콘크리트	철근콘크리트

2. 지반 굴착

① 풍화토지반 Hang Grab 굴착
- 정수압 0.02MPa 이상 유지, 공내수위 ≥ 지하수위+2m

② 암 출현 시 Drill Bit 천공

③ 굴착 완료 후 지지층 확인, 다림추 이용 굴착심도 측정
- 굴착속도, 배토물, 토질주상도 등 참고

④ 수직도 검측, KODEN Check

⑤ 공저 슬라임 제거
- 철근망+강기둥 근입 직전 및 콘크리트 타설 직전 실시
- 제거 후 사분율 측정: 사분율 ≤ 5%, Air Lift 중간밸브에서 시료채취

3. 강기둥 근입

① 케이싱 상단에 선조립 철근망 고정
- 철근망 피복두께 유지, 철근간격재 4방향 수직 설치간격 ≤ 5m

② 강기둥 인양 및 철근망 용접, 강기둥 하부에 철근망 고정
- '강기둥-철근망' 고정은 철근망 상부에만 실시, 강기둥 수직도 조정 고려

③ 강기둥 공내 근입, 강기둥 근입장 및 수직도 검측

④ 케이싱 공내 및 상부에 강기둥 고정
- 케이싱 공내: 공내수위 직상부에서 공내 기둥위치 가용접, 오차 ≤ 20mm
- 케이싱 상부: 강기둥 고정용 앵글거치대에 가용접, 오차 ≤ 10mm

⑤ 필요시 Toe-Grouting 강관 슬리브 삽입(2개)
- 말뚝 선단부 상태에 따라 실시 여부 판단

4. 콘크리트 타설

① 트레미관 2개 설치, 공저 200mm 이내 위치

② 콘크리트 연속공급, 트레미관 2개 동시 타설, 압축강도≥30MPa

③ 타설 중 기둥위치 이탈 방지, 이탈 관리오차 ≤ 20mm

> **〈강기둥 수직정밀도 시공관리 오차〉**
> - 오차 관리기준 ≤ 50mm(상부고정 10mm, 하부고정 20mm, 타설 중 밀림 20mm)
> - 수직도 불량 영향: 축하중 편심, 큰 보 제작 시 실측치수 적용, 설계치수 적용 시 현장접합 곤란

④ 콘크리트 타설심도 확인, 기초예정저면+1m 상부
  - 공내 부유물 및 레이턴스 영향 고려, 두부정리 시 제거

⑤ 타설 1~2일 후 공내 양질토사 충전, 케이싱 인발 및 기둥 상부 보양

Ⅴ 주요 관리항목

1. 설치정밀도

① 말뚝위치 오차 ≤ 50mm
  - TBM 설치 후 정밀측량 실시, 현장 내 3개소+주변 건물 옥상 등

② 강기둥 수직도 ≤ 1/300, 2대 이상의 레이저 측정기(광파기) 사용

③ 강기둥 레벨 측정, 미세조정 시 유압잭 이용

2. 건전도시험(Sonic Test)

(1) 시기, 빈도, 목적

① 콘크리트 타설 후 7일 이상 경과한 다음 실시

② 말뚝 관입길이(L)가 길수록 시험빈도 증대
  - L=20~30m일 때 전 말뚝의 20%에 해당하는 말뚝에서 시험 실시

③ 콘크리트 밀도의 건전성 및 결함 유무 파악

(2) 시험방법(공대공 초음파탐상시험)

① 검사용 튜브 설치, 말뚝 상부에 튜브 상부 돌출

② 튜브 내부에 발·수신자 센서 부착 및 케이블 삽입

③ 말뚝 선단부로부터 인양하면서 연속 초음파탐상

④ 튜브공 사이의 초음파 전파시간 – 전파에너지 강도·파장 출력
  - 모니터 및 프린트 출력

(3) 판정 및 보강

① 심도별 탐상내용 분석 및 결함점수 산정

② 기준 미달 시 조치 강구
  - Grouting, Micro Pile 보강, 재시공 조치 등

③ 결함 보수 후 재하시험에 의한 지지력 확인

④ 시험결과보고서 기록유지

3. Toe-Grouting

- Post-Coring에 의해 말뚝선단부 3m 이하까지 말뚝선단과 기반암의 접착상태 확인
- 슬라임 개입에 의한 말뚝선단부 및 기반암 분리 부위를 Toe Grouting으로 보강
- 파쇄암, 슬라임, 절리, 파쇄 등으로 인한 강도저하 부위를 충전 및 보강

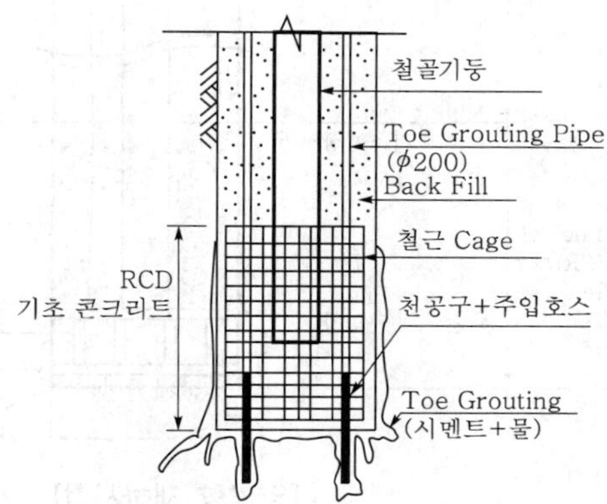

[RCD말뚝 선단부 단면]

(1) 슬리브 매입 및 공내 천공

① 콘크리트 타설 전 굴착저면까지 슬리브 매입

- 말뚝 공내에 천공용 슬리브 매입, 개소당 $\varnothing$200mm 강관 2개

② 말뚝 콘크리트 타설 및 양생

③ 슬리브 공내 드릴 로드 삽입, 10일 이상 양생 후 실시

④ 굴착저면에서 0.5~2.0D가량 천공

⑤ 천공 시 말뚝선단부에서 콘크리트 및 기반암 코어시료 채취

- 코어 강도시험: 콘크리트 및 기반암 압축강도 측정
- 육안 관찰: 기반암의 풍화도 및 절리상태 판단

(2) 주입관 설치 및 Grouting

① 천공구 청소, 슬리브 내로 고압수 주입, 공내 이물질 제거

- 다른 1개소의 슬리브를 통하여 슬라임 등의 이물질 공외 배출

② 천공구 선단까지 PVC 주입관 삽입

③ 주입재 배합비 준수, 시멘트 및 물 1 : 1~10

④ 1차 주입 후 소정의 압력 이상으로 주입, Air Packer 이용

4. 양방향 재하시험

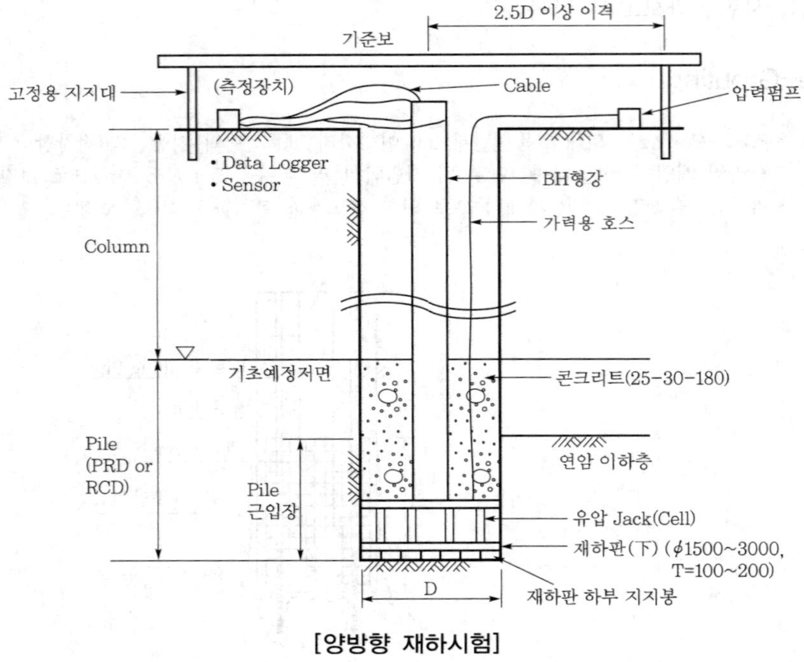

[양방향 재하시험]

(1) 시험장치

① 가력장치

- 압력펌프, 압력센서, 공내매입용 압력호스, 말뚝선단부 가압용 재하장치 등

② 가력과 동시에 자동 측정되도록 자동화시스템 구성

③ 기준점 및 기준보 설치

(2) 시험말뚝

① 대표적인 제원일 것

② 별도의 시험말뚝, 또는 본말뚝 이용

③ 설계지지력 확인용 ≥ 구조물별 1개

④ 시험말뚝 추가 시 지반조건 및 말뚝제원 등 고려

(3) 재하 및 제하

① 재하방식 선정, 표준재하 및 반복재하 등

- 가급적 반복재하 방식을 채용하는 것이 바람직

표준재하	하중을 단계적(8단계)으로 증가, 임의단계에서 일정 시간을 지속하면서 하중재하
반복재하	표준재하방식을 주기적으로 반복하는 재하방식

② 시험하중(설계하중의 200%) 8단계 재하

③ 단계별 재하시간 준수

- '침하량 ≤ 0.25mm/h'일 경우 12시간, 이외의 경우 24시간 하중 유지

④ 시험하중 재하 완료 후 4단계 제하

(4) 측정 및 판정
    ① 하중 유지시간, 시험 소요시간
    ② 단계별 재하량 및 제하량, 시험하중
    ③ 말뚝체 변형률, 선단 및 중간부 변위량
    ④ 기준보 온도, 외기온, 말뚝 주변지반의 연직·수평 변위량 및 간극수압
    ⑤ 측정값 해석, 지지력 산정 및 합부 판정

Ⅵ 결론

1 건축현장에서 적용하고 있는 현장타설말뚝공사에 대한 설계 및 시공 기준의 내용은 아직 미흡한 부분이 많으므로 설계도서 및 관계기술자의 의견 등을 고려하여 정밀시공하여야 한다.

2 특히, 현장타설말뚝의 위치 및 강기둥의 시공정밀도는 지하구조물의 후속공정에 미치는 영향이 막대하므로 공사 착수 전 필요할 경우 공사관계자에 대한 교육이 필요하다.

1231 | 액상화 현상

I 개요

① 액상화(liquefaction)는 느슨한 지반의 토립자가 급속한 진동하중에 의해 순간적 비배수 상태에서 액체와 같은 거동을 보이는 현상을 말한다.

② 액상화 현상은 지반 내의 토립자 재정렬로 인한 변위를 유발하므로 액상화 위험지역에서는 건축에 앞서서 사전검토 및 대책 강구가 필요하다.

메커니즘/영향	➡	액상화 평가/대책
• 액상화 메커니즘 • 액상화 영향		• 액상화 평가 • 액상화 대책

II 메커니즘 및 영향

1. 액상화 메커니즘

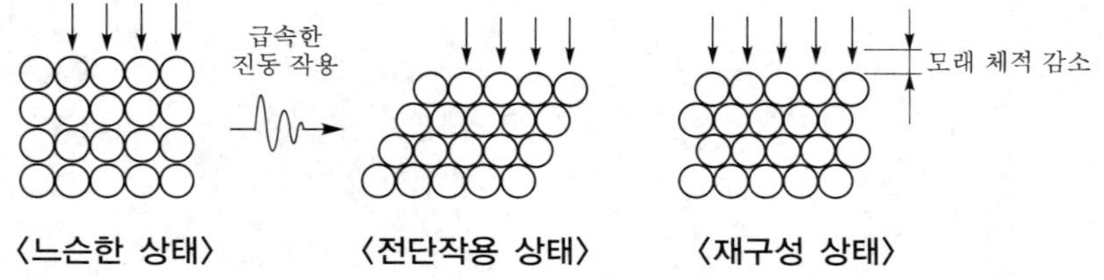

① 느슨한 사질토지반 포화

② 지진·발파 등 충격하중 작용

③ 지반 내 체적수축에 의한 과잉간극수압 발생

④ 유효응력 감소, 지반 전단강도 상실

2. 액상화 영향

① 지상구조물 부등침하 및 파괴

② 지중구조물 변위 및 파괴, 파이프라인 및 맨홀·정화조 등

③ 지반 변위, 보일링에 의한 물과 흙의 이동 유발

Ⅲ 액상화 평가 및 대책

1. 액상화 평가[75]

① 액상화 위험지역 파악, 액상화 위험지도[76] 참조

> **〈액상화 조건〉**
> - 포화지반의 세립토 함유율이 낮을 경우
> - 포화지반의 N값이 낮을 경우
> - 지하수위면이 지표면에 가까울 경우
> - 지진압력이 클 경우

② 시설물별 성능목표에 따른 재현주기 적용

③ 구조물 안전성 평가, 2단계 평가 수행, 예비평가 및 본평가 등
- 지진하중과 지반의 액상화 저항성을 비교하여 안전율 값으로 평가

> **〈액상화 평가 생략 조건〉**
> - 연중 최고지하수위 상부에 위치한 지층, 지반의 심도가 20m보다 깊은 지층, N값>25 지층
> - 고소성의 점토거동 지반: 반복연화가 발생하여 급격한 강도저하 및 대변형 예상 지반

④ 시설물 유형, 기초 형식, 지반 특성, 지반강도 영향 등 고려

⑤ 평가결과 안정성 미확보 시 대책 강구

2. 액상화 대책

(1) 지반밀도 증대

① 기초지반 개량

② 다짐공법, 동적압밀, 무리말뚝공법

③ 사질토 입도개량 및 고결공법 등 적용

(2) 지반포화도 저하

① 지하수위 저하공법 적용

② 드레인공법 적용, 구조물 기초의 하부지반 간극수 탈수

③ 지반 내의 간극수압 소산

(3) 지중벽 설치

① 지중에 액상화 방지벽 설치

② 액상화에 의한 지하수·토사 이동 차단

---

75) KDS 171000 내진설계기준(4.7 액상화) 참조
76) 액상화 위험지도: 지진 시 지반의 위험성을 시각화한 지도, 시설물의 지진 피해 통합시스템 구축 시 신뢰도 높은
　　지진 피해 예측에 활용될 수 있다. 현재 한국건설기술연구원을 주축으로 연구 개발 중이다.

Ⅳ 결론

1. 2017년 포항 지진을 계기로 액상화에 대한 국내 연구기관의 관심이 높아지면서 액상화 발생 및 피해 예측을 위한 연구가 시작되어 액상화 위험지도 작성기술을 개발하여 지자체 실증에 적용 중이다.

2. 대규모 건축물공사 현장에서는 설계단계에서 액상화 영향을 고려하여 기초 및 지반의 안정성을 평가한 다음 설계와 시공에 반영하여야 한다.

1232　말뚝의 부마찰력

I　개요

① 말뚝의 부마찰력(負摩擦力, Negative Skin Friction)은 말뚝 침하량보다 큰 지반침하가 발생하는 구간에서 말뚝 주면에 발생하는 하향의 마찰력을 의미한다.

② 부마찰력은 말뚝의 선단지지력 의존도를 높이고 말뚝체의 변형 · 변위를 유발하므로 설계기준에 근거하여 부마찰력 검토항목과 저감대책 등을 설명한다.

발생 원인/영향	➡	검토 및 대책
• 부마찰력 발생원인 • 부마찰력 영향		• 검토항목 • 저감대책

II　발생 원인 및 영향

1. 발생 원인

① 점성토지반의 압밀침하, 말뚝의 압밀층 관통

② 지하수위의 급격한 저하

③ 지표면의 과하중 적재

④ 함수율이 큰 지반

2. 부마찰력 영향

① 말뚝지지력 저하

② 말뚝 수평변위, 말뚝 파손

③ 기초지반 부등침하, 기초 침하

　• 구조물 안정성 저해, 구조물 균열 발생, 지중구조물 파손 등

④ 인접지반 지하수위 상승

III　검토 및 대책

1. 검토항목[77]

(1) 대상 지반

① 점토, 실트, 유기질토 등의 압축성 지반

---

77) KDS 115015(4.1.1.7 말뚝의 부주면마찰력) 참조

② 중량물 적재가 예상되는 말뚝기초

③ 지하수위가 저하되는 기초지반

④ 액상화가 예상되는 느슨한 사질토지반

(2) 부마찰력 산정

①　중립면의 위치: 정마찰력 및 부마찰력의 경계면 위치

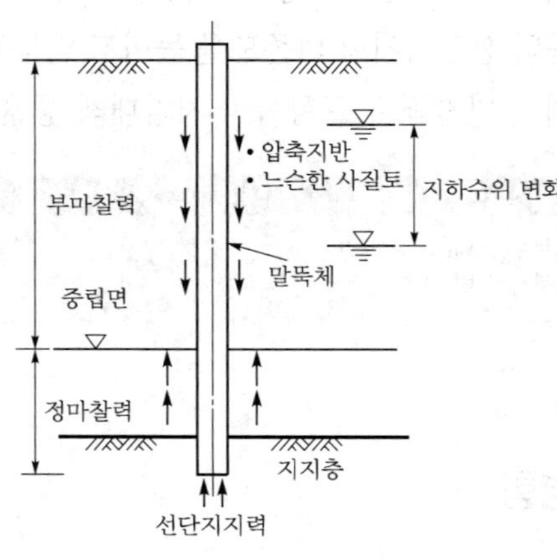

[마찰력 분포도]

② 침하지반 특성: 압축성 지반의 분포 등

③ 말뚝재료 특성: PHC말뚝, 강관말뚝, 합성말뚝별 특성

④ 무리말뚝 효과 등 고려

(3) **하중조합**

① 액상화에 의한 부마찰력 감소량 반영

- 이때 압밀침하에 의한 부주면마찰력은 제외

② 일시적 하중에 의한 부마찰력 감소량 반영 시 해당 하중 부마찰력에서 제외

③ 활하중 및 일시적 하중은 동시 조합 금지

(4) **말뚝 허용지지력 산정**

① 압축재하시험 실시 → 말뚝 축방향 허용압축지지력 산정

② 압축재하시험에 하중전이시험 포함

- 선단지지력 크기, 주면마찰력 크기 및 분포 파악

③ 부마찰력이 더 크면 저감방안 마련

2. 저감대책

(1) **기초지반 개량**

① 말뚝공사 전 연약지반 개량

② 압축성 점성토 개량, 하중재하 선행에 의한 압밀 유도

③ 느슨한 사질토 개량, 액상화 영향 저감

④ 지반조건, 말뚝 재료·공법, 부마찰력 크기, 경제성 등 고려

(2) 말뚝공사

① 말뚝재료 개선

- 말뚝 표면적 저감 → 다수의 소구경말뚝보다 소수의 대구경말뚝이 유리
- 말뚝 표면에 역청재 도장

② '말뚝 선단지지력 + 말뚝 강성' 확보

③ 타입말뚝일 경우 항타순서 개선

- 중앙부 → 외측, 지반교란 및 말뚝변위 방지

④ 매입말뚝일 경우 선단지지력 증대, 주면마찰력 배제

- 선굴착 + 항타공법 채용

(3) 지하수위 변동 방지

① 인접현장 토류벽의 차수성 확보, 현장 내 굴착·배수 영향 차단

② 차수성 우수한 토류벽공법 채용

③ Slurry Wall, CIP+차수 Grouting, SCW공법 등 적용

Ⅳ 결론

1. 말뚝의 부마찰력은 주면마찰력을 저하시키고 선단지지력에 대한 의존도를 높이는 결과가 되므로 설계·공사 전 지반조건, 말뚝 재료·공법, 부마찰력 크기, 경제성 등을 종합한 대책이 필요하다.

2. 특히, 공사 전 부마찰력이 우려되는 지반은 하중조합 및 부마찰력을 산정하고 말뚝의 허용지지력과 비교·검토하여 필요시 부마찰력 저감대책을 강구해야 한다.

1233 기초침하

I 개요

① 건축물 기초는 침하에 대하여 안정적이어야 하므로 기초침하량은 지반조건과 구조물 특성을 고려하여 허용침하량 이내가 되어야 한다.

② 기초침하의 유형과 원인, 허용침하량을 초과하는 유해침하의 방지대책에 대하여 설명한다.

침하유형	➡	기초침하 원인	➡	유해침하 방지대책
• 침하 양상/지반 특성 • 구조물 영향		• 기초지반/말뚝 지정 • 상부구조물/지하수		• 설계검토/얕은기초/깊은기초 • 지하수 대책/계측관리

II 침하유형[78]

1. 침하 양상

[지반침하 유형]

분류기준	유형
침하 양상	균등침하, 부등침하
지반 특성	탄성침하, 비탄성침하
구조물 영향	일반침하, 유해침하

(1) 균등침하

① 지반 수직변위량이 균등하게 나타나는 침하

② 과도할 경우 상부구조물 변형 유발, 또는 지중의 Life Line 파괴

③ '균등침하량 ≤ 허용침하량'일 것

(2) 부등침하

① 지반 수직변위량이 불균등하게 나타나는 침하

② 상부구조물의 부등변위 유발

③ '부등침하량 ≤ 허용침하량'일 것

2. 지반 특성

(1) 탄성침하(즉시침하)

① 하중 변화에 즉시 반응하는 침하, 탄성변형에 의해 발생

- 얕은기초에서 지반을 단위면적의 흙기둥으로 간주
- 탄성이론에 따라 기초의 즉시침하량 산정

② 하중 재하 시 즉시 침하, 하중 감소에 따라 침하량 회복

③ 사질지반: 하중재하와 동시에 배수 및 즉시침하, 즉시침하량=총침하량

④ 점성토지반: 하중재하 시 비배수 상태에서 압축 침하

- 압축 침하량=주변지반 체적 팽창량, 전체 부피에는 변화가 없는 침하

---

78) KDS 115005 얕은기초 설계기준(4.2 침하량 산정) 참조

(2) 비탄성침하

① 하중이 감소해도 수직변위량이 잔류하는 침하

② 하중을 증가하면 시간경과에 따라 완만하게 침하

③ 일차압밀침하와 이차압축침하로 구분, 시간−침하량 관계곡선으로 파악

④ 세립토(점성토)지반에서 발생

3. 구조물 영향

(1) 허용침하

① 기초 및 상부구조물에 경미한 변위를 일으키는 침하

② 허용침하량 이내의 침하

③ 얕은기초 및 말뚝기초별 허용침하량 규정 및 적용

얕은기초	• 균등침하, 부등침하, 각변위(경사도) 등의 허용치 규정 • 구조물 종류, 형태, 기능에 따라 별도 규정, 또는 국제통용기준 준용
말뚝기초	상부구조물의 구조형식, 사용재료, 용도, 중요성, 침하의 시간적 특성 등 고려

(2) 유해침하

① 기초 및 상부구조물에 유해한 변위를 일으키는 침하

② 허용침하량을 초과하는 균등침하 및 부등침하

③ 유해침하량의 산정은 이론식이나 시험으로 추정 및 판정

  • 얕은기초: 탄성이론식, 평판재하시험, 공내재하시험, 압밀시험 등

  • 말뚝기초: 압축정재하시험, 침하량 산정식 및 해석적 기법 등 이용

Ⅲ 기초침하 원인

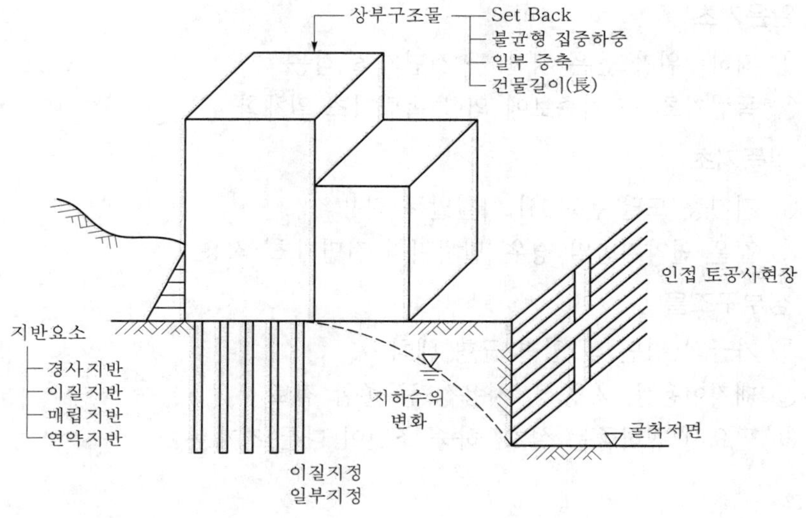

1. 기초지반

① 연약·매립지반의 압밀침하
② 이질지반의 상이한 침하량 분포
③ 경사지반 내의 합성력 작용

2. 말뚝 지정

① 말뚝 일부 배치, 말뚝의 불균형 배치
② 말뚝 선단지지력 미흡
③ 부마찰력 작용 등

3. 상부구조물

① 불균형 입면 및 평면 형상
② 일부 증축으로 하중분포 변화
③ 긴 평면 구조물, 연약지반 및 이질기초에 취약

4. 지하수 변화

① 기초지반 지하수위 저하
- 인접 공사장의 과잉배수 및 토류벽 차수성 부족

② 기초지반 지하수위 상승 및 저하
- 기초 부상 후 수위 저하 시 부등침하 발생

Ⅳ 유해침하 방지대책

1. 설계검토

(1) 얕은기초

① 지하수위가 높은 지반 → 전면기초 적용
② 독립기초 → 지중보에 의한 독립기초 일체화

(2) 말뚝기초

① 지지층 도달 곤란 시 마찰말뚝 적용
② 깊은 연약지반일 경우 '말뚝지지 전면기초' 적용

(3) 상부구조물

① 가급적 평면 및 입면 균형 배치
② 대지이용률, 시공성, 사용성 등 종합 검토
③ 필요시 침하줄눈 설치, 하중 조건이 다른 경계부

2. 얕은기초 시공

(1) 점성토지반

① 압밀층 비탄성침하 방지
② 연약지반일 경우 공사 전 압밀침하 선행 유도
③ 선행재하 및 탈수공법 복합 적용
④ Pre-Loading & Drain공법 등

(2) 사질토지반

① 느슨한 지반 개량
② 지반밀도 증대, 지반 Grouting 및 다짐공법 적용
③ 액상화 방지 조치, 지하수위 저하 등

(3) 지내력 확인

① 기초예정저면까지 굴착 후 실시
② 침하에 불리한 하중조건의 위치 선정
③ 평판재하시험 실시
④ Scale Effect(크기효과) 및 토질주상도 등 종합 검토

3. 말뚝기초 시공

(1) 선단지지말뚝

① 말뚝 시공 시 지지층 이하에 근입
② 매입말뚝 선단부 공저 안착, 최종경타 실시
③ 최종관입량 조건 충족

(2) 마찰말뚝

① 해안·매립 지역의 연약지반일 경우 적용 고려
② 부마찰력 검토 및 조치
③ 말뚝지지 전면기초 적용 고려, '마찰말뚝+전면기초' 형식
 • 전면기초: 부력에 의한 상부하중 등분포
 • 마찰말뚝: 과도한 침하 및 부등침하 방지

(3) 지지력 확인

① 시험시공에 의한 시공관리기준 수립
 • 최종경타 횟수, 최종관입량, 말뚝길이 등
② 말뚝의 설계지지력과 건전도 파악 ← 초기항타 동재하시험 실시
③ 시간경과에 따른 지지력 변화 확인 ← 재항타 동재하시험 실시
④ 정재하시험 실시, 말뚝지지력 최종 확인

4. 지하수 대책

(1) 인접구조물

　① 흙막이 토류벽 차수성능 구비
　　• Slurry Wall, SCW, CIP+SGR 등의 토류벽공법 적용
　② 투수성 토류벽 채용 시 과잉 배수 방지

(2) 기초구조물 부상방지

　① 기초 부상방지
　② 기초지반 특성에 따라 적정 공법 적용
　③ 지하수 유입량이 많은 투수 지반 → Rock Anchor공법 적용
　④ 불투수 지반 → De-Watering공법 적용

(3) 공사 중 비상대책

　① 정전, 고장으로 인한 수위 상승에 대비
　② 자가발전기 및 예비 배수 설비 구비
　③ 비상시 구조물 내에 물 유입 허용, 부력 영향 저감
　　• 지하구조물 벽면에 유입구 설치, 유입구 레벨 및 소요갯수 사전 검토

5. 계측관리

(1) 계측항목

　① 지하수위 및 간극수압
　② 인접구조물 기울기 및 균열 상태
　③ 주변지반 수직·수평 변위

(2) 계측방법

　① 계측 초기값 기록, 필요시 주민 및 인허가청 관계자 입회 허용
　② 정기계측 및 비교·분석
　③ 계측결과 피드백, 필요시 지반·기초 보강 실시

Ⅴ 결론

⓵ '지구상에 존재하는 모든 인공구조물의 기초는 침하한다'라는 명제 아래 실제 침하량은 허용침하량 이내가 되도록 관리하는 것이 중요하다.

⓶ 기초 안정성에 유해한 침하를 방지하려면 설계도서 검토, 기초형식별 대책, 기타 지하수 대책 및 계측관리 등에 유의하여야 한다.

1234 지하구조물 부상방지공사

Ⅰ 개요

1. 공사 중·후 지하수위가 상승하면 부력과 양압력의 영향으로 지하구조물의 안정성을 해치게 되므로 유해 압력에 대한 방지 조치가 필요하다.
2. 지하수 검토항목과 대규모 건축물 현장에서 주로 적용하고 있는 Rock Anchor공법과 강제영구배수공법을 중심으로 설명한다.

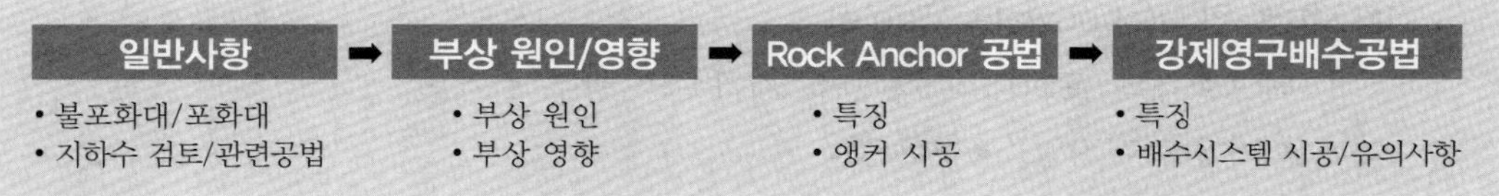

Ⅱ 일반사항

▶ 수리지질학 측면에서 함수(含水) 지층을 분류하고 지층별 물의 종류를 구분한다.
▶ 터파기 전 지하수 검토 항목과 지하수에 의한 부상방지공법을 살펴본다.

[함수 지층 및 물의 구분]

함수 지층		함수유형
不飽和帶, 通氣帶 (unsaturated zone, vadose zone)	토양대(Soil Zone)	흡착수
	중간대(Intermediate Zone)	중간수
	모관대(Capillary Zone, Capillary Fringe)	모관수
飽和帶 (saturated zone)	자유면대수층(Unconfined Aquifer)	지하수
	피압대수층(Confined Aquifer)	
	주수대수층(Perched Aquifer)	

1. 불포화대

(1) 흡착수(吸着水, Absorbed Water)

① 토립자 표면에 고착된 얇은 막 모양의 물, 토양대에 존재
② 토립자와 인력결합, 응결수와 점착수로 세분
③ 흡착력 > (중력＋모관력), 상온에서 잔류하나 가열 시 증발
④ 식물 생육에 일부만 기여

(2) 중력수(Gravitational Water)

① 중간대에 존재하는 물
② 중력에 의해 토립자 공극으로 하향 이동
③ 중간대 포화 시 모관대 및 대수층으로 이동, 모관수위 및 지하수위 상승

(3) 모관수(毛管水, Capillary Fringe Water)

① 모세관작용 구간의 모관대 토양의 공극에 존재하는 물

② 모관력으로 유지, 모관수 압력 ≤ 대기압

③ 지하수면으로부터 모관 상승한계까지 존재

④ 표면장력으로 불포화대 토립자 공극을 따라 이동

⑤ 세립질 지층일수록 모관대 상승

2. 포화대

(1) 지하수면(Groundwater Table)

① 불포화대와 포화대의 경계면, 지하수의 상부 한계면

 • '수압＝대기압' 평형상태

② 함양(涵養)[79]수량, 양수량, 기후조건 등에 따라 지하수면 변화

③ 강수량에 의한 대수층 함양 시 지하수면 상승

④ 샘물 · 관정 등에 의한 지하수 유출 및 가뭄 시 지하수면 하강

(2) 대수층(帶水層, Aquifer)

① 지하수를 함유하는 미고결(未固結) 또는 고결 지층

미고결 지층 (충적대수층)	• 하천 유수에 의해 쌓인 미고결 상태의 퇴적층, 자갈 · 모래 및 실트로 구성된 지층 • 범람원, 충적평야, 삼각평야 등 주요 河道에서 벗어난 곳에 일시적으로 형성된 유수에 의한 퇴적층
고결 지층 (암반대수층)	• 투수성이 높은 암석 지층 • 공동 암반(석회암, 현무암질 용암), 파쇄대 결정질암, 유효공극률 높은 퇴적암 등

② 국내는 대부분 암반대수층

 • 미고결 충적층이 얇으므로 관정 개발 시 암반층까지 관입

③ 자유면대수층, 피압대수층, 반피압대수층, 주수대수층으로 구분

자유면대수층	• 포화대 상부에 피압지층이 없는 대수층, 동일 수직선상의 최상부 대수층 • 상부의 토양 공극을 통해서 대기와 직접 접촉, 지하수면은 자유면대수층의 상부경계면
피압대수층	• 상하부의 낮은 투수계수를 가지는 지층 사이에 형성된 대수층 • 낮은 투수계수의 상하부 지층이 가압층(confining layer)으로 이루어져 있는 대수층 • 피압대수층 관정 내부의 수면의 고도는 대수층의 상부 경계보다 높게 형성
반피압대수층	• 누수성 대수층(leaky aquifer), 부유대수층 • 대수층 상하부 가압층의 일부 또는 모두가 반대수층(aquitard)인 경우의 대수층 • 일반적으로 상부의 가압층이 反대수층인 경우가 많음
주수대수층	• 불압대수층(unconfined aquifer) 일종, 대수면(water table) 상부의 불포화대에 존재 • 양호한 투수성의 불포화대 내부에 국부적으로 존재하는 난투수층으로 인해 지표로부터 침투하는 물이 집적되어 형성

---

79) 지하수 함양(Groundwater Recharge): 강수가 지하수로 유입(충전)되는 수리적 과정, 강수가 지표 하부로 침투하여 불포화대에서 중력배수에 의해 지하수면까지 도달하는 과정을 말한다.

(3) 지하수(Groundwater)

① 포화대 지층이나 암석 공극을 충전하거나 흐르는 대수층의 물[80]

② 지표로부터 지속적 물 유입 → 지하수 함양

③ 샘, 관정, 우물 등으로 유출

④ 지표수에 의한 용수 개발비보다 저렴, 수질은 우수하나 오염에 취약

⑤ 대수층 유형에 따라 충적층지하수와 암반지하수로 구분

3. 지하수 검토

[지하수 검토항목]

항목	대상부위	검토내용
수압	토류벽/지하외벽	• 벽면 측압(수압+토압)에 대한 벽체 강성 및 수밀성 • 유해 수압 대책, 벽면 침투수의 배수, 집수정 및 펌핑 부하
부력	지하구조물	• 지하수 및 외부 유입수에 의한 유해 부력 발생 여부 • 유해 부력에 대한 부상방지 및 비상 대책
양압력	최하층 지하구조부	• 최하층 지하구조부(지하외벽/기초바닥/기둥접합부) 강성 및 수밀성 • 기초바닥 침투수의 배수, 집수정 용량·개소 및 펌프 능력

(1) 수압(水壓, Hydraulic Pressure, Water Pressure)

① 물의 무게에 의한 압력, 수중 물체의 표면에 작용하는 압력

② 수중의 임의점 압력은 전(全) 방향의 임의점으로 동일 압력 전달

〈파스칼의 원리〉
• 밀폐 용기에 담긴 비압축성 유체에 가해진 압력은 유체의 모든 지점에 동일하게 전달된다.
• 즉, 밀폐 용기를 누르면 그 힘은 물을 통하여 용기의 다른 모든 부분에 동일한 압력으로 작용한다.

③ 물이 깊은 곳일수록 중력의 영향으로 수압 증가, 물에 잠긴 깊이에 비례

④ 수압(P_w, $\mathrm{Tonf/m^2}$) $= \gamma_\omega \times h$

$$여기서, \ \gamma_\omega : 물의 \ 단위체적중량(\mathrm{Ton/m^3}), \ h : 수두차(\mathrm{m})$$

• 1m 깊이마다 1톤의 비율로 수압 상승

⑤ 수압은 지하외벽 측압 상승과 벽면 누수에 영향

(2) 부력(浮力, Buoyancy)

① 물에 잠긴 물체를 위로 올리려는 힘

• 즉, 부력은 물체가 밀어낸 물의 질량과 같음[81]

② 부력은 물에 잠긴 체적에 비례

③ 부력(Tonf) $= \gamma_\omega \times V$

$$여기서, \ V : 물에 \ 잠긴 \ 물체의 \ 체적(\mathrm{m^3})$$

---

80) 지하수법 §2 참조
81) 아르키메데스의 원리(=부력 원리)에서 비롯, 이는 물체를 유체에 넣었을 때 물체가 받는 부력의 크기는 물체의 부피와 같은 양의 유체에 작용하는 중력의 크기와 같다는 원리이다. 다르게 표현하면, 유체 속에서 물체가 받는 부력은 그 물체가 차지하는 부피에 해당하는 유체의 무게와 같다.

④ '부력 > 구조물 하중'일 경우 구조물 부상, 구조물 변위 유발

⑤ 부상 후 수위 저하 시 2차 피해 발생

  • 2차 피해 유형: 기초지반 교란, 기초 부등침하, 구조물 균열·누수·파손 등

(3) 양압력(揚壓力, Uplift Pressure)

① 수중의 물체 바닥에 작용하는 단위면적당 상향압력(수압)

  • 중력 반대방향으로 작용하는 연직압력

  • 양압력×바닥면적＝바닥에 작용하는 양압력의 총량

② 물에 잠긴 높이(수두차)에 비례

③ 양압력$(\text{Tonf/m}^2)=\gamma_w \times h$, 수압 산정식과 동일[82]

  • 정수위일 때 정수압, 기초하부에 침투수가 작용할 때 침투압력 추가 고려

④ 양압력의 크기는 기초 밑면적에 비례, 부력은 물에 잠긴 체적에 비례

⑤ 양압력은 지하 최하층 구조부의 변형·변위 및 국부 파손에 영향

  • 기초바닥 부풀음 및 균열, 보-기둥 접합부 파손 등

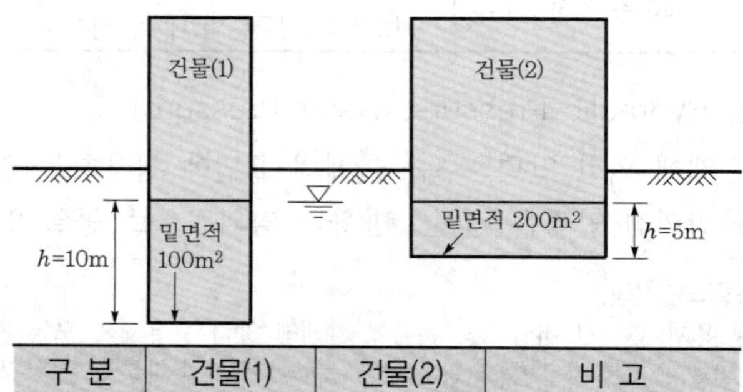

구 분	건물(1)	건물(2)	비 고
부력	1,000Tonf	1,000Tonf	수중체적에 비례
양압력	10Tonf/m²	5Tonf/m²	수두차(h)에 비례

[부력-양압력 산정 예시]

4. 관련공법

공법유형		정의 및 적용여건
하중 증대	사하중 증대	• 기초판 단면이나 크기를 확대, 사하중 증대에 의한 구조물 안정화 • 소규모 건축물이나 지하수위 낮고 얕은 굴착의 현장에 효과적
	Rock Anchor	• PC강선에 부력보다 큰 인장력을 도입하여 기초바닥을 경질지반에 정착 • 지하수 유입량이 많거나 강제배수로 인한 주변 영향이 큰 곳에 적용
	영구인장말뚝 Micro Pile	• Micro Pile의 인발·마찰 지지력으로 양압력에 대응 • 말뚝 재인장, 지하수 양수 불필요, 기초말뚝의 인발지지력 활용 가능
압력 저감	자연배수	• 기초바닥의 하부지반에 배수관로(또는 맹암거)를 설치하여 지하유입수 배수 • 경사지반에 유효
	강제영구배수	• 지하 최하층의 집수정으로 유도된 물을 강제배수하여 유해부력 저감 • 지하수 유입량이 적은 불투수성 지반에 적용

---

82) 수압식과 양압력식이 같은 이유: 물속 임의점 수압은 파스칼 원리에 따라 어느 방향(상하, 좌우, 전후)에서든 같지만, 양압력은 물에 잠긴 건축물은 위쪽만 열려 있으므로 상향압력만 작용한다.

(1) 하중 증대공법

① 상향압력보다 더 큰 하중으로 부력과 양압력에 대응하는 공법

② 부력 영향이 적은 지반일 경우 사하중 증대방식 채용

- 구조물 단·면적 확대 → 구조물 작용하중 증대

③ 지하수 유입량이 많은 지반일 경우 영구용 앵커·말뚝 공법 적용

- 지하수 유입량이 많거나 강제배수 영향이 큰 곳
- Rock Anchor 및 Micro Pile 공법 등

〈Micro Pile공법 장단점〉

장점	단점
• 말뚝 규격, 시공간격 결정 용이	• 강제배수 대비 기초단면 증가, 공사비 가중
• 기초·지중보 작용모멘트 저감	• 말뚝공사로 인한 공기 추가 소요
• 유출지하수 미발생, 친환경적	• 배수공법보다 공사비 고가 소요
• 계측, 재인장, 양수 불필요 → 친환경적, LCC 절감	

④ 일반적으로 Rock Anchor공법 채용

(2) 압력 저감공법

① 지하수위를 저감하여 부력과 양압력에 대응하는 공법

② 건물 내외부의 지하수위 저감공법 적용

- 주변지반 및 구조물 영향으로 주로 내부 배수방식 채용

③ 고지대 경사지반일 경우 기초밑면에 배수로 설치

④ 대심도의 불투수성 지반에는 강제영구배수공법 적용

- 지하수 유입량 및 배수 영향이 적은 곳일 것
- 불투수층 이하까지 차수성 높은 토류벽 설치된 곳 등

(3) 공법 선정

① 지반조사 및 계측관리 보고서 검토

- 지반 투수계수 및 수두차 분석
- '자중저항수위-설계지하수위' 및 '지반조사치-계측치 차이' 등

② 컴퓨터 수리모델링에 의한 지하수 유입량 산정

③ 건물 규모, 지하 굴착심도, 기초바닥 및 지하외벽의 수압면적

④ LCC(Life Cycle Cost) 측면의 경제성 검토

- 채용 공법별 '공사비-유지관리비' 분석

⑤ 기타 공법별 현장 적용성 등

Ⅲ 부상 원인 및 영향

1. 부상 원인

(1) 기초지반
   - ① 불투수성 지반, 물 유입 시 수위 상승으로 부력 증대
   - ② 지하수 유입량이 큰 지반, 주변 지하수 변화에 민감

(2) 구조물
   - ① '구조물 자중 ≥ 부력' 상태의 건축물
   - ② 설계 사하중(Dead Load) 도달 전의 공사 중 지하구조물

(3) 주변여건
   - ① 계곡 및 매립지반
   - ② 집중호우로 인한 지표수의 급격한 지반 유입
   - ③ 인근 하천의 수위 상승
   - ④ 인접 현장·건축물의 배수 중단
   - ⑤ Dam Up 현상[83], 인접 구조물의 수맥 차단으로 지하수위 상승

2. 부상 영향

(1) 구조물 변위·변형
   - ① 구조 취약부 균열
   - ② 기초바닥 융기, 균열, 파손
   - ③ 기둥 접합부 전단파괴

(2) 구조물 부등침하
   - ① 부상 시 기초하부에 토사 유입
   - ② 지하수위 저하 시 부등침하

Ⅳ Rock Anchor공법

1. 특징

   - ① PC강재의 인장력으로 부력에 대응
     - Ø12.5mm, Ø15.2mm의 강연선(Strand) 사용
     - 부력 크기에 따라 가닥수 결정
   - ② 앵커체 작용원리에 따라 마찰형, 지압형, 혼합형 등으로 구분
     - 건축물에는 마찰형 앵커체(인장형과 압축형으로 재분류) 적용

---

83) Dam Up 현상: 지중구조물이 댐처럼 기존의 지하수 흐름을 차단하여 지하수위가 상승하는 현상

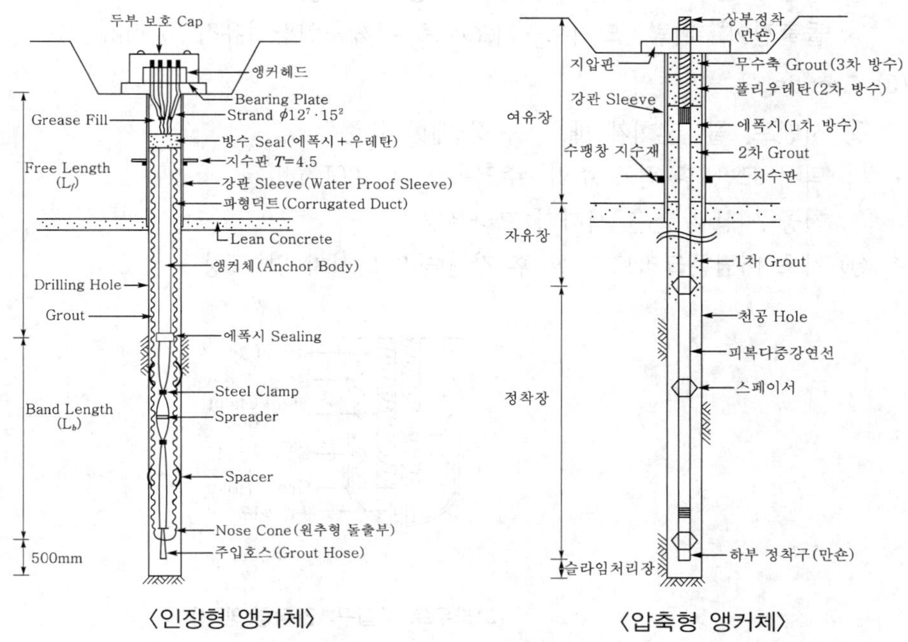

〈인장형 앵커체〉　　〈압축형 앵커체〉

[마찰 앵커체 유형]

인장형	• 자유장의 인장력으로 정착부에 마찰저항 유도 • 정착장 마찰저항이 약화될 경우 Relaxation 우려, 적용사례 많음
압축형	• 정착부와 자유장에 긴장력에 의한 마찰저항 도입 • 긴장하중을 분산시켜서 Relaxation 발생에 유리, 인장형보다 고가

③ 부력 분포에 따라 앵커 위치 및 간격 조정 용이

④ 강선 부식, 응력 이완·감소, 계측 및 재인장 필요

⑤ 지하수 유입량이 큰 지반에 적합

　　• 바닥구조의 강성과 수밀성 필요, 양압력에 의한 국부손상 방지

2. 앵커 시공

(1) 지반천공

① 기초저면까지 굴착 후 도면 위치 천공

　　• 크롤러드릴, 공기압축기, 에어호스 등 사용

② 천공구 ≥ 덕트 직경＋25mm

　　• 앵커체－Grouting－지반 부착력 도입 고려

③ 천공심도: 정착장 선단＋500mm, 천공구 내의 슬라임 처리 고려

④ 세굴 및 함몰 우려 시 케이싱 사용 고려

(2) 앵커체 삽입

① 앵커체에 간격재와 그라우팅호스 조립

 ② 앵커체 삽입 후 돌출길이 레벨 확인 및 고정

 ③ 돌출길이: '버림콘크리트＋기초매트' 두께＋인장여유장(100mm)

(3) Grouting

 ① 시멘트, 물, 혼화제 배합, 규정 배합비 준수

 ② 믹서 교반 후 펌프 주입, 주입속도 30~60L/min

 ③ 천공구 상부 분출 시까지 그라우팅

 ④ 기초 버림콘크리트 타설 후 강관슬리브 설치 및 고정

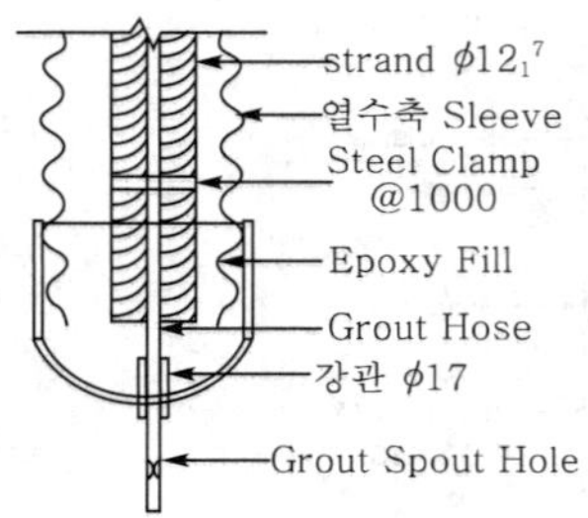

[그라우트 주입구: 인장형 앵커]

〈강관슬리브 설치 공정〉
- 지수판 부착 강관슬리브 사용, 슬리브 길이＝기초매트 두께
- 지수판 하부에 수팽창지수재 부착, 버림콘크리트 확공 후 삽입 및 모르타르 고정

 ⑤ 슬리브 고정 후 강관 내에 2차 그라우팅 실시

  • 도막방수재 레벨 전까지 그라우팅

(4) 앵커두부 마감

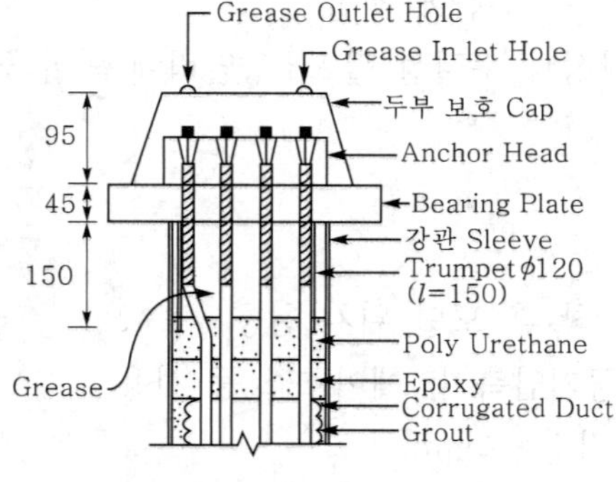

[앵커체 두부－쐐기정착식]

① 마감 전 기초 철근 배근, 슬리브 주변 보강근 배치
- 기초배근 시 앵커두부 마감용 거푸집(Block-Out)[84] 설치

② 기초 콘크리트 타설 중 강관슬리브 유동 방지
- 타설 전 철근에 강관슬리브 철선 결속·고정

③ 그라우팅 상부의 앵커두부 방식 처리
- 에폭시 및 우레탄 도막재 각각 150~200mm 충전

④ 도막재 양생 후 지압판 레벨까지 무수축 모르타르 그라우팅

(5) 강연선 긴장 및 정착

① Block-Out 거푸집 탈형
② 지압판 및 정착용 너트 설치 후 긴장
③ 설계 앵커력까지 강연선에 인장력 도입, 특기시방 준수
④ 쐐기식 또는 너트식으로 강연선 정착, 일반적으로 쐐기식 적용
- 너트식은 재조임 용이, 정착구 가공으로 고가

⑤ 정착 후 인장시험 및 두부 보호

〈강관슬리브 설치 공정〉
- 앵커 설치수의 2% 또는 3개소 이상 인장시험
- 시험 후 '하중-탄성변위량' 곡선으로 안정 여부 판정
- 매입형 또는 노출형으로 두부 보호
- 매입형: 두부 빈 공간에 무수축 모르타르 충전
- 노출형: 재긴장 고려, 보호 Cap 설치 후 내부에 그리스 충전

Ⅴ 강제영구배수공법

1. 특징

① 일정 수위에 도달 시 자동으로 강제배수, 유해 부력 방지
② 지하수 유입량이 적은 지반에 적용
- 불투수층에 토류벽을 근입시킨 기초지반 등

③ 배수시스템의 집수 및 배수 성능 필요
④ 펌프 고장 및 정전 대비, 예비 펌프 및 비상 발전기 구비
⑤ 공사비 저렴, 유지관리비 지속적 발생

---

84) Block-Out: 앵커두부를 기초바닥 표면 내에 위치시키기 위한 오목부 형틀, 콘크리트 양생 및 탈형 후에는 앵커두부 마감작업의 공간이 된다.

2. 배수시스템 시공

[배수시스템 구성 및 설계]

시스템 구성	토목필터	토립자 여과, 관내 토립자 유입 방지
	드레인보드	기초바닥 유입수(침투수) 집수
	주배수관	기초바닥 유입수 집수 및 집수된 물 집수정으로 유도
	PE필름	집·배수재 손상방지, 타설 전 보양, 타설 시 페이스트 입자 유입 차단
	기타	연결용 전용 소켓, 드레인보드·주 배수관 교차 및 이음 부위에 사용
시스템 설계		• 설계지하수위 결정: 침투해석, 계절 변화, 하천 홍수위, 해수면 조위(潮位) 등 고려 • 투수계수 결정, 지하수 유입/유출량 산정, 집수정 배치 및 배수 간격 결정 • 펌프 대수 및 용량 산정, 유출지하수량 및 이용방안 계획 등

(1) 토목섬유 배치

① 배수층 하부 및 주배수관 하부 위치 확인 및 표시

② 토목섬유 품질 확인, 투수계수 및 단위중량 등

③ 설치 폭(W)=500mm

④ 이음부 겹침길이 ≥ 100mm, 이음 단부 반드시 보호(Taping) 처리

(2) 배수층 설치

① 자갈 또는 드레인보드 사용, 일반적으로 드레인보드 적용

  • 자갈 적용 시 두께 100mm 이상일 것

② 토목섬유 위에 드레인보드 배치, 토목필터로 감싼 드레인보드 사용

③ 교차 및 이음 부위 전용소켓 사용

④ 연결부위는 Taping 처리 → 이물질 유입 방지

(3) 주배수관 설치

① 위치 확인 후 배수관 배치

② 도면표시규격품 또는 사전승인품 사용

  • 원형유공관, 판형·원형다발관, 기타 PVC관(무공관 또는 유공관[85])

③ 토목섬유 보호(봉제)된 것 사용

④ 교차 및 이음 부위 전용소켓 사용, 연결부위 Taping 처리

⑤ 50m 이내마다 집수정 연결, 초과 시 수리계산 근거 담당원에게 제출·승인

(4) PE필름 설치

① 배수층 및 주배수관 상부에 설치

② 폴리에틸렌(PE)필름(T=0.8, 1.0) 2겹 사용

③ 이음부 틈새 방지, Taping 처리

④ 버림콘크리트 타설 전·중 손상방지

---

85) 무공관: 배수(통수) 전용, 유공관: 집수와 배수 겸용

3. 유의사항

(1) 지반조건

① 지층구조, 투수 및 불투수 지반 분포

② 상수위, 계절별 수위 변화, 기초지반 투수계수, 지하수 유입량

③ 주변시설물 유형

(2) 집수정

① 집수정 제작도 및 설치도 사전 확인

[설치 전 확인사항]

제작도	• 지하수 유출량 – 집수정 용량 적절성/유량 배분, 집수정 규격/단면 형상: 원형, 사각형 • 작용하중: 토압, 수압, 활하중/재질: 현장타설재(RC재), 기성재(PC재, 강재, PP재)[86]
설치도	• 설치 개소/설치 단면도/배근 상세도/보강근 배치도 • 측면 배관 인입 위치도/펌프 배관도

② 설치도 및 시방서에 따라 양중·설치, 배수관 인입구 방향·레벨 확인

③ 배수관 인입 및 물 채움 → 콘크리트 타설 시 집수정 부상 방지

④ 집수정 하단부 주변 무근콘크리트 타설·충전

　• 다짐 철저, '집수정 측면 – 콘크리트' 공극 방지

⑤ 집수정 상하단부 기초 배근·타설

　• 집수정 주변부에 기 주근 정착 및 3방향 보강근 배치

(3) 펌프·저수조 검토

① 일상·비상시 단위시간당 배수능력

② 월류용(越流用) 예비저수조(Over Flow Pit) 용량

③ 정전·고장 대비, 비상용 발전기 및 펌프 성능(제원)

④ 펌핑 부하량 조절 및 에너지 절약 방안 강구

　• 수위조절관 설치, 유해부력 발생 시 펌프 자동가동 등

Ⅵ 결론

⏀ 지하구조물은 지하수 변화와 지반특성을 고려하여 부력 및 양압력에 의한 영향을 저감시켜야 한다.

⏁ 특히, 공사 중인 지하구조물은 지반 유입수에 의한 영향에 취약하므로 지하구조물의 부상 및 손상 방지를 위한 적정 공법의 채용 및 정밀시공 대책이 강구되어야 한다.

---

86) 집수정 건설신기술 등록 현황: 제452호 원통형 강재집수정(2005), 제755호 원통형 PP집수정(2015) 등

1235 　기초 보강

Ⅰ 개요

1 기초 보강(Underpinning)은 직접기초의 지내력 또는 말뚝기초의 지지력 부족하여 침하가 우려되거나 침하가 발생될 경우 실시한다.

2 기초 보강의 대상 및 유형을 살펴보고, 적용사례가 많은 공법을 중심으로 설명한다.

보강 대상/유형	➡	기초지반 보강	➡	말뚝지정 보강
• 보강 대상 • 보강 유형		• LW/SGR • CGS/JSP		• 마이크로파일공법 • 헬리컬파일공법

Ⅱ 대상 및 유형

▶ 정기안전점검, 정밀안전점검, 정밀안전진단 등을 통하여 침하량을 계측·평가 후 기초지반이나 말뚝지정을 보강한다.

1. 보강 대상

① 유해침하 발생 건축물
- 유해침하: 허용침하량을 초과하는 균등침하 및 부등침하

② 상·하향 수직증축 건축물
- 상향 수직증축: 상부층 수직 확대, 하향 수직증축: 지하층 수직 확대

③ 굴착현장 주변 구조물
- 깊은 굴착으로 지하수위 변화가 우려되는 인접건축물

④ 기타 하중조건 변화 및 리모델링 등의 건축물

2. 보강유형

[보강유형별 적용공법]

보강유형	적용공법	비고
기초지반 보강 (지반 그라우팅)[87]	LW	물유리계 주입, 지반보강
	SGR	용액형/현탁액형 물유리계 주입, 지반보강
	CGS	된비빔 Cement Mortar 주입, 지반보강+침하복원
	JSP	Cement Paste 주입, 급결제/팽창재 혼입, 지반보강+침하복원
말뚝지정 보강	Micro Pile	나사산 강봉(Thread Bar), 필요시 케이싱 사용, 말뚝보강
	Screw Pile	강관파일에 Screw가 용접된 파일 사용, 말뚝보강
	강관압입	반력체를 이용하여 유압으로 강관을 지지층까지 압입, 말뚝보강+침하복원

87) "지반 그라우팅"은 기초보강공법 외에도 흙막이 토류벽의 차수 보강에 적용되기도 한다.

(1) 기초지반 보강

　① 얕은기초에 적용

　② 기초 하부지반 보강

　③ 지반 그라우팅공법 적용

　④ 침하 정지 또는 침하량 복원(구조물 引上)

(2) 말뚝지정 보강

　① 기존 말뚝 보강, 또는 '지내력기초 → 말뚝기초' 전환

　② 말뚝 신설, 마이크로파일 및 나선강관말뚝 추가 설치 등

　③ 침하 예방·정지 또는 침하량 복원

Ⅲ 지반 그라우팅

1. LW공법[88]

1.1 일반사항

(1) 정의

　① 지반에 물유리와 시멘트 액상 주입재를 저압으로 그라우팅하는 공법

　② LW 주성분은 규산나트륨(규산소다)

　　• 액상의 규산나트륨을 진한 수용액으로 한 것

(2) 특징

　① 공법 적용사례 풍부 → 재료, 배합, 시방 등 확립

　② 연약지반 및 지중공극이 큰 곳에 유용

　③ 주입재의 지중 용탈(溶脫, Leaching) 우려

[용탈 현상]

정의	• 시간경과 후 지반 결합물질의 기능이 저하되는 현상 • 인접 물질과의 농도차로 염분·알칼리 성분이 빠져나가는 현상 • 압축강도 저하, 투수계수 증가로 이어질 경우 지반 안정성 손상
원인	• 수용성 주입재 고결 전 지하수 희석으로 인한 농도 저하 • 주입재-주변지반 농도차이로 용질 이동, 주원인은 물유리의 알칼리 성분 이동
대책	• 지중 그라우팅 밀도 증대, 물유리 농도 증대 • 주입재 겔타임 조정으로 지반 내 조기 고결화

---

88) LW(Labiles Wasser Glass): '불안정 물유리'란 의미의 독일어에서 유래한 말로, 1952년 독일의 Hans Jahde가 착안한 주입재이며 1961년 이후 일본에서 겔타임 조절을 개량하여 사용되고 있다. KS(KS M 1415) 명칭은 '액상규산소듐(규산소다, Sodium Silicate Liquid)'이다.

1.2 준비사항

(1) 주입지반 교란 방지

　① 그라우팅 지반의 유해충격 최소화

　② 지반진동이 불가피한 공종은 선행 시공

(2) 시험시공

　① 지지층 위치, 투수성, 정정 주입압 파악

　② 공사 규모와 중요도 고려

　③ 인접지반의 강도정수와 밀도상태 사전조사

(3) 지반천공

　① 천공 간격 @400mm, 천공경 ∅100

　② 천공 공벽 유지, ∅75mm 케이싱 사용

　③ 계획심도까지 천공 후 압력수로 청소

1.3 그라우팅

(1) 주입재 배합

　① 시방에 따라 주입재 배합

　[표준배합량]

배합재		규산소다(L)	시멘트(kg)	벤토나이트(kg)	물(L)
Seal재/m³		–	200	625	910
LW/0.5m³	A액	315	–	–	185
	B액	–	250	22	428

　② 물유리 비중 ≥ 1.38, 청정수 사용, 약액온도 ≥ 20℃

　③ '염분 ≥ 2%'일 경우 염수용 벤토나이트 사용

　④ 겔타임 60~120호 확보, 시험시공 후 재조정

(2) 주입 작업

　① 지반천공 후 케이싱 및 주입관(Manchette Tube) 삽입

　② Seal재(지중유실 방지재) 주입하면서 케이싱 인발

　③ Seal재 겔타임(24시간) 경과 후 더블팩커로 본 주입

　　• 500~1,000mm씩 단계별 인발하면서 팩커 주입

　④ 주입압력 1~20kgf/cm², 주입범위 ∅800~1,200mm

(3) 검사 및 기록

　① 시료채취 후 알칼리 농도 확인

　　• 시료에 페놀프탈레인 분사, 적자색 → 건전, 무색 → 알칼리 약화 상태

　② 주입 개량 효과 반경 500~700mm가량일 것

　③ 주입재 사용량 기록유지

2. SGR(Space Grouting Rocket System)공법

2.1 일반사항

(1) 정의

① 이중관 로드에 의해 천공·주입을 복합 수행하는 공법

② 천공 후 단계별 로드 인발 및 그라우팅 실시

③ 선단장치(Rocket)에 의한 유도공간에 주입재 연속 저압 그라우팅

(2) 장점

① 주입재의 고결강도 및 침투성 우수

② 균일주입 및 주입효과 양호

　• 해수지역 차수효과 불확실, 물유리의 용탈현상 및 내구성 저하 등에 유의

③ 불규칙 복합지층 적용 가능, 겔타임 조정 용이

④ 저압침투 주입, 지반교란 방지

⑤ 이중관 사용, 주입 효율성 우수, 천공·주입 시 로드 교환 불필요

　• 2액(A액, B액) 1공정 주입(1.5 Shot)으로 재료 낭비 방지

2.2 준비 사항

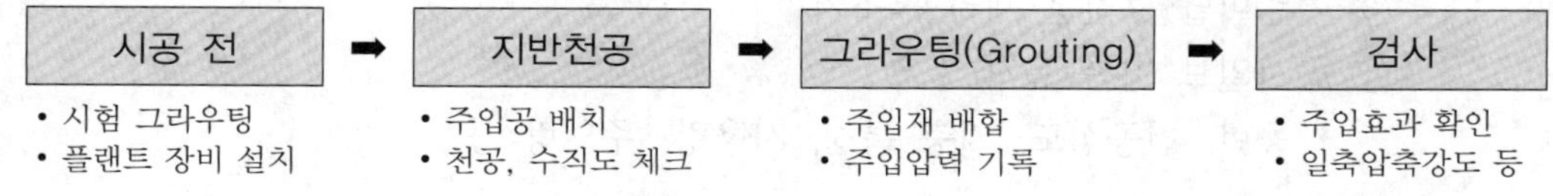

(1) 장비 배치

① 펌프 토출압력 $\geq 20kg/cm^2$, 토출량 $\geq 10L/분$

② 그라우트 믹서 용량 $\geq 200L$, 4조식 설치

③ '천공능력 $\geq 150m$'의 로타리식 천공기 배치

(2) 지반천공

① 본 시공 전 시험 그라우팅 실시

② Rod($\varnothing40.5mm$), Casing($\varnothing76.0mm$)으로 천공

③ Rod 내관 및 케이싱 내부로 천공수를 보내면서 계획심도까지 천공

④ 2열 천공 시 앞 열부터 실시

2.3 그라우팅 및 검사

(1) 그라우팅

① 천공 후 외관으로 천공수 배출 및 단계별 로드 인발

　• 로드 인발 시 선단부 로켓이 돌출하면서 주입재 유도공간 형성

② 유도공간에 주입재 수평(로드와 직각)방향으로 그라우팅

[주입재 표준배합비(200L당)]

구 분		SGR(kg)	시멘트(kg)	물유리(L)[89]	물(L)
A액		–	–	100(3호)	100
B액	B1(급결형)	24(7, 8호)	60	–	168
	B2(완결형)	23(9, 10호)	60	–	169

- 수용액(A액), 급결액(B1), 완결액(B2) 등을 3조의 교반기에 구분 배합

③ 공저부터 200~300mm씩 인발하면서 상향주입

- 단계별 인발길이는 로켓 돌출길이와 동일, 내·외관으로 A액(내관)과 B액(외관)을 복합주입
- 필요시 급결성(6~9초), 완결성(60~90초) 주입재 연속 주입, 복합주입 비율 5 : 5

④ 주입속도 용액형 $15l$/min, 현탁액형 $20l$/min

- 도입 주입압력 $1\sim6\text{kg/cm}^2$가량

⑤ 이상의 공정을 예정부위까지 반복 시공

(2) 검사 및 기록

① 감독원 지정 위치에서 주입효과 확인

② 표준관입시험, 현장투수시험 등 실시, 감독원 입회

③ 기준미달 구간은 재시공 조치

④ 공사일보 기록 유지

- 공번, 천공심도, 지층 특징, 사용량, 주입량 등

3. CGS(Compaction Grouting System)공법

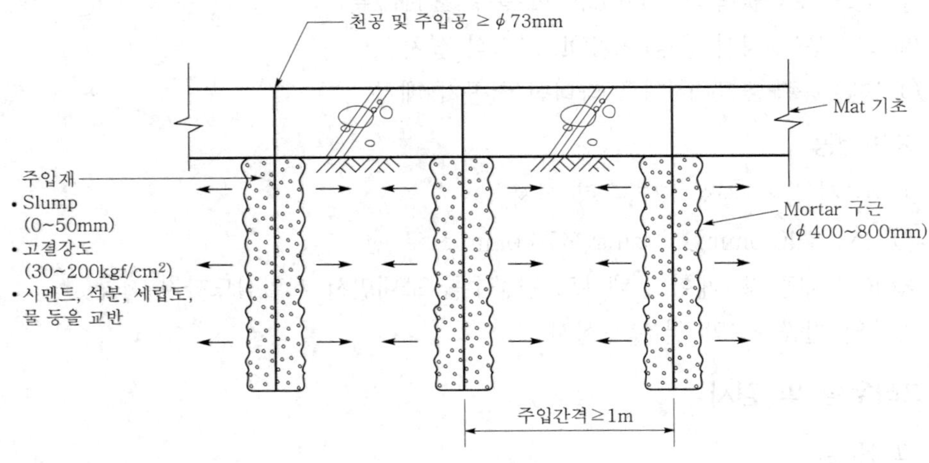

[CGS공법 시공단면]

---

89) 규산소다(물유리)는 KS M 1415(액상 규산나트륨, 규산소다)에서 비중 및 성분에 따라 1~4호까지 구분한다.

3.1 일반사항

(1) 정의

① 지중에 된비빔 Mortar를 저압 그라우팅하여 지반밀도를 높이는 공법
② 다양한 토질 적용 가능, 연약지반 개량
③ 기초지반의 침하량 정지 및 복원

(2) 특징

① 주입재 안정성 우수, 저유동성 Slump(0~50mm)의 Mortar 사용
　• 주입재 점착력 우수, 지중 재료분리 방지, 지하수 층류에서 원형 유지
② 연약지반 개량, 지중에 균질한 고결체 형성
　• 지중 고결체에 의한 주변지반 압밀개량, 실트지반 적용 가능
③ 지중의 공극 충전: 호안, 제방, 사석 매립층, 공사장 주변
　• 지중 공동부 충전 및 말뚝체 형성: 폐광, 석회동굴, 지하공동구 하부
④ 인위적 융기압으로 침하 구조물 복원

3.2 준비사항

(1) 시험시공

① 시험천공, 지지층 확인 및 지층 구성 파악
② 현장투수시험 실시, 투수성 파악
③ 시험주입, 공사 규모 및 중요도에 따라 필요시 실시
④ 시험주입 후 인접지반의 강도정수와 밀도상태 확인

(2) 소요 장비

① 천공장비: 회전(Rotary)식 또는 타격(Percussion)식
　• 선정 시 설치공간 및 천공능력 고려
② 차량탑재형·거치형(Skid) 믹서, 주입용 펌프, 주입펌프 탑재 소형믹서 등
③ 주입관($\varnothing$73mm) 및 주입관 인발장치 등

(3) 지반천공

① 지반조건에 따라 주입공 배치, 배치간격 ≥ 1.0m
② 천공용 비트 및 케이싱 사용
③ 계획심도까지 천공과 수직도 수시 점검
④ 최종 천공심도, 지층 특성 등 기록

3.3 그라우팅 및 검사

(1) 주입재 배합

① 단위체적배합량: 시멘트 200~280kg/m^3, 물 200~250kg/m^3
　• $G_{Max}10$ 0.3~0.5m^3/m^3, 세립토 0.3~0.7m^3/m^3

② 슬럼프 ≤ 0~50mm
- 지질 상태, 주입 특성, 골재 및 세립토의 함수량을 고려하여 조정

(2) 주입 작업

① 주입량(m^3) = 구군단면적(m^2) × 주입예정심도(m),
- 구군 형성체 $\varnothing$400~800mm

② Upstage Grouting: 일반적으로 상향 주입

③ Downstage Grouting: 침하 복원 시 하향 주입

④ 주입압력 ≥ 700psi$(49kgf/cm^2)$

⑤ 격공 주입, 지중·지표 변위 여부 수시 관찰

(3) 주입관 인발

① 1회 인발길이 330mm

② 주입압력 확인 후 인발

(4) 검사 및 기록

① 각종 시험으로 주입효과 확인

② 굴착공 육안 전수검사

③ 현장투수시험, 표준관입시험, 일축압축강도시험

④ 시험 전·후 비교 및 판정

⑤ 주입공별 주입압력 및 주입량 기록

4. JSP(Jumbo Special Pile)공법

4.1 일반사항

(1) 정의

① 지중에 주입재를 초고압 분사, 절삭토사와 혼합 고결체를 조성하는 공법

② 흙막이 토류벽의 차수보강 및 기초지반 보강용으로 널리 적용

(2) 특징

① 토사지반 적용성 양호, 세립토지반 적용 가능

② 필요 개소마다 계획량 주입 용이

③ 선행 천공구에 경화재 충전 → 인접건물 및 지하매설물 영향 방지 가능

④ 다른 주입공법보다 공사비 고가, 겔타임 조절 곤란(고결시간 ≥ 24시간)

⑤ 유속 대수층 존재 시 주입재 유실 우려

4.2 준비사항

(1) 사전조사

① 조사항목: 주입시공성, 주입압력, 주입량

② 주입시공성: 지반간극률, 투수계수 등

(2) 소요 장비

① 펌프: 토출압력 ≥ 20MPa, 토출량 ≥ 0L/분

② Jetting Machane: 저속회전으로 자동상승 작동기 부착

③ 발전기(Generator): 220V, 150kWh 이상

④ 공기압축기(Compressor): $10.3m^3$/분(365CFM), 100Psi 이상

⑤ 시멘트믹서 용량 ≥ $1m^3$

4.3 천공 및 그라우팅

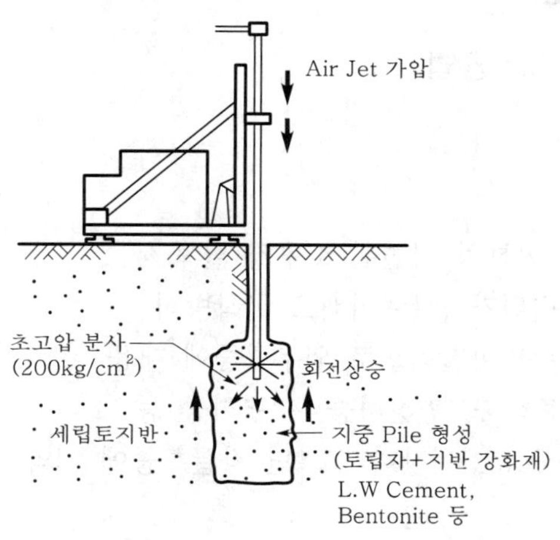

[JSP 시공단면]

(1) 주입 전

① 계획심도까지 저압천공, 천공경 Ø50mm

② 장비 배치 및 정비·가동 상태 확인

③ 주입재 적정 응결시간 결정

- 주입관 폐색, 주입 곤란, 침투범위 이탈 등 고려
- 감독자 승인 후 조강제, 급결제, 혼화제 사용

④ 주변환경 영향대책 강구

- 주입 중 인접 지반 및 시설물 변위
- 소음, 진동, 누수 및 잔토처리 대책 강구

(2) 주입 중

① 로드 회전 및 인발·상승하면서 주입재 고압분사

② 점진적으로 주입압력 증가, 주입재 점성변화 고려

③ 주입압력 200~400kgf/cm², 주입범위 Ø800~1,200mm

④ 적정 주입압력 수시 확인, 압력 과다 시 지반파괴(융기) 우려

- 주입압력 < 상부 덮개지반의 자중

(3) 검사 및 기록

① 주입 후 주입성과 확인

② 현장투수시험, 투수계수 변화 확인

③ 표준관입시험, N값 변화 확인

④ 주입재 사용량, 잔량 기록 유지

Ⅳ 말뚝지정 보강공법

1. 마이크로파일(Micro Pile)공법

1.1 일반사항

(1) 정의

① 직경 ∅300mm 이하의 비변위 소구경 말뚝

- 지중의 토사 변위가 없는 비배토 굴착방식

② 암반 정착부의 주면마찰력으로 외부하중에 대응

- 외부하중: 압축하중, 인장하중, 수평하중 등

③ 말뚝체 길이 4~30m, 세장비가 크면 좌굴하중에 취약

(2) 특징

① '강봉-암반' 정착력 우수, Thread Bar 사용

- 기반암 정착장 확보 필요

② 좁은 실내외 공간에 적용 가능, 소형 천공기 사용

③ 수평·인장 저항력 우수, 다양한 용도 가능

④ 주면마찰력에 의한 설계지지력 해석

- 소구경 및 장주 효과 고려 → 선단지지 효과 무시

(3) 적용분야

① 소규모 건축물 및 수평 증축 건축물: 도심지 근린생활시설 건축물

② 기초 보강 건축물: 수직 증축에 따른 기초 지지력 증대

③ 기존 건축물의 내진 보강: 학교 건축물 등

④ 압축·인장 지지 구조물: 타워, 굴뚝, 송전탑 등

⑤ 비탈면의 활동 억제

(4) 공법유형

① 하중지지 및 그라우팅 방식에 따라 구분[90]

② 국내는 하중지지 방식 중 주로 'Case 1' 방식 적용

---

90) 사단법인 한국지반공학회 저, "깊은기초", 구미서관, 2002, pp.621~626 참조

③ 지반에 따라 그라우팅 방식 선정, 중력식·가압식 및 Post Grouting 등

④ 적용 지반: 굳은 점성토, 암반, 연약 점성토 및 사질토 지반 등으로 구분

[Micro Pile공법의 종류]

분류기준	종류		비고
하중지지 방식	Case	1	• 말뚝체 강봉이 상부하중을 직접 지지하도록 설계 • 각 말뚝체가 독립적으로 상부하중지지, 가장 일반적(90% 이상) 유형
	Case	2	• 상부하중을 지반–말뚝 복합체가 지지 • 기초지반에 그물망식으로 파일 배치
Grouting 방식	중력식	A형	• Tremie Pipe로 그라우트재 주입 • 굳은 점성토, 암반에 적용
	가압식	B형	• 케이싱을 인발하면서 가압·그라우팅하는 방식 • 연약 점성토 및 사질토에서 주입압으로 지반 강화
	Post Grouting	C형	• 공내 중력주입 15~25분 후 한번에 가압 주입 • 가압력 1MPa, 프랑스에서 주로 적용
		D형	• 중력 주입·경화 후 2~8MPa로 가압 주입 • 기설치 주입관 팩커로 3~4단계(24시간 간격) 주입

1.2 자재 및 장비

(1) 사용자재

[사용자재 규격 例示(단위 mm)]

강봉	커플러		너트		두부용 강판	간격재	강관
	외경	길이	외경	길이	두께	길이	두께
∅50	80	140	80	70	30	124	3.2
∅65	100	180	100	80	30	140	4.5
∅75	120	180	120	90	35	140	5.0

① 강봉(Tread Bar): 주로 ∅50, ∅65, ∅75 규격 사용

  • 작업공간 여건에 따라 단위재 길이 다르게 적용

② 강봉 이음(Coupler) 및 간격재(Centralizer)

③ 강봉 두부 정착재: 상하부 고정용 너트 및 두부용 강판(Steel Plate)

④ 강관(Steel Casing): 천공경에 따라 규격 상이

  • ∅165.2×4.5T 또는 216.3mm×4.5T 사용

⑤ 주입재: 포틀랜드시멘트, 팽창재, 조강재, 유동화제 등

(2) 사용장비

① 기초바닥 천공: 콘크리트 코어드릴

② 지반천공: 실내용 또는 옥외용 크롤러 드릴

③ 공기압축기(Compressor) 및 주입용 호스

④ 주입재 혼합(Mixing) 장비 등

1.3 시공

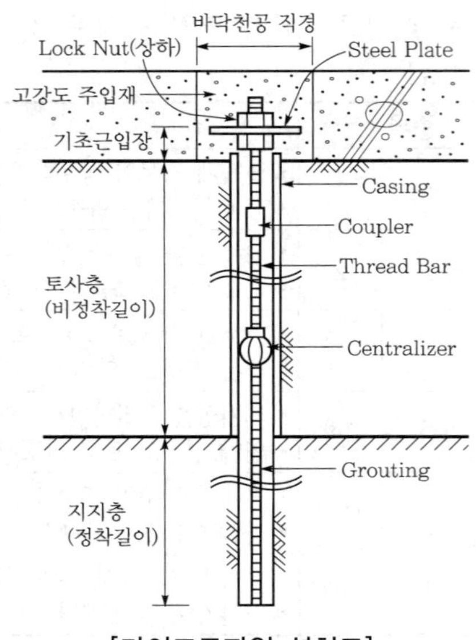

[마이크로파일 설치도]

(1) **천공**

① 말뚝 위치 · 간격 · 계획심도 확인

- 수평 · 수직 하중조건에 따라 말뚝 배치, 일반적으로 말뚝간격 3~4D

② 기초바닥 및 토사층까지 지반천공

③ 토사층 천공 후 케이싱 근입[91] 및 단위재 용접이음

④ 케이싱 내부 암반 굴착

- 천공심도 ≥ 소요깊이+500mm, 교란 이물질의 영향 고려

⑤ 천공 후 검측, 천공심도 및 수직도

- 천공구 수직도 오차 ≤ ±2.5°

(2) **강봉 조립 · 근입**

① 강봉 단위재 커플러 이음

- 단위재 길이: 옥내일 경우 @1,000mm, 옥외 @6,000mm

② 간격재(Centralizer) 조립, 수직간격 @2~3m

③ 천공 직후 강봉 조립체 공내 삽입

④ 강봉 근입장 확인 및 검측

(3) **그라우팅**

① 그라우팅용 호스 공내 근입, 공저 도달 확인

② 주입재 현장배합 및 혼합(Mixing)

③ 천공구에 주입재 충전

④ Over Flow 시까지 연속 주입

---

91) 케이싱은 지반천공 시 공벽을 안정시키며 그라우팅 후 인발하거나 말뚝체의 일부로 지중 존치한다.

(4) 두부 정착

① 기초저면 위 두부 레벨 확인 및 강봉 절단

② 두부용 강판(Cap Plate) 조립

- 하부 Lock Nut 체결−강판 삽입−상부 Lock Nut 체결 순으로 진행

③ 인발시험 실시, 설계지지력 확인

④ 기초 콘크리트 타설 또는 기초 단면 내 주입재 충전

- 주입재: 에폭시모르타르, 폴리머모르타르, 고강도무수축 모르타르 등
- 또는 기존바닥 위에 콘크리트 증타설(增打設, 덧침콘크리트)

2. 나선강관말뚝(Screw Pile)공법

2.1 일반사항

(1) 정의

① 지중에 소구경 나선강관을 회전·근입하여 마찰 말뚝체를 형성하는 공법

② 고강도 강관에 나선형 날개(Helix)를 부착한 말뚝체 사용

(2) 특징

① 소형장비 조합 간편, 백호에 전용기구 장착 용이

② 비배토 천공, 지반교란 및 슬라임 발생 배제

③ 저소음·저진동 공법, 민원 대응성 양호

④ 연직·경사각 시공 가능

- 지지층 심도가 깊거나 호박돌·전석층 적용 불가

⑤ 지지력 해석 → 인장·압축 지지력 동시 발휘

- 설계허용지지력은 Screw 강관의 주면마찰력만 고려

(3) 적용분야

① 소규모 또는 협소한 공간의 건축물 기초

② 기초 지지력 보강

③ 기초의 내진 보강

④ 압축·인장 작용, 부력 대응 기초

⑤ 비탈면 활동 억제, 경사지 구조물 기초 등

(4) 공법유형

[나선강관말뚝 유형]

Helical Pile (Rotary Pile)	• 1838년 영국에서 개발, 1960년대 국내 첫 적용, Rotary Pile • 나선형 원판(Helix)을 부착한 Lead Pile과 이음용 Shaft Pile로 구성 • 국내에는 시공법 및 부재 형상에 대한 특허만 다수 존재, 건설신기술 부재
Screw Anchor Pile (SAP)	• 천공과 설치가 동시에 가능하도록 스크류를 부착한 소구경 강관말뚝공법 • 말뚝 전장에 걸쳐 회전관입용 Screw가 용접된 강관 사용 • 2012년 국내에서 개발, 건설신기술 지정일 2013.01.21.[92]

---

92) SAP(Screw Anchor Pile): 건설신기술 제684호(천공과 설치가 동시에 가능하도록 스크류를 부착한 소구경 강관말뚝공법

① 스크류 부착방식에 따라 헬리컬파일공법과 SAP공법으로 구분

② 헬리컬파일공법 관련 특허기술 다양

③ 상대적으로 헬리컬파일공법이 다수 현장 적용

2.2 자재 및 장비

(1) 자재 구성

▶ 등록된 특허에 따라 자재 구성 및 형상이 다양하므로 최근 적용사례가 많은 유형 위주로 안내한다.

[사용자재 규격 例示(단위: mm)]

구성재	주요규격	용도(역할)
Lead Pipe Shaft Pipe	외경(∅, mm): ∅88.9, ∅114.3, ∅141.3, ∅165.2 두께(T, mm): 7.5T, 8.0T, 10.0T	선단부 및 상부 강관 말뚝체 주면마찰력 발휘
Helix	외경 조합: ∅270+300+350, ∅300+350+450, ∅400+450+500 두께(T, mm): 16.0T, 20.0T	강관의 지중 회전 관입 관입 후 압축·인장 지지력 발휘
Head Plate	250×250×20T, 300×300×25T	두부 정착용
Grouting재	시멘트 페이스트 물시멘트비 45%	말뚝 하단부 지반보강용

① Lead Pile: 선단부 강관 부재, Helix 부착, 단위재 길이 2~6m

② Shaft Pile: 강관 연장 부재, Lead Pile 위에 위치

③ Helix(Helical Plate), Lead Pile에 용접 부착(3개)

   • 지반·하중 조건에 따라 크기와 간격 상이

④ Head Plate: 말뚝 최상부 마감용 강판, 강관말뚝의 기초 근입부

⑤ Grouting재: 필요시 강관 하단부 그라우팅

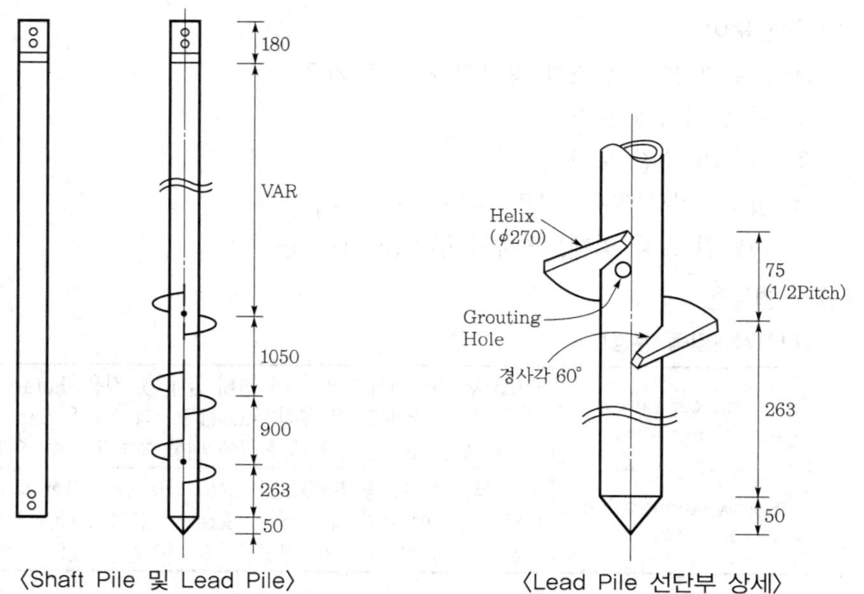

〈Shaft Pile 및 Lead Pile〉　　　〈Lead Pile 선단부 상세〉

[헬리컬파일 규격: ∅114×9T(400-3)]

(2) 사용 장비

① 굴착기＋Auger $\geq 0.6\text{m}^3$

② Hydraulic Torque Motor＋Drive Tool

③ Mixing Plant: Mixer(1.0m^3), 펌프(5kg/cm^2)

2.3 시공 및 검사

(1) 사전 확인

① 지중매설물

② 파일 배치도 및 계획심도

③ 시공계획서

④ 시험시공 결과 등 확인

(2) 강관 관입

① Lead Pile 회전·압입, 관입 중 수직도 수시 확인

- 기초 보강일 경우 기초 콘크리트 천공 선행

② Shaft Pile 연결, 전용 커플러 이용

③ 계획심도 도달 시까지 회전·압입, 유압게이지 확인

④ 풍화암 이상의 경질지반에 근입, 근입지반 $N \geq 50$

⑤ 필요시 강관 내부 그라우팅, 건전한 주입재 Over Flow 확인

(3) 두부 마감

① 설계도서상의 절단 레벨 확인

② 강관 절단 및 Head Plate 설치·고정

③ 말뚝 지지력 확인, 예정 위치에서 동재하·정재하 시험 실시

④ 말뚝 두부 기초단면 내 정착, 기초바닥 철근배근 및 콘크리트 타설

⑤ 또는 말뚝 상부 그라우팅, 고강도 무수축모르타르 및 에폭시 등

3. 강관말뚝 압입공법

3.1 일반사항

(1) 정의

① 유압잭의 반력으로 강관을 압입하여 기초를 보강하는 공법

- 유압잭과 구조물의 자중을 반력으로 이용

② 소요 지지층까지 압입 후 강관 내부 그라우팅

③ 강관 두부는 기초 단면 내 정착

(2) 특징

① 협소한 공간 적용 가능

② 비굴착·비배토 방식, 잔토 및 지반교란 배제

③ 공사 중 소음·진동 및 분진 발생 배제

- 구조물의 자중을 반력으로 이용 → 지반천공 및 해머 타격 불필요

④ 압입 중 실시간 말뚝 지지력 확인 가능

⑤ 기초보강 효과 우수, 지내력기초 → 말뚝기초

- 선단부 경질지반 정착, 두부 기초단면 내 정착

(3) 적용분야

① 중저층의 지내력 기초 건축물

- 고층건축물 또는 확대기초판이 작거나 얇을 경우 적용 곤란

② 다양한 기초형식(전면기초 및 독립기초 등)에 적용 가능

③ 기존 건축물의 부등침하량 복원, 침하된 구조물 인상

- 개별 압입 후 다수의 말뚝 동시 가압 → 침하된 구조물 인상

④ 지상 수직증축 시 기초 지지력 보강

⑤ 지하 수직증축 시 가설 기둥재 역할

- 기초 하부 굴착 및 신설 기둥 설치 전까지 기둥 역할 대행

3.2 자재 및 장비

(1) 자재 구성

① 소구경 강관($\varnothing$300 이하)

- $\varnothing$139, $\varnothing$216.3, $\varnothing$219.1mm, T6.4~15.1mm, L=1,500mm

② "L"형 반력 앵커($\varnothing$25~35) 개소당 6개, Punching 전단 방지용

- 이형철근·원형강봉(나사산 가공한 것), 또는 Thread Bar(전산볼트)
- 강관 압입 시 반력 도입, 강관 압입 후 두부 정착용

③ 그라우팅용 포틀랜드시멘트 및 고강도무수축모르타르 등

(2) 장비 및 기구

① 유압장치(유압잭+유압 유닛), 압력 도입용

② 반력틀, 유압에 대한 반력 도입용 장치

③ 그라우트재 믹싱 Plant

3.3 시공 및 검사

(1) 사전 확인

① 부등침하량 및 복원 레벨[93], 건축물 기울기 상태, 보수·보강 도면 등 참조

---

93) '시설물안전법'에 근거한 "안전점검 및 정밀안전진단 실시 결과" 또는 현장 계측자료 참조

[건축물의 기울기에 대한 상태평가 기준]
〈시설물의 안전 및 유지관리 실시 세부지침〉 안전 점검·진단 편 6-36쪽

평가기준	구조물 평가내용		평가점수(대푯값)
	기울기(각변위)	내용	
a	1/750 이내	예민한 기계기초의 위험 침하 한계	1
b	1/500 이내	구조물의 균열발생 한계	3
c	1/250 이내	구조물의 경사도 감지	5
d	1/150 이내	구조물의 구조적 손상이 예상되는 한계	7
e	1/150 초과	구조물이 위험할 정도	9

② 기초의 목표 지지력, 기존 지지력, 보강 지지력

③ 말뚝 제원 및 소요량, 위치, 압입 심도

④ 유사 공법별 시공성 및 경제성 분석

⑤ 장비 제원 및 자재 반입 등

(2) 반력틀 설치

① 기초콘크리트 천공, 코어드릴 사용, ∅250~300mm

② 기초 하부 확공, 또는 기초단면 내 수평천공

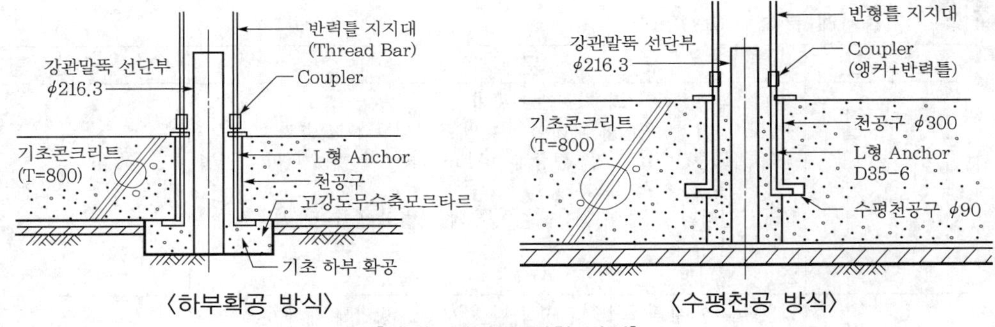

[예시: 반력틀 정착 방식]

③ 콘크리트 천공구 내 반력 앵커체 설치 및 고정

④ 반력틀 조립, 반력 앵커체에 커플러 이음

(3) 강관 압입

① 유압실린더(유압잭) 거치

② 천공구에 선단부 강관 삽입 및 강관 외부 그라우팅

　　• 기초 하단부 공극 충전, 고강도무수축모르타르 사용

③ 유압잭 가력, 강관 압입 및 이음 반복

④ 소요지지력 유압게이지 수시 확인

⑤ 기초 인상 시 다수 말뚝 동시가력 및 인상레벨 확인

　　• 고압가력: Σ개소별 유압하중 > 건물하중

(4) 두부 정착

① 강관말뚝 레벨 확인 및 절단
② 강관말뚝 내부 그라우팅, 절단면 −50mm 부위까지 실시
③ '강관 두부−반력앵커' 용접 고정
④ 강관 두부 내외부 그라우팅 마감, 고강도무수축모르타르 사용
⑤ 인상 후 기초 하부지반 공극 존재 시 그라우팅 실시

Ⅴ 결론

① 기존 건축물을 보강하기 위해서는 사전에 안전 점검 및 진단을 통하여 기초의 손상 정도, 하중 및 지반 조건 등에 근거하여 상태를 종합평가한 후 적정 보강공법을 선정한다.

② 공법의 선정은 구조 및 토질 전문가의 의견에 따라야 하며 보강 후에는 반드시 지지력한 다음 관련 내용을 기록으로 남기도록 하고 있으나 공통사항에 대해서는 조속히 국가건설기준(KDS 및 KCS)으로 제시되어야 할 것이다.

---

tip 기출사례 분석: 60~136회

문제 유형		문제 지문	답안 방향
언더피닝 공법	6	62203 부동침하 시의 기초 보강공법 86205 언더피닝공법에 대하여 종류별 적용대상과 그 효과 08303 고층건축물의 인접현장에서 기초공사를 할 때 언더피닝 공법 및 시공 시 유의사항 15301 언더피닝공법이 적용되는 경우와 공법의 종류 및 시공절차 17102 언더피닝 29106 언더피닝	기초보강공법의 전반
말뚝침하 보강	2	74306 기성재 말뚝기초의 침하 발생 시 보강방안에 대하여 설명하시오. 79402 기존 고층 APT에서 PC 말뚝기초의 침하에 의한 하자 · 보수보강 방안	기초보강공법 중 말뚝보강
마이크로 파일	4	74113 Micro Pile 98104 기초공사의 마이크로 파일(Micro-pile) 16107 마이크로 파일공법 29105 부력 방지용 인장파일(Micro Pile)공법	말뚝보강공법 중 마이크로파일
헬리컬파일	1	13103 헬리컬 파일(Helical Pile)	말뚝보강공법 중 헬리컬파일
JSP공법	3	65206 JSP공법을 설명하고 적용범위를 기술하시오. 75105 기초공사 중 JSP 08105 JSP공법의 특징	기초지반공법 중 JSP공법
CGS공법	2	82203 CGS공법의 특징 및 용도에 대하여 기술하시오. 94107 CGS(Compaction Grouting System)	기초지반공법 중 CGS공법
SGR공법	1	95202 흙막이 배면의 차수공법인 SGR의 현장 적용범위와 시공 시 유의사항	흙막이 차수공법 중 SGR공법
LW공법	1	99104 LW(Labiles wasserglass) Grouting	흙막이 차수공법 중 LW공법

PART 02

강구조물공사

제1절 공장제작
제2절 현장설치
제3절 내화피복

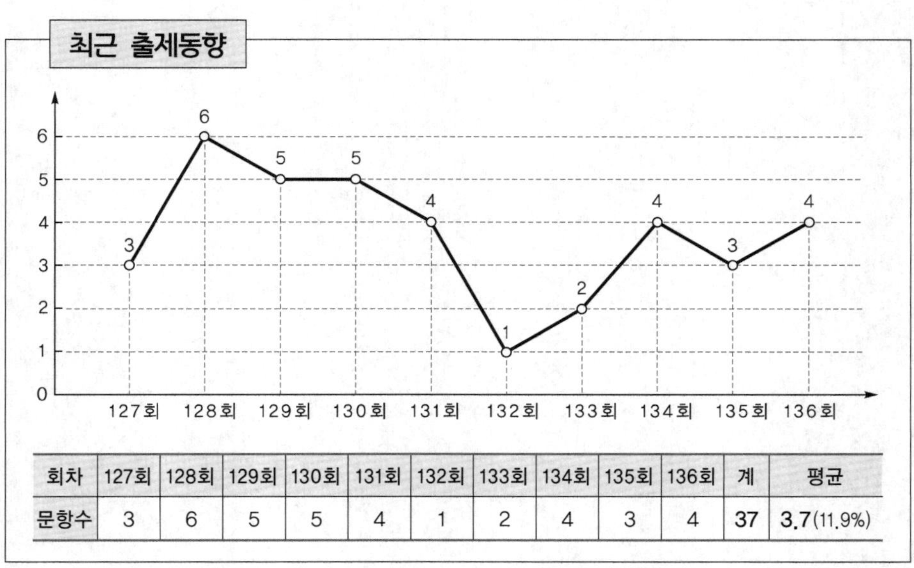

회차	127회	128회	129회	130회	131회	132회	133회	134회	135회	136회	계	평균
문항수	3	6	5	5	4	1	2	4	3	4	37	3.7(11.9%)

📖 학습방향

제1절 공장제작

- 건축물에 사용되는 KS 강재의 규격과 밀시트(Mill Sheet) 확인사항
- 강구조를 가공하기 위한 가공도와 현장 설치도의 기재 내용
- 공장 가공과 관련된 메털터치(Metal Touch), 스캘럽(Scallop), 스티프너(Stiffener) 등의 용어 정의와 설치 개념
- 제작 후의 강구조 가공 정밀도 기준(=현장반입검사 기준)

제2절 현장설치

- 최초 기둥부재를 설치하기 위한 주각부의 앵커볼트 설치 및 모르타르 충전공법
  - 고정 매입 및 모르타르 나중채워넣기공법을 중심으로 학습한다.
- 접합부 강성을 높이기 위한 현장용접, 고장력볼트 접합
  - 현장 CO_2 반자동 용접과 TS볼트를 중심으로 학습한다.
- 콘크리트와 합성되는 부위의 스터드 용접(Stud welding)의 재료 및 시공, 검사 요령

제3절 내화피복

- 강구조의 내화성능을 보완하기 위한 피복재의 유형
- 내화피복용 뿜칠 재료와 시공, 검사
  - 피복의 두께, 밀도, 부착 강도 등의 현장 검사 요령 등
- 콘크리트와 합성되는 부위의 스터드 용접의 재료, 시공, 검사

📖 과년도 출제문제(206)

제1절 (45) 공장제작	건축용강재 (16) 스캘럽 (6) 스티프너 (3)	메탈터치 (5) 제작검사 (3) 공장접합 (5)	기타 (7)
제2절 (136) 현장설치	주각부 (14) 반입검사 (3) 조립·접합 (29)	현장용접 (47) 스터드용접(10) 고장력볼트(26)	기타(7)
제3절 (25) 내화피복	공법 종류 (15)	뿜칠피복 (5)	도료피복 (5)

제1절 공장제작 45

[건축용 강재] 16
63103 TMCP 강재
88109 강재의 취성파괴(Brittle Failure)
89106 좌굴(Bulking)현상
97304 철골철근콘크리트구조에서 강재의 부식방지를 위해 적용 가능한 방식(防蝕)처리 방법에 대하여 설명하시오.
02302 철골부재 Mill Sheet상의 강재화학성분에 의한 탄소당량(炭素當量, Ceq: Carbon Equivalent)에 대하여 설명하시오.
04113 강재의 기계적 성질에서 피로파괴
09113 TMCP강(Themo Mechanical Control Process steels)
11106 탄소당량
11204 강재의 가공법과 부식 및 방지대책에 대하여 설명하시오.
15404 철골 방청도장 시공시 유의사항 및 방청도장 금지 부분에 대하여 설명하시오.
17105 금속용사(金屬溶射) 공법
17106 좌굴현상
21110 반복하중에 의한 강재의 피로파괴(Fatigue Failure)
23109 TMCP강(Thermo Mechanical Control Process)
26112 철골구조물 공사에서 방청도장을 하지 않는 부분
29113 철강 제품의 품질확인서(Mill Sheet)

[스캘럽] 6
62106 Scallop 가공
69113 Scallop
81106 Scallop
11107 강재의 스캘럽(Scallop)
20102 철골공사의 스캘럽(Scallop)
27109 철골부재 스캘럽(Scallop)

[스티프너] 3
78113 스티프너(Stiffener)
01106 철골공사에서 스티프너(Stiffener)
22112 철골구조의 스티프너(Stiffener)

[메탈터치] 5
70102 메탈터치(metal touch)
77103 Metal Touch
91112 철골공사의 Metal Touch
19108 Metal Touch
25112 메탈 터치(Metal Touch)

[제작검사] 3
80406 철골 공장제작 시 검사계획(ITP : Inspection Test Plan)에 대하여 기술하시오.
97206 철골공사에서 철골제작시 검사계획(ITP: Inspection Test Plan)의 주요검사 시험에 대하여 설명하시오.

31201 철골제작 검사계획(Inspect test Plan)의 검사 및 시험에 대하여 설명하시오.

[공장접합] 5
69401 철골 제작시 부재변형을 방지하기 위한 방안을 기술하시오.
70404 철골부재 접합시 마찰면 처리방법에서 다음을 설명하시오.
　　　1) 마찰면의 처리방법　2) 마찰면 처리의 유의사항
10110 일렉트로 슬래그(Electro Slag) 용접
21103 철골부재 변형교정 시 강재의 표면온도
27107 서브머지드 아크 용접

[기타] 7
86109 철골 Smart Beam
95404 철골공사의 공장제작전 철골공작도(Shop Drawing) 작성절차 및 제작승인 검토항목에 대하여 설명하시오.
97110 하이퍼 빔(Hyper Beam)
15109 철골 스마트빔(Smart Beam)
19303 철골공사에서 공장제작의 품질관리사항에 대하여 설명하시오.
21203 철골공사의 시공상세도면 주요검토 사항 및 시공상세도면에 포함되어야 할 안전시설을 설명하시오.
29203 철골공사의 철골제작도(Shop Drawing) 작성 시 시공과 안전을 위하여 반영되어야 할 사항에 대하여 설명하시오.

제2절 현장설치 136

[주각부] 14
60206 철골공사에서 철골 기초의 앵커볼트(Anchor Bolt) 매입 및 주각부 시공시 고려할 사항을 기술하시오
61303 철골기둥과 기초콘크리트를 고정하는 앵카볼트의 위치와 Base plate 의 level을 정확하게 시공하는 방법을 설명하시오.
74401 철골세우기 공사의 주각부 시공계획에 대하여 설명하시오.
82402 철골의 현장설치시 Anchor Bolt에서 주각부 시공 단계까지 품질관리 방안에 대해서 기술하시오.
90112 철골공사의 앵커볼트 매입방법
94202 철골주각부의 고정 앵커볼트(Anchor Bolt) 매입 방법에 대하여 설명하시오.
10304 철골세우기 공사에서 세우기 공법을 열거하고 앵커볼트 주각고정방식과 시공시 유의사항에 대하여 설명하시오.
16302 철골공사의 베이스플레이트 설치방법에 대하여 설명하시오.
19402 철골공사에서 주각부 시공 시 품질관리사항에 대하여 설명하시오.
22111 철골공사에서의 철골기둥 하부의 기초상부 고름질(Padding)
28405 철골공사에서 앵커볼트 매입방법의 종류와 주각부 시공시 고려사항에 대하여 설명하시오.
30113 철골공사 주각부 시공 시 유의사항
33306 철골공사 주각부 시공 시 앵커 매입방법과 고름질(Pading)에 대하여 설명하시오.
35109 철골공사 주각부 앵커볼트(Anchor Bolt) 시공방법

[반입검사] 3
62404 철골부재의 현장반입시 검사항목에 대하여 기술하시오.
77303 공장에서 제작된 철골부재의 현장 인수검사 항목과 내용에 대하여 기술하시오.
28110 철골공사에서 철골부재 현장 반입시 검사항목

[조립·접합] 29

65405 대규모인 단층공장 철골 세우기 및 제작 운반에 대한 검토사항을 기술하시오.

69204 우기(雨期)시 지하 철골 공사의 시공관리에 대해 기술하시오.

71305 철골공사 시 발생되는 변형에 대하여
1) 원인 2) 종류 3) 대책방안을 기술하시오.

73302 철골공사에서 단계별 시공 시 유의사항에 대하여 기술하시오.

75203 철골 접합공법에 대하여 기술하시오.

76403 철골구조의 접합의 종류 및 현장검사 방법에 대하여 기술하시오.

85402 철골세우기 공사시 수직도 관리방안에 대하여 설명하시오.

86306 단층인 철골 공장의 철골세우기 및 제작 운반에 대한 검토 사항을 설명하시오.

90404 철골부재의 온도 변화에 대응하기 위한 공법 및 그 검사방법에 대하여 설명하시오.

96305 도심지현장 철골세우기 공사의 점검사항을 시공 단계별로 구분하여 설명하시오.

05201 건축 철골공사 현장에서 시공정밀도의 관리허용차 및 한계허용차에 대하여 설명하시오.

06204 철골공사에서 현장설치 시 시공단계별 유의사항에 대하여 설명하시오.

07112 철골조립 작업 시 계측방법

08204 철골조 고층건축물의 현장 철골시공시 작업순서 및 유의사항을 설명하시오.

11304 철골 양중계획 수립 시 고려사항과 수직도 관리방법에 대하여 설명하시오.

13302 철골공사에서 철골세우기 수정 작업순서와 수정 시 유의사항에 대하여 설명하시오.

18405 도심지 초고층 현장에서 철골세우기의 단계별 유의사항에 대하여 설명하시오.

20204 철골 세우기 공사 시 철골수직도 관리방안 및 수정 시 유의사항을 설명하시오.

22204 철골공사에서 고력볼트접합과 용접접합 및 그에 따른 접합별 특징에 대하여 설명하시오.

22404 철골공사 시 현장조립 순서별로 품질관리방안에 대하여 설명하시오.

24203 철골공사에서 철골세우기 수정용 와이어로프의 배치계획 및 수정 시 유의사항에 대하여 설명하시오.

26306 철골 세우기 장비 선정 및 순서와 공정별 유의 사항, 세우기 정밀도를 설명하시오.

29112 철골세우기 자립도 및 검토대상 건축물

29302 공사현장 철골 정밀도 검사기준(관리허용차) 및 수직도 관리방안에 대하여 설명하시오.

31302 철골구조 건축물 시공 시 철골 세우기 정밀도(한계허용치)와 세우기 장비 선정 시 고려사항 및 세우기 작업 시 유의사항에 대하여 설명하시오.

31401 철골공사 접합부에 대하여 다음을 설명하시오.
1) 용접결함 및 보수방법
2) 고력볼트의 조임검사

33112 철골 세우기 중 기둥 수직도의 허용오차 범위

34303 건축물 강구조공사 시 공장제작과 현장시공의 정밀도 관리기준 중 아래의 내용에 대하여 설명하시오.
1) 관리허용차와 한계허용차
2) 제품 관련 정밀도
3) 공사현장 설치공사 정밀도

35304 철골세우기 공사의 세우기 과정과 유의사항에 대하여 설명하시오.

[현장용접] 47

9304 철골공사 용접결함 중 라멜라 테어링(Lamellar Tearing) 현상의 원인과 방지대책에 대하여 설명하시오.

62201 철골 용접부의 비파괴 검사방법을 기술하시오.

63113 초음파 탐상법

66305 철골조 접합부의 용접결함 종류를 나열하고 방지대책을 기술하시오.

67107 Fish eye(용접불량)

68112 Blow Hole

71107 Under Cut

72105 Lamellar Tearing 현상

77404 철골공사 용접부의 비파괴검사방법의 종류와 그 특성에 대하여 기술하시오.

78204 철골공사에서 용접방법의 종류 및 유의사항에 대하여 기술하시오.

80111 라멜라 티어링(Lamellar Tearing) 현상

81305 철골공사 현장용접시 품질관리 요점을 기술하시오.

86113 철골 용접의 비파괴 시험(Non Destruction Test)

90303 철골공사의 용접결함의 원인과 방지대책에 대하여 설명하시오.

92111 철골용접의 각장부족

92405 현장 철골 용접방법, 용접공 기량 검사 및 합격기준에 대하여 설명하시오.

93305 철골공사에서 용접변형의 종류 및 억제대책에 대하여 설명하시오.

94103 철골공사의 엔드탭(End Tab)

95107 철골의 CO2 아크(Arc)용접

01109 철골용접에서 Lameller tearing

02110 철골용접 결함중 용입부족(Incomplete Penetration)

03107 철골용접에서 Weaving

03403 철골공사에서 용접결함의 종류, 시공 시 유의사항 및 불량용접부위 보정에 대하여 설명하시오.

06102 철골 예열온도(Preheat)

06109 박스컬럼(Box Column) 현장용접 순서

07110 용접부 비파괴 검사중 자분탐상법의 특징

08109 철골용접 전 예열(Preheat) 방법

12305 철골용접 결함의 종류와 결함예방대책에 대하여 설명하시오.

14110 철골공사에서의 용접 절차서(Welding Procedure Specification)

15302 철골 용접변형의 발생원인 및 방지대책에 대하여 설명하시오.

16201 철골공사 현장용접 검사방법에 대하여 설명하시오.

17404 철골용접 결함검사 중 염색침투 탐상검사의 용도 및 방법에 대하여 설명하시오.

19203 철골공사에서 용접변형의 원인 및 방지대책에 대하여 설명하시오.

20113 모살용접(Fillet Welding)

21406 철골공사에서 용접사의 용접자세 및 기량시험에 대하여 설명하시오.

23205 철골공사 용접작업 시 용접 결함 및 변형을 방지하기 위한 품질관리 방안과 안전대책에 대하여 설명하시오.

24110 용접 비파괴검사 중 초음파 탐상법

24306 철골공사 용접작업에서 예열 시 주의사항과 용접 검사 중 육안검사 방법에 대하여 설명하시오.

25113 라멜라 티어링(Lamellar Tearing)

26111 용접 결함의 종류 및 결함원인, 검사방법

28403 철골공사 현장용접시 고려사항과 검사방법(용접 전, 중, 후)에 대하여 설명하시오.

29402 용접결함의 원인과 대책, 비파괴 검사 방법, 용접 결함 부위 보완방법에 대하여 설명하시오.

30108 철골공사의 엔드탭(End Tab)
32106 용접부 비파괴 검사 중 침투탐상 검사 시 유의사항
34110 철골공사의 가우징(Gouging)
36113 철골용접 전 예열
36202 철골공사에서 용접결함 원인 및 방지대책에 대하여 설명하시오.

[스터드용접] 10
62108 Stud Bolt
67102 Shear Connector
77108 철골 Stud-Bolt의 정의와 역할
85102 Shear Connector(전단보강 철물)
90104 스터드 용접 (Stud Welding)
98108 철골공사의 Stud 품질검사
22403 철골공사의 스터드(Stud)볼트 시공방법과 검사방법에 대하여 설명하시오.
26113 철골보 부재에 설치하는 전단 연결재(Shear Connector)의 역할 및 시공, 시험방법
34111 철골공사의 스터드볼트(Stud Bolt)
36108 철골공사의 전단연결재(Shear Connector)

[고장력볼트접합] 26
61206 철골공사에서 고장력 볼트 체결시 유의사항에 대해 설명하시오.
62110 리밍(Reaming)
64206 철골구조에서 H형강보(Beam)를 고장력 볼트로 접합 시 공할 때 시공순서에 따라 품질관리 방안을 기술하시오.
68103 Reaming
70203 고장력 볼트의 현장관리에 있어서 반입, 보관, 사용관리에 대하여 기술하시오.
73102 T.S(Torque Shear) Bolt
76110 고장력 Bolt조임 방법
77203 철골공사의 고력볼트 조임 검사항목 및 방법에 대하여 기술하시오.
80306 철골공사에서 철골부재 접합면의 품질 확보방법을 설명하고, 고력볼트 조임방법 및 조임시 유의사항에 대하여 기술하시오.
81109 고장력볼트 인장체결시 1군(群)의 볼트 개수에 따른 Torque 검사기준
82108 고장력 볼트의 조임방법과 검사법
88202 철골공사에서 고장력 볼트의 현장반입시 품질검사와 조임시공시 유의사항에 대하여 기술하시오.
96104 고장력 볼트(High tension bolt) 조임방법
99205 철골공사의 고력볼트 조임방법, 검사방법 및 조임시 유의사항에 대하여 설명하시오.
00113 TS(Torque Shear)형 고력볼트의 축회전
04109 Touque Control
06103 고력볼트 현장반입검사
08306 철골공사에서 고장력볼트 접합시 조임순서 및 조임시 유의사항에 대하여 설명하시오.
17205 고장력볼트의 접합방식과 조임 방법 및 시공 시 유의사항에 대하여 설명하시오.
19107 TS(Torque Shear) Bolt
20104 고장력볼트 반입검사
25406 철골공사의 고장력 볼트 조임 후 검사에 대하여 조임 방법별로 설명하시오.
28102 TS볼트(Torque Shear Bolt)
28204 고장력 볼트 접합공법의 종류와 특성, 조임검사 방법 및 시공시 유의사항에 대하여 설명하시오.
34109 철골공사의 고력볼트 시공기준
36109 철골공사 Splice Plate

[기타] 7
91109 Ferro Stair(시스템 철골계단)

01401 강재 구조물의 노후화 종류 및 보수보강방법에 대하여 설명하시오.
03113 Ferro Stair
20108 철골공사의 트랩(Trap)
24201 철골구조의 방청도장 공사 시 고려사항과 시공 시 유의사항에 대하여 설명하시오.
30304 철골공사 방청도장 시공 시 유의사항 및 방청도장 제외부분에 대하여 설명하시오.
30405 철골도장면 표면처리 검사에 포함되어야 할 검사사항과 부위별 검사기준 및 조치사항에 대하여 설명하시오.

제3절 내화피복 25

[공법종류] 15
62202 철골 내화피복공법의 종류를 설명하시오.
68204 철골 내화피복의 요구성능 및 내화기준에 대하여 기술하시오.
68306 건축 내화재료의 요구성능 및 종류와 내화피복공법에 대하여 기술하시오.
76105 철골 피복 중 건식내화 피복공법
81111 내화피복 공사의 현장품질관리 항목
82201 철골공사의 내화피복의 종류에 대해서 기술하시오.
88404 철골공사의 내화피복의 종류와 시공상의 유의사항에 대하여 기술하시오.
98303 철골 내화피복의 종류, 성능기준 및 검사방법에 대하여 설명하시오.
08304 철골구조물 내화피복공법의 종류 및 시공상 유의사항에 대하여 설명하시오.
18205 철골조 건축물의 내화피복 필요성 및 공법에 대하여 설명하시오.
23305 건축물 내화구조 성능기준과 철골구조의 내화성능 확보방안에 대하여 설명하시오.
26406 철골조에서 내화피복의 목적 및 공법의 종류, 시공시 주의사항, 검사 및 보수방법, 현장 뒷정리에 대하여 설명하시오.
28305 철골공사에서 내화구조 성능기준과 내화피복의 종류 및 검사방법, 시공시 유의사항에 대하여 설명하시오.
30112 철골공사의 내화피복공법
31118 철골공사에서 내화피복공사의 공법별 검사

[뿜칠피복] 5
74206 철골 내화피복 공법 중 습식공법에 대하여 기술하시오.
92205 철골공사에서 뿜칠 내화피복의 종류 및 품질향상 방안에 대하여 설명하시오.
05306 철골 내화피복 공사에서 습식뿜칠공사 시공 시 두께 측정방법 및 판정기준에 대하여 설명하시오.
20405 도심지 철골조 건축물의 내화피복 뿜칠공사 시 유의사항 및 검사방법을 설명하시오.
35403 내화피복 뿜칠공법의 종류와 시공 시 주의사항 및 품질관리 사항에 대하여 설명하시오.

[도료피복] 5
82104 내화 페인트
01404 철골공사에서 내화 페인트공사의 시공순서와 건축물높이에 따른 내화 성능기준에 대하여 설명하시오.
11404 내화페인트 특성과 성능 확보 방안에 대하여 설명하시오.
25302 최근 물류센터 현장에서 대형화재가 많이 발생하고 있다. 바닥면적의 합계가 10,000제곱, 최고높이 45M, 층수는 5층인 철골조 창고의 주요구조부와 지붕에 대한 내화구조의 성능기준에 대하여 설명하고 도장공사 시공순서에 따른 철골 내화페인트 성능확보방안에 대하여 설명하시오.
27305 철골공사의 내화페인트의 특성, 시공순서별 품질관리 주요사항, 내화페인트 선정 시 고려사항, 시공시 유의사항에 대하여 설명하시오.

제2편   강구조물공사

2000 | 강구조공사 일반

I 개요

1. 강구조[1]공사는 강구조부재의 공장제작, 현장설치, 내화피복 등의 공정을 포함하는 공사이다.

2. 강구조공사에 대하여 강구조물 특징, 사전검토사항, 공장제작 및 현장설치, 내화피복 등에 대한 일반적인 내용을 안내한다.

강구조물 특징 →	사전검토사항 →	공장제작/현장설치 →	내화피복
• 사용재료/가공·시공	• 설계도서/제작 · 설치자	• 치수/접합부/용접/방청	• 건식/도료/습식재료
• 구조시스템	• 사용재료/품질관리 수준	• 반입/조립/수정/녹막이	• 내화피복 시공

II 강구조물 특징

1. 사용재료

(1) 장점

① 풍부한 자원, 구입 용이, 균질한 품질, 국내 생산기반 구비

② 정밀 설계해석 가능

③ 공장가공(절단, 절삭, 천공, 용접) 용이

④ 재활용성(Recycling) 우수

(2) 단점

① 내화성, 방식성 보완 필요, 내화피복 및 방청처리 등

② 피로강도 취약

③ 재료비 고가

2. 가공 · 시공

(1) 장점

① 정밀 공작기계 발달, 공장 가공품질 향상

② 양중장비 사용 일반화

③ 골조 노무인력 대폭 절감

---

[1] 2021년 개정판부터는 종전의 '철골'이란 표현을 <u>국가건설기준의 코드명</u>에 따라 '강구조'로 수정하여 표기한다. 건축용 강재는 '철'이 아니라 '강'이므로 본래의 의미에 충실하도록 표기한다.

④ 공사 신속, 2~3개 층 단위로 진행
⑤ 건설폐기물 소량, 증축·보수 용이

(2) 단점

① 현장 접합부 품질확보 난이
② 전문 숙련공 및 공사관리자 필요
③ 양중부하, 기후(우천, 한랭) 영향

3. 구조시스템

(1) 장점

① 구조물 경량화 및 장수명화에 유리, 내진성 우수
 • 단위질량 대비 고강도, 소성변형 및 연성거동
② 구조물의 세장화·고층화 및 장스팬화 실현
③ 조형미, 하이테크 이미지 연출

(2) 단점

① 좌굴변형 우려
② 처짐·진동 등의 사용성 보완 필요

Ⅲ 사전검토사항

1. 설계도서

① 설치 층수, 부재별 물량
 • 기둥, 큰 보, 작은 보 등
② 강종 및 부재규격
 • 강종(SS, SM, SN, SHN재 등), 장스팬 보, 기둥 절의 길이 등
③ 접합부 상세 및 공사시방서 내용 등을 검토

2. 제작·설치자 관련문서

▶ 시공계획서, 공작도, 공장제작요령서 등은 하수급인이 작성하여 수급인의 검토를 거쳐 감리원이 최종 검토 후 승인하는 문서이며, 이 중에서 공작도(시공상세도)는 반드시 책임구조기술자[2]의 확인을 받아야 한다.

---

2) KDS 411005(건축구조기준 총칙, '2.용어의 정의' 참조): 건축구조분야에 대한 전문적인 지식, 풍부한 경험과 식견을 가진 전문가로서 구조설계 및 구조검토, 구조검사 및 실험, 시공, 구조감리, 안전진단 등 관련 업무를 책임지고 수행하는 기술자

(1) 공장선정

① 공장등록 관련문서, 공장 등록3) 및 인증4) 사항

② 제작설비, 기술자 보유 현황

③ 생산조직, 시공실적, 품질관리 능력

④ 필요한 부분은 공장점검 시 확인

(2) 시공계획서

① 시공자(하수급인) 작성

② 공사개요, 담당조직, 안전가설계획

③ 설치인원, 강재구입, 설치 및 접합, 공장·현장 도장

④ 현장납품, 공정표, 품질 및 안전 관리계획 등을 포함

(3) 공작도

① 시공자(하수급인) 작성

② 설계도면, 공사시방서 등을 기준으로 적용

③ 현장여건과 공종별 시공계획 최대한 반영

④ 절단, 절삭, 천공, 조면처리, 보강상세 및 접합상세 등 표기

⑤ 책임구조기술자의 구조안전 확인 후 제작 적용5)

- 구조체 제작·설치도(강구조 접합부 포함), 구조체 내화상세도 등

(4) 공장제작요령서

① 공장제작자 작성

② 공사개요, 공장조직, 재료관리 요령

③ 제작, 용접, 품질관리 및 검사요령 등 명시

3. 사용재료

(1) 모재

① 모재 강종에 대한 접합공법의 적절성

② 용접용 및 고장력볼트 접합용 강재 구분 검토

- SS, SM, SHN, SN재 등

③ BH강재 규격 확인

(2) 접합재

① 용접와이어 규격

② 고장력볼트 규격, 가조립용 일반볼트(중볼트, 상볼트, 고장력볼트 등)

③ 이음판(Splice Plate), 매입판(Embeded Plate) 등의 강종 및 두께

---

3) 공장등록에 명시하는 업종의 분류번호는 '25113(육상 금속 골조 구조재 제조업)'이다.
4) 국토해양부 고시 "철강구조물제작인증 세부지침"에 의하여 공장의 생산 및 품질관리 능력을 1~4등급으로 평가하고
　있다. 초고층건물(26층이상)은 1등급 인증업체만이 강구조 부재를 제작할 수 있다.
5) KDS 411005(건축구조기준 총칙) '6.2 시공상세도서의 구조안전 확인' 참조

(3) 방청 도장재

① 도장재 규격 검토, 모재 제작 후 공장 도장

② 설계도서에서 지정하는 녹막이 도료 사용

(4) 강재 조달

① 소요량에 따라 공급주체 상이

② 대량일 경우 수급인이 구매하여 공급

- 모재 이외의 부속자재는 하수급인의 제작비에 포함

③ 소량일 경우에는 하수급인 담당

4. 품질관리 수준[6)]

① 강구조물 중요도에 따라 가, 나, 다, 라 등으로 구분

- 품질관리 강도를 차등 적용: 가 < 나 < 다 < 라 逆順

② 강구조물 중요도를 용도 및 규모에 따라 (특), (1), (2), (3)으로 구분

- 중요도 크기: (특) > (1) > (2) > (3) 順

③ 강구조 건축현장은 대부분 다-(특) 및 다-(1) 등급에 해당

구 분		대상 공사
품질관리	중요도	
가/나	(3)	농업시설물, 소규모 창고, 가설구조물
다	(특)	• 연면적 $1000m^2$ 이상의 위험물 저장·처리시설, 국가·지자체 청사, 외국공관, 소방서, 발전소, 방송국, 전신전화국 • 종합병원, 수술응급 시설이 있는 병원 • 지진·태풍 또는 다른 비상시의 긴급대피수용시설 지정 건축물
	(1)	• 연면적 $1000m^2$ 미만의 (특) 대상 구조물 • 연면적 $5000m^2$ 이상의 공연장, 집회장, 관람장, 전시장 • 운동·판매·운수시설/아동 관련시설, 노인·사회·근로복지시설 • 5층이상 숙박시설, 오피스텔, 기숙사, 아파트 • 학교, (특) 이외의 병원 건축물
	(2)	중요도(특), (1), (3) 이외의 건축물
라	–	강구조 교량

---

6) KDS 143105(강구조공사 일반사항) '표1.5-1' 및 KDS 411005(건축구조기준 총칙) '3. 건축물의 중요도 분류' 참조

Ⅳ 공장제작 및 현장설치

1. 공장제작

(1) 치수 가공(절단)

① 도면치수와 운송 가능치수를 고려하여 모재 절단

② 보·가새(Brace)는 Span 크기, 기둥은 2~3개 층 길이로 절단

③ 기타 부속철물을 절단 가공

- 거싯플레이트, 스티프너, 이음판(덧판), 매입판 등

(2) 접합부 가공(천공, 절삭, Blasting)

① 고장력볼트 체결용 구멍 천공

- 볼트 규격별 여유치 적용, 드릴(천공기) 사용

② 용접부는 공작도의 개선각 형상대로 절삭 가공

③ 고장력볼트 마찰면 처리

- 붉은녹 도입, 또는 Blasting 처리

(3) 공장 용접

① 공장용접부에 대하여 조립용접 및 본용접 실시

② 용접공 기량 확인

③ 작업가대 이용, 안정된 하향자세 유지

④ 용접부 비파괴검사 후 기록유지

- 초음파탐상, 방사선탐상, 자기분말 탐상검사 등

(4) 방청도장 및 출고

① 부재 제작·검사 후 방청도장

② 방청도장 제외 부위 확인

• 콘크리트에 묻히는 부위	• 조립으로 면맞춤이 되는 부위
• 핀, 롤러 등으로 밀착하는 부위	• 밀폐되는 내면부위
• 회전면 등 절삭 가공부위	• 현장용접 및 고장력볼트 접합부

③ 녹 발생 우려 시 용접 개선면에 무해한 도장 가능

④ 현장 설치계획에 따라 제작부재 출고

⑤ 운송 중 변형 방지

2. 현장설치

(1) 부재 반입·야적

① 검사계획에 따라 반입부재 검사

② 반입부재 수량 및 규격 송장(Member List) 확인

③ 현장 소운반 고려, 설치부위에 근접하여 야적, 또는 JIT 적용

(2) 기둥-보 조립

① 부재반입 전 주각부 설치

② 기둥 첫 절 주각부 고정, 앵커볼트 체결

- 이후의 절은 이음층고와 상부 레벨을 일치시키면서 정밀조립

③ 기둥 설치 후 신속하게 보 양중 및 가조립

④ 보 브래킷, 또는 거싯플레이트에 정위치 시킨 다음 가조립

(3) 변형수정(Plumbing) 및 접합

① 가조립 상태에서 기둥 수직도, 보 수평도 조정

② 2~3개 Span을 한 구획으로 길이(가로, 세로, 대각선) 측정 후 미세조정

③ 조정 후 지체없이 본접합 실시

- 고장력볼트 1, 2차 조임, 용접부 반자동용접으로 접합

④ 혼용접합부는 고장력볼트 접합 선행

(4) 현장 녹막이도장

① 공사시방에 따라 녹막이도장 실시

② 콘크리트에 묻히지 않는 노출부위에 적용

③ 녹 발생이 우려되지 않는 내화피복 부위는 녹막이 생략 가능

Ⅴ 내화피복

1. 사용재료

▶ 내화구조 인정품으로서 설계도서에 따라 다음의 피복재를 사용한다.

(1) 건식재료 및 도료

① 재료 손실, 시공성 불리

② 보드재(방화용 석고보드), 블랭킷재, 내화도료 사용

(2) 습식재료

① 물을 혼합하여 시공하는 재료

② 콘크리트, 시멘트모르타르, 뿜칠재 등

③ 일반적으로 뿜칠재 사용

- '시멘트+(석고계, 퍼라이트계, 질석계)'의 기배합재 사용

2. 시공

① 설계도서와 인정업체 특기시방에 따라 시공

② 공법별 적합한 피복재 사용

③ 공사 후 검사 실시: 피복두께, 밀도, 부착강도 등

④ 불합격 또는 파손부위는 보정 후 재검사 실시

Ⅵ 결론

1 강구조공사는 공장제작 부재를 현장에서 조립하여 강구조물을 완성시키는 공사로서 철근 콘크리트공사와 더불어 중요한 골조공사이다.

2 강구조부재의 현장설치에는 고도의 기술력과 관리능력이 요구되지만, 이를 담당할 만한 인력이 부족한 실정이므로 시공 및 감리 참여주체의 역량강화 노력이 절실한 실정이다.

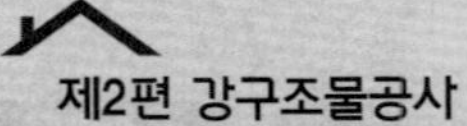

01 공장제작

2100 공장제작 일반

Ⅰ 개요

1. 강구조공사는 공장 가공부재를 현장으로 운반하여 조립·접합하므로 제작단계부터 철저한 품질관리가 요구된다.

2. 강구조공사현장에서 시공자, 가공 및 설치업자, 감리자는 시공계획서와 시공상세도의 검토, 자주검사 및 입회, 제품반입검사, 설치검사 등의 품질관리 활동을 수행한다.

제작참여자	➡	사전준비	➡	가공/접합
• 공통사항 • 공장/시공자/감리원		• 설계도서/공장 선정 • 시공계획서/공작도		• 일반사항/절단/고장력볼트 • 조립용접/녹막이도장

Ⅱ 제작 참여자

1. 공통사항

① 시공계획 및 품질관리계획에 의한 품질관리

② 시공상세도(공작도)의 품질 확보

③ 시공성을 고려한 강구조부재 제작

④ 제작단계에서 제품정밀도 확보

⑤ '공장제작－현장설치' 정보의 전달·공유 시스템 보유, Bar Chart·QR 코드 등

2. 공장제작자

① 강구조제작요령서에 의한 자주적 품질관리 수행

② 강구조정밀도 검사기준 정립 및 적용

③ 전수검사 항목
   • 접합부 길이 및 높이, 층고, 구멍 크기 및 간격, 마찰면 처리상태 등

④ 비파괴검사 항목: 맞댐용접 및 필릿용접부

⑤ 품질검사성적표 기록유지

3. 시공자 및 감리원

① 공장선정
- 인증, 규모 및 시설수준, 보유인력, 운반거리, 납품실적 고려

② 품질관리강도 결정
- 공장점검 시 품질관리 조직, 보유인력, 시설수준 파악
- 현장 품질관리 조직 및 운영에 반영, 품질 취약 부문 적극 보완

③ 시공계획서, 시공상세도(제작도) 검토능력 구비
- 설계도서 및 현장여건과의 부합여부 검토
- 미흡 시 기술검토의견을 제시하여 해당 내용 개선

④ 공장제작 중 상주관리 고려, 제작물량이 많을 경우 적용
- 부재 오제작 예방, 반송 및 재작업으로 인한 일정−비용 손실 방지
- 공장제작 및 비파괴검사 과정 입회, 부재 출고일정 관리

Ⅲ 준비사항

1. 설계도서 검토

① 설치 층수, 부재별 물량
- 기둥, 큰 보, 작은 보 등

② 강종 및 부재의 규격
- SS, SM, SN, SHN재 강종
- 장스팬 보, 기둥 절의 길이

③ 접합상세 및 공사시방서 내용 검토

2. 공장 선정 및 점검

① 공장선정 시 강구조물제작업 공장등록[7]과 인증[8] 유무
② 공장점검 시 부재가공 및 품질관리 능력 파악

3. 시공계획서

① 작성 및 승인
- 제작 및 설치업자가 작성
- 시공사 검토 후 감리단에 승인 요청

---

7) 강구조물제작업은 '건설산업기본법'에 근거, 철강재설치공사업이나 강구조물공사업으로 등록한다.
8) 국토부고시 '건설공사 품질관리 업무지침'에 근거, 공장의 생산 및 품질관리 능력을 1~4등급으로 평가한다. 26층 이상의 강구조 부재는 1등급 인증업체만이 제작할 수 있다.

② 검토사항
- 강구조 적치 및 야적장 위치
- 양중 및 조립·접합장비의 제원 및 수량
- 숙련공의 수배 및 투입계획
- 현장조직, 제작·설치 일정, 품질관리계획서 등을 검토

4. 공작도(Shop Drawing) 검토·승인

① 공장 작성, 시공자 검토, 감리단 승인
- 가공도, 제작도 의미를 포함

② 작성내용
- 강구조 바닥틀도, 가구도, 부재 목록
- 강구조부재의 상세형상, 치수, 부호, 수량, 재질
- 접합부 형상, 치수, 이음매 부호, 볼트 종류, 등급 등을 표시

③ 구조도면 및 시방서 부합 여부 확인

〈공작도 필요성〉
- 설계도면의 미흡한 부분 보완
- 작업자에게 정확한 내용 전달
- 도면이해 부족에 의한 오제작 방지
- 현장의 정밀시공 품질 유도

Ⅳ 가공 및 접합

1. 일반사항

① 공작도에 따라 정밀가공 및 제작
② 기준 강제줄자[9]는 1급품 사용, 정기적으로 오차 확인
- 공장용과 현장용 상호대조 후 감독원 승인
③ 실측치 적용 시 사전에 실측자료 확보할 것

2. 절단 가공

〈'절단'의 여러 가지 의미〉	
절단 (切斷, cut-off)	• 자르거나 베어서 끊음 • 전단과 절삭 유형이 있음
전단 (剪斷, shearing)	• 누르거나 베어서 끊는 것, 가위나 칼 이용 • 물체 양단면에 한 쌍의 힘을 평행 작용시켜 절단
절삭 (切削, milling)	• 소정치수로 깎아서 끊어 내는 일 • 선반 절삭, 톱 절삭, 연삭 의미 등을 포함
연삭 (研削, grinding)	• 물체 표면을 갈아내어 모양과 치수를 다듬질하는 것 • 숫돌을 고속회전시켜서 표면형상을 가공하는 것

---

9) KS B 5209(강제줄자)

　(1) 금매김(Marking)

　　① 제작 중 손실치수 고려하여 금매김
　　　• 용접열 수축, 교정 및 다듬질 과정의 영향 고려
　　② 부재 주응력과 압연 방향을 일치

　(2) 절단

　　① 형상, 치수정밀도를 고려하여 절단방법 선정
　　　• 기계절단, 가스절단, 플라즈마절단, 레이저절단 등
　　　• 가스절단은 자동가스절단기 이용
　　② 강재표면의 녹, 기름, 도료 제거 후 절단
　　③ 절단면 품질 확보
　　　• 절단면: 거칠기 ≤ 200s, 노치깊이 ≤ 2mm

　(3) 절삭

　　① 메털터치면
　　　• 페이싱머신, 로터리플래너 등으로 밀착면 정밀가공
　　　• 밀착도$\left(\dfrac{t}{D}\right) \leq \dfrac{1.5}{1000}$

　　　　여기서, $\dfrac{t}{D}$: 마감가공면의 축선에 대한 직각도, D : 마감가공면의 단면 폭
　　② 스캘럽
　　　• '플랜지-웨브' 필릿 부분 둔각 처리
　　③ 맞댐용접부 개선
　　　• 자동가스절단기, 기계절단기 사용
　　　• 개선각도 ≤ $(-2.5°,\ +5°)$, 루트면 ≤ ±1.6mm

3. 고장력볼트 접합부 가공

　(1) 구멍뚫기(천공)

　　① 드릴 천공 후 블래스팅 처리
　　② 구멍직경: 공칭 축직경이 $\phi27$ 미만 시 '볼트직경 + 2.0mm' 이내일 것
　　③ 필요시 구멍 수정, Rimmer 사용

　(2) 마찰면 처리[10]

　　① '마찰면 미끄럼계수 ≥ 0.50' 처리
　　　• 붉은녹, 블래스팅 처리 중 한 가지 방법을 선정
　　② 붉은녹 처리
　　　• 마찰면 표층의 검정녹을 그라인더 등으로 제거
　　　• 이음판 사이에 나무간격재 설치, 기중노출로 붉은녹 유발

---

10) 기출사례: '70404 철골부재 접합 시 마찰면 처리방법에서 다음을 설명하시오. 1) 마찰면의 처리방법 2) 마찰면 처리의 유의 사항'

③ Blasting 처리
- 마찰면을 Shot Blast, Grit Blast 처리
- <u>표면거칠기 ≥ 50μmRy</u>[11], 이 경우 붉은녹 불필요

④ 유의사항
- 마찰면·와셔 접촉부의 들뜬녹, 먼지, 기름, 도료, 용접 스패터 제거
- 마찰면의 클램프 자국 등 요철 제거
- 이음판 가조립 시 기름이 묻지 않은 가볼트를 사용할 것
- 구멍 주위를 그라인더로 정리 시 붉은녹 상태가 되도록 할 것

4. 조립 및 용접

(1) <u>조립 가용접</u>[12]

① 강구조부재의 조립상태를 고정시키기 위하여 본접합 전에 실시하는 용접
② 본용접과 동일한 용접방법 및 인력, 용접와이어 적용
- 용접방법: 수동·자동 용접, 홈·필릿 용접, 용접자세 등

③ 판두께(t, 두꺼운 쪽의 판두께)별 비드길이 및 간격[13]
- 비드길이: '$t \leq 25$mm'일 경우: 반자동용접 ≥ 40mm, 자동용접 ≥ 50mm
  - '$t > 25$mm'일 경우: 반자동용접 ≥ 50mm, 자동용접 ≥ 70mm
- 비드간격(Pitch) ≤ 400mm, 300~400mm

④ 가용접 위치

임시용접부	• 부재단부에서 30mm 이상 이격하여 가용접, 부재단부 가용접 금지 - 부재단부에 가용접이 불가피할 경우 온둘레 돌림용접 실시 • 지그 및 부재접합부의 임시용접부는 본접합 전 제거 - 제거 시 모재 손상에 유의
본용접부	• 강도·제작 상 지장 받는 곳과 그루브용접부의 개선홈 내 가용접 금지 - 개선홈 내 가용접이 불가피할 경우 본용접 전 가용접부 제거 • 백가우징 부위는 백가우징하는 쪽에서 가용접 실시 • 뒷댐재는 이음부 내에서 가용접, 본용접 시 가용접부 재용해 선행

⑤ 가용접 개소 최소화, 가용접 후 균열결함 검사 및 조치

(2) 조립

① 조립용접 비드길이와 위치의 적정성, 용접공 자격 확인
② 뒷댐재, 엔드탭의 루트간격과 밀착도 확보
③ 적정 Jig로 조립부재 안정화

---

11) 자세한 내용은 '2206 고장력볼트 접합을 참조할 것
12) 조립 가용접 위치는 본용접부(최종용접부)와 조립부재를 임시로 고정시키기 위한 임시용접부로 구분한다.
13) KCS 143120(2019) 3.1.2 조립 가용접(가용접, 임시용접과 가용접)

(3) 용접 전

① 용접방법의 적정성, 용접기술자의 기량

② 용접재료의 선정 및 관리

③ 모재의 개선 정밀도, 청소상태

④ 기온, 기후의 적정성 확인

(4) 용접 중, 후

① 용접부 비드형상, 전류·전압, 용접속도, 가스 배출량, 패스 간 온도상태

② 포지셔너에 의한 용접자세의 적정성, 예열, 용접순서의 적정성

③ 용접부 검사, 검사로트의 구성과 처치 등 관리

(5) 변형 교정[14]

① 가열교정법 적용

- 상온교정법: 프레스 및 롤러를 사용하여 교정
- 가열교정법: 가스화염으로 선상(線狀) 가열 후 변형 교정

② 강재별 가열온도 및 냉각방식

- 강재별 최대 750~900℃까지 가열한 다음 교정
- 교정 후 공랭 및 수랭 실시

강재 구분		최대가열온도	냉각방식
조질강[15]		750℃	공랭, 또는 공랭 후 600℃에서 수랭
TMC강	$C_{eq} > 0.38$	900℃	공랭, 또는 공랭 후 500℃에서 수랭
	$C_{eq} \leq 0.38$	900℃	가열 직후 수랭, 또는 공랭

* C_{eq}: 탄소당량

5. 녹막이 도장

(1) 도장재료[16]

① 1종 광명단 조합페인트

- 광명단(光明丹: 사산화삼납)과 보일유(油)를 조합한 페인트
- 방청안료인 광명단을 보일드유 또는 전색제에 녹인 일종의 유성페인트
- 사산화삼납(Pb_3O_4)의 함유량에 따라 1~4류로 구분

② 2종 크롬산아연방청페인트

- 안료로 크롬산아연(zincromate)을, 전색제로 알키드수지를 사용한 것
- 방청성이 좋고 알루미늄판이나 아연강판의 초벌용으로 적합

---

14) KCS 143120(2019) 3.13 변형교정 참조
15) 조질강(調質鋼, Quanched & Tempered Steel): 담금질과 뜨임질로 고장력 등 소정의 성질을 갖도록 한 강재. 비조질강은 압연, 불림 상태에서 소정의 성질을 갖도록 한 것
16) KS M 6030(2009) 방청도료, 6개종에서 강구조바탕용은 4개종이며, 3종 아연분말 프라이머는 아연강판용, 6종 타르에폭시 수지도료는 경금속부 방청용이다.

③ 4종 에칭 프라이머 1~2
- 도료의 부착성과 방식성을 목적으로 한 금속표면처리 하도용 도료
- 금속소지와 반응하는 인산과 크롬산염을 안료로 하고 폴리비닐부티랄 수지 등의 알코올 용액을 전색제로 한 액상도료

④ 5종 광명단 크롬산아연 방청 프라이머
- 방청안료로 광명단 크롬산아연, 전색제로 알키드수지바니쉬를 사용한 것

(2) 제외 부분

① 현장용접부 양측 100mm 이내, 초음파탐상검사 지장부위
② 고장력볼트 접합부 마찰면, 콘크리트 매입부
③ 핀, 롤러와 밀착하는 부분, 회전면 등 절삭 가공한 부분
④ 조립으로 면 맞춤이 되는 부분, 밀폐 내면 등

(3) 작업환경

① 기온 5℃ 이하, 표면온도 50℃ 이상, 습도 80% 이상
② 강우 및 강설, 강풍 및 결로 환경일 때 도장 중지

2101 │ 건축구조용 강재

Ⅰ 개요

① 강재는 콘크리트와 더불어 건축물의 골조를 구성하는 중요한 재료로서 리사이클링 효과가 크고 건축물의 장수명화, 장스팬화, 고층화 등의 실현이 가능하다.

② 건축구조용 강제품(강재)은 주로 H형강재와 강판재를 사용하며 국가표준(KS)으로 규격번호, 강재명칭, 강종 등을 규정하고 있다.

강재 종류	→	요구품질	→	화학성분
• SS/SM/SN/SHN/HSA • 내진/고성능		• 인성/경도/용접성 • 충격강도/가공성		• 주요 5원소 • 기타 원소

Ⅱ 강재 종류

명칭 및 규격번호	강종	적용 두께 상한
일반구조용 압연강재 (KS D 3503)	SS275	강판 · 형강 · 봉강, 두께 기준 없음
용접구조용 압연강재 (KS D 3515)	SM275A,B,C,D SM355A,B,C,D SM420A,B,C,D	강판 · 형강 ≤ 200
	SM460B,C	강판 · 형강 ≤ 100
건축구조용 압연강재 (KS D 3861)	SN275A,B,C SN355B,C, 460B,C	6 ≤ 강판 ≤ 100
건축구조용 열간압연 H형강 (KS D 3866)	SHN275, 355 SHN420, 460	형강 ≤ 65
건축구조용 고성능 압연강재 (KS D 5994)	HSA650	건축구조용 강재 ≤ 100

1. SS강재

① 건축구조용은 SS275

  • SS강재 규격(235, 275, 315, 410, 450, 550) 중 SS275만 사용

② SS: Steel Structure의 약자

③ SS275 강재의 항복강도[17]: 235~275N/mm^2

  • 두께가 클수록 항복강도 저하

④ 용접 불가, 고장력볼트 접합용 강재

---

17) 강재에서 "항복강도"라 함은 '항복(인장)강도'를, "인장강도"는 '(극한)인장강도'를 의미하므로 혼동하지 말 것

2. SM강재

① SM: Steel for Marine의 약자

② 항복강도 구분: 275, 355, 420, 460 등 4종

③ 강재 품질등급: D, C, B, A 순으로 용접성 우수

④ 열처리 주문 시 관련부호 추가 명시

  • SM460B-TMC: 주문에 따라 '열가공 제어'를 추가한 SM460B강재

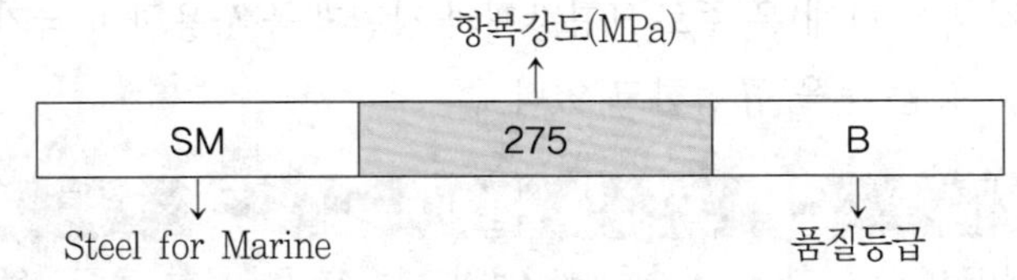

[규격 표시 예 SM275B]

3. 내진강재

(1) SN(Steel New Structure) 강재

  ① SM강재보다 내진성과 용접성을 개선한 고성능 강재

  ② 내진성능이 요구되는 보나 기둥부재용으로 사용

(2) SHN(Steel H-New Structure) 강재

  ① 내진용으로 특화시킨 강종

  ② 용접성은 SM강재와 유사

4. 고성능강재

(1) TMC 강재

  ① '열가공 제어'를 거친 SM강재

  ② 용접성 우수, 두께를 증대하여도 강도저하 없음

(2) HSA(High Performance Steel for Architecture) 강재

  ① 기존 강재보다 강도 대폭 증진, 약 1.7배 가량

  ② 단위중량 저감, 약 30%

  ③ 초고층 건물용 내진성 고강도 강재

Ⅲ 요구품질

1. 인성(靭性, Toughness)

  ① 큰 변형에너지를 흡수하는 성질

  ② 강재조직의 점도가 강하여 충격파괴를 일으키기 어려운 정도

③ 인장시험(Tensile Test)으로 파악

> • 시험편을 양방향으로 당겨서 파단 시의 인장하중값과 시험편의 단면적, 길이 측정
> • 탄성한도, 비례한도, 탄성계수, 항복점[18], 최대강도 등 파악

2. 경도(Hardness)

① 국부적인 소성변형(좌굴)에 저항하는 성질
② 금속의 소성변형, 즉 영구변형에 대한 저항 정도
③ 경도시험으로 파악, 압입시험법 적용

3. 용접성

① 용접품질을 좌우하는 성질
② 탄소당량[19]과 용접균열감수성으로 평가, 값이 낮을수록 용접성 양호
③ 강재의 화학조성 측면에서 탄소당량 산정

$$\text{탄소당량}(Ceq) = C + \frac{Cr + M_0 + V}{5} + \frac{M_n}{6} + \frac{N_i + Cu}{15} \leq 0.42 \sim 0.51$$

④ 용접환경 측면에서 용접균열감수성 산정

$$\text{용접균열감수성} = \frac{V}{10} + \frac{M_0}{15} + \frac{Mn + Cu + Cr}{20} + \frac{Si}{30} + \frac{N_i}{60} + 5B \leq 0.28 \sim 0.30$$

4. 충격강도

① 동적하중에 대한 강재의 파괴저항성의 정도
② 강재는 정적하중에 강하지만 동적하중에는 저항력 취약
③ 충격강도가 크면 양호한 연성으로 연성파괴 거동
  • 충격강도가 작으면 취성파괴 거동
④ 충격시험(Impact Test)으로 파악, 샤르피(Charpy) 충격시험법 적용

5. 가공성

① 가공성 유형: 고온가공성, 냉간가공성 등
② 절단, 절삭 가공 용이
③ 굴곡시험(Bending Test)으로 가공 가능여부 시험
④ 시험편을 굽혀서 외측의 균열발생 여부로 가공성 판단

---

18) 항복점(Yield Point): 인장시험 과정에서 어떤 응력에 도달하면 그 이상 응력을 증가하지 않아도 변형이 증가하는 점을 말한다.
19) 탄소당량(炭素當量, Carbon Equivalent): 강의 용접성을 평가하는 지표로서 용접성은 탄소량 이외에도 Mn이나 Si 등의 영향을 받으므로 이들의 영향을 탄소량으로 환산한 값을 말한다.

Ⅳ 화학성분

▶ 제강(製鋼)은 용선(鎔銑)이나 선철(銑鐵) 중에 함유되어 있는 불순물 원소를 산화·제거하는 산화정련과정이다.

〈강의 함유원소 유형〉

C, Si, Mn, P, S, Cu, Ni, Cr, Mo, Nb,
V, Ti, Al, Sn, As, W, Zr, Co, N, O, H

1. 주요 5원소

▶ 불순물 원소이면서 강의 성질에 영향을 미치는 주요 5원소는 탄소·규소·망간·인·황 등이다.

(1) 탄소(C)

① 비례요소: 항복점, 인장강도, 경도

② 반비례요소: 신율, 수축률, 연성

③ 적정 범위: 0.1~0.4%

(2) 규소(Si, 실리콘)

① 비례요소: 인장강도, 항복점

② 함유량 0.2~0.4%에서 신율과 수축률이 급격하게 상승

(3) 망간(Mn)

① 0.5%까지 상도 상승 없음

② 0.5% 이상에서 강도가 현저하게 상승

③ 탄소 첨가로 저하된 충격강도값을 보상하기 위해 첨가

(4) 인(P)

① 비례요소: 강재의 내후성 향상

② 반비례요소: 용접성, 냉간가공성, 충격강도

(5) 유황(S)

① 1,300℃ 이상에서 용해하여 고온취성 원인으로 작용

② 적정량 ≤ 0.04%

2. 기타 원소

(1) 니켈(Ni)

① 함유량 증가는 인장강도 상승, 항복점·신율·수축률 등은 감소

② 함유량 증가 시 충격특성에서 천이(遷移)온도를 저온측으로 향상

> 〈천이온도: Transition Temperature〉
> • 변태점 등 강의 성질이 급변하는 온도
> • 충격시험에서 시험온도를 낮출 경우 연성파괴에서 취성파괴로 급격히 변하는 온도이다.
> • 일반적으로 저온취성을 의미, 시험편이 파단을 일으키는 온도로서 규소량 0.4%에서 천이온도가 가장 낮게 나타낸다.

(2) 수소(H)

① 철의 결정격자 속에 침투·확산, 수소취성[20] 결함 유발

② 충격특성 열화요인, 용접 시 비드 터짐 및 용착금속 내에 기포 유발

(3) 질소(N)

① 첨가량에 따라 강도 증가, 연성과 충격특성은 저하

② 다량일 경우 고온가공성 저하

③ 소량이면 냉간가공성 향상(고인성강)

(4) 알루미늄(Al)

① 용선(용융상태의 철) 중의 산소 제거를 위한 탈산재로 사용

② 강재조직의 결정질을 미세화

(5) 니오브(Nb), 티탄(Ti)

① 소량 첨가만으로 강도 크게 향상

② 고장력강 생산에 사용

Ⅴ 결론

① 건축구조용 강재는 장스팬, 또는 초고층 건축물의 중요한 골조재료로서 규격은 구조물 용도와 구법에 적합하여야 한다.

② 강재 규격의 내용은 설계도면이나 시공상세도를 비롯하여 제작 및 설치 과정을 이해하기 위한 기본소양이므로 이를 이해하고 활용하기 위한 참여자의 의지가 있어야 할 것이다.

---

20) 수소취성(Hydrogen Embrittlement): 철강 중에 존재하는 수소 또는 외부에서 수소를 흡수함에 따라 취화하는 현상. 저온가열에 의해 수소를 제거하여 연성을 회복할 수 있다.

2102 | 밀시트(Mill Sheet)

Ⅰ 개요

1 밀시트[21]는 강재의 공급자가 주문자에게 강재의 품질을 증명하기 위하여 제시하는 품질보증용 문서이다.

2 주문자는 강재 반입 시 밀시트 내용에 따라 검사를 실시하고 밀시트와 함께 검사 기록을 보관하여 추후 계약상대에게 강재품질을 입증할 수 있도록 관리한다.

문서 흐름	➡	확인사항
• 물량 산출 • 주문 및 반입		• 치수/수량/화학성분 • 기계적 성질/기타

Ⅱ 문서 흐름

1. 물량 산출

① 설계도서 검토, 구조도면 등
② 강종 및 등급 확인
  • SS, SM, SN, SHN, HSA 등
③ 강재 물량 산출내역 검토, 강종 및 등급별 물량 파악
④ 조달주체 확인, 도급 및 하도급계약서 내용 검토
  • 조달주체: 발주사, 수급인, 하수급인 등

2. 강재 주문 및 반입

(1) 강재 주문

① 계약에 따라 조달주체가 강재 주문
② 주문서 작성, 희망 납기일 명시
③ 물량내역 및 공정계획 고려

(2) 강재 반입

① 공급자 강재 납품, 주문자에게 밀시트 제출
② 강구조물 제작공장 강재 반입
③ 밀시트에 따라 강종별 반입검사 실시, 수량 및 규격 등

---

21) Mill Sheet와 유사한 명칭에는 시험성적서, 자재성적서, 검사성적서, 검사증명서, 강재규격증명서, Inspection Certificate, Mill Test Report(MTR), Mill Test Certificate (MTC) 등이 있다.

Ⅲ 확인사항

Code	제품 No.	Size	수량	질량	화학성분							인장시험	휨
					C	Si	Mn	P	S	Cu	Ni		

[예시: 밀시트 서식]

1. 치수 및 수량

① 치수(Size): 전장(mm), 두께(mm), 공칭직경(mm)

② 수량: Piece, EA, 질량(kg)

2. 화학성분 및 기계적 성질

① 화학성분 구성비: C, Si, Mn, P, S 등의 성분 함유량

② 인장시험값: 항복강도, 인장강도, 신장률(%)

③ 휨시험값: 합부판정 내용

3. 기타 사항

① 납품자 정보

② 주문내역과의 일치 여부

③ 밀시트 QR 코드 등

2103 공작도(Shop Drawing)

Ⅰ 개요

① 공작도[22]는 설계도면상 부재의 제작 및 시공에 필요한 아물림과 접합 등을 상세하게 표시한 제작도면이다.

② 공작도의 작성내용과 중점 검토사항을 실무 위주로 설명한다.

작성내용	➡	중점 검토사항
• 가구도/조립접합상세 • 양중 및 안전시설		• 큰보 제작치수/장스팬부재 • 취약부보강상세/G/PL 접합부

Ⅱ 작성내용

1. 강구조 가구도

① 기둥 배치도(柱心圖)

② 기둥 절·층별 평면도

③ 입면도 및 주단면도

2. 조립·접합 상세

① BH형강 구분, 접합부 상세 형상

② 주각부: 앵커볼트 상세, 베이스 플레이트

③ 부재별 단면도: 규격, 간격, 설치위치, 개구부 상세

④ 장스팬 보의 캠버량, 도장 제외 부위

⑤ 용접 위치, 개선형상, 길이, 용접방법

3. 양중 및 안전시설

① 양중용 고리 위치

② 안전난간대, 구명줄 고리, 기둥 트랩

③ 추락방지망 및 방호선반 설치용 부재

④ 외주부 보: 안전난간 설치부재, 데크 지지 부재(앵글, 또는 각관)

---

22) 공작도(工作圖): 제작도, 가공도, 시공상세도, 생산도 등의 명칭과 같은 의미로 사용한다.

Ⅲ 중점 검토사항

1. 실측치수 부재

① 설계치수 부재와 구분 관리
② 실측치수 부재 확인, 지하외벽(슬러리월 또는 합벽부) 접속 보 등
③ '현장실측–공장제작' 협력사항 검토
  • 실측 전 공장 임의제작 방지, 또는 협력 미흡으로 인한 반입 지연 방지

2. 장스팬 부재(Girder)

① 분리 제작치수 검토
  • 일반적으로 3등분으로 분리: 1/4, 2/4, 1/4 등
② 분리 제작부재의 현장조립 가대 운용 검토
  • 현장 조립장 위치, 가대 설치시기, 가대 가구도 등 사전검토
③ 제작 후 운송 및 양중 검토
  • 부재길이 ≥ 10m, 중량 30~40톤 고려
  • 상·하차, 운송 트레일러, 현장 양중 및 거치 등
④ 모재의 용접성 검토
  • 모재 두께 50~100T, 용접변형 고려
  • 필요시 탄소당량 낮은 강재 지정

3. 취약부 보강상세

① 스티프너 보강부위 누락 여부 검토
② 기둥–보, 큰보–작은보 등 교차접합부
③ 단차 있는 보: 단면 변화부위에 스티프너 보강
④ 보 Web의 개구부 주변 보강 사항 검토

4. 거싯플레이트 접합부

① 기둥 + 거싯플레이트, Embeded Plate + 거싯플레이트 등의 접합부
② 거싯플레이트 취부 위치의 정밀도 확보방안 검토
  • 측량전담자 운영 고려
③ 거싯플레이트 가용접 상태에서 조립 및 접합 방지
④ Embeded Plate 크기의 적절성 검토

2104 메털터치(Metal Touch)

I 개요

1 메털터치는 강구조 기둥 이음부에 인장응력이 발생하지 않도록 정밀 절삭가공하여 밀착면으로 소요의 압축강도 및 휨강도 일부를 전달시키는 접합방식이다.

2 메털터치 부재는 공장제작 시 절단면의 가공정밀도를 확보하고 현장접합 시에는 조립정밀도와 용접부 품질에 유의해야 한다.

도입 배경	➡	적용기준
• 축하중 증대/기둥단면 증대 • 용접품질 저하/접합효율 모색		• 적용요건 • 공장 제작/현장접합

II 도입 배경

① 건물 고층화로 인한 기둥 축하중 증대
② 축하중 증대에 따른 기둥단면 증대 불가피
③ 기둥단면 증대로 인한 용접품질 저하 우려
④ 메털터치에 의한 기둥이음부 접합 효율 모색

III 적용기준[23)

1. 적용요건

① 축하중 주도형 기둥일 것
② 이음 단면에 인장응력 발생이 없을 것
③ 단면두께가 큰 기둥, 강판두께 $\geq$ 32mm
④ 접합부 단부면이 절삭마감에 의해 밀착될 수 있을 것
⑤ 메털터치율 1/4(25%, 0.25) 적용
  • 소요 압축력 · 휨모멘트의 1/4은 직접 접촉면으로 응력 전달

2. 공장제작

① 메털터치 지정부재 규격 확인, 강종 및 두께 등

---

23) KDS 143025(4.1.5) 및 KCS 143110(3.3.1) 참조

② 절단면 절삭 가공, 절삭가공기 사용
　　• Facing Machine, Rotary Planner 등
③ 가공정밀도(기둥 축선에 대한 직각도) $t/D \leq 1.5/1000$

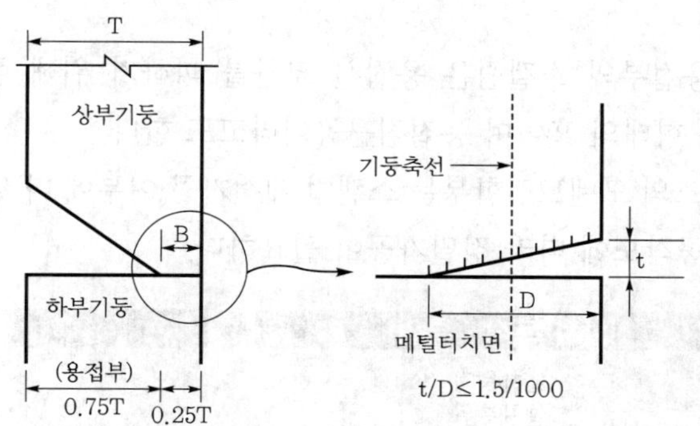

[메털터치 접합부 상세]

3. 현장접합

① 부재 반입 시 가공정밀도 검사
② 기둥 부재 현장 조립 및 수정
③ 메털터치면 조립정밀도 확인
④ 비접촉면 부분용입용접 및 용접부 검사

2105 스캘럽(Scallop)

Ⅰ 개요

1. 강구조 용접부의 스캘럽은 용접선 교차를 피하기 위해 한쪽의 부재에 설치한 가리비(Scallop) 형태의 홈이며 용접접근공이라고도 한다.

2. H형강구조의 모멘트접합부는 스캘럽 개선가공 여부에 따라 접합상세가 달라지므로 설계도서 및 공작도에 따라 정밀가공이 필요하다.

설치 목적 · 부위	➡	적용기준
• 설치목적 • 설치부위		• 제작 공장 • 공사현장

Ⅱ 설치 목적 및 부위

1. 설치목적

▶ 접합부재 간 용접선 교차를 방지함으로써 다음의 영향을 방지한다.
① 기존 용접부의 모재 및 용착금속 재질 변화
② 기존 용접부 열변형에 의한 용접부 응력집중
③ 용접비드 불연속부 발생
④ 용접부 균열 및 슬래그 혼입

2. 설치부위

① 보+기둥 접합부 → 보 웨브
② 큰보+작은보 접합부 → 작은보 웨브
③ 기둥+기둥 접합부 → 상·하 기둥 웨브
④ 스티프너 → 보·기둥 웨브와 맞닿는 2곳 모서리
⑤ 기둥+베이스플레이트 접합부 → 기둥 웨브, 리브플레이트(Rib Plate) 등

Ⅲ 적용기준

1. 제작 공장

① 스캘럽 원호 곡선 가공, 플랜지-필릿 부분 둔각 가공
② H형강 보: 원호 반지름 $r_1 \geq 35\text{mm}$, $r_2 \geq 10\text{mm}$

③ H형강 기둥 및 스티프너 원호 반지름 ≥ 35mm
④ 절삭가공기 또는 전용 수동가스절단기 사용
⑤ 설계도서 및 공작도 또는 표준시방 적용

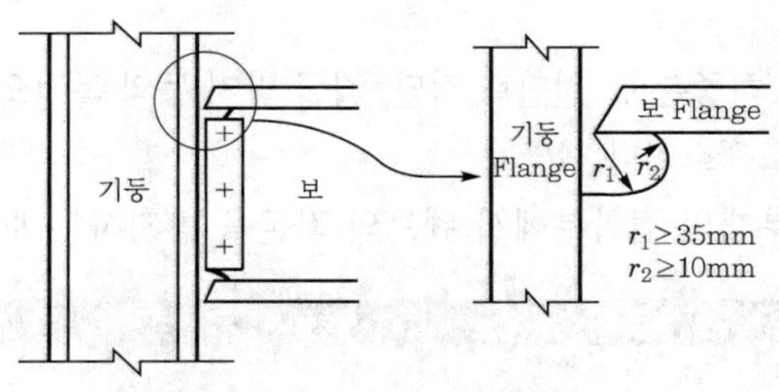

[보-기둥 접합부 스캘럽 상세]

2. 공사현장

① 제작부재 가공정밀도 검사, 공장 상차(현장 발송) 전 실시
- 표면거칠기, 노치깊이, 슬래그 제거 상태, 절단면 모서리 가공상태 등

[스캘럽 가공품질 기준] KCS 143110(표3.3-1) 참조

품질항목	품질기준	비고
표면거칠기	200S(0.2mm) 이하	가공표면의 최저점·최저점의 높이차
노치깊이	2mm 이하	노치마루에서 골밑까지의 깊이
슬래그	제거 후 흔적이 없을 것	
절단면 모서리	매끄러운 상태의 둥근 형상일 것	

② 기준 초과부위는 기계 연마 및 그라인더 다듬질 보수
③ 논스캘럽(Non-Scallop) 적용부재 확인

2106 | 스티프너(Stiffener)

I 개요

① 스티프너는 하중분배, 전단력 전달, 좌굴 방지 등의 목적으로 철골 접합부에 부착하는 판재 형상의 구조요소이다.[24]

② 주로 철골부재의 접합부에서 웨브의 좌굴을 방지하는 보강재의 역할을 수행한다.

위치/유형	⇒	유의사항
• 위치 • 수평·수직 스티프너		• 가공설치 시 • SRC 타설 시

II 위치 및 유형

1. 위치

① '기둥+보' 접합부: 기둥의 웨브

② 큰보+작은보: 큰 보의 웨브

③ 절곡 보의 단차부위

④ 보+가새: 보의 웨브측에 설치

2. 유형

(1) 수평스티프너

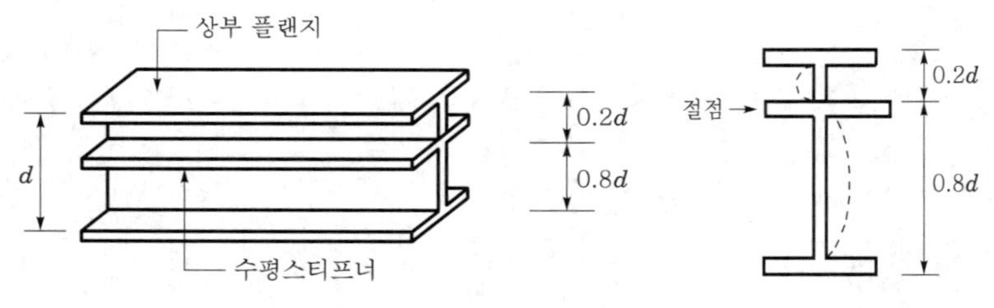

[수평스티프너]

① 기둥재축에 직각, 보 재축에 평행으로 설치

② 보에 설치될 경우

• 단차부위의 보에 적용

• 보 춤(d)의 1/5($0.2d$) 위치에서 보강 효과가 가장 큼

---

24) 건축구조기준(2009), '0701.2 용어의 정의' 참조

(2) 수직스티프너

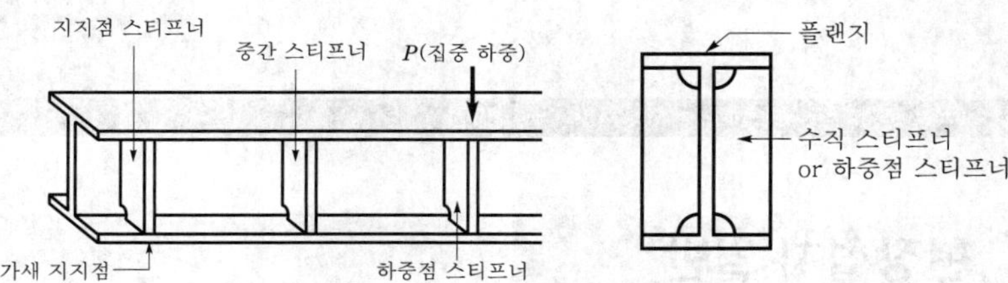

① 보의 플랜지와 수직 방향으로 설치
- 전단좌굴강도를 크게 하여 판좌굴 및 지압파괴 방지
② 하중점스티프너
- 집중하중이 작용하는 곳에 설치되어 웨브의 지압파괴 방지
③ 중간스티프너
- 보의 중간에 사용하는 스티프너
- 웨브의 판좌굴 방지
④ 지지점스티프너
- 가새에 의한 보의 지지부위에 설치

Ⅲ 설치 시 유의사항

1. 가공 및 현장반입

① 용접열 교차부
- 스캘럽 가공으로 모재의 열변형 방지
② 시공상세도 및 공작도 검토
- 공장가공 전 설치 적정성과 누락 등 파악
③ 반입검사 시
- 설치누락 유무 확인
- 도면과 시공상세도 및 공작도 참조

2. SRC기둥

① 콘크리트의 충전성 확보
- 단면이 큰 형강기둥일 때 콘크리트 충전성 필요
② 스티프너 내측에 개구부 설치 고려

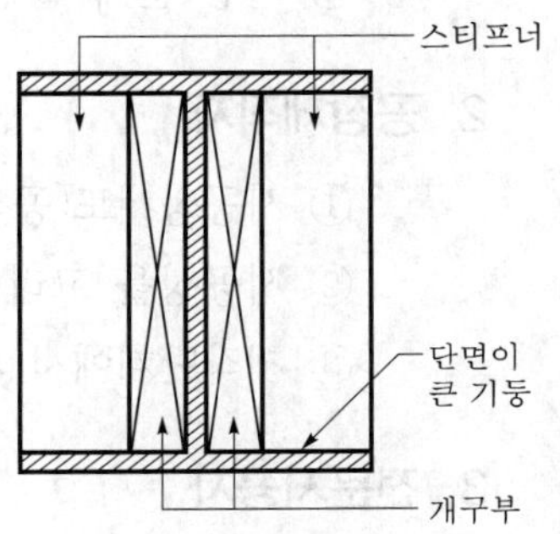

[스티프너 개구부]

02 현장설치

Ⅰ 개요

1. 현장에 반입한 강구조 부재는 현장에 반입되어 시공계획과 설계도서 및 시공상세도에 따라 설치한다.

2. 강구조 부재의 현장설치는 주각부 설치, 부재반입, 조립 및 수정, 접합 등의 순으로 진행한다.

공사참여자	→	주각부/반입	→	현장설치
• 구조설계/공장제작자 • 전문시공자/시공자/감리자		• 주각부 설치 • 부재반입		• 부재조립/조립수정 • 용접접합/고장력볼트 접합

Ⅱ 공사참여자

1. 구조 · 설계자

① 설계도면과 시방서의 품질확보, 누락 및 오류 배제

② 발주자 요구품질 반영

③ 시공성 분석내용 반영, 현장 적용성 제고

④ 현장 문제 발생 시 신속하게 검토 의견 제시

2. 공장제작자

① 시공상세도(공작도 및 설치도)의 품질 확보

② 시공성을 고려한 부재 제작

③ 제작단계에서 제품정밀도 확보

3. 전문시공자

① Activity별 전문인력 확보

• 세우기, 가조립, 측량/Plumbing, 용접, 고장력볼트 접합, 비파괴검사 등

② 시공계획서 작성 및 검토
- 설계자의 설계의도를 충분히 반영

③ 조립 및 설치정밀도 확보
- 단계별 시공절차 준수

④ 현장실측치 발생 즉시 공장제작 의뢰

4. 시공자 및 감리원

① 설계도서, 시공계획서, 시공상세도 검토
- 검토 후 의견서 제시, 필요시 변경·보완 요청

② 공장제작 중 상주관리 고려, 제작물량이 많을 경우 적용
- 부재 오제작 예방, 반송 및 재작업으로 인한 일정−비용의 손실 방지
- 공장제작 및 비파괴검사 입회, 부재출고 일정관리

③ 사전점검, 작업과정 입회 철저
- 검사·확인 위주의 관리 지양할 것

Ⅲ 주각부 및 부재 반입

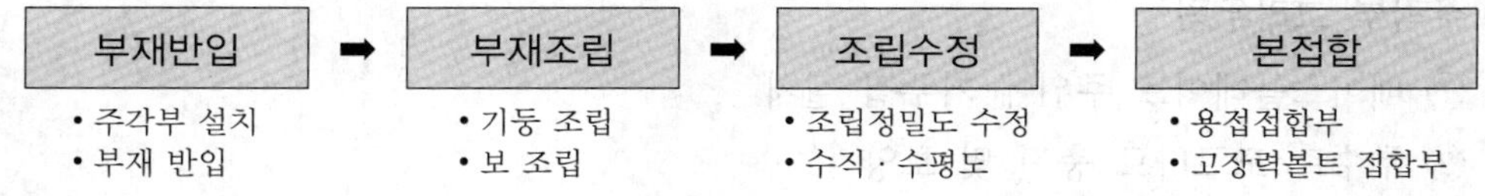

[현장설치 Flow]

1. 주각부 설치[25]

▶ 주각부는 강구조기둥의 축하중을 기초에 전달시키는 부분으로 앵커볼트 매입, 주각 모르타르 바름, 그라우팅 공정으로 구분한다.

(1) 앵커볼트 매입

① 기준선 측량 및 중심선 먹매김
- 벤치마크 참조, 기둥위치 측량 후 중심선 먹매김

② 앵커볼트 프레임의 정위치 및 고정
- 기초 콘크리트 타설 시 움직이지 않도록 고정

③ 검사항목
- 기둥 배치: 기둥중심 어긋남 ±5mm, 기둥중심 간격 ±3mm
- 앵커볼트: 중심 어긋남 ±2~3mm, 앵커볼트 간격 ≤ 도면허용치
- 앵커볼트의 노출길이: 조임 후 나사산 3개 이상일 것

---

25) 자세한 내용은 '2201 주각부 시공' 참조

(2) 주각 모르타르(Pad Mortar) 바름

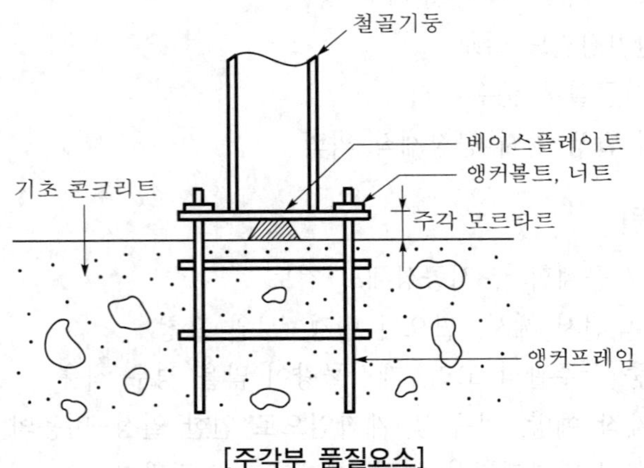

[주각부 품질요소]

① 바름 및 양생
- 무수축 모르타르 사용, 3일 이상 양생

② 주각 모르타르 검사항목
- 모르타르 두께: 30~50mm, 모르타르 폭 ≥ 200mm
- 압축강도 ≥ 기초 콘크리트, Base Plate 밀착오차 ≤ 3mm

(3) 주각부 그라우팅

① 베이스플레이트 주위에 거푸집 설치
② 무수축 모르타르 충전 및 보양

2. 부재반입

(1) 반입 원칙

① 설치 대상부재 적시(Just in Time) 반입
- 조기 반입 시 야적장 잠식, 현장 내 소운반 증가
- 반입 지연으로 인한 공정지체 방지

② 품질 확인 후 반입 허용
- 검사항목에 따라 품질확인 철저
- 공장상차 시 전수검사, 반입 시 주요부재(기둥, 큰보)만 확인
- 부적합품 투입에 의한 품질하자와 반송으로 인한 일정 지연방지

(2) 검사항목[26]

▶ 전문시공자 및 시공자 주체로 검사, 감리원은 이를 입회·확인한다.

---

26) KCS 143110(2019) 부표1.2

치수정밀도	• 공장 '자주검사성적표' 검토 및 확인 • 기둥, 보, 가새 등의 길이, 휨, 층고길이 검사 • 관리허용차 초과비율 ≤ 5%, 한계허용차 초과비율 ≤ 0%면 합격
접합부	• 고장력볼트 접합부: 구멍크기, 간격, 마찰면 거칠기, 이음판 포함 • 용접부: 현장용접부의 개선 각도 및 형상, 공장용접부의 NDT 자료
외관	• 부재표면, 절단면 노치[27]상태 • 노치깊이: 가스절단면 ≤ 1mm, 개선가공면 ≤ 2mm
생산고	• 공장 발송부재표(Member List) 수량 확인 • 설치공정과 반입량의 적정성 검사

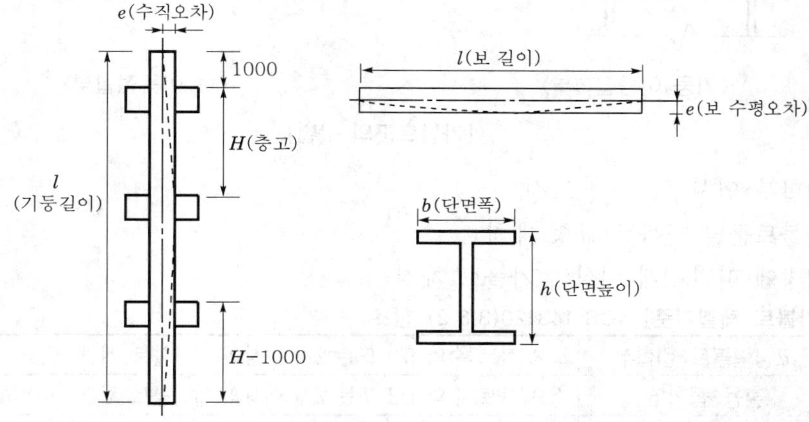

[강구조부재의 치수정밀도 항목]

Ⅳ 현장설치

1. 부재조립

(1) 기둥 조립

① '주각부–첫 절 베이스플레이트' 앵커볼트 완전 조임

② 너트 풀림 장지, 이중너트 체결 또는 스프링와셔 사용

③ 2절 이후부터 기둥 이음접합부 조립

④ 접합부에 가볼트 체결

(2) 보 조립

① 기둥 조립 후 큰보 조립

② 선조립 기둥 사이에 보 부재 양중 및 거치

③ 접합부에 가볼트 체결

---

27) 강구조재의 표면이 패인 곳을 의미, 강구조노치에는 해머노치, 용접노치, 적재노치, 가우징노치 등이 있다. 노치 부위는 그라인딩 후 강구조재질에 맞는 용접와이어의 용융물을 충전하여 수정한다.

(3) 가볼트 체결

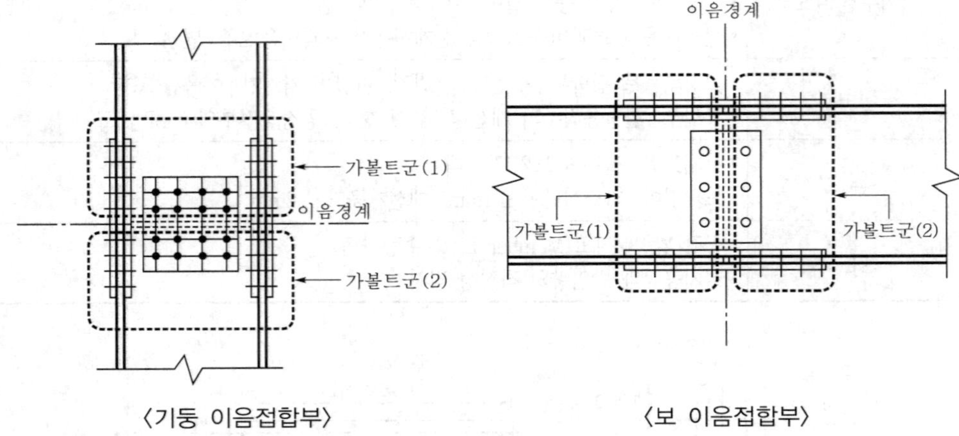

[가볼트군의 구별]

① 접합부 임시 위치 및 고정

② 가볼트군별 가볼트 균형 배치

③ 시방에 따라 2개 이상의 가볼트 체결

[가볼트 체결기준] KCS 143120(3.3.2) 참조

고장력볼트 접합부	소요 볼트 수의 1/3 또는 2개 이상의 일반볼트 체결
혼용 접합부	소요 볼트 수의 1/2 또는 2개 이상의 일반볼트 체결
기둥 용접이음부	이렉션피스(Erection Piece)에 전수량의 고장력볼트 체결

2. 조립정밀도 측정 및 수정(Plumbing)

(1) 조립정밀도 기준 – 관리허용오차 [28]

① 기둥 수직도 오차 ≤ H/1000, 10mm

② 보 수평 오차 ≤ l/1000＋3, 10mm

③ 이음층 층고 ≤ ±5mm

④ 건물 기울기 ≤ H/4000＋7, 30mm

⑤ 건물 휨 ≤ L/4000, 20mm

(2) 측정 및 수정(Plumbing)

① 일사 영향 고려하여 측정, 측정치는 도면상 치수와 비교

② 수직도: 레이저트랜싯, 다림추 이용

③ 수평도: 피아노선으로 스팬 간 직선 및 대각선길이 측량

• 강제줄자는 지정장력으로 측정, 측정치는 온도 보정

④ 조립정밀도 수정

• Chain Block, Wire Rope, Turn Buckle, Shackle 사용

---

28) KCS 143110 부표1.3

⑤ 조립수정 후 본접합

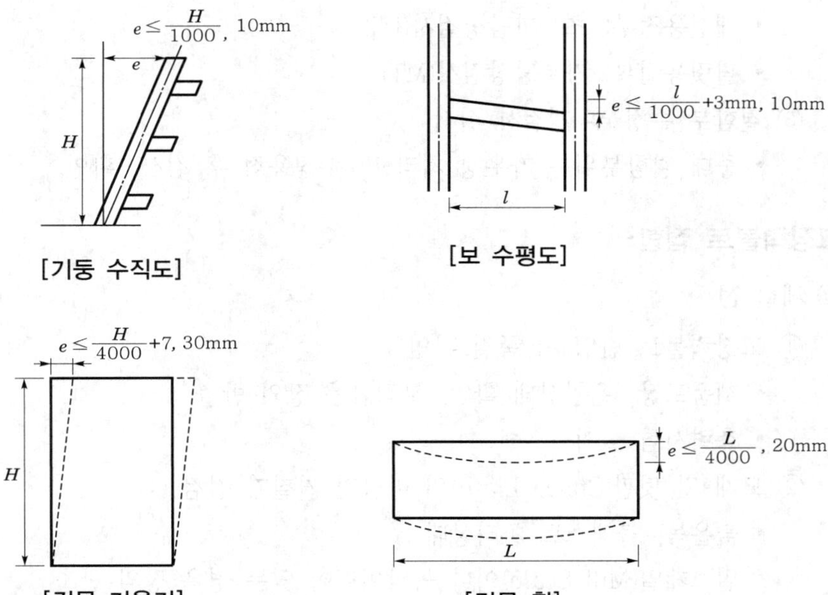

3. 용접접합[29]

(1) 용접 전

① 용접기능자 기량 확인
- 용접기술 승인시험에 합격한 유자격자일 것

② 모재의 개선각, 청소상태 등을 확인·검사

③ 기기 및 재료 점검
- CO_2 반자동용접기, 용접와이어[30] 등

④ 작업환경 점검 및 판단
- 강우, 저온, 고습, 바람 상태

(2) 용접 중

① 하향자세 유지

② 적정 전류 및 전압 확보

③ 필요시 예열, 후열, 방풍 고려

(3) 용접 후

① 용접결함 검출
- 검사계획에 따라 용접부 비파괴검사

---

29) 자세한 내용은 '2203 현장용접' 참조
30) 용접와이어는 용접에서 매우 중요한 품질요소이므로 모재 적합성과 보관관리에 유의해야 한다.

② 이음방식별 비파괴검사

- 전 용접부: 육안검사
- 개선용접부: 초음파탐상검사(UT)
- 필릿용접부: 자분탐상검사(MT)

③ 결함부 수정 후 재검사 실시

- 중대 결함부위는 가우징 처리 및 수정용접 후 검사·확인

4. 고장력볼트 접합[31]

(1) 체결 전

① 고장력볼트 반입 시 품질 확인

- 제품포장·윤활상태 확인, 부적합품 장외 반출
- 축력시험 실시

② 모재 및 덧판(Splice Plate)의 마찰면 거칠기 점검

- 붉은녹, 블래스트 처리상태
- 밀스케일(Mill Scale)이나 녹막이칠이 있는 경우 장외 반출

〈밀스케일〉
- 열간압연 시 고온산화 현상으로 강재 표면에 생성되는 흑갈색 산화물(FeO, $Fe3O_4$, $Fe2O_3$) 피막
- 다공성 물질로 밀착성이 없으므로 방식효과가 없음
- 유사 명칭: 흑피, 흑청, Roll Scale, 녹(Rust)

③ 조임기구(전동렌치) 검교정 확인

(2) 체결 중·후

① 조임순서 준수

② 1차 조임 후 반드시 금매김

③ 2차 조임 후 검사

- 금매김 상태, 핀테일 파단 등을 전수검사

tip　일반볼트 종류
1. 일반볼트는 연강을 가공·제작하여 상볼트, 중볼트, 흑볼트 등으로 구분한다.
- 상볼트: 볼트 표면을 모두 연마하여 마무리한 것, 핀접합부에 사용
- 중볼트: 두부하부와 단부를 마무리한 것, 진동충격을 받지 않는 내력부에 사용
- 흑볼트: 나사 이외 부분이 흑피로 된 것, 가조임용으로만 사용
2. 볼트 규격에서 FxxT 표시가 없는 것은 모두 일반볼트(예 M16)이다.

---

31) 자세한 내용은 '2206 고장력볼트 접합'을 참조할 것

2201 | 주각부 시공

I 개요

① 주각부(柱脚部)는 강구조기둥이 기초에 정착되는 부위로 기둥의 축방향력, 휨모멘트, 전단력을 기초에 전달할 수 있도록 설계하며 정착방식, 정착부위, 정착형태에 따라 분류한다.
② 강접합된 고정주각으로 H형강기둥을 채용하는 노출주각부에 대하여 구체적 시공 방안을 설명한다.

유형/구성	➡	설치	➡	시공정밀도
• 주각부 유형 • 주각부 구성		• 앵커볼트/베이스모르타르 • 앵커볼트 조임		• 앵커볼트 매입 • 베이스모르타르 설치

II 주각부 유형 및 구성

1. 주각부 유형

구분	주각유형	정착부	
		기초바닥	말뚝지정
정착방식	**고정**	○	○
	핀	○	−
정착형태	**노출**	○	−
	보강	○	−
	매입	○	○

- 주각부는 정착방식과 정착형태에 따라 각각 고정주각, 핀주각, 노출주각, 보강주각, 매입주각 등으로 분류한다.
- 기둥정착부는 기초바닥과 말뚝지정이 있다.
- 기초바닥에는 모든 유형의 주각부가, 말뚝지정에는 고정주각, 매입주각 등의 형태로 설치된다.
- 기둥이 정착되는 말뚝지정에는 PRD 및 RCD 말뚝이 있다.

(1) 고정(강접합)주각

① 축방향력, 휨모멘트, 전단력을 모두 부담하는 주각
  - 앵커볼트의 전단·인발력 반드시 확보
② 기초바닥에 노출형, 또는 매입형으로 정착
③ 또는 현장타설 콘크리트 말뚝에 매입형으로 정착
④ 완전고정과 반고정 유형으로 세분류
  - 핀주각 디테일이 불안정 시 부가응력을 고려하여 반고정으로 설계
⑤ 앵커볼트는 베이스플레이트에서 기둥단면 밖에 위치

(2) 핀(Pin 접합)주각

① 휨모멘트를 제외한 축방향력과 전단력만을 부담하는 주각
   - 앵커볼트의 전단력만 검토
② 기초바닥에 노출형으로 정착
③ 앵커볼트는 베이스플레이트에서 기둥단면 내에 위치

(3) 노출주각

① 기초바닥면 상부에 노출 · 정착시키는 주각부
② 주각내력은 베이스플레이트 밑면 마찰력과 앵커볼트 인발력으로 처리
③ 앵커볼트는 인발되지 않도록 기초에 정착하고, 너트는 풀림을 방지
④ 베이스플레이트는 충분한 면외강성 확보, 기초바닥 윗면에 밀착
⑤ 가장 일반적인 주각 유형

(4) 보강주각

① 기초상부의 노출주각부를 철근콘크리트로 보강시킨 형태의 주각
② 주각내력은 스터드와 콘크리트 부착력으로 대응
   - 콘크리트 부착력은 보강높이, 피복두께, Hoop · 스터드 보강으로 확보
③ 베이스플레이트 하단의 모르타르 충전성 확보
④ 라멘조 단층구조물(공장)에서 고정주각 요건을 확보하기 위해 채용

(5) 매입(埋入)주각

① 기초바닥, 지중보, 또는 말뚝지정(PRD · RCD) 내에 정착시킨 주각부
② 주각내력은 기둥 매입깊이와 콘크리트 부착력으로 확보
   - 말뚝 매입주각 내력 = 스터드 전단내력 + 콘크리트 횡구속 마찰내력
③ 외단부 기둥의 피복두께 및 철근보강 확보가 필요
④ 기둥 축방향력은 기초 콘크리트 지압력, 앵커볼트 인발저항으로 지지
   - 휨모멘트 및 전단력은 지압력, 보강근 인장저항 등으로 지지

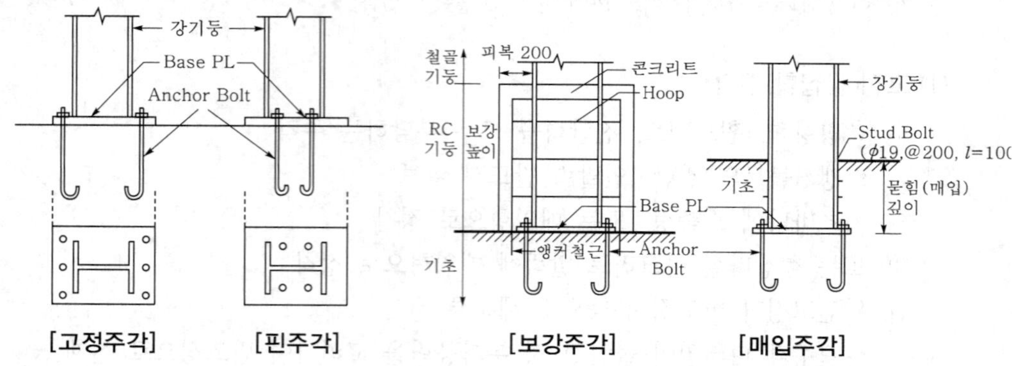

2. 주각부 구성

(1) 강구조기둥

① 강구조기둥 유형은 H형강, 원형 및 각형강관, 조립기둥 등
② 국내에서는 주로 H형강기둥을 채용
③ 기둥부재는 2~3개 층에 해당하는 크기로 제작 및 설치
④ 기둥 첫 절의 하단부에는 베이스플레이트 공장용접 후 현장반입

(2) 베이스플레이트(Base Plate)

① 기초에 지압응력이 잘 분포되도록 기둥 첫 절 하단부에 용접된 강판
② 면외강성, 기둥 축하중, 기초크기, 콘크리트 압축강도 등을 고려
③ 크기 및 면적, 재질, 설계지압강도, 적정 두께 산정 등이 필요

(3) 베이스모르타르(Base Mortar)[32]

① 베이스플레이트와 기초바닥면을 밀착시키기 위한 충전재료
② 기초 콘크리트보다 큰 강도의 모르타르 사용
③ 설치방식에 따라 무수축·팽창성 모르타르를 뒷채움재로 사용

(4) 앵커볼트

① 기둥이 인발되지 않도록 정착부에 고정시키기 위한 재료
  • 베이스플레이트로 전달된 휨모멘트, 전단력, 인장력에 저항하도록 설계
② 일반 볼트나 연성이 큰 앵커용 재질로서 전산볼트일 것
③ 공사시방서에서 지정하는 형상, 치수, 품질 등의 요건을 충족할 것
④ 강제 프레임을 사용하여 기초 콘크리트에 선매입

Ⅲ 주각부 설치

▶ 노출주각부는 앵커볼트 매입, 베이스모르타르 설치, 앵커볼트 조임공정으로 분류한다.
▶ 앵커볼트 매입공법은 기초 콘크리트 타설시기, 베이스모르타르 설치공법은 기둥 첫 절 설치시기를 기준으로 분류한다.

분류기준	공법유형	대상 구조물 규모	
		대	중·소
앵커볼트 매입 (기초 타설시기)	**선매입**	○	–
	후매입	–	○
	병용매입	–	○
베이스모르타르 설치 (기둥 설치시기)	선설치	–	○
	후설치	–	○
	병용설치	○	–

---

32) '주각 모르타르' 혹은 'Pad Mortar'라고도 한다. 본 책은 베이스모르타르를 Pad Mortar의 개념에서 선설치 모르타르 및 뒷채움용 모르타르(그라우트재)를 포함하는 것으로 해석한다.

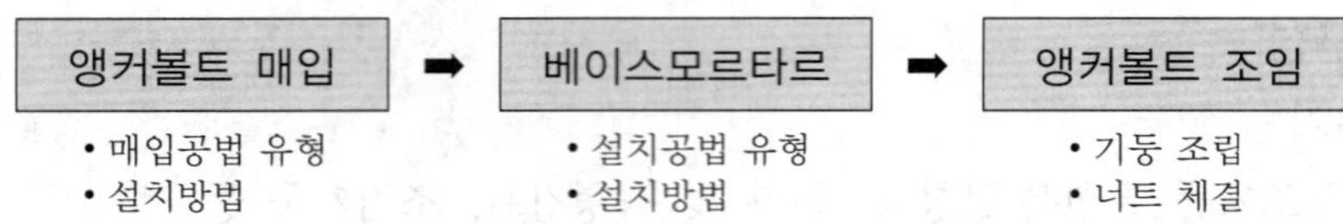

[주각부 설치공정]

1. 앵커볼트 매입

▶ 앵커볼트 매입공법에는 선매입, 후매입, 병용매입 방식이 있으나 하중 영향이 큰 강구조 주각부에는 선매입공법을 적용한다.

(1) 선매입공법(고정매입공법)

▶ 기초 콘크리트 타설 전 앵커볼트를 설계위치에 정확하게 고정시키는 공법이다.

▶ 기초 콘크리트 양생 후 수정이 곤란하며, 고층건물에 적용한다. 또 구조 안정도가 우수하다.

▶ 기초 타설 시 앵커프레임 이동을 방지하는 것이 필요하다.

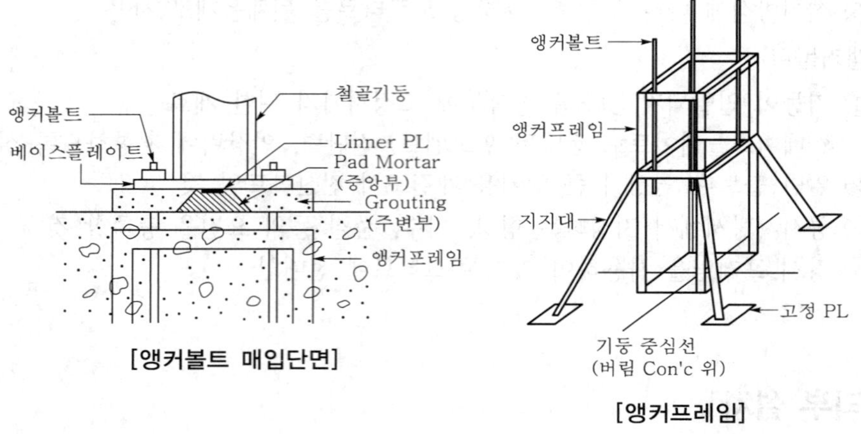

[앵커볼트 매입단면]　　　　[앵커프레임]

① 앵커프레임 설치
  • 기초 버림(Lean) 콘크리트 양생 후 먹매김, 기둥 – 프레임 중심 일치
  • 프레임 지지대 고정용 강판 매설 및 용접
② 앵커볼트 상부레벨 확인
  • 기초 콘크리트 예정상부면을 기준으로 전 볼트량의 레벨 확인
  • 기초상부 노출길이는 조임 후 나사산 3개 이상이 되도록 조정
③ 기둥간격 및 대각거리 확인, 간격 미세조정 후 나사산 보양
④ 기초 철근배근 및 타설, 앵커프레임 이동 방지
⑤ 매입 후 앵커볼트의 인발강도 확인, 매입 전 전단강도 · 항복강도 확인

(2) 후매입공법(나중매입공법)

① 기초 타설 후 해당부위를 천공하여 앵커볼트를 설치하는 공법
② 소규모 단층건물에 적용

(3) 병용매입공법(가동매입공법)

① 앵커볼트 상부조정이 가능하도록 매입하는 공법

② 깔대기 내에 앵커볼트를 위치시키고 기초 콘크리트 타설

- 타설 · 양생 후 상부 위치조정 및 그라우팅

③ 중소층 건축물에 적용

④ 앵커볼트 위치 수정 용이

2. 베이스모르타르(Base Mortar = Pad Mortar) 설치

▶ 베이스모르타르 설치공정은 주각 모르타르 바름과 그라우팅 공정을 포함한다.

▶ 공법에는 선설치공법, 후설치공법, 병용공법 등이 있으며, 고층건물에는 병용공법을 적용한다.

(1) 선설치공법

① 기둥설치 전, 주각상부 전면에 모르타르를 바르는 공법

② 소규모 건축물에 적용

③ 패드레벨 정밀시공

(2) 후설치공법

① 기둥설치 후, 베이스플레이트 하부에 모르타르를 충전하는 공법

② 기둥 하부의 수평도는 레벨 조정용 너트 이용

③ 소규모 건축물에 적용

④ 뒷채움 전까지 앵커볼트와 가설용 쐐기만으로 강구조기둥 지지

(3) 병용설치공법

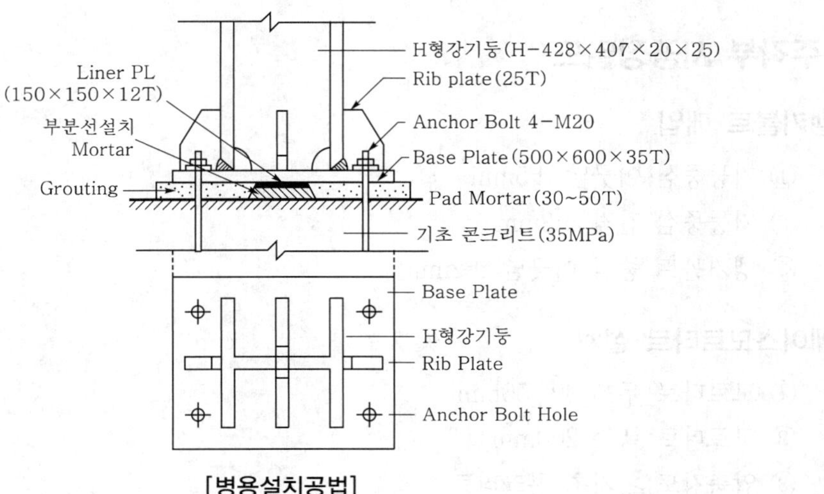

[병용설치공법]

▶ 기둥설치 전 · 후로 모르타르의 바름과 그라우팅을 병행하는 공법이다.

▶ 주각 중앙부에 모르타르 선행바름을 하고, 정밀도가 요구되는 고층건축물에 적용한다.

중앙부 바름 ➡ 기둥 조립 ➡ 앵커볼트 조임 ➡ 그라우팅

① 기초상부 Chipping, 모르타르 부착강도 고려
② 중앙부 모르타르 선행바름 및 양생
  • 소요 레벨의 된비빔 모르타르(1 : 2)를 중앙부에 바름
  • '+', 원형, 각형의 200mm 각, 또는 ∅200 이상 크기일 것
  • 상부에 강판(Liner Plate, 150×150×12T) 설치 후 레벨 확인
  • 3일 이상 양생, 충격 및 변형 방지
③ 첫 절 기둥 조립·교정 후 베이스플레이트 측면에 거푸집 설치
④ 주변부에 무수축 모르타르 그라우팅·양생
  • 일사보양, 동절기 보온 철저

3. 앵커볼트 조임

① 강구조기둥 조립, 조립교정(다림보기) 후 너트 조임
② 모든 앵커볼트에 균일장력 도입
③ 공사시방에 따라 최소·최대 조임력값, 조임방법 적용
  • 조임방법 지정이 없을 경우 너트 회전법 적용
  • 너트 밀착상태 확인 후 30°만큼 회전
④ 조임너트 풀림 방지
  • 2중 너트 또는 스프링와셔 사용

Ⅳ 주각부 시공정밀도

1. 앵커볼트 매입

① 기둥중심 어긋남 ±5mm
② 기둥중심 간격 ±3mm
③ 앵커볼트 중심 어긋남 ±2mm

2. 베이스모르타르 설치

① 모르타르 두께 30~50mm
② 모르타르 폭 ≥ 200mm
③ 압축강도 ≥ 기초 콘크리트
④ 베이스플레이트 밀착오차 ≤ 3mm

2202 접합부 시공

I 개요

① 강구조물 접합부는 단위부재 간의 하중흐름을 연속시키는 부위로서 구조방식, 접합공법, 이음 및 교차방식에 따라 분류한다.

② H형강재의 동일부재 이음접합부와 이종(異種)부재 교차접합부에 대하여 부위별 시공방법을 설명한다.

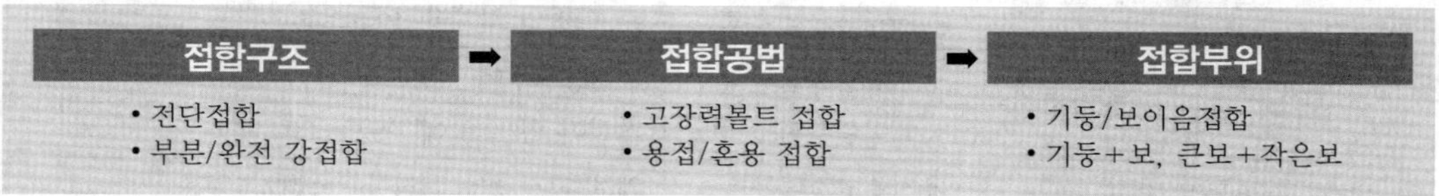

II 접합구조

1. 전단접합(Shear Connection)

① 전단력과 무시할 정도의 모멘트만을 전달시키는 접합
- 모멘트 저항력 0~20% 정도 부담

② 접합단부는 회전능력 구비, 소정의 비탄성변형 허용

③ 단순접합, 핀접합(Pin Connection)

2. 부분강접합(PR: Partially Reinforced Composite Connection)

① 전단접합과 강접합 사이의 모멘트 저항능력을 갖는 접합부
- 모멘트 저항력 20~90%

② 설계 시 전단접합과 강접합으로만 설계
- 실제구조물의 접합거동은 부분강접합 거동을 나타냄

③ 반강접합부(Semi-Rigid Connection)

3. 완전강접합(FR: Fully Reinforced Moment Connection)

① 무시할 정도의 상대회전변형만으로 모멘트를 전달시키는 접합
- 모멘트 저항력 90~100%

② 강도한계상태에서 접합부재의 각도를 유지하기 위한 강도·강성 보유

③ 강접합(Rigid Connection), 모멘트 접합(Moment Connection)

Ⅲ 접합공법

[접합공법 분류]

고장력볼트 접합		마찰접합	마찰면에 따라 1면, 2면 마찰접합으로 구분
		인장접합	볼트 인장력으로 부재를 접합
		지압접합	볼트 구멍의 여유를 작게 하여 지지압을 도입
용접	용접방법	수동 아크용접	소규모 현장용접, 가용접(조립용접)에 적용
		반자동 아크용접	대부분의 현장용접부에 적용
		자동 아크용접	주로 공장용접에 적용
		Electro Slag 용접	큰 단면의 부재용접에 적용
	모재개선	맞댐용접	개선용접부에 적용
		필릿용접	개선이 없는 곳에 적용
혼용 접합		용접+고장력볼트	웨브 고장력볼트 접합+플랜지 용접

1. 고장력볼트 접합

(1) 정의

① 고장력볼트 조임력으로 부재를 접합하는 방식

- 건축현장에서는 주로 TS볼트 사용

② 마찰접합, 인장접합, 지압접합 등으로 분류

③ 강구조물은 마찰접합 적용

④ 건물 층수가 많아질수록 고장력볼트 접합 비중 감소

(2) 특징

장점	• 피로강도, 접합부 강성 우수 • 불량시공부위 수정 용이 • 현장 접합설비 간단 • 화재위험, 너트풀림, 소음 등의 영향 적음
단점	• 볼트 구멍에 의한 단면결손 불가피 • 접합부 두께가 클수록 접합강도 저하 • 고온상태($60℃$ 이상)일 경우 작업 불가

2. 용접

(1) 정의

① 모재 개선부에 용접봉 또는 용접와이어의 용융금속을 충전하여 모재 접합

- 전기열원으로 공장용접은 직류, 현장용접은 교류전기 사용

② 용접기기에 따라 수동, 반자동, 자동, Electro Slag 용접으로 분류

- 현장용접에서는 주로 CO_2 반자동용접 채용

③ 용접방식에 따라 맞댐용접과 필릿용접으로 분류

(2) 특징

장점	• 접합부형상 간결(Compact), 후속마감재 아물림 양호 • 단면결손부가 없으므로 접합효율 우수 • 접합부 연속성 확보, 응력전달 확실
단점	• 용접품질 용접공의 숙련도에 좌우 • 전문 비파괴검사원 필요, 용접 시 불꽃비산에 의한 화재에 유의 • 큰 단면 용접변형 우려, 용접성이 우수한 강종 선택 필요

3. 혼용 접합

① 고장력볼트와 용접을 모두 사용하는 접합방식

② 웨브는 고장력볼트, 플랜지는 용접 적용

③ 고장력볼트 선조임 후 용접 시공

Ⅳ 접합부위

[접합부 유형]

이음접합부	• 동일부재 간의 단부를 접합한 곳 • 부재길이 연장, 기둥+기둥, 보브래킷+보, 보+보 등의 부위 • 하중흐름을 부재의 축방향으로 연속시킨 접합부 • 기둥 메탈터치부는 이음면 밀착 후 고장력볼트 접합 또는 용접
교차접합부	• 이종부재가 교차하는(맞닿는) 부분을 접합한 곳 • 기둥+보, 큰보+작은보, 기둥+가새, 보+가새 등의 접합부 • 부재단부와 다른 한 부재의 일부위(단부가 아닌 곳)와의 접합부 • 부재의 축과 다른 방향(각도)으로 하중흐름을 전달

1. '기둥+기둥' 이음접합부

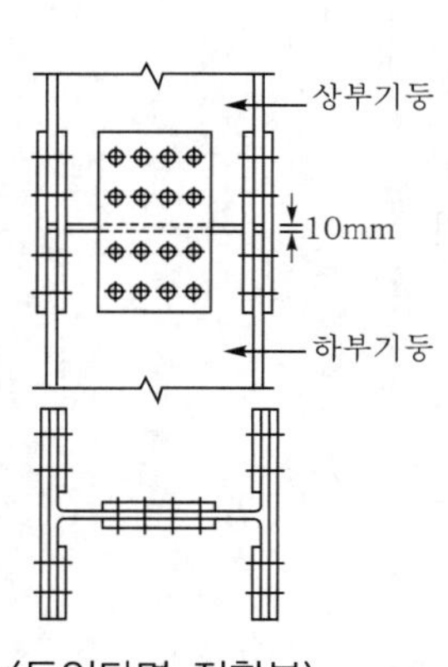

〈동일단면 접합부〉

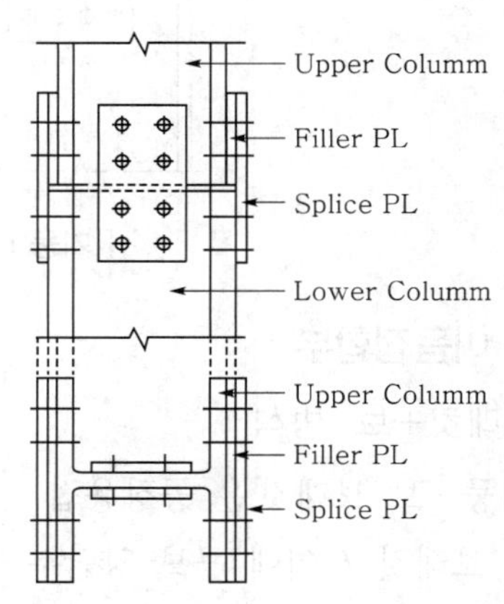

〈단면차가 있는 접합부〉

['기둥+기둥' 고장력볼트 접합]

(1) 고장력볼트 접합

① 웨브와 플랜지에 덧판[33]을 대고 고장력볼트로 접합
- 상자형 기둥에는 적용 불가

② 이음간격은 시공성을 고려하여 10mm 가량 유지

③ '상·하 단면차이 ≤ 30mm'인 경우
- 플랜지 두께차이 고려, 끼움판(Filler Plate) 설치 후 접합

④ '상·하 단면차이 > 30mm'인 경우
- 웨브 접속면에 맞댐판(Butt Plate) 설치 후 필릿용접

(2) 용접 접합

① 기둥 가조립 및 조립 수정
- 플랜지 이음부의 이렉션피스(Erection Piece)에 고장력볼트 체결

② 웨브 맞댐용접 선행 후 이렉션피스 해제

③ 플랜지에 뒷댐재 설치 후 맞댐용접 실시

(3) 혼용 접합

① 웨브에 이음판을 이용하여 기둥 가조립
- 이음간격 5mm가량 유지

② 조립수정 후 웨브의 고장력볼트 완전조임

③ 플랜지에 뒷댐재 대고 맞댐용접 실시

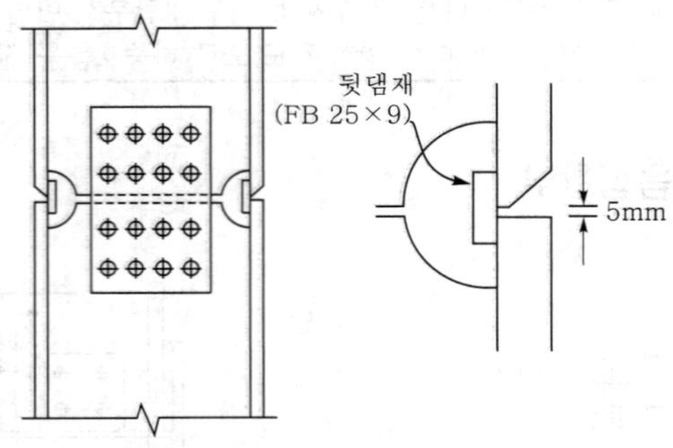

['기둥+기둥' 혼용 접합]

2. '보+보' 이음접합부

(1) '보 브래킷+보' 방식

① '기둥+보 브래킷'은 공장용접

② 보 브래킷 사이에 큰보 양단부 양중·거치

---

33) 덧판의 영문 표기는 'Splice Plate'이며, KDS 코드에서는 '이음판'으로 표기한다.

③ 조립·수정 후 도면에 따라 현장접합

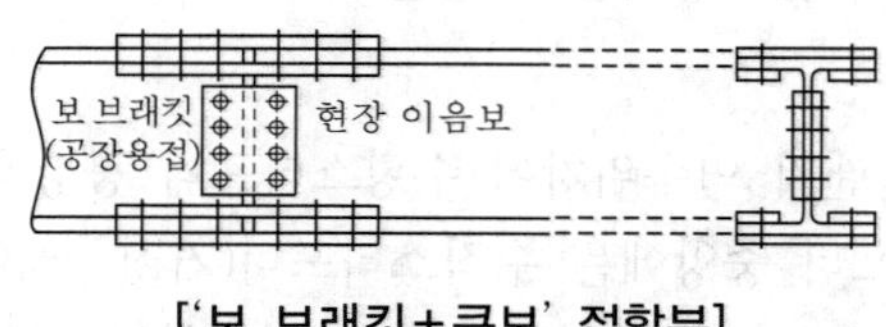

['보 브래킷+큰보' 접합부]

(2) '보+보' 방식(장스팬 보)

① 수송성 고려, 큰 단면의 장스팬 부재는 공장 분할제작

② 현장 반입 후 지상조립 및 접합

③ 일반적으로 '웨브–고장력볼트', '플랜지–맞댐용접' 적용

④ 지상작업 후 해당위치에 양중·접합

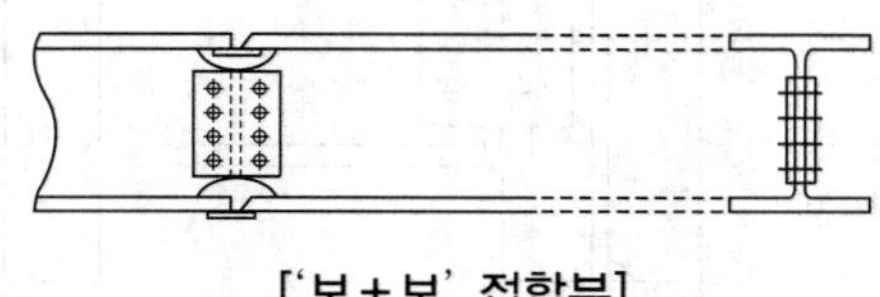

['보+보' 접합부]

3. '기둥+보' 교차접합부

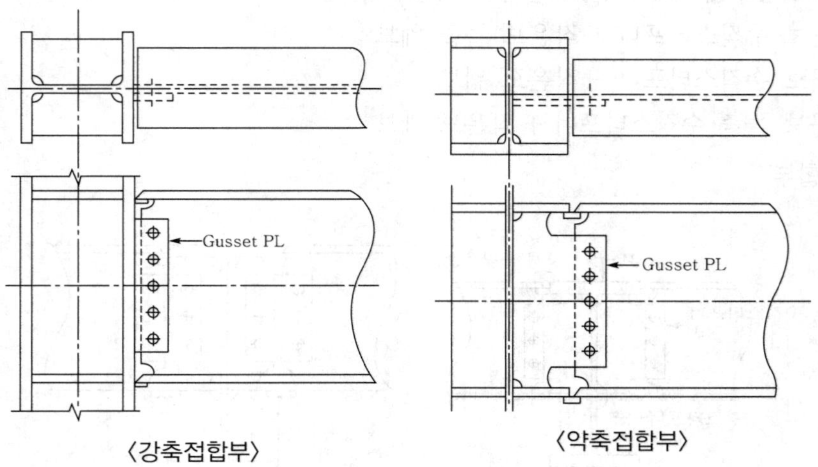

['기둥+보' 접합부]

(1) 강축접합

① 기둥 플랜지에 거싯플레이트(Gusset Plate) 공장용접

② 거싯플레이트에 보 웨브를 조립·수정 후 고장력볼트 완전조임

③ 보 플랜지에 뒷댐재 대고 맞댐용접

④ 하부 플랜지는 용접, 뒷댐재 제거 후 보강용접

⑤ 핀접합부는 웨브에만 고장력볼트 체결

(2) **약축접합**

① 기둥웨브의 보 플랜지 연속위치에 수평스티프너 공장용접

- 상하 수평스티프너 중앙에는 수직스티프너(거싯플레이트) 공장용접

② '거싯플레이트–보 웨브' 조립·수정 후 고장력볼트 완전조임

③ 전용접(全鎔接) 적용 시 '거싯플레이트–보 웨브' 접속부에 현장 필릿용접

4. '큰보 + 작은보' 교차접합부

(1) **핀접합부**

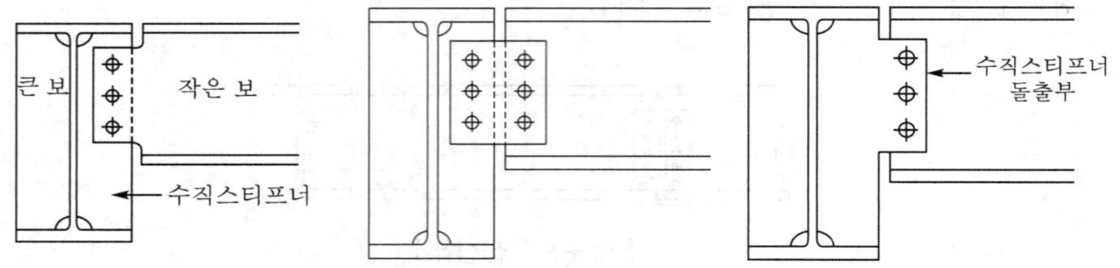

[핀접합부: '큰보 + 작은보']

▶ 다음 접합부에 고장력볼트 접합을 적용한다.

① 큰보 수직스티프너 + 작은보 돌출 웨브

② 큰보 수직스티프너 + 작은보 웨브

③ 큰보 돌출 수직스티프너 + 작은보 웨브

(2) **강접합부**

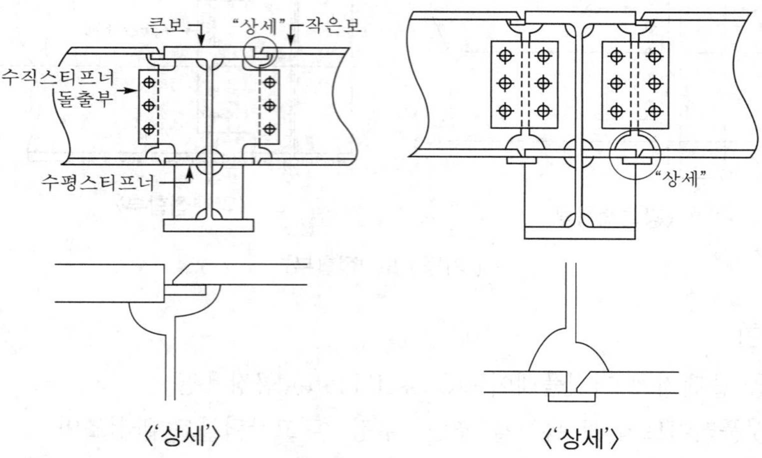

[강접합부: 큰보 + 작은보]

▶ 다음 중 한 가지 유형을 선택한다.

① '큰보의 수직스티프너 돌출부 + 작은보 웨브'를 고장력볼트 직접 접합
- 작은보 상부플랜지는 큰보의 상부플랜지에 맞댐용접
- 작은보 하부플랜지는 큰보의 수평스티프너에 맞댐용접

② '큰보 수직스티프너 + 작은보 웨브'에 덧판 대고 고장력볼트 접합
- 작은보 상하플랜지는 큰보의 수평스티프너에 맞댐용접

---

tip 강구조 접합부 부실시공 대표 사례 10選

〈현장 용접부〉

No.	부실유형	문제점/대책
1	**용접 인력관리 미흡** – 용접관리자(시공자, 감리자) 용접지식 미흡 – 용접공 기량시험 부실: 1G 자세만 실시	• 부적격 용접공 현장투입 　– 용접공 기량시험: 1G, 2G, 3F 시험편으로 실시 • 용접품질 보증 곤란 　– 용접관리자: 용접 제반지식 숙지
2	**조립 가용접 규정 무시** – 엔드탭 모재에 용접 – G/PL 가용접 후 부재 조립·접합	• 용접부 응력전달 능력 손상 　– 엔드탭은 뒷댐재에 가용접, 모재에 가용접 금지 • 낙하사고 위험 및 고장력볼트 접합불량 　– 반드시 양면필릿으로 필릿용접 후 큰보 조립
3	**엔드탭 누락 및 불량** – 부재반입 시 부속철물 누락 – 플랫바(강대)를 절단하여 임의 대용	비드 시·종단부 불량 – 모재와 동일재질 및 두께로 공장가공 후 현장반입
4	**형식적 NDT** – 불량률과 무관한 용접검사 빈도 – 검사용역자 위주의 검사 실시 – 용접관리자 형식적 입회, 검사능력 부족	• 과도한 검사, 검사빈도 부족 발생 　– 품질성과에 따라 검사빈도 신축 적용 • 용접품질 신뢰도 저하 　– 용접실명제 실시, 검측기록 유지 　– 용접관리자의 NDT절차서 숙지 및 검사 입회
5	**예·후열 미실시** – 한랭조건 시 예·후열 미실시 – 작업자/관리자 예·후열 요령 미숙지	용접품질 저하, 저온균열 및 용접변형 발생 – 한랭 시 기준에 따라 예·후열 – 현장투입 전 용접인력에 대한 품질교육 실시

〈고장력볼트 접합부〉

No.	부실유형	문제점/대책
6	**마찰면 불량** – 마찰면 흑피 미제거 또는 방청도장	미끄럼계수 미달, 도입축력 미달, 볼트·와셔 공회전 – 마찰면 처리기준 준수, 반입검사 강화
7	**가볼트 본조임** – 고장력볼트 가조임 및 본조임	볼트 도입장력 불량: 윤활상태 변화, 나사산 손상, 과도한 축력이력 등 – 가볼트의 본볼트 겸용 금지, 가볼트는 반드시 제거할 것
8	**조임순서 미준수** – 1차조임 및 2차조임 미구분	체결응력 구속 부위 발생, 균일한 장력도입 불가, 응력집중 부위 발생(지연파괴에 취약) – 본조임 시 반드시 조임순서 준수할 것
9	**금매김 누락** – 1차 조임 시 금매김 누락	공회전 볼트·와셔 구분 불가: 핀테일 파단으로만 조임검사, 검사결과의 신뢰도 저하 – 1차 예비조임 후 전 수량 금매김 실시 후 검사 실시
10	**본조임 미구분** – 한 번에 완전조임 실시	마찰면 밀착불량, 볼트·와셔 공회전, 장력분포 불량 – 조임순서에 따라 1차 조임 후 2차 본조임 실시

2203 현장용접

Ⅰ 개요

1 강구조용접은 부재를 제작 · 가공하는 공장용접과 조립 · 접합을 위한 현장용접으로 구분하며, 현장용접은 주로 반자동용접을 채용한다.

2 현장용접은 작업여건의 제약이 많으므로 용접 품질요소를 고려하여 시방 및 절차서에 따라 정밀시공하고 육안 및 비파괴검사로 시공품질을 확인하여야 한다.

용접 분류	➡	품질요소	➡	현장용접	➡	내화피복
• 방법/목적/인력비중 • 형상/장소/패스		• 용접재료/용접인력 • 용접환경		• 맞댐용접 • 필릿용접		• 용접 전/용접 중 • 용접 후 점검

Ⅱ 용접 분류[34]

▶ SMAW, SAW, GMAW, FCAW는 아크용접, ESW는 특수용접으로 분류한다.

분류기준	세부내용
용접방법	SMAW, SAW, GMAW, FCAW, ESW
용접 목적	조립용접, 본용접, 보수용접
인력비중	수동용접, 반자동용접, 자동용접
모재개선	맞댐용접, 필릿용접
작업장소	공장용접, 현장용접
용접패스	단일패스용접, 다중패스용접

1. 용접방법에 의한 분류

▶ 용접재료 중 용가재와 실드재(공기차폐재)의 조합양식에 따라 분류한다.

(1) 실드메탈 아크용접(SMAW: Sheild Metal Arc Welding = 피복 아크용접)

① 용접봉-모재의 아크열을 이용하는 수동용접

• 용접봉 피복재는 아크 발생 시 보호가스 생성

② 용접장비 간편, 모든 자세로 용접 가능

③ 용접봉 교체, 저효율 생산성

④ 소규모 현장용접, 가용접(조립용접) 등에 적용

---

34) 강구조용접에서 스터드 용접은 강구조모재 간 접합이 아닌 콘크리트와 강구조의 합성용 전단연결철물의 접합이므로 이 분류에서 제외하였다. '2207 스터드 용접' 참조

(2) 서브머지드 아크용접(SAW: Submerged Arc Welding)

① 용접와이어-모재의 아크열을 이용하는 자동용접

• 용접부에 살포된 입상의 플럭스 속에 전극와이어 연속 공급

② 용접 중 산화 및 질화 방지 우수

③ 용접품질의 균일성, 신뢰도 양호

④ 아래보기자세에만 적용, 높은 개선정밀도 필요

⑤ 용제(Flux)[35]의 흡습 취약, 설비비 고가

(3) 가스메탈 아크용접(GMAW: Gas Metal Arc Welding = 가스실드 아크용접)

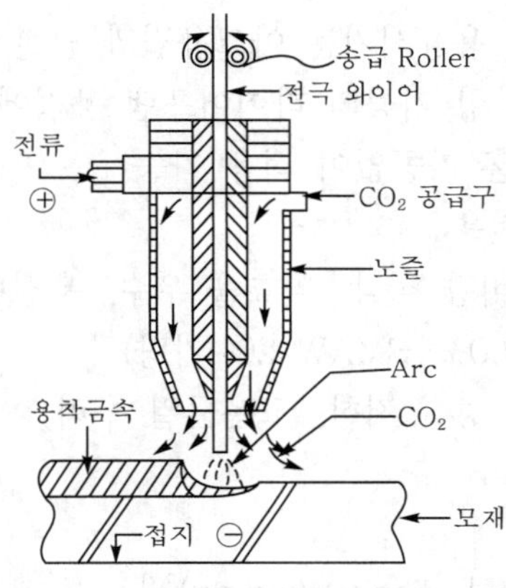

[GMAW 용접노즐 단면]

① 소모성 전극와이어-모재의 아크열을 사용하는 반자동용접

• 솔리드와이어(Solid Wire[36])와 공기차폐용 가스 사용

• 아크 조정과 용접와이어 공급은 자동, 토치이동은 수동

② 공기차폐용 가스 적용 유형

• 활성가스인 순수 CO_2가스

• He, Ar 등의 불활성가스(MIG, Metal Innert Gas)

• CO_2+Ar 혼합가스(MAG, Metal Active Gas) 등

③ FCAW와 더불어 6mm 이상의 후판 현장용접에 적용

(4) 플럭스코어드 아크용접(FCAW: Flux Cored Arc Welding)

① 용접와이어 중심에 플럭스가 충전된 것[37]을 사용하는 반자동용접

② GMAW보다 우수한 작업능률로 현장 적용사례 증가

• FCAW의 자체 차폐성능과 GMAW의 와이어방식 조합

---

35) 용접봉을 피복하거나 용접와이어의 중공부에 충전, 또는 분말상으로 용접부에 포설하여 사용하며, 유해공기 차단, 합금 및 탈산물질 공급 등의 역할을 하는 용접재료이다.
36) KS D 7106 내후성강용 탄산가스 아크용접 솔리드와이어
37) KS D 7104 연강, 고장력강 및 저온용 강용 아크용접 플럭스코어선

③ 플럭스 사용으로 용접금속 재질 개선, 보호가스 불필요

④ 수직상진(上進)용접에서 고전류 사용으로 용접효율 우수

(5) 일렉트로슬래그 용접(ESW: Electro Slag Welding)

① 용융슬래그로 통전된 전류저항열을 이용하는 자동용접

- ESW 용접원리

  - 용접부에 입상의 플럭스를 살포하고 아크 발생
  - 플럭스가 용융슬래그 상태가 되면 아크 소멸: 아크열은 플럭스만을 용융시키고 꺼짐
  - 용융슬래그의 열전도로 용착금속을 생성하면서 상향 충전
  - 고온일수록 열전도성이 상승하는 원리를 이용

- 아크열로 용가재를 용융시키는 아크용접과 근본적으로 상이

② 큰 단면의 부재, 상자형 기둥의 다이어프램 용접에 적용

③ "I"형 가스절단면에 홈 가공없이 적용 가능

- 단층 수직용접에 전용

④ SAW보다 플럭스 소비량 절감, 열효율 우수, 용접변형 저감

- 열효율 80%(SAW 60%, SMAW 20%가량)

⑤ 큰 노치인성, 기계적 성질 저하, 고온균열 우려

2. 용접 목적에 의한 분류

(1) 조립용접(가용접, 임시용접, Tack Welding)[38]

① 강구조부재 조립·수정 후 본접합 전에 실시하는 용접

- 조립, 운반, 본용접 시 형상 유지 및 본접합 품질 고려

② SMAW, GMAW 용접법 적용

- SMAW 적용 시 저수소계 용접봉 사용

  - 판두께 25mm 이상의 SS275, SM275과, SM315 이상의 고장력강 등

③ 뒷댐재 및 엔드탭 조립용접

- 루트간격 유지, 모재 밀착 후 조립용접 실시

④ 조립용접 시공표준

- 모재두께(두꺼운 쪽 기준)별 비드길이

모재두께*	인장강도(MPa)	최소 비드길이(mm)	
		수동·반자동용접	자동용접
t ≤ 25	500 미만	40	50
25 〈 t ≤ 50	500 미만	50	70
모든 두께	500 이상	50	70

- 각장 ≥ 4mm, 비드간격(피치): 300~400mm

---

38) KCS 143120 3.1.2 조립 가용접

⑤ 조립용접 주의사항

> • 본용접과 동등한 기능공이 실시할 것
> • 용접봉은 본용접 시보다 약간 가는 것을 사용
> • 본용접과 같은 온도에서 예열
> • 모서리, 비드 끝부분을 피할 것

(2) 본용접

① 조립용접 후에 실시하는 용접

② 설계도면, 시공상세도, 용접절차서(WPS)에 따라 정밀시공

③ 본용접 후 반드시 육안으로 전수검사

④ 검사계획(ITP, Inspection Test Plan)에 따라 비파괴검사
  • 검사빈도와 판정기준은 시방서 규정 적용

3. 인력비중(참여도)에 의한 분류

작업항목	수동용접	반자동용접	자동용접
아크길이 조정	인력	기계	기계
용가재 공급	인력	기계	기계
토치이동(운봉)	인력	인력	기계
용접선 추적	인력	인력	기계

(1) 수동용접

① 인력으로 모든 조작항목 진행

② SMAW에 적용

(2) 반자동용접

① 토치이동과 용접선 추적만을 사람이 담당, 용접와이어 송급은 자동식

② GMAW, FCAW에 적용

③ 반자동용접의 장단점

장점	• 용착속도 신속, 용착률 우수, 고능률, 플럭스 없고 실드가스 저렴 • 스패터·슬래그 소량, 가는 와이어 사용, 박판용접·모든 자세 적용 가능 • 저수소용접으로 품질 우수
단점	• 바람에 의한 실드불량 우려, 각종 결함 유발 • 옥외적용 및 비드외관 불리, 자동장비 및 혼합가스 필요

(3) 자동용접

① 모든 항목을 기계가 자동으로 조작

② SAW, ESW에 적용

4. 용접형상에 의한 분류

(1) 맞댐용접(Butt Welding)

　　① 용접부에 홈(Groove)을 가공(개선)하여 용접
　　② 완전용입용접과 부분용입용접으로 구분
　　③ 기둥+기둥, 기둥플랜지+보플랜지, 보플랜지+보플랜지 접합부
　　④ 건축현장은 베벨형(한면 경사형)·K형 적용
　　　　• 베벨형은 보·기둥 플랜지, K형은 기둥 웨브 용접부에 적용

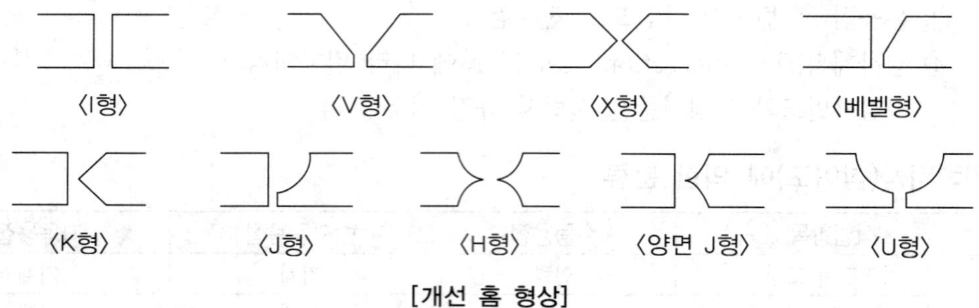

[개선 홈 형상]

(2) 필릿용접(Fillet Welding)

　　① 홈가공 없이 밀착부재의 해당부위에 용접
　　② 현장용접에서는 주로 거싯플레이트 용접에 적용

5. 용접장소에 의한 분류

(1) 공장용접

　　① 전문 용접인원과 설비여건 우수
　　② 반자동용접 외에도 자동용접 가능
　　③ 아래보기 자세용 공장설비 구비
　　　　• Positioner, Turning Roller, Welding Manipulator 등

(2) 현장용접

　　① 공장용접보다 기후영향에 민감
　　② 비정형·초고층 건축물일수록 수송성을 고려하여 현장용접 비중 증가
　　③ 강우, 강설, 강풍 시 용접 곤란
　　④ GMAW, FCAW 등의 반자동용접 채용

Ⅲ 품질요소

1. 용접재료

(1) 모재

 ① 모재의 용접성(Weldability)

  • 영향요소: 탄소당량, 모재두께, 합금

   원소량, 열전도율, 열신축률 등

  • 용접 가능한 KS 규격 강종: SS400, SM, SN, SHN재 등

 ② 반입검사 시 가공품질 확인

  • 개선 가공면의 거칠기, 노치깊이, 각도, 형상, 스캘럽 적정성 등

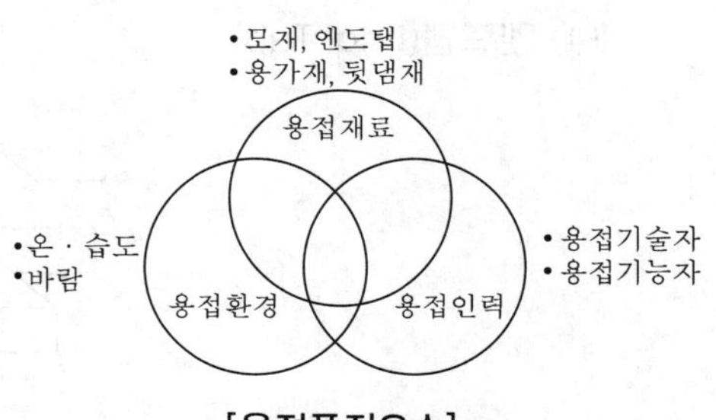

(2) 용가재(鎔加材, Filler Metal)

 ① 아크열로 용융되어 용접부에서 용착금속을 형성하는 금속재료

 ② 용접봉과 용접와이어로 구분

 ③ 모재 재질, 용접조건을 고려하여 적정 용가재 선정

  • '용가재강도 ≥ 모재강도'일 것, 설계 시에는 모재강도로 해석[39]

 ④ 보관 시 건조상태 유지 및 습기 노출 방지

(3) 공기차폐(Shield)재

 ① 아크 안정, 가스 발생, 슬래그 생성, 합금 첨가, 고착 · 탈산 작용 유도

 ② 공기로부터 용착부 보호, 용접금속의 산화 · 질화 방지

[공기차폐재 유형]

플럭스	피복형	• 용접봉 표면에 피복(SMAW) • 용접와이어 중심부에 충전(FCAW)
	분말형	• 개선홈에 분말형의 플럭스로 포설(SAW, ESW) • 아크 발생 시 보호가스 생성
차폐가스	이산화탄소(CO_2)	• 넓은 비드 폭과 깊은 용입에 적합 • 용접속도 우수, 가격 저렴 • 아크가 거칠고 스패터 발생량이 많음
	아르곤(Ar)	• 아크 안정성 우수, 종 모양의 비드 형성 • 스패터 소량, 좁고 깊은 비드 형성에 유리
	헬륨(He)	• 고온 입열로 용융성 양호, 용접속도 우수 • 열전도성이 높고 타원형 비드 형성 • 다량의 스패터와 거친 외관, 높은 가격

 ③ 플럭스형과 차폐가스형으로 분류

 ④ 플럭스형: SMAW 및 FCAW에 적용

 ⑤ 차폐가스형: GMAW에 적용

---

39) 건축구조기준(2009), '0701.4.3.2 접합재료의 강도'/ '0710.2.5 설계강도(해설)' 참조

(4) 엔드탭(End Tab)

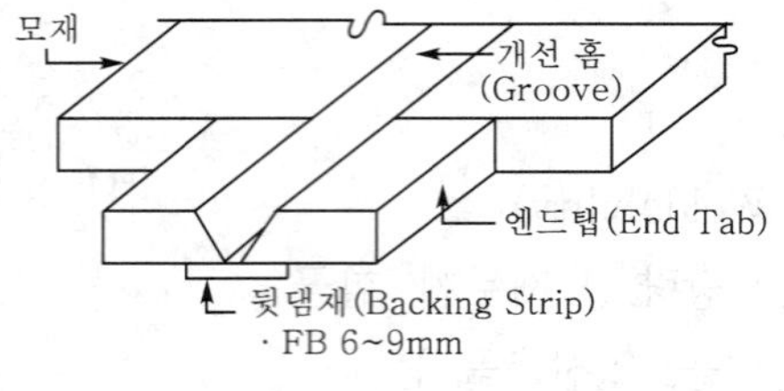

[엔드탭]

① 비드40) 시·종단의 용접품질을 고려하여 덧대는 철물
② 재질, 개선각, 루트갭 등은 모재와 동일할 것
  • 용접성은 모재 이상일 것
③ 뒷댐재와 조합하여 모재에 설치
  • 모재에 가용접 금지, 뒷댐재에 부착, 부착면 틈새 방지
④ 시·종단 연장길이 ≥ 50mm, 비드 내 크레이터 방지
⑤ 제거 시 모재 손상방지
  • 모재에서 5mm 남기고 가스절단 및 디스크샌더 마감처리

(5) 뒷댐재(뒷댐쇠, Backing Plate, Backing Strip)

① 용착금속 누출 방지와 완전용입을 위해 용접부 뒷면에 설치하는 재료
② 평철(Flat Bar), 또는 자착형 세라믹재 사용
  • 뒷댐재 폭 = 모재두께의 2배가량
  • 원칙적으로 판두께는 9mm 이상 평철 사용
  • 9mm 미만일 경우 공사감독원 승인 후 사용
③ 개선홈 하단에 밀착 설치, 틈새 ≤ 5mm
④ 루트 내에 가용접 고정, 저수소계 용접봉 사용, 제작자가 1명 이상 임명

2. 용접 인력

(1) 용접업무 조정담당자

① 지식41)과 능력이 입증된 자로서 제작자가 1명 이상 임명
  • 공인자격자이거나 공사감독자가 승인한 자일 것
  • 강구조, 용접금속, 용접시공에 관한 전문지식과 경험 소유자
② 용접 시공계획, 용접사 감독 및 지도 등의 업무 조정과제 수행

---

40) 용접 Pass의 결과 생성되는 용착부, Pass는 용접 진행 방향으로의 용접조작을 의미한다.
41) 용접기술 관련지식은 품질관리구분 및 강종과 판두께에 따라 '기초지식', '세부지식', '포괄지식'으로 구분한다
    (KCS 143120 표1.5-1 용접업무 조정담당자의 관련지식 구분). 건축현장에 필요한 담당자에게는 품질관리구분
    "다"에 해당하는 강종과 판두께 부문에서 '포괄지식'이 필요하다.

> **〈업무내역: KCS 143120 1.5.2 용접업무조정담당자(3)〉**
> 용접업무 조정담당자의 기술관련 지식 구분 및 업무 내역은 KS B ISO 14731에 따른다. 용접업무 조정담당자의 업무 내역은 계약, 설계검토, 모재 및 소모품, 하청계약, 생산계획, 장비, 용접작업, 시험, 용접 승인, 문서화 등의 활동에 관련된 명세 또는 준비, 업무조정, 통제관리, 검사 및 점검 또는 입회의 임무와 책임을 포함한다.

③ 용접기술인으로 용접기능인(용접사)과 구별[42]

④ 공사감독자, 용접사 등과 협력·지원을 통한 의사소통 능력 필요

　• 수급자 및 감독자 조직에도 동동 이상의 능력자 보유 필요

(2) 용접사

① 공장 또는 현장에서 용접작업을 수행하는 기능인

② 2년 이상의 경험과 유자격자로서 제작자 자체 검증시험 확인자

③ 해당분야 용접법 6개월 이상 미적용 시 재검정

④ 용접과정 입회 및 의사소통 역할 수행

⑤ 용접사별 작업실적 기록유지 및 피드백 필요

　• 검정일자 및 결과, 용접부위, 합부판정 등급, 불합격 내용 등

(3) 비파괴검사자

① 용접부 비파괴검사를 수행하는 기술자

　• 자분탐상, 액체침투탐상, 초음파탐상 등

② 제작자가 선임, 유자격자로 5년 이상의 경력자일 것

③ 비드품질에 등급 부여, 결함 원인에 대한 분석 및 설명 능력 필요

3. 용접환경

(1) 온·습도

① '기온 ≤ −5℃'일 경우 용접 금지

② '기온 −5~5℃'일 경우 예열 후 용접

　• 용접비드 양측 100mm 및 아크 전방 100mm 범위에서 예열

③ '모재 표면온도 < 0℃'일 경우 20℃ 이상 예열

④ 강설 및 강우 시 용접 금지

　• 기공·균열 발생 고려, 모재표면 및 틈새의 수분 제거

(2) 바람

① 바람에 의한 가스실드 불량 고려

② 가스실드 아크용접(GMAW) 시 '풍속 ≥ 2m/s'이면 용접 금지

③ 유해풍속 시 방풍조치 후 용접

---

42) 기술인은 관리업무를 수행하며, 기능인은 작업을 담당한다는 측면에서 업무에 대한 역할을 구별한다.

Ⅳ 현장용접 유형

1. 맞댐용접(Groove Welding)

(1) 완전용입용접(CJP: Complete-Joint-Penetration Groove Weld)

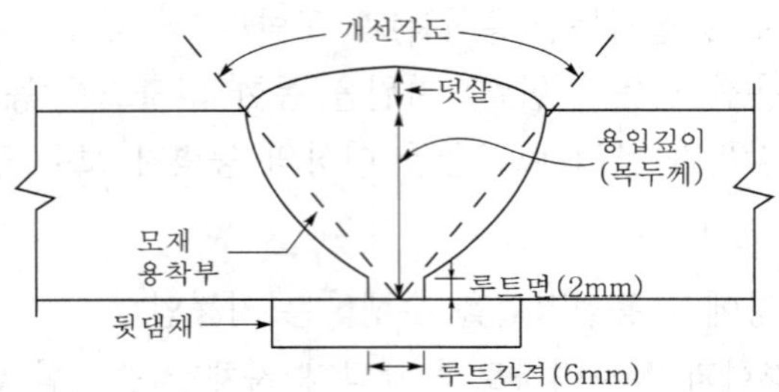

① 용착금속의 용입깊이를 유효목두께 이상으로 하는 맞댐용접
- 완전용입용접은 편측용접과 양면용접으로 분류
② 편측용접(One-Side 용접)
- 가우징 후 이면용접, 가우징 곤란 시 뒷댐재 적용
③ 양면용접
- 후판용접에서 양호한 용입과 변형저감을 기대할 경우에 적용
④ 모재두께와 폭이 다를 경우
- 차이 ≤ 4mm: 용접금속 표면에서 경사면 처리
- 차이 > 4mm: 두꺼운 모재를 1/2.5 이하의 기울기로 절삭
⑤ 용접덧살(a)
- '판두께 ≤ 40mm'이면 '$0 \leq a < 0.25t$'
- '$t > 40$mm'일 때 10mm

(2) 부분용입용접(PJP: Partial-Joint-Penetration Groove Weld)
① 용착금속의 용입깊이를 유효목두께 미만으로 하는 맞댐용접
② 반드시 감독 및 감리원의 승인 후 적용
③ 유효목두께(GMAW, FCAW)
- 개선깊이와 동일하게 적용, 하향·수평 자세 및 개선형상은 베벨형

(3) 시공기준
① 잔류응력과 변형을 고려한 홈 형상일 것
② 용접 유효면적 = 유효길이×유효목두께
③ 유효길이 = 용접비드 길이
- 엔드탭 적용 시 맞댐용접 총길이, 미적용 시 모재두께 2배 공제한 값
④ 용접 유효목두께
- 모재 중 얇은쪽 판두께 기준

2. 필릿용접(Fillet Welding)

(1) 필릿 유형

분류	필릿 유형
이음형상	겹침이음, T형이음, 모서리이음, 끝동이음
비드 배치	연속양면, 연속1면, 단속병렬, 단속엇배치
하중 방향	전면, 측면

① 모재 이음형상, 비드 배치, 하중방향에 따라 분류

② 주로 T형이음과 연속양면필릿 적용

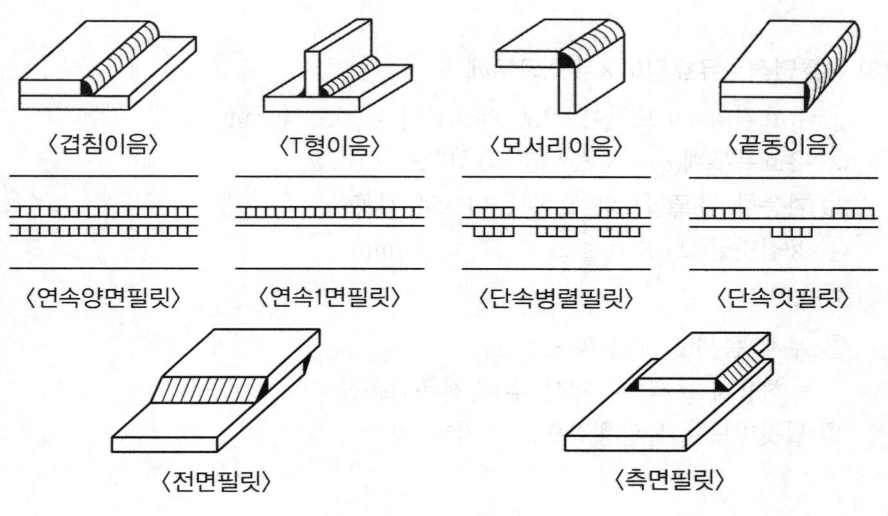

[필릿 유형]

(2) 필릿사이즈(S) [43]

① 최소사이즈: 3~8mm, 최대사이즈 ≤ 얇은 쪽 모재두께(t)

② 필릿사이즈 허용차: $0 \leq \Delta S \leq 0.5S$, 5mm

(단위: mm)

최소사이즈		최대사이즈
모재두께(t) ≤ 6	3	$S = t$
$6 < t \leq 13$	5	
$13 < t \leq 19$	6	$S = t - 2$
$19 < t$	8	

---

43) KDS 143025 4.2.3 필릿용접

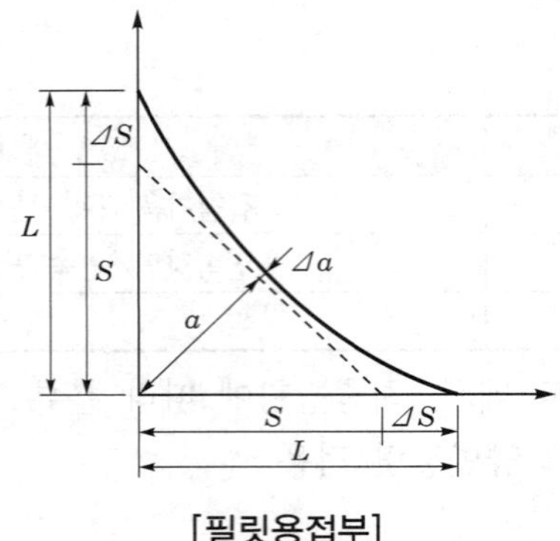

[필릿용접부]

(3) 유효면적＝유효길이×유효목두께

　① 유효길이＝비드길이−$2S$, 유효길이 $\geq 10S$, 40mm

　② 유효목두께$(a)= S\,\mathrm{Sin}45° = 0.707S \fallingdotseq 0.7S$

　③ 가능한 볼록형보다 오목형 비드로 시공

　④ 용접덧살(Δa): $0 \leq \Delta a \leq 0.4S$, 4mm

(4) 기타

　① 부재 틈새(e) 허용차 $\leq$ 2mm

　　• 허용차 초과 시 개선 후 완전용입용접

　② 필릿비드는 돌림용접으로 마감할 것

Ⅴ 단계별 점검사항

1. 용접 전 점검

(1) 설계도서 및 시공계획서

　① 부재조립, 용접, 검사 등의 작업공간

　② 공장용접 비중 증대 및 현장용접 최소화

　③ 부위별 용접자세: 아래보기자세, 수직보기자세, 수평보기자세 등

　④ 모재두께, 용접개소, 용접선 집중부위

　　• 편심하중, 응력집중, 잔류응력, 모멘트 영향 등

(2) 조립상태 · 재료 · 기기

　① 모재 조립정밀도 상태: 루트간격

　② 거싯플레이트 필릿용접 및 고장력볼트 체결상태

　　• '기둥플랜지＋거싯플레이트' 부위의 필릿용접부

　　• '거싯플레이트＋보 웨브'의 고장력볼트 접합부 등

　　③ 뒷댐재 · 엔드탭 누락 유무 및 조립용접 상태
　　④ 용접와이어 규격, 용접기 준비상태
　　⑤ 용접부 이물질 제거: 흑피, 녹, 도료, 기름, 물
　　　• 미제거 시 기공 · 균열 발생

(3) 용접인력 및 작업환경

　　① 용접업무조정 조정담당자, 용접사 배치상태
　　② 용접사 기량 및 자격, 용접사별 작업부위 확인
　　　• 용접사 관리대장, 시공계획서 등으로 확인
　　③ 당일 기후 점검, 온도 · 습도 · 풍속 등
　　　• 일기예보 확인, 필요시 예열 및 방풍조치 강구

2. 용접 중 점검

2.1 모재 예열

(1) 예열조건

　　① 탄소당량 > 0.44%
　　　• 탄소당량식에 밀시트상의 함유성분을 대입하여 산정
　　② 상온의 최고경도 > 370
　　③ 표면온도 ≤ 0℃

(2) 예열온도

　　① 최소예열온도 및 층상온도: 용접절차서 지정값 적용
　　　• '모재 표면온도 < 0℃'일 경우 최소예열온도 20℃
　　② 또는 표준시방 기준 적용: 강종, 용접방법, 판두께에 따라 구분
　　　• GMAW · FCAW 최소예열온도 50℃[44], 절차서 규정값이 없을 경우에 해당
　　③ 최대예열온도 213℃
　　④ 다층용접 시 제2층 이후 층상예열 생략 가능

(3) 예열방법

　　① 전기저항가열, 가스버너가열 사용
　　② 용접선 중심으로 양측 각각 100mm 예열
　　③ 온도계측은 용접선에서 75mm 이격, 표면온도계 및 온도쵸크 사용
　　④ 가스가열 시 개선면 직접가열 금지
　　　• 아크 그을음은 NDT에서 결함으로 탐상
　　⑤ 용접 중 최소예열온도 이상 유지할 것

---

44) 현장에서는 GMAW 및 FCAW 등 반자동용접을 적용하며 최소예열온도는 KCS 코드에 따라 50℃이다.

2.2 운봉법

(1) 전류 · 전압 조정

① 용접 직전 전류 및 전압 적정수준으로 조정

② 전류는 와이어 송급속도에 영향, 과전류 방지

- 과전류: 언더컷, 과대덧살, 거친 표면, 비드폭 · 용입량 증가 우려

③ 전압은 와이어 용융속도에 영향

④ 모재두께(홈깊이)에 따라 전류크기 조정

⑤ 용접와이어가 나오면서 바로 녹도록 전압과 전류 조정

(2) 토치각도 및 아크길이

① 토치각은 용접부에 대하여 수직각 유지, 예각일 경우 불량 발생

② 아크길이는 입열량에 영향, 아크길이 가능한 짧게 유지

- 아크 발생은 용접부 내에서 실시

③ 8자 위빙(Weaving)[45] 유지, 용융금속의 중력작용에 의한 표면수축 고려

④ 와이어의 용융상태를 보면서 운봉, 토치각도와 아크길이 유지

⑤ 용접기 정격전류에 따라 기기 사용법 준수

- 용접기별 사용간격 참조(용접 및 냉각 시간간격)

2.3 용접자세

▶ 용접자세는 맞댐용접과 필릿용접별로 각각 4가지 유형이 있으며, 건축현장은 1G, 2G, 3F 등 3가지 자세만을 적용한다.

(1) 맞댐용접부(G: Groove)

① 1G: 아래보기자세(Flat Position)~보＋기둥

② 2G: 수평자세(Horizontal Position)~기둥＋기둥

③ 3G: 수직자세(Vertical Position)

④ 4G: 위보기자세(Overhead Position)

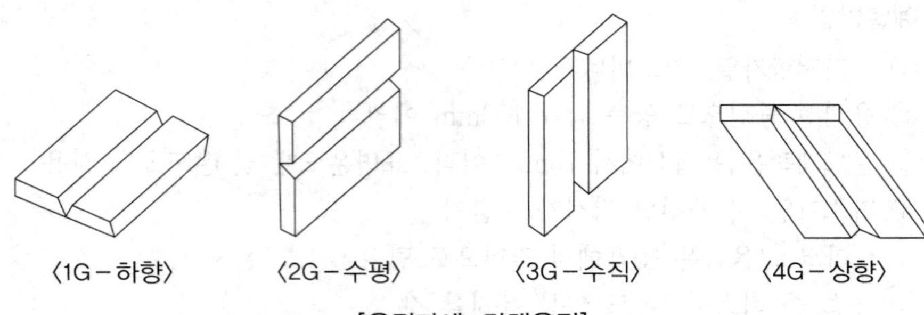

[용접자세: 맞댐용접]

---

45) 위빙(Weaving): 용접방향에 대하여 용가재를 옆으로 엇갈리게 움직이면서 용접하는 방법

(2) 필릿용접부(F: Fillet)

① 1F: 아래보기자세(Flat Position)

② 2F: 수평자세(Horizontal Position)

③ 3F: 수직자세(Fillet Vertical Position)~기둥+거싯플레이트, E/PL+G/PL

④ 4F: 위보기자세(Overhead Position)

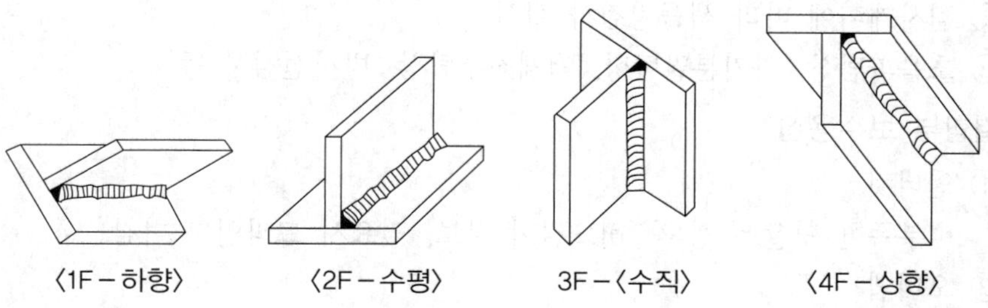

[용접자세: 필릿용접]

2.4 유의사항

① 적정 진행방향 채용, 용접부 변형 및 잔류응력 고려

• 전진법, 후진법, 대칭법 등

전진법 Progress Method	• 용가재가 토치 앞을 진행하는 용접법 • 용접선이 짧고 변형 및 잔류응력이 작을 때 적용
후진법 Back Step Method	• 용가재가 토치 뒤를 따라 진행하는 용접법 • 잔류응력 저감후판 용접에 적용, 잔류응력 균일
대칭법 Symmetric Method	• 용접선을 분할하여 비드 중앙에 대하여 대칭으로 용접 • 변형 및 잔류응력 최소화
비석법 Skip Method	• 용접선을 띄어서 용접하는 방법 • 변형·잔류응력에 유리하지만 능률 저하. 비드 시종점 결함 우려

② 다층용접[46] 시 빌드업법, 캐스케이드법, 블록법 적용

빌드업법 Build Up Sequence	• 용접 전 길이에 대하여 각 층을 연속하여 용접하는 방법 • 한랭 시, 구속 클 때, 판두께가 클 때 첫 층 균열 우려
캐스케이드법 Cascade Sequence	각 비드의 일부를 인접 비드위에 겹쳐 용착하는 방법
블록법 Block Sequence	• 짧은 용접길이로 표면까지 용착하는 방법 • 첫 층 균열이 우려될 경우 채용

③ 비드 교차 및 폐합 부분 누락 방지, 당일 중 조립 부분 용접 완료

④ 패스별 슬래그 청소 철저, 슬래그 망치 사용

• 패스(Pass): 용접선을 따라 실시하는 1회의 용접작업 또는 그 궤적

⑤ 구조물 중요 부분이 비드 시종점이 되지 않을 것

---

46) 여러 회의 Pass로 비드를 형성시키는 용접(↔ 단층용접, One-Pass 용접)

3. 용접 후 점검

(1) 육안검사

① 용접부 전수검사

② 용접부 표면형상, 각장부족, 용접누락 등

(2) 비파괴검사

① 검사계획에 따라 샘플링검사 실시

② 초음파탐상, 자기분말탐상, 액체침투탐상, 방사선검사 등

(3) 결함부 보수용접

① 언더컷

- 부족한 덧살 수정 후 비드길이 확보, 필요시 그라인더 마감

② 오버랩

- 과대한 용접덧살 제거 후 그라인더 마감

③ 피트

- 아크에어가우징, 그라인더 등으로 제거 후 보수용접

〈가우징법〉
- **가스가우징**
  - 산소-아세틸렌 불꽃 가열, 고압산소를 불어서 산화비산에 의해 홈 형성
  - 소음이 크고 깊은 홈파기 곤란, 변형 및 균열 우려
- **아크에어가우징**
  - 아크열로 용융된 금속부위를 압축공기로 제거, 저소음이며 능률적, 좁은 곳 적용성 우수

④ 표면 및 내부 균열

- 균열 양단부 50mm 이상 범위에 홈을 설치하고 보수용접

⑤ 슬래그 혼입, 용입불량, 융합불량, 블로홀, 내부균열 등

- 아크에어가우징으로 양단부로부터 20mm 제거, 홈 설치 후 재용접

---

tip   Bead 형상

- 용접선을 따라 실시하는 1회의 용접작업 또는 그 궤적을 패스라고 하며, 1회의 패스로 만들어진 용접금속을 비드라고 한다.
- 용접선은 비드, 필릿용접 및 맞대기용접 방향을 표시하는 선이다.
- 운봉법에 따라 직선비드(Stringer Bead)와 위빙비드(Weaving Bead)로 구분한다.
- 전자는 직선상으로 놓는 비드로서 폭이 좁은 반면, 후자는 위빙의 횡운동에 의해 폭이 결정되므로 당연히 폭이 넓다.
- 일반적으로 그루브의 1층 째 용접에는 주로 직선비드로 용접하지만 표면 쪽으로 갈수록 그루브의 폭이 넓어지므로 위빙비드로 용접한다.

2204　용접결함

I 개요

① 용접재료 및 기술의 발전에도 불구하고 강구조용접부에는 불가피하게 다양한 유형의 결함이 발생하고 있다.

② 용접결함부위는 응력집중으로 피로균열 및 취성파괴의 원인이 되므로 용접 전부터 예방대책을 강구하고, 검출된 결함부위는 반드시 보수용접 후 품질을 재확인한다.

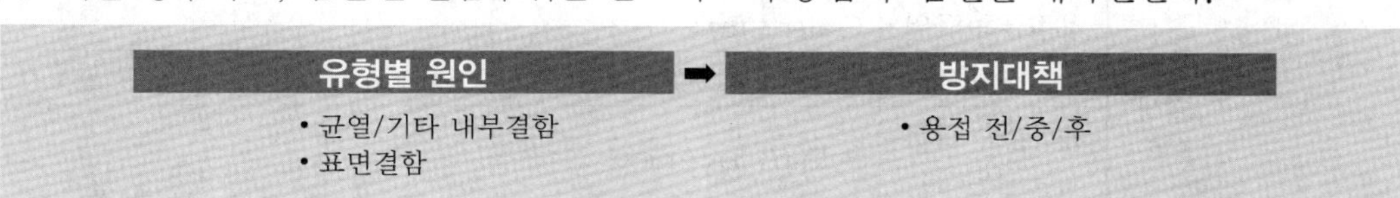

II 유형별 원인

▶ 결함위치에 따라 내부결함과 표면결함으로 구분한다.

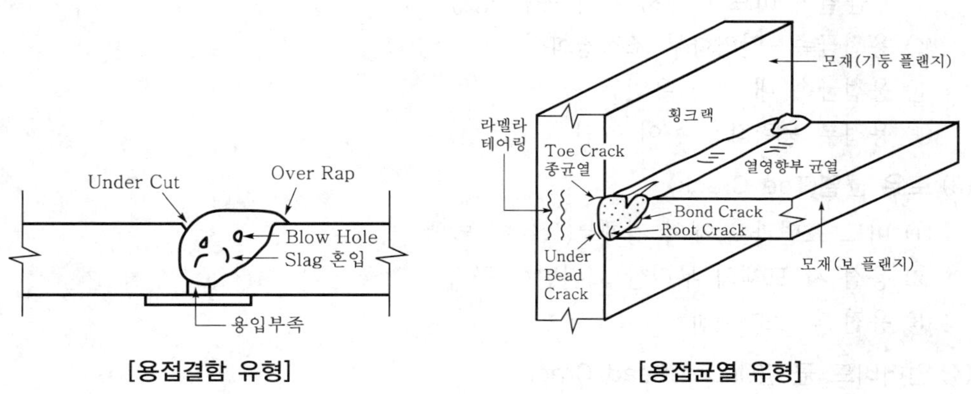

▶ 내부결함에는 균열, 슬래그 혼입, 용입부족, 융합불량, 용융부족, 기공 등이 있다.

1. 균열(Crack)[47]

(1) 크레이터 균열(Crater Crack)

① 용접패스 종료점에서 분화구 형상으로 발생하는 균열

② 고장력강이나 합금원소가 많은 강종에서 자주 발생

③ 급속한 아크 중단이 원인

---

47) 용접부 균열은 피로강도에 가장 영향이 큰 결함 유형이다. 기타 결함도 사용연수 경과에 따라 균열부가 되어 균열성장으로 이어진다.

[용접부 균열유형]

구분	유형	비고
발생 온도	고온 균열	• 550℃ 이상의 용접금속에서 응고 직후에 발생하는 균열 • 결정입계가 충분히 고상화되지 못한 상태에서 응력이 작용할 경우 발생 • Sulfur[48]/Crater Crack
	저온 균열	• 300℃ 이하의 용접금속에서 응고 후 48시간 내에 발생하는 수소에 의한 지연성 균열, Delay Crack • 열영향부가 급랭 경화하면서 발생 • Under Bead Crack/Toe Crack/Root Crack
발생 위치	용접금속 균열	Crater Crack
	모재 균열	Under Bead Crack/Toe Crack/Lamellar Tearing
	용접금속-모재 균열	Sulfur/Root Crack
	경계부 균열	Bond Crack
균열 방향	종 균열	용접선 방향의 균열
	횡 균열	용접선 직각 방향의 균열

(2) **루트 균열(Root Crack)**

① 조립용접, 초층용접부, 루트 부근 열영향부에서 발생

- 균열이 비드 내에서 수일 동안 성장

② 용접금속-열영향부 조직경화성

③ 용접금속 내 수소 유입

④ 용접부 응력작용 등이 원인

(3) **토우 균열(Toe Crack)**

① 비드 표면과 모재의 경계부(Toe)에 발생

② 용접 시 모재의 무리한 회전변형 구속

③ 용접 후 조기재하

(4) **언더비드 균열(Under Bead Crack)**

① 비드 하부의 열영향부에서 용접선과 평행으로 발생하는 균열

② 고탄소강, 저합금강 등의 담금질 경화성이 큰 재료 용접 시 발생

③ 급랭으로 인한 용접 열영향부의 용접 수축응력

④ 용접금속 중의 수소 등이 원인

(5) **라멜라테어링(Lamellar Tearing)**

① 모재 내부층(Lamination)이 용접열 영향으로 분리되는 균열

② 강재 내의 층상노치, 불순물, 수소원소 등의 존재

③ 완전용입부에서 다층용접 시 발생

---

48) 모재 중 층상의 황이 존재할 경우 발생하는 고온 균열, 주로 SAW에서 발생한다.

④ 발생기구 및 방지대책

발생기구	• 완전용입 다층용접 실시 • 용착금속에 의해 모재에 용접열 축적 • 용착금속 – 내부 모재의 온도구배로 열응력 작용 • 모재 압연 방향 층간 박리 균열
방지대책	• 부분용입 용접 적용 • One – Pass 저층용접 • 좁은 홈각으로 개선(開先) • 예열, 후열 실시, 온도구배 방지

2. 기타 내부결함

(1) 슬래그 혼입(Slag Inclusion)

① 용착금속 내에 슬래그[49]가 존재하는 결함

• 점상, 또는 선상으로 혼입

② Pass별 슬래그 제거 미흡

③ 낮은 전류, 과속용접 시 발생

(2) 용입 부족(Incomplete Penetration)

① 개선 하부면까지 용착금속이 채워지지 않은 결함

② 홈각 및 루트갭 과소

③ 낮은 전류, 과속용접

(3) 융합 불량, 용융 부족

① 비드–비드, 용착금속–모재가 불완전하게 융합된 결함

② 부적절한 용접기법 적용

(4) 기공(氣孔, Blow Hole)

① 용접금속 내부에 기포가 존재하는 결함

• 용접금속이 급냉 응고 시 미방출 가스로 인하여 미세기포가 발생

• 용접부의 강도와 연신율 저해

② 흡습 용가재 사용

③ 가스실드 불량, 홈에 불순물 존재(페인트, 녹, 기름)

④ 모재 중의 유황 함유량 과다

3. 표면결함

▶ 표면결함에는 피트, 언더컷, 오버랩, 표면요철, 각장 및 덧살 과부족 등이 있다.

---

49) 슬래그(Slag): 용착부의 비금속 물질로 용제(Flux)의 사용으로 생성된다.

(1) 피트(Pit)

① 용착금속 중의 기공이 부상하여 표면에 생기는 작은 구멍
- 2차적으로 녹, 또는 균열 유발

② 모재의 탄소, 망간, 황 등의 원소

③ 용접부의 습기, 기름, 녹, 도료

④ 후판 용접부의 급냉

(2) 언더컷(Under Cut)

① 용접비드 끝단이 용착금속이 채워지지 않은 홈
- 피로강도에 취약, 균열 성장 우려

② 과대전류, 운봉과속, 아크 길이 과다 등이 원인

(3) 오버랩(Over Lap)

① 용착금속이 모재와 융합되지 않고 표면 위에 겹쳐진 결함

② 과소전류, 운봉저속 및 각도 유지가 불량 원인

(4) 표면요철

① 비드 표면부가 매끄럽지 않고 굴곡상태인 결함

② 과대·과소전류, 운봉 부적합, 아크 길이 변동

③ 용접부 과열, 습한 용가재, 오염 모재 등이 원인

(5) 각장, 덧살 과부족

① 필릿용접부의 각장길이 과부족
- 또는 필릿·맞댐용접부의 덧살 과부족 결함

② 운봉 미흡, 용접과속 시 발생

Ⅲ 방지대책[50]

1. 용접 전 점검사항

(1) 설계도면 및 시공상세도 검토

① 부재조립, 용접, 검사 등의 작업공간 확보

② 공장용접 비중 증대 및 현장용접 최소화

③ 현장용접은 아래보기자세, 용접능률 등을 고려

④ 용접개소 최소화, 용접선 집중 배제
- 편심하중, 응력집중, 잔류응력, 모멘트 영향 등

---

50) 2203 현장용접, '단계별 시공방법'의 일부 내용을 수정·인용

(2) 용접재료 및 조립품질

① 모재 품질 및 개선정밀도 확보

② 용가재 품질 및 용접기기의 적정성

③ 모재 및 부속철물의 조립정밀도 및 조립용접 상태

- 루트 간격의 과소 및 과대 방지
- 뒷댐재, 엔드탭의 조립적정성 점검

④ 용접부 이물질(물, 기름, 흙) 제거 등

(3) 용접기능공 및 용접환경

① 용접기능공 기량 및 용접절차 확인시험 실시

② 대기온도 및 기후상태 점검

2. 용접 중

(1) 모재 예열

① 용접부 급냉에 의한 저온 균열과 열영향부의 경직현상 방지

② 모재온도가 0℃ 이하인 경우 용접부 양측을 40~75℃로 예열

③ 용접선 중심으로 양측 각각 100mm 범위를 예열

- 전기히터, 가스버너 사용

④ 예열온도는 용접선에서 50mm 떨어진 위치에서 측정

- Tempil Stick, Digital Gauge 사용

(2) 전류 및 전압

① 과전류 방지

- 언더컷, 덧살과대, 거친 표면, 비드 폭 및 용입증가 우려

② 아크전압

- 반자동용접은 아크전압으로 아크길이 조정
- 아크의 과대 및 과소 길이 방지

③ 기타 가스배출량, 패스 간 온도조건 적정 상태 유지

(3) 용접자세

① 안정된 자세 유지

② 보 플랜지 맞댐용접: 하향자세(1G)

③ 기둥 맞댐용접: 수평자세(2G)

④ 거싯플레이트 필릿용접: 수직자세(3F)

(4) 용접 시 유의사항

① 적정 용접순서 채용

- 용접부 잔류응력 방지

② 용접비드 형성
- 구조물 중요부분이 시종점이 되지 않을 것
- 가능한 비드 교차 방지
- 토치홀더 각도와 운봉속도 적정 유지
- 매 패스마다 슬래그 청소 철저, 슬래그 망치 사용

③ 아크길이 가능한 짧게 유지, 과전류 방지
- 급격한 아크 중단 방지

④ 한랭 시 반드시 예열 및 후열 철저

3. 용접 후

(1) 용접 직후

① 용접부 급랭 방지, 서랭 유도

② 한랭 시 후열 실시

③ 용접부 냉각 전 조기재하 방지

(2) 용접부 검사

① 육안으로 용접부 외관 전수검사
- 용접부 표면형상, 각장부족, 용접누락 등

② 검사계획에 따라 비파괴검사 실시

③ 맞댐용접부 초음파탐상법

④ 필릿용접부 자기분말탐상법 적용

(3) 보수용접[51]

① 단면 부족 및 과대부위 보수
- 과대덧살 제거, 그라인더로 연삭마감 후 단면결손부는 보수용접
- 언더컷, 오버랩, 피트, 크레이터 등

② 내 · 외부 균열부위
- 균열부 양단에서 50mm 이상까지 아크에어가우징으로 제거 후 보수용접

③ 기타 내부 결함부
- 결함부에서 20mm 이상까지 제거하여 홈 설치 후 재용접

---

51) KCS 143120 표 3.12-1 '용접접합부의 보수'

2205 용접부검사

Ⅰ 개요

1. 강구조현장의 용접부는 전 길이에 대해 육안검사를 수행하고 합격부위 중 일정비율만큼 비파괴검사를 실시하여 결함부를 검출한다.

2. 용접결함은 피로하중이 반복됨에 따라 균열의 발생과 성장을 유발하므로 예방 및 검사 역량 구비가 필수적이다.

3. 품질관리 구분 "다"의 강구조 건축물 용접부에 관한 육안검사 및 비파괴검사를 KCS 코드와 관련 KS규격에 기반하여 설명한다.

육안검사	비파괴검사
• 검사 범위 및 방법 • 검사항목	• 대상 및 시기 • MT/PT/UT/RT

Ⅱ 육안검사(VT, Visual & Optical Testing)

1. 검사 범위 · 방법

① 모든 용접부 전 비드길이 대상

② 육안으로 비드 및 주변부 탐상

2. 검사항목

(1) 용접 균열

① 어떠한 경우에도 균열 불허

② 필요시 육안검사 후 자분탐상법 및 침투탐상법으로 균열부 탐상

(2) 피트(Pit)

① 완전용입 맞댐용접부에는 피트가 없어야 함

② 부분용입 맞댐용접부 및 필릿용접부는 개소 및 미터당 3개까지 허용

③ '피트 ≤ 1mm'일 경우 3개를 1개로 간주

(3) 요철 · 오버랩(Overlap)

① 비드길이 25mm 범위에서 요철 고저값 ≤ 4mm

② 비드에 오버랩 없을 것

(4) 언더컷(Under Cut)

① 언더컷의 깊이가 허용값 이내인지 검사

② 위치별 언더컷 깊이의 허용값[52]

- 교차접합부(기둥+보) ≤ 0.5mm, 이음접합부(기둥+기둥, 보+보) ≤ 0.8mm

Ⅲ 비파괴검사(NDT: Non-Destruction Test)

1. 대상 및 시기

(1) 검사시기

① 육안검사 이후 실시

② 최소지체시간 경과 필요

③ 최소지체시간 기준[53]

- 용접 목두께, 입열량, 모재 인장강도 등에 따라 상이

용접 목두께 (a: mm)	입열량(J/mm)	모재 인장강도(MPa)	
		420 이하	420 초과
a ≤ 6	모든 경우	냉각시간	
6 < a ≤ 12	300 이하	8	
	300 초과	16	
a > 12	300 이하	16	
	300 초과	40	

(2) 검사대상[54]

▶ 비파괴검사는 육안검사에 합격한 용접부로서 '품질관리 구분'에 따른 비율 이상의 용접부를 선정하여 실시한다.

▶ 건축물은 '품질관리 구분'상 "다"를 적용한다.

① '보+보' 맞대기 용접부 20%

② 완전용입·부분용입 횡방향 맞대기 용접부

- '十'자 이음부 20%, T-이음부 10%

③ 필릿용접부 10%, 목두께 ≤ 12mm 및 모재두께 ≤ 20mm 일 경우 5%

④ 기둥+기둥 용접부 5%

〈현장 적용사례: 비파괴검사 대상〉
- 2~4 방향의 '보-기둥' 접합부에서 한 방향의 용접부 선정, 평균 25% 이상의 검사율 적용
- T-이음부: 기둥플랜지+보 상·하부 플랜지: UT
- 필릿용접부: 기둥플랜지+거싯플레이트: MT
- 종방향 용접부: '기둥+기둥', 모든 개소 UT 실시

---

52) KCS 143120 표 3.11-3 '언더컷의 깊이의 허용값'
53) KCS 143120 표 3.11-4 '비파괴시험의 용접 후 최소 지체시간'
54) KCS 143120 표 3.11-1 '비파괴시험의 범위'

2. 자기탐상법(磁氣探傷法, MT: Magnetic Particle Test)

2.1 정의

① 용접부의 자분 모양으로 표면결함을 탐상하는 방법

② 검사액(자분현탁액), 전자석형 자화장치(자분탐상기) 사용

③ 전처리－자화적용－자분모양 탐상 순으로 검사 진행

④ 주로 초음파탐상이 곤란한 필릿용접부에 적용

  • 기둥＋거싯플레이트, Embeded Plate＋거싯플레이트 등

2.2 검사방법[55]

▶ 자기탐상법은 자분과 자화 유형에 따라 다음과 같이 분류한다.

분류조건	검사방법
자분적용 시기	연속법, 잔류법
자분 종류	형광자분, 비형광자분
자분 분산매	습식법, 건식법
자화 전류	직류, 맥류, 교류, 충격전류
자화방법	극간법, 전류관통법, 축통전법, 직각통전법, 프로드법, 코일법

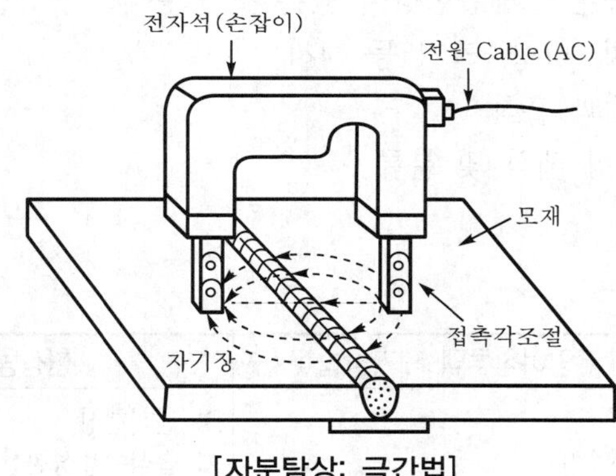

[자분탐상: 극간법]

(1) 바탕처리

① 용접비드 및 주변부 이물질 제거

② 이물질: 검사액의 작용을 방해하는 물질

  • 검사액: 강자성체의 미세분말을 분산시킨 습식자분 현탁액

③ 비드 양측 20mm까지 바탕처리 실시

(2) 자분적용 및 자화(磁化, Magnetizing)

① 바탕처리 부위에 검사액 분무

② 자분적용(Application of Examination Medium)[56]

---

55) KS D 0213 강자성재료의 자분탐상검사 방법 및 자분모양의 분류
56) 자분적용: 자화기기 조작으로 검사부위에 자기장을 도입하여 자분을 비드표면에 도달시키는 조작

③ 검사부위에 자속유발(자화) 후 자분적용 정지

④ 자화방법으로 극간법 적용

(3) 자분모양 탐상

① 자화 후 자분의 비드 내 형상 관찰

② 비형광 자분 사용 시 '조도≥500(lx)' 유지

- 형광자분을 사용할 경우 20(lx) 이하 유지할 것

③ 비드의 자분모양으로 표면결함 탐상

- 균열에 의한 자분, 선상·원형상 자분, 연속자분, 분산자분 등의 형상

④ 필요시 사진·스케치 기록유지, 또는 탈자(脫磁, 자분 제거) 실시

(4) 탐상 결함

① 표면균열, 언더컷

② 개선면의 Lamellar Tearing

3. 액체침투탐상법(PT: Liquid Penetrate Test)

3.1 정의

① 용접부에 침투액과 현상제를 도포하여 결함부위를 탐상하는 검사법

② 침투액은 낮은 표면장력과 높은 모세관현상이 있는 것 사용

③ 현상제는 표면 개구부의 위치, 방향, 크기 등 지시

- 표면 불연속부 속의 침투액과 흡착

④ 현상모양을 분류하여 결함유형 해석 및 분류

3.2 검사유형

[분류 기준별 기호]

침투액 종류	잉여침투액 제거방법	현상방법
V: 염색침투액 F: 형광침투액 DV: 이원성 염색침투액 DF: 이원성 형광침투액	A: 수세 B: 기름베이스 후유화 C: 용제 D: 물베이스 후유화	D: 건식현상 A: 습식수용성현상 W: 습식 수현탁성현상 S: 속건식현상 E: 특수현상 N: 무현상

(1) 분류기준

① 침투액의 종류, 잉여침투액 제거방법, 현상방법 등에 따라 구분

② 침투액은 크게 염색침투액과 형광침투액으로 분류

③ 잉여침투액 제거방법은 수세, 기름베이스 후유화, 용제, 물베이스 후유화 등

④ 현상방법은 건식, 습식, 속건식, 특수현상, 무현상 등으로 구분

(2) 표시방법

① 검사방법을 고유기호의 조합으로 표시

② 침투액 종류, 잉여침투액 제거방법, 현상방법 순으로 표시

③ 건축현장은 일반적으로 '염색침투액−용제−속건식' 방식 채용

④ 검사방법의 예

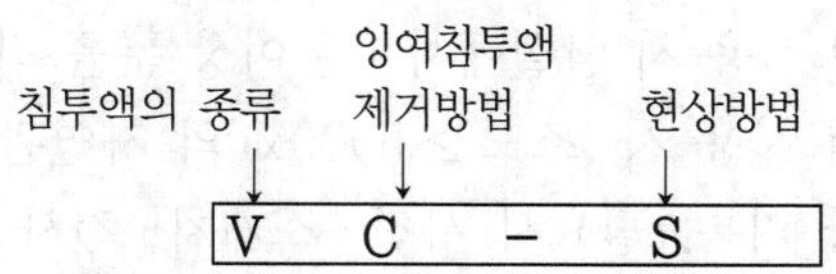

- 침투탐상법으로서 "염색침투액(V)으로 침투처리하고, 용제(C)로 잉여침투액을 제거하며, 속건식(S) 현상방법을 채용한다"를 의미

3.3 검사방법

▶ 침투탐상용 분무제는 전처리제, 침투액, 세척액, 현상액 등이 있다.

(1) 전처리(前處理)

① 검사부위 표면 및 흠 속의 유해물질 제거
- 유지류, 도료, 녹, 스케일, 오염물 등

② 용제, 증기, 도막박리제, 알칼리세제, 산세척 등의 수단 적용
- 전용 전처리 분무제 사용

③ 검사부위 양측 25mm까지 전처리 실시

(2) 침투처리

① 침투액 종류에 따라 침지, 분무, 붓칠 실시
- 전용 침투액 분무

② 침투시간 5분 유지(온도조건: 15~50℃일 때)

(3) 유화 · 세척 · 제거 처리

① 유화제는 침지, 붓기, 분무 실시

② 유화시간
- 기름베이스: 형광침투액 ≤ 3분, 염색침투액 ≤ 30초
- 물베이스: 형광침투액 · 염색침투액 ≤ 2분
- 유화시간 경과 후 물 분무, 침지 등으로 유화 정지

③ 검사부위 잉여침투액 제거, 흠 속의 침투액 유출 방지

④ 수세성 · 후유화성 침투액 물 세척(세척제 분무)

⑤ 건식 · 속건식 현상제 사용 시 현상처리 전 건조처리

(4) 현상처리 및 관찰

① 건식, 습식, 속건식 등으로 현상처리 실시
- 현장에서는 습식으로 현상용 분무제 사용

② 현상시간 15~52℃에서 7분간 실시

③ 침투지시모양 관찰, 현상처리 후 7~60분 사이
- 형광침투액 사용 시 암실에서 1분 이상 눈을 적응시킨 후 자외선을 비추면서 관찰
- 염색침투액 사용 시 '조도 ≥ 500(lx)'의 자연관 또는 백색광 조명 확보

④ 침투지시모양 기록, 필요시 사진·스케치·전사 등 병용

⑤ 결함 분류: 독립결함, 연속결함, 분산결함 등

4. 초음파탐상법(UT: Ultra Sonic Test)

4.1 정의 및 유형

(1) 정의

① 인간의 불가청 영역의 초음파빔을 용접비드에 전달하여 내부결함 탐상
- 초음파탐상기 및 경사탐촉자 사용, 사용주파수 2~5MHz
- 초음파빔은 직사법 및 1회 반사법으로 검사영역에 도달

② '모재 두께 ≥ 6mm'의 완전용입 용접부에 적용

③ 개선(맞댐)용접부로서 완전용입부에만 적용
- 부분용입용접부 및 필릿용접부 적용 불가

(2) 초음파 탐상유형

[탐상법 유형]

분류기준	유형	비고
탐촉자	수직탐상	수직탐촉자 1개 사용: "1 탐촉자 수직탐상법"
	경사탐상	경사탐촉자 1개 사용: "1 탐촉자 경사각탐상법"
	탠덤탐상	송·수신용으로 2개의 탐촉자 사용
탐상각도	직사법	중간반사 없이 초음파빔을 직접 스캔(탐상)하는 기법
	1회 반사법	초음파빔을 1회 반사시킨 후 검사영역에 도달시키는 기법

① 사용 탐촉자의 종류에 따른 분류
- 수직탐상법, 경사탐상법, 탠덤탐상법 등
- 건축현장은 "1탐촉자 경사각탐상법" 적용

② 탐상각도에 따른 분류
- 직사법, 1회 반사법 등으로 구분
- 굴절각도는 모재 이음방식과 두께에 따라 다르게 적용
- 공칭 굴절각: 35°, 45°, 60°, 65°, 70° 등

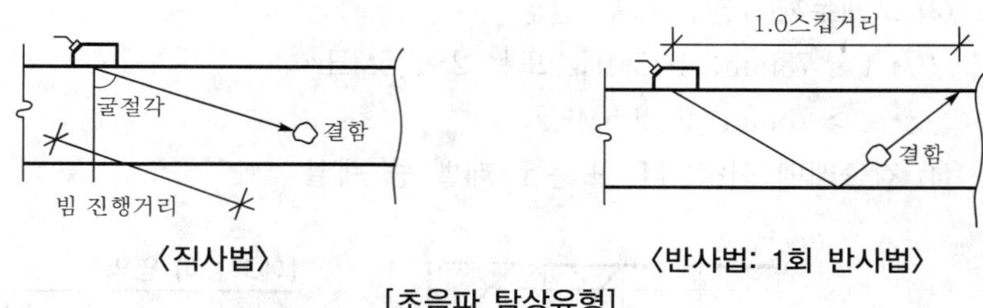

(3) 이음두께별 탐상 방향 · 기법[57]

▶ 원칙적으로 아래의 기준을 원칙으로 하되 필요시 불연속부의 누락을 방지하기 위해 한면이나 한쪽을 2방향으로 탐상할 수 있다.

[이음두께별 탐상 면/쪽 및 기법]

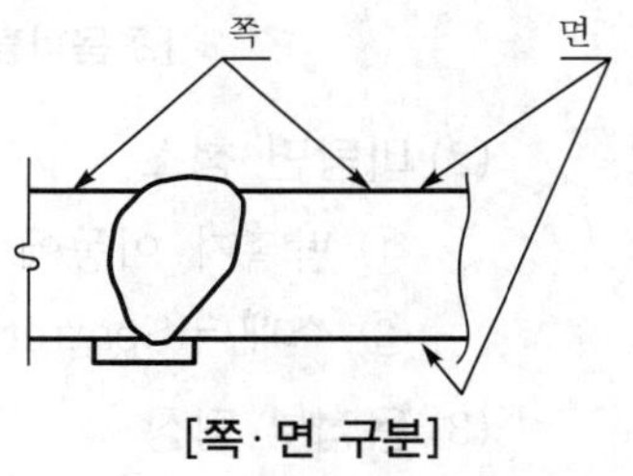

이음 구분	두께(t, mm)	탐상 면/쪽	탐상기법
맞대기 수평이음부	t ≤ 100	한면/양쪽	직사법+1회반사법
	t > 100	양면/양쪽	직사법
T 이음부	t ≤ 100	한면/한쪽	직사법+1회반사법
	t > 100	양면/양쪽	직사법

① 이음형상과 모재두께에 따라 탐상방향과 탐상기법 적용
② 이음형상은 '맞대기 수평이음부'와 'T 이음부'로 구분
  • 모재두께는 100mm 이하와 100mm 초과 등으로 세분
③ 탐상방향은 탐상면과 탐상쪽으로 구분
  • 면과 쪽을 한면, 양면, 한쪽, 양쪽 등으로 세분
④ 필요시 1방향 탐상을 2방향으로 강화

4.2 검사방법

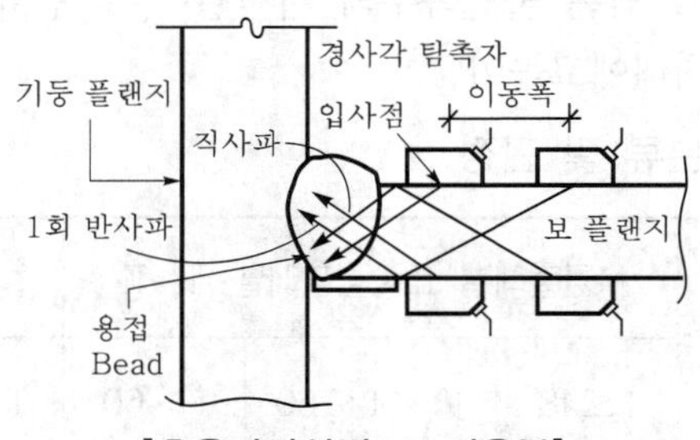

(1) 검사준비

① 검사기구 점검
  • 초음파탐상기, 경사각 탐촉자, 케이블 등
② 탐상감도 조정용 표준시험편 선정

---

57) KS B 0896(부속서 A) 표 A.2 '탐상면, 탐상의 방향 및 방법'

③ 모재두께(t)별 주파수 선정

- t ≤ 75mm: 4~5MHz 또는 2~2.5MHz
- t > 75mm: 2~2.5MHz

④ 검출레벨 선정: M, 또는 L 레벨 중 택일

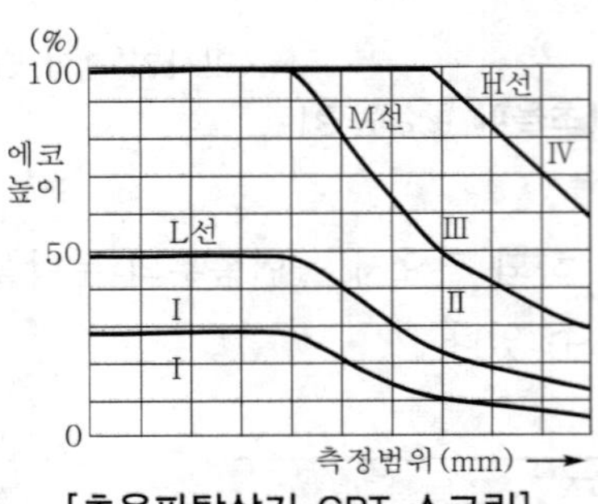

[초음파탐상기 CRT 스크린]

[에코높이 영역]

Ⅰ	L선 이하
Ⅱ	M선 이하
Ⅲ	M선 이하
Ⅳ	H선 초과

- H 레벨: 에코높이 상한 기준선
- M 레벨: 에코높이 중간선
- L 레벨: 에코높이 하위선

(2) **바탕면 청소**

① 탐촉자 이동에 장애가 되는 이물질 제거

② 스패터(Spatter)[58], 스케일, 들뜬녹, 도장 등

(3) **용접부 탐상**

① 탐상 면·쪽에 붓으로 접촉매질 균일 도포

- CMC, 글리세린, 윤활유 등

② 필요시 모재 중 탐상 방해 불연속부의 검출 및 기록 선행

③ 탐촉자 이동 및 모니터 동시 탐상

- 매질 도포범위 내에서 손으로 탐촉자를 지그재그 이동
- 휴대용 모니터에서 에코높이 탐상

④ 불연속부 기록

- L선 또는 M선을 넘는 불연속부의 지시길이 및 종류
- 빔 진행거리, 최대에코높이

(4) **불연속부 지시길이 분류 및 판정**

영역 두께 등급	M검출레벨 Ⅲ/L검출레벨 Ⅱ, Ⅲ			Ⅳ		
	t ≤ 18	18 < t ≤ 60	t > 60	t ≤ 18	18 < t ≤ 60	t > 60
1류	6 이하	t/3	20	4	t/4	15
2류	9	t/2	30	6	t/3	20
3류	18	t	60	9	t/2	30
4류	3류 초과					

---

58) Bead 범위를 이탈하여 부착된 슬래그나 용착금속 파편물, 해당량을 **스패터 손실량**이라고 한다.

① 분류 등급 1~4류
② 불연속부 에코높이 영역 및 모재두께별 분류
③ 모재두께(t) 구분: $t \leq 18mm$, $18 < t \leq 60mm$, $t > 60mm$
　• 에코높이 영역은 M레벨, L레벨의 Ⅱ · Ⅲ · Ⅳ 영역으로 구분
④ '2류≤등급' 이상이면 합격, 3류 및 4류는 불합격 판정
⑤ 검사부위에 판정내용 유성펜으로 표시
　• 사일자, 결함유형, 검사자, 용접자, 판정결과(합격, 불량) 등

5. 방사선 탐상법(RT: Radio－graphic Test)[59]

① 블로홀, 슬래그혼입, 용입불량, 융합불량, 내부균열 등 검출
② 복잡한 부위 적용 곤란
③ 검사 결과의 정확한 판독기술 필요
④ 원자력발전소 등 특수한 중요 시설물에 제한적 사용
⑤ 방사선은 X선, γ 선으로 구분, 투과력: γ 선 > X선

Ⅳ 결론

① 현장 용접부검사는 비파괴검사 위주로 진행되고 있으며 현장의 열악한 검사 여건으로 검사원의 능력과 의지에 의존하고 있다.
② 검사의 신뢰도는 1차적으로 육안검사에 있으며 2차적으로 비파괴검사에 있으므로 검사과정에 시공자와 감리자의 적극 동참이 필요하다.
③ 이를 위해 용접실명제 등으로 참여자 실적을 기록 · 관리하는 방안을 적극 고려할 필요가 있다.

tip　KS 초음파탐상법 용어 개정(2020)[60]

• 흠 → 불연속부	• 투과 펄스 → 투과 신호의 진폭
• 시험 → 검사	• 협정 → 협약
• 살 두께 → 벽 두께	• 경사값 → DAC 게인 보상 기울기
• 빔 노정 → 빔 진행거리	• 시험 연월일 → 검사일자
• 시험체 → 검사 대상체	• 옆 → 쪽
• 이음 용접부 → 용접 이음부	• 나비 → 폭
• 그루브면 → 개선면	
• V 주사 → V 스캔	

---

59) KS B 0845 강용접 이음부의 방사선 투과시험 방법
60) KS B 0896 해설 '표 2.1.3 용어 통일화'

2206 고장력볼트 접합

I 개요

1. 고장력볼트 접합은 부재접합면에 첨판(添板, Splice Plate)을 대고 볼트·너트의 조임력으로 마찰력을 도입하여 접합하는 공법이다.

2. KS규격[61]의 '토크-전단형 고장력볼트'를 사용한 마찰접합을 중심으로 재료, 시공, 검사 등의 방안을 설명한다.

접합자재	➡	접합시공	➡	조임검사
• TS볼트 • 첨판		• 반입검사 • 가볼트/본볼트		• 금매김/핀테일/기타 • 검사 후 조치

II 접합 재료[62]

▶ 이하에서 '토크-전단형 고장력볼트'는 "TS볼트", '고장력 육각볼트'는 "육각볼트"로 표기

[고장력볼트 종류별 차이점]

구분	TS볼트	육각볼트
등급기호	S10T 1종	F8T, F10T, F11T, F13T 등 1~4종
볼트명칭	토크-전단형 고장력볼트'	TS볼트", '고장력 육각볼트
Set 구성	둥근머리볼트 1, 너트 1, 와셔 1	육각머리볼트 1. 너트 1, 와셔 2개
조임검사	핀테일검사, 금매김검사	토크컨트롤법, 너트회전법
적용 시설	건축물	토목시설물(강교)

1. TS볼트 규격

(1) 특징

① 소정의 축력[63]을 도입하면 핀테일(Pin Tail)이 파단되는 볼트

② 별도의 토크계수 관리 불필요(장력관리 단순), 시공 및 검사 용이

③ 온도조건에 따라 볼트축력(토크) 변화[64]

- 조임 전 접합재 표면온도 확인 필수
- 0~60℃ 이내에서 표면온도 구간별 적정 토크값 점검 필요

---

61) KS B 2819 '구조물용 토크-전단형 고장력볼트·6각너트·평와셔의 세트', KS B 1010 '고장력육각볼트·6각너트·평와셔의 세트' 참조

62) KS B 2819(TS볼트), KS B 1010(육각볼트) 참조

63) 볼트축력: 축력계로 볼트에 토크를 가하여 핀테일이 파단하였을 때 볼트 축방향에 작용하는 인장력(장력), 토크값(kN)으로 표시한다.

64) 온도상승 시에는 토크계수 감소로 과잉체결, 온도저하 시에는 토크계수 증가로 체결력 부족이 우려되므로 체결 전 접합재의 표면온도를 확인하여 온도조건별 적정 토크값의 도입 여부를 확인하여야 한다.

④ 체결완료 후 축력이완(Relacxation)[65] 발생, 30여일 경과 후 이완 정지
  • 설계볼트장력의 10% 할증값으로 표준볼트장력을 시공에 적용
⑤ 시간경과에 따라 지연파괴(Delayed Fracture) 거동

> **〈지연파괴 원인 및 대책〉**
> **1. 정의**
>   • 정하중 상태에서 장기간 경과 후 외견상 거의 변형 없이 돌연파괴하는 취성파괴 현상
>   • 부하응력이 재료내력보다 낮은 범위에서도 발생하는 정적피로파괴(Static Fatigue Failure)
>   • '인장강도 ≥ 1200MPa'의 고장력볼트(F11T, F13T)에서 사례 발생, 고장력일수록 지연파괴감수성 증가
>   • 수소취화(Hydrogen Embrittlement), 수소응력균열(Hydrogen Stress Cracking)
> **2. 원인**
>   • 유해환경에 의한 초기균열
>   – 고부식성 환경(해안·공장지대), 고온지속 환경, 수소성분 과다노출 등
>   • 시공불량부 존재
>   – 응력집중으로 초기균열 발생, 불량한 나사산의 볼트 체결
>   – 과도한 축력도입: 소성변형에 의한 부식감수성이 증가하여 미세균열 발생
>   – 볼트축에 대한 직각도 불량(볼트축에 부가응력, 휨응력 발생) 등
> **3. 대책**
>   • 시공기준에 의한 응력집중부위 완화대책 강구
>   • 불량볼트 사용금지, 조임순서 준수, 적정 축력도입, 마찰면 밀착도 확보
>   • 볼트재질 개선, 지연파괴 저항성 제고, 허용수소함유량 증대, 내부식성 강재 개발

(2) 세트 등급

① 세트 종류 및 등급은 1개만 존재: S10T
  • 기계적 성질(인장강도·경도) 시험값으로 세트별 등급 규정
  • 육각볼트(1~4종): 1종(F8T), 2종(F10T), 3종(F11T), 4종(F13T)

[육각볼트의 등급별 종류]

세트 조합등급		구성부품별 기계적 성질등급		
기계적 성질	토크계수값	볼트	너트	와셔
1종	A, B종	F8T	F10	F35
2종	A, B종	F10T	F10	F35
3종	A, B종	F11T	F10	F35
4종	A, B종	F13T	F13	F35

② 볼트세트의 등급조합: S10T(볼트) + F10(너트) + F35(와셔)
③ 세트 구성품(볼트, 너트, 와셔) 표면은 윤활처리
  • 육각볼트 측면에서 기계적성질은 2종, 토크계수값은 A종에 해당
  • 육각볼트: A종(윤활처리) 0.11~0.15, B종(방청처리) 0.15~0.19
④ 토크계수는 0.10~0.17 적용이 바람직, 별도 규정 없음

---

65) 축력이완(Relaxation): 접합재의 표면처리, 와셔 유무, 볼트 과대구멍, 도입축력의 크기, 볼트세트의 형상오차, 접촉면 함몰 볼트축부 Creep 등의 원인으로 발생한다.

(3) 제품 표시

① 볼트머리와 너트(와셔 제외)에 기계적 성질등급 표시

② 볼트머리에 양각(陽刻)[66] 표시: S10T

- 육각볼트는 F8T, F10T, F11T, F13T 등으로 표시

S10T	'S'는 for Structural joints(구조용)의 S, '10'은 인장강도 '100kgf/㎟=10tonf/㎠'의 10 'T'는 볼트의 인장강도(Tensile Strength)의 T
F10T	'F'는 for Friction Grip Joints(마찰접합용)의 F, '10'은 인장강도값의 10 'T'는 볼트 인장강도(Tensile Strength)의 T

③ 너트는 바깥면에 음각(陰刻) 표시

- 각인의 수로 기계적 성질등급 표시, 너트 내면은 사면(斜面) 가공

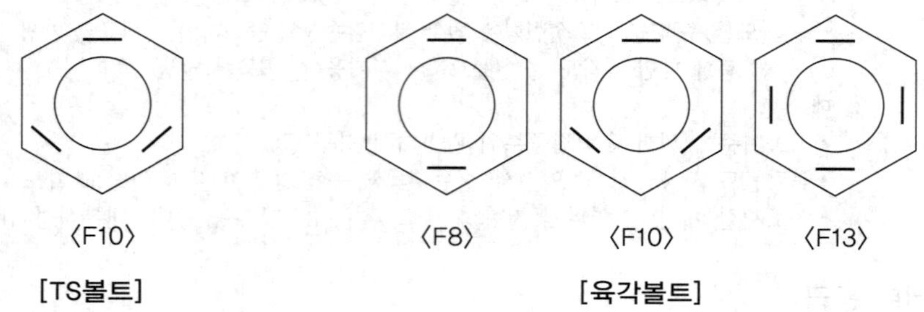

(4) 볼트길이

① 볼트길이＝조임길이＋여장(餘長: 조임길이에 더하는 길이)

② 조임길이＝첨판두께＋모재두께

③ 여장＝너트두께＋와셔두께＋나사산 3개

- 표준여장[67]

볼트 직경(d)	여장(mm)	볼트 직경(d)	여장(mm)
16	25	24	40
20	30	27	45
22	35	30	50

- 육각볼트 여장은 위 보다 각각 5mm 큰 값 적용, 와셔 개수 고려

---

66) 양각(陽刻): 글씨를 돌출되게 새기는 것, 부각(浮刻), '철근'도 양각으로 표시한다.
67) KCS 143125(2019) '볼트 접합 및 핀 연결 표 2.1-5' 참조

2. 첨판(Splice Plate, 이음판, 덧판)

▶ 첨판은 접합면에 마찰력을 도입하기 위해 사용하는 이음재료이다.

(1) 강종

① 모재와 동일한 강종 사용

② SS, SM, SN, SHN 강종 등

(2) 제작기준

① 플랜지 공칭폭에 따라 설계 및 제작

- 첨판폭, 볼트게이지, 볼트배치, 볼트규격 등[68]

(단위: mm)

플랜지 공칭폭(B)	첨판폭(b)		볼트게이지(g)		볼트 배치	볼트 규격
	외측(b_1)	내측(b_2)	g_1	g_2		
200	200	80	120	–	2열	M20
250	250	100	150	–		
300	300	120	130	50	엇모4열	M22
350	350	140	140	70	4열	
400	400	165	150	85		

② 플랜지 첨판

- 상·하 플랜지별로 각각 외첨판 1개와 내첨판 2개로 구성
- 외첨판폭=모재 공칭폭, 표준두께: 9, 12, 16, 19, 22, 25, 28mm

③ 웨브 첨판

- 동일한 크기의 2개로 구성, 표준두께: 6, 9, 12, 14, 16, 19mm

④ 모재-첨판의 마찰면 가공, '마찰계수(미끄럼계수)≥0.5'일 것

- 붉은녹 도입 및 블래스트(Blast) 처리 등

〈블래스트 유형〉
- Shot Blast: 구형상 연마제 이용
- Grit Blast: 예리한 각형상의 연마제 사용
- Sand Blast: 모래 사용, 잘 적용하지 않는다.

〈마찰력 영향요소〉
- 마찰면 처리상태, 경도 및 조도
- 볼트 초기도입축력(1·2차조임력) 크기
- 모재의 강종 및 강도
- 접합면 크기, 볼트배치, 연단거리
- 구멍의 Clearance 크기
- 판두께 차이

---

68) 한국강구조학회, 고력볼트 표준접합 설계편람, 구미서관, 2009, p.7 참조

Ⅲ 접합 시공

▶ 고장력볼트 접합방식의 종류와 마찰접합의 시공방안을 설명한다.

1. 접합방식

▶ 고장력볼트의 접합방식에는 인장접합과 전단접합이 있으며, 전단접합은 마찰접합과 지압접합으로 구분한다.

(1) 인장접합

① 볼트 축방향 응력을 전달하는 접합방식

② 고장력볼트의 체결력에 의한 부재간 압축력으로 응력 전달

③ 인장외력 작용 시 부재 간 압축력−인장력 평형상태, 접합강성 우수
   • 인장외력이 접합재간 압축력과 상반작용, 볼트 추가축력 미소

④ 인장외력이 체결력에 근접하면 접합재 분리

⑤ 보−기둥의 엔드플레이트 및 T−Flange 설계에 적용

(2) 마찰접합

① 볼트 축의 직각방향 응력을 전달하는 전단형 접합방식

② 접합재에 마찰력을 도입하여 응력을 전달하는 방식
   • 마찰저항(마찰력)의 원응력은 볼트 체결력에 의한 압축력

③ 응력집중 없이 접합면에서 균일한 마찰력으로 응력 전달
   • 일반볼트 접합에서는 구멍주위에서 집중응력 발생

④ 고장력볼트에 의한 높은 마찰력으로 피로강도 우수

⑤ 기둥＋기둥, Gusset PL＋보, 보 브래킷＋보 등의 접합에 적용

(3) 지압접합

① 응력전달에 마찰력·지압력·전단력을 모두 도입하는 접합방식
   • 부재 간의 마찰력과 지압력, 볼트축의 전단력 등

② 마찰력에 비해 볼트의 고강도성을 유효하게 이용

③ 볼트구멍은 지름차이가 거의 없도록 천공, 정밀 가공 및 시공 필요

④ 볼트 전단내력의 영향이 큰 이음부에 적용
   • 지압용으로 큰 축부의 타입식 고장력볼트 사용

2. 재료 반입

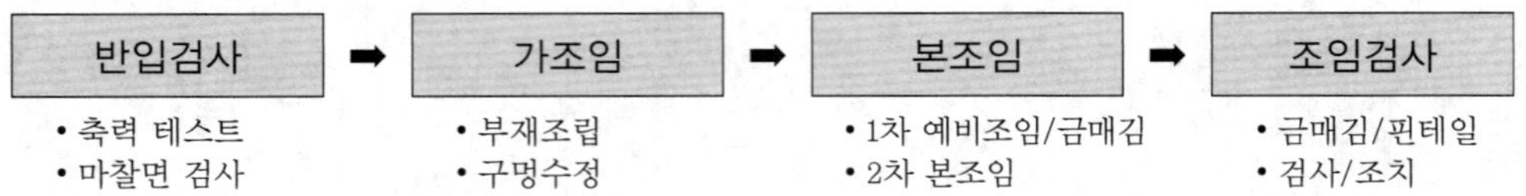

[마찰접합 본시공 Flow]

(1) 축력 테스트

① 현장 반입볼트 중 호칭별 대표로트 선정, 각 5개 세트를 임의 추출
  • 반입 확인사항: 포장상태, 외관, 등급, 지름, 길이, 로트번호 등
② 본시공과 동일조건에서 축력계로 체결 후 축력 평균값 산정
③ 평균값이 접합재 온도별 규정값[69] 이내면 합격
④ 1차 불합격 시 동일로트에서 10개를 추출하여 추가시험
  • 10개의 평균값이 규정값 범위를 벗어날 경우 최종 불합격 판정

[접합재 온도별 볼트세트의 축력 규정값(kN)]

호칭	상온(10~30℃)	상온 이외(0~10℃/30~60℃)
M16	110~133	106~139
M20	172~207	165~217
M22	212~256	205~268
M24	247~298	238~312
M27	322~388	310~406
M30	394~474	379~496

⑤ 불합격 판정 시 반입된 모든 볼트 교환 후 재시험 실시

(2) 마찰면 검사

① 모재－첨판의 조면(粗面)상태 검사
  • 볼트구멍의 지름 2배 이상의 붉은녹, 또는 블래스트(Blast) 처리상태
  • '표면거칠기 $\geq 50\mu mRy$'[70] 이면 붉은녹 불필요
② 마찰면 이물질 제거, 그라인더(Grinder) · 와이어브러시(Wire Brush) 사용
  • 그라인더: 흑피(Mill Scale)[71], 요철 제거 / 와이어브러시: 들뜬 녹 제거
③ '마찰면 미끄럼계수 ≥ 0.50'일 것[72]

(3) 볼트 보관

① 반입 및 사용 후 밀봉, 통풍이 양호한 창고에 보관
② 유해한 환경 노출방지
  • 비, 눈, 이슬, 기름, 습기, 일사, 고온, 오물, 먼지 등
③ 보관 중 손상방지
④ 손상된 볼트는 전량 장외반출, 재생사용 금지
  • 유해환경에 노출된 것, 윤활상태 변화된 것, 손상된 나사산 · 와셔 등

---

69) KCS 143125(2019) '볼트접합 및 핀 연결 표 3.1-7' 참조
70) KS B 0161 참조, 거친 요철면의 최대높이(Ry)로 마이크로미터(μm) 단위로 표기
71) 흑피(Mill Scale): 열간압연 과정에서 생성되는 강재 표면의 산화피막, 손에 검게 묻어나는 물질이다.
72) KCS 143125(2019) 3.1.2 참조

3. 가볼트 조임

(1) 볼트구멍 수정

① 볼트구멍 지름의 허용오차 고려

[관련기준]

볼트구멍 지름(mm) (KDS 143025 표 4.1-1)		볼트구멍 허용오차(mm) (KCS 143110 표 3.4-1)	
d ≤ 27	d+2.0	M20, M22, M24	+0.5*
d > 27	d+3.0	M27, 30	+1.0

- 마찰이음 시 볼트군별 허용오차는 20%까지 +1.0 오차 허용

② '어긋난 구멍 ≤ 2mm' 리머(Reamer) 수정

③ '어긋난 구멍 > 2mm' 접합부 안전성 검토 후 처리

④ 수정 후 구멍 내외 및 주변부의 이물질 제거

(2) 가조립

▶ 부재를 조립위치에 양중·거치 후 임시볼트(가볼트)로 가조립한다.

① 가볼트는 원칙적으로 본볼트와 동일한 지름의 중볼트 사용

- 이렉션피스(Erection Piece)에는 고장력볼트 사용

② 마찰면 변형부위 교정 및 가조립 밀착도 확보

- '모재 두께차이 ≥ 1mm'일 경우 틈새 처리
- 용융 아연도금판(Filler Plate) 사용

③ 가볼트군[73]당 소요량의 1/3~1/2, 또는 2개 이상 가볼트 체결

- 웨브-플랜지에 균형 배치 후 체결
- 밀착도 부족 시 조임력 증대, 또는 가볼트 수량 증대 고려

④ 변형수정(Plumbing) 후 도괴 및 변형 방지

4. 본볼트 조임

▶ 가볼트 조임 및 변형수정이 끝나면 본볼트를 삽입하고 조임순서에 따라 2회에 걸쳐 완전하게 조인다.

(1) 1차 예비조임

① 가조임 볼트군별 마찰접합면 밀착도 확인

② 가볼트 외의 구멍에 본볼트 삽입 후 손 조임

- 마찰면 밀착상태 및 와셔·너트 조립방향 확인

③ 조임용 렌치에 1차 조임토크값 도입

- 프리세트형 토크렌치, 또는 전동 임팩트렌치 사용
- 표준볼트 장력의 80% 도입

[프리세트형 토크렌치]

---

73) 2200 현장설치 일반, Ⅳ. 현장설치, "1. 부재조립" 참조할 것

- 볼트 호칭별 1차 조임토크값(N.m)[74)

M16	M20, M22	M24	M27	M30
100	150	200	300	400

④ 조임순서[75)에 따라 이음부 중앙에서 양단으로 1차 조임 진행

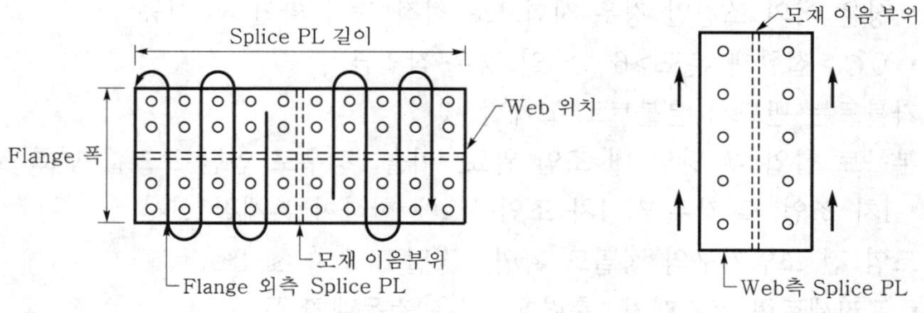

[조임순서]

⑤ 가볼트 부위는 본볼트로 교체한 다음 1차 조임 완료

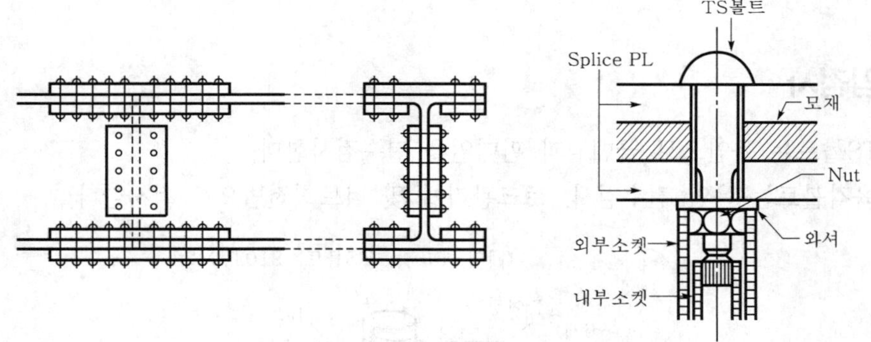

[TS볼트 접합부 단면]

(2) 금매김(Marking)

① 1차 조임 후 모든 볼트에 금매김, 백색 유성펜 사용

② 볼트, 너트, 와셔, 모재 등의 표면에 금매김 실시

③ 2차 본조임 후 너트 회전위치 확인, 정상회전 및 공회전 유무

(3) 2차 본조임

① TS볼트 전용 전동렌치 사용, 표준볼트 장력의 100% 도입

- 전동렌치: 외부소켓은 너트 회전용, 내부소켓은 핀테일 회전용

② 핀테일(Pin Tail) 파단 시까지 너트 체결

- 육각볼트는 머리조임 금지, 반드시 너트로 체결

---

74) KCS 143125(2019) '표 3.1-5 1차 조임토크' 참조
75) 조임순서의 중요성: 인접볼트 체결영향 최소화, 볼트군별 체결장력 균등화

③ 이음부 중앙에서 양단부로 대칭 진행
④ 체결 중 공회전에 의한 핀테일 파단에 유의

5. 유의사항

① 상온(10~30℃) 조임을 원칙으로 할 것
- 상온 이외 조건일 경우 시험으로 적정 축력 확인 후 시공
- '0℃ > 접합재 온도 > 60℃' 일 경우 작업금지

② 가볼트는 반드시 본볼트로 교체할 것
③ 본볼트 삽입 후 당일 내 조임 완료, 이슬·강우로 인한 토크값 변화 고려
- 1차 조임 후 강우 시 1차 조임볼트에 한하여 본체결 실시

④ 조임 전 조임기구의 정밀도 확인, '정밀도 오차 ≤ 3%'
- 프리세트형 토크렌치, 축력계, 전용 전동렌치 등

⑤ 기타 표준시방 준수
- 마찰면 품질 확보, 조임순서 준수, 금매김 실시, 본조임 1·2차 구분 등

Ⅳ 조임검사

▶ TS볼트는 육안으로 금매김과 핀테일을 전수검사한다.
▶ 육각볼트는 육안 전수검사, 토크관리법 및 너트회전법으로 검사한다.

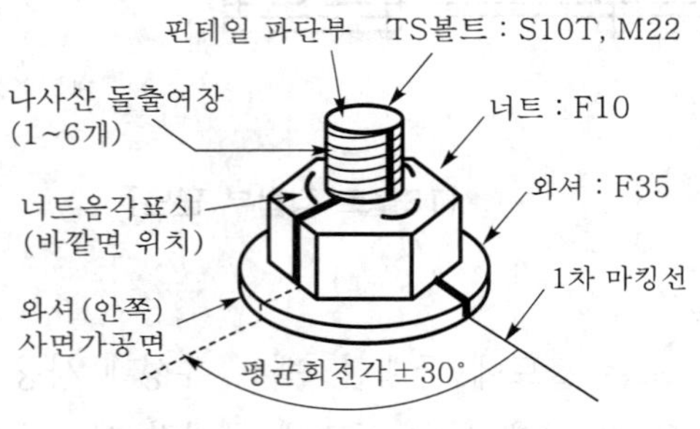

[TS볼트 육안검사 항목]

1. 금매김 검사

① 볼트군 단위로 금매김 검사
② 너트의 금매김 위치 변화 육안 확인
③ 너트 금매김 부위가 유사한 볼트군 합격
④ 금매김 위치가 어긋난 볼트군의 판정[76]
- '평균회전각 ±30°'이면 합격, 벗어난 것은 공회전이나 체결불량으로 판정

---

76) 사단법인 한국강구조학회, 고력볼트 접합 시공지침 '3.3.4 체결 후 검사' 참조, 구미서관, 2009

2. 핀테일 검사

① 육안으로 핀테일 파단여부 전수검사
② 2차 조임(본조임) 누락 여부 확인
- 핀테일 파단 시 조임이 완료된 것으로 판단
③ 공회전 볼트·와셔 확인, 핀테일 파단된 것 중 금매김 확인 후 판단
- 공회전 원인: 마찰면 이물질, 1차 조임 누락 및 불안정, 구멍 어긋남 등

3. 기타 검사

① 볼트세트 조립의 적정성[77]
② 본볼트 누락개소 유무
③ 나사산 돌출 여장의 과부족
- 1~6개(3개가 적정)이면 합격, 과부족 볼트는 불합격

4. 검사 후 조치

① 불합격 볼트 전량교체 및 재검사
- 공회전 볼트, 잘못 조립된 볼트세트, '평균회전각±30°' 외의 것 등
② 핀테일 미파단 볼트는 본조임 추가
③ 본볼트 누락부위는 볼트삽입 후 1·2차 조임 실시
④ 부식이 우려되는 곳은 방청도장(Touch Up) 실시

V 결론

[1] 고장력볼트 접합에서 현장관리가 특히 취약한 부분은 첨판의 마찰면 처리 미흡, 조임순서 미준수, 금매김 누락, 검사요령 미숙지 등이다.
[2] 고장력볼트 접합부의 품질을 보증하려면 설계·시방 기준을 잘 숙지하고, 이를 정확하게 실현하기 위한 공사담당자의 각별한 의지가 필요하다.

---

77) 와셔내경의 면취부(사면가공부)는 너트에 접하고 너트의 기계적성질 각인표시는 바깥쪽이 되어야 한다.

tip　육각볼트 2차 조임방법

▶ 육각볼트의 2차 조임방법에는 토크관리법과 너트회전법이 있다.

가. 토크관리법

- 표준볼트장력이 100% 도입되도록 조임기구에 소요의 토크값을 조정하여 완전 조임한다.

> 소요 토크값(T)$=k \cdot d \cdot N/1{,}000$
> 　　　　　여기서, T: 체결토크(너트를 회전시키는 모멘트, N·m)
> 　　　　　　　　　k: 토크계수
> 　　　　　　　　　d: 볼트 지름(mm)
> 　　　　　　　　　N: 볼트 축력(N)

- 표준볼트장력 도입배경

> - 표준볼트장력은 체결편차와 조임 후 이완(Relaxation)을 고려하여 설계볼트장력보다 10% 할증한 값을 2차 본조임 토크값(T)에 적용한다.
> - 즉, 볼트장력 영향변수인 토크계수값 7%, 체결기기 변동률 7% 등을 감안하여 토크값을 10% 할증한다.
> ($\sqrt{7^2+7^2} \fallingdotseq 10$)

조임기구 조정(Calibration)은 작업일마다 체결 직전에 실시한다.

나. 너트회전법

- 프리세트형 토크렌치로 1차 조임 후의 너트 위치에서 120° 회전시킨다.
- M12 규격 이하는 1차 조임 후 60° 회전시킨다.

tip　가볼트 체결 목적

- 부재조립의 안정성 확보, 부재조립 직후의 변형방지
- 본조임 시 적정한 토크 도입, 본조임 완료 시까지 외력에 저항

2207 스터드 용접(Stud Welding)

I 개요

☑ 스터드(Stud)[78]는 강재와 콘크리트의 합성효과를 높이기 위해 강재면에 용접하는 전단연결재(Shear Connector)이다.

☑ 스터드 용접은 설계도서에 명시된 규격과 시방에 따라 시공하고 전수검사 또는 표본검사를 실시하여 용접품질을 확인한다.

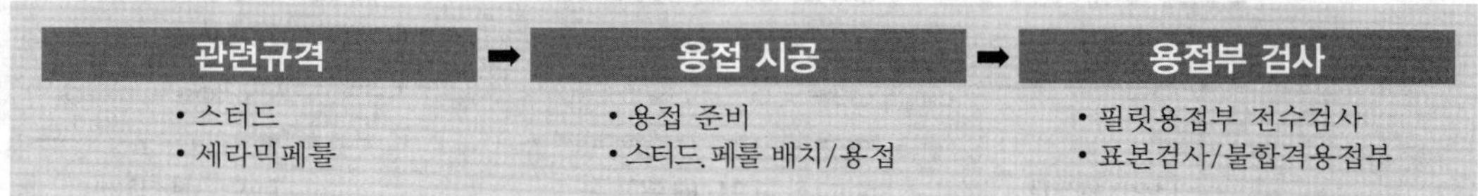

II 관련규격

1. 스터드

(1) 호칭규격[79]

호칭	축지름(d)	머리지름(D)	호칭길이(l)
13	13	22	80, 100, 120
16	16	29	80, 100, 120
19	19	32	80, 100, 130, 150
22	22	35	80, 100, 130, 150
25	25	41	120, 150, 170

① 호칭규격은 축지름으로 구분

② 건축용 스터드: $\phi16$, $\phi19$, $\phi22$ 등 3개 호칭

(2) 재질

① 규소나 알루미늄으로 발산한 강재 사용

② 실리콘 킬드강, 알루미늄 킬드강[80] 재질의 압연봉강이나 선재 사용

---

78) 저자 注: 일부에서 '스터드 볼트'로 표기하는 경우가 있지만 '스터드', 또는 '스터드 연결재'로 표기하는 것이 정확한 표현이다. KS에서는 '머리붙이 스터드'로 호칭하는데 머리 없는 스터드도 있기 때문이다.

79) KS B 1062(2014) 머리붙이 스터드

80) 킬드강: 제강과정에서 강 내부의 가스발생을 방지하기 위해 탈산공정을 거친 균질성 높은 강을 말한다.

(3) 구조 제한[81]

① 직경(d) ≤ 모재의 플랜지 두께×2.5

② 용접 후 길이(l) ≤ 4d

③ 스터드 콘크리트 피복두께 ≥ 25mm

④ Pitch 및 Gauge ≤ 슬래브 두께×8

- 6d ≤ Pitch ≤ 슬래브 두께×8
- 4d ≤ Gauge ≤ 슬래브 두께×8

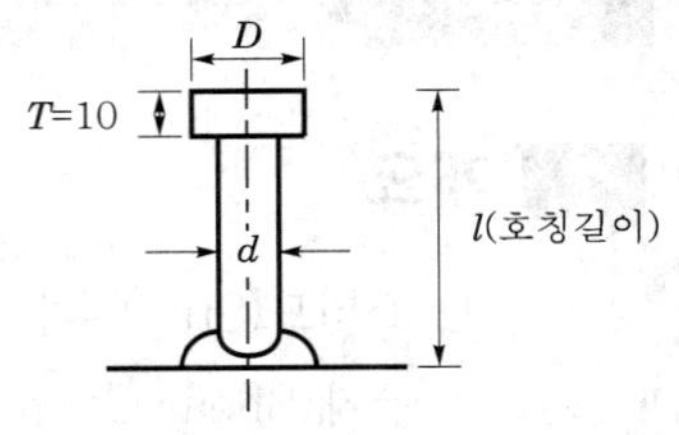

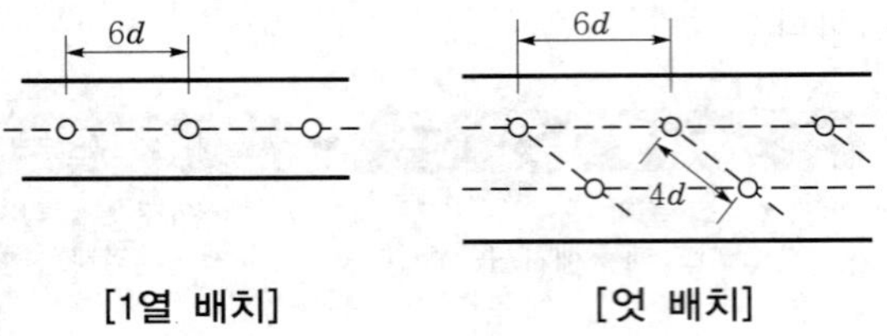

[1열 배치]　　　[엇 배치] 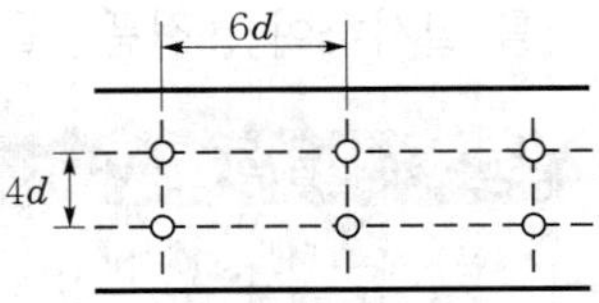　　　[2열 배치]

2. 세라믹 페룰(Ceramic Ferrule)[82]

(1) 역할

① 아크실드: 스터드 베이스의 아크 도입부에 대한 공기유입 차단

② 용융지의지지 및 형틀 역할, 용접부에 적정 형상의 플래시 형성

③ 금속증기에 의한 용융지 보호

④ 아크 안정화: 아크 집중 및 분산 방지

⑤ 스터드 용접 후에는 손망치로 파손 후 제거, 진공청소기 사용

(2) 재질 및 형상

① 내열성 자기질 세라믹

② 변단면의 원통형 형상

③ 내경은 스터드 직경보다 0.2~0.8mm 여유

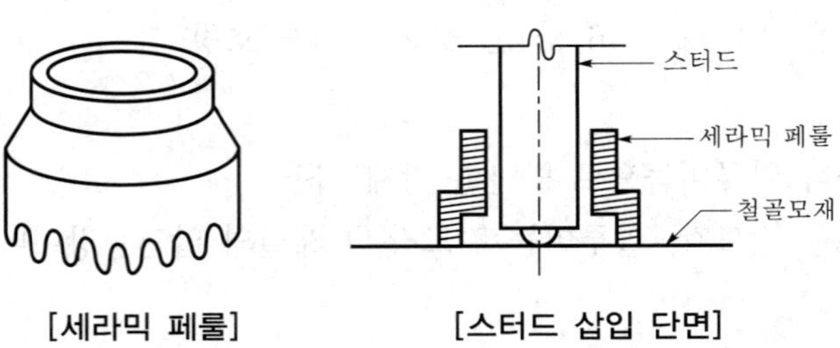

[세라믹 페룰]　　　[스터드 삽입 단면]

---

81) KDS 143010: 2019 강구조부재 설계기준(허용응력설계법) 4.7.5.1 구조 제한
82) KS B ISO 14555(2014) 용접–금속재료의 아크 스터드 용접: 종전의 "KS B ISO 13918"은 2014년에 폐지되고 현 규격으로 바뀌었다.

Ⅲ 용접 시공

1. 용접 준비

① 용접재료 규격 확인, 직경 및 길이 등

② 바탕면 이물질 제거
- Wire Brushing, Descailing, Grinding 등 실시

③ 가설전원 및 전선, 용접기 점검
- 원칙적으로 자동시간조절형 전용용접기 사용
- 전용용접기가 아닐 경우 스터드 필릿용접에 대한 감독자 사전승인 필요

④ 강우·강설, 모재면 다습상태일 경우 작업금지
- '모재온도 ≤ −20℃'일 경우 시험용접 확인을 통하여 감독자 승인 필요

2. 스터드·페룰 배치

① 설계도면상 간격 적용

② 연단거리 ≥ $2d$

③ 스터드 게이지 ≥ $4d$

④ 스터드 피치 ≥ $6d$

3. 용접

① 페룰에 스터드 삽입

② 아크 스터드용접, 전용 스터드건(Stud Gun) 사용

③ 스터드 필릿용접일 경우 용접 중 안정된 하향자세 유지

Ⅳ 용접부 검사

1. 필릿용접부 육안검사

▶ 다음 항목은 모든 스터드 용접부 수량을 육안으로 검사한다.

① 더돋기 형상의 부조화
- 덧살이 하단 외주를 균일하게 감싸고 있을 것
- 덧살: 두께 ≥ 1mm, 폭 ≥ (스터드직경 + 0.5mm)

② 용착부에 균열 및 슬래그 혼입이 없을 것

③ '언더컷 < 0.5mm'일 것

④ 필릿 ≥ 8mm

2. 표본검사(標本검사)

▶ 굽힘검사, 마무리높이검사, 기울기검사 등은 표본추출(Sampling)하여 실시한다.

(1) 검사단위[83]

① 100개, 또는 매 부재 1개 중 작은 쪽의 수

② 1 검사단위당 1개 검사

③ 육안검사용 표본

- 1 검사단위 중 전체보다 짧거나 기울기가 큰 것 추출

(2) 굽힘검사[84]

① 스터드 용접부의 굽힘연성 검사

② 인위적으로 스터드 경사각 15° 변형, 손망치 타격 또는 강관 이용

③ 저온일 경우 연속·완만하게 가력

- '모재 온도 ≤ 10℃'인 경우 적용, 저온취성 고려

④ 변형상태에서 용접부 및 모재에 결함 발생유무 확인

(3) 육안검사

① 스터드 용접 후 마무리높이 오차 ≤ ±2mm, 강재자 사용

② 스터드 경사각 측정

③ '수직도 편차 ≤ 5°'일 것

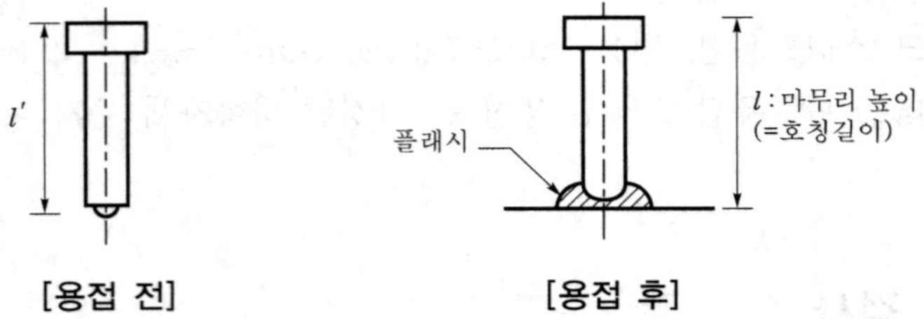

(4) 판정기준

① 검사 후 불량이 없을 경우 검사단위별 합격 판정

② 불합격 시 동일 검사단위에서 2개의 스터드 추가 검사

③ 2개 모두 합격 시 해당 검사단위 합격 판정

④ 1개 이상이 불량일 경우 해당 검사단위 전수 재검사

---

83) 종전에는 '검사로트'로 표현하였으나 'KCS 143120' 코드의 2019년 버전부터 표현을 변경하였다. 본서도 표본추출 단위의 의미로서 '검사로트'를 '검사단위'로 변경·표기할 것이다.

84) 토목구조물은 KCS 및 KS B 0529에 따라 굽힘 경사각을 30°로 적용한다.

3. 불합격 용접부 처리

① 50~100mm 인접부에 스터드 추가용접 실시

② 검사부 모재 파손 시 보수 후 재용접

- 모재면 보수용접 후 그라인딩 및 재용접 실시

③ 용접 후 재검사 실시

Ⅴ 결론

1 스터드는 강구조 보와 콘크리트 바닥슬래브를 합성시키기 위한 전단연결재로 설계도면상의 간격으로 배치하여 용접품질을 확보하여야 한다.

2 스터드 용접은 전용 스터드건의 사용을 원칙으로 하고 있으므로 불가피하게 필릿용접을 적용할 경우에는 반드시 용접품질을 확보하기 위한 준비를 갖추고 감독자의 사전승인을 얻어야 한다.

3 용접 후 검사 시에는 육안 및 표본 검사 기준에 따라 용접품질을 판정하고 불합격 부위는 보수용접 후 재검사를 실시한다.

0000 용접 기량시험

I 개요

1. 강구조 건축현장에서는 기량시험을 통하여 합격한 기능인(용접사)만이 용접작업에 참여할 수 있다.
2. 용접 기량시험은 AWS의 규준[85]에 따라 작성한 용접절차서(WPS)[86]의 내용을 참조하여 실시한다.

시험조건	➡	기량시험	➡	판정/기록
• 용접재료/용접작업 • 용접기기/준비사항		• 입회·확인/외관검사 • 비파괴/기계적시험		• 합부 판정 • 기록유지

II 시험 요구조건

▶ 예비 용접절차서(Pre-WPS, Preliminary Welding procedure Specification)에 따라 다음의 시험조건과 준비사항을 구비한 후 기량시험을 실시한다.

〈용접절차서 적용현황〉
- 일반적으로 국내 건설현장에서는 아직 '용접절차서'의 현장 적용사례가 드물다.
- 공장제작·설치업 즉 전문건설업체는 Code의 요구조건에 따라 실 용접작업을 위한 지침을 제공하도록 작성되고 인정된 WPS를 준비한다.
- WPS는 Code 요구조건에 따른 보증을 위하여 용접사와 용접 오프레이터에게 지침을 제공하는 것으로 사용할 수 있다.

1. 용접재료

① 모재규격: 강종, 두께
② 용접와이어
③ 뒷댐재(Backing Plate) 사용

2. 용접작업

① 용접방법: GMAW, FCAW
② 용접자세: 1G(아래보기), 2G(수평보기), 3F(수직보기)
③ 용접층의 수: 다층 패스, 단일 패스
④ 예열, 층간온도, 후열 온도·시간
⑤ 청소방법(Brushing, Grinding) 등

---

85) AWS(미국용접협회, American Welding Society) D.1.1 규정
86) WPS(Welding Procedure Specification): '용접절차사양서', '용접절차시방서' 등으로 표현하고 있으나 이하에서는 '용접절차서'로 부른다.

3. 용접기기

　① 반자동 용접기
　② 도입 전류 · 전압

4. 준비사항

　① 기량시험 응시자 용접이력
　② 예비 용접절차서
　　• AWS(American Welding Society) D.1.1 규정 준용
　　• 시공자 작성, 감독원 승인 필요
　③ KS 비파괴시험 규정: RT, UT, PT, MT
　④ 시험편(판재): 맞댐용접용, 필릿용접용 등
　　• 절차서 규정에 따라 시험편 제작, 필요시 강관용 시험편 추가 제작

Ⅲ 기량시험

1. 입회 · 확인

　① 용접절차서 준수, 본용접과 동일한 요령으로 실시
　② 용접 전 청소
　③ 가용접(Tack Welding) 및 후처리
　④ 용접층 1-Pass의 속도 및 두께
　⑤ 용접기 조작 숙련도

2. 외관검사

　① 시험편 용접 후 육안으로 검사, 비드에 유해한 결함이 없을 것
　　• 시공자 및 감리자가 검측과정에서 실시, 검측서 기록
　② 맞댐용접부
　　• 균열, 언더컷, 크레이터, 덧살, 블로우홀, 오버랩
　③ 필릿용접부: 비드 길이오차 ≤ 8mm, 각장 등

3. 비파괴 · 기계적 시험

　① 공인시험기관에 시험의뢰
　② 내부결함 검출: 맞댐용접부(RT, UT)
　③ 표면결함 검출: MT, PT
　④ 기계적시험: 굽힘(Bend)시험, 파단(Fracture)시험, 단면(Macro)시험 등

Ⅳ 판정 및 기록

1. 합부 판정

① 절차서 기준에 따라 판정
② 모든 시험항목 충족 시 합격 판정
- 외관·비파괴·기계적 항목 등

③ 1차 불합격 시 2차시험 실시 후 재판정
- 2차시험 불합격 시 부적격자로 최종 판정

2. 기록유지

① 합격판정 후 개인별 기록(WQR: Welder Qualification Record)
② '용접사 관리대장' 기록 및 유지, 용접사 현황 파악용
- 기량시험 합격일, 퇴사일, 인증범위(용접방법, 시험편두께, 용접자세) 등

3. 시험 후 관리

① 용접 투입 전 용접사 자격 확인, 부적격자 투입 방지
② 용접 개소별 용접실명제 실시, 용접 품질등급에 따라 재투입 여부에 반영

---

tip 용접사의 자격: KCS 14 31 20(1.5.1: 2019)

1. 강구조물 제작에 참여하는 각 용접사에 대한 신분증과 자격증 또는 자격을 입증할 수 있는 자료의 사본을 제출해야 한다.
2. KS의 해당요건에 따라 자격을 갖추었거나[87], 해당작업에 2년 이상 경험이 있는 자로서 제작자 자체 검증시험으로 확인된 자이어야 한다.
3. 용접사의 자격은 다음의 경우를 제외하고 기간에 제한 없이 유효한 것으로 간주한다.
   ① 자격검정을 받은 시험의 용접법을 6개월 이상 작업에 적용하지 않았을 경우
   ② 용접사의 기량에 대해 특별히 의문을 제기할 만한 이유가 있을 경우
4. 자격검정을 받은 용접법을 6개월 이상 적용하지 않았을 경우의 재검정시험은 두께 10mm 강판에 대해서 시행한다.
5. 용접사의 검정시험 결과 또는 보고서는 공사감독자가 수시로 열람할 수 있도록 보관되어야 한다.
6. 용접사의 자격 검정시험 및 판정은 건축물의 경우 KS B 0885[88], AWS D1.1 4장 Part C, 교량의 경우 AWS D1.5 5장 Part B, 또는 구조물의 종류에 따라 세계적으로 인정받는 기준에 따른다.

---

87) KS에는 현장 반자동용접에 대한 자격검정 규정이 없다.
88) 'KS B 0885'는 수동용접(SMAW) 규정이므로 반자동용접은 'AWS D1.1 4장 Part C'를 적용한다.

03 내화피복

2300 | 내화피복 일반

I 개요

1 강구조물은 화재 시 재난 방지를 위해 내화구조[89]이어야 하므로 주요구조부[90]는 반드시 관련 기준 이상의 내화피복이 필수적이다.

2 내화피복재는 KS나 인정기관에서 제시하는 재료로서 뿜칠재, 도료, 보드재 등을 사용하고 공사 후 내화성능을 검사한다.

목적/기준 →	재료/공법 →	검사/보수 →	연구/개선
• 내화피복 목적 • 내화피복 기준	• 요구성능/인정재료 • 공법별 재료	• 인정품별/공법별 검사 • 손상부위 보수	• 내화성능의 지속성 • 재료/시공/검사/유지

II 목적 및 기준

1. 내화피복 목적

① 강재의 내화성능 보완

② 강재의 항복점 저하 방지

③ 화재 시 재실자의 대피시간 확보

2. 내화성능기준[91]

(1) 관련규정

건축법/건축법 시행령	• 법률 제49조, 50, 50조의2, 51, 52, 53, 64조 등 • 시행령 제2조 제7호
건축물의 피난 · 방화구조 등의 기준에 관한 규칙	• 국토교통부령, 건축법 시행령에 의거한 별도의 시행규칙 • 구조부위별 내화구조기준 명시 • 별표 1에 '내화구조의 성능기준' 제시

---

89) 내화구조: 화재에 견딜 수 있는 성능을 가진 구조, 건축법 시행령 제2조(정의) 제7호 참조
90) 주요구조부: 내력벽, 기둥, 바닥, 큰 보, 지붕틀, 주계단 등, 사이기둥, 작은보, 차양, 옥외계단 등은 제외
91) '건축물의 피난 · 방화구조 등의 기준에 관한 규칙' 별표1, '내화구조의 성능기준' 일부 내용 발췌

내화구조의 인정 및 관리기준	• 국토교통부고시 • 국토교통부령에 의거, 한국건설기술연구원 위탁업무기준
내화구조 인정 및 관리업무 세부운영지침	• 한국건설기술연구원 규정 • 국토교통부령 및 고시에 의거한 세부운영지침

(2) 대상 구조물 분류

① 용도: 일반시설, 주거시설, 산업시설

② 부위: 보, 기둥, 바닥, 벽, 지붕틀

(3) 내화성능 분류

① 구조부위별 내화시간을 0.5~3시간으로 분류

  • 0.5, 1, 1.5, 2, 3시간 등 5단계

② 강구조 부위(보, 기둥, 지붕틀)

  • 0.5, 1, 2, 3시간 등 4단계

③ 성능기준(일반시설 예)

(단위: 시간)

층수/최고높이	보·기둥	바닥	지붕틀
12층/50m 초과	3	2	1
12층/50m 이하	2	2	0.5
4층/20m 이하	1	1	0.5

  • 소요 내화성능: 일반시설 > 주거시설 > 산업시설 순

Ⅲ 재료 및 공법

1. 재료 요구성능

① 내화성을 비롯한 다양한 성능 요구

② 시공품질은 피복두께, 밀도, 부착강도 등을 검사하여 평가

③ 요구성능 유형

내화성	고열 노출 시 강재 전달열을 차단할 것
부착성	바탕면에 부착되어 틈새가 생기거나 떨어지지 않을 것
인체무해성	• 시공, 사용, 화재 시 인체에 무해한 재료일 것 • 석면함유량, 유해가스배출량이 기준치 이내일 것
강성/인성	• 충격으로 파괴되거나 박리되지 않을 것 • 모재변형에 추종하는 인성이 있을 것
내구성/경량성	• 건물 사용기간 이상의 내구성이 있을 것 • 중력 영향이 적도록 가벼운 소재일 것
경제성/의장성	재료운반성, 시공성, 사용성 등으로 경제적일 것

2. 인정재료[92]

(1) 뿜칠재

① 뿜칠시공이 가능한 무기질 경량재료

② 석고계, 질석계[93], 퍼라이트계 등

③ 내화성능 인정시간: 1, 2, 3시간

④ 제조사 특기시방에 따라 12~33mm 두께로 뿜칠

⑤ 강구조현장에서 가장 많이 사용

(2) 보드재

① 내화·방화용 석고보드 사용

② 내화성능 인정시간: 1, 2, 3시간

③ 15mm 두께의 보드재를 1~3겹으로 시공

(3) 도료재

① 고온에서 발포되어 단열층을 구성하는 도료

② 지붕층이나 저층건축물에 적용

③ 내화성능 인정시간: 1~3시간

④ 방청도장(하도) 후 0.7~4.2mm의 도막두께 형성

(4) 블랭킷재

① 강구조 표면을 덮을 수 있는 무기질계 두루마리(담요)형 피복재

② 내화성능 인정시간 2시간

③ 50mm 두께의 재료를 강구조재 표면에 설치·고정

3. 공법별 재료

① 구체적 공법 및 재료는 공사시방을 적용

② 일반적으로 뿜칠공법을 많이 채용

- '내화시간 ≤ 2시간'이고 단층 및 지붕층은 선택적으로 도장공법 적용

③ 공법별 사용재료[94]

공법		사용재료
도장	내화도료공법	팽창성 내화도료
습식	타설공법	보통콘크리트, 경량콘크리트
	조적공법	콘크리트블록, 경량콘크리트블록, 석재판, 벽돌
	미장공법	철망모르타르, 철망펄라이트 모르타르
	뿜칠공법	암면, 모르타르, 플라스터, 실리카, 알루미나 모르타르
건식	성형판공법	• 무기섬유혼입 규산칼슘판, ALC판, 무기섬유강화 석고보드 • 석면시멘트판, 조립식 패널, PC콘크리트판
	세라믹울 피복공법	세라믹섬유 블랭킷

92) 내화성능인정 지정기관(한국건설기술연구원)의 2013년 '인정현황' 자료 참조

93) 질석계는 최근 수입가 상승으로 다른 세라믹계 재료로 대체되고 있다.

94) KCS 143150(2019) 표2.1-1

Ⅳ 검사 및 보수

1. 인정품별 검사

▶ 피복재는 반드시 내화성능 인정품이어야 한다.

▶ 공사시방서 또는 제조사시방서에 따라 검사한다.

▶ 별도 규정이 없을 경우 건축공사표준시방서 및 전문시방서 준용한다.

(1) 뿜칠피복

① 피복두께, 밀도, 부착강도 등을 검사

② 시험방법

- KS F 2901(구조부재에 시공하는 내화뿜칠재의 두께 및 밀도 시험방법)
- KS F 2902(구조부재에 시공하는 내화뿜칠재의 부착강도 시험방법)

(2) 보드(방화석고보드) 피복

① 인정품 시방에 따라 검사

② 부착두께, 소요겹수(Ply) 등의 부착상태

(3) 도료피복

① 건조도막두께 측정

② 시험방법

- KS M ISO 2808(도료와 바니시-도막두께 측정) 적용

2. 공법별 검사

(1) 미장공법 및 뿜칠공법

① 시공 중 피복두께 검사

② 시공면적 $5m^2$당 1개소 단위로 실시

③ 검측용 핀으로 피복두께를 확인하면서 시공할 것

④ 검사항목 및 빈도

- 검사항목: 피복두께 및 밀도
- 코어 채취 · 빈도
  - 각층마다 또는 바닥면적 $1,500m^2$마다 각 부위별 1회 시험용 코어 채취
  - 1회 시험에 5개의 코어 측정
  - 연면적 $1,500m^2$ 미만인 건물: 2회 이상 시료를 채취하여 측정

(2) 조적, 성형판, 멤브레인공법
　① 측정항목: 재료두께 및 비중
　② 재료반입 시, 각층 바닥면적 1,500m^{2}마다 각 부위별 1회용 시료채취
　　• 1회 시험에 시료 3개 채취
　　• 연면적 1,500m^2 미만인 건물: 2회 이상 시료를 채취하여 측정

3. 손상부 보수

　① 경량벽체, 천장, 설비 덕트 설치로 인한 손상부위
　② 동일 재료 사용
　③ 내·외장재 마감 전 손상된 곳을 반드시 보수

Ⅴ 연구 및 개선 방향

　① 강구조물의 내화성능을 지속적으로 향상시키기 위해서는 현행의 내화성능 인정기준과 시방안의 한계점 개선이 요구된다.
　② 내화성능 향상을 위한 재료, 시공, 검사, 유지관리 측면에서의 연구 및 개선과제는 다음과 같다.

성능 분야	연구 및 개선과제
재료	• 구조물 사용년수 대비 피복재별 내구성능 향상 • 고성능 내화피복재의 개발 및 현장 적용방안
시공	• 방청바탕 유무에 따른 피복재료별 부착강도 영향 • 내화피복공사의 하자 유형별 원인 및 예방·보수 방안 • 내화피복공사의 선·후행 공정 합리화 방안
검사	• 기존 내화피복 검사의 문제점과 합리적 검사표준안 　– 내화피복 샘플링 대상부위 선정방법[95], 검사빈도 　– 뿜칠공법의 부착강도 검사방법 등
유지관리	기존구조물의 내화성능 진단 및 보강 방안

---

95) 저자의 현장경험과 방재성능의 중요성을 고려할 때 검사부위 샘플링은 화재 시 열영향에 가장 취약하거나 시공 시 품질확보가 취약한 부위를 필수 검사부위로 선정하여야 한다. 여기서 화재열 취약부는 보–기둥 접합부(패널존), 시공 취약부는 받침대 위 작업부위(특히, 외주부 기둥을 연결하는 큰보의 외측 웨브면) 등이 있다. 이를 위해 KS 규정, 각종 표준시방 및 법규 등에 관련내용의 반영이 필요하다.

2301 뿜칠 내화피복

I 개요

1. 뿜칠 내화피복은 바탕면에 단열성능과 부착성능을 구비한 재료를 뿜칠하여 피복층을 형성시키는 공법으로 현장에서 가장 많이 채용한다.
2. 뿜칠 재료는 내화구조용 인정제품을 사용하며 지정시방에 따라 소요 내화시간에 상응하는 두께로 시공 후 품질검사를 실시한다.

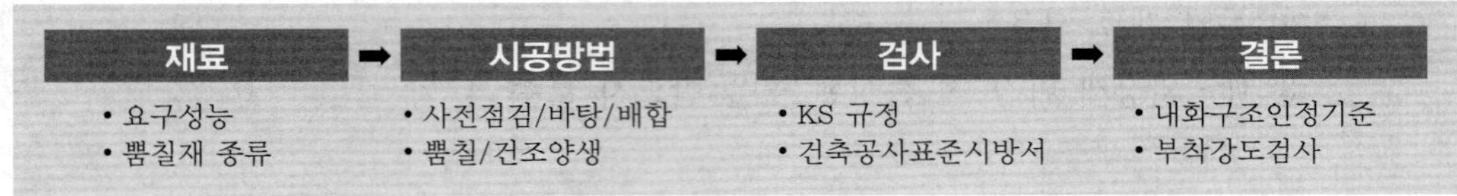

II 뿜칠 재료

1. 요구성능

(1) 열전도율(kcal/m · h · ℃), 두께(mm)

① 열전도율이 낮을 것

② 소요두께 이상의 뿜칠이 가능할 것

(2) 밀도(kg/m^3), 부착강도(kgf/m^2)

① 단위용적질량이 인정치 이상일 것

② 뿜칠 후 부착강도가 인정치 이상일 것

③ 시공부위 시료검사에서 밀도와 부착강도가 인정치 이상일 것

(3) 분진도(g/m^3), 인체무해성

① 제품 취급 시 분진도가 낮을 것

② 재료 내에 석면 등 유해물질 함유량이 없을 것

③ 뿜칠재의 분진도가 낮고 인체에 무해할 것

(4) 내충격성, 내구성

① 뿜칠 후 충격에 손상되지 않을 것

② 구조물 사용기간 동안 소요성능을 발휘할 것

2. 뿜칠재 종류[96]

(1) 광물질 섬유계(Mineral Fiber, Mineral Wool)

① 석면(石綿, Asbesos), 암면(巖綿, Rock Wool), 유리면(Glass Wool) 등을 총칭

---

96) KS F 2901/2902, '1. 적용범위'에서 언급된 뿜칠재의 종류

② 석면은 인체유해성으로 사용 금지, 주로 암면 뿜칠재 사용

③ 암면 뿜칠재: 단열재 + 결합재

　• 단열재: 암면, 팽창질석

　• 결합재: 석고 플라스터, 시멘트

④ 점차 석고, 질석, 펄라이트계 등으로 대체 사용

(2) 시멘트계

① 재료비 저렴

② 경화지연으로 공사기간 소요, 재령 28일에서 80%가량 경화

③ 건조수축에 의한 피복층 균열 우려

(3) 석고계(石膏, Gypsum)

① 경화시간 신속, 1일 이내에 경화 완료

　• 시공성 양호, 균일두께 시공 용이

　• 천연석고가 단열재 및 결합재 역할

② 균열, 온·습도 영향 저감

③ 초기방화 및 화재 열전달 지연효과 우수

　• 석고 내의 결정수 함유량 25%가 탈수되면서 내화성능 발휘

④ 내수성 취약, 습윤환경에 부적합

(4) 질석계(蛭石, Vermiculate)[97]

① 흑운모 변질작용으로 생성된 다공질 점토광물, 가열 시 팽창

　• 300℃ 이상에서 20배까지 체적 팽창

② 경량 콘크리트, 플라스터, 페인트, 내화피복재, 흡음 및 보온재의 원료

③ 시멘트, 석고, 펄라이트, 탄산칼슘 등을 일정비율로 배합

　• 단열재: 팽창질석, 펄라이트

　• 결합재: 시멘트, 석고 플라스터

　• 물 혼합(1 : 1.5)한 다음 분사기로 뿜칠

④ Open Time ≤ 1시간, 부착력 및 내구성 우수

(5) 펄라이트계(Pearlite)

① 화산용암이 급속냉각되어 생성된 유리질 암석, 3~5%의 결정수를 함유

　• 단열재: 펄라이트

　• 결합재: 시멘트, 석고 플라스터, 탄산칼슘

② 조직 내에 무수한 기공 존재, 경량성 우수

③ 인체무해성 우수

　• 광물섬유, 질석 등의 유해성을 대체할 수 있는 소재

　• pH 농도 6.5~7.5로 독성없는 중성

---

97) 수요량의 대부분을 수입(중국)에 의존하며 수입가 상승에 따라 다른 재료로 대체되고 있다.

④ 성분 안정성 우수
- 황산, 질산, 수산화나트륨 등에 대한 안정성
- 불연성 무기질로 단열성과 내화성 우수

⑤ 부착강도, 내충격성 우수
- 균일한 피복층 형성, 충격에 의한 박리·균열 저감

Ⅲ 시공방법

1. 사전점검

(1) 후속공정
① 천장, 벽체공사의 앵커 및 행거 선설치
② 불이행 시 뿜칠면 손상 불가피

(2) 뿜칠재 선정 및 반입
① 내화성능 인정품 선정
- 세부인정내용 확인, 내화구조 설계도서, 시방서 등

② 제품 유효기간 확인, 타사제품 혼용 금지
③ 운반·취급 중 포장 파손 방지

(3) 현장 가설
① 뿜칠장비의 적정 제원 확보
- 믹서, 압송 펌프, 분사기, 공기압축기 등의 뿜칠장비
- 토출량, 이송방식, 호퍼 용량, 압력용량 등의 제원
- 정격전압 및 전기 적정 용량 확보

② 환기 및 조명
- 밀폐공간은 적정 용량의 환기팬 설치
- '작업장 조도(照度) ≥ 30lx' 확보, 작업 중 뿜칠표면과 두께 확인 고려

③ 용수 및 작업장 보양
- 공업용수 1급 이상일 것
- 작업장 온도 ≥ 4℃
- 방풍 및 방진막 설치, 바람영향, 분진물 외부 유출 및 주변 오염 고려

④ 작업자 안전용구 착용 확인
- 보호의, 보호안경, 방진마스크, 안전발판 등

2. 바탕처리
① 부착성을 저해하는 기름, 녹, 분진 등의 이물질 완전 제거
② 방청도장면의 뿜칠재 부착성을 사전검토

③ 주변부 보양, 시공면 이외의 부분에 비산오염 방지
  • 테이프 및 비닐 보양

3. 배합 및 교반

① 기배합 포장제품을 개봉하여 믹서호퍼에 투입
② 제조사 권장 비율대로 물 혼합
③ 대체로 질량비 1 : 1.1~1.6의 비율로 혼합 및 교반
  • 교반시간 2~5분
④ Open Time ≤ 30~60분, 초과분은 폐기처분

4. 뿜칠

① 내화성능기준에 적합한 뿜칠두께 확보
② 분사기 사용
  • 노즐–뿜칠면 거리: 30~60cm, 70° < 분사각 ≤ 90°
  • 공기압축기 도입압력: 2.5~5kg/cm^2, 공기량 ≥ 0.4~0.5m^3/min
  • 노즐은 원형을 그리면서 소정두께가 될 때까지 반복 뿜칠
③ 2회에 걸쳐 소요두께만큼 뿜칠
  • 1회 뿜칠두께 ≤ 20~30mm
④ 전 단면에 이음없이 일체적으로 뿜칠
  • 강구조재 하단부와 모서리 박리 방지

5. 건조 · 양생

① 건조 및 양생 소요시간 확보
  • 기온과 뿜칠두께 고려, 내화구조인정서상의 양생기간 준수
② 양생 중 외부 충격과 진동 방지, 미세균열 및 박락 고려
③ 반드시 제조사 특기시방 준수

Ⅳ 내화피복 검사

1. KS 규정

관련기준	검사항목	검사빈도
KS F 2901	피복두께, 밀도	매층, 또는 바닥면적 1,000m^{2}마다 1회씩 실시
KS F 2902	부착강도	규정 없음

1.1 피복두께

(1) 보

① 임의 300mm 간격 2곳에서 1곳당 9포인트
② 총 18포인트 측정

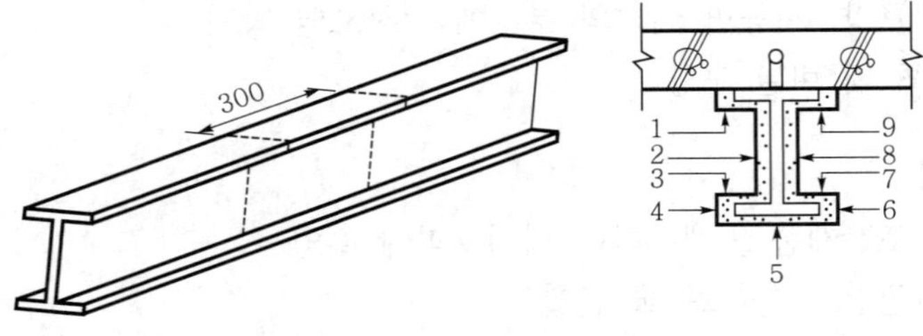

[강구조보 검사부위]

(2) 기둥

① 임의 300mm 간격 2곳에서 1곳당 12포인트
② 총 24포인트 측정

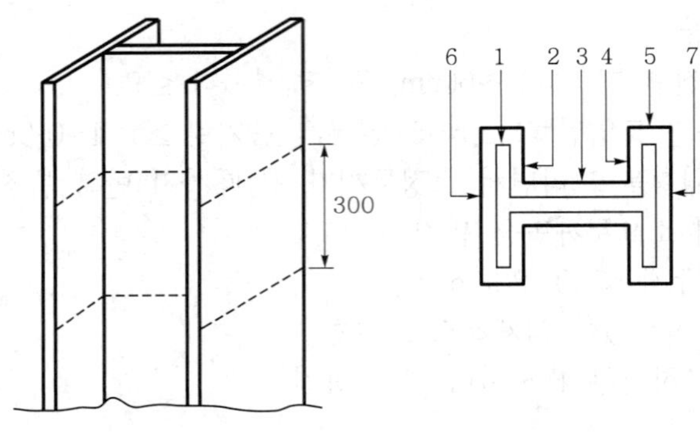

[강구조기둥 검사부위]

(3) 판정기준

① 각 측정치 ≤ (인정치−6), 인정치(1−0.25) ………… 불합격
② 산술평균치 < 인정치(설계값) …………………………… 불합격
③ '측정치 ≥ +6mm'이면 +6mm 값으로 산정
④ 불합격 시 재시험 후 확인할 것

1.2 밀도

(1) 시료채취

① 보: 하부 플랜지, 또는 웨브 중 한 곳에서 시료채취
② 기둥: 웨브, 또는 플랜지 외부면 중 한 곳에서 시료채취

(2) 검사방법

① 검사부위에서 절취기로 시료채취
② 채취된 시료 양생: 43 ± 6℃, '상대습도 ≤ 60%'에서 건조
③ 시료의 질량과 부피 측정

④ 밀도(D) $= \dfrac{w}{v}\,(kg/m^3)$

여기서, w: 시료의 질량(kg), v: 시료의 체적(m^3)

(3) 판정기준

① 각 측정치 ≥ 인정 최소허용치
② '측정 평균값 ≥ 인정치'일 것

1.3 부착강도

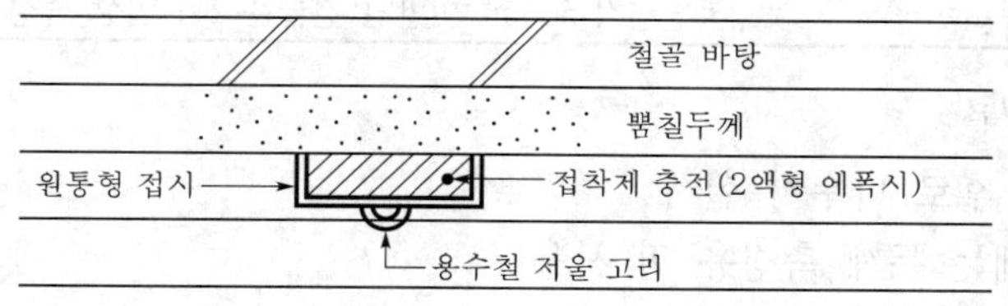

(1) 시험기구 부착

① 임의 검사부위 선정
② 밀도 · 두께 측정 요건 구비 후 실시
③ 원통형 금속접시에 에폭시 접착제 충전
④ 검사부위에 금속접시 부착 · 고정

(2) 검사방법

① 금속접시 1일 이상 양생 후 검사
② 금속접시 고리에 용수철 저울 위치
③ 저울 인장 가력(加力)[98]

(3) 측정 및 판정

① 금속접시-뿜칠면 이탈시점의 저울값 측정
② 부착강도(B) 산정

- $B = \dfrac{F}{A}\,(N/mm^2)$

③ 'B ≥ 인정값'이면 합격
④ 파괴형상 분석

- 접착파괴: 재료 내부에서 파괴
- 접착파괴: 접착면에서 분리

---

98) 금속접시 고리에 용수철 저울을 걸고 금속접시가 떨어질 때까지 용수철 저울을 손으로 잡아당긴다.

2. KCS 코드[99]

▶ 공사시방서에 정한 바가 없을 경우 다음 사항을 적용한다.

2.1 미장공법 및 뿜칠공법

시기	항목	빈도 및 방법
시공 중	피복두께	시공 중 5m²당 1개소 단위로 핀을 이용하여 측정
시공 후	피복두께 밀도	• 시공 후 코어를 채취하여 측정, 검사 1회에 5개의 코어 채취 • 각층마다, 바닥면적 500m²마다 각 부위별 1회씩 검사 • 연면적 500m² 미만인 건물은 2회 이상 측정

(1) 피복두께 검사

① 시공 중, 후로 나누어 실시

② 시공 중에는 두께 측정용 핀 사용

③ 시공 후에는 코어를 채취하여 두께 측정[100]

(2) 밀도검사

① 시공 후 실시

② 검사방법은 KS 규정(KS F 2901) 참조

2.2 조적공법, 붙임공법, 멤브레인공법

① 재료 반입 시 두께 및 비중 검사

② 각 층마다, 바닥면적 500m²마다 각 부위별 1회씩 검사

• 1회에 3개의 샘플재료 검사

③ 연면적 500m² 미만일 경우 2회 이상 검사

④ 필요시 책임기술자와 협의 · 조정(완화) 가능

Ⅴ 결론

① 공사관계자는 뿜칠 내화피복 품질이 내화구조 인정기준을 충족하도록 건축법, 내화구조 인정기준, KS규격, 공사 · 표준 · 특기 시방서 등의 제반규정 숙지가 필수적이다.

② 특히, 뿜칠 피복재의 계면부착력이 부족하여 들뜸 · 박락 시 내화성능이 상실되는 점을 고려하여 절연부위에서 부착강도를 검사하는 방안과 방청도장면의 부착강도 영향 등에 관한 연구 등이 요구된다.

---

99) KCS 143150(2019) 3.2 검사 및 보수
100) 피복강도가 큰 시멘트계는 코어 채취가 불가피하지만 다공질구조의 뿜칠재는 핀 측정이 가능하다.

2302 ｜ 도료 내화피복(내화도장)

Ⅰ 개요

① 내화피복용 도료는 화재열에 노출 시 발포 · 탄화 단열층을 형성[101]하여 강구조의 온도상승을 차단시키는 기능성 도료로서 최근 3시간 내화성능[102] 제품도 등장하는 추세이다.

② 중도(中塗)공정인 내화도장은 선 · 후 도막층과의 부착강도와 소요 건조도막두께를 확보하도록 시공하여야 한다.

내화도료	➡	시공방법	➡	검사
• 유기/무기도료 • 인정현황/관련법		• 사전점검/바탕 • 하/중/상도		• 외관검사 • 두께검사

Ⅱ 내화도료

1. 유기도료

(1) 도막 구성요소

- 수지, 발포제, 탄화제, 촉매 등으로 구성

수지	상시 도막두께층 형성, 화재 시 발포작용에 반응
발포제	화재 시 가스를 방출시켜서 도막두께를 확장시키는 성분
탄화제	탄화 도막층의 주성분 공급
촉매	가스 방출 및 탄화 도막작용 촉진

(2) 내화기구(Mechanism)

① 화재열 노출

② 도막층 온도상승으로 유연화(柔軟化), 200~250℃

③ 구성요소 간 상호화학반응

④ 축합작용에 의해 도막층이 거대 고분자화

⑤ 발포 팽창막, 불연성 단열탄화층을 형성하여 화재열 차단

---

101) 발포 단열층(＝포비성 팽창막)을 형성하는 성질을 포비성(泡沸性)이라고 한다.

102) 강구조 내화성능의 평가수치는 내화시간으로 표시한다. 내화시간은 피복내측에 위치한 강재온도가 화재열에 의하여 평균 538℃, 최고 649℃에 도달할 때까지의 소요시간을 의미한다.

2. 무기도료

(1) 도막 구성요소

- 수지, 안료, 촉매 등으로 구성

수지	도막층을 형성하는 무기질 수지, 결정수 함유
안료	외부열을 흡수하는 흡열성분
촉매	흡열반응 촉진성분

(2) 내화 메커니즘

① 화재열 노출

② 도막층 온도상승, 수지 내 결정수가 발포 팽창

③ 무기계 안료가 용융하여 팽창부위를 도포하고 가연성 가스 흡착

④ 흡열반응에 의한 팽창탄화층이 공기를 차단하여 화재열량 저감

3. 인정현황[103]

내화성능	내화구조별 건조도막두께(mm)		인정품 업체수
	보	기둥	
1시간	0.70~1.85	0.70~1.00	9
2시간	3.00~4.20	2.75~4.20	5
3시간	17.25	–	1

① 내화성능 1~3시간

- 일반적으로 1~2시간, 최근(2013.03) 3시간 인정도료 개발

② 내화구조는 보, 기둥으로 구분

③ 인정 건조도막두께 = 하도(방청도료)＋중도(내화도료)

- 하도 ≥ 0.05mm, 중도 ≥ (인정도막－하도 0.05)

4. 내화구조 인정 관련법

▶ 내화구조 인정에 관한 법률근거에는 건축법, 건축물의 피난·방화구조 등의 기준에 관한 규칙, 주택건설기준 등에 관한 규정 등이 있다.

건축법	• 법제40조 건축물의 내화구조 및 방화벽 • 법제41조 방화지구안의 건축물 • 영제2조 7의2 내화구조의 정의, 영제56조 건축물의 내화구조
건축물의 피난·방화구조 등의 기준에 관한 규칙	제3조 내화구조
주택건설기준 등에 관한 규정	제14조 세대 간의 경계벽 등

---

103) 내화구조인정기관 한국건설기술연구원(http://cert.kict.re.kr/), '내화구조 인정현황' 참조

Ⅲ 시공방법

1. 사전점검

(1) 사용재료

　① 내화성능 세부인정 내용

　② 품질관리확인서[104] 기재사항

　③ 유효사용기간

(2) 인원, 기구

　① 작업자의 경험과 기술

　② 분사기(Airless Spray) 상용압력과 노즐 크기

　③ 기타 붓, 롤러 등의 준비상태

(3) 가설 및 작업환경

　① 작업장 온도 5~40℃, 습도 30~85%

　　• 고온 시 핀홀, 퍼짐불량, 접착불량

　　• 저온 시 경화·접착불량, 건조지연, 도장 표면온도 ≥ 이슬점＋3℃

　② 정격전압 및 전기용량

　　• 분사기와 공기압축기의 가동용량 고려

　③ 작업장 조도

　　• 도장면상태, 도포량, 두께 등을 확인·조정하기 위한 조도

　④ 도장재 비산 방지

　　• 바람 부는 날 방풍막 설치 또는 작업금지

2. 바탕처리 및 하도

(1) 바탕처리

　① 표면부의 기름, 녹, 분진 제거

　② 방청도장면

　　• Sand Blast 처리 후 고압공기로 청소 및 건조

(2) 하도(방청도료)

　① 방청도료가 도장되지 않은 강구조바탕에 적용

　② 주로 광명단 조합 페인트(KS M 6030) 사용

　③ 하도 Primer 균일도포

　④ 건조도막두께 ≥ 0.05mm, 방청도료 1회 도장

---

104) 인정업체가 작성하여 시공자, 감리자에게 인계하는 인정서 첨부도서 중의 일부

3. 중도(내화도료)

① 하도 건조상태 확인 후 실시

② Airless Spray 사용

- 분사각 90° 유지
- 노즐은 분사압력에 따라 피도체와 30~100cm 유지

③ 소요 건조도막두께(인정도막두께) 고려, 2~6회 재도장

④ 사용재료별 재도장 간격 준수

- 인정재료별 시방 상이, 일반적으로 12시간 이상 소요

4. 상도(마감도료)

① 중도의 내구성, 외관 등을 고려하여 적용

- 인정업체의 품질기준에 적합한 제품을 선정

② 옥외 무기질 중도 적용 시 반드시 상도 실시

③ 중도재에 적합한 상도재료 선정

- 아크릴계, 우레탄계, 염화고무계 등

④ 건조도막두께 0.05~0.07mm 확보

Ⅳ 품질검사

▶ 검사항목, 검사빈도, 판정기준 등은 공사시방서 내용에 따른다.

▶ 공사시방서에서 정하는 바가 없을 경우 항목별 검사빈도는 현장여건과 공사특성을 고려하여 시공자-감독원이 협의·조정한다.[105]

▶ 외관검사와 두께검사에 대한 공사시방 사례는 다음과 같다.

1. 외관검사

① 재질 및 보관 상태

- 재료 반입 시 인정재료 견본과 비교
- 보관상태 및 사용기간 등의 적정성 검사

② 도장상태

- 핀홀, 흠집, 주름, 얼룩, 색상 차이, 표면기포, 흘러내림 유무

---

105) KCS 143150(2019)에는 도료 내화피복검사에 관한 구체적 언급이 없다.

2. 두께검사

(1) 습도막두께(Wet-Film Thickness)

① 매회 도장 시마다 정확한 도포량 측정 및 기록

② 습도막두께 측정기 사용

(2) 건조도막두께(Dry-Film Thickness)

① 측정시기

- 하도 및 중도 건조 후 각각 측정

② 측정빈도

- 한 변 길이 500mm의 검사구역 설정
- 구역별 플랜지 5, 웨브 5곳의 두께 측정
- 10곳 중 최솟값을 해당 부위 도막두께로 기록

③ 측정방법

- 전자식 건조도막두께 측정기(Digital Thickness Gauge) 사용
- 피복면에 측정기 센서를 수직 밀착하여 두께 측정

④ 합격 판정

- '건조도막두께 ≥ 인정두께'일 것

---

tip "강구조물 내화도료 현장 체크리스트" 기재 내용

- 작성주체는 인정업체(전문시공업자)
- 회차별 검사와 최종 검사로 구분, 검사일자별 감리자 날인
- 회차별 검사: 부위(보, 기둥)별, 회차별 도막두께를 인정기준과 측정결과치로 구분
- 최종 검사: 부위별 최종도막두께와 부착강도를 기준과 결과치로 구분
- 적정 시공성: 단위면적당 소요량, 총공사량, 공급물량 등으로 구분 기재
- 기타: 제품 포장상태, 생산일자 등 기재
- 확인결과 의견: 감리자가 확인 후 날인

PART 03 초고층공사 등

제1절 초고층공사
제2절 커튼월공사
제3절 PC/대공간구조물

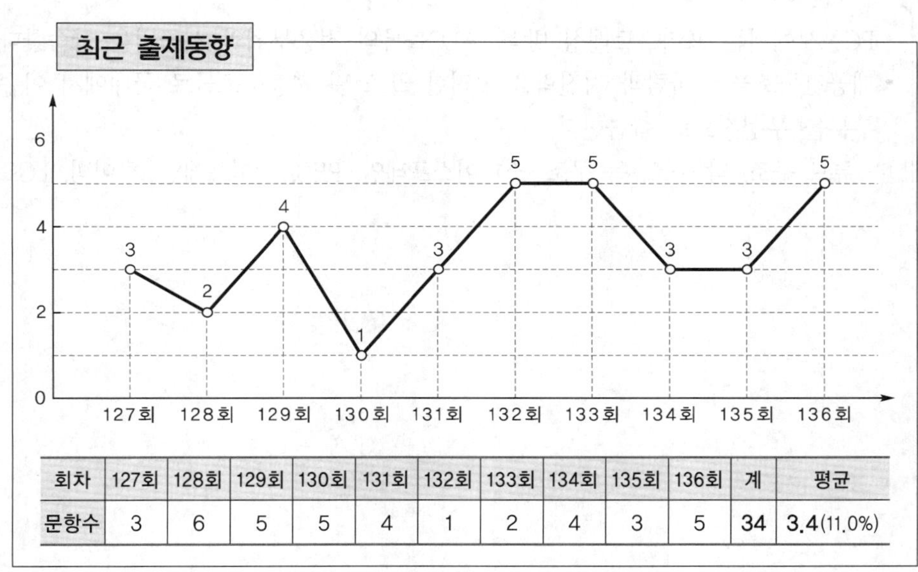

회차	127회	128회	129회	130회	131회	132회	133회	134회	135회	136회	계	평균
문항수	3	6	5	5	4	1	2	4	3	5	34	3.4(11.0%)

📖 학습방향

제1절 초고층공사

- 세계적인 규모의 초고층 건축물이 국내에서 다수 계획 · 시공되고 있는 점을 고려하여 초고층 요소기술에 대한 학습이 필수적이다.
- 초고층 요소기술은 양중관리, 사이클 공정을 단축시키기 위한 바닥판공법, 사용성과 내구성을 고려한 사전조치 등이 있다.
- 양중관리는 타워크레인의 이미지과 내용이 제시될 수 있도록 학습한다.
- 바닥판공법은 현재의 적용공법을 위주로 학습한다.
  - 시스템 거푸집, 데크플레이트, 층고절감형, 유닛플로어 등
- 사용성과 내구성을 고려한 사전조치로 연돌효과 저감, 부등축소 방지대책 등을 학습한다.

제2절 커튼월공사

- 커튼월의 학습내용은 커튼월공법의 유형, 성능확인시험, 하자 방지 등이다.
- 커튼월공법의 전반적인 유형을 이해하고 유닛월 방식 위주로 패스너 설치, 커튼월 부착 등의 내용을 학습한다.
- 성능확인시험은 커튼월의 요구성능과 더불어 풍동시험 및 Mock-Up Test의 시험항목의 정확한 의미를 파악한다.
- 커튼월 하자인 누수, 결로, 열깨짐현상 등의 원인과 방지대책을 학습한다.

제3절 PC/대공간구조물

- PC공사에서는 프리스트레싱 방식, ALC블록의 적용부위와 시공법을 학습한다.
- 대공간구조물은 바람과 지진력을 고려한 골조 및 지붕구조물로 국내에서 이슈가 되는 부분을 우선적으로 학습한다.
  - 튜브 구조, 막 구조, 돔 구조, 스페이스프레임, PEB, 수퍼프레임, 하이빔, LC프레임 등

📖 과년도 출제문제(259)

제1절 (133) 초고층공사	양중 (48) 바닥판공사 (24) 부등축소 (14) 코어월공법 (12)	내진 (22) 연돌효과 (6) 초고층공정 (7)
제2절 (60) 커튼월공사	공법 (9) 하자 (28)	시험 (12) 기타 (11)
제3절 (66) PC공사 등	PC공사 (41) 대공간구조 (18)	초고층구조 (7)

제1절 초고층공사 133

[양중] 48

60302 대형건축물의 신축공사시 고정식 타워크레인의 배치방법 및 기초시공에서 시공상 고려사항을 기술하시오.

60303 초고층 건축물의 시공계획서를 작성할 때 자재 양중 계획에 관하여 기술하시오.

62206 양중장비 계획시의 고려사항에 대하여 기술하시오.

64303 공동주택현장에서 타워크레인 설치계획과 운영, 관리에 대하여 기술하시오

66203 S.R.C 조 사무소 고층건물 골조공사에서 Tower crane 양중작업의 효율화를 위한 양중자재별 대책

67303 고층건축 철골 조립용 크레인 선정시 고려해야 할 요인

69304 초고층 건축물에서 타워 크레인(Tower Crane)의 설치 및 해체 시 유의 사항을 기술하시오.

71206 타워 크레인(Tower Crane)의 재해유형과 설치·운영 해체시의 점검사항을 기술하시오.

73111 M.C.C (Mast Climbing Construction)

77304 초고층공사의 특수성과 양중계획시 고려사항에 대하여 기술하시오.

80204 초고층건축물 공사시 Tower Crane의 설치계획에 대하여 기술하시오.

82403 도심지 고층공사의 양중계획 시 고려사항에 대하여 기술하시오.

84305 T/C(Tower Crane)에 대하여 다음을 설명하시오.
1) 양중계획 수립절차를 Flow Chart로 작성하고
2) 수립된 절차를 구체적으로 검토할 Chech List 를 작성하시오.

85206 초고층 건축물의 고속시공을 위한 양중계획에 대하여 설명하시오.

86107 Telescoping

89206 건축공사에서 양중장비인 타워크레인(Tower Crain)의 상승방식과 브레이싱 방식에 대하여 설명하시오.

90204 철골공사 양중장비의 선정과 설치 및 해체시 유의사항에 대하여 설명하시오.

91403 현장의 Tower Crane(T/C)운용 시 유의사항에 대하여 설명하시오.

92113 러핑 크레인(Luffing Crane)

94203 초고층 건축공사에서 자재 양중계획시 고려사항과 양중기계 선정 및 배치방법을 설명하시오.

95113 곤도라(Gondola) 운용 시 유의사항

97202 고정식 타워크레인(Tower Crane) 부위별 안전성 검토 및 조립·해제 시 유의사항을 설명하시오.

98203 초고층 건축물 공사현장의 리프트 카(Lift Car)의 운영관리 방안에 대하여 설명하시오.

99112 타워크레인 마스트(Mast) 지지방식

00402 타워크레인(Tower Crane) 장비의 단계별(설치시 및 사용시) 검사 및 사고예방에 대하여 설명하시오.

04111 더블데크 엘리베이터

04405 초고층 건축물 공사에서 건설용 리프트 설치기준과 안전대책 및 장비 선정 시 유의사항에 대하여 설명하시오.

05111 외벽시공 곤도라 와이어(Wire)의 안전조건

05204 건축공사에서 타워크레인 설치 시 주요검토사항과 기초 보강방안에 대하여 설명하시오.

07201 초고층용 타워크레인과 일반용 타워크레인의 운용상 차이점을 설명하시오.

09303 최근 건축물의 고층화, 대형화로 건설기계 사용이 증가되고 있다. 건설기계 중 양중장비인 타워크레인의 위험요소와 안전대책에 대하여 설명하시오.

10113 텔레스코핑(Telescoping)

10303 고층 건축물의 시공시 타워크레인 현장배치 유의점 및 관리방안에 대하여 설명하시오.

12302 고층건축물 공사현장의 자재양중계획 수립시 고려사항에 대하여 설명하시오.

12401 공동주택건설현장에서 다수의 타워크레인 장비가 운용될 경우, 위험요인과 사고예방대책에 대하여 설명하시오.

14302 최근 건설현장에서 붕괴횟수가 빈번한 타워크레인 사고방지를 위한 건설기계(타워크레인) 심사기준에 대하여 설명하시오.

15402 공동주택 현장에서 타워크레인 배치시 고려사항과 타워크레인 운영시 유의사항에 대하여 설명하시오.

18102 건설작업용 리프트(Lift)

18110 타워크레인(Tower Crane) 텔레스코핑(Telescping) 작업 시 유의사항 및 순서

19201 Tower Crane의 주요 구성요소와 재해유형, 재해원인 및 안전대책에 대하여 설명하시오.

19403 초고층 건축물의 양중계획에 대하여 설명하시오.

21401 초고층공사의 호이스트를 이용한 양중계획 시 고려사항에 대하여 설명하시오.

23110 타워크레인 설치 계획 시 고려사항

27303 도심지 건축공사 시공계획 수립 시 Tower Crane 기종선정, 대수 산정, 설치 시 검토사항에 대하여 설명하시오.

32405 타워크레인의 설치, 운전, 해체 시 유의사항에 대하여 설명하시오.

33106 타워크레인 인상(Telescoping) 시 안전점검 사항

34402 타워크레인의 종류, 기종선정 시 주의사항, 조립 · 해체 시 유의사항에 대하여 설명하시오.

35405 초고층 건축물 양중계획 수립절차, 검토사항, 양중기계 배치계획에 대하여 설명하시오.

[바닥판공사] 24

61203 고층건물에서 바닥판 공법의 종류와 시공방법을 설명하시오.

63203 철골구조물의 슬라브 공사에서 덱크플레이트(Deck Plato) 상부 콘크리트의 균열발생원인 및 억제 대책에 대하여 기술하시오.

72110 Composite Deck Plate (합성데크)

73109 Ferro Deck

75402 초고층건물의 바닥판 시공법에 대하여 기술하시오.

76201 철골조 slab의 deck plate시공시 유의사항에 대하여 기술하시오.

83304 강구조 Slab에 사용하는 Deck Plate의 시공법을 기술하고, Deck Plate 시공상 고려사항을 설명하시오.

84206 철골 건물의 슬래브 공법에 대하여 종류별로 설명하시오.

88402 고층건물 바닥시스템 중에서 보−슬래브 방식, 플랫슬래브 방식 및 메탈데크 위 콘크리트 슬래브 방식의 개요 및 장단점을 비교하여 서술하시오.

89402 초고층 건축에서 데크플레이트(Deck Plate)의 종류를 들고, 그 특성에 대하여 설명하시오.

92304 Deck Plate 상부에서 타설한 콘크리트에 발생하는 균열의 원인 및 대책에 대하여 설명하시오.

04401 철골구조물에 시공하는 데크플레이트 공법의 문제점 및 시공시 유의사항에 대하여 설명하시오.

14306 철골구조에서 데크플레이트(Deck Plate)를 이용한 바닥슬래브와 보의 접합방법 및 시공 시 유의사항에 대하여 설명하시오.

16404 데크플레이트 슬래브의 균열발생 요인과 균열억제 대책 및 보수방법에 대하여 설명하시오.

18113 데크플레이트(Deck Plate)의 종류 및 특징

21301 철골철근콘크리트공사 시 데크플레이트(Deck Plate)를 이용한 바닥 슬래브에서의 균열발생원인과 억제대책 및 균열보수 방법에 대하여 설명하시오.

22203 건축공사에서 데크플레이트(Deck Plate) 종류와 시공 시 유의사항에 대하여 설명하시오.

25206 철골공사 데크플레이트의 균열발생 원인, 균열억제 대책, 균열폭에 따른 균열 보수방법을 설명하시오.

27304 최근 데크플레이트 적용 슬래브의 붕괴 사고가 자주 발생하고 있다. 데크플레이트의 붕괴 원인과 시공 시 유의사항에 대하여 설명하시오.

28111 데크플레이트(Deck Plate) 슬래브공법

30202 데크 플레이트 상부의 콘크리트 균열발생 원인과 대책에 대하여 설명하시오.

32109 데크 플레이트(Deck Plate) 걸침길이와 시공 시 유의사항

34202 Top Down 공법 시공 시 사용되는 Slab거푸집 공법에 대하여 설명하시오.

35203 철골철근콘크리트공사에서 데크플레이트 시공 시 사고발생 원인과 예방대책에 대하여 설명하시오.

[부등축소] 14

69104 기둥축소량

71403 Column Shortening에 있어서 탄성변형과 비탄성변형에 대하여 설명하시오.

74406 콘크리트 Column Shortening 발생원인을 요인별로 설명하시오

80102 Column Shortening

84403 고층건물의 column shortening에 의한 부등(不等)축소량 발생시 커튼월 공사의 조인트 설계보정 계획과 현장 설치시 보정계획에 대하여 기술하시오.

89204 초고층 건축공사에서 기둥 부등축소현상(Column Shortening)의 발생원인, 문제점 및 대책에 대하여 설명하시오.

96108 Column Shortening

08113 철골조 Column Shortening의 원인 및 대책

15106 철골구조의 Column Shortening

20305 고층 철골철근콘크리트조 건축물공사에서 수직부재 부등축소현상의 문제점과 발생원인 및 방지대책에 대하여 설명하시오.

22304 기둥의 부등축소(Differential Column Shortening) 발생원인과 그에 따른 문제점 및 대책에 대하여 설명하시오.

25306 초고층 건축공사에서 기둥의 부등축소(Column Shortening) 현상의 유형별 발생원인, 문제점 및 방지대책에 대하여 설명하시오.

26206 초고층 건축물 기둥부등축소현상(Differential Column Shottening)의 원인과 대책을 설명하시오.

29401 초고층 철근콘크리트 건축공사에서의 Column Shortening 발생 시 문제점과 그 해결방법에 대하여 설명하시오.

[코어월공법] 12

61105 고층 건축공사에서 코아(core) 선행 시공방법

67405 고층 건축물 코어 선행공법 시공 시 유의사항

70202 건축물 코어부의 콘크리트 벽체에 철골 Beam 설치를 위한 매입 철물의 설치방법을 기술하시오.

72101 코어선행 공법

87201 고층 건축물의 코어 선행공법에서 구조체(Core Wall)와 철골 접합부 시공상 유의사항을 기술하시오.

88106 매립철물(Embedded Plate)

92404 초고층 건축물의 RC조 Core Wall 선행공사의 시
공계획시 주요관리 항목에 대하여 설명하시오.
07302 초고층 건축물 시공에서 사용되는 코어(Core) 후
행공법에 대하여 설명하시오.
09206 초고층 건축물 코어(Core)선행 공법의 접합부에
대한 공종별 관리사항에 대하여 설명하시오.
19105 Dowel Bar
29111 초고층공사의 매립철물(Embeded Plate)
32403 초고층 공사 시 코어 선행공법의 장점과 공종별
(거푸집 설치, 거푸집 탈형, 클라이밍) 점검사항에
대하여 설명하시오.

[내진] 22
69112 건축자재의 연성
79304 초고층 건축물의 내진성 향상 방안에 대하여 기술
하시오.
85303 지진 발생에 의한 피해를 저감할 수 있는 재료 및
시공상의 대책에 대하여 설명하시오.
86406 지진이 건축물에 미치는 영향과 내진, 제진 및 면
진 구조를 비교 설명하시오.
94404 내진설계를 요구하는 건축물에서 비구조요소의
내진규정과 설계 및 시공법에 대하여 설명하시오.
96402 초고층 건축물의 진동제어방법에 대하여 설명하시오.
98112 초고층 건물의 공진(共振)현상
98403 건물의 내진, 면진 및 제진의 구조의 특징 및 시공
시 유의사항에 대하여 설명하시오.
03202 기존 학교 건축물의 내진보강공법 적용 시 고려사
항에 대하여 설명하시오.
05203 초고층 건물의 내진성능(耐震性能) 향상을 위한
품질 향상방안을 설계상 · 재료상 · 시공상으로 구
분하여 설명하시오.
09110 제진에서의 종조질량감쇠기(TMD : Tuned Mass
Damper)
10112 제진, 면진
12109 TLD(Tunel Liqid Damper)
13306 내진보강이 필요한 기존 건축물의 내진보강 방법
과 지진안전성 표시제에 대하여 설명하시오.
14206 초고층 건물에서 횡하중(바람, 지진) 저항을 위한
구조물 진동 저감방법 및 제어 방식을 설명하시오.
16202 건축물에 작용하는 하중에 대하여 설명하시오.
17204 건물의 진동제어 기법에 대하여 비교 설명하시오.
18111 건축구조물의 내진보강공법
22110 윈드컬럼(Wind Column)
32107 지진에 대응하는 면진구조 계획 시 고려사항
33101 철골부재 중 윈드컬럼(Wind Column)
36107 건축물의 제진장치

[연돌효과] 6
68111 연돌효과(Stack Effect)
81402 고층건물 연돌효과(Stack Effect)의 발생원인, 문
제점 대책을 설명하시오.

99108 연돌효과(Stack effect)
03302 초고층 건물화재 시 연돌효과(Stack Effect)현상
에 대하여 단계별(계획, 시공, 유지관리) 중점관리
사항 및 개선방안에 대하여 설명하시오.
15203 초고층 건축물의 연돌효과(Stack Effect)의 문제
점과 대책을 설명하시오.
32103 연돌효과(Stack Effect)의 원인과 개선방안

[초고층 공정] 7
63403 초고층 건물의 공기단축 방안을 설계, 공법, 관리
측면에서 기술하시오.
78403 초고층건축공사의 공정리스크(Risk) 관리방안에
대하여 기술하시오.
80401 고층건축물 철근콘크리트 공사의 공정사이클을
제시하고 공기단축방안에 대하여 기술하시오.
87104 고층건물의 지수층 (Water Stop Floor)
91113 초고층공사의 Phased Occupancy
93403 초고층 건축공사의 공정에 영향을 주는 요인과 공
정운영방식에 대하여 설명하시오.
97306 초고층 건축물 공사 시 고려해야 할 요소기술을
주요공종별로 구분하여 기술하시오.

제2절 커튼월공사 60

[공법] 9
60305 커튼월공사의 공법 종류 및 시공시 고려사항을 기
술하시오.
64302 외장 커튼월 공사에서 Stick Wall System과 Unit
Wall System의 개요 설명과 ① 성능(단열, 수밀,
기밀) ② 운반 ③ 시공성 ④ 경제성에 대하여 각각
답하시오.
73304 Curtain Wall공사에서 Fastener 방식에 대하여
기술하시오.
81206 Aluminum Curtain Wall의 Knock Down System
과 Unit System의 개요, 장·단점, 시공순서를 설명
하시오.
87204 커튼월공사의 재료별, 조립공법별 특성에 대하여
기술하시오.
00104 커튼월(Curtain Wall)의 스틱 월(Stick Wall) 공법
15107 커튼월 패스너 접합방식
25303 알루미늄 커튼월의 패스너(Fastener) 요구성능,
긴결방식 및 시공 시 유의사항을 설명하시오.
34205 커튼월(Curtain Wall) 패스너(Fastener)의 기능
및 조립 시 유의사항에 대하여 설명하시오.

[하자] 28
67404 고층 건축물 커튼월 결로 발생의 원인 및 대책
69205 초고층건물 커튼월의 누수 발생원인 및 대책을 기
술하시오.
69406 초고층 건물에서 유리의 열에 의한 깨짐 현상의
요인과 방지대책을 기술하시오.

72305 초고층공사에서 커튼월 공사의 하자원인 및 방지대책에 대하여 기술하시오.

80303 시공방법에 따른 커튼월시스템(Curtain Wall system)의 종류(4가지)를 설명하고 커튼월의 누수원인과 대책에 대하여 기술하시오.

82109 유리의 열파손

83203 커튼월의 결로발생 원인과 대책을 설명하시오.

84202 외부 커튼월의 우수 유입 방지대책에 대하여 논하시오.

86304 Curtain Wall 공사의 하자발생 원인과 대책에 대하여 설명하시오.

92104 유리 열파손(熱破損) 방지대책

92306 알루미늄 프레임(aluminium frame)과 복층유리를 사용한 커튼월(curtain wall)의 결로 방지대책에 대하여 설명하시오.

95204 공동주택 확장형 발코니 새시(Sash)의 누수원인 및 방지대책에 대하여 설명하시오.

96103 커튼월(Curtain Wall)의 층간 변위

97404 공동주택의 발코니 확장공사에 따른 문제점 및 개선방안을 설명하시오.

98110 금속 커튼월(Curtain Wall)의 발음(發音)현상

98306 커튼월에서 발생하는 누수의 원인 및 방지대책에 대하여 설명하시오.

02203 주상복합 건물에서 알루미늄 커튼월공사의 부위별 결로발생 원인 및 대책에 대하여 설명하시오.

03204 비정형 건축물의 외피시스템 구현 시 발생하는 문제점과 시공 시 고려사항을 설명하시오.

06206 커튼월 부재 간 접합부에서 발생하는 누수원인과 방지대책에 대하여 설명하시오.

06404 외장유리의 열 파손 원인과 방지대책에 대하여 설명하시오.

07111 커튼월 공사에서 이종금속 접촉부식

13109 유리의 열파손

15405 초고층건물 커튼월의 결로 발생원인과 대책을 설명하시오.

24101 유리 열파손

29406 커튼월 조인트의 유형과 누수원인 및 방지대책에 대하여 설명하시오.

33303 커튼월 발음 현상과 이종 금속 부식 방지대책에 대하여 설명하시오.

35205 커튼월 설치에 따른 요구성능과 누수원인 및 대책에 대하여 설명하시오.

36301 커튼월의 결로발생 원인과 대책에 대하여 설명하시오.

[시험] 12

65203 고층건축물의 Curtain Wall에 대한 현장시험 실시시기와 시험방법을 기술하시오.

66109 풍동실험(Wind Tunnel Test)

72103 커튼월의 실물모형시험(Mock-up Test)

79108 커튼월(Curtain Wall) 실물대시험(Mock-up Test)

87102 커튼월의 필드 테스트 (Field Test)

90306 커튼월 공사의 품질확보를 위한 시험방법에 대하여 설명하시오.

94205 커튼월공사에서 Mock-Up Test의 종류 및 유의사항에 대하여 설명하시오.

03201 초고층 건축공사 시 커튼월 성능시험의 단계별 고려사항에 대하여 설명하시오.

04304 커튼월 공사에서 Mock-Up Test 방법과 성능시험 항목에 대하여 설명하시오.

11108 건물 기밀성능 측정방법

21305 커튼월 성능시험(Mock-up) 항목 및 시험체에 대하여 설명하시오.

36201 커튼월 공사에서 Mock-up Test 효과, 성능시험 항목 및 방법에 대하여 설명하시오.

[기타] 11

76301 커튼월(curtain wall)을 설치하기 위한 먹매김(Line Marking)에 대하여 기술하시오.

86103 커튼월(Curtain Wall)의 등압이론

96404 알루미늄 커튼월(Al curtain wall) 공사에서 사용되는 패스너(Fastener)와 앵커(Anchor)의 종류 및 시공시 유의사항에 대하여 설명하시오.

97305 건축공사에서 금속커튼월(Metal Curtain-Wall) 시공 시 단계별 유의사항을 설명하고, 금속커튼월의 시공 허용오차를 국토해양부제정 건축공사표준시방서 기준으로 설명하시오.

05109 회전방식 패스너 (Locking Type Fastener)

06301 건축물 커튼월의 화재확산방지 구조기준 및 시공방법에 대하여 설명하시오.

07405 커튼월공사 시 시공 단계별 검사방법 및 판정기준에 대하여 설명하시오.

08101 Weeping Hole

14113 복층유리의 단열간봉(Spacer)

31105 커튼월 공사 시 시공단계의 유의사항

33401 커튼월공사에서 시공 과정 검사 항목 및 검사방법, 커튼월 유리 설치 시 주의사항에 대하여 설명하시오.

제3절 PC공사/대공간 · 초고층구조 66

[PC공사] 41

60110 Half Slab

62112 Post Tension 공법

64104 Wet Joint Method

67104 Hi-beam

68405 Precast Concrete 설치공사에 있어서 부재의 운반, 반입과정부터 설치완료시까지의 공사품질관리 유의사항을 기술하시오.

69206 외벽 ALC(Autoclaved Lightweight Con'c) Panel 설치공법의 종류와 시공방법을 기술하시오.

69306 복합화 공법에서 최적 시스템 선정 방법에 대하여 기술하시오.

70304 PC precast con'c 공법에서 open 시스템과 close 시스템에 대하여 기술하시오.

70402 Half 슬라브에서 슬라브+보의 접합상세도를 그리고 설명하고 시공시 유의사항에 대하여 기술하시오.

72113 Pre-Stressed Concrete

73401 PC 건축공사의 큐비클 유니트(Cubicle Unit) 공법에 대하여 서술하시오.

76104 PC공법 중 골조식 구조(Skeleton Construction System)

77113 Hybrid Beam

81101 합성슬래브공법(Half P.C Slab)

82103 복합화 공법

91302 프리스트레스(Pre-stressed)콘크리트의 공사방법과 건축공사에 적용 시 장점에 대하여 설명하시오.

93202 건축공사에서 PC공법의 개요를 설명하고 현장타설 콘크리트공법과 비교할 때 유리한 점과 불리한 점에 대하여 설명하시오.

99401 건축공사에서 PC(Precast concrete) 접합공법의 종류와 방수처리 방안에 대하여 설명하시오.

04110 2방향 중공 슬래브 공법

07304 ALC 블록공사에서 비내력벽 쌓기 방법과 시공 시 유의사항에 대하여 설명하시오.

07305 프리스트레스트 콘크리트의 특징, 긴장방법 및 시공 시 유의사항에 대하여 설명하시오.

09205 합성 슬래브(Half Slab)의 일체성 확보 방안과 공법 선정 시 유의사항에 대하여 설명하시오.

10111 ALC(Autoclaved Lightweight Concrete) 블록

10305 공동주택 지하주차장 Half PC(Precast Concrete) Slab 상부의 Topping Concrete에서 발생되는 균열의 원인과 원인별 저감방안에 대하여 설명하시오.

11405 압출성형 경량콘크리트 패널의 시공방법 및 시공 시 유의사항에 대하여 설명하시오.

12112 PS(Pre-Stressed)강재의 Relaxation

12405 공동주택 지하주차장 half-PC(Precast Concrete) 슬래브공법의 하자발생원인과 방지대책에 대하여 설명하시오.

13107 HI BEAM(Hybrid Integrated Beam)

13111 덧침 콘크리트(Topping concrete)

16403 경량벽체공사 중 ALC(Autoclaved Lightweight Concrete)블록의 물성과 시공순서별 특기사항에 대하여 설명하시오.

16406 PC(Precast Concrete) 복합화 공법을 적용할 경우 시공시 유의사항에 대하여 설명하시오.

18107 합성슬래브(Half P.C Slab)의 전단연결 배근법

19104 MPS(Modularised Pre-stressed System) 보

20106 프리스트레스트 콘크리트(Prestressed Concrete)

21403 Half PC(Precast Concrete) Slab의 유형 및 특징, 시공 시 유의사항에 대하여 설명하시오.

24405 PC접합부 요구성능과 부위별 방수 처리방법, 시공 시 주의사항에 대하여 설명하시오.

28404 PC(Precast Concrete)공법의 종류와 접합부 요구성능 및 접합부 시공시 유의사항을 설명하시오.

31107 PC(precast concrete) 접합부의 요구성능과 현장 접합시공 시 유의사항

33404 PC공사의 PC부재 시공계획, 생산, 현장조립 시 유의점, 접합공법의 요구성능 및 종류별 특징에 대하여 설명하시오.

36105 프리캐스트 콘크리트 공사에서의 충전 콘크리트(Infilled Concrete)

36502 PC공법의 종류를 나열하고, PC부재의 운반 및 반입관리, 부재조립과 접합관리 방안을 설명하시오.

[대공간구조] 18

64105 막구조(Membrane Structure)

66103 Space Frame

66206 철골 구조물 P.E.B(Pre-Engineered Beam) System에 대하여 기술하시오.

70101 공기막구조

73113 Lift Slab 공법

75109 Taper Steel Frame

76102 PEB(Prefabricated Engineered Build)

76113 Space Frame

84102 단면 2차 모멘트

85113 P.E.B(Pre-Engineering Building System)

91406 Lift 공법의 특성 및 시공상 고려사항에 대하여 설명하시오.

94403 Lift-Up 공법의 종류 및 시공시 유의사항에 대하여 설명하시오.

03301 PEB(Pre-Engineering Building)시스템의 국내 활용실태 및 발전방향에 대하여 설명하시오

08406 철골구조물 PEB(Pre-Engineering Building) System 특징 및 시공시 유의사항에 대하여 설명하시오.

10109 철골공사의 Taper Beam

21306 장경간 또는 중량구조물에서 사용하는 Lift up 공법에 대하여 설명하시오.

27108 PEB 시스템(Pre-Engineered Building System)

31110 PEB(pre-engineered building system)

[초고층구조] 7

70103 super frame

72104 횡력지지 시스템(Outrigger)

72106 전단벽(Shear Wall)

89110 아웃 리거(Out Rigger)

97401 초고층건축물에 적용하는 벨트트러스(Belt Truss)의 시공을 위한 사전계획과 시공시 고려사항에 대하여 설명하시오.

08104 초고층 아웃리거 시스템(Out Rigger System)

24104 Belt Truss

제3편　초고층공사 등

01 초고층공사

3100 초고층공사 일반

Ⅰ 개요

1. 초고층건축물은 횡력보강 시스템이 필요한 높은 건축물로 수치상의 규모는 시대 배경에 따라 상대적으로 해석될 수 있다.

2. 초고층공사는 공사환경 측면에서 일반 건축물보다 다양한 노력이 요구되며 지하공사, 지상공사, 공사관리 측면에서 관련 요소기술을 설명한다.

초고층건축물	➡	공사환경	➡	요소기술
• 용어 정의 • 요구성능		• 도심지/고소 • 굴착심도/장기간		• 지하/지상공사 • 공사관리/자원조달

Ⅱ 초고층건축물

1. 용어 정의

(1) 사전적 의미

① 매우 높은 층수의 건물을 이르는 말

② 하늘을 찌를 듯이 솟은 아주 높은 고층건물, 마천루(摩天樓)

③ 영문 표기: Supertall Skyscraper, Highrise Building

(2) 건축법, 세계초고층도시건축학회(CTBUH)[1]

① 건축법: 층수 ≥ 50층, 지상고 ≥ 200m

② CTBUH: '세장비 ≥ 5'인 건축물

• 건물 세장비: 밑변(단변)에 대한 높이(지상고) 비율

(3) 종합적 의미

① 횡력저항시스템이 필요한 높은 건축물

② 건축물 세장비 ≥ 5

---

1) Council on Tall Buildings & Urban Habitat

2. 요구성능

(1) 안전성, 내구성

① 사용 중 각종 재해로부터 안전할 것
- 화재, 지진 시 거주자 안전 확보

② 구조부위는 해체없이 내구적일 것
- 마감재 교환만으로 지속적 사용이 가능
- 수직·수평 부재의 부등변위가 없을 것

(2) 사용성, 경제성

① 쾌적한 거주환경을 확보할 것
- 풍압에 의한 진동제어 및 횡력저항 시스템 필요

② 거주비용이 경제적일 것
- 에너지 절감형 외피구조, 우수한 단열성능 요구

(3) 기타

① 공간성
- 설비배관 덕트 수납공간, 쾌적한 층고 확보

② 시공성
- 공기단축이 가능한 재료 및 공법 채용
- 기준층공정 중점관리, 층당 사이클 공정을 단축할 수 있을 것

Ⅲ 공사환경

1. 도심지 근접시공

① 현장접근 제한
② 교통장애 유발
③ 민원발생 우려

2. 고소작업

① 추락, 비산, 비래 안전 요구
② 공사능률 저하
③ 자재·인원 양중부하량 증대

3. 지하 굴착심도

① 깊은 굴착으로 인접지반과 구조물 변위 우려
② 지하공사 장기간 소요, 굴착비용 증대

4. 장기간 공사

① 공정 리스크 대책 필요

② 재료·공법 선정 시 공기단축 가능성 검토

③ 공정계획 시 기후와 계절영향 고려

Ⅳ 요소기술

1. 지하공사

(1) 지하외벽

① '토류벽 + 영구벽체' 기능 고려
- 슬러리월: 굴착 후 지하골조와 접합
- 주열식 토류벽: 굴착 완료 후 합벽타설

② 영구용 지보시스템 적용
- 테두리보, 강구조보, 바닥 슬래브, 강구조기둥
- 강구조기둥 정착부: PRD, RCD 현장타설 콘크리트말뚝

(2) 현장타설콘크리트말뚝

① 축하중이 큰 말뚝공법 채용

② 소구경말뚝 PRD공법, 대구경말뚝 RCD공법

(3) 부상(浮上)방지

① 지하수 분포를 고려한 부상방지공법 채용

② Rock Anchoring 적용
- 재긴장 등의 유지관리용이성 고려

③ Dewatering 적용
- 도수관 내구성 확보, 용수(用水) 활용 적극 검토

(4) 매트기초

① 매스콘크리트 시방기술 채용

② 저발열 콘크리트 공급원 확보 및 배합품질 확보

③ 타설계획 수립에 의한 일체타설 또는 블록타설
- 일체타설: 공급능력, 레미콘차량 동선, 타설기구 배치
- 블록타설: 시공이음 처리, 응결지연제 첨가 고려

④ 온도구배 저감기술 채용
- 표면온도 방열차단, 이중단열시트 적용 등 검토

2. 지상공사

(1) 1층 바닥

① 단차부위: 강구조보 스티프너 보강, 콘크리트 단면변환부 균열방지

② 장비동선 철근보강

- 잔토차량, 크레인, 레미콘 운반차량 이동경로

③ 작업장 및 야적장 활용

- 철근가공, 강구조 현장가공 및 현장야적장

④ 가설사무실 및 창고 활용

- 시공사 · 협력사 · 감리단 현장사무실, 각종 자재창고 등

(2) 기준층

① 코어월: ACS Form, 철근선조립, 콘크리트 고압 펌핑

② 주변골조

- 강구조: '코어월＋강구조보/Slab' 접합부 강성 및 정밀도 확보
- RC조: 고강도 콘크리트 타설, 기둥축소량 해석 · 예측 · 보정

③ 커튼월

- 풍동시험 및 Mock-Up Test에 근거한 부재 설계 · 제작
- 외벽용 발전모듈 설치, 태양광 등 신생에너지
- 알루미늄 및 강제 커튼월 적용

④ 강구조 내화피복

- 3시간 이상의 내화성능 확보
- 피복재 부착성능 확보, 건물 존속기간 중 박리 및 탈락 방지

⑤ 마감공사

- 마감재의 경량화 지향
- 각종 내장공사 진행을 위한 양중부하량 확보
- 방화구획공사: 방화벽, 방화문, 층간방화구획 등

(3) 지붕층

① 복합방수층 시공, 옥상녹화방수 적용

② 대피공간 확보, 헬리포트 등

③ 옥상층 점검로(Cat Walk), 경관조명시설

④ 타워크레인 개구부의 후타설 품질확보

⑤ 외벽 청소장비, 외관조명용 공작물 설치

3. 공사관리

(1) 공정 · 원가 관리

① Long Lead-Time 요소 사전관리

- 커튼월, PC, 강구조부재 등

② 기준층 사이클공정에 적합한 바닥판공법 채용

③ 선·후행 협력업체 간 마일스톤(Milestone, 중간관리일) 협의·조정

 • 지상 1층 타설, 골조 완료일, 양중장비 해체시기 등

④ 비용-일정 통합관리

 • 원가·일정차이(CV, SV), 원가·공기수행지수(CPI, SPI) 파악

⑤ 실행공정 성과측정, 잔여공정 성과예측

(2) 품질·안전·환경 관리

① 골조 및 마감공사의 내화성능 확보

 • 고강도 콘크리트 및 강구조부재, 방화구획 내의 칸막이벽 및 개구부

② 고소작업 최소화, Pre-fab공법 활용

③ 계획-실행-점검-조치에 의한 관리활동 강화

4. 자원조달

(1) 인원·장비 조달

① 협력업체 등록요건 확보

 • 시공경험, 기술능력, 인력·장비 동원능력, 신인도 등

② 적정 공기 및 이윤 보장, 저가하도급 배제

③ 시공계획 및 시공상세도 작성능력 보유업체일 것

(2) 자재조달

① 사업비, 시장상황에 따라 적절한 조달방식 적용

 • 지급자재(관급자재), 사급자재(지입자재) 등으로 구분

② 자재 선정 시 노무 절감, 시공성 고려

③ JIT에 의한 자재반입, 현장야적 최소화

Ⅴ 결론

1 초고층건축물은 국내의 건축 기술 발전과 사회적 수요로 인하여 점차 공사현장이 증가될 것으로 예상된다.

2 초고층공사는 구조·설계도서의 의도와 공사현장 여건을 고려하여 관련 요소기술에 관한 정확한 이해와 접근자세가 필요하다.

3 특히, 전체공기에 큰 영향을 미치는 공정은 선·후행 공정 간의 조합 효율을 고려하여 사전에 문제점을 파악하여 적극 대처하여야 한다.

3101 코어월 선행공법

I 개요

1. 초고층 건축물에 적용하는 공법은 외력영향과 공정효율의 고려가 건설사업의 성패를 좌우하는 매우 중요한 요인이다.

2. 코어월(Core Wall) 선행공법은 골조공사에서 코어부를 주변골조와 분리·선행함으로써 공정효율을 증대하고 코어월 선행으로 공사 중 바람 영향을 저감시키는 공법으로 도심지 주상복합건물에서 적용사례가 증가하고 있다.

일반사항	➡	시공방법	➡	양중방안	➡	유의사항
• 도입 배경/사전 검토 • 거푸집공법		• 시공계획/코어월 • 코어월 접합부		• 타워크레인/CPB • 리프트카		• 거푸집/철근 • 콘크리트/공사관리

II 일반사항

▶ 코어월 선행공법을 채용하려면 공법의 도입 배경, 적용 시 유의사항, 핵심요소 기술인 거푸집공법별 특징 등에 대한 이해가 필요하다.

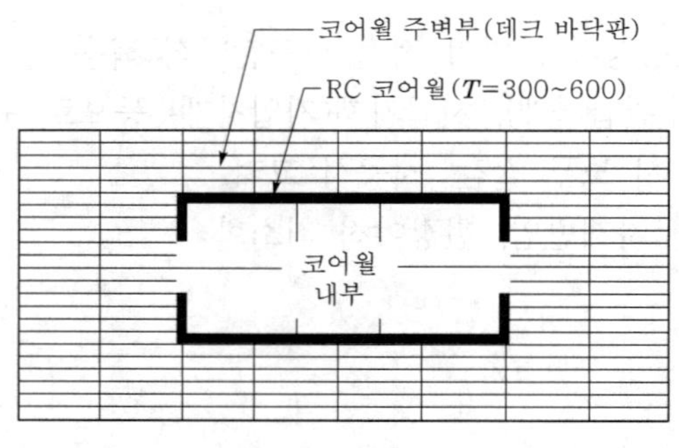

[코어월 평면배치도]

1. 도입 배경

(1) 공정효율 증대

① 주 공정선에서 코어월 분리, 선시공

② 코어월 내부와 주변부는 후시공

③ 주 공정 분리에 의한 선·후 공정 효율화

(2) 기후영향 최소화

① 고층부는 바람에 의한 거푸집 안정성이 매우 중요

② 안정적인 시스템거푸집 채용, 바람영향 최소화

　• ACS Form, Gang Form, Slip Form 등

③ 바람영향: Gang Form < ACS Form < Slip Form

(3) 거푸집공법별 적용성

① 중·저층 Gang Form 사용

② 고층 ACS Form과 Slip Form 적용

③ 초고층일 경우 일반적으로 ACS Form 적용

(4) 골조공사 합리화

① 시스템거푸집 채용, 거푸집 전용성과 골조 시공정밀도 확보

② 철근 공장가공, 철근 선조립, 개선된 이음공법 적용, 시공품질 향상

③ 타설 장비 개선, 콘크리트공사 품질 및 효율 증대

④ 코어월 규모가 크고 장스팬일수록 공정효율 증대

2. 사전검토사항

▶ 관련 요소기술 간 시행착오 방지를 위해 사전검토가 필요하다.

(1) 비용 및 기간

① 전용 거푸집 운용비용 과다

　• 공사규모에 따라 적용공법 상이

　• 임차, 또는 자가 구입 결정

② 거푸집 고장·파손에 대비

　• 주요부품을 확보하여 공기영향을 최소화할 것

③ 작업 취약부에 대한 사전검토 필요

　• 코어부 철근 작업공간이 협소하여 작업 효율 저하

(2) 안전 및 시공품질

① 코어월 선행부 추락, 낙하물 비래

② 하부 후속 작업자의 안전조치

③ 코어월 연결철물 시공정밀도

　• Halfen Box, Re-Bar Coupler, Embeded Plate 등

3. 거푸집공법별 특징

▶ 핵심 요소기술인 시스템거푸집공법 선정 시 각각의 특징을 충분히 고려한다.

(1) 갱폼(Gang Form)

① 중·저층(25층)에 유용

② 타워크레인에 의한 층단위 인양(Climing)

③ 큰 바람 영향, 인접 크레인 간섭, 양중효율 저하 우려

④ 불균형 인양 시 변형 우려

⑤ 인양 전·후의 복잡한 작업요소

(2) ACS폼(Auto Climbing System Form)

① 고층(35층)일수록 경제적

② 자체 상승능력, 층단위 인양 가능

③ 고층부 바람 영향에 유리

④ 공사 초기부담, 전체 공기 측면에서는 경제적

⑤ 인양 전·후 작업요소 적음

⑥ 초고층 코어월 선행에 가장 경제적, 국내 대부분 현장에서 적용

(3) 슬립폼(Slip Form)

① 50층 이상의 건물에 유용, 적용상 많은 현장 제약

② 잭로드(Jack Rod)로 1.2m 거푸집 연속 상승, 시공시간 단축 유리

③ 공사 중 바람 영향, 시공이음 없음

④ 철근 선조립, 구역(Zone)별 분할시공 불가능

⑤ 인건비와 간접비 부담 과다

　• 철야작업, 콘크리트 연속공급 영향

Ⅲ 시공방법

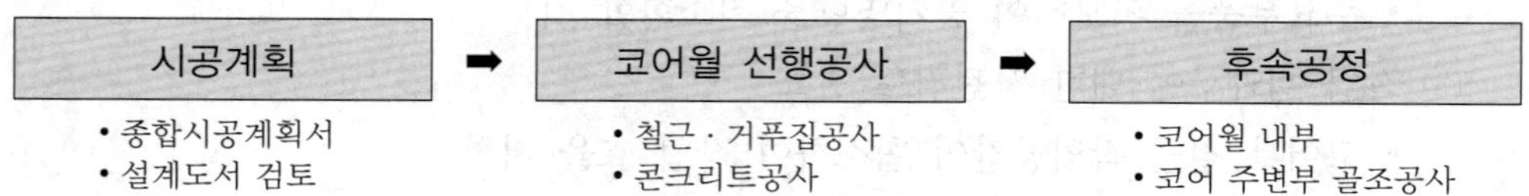

1. 시공계획

(1) 작성·승인

① 시공자 기본자료에 근거, 전문시공자 작성

　• 종합시공계획서(마일스톤 공정표와 목표공기 포함)

　• 설계도서(구조도면, 시방서, 구조계산서 등)

② 마일스톤(Mild Stone)은 실적일정과 비교할 수 있도록 층별 계획

③ 시공자 검토 후 감리자 승인

(2) 작성항목

항목	내용
현장조직	• 세부 공종별 작업 조직 • 거푸집, 철근, 콘크리트 등
세부공정	• 시공상세도 작성 및 승인, 물량 산출 • 시스템 거푸집의 발주, 제작, 반입, 현장조립기간
시공절차	• 코어월 　－ 시스템 거푸집의 조립, 상승, 해체 절차 　－ 선조립 철근의 설치 및 이음방법, 콘크리트 타설 등 • 코어월 접합부 　－ 슬래브, RC보 　－ 각종 Embeded Plate(강구조보, 양중장비 고정용 등) 설치
시공일정	• 전체공기 바탕으로 층당 사이클 공정 세부일정 결정 • 사이클 공정 중의 코어월 공정 규정 • 층별 마일스톤일 설정, 실적공사와 대비하도록 일정계획 수립
장비동원	• 양중장비: 타워크레인, 호이스트의 설치, 상승, 운용, 해체 • 타설장비: 펌프, CPB, 분배기 설치, 운용, 해체
자재인력	• 시스템 거푸집 자재 및 부품 확보 • 선조립철근 및 레미콘의 발주 및 반입 • 소요인력 기능도 및 투입계획
품질관리/ 안전관리	• 세부공정별 검측 리스트, 합부 판정기준 • 후속작업자에 대한 안전관리: 낙하물 및 추락사고 방지 • 공사 중 화재에 대비한 대피동선 등

2. 코어월 선행공사

(1) 거푸집 설치(ACS폼)

① 거푸집 패널 청소, 박리제 도포, 수성박리제가 바람직

② 거푸집 패널 고정

　• 각도 및 높이 조정 후 연결부위 고정

③ 코어월 양측 패널 고정, 타이로드 이용

(2) 철근공사

① 공장가공 및 선조립 지향

② 가공정밀도 측면에서 공장가공이 바람직

③ 가공 후 규격별, 부위별 구분, 꼬리표(Tag) 부착

④ 배근순서에 따라 적시 현장반입

(3) 콘크리트 타설

① 타설 전 점검

　• 매입철물 위치 및 고정

　• 운반대(Carrige) 및 양측 패널 고정

　• 고압 펌프 및 CPB 위치, 압송관 배관

② 윤활 모르타르 처리
- 버킷 회수 후 레미콘 공장으로 반송, 또는 폐기처리

③ 배관 내 콘크리트 잔재물
- 버킷 회수 후 타설위치에 재투입

④ 양생 확인 후 거푸집 탈형 및 해체

3. 코어월 접합부

▶ 콘크리트 타설 전, 코어월 정착철근과 각종 접합부를 고려한 공사이다.

▶ 코어월과 접합되는 슬래브, RC보, 강구조보, CPB 및 호이스트브래킷 등이다.

(1) 철근정착부(코어월＋슬래브)

① 매입박스(Dowel Bar, Halfen Box) 발주 및 설치
- 코어월 내부 계단 배근도 및 단면도, 주변부 슬래브 배근도 참조

② 슬래브 두께, 철근규격 및 간격 고려, 정위치 설치
- 부정확하거나 누락 시 후시공(앵커 작업) 보완 곤란

③ 13mm 이하 일반 철근 사용
- 고강도 및 16mm 이상은 구부리거나 펴는 과정에서 손상 우려

④ 슬래브 철근이음
- 타설 및 양생, 거푸집 탈형 후 실시
- 매입박스 커버 제거, 구부린 철근을 펴서 슬래브 철근과 이음

(2) 철근이음부(코어월＋RC보)

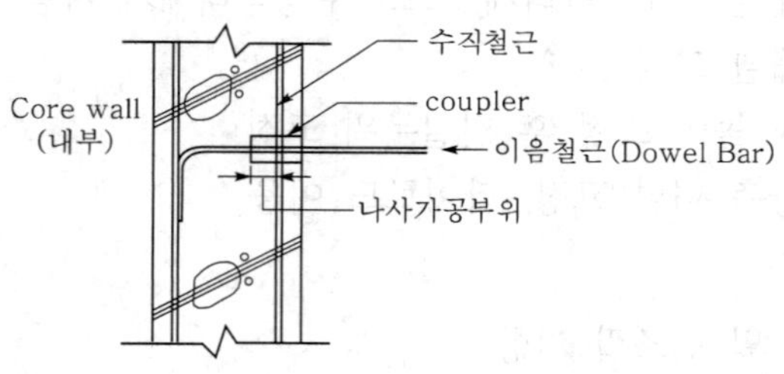

[Coupler 매입 설치도]

① 커플러(Re-Bar Coupler) 이음공법 적용

② 보의 16mm 이상 주철근 연결

③ 보 철근 정착장 확보, 단부에 나사산 가공

④ 나사산에 커플러 조립 후 Masking Tape 설치

⑤ 매입 커플러에 RC보 철근이음
- 타설·양생 및 탈형 후 Masking Tape 제거

(3) 매입강판(Embeded Plate) 설치

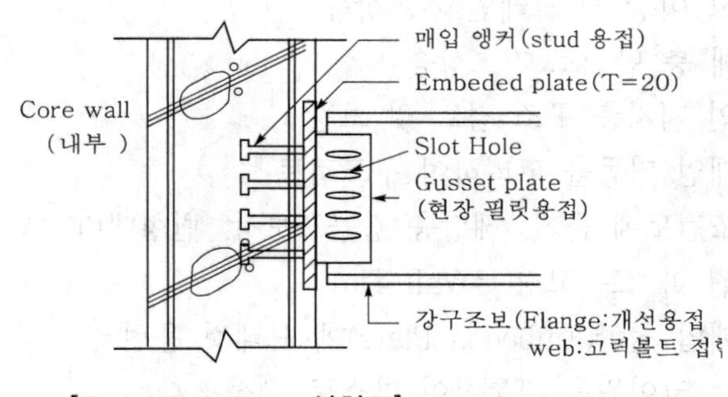

[Embeded Plate 설치도]

① 매입철판 용도
- 강구조보, 배관·CPB·호이스트·압송관 고정용 브래킷 설치용
② 매입철판 제작
- 구조도면 참조, 소정두께 확보, 방청 미처리
- 이면에 도면 표시대로 매입 앵커 설치, 스터드 용접
③ 설치위치와 수량 확인, 정위치에 정밀시공
- 선조립철근 적용 시 양중 전 지상에서 선설치
- 콘크리트 표면과 철판면 일치
- 해당 부위 철근에 고정, 타설 시 유동 방지
- 폼타이 위치에 간섭하지 않도록 사전검토
④ 강구조보, 각종 브래킷 설치
- 콘크리트 타설·양생, 탈형 후 실시

Ⅳ 양중방안

▶ 후속공정 지원을 위한 각종 양중장비 운용방안이 필요하다.

1. 타워크레인

(1) 설치 및 기종
① 코어 기초 타설 후 설치 고려
② 골조 형성 후에는 설치 곤란
③ 양중기간 상호간섭과 지상권 침해 방지
- 코어월 철근 양중용과 강구조 양중용의 상호간섭 고려
④ 러핑형(지브 상하기복형)이 무난

(2) 기초상승(Telescoping) 및 마스트 보강
  ① 자립고 이상 시 크레인 기초상승
  ② 5~7개 층 단위로 기초상승
  ③ 크레인 지지층 구조 검토 및 보강
    • 크레인 거동을 고려하여 구조검토
    • 구조검토에 근거, 해당층 강구조보강, 변형대비
  ④ 코어월 마스트 고정(=Wall Tie)
    • 선매입 철판(Embeded Plate)에 브래킷 용접
    • 또는 코어월을 관통하여 마스트 고정

2. CPB(Concrete Placing Boom)

  ① 코어월 타설용 전용장비
  ② 코어월 외부에 설치
  ③ 거푸집 계획 시 고려사항
    • CPB 브래킷의 설치 및 해체용 사다리와 작업발판의 설치 반영
  ④ 1회 3개층 단위로 Telescoping
  ⑤ 코어월 외부의 선매입 철판에 브래킷을 설치하여 Wall Tie 보강

3. 리프트카(Lift Car)

  ① 코어월 선행 시 작업자 수직이동용
  ② 지하층은 별도의 리프트 설치 고려
  ③ 비상계단과 시스템거푸집 사이 비상사다리 설치
  ④ 거푸집 상승 후 즉시 Telescoping
  ⑤ 매입 앵커에 Wall Tie 보강·고정

Ⅴ 적용 시 유의사항

1. 거푸집공사

  ① 공사 중 화재와 유해충격 방지
    • ACS폼은 목재가 주재료, 수성박리제 사용, 유성박리제 사용금지
  ② 거푸집 변형·손상과 누락요소 방지
    • 거푸집 손상 시 교체작업 매우 난이, 거푸집 절단면의 방수처리 철저
  ③ 탈형 시 소요강도 확보
  ④ 상승 시 리프트카, 타워크레인, CPB 등을 고려할 것

2. 철근공사

   ① 선매입철물의 위치 오류와 누락방지

   ② 코어월 내부의 작업공간과 작업동선 고려

   ③ 선조립철근 인양 시 변형 방지

3. 콘크리트공사

   ① 집중타설에 의한 거푸집 변형 방지

   ② 동절기 양생에 특히 유의

     • 코어월 외부 및 개구부: 보양 방풍막 설치

     • 압송관 단열 및 열선 배치, 주야 양생 온도관리 철저

4. 공사관리

   ① 양중장비 및 인양장치의 잔고장 대비

     • 해당부품과 전문기술요원의 동원체계 구비

   ② 매층마다 수직정밀도 계측 및 피드백, 누적오차 해소

     • 계측관리 계획 수립 및 성과표 관리 철저

   ③ 후시공 구조이음부의 공정관리 철저

   ④ 고소부의 추락, 낙하, 비래 방지용 안전시설물 설치

   ⑤ 공정 초기 시행착오에 대비

     • 면밀한 사전검토 실시

     • 문제 발생 시 신속 대응, 관련 기술자 간 신속한 공정회의

3102 양중계획

I 개요

① 초고층현장은 자재 · 인원의 수직 및 수평이동이 빈번하고 시기적으로 여러 공종이 중첩되므로 종합적인 양중계획이 필요하다.

② 양중계획 시에는 양중내용 파악, 양중기 선정, 대수 산정, 설치 및 해체 등을 고려하여야 한다.

양중기 유형	➡	양중계획 절차
• 타워/이동식/기타 크레인 • 리프트/기타 양중기		• 내용 파악/기종 선정 • 대수 산정/운용

II 양중기 유형[2]

구분		주요제원	적용부문
타워 크레인	T형 타워크레인	• 회전반경 25~75m • 권상능력 2~30톤	• 저층건축물, 아파트현장 • 고층건축물 저층부
	Luffing형 타워크레인	• 회전반경 20~55m • 권상능력 2~20톤	도심지 밀집지역, 초고층건축물
이동식 크레인	Crawler Crane	• 무한궤도 이동 • 앵글식 붐, 최고 100m • 최고양중 1,300톤	• 중량물 양중/하차 • 파일드라이버, 현장타설말뚝공사 • 슬러리월공사
	Truck Crane	• 차륜+기계식 붐 • 양중능력 25~700톤	• 고정식 크레인 설치 전 · 후 사용 • 타워크레인 설치/해체
	Wheel Crane	• 4륜 대형타이어 • 유압식 붐, 25~550톤	• T/C 설치 전 중량자재 양중 • 타워크레인 설치 및 해체
	Cargo Crane	• 화물트럭에 크레인 탑재 • 유압식 소형 붐	철근 상하차, 경량물 하차
기타 크레인	Jib Crane	• 권상능력 0.5~10톤 • 선회각 180°, 270°, 360° • 회전반경 18~37m	• 옥상 설치 • 골조공사 후 운용 • 마감자재, 주크레인 해체
	Guy Deric	• 권상능력 5~30톤 • 권상높이 20~68m	중량물 하역, 타워크레인 해체
리프트	저속	50m/분, 1.2톤	중저층건물
	중속	70m/분, 1.5~2.0톤	고층건물
	고속	120m/분, 2.0~3.0톤	초고층건물
	Long Span	중소형 자재 양중	인원, 경량자재 양중

---

2) '건설기계 안전기준에 관한 규칙': 제13조에서는 양중기를 크레인(고정식), 이동식 크레인, 리프트, 곤돌라, 승강기 등으로 구분한다.

구분		주요제원	적용부문
기타 양중기	윈치	• 0.1~1.0톤 인양 • 전동 및 수동	창호틀, 커튼월, 유로폼 등
	체인블록	0.25~40톤	• 기계모터, 강구조계단 양중 • 강구조 미세수정 등
	곤돌라	• 0.1~2.0톤 인양 · 하강 • 레일 이동식, 가설식	• 외장재 양중 · 공사/건물 유지관리용 • 유리/석재/도장/견출/청소 등
	승강기	• 엘리베이터 ≥ 0.25톤 • 에스컬레이터	인원, 소형 마감자재

1. 타워크레인

- 수직타워 상부에 위치한 지브를 선회, 중량물의 수직 · 수평이동 가능
- 정격하중 ≥ 3톤, 원동기 또는 전동기 탑재
- 고정식, 상승식, 주행식 타워크레인으로 분류
- 주행식은 건축현장 적용 불가

(1) 고정식 타워크레인

① 콘크리트 기초 또는 고정식 기초 위에 설치하는 타워크레인

② 수평(T형)지브 채용, 대부분 건물 외부에 설치

③ 자립고 이상 시 Wall Tie, 또는 Wire Bracing 보강

④ 지상고 100m 이하의 건축물에 적용

(2) 상승식 타워크레인

① 건축 중인 구조물 위에 설치하는 타워크레인

② 상하기복형(Luffing형) 지브 채용, 주로 건물 내부에 설치

  • 슬래브 후타설 구간 불가피

③ 기초상승 시 하부층 강구조보강, 상부층은 슬래브 개구부에 마스트 고정

④ 초고층건축물에서 복수 설치 · 운용

(3) 주행식 타워크레인

① 지면 · 구조물상의 레일 위로 주행 가능한 타워크레인

② 지브는 수평지브형

2. 이동식 크레인

▶ 주행장치에 탑재되어 불특정 장소로 이동 가능한 크레인이며, 원동기를 내장하고 있다.

▶ '건설기계관리법'상의 기중기, 또는 '자동차관리법'상의 화물 · 특수자동차의 작업부에 탑재된 크레인이다.

(1) 크롤러크레인(Crawler Crane)

① 무한궤도식(crawler type) 이동장치에 붐(boom)과 훅(hook) 설치
② 격자구조의 앵글식 붐(기계식) 장착
③ 붐 감아올림 로프와 하중 감아올림 로프, 훅 등으로 구성
④ 중량물 상하차, 지하 굴착토사 인양, 지하연속벽 작업 등에 동원

(2) 트럭크레인(Truck Crane)

① 트럭형 차량 섀시에 지브크레인 본체를 탑재한 이동식 크레인
② 다수의 차륜으로 이동, 크롤러 크레인과 동일한 붐(지브) 장착
③ 대형 지브는 트럭과 분리하여 트레일러 등으로 이동 후 현장조립
④ 기동성 면에서 크롤러크레인보다 유리

(3) 휠크레인(Wheel Crane, Mobile Crane)

① 차량형 주행장치에 유압식 붐을 장착한 크레인
② 트럭크레인보다 소형
③ 1개의 원동기로 주행 및 작업, 4륜 주행
④ 타워크레인 설치 전 임시 사용, 가설물 양중, 타워크레인 설치 및 해체

[트럭크레인 차체부위]

[휠크레인]

(4) 카고크레인(Cargo Crane)

① 화물트럭의 적재함에 탑재한 크레인
② 화물트럭 3.5, 5, 7, 11, 25톤 차량
③ 양중반경 7~32m, 양중높이 9~35m, 인양능력 6~65톤

3. 기타 크레인

(1) 지브크레인(Jib Crane)

① 360° 회전 가능한 선회장치 위에 수평 지브가 달린 크레인
② 선회장치는 마스트 또는 옥상 위에 설치 가능
③ 지브 위의 레일로 Hook이 수평이동하면서 양중작업 수행
④ 자재양중, 주크레인 해체용 등으로 활용

(2) 가이데릭(Guy Deric)

① 마스트, 붐, 윈치, 와이어로프, 달기구, 원동기 등으로 구성

② 타워크레인 설치 전·후 운용

[지브크레인]

[가이데릭]

4. 리프트(Lift)

① 가이드레일을 따라 동력으로 수직 이동

② 인원과 화물을 양중, 코어월 또는 외벽면에 설치

③ 이동속도에 따라 저속, 중속, 고속으로 분류

④ 장척물은 장스팬리프트 이용

5. 기타 양중기

(1) 윈치(Winch, 권양기)

① 드럼에 로프나 체인을 감아서 양중물을 수직 이동시키는 기기

② 수동식, 전동식, 내연기관식 등

③ 외장재(커튼월, 외장석재판), 중량물 양중

(2) 체인블록(Chain Block)

① 도르래, 감속기어, 체인 등의 구성으로 중량물을 양중하는 장치

② 작동방식에 따라 수동식, 전동식으로 분류

③ 기계설비 설치, 강구조조립 및 수정 시 사용

(3) 곤돌라(Gondola)

① 달기발판이나 운반구를 수직·수평으로 이동시키는 양중기

② 사용목적에 따라 가설용, 유지관리용(영구용)

- 지지방식: 대차형, L형, 포스트형, Hook형
- 설치방식: 고정식, 이동식(주행식) 등으로 분류

③ 작업 층 상부에 설치, 영구용은 옥상 층 설치

④ 외장마감 공종의 인원·자재 양중

(4) 승강기

① 가이드레일을 따라 수직으로 이동하는 기계설비, 에스컬레이터 포함

② 승용, 인화 공용, 화물용 등

③ 가설 아닌 본설용 설비

④ 골조 완료 후 계획에 따라 조기 설치 고려

Ⅲ 양중계획

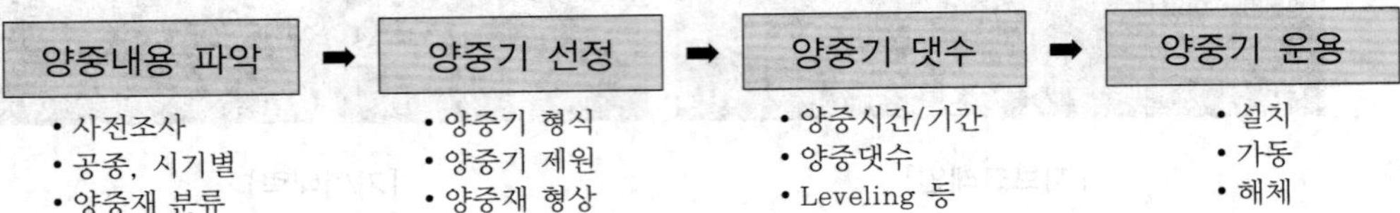

1. 양중내용 파악

① 사전조사 실시

• 주변장애물, 인접건물, 현장대지여건, 공사규모 등

② 공종별, 시기별로 양중단위 파악

③ 묶음단위로 패키지(package)화, 양중횟수 경감

④ 양중재 형상별 파악

• 대형재-장척재, 권물재-평판재, 정형재-비정형재, 분산재-부자재 등

2. 양중기 선정

(1) 양중기 유형

① 타워크레인

• 고정식-이동식, 유인-무인

• Mast Climbing-Base Climbing

• T형-Luffing형 등

② 리프트(Lift, Hoiste)

• 저속-고속, 일반 스팬-장스팬 등

③ 자주형 크레인

• 차륜형-크롤러형

④ 기타 양중기

• 가이데릭, 곤돌라, 윈치, 엘리베이터 등

(2) 양중기 제원

① 인양능력
- 지브(Jib) 위치별 최대부하량 검토
- 최단부, 중간부, 말단부(Tip)별 최대양중능력 파악

② 작업반경, 마스트 높이 권상속도, 마스트 자립고(Free Standing)

③ 양중기 기초, 소비전력, 운전장소 등의 제원

(3) 양중재별 장비

① 양중재 유형을 대, 중, 소로 구분

구분	길이×폭(m)	중량	양중장비
대형재	4m 초과×1.8m 초과	2톤 초과	타워크레인
중형재	1.8~4m ×1.8m 이하	2톤 이하	장스팬 Lift
소형재	1.8m 미만×1.8m 미만	2톤 이하	Lift/ELV

② 대형재: 타워크레인
- 장척재, 정형재: 강구조재, 철근, 공조기, 대형 거푸집 등

③ 중형재: 장스팬리프트
- 권물재, 평판재, 정·비정형재: 경량형강, 데크플레이트, 합판, 보드류

④ 소형재: 리프트, 엘리베이터
- 권물·평판재, 정·비정형재: 바닥재, 도장재, 비계류, 유리, 시멘트, 모래 등

3. 양중기 대수

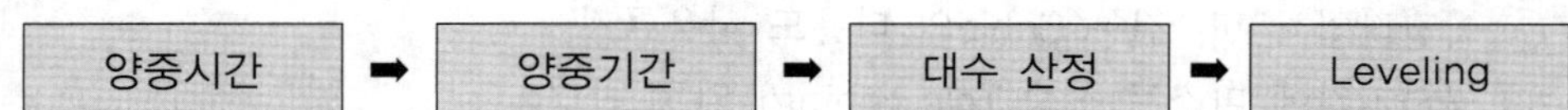

(1) 양중시간

① 양중물량, 양중 사이클[3] 파악

② 총양중시간 산정
- 총양중시간 = 양중물량 × 양중 사이클

(2) 양중기간

① 월단위로 산정

② 월작업 가동시간에 대한 총양중시간으로 산정

$$양중기간 = \frac{총양중시간}{일작업장\ 내\ 시간 \times 월작업일수 \times 가동률}$$

③ 일작업장 내 시간 = 출근~퇴근시간

④ 월작업일수는 25일 기준

⑤ 가동률 = 실작업시간 / 작업장 내 시간

---

3) 로프 걸기, 인양선회, 로프 해체, 하강선회, 로프 정위치 등에 소요되는 시간

(3) 양중기 대수 산정

① 일반적으로 골조공기를 기준으로 산정[4]

- 양중기 대수 = $\dfrac{\text{양중기간}}{\text{골조공기}}$

② '골조공기 > 양중기간'이면 1대

③ '골조공기 ≤ 양중기간'이면 2대 이상으로 산정

(4) 양중부하량 조정(Leveling)

① 양중시기 및 물량의 편중방지

② 공종별 양중시기 조정

③ 양중기별 물량을 시기별로 균등하게 분배

4. 양중기 운용

(1) 설치

① 설치시기 검토

- 지하구조물의 규모, 공법 고려
- 파일 설치, 지하굴착, 지하층 완료 후 설치

② 자재와 장비동선 고려

(2) 가동

① 양중부하량 경감화 조치 강구

- 패키지화, 지상작업 증대, 고소작업 최소화 등

② 야간작업 준비, 전용 Cable의 타용도 사용금지

③ 공사기간에 마스트 상승(Telescoping) 일정 반영

④ 기초 및 마스트 보강재 사전 확보, 대기 및 수리시간 단축 도모

⑤ 장비 운용계획에 따라 가동

- 가동 효율화와 부하량 평준화(Leveling) 지향

(3) 해체

① 설치단계에서 해체 고려

② 해체방법 사전검토

- 옥상 해체, 옥외 자체 해체 후 지상으로 하강

③ 해체시기

- 옥탑 또는 골조공사 완료한 다음 1~2개월 후에 해체
- 마감공종의 양중부하량을 고려

④ 해체장비의 반입 및 반출 방법

- 무인 타워크레인, 이동식 크레인, 가이데릭, 곤돌라, 엘리베이터 등

---

4) 골조공기 중 양중기는 필수적이며, 이후는 마감재 양중완료계획에 따라 기간이 추가된다.

3103 ┃ 타워크레인

Ⅰ 개요

1. 타워크레인은 동력을 이용하여 하물(荷物)을 수직·수평으로 운반하는 양중기계로 각종 건축공종에서 광범위하게 사용되고 있다.
2. 타워크레인은 기초와 지브 형태에 따라 분류되며 설치, 운전, 해체 과정에서 운전자 작업지침 준수와 감독자 안전지도 및 확인이 필요하다.

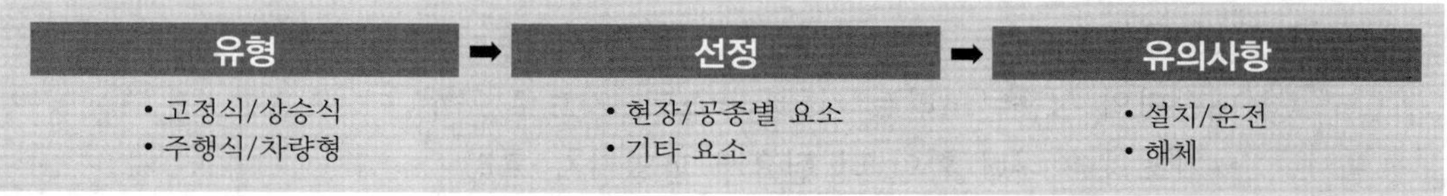

Ⅱ 크레인 유형

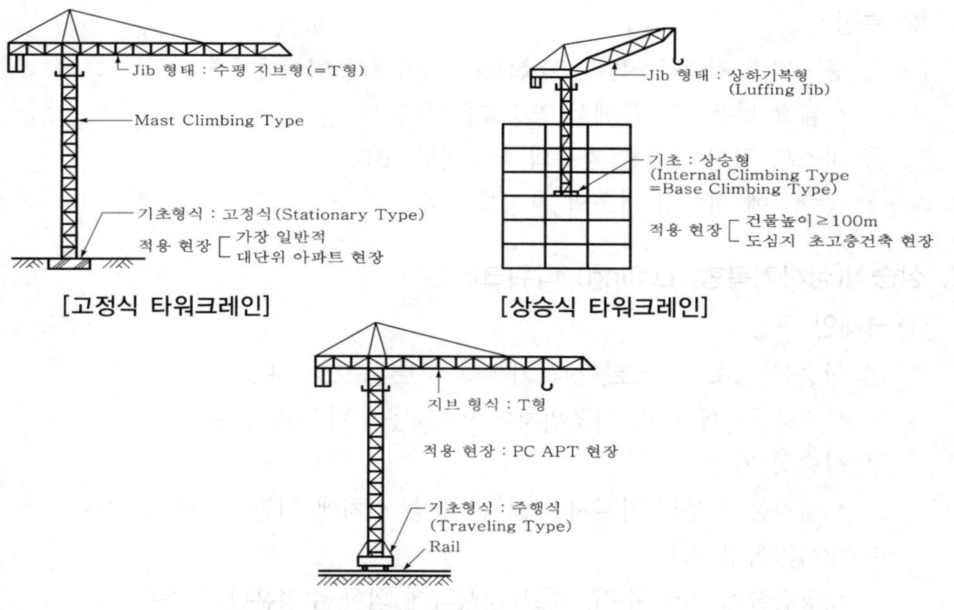

▶ 건설용 크레인에는 타워크레인과 차량형 크레인이 있다.
▶ 타워크레인은 기초, 마스트, 지브 등으로 구성되며 기초와 지브 형태에 따라 분류한다.
▶ 기초와 지브의 조합에는 '고정식 기초+T형 지브'와 '상승식 기초+상하기복형 지브'가 있다.
▶ 차량형 크레인에는 트럭크레인과 크롤러크레인이 있다.

타워크레인	기초형식	• 고정식(Fixed Type) • 상승식(Internal Climbing Type) • 주행식(Traveling Type)
	지브형태	• 수평지브형(T형) • 상하기복형(Luffing형)
차량형 크레인		• 트럭크레인(Truck Crain) • 크롤러크레인(Crawler Crane)

1. 고정식(수평지브형, T형) 타워크레인

(1) 크레인 구성

① 대단면의 철근콘크리트 기초, 마스트, 지브로 구성

  • 기초의 지내력 확인 및 필요시 파일지지 고려

② 마스트 상부에 수평형(T형) 지브(Jib) 장착

  • 트롤리가 T형 지브의 하단을 이동하면서 하물을 수평운반

③ 지브는 메인지브(Main Jib)와 카운터지브(Counter Jib)로 구성

  • 카운터지브에는 Balance Weight를 장착하여 양중 시 균형 유지

(2) 특징

① 중·저층 건축물, 특히 30층(100m) 이내의 벽식아파트

  • 넓고 낮은 건축물에서 양중효율 우수

② 마스트 길이에 따른 자중의 누적영향 고려

③ 상승식에 비하여 기초의 안정성 우수

2. 상승식(상하기복형, Luffing) 타워크레인

(1) 크레인 구성

① 상승식 기초, 마스트, 상하기복형 지브 등으로 구성

  • 건축공정에 따라 기초위치를 일정 높이 단위로 상승

② 상승식 기초

  • 설치층 하부의 가설지지 보강, 상승 설치에 의한 추가공정 소요

③ 상하기복형 지브

  • 당김줄에 의한 수직, 지브 경사각에 의한 수평운반이 가능

(2) 특징

① Luffing형 지브크레인 장착, 고층 이상의 건축물에 적용

② 바닥개구부 발생, 바닥골조 및 지붕방수의 후시공 불가피

③ 가설보강재 설치 및 해체, 바닥 후타설 구간 발생

3. 주행식 타워크레인

(1) 크레인 구성

① 레일, 이동식 기초, 마스트, 수평형 지브 등으로 구성
- 레일 위로 주행식 기초를 수평 이동시키는 타워크레인

② 레일 및 기초
- 이동구간의 레일 위에 주행식 기초 설치

③ 마스트 및 지브
- 고정길이의 마스트와 T형 지브 적용

(2) 특징

① PC, 강구조물공장 등 작업장이 넓은 곳에 유용

② 공사현장 적용은 불가

③ 양중범위는 가장 넓으나 기초 안정성 취약

4. 차량형 크레인

(1) 트럭크레인

① 차륜에 의하여 도로 주행이 가능한 크레인

② 기동성 우수, 소형 양중

③ 타워크레인 설치 및 해체, 중·저층 양중 등에 적용

④ 중저층 중량·강구조부재 양중용으로도 사용

(2) 크롤러크레인

① 무한궤도로 주행하는 크레인

② 트럭크레인보다 양중 안정성 우수, 트레일러에 의한 도로 이동

③ 가설 흙막이 및 굴착공사에 운용

Ⅲ 타워크레인 선정요소

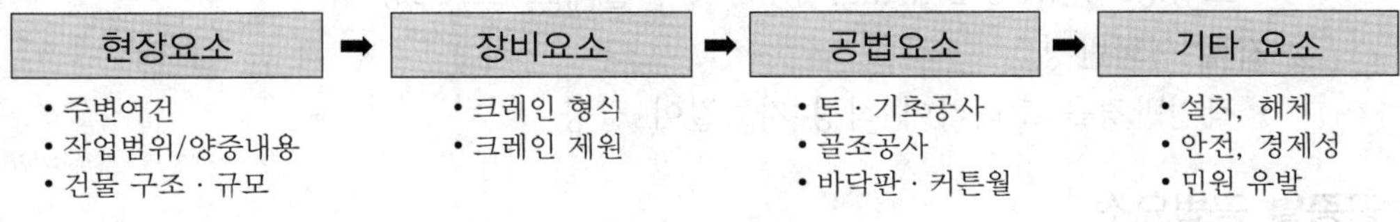

1. 현장요소

(1) 주변여건

① 지형 및 지반

② 진입로, 설치공간

③ 인접구조물, 고공장애물 유무

(2) 작업범위

① 수직 · 수평 작업동선

② 인접 크레인과의 이격거리

(3) 양중내용

① 양중재 최대하중 및 길이, 중량물 및 장척물 등

② 양중빈도, 양중부하량

③ 양중재 형태

- 권물재-평판재, 정형재-비정형재, 분산재-묶음재 등

(4) 건물 구조 및 규모

① T형 크레인

- 넓은 작업반경의 건축현장에 적합

② 러핑형 크레인

- 고공장애물, 인접구조물 밀집현장, 초고층건축물 현장에 적합

2. 장비요소

(1) 크레인 형식

① 기초 설치여건에 따라 고정식과 상승식 고려

② 작업반경 고려, 지브 유형 선정

- 넓은 작업반경 필요시 수평지브식

- 좁거나 고공침해 민원이 우려될 경우 상하기복식 지브 채용

(2) 크레인 제원

① 양중능력

- 최대인양하중(Max Load), 최저인양하중(Tip Load), 권상 · 권하 · 선회속도

② 양중기 안정성

- 설치 시 자립고, 최대설치높이

- 보강방식: Wire Bracing, Wall Tie, 슬래브-보 보강 등

③ 지브 선회반경

- 작업반경을 고려하여 적정 지브길이 결정

3. 공종별 공법요소

(1) 토 · 기초 공사

① 타워크레인 설치시기

- 기초저면, 또는 지상공사 직전

② 트럭크레인의 보조 사용검토

(2) 골조공사

　① 코어선행 시 운용

　② 강구조부재 설치

　③ 콘크리트 타설: CPB, 분배기, 버킷, 트레미관 등에 의한 타설

　④ 바닥판공사: 하프슬래브, 데크플레이트 바닥판, 시스템 바닥판폼

(3) 커튼월공사

　① 유닛월공법: 양중재가 크고 중량물, 양중빈도 유리

　② 스틱월공법: 양중재 경량, 양중빈도 불리

4. 기타 요소

　① 설치, 상승, 해체 등의 용이성

　② 장비의 안전성 및 경제성

　③ 민원 유발요인 등 고려

Ⅳ 운용 시 유의사항

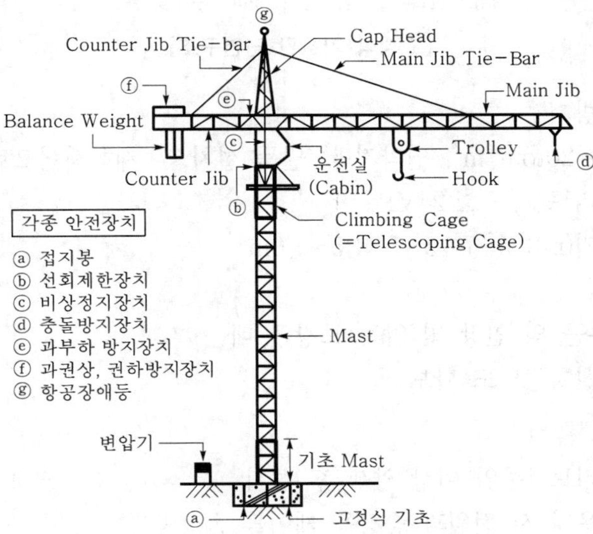

[타워크레인 구성요소: 고정식]

1. 설치[5]

(1) 준비사항

① 적정 기종 선정
② 설치위치와 방법 검토
③ 보조크레인 수배
④ 인입전원 확보

(2) 기초 설치

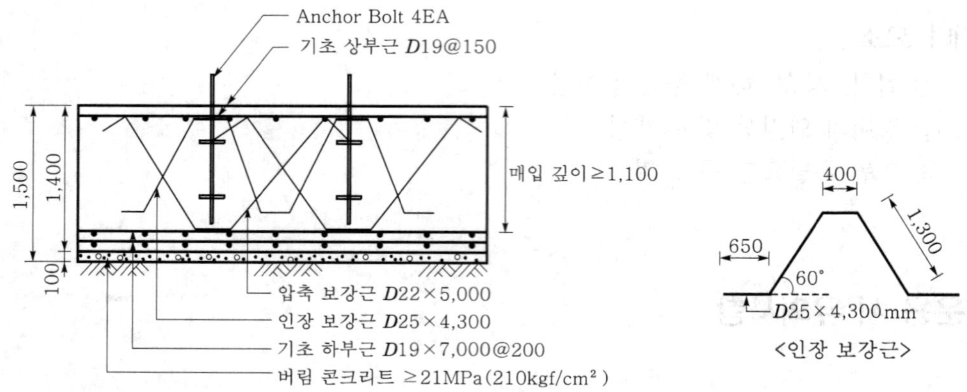

[고정식 기초판 단면구조]

① 부등침하 방지
• 지내력 ≥ $20tonf/m^2$, 연약지반: 말뚝 설치 후 재하시험으로 지지력 확인
② 기초 콘크리트 강도 ≥ 24MPa
③ 기초판 크기(m): 5~7×5~7×1.5~2.0m
④ 철근배근
• 상 · 하부근 외 인장 및 압축 보강근 배근
⑤ 앵커볼트 설치정밀도 확보

(3) 마스트, 지브

① 기초 콘크리트 1주일 이상 양생 후 설치
② 마스트 세우기 시 전원과 승강용 케이블 손상방지
③ 인접 크레인 안전 이격거리
• 지브 선단거리 ≥ 2m, 설치높이 ≥ 2m

---

5) 타워크레인의 설치 · 해체는 산업안전보건법(영 § 72)의 등록요건(인력 · 시설 · 장비) 구비자만이 수행

(4) 안전장치 부착

① 권과 방지장치

② Hook 해지장치

③ 과부하 방지 및 경보 장치

④ 회전부 안전커버 설치

(5) 인입전원

① 여유 있는 수전량 확보

② 주케이블: 단독선으로 가설, 길 경우 전압강하 고려

③ 전압: 440V 기본, Transformer

[양중인력 자격요건][6]

조종원	국가자격자: 타워크레인 운전기능사
신호수	안전보건교육 이수자: 신호체계 및 방법 숙지
설치 · 상승 · 해체	국가자격자: 판금제관기능사, 비계기능사

2. 운전

(1) 작업 전 점검

① 기초면 이상 유무 점검

② 각종 고정장치 해제

③ 수전전압 적정성 파악, 10% 이상 저하 시 작업중지

④ 무부하 시운전 및 제어스위치 작동 점검

　• 각종 안전장치의 작동상태: 클러치, 브레이크, 유압기기 등의 압력상태 등

⑤ 기타

　• 줄걸이공, 신호수와의 협의내용

　• 지브 선회에 따른 주변 장애물 유무

　• 각종 볼트와 너트의 헐거움, 풀림상태 점검

(2) 운전 중

① 정격하중 이내에서 운전

② 작업 시 안전장치 제거 금지

③ 인양 중 운전석 이탈 금지, 선회 · 정지 시 유연한 운전으로 충격 방지

④ '풍속≥14m/s'일 경우 작업 중단

⑤ 표준신호체계에 따라 신호 교환

　• 운전자는 신호수신 경음 후 다음 작업 진행

---

6) 유해 · 위험 작업의 취업 제한에 관한 규칙, '별표1' 참조

(3) 인양물 취급

① 장척물 유동방지, 가이드로프 사용
② 유경험 줄걸이공에 의한 인양작업
③ 인양물 위 탑승금지
④ 작업원 위로 인양물 이동금지
⑤ 와이어로프 여분길이 ≥ 드럼 2바퀴

(4) 운전 후

① 이상개소 점검 및 수리
② 각 부위 청소 및 주유
③ 스위치 차단, 운전실 잠금 확인
④ 고정장치 안전위치
⑤ 작업일지 및 인계인수부 기록유지

3. 해체

(1) 작업공간

① 해체물의 적재공간 확보
② 해체작업 시 운반 및 상차 작업공간 확보

(2) 해체장비 선정 및 지반상태 검토

① 초고층은 무인크레인, 곤돌라, 가이데릭 등 선정
② 중·저층은 트럭크레인 선정, 지반지내력 확보
③ 슬래브 상부에서 해체 시 보강재 사용검토
  • 장비자중·부재중량 고려, 바닥지지력 보강

(3) 해체작업

① 해체 전 마스트 부착물 우선 제거
② 작업장 주변청소, 적재물 이동 선행
③ 동일 수직동선 내 타공종 작업금지
④ 지침서에 따라 해체작업 진행

3104 ┃ 타워크레인 안전

I 개요

1. 타워크레인(T/C)의 주요구조체인 마스트와 지브는 캔틸레버형 기둥과 보의 형상으로 구성되어 있으므로 양중하중과 풍하중이 각 구조부위에 미치는 영향을 고려하여 안전한 양중계획을 수립하고, 이에 따라 관리를 하는 것이 매우 중요하다.

2. T/C의 재해 발생분포는 마스트 상승, 작업 중, 설치 및 해체 작업 순서으로 발생하며 재해유형은 본체 전도, 지브 절손, 하물(荷物)[7] 낙하 등이 있다.

3. T/C의 재해를 방지하기 위해서는 설치 · 상승 · 작업 · 해체 과정에서 작업안전지침을 준수하여야 하며, 특히 T/C의 구조부위의 이해를 바탕으로 안전대책을 수립하고 운전 전 · 중 · 후의 철저한 점검과 확인이 필요하다.

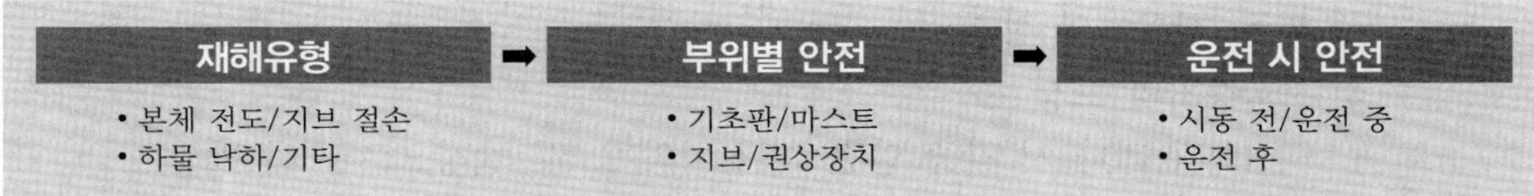

II 재해유형별 원인

1. 본체 전도

① 양중하중 과부하
- 정격하중 이상의 과부하로 T/C 전도

② 권상(捲上)[8] · 승강용 로프의 절단 및 이탈
- 로프 손상, 체결부위 이탈 시 발생

③ 설치가대 강도 부족
- T/C 기초의 콘크리트 강도 부족
- 앵커볼트의 인장력 부족

④ Mast 지지상태 불량
- 자립고(自立高, free standing)[9] 이상 Mast 상승 시 별도의 지지보강 필요
- Wall Tie, Wire Bracing 설치상태 불량 시 본체 전도 우려

---

7) 하물이란 양중(Hoisting) 대상물을 말하며, 화물(貨物)이란 용어와 혼용하기도 한다.
8) 권상이란 로프를 말아 올리는 힘으로, 양중물을 상부로 이동시키는 것을 말한다.
9) 크레인의 본체를 별도의 지지물없이 자립시키기 위한 최대높이로, 자립고를 초과하면 전도를 방지하기 위한 별도의 지지물이 필요하다.

2. 지브(Jib) 절손

① 인접시설물과 근접 설치된 T/C와 접촉

② 지브와 달기구(Hook) 충돌

③ 정격하중 이상의 과하중

④ 수평인장 작업: Pile을 수평방향으로 인발할 경우

3. 하물 낙하

① 권상용 로프의 절단

② 줄걸이작업 불량 시 로프 이탈로 하물 낙하

③ 중량자재의 불균형 인양 등에 기인

4. 기타 재해

① 낙뢰, 감전

② 폭풍, 항공기의 접촉

③ 선회장치의 고장

- 선회각 과다 시 각종 안전제어장치의 Cable 손상으로 재해 발생

Ⅲ 구조부위별 안전대책

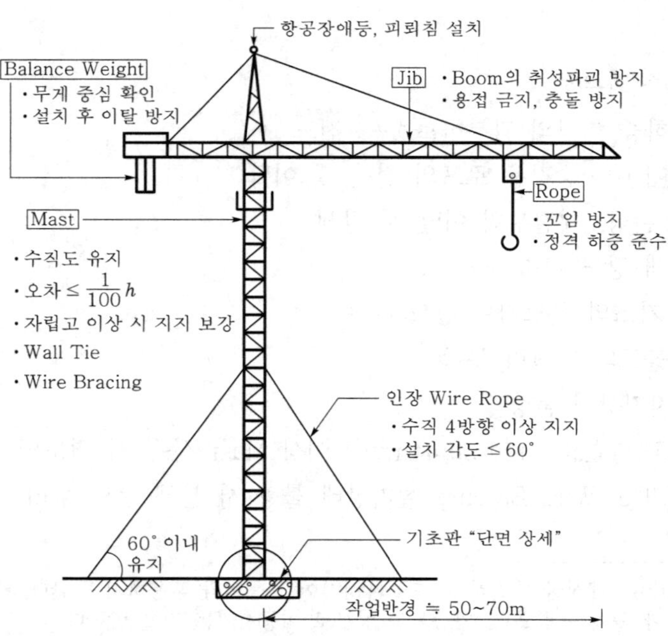

[고정식 타워크레인의 부위별 안전대책]

1. T/C 기초판

▶ 기초판 지반의 지내력을 확보하고, 필요시 Pile을 보강한다.

(1) 단면 크기

① 일반적인 크기(인양능력 10~16 t급): 7×7 m

② 기초 Slab의 두께 ≥ 1.5 m

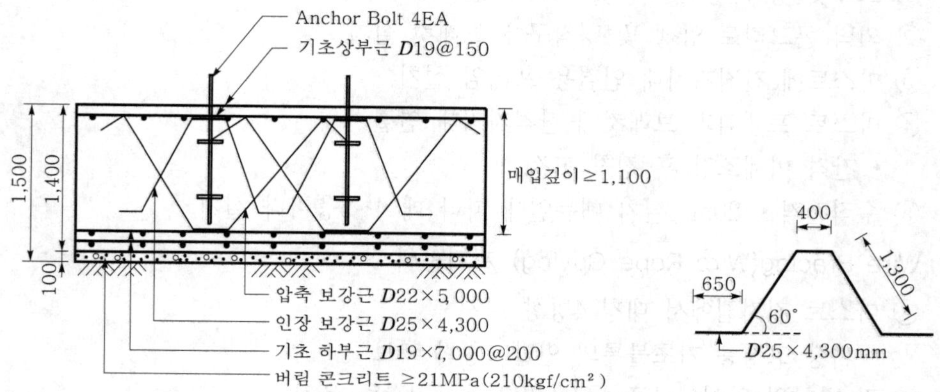

[고정식 타워크레인의 기초판 단면 상세]

(2) 기초 콘크리트 및 철근 배근

① 콘크리트 강도 ≥ 24MPa

② 철근 배근

- 상부 모멘트를 고려하여 보강근을 배치, 인장·압축 보강근 적정 배근

(3) 앵커볼트의 매입

① 매입깊이 ≥ 1.1 m

② 매입 앵커의 고정

- 앵커프레임 사용, 또는 기초철근에 용접·고정
- 콘크리트 타설 시 매입 앵커 이동방지

2. 마스트 안전[10]

▶ 자립고 이상일 경우 마스트 지지, 마스트 수직오차 $l/100$ 이내를 유지한다.

▶ 마스트 지지는 Wall Tie 방식과 Wire Bracing 방식으로 구분, 지지구조체가 없는 등 부득이한 경우에만 Wire Bracing 방식을 적용한다.

---

10) '산업안전보건기준에 관한 규칙 §142' 참조

(1) Wall Tie 지지방식

[Wall Tie 지지구조]

Frame	강재로 된 간격지지대 고정용 부재
Bracket(Console)	건물 벽면에 설치하여 간격지지대와 프레임을 고정하는 부속재
간격지지대	프레임-브래킷 연결과 벽면 간격(300mm)을 유지 · 고정시키는 부재

① 브래킷 정착구 선설치 및 외벽 타설

② 외벽 콘크리트 양생 및 정착구에 브래킷 설치

③ 마스트에 간격지지대 연결용 프레임 설치

④ 마스트 프레임과 브래킷에 간격지지대 연결

- 간격 미세조정 후 정착 고정

⑤ 수직간격 ≤ 20m, 설치 매뉴얼에 따라 매 4~5층마다 설치

(2) Wire Bracing(Wire Rope Guying) 지지방식

① 마스트 지지점에서 대칭 4방향 지지

- 지상 고정용 기초블록의 인발저항력 확보

② 각 방향의 와이어로프 등각도(90°) · 균일장력 유지

- 등각도 미흡 시 균일장력 불안정, 점검표에 따라 정기점검 실시

③ 와이어로프 설치 내각 30~60°, 이상적인 각도 45°

④ 와이어로프 단면손상 유무 확인, '로프 안전율 ≥ 4' 확보

⑤ 마스트 높이 증대 시 추가 지지 여부 검토 및 설치

3. 지브 안전

(1) 지브 균형 유지

① Tie-Bar의 장력 확보

- Main Jib 및 Counter Jib 연결재의 적정 긴장상태 유지

② Counter Weight의 이탈방지

(2) 지브 안전장치 점검

① 과부하 방지장치의 작동상태 확인

- 권상 및 모멘트 과부하 시 동작정지 여부 확인

② 속도 제어장치의 작동 확인

- 적정 선회 · 권상 속도 초과 시 경보음 가동여부

③ 지브 충돌장치 점검

- 인접크레인과의 충돌 자동방지

4. 권상장치 안전

▶ 권상모터, 감속기, 권상드럼, 와이어로프, Hook 등의 안전사항이다.

(1) 와이어로프

[Wire Rope 선정 및 폐기 기준]

선정요소	• 로프 직경, 길이, 가닥선의 수, 로프 구조형태 • 로프 Steel 등급, 인발 유무, 심강의 종류, 꼬임의 종류 등
폐기대상	• 이음매 있는 것, '절손 소선수 ≥ 10%'인 것 • 지름이 감소된 것, 꼬인 것, 심하게 부식·변형된 것

① 활차에 거치된 로프의 이탈방지
- 활차(Sheave)와 이탈방지용 Plate와의 적정간격(3mm) 유지

② Hook에 걸린 줄걸이 로프의 이탈방지
- 해지장치가 있는 Hook 사용
- 고리(Hook) 중심에 와이어로프를 위치시키고 인양

③ 로프의 꼬임방지

(2) Hook

① 와이어로프의 선단에 위치

② 지면·트롤리·Jib와 접촉방지

(3) 권상모터 및 드럼

① 과권상 및 과권하 시 자동 동력차단

② 권상 드럼에 최소한 2~3바퀴 정도의 와이어가 감겨 있도록 함

Ⅳ T/C 운전 시 안전대책

1. 시동 전

(1) 무부하 운전점검

① 권과방지장치의 이상 유무 확인
- 주권(主捲)과 보권(補捲)[11]의 상·하한 제어

② 브레이크장치의 작동상태 확인
- 트롤리, 선회장치에 의한 주행과 횡행 속도의 제어상태 점검

③ 기타 안전장치의 작동상태 확인

---

11) 주권이란 여러 개의 달기기구를 갖는 크레인에서 최대정격하중을 매달기 위한 달기기구의 권상장치를 말하며, 보권이란 주권과 다른 정격하중을 인양하기 위한 권상장치를 말한다.

(2) 육안점검

   ① 지브의 작업자 유무

   ② 장애물의 유무, 주행 Rail 또는 크레인 작업반경 내의 장애물 유무

   ③ 집전기의 마모와 이탈 유무

   ④ 와이어로프, 취부상태 육안점검

2. 운전 중

   ① 신호수의 신호내용을 정확하게 인지

   ② 운전 중 이상음, 이상진동, 발열상태 수시 확인

   ③ 급격한 운전조작과 정격하중 이상의 중량물 취급금지

   ④ 주변 장애물과의 충돌 방지

   ⑤ 순간풍속이 20 m/s 이상일 때 전면 작업중지

     • 10 m/s 이상일 때는 T/C의 설치 및 수리, 점검, 해체작업 즉각 중지

3. 운전 후

   ① 각 스위치와 전원 차단

   ② 브레이크 제동상태의 확인

   ③ 동작부위 이완된 곳 재조임

   ④ 베어링 · 기어 부위의 급유 및 오염부위 청소 철저

   ⑤ Hook은 감아 올리고, 지브는 자유선회되도록 조치 → 바람영향 최소화

3105 초고층 공기단축

Ⅰ 개요

1. 초고층건축물은 주로 도심지에 위치하여 자원투입 규모가 크고 공사환경이 열악하여 지정공기 준수가 매우 중요한 과제이다.
2. 건설사업기간 부족은 설계 이후의 절대공기에 영향을 미치므로 공사기간 중 지정공기 준수를 위한 공기단축이 필요하다.
3. 공기 영향요인과 공기단축 유형을 고찰하고, 설계·공법·관리 측면에서 공기단축 방안을 설명한다.

일반사항	→	공기단축 방안
• 공기 영향요인 • 공기단축 유형		• 설계/공법 측면 • 공사관리 측면

Ⅱ 일반사항

1. 공기 영향요인

① 공사장 협소
② 고소작업 증대
③ 자연외력의 영향 증대
④ 굴착심도 증대
⑤ 공사차량 통행, 공사시간의 제약

2. 공기단축 유형

① '인력＋장비' 추가 투입
② 설계변경
　　• 공사비 절감과 공기단축 가능요소 사전 검토·개선
③ 고효율 장비, 신공법, 신자재 고려
④ 건식공법, 프리패브(Pre-Fab)공법 적용
⑤ 공정 병렬화 추구, Top Down, Up-Up 등

Ⅲ 공기단축 방안

1. 설계 측면

(1) Fast Tracking 설계

　① 실시설계 단계별로 조기에 공사를 착수

　② 초기 공정(가설 및 터파기 공정)에 적용 시 유용

(2) 재료 및 부재

　① 재료의 경량화, 건식화

　　• 취급 용이, 전천후 시공 지향

　② 부재 Unit화, PC화, 복합화

　　• 공장 작업요소 증대, 커튼월 Unit Wall System, Half PC 부재 반영

　③ 구조평면 단순화(Single Frame)

　　• 거푸집 시공성 고려: 벽·기둥의 위치와 규격, 보깊이 동일화

　　• 거푸집 전용성과 시스템 거푸집의 적용성 증대, 작업자 습숙효과 증진

　④ 무량판 바닥판, Post Tension 적용

　　• 시스템 거푸집 적용 용이, 거푸집 조기탈형 가능

(3) 설계 VE 및 설계감리

　① 설계의 완성도 제고

　　• LCC, VE 활동, 시공성 분석에 의한 설계완성도 제고

　　• 시공단계에서 설계변경 여지 제거, 사업기간 단축

　② 설계 공정관리 철저, 설계감리에 의한 용역 일정관리

2. 공법 측면

(1) 가설공사

　① 시스템 가설재 사용, 조립 및 해체품 절감

　② 무비계·무지주공법 채용, 층고 높은 구조물공사에 유용

(2) 지하굴착

　① 지상·지하공사 동시진행

　　• Top Down, Up-Up 공법 검토, 전천후 시공여건 지향

　　• 굴착영향 최소화, 소음·진동에 의한 민원 예방

　② 계측관리에 의한 정보화 시공

　　• 민원요인을 조기에 발견·조치

③ 저진동·저소음 공법 채용
  - 암파쇄 시 NPS(New Pre-Splitting)
    진동제어식 발파 적용
    - 암천공–장약 설치–발파–브레이
      커/굴착기 절개
  - 공사비–시간 소요, 민원예방으로
    공기지연 방지

(3) 골조공사

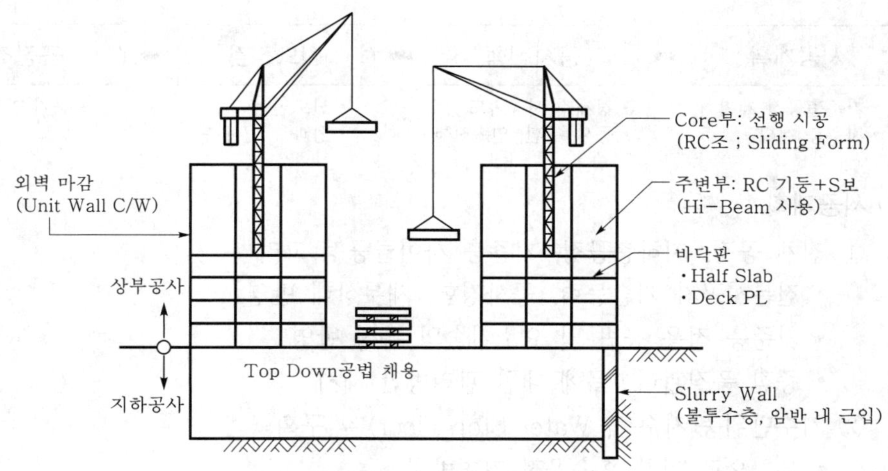

[초고층건축물의 공기단축공법]

① 강구조공사
  - 공장제작 비중 증대, 현장가공 최소화
② RC공사
  - 거푸집공사: 시스템 거푸집, 무지주공법 채용
  - 철근공사: 공장가공 및 철근선조립, 이음공법 개선
    - 대경근 사용, 굽힘철근 지양 및 일자형 철근 적용
  - 콘크리트공사: 조기강도 실현, 타설기구 개선
③ 합리적 공법 채용
  - 코어월 선행공법 적극 고려
    - 코어월공정을 CP공정에서 제외시켜서 골조공기 단축
  - 복합화공법 적용
    - 'RC기둥+PC, 강구조보+Half Slab, 데크바닥판' 등의 다양한 조합 검토

- 바닥판공법: 층당 사이클공정 효율화로 전체공기 단축
  - 시스템 거푸집공법, 데크플레이트공법, 유닛플로어공법 등 고려

(4) 마감공사

① Unit Wall 커튼월방식 채용, 고소작업 최소화

② 마감재 성능을 복합화, 합성효과 증대

③ 내화성, 차음성, 단열성 등 종합 고려

④ 마감재 건식화, 시공효율 증대 등

3. 공사관리 측면

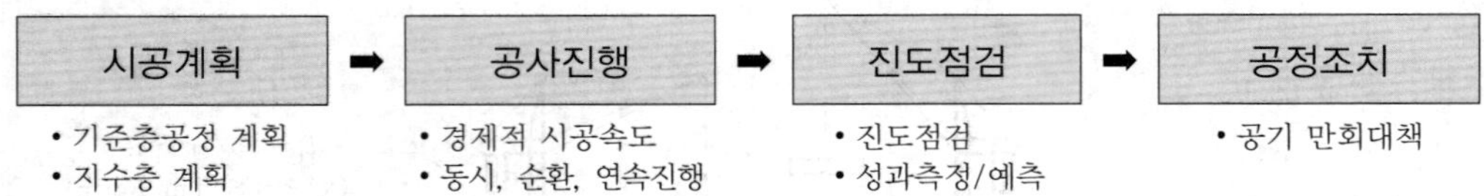

(1) 시공계획

① 전체 공정, 지하층공정, 기준층 사이클공정 고려

- 전문시공자 기술능력, 공사경험, 재무상태 반영
- 기준층 적용 공법 및 요소기술의 특성 반영
- 중점 품질관리항목에 대한 관리방안 제시

② 지수단위층(지수층, Water Stop Floor)[12] 구획

- 우천으로 인한 후속공정 지연방지

정의	• 우수가 아래층으로 유입되지 않도록 지수처리한 층 • 골조공사 이후 후속 마감공사의 원활한 진행을 위하여 지수층 설치 필요
설치시기	• 공정계획 시 지수단위층 선정, 대개 3~4개 층마다 지수층 계획 • 골조공사 후 마감공사 전에 설치
설치방법	• 바닥 슬래브: 드레인(발코니, 욕실) 하부에 배수관을 연결, 유입수를 외부 배수 • 바닥개구부: 지수턱 설치, 우수유입 차단 • 외벽: 창호 선설치, 침입수 방지 • 계단실: 파이프(주름관)로 유입수 정체·확산 방지 및 외부 유도배수

③ Mile Stone(중간관리일) 관리 철저, CP 공정 지연방지

④ 시공계획 소요시간 확보: 작성, 검토, 승인 소요시간

⑤ 양중계획 수립, 양중장비의 부하량 최적화

---

12) 기출사례: 87104 고층건물의 지수층(Water Stop Floor)

(2) 공사진행

① 시공계획에 따라 공사진행
- 기능공의 습숙효과 증대, 동일 기능공에 의한 동일 작업여건 조성
- 기준층 여건에 따라 동시 · 순환 · 연속 진행방식[13]으로 공사진행

② 리드타임(Lead Time) 최대한 활용
- 난공정 시험시공(Mock-Up 시공) 선행, 시행착오 미연 방지

③ Just in Time System 구축: 현장 소운반, 야적공간 최소화

④ 기능공 및 협력업체: 숙련공 확보, 신규 채용자 사전교육 철저
- 재시공 요인 원천 제거, 작업능률 및 공사품질 제고

⑤ 안전보건 활동 강화: 실질적 유해위험 방지계획 수립 및 실시
- 유해환경에 대한 작업자 질병 방지, 위험환경에 대한 상해요인 제거

⑥ 공정마찰 방지
- 선 · 후행 공정 간 적정 버퍼(Buffer) 유지 → 공정회의 시 간섭요인 상호조정
- 양중효율 제고, 주요공정 중점관리, 일일작업 후 정리정돈 철저

(3) 진도점검

① 주기적 진도 점검
② 성과 측정 및 예측
- 일정-비용 통합점검, EVMS기법 활용
- 측정시점에서 공정실적 분석 · 평가
- 일정차이(SV), 공기수행지수(SPI) 파악
- 측정 이후 잔여공기 및 공기준수 가능여부 예측

(4) 공정조치

① 월간공정 10%, 누계공정 5% 이상 지체 시 만회대책 강구
② 세부 공종별 인원 · 장비 투입계획 수립 · 실행
③ 최소비용에 의한 공기단축 방안 모색, MCX기법 활용 고려

---

13) '6408 공정관리 일반' 참조

3106 ┃ 바닥판공법

I 개요

1. 초고층건축물은 바닥판공법에 따라 공사일정, 비용, 품질, 안전, 환경 등에 미치는 영향이 막대하므로 공법채용의 중요성이 매우 크다.
2. 공법채용 시에는 바닥판 유형에 따라 합리적 결정이 필요하며 현장 적용사례가 많은 시스템 거푸집공법, 데크플레이트공법, 슬림플로어공법, 유닛플로어공법 등을 중심으로 설명한다.

일반사항	➡	바닥판공법	➡	합리화
• 바닥판 정의 • 공법 선정 시 고려사항		• 테이블폼/데크 • Slim/Unit		• 재료/부재 • 설치공법

II 일반사항

1. 바닥판 정의

(1) 사전적 의미

① 슬래브, 바닥 슬래브, 상판

② 들보에 얹혀서 슬래브에 걸리는 하중을 들보에 분담시킨 부재

③ 대부분 스팬길이는 4~5m, 바닥두께 15cm 정도

(2) 설계기준상의 슬래브

① 모든 변에서 기둥, 보, 또는 벽체 중심선에 의해 구획되는 판(板)

② 설계 시 축력 영향을 무시할 수 있는 부재

③ 주철근의 방향에 따라 1방향 슬래브와 2방향 슬래브로 분류

④ 설계도서에서는 '바닥 슬래브'로 표기

(3) 슬래브와 바닥판

① 슬래브는 적재하중을 보와 기둥으로 전달시키는 휨부재

② 바닥판은 슬래브와 슬래브 지지구조의 조합으로 정의

2. 바닥판 유형

▶ 바닥판을 슬래브와 슬래브지지구조의 조합으로 보고 다음과 같이 분류한다.

[바닥판 유형]

분류기준		유형
슬래브	평면형상	1방향 슬래브, 2방향 슬래브
	설치위치	기초 슬래브, 기준층 슬래브, 지붕 슬래브
	탈형 유무	• 탈형 슬래브: 철근콘크리트 슬래브 • 비탈형 슬래브: Half PC 슬래브, 데크플레이트 슬래브
슬래브 지지구조	보-기둥 지지	일반 슬래브, 층고절감형 슬래브
	기둥 지지	Flat Slab, Flat Plate Slab

(1) 슬래브

① 평면형상에 따라 1방향 슬래브 및 2방향 슬래브

② 설치위치에 따라 기초 슬래브, 기준층 슬래브, 지붕 슬래브

③ 탈형 유무에 따라 탈형, 비탈형 슬래브 등으로 분류

　• 탈형 슬래브: 일반적인 철근콘크리트 슬래브

　• 비탈형 슬래브: PC 슬래브, 데크 슬래브 등

(2) 슬래브 지지구조

① 보에 의한 지지구조: 일반 슬래브, 층고절감형 슬래브

② 기둥에 의한 지지구조: Flat Slab, Flat Plate Slab 등

3. 공법 선정

(1) 바닥판 요구성능

① 차음성, 경량성

② 단열성, 내화성

③ '슬래브-보' 일체성, 수평강성

④ 전기, 통신, 공조배관의 수납성 등

(2) 설계 및 현장 여건

① S조, RC조, SRC조 등의 골조형식

② 야적장 및 현장 작업장 상태

③ 바닥판의 층고절감 방안

(3) 공사관리 용이성

① 기준층 사이클공정 절감, 골조 및 마감 공기

② 고소작업 최소화 방안

③ 타공정 관련성: 코어월 선행, 커튼월공정 등

④ 시공성, 양중부하량, 시공정밀도

⑤ 현장폐기물 발생량 등

Ⅲ 초고층 바닥판공법

1. Flying Shore Form(=Table Form)공법

(1) 정의

① 거푸집 널, 장선, 멍에, 동바리 등을 일체화시킨 바닥 전용 거푸집

② Flat Plate Slab, 커튼월 구조 채용 시 적용 가능

(2) 특징

① 조립 및 해체 간단

② 거푸집의 처짐방지에 유리

③ 인양 시 양중장비 운용이 필요

④ 수직·수평적 반복 모듈 구조에서 적용성 우수

- 공동주택, 학교, 병원, 넓은 지하주차장 등

2. 데크플레이트공법

(1) 정의

① 거푸집용 데크강판 위에 콘크리트를 타설하여 바닥판을 형성시키는 공법

② 데크강판에 철선과 철근을 일체화시킨 제품을 많이 사용

(2) 특징

① 거푸집 해체공정 생략

② 하부 동바리 설치 불필요

③ 현장 철근배근 간편

- 현장에서 배력근, 연결근, 보강근만 배근

④ 콘크리트 타설 시 철근 흐트러짐 최소화

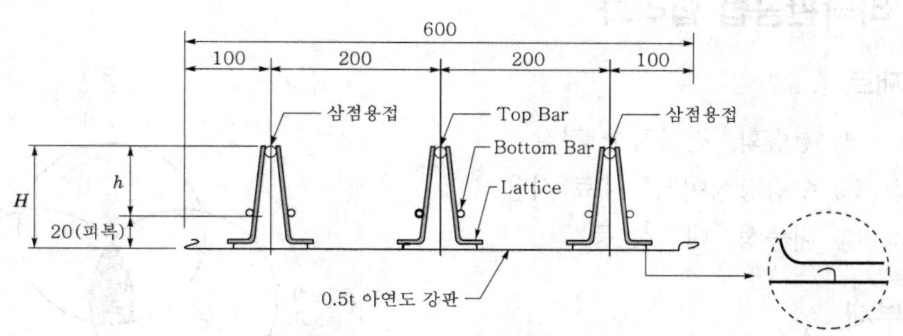

[철선일체형 데크플레이트 단면형상]

3. Slim Floor공법

(1) 정의

① 보의 유효깊이를 낮추어서 바닥판 두께를 얇게 하는 바닥판공법

② 비대칭 강구조보, 웨브 보강형, Semi-Slim형 등

(2) 특징

① 인장측 단면증대

- 보 유효깊이 축소, 강재절감 실현

② 층고절감으로 골조 및 마감비용 절감

③ 천장(바닥판의 하부) 배선·배관물의 수납성 제고

- 웨브에 중공부 설치, 수납성 고려

4. Unit Floor공법

(1) 정의

① 작은보 단위로 구획된 바닥판을 지상에서 제작하는 공법

- 전기·설비 배관, 철근배근 등

② 시공순서

- 골조설치–유닛부재 지상제작–양중·거치–철근배근–콘크리트 타설

(2) 특징

① 고소작업 최소화

② 지상작업으로 시공성 및 품질 제고

③ 제작 시 양중부하 고려

④ 지상작업장 공간 필요

Ⅳ 바닥판공법 합리화

1. 재료

① 경량화, 건물자중 저감

② 수평강성이 큰 재료 사용

③ 내풍성, 내진성 등

2. 부재

① 고소 작업요소 Unit화

② 바닥판부재 Slim화

③ 층고절감 도모

3. 설치공법

① 고소작업 축소 방안 강구

② 접합부 강성 · 일체성 고려

③ 기준층의 층당사이클 단축이 가능한 공법 선정

④ 층고절감 유리한 공법 선정

⑤ 설치공법을 고려한 양중능력 확보 등

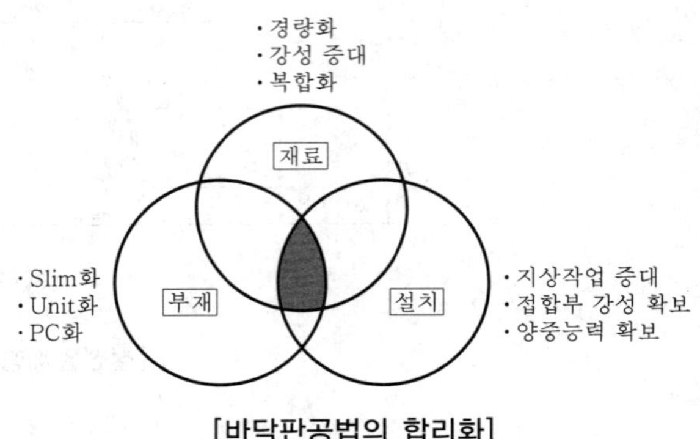

[바닥판공법의 합리화]

3107　데크플레이트공사

I　개요

1. 데크플레이트공사는 데크플레이트 자재를 사용하는 가장 일반적인 바닥슬래브공사로서 계속 증가 추세지만 공사시방은 대체로 하수급인의 전문성에 의존하고 있다.
2. 데크플레이트공사에 대하여 재료의 구성 및 규격, 적용현황 등을 안내하고 시공방법은 자재 제조사의 특기시방, 현장 시공상세도, 현장 시공경험, 저자의 연구논문 등에 근거하여 설명한다.

데크플레이트	➡	시공방법
• 재료 구성 • 현장적용		• 자재 반입 · 적치/데크플레이트 설치 • 스터드용접 · 배근/콘크리트 타설

II　데크플레이트

1. 재료 구성

(1) 데크바닥재
  ① 기본기능은 바닥거푸집용
  ② 부가기능에 따라 다양한 재질의 재료 사용
    • 아연도금 강판(거푸집 전용, 합성용), 합판, 단열보드 등
  ③ 일반적으로 아연도금 강판(0.5T) 사용

(2) 강재트러스
  ① 트러스 형상의 바닥구조용 강재
  ② 상 · 하현재 및 래티스 강재로 구성
  ③ 강선 또는 철근콘트리트용 봉강(철근) 등의 강재 사용
  ④ 일반적으로 철선 사용, 가공성 고려
    • 상 · 하현재: 이형철선, 래티스재: 원형철선

(3) 강재일체형 데크플레이트
  ① 데크플레이트＝데크바닥재＋강재트러스
  ② 다양한 조합으로 공장제작, 슬래브바닥의 용도, 요구성능 등 고려
  ③ 일반적 유형: 아연도금 강판(0.5T)＋철선트러스
  ④ 생산규격: 배력근 방향 600mm, 주근방향 주문길이(1/2 Span)

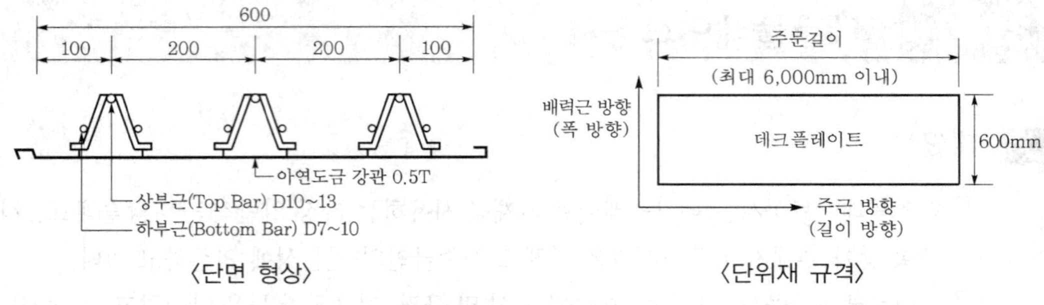

〈단면 형상〉　　　　　　　　〈단위재 규격〉

[철선일체형 데크플레이트]

2. 현장적용

(1) 유형 및 현황

[유형별 적용현황]

분류 기준/유형		적용현황
기능 역할	거푸집용	데크강판은 바닥용 거푸집으로만 기능, 일반 유형
	합성데크	두꺼운 강판이 슬래브 하부근 역할, 국부하중이 큰 곳에 적용
단면형상	골형	골판형의 데크플레이트, 주로 소규모 건축물에 적용
	평형	평판형의 데크플레이트, 강재일체형에 적용
일체용 강재	철근일체형	데크바닥재 + 강봉트러스, 대부분의 현장에서 적용
	철선일체형	데크바닥재 + 강선트러스, 일부 현장에서 적용
존치여부	존치형	콘크리트 양생 후에도 데크바닥재 존치, 일반 적용
	제거형	콘크리트 양생 후 데크바닥재 제거, 지하층에 일부 적용

① 바닥 용도 및 요구성능에 따라 다양한 유형으로 분류

② 소규모 건축물 → 골형 데크플레이트

③ 중고층건축물 → 철선일체형 데크플레이트

④ 국부적 하중이 큰 곳 → 합성데크 적용

[골형 데크플레이트]

[철선일체형 데크플레이트]

(2) 적용효과

① 현장시공 간편, 현장배근 최소화
- 데크플레이트 강판에 주철근 공장부착한 데크플레이트 사용

② 강구조 및 RC조 모두 적용 가능

③ 처짐강성 우수, 하부에 동바리 지지 불필요

④ 거푸집 탈형 불필요, 슬래브 하부에 강판 존치

⑤ 아래층 천장 미관 우수

Ⅲ 시공방법

1. 자재 반입 및 적치

① 데크플레이트 및 부속자재 확인, 주문길이 및 수량 등
- 부속자재: Concrete Stopper, 하부지지용 강재, Stud 등

② 묶음단위 양중, Sleeper[14] 사용 → 양중으로 인한 변형방지

③ 해당위치(Span)에 적치

2. 데크플레이트 설치

(1) 단위재 조립

① 시공계획에 따라 순차적으로 데크플레이트 조립(판개, 板開)

② 데크플레이트 단위재 간 이음부 이탈방지

③ 2인 1조 작업, 전진방향으로 작업 진행

④ 슬래브 스팬별 코너하부 지지·보강, 보강용 앵글 사용
- 타설 중 코너부위 처짐방지

(2) 걸침길이 및 용접 고정

① 주근방향 걸침길이 ≥ 30mm, 주근방향 단부의 수직근 기준
- 걸침길이 부족 시 타설 중 추락사고 우려

② 데크플레이트 단부의 수직봉(Vertical Bar) 용접 고정
- 타설 중 작업하중에 의한 데크플레이트 추락사고 방지 목적

③ 배력근방향 걸침길이 ≥ 50mm, 타설 중 결합재 페이스트 누출 방지
- 미흡 시 콘크리트 강도 저하 및 바닥판 하부 오염

④ 데크플레이트 측면 밀착 후 점용접 고정, 고정간격 ≤ 600mm

⑤ 슬래브 단부에 콘크리트 스토퍼 용접 고정, 필요시 하부 앵글지지

---

14) 슬리퍼(Sleeper): 데크플레이트의 상·하차, 현장 지게차 소운반, 양중 및 임시 적치를 위해 묶음 상하부를 지지시 키는 강재

(3) 콘크리트 스토퍼(Concrete Stopper)

① 슬래브 단부의 마감용 강재거푸집, 콘크리트 누출방지

② 'ㄴ' 형상의 강판재 공장 주문제작품 사용, 두께 3~5mm

③ 외주부 보 걸침길이 ≥ 50mm, 용접 고정간격 @300mm

④ 단부의 내민길이에 따라 강판 보강 및 하부지지

- 강판 보강 → Flat Bar(강대, 鋼帶) 사용, 하부지지 → 형강재(앵글 및 각관) 사용
- 시공상세도에 따라 강재의 종류 및 규격, 설치방법 등 적용

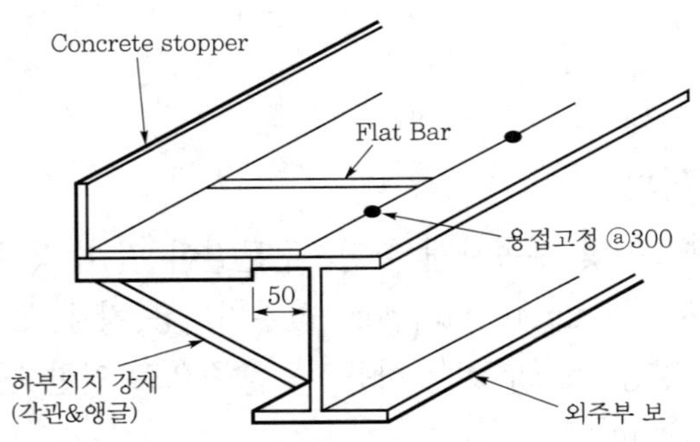

[콘크리트 스토퍼 설치 상세]

(4) 강판 제거 및 보완

① 강기둥 단면 간섭부위 → 강판 제거[15] 후 콘크리트 막이재[16] 설치

② 치수(폭) 부족부위 → 폭 조정용 강판(Cover Plate) 설치·용접
- Cover Plate(Filler Plate, Flashing, 쪽판): 데크플레이트 강판과 동일하거나 두꺼운 것 사용

③ 강판 절단 시 플라즈마용접기 사용

3. 철근 배근

(1) 스터드용접

① 스터드 규격, 배치 위치 및 간격 확인

② 시공상세도에 따라 스터드용접, 철근 배근 전 실시

③ 반드시 전용용접기(Stud Gun) 사용 ← 필릿용접 시 용접품질 확보 곤란

④ 용접 후 시방서에 따라 검사

---

15) SRC기둥 단면에 간섭되는 강판은 바닥 타설 전에 반드시 제거해야 한다. 바닥 타설·양생 후에는 강판 제거작업이 매우 어렵고 선타설된 데크바닥이 후타설될 기둥 콘크리트의 연속성을 해치게 되기 때문이다.

16) 콘크리트 막이재: 선·후 타설 경계부에 설치하는 가설재로서 리브라스, 빗살형 막이재 등을 사용한다.

(2) 연결근

① 강구조보 양단의 데크플레이트 연결용 철근
- 상부연결근과 하부연결근으로 구분

② 하부연결근, HD13, 배근간격 @600
- 이음길이＝(압축이음길이×2)＋강구조보 플랜지 폭

③ 상부연결근, 상부주근과 동일 규격(HD13~16)의 철근 사용
- 배근 간격 @200, 이음길이＝(인장이음길이×2)＋강구조보 플랜지 폭

④ 개소별 4곳 이상 결속, 타설 중 철근 이탈방지

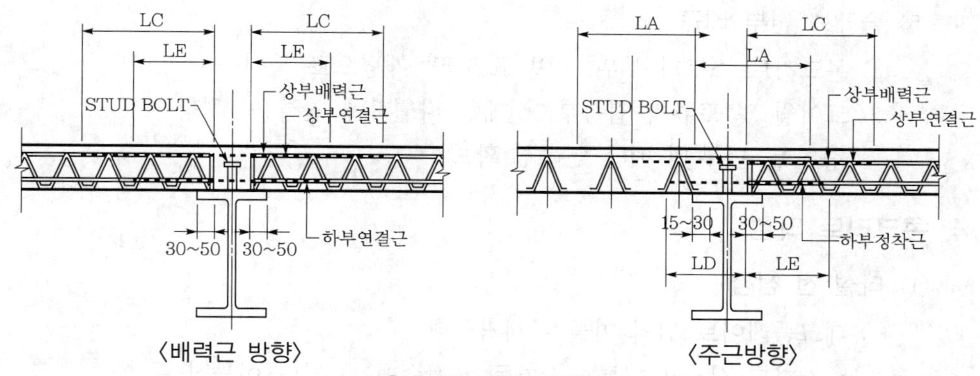

[연결근 배근 상세]
(위에서 LC: 인장철근 이음, LE: 압축철근 이음길이, H: 슬래브 두께)

(3) 보강근

① 데크플레이트 단부 전단보강근 배근
- 시공상세도에 따라 배근간격 및 정착길이 준수
- 일반적으로 하부보강근 HD10 @400, 상부보강근 HD10 @100 적용

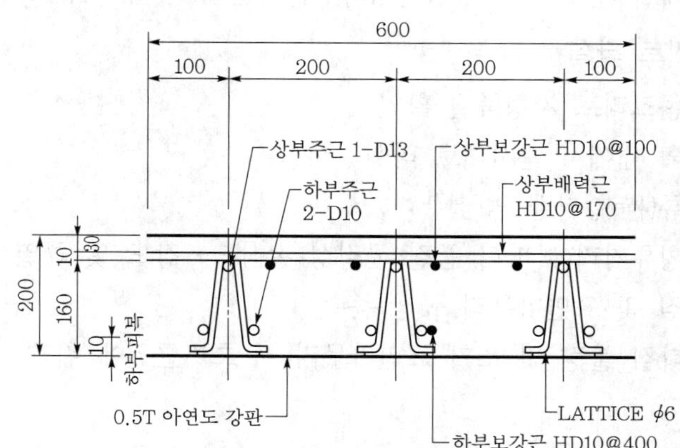

[데크플레이트 단부보강근]

② 바닥 개구부 및 주근 손상부
- 각종 설비배관용 슬리브 위치, 타워크레인 개구부 등
- 개구부 철근 상당량을 X, Y, Z 방향으로 복배근, 미흡 시 균열발생

③ 정밀배근 후 기록유지

(4) 배력근

① 주근의 직각방향으로 배근

② HD10~13, 도면상 간격 유지

③ 교차지점 매 2~3곳마다 결속, 타설 중 결속선 절손 및 철근 흐트러짐 방지

(5) 슬래브 단부 배근

① 콘크리트 스토퍼 부위: 일반 RC바닥 개념으로 복배근

② 코어월 및 토류벽 접속부: 선매입 다월바에 연결 및 정착

③ '중앙부-단부'의 배근 연속성 확보

4. 콘크리트 타설

(1) 타설 전 점검

① 데크플레이트 위의 이물질 제거상태
- 스터드 실드재(페룰), 강기둥 용접슬래그, 기타 이물질 등

② 연결근 및 각종 보강근 누락 여부

③ 보-데크플레이트 틈새 유무: 들뜬 곳은 용접, 강판 손상부 Taping 처리

④ 압송관 완충재 지지상태

⑤ 철근 결속 및 레벨봉 설치상태 등 점검
- 철근 결속: 철근 흐트러짐에 의한 콘크리트 균열발생 우려
- 레벨봉 설치: 바닥평탄성과 바닥 물매(욕실, 지붕바닥)에 영향

(2) 콘크리트 타설

① 생콘크리트 지정품질 확인

② 구획 내에서 순서대로 타설

③ 횡류(橫流)타설 엄금[17]
- 횡류거리에 따라 품질 균질성 손상 → 강도 및 균열에 영향

④ 다짐 및 표면마무리 규정 준수
- 다짐 불량 및 조기 표면마무리 시 초기균열에 취약

---

17) 유동성이 큰 생콘크리트를 한 곳에서 멀리 흘려보내는 횡류타설 행위는 콘크리트 양생 후 강도불량과 초기균열을 유발하므로 '타설실명부' 작성단계부터 주의를 환기하고 타설 중 입회하여 예방에 힘써야 한다.

(3) 콘크리트 양생

 ① 타설용 가설재 제거, 콘크리트 막이재 등

 ② 타설면 양생수 보양, PE필름＋부직포＋방풍지지(防風 支持)[18]

 ③ 타설 후 일정기간 무단 보행방지

 ④ 한중 시 초기동해에 특히 유의할 것

Ⅳ 결론

1️⃣ 데크플레이트는 혁신적인 바닥슬래브용 자재로서 건축현장에 일반화되어 사용되고 있으나 KCS코드, 전문시방, 제조사 특기시방 등의 안내는 미흡하므로 향후 보완이 필요한 실정이다.

2️⃣ 공사담당자는 데크플레이트의 특성에 대한 이해를 바탕으로 설계도면, 공사시방서, 구조계산서, 시공상세도 등의 내용을 충분히 숙지하여 공사에 반영하는 한편 고소작업 안전에도 소홀함이 없어야 한다.

tip 데크플레이트공사 중점관리항목

바닥 하부지지	• 콘크리트 스토퍼 하부 강재 지지 • 바닥 모서리 하부 앵글지지 • 시공상세도상 동바리 지지구간
데크플레이트 단부 · 개구부	• 걸침길이 및 수직봉 용접 · 고정 • 강기둥 경계부 강판 제거/막이재 설치 • 연결근, 전단보강근 배근 • 바닥개구부 보강근 배근 • 콘크리트 스토퍼 부위의 배근 연속성 • 코어월/토류벽 다월바 정착부
콘크리트 품질	• 콘크리트 운반시간 • 슬럼프 및 슬럼프 플로, 가수(加水) 엄금 • 횡류타설, 다짐불량, 조기 표면마무리 등 • 타설 후 보양 및 양생

---

18) 타설면 보양은 여러 가지 방법이 있겠으나 경험상 PE필름 위에 부직포를 덮고 나서 바람에 날리지 않도록 각목을 누르거나 살수(撒水)하는 것이 가장 무난하다.

3108 Unit Floor공법

I 개요

1 강구조의 바닥구조는 골조가 완성된 후에 동일 크기의 단면과 형상을 반복하여 설치하게 되므로, 공정을 단순화하면 공기단축과 공사비 절감을 기대할 수 있다.

2 Unit Floor공법이란 시공성과 안전성이 유리한 지상에서 바닥판을 유닛화하여 제작하고, 이를 설치 위치로 양중하여 일체화시키는 바닥판 설치공법이다.

3 이 공법은 바닥판의 일부와 설비배관작업이 지상에서 이루어지므로 고소작업을 최소화할 수 있으며, 고층일수록 공사의 품질·안전·공정 측면에서의 유용성이 기대된다.

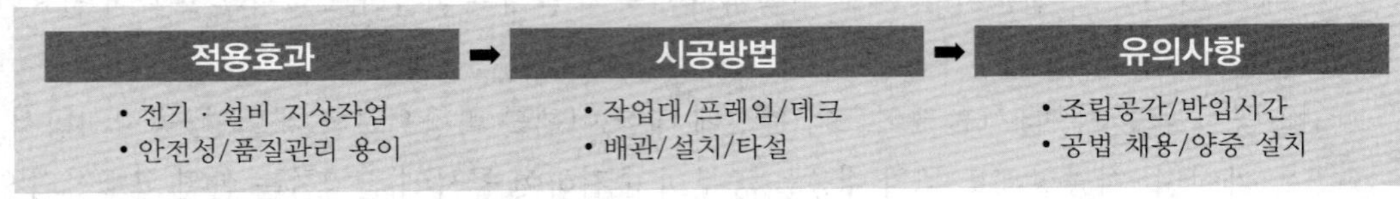

II 적용효과

① 전기·설비 공정 지상에서 조기 착수
② 작업의 안전성 제고
③ 강구조공사의 품질관리 용이

III 시공방법

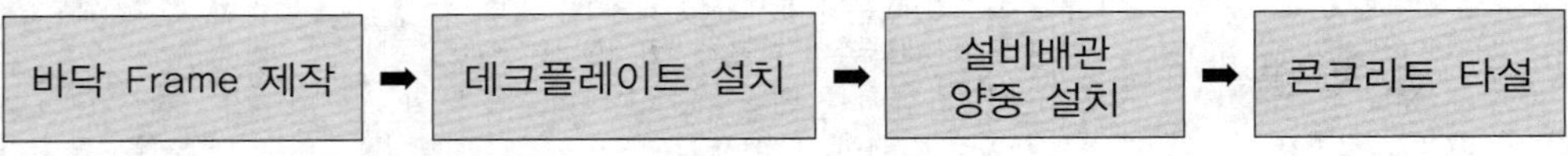

1. 바닥 Frame 및 데크플레이트 설치

① 지상층에 가설 조립장 설치
② H형강으로 작은 보를 배열하고 바닥 Frame 제작
③ 바닥 Frame 위에 데크플레이트 설치
④ Stud 용접 및 Concrete Stopper 설치
⑤ 전기·설비 배관
  • 공조덕트를 바닥판의 지정위치에 설치

2. 양중 설치

① 검사, 수정 후 골조위치로 양중한 다음 설치

② 상부근 배근하고 콘크리트 타설

③ 장스팬일 경우 중앙부 처짐이 없도록 동바리 지지

Ⅳ 시공 시 유의사항

① 가설조립장의 공간 확보

- 전기자재와 덕트류의 야적장이 필요
- 야적공간의 확보가 곤란하면 적시공급체계(Just in Time System) 구비

② 자재반입시간 확보

- 골조공사가 완료 전 자재반입과 지상조립 완료

③ 공법 채용 시

- Span 구획, 설비배관 위치, 양중능력 등을 고려하여 공법 채용

④ 양중 설치 시

- 풍하중과 자중을 고려하여 바닥판의 변형방지

3109 Slim Floor공법(층고절감형 바닥판공법)

I 개요

1. 건축물의 높이제한과 사선제한 등이 적용되는 도심지에서 중층 이상 건축물의 용적률을 최대화하기 위해서는 바닥판의 슬림화가 필요하다.

2. 바닥판 시스템은 보와 바닥(Slab)으로 구성되거나 Flat Slab 형태로 설계되지만 바닥의 강성을 확보하면서 바닥 시스템을 얇게 하기 위해서는 바닥판에 작용하는 응력의 흐름을 고려하여 보와 바닥의 단면을 합리적으로 조정하여야 한다.

3. 층고절감형 바닥판공법은 강구조보의 웨브와 인장측을 보강하여 보의 춤을 낮추거나 슬래브의 일부 또는 전부가 보의 단면 내에 위치하도록 하여 층고의 유효높이를 확보하는 한편, 응력이 큰 부위에만 강구조를 집중배치하여 강재를 절약하는 합리적인 공법이다.

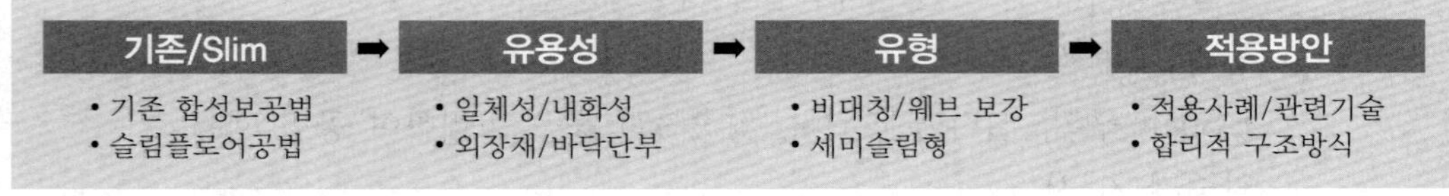

II 기존 공법 대비

1. 기존 합성보공법

(1) 시공방법

① 강구조보를 기둥에 접합

• 보의 폭은 상·하 플랜지 동일

② 보 위에 Deck Plate 설치

③ 보의 상부 플랜지에 Stud 용접 실시

④ 상부근 배근 및 Topping Concrete 타설

(2) 특징

① 바닥의 내하력을 증대시키기 위해서는 보의 춤을 증대

② 보의 춤이 크면 층고를 높게 하거나 실내 유효높이를 저감

③ 설계단계에서 층고 및 사선 제한을 고려할 경우 용적률 축소 불가피

2. Slim Floor공법

(1) 시공순서

① 강구조보를 기둥에 접합
- 보의 상·하 플랜지는 비대칭 H형강 보 사용
- 또는 인장 측에 단면을 증대한 형강을 보 부재로 사용

② Deck Plate 설치
- 비대칭형강의 플랜지 위에 데크플레이트 설치
- 또는 춤이 높은 H형강 보의 웨브에 Slab의 일부 또는 전단면이 삽입되도록 Deck Plate 설치

③ 상부근을 배근하고 Topping Concrete 타설

(2) 특징

① 바닥의 내하력을 증대시키기 위해 보의 인장 측에 단면 증대
- 인장력을 받는 부위에 철판을 덧대거나 플랜지폭 확대

② 보의 춤을 낮추거나 슬래브를 보의 웨브에 삽입하여 층고 절감

③ 중층 이상의 건축물에서 용적률 최대화

(3) 유용성

▶ 층고절감형은 기존 합성 보 시스템과 비교하여 다음과 같은 장점이 있다.

① 바닥·보의 일체성 향상

② 수평부재의 내화성 증대

③ 외장재의 절감과 설치공정 용이

④ Slab 단부의 마감 용이

Ⅲ 유형

1. 비대칭 강구조보

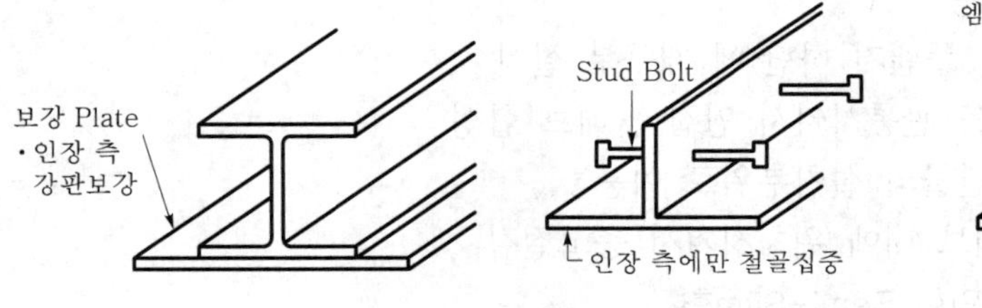
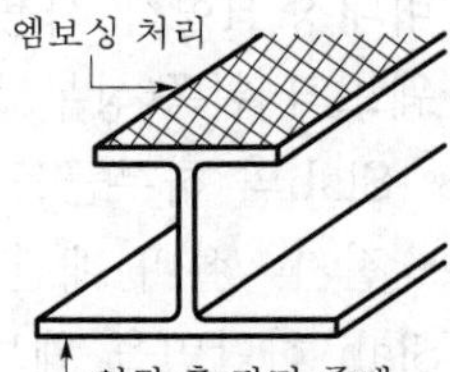

[비대칭 강구조보의 유형]

① 인장 측 강판보강
- 하부 플랜지에 강판을 보강하여 보의 춤을 절감하는 방식

② 인장 측 강구조집중
- 상부 플랜지가 없이 하부 플랜지만을 넓게 하는 방식
- 웨브에는 스터드를 용접하여 슬래브와의 일체성 고려

③ 인장 측 단면 증대
- 상부보다 하부 플랜지의 단면을 증대하는 방식
- 상부 플랜지 표면을 엠보싱(Embossing) 처리, 전단연결철물(Stud) 설치 생략

2. 웨브 보강형

〈제품명: TSC 합성보(신기술보유자: 센구조연구소)〉

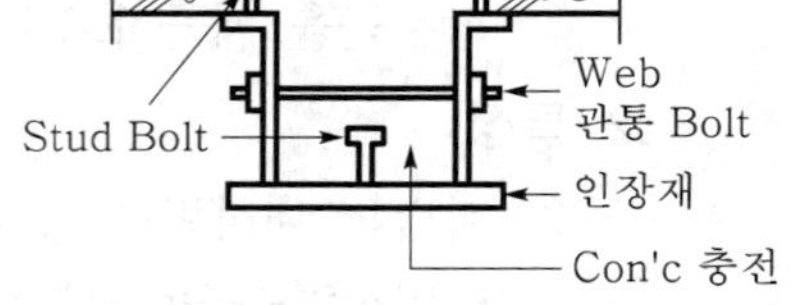

[Web 보강형 보: TSC 합성보]

① 웨브를 이중으로 설치
- 타설 시 보 거푸집 역할 수행
- 경화 후 이중 웨브가 늑근 역할 수행

② 상부근 배치하고 Topping Concrete 타설
- 이중 웨브 안까지 콘크리트를 충전하여 충실단면 조성

3. Semi-Slim형

▶ 슬래브 단면의 일부가 보의 웨브 내에 삽입되도록 한 바닥판공법이다.

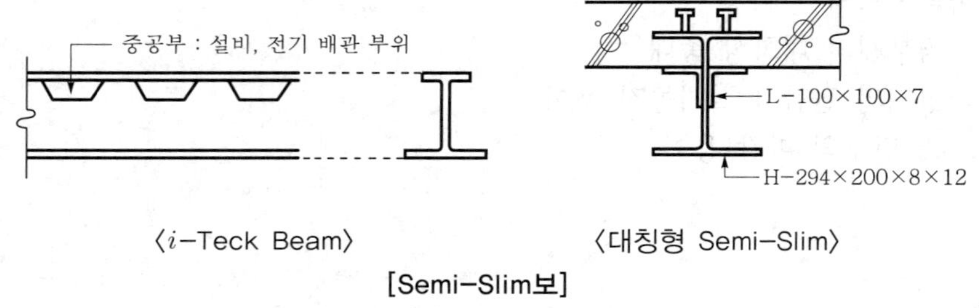

[Semi-Slim보]

(1) 웨브에 중공부가 있는 Semi-Slim형

〈제품명: i- Tech Beam(신기술 보유자: 대우건설)〉

① 비대칭 H형강 사용
② 웨브의 위쪽(상부 플랜지 하단)에 개구부 설치
- Slab의 하부근을 관통시켜서 인접 슬래브 합성
- 전기 · 설비 배관물의 설치부위로 이용

③ Slab 하단면을 웨브 내에 위치시켜서 층고절감

(2) 대칭형 H형강 보에 의한 Semi-Slim형

① 보의 유효깊이가 큰 구조물에서 적용
② 보 웨브 내에 앵글을 접합하고 데크플레이트 설치
③ 상부근을 배근하고 Topping Concrete 타설

3110 기둥 부등축소

I 개요

1. 기둥의 축소 현상은 탄성거동에 의한 탄성수축과 콘크리트의 건조수축 및 크리프에 의한 비탄성수축 현상으로 구분할 수 있으며, 기둥의 축소량 차이에 의한 부등축소는 건축물의 안정성과 사용성을 저해한다.

2. 기둥의 축소량은 하층으로 갈수록 연속적으로 누적되며, 축소량의 총량은 구조물의 전체 높이에 비례하게 되므로, 초고층건축물을 설계·시공할 때에는 이를 예측하고 보정하기 위한 세심한 노력이 있어야 한다.

유형	➡	정의/영향	➡	원인	➡	대책
• 탄성축소 • 비탄성축소		• 정의 • 영향		• 구조/재질 상이 • 내외부 기둥 응력차		• 사전/구간별 조정 • 강성제고/설계대책

II 기둥축소 유형

1. 탄성축소

(1) 축소요인

① 강구조기둥의 대표적인 축소거동 형태
- 하중을 경감하거나 제거하면 축소량 회복

② 상부하중에 의한 압축거동으로 탄성 변형

(2) 축소량 변수

① 강구조기둥
- 상부하중에 비례하여 발생

② 콘크리트 기둥
- 콘크리트의 압축강도, 탄성계수, 재령 등

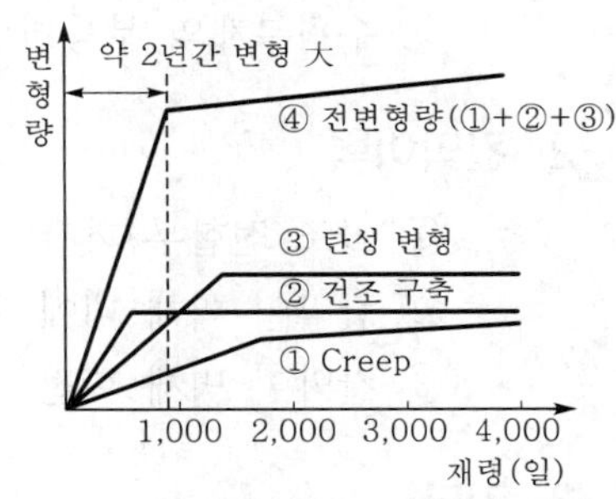

[RC구조물의 재령 – 변형량 관계]

2. 비탄성축소

(1) 축소요인

① 콘크리트 건조수축
- 콘크리트 부재 내의 수분 증발로 기둥부재가 축소하는 현상

② 콘크리트 Creep 수축

- 지속적인 하중의 적재로 하중증대가 없어도 시간경과에 따라 변형 지속

(2) 축소량 변수

① 건조수축량

- 체적과 면적의 비(부재의 크기), 상대습도, 재령, 철근비 등

② Creep 수축량

- 초기재령 시의 압축강도, 체적과 면적의 비, 철근비, 지속하중량 등

(3) 비탄성 축소의 특징

① 건조수축량

- 하중을 제거하여도 축소량은 미회복

② Creep 수축량

- 하중제거 시 축소량의 일부만 회복

Ⅲ 문제점

1. 보, 슬래브

① 전단력 및 모멘트 응력 부가(附加)
② 부가하중이 수평부재로 전가
③ 수평부재의 부등변형으로 경사 발생

2. 칸막이벽

① 골조 접합부 파단
② 칸막이 벽체 내에 균열발생
③ 칸막이 벽체 회전

3. 기타

① 외장 · 마감재

- 바탕면의 변형으로 외장재와 마감재가 변형 · 박리 · 이탈

② 매입 배관재

- 구조체 거동으로 배관재 변형 · 파손

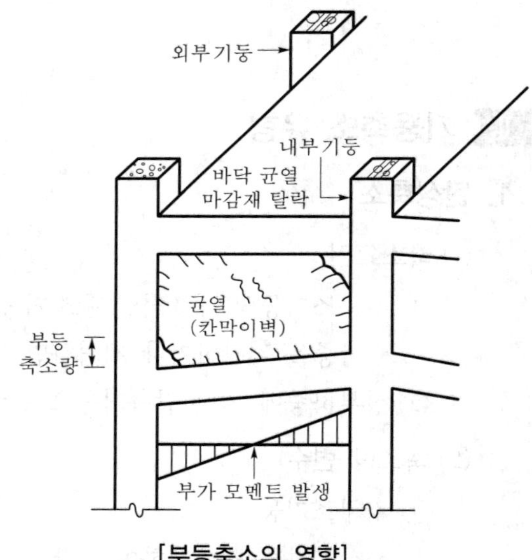

[부등축소의 영향]

Ⅳ　부등축소 원인

1. 기둥구조 상이

　① 동일평면상에 배치된 압축부재의 구조가 다를 경우
　② 내부는 RC코어, 외주부는 강구조기둥 구조일 경우
　③ 내부는 강구조기둥, 외주부는 RC라멘구조일 경우 발생

2. 기둥재질 상이

　① 수평배치(동일층)된 기둥재질이 상이할 경우
　② 동일층에 S, SRC, RC 기둥이 혼합배치, 압축량 차이로 부등축소

3. 기둥 압축응력 변위차

(1) 외부기둥

　① 수평하중과 연직하중응력이 작용
　　• 수평하중에 의한 휨모멘트를 고려하여 기둥단면 산정
　② 내부기둥에 비해 연직하중 부담면적 작음
　③ 온도변화와 건습영향

(2) 내부기둥

　① 연직하중의 큰 부담면적
　　• 특히, 튜브구조에서는 외부기둥에 비하여 기둥간격이 넓으므로 부담면적이 큼
　② 외부기둥에 비해 큰 기둥축소량
　③ 온도 변화와 건습영향은 상대적으로 작음

Ⅴ　부등축소 대책

1. 사전 변위 조정

(1) RC기둥

　① 바닥, 보의 콘크리트 타설 전에 예상 변위량을 사전조정
　② 바닥의 거푸집의 높이를 예상 축소량만큼 상향조정하여 설치

(2) 강구조기둥

　① 절 단위 축소량 보정
　② 기둥부재를 공장제작 또는 보정판(Shim Plate)을 이음부위에 끼워서 변위 사전조정
　③ 설치층마다 레벨 확인

2. 구간별 변위 조절

① 층고가 높을수록 변위 조절 구간 세분화

② 하층일수록 보정량을 크게 적용하면서 시공

③ Super Structure

- Out-Rigger 및 Belt-Truss의 합리적인 배치
- 건축물의 수평강성을 증대하여 건물 일체성 확보
- 상층 변위량이 하층으로 누적되지 않도록 조치

3. 기둥강성 제고

(1) RC기둥의 고강도화

① 低 W/B와 低 Slump 배합

② 고유동콘크리트 타설

③ 콘크리트의 Creep 및 건조수축량을 대폭 개선하여 기둥의 강성 증대

(2) 합성 기둥의 적용

① 콘크리트 충전강관기둥(CFT)의 적용 고려

② 기둥재의 압축강성 우수, Creep 변형방지

4. 설계상 대책

① 바닥콘크리트 타설 후 축소량 예측

② 콘크리트의 건조수축과 Creep의 영향요소별 거동량 등 예측

③ 기둥축소량 예측치 설계길이에 반영

Ⅵ 결론

⒈ 초고층건물에서 구조물 높이에 대한 기둥축소량의 누적치는 구조체의 안정성과 사용성, 비내력벽, 외장·마감재 등에 미치는 영향이 매우 크다.

⒉ 기둥축소량은 설계단계에서 사전에 예측하여 기둥의 설계에 반영하여야 하고, 시공과정에서는 구간별로 축소량이 보정되도록 하며, 사용단계에서는 계측장치에 의해 기둥의 거동을 파악하여 바닥면의 처짐량을 설계위치에서 허용치 이내로 관리한다.

3111 건축물의 내진성능

I 개요

1. 초고층건축물[19]은 신축 또는 대수선 시 하중부담 성능을 위한 단면증대와 풍하중 및 지진력에 대한 횡력보강이 필요하다.

2. 지진력 대응성능은 내진, 제진, 면진 측면에서 다양하게 고려되고 있으며, RC구조물의 부위별 내진성능을 설명한다.

피해유형	내진성 향상	부위별 향상방안
• 지반/기초 • 상부구조물/Life Line	• 관련기준 • 향상원리	• 기초/기둥/보 • 벽체/바닥 슬래브

II 지진 피해 유형

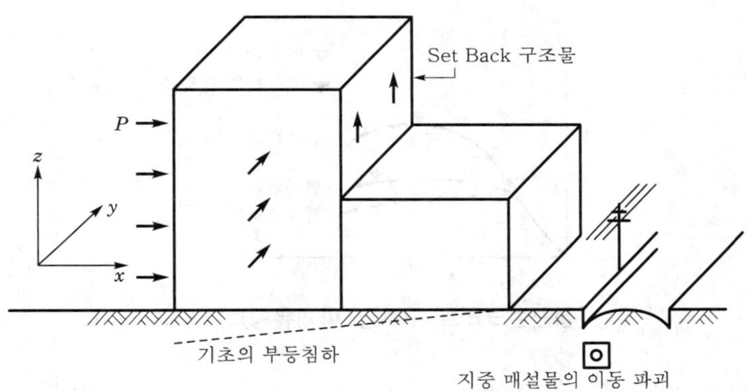

① 지반 액상화, 침하, 융기, Sliding

② 기초의 부등침하, 말뚝지정 파괴

③ 상부 구조물 균열, 전도, 마감재 탈락

④ 지중, 지상 Life Line 파괴

---

19) 초고층건축물: 50층 이상이거나 지상고 200m 이상인 건축물, 건축법 시행령 제2조(정의) 참조

Ⅲ 관련기준 및 내진원리

1. 내진설계 대상

▶ 신축·대수선 시 적용대상 건축물

① 건축물 규모[20]

- 층수 ≥ 3층, 연면적 ≥ 1,000m², 처마높이 ≥ 9m, 스팬(Span) ≥ 10m

② 지진구역 안의 건축물

- 광역시·도별 지진구역 구분
  - 지진구역에 따라 지역계수값을 부여
  - "Ⅰ"구역 0.22, "Ⅱ"구역 0.14 등
- 용도·규모별 중요도와 중요도계수 부여
  - '중요도 특' 1.5, '중요도 1' 1.2, '중요도 2, 3' 1.0

③ 국가문화유산 지정 박물관 및 기념관

- 연면적 ≥ 5,000m²

2. 내진성능 원리

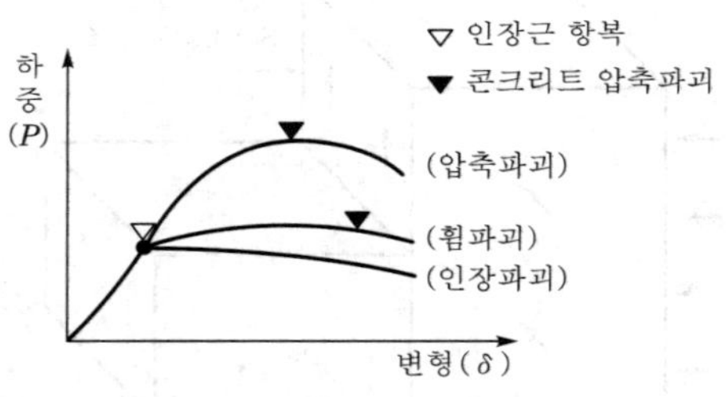

[철근콘크리트 구조물 파괴유형]

① 주요부재의 취성파괴 방지, 압축파괴와 인장파괴 방지

② 부재의 인성 증대, 휨파괴 유도

- 휨모멘트가 큰 부분의 인성 증대

③ 부재의 연성[21] 증대

- Hoop와 Stirrup을 일반보다 조밀하게 배근

---

20) 건축법 시행령 제32조(구조안전의 확인) 제1항 참조, 2013.03.23. 시행
21) 허용하중 이상의 인장력을 받았을 때 어느 정도까지는 끊어지지 않고 변형하는 재료적 성질, 또는 처짐과 균열이
　　일어나도록 한 구조물의 성능 정도를 말한다.

Ⅳ 부위별 내진성능

1. 기초지정

① 얕은기초의 지내력 확보
- 연약지반 개량, 액상화 현상방지

② 말뚝지정의 선단지지력 확보

③ 독립기초를 연결하는 지중보
- 기초 사이를 수평연결재로 거동하도록 설계 및 시공
- 최소단면치수: 기둥순경간/20 이상, 450mm 이하
- 폐쇄형 늑근 간격 ≤ 최소단면치수/2, 300mm

2. 기둥[22]

▶ 기둥의 내진성능은 띠철근에 의한 연성과 관련이 있다.

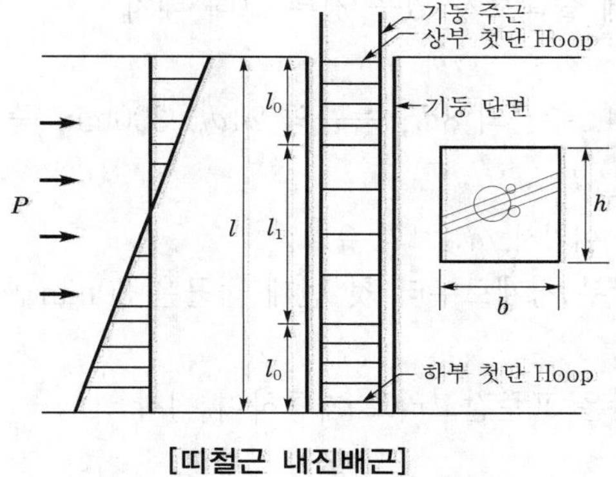

[띠철근 내진배근]

(1) 최대간격(S_0)

① $d/4$

② 주근의 $8d_b$

③ 띠철근의 $24d_b$

④ 300mm 중 최솟값

(2) 상하단부 및 중앙부

① l_0구간: $\dfrac{l}{6}$, h, b, 450mm 중 큰 값 이상

② 첫 단 ≤ 50mm

③ 이후의 l_0구간 ≤ S_0

④ 중앙부(l_1) 구간 ≤ $2S_0$

---

22) KDS 142080 콘크리트 내진설계기준 4.9.5 기둥

3. 보

▶ 보의 내진성은 늑근형상과 간격, 주근정착에 좌우된다.

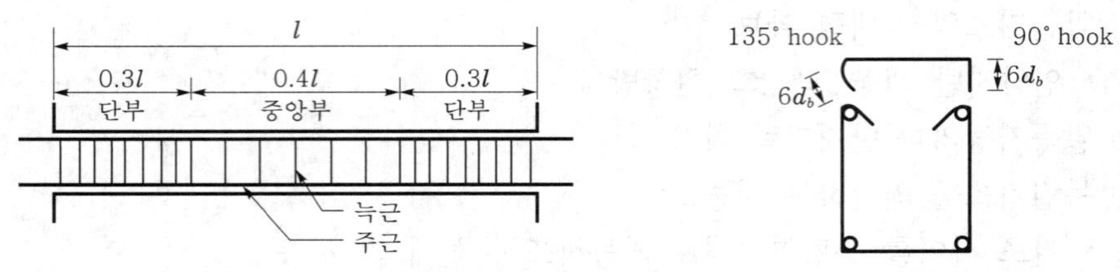

[연속보 늑근의 내진배근]

① 폐쇄형 늑근 적용
- 양단 135° Hook의 '늑근 + 연결철근[23]'
- 연결철근: 일단 135° Hook, 다른 일단 90° Hook
  - 배근 시 90° Hook이 슬래브 방향에 위치
  - 양면에 슬래브가 있을 경우 교대 배치

② 늑근간격
- 단부 $d/4$, 주근의 $8d_b$, 늑근의 $24d_b$, 300mm 중 최솟값 이하
- 중앙부 $\leq d$

  여기서, d: 보의 유효깊이
- 기둥접합부 경계로부터 첫 번째 늑근은 50mm 이내에 배치

③ 주근 정착
- 철근선단은 표준갈고리로 가공하여 정착

4. 벽 · 슬래브

(1) 벽

① 조적 내력벽
- 2층 이상 시 공칭두께 200mm 이상

② RC조 내력벽 개구부
- 개구부로 인한 철근 손실량을 주변부에 보강
- 수평 · 수직 · 사보강근을 개구부 주변에 배치

③ 강구조 벽체
- 가새(Brace)[24] 설치, 수평강성 증대

---

23) 연결철근이란 'U'자형의 늑근을 상부에서 덮는 철근, 현장에서는 'Cap Bar'라고도 한다.
24) 기둥과 기둥을 대각선상으로 설치하는 사재(斜材)로 수평력에 대한 저항부재이다.

(2) 바닥슬래브

① Cut Bar 여장 $\geq 12d_b$

② 캔틸레버 바닥은 복배근 처리

③ '보-바닥' 일체성 확보, 건물의 수평강성 증대

5. 비구조 요소

(1) 적용대상

① 파손 시 대피경로를 차단하거나 인명 손상이 우려되는 비구조부위

② 구조물 영구설치물로서 건축, 기계, 전기 요소로 구분

- 공종별 대상부위

건축	비구조벽체, 칸막이벽, 천장, 각종 내외장재, 패러핏, 옥탑, 굴뚝, 각종 부착물 등
기계	각종 공조기기, 보일러, 물탱크, 비상발전기 펌프, 배관시스템, 덕트
전기	변압기, 전기 및 통신 장비, 분배 장비, 조명기구, 승강기 등
기타	역사적 유물, 실내가구, 가전용품, 컴퓨터 등

(2) 설계 및 시공

① 비구조 요소별 중요도 계수치 적용, 중요도 > 1

② 시공 시 구조부위에 대한 정착력 확보

3112 초고층 연돌효과

I 개요

① 초고층건축물의 내·외부에 작용하는 온도 및 압력 차이는 연돌효과(煙突效果, Stack Effect)를 유발하므로 저감대책이 필요하다.

② 연돌효과는 건축물 사용자에게 불편과 거주비용을 증대시키므로 발생 원리에 근거한 저감대책을 사전에 강구하여야 한다.

원인/문제점	→	저감대책
• 온도차이/압력차이/공기 유동로 • 냉난방부하/E/V문오작동/사용성 저하		• 저감원리/건축물특성 파악 • 건축적 방안/설비공조적 방안

II 원인 및 문제점

1. 발생 원인

(1) 실내·외 온도차이

① 계절에 따라 온도차 상이

② 외기온이 낮을수록 영향 증가

③ 겨울철 '낮은 외기온–높은 실내온도', 여름철 '높은 외기온–낮은 실내온도' 등 영향

(2) 건물 내 압력차이(겨울철)

① 기압차에 의한 수직 Shaft 내 공기층 형성,

• 하부 저온 공기층, 상부 고온 공기층 형성

② 고·저온 경계부에서 중성대 형성

〈중성대(中性帶), NPL: Neutral Pressure Level〉
• 건물 수직공간 내에 온도차이 발생 시 고온의 공기는 위로 상승
• 저온 공기와 고온 공기 사이에 중간 경계층 형성

③ 중성대[25] 상부층 고압 공기층 발생

• 하부층 공기 상부 유동, 엘리베이터 홀을 통하여 주거공간으로 공기 유동

④ 중성대 하부층 저압 공기층 형성, 외기 유입

---

25) 중성대(NPL, Neutral Pressure Level): 건물 수직 Shaft(E/V Shaft) 내부의 하부 저압층과 상부 고압층의 경계를 이루는 중간부위. 화재 시 형성되는 중성대는 "Neutral Zone"으로 표기한다.

(3) 공기 유동로 존재

① E/V Shaft 수직 이동로

② 커튼월 층간 수직 이동로

③ 건축물 외피면 외기 침입로

④ 상부층 주거공간 수평 이동로: 외피면 → 주거공간, E/V Shaft → 주거공간 등

⑤ 주출입구의 외기 침입로 등

2. 문제점

(1) 냉난방 부하 증가

① 외부-실내 온도차이 발생, 외피면 기밀·단열 성능에 따라 상이

② 온도차이에 의한 공기 유동

③ 공기 유동으로 인한 냉난방 부하 증가

(2) E/V 문 오작동 및 소음

① 'E/V Shaft 공간 - E/V Hall' 압력차이 발생

② E/V Shaft 공간의 고압, E/V Hall 저압영향

③ 압력차이(=差壓, Differential Pressure)로 인한 E/V 문의 닫힘 오작동[26]

④ E/V 문의 기밀성 미흡 시 불쾌한 소음 유발

(3) 거주자 사용성 저하

① 저층부 실온 불안정

② 상부층 공기질 저하, 하부층의 공기 오염물질 및 냄새 이동

　• 수직 Shaft 및 계단실을 통한 공기 유동 영향

　• 지하주차장 차량 매연, 하부층의 실내공기 오염물질 등

③ 출입문 개폐 불편 및 틈새소음 발생, 압력차이가 큰 저층부 및 고층부 등

Ⅲ 연돌효과 저감대책

1. 저감원리

(1) 건물 기밀성 증대

① 가장 기본적 요건, 최우선 고려

　• 구획 간 압력분담률 조정에 따른 작용압력 저감

② 건물 내·외 공기 유동로 차단

---

26) 엘리베이터 오작동(Elevator Sticking): 엘리베이터 문이 과도한 압력차이로 인하여 닫히지 못하고 다시 열리는 현상

③ 대상부위에 대한 설계·시공 대책 수립 및 이행
④ 건물 외피, 실내 구획벽 및 출입문, E/L 도어 등

(2) 건물 내 압력차이 분산

① 공기의 수직 유동량 저감
② E/V홀 추가 구획
  • 승객용, 환승용, 비상용 등
③ 주 출입구 구획
  • 방풍실, 또는 회전문 설치 고려

(3) 온도차이 저감

① 여름·겨울철의 실내·외 온도차이 저감, 특히 겨울철에 유의
② E/V Shaft 냉각 고려
③ 자연냉각, 또는 공조냉각 등

(4) 공조 압력 조절

① 압력차이 저감 유도
② 최상층 주거공간 공조 가압
③ 중성대 이동에 의한 2차 영향 완화 가능

2. 건축물 특성 파악

(1) 지상·지하층

① 건물 지상고
② 지하층 깊이 및 용도
③ 지상층 로비공간 및 용도

(2) E/V 설비

① 구획의 적절성, E/V Shaft의 구성
② 추가 구획 필요성

(3) 건물 내 압력 분포 분석

① 건물 전체 공기 유동 경로
② 공기 유동 인자별 특성
  • 실내·외 기밀성능, 실내·외 온도차이, 건물높이 등
③ 수직적 압력분포 및 중성대 위치 파악
④ 중성대 상·하부층 압력 측정 및 분석
  • 유해 압력차이 발생층 파악, 절대압계 및 차압계 사용

> **〈기기별 압력측정 부위〉**
> • 절대압계: 외기, 세대, 복도, E/V Hall, E/V Shaft 등의 압력 측정
> • 차압계: 계단실과 비상용 E/V Shaft의 압력 측정

3. 건축적 방안

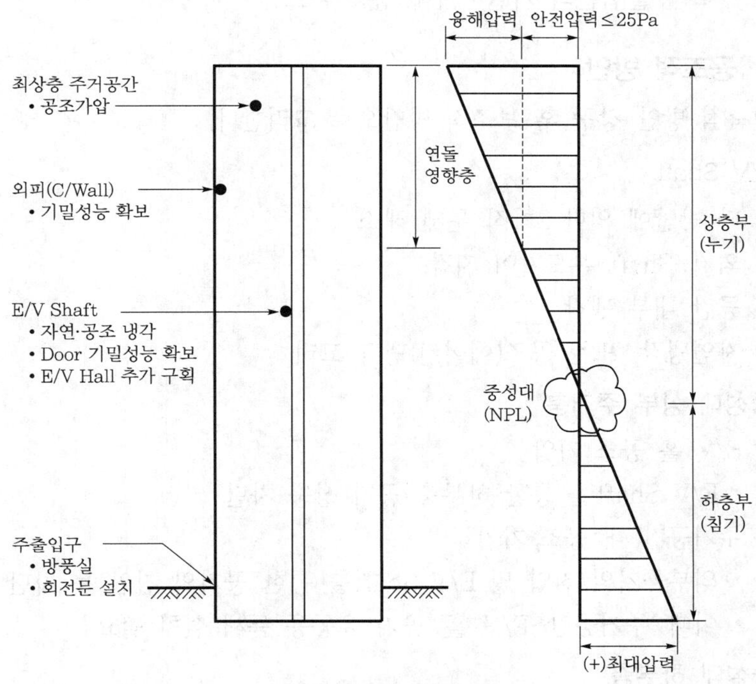

[연돌효과 대책]

(1) 건물 외피

　① 설비·공조 대책에 우선하여 적용

　② 전체 외벽면의 기밀성 증대

　③ 커튼월 및 외부창호의 Joint 기밀성능 충족

　④ 개스킷, 코킹재의 내구성 및 정밀시공 필요

(2) 층간 방화구획

　① '커튼월-바닥슬래브 틈새 차단

　② 미네랄울 충전 및 방화실런트 도포

　③ 기타 수직 Shaft 틈새 기밀재 충전

(3) 주 출입구

　① 외부공기 침기량 최소화

　② 로비층 및 지하층 대상

　③ 주 출입구의 공기유입 차단

　④ 방풍실 또는 회전문 설치

(4) 상부층 주거공간

　① 중성대 상부의 사무실 및 주거공간 등

　② 내부 구획벽 기밀 시공, 방화벽 또는 칸막이벽 등

　　• 방화구획별 수평적 공기 유동로 차단

　③ 구획벽 출입문의 기밀·개폐 성능 확보

4. 설비·공조적 방안

▶ 건축적 방안 강구 후 보조적 방안으로 고려한다.

(1) E/V Shaft

　① 타 방안에 의한 2차적 문제 해소

　② 외기-Shaft 온도차이 저감

　③ 공간 내부 냉각

　④ 자연냉각, 또는 공조(에어컨)냉각 고려

(2) 중성대 상부 주거층

　① E/V 홀 공조 가압

　　• E/V Shaft를 통한 하부층 공기 상승 차단

　② 주거공간 내 공조 가압

　　• 외부공기의 침입 및 E/V Shaft를 통한 공기의 침입 등 차단

　　• 이때 '주거공간-E/V 홀' 공기 유동용 틈새 설치 필요

(3) 중성대 하부층

　① 하부층 치환환기

　② 발생층에서 오염공기 원천 제거

Ⅳ 결론

[1] 초고층건축물의 연돌효과는 온도차이, 압력차이, 공기 유동 통로 등에 기인하므로 발생 원리별 건축 및 설비·공조 측면의 유효대책이 필요하다.

[2] 유효대책의 순서는 외피·내부구획 공간별 기밀성능을 확보한 다음 보조적으로 건물 내 압력분포를 고려한 설비·공조 대책을 마련하는 일이다.

02 커튼월공사

3200 커튼월공사 일반

I 개요

1 커튼월(Curtain Wall)은 건축물의 외피면을 구성하는 비내력벽으로 도심지 건축물에 랜드마크[27] 의미를 부여하는 파사드[28] 디자인 요소이다.

2 커튼월공사는 후속 잔여공정을 좌우하는 CP[29]이므로 적시에 설계상세를 확정하고 시공계획에 따라 공장제작 및 현장설치한다.

재료/구성	➡	요구성능	➡	커튼월 분류	➡	시공 일반
• 커튼월 재료 • 커튼월 구성		• 하중지지/변형 흡수 • 기밀 · 수밀 · 단열/기타		• 외관유형/프레임 재료 • 앵커방식/설치방법/지지방식		• 시공 전/패스너 설치 • 반입 설치/Seal 처리/검사

II 재료 및 구성

1. 커튼월 재료

▶ 커튼월 부재는 프레임, 판재, 마감재, 긴결재 등으로 제작 · 설치한다.

프레임	• 수직재(Mullion) • 수평재(Transom)
판재	• 유리: 비전부위의 전망 및 환기부위에 설치 • 패널: 층 단위 부착재료, PC 패널 등 • 시트: 알루미늄시트, 코팅강재시트 등의 패널보다 작은 단위재

---

27) Land Mark: 특정 지역에서 경관상 지표가 되는 표식물 예 ○○건물은 ○○지역의 랜드마크이다.
28) 프랑스어로 'Facade'는 건물의 주된 출입구가 있는 정면부, 또는 주도로에 면하는 건물 부분을 말한다.
29) 시작점과 종료점에 이르는 경로 중에서 가장 긴 경로, 공정 간 여유시간이 '0'이며 전체 공기를 좌우한다.

마감재	• 백패널(Back Panel)[30]: 스팬드럴에서 층간 색상 제공, 아연도금강판재
	• 단열재: 백패널이나 시트재 내측에 부착, Glass Wool 사용
	• 줄눈재
	   – 개스킷: 커튼월 유닛 부재의 수직 줄눈부에 취부
	   – 백업재 및 비정형 실런트: 스틱월의 수직·수평 줄눈부에 사용
	   – 구조용 실런트(Structural Sealant): 유리 취부 시 사용되는 실런트

긴결재	• 앵커류: 구조체에 패스너를 고정시키기 위한 앵커 – 선매입 앵커(매입 앵커)와 후설치 앵커(세트 앵커)로 구분 • 패스너: 커튼월 부재를 설치하기 위한 긴결철물

(1) 프레임(Mullion & Transom) 재료

   ① 조립, 설치방식에 따라 백프레임과 새시 형태로 제작

   ② 백프레임(Back Frame): 강제(Steel) 각형강관

   ③ 새시(Sash, 창틀): 알루미늄이나 강제의 수직·수평재를 유닛화

(2) 판재

   ① 프레임에 부착되어 장막(帳幕)을 형성하는 유리

   ② 패널, 시트류

(3) 마감재

   ① 판재 이면의 백패널 및 단열재와 개스킷

   ② 백업재 및 실런트 등의 줄눈재

(4) 긴결재

   ① 커튼월 부재를 조립

   ② 또는 구조체에 부착하기 위한 앵커 및 패스너

2. 커튼월 구성

  ▶ 커튼월은 스팬드럴과 비전으로 구별한다.

(1) 스팬드럴

   ① 커튼월 부재에서 내·외부 시선을 차폐시키는 층간부위

   ② 팬코일유닛과 천장 수납공간 차폐

   ③ 내부에 단열재 부착

(2) 비전

   ① 외부 조망 및 환기부위

   ② 단열성능 고려, 로이 복층유리 적용

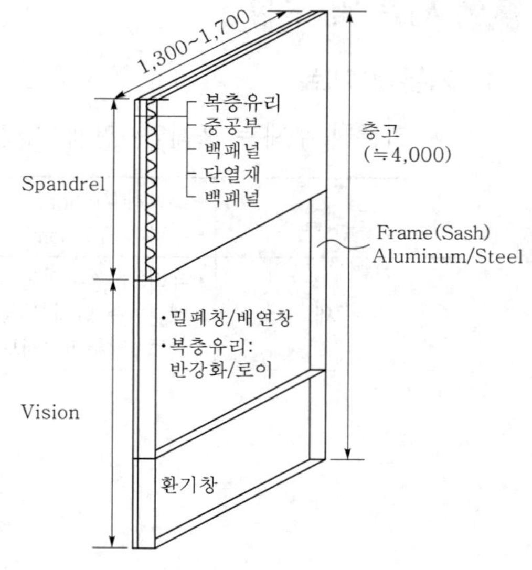

[커튼월 구성: 유닛월 부재]

---

30) 스팬드럴패널 구성 시 단열재 외측(내측에는 알루미늄 호일) 또는 내외 양측에 설치한다.

Ⅲ 요구성능

1. 하중지지 성능

① 풍압
② 적설하중
③ 지진하중
④ 기타 활하중 등

2. 변형 흡수 성능

① 구성재 처짐 ≤ 허용치
② 실링재 물림 치수·두께
③ 긴결철물 강도
④ 열신축 흡수
⑤ 기타 층간변위추종성, 내충격성 등

3. 기밀·수밀·단열 성능

① 기밀성능
② 수밀성능
③ 단열성능
④ 복사열 방지성능, 열파손 고려

4. 기타 성능

① 내화성능: 불연재 사용, 화염 전파방지, 배연창 설치
② 소음방지성능: 금속마찰음 억제, 투과음 ≤ 40dB
③ 부식방지성능: 이종금속 접촉부 이격재 사용, 절연, 방청 처리
④ 내구성능: 표면마감의 사용환경 내력, 유지관리용이성 등

Ⅳ 커튼월 분류

[커튼월 유형]

분류기준	유형/공법
외관	Mullion형, Spandrel형, Grid형, Sheath형
프레임 재료	금속, PC, 복합, 석재
앵커방식	선설치방식(Channel System), 후설치방식(Anchor Bolt System)
설치공법	Unit Wall공법, Stick Wall공법, 조합공법, Panel공법
지지방식	Rocking(회전), Sliding(미끄럼), Fixing(고정)방식

1. 외관유형

Mullion형	• 건물의 수직적 효과 강조 • 수직부재 Mullion이나 수직기둥을 외관으로 노출
Spandrel형	• 건물의 수평적 효과 강조 • 보·슬래브 외피면에 내부가 차폐된 패널 부착 • 알루미늄, 석재, 복합재 등의 패널 사용
Grid형	• 수직·수평적인 격자형 이미지를 균일하게 강조 • 다양한 패널재로 밀폐부위(개구부 이외)의 디자인 표현 가능
Sheath형	• 건물구조부가 커튼월에 은폐되도록 설치 • 단순하고 투명한 이미지 강조

① 동일 건축물 내에서도 다양한 외관 구성

② 멀리언형, 스팬드럴형, 그리드형, 시스형 등

③ 외관에 따라 적정 설치공법 채용

2. 프레임 재료

(1) 금속 커튼월

① 비철·철금속 사용

② 비철금속재

• 주로 알루미늄 합금재를 압출성형하여 사용, 강도를 높이기 위해 합금 처리

③ 철금속재

• 방식기술과 더불어 현장적용 증가, 아연도금, 법랑코팅재, 또는 고내후성 강재 사용

[금속재별 상대적 특성]

특성		비철(알루미늄 합금)	철(스틸)
물리적 특성	영계수(GPa)	70	210
	비중(g/cm^3)	2.7	7.8
	인장강도(MPa)	380~550	320~1,000
	열팽창계수($\degree$C×10−6)	24	13
	열전도율(kcal/mh$\degree$C)	126	43
	융점	Al(860$\degree$C)	Fe(1,535$\degree$C)
재료적 특성		• 내부식성 • 형상가공성 • 유닛화 용이	• 강도·강성(↑), 열전도율(↓) • 내화성능(↑), 신축줄눈 개소(↓) • 재료 단가(↓)

(2) PC 커튼월

① PC 패널에 마감재를 부착시킨 커튼월

• GPC 또는 TPC 형태로 공장생산

② 내화·내풍·차음성 우수

③ 자중을 지지하는 견고한 부착강성 요구

④ 유닛월공법 채용

(3) 복합 커튼월

① 금속 및 PC재의 조합으로 커튼월 구성

② 스팬드럴은 PC재, 비전부는 금속재 채용

③ '유닛월＋스틱월' 조합공법 채용

(4) 석재 커튼월[31]

① 강도와 내수성이 있는 화강석($T=30$mm) 사용

② 색상변화 없고 내구성 우수, 자중이 크며 가공성 취약

• 저층부에 국한 적용

③ 줄눈부 실런트에 의한 석재 오염 방지 필요, Open Joint 채용 적극 검토

④ 스틱월공법 채용

3. 앵커방식

▶ 바닥타설 전후로 선설치·후설치 방식으로 구분한다.

(1) 선설치방식(Channel System)

① 바닥 슬래브 철근배근 후 소정위치에 채널을 선매입(Embeded Anchor)

② 콘크리트 타설·양생 후 채널에 T형 볼트 삽입, T형 볼트에 패스너 조립

③ 후설치 방식보다 부착강성 우수

④ 주로 유닛월시스템에 적용, 슬래브 단부의 상부면에 설치

(2) 후설치방식(Anchor Bolt System)

① 바닥 슬래브 타설·양생 후 천공구에 앵커볼트 설치

• 천공 시 철근간섭 유의

② 앵커볼트로 패스너를 구조체에 고정

• 스틱월시스템에서 슬래브 단부의 측면에 멀리언 설치 시 적용

4. 설치공법

▶ 국내에서는 주로 Unit Wall공법과 Stick Wall공법 채용

(1) Unit Wall공법

① 공장제작 유닛 부재를 현장에서 수평 방향으로 설치

② 품질관리 여건 양호

③ 유닛부재는 층고와 수송성, 양중성 고려

④ 현장 노무절감, 공기단축 용이

---

31) 석재 커튼월은 콘크리트 외벽 바탕면에 덧붙이는 석재 마감과 다르며, 주로 저층부에 한정하여 적용한다.

⑤ 초고층건축물의 기준층에 적용

장점	단점
• 조립품질 균일, 매층별 품질관리 용이 • 사전 공정관리, 타공정 병행, 공기 단축 • 설치 전 충분한 검토 • 일방향(One-Way) 앵커시스템[32] • 층별 마감방식	• 일괄 생산, 생산성 다소 불리 • 초기투자비 부담 • 순차적 시공, 부분 변경 곤란 • 단위재의 크기와 중량이 큼 • 골조오차는 부재 설치 시 오차조정

(2) Knock Down(Stick Wall)공법

① 백프레임(Back Frame, Mulion+Transom)에 패널 상향 부착

② 현장여건에 따라 품질편차 발생

③ 구성재 단위로 운반, 수송성 양호

④ 높은 인력의존도, 시공성 불리

⑤ 중·저층 건물, 고층건물의 저층부, 비정형 단면부 등에 적용

장점	단점
• 단계별 생산 및 시공 용이 • 공사비 저렴 • 가공, 운반, 양중 용이 • 부분 보수성 양호	• 수평 방향 수축변위 처리 곤란 • 물처리 불리, 현장 Sealing 필요 • 작업장소 확보, 비계 및 작업발판 등 • 현장품질관리 불리

(3) 조합(Units & Stick Wall, Semi-Unit Wall)공법

① 유닛월공법과 스틱월공법의 조합방식

② 슬래브 사이에 멀리언을 매입 앵커로 구조체에 고정

③ 선조립 유닛 부재를 멀리언 사이에 상향 부착

④ 외관은 멀리언 강조

(4) Panel공법

① 층 높이 단위의 패널 부재를 패스너로 본구조체에 직접 지지시키는 공법

 • 유리를 제외한 부재를 공장에서 유닛 생산(PC패널)

 • 현장에서 패널유닛, 유리, 창호, 기타 마감재 설치

② 패널유닛

 • 성형, 또는 조립 패널을 상하 바닥판 사이에 설치

 • 또는 스팬드럴패널 설치 후 비전부위의 구성부재 부착

③ 패널 유형

 • 층간 패널, 기둥-보 패널, 스팬드럴(징두리벽[33])패널 방식 등

---

32) 수직·수평에 대한 수축팽창과 층간변위량 흡수가 가능하다.
33) 비바람을 막기 위한 난간벽으로 편복도식 공동주택이나 발코니 난간부위를 말한다.

5. 커튼월 지지방식

▶ 커튼월 부재를 지지구조에 부착하는 방식이다.

▶ 부재거동의 구속에 따라 Rocking, Sliding, Fixing 방식으로 구분한다.

(1) Rocking 방식

① 부재 상부를 핀, 브래킷 지지단으로 하여 자중을 지지

② 하부는 상하자유단 처리, 열팽창과 층간변위량 흡수

③ 부재 수직면에 무리한 응력 배제, 층간변위 추종성 양호

④ 층간일체형, 기둥-보 패널 방식, 세로로 긴 부재 등에 적용

(2) Sliding 방식

① 상부 2곳을 고정단으로 하여 부재자중 지지

② 하부는 상·하·좌·우로 미끄럼 허용, 건물거동에 추종시키는 방식

(3) Fixing 방식

① 부재 상·하부 지지를 고정단으로 설치

② 건물 층간변위는 커튼월유닛이 흡수

③ 면내변형이 적은 RC구조물, 연성이 우수한 금속 커튼월에 적용

Ⅴ 시공 일반

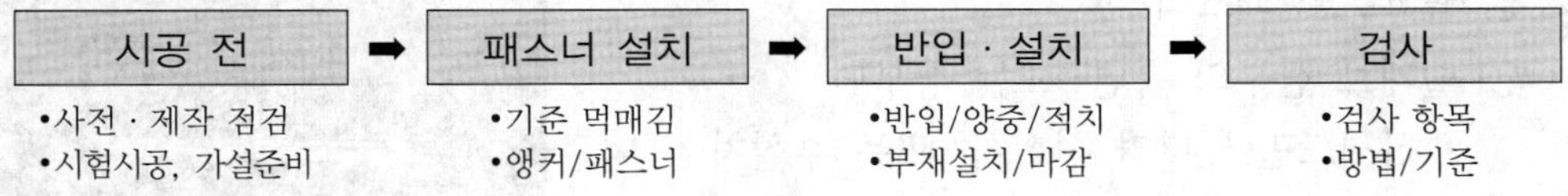

1. 시공 전

(1) 사전점검

① 모의성능시험(Mock-Up Test) 후 보정된 설계도면

② 연결철물 및 지지대 구조계산서 등

③ 시공계획서 및 시공상세도 작성 및 승인

• 전문시공자 작성, 시공자 검토, 감리·감독자 승인

• 제작·설치공정, 품질관리, 소운반 및 양중, 양생·청소, 검사계획 등

(2) 제작점검

▶ 시공자(원청), 감리·감독자의 공장 방문 시 점검사항이다.

① 견본품 확인

② 구성재 품질

• 수직·수평구조재, 금속 프레임, 유리, 백패널, 단열재

• 부속철물: 긴결재 및 이음재, 매입철물, 개스킷, 실링재, 백업재 등

③ 제작 완성품 품질
- 스크루나사, 너트 조임부의 수밀처리
- 조립상태, 이종금속 접촉부 및 용접부, 개스킷 취부상태 등

(3) 시험시공

① 감독원이 지정한 위치에서 실시
② 설치유형별 견본시공
③ 문제점 파악 및 보완 후 본공사 착수

(4) 가설준비

① 부재 반입도로, 현장 내 소운반
② 양중기(타워크레인) 사용계획 및 배치
③ 가설용 발판, 하역용 데크[34] 설치
④ 윈치(Winch), 전기, 용수 등

[하역용 데크]

2. 패스너 설치

(1) 기준 먹매김

① 건물 외곽모서리에 수평·수직 기준점 설치
② 주요 기점 표시
③ 매입 앵커, 브래킷 위치 등

(2) 앵커볼트 및 패스너

① 슬래브 단부의 측면, 또는 상부면
- 상세도면에 따라 선설치, 또는 후설치
② 선설치방식
- 바닥타설 전에 앵커용 채널을 매입
- 또는 지지용 강구조보에 앵커볼트 설치
③ 후설치방식
- 바닥타설 후 해당부위 천공구에 앵커볼트 설치
④ 앵커볼트에 패스너 조립
- 매입 앵커에는 T볼트를 삽입하여 패스너 조립

[선설치 앵커]

3. 반입 및 설치

(1) 부재 반입

① 사전계획에 따라 반입 후 소운반 및 야적
- 하차 시 물량 확인

---

34) 타워크레인 양중물을 건물 내로 끌어들이기 위한 가시설, 커튼월공사와의 간섭 및 설치·해체품을 고려하여 3~5개층의 수직간격으로 설치한다.

② 외관형상, 마무리치수 검사
- 금속재: 방식처리막 두께
- 석재 및 PC재: 부재두께
③ 기타 연결철물·지지대의 강도, 방청성, 내화성 등을 검사

(2) 양중·적치·설치

① 커튼월 부재를 해당층으로 양중 및 적치(積置)
- 전용대차(臺車35)) 단위로 적재·양중
- 양중 후 적치장소까지 대차로 이동
② 정위치에 거치(据置), 윈치(Winch) 이용
- 적치층에서 양중하여 설치층에 거치
③ 시방에 따라 수직·수평 방향으로 조립
- 유닛월공법, 스틱월공법 등
④ 패스너 가조립 및 미세조정
- 수직·수평도 확인 및 볼트 고정

[커튼월 전용대차]

4. Seal 처리

① 닫힌 줄눈부(Closed Joint) Sealing
② 소요깊이까지 백업재 충전
③ 승인·검수자재를 이용하여 Sealing 실시

5. 커튼월 검사

(1) 검사원칙

① 검사계획에 따라 실시
② 설계도면 공시시방서, 시공상세도, 표준시방서 등을 참조
③ 불합격 부위는 수정 후 재검사 실시

(2) 항목별 검사 방법 및 기준

검사항목	검사 방법/기준
설치용 기준먹	• 기준먹 설치 후 실시 • 강제줄자 이용
부착철물 위치	• 기준먹에서 실측 • 연직방향 ±10mm, 수평방향 ±25mm
부재위치	• 기준먹에서 실측 • 수평·수직도 허용오차 ≤ 1mm
줄눈부(금속커튼월)	• 줄눈폭 ±3mm, 줄눈 중심어긋남 ≤ 2mm • 줄눈 단차 ≤ 2mm

---

35) 평바닥, 또는 궤도로 하물(荷物)을 수평이동시키기 위한 운반용 수레

3201　Fastener 설치

I　개요

① 커튼월의 부재를 구조체에 부착하기 위해서는 연결 철물인 Fastener를 구조체에 먼저 설치하여야 하는데, 이러한 Fastener를 설치하는 방식에는 앵커볼트시스템과 채널시스템이 있다.

② Fastener는 커튼월 부재의 하중을 구조체에 전달시키는 연결 철물로 강성과 내구성을 구비한 재료여야 하며, 설치 부위는 Slab의 상부 또는 측면으로 전달되는 하중에 충분히 견딜 수 있는 강성이 확보되어야 한다.

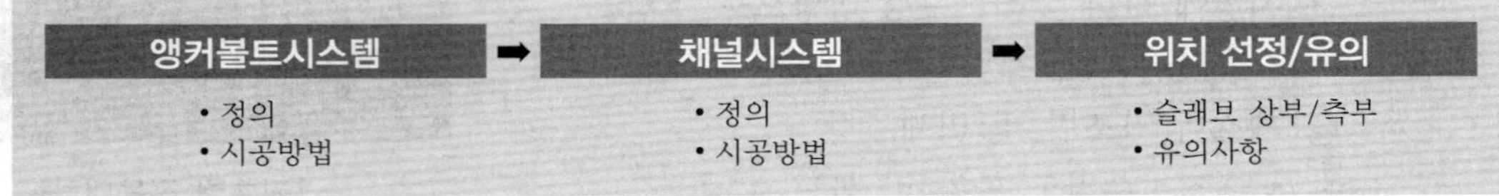

II　Anchor Bolt System 방식

① 구조체 바탕을 천공(Drilling), 앵커볼트로 패스너 고정

② 시공 Flow

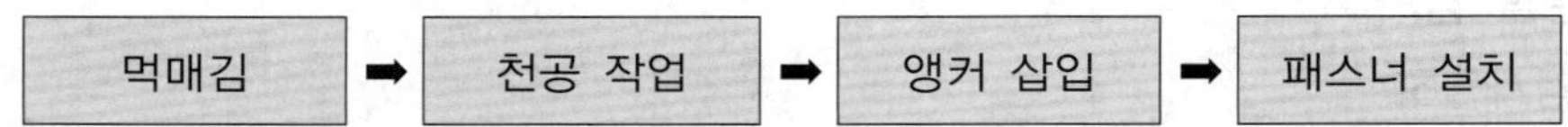

III　Channel System 방식

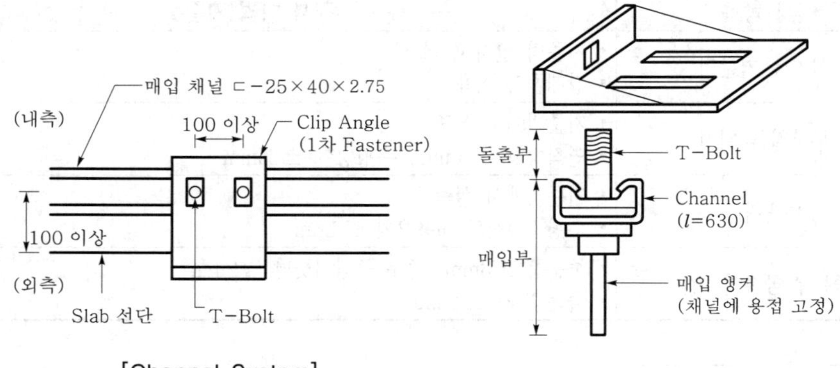

① 구체공사 시 콘크리트 내에 채널을 선행하여 매입
  • 콘크리트 양생 후 매입 채널 부위에 Fastener를 설치하는 방식
② 시공 Flow

Ⅳ 설치 시 유의사항

1. Slab 상부 설치

① 시공이 간편한 반면 설치부위의 마감처리가 곤란
② 2차 Fastener 필요

2. Slab 측부 설치

① 슬래브 상부에 비하여 시공성은 떨어지지만 설치부위의 마감처리 용이
② 2차 Fastener가 불필요하여 시공이 간편

3. 유의사항

① 패스너 설치부위(바닥슬래브)의 강성을 확보할 것
② 슬래브콘크리트 단부의 양생을 철저히 할 것
③ 한중 시 외기영향으로 인한 초기동해 방지
  • 보양막 틈새 방지, 필요시 급열양생

3202 커튼월 하자

I 개요

1 커튼월은 구조물의 외벽을 구성하는 비내력벽으로 내화, 내풍, 내진, 층간변위추종, 수밀, 기밀, 단열, 차음 성능이 요구되는 부재이다.

2 커튼월의 주요 하자요인으로는 제품 결함, 침투수나 결로수 처리 미흡, 줄눈부 시공 불량 등이 있으며, 이러한 하자를 방지하기 위해서는 Mock-Up Test에 의한 설계·제작상의 결함을 방지하고, 시공 시 줄눈부의 적정 처리가 필요하다.

원인/문제점	→	방지대책
• 부재결함/침투·결로수 처리 • 줄눈부/차음·단열 성능 미흡		• 목업 테스트/제품반입 • 시공대책

II 원인

1. 제작결함

① 금속 커튼월: 재료 부식, 단열 부족, 표면처리 미흡

② PC 커튼월: 표면 균열, 철근 녹, 마감재(타일, 석재) 탈락

③ 구조결함 등

④ 열깨짐

2. 배수 불량

① 커튼월 내부 및 표면결로수의 처리 미흡

② 커튼월 부재 내부에 침입한 물의 외부 배수 미흡

3. 기타 원인

① Sealing재의 파단·열화로 누수 발생

② 층간방화구획의 시공 불량

③ 커튼월 내부에 단열재 불연속층 존재

Ⅲ 방지대책

1. Mock-Up Test 실시

(1) 시험 목적
① 설계·제작상의 결함 유무 검증
② 커튼월의 적정 시방안 도출

(2) 시험위치
① 공사현장의 본구조물
② 가설구조물

(3) 시험항목
① 기밀성
② 수밀성
③ 구조 변형량 등

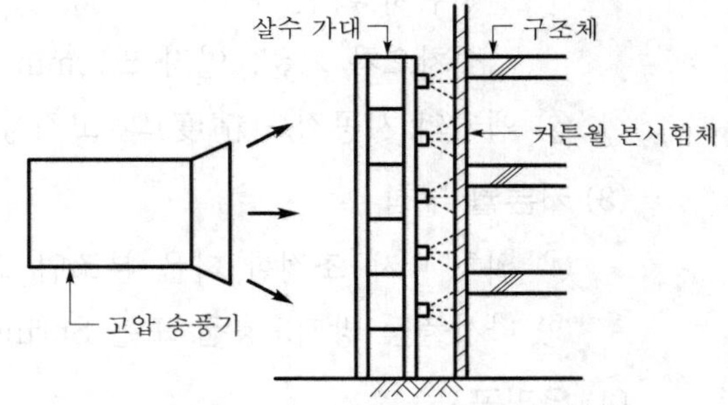

[Mock-Up Test: 동압수밀시험]

2. 제품반입검사

(1) 금속 커튼월
① 형상, 치수, 피막 처리상태, 접합부의 어긋남과 Sealing 상태
② 배수경로와 기능 등 검사

(2) PC재° 커튼월
① 균열, 파손, 콘크리트면 마감상태
② 선부착 철물과 설치위치: Bracket 등 검사

3. 시공대책

| 설치 먹매김 | ➡ | Fastener 설치 | ➡ | C/W·유리 부착 | ➡ | Sealing/층간방화 |

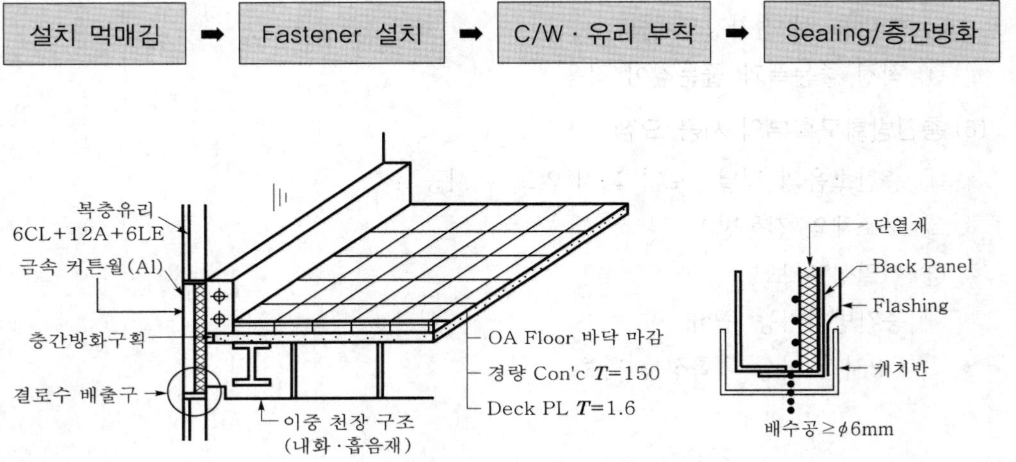

[커튼월 설치도]

(1) 기준 먹매김

① 세부 상세도면에 의거

② Fastener와 Bracket의 설치 기점 표시 후 검사

(2) 1차 Fastener 설치

① 설치위치 확인

- 설치오차 기준: 연직 ±10mm, 수평 ±25mm 이내일 것

② 앵커의 시공정도(精度)와 고정상태 확인

(3) 커튼월 부착

① 위치 미세 조정한 다음 본조임 고정

② 나사풀림 방지: 용접 또는 Spring Washer 사용

(4) 유리공사

① 유리와 Back Panel의 간격

- 5cm 이상 이격하여 유리의 열파손 방지

② Back Panel 틈새

- Sealing 처리하여 침투수와 결로수의 실내 유입방지

③ 유리 접합부

- 내후성이 우수한 Seal재로 시공

(5) Sealing공사

① 열화된 것 사용금지

② 2면접착 원칙

③ 접착면 ≥ 6mm 이상

- 미흡 시 접착강도 불량

④ 적정 줄눈폭과 줄눈깊이 적용

(6) 층간방화구획부의 시공 요점

① 층간소음의 전달경로가 되지 않도록 시공

② 구조체의 진동방지

③ 기밀성 확보

④ 층간방화기능 구비

- 2시간 이상 내화성능 확보

3203 　커튼월 누수

I 개요

1. 커튼월은 건물의 외피면을 구성하는 비내력벽으로 외력에 안전하고 실내환경이 침해되지 않도록 설치되어야 한다.
2. 커튼월의 누수를 방지하기 위해서는 커튼월의 요구성능과 누수 메커니즘의 이해를 바탕으로 한 설계, 제작, 시공 단계에서의 노력이 필요하다.

요구성능	➡	방지대책	➡	목업 테스트
• 구조/시공 • 사용단계		• 지지 프레임/유리접합부 • 부재 간 조인트		• 시험 목적/항목 • 결과 해석 및 적용

II 커튼월 요구성능

1. 구성재

① 수평저항성, 층간변위추종성

② 내후성 및 내구성

③ 내화성능 등

2. 시공단계

① 부착강도

② 경제성: 구입, 운송, 설치 소요비용

③ 시공성: 작업 용이성, Sealing 공간 확보여부

3. 사용단계

① 의장성: 외관 및 색상

② 차음성: 외부소음 차단성능

③ 단열성

④ 수밀 · 기밀 성능

⑤ 화재 확산 방지성능 등

Ⅲ 누수 방지대책

1. 지지 Frame(새시)

(1) Weeping Hole 설치

　① 우수 침입수, 내부 결로수의 배출구 설치

　② Weep Hole 내측에는 스펀지 부착

　　• 풍압영향 차단

(2) 커튼월 방식의 개선

　① Stick System → Unit System

　② 현장 작업요소 최소화

(3) 나사못 접합부

　① Sealing재로 나사머리 표면 밀폐

　② 미흡 시 틈새로 우수 유입

(4) 환기창 상부

　① Frame 상부에 물끊기 홈 설치

　② 새시 Frame 틈새의 우수 침입방지

(5) 새시 + Back Panel 틈새

　① 이격시킨 틈새를 실리콘으로 밀폐

　② 벽 패널과 알루미늄바 사이의 우수 유입 차단

2. 유리 접합부

　① '복층유리+비노출 바' 부위

　② 반드시 구조용 실런트로 접착(SSG: Structural Sealant Glazing)

　③ 일반 실런트의 열화·파단에 의한 누수방지

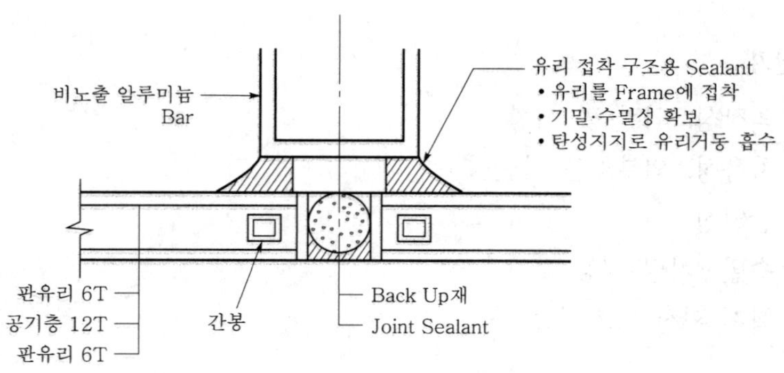

[유리 접합부]

3. 줄눈부

(1) 적정 Sealant 재료의 선정

① 일반재료 사용 시 조기열화

② 내후성 재료 엄선

- Back Up재, Sealant 등

③ Sealant의 색상은 짙은 색으로 사용

- 퇴색 고려

(2) 줄눈폭과 깊이의 산정

① Joint 폭(W)

$$W = \frac{E}{M} \times 100 + T,\ 6 \leq W < 50\text{mm}$$

여기서, E: 자재 열신축 길이

M: 실런트 거동 허용치

T: 조인트 허용치

② Joint 깊이(D)

$$D = \frac{2}{3} W,\ 6 \leq D < W$$

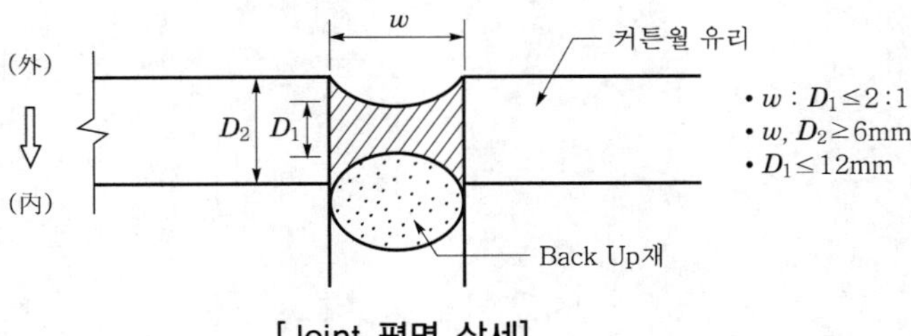

[Joint 평면 상세]

(3) 커튼월 Joint 시공방안

① Back Up재의 적정 충전깊이 준수

- 최소한 6mm 이상

- 지나칠 경우 거동 흡수력 저하

② 바탕면의 이물질을 제거 후 Sealing 처리

③ 3면 접착방지

- 필요시 Bond Break Tape 부착

④ 열화된 재료 사용금지(제조일 확인)

Ⅳ Mock-Up Test

1. 시험 목적

① 커튼월의 제반 요구성능 확인

② 시험결과를 설계 · 제작 · 시공에 반영

③ 적정 시방안 확립

2. 시험항목

① 예비 · 기밀시험

② 정압 · 동압수밀시험

③ 구조시험 등

3. 결과 해석 및 적용

① 누수경로 확인

② 커튼월 단면형상 개선 · 제작

③ 검증 후 제작과 시공에 반영

3204 커튼월 결로

Ⅰ 개요

① 커튼월의 결로는 내외부의 온도차이로 인하여 저온 측에 물방울이 맺히는 현상으로, 외부의 습공기 유입을 차단하거나 침투한 물이나 내부에 발생된 결로수가 있더라도 지체 없이 외부로 배수되도록 하는 일이 매우 중요하다.

② 결로 방지는 메커니즘을 이해하고, 유리와 창호 새시의 단열성 확보와 결로수 배수대책을 강구하여야 한다.

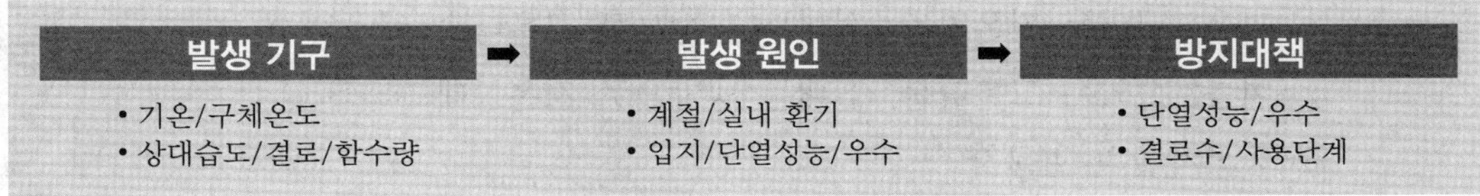

Ⅱ 발생 기구 및 문제점

1. 발생 기구

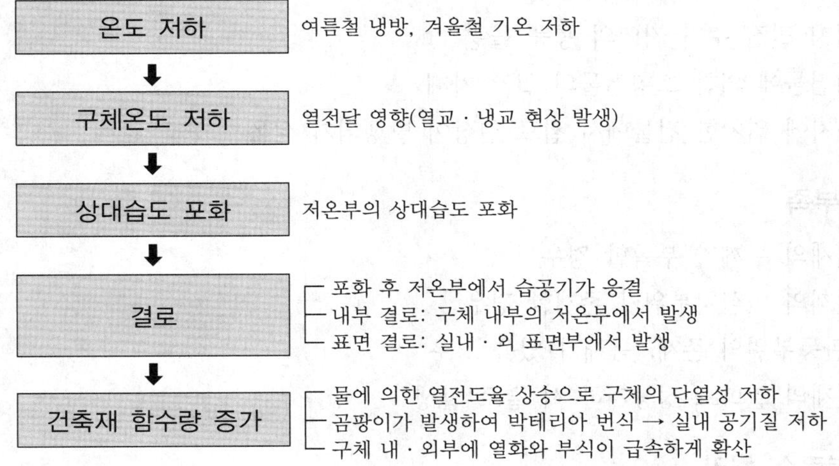

2. 문제점

① 침투수에 의한 연결 철물류의 내구성 저하
  - 이종금속의 접촉부위에서 전식에 의한 부식발생
  - 금속류의 녹 발생으로 단면손실과 강도 저하 초래

② 단열재의 단열성능 저하

③ 금속 커튼월의 피막처리부 손상
- 도장면 들뜸으로 부식 유발
- 바탕 금속의 녹 발생 요인으로 작용
④ 커튼월 내부의 내장재 손상

Ⅲ 발생 원인

1. 계절적 요인

① 겨울: 실외는 저온건조, 실내는 난방으로 고온다습
② 여름: 실외는 고온다습, 실내는 냉방으로 저온상태
③ 봄·가을의 일교차

2. 실내 환기

① 건축물의 기밀 설계·시공
② 내부에서 발생한 습공기의 배출 미흡

3. 건물 입지

① 도심지 밀집 주거 지역의 통풍 불량
② 대형건물에 의한 소형건물의 일조 차폐
- 음지에 위치한 건물에서 결로 현상이 발생되기 쉬움

4. 단열성능 부족

① 단열재의 두께가 부족할 경우
② 단열재의 미설치부위가 존재할 경우
③ 열 관통부위의 존재: 틈새가 있을 경우
④ 단열재의 열화로 성능저하 시 결로 발생

5. 우수 및 결로수 처리

① 침투된 물의 외부 배수가 미흡할 경우
② 물끊기, 배수공의 미설치 등

Ⅳ　결로 방지대책

1. 단열성능 향상

(1) 커튼월 설치

① 단열재의 적정두께 확보

② 단열재 설치 시 틈새 없이 시공: Taping 처리를 철저히 할 것

(2) 복층유리 채용

① 열반사 복층유리 적용

- 공기층 내부에 특수 필름 코팅
- 2개의 공기층을 형성하여 단열효과 증대

② 로이 복층유리 적용

- 공기층의 실내측 유리면에 은 · 산화주석막으로 금속 코팅
- 공기보다 열전달율이 낮은 아르곤 가스층 형성
- 일사유입에 의한 자외선과 열에너지 영향 차단

③ 멀티코팅유리 적용

- 공기층의 실내측 유리면에 3회 다중으로 코팅된 유리 사용
- 단열성이 우수하고 태양열과 자외선의 차단효과 우수

④ 단열간봉 적용

(3) 단열 새시 적용

① 커튼월의 수평 · 수직 지지재인 알루미늄 Bar와 새시의 결로 방지

② 단열처리된 알루미늄 지지재 사용

- 압출성형된 Bar 안에 폴리우레탄수지를 충전하여 단열성 확보
- 또는 내 · 외부에 단열도장이 처리된 알루미늄바 사용

2. 우수 침입 방지

① 벽체 상부의 물끊기홈과 처마홈을 설치

② 침투수의 배수공 설치

③ Open Joint System으로 커튼월을 설계 · 제작 · 설치

- 등압개구부를 설치하여 우수 침입 차단

3. 결로수 배수 처리

(1) 내부결로수 처리

① 커튼월 부재의 새시 하단에 배수공 설치

② 배수공 규격
- 배수공(Weeping Hole)의 직경 ≥ 6mm
- 겨울철 동결로 인한 배수공 막힘 고려

(2) 실내측 표면결로수 처리

① 실내측의 유리와 알루미늄 지지대(수평·수직)의 표면에 발생한 결로
② 알루미늄 수평재(Transom)에 별도의 홈을 설치하여 외부로 배수

4. 사용단계

(1) 환기시스템 개선

① 실내공기의 환기 철저
- 포화 습공기의 배출 및 실내공기의 질 개선
② 환기 덕트 및 자연·강제 환기 시스템 구축
③ 제습장치의 사용 고려

(2) 실내 생활습관 개선

① 과도한 냉·난방 자제
② 겨울철도 규칙적 환기 생활화
③ 실내 밀폐공간 배제
- Open Space화: 사용하지 않는 방을 개방시켜서 공기의 순환을 원활하게 함

Ⅴ 결론

1 금속 커튼월은 제작 시 충분한 단열성능이 구비되도록 설계·제작되어야 하며, 이를 검증하기 위하여 현장의 실제조건에서 합리적인 Mock-Up Test의 선행이 요구된다.

2 커튼월의 결로를 방지하기 위해서는 커튼월 부재는 물론 창호와 유리의 줄눈부위에 대한 단열조치가 강구되어야 하며, 완전한 결로 방지가 곤란한 점을 고려하여 결로수가 실내에 유입되지 않도록 배출 처리에 대하여 특히 유의하여야 한다.

3205 커튼월의 Mock-Up Test

Ⅰ 개요

1 커튼월의 Mock-Up Test는 본공사를 착수하기 전에 부재의 설계와 제작 및 설치 등에 관한 적정성을 현장의 실제 조건하에서 실물로 검증하는 모의시험이다.

2 시험 후에는 결과를 피드백(Feedback)하여 커튼월의 설계, 제작, 설치상의 시행착오와 결함을 사전에 방지하기 위해 실시한다.

시험유형	➡	시험방법	➡	고려사항
• 공장시험 • 현장시험		• 예비/기밀시험 • 정압/동압/구조		• 시험체/시공 여건 • 기록유지/신뢰성

Ⅱ 시험유형

1. 공장 Mock-Up Test

(1) 정의

① 커튼월 공장에서 실시

② 커튼월 부재의 기능적인 요소 검증

③ 예정 구조물의 사용환경(바람과 강우)을 가상적으로 설정하여 시험

(2) 시험 목적

① 커튼월의 적정 설계 및 제작상의 기능성을 확인

② 커튼월의 요구성능 확인: 기밀성, 수밀성, 층간변위 추종성 등

③ 적정 시방의 확립을 위해 실시

2. 현장 Mock-Up Test

(1) 정의

① 공장 시험항목에 추가하여 커튼월 구성재에 의한 예정 구조물의 의장적 효과 검증

② 현장의 실제 구조물에서 실시하는 Mock-Up Test

(2) 시험 목적

① 커튼월 의장성

- 커튼월 부재, 창호 새시, 유리 등의 색상
- 커튼월 구성재에 의한 예정 구조물의 의장적 효과 검증
- 주변과 커튼월이 부착된 예정 구조물의 조화를 확인하기 위해 실시

② 기타 공장시험 보완성능의 확인

- 기밀성, 수밀성, 층간변위 추종성 등

Ⅲ 시험방법

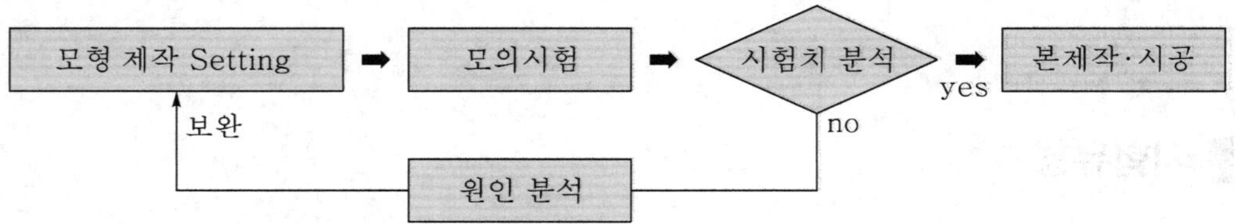

1. 예비시험

① 설계풍압력의 50%를 도입하여 가압
② 시험의 실시 가능여부 파악

2. 기밀시험

① 40km/hr의 풍속과 7.8kg/m²의 풍압을 도입하여 커튼월 내의 기밀성 시험
② 시험체 내에서의 공기 누출량을 계측하여 기밀성 평가

3. 정압수밀시험

① 설계풍압 20% 상태에서 3.4l/min · m²의 압력으로 15분간 살수(撒水)
② 누수량을 측정하여 정압상태에서의 수밀성 파악

4. 동압수밀시험

① 1분간 예비가압
② 10분간 KS 맥동압을 가압하면서
　살수
- 살수량은 4l /min · m² 정도
③ 풍하중상태의 우수 침투여부 예측

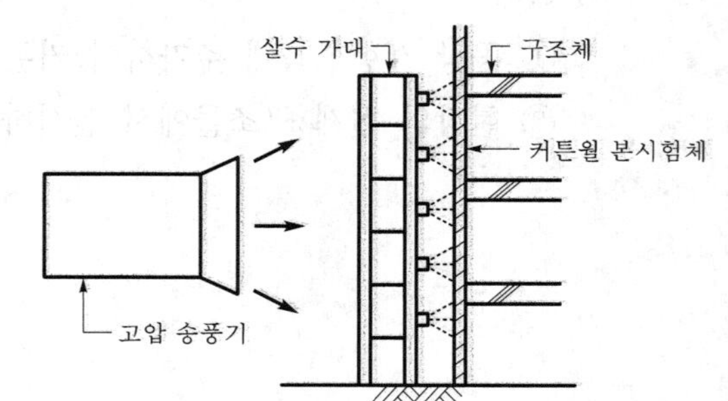

5. 구조시험

① 설계풍압의 100~200%를 도입하여 가압

② 가압 후 커튼월 부재의 변형과 파손여부 확인

- '잔류 변형량 $\leq L/1,000$'이면 합격

Ⅳ 시험 시 유의사항

1. 시험여건

① 실제 공사용과 동일한 시험체 제작

② 풍동시험 선행하여 적정 수준의 설계풍압 설정

③ 당해지역 기상정보 참고

2. 기록유지

① 기록내용 Data Base화

② 본공사에 피드백하거나 유사공사에 활용

3. 시험 신뢰성

① 신뢰 있는 용역기관 선정

② 시험기준 준수 여부 확인

③ 시험계측치 신뢰성 확보

- 시험 전에 반드시 시험장비 검·교정(Calibration) 실시

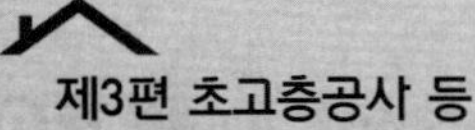

03 PC/대공간구조물

3301 │ 프리스트레스트 콘크리트공사

I 개요

1 프리스트레스트 콘크리트(PSC: Pre-Stressed Concrete)란 부재에 작용하는 각종 하중으로 인한 인장응력을 상쇄시키기 위하여 PC 강재의 긴장력(Pre-Stressing Force)으로 미리(Pre) 압축응력을 도입시킨(Stresed) 콘크리트(Concrete)를 말한다.

2 프리스트레스트 콘크리트는 장스팬 구조가 가능하고 단면 성능이 우수하므로 대규모의 건축 및 토목 구조물에서 적용성이 우수하다.

3 프리스트레스트 콘크리트에서 긴장력을 도입시키는 방식은 프리텐션(Pre-Tension)과 포스트텐션(Post-Tension) 방식이 있다.

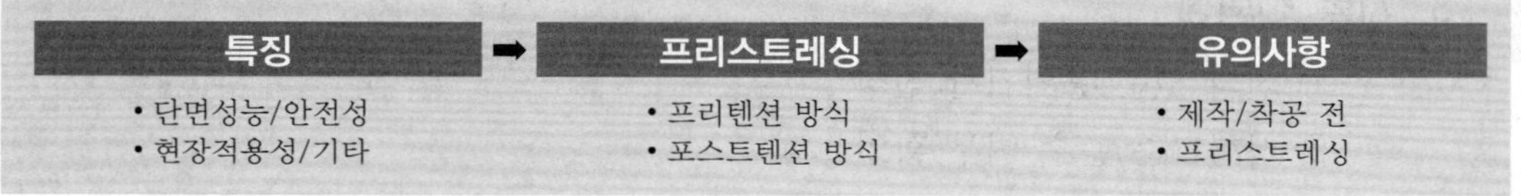

II PSC의 특징

1. 단면성능

① 부재의 전단면을 유효하게 이용

② 얇은 단면으로 부재의 경량화와 장스팬 가능

③ 인장부재(보 부재)에서 처짐 및 균열 방지에 유리

④ 충격 및 반복하중에 의한 피로하중의 저항력 우수

2. 구조 안전성

① 재료의 시험결과와 실제의 사용상태 유사

② 파괴의 전조 현상(前兆現狀)이 뚜렷하여 안전성 우수

3. 현장 적용성

① 포스트텐션 방식은 부재 간 연결시공 가능
② 고소작업과 현장 시공요소 대폭 절감

4. 기타 특징(단점)

① 시공 시 안전 및 품질관리에 대한 세심한 주의 필요
② 고온에 노출 시 내화성능이 급격하게 저하
③ 진동영향에 비교적 불리
④ 시간경과에 따라 릴렉세이션(Relaxation) 현상 발생
  • 콘크리트의 건조수축과 크리프 등의 영향으로 긴장력이 이완되는 현상

Ⅲ 프리스트레싱(Pre-Stressing) 방식

1. Pre-Tension 방식

(1) 정의

① 형틀 안에 PC강재를 설치하고 인장력을 도입시킨 상태에서 콘크리트 타설
② 콘크리트가 소정강도 이상으로 발현되면 PC강재에 도입된 인장력을 해제하여 콘크리트에 프리스트레스를 도입시키는 방식
③ 인장대(Tensioning Bed) 위에 여러 개의 형틀을 설치하는 Long-Line 방식과 형틀 자체를 인장대로 활용하는 단일몰드 방식으로 구분

(2) 특징

① 공장 적용방식으로 제품 품질 신뢰도 우수
② 동일한 단면과 치수의 부재를 대량생산
③ 운반 한계, 대형부재 적용 곤란

2. Post-Tension 방식

(1) 정의

① 형틀 안에 PC강재용 시스관(Sheath Pipe) 설치, 콘크리트 타설
② 콘크리트 양생, 시스관에 PC 강선을 삽입, 잭(Jack) 인장 · 가력, 프리스트레스 도입
③ 시스는 시멘트페이스트로 그라우팅하여 녹 발생방지

(2) 특징

① 주로 현장에서 많이 적용하며 대형 구조물에 적용

② 양생된 콘크리트 본부재를 가대(架臺)로 활용하므로 인장가대 불필요

③ 연속부재의 결합과 조립작업 용이

④ PC강재의 곡선 배치가 프리텐션 방식보다 유리

Ⅳ 유의사항

1. 제작 및 공사 착수 전

(1) 시공계획서 검토

① 프리스트레싱 장비명세와 부재의 제작절차서

② 그라우트재의 배합 및 시공 방안

③ 공장부재의 운반, 보관, 설치 절차

④ 긴장재, 정착장치의 배치사항 등을 검토

(2) 시공상세도 검토

① 제작 및 가설순서도

② 거푸집·동바리 구조계산서 및 상세도면

③ Camber 값의 계산근거 등을 검토

2. 프리스트레싱 시

(1) 시스 및 PC강재의 입고 및 설치

① 시스재는 PC강재의 삽입성과 그라우트재의 충전성이 있을 것

② 시스에 스페이서를 이용하여 여러 가닥의 PC강선이 꼬이지 않도록 할 것

③ PC강선은 콘크리트의 부착강도에 유해한 물질이 없을 것

④ 긴장재와 정착장치의 배치상태를 미리 점검할 것

(2) PC강선 인장 및 정착 시

① PC강선 인장 시 설계값 이상으로 가력한 후 낮추지 않을 것

② 하중계는 감독원의 입회하에 캘리브레이션(Calibration, 검·교정)을 실시할 것

③ 정착장치의 말단부는 파손되거나 부식되지 않도록 보호할 것

(3) 콘크리트 타설 및 그라우트

  ① 타설·다짐 시 철근, PC강재, 시스 등이 교란되지 않도록 할 것

  ② 그라우트호스는 공기가 유입되지 않는 것을 사용할 것

  ③ 한중에는 덕트 내의 온도가 5℃ 이상이 되도록 할 것

3302 ALC Block공사

I 개요

① ALC(Autoclaved Lightweight Aerated Concrete) 블록은 단열성과 경량성이 우수하여 공동주택 칸막이벽의 조적재로 적용성이 우수한 재료이다.

② ALC 블록의 조적공사는 내·외벽면의 바탕처리, 기준 쌓기, 상·하단부, 개구부 주변 등의 조적에 유의하여 시공하여야 한다.

③ 벽면에 매입되는 배관물이 있을 경우에는 블록재의 강도와 두께를 고려하여 설치하고, 우수에 노출되는 부위는 표면에 방수성 마감처리가 되도록 한다.

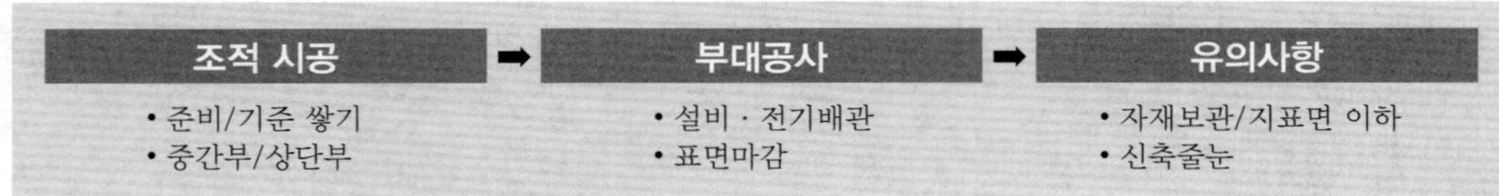

II 조적 시공

1. 시공 준비

① 평면·입면 나누기

② 규준틀·수평실 설치

③ 바닥 먹매김

④ 조적면 청소 및 물축임

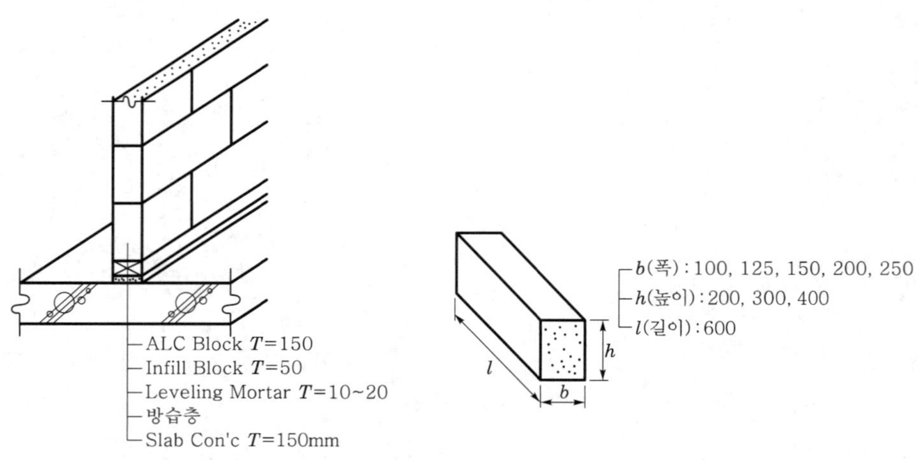

[ALC Block 시공단면]

2. 기준 쌓기

① 최하층 바닥 위의 첫 단에 방습층 설치
② 방습층 위에 바탕 Mortar 시공
   • 10~20mm 두께로 시공하여 조적바탕의 수평 유지
   • 필요시 속채움 블록 사용
③ 상시 물과 접촉되는 부위는 방수턱을 설치하여 물침투 방지

3. 중간부 쌓기

① 기준 쌓기 좌우로 평활하게 조적
② 모서리 연결부에 Bent Plate, Shear Plate를 설치하여 조적
   • 콘크리트 벽체와의 교차부 또는 ALC 벽체의 교차부위 보강
③ 개구부 주위에는 인방보 설치

4. 상단부

① 벽체와 슬래브의 접합부 틈새 충전
② 20~30mm의 두께로 코킹
   • 1 : 3의 시멘트 Mortar 또는 발포성 우레탄폼 충전

Ⅲ 부대공사 및 마감

1. 설비 · 전기배관

① 조적 완료 후 배관위치에 홈파기
   • 수직 홈 ≤ $1/3T$
   • '수평 홈 ≤ $1/6T$' 가 되도록 홈파기(T: 벽 두께)
② 배관재 삽입 후 보수 Mortar 충전

2. Block 표면마감

(1) 실내측
   ① 바탕의 건조상태 확보
   ② 바탕면을 평활처리: Sand Paper 사용
   ③ Primer 도포: $0.5T$ 이상
   ④ 도배 또는 페인트로 마감처리

(2) 실외측
   ① 블록 표면을 Skin Plaster 처리
      • 수지 Mortar를 3mm가량 바름

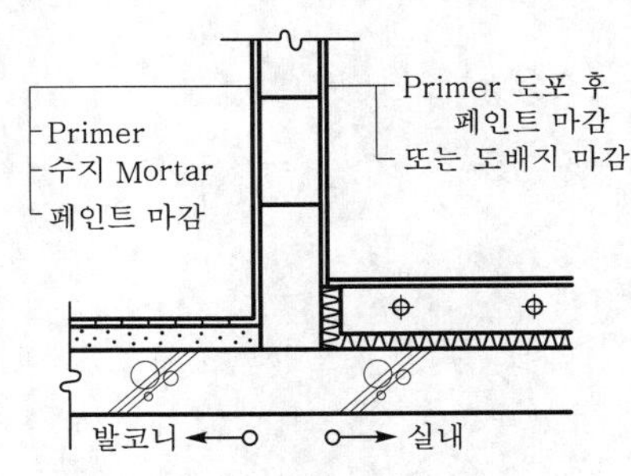

[ALC Block 마감 시공도]

② 배합재의 Open Time 준수
- 배합 후 30분 내 사용

Ⅳ 시공 시 유의사항

1. 자재 보관

① 기건상태 유지
② 원칙적으로 옥내 저장
③ 야적 시 덮개 보양

2. 지표면 이하

① 포습 방지 조치 필요
② 필요부위에 스킨플라스터(Skin Plaster) 처리

3. 신축줄눈

① 10m 이상의 벽체에 적용
② 줄눈폭: 8~10mm
③ 바닥에서 꼭대기까지 불연속부위 방지
④ 줄눈두께 유지, 블록 3단마다 철재 줄눈재 설치
⑤ 벽체 끝에서 5cm 이상 이격하여 설치

3303　ALC Panel의 공사

I 개요

① ALC는 경량성, 내화성, 단열성이 우수한 경량 기포 콘크리트 재료로서, 패널과 블록의 형태로 공장에서 제작하여 현장에서 시공되고 있다.

② ALC 패널을 설치 시 우수 침투가 우려되는 외벽은 재료 표면에 흡수 방지처리가 필수적이고, 흙과 접하는 부위는 방습 · 내수 처리를 하며, 횡으로 긴 벽에는 신축줄눈을 설치하여 온도 변화에 따른 신축이 흡수되도록 시공하여야 한다.

③ ALC 패널의 설치공법으로는 수직벽체공법과 수평벽체공법이 있다.

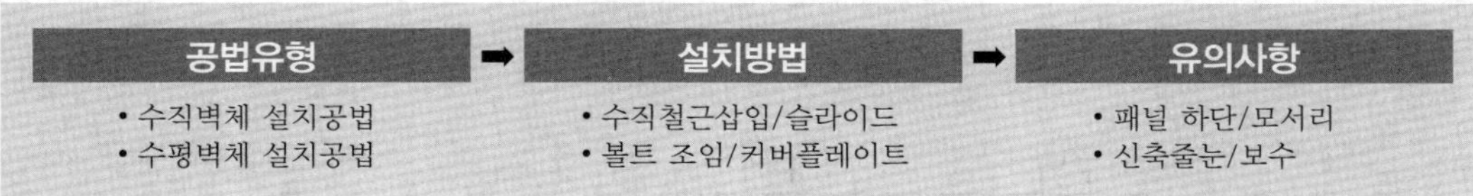

II 공법유형

1. 수직벽체 설치공법

① 수직철근 삽입공법과 Slide공법으로 구분

② 주택, 사무소, 상가 등에 적용

2. 수평벽체 설치공법

① 볼트 조임공법과 커버플레이트공법으로 구분

② 공장, 창고 건물에 적용

III 공법별 설치방법

1. 수직철근 삽입공법

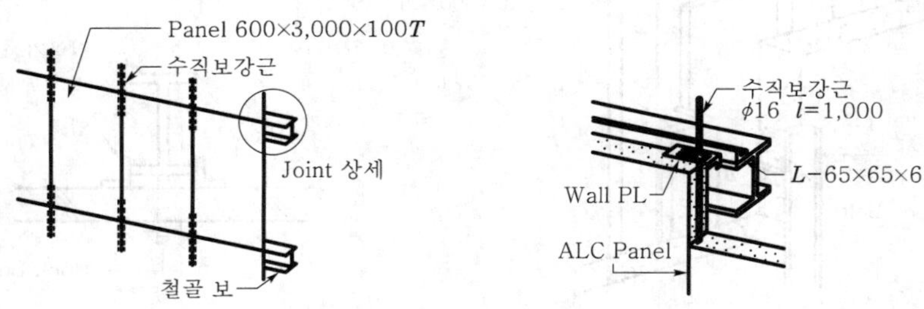

[수직철근 삽입공법]

▶ 패널의 수직이음부에 철근을 삽입하여 보강하고 틈새를 전용 Mortar로 충전한다.
① 강구조보에 앵글과 Wall Plate 용접
② ALC Panel 수직배치
③ 수직철근을 삽입 후에 틈새를 Mortar로 충전 보양

2. Slide공법

① 패널 상단
- 보에 설치된 앵글에 패널을 'Z' Plate와 볼트로 고정하여 면내 수직방향으로 Slide
② 패널 하단
- 패널 하단을 고정시키고 양측 둥근 홈에 보강근 배치
③ 층간변위가 큰 건물에 적용

3. 볼트조임공법

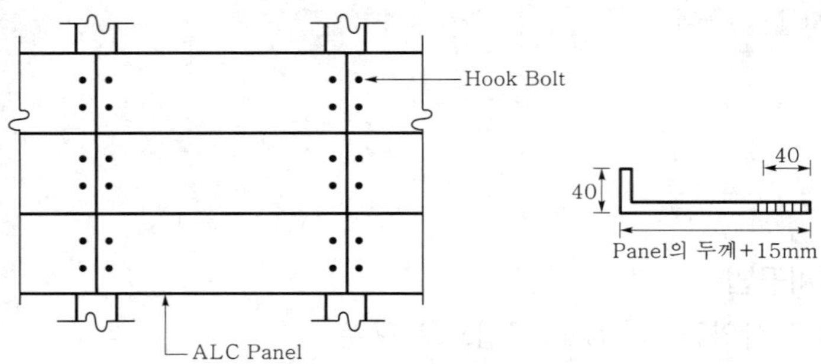

[볼트조임공법]

① 패널의 양단부에 볼트 구멍 천공
② 부착철물인 Hook Bolt로 구조체에 패널 부착
- 기둥, 간주, 앵글 지지대 등에 부착
③ 패널 설치 후 볼트 구멍은 전용 Mortar를 충전하여 보수

4. 커버플레이트(Cover Plate)공법

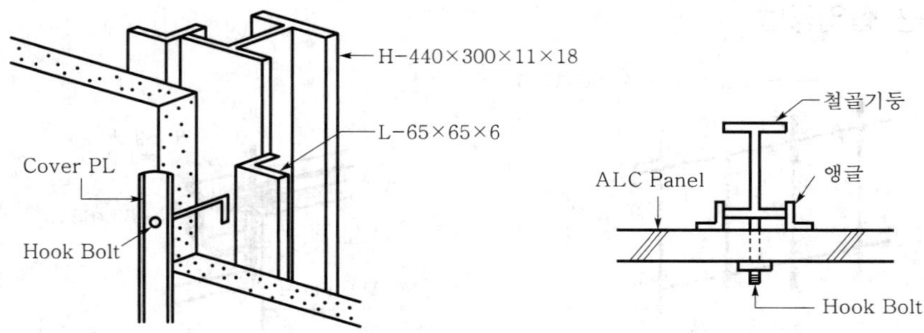

[커버플레이트공법]

① 패널의 양단부를 커버플레이트와 볼트로 고정시키는 수평설치공법
② 구조체(기둥)와 패널의 양단부에 Hook Bolt를 2개씩 배치
③ Cover Plate로 양단부를 지지시킨 다음 Hook Bolt에 너트를 조여서 고정

Ⅳ 시공 시 유의사항

1. 패널 하단부(기초접합부)

① 지표면에서 30cm 이상 상부에 시공할 것
② 기초 상단면의 Mortar 바름면을 평활하게 시공
③ 모서리의 높이와 두께의 비가 6배 이상 시 보강재로 지지

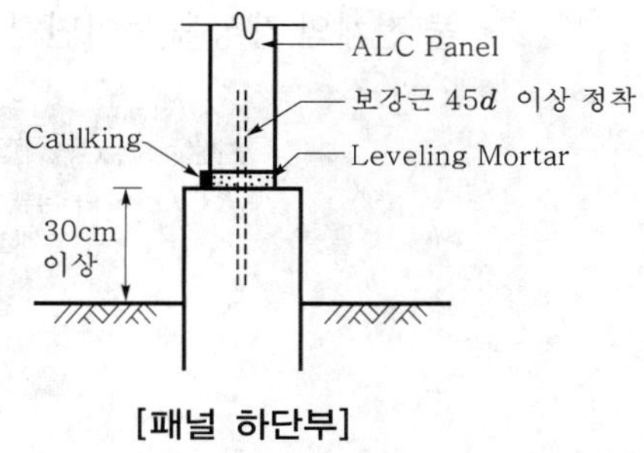

[패널 하단부]

2. 신축줄눈 설치

① 30m 이상의 긴 벽면에 적용
② 설치위치
- 교차부, 기둥 접촉부, 외벽 상부, Slab 접촉부위 등에 설치
- 온도 변화에 따른 변위 흡수

3. 시공 후 보수

① 볼트 구멍과 파손부위 보수
② 전용 Mortar를 충전하여 보수

3304 튜브 구조

I 개요

1. 도심지의 건축물이 대형화 · 초고층화 되면서 자연외력에 견디는 강한 구조의 필요성이 대두되고 있다.

2. 튜브 구조는 건물의 외곽기둥을 일체화 시켜서 풍력 및 지진력 등의 수평하중에 대하여 건물 전체의 강성을 높이면서 내부공간의 자유성을 증대시킨 고층건축물의 구조시스템이다.

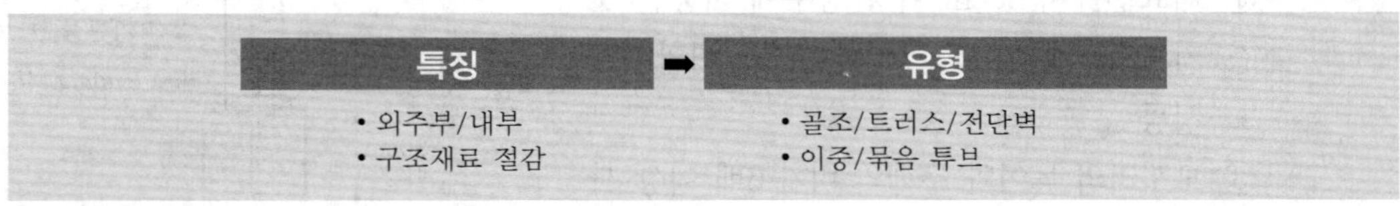

II 구조 특징

1. 외주부

① 건물의 전 수평하중을 부담하도록 구조계획

② 강접합구조(Rigid 접합)

③ 외주부의 기둥은 연직하중과 수평하중 지지

2. 내부

① 건물의 자중과 활하중(Live Load)만 부담하도록 설계

  • 외주부의 기둥에 비해 연직하중의 부담면적이 큼

② Pin, Semi-Rigid 접합 구조

③ 가새 보강 시 강성 제고

3. 기타

① 골조 재료 절감

② 채광 · 개방성 불리

Ⅲ 유형

속이 빈 튜브 (Hollow Tube)	• 골조 튜브(Framed Tube) • 트러스 튜브(Truss Tube)
내부 보강 튜브	• 전단벽 보강 튜브(Tube With Parallel Shear Walls) • 이중 튜브(Tube in Tube), 수정 튜브(Modified Tube) • 모듈 튜브(Module Tube), 묶음 튜브(Bundled Tube)

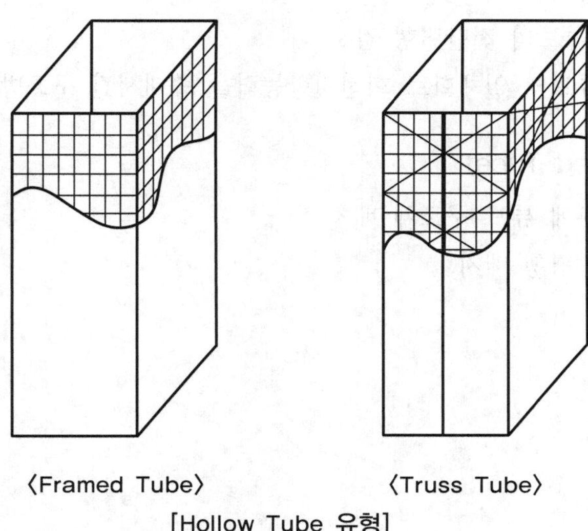

1. 골조 튜브(Framed Tube)

① 가장 먼저 사용된 튜브 구조방식

② 외부기둥을 1.2~3.0m로 조밀하게 배치

• 외부기둥이 구조물의 횡하중과 연직하중을 동시에 지지

③ 외주부에 60~150cm의 춤이 큰 보를 강접합

④ 건물 평면에 대한 단면 2차 Moment를 최대화하여 건물의 휨강성 증대

2. 트러스 튜브(Truss Tube)

① 건물 외부에 가새를 넣어 횡력을 부담시킨 튜브 구조방식

② 모서리 기둥이 캔틸레버 트러스 구조에서 상·하현재와 같은 역할

3. 전단벽 보강 튜브(Tube With Parallel Shear Walls)

① 튜브의 외부벽을 내부 전단벽에 연결한 구조방식

② 전단벽은 웨브(Web), 튜브 벽은 플랜지(Flange) 형상과 역할 수행

4. 이중 튜브(Tube in Tube)

① 외부 골조 튜브와 내부 코어를 가새로 보강한 철골구조나 콘크리트 전단벽을 배치시킨 튜브 구조방식

② 외부 골조 튜브의 전단변형 감소

③ 내·외부 튜브의 일체화로 회전저항능력을 증대시킨 구조방식

5. 묶음 튜브(Bundled Tube)

① 평면 중간부에 튜브 구조체 배치

② 횡력방향과 평행 배치

3305 | 수퍼프레임(Super Frame)

I 개요

1. 고층건축물은 자연외력과 건물자중 및 적재하중 증대로 이전보다 효율적인 하중전달구조가 필요하다.
2. Super Frame이란 일반 라멘구조와는 달리 거대단면의 기둥(Super Column)에 3~5층마다 큰보를 설치하여 구간별 연직하중을 Super Column으로 전달하는 구조이다.

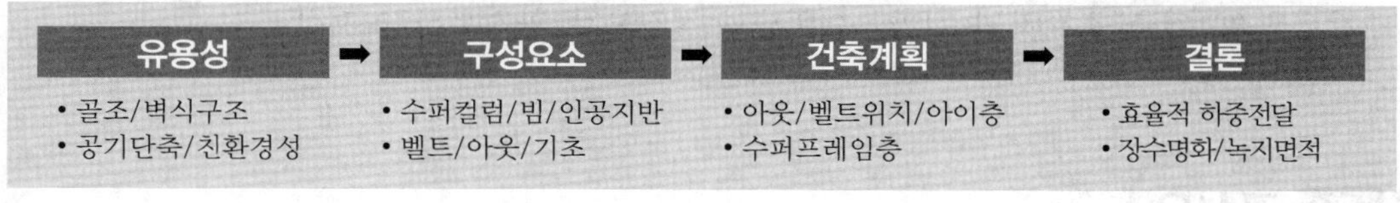

II 유용성

1. 골조 장수명화(長壽命化) 실현

① 거대 골조의 효율적인 하중지지구조
② 부분적인 재개발과 용도변경 용이
  • 수퍼빔(Super Beam)의 블록 단위로 재개발 가능
  • 여유 있는 하중부담 능력과 높은 층고로 실내의 용도변경 용이
③ 공간 가변성 우수
  • 장스팬 구조물로 실내공간 가변성 우수

2. 벽식가구의 약점 개선

(1) 저층부
① 대스팬, 대공간화
② 상업용 주거, 주차장공간 활용 가능

(2) 20층 이상의 주상복합건물의 축조에 유용
① 세장비가 큰 건물의 횡력저항 증대
② '세장비 ≥ 6'이면 횡력저항성의 보강 필요

3. 공기단축 가능

① 상하구간 사이층의 동시시공 가능
② Super Frame층을 중간 지수층(止水層)으로 활용
③ 천후(天候)에 의한 작업 제한이 없음

4. 친환경건축 실현

(1) 녹지공간 확보

① 건물 외부
- 초고층 수직공간 확대로 지상의 넓은 녹지공간 확보

② 건물 내 인공지반 단위로 녹화공간 조성 용이
- 캔틸레버 발코니 공간을 녹지면적으로 활용

(2) 환경부하 저감

① 재개발에 의한 건축폐기물 배출량 저감

② 건축 소요자원 절약, 소요자재 절감으로 환경부하량 저감

Ⅲ 구성요소

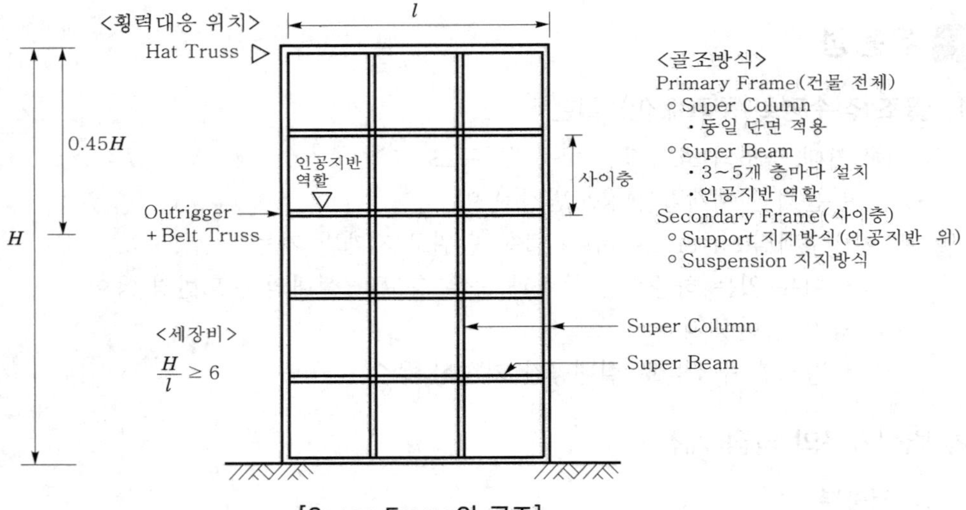

[Super Frame의 구조]

1. Super Column

① 일정 간격으로 기둥을 배치한 라멘조와는 현저하게 상이

② 구조상 필요한 위치에서 강력한 기둥의 강성을 갖도록 배치

③ 수퍼빔에서 전달되는 연직하중을 부담할 수 있는 큰 단면이 필요

2. Super Beam/인공지반

① 3~5개 층마다 설치

② 설치 구간층의 적재하중을 지지하는 소요단면 필요

③ 수퍼빔 설치층은 중간층의 인공지반으로 설계

④ 보춤의 작은 증가만으로도 큰 내력의 증대가 가능한 원리 적용
  • 보춤 2배 증대 시 4배의 내력 발휘

3. Belt Truss/Hat(Cap) Truss

(1) 횡력저항 강성 보강

① 횡력저항 효과: 25~30%
② 건물 흔들림 저감, 사용성 향상
③ 중간층 Belt Truss, 최상층 Cap Truss

(2) 설치위치

① Outrigger 끝단에서 외주부 기둥을 일체화
② 건물이 일체식으로 거동하도록 유도
③ 내 · 외부 기둥의 부등축소 변형을 균일하게 유지
  • 온도영향, 불균형 축하중에 의한 기둥축소 영향 균일화
  • 상부하중 전가 차단

4. Outrigger

① 내부코어와 외주부 기둥을 연결하는 캔틸레버 형태의 트러스 벽 보
② 내부기둥과는 강접합, 외부기둥과는 Pin 접합
③ 구조체의 지지점 역할
  • 코어(Core) 변형 시 변곡점을 생기게 하고 전체의 변형 저감
④ 구조물 휨 강성 증대
  • 수평하중 작용 시 코어 회전에 저항하여 휨강성 증대

5. 기초지반과 기초형식

① 기초 저면의 충분한 지내력 확보
② 필요시 대구경 현장타설 콘크리트말뚝 적용

Ⅳ 건축계획 시 고려사항

1. 횡력저항시스템

① 설치 가능층 검토
  • 설비적 · 시공적 요소
② 위치 · 개수 검토
  • 건축의 거동 해석

③ 검증/재검토
- 설비·건축 관계자에 의한 검증
- 수정 잠정안의 구조 해석 재실행

2. 사이층 건축계획

(1) Support 방식

① Super Frame층에서 사이층의 연직하중을 지지하는 방식
- 즉, 사이층이 Super Frame층에 얹히는 방식으로 계획

② 적용사례: 포스코 경영정보센터 등에 적용

(2) Suspension 방식

① 사이층이 Super Frame에 매달리도록 한 구조방식

② 적용사례: 홍콩의 상하이 뱅크빌딩

(3) 적용요소

① 저층건물의 구법 적용이 가능
- 조적조 및 경량 철골조로 사이층 축조 가능, 시공 단순

② 공업화 건축공법 적용
- 건식공법, 경량 Pre-Fab 적층공법 적용 가능

3. Super Frame층

① 수직구간별 인공지반층 구조계획
② 사이층의 하중지지성능 확보
③ 캔틸레버 공간(발코니 돌출공간)에 공용 녹화공간 조성

Ⅴ 결론

1 수퍼프레임은 효율적인 하중전달구조로서, 장스팬에 의한 넓은 실내공간을 확보하고 고층 벽식아파트의 구조방식을 대체할 수 있는 차세대 초고층 구조방식이다.

2 건물 장수명화를 실현하고 도심지에서 수직주거공간의 확대로 지상의 녹지 여유면적을 확보하여 주거의 친환경성을 제고하기 위한 대안으로 확대·응용이 기대된다.

3306 ｜ 막 구조(膜構造, Membrane Structure)

Ⅰ 개요

① 막 구조란 연성의 막에 초기장력을 도입함으로써 형태를 안정시키고 풍하중 및 적설 하중
의 외부하중에 저항하도록 한 지붕구조 시스템이다.

② 막 구조는 채광성이 필요한 지붕에 적용되고 있으며, 채광성이 높고 내구성이 뛰어난 유리
섬유에 테프론을 코팅한 막재를 사용한다.

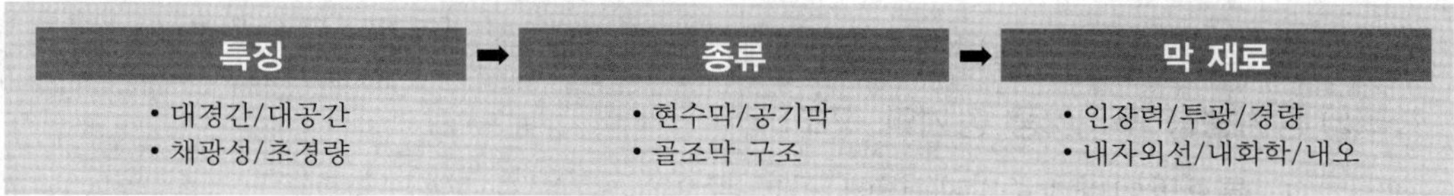

Ⅱ 특징

1. 장점

① 대경간, 대공간의 가구(架構)가 용이

② 실내의 채광성이 우수

③ 초경량 재료 하중: $1\sim2\text{kg/m}^2$

④ 외력저항 방식: 막 응력과 면내저항력 도입

2. 단점

① 막 재료의 내화·내풍력 미흡

② 단열성능 미약

Ⅲ 유형

1. 현수막 구조 (Suspension Membrane Structure)

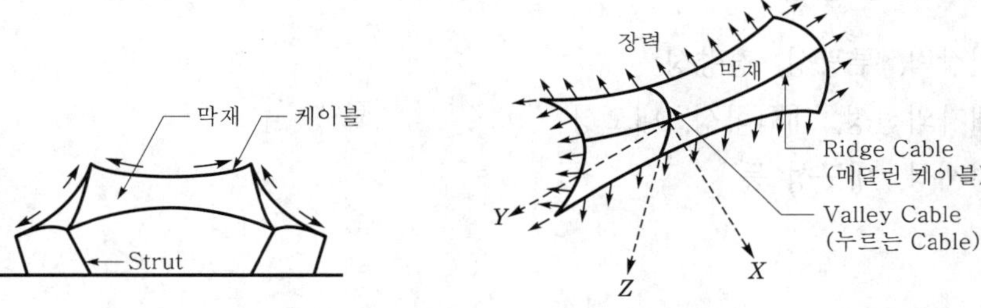

[현수막 구조]

① 막을 매단 상태(Suspension)로 하여 막면에 인장응력을 도입시킨 막 구조
② 축구 전용구장 등에 적용

2. 공기막 구조(Air-Supported Structure)

(1) 공기지지 구조(1중 공기막 구조)

① Cable을 종횡 배치 후 한 겹의 막재 실내 측에 공기 주입
② 주입된 공기압으로 지붕막 지지
③ 실내 야구장, 실내 축구장 등에 적용

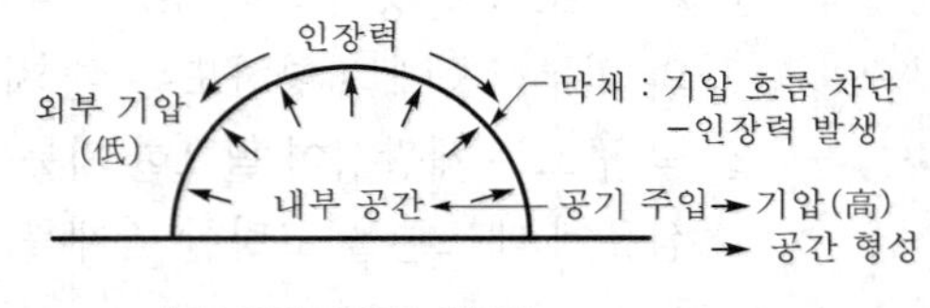

[공기막 구조 원리]

(2) 공기팽창 구조(2중 공기막 구조)

① 튜브막이나 2중막재 내에 공기 주입
  • 기둥, 벽, 보 등의 부재요소로 사용
② 공기 팽창압으로 외력에 대항
③ 박람회장 지붕구조로 많이 적용

3. 골조막 구조(Frame Membrane Structure)

① 강구조 Frame, 특히 Space Frame과 같은 골조 위에 막재를 덮어서 막 Panel의 기능을 수행하는 구조방식
② 단순한 지붕형상
  • 경제적이고, 바람이나 적설하중에 안정된 구조시스템
③ 지붕면은 골조 지지 시스템에 의해 신축성 부여
④ 월드컵 축구경기장의 지붕구조에 적용

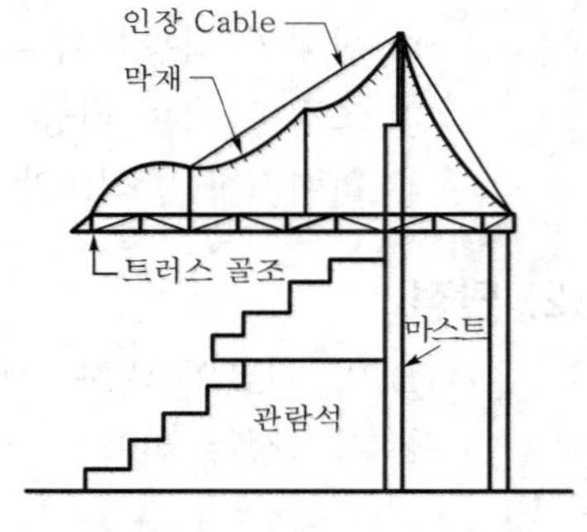

[골조막 구조: 축구전용구장]

Ⅳ 막 재료 요구성능

① 인장력, 투광성, 경량성
② 내자외선성, 내화학성, 내오성
③ 경제성, 내구성 등

3307 케이블돔(Cable Dome)

I 개요

1. 반구형(半球形, Dome)의 지붕을 기둥 지지부에 고장력강선으로 매달아 놓은 지붕구조로서, 대공간구조에서 적용성이 우수하고 채광성과 외관효과가 뛰어난 지붕구조방식이다.
2. 국내에서는 부산의 아시아드 주경기장을 비롯하여 대규모 실내체육관, 판매·관람·집회시설 등에 적용사례가 증가하고 있다.
3. 케이블돔의 지붕 마감재는 채광성과 자중을 고려하여 유리섬유에 테프론을 코팅한 막재(膜材)를 많이 사용한다.

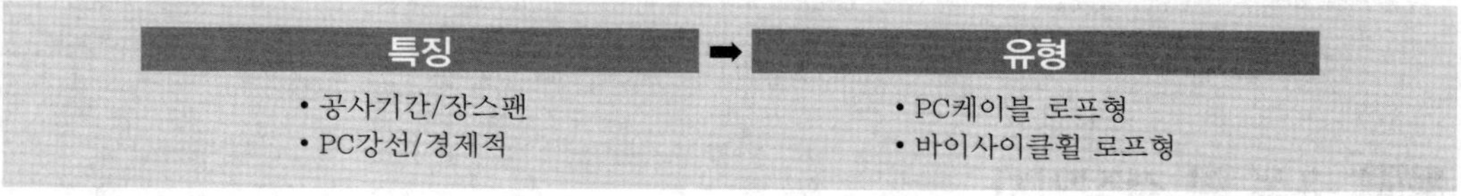

II 특징

① 공사기간 단축 가능
② 장Span, 대공간구조에 유용
③ PC강선이 직접 지붕면을 구성
④ 대Span일 때 다른 구조보다 경제적
　• 100m 이상 공간에서 가장 경제적
⑤ 막재의 장점 도입
　• 채광성, 외관 등

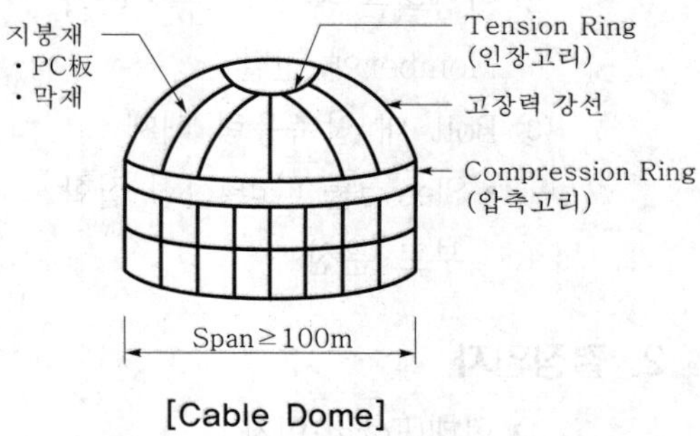

III 유형

1. PC Cable Roof형

① 압축고리(Compression Ring)와 인장고리(Tension Ring)를 PC강선으로 연결
② PC강선 사이에는 PC판을 강선에 매다는 형상으로 설치
③ 풍압저항성 우수, 공항구조물 지붕에 적용

2. Bicycle Wheel Roof형

① 중앙의 인장고리를 이중 설치, 강선 이중인장 지붕구조방식
② 박람회장 지붕구조에 적용

3308 스페이스프레임(Space Frame)

Ⅰ 개요

1 Space Frame은 선형부재를 결합하여 힘의 흐름을 3차원적으로 전달시킨 대공간 구조 시스템이다.

2 대규모 국제행사와 전천후 생활공간의 필요성으로 적용사례가 증가하고 있다.

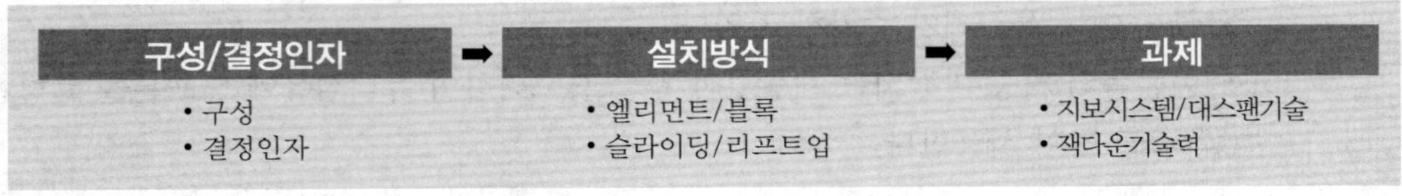

Ⅱ 구성 및 결정인자

1. 구성

① 모멘트 없이 축력만 발생

② 인장력은 볼트의 축을 따라 Member에 전달

③ Bolt 내 압축응력 배제

• Sleeve를 따라 절점 접합부로 분산

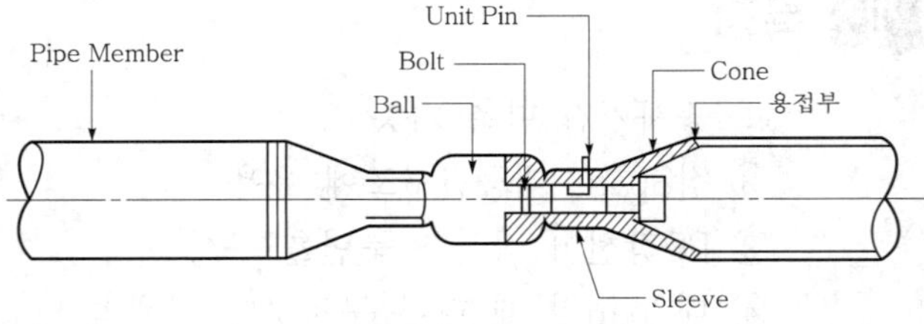

[Space Frame의 연결 구조]

2. 결정인자

① 형태(Form)인자

• 개구부 유무와 경계형상이 형태를 결정

• 평면형, 단일 곡면형, 복합 곡면형 등

② 규모(Scale)

• Span, Rise, 곡률반경으로 표현

③ 경계(Boundary)인자

• 지점 수와 위치, 구속상태 등

④ 배치(Arrangement)인자

• 부재 배치에 따라 힘의 흐름과 변형 상이

• 배치방식은 Grid형, Unit형, 격자 밀도형 등

⑤ 부재(Member)인자
- 부재 단면크기와 두께
- 원형 Pipe를 부재로 사용

3. 적용과제

① 지보시스템의 효율성 확보
② 대Span 설치 기술의 축적
- Sliding공법, Lift-Up공법 등
③ Jack Down 기술력 확보
- 불균형 응력작용 방지
- 가설기둥 해체 전·중의 철저한 계측관리 능력 등

Ⅲ 설치방식(Erection)

1. Element 방식

① 낱개 또는 Unit단위 부재 조립
② 지보공이 다량 소요
- 단일지보공, 시스템서포트, 이동식비계 등

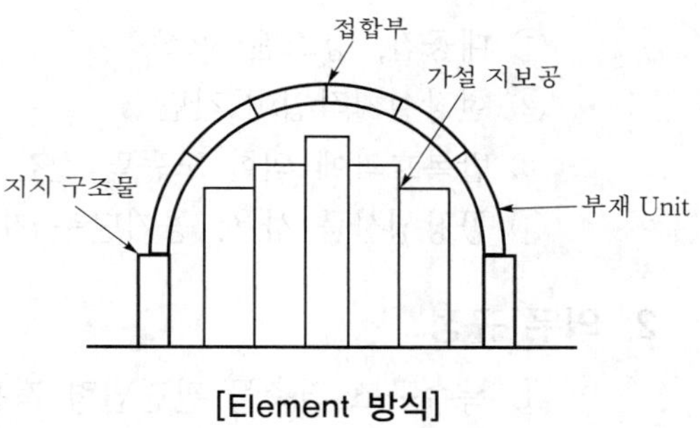

2. Block 방식

① Block 단위로 지상에서 Frame 조립
② 조립 Frame 양중·접합
③ 조립공간 필요

3. Sliding 방식

① 가설 Stage 위에서 Frame 조립
② 순서에 따라서 횡으로 이동하면서 작업
③ 긴 구조물에 적용

4. Lift-Up 방식

① 전체 Frame 지상 조립
② Jacking System으로 Lift-Up
③ 대규모 지보공 불필요
④ 장스팬, 높은 층고에 적용

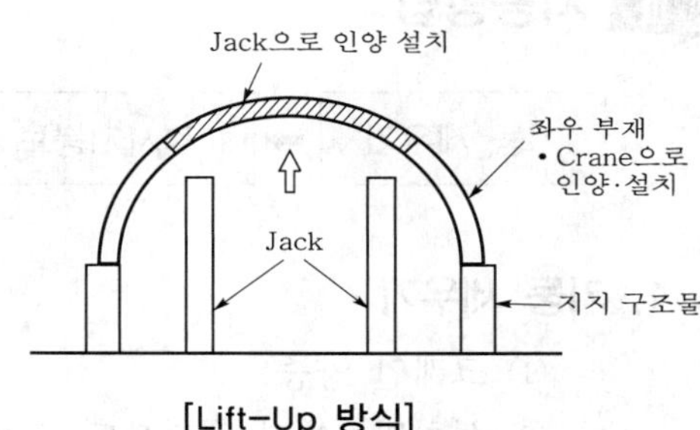

3309 PEB System(Pre-Engineering Beam)

I 개요

1. Taper Column과 경사지붕보를 일체화시킨 구조방식이다.
2. 부재는 공장가공하여 현장에서 조립 · 접합하며 대공간 · 장스팬 구조물에 유용하다.

특징		시공방법		유의사항
• 장점 • 의무 규정	➡	• 기둥/경사보 • 중도리/지붕재	➡	• 양중/자립상태 • 바람/강우 시

II 특징

1. 장점

① 대공간, 장스팬 구조
② 현장설치작업이 간단
③ 반복효과에 의한 노동력 절감
④ 공장생산품 사용, 공기단축 가능

2. 의무 규정

① 특수구조 건축물 관련법령 적용
② 설계 · 착공 시 구조안전 확인
③ 공사 중 사진 · 동영상 기록
④ 감리 중간 · 완료 보고 시 구조안전 확인

III 시공방법

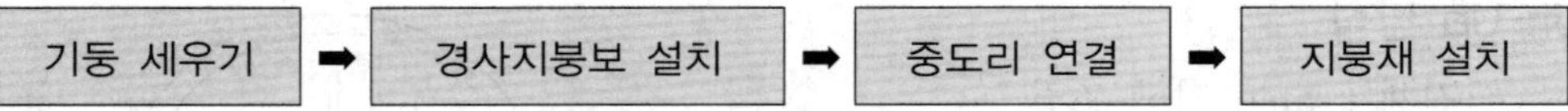

1. 기둥 세우기

① 크레인 양중
② 설치위치에서 앵커볼트 고정

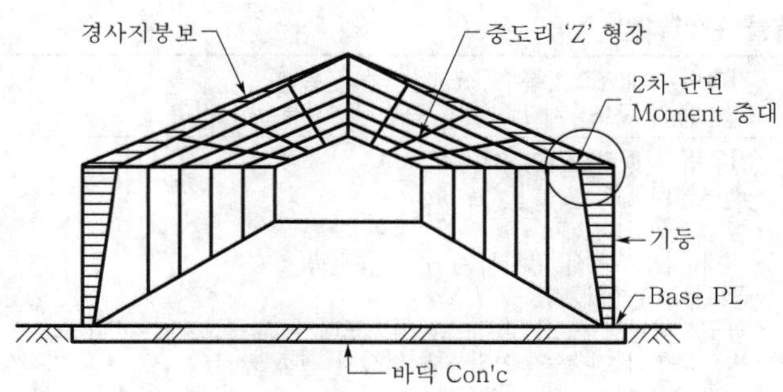

[Taper Steel Frame]

2. 경사지붕보 설치

① 기둥 상부에 고장력볼트 접합
② 좌우대칭으로 맞대어 설치

3. 중도리 연결

① 경사지붕보 직각 방향으로 조립 및 접합
② 용접 및 고장력볼트 접합

4. 지붕재 설치

① 대공간 지붕구조에 적합한 재료·공법 채용
② 일반적으로 함석골판 사용
  • 용융 아연도금 강판재를 착색한 것(착색 아연도강판)
③ 채광이 필요한 곳은 국부적으로 투광성 재료(FRP) 채용

5. 시공 시 유의사항

① 양중 시 부재 간 충돌방지
② 본접합 전 자립상태 유지, Rope 등으로 보양
③ 바람·강우 시 작업금지
④ '지붕기울기 < 1/3'인 경우 습설하중 $25kg/m^2$ 추가 고려

tip 특수구조건축물 관련법령

정의	〈건축법〉 제6조의2(특수구조 건축물의 특례) • 건축물의 구조, 재료, 형식, 공법 등이 특수한 건축물
대상 건축물	〈건축법 시행령〉 제2조제18호 • 캔틸레버구조 보 · 차양 ≥ 3m • 장스팬구조 ≥ 20m • 기타 국토부에서 고시하는 구조의 건축물 〈국토부고시〉 제2018-777호 • 공업화박판강구조(PEB), 스페이스프레임, 막구조, 케이블구조, 부유식구조 • 필로티형식 건축물, 면진 · 제진 장치 건축물, 건축구조기준 미적용 건축물 • 지진력 저항시스템 적용 건축물

의무사항	〈건축법 시행령〉 제6조의3
	• 건축허가 시 건축주는 설계자에게 허가에 따른 구조안전 확인
	• 착공신고 전 허가권자에게 지방건축위원회의 건축물 구조안전 심의 신청
	
	〈건축법 시행령〉 제91조의3제1항
	• 설계자는 구조안전 확인시 건축구조기술사 협력(서명날인)을 받을 것
	
	〈건축법 시행령〉 제18조의2
	• 공사 중 사진 및 동영상 기록
	  - 특수구조건축물: 매층 상부슬래브 배근/ 주요구조부 조립 완료 시
	  - 필로티형식건축물: 기초배근/전이층 기둥·벽체, 보 · 슬래브 배근
	
	〈건축법 시행령〉 제91조의3제5 · 7항
	• 감리중간 · 완료보고시 건축구조기술사 협력(현장확인/서명날인)을 받을 것

PART 04 철근콘크리트공사

제1절 **거푸집공사**
제2절 **철근공사**
제3절 **일반콘크리트공사**
제4절 **특수콘크리트공사**
제5절 **열화현상 및 보수 · 보강**

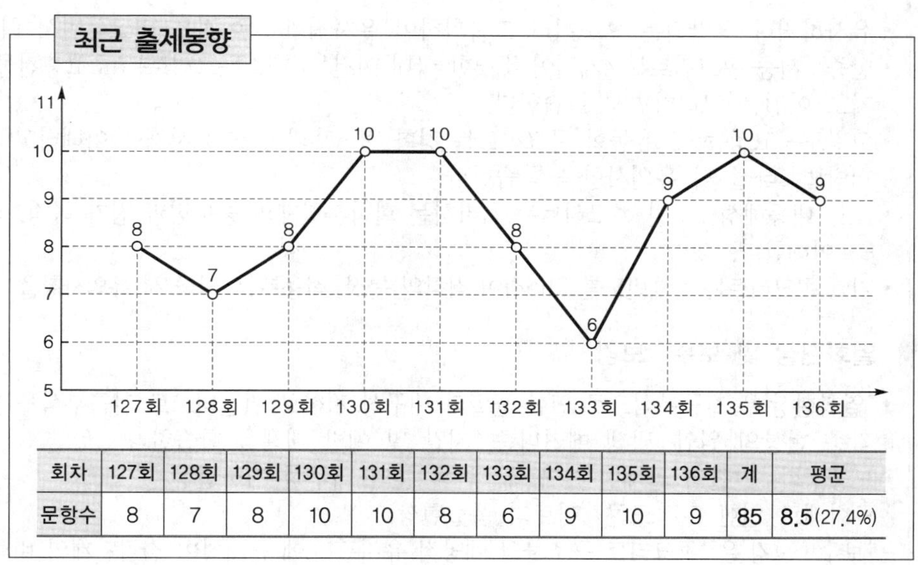

회차	127회	128회	129회	130회	131회	132회	133회	134회	135회	136회	계	평균
문항수	8	7	8	10	10	8	6	9	10	9	85	8.5(27.4%)

📖 학습방향

제1절　**거푸집공사**

- 거푸집공사의 학습은 처짐 및 붕괴사고를 방지하기 위한 구조적 안정성과 시스템 거푸집 등으로 구분하여 학습한다.
- '거푸집의 구조적 안정성'은 거푸집 설계 시 고려 하중, 수평연결재와 가새, 탈형시기 결정방법을 학습한다.
- '시스템 거푸집'은 코어월 선행공법의 요소인 ACS Form과 층당 사이클 공정과 관련된 바닥전용 시스템 거푸집을 중점적으로 학습한다.

제2절　**철근공사**

- 철근공사는 Shop Drawing, 가공, 조립 내용을 체계적으로 이해한다.
- Shop Drawing과 관련규정, 현장가공과 공장가공, 현장조립과 선조립 등을 대립시킨다.
- 균형철근비, 내진배근요소, 철근이음과 정착, 피복두께 등의 구조적 요소도 소화한다.

제3절　**일반콘크리트공사**

- '콘크리트 재료'는 보통콘크리트의 물성을 향상시킬 수 있는 주요 혼화재료를 학습한다.
- 레미콘 운반시간 규정과 이를 관리하기 위한 방안을 학습한다.
- '콘크리트 타설 등'은 압송 및 타설 장비, 부위별 타설, 이어치기, 양생방법 등을 학습한다.
- '콘크리트 Joint(이음)'은 Joint별 설치목적, 적용부위, 설치방법을 학습한다.
- '콘크리트 품질'은 굳지 않은 콘크리트의 품질요소 및 변형, 레미콘 수입검사, 수화 메커니즘, 굳은 콘크리트 변형 등을 학습한다.

제4절　**특수콘크리트공사**

- 유사하거나 상반되는 요소끼리 그룹화하여 유사점과 차이점을 비교하면서 학습한다.
- 한중 · 서중 콘크리트는 4계절이 뚜렷한 국내 여건을, 매스콘크리트는 초고층건물의 매트 기초 여건을 고려하면서 학습한다.
- 고강도 · 고성능 · 고유동화 콘크리트는 경화 전 · 후의 품질 유사점을 이해하고 배합, 시험방법, 타설 시 유의사항을 학습한다.
- AE · 내동해성 · 수밀 콘크리트는 첨가하는 화학혼화제의 공통점과 첨가 목적, 적용부위를 이해한다.
- 기타 콘크리트는 출제빈도를 고려하여 각각의 특징, 적용부위, 시공 시 유의사항을 학습한다.

제5절　**열화현상 및 보수 · 보강**

- '열화현상'은 철근부식으로 인한 균열과 내구성 저하로 귀결되므로 철근부식을 유발하는 각종 현상의 원인, 발생 메커니즘, 저감 및 예방 대책을 학습한다.
  - 중성화, 알칼리 골재반응, 동해, 염해 등의 내구성 저하현상
  - 화재로 인한 고강도콘크리트의 폭렬현상
- '보수 · 보강'은 '콘크리트 구조물의 예방적 유지관리'에 근거하여 점검단계의 비파괴시험, 균열 폭에 의한 보수 · 보강 판정, 적용 공법의 유형과 시공방법 등을 학습한다.

📖 과년도 출제문제(686)

제1절 (112) 거푸집공사	작용하중 (21) 공법 (54) 조립 (25)	존치·해체 (9) 생산성 (3)
제2절 (86) 철근공사	자재 (10) 조립 (43)	이음 (19) 정착 (14)
제3절 (209) 일반콘크리트공사	재료 (35) 배합·운반 (18) 타설·양생 (57)	이음 (23) 품질 (76)
제4절 (138) 특수콘크리트공사	한중·서중·매스 (60) 고강도·고유동 (18)	기타 (60)
제5절 (141) 열화/보수·보강	열화현상 (57) 보수·보강 (21) 생산성 (5)	콘크리트 구조 (8) 가설공사 (50)

제1절 거푸집공사 112

[작용하중] 21

60105 거푸집의 고려하중 및 측압
63102 콘크리트 헤드(Con'c Head)
64101 콘크리트 타설시 거푸집에 작용하는 측압
65301 거푸집에 작용하는 각종하중으로 인한 사고유형 및 대책을 기술하시오.
66401 콘크리트 타설시 거푸집 측압의 특성 및 영향 요인에 대하여 기술하시오.
78301 기둥 콘크리트 타설시 거푸집에 미치는 측압의 분포를 비교, 도시(圖示)하고 설명하시오.
81113 Concrete 타설시 거푸집 측압에 영향을 주는 요소
82401 거푸집공사의 구조적 안전성 검토 방법에 대하여 기술하시오.
87304 콘크리트 타설시 거푸집 측압에 영향을 주는 요소 및 저감대책에 대하여 기술하시오.
93112 고정하중(Dead Road)과 활하중(Live Load)
94201 콘크리트 타설과정에서 콘크리트의 거푸집 측압 증가요인, 측압 측정방법 및 과다 측압 발생시 대응방법에 대하여 설명하시오.
96102 철근콘크리트공사의 거푸집에 작용하는 하중
03110 벽체두께에 따른 거푸집 측압 변화
07101 생콘크리트 거푸집 측압
17202 콘크리트 타설시 거푸집 측압의 특성과 측압에 영향을 미치는 요인에 대하여 설명하시오.
18403 콘크리트 타설 시, 거푸집에 대한 고려하중과 측압 특성 및 측압 증가 요인에 대하여 설명하시오.
26204 부위별 거푸집(동바리 포함)에 작용하는 하중과 하중에 대응하기 위한 거푸집 설치방법(동바리 설치방법 포함) 및 콘크리트 타설방법을 설명하시오.
29301 콘크리트 타설 시 거푸집에 대한 고려하중과 측압 특성 및 측압 증가 요인에 대하여 설명하시오.
30206 거푸집 및 동바리의 안전성 검토에 대하여 설명하시오.
31405 최근 건설현장이 고층화, 대형화됨에 따라 거푸집의 안정성 검토가 중요시 되고 있다. 거푸집 설치 시 안정성 검토절차, 거푸집의 붕괴 원인 및 방지대책에 대해서 설명하시오.

34404 콘크리트 타설 시 고려해야 할 거푸집 측압의 특성, 증가요인, 측정방법에 대하여 설명하시오.

[공법] 54

63401 골조공사에 적용되는 무비계 공법을 열거하고 공법별 특성을 기술하시오.
65108 와플 폼(Waffle-Form)
65305 시스템 거푸집(System Form)에 대하여 기술하시오.
65402 도심지 고층건축공사에서 옥상 측벽용 노출 concrete 대형 거푸집설치의 고정방법 및 유의사항을 기술하시오.
68110 알루미늄합금 프레임 거푸집
76112 Pecco Beam
79406 ACS(Auto-Climbing System) Form과 Sliding Form 공법을 비교 논술하시오.
80112 Metal Lath 거푸집
81403 골조공사시 Aluminum Form System의 장·단점, 시공순서, 유의사항을 기술하시오.
83110 Auto Climbing System Form
84105 지하구조물 보조기둥(Shoring Column)
84302 대형 system 거푸집의 종류을 나열하고 설명하시오.
84402 건축공사 현장에서 사용되는 동바리의 종류를 나열하고 각각 장.단점을 설명하시오.
85105 Aluminum Form
87402 초고층 건물 코어 월(Core Wall) 거푸집공법 계획 시 종류별 장단점을 비교하여 기술하시오.
88201 거푸집 공사중 Gang Form, Auto Climbing Form, Sliding Form의 특징 및 장.단점을 비교 기술하시오.
90108 슬라이딩 폼 (Sliding Form)
90206 초고층 건축공사의 거푸집 공법 선정시 고려사항에 대하여 설명하시오.
91102 시스템 동바리(System Support)
97108 알루미늄 거푸집(Aluminium Form)
97303 거푸집 공사에서 시스템 동바리 조립·해체 시 주의사항과 붕괴원인 및 방지대책을 설명하시오.
98109 가설공사의 Jack Support
98304 고층 건축물의 외벽에 적용 가능한 System Form의 종류와 시공 시 유의사항에 대하여 설명하시오.
99103 철재 비탈형(非脫型) 거푸집
00102 터널 폼(Tunnel Form)의 모노 쉘(Mono Shell)방식
00305 지하층 합벽을 무폼타이 거푸집공법(Tie-less Form Work)의 특징 및 시공시 유의사항에 대하여 설명하시오.
04106 거푸집공사에서 드롭헤드 시스템
07404 지하주차장 보 하부 Jact Support 설치 시 현장에서 사전에 검토할 사항을 설명하시오.
09102 거푸집 공사에서 Stay-in-place Form
09103 잭서포트(Jack Support)
10203 거푸집공사에서 시스템동바리(System Support)의 적용범위, 특성 및 조립시 유의사항에 대하여 설명하시오.
11402 공동주택 외벽 거푸집 갱폼 제작시 세부 검토사항에 대하여 설명하시오.
12203 RCS(Rail Climbing System)공법의 특징과 시공 시 유의사항에 대하여 설명하시오.
14203 시스템 거푸집 중 갱폼(Gang Form)의 구성요소 및 제작 시 고려사항에 대하여 설명하시오.

15108 알루미늄 거푸집(AL Form)
16110 알루미늄거푸집공사 중 Drop Down System 공법
16112 비탈형 거푸집
16402 거푸집공사에 사용하는 터널폼의 종류 및 특성에 대하여 설명하시오.
17101 컵록 서포트(Cuplock Support)
17302 알루미늄 거푸집을 이용한 아파트 구조체공사시 유의사항에 대하여 설명하시오.
18202 잭서포트(Jack Support), 강관시스템서포트(System Support)의 특성과 설치 시 유의사항에 대하여 설명하시오.
18204 갱폼(Gang Form)의 제작 시 고려사항 및 케이지(Cage) 구성요소에 대하여 설명하시오.
20101 RCS(Rail Climbing System) Form
21205 거푸집 선정 시 고려할 사항 및 발전방향에 대하여 설명하시오.
23303 공동주택 철근콘크리트공사의 갱폼(Gang Form) 시공 시 위험요인과 외부 작업발판 설치기준, 설치 및 해체 시 주의사항에 대하여 설명하시오.
25405 알루미늄폼의 장단점을 유로폼과 비교하고, 시공 시 유의사항에 대하여 설명하시오.
26304 갱폼(Gang Form) 시공 시 재해 예방대책을 설명하시오.
29110 갱폼 인양용 안전고리
30303 갱폼 작업 시 안전사고 예방대책에 대하여 설명하시오.
30401 고층 건축물 거푸집공사에 사용되는 대형 시스템 거푸집(System Form) 공법을 분류하고, 특징 및 문제점에 대하여 설명하시오.
32105 가설공사의 잭서포트(Jack Support)
32201 철근콘크리트 공사의 거푸집 중 유로폼의 개요, 장단점, 구성품, 설치방법 및 시공 시 유의사항을 설명하시오.
33205 콘크리트공사에서 다음 항목에 대하여 설명하시오.
　① 적용 부위 및 구성 재료에 따른 거푸집의 종류
　② 동바리의 종류
　③ 거푸집과 동바리의 해체 시기 및 검토 사항
36402 공동주택의 갱폼(Gang Form) 제작 시 세부 검토사항과 설치 시 유의사항에 대하여 설명하세요.

[조립] 25
62302 동바리 시공시의 문제점과 기술상의 대책을 기술하시오.
69203 거푸집 공사의 안전사고를 예방하기 위한 검토사항을 거푸집 설계 및 시공단계별로 기술하시오.
70302 현장에서 거푸집의 가공제작과 조립, 설치상태를 점검하려고 한다. 이 때 유의할 점에 대하여 기술하시오.
71113 동바리 바꾸어 세우기(Reshoring)
74204 층고가 높은 슬래브 콘크리트 타설 전 동바리 점검사항에 대하여 기술하시오.
79303 거푸집 공사로 인하여 발생하는 콘크리트 하자에 대하여 기술하시오.
81401 층고 6m인 R.C조 건물의 골조공사 거푸집 시공시 동바리 바꾸어 세우기(Reshoring)의 시기와 유의사항을 설명하시오.
82105 Concrete Kicker

85301 거푸집공사에서 발생할 수 있는 문제점과 그 방지대책에 대하여 설명하시오.
87205 거푸집 동바리와 관련된 안전사고의 원인과 대책에 대하여 기술하시오.
93406 철근콘크리트 공사 중 거푸집 시공계획 및 검사방법에 대하여 설명하시오.
96306 건축현장의 거푸집공사에서 발생되는 거푸집붕괴의 원인과 대책을 설명하시오.
98113 콘크리트의 슬래브 처짐(Camber)
99301 지하주차장 진출입을 위한 주차 램프(Ramp)의 시공시 유의사항에 대하여 설명하시오.
00203 지하주차장 거푸집 작업에서 동바리 수평연결재 및 가새 설치시 주의사항에 대하여 설명하시오.
01202 공동주택공사에서 거푸집 시공계획을 수립하기 위한 고려사항 및 안전성 검토방안에 대하여 설명하시오.
01405 지하주차장의 효율적 배수를 위한 슬래브 구배시공에 대하여 설명하시오.
02403 콘크리트 양생과정에서 처짐방지를 위한 동바리 바꾸어 세우기 방법에 대하여 설명하시오.
07402 가설 거푸집 동바리 및 비계에 대한 붕괴 메카니즘에 대하여 설명하시오.
18106 거푸집의 수평 연결재와 가새 설치 방법
20103 콘크리트공사 시 캠버(Camber)
22301 거푸집공사에서 수직도 유지를 위한 기준 먹매김 방법과 유의사항에 대하여 설명하시오.
25304 거푸집공사에 시스템 동바리와 강관동바리의 장단점을 비교하고, 동바리 조립시 유의사항에 대하여 설명하시오.
31305 장스팬 철근콘크리트 슬래브 처짐의 원인과 방지대책에 대하여 설명하시오.
34206 거푸집 및 동바리공사의 시공계획서 포함사항, 구조적 안전성 확인 대상, 해체 시 유의사항에 대하여 설명하시오.

[존치 · 해체] 9
63303 거푸집 및 동바리 해체(떼어내기) 기준에 대하여 각 부위별로 기술하고 기준시기보다 조기 탈형 할 수 있는 강도 확인 방법을 설명하시오.
91303 거푸집 및 지주의 존치기간 미준수가 경화콘크리트에 미치는 영향에 대하여 설명하시오.
97105 거푸집 존치기간 (국토해양부제정 건축공사표준시방서 기준)
08106 콘크리트 슬래브의 거푸집 존치기간과 강도와의 관계
19205 박리제의 종류와 시공 시 유의사항에 대하여 설명하시오.
25108 콘크리트 거푸집의 해체시기
26109 거푸집의 존치기간
28202 콘크리트공사의 거푸집 존치기간, 거푸집 해체 시 준수사항과 동바리 재설치 시 준수사항에 대하여 설명하시오.
29202 지하주차장 슬래브(Slab) 균열 발생원인 및 방지대책에 대하여 설명하시오.

제3절 일반 콘크리트공사 209

84204 레미콘 운반시간의 한도 규정 준수에 대하여 다음
　　　을 설명하시오.
　　　1) 일반 콘크리트의 경우(콘크리트 시방서 기준)
　　　2) KS규정의 경우
　　　3) 운반시간의 한도 규정을 초과하지 말아야 하는 이유
85203 건설현장에서 콘크리트의 운반 및 타설방법에 대
　　　하여 설명하시오.
89102 레미콘의 호칭강도와 설계기준강도의 차이점
89201 레미콘 가수(加水)의 유형을 들고, 그 방지대책에
　　　대하여 설명하시오.
93110 잔골재율
95111 강도의 단위로서 Pa(Pascal)
97107 레디믹스트 콘크리트 납품서(송장)
99106 시방배합과 현장배합
10107 레디믹스트 콘크리트의 설계기준강도 및 호칭강도
22106 물－결합재비(Water－Binder Ratio)
30107 잔골재율이 콘크리트에 미치는 영향
32304 운반 시간이 초과된 콘크리트의 문제점과 현장관
　　　리 대책에 대하여 설명하시오.

[타설·양생] 57
63105 VH분리타설공법
64203 도심지공사에서 지하외벽의 합벽처리공사와 관련
　　　하여 준공 후 발생되는 주요하자유형을 열거하고
　　　설계 및 시공상의 방지대책을 기술하시오
64406 콘크리트 Pump에 의한 현장 콘크리트 타설시
　　　Pump압송을 향상시키기 위한 콘크리트 배합상의
　　　대책과 시공상의 유의사항에 대하여 설명하시오
65107 콘크리트 플레이싱 붐(Concrete Placing Boom)
66107 Curing Compound(큐어링 컴파운드)
66304 옥상 패러핏(Parapet) 콘크리트 타설시 바닥 콘크
　　　리트와의 타설 구획방법을 단면으로 도시하고 시
　　　공시　유의사항을 기술하시오.
72304 건축공사에서 콘크리트의 V.H (수직수평) 분리타
　　　설 공법의 개요와 적용목적을 기술하시오.
75401 콘크리트 표면에 발생하는 결함의 종류 및 방지대
　　　책에 대하여 기술하시오.
77112 콘크리트 이어붓기면의 요구되는 성능과 위치
79112 콘크리트의 양생방법
79401 현장타설 콘크리트 품질관리의 중요성과 방법을
　　　단계(타설전, 타설중, 타설후)별로 기술하시오.
81110 콘크리트 타설시 진동다짐 방법
83303 콘크리트공사의 품질유지를 위한 활동을 준비단
　　　계, 진행단계 및 완료단계로 나누어 설명하시오.
84107 CPB(Concrete Placing Boom)
84203 건축물의 기둥 콘크리트 타설시 다음 사항을 설명
　　　하시오.
　　　1) 타설방법(콘크리트 시방서 기준)
　　　2) 한 개의 기둥을 연속으로 타설하여 완료하는 것
　　　　을 금지하는 이유
85110 콘크리트 표면에 발생하는 결함
87206 대규모 공장건축물 바닥콘크리트 타설시 구조적
　　　문제점 및 시공상 유의사항에 대하여 기술하시오.

88203 콘크리트의 현장 품질관리를 위한 시험에서 ① 타
　　　설 전 ② 타설 중 ③ 타설 후를 구분하여 기술하시오.
89101 트레미(Tremie)관을 이용한 콘크리트 타설 공법
90302 콘크리트 펌프 압송시 압송관의 막힘 현상의 원인
　　　과 대책에 대하여 설명하시오.
91202 현장에서 콘크리트의 동시 타설량이 대량이어서
　　　복수의 공장에서 공급받는 경우의 콘크리트 품질
　　　확보방안에 대하여 설명하시오.
92109 콘크리트 펌프타설(concrete pumping)시 검토사항
92403 기둥과 슬래브(slab) 부재의 압축강도가 다른 경
　　　우 콘크리트 품질관리 방안에 대하여 설명하시오.
94401 콘크리트 타설 전 및 타설 중 품질관리 방안에 대
　　　하여 설명하시오.
95206 건축공사에서 지하흙막이 벽체와 외벽콘크리트
　　　합벽공사 시 하자유형 및 방지대책에 대하여 설명
　　　하시오.
96202 건축현장에서 콘크리트 펌프(Pump) 압송 타설시
　　　발생할 수 있는 품질저하의 원인과 대책에 대하여
　　　설명하시오.
00306 레미콘 출하 후 발생하는 잔량 콘크리트의 효과적
　　　인 이용 방법에 대하여 설명하시오.
01108 시멘트 종류별 표준 습윤 양생기간
04202 지하합벽 시공시 흙막이 엄지말뚝 변위에 따라 발
　　　생되는 지하외벽의 단면손실에 대한 보강방법과
　　　관련하여 다음 사항을 설명하시오.
　　　1) 설계 및 시공 시 고려사항
　　　2) 시공 상의 또는 지반조건에 따라 이격거리 이상
　　　　의 변위 발생 시 보강방안
04205 콘크리트 타설시 온도와 습도가 거푸집 측압, 콘
　　　크리트 공기량 및 크리프에 미치는 영향에 대하여
　　　설명하시오.
06406 콘크리트타설시 배관의 압송 폐색현상의 원인과
　　　방지대책에 대하여 설명하시오.
08205 현장에서 콘크리트 타설할 때 현장에서의 준비사
　　　항 및 주변 조치사항을 설명하시오.
09203 현장에 도착한 콘크리트의 슬럼프(Slump)가 배합
　　　설계한 값보다 저하되어 펌프카(Pump Car)로 타
　　　설하기 곤란한 경우에 슬럼프 저하의 원인과 조치
　　　방안에 대하여 설명하시오.
11302 콘크리트 타설 중 압송배관 막힘 현상 발생 원인
　　　과 방지대책에 대하여 설명하시오.
12303 공사현장의 여건상 2개사 이상의 레미콘 공장제
　　　품을 사용할 경우, 콘크리트 혼용타설의 문제점과
　　　품질확보방안에 대하여 설명하시오.
13301 초고층 건축물의 콘크리트공사에서 타설 전 관리
　　　사항과 압송장비 선정방안에 대하여 설명하시오.
17401 콘크리트타설 계획의 수립내용에 대하여 설명하시오.
17403 콘크리트 구조물표면의 손상 및 결함의 종류에 대
　　　한 원인과 방지대책에 대하여 설명하시오.
18203 생콘크리트 펌프압송 시 막힘현상의 원인 및 예방대
　　　책과 막힘 발생 시 조치사항에 대하여 설명하시오.
19102 CPB(Concrete Placing Boom)

19306 콘크리트의 펌프 압송 시 유의사항에 대하여 설명하시오.
19405 콘크리트의 수직-수평 분리타설 방법과 시공 시 유의사항을 설명하시오.
21201 초고층 건축공사에서 콘크리트 타설 시 고려사항과 콘크리트 압송장비의 운용방법에 대하여 설명하시오.
21402 지붕층 콘크리트 타설 시 시공단계별 품질관리 방안에 대하여 설명하시오.
22202 콘크리트 타설 전에 현장에서 확인 및 조치할 사항에 대하여 설명하시오.
23204 현장타설 콘크리트의 품질관리 방안을 단계별(타설 전·중·후)로 설명하시오.
25205 초고층 건축물 콘크리트 타설 시 압송관 관리사항과 펌프 압송 시 막힘현상의 대책에 대하여 설명하시오.
25305 콘크리트 구조물 표면의 손상 및 결함의 종류에 대한 원인과 방지대책에 대하여 설명하시오.
25404 현장 콘크리트 타설 전 시공확인 사항과 레미콘 반입 시 확인사항에 대하여 설명하시오.
27113 콘크리트 공사 표준 습윤양생 기간
27204 초고층 공동주택에서 콘크리트 타설 시 고려사항과 콘크리트 압송장비(CPB: Concrete Placing Boom) 운용방법에 대하여 설명하시오.
30106 강우 시 콘크리트 타설
30301 콘크리트 타설 시 압송관 막힘에 대하여 설명하시오.
34101 콘크리트 펌프 압송 시 막힘현상
34401 콘크리트 타설 중 국지성 집중호우 시 조치사항 및 현장 안전대책에 대하여 설명하시오.
35104 건축물 기초공사 버림(밑창)콘크리트
36303 철근콘크리트 구조의 수직부재와 수평부재의 콘크리트 설계기준강도가 서로 상이한 경우 분리 타설하는 방법과 시공 시 유의사항에 대하여 설명하시오.

[콘크리트 이음] 23
62102 Control Joint
63106 Delay Joint
66113 Sliding Joint
67101 Delayed Joint
67306 고층 아파트 지하 주차장 Expansion Joint 시공 시의 유의사항
68113 Control Joint
69303 콘크리트 타설을 부득이 이어치기로 할 경우 위치 및 시공방법 등 유의사항을 기술하시오.
76101 시공이음(Construction joint)
80106 Delay Joint(Shrinkage Strips : 지연조인트)
83107 구조체 신축이음(Expansion Joint)
84113 콘크리트 균열유발줄눈의 유효단면 감소율
87106 콘크리트 조인트 종류
88105 시공이음(Construction Joint)과 팽창이음(Expansion Joint)
91301 철근콘크리트공사에서 Expansion Joint와 Control Joint(균열유도줄눈)의 시공방법에 대하여 기술하시오.
96403 콘크리트 구조물의 균열방지를 위하여 설치하는 줄눈의 종류 및 시공시 유의사항에 대하여 설명하시오.
01305 콘크리트공사에서 콘크리트 이어붓기면의 이음위치와 효율적인 이어붓기 시공방법에 대하여 설명하시오.

02405 옥상 누름콘크리트의 신축줄눈(Expansion Joint)과 조절줄눈(Control Joint)의 단면을 도시하고, 준공 후 예상되는 하자의 원인과 대책에 대하여 설명하시오.
04306 주상복합건축물 구조에서 하부층은 라멘조이며, 상부층은 벽식구조로 계획된 전이층의 트랜스퍼 거더의 콘크리트 이어치기면 처리, 철근 배근 및 하부 Shoring 시공 시 유의사항에 대하여 설명하시오.
08107 시공줄눈(Construction Joint)의 시공위치 및 방법
20403 철근콘크리트공사에서 발생하는 시공이음(Construction Joint) 시공 시 유의사항에 대하여 설명하시오.
22108 철근콘크리트 공사 시 지연줄눈(Delay Joint)
28203 건축물의 철근콘크리트공사 중 익스펜션 죠인트(Expansion Joint)를 시공해야 할 주요 부위와 설치위치, 형태에 관하여 설명하시오.
30403 콘크리트 이음의 종류 및 방법에 대하여 설명하시오.

[콘크리트 품질] 76
〈레미콘 품질〉 21
62305 콘크리트의 품질 시험방법에 대하여 기술하시오.
64107 Slump Flow
68107 레미콘의 압축강도검사 기준과 판정기준
69106 Flow Test
71203 레미콘 압축강도 시험에 대하여 다음을 설명하시오.
  1) 시험시기, 횟수, 시료채취방법
  2) 합격여부 판정방법
74403 건축공사 표준시방서 따른 레미콘 강도시험용 공시체 제작의 다음 사항에 대하여 설명하시오.
  1) 시험횟수 2) 시료채취 방법 3) 합격 판정기준
77202 콘크리트 타설시 시공연도에 영향을 주는 요인과 시공연도 측정방법에 대하여 기술하시오.
78110 콘크리트 염분함량 기준
81205 Concrete 압축강도시험의 합격판정기준을 다음 경우에 따라 설명하시오.
  1) 1일/회 타설량 150m^3 이하
  2) 1일/회 타설량 200m^3~450m^3 일때
90403 콘크리트 공사의 시공성에 영향을 주는 요인과 시공성 향상방안에 대하여 설명하시오.
95403 콘크리트 품질시험검사 중 표준양생공시체의 압축강도 시험결과시 불합격되었다. 불합격시 조치에 대하여 설명하시오.
98402 콘크리트 시공연도(Workability)에 영향을 주는 요인과 측정방법에 대하여 설명하시오.
01403 콘크리트의 성질을 미경화 콘크리트와 경화 콘크리트로 구분하여 설명하시오.
05106 굳지않은 콘크리트의 공기량
05202 건설공사의 부실공사를 방지하고, 품질을 확보하기 위한 레디믹스트 콘크리트 공장의 사전점검·정기점검·특별점검에 대하여 설명하고, 불량자재의 기준 및 처리시 유의사항에 대하여 설명하시오.
18304 철근콘크리트 구조물의 표준양생 28일 강도를 설계기준강도로 정하는 이유와 압축강도 시험의 합격 판정 기준을 설명하시오.

21101 콘크리트의 시공연도(Workability)
22302 레디믹스트콘크리트의 적절한 수급과 품질을 확
　　　보하기 위해 공장방문 시 확인할 사항에 대하여
　　　설명하시오.
24202 굳지 않은 콘크리트의 성질에 대해 쓰고 콘크리트의
　　　시공성에 영향을 주는 요인에 대하여 설명하시오.
29103 굳지 않은 콘크리트의 단위수량 시험방법
30111 굳지 않은 콘크리트의 재료분리 현상

〈타설 품질〉 37
68109 수화반응
68401 콘크리트 타설 후 발생하는 소성수축 균열과 건조
　　　수축균열에 대하여 다음 사항을 설명하시오.
　　　1) 발생기구(Mechanism) 2) 균열양상
　　　3) 발생시기 4) 방지대책
69202 미경화 콘크리트의 침하균열에 대하여 ① 발생시
　　　기 ② 요인 ③ 대책을 기술하시오.
70112 Bleeding
71404 보통 포틀랜드 시멘트를 사용한 콘크리트 현장 타설
　　　(외기온도 20℃)할 때 다음을 설명하시오.
　　　1) 응결 개시시간 2) 응결 종결시간 3) 경화 개시시간
72303 Slab 콘크리트 타설 후 소성수축 균열이 발생하였
　　　을 경우 현장대처 방안을 기술하시오.
73101 Water gain 현상
74110 콘크리트 응결경화
74112 소성수축 균열 발생 시 현장관리방안
75303 Con'c 타설시 조기발생(1일 이내)하는 균열의 종
　　　류와 원인 및 대책에 대하여 기술하시오.
76302 비벼진 굵은 골재의 재료분리 원인 및 영향을 주
　　　는 요인과 방지대책에 대하여 기술하시오.
81108 콘크리트 타설시 발생하는 침하균열의 예방법과
　　　발생 후 현장조치 방법
84406 Bleeding에 대하여 다음을 설명하시오.
　　　1) 개요 2) 블리딩시 발생하는 균열 3) 균열 발생
　　　시 현장조치 방법 4) 블리딩시 수분 증발속도에
　　　영향을 주는 요인
88104 콘크리트 타설시 굵은골재의 재료분리
88113 소성수축균열(Plastic Shrinkage Crack)
88301 콘크리트 타설 후, 응결 및 경화과정에서 콘크리
　　　트의 표면에서 발생할 수 있는 결함의 종류와 원
　　　인 및 대책에 대하여 기술하시오.
89104 레이턴스(Laitance)
89403 내구성이 요구되는 콘크리트 구조물에 콘크리트
　　　양생 중 소성수축 균열 발생시 그 원인과 복구대
　　　책에 대하여 설명하시오.
92110 콘크리트 자기수축(自己收縮)
93306 고강도콘크리트의 자기수축(自己, Self Shrinkage)
　　　현상과 저감방안에 대하여 설명하시오.
98405 현장 콘크리트 타설 후 경화되기 전에 발생하는
　　　초기 균열 및 방지대책에 대하여 설명하시오.
00107 콘크리트에서 초결시간과 종결시간
03203 건축구조물 공사에서 콘크리트 표면의 기포발생
　　　원인과 저감대책에 대하여 설명하시오.

05302 콘크리트공사에서 Bleeding 발생원인 및 저감대
　　　책에 대하여 설명하시오.
06106 시멘트 수화반응의 단계별 특징
07206 철근콘크리트 공사에서 재료분리의 종류와 특징
　　　및 방지대책에 대하여 설명하시오.
08302 콘크리트타설 후 경화하기 전에 발생하는 콘크리
　　　트의 수축균열(Shrinkage Crack)의 종류 및 그
　　　각각의 원인과 대책을 설명하시오.
17108 무근콘크리트 슬래브 컬링(Curling)
18105 콘크리트의 소성수축균열(Plastic Shrinkage Crack)
　　　과 자기수축균열(Autogenous Shrinkage Crack)
19106 콘크리트 침하균열
24106 블리딩(Bleeding) 현상
25110 콘크리트의 플라스틱 수축균열
25204 굳지 않은 콘크리트의 재료분리 발생 원인과 대
　　　책, 구조에 미치는 영향에 대하여 설명하시오.
26110 콘크리트의 침하균열(Settlement Crack)
28402 굳지 않은 콘크리트의 블리딩에 의해 발생하는 문
　　　제점과 저감대책을 설명하시오.
31304 굳지 않은 콘크리트의 재료분리 현상 및 방지대책
　　　에 대하여 설명하시오.
33108 콘크리트 자기수축(Autogeneous Shrinkage)

〈경화체 품질〉 17
66204 현장 타설콘크리트의 건조수축을 유발하는 요인
　　　과 저감대책을 기술하시오
68102 크리프(Creep)
77111 콘크리트 공시체의 현장봉함(밀봉)양생
78302 콘크리트 타설 후 발생하는 건조수축 균열의 현장
　　　저감대책에 대해서 기술하시오.
81202 Concrete 건조수축에 대하여 진행속도와 4개의
　　　영향인자를 쓰고 각 영향인자와 건조수축과의 관
　　　계를 설명하시오
89107 구조체 관리용 공시체
92107 크리프(Creep) 현상
98107 콘크리트의 건조수축 균열
00105 콘크리트의 모세관 공극
06107 콘크리트 크리프(Creep)
06305 콘크리트 압축강도 시험방법과 구조체 관리용 공
　　　시체 평가방법에 대하여 설명하시오.
12301 콘크리트 구조물의 28일 압축강도가 설계기준강
　　　도에 미달될 경우, 현장의 처리절차와 구조물 조
　　　치방안에 대하여 설명하시오.
13105 콘크리트의 건조수축과 자기수축
23113 콘크리트 Creep
24105 콘크리트의 수분증발률
31403 콘크리트 공사 후 시간경과에 따라 나타나는 균열
　　　을 경화 전, 경화 후 및 내구성 균열로 구분하여
　　　균열의 원인 및 대책에 대하여 설명하시오.
36306 콘크리트 공사 중 현장양생공시체를 제작하는 목
　　　적과 양생방법에 대하여 설명하시오.

〈기타〉 1
05301 건축물공사에서 철근콘크리트공사와 철골공사의
　　　중점 관리방안에 대하여 각각 비교 설명하시오.

제4절 특수 콘크리트공사 138

[한중 · 서중 · 매스] 60
〈한중〉 21
62204 동절기 콘크리트공사 시 시공관리 방법에 대하여 기술하시오.
72202 동절기 콘크리트공사의 보양방법에 대하여 설명하시오.
74102 한중콘크리트 적산온도
78103 한중콘크리트의 적용범위
78201 동절기 콘크리트의 초기동해 방지대책과 소요 압축강도($50kgf/cm^2$)를 확보하기 위한 현장 조치사항을 기술하시오.
84104 콘크리트 적산온도
90101 한중콘크리트
92204 한중콘크리트 타설 시 발생할 수 있는 초기동해의 원인 및 방지대책에 대하여 설명하시오.
96304 한중(寒中)콘크리트의 배합, 운반 및 타설 시 유의사항에 대하여 설명하시오.
05105 한중콘크리트의 적산온도
05404 혹한기 콘크리트 공장제조 시 소요재료 가열방법 및 공사현장 주요 관리사항에 대하여 설명하시오.
08108 일일 평균기온 4℃ 이하시 콘크리트의 양생방법
11103 내한촉진제
11303 한중콘크리트의 품질관리 방안과 양생 시 주의사항에 대하여 설명하시오.
14301 동절기 콘크리트공사 시, 초기동해 발생원인 및 방지대책에 대하여 설명하시오.
23106 내한촉진제
26305 한중콘크리트의 타설시 주의사항 및 양생시 초기양생, 보온양생과 현장 품질관리에 대하여 설명하시오.
29201 한중콘크리트 타설 시 주의사항과 양생방법에 대하여 설명하시오.
32301 한중콘크리트 타설 전 현장 점검사항과 초기 동해 방지 대책에 대하여 설명하시오.
35402 한중콘크리트의 적용범위, 양생 시 품질관리, 시공 시 유의사항에 대하여 설명하시오.
36403 콘크리트공사 표준시방서 중 일반콘크리트와 한중콘크리트의 품질확보방안을 설명하시오.

〈서중〉 19
60402 하절기 철근콘크리트 공사에서 서중콘크리트 타설시 문제점 및 시공시 고려사항을 기술하시오.
67206 서중콘크리트 타설 시 콜드조인트 방지대책
70104 Cold Joint
73201 서중 Concrete 시공 시 유의사항을 기술하시오.
74107 서중콘크리트 적용범위
74404 서중콘크리트 제조, 운반, 타설 시 다음의 관리사항을 설명하시오.
  1) 콘크리트 온도 관리방안
  2) 운반 시 슬럼프 저하 방지대책
  3) 타설 시 콜드조인트 방지대책
  4) 타설 후 양생 유의사항

80202 서중(暑中)콘크리트 시공시 발생할 수 있는 문제점을 제시하고 방지대책에 대하여 기술하시오.
86202 서중콘크리트의 배합설계 시 유의사항, 운반 및 부어넣기 계획에 대하여 설명하시오.
89103 콜드조인트(Cold Joint)
89306 서중콘크리트 공사에서 서중환경이 굳지 않은 콘크리트의 품질에 미치는 영향과 그 방지대책을 설명하시오.
91107 서중(暑中)콘크리트
94204 서중콘크리트 시공시 발생하는 영향과 각종 재료 준비, 운반, 타설, 양생과정에 대하여 설명하시오.
98202 서중콘크리트 타설시 공사관리 방안에 대하여 설명하시오.
09302 일정상 공정이 지연되어 부득이 일평균 기온이 25℃ 또는 최고 온도가 30℃를 초과하는 하절기 콘크리트 공사에서 발생되는 문제점과 조치방안에 대하여 설명하시오.
13206 서중콘크리트의 현장관리 방안에 대하여 설명하시오.
21304 서중콘크리트 재료의 사용 및 생산 시 주의사항에 대하여 설명하시오.
26108 콘크리트공사의 콜드 조인트(Cold Joint) 방지대책
27404 초고층 건축시공 시 서중콘크리트 시공관리의 문제점 및 대책에 대하여 설명하시오.
34204 서중콘크리트 시공 시 문제점과 품질관리방안에 대하여 설명하시오.

〈매스〉 20
61405 Mass Concrete의 온도균열을 방지하기 위한 시공대책에 대하여 기술하시오.
64111 Mass Con'c 타설시 온도균열 방지대책
65106 프리쿨링(Pre-Cooling)
66301 신축건물의 지하층 벽체에 다음과 같이 균열이 발생하였다. 균열원인과 균열저감대책을 기술하시오.
  • 시공일자: 서울 소재 6월 27일(콘크리트 타설 2일 후 비가 내림)
  • 콘크리트: $240kgf/cm^2$ 타설구획 및 1회 타설높이 사전계획 수립.시공하였고 거푸집 탈형 후 기건 양생함, 벽체: 두께 80cm, 높이 4m, 기둥간격 10m
  • 균열: 최초 발견-타설 후 20일 경과, 균열폭 0.4~0.5m/m
  • 균열길이: 벽 높이 2/3 정도의 수직균열, 균열진행: 3개월 후 균열 폭 0.7mm로 증대
67403 콘크리트 타설 시 발생되는 수화열이 미치는 영향과 제어공법
71104 Mass Concrete의 온도구배
72402 매스콘크리트에서 발생하는 온도균열의 특징과 방지대책에 대하여 기술하시오.
75205 한중 · 매스 콘크리트를 기초매트에 타설시 콘크리트의 시공계획을 기술하시오.

77302 매스콘크리트 시공시 균열 발생원인과 그 대책에 대하여 기술하시오.
86105 온도균열지수
90405 매스콘크리트(Mass Concrete) 구조물의 온도균열 발생원인 및 대책에 대하여 설명하시오.
94106 매스콘크리트의 수화열 저감방안
99110 건축현장에서 시험(Sample)시공
01302 매스콘크리트의 온도균열 발생원인 및 내외부 온도차 관리방안에 대하여 설명하시오.
02105 매스(Mass)콘크리트의 온도충격(Thermal Shock)
13104 콘크리트 온도균열지수
13405 매스콘크리트의 온도균열발생 메커니즘(Mechanism)과 균열방지 대책에 대하여 설명하시오.
20303 Mass Concrete의 온도균열 방지를 위한 사전 계획과 시공 시 유의사항에 대하여 설명하시오.
22303 매스콘크리트의 수화열에 의한 균열의 발생원인과 구조체에 미치는 영향 및 대책에 대하여 설명하시오.
23301 매스콘크리트 타설 시 발생하는 온도균열의 원인과 균열 제어대책을 설명하시오.

[고강도.유동화.고유동] 18

61302 고유동(초유동) 콘크리트의 특성과 유동성 평가방법을 설명하시오.
70403 고강도 콘크리트의 특성과 시공시 유의사항에 대하여 기술하시오.
71302 초유동(고유동) con'c slab와 기둥 타설 시 유의사항을 일반콘크리트와 비교하여 기술하시오.
72206 콘크리트의 고강도화 방법과 현장적용을 위한 재료. 시공 측면의 관리기술에 대하여 기술하시오.
74103 고성능 콘크리트
77401 고강도 콘크리트의 재료와 배합 및 시공시 유의사항에 대하여 설명하시오.
84111 고성능 콘크리트
85305 굳지 않은 고성능콘크리트의 성능평가 방법에 대하여 설명하시오.
86303 초고강도 콘크리트, 초유동화 콘크리트의 제조원리 및 적용사례에 대하여 설명하시오.
93113 콘크리트용 유동화제(Super Plasticizer)
94305 콘크리트 성능의 향상을 위해 사용되고 있는 고성능 콘크리트의 시공시 유의사항에 대하여 설명하시오.
96113 고강도 콘크리트(High strength concrete)
99206 고강도 콘크리트의 제조방법 및 사용에 따른 장점에 대하여 설명하시오.
04302 고층 건축물공사에서 초유동 콘크리트의 유동성 평가 방법과 시험방법에 대하여 설명하시오.
09302 초유동 자기 충전 콘크리트의 품질관리 방안 및 시공 시 유의사항에 대하여 설명하시오.
12102 노출 바닥콘크리트 공법 중 초평탄성콘크리트
14107 고유동 콘크리트의 자기충전(Self-Compacting)
33107 초평탄 콘크리트

[기타 특수 콘크리트공사] 60

〈AE.내동해성.수밀〉 4

66303 철근 콘크리트조로 시공되는 산업 폐수(또는 오수)처리 구조물의 방수대책(골조공사, 방수공법 및 시공) 에 대하여 기술하시오.
77104 수밀 콘크리트
96204 수밀콘크리트의 효율적인 품질관리를 위하여 (1) 재료, (2) 배합, (3) 타설에 대하여 설명하시오.
10206 고내구성 콘크리트의 적용대상, 피복두께 및 시공시 고려해야 할 사항에 대하여 설명하시오.

〈수중.Pre-Packed/경량.중량〉 4

61102 기포 콘크리트
68206 수중(水中) 콘크리트의 재료와 배합 및 타설 방법을 기술하시오.
93103 경량 콘크리트
33109 수중 콘크리트

〈해양콘크리트〉 3

87406 해변에 접하는 건축물의 콘크리트 요구성능, 시공상의 유의사항 및 염해 방지대책에 대하여 기술하시오.
13304 해양콘크리트의 요구성능과 시공 시 유의사항에 대하여 설명하시오.
34406 해양콘크리트의 염해 대책과 시공 시 유의사항에 대하여 설명하시오.

〈섬유보강콘크리트〉 7

62111 섬유 보강 콘크리트
64110 SFRC
79111 섬유보강 콘크리트
84109 GFRC(Glass Fiber Reinforced Concrete)
95203 콘크리트에 사용하는 하이브리드 섬유(Hybrid Fiber 혹은 Cocktail Fiber)의 사용목적 및 상용화 실례(實例)에 대하여 설명하시오.
01205 강섬유 콘크리트의 재료, 배합, 시공시 단계별 관리방법에 대하여 설명하시오.
27111 GFRC(Glass Fiber Reinforced Concrete)

〈팽창콘크리트〉 5

72111 팽창 콘크리트
85109 팽창콘크리트
97113 자기응력 콘크리트(Self Stressed Concrete)
10401 팽창콘크리트의 사용목적과 성능에 영향을 미치는 요인에 대하여 설명하시오.
29109 팽창콘크리트

〈진공배수콘크리트〉 6

65304 대규모 바닥콘크리트 타설시 진공배수공법에 대하여 기술하시오.
78112 진공콘크리트
80110 진공배수공법
81203 진공배수(Vacuum De-Watering)공법의 특성을 설명하시오.
91104 진공탈수 콘크리트 공법(Vacuum Dewatering Method)
16108 콘크리트 진공배수공법

〈제치장콘크리트〉 8

60306 제치장 콘크리트의 시공시 고려사항을 기술하시오.

제5절 열화/보수보강 141

91405 철근콘크리트구조의 균열발생 원인과 억제대책에
대하여 설명하시오.
97406 철근콘크리트 건축물의 균열원인 및 방지대책에
대하여 설명하시오.
98206 콘크리트 구조물의 누수발생 원인 및 방지대책에
대하여 설명하시오.
03303 공동주택 콘크리트 구조체 균열의 하자 판정 기준
과 조사방법에 대하여 설명하시오.
06201 공동주택에서 지하주차장 슬래브의 균열 발생원
인과 방지대책에 대해서 설명하시오.
14406 콘크리트공사에서 균열발생의 원인 및 대책을 설
명하시오.
15105 철근콘크리트 할열균열
32406 철근콘크리트 건축물의 균열 원인과 방지 대책에
대하여 설명하시오.
33305 콘크리트의 균열 조사, 보수·보강 방법 및 방지
대책에 대하여 설명하시오.
34302 준공된 철근콘크리트 구조물의 균열 발생 원인,
보수·보강 공법, 보수·보강 후 품질검사 방법을
설명하시오.

〈폭렬〉 12
74205 콘크리트 구조물 화재 시 발생하는 폭열현상에 대
하여 설명 및 방지대책에 대하여 설명하시오.
78401 고강도콘크리트의 내화성을 증진시키기 위한 방
안을 기술하시오.
82306 초고층 건축물에 사용되는 고강도콘크리트의 내
화성을 증진시키는 방안에 대하여 기술하시오.
83402 고강도 콘크리트의 폭열 현상 및 방지대책에 대하
여 설명하시오.
87107 비폭열성 콘크리트
88306 고강도 콘크리트의 제조방법 및 내화성을 증진시
키기 위한 방안에 대하여 기술하시오.
97302 고강도 콘크리트의 폭렬현상 발생원인과 제어대
책 및 내화성능관리기준에 대하여 설명하시오.
03104 폭렬발생 메커니즘
12204 콘크리트 구조물의 화재시 발생하는 폭렬(爆裂)현
상 및 방지대책을 설명하시오.
24303 고강도콘크리트의 폭렬현상 발생원인과 방지대책
및 내화성능관리 기준에 대하여 설명하시오.
32401 고강도 콘크리트의 폭렬 현상 중 폭렬에 미치는
영향인자와 폭렬 현상의 발생원인과 대책에 대하
여 설명하시오.
35106 고강도 콘크리트 폭렬현상

〈기타 열화〉 15
64202 콘크리트의 내구성 저하원인과 방지대책을 기술
하시오
75108 콘크리트 동해의 Pop-out현상
86201 콘크리트의 동결융해를 방지할 수 있는 대책에 대
하여 설명하시오.
90202 콘크리트 구조물의 내구성에 영향을 미치는 요인
과 내구성 저하 방지대책에 대하여 설명하시오.
96406 콘크리트 내구성 저하요인 및 방지대책에 대하여
설명하시오.
98106 콘크리트 블리스터(Blister)

99107 Pop-out 현상
99111 알칼리(Alkali) 골재반응
00404 최근 1~5년 정도 경과한 옥상 주차장바닥이나 도
로 등에서 콘크리트 표면이 벗겨지는 피해현상이
자주 발견되는데 그 발생원인과 방지대책에 대하
여 설명하시오.
10403 원전구조물 해체 시 방사선에 노출된 콘크리트의
오염제거 기술에 대하여 설명하시오.
14112 콘크리트 표면층 박리(Scaling)
16105 콘크리트 블리스터
20304 철근콘크리트 구조의 내구성에 영향을 미치는 요
인과 내구성 저하 방지대책에 대하여 설명하시오.
27203 콘크리트 내구성 저하 요인에 대하여 설명하시오.
28109 콘크리트의 스케일링(Scaling), 동해(凍害)

[보수·보강] 21
62205 콘크리트 구조물의 부위별 구조보강공법에 대하
여 기술하시오.
65205 공사중지로 방치된 구조체공사를 다시 시공할 때
고려해야 할 점을 설명하시오.
69109 강판보강공법
70303 콘크리트 보수보강공법에 대하여 기술하시오.
71405 콘크리트 구조물 보강공법 종류와 시공방법을 기
술하시오.
73108 반발경도법
76402 구조물 안전진단 결과 구조성능이 필요한 경우 보
강재료 및 보강공법에 대하여 기술하시오.
80107 탄소섬유시트 보강법
84303 건축물 리모델링 공사시 보수 및 보강공사의 종류
를 들고 각각에 대하여 기술하시오.
86301 콘크리트 균열의 종류별 발생원인과 보수 보강 공
법에 대하여 설명하시오.
91111 콘크리트의 비파괴검사
93303 철근콘크리트 구조물의 화재발생시 구조안전에
미치는 영향을 설명하고 구조물 재해의 조사내용
과 복구방법에 대하여 설명하시오.
01112 콘크리트 내구성시험(Durability test)
06303 콘크리트 비파괴검사 중 슈미트해머방법의 특징,
시험방법, 강도추정방식에 대하여 설명하시오.
08202 철근콘크리트공사 중 콘크리트의 구조적 균열과
비구조적 균열의 주요 요인과 보수보강 방법에 대
하여 설명하시오.
15104 슈미트해머의 종류와 반발경도 측정방법
17303 건축물 안전진단의 절차 및 보강공법에 대하여 설
명하시오.
23401 RC조 건축물의 증축 및 리모델링공사에서 주요구
조부 보수·보강공법 및 시공 시 품질 확보방안에
대하여 설명하시오.
26205 탄소섬유 시트 보강공법의 특징 및 적용분야, 시
공순서, 부위별 보강방법을 설명하시오.
27403 콘크리트 구조물에 발생하는 균열의 유형별 종류,
원인, 보수·보강 대책에 대하여 설명하시오.
30302 콘크리트 균열 보수공법의 적용 및 시공방법에 대
하여 설명하시오.

[생산성] 5

83301 철근 콘크리트구조 20층이상 고층 공동주택의 골조공기 단축방안을 설명하시오.

89303 철근콘크리트공사의 공기단축과 관련하여 콘크리트 강도의 촉진 발현대책을 설명하시오.

04404 고층 아파트 골조공사의 4 −Day Cycle System에 대하여 설명하시오.

10404 고층아파트 골조공사를 4일 공정으로 시공시 작업순서에 대하여 설명하시오.

13204 철근콘크리트 공사의 공기단축을 위한 방안에 대하여 설명하시오.

[콘크리트 구조] 8

60111 내력벽 (Bearing Wall)

68106 Flat Plate Slab

79105 Flat Slab와 Flat Plate Slab의 차이점

80109 Preflex Beam

82106 Punching Shear Crack

93101 철근콘크리트 구조의 원리 및 장단점

31113 철근콘크리트보의 유효높이(effective depth) 확보의 중요성

31203 무량판 구조에서 취약부위인 기둥 접합부 전단철근(전단보강근)의 배근을 누락시공시 발생하는 문제점과 제도적 방지대책을 설명하시오.

[가설공사] 50

61101 고층 건축공사 낙하물 방지망 설치방법

61111 건물주위에 강관비계 설치시 비계 면적 산출방법

62403 종합가설계획에서의 고려사항을 기술하시오.

65109 기준점(Bench Mark)

66101 규준틀(Batter Board) 설치방법

67112 GPS 측량기법

70401 가설공사에 있어서 다음 사항을 설명하시오.
　　　 1) 공통가설공사와 직접가설공사의 주요항목
　　　 2) 공사, 품질에 미치는 영향
　　　 3) 가설계획시 유의할 점

75302 초고층공사 시 가설계획에 대하여 기술하시오.

81301 도심지 지하 4층, 지상 20층 규모의 오피스 건물 신축공사의 종합가설공사 계획수립시 유의사항을 설명하시오.

81406 외부강관비계의 조립설치 기준 및 시공시 유의사항을 설명하시오.

83201 공동주택의 가설공사의 특성 및 계획시 고려사항을 설명하시오.

86401 초고층 건축공사 시 측량 관리에 대하여 설명하시오.

92302 대지가 협소한 도심공사에서 지하6층, 지상20층 이상 건축물의 효율적 시공을 위한 종합가설계획을 설명하시오.

93106 건축공사에서의 벤치마크

95301 가설공사가 품질, 공정, 원가 및 안전에 미치는 영향에 대하여 설명하시오.

96110 GPS(Global Positioning System)측량

96111 외부비계용 브래킷(Bracket)

99402 건축물 신축공사 시 현장 측량관리 및 수직도 관리방법에 대하여 설명하시오.

00201 도심지 지하 4층, 지상 20층 연면적 30,000㎡ 규모의 업무시설 신축공사시 공통가설계획을 수립하고 각 항목에 대하여 설명하시오.

00302 공사착수 시점에서 측량시 검토사항과 유의사항에 대하여 설명하시오.

01101 낙하물방지망 설치방법

01201 가설공사에서 강관비계의 설치기준에 대하여 설명하시오.

03101 성능검정 가설 기자재

04303 가설공사 중 가설통로의 종류 및 설치기준에 대하여 설명하시오.

05101 가설계단의 구조기준

06113 고층건축물 가설공사의 SCN(Self Climbing Net)

06302 지하4층, 지상20층 건축물의 공통가설공사계획을 수립하고 항목별 유의사항에 대하여 설명하시오.

07102 가설용 사다리식 통로의 구조

08305 가설공사가 본공사의 공사품질에 미치는 영향을 설명하시오.

09201 건축공사에서 가설공사의 특징과 가설용수 및 가설전기와 관련하여 계획수립 시 고려사항에 대하여 설명하시오.

11113 와이어로프(Wire rope) 사용금지 기준

12110 GPS측량

14201 주상복합 현장1층 (층고 8m)에 시스템비계 적용 시 시공순서와 시공 시 유의사항에 대하여 설명하시오.

17402 가설공사에서 강관비계의 설치기준 및 시공 시 유의사항에 대하여 설명하시오.

21102 현장 가설 출입문 설치 시 고려사항

21104 초고층 공사에서의 GPS(Global Positioning System)

21106 낙하물 방지망

23104 시스템비계

24403 건축물 외부에 설치하는 시스템비계의 재해유형, 조립기준, 점검·보수사항 및 조립·해체 시 안전대책에 대하여 설명하시오.

25106 추락 및 낙하물에 의한 위험방지 안전시설

26302 건설현장에 설치되는 가설통로의 경사도에 따른 종류와 설치기준, 조립·해체시 주의사항을 설명하시오.

29304 건설현장의 안전시설(추락방망, 안전난간, 안전대 부착설비, 낙하물 방지망, 낙하물 방호선반, 수직보호망 등)의 기준 및 설치 방법에 대하여 설명하시오.

29405 가설공사에 대한 내용 중 공통가설공사 시설의 종류와 설치기준에 대하여 설명하시오.

30101 시스템 비계 설치 기준

31109 가설공사비의 구성

34105 시스템비계

35103 낙하물방지망 설치기준

35401 건축공사에서 공통가설공사의 주요 항목 및 계획 시 유의사항, 문제점 및 합리화 방안에 대하여 설명하시오.

36102 공통가설공사와 직접가설공사의 정의 및 주요항목

36205 가설공사 중 강관비계 및 시스템 비계의 구조와 조립작업 시 준수사항에 대하여 설명하시오.

제4편   철근콘크리트공사

제 4 절 특수콘크리트공사

제 5 절 열화현상 및 보수 · 보강

4000 ┃ 철근콘크리트공사 일반

Ⅰ 개요

1 철근콘크리트는 콘크리트에 부족한 인장력을 철근으로 보강시킨 건축재료이다.

2 구조물은 거푸집공사, 철근공사, 콘크리트공사 등의 품질을 기반으로 소요성능이 확보되어야 한다.

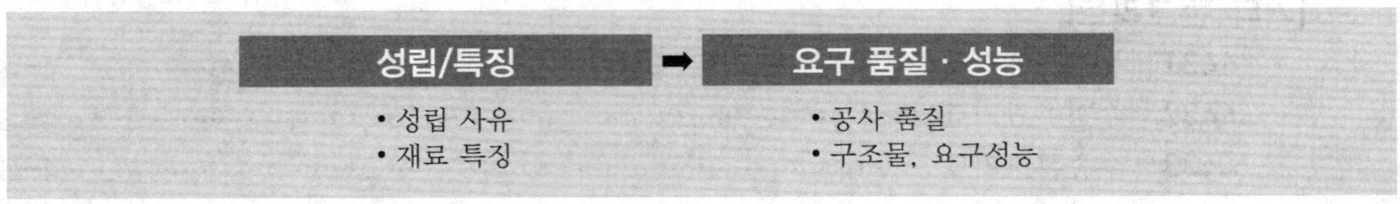

Ⅱ 철근콘크리트 성립 및 특징

1. 성립 사유

(1) 부착강도

① 콘크리트 배합재 간의 부착강도

② 철근-콘크리트 부착강도 우수

(2) 구조내력

① 철근은 인장력

② 콘크리트는 압축력 부담

(3) 내구성

① 시멘트 수화과정에서 강알칼리성 수산화칼슘 생성

② 강알칼리성 방청성분이 철근표면에 부동태피막 형성, 철근산화 방지

(4) 온도거동 일체성

① 철근과 콘크리트의 열팽창계수 유사

• 콘크리트$(10{\sim}13){\times}10^{-6}$, 철근 $12{\times}10^{-6}$

② 합성체 내에서 온도거동량 차이 무시

2. 재료 특징

(1) 철근

① 탄성한도 이내에서 완전한 탄성체

② 파단 시까지 신장률 우수

(2) 콘크리트

① 압축강도 비교적 양호, 압축재(기둥)에 유용

② 작은 인장강도, 취성파괴

③ 작은 신장률, 균열발생 불가피

(3) 철근콘크리트 합성체

장 점	• 구조물 형상과 치수 제약 없음 • 구조물 일체성 확보 용이 • 경제성, 내구성, 내화성 우수 • 강구조보다 소음·진동에 유리
단 점	• 큰 단면 소요, 큰 자중부하 • 균열발생 불가피, 균열 제어 필요 • 개조, 보강, 검사 등 난이 • 현장시공 조잡 우려

Ⅲ 요구 품질 · 성능

1. 공사품질

(1) 거푸집공사

① 제작 · 조립 정밀도

② 외기영향 차단성

③ 거푸집널의 수밀성 및 평활성

④ 타설 · 양생 중 콘크리트 보호

(2) 철근공사

① 가공 · 조립 정밀도

② 이음 · 정착길이

③ 소요피복두께

(3) 콘크리트공사

① 타설작업에 필요한 물성을 구비할 것

• Workability, Consistency, Plasticity, Finishability, Pumpability 등

② 타설작업에 심각한 하자가 없을 것

• 타설작업 3대 하자: Cold Joint, 재료분리, 초기동해 등

③ 경화 후 압축강도, 수밀성, 내구성을 발휘할 것

2. 구조물 요구성능[1]

(1) 안전성능
① 구조물에 작용하는 하중으로부터 안전할 것
② 구조부재는 소요의 내하성능을 확보할 것

(2) 사용성능
① 사용하중(고정하중 및 활하중)으로 거주자에게 불안감을 주는 요소가 없을 것
② 균열, 처짐, 피로 영향 등 검토[2]

(3) 미관 및 경관성
① 구조물 외형이 손상되지 않을 것
② 주변환경과 어울릴 것

(4) 내구성능
① 사용기간 동안 위의 성능이 발휘될 것
② 안전성능, 사용성능, 미관 및 경관성 등

Ⅳ 결론

① 철근콘크리트는 철근과 콘크리트의 합성체이며, 콘크리트는 여러 재료의 배합물이므로 각 재료의 특성을 고려한 정밀시공이 필요하다.
② 세부 공종별 품질 측면에서 철근공사는 구조물의 내하력, 거푸집공사는 골조의 정밀도, 콘크리트공사는 내구성 등에 특히 유의함으로써 궁극적으로는 철근콘크리트 구조물의 요구성능이 발휘되도록 시공하여야 한다.

---

1) '콘크리트표준시방서 유지관리편 해설' 참조, (사)한국콘크리트학회, 2005
2) KDS 142030 (1.2 적용범위) 참조

01 거푸집공사

4100 거푸집공사 일반

I 개요

1. 거푸집은 구조부위에 타설된 생콘크리트가 양생될 때까지 구조체 형상과 치수를 유지시키는 가설구조물이다.

2. 거푸집공사는 공기−비용에 미치는 영향이 매우 큰 공종이므로 현장적용성과 공사관리 측면을 고려하여 적정 공법을 채용하고 견실하게 시공하여야 한다.

분류/구성	➡	공법유형/유의사항	➡	공법 선정
• 거푸집 분류 • 거푸집 구성		• 거푸집공법 • 시공 시 유의사항		• 현장 적용성 • 공사관리 측면

II 거푸집 분류 및 구성

1. 거푸집 분류

(1) 수직부재

　① 기둥, 벽 거푸집

　② 타설 중 측압, 재료분리 영향이 큰 부재

(2) 수평부재

　① 보, 바닥 슬래브 거푸집

　② 거푸집 존치기간, 전용성, 안전성 영향이 큰 부재

2. 거푸집 구성

▶ 거푸집은 거푸집널과 이를 지지하기 위한 2차 부재로 구성된다.

▶ 2차 부재는 장선 · 멍에, 동바리, 부속철물 등으로 분류한다.

(1) 거푸집널(板)

합판	• 합판, 또는 2차 가공합판(코팅내수합판) 등 • 미관조절용 문양재는 합판표면에 덧대어 사용
합성수지판	• 플라스틱 재질, 아크릴재 사용 • 반투명성으로 채광이 필요한 곳(바닥, 벽)에 유용
철 · 비철금속판	• 강판과 알루미늄판 사용 • 데크플레이트, 시스템거푸집, 알루미늄 거푸집 등에 적용
하프 PC판	• 하프 PC판이 거푸집 역할 대용 • 양중부하로 중 · 저층 부위에 적용
메탈라스	시공이음부의 페이스트 누출량 최소화

① 생콘크리트 누출을 차단하기 위한 판재, 또는 망재
- 거푸집 접속부의 표면마무리 품질 좌우
- 거푸집 작용하중을 1차 부담하여 2차 부재로 전달

② 사용재료
- 합판, 합성수지, 철 · 비철금속판, 하프 PC판, 메탈라스 등

(2) 장선 · 멍에[3]

① 장선: 거푸집널 전달하중을 다른 2차 부재로 전가시키는 부재
- 단위거푸집널의 작용하중을 멍에로 등분포 전달

② 멍에: 장선 전달하중을 다른 2차 부재(동바리)로 전가시키는 부재

③ 각목, 원형 및 각형강관 사용
- 각목: 38×52mm, $\phi 48.6$ 강관 등

(3) 동바리[4]

① 수평 · 수직 전달하중을 지지하여 구조체에 최종적으로 전가시키는 부재

② 수평거푸집용
- 타설층의 슬래브 및 보 하부(멍에)와 직하층 슬래브 상부 사이에 설치
- 층고가 높을 경우 수평연결재를 설치하여 동바리 변형방지
- 필요시 가새(Brace) 보조 설치, 수평연결재 변형방지

③ 수직거푸집용
- 기둥, 벽의 측면(띠장)과 슬래브 상부 사이에 안전한 경사각으로 설치

④ 강관동바리, 시스템서포트 등

(4) 부속철물

① 거푸집의 결속, 간격 유지, 측압지지 등을 위한 철물

② 폼타이, 전용 클램프, 컬럼밴드, 각종 연결핀 등

---

3) 거푸집 수직부재의 수평띠장은 '장선', 거푸집 수평부재의 수직띠장은 '멍에'의 역할을 수행한다.
4) 슬래브 · 보 거푸집용은 물론 수직부재의 측압을 최종지지하는 빗버팀대를 동바리에 포함한다.

Ⅲ 공법유형 및 유의사항

1. 공법유형

▶ 합판거푸집, 유로폼, 알루미늄폼 등의 재래식 거푸집과 시스템거푸집, 시스템동바리 등으로 분류한다.

(1) 합판거푸집

① '합판＋각목틀' 또는 '합판＋멍에·장선'으로 구성한 재래식 거푸집

② 모듈치수로 선제작 또는 현장제작 사용

③ 설치·해체에 많은 인력과 시간 소요

④ 다른 거푸집에 비해 강성·내구성 및 전용성 취약

(2) 유로폼(강제틀 합판거푸집)

① 강제틀에 거푸집용 내수합판을 일체화시킨 거푸집
  • 구성재: 강제틀(측면보강재＋면판보강재)＋내수합판(면판)[5]

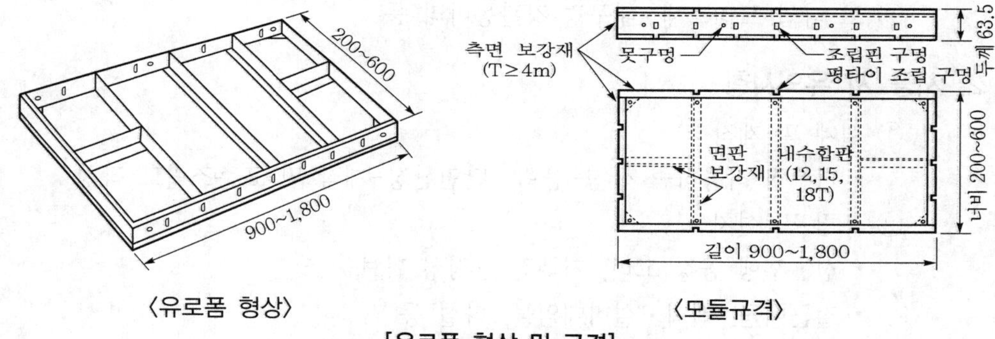

[유로폼 형상 및 규격]

② 호칭 및 치수 규격
  • 호칭: 너비와 길이의 4자리 숫자로 표형, 치수(mm): 너비×길이
  • 호칭(치수) 표시 예: 2009(200×900), 6018(600×1,800)

③ 내수합판 두께: 12mm, 15mm, 18mm 등

④ 부속재: 조립핀, 평타이, Hook, Sepa Bolt, 인코너·아웃코너 보조재 등
  • 인코너: 패널 연결용, 아웃코너: 벽체 바깥모서리 연결용

⑤ 주로 벽체용으로 사용

(3) 알루미늄폼(알루미늄 패널)[6]

① 판재와 틀을 알루미늄 재질로 규격화한 거푸집, 유로폼 대체 추세

② 모듈규격: 너비(300, 400, 450, 600), 길이(900, 1,200, 2,400)

③ 다양한 종류의 전용부속재 사용

---

5) KS F 8006(강제틀 합판거푸집) 및 KS F 3110(콘크리트 거푸집용 합판) 참조
6) KDS 215000(2.2.6 알루미늄 패널) 참조

④ 벽체, 바닥, 계단용으로 사용

⑤ KS 비규격이므로 성능 확인 시 공인시험기관의 성능시험 필요

(4) 시스템거푸집

① 거푸집 구성재, 작업발판 등을 일체화하거나 시공성을 개선시킨 거푸집

- 시스템 유형: 거푸집+동바리, 거푸집+작업발판
- 시공성 개선: 설치 및 해체 용이성 제고

② 타설부위별 전용 시스템 구성

- 벽, 바닥, 보용 시스템 거푸집 등

③ 시스템 규격

- 수직부재는 층 높이, 수평부재는 스팬 단위로 제작

(5) 시스템동바리

① 동바리 설치수량을 절감하거나 시공성을 개선시킨 거푸집

② 주로 보, 슬래브 바닥거푸집 지지용

③ 보 타입 트러스재, 대구경 강관동바리 등

2. 시공 시 유의사항

① 설계 및 제작

- 거푸집 작용하중 산정–응력 · 단면산정–제작 및 표준조립도 작성

② 조립 및 설치

- 선 · 후행 공정 고려, 거푸집 안정성 확보
- 철근배근, 전기 · 설비매입물, 타설 등

③ 타설 전 거푸집 점검 철저, 타설 중 거푸집 변형방지

④ 타설 후 거푸집 존치기간 준수

- 해체시기 조기결정, 압축강도 시험 확인
- 해체 시 급격한 온 · 습도 변화방지

Ⅳ 공법 선정 시 고려사항

1. 현장적용성

(1) 설계 · 제작

① 거푸집 기준치수 모듈화

② 동일형상, 반복 시공 고려

③ 조립, 해체, 마감, 양중 등의 시공성

(2) 현장여건

① 공사규모, 대형 패널 조립공간

② 협소한 현장: 공장조립, 또는 반조립 후 현장설치

2. 공사관리 측면

(1) 공정 · 원가

① 가공, 조립, 설치 · 해체 용이성

② 취급, 운반 및 이동 용이성

③ 후속공정 관련성: 철근조립, 각종 매입물 설치, 스페이서 설치 등

④ 거푸집 초기비용의 경제성

⑤ 전용성(轉用性): 반복 사용횟수에 의한 경제성

- 내후성, 내화학성, 내구성이 우수할 것

(2) 품질

① 제작 · 조립 정밀도

- 구조체 및 철근의 위치, 단면형상, 치수정밀도를 확보할 것
- 시공오차는 허용치 이내일 것

② 유해 외기환경 차단성

- 수화작용(양생)에 해로운 외기영향을 차단할 것

③ 거푸집널의 수밀성 및 평활성

- 시멘트페이스트 유출방지, 양호한 표면마무리 품질을 확보할 것

④ 거푸집 강성 · 내수성

- 유해하중에 견디는 성능과 물을 흡수하지 않는 성능 등

(3) 안전 · 환경

① 구조적 강성과 강도

- 거푸집 작용하중에 안전할 것
- 연직하중, 횡하중, 측압, 특수하중 등

② 경량성: 인력 시공부분 고려

③ 친환경성: 설치 및 해체 시 폐기물 발생량, 소음공해 등이 적을 것

Ⅴ 결론

1 거푸집공사 소요기간은 골조공기의 60% 이상이며, 공사비의 비중도 막대하다. 또한 거푸집공사의 품질은 골조는 물론 후속공정의 품질에도 큰 영향을 미친다.

2 공법 선정 시에는 구조부위별 최적 조합이 되도록 철저한 사전검토가 필요하며, 안정성 검토, 응력 및 단면 산정, 표준조립도 작성, 조립 · 설치, 타설 전 · 중 · 후 등의 공사관리에 만전을 기하여야 한다.

4101 거푸집 안정성 검토

I 개요

① 거푸집은 소정의 강도와 강성으로 탈형될 때까지 콘크리트의 설계형상과 치수를 정확하게 유지시키기 위한 가설구조물이다.

② 거푸집 시스템은 작용하중에 대하여 안전하고 경제적이며, 처짐·비틀림·좌굴에 의한 변형 및 침하가 없어야 한다.

③ 거푸집 구조안정성은 설계하중, 응력·처짐량, 단면크기 및 배치간격 순으로 검토한다.

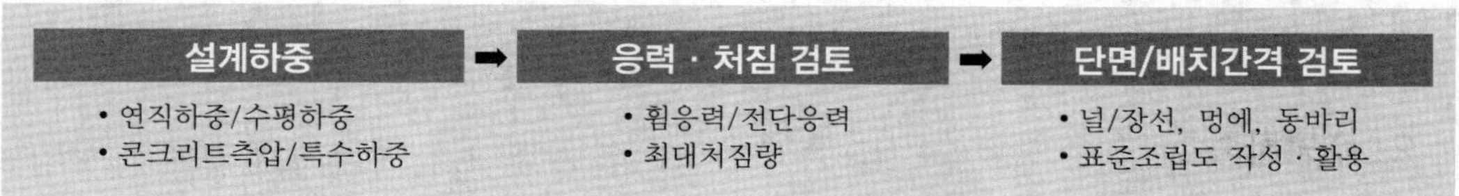

II 거푸집 설계하중[7]

▶ 거푸집 설계하중에는 연직, 횡, 측압, 특수하중 등이 있다.

▶ 설계하중 검토 시에는 구조물 종류, 규모, 중요도, 시공 조건 및 환경 등을 고려한다.

연직하중	고정하중		수평부재: 바닥 슬래브, 보
	활하중	충격하중	
		작업하중	
수평하중	기본적용		• 고정하중, 동바리 상단 • 벽체거푸집 측면
	기타하중		풍압, 유수압, 지진하중 영향부위
콘크리트 측압	–		벽, 기둥, 보 옆 거푸집
특수하중	편심하중		수평부재 상부의 비대칭 타설부위
	수평분력		경사거푸집
	상양력		매입형 거푸집

1. 연직하중

(1) 연직하중(W)

① W = 고정하중 + 활하중

② 슬래브 두께와 상관없이 '$W \geq 5\mathrm{kN/m}^2$'

③ 전동식 카트 사용 시 '$W \geq 6.25\mathrm{kN/m}^2$'

---

7) KCS 142012 1.7 거푸집 및 동바리 설계 참조

　　(2) 고정하중(Dead Load)

　　　① 고정하중＝철근하중＋거푸집하중＋콘크리트 하중

　　　② 철근콘크리트 하중＝$24kN/m^3$

　　　③ 거푸집하중 ≥ $0.4kN/m^2$

　　　④ 특수거푸집하중 ≥ 실제 질량

　　(3) 활하중(活荷重, Live Load)

　　　① 활하중＝작업하중＋충격하중 ≥ $2.5kN/m^2$, 구조물 수평투영면적 기준

　　　　• 전동식 카트 사용 시 $2.5kN/m^2$ → $3.75kN/m^2$

　　　② 작업하중＝작업자＋작업장비＋타설기구

　　　③ 콘크리트 분배기: 실제 질량 적용

2. 수평하중

　　① 동바리 상단

　　　• 고정하중×2%

　　　• 동바리 상단 수평방향 단위길이당 1.5kN/m 중 큰 값 이상

　　② 벽거푸집: 측면 면적에 대하여 $0.5kN/m^2$

　　③ 풍압, 유수압, 지진 우려 시 추가 고려

3. 콘크리트 측압

　　(1) 측압 영향요소(비례, 반비례)

　　　① 배합요소

　　　　• 단위용적질량(비례)

　　　　　− 생콘크리트 단위용적질량

　　　　　− 보통콘크리트 $2.4t/m^3$, 경량콘크리트 $1.7{\sim}2.0t/m^3$

　　　　• 슬럼프값(비례)

　　　　• 혼화제 첨가량(비례)

　　　　　− AE제, 유동화제, 고성능감수제 등

　　　② 타설요소

　　　　• 타설속도(비례)

　　　　　− 타설장비별 타설능력(m^3/h)을 타설속도(m/h)로 환산하여 적용

　　　　　− 콘크리트펌프 타설속도: 10~50m/h가량

　　　　　− 타설속도 산정 시 단면크기와 타설높이를 종합하여 고려

　　　　• 타설높이(비례)

　　　　　− 측압 측정위치에서 최상부 콘크리트 높이까지의 값 적용

- 타설온도(반비례)
    - 저온일수록 경화지연으로 측압 지속시간 증가
- 진동다짐 시간(비례)

③ 기타 요소

- 철근량(반비례)
- 부재 단면치수(비례)

(2) **측압 산정**[8]

① 일반 산정식

- 측압$(p) = WH$

    여기서, p: 콘크리트 측압(kN/m^2)

    W: 생콘크리트 단위용적질량(kN/m^3)

    H: 콘크리트 타설높이(m)

② 슬럼프 $\leq 175mm$, 타설깊이 $\leq 1.2m$, 내부진동다짐 조건일 때

- 측압 상·하한: $30\,C_w \leq p \leq WH$

- 기둥측압: $p = C_w C_c \left[7.2 + \dfrac{790R}{T+18} \right]$

    여기서, C_w: 단위질량계수 , C_c: 화학첨가물계수$(1\sim1.4)$

    R: 타설속도(m/h), T: 콘크리트 온도$(℃)$

    (콘크리트 단위질량계수: $22.5\sim24kN/m^3$일 경우 1.0,

    화학첨가물계수: 지연제 미첨가 1.0 첨가 1.2 적용)

- 벽체측압

$R \leq 2.1$, $H < 4.2$일 때	$p = C_w C_c \left[7.2 + \dfrac{790R}{T+18} \right]$
$R \leq 2.1$, $H > 4.2$ 이거나 $R = 2.1\sim4.5$인 경우	$p = C_w C_c \left[7.2 + \dfrac{1,160 + 240R}{T+18} \right]$

(3) **측압대책**

① 배합, 타설 시 측압 영향요소 고려

② 측압 산정기준 적용

③ 거푸집 강도·강성 확보

④ 거푸집 조립품질 확보

- 기둥: 컬럼밴드 간격 및 긴결상태 확인, 버팀대 높이 및 고정상태
- 벽체: 폼타이, 수직·수평 띠장간격 및 긴결상태 확인

---

8) KCS 142012 1.7.3 (4) 참조

4. 특수하중

① 편심하중: 비대칭 타설 시 고려

② 수평분력: 경사 타설면에 적용

③ 거푸집 상양력: 속 빈 슬래브에 매입되는 거푸집에 적용

Ⅲ 응력 · 처짐 검토

▶ 설계하중 응력과 거푸집 부재응력을 비교 · 검토한다.

▶ 대상부재는 거푸집널, 장선, 멍에, 동바리와 긴결재 등이다.

1. 휨응력

① 부재에 작용하는 휨응력(σ_b)

- $\sigma_b = \dfrac{M_{\max}}{Z}$, $M_{\max} = \dfrac{Wl^2}{8}$, $Z = \dfrac{bh^2}{6}$

여기서, $M_{\max}$: 최대모멘트, Z: 부재 단면계수

② 판정조건: $\sigma_b \leq$ 허용휨응력

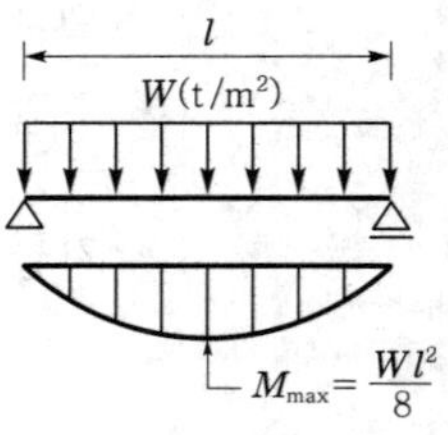

[단순보의 휨모멘트]

2. 전단응력

① 부재에 작용하는 전단응력(τ)

- $\tau = \dfrac{V_{\max}}{A}$, $V_{\max} = \dfrac{Wl}{2}$, $A = bh$

여기서, $V_{\max}$: 최대전단력, W: 상부하중

l: 부재길이, A: 부재단면적

② 판정조건: $\tau \leq$ 허용전단응력

3. 최대처짐량

① 최대처짐량($\delta_{\max}$)

- 단순보($\delta_{\max}$)$= \dfrac{5Wl^4}{384EI}$, 캔틸레버($\delta_{\max}$)$= \dfrac{Pl^2}{3EI}$

여기서, E: 부재 탄성계수

I: 4각형 부재 단면, 2차 모멘트$\left(\dfrac{bh^2}{12}\right)$

② 판정조건: $\delta_{\max} \leq$ 허용처짐량, 3mm

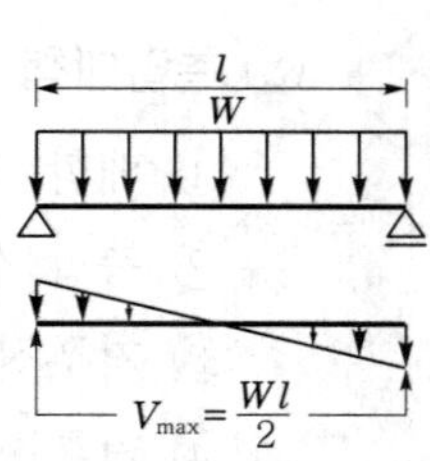

[단순보의 전단응력]

Ⅳ 단면 · 배치간격 검토

1. 거푸집널

▶ 거푸집널재 두께, 장선간격

① 널재 단면성능 검토

② 장선재 단면성능을 고려하여 배치간격 결정

③ 휨모멘트, 최대처짐량이 허용치 이내일 것

2. 장선, 멍에, 동바리

① 장선 배치간격을 고려하여 작용하중 산정

② 단면성능에 따라 멍에 배치간격 결정

③ 휨모멘트, 전단응력, 처짐량 등이 허용치 이내일 것

④ 멍에간격을 고려하여 동바리 배치간격 결정

3. 표준조립도 작성 및 활용

① 거푸집 구조안정성 검토결과 반영

② 구조검토기준, 가정조건, 부재재질, 간격, 접합방법, 연결철물 기재

③ 동바리: 부재이음, 마디의 배치 및 치수 명시

④ 표준조립도에 따라 조립 · 설치

⑤ 타설 전 조립상태 확인용으로 활용

4102 │ 거푸집용 동바리

Ⅰ 개요

1 동바리는 거푸집 수평부재에 설치하여 구조안전성이 확보될 때까지 존치시키는 가설재이며, 성능이 확인된 것만을 사용한다.

2 파이프서포트와 잭서포트를 중심으로 재료 및 시방 기준을 안내한다.[9]

재료	➡	시공	➡	사용/해체
• 종류/파이프서포트 • 잭서포트/선정 · 성능확인		• 사전검토/파이프서포트 • 잭서포트/수평연결재/가새		• 타설점검/존치 · 재설치 • 동바리 해체

Ⅱ 동바리 재료

1. 동바리 종류

[형식별 동바리 종류]

지주형식	파이프서포트	단품 강관동바리, 가장 일반적인 동바리
	강관시스템동바리	높은 층고, 큰 하중의 슬래브 및 보 거푸집 지지
	잭서포트	타설 후 상부 중량하중 지지용, 대구경 강관동바리
	강관틀동바리	• 강관주틀과 가새재로 구성, 높은 층고용으로 사용 • 외부 마감용인 '강관틀비계'와 구별
	조립강주동바리	• 형강 · 강관재를 사각 · 삼각단면으로 구성시킨 래티스형 지주 • 높은 곳의 거푸집 지지용으로 사용
보형식	강제트러스조립보 (호리빔)	• 강제트러스 지지력으로 거푸집을 지지시키는 동바리 • 동바리 무지주공법: 보우빔, 페코빔, 호리빔 등 • '4108 시스템동바리' 참조할 것
	강제갑판 (데크플레이트)	• 강판 거푸집을 철근 · 철선 트러스로 일체화시킨 동바리 • 강판: 존치 · 제거형, 트러스재: 철근 선조립 · 선부착 개념

(1) 지주형식 동바리

① 보 및 슬래브 거푸집에 대하여 수직으로 설치하는 동바리
② 각형 · 원형 관(Pipe)[10]의 단위재나 조립체 사용
  • 단위재: 파이프서포트, 잭서포트
  • 조립체: 강관시스템동바리, 강관틀동바리, 조립강주동바리 등
③ 층고, 하중, 탈형 전후 등의 조건에 따라 현장 적용

---

9) '강관시스템동바리'는 "4108 시스템동바리", '데크플레이트'는 "3107 데크플레트"를 참조할 것
10) 동바리 재료는 고강도 강재나 알루미늄 금속재의 적용을 늘려서 동바리의 경량화를 높여 가는 추세이다.

④ 4m 이하일 경우 파이프서포트 사용, 초과 시 방호장치 안전인증품 사용
- '高층고-重하중'일 경우 강관시스템동바리
- 동바리 재설치 시에는 주로 잭서포트 채용

(2) 보형식 동바리[11]

① 트러스의 지지력으로 슬래브 거푸집만을 지지시키는 동바리
- 보 거푸집은 반드시 지주형식 동바리 적용

② 무지주(無支柱)공법으로서 강재(鋼材)트러스 이용
- 형강재 트러스(호리빔), 또는 철근·철선 트러스(데크플레이트) 등

③ 보 거푸집에 트러스재 양단 지지
- 보 거푸집의 강성과 안전한 걸침길이 필요

④ 높은 층고의 슬래브 지지에 유용, 장주 효과(좌굴 위험) 방지
- 중하중 지지에는 부적합, 불가피할 경우(데크플레이트) 동바리 보강 필요

⑤ 강제트러스조립보(호리빔)와 강제갑판(데크플레이트)으로 분류

2. 파이프서포트

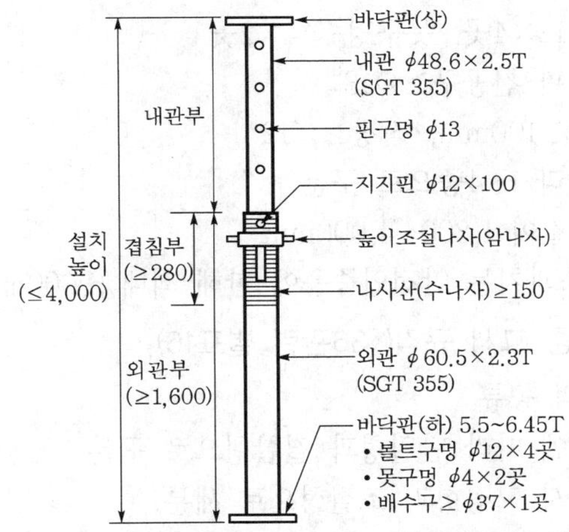

[파이프서포트: 결합-조절형]

▶ 수직재 구성(내·외관 유무)에 따라 단일형과 결합형으로 구분[12]한다.

[파이프서포트 유형]

구분	구성재
단일형	• 단일 수직재와 상·하 바닥판으로 구성 • 조절형 받침철물 만으로 높이 조절
결합형	• 내·외관 수직재, 상·하 바닥판, 길이조절나사, 지지핀 등으로 구성 • 내·외관, 조절형 받침철물, U헤드잭, 조절나사, 지지핀

---

11) '보형식 동바리' 현장적용은 '보우빔 → 페코빔 → 호리빔 → 데크플레이트'의 순서로 변모하는 추세이다.
12) 파이프서포트는 'KS F 8001'에서 '단일형'과 '결합형'으로만 구분하고 있으나 '방호장치 안전인증 고시(별표16)'에는 이 중에서 "결합형"을 '고정형'과 '조절형'으로 세분하고 있다.

(1) 특징

① 설치작업 용이, 4m 이하 低층고·輕하중의 소규모공사에 유리

- 경량재이므로 1인 작업 가능
- 高층고 또는 重하중일 경우 시스템동바리나 잭서포트 필요

② 자재 구입비 및 임차료 저렴

③ 좌굴에 취약, 설치높이(h) 제한, $h \leq 6,000mm$

- 설치간격이 조밀하여 작업·이동 공간 잠식
- '$h \geq 3,500$'일 경우 수평연결재 및 가새 보강 필요

④ 장선·멍에 연결 및 고정 불편

⑤ 노동집약적 설치·해체

(2) KS규격(KS F 8001 강제 파이프 서포트)

① 외관 $\varnothing 60.5 \times 2.3T$, SGT 275

- 나사부 길이: 수나사부$\geq 150mm$, 암나사부$\geq 30mm$

② 내관 $\varnothing 48.6 \times 2.5T$, SGT 355

③ 바닥판 사각형$\geq 5.5T$, 클로버형$\geq 6.45T$

- 볼트구멍 $\varnothing 12 \times 4$곳, 못구멍 $\varnothing 4 \times 2$곳

④ 내·외관 연결핀 천공구$\geq \varnothing 13$

- 연결핀 길이$\geq 100mm$, 직경$\geq \varnothing 12$

⑤ 사용길이에 따라 1~4종으로 구분

- 최소·최대 길이 1,800~4,000mm
- 4,000mm 초과치는 안전인증품에 한해 최대 6,000mm 이내일 것

[내·외관 결합체 길이(mm)]

종류	최소	최대
1종	1,800	3,200
2종	2,000	3,400
3종	2,400	3,800
4종	2,600	4,000

(3) 방호장치 안전인증 고시 규격(§36관련 별표16)

① 파이프서포트의 종류

- 수직재 구성에 따라 단일형과 결합형으로 구분
- 결합형은 다시 고정형과 조절형으로 세분

단일형		단일몸체+조절형 받침철물
결합형	고정형	• 내·외관 결합몸체+상·하 고정철물
	조절형	• 내·외관 결합몸체+상·하 조절철물

② 강관재 재질[13] 및 단면치수

- 지주재 SGT275, SRT355
- 원형$\geq \varnothing 48.3$, 사각형$\geq \square 48.5 \times 48.5$, 다각형: 외접원 바깥지름$\geq \varnothing 48.6$

③ 바닥판 두께$\geq 5.4T$, 한 변 길이$\geq 120mm$

- $\varnothing 4mm$ 이상의 못구멍 2개, 물빼기 구멍 설치
- 하부 받침철물과 U헤드는 지주재와 일체화 구조일 것

---

13) KS F 8021(조립형 비계 및 동바리부재, 표10-부재의 재질)에 근거한 규정

④ 부속철물 강재

  - 수나사 SPP, 암나사 GC200 또는 GCD450-10
  - 지지핀 SM35C, 받이판 및 바닥판 SS330

⑤ 최대사용길이 압축강도 ≥ 40,000N(40kN, 400kgf/본), 사용길이 ≤ 6,000mm

〈결합형 파이프서포트의 구조〉
- 길이 조절용 수나사와 암나사, 지지핀이 있을 것
- 암나사부 길이 ≥ 30mm, 지지핀 지름 ≥ ∅11.0mm
- 내외관 겹침길이 ≥ 300mm, '최대사용길이 < 2,500mm'일 경우 150mm 이상
- 받이판(바닥판) 상부 진폭 ≤ 최대사용길이×1/55

3. 잭서포트

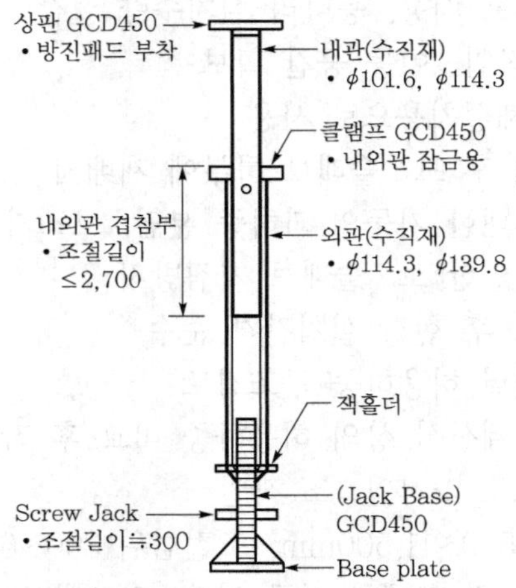

[잭서포트: 조절형]

▶ 대구경 관재(管材, Pipe)와 스크루잭을 조합시킨 重하중용 동바리이다.

▶ KS규격과 표준시방(KCS 코드)이 없으므로 현장적용 시 '가설재안전인증고시' 기준을, 설치 시에는 '구조안전성' 요건을 충족시켜야 한다.

[구성재 유형]

상판	구조체 받침판, 설치 시 방진고무 부착	
수직재 (몸체)	고정형	단일몸체(Pipe)로 구성
	조절형	내·외관 결합몸체로 구성, 잭스쿠루 및 내관으로 길이 조정
클램프	수직재용	내·외관 풀림 및 잠금 용도로 사용
	수평연결재용	잭서포트와 수평연결재 교차부 결속용
잭베이스	베이스플레이트, 스크루잭, 잭홀더 등으로 구성, 스크루잭 조절범위 ≤ 300	

[잭서포트 사용규격 및 안전인증 현황]

규격 및 성능		비고
사용길이(mm)	2,500~11,500	사용길이＝상판＋수직재＋잭베이스
조절범위(mm)	300~2,700	고정형: 300mm, 조절형: 700~2,700mm
질량(kg)	최소 27kg	외관(강) 2,400mm, 내관(AL) 1,000mm
	최대 159kg	외관(강) 6,300mm, 내관(강) 6,000mm
외관경(mm)	Ø114.3, Ø139.8	두께 3.2~4.5T
내관경(mm)	Ø101.6, Ø114.3	두께 3.2~4.5T, 외관 내부에 삽입
최대압축하중	12~53(Ton)	내관의 내민길이가 짧을수록 하중값 증대

(1) 특징

① 단위재의 지지성능 우수

- 대구경 파이프 사용, 동바리 설치수량 절감

  → 지지층 작업 · 이동 공간 확보

② 주로 동바리 재설치용으로 사용

- 거푸집 해체 후 보 · 슬래브 하부에 재배치
- 상부하중에 대한 기둥의 과하중 분담, 보조기둥 역할 수행
- 과하중으로 인한 보 · 슬래브 처짐방지

③ 사전 구조검토 후 현장 설치간격 준수

- 단위재 제원별 허용하중 구조검토
- 시험성적과 계산식 상의 허용하중 비교 후 작은 값 적용

④ 단위재 중량으로 2~4인 1조 작업

- 설치길이 2,500~11,500mm, 조절범위 300~6,000mm, 중량 27~159kg
- 자재 경량화 및 기계화 시공 필요, 경량재 & 전용장비 개발 등

⑤ 자재 · 시방 기준 부재, 자재 KS규격 및 표준시방안 마련 필요

(2) 상판(上板)

① 상부구조체에 접속 · 고정시키는 부위

② 수직재 상부에 위치

③ GCD 450 재질 사용

(3) 수직재

① 동바리 몸체를 구성하는 주재료, 잭베이스와 상판 사이에 위치

② 고정형과 길이 조절형으로 구분

- 고정형: 단일몸체의 수직재로 구성(잭베이스＋수직재＋상판)
- 조절형: 내외관 결합몸체의 수직재로 구성(잭베이스＋수직재＋상판)

③ '층고(h)≥3,000mm'일 경우 조절형 사용

④ 동바리 지지력 요소

- 단면성능 요소: 재질, 외경 및 두께, 내관 연장길이 등
- 재질: 강재(SS, SGT, SRT), 알루미늄재(A6061S, T6)[14] 등 KS규격재

(4) 클램프

① 내·외관의 연결 및 고정용 부속재

② 설치·해체 시 내외관의 길이 조절 및 고정용으로 사용

  • 내·외관 연결부의 풀림 및 잠김 장치

③ 재질은 GCD 450

(5) 잭베이스(Jack Base)

① 수직재의 전달하중을 하부 구조 및 지반에 전가시키는 부속철물

  • 수직재 하부에 부착하는 부속철물

② 잭베이스는 'Base Plate+Screw Jack+Jack Holder'로 구성

③ 재질은 GCD 450

④ 스쿠루잭의 '조정길이 범위≤300mm'

4. 동바리 선정 및 성능 확인[15]

(1) 동바리 유형 선정

① '안전성-경제성'에 기반하여 요소별 적용성 검토 후 선정

② 적용성 요소로서 층고, 하중, 탈형 등 종합검토

[동바리 적용성 검토요소]

(○: 적합, ×: 부적합)

적용성 요소 / 동바리 종류	층고		하중		탈형	
	低	高	輕	重	前	後
파이프서포트	○	×	○	×	○	×
강관시스템동바리	×	○	×	○	○	×
잭서포트	×	○	×	○	×	○
강관틀동바리	×	○	×	○	○	×
조립강주동바리	×	○	×	○	×	○

③ 적용성 검토 후 동바리 유형 선정

④ 선정한 동바리에 대한 구조안전성 검토 및 승인

(2) 동바리 성능 확인

① 한국산업표준(KS) 인증품

  • KS F 8001 강재 파이프 서포트
  • KS F 8021 조립형 비계 및 동바리 부재
  • KS F 8022 강관틀 동바리용 부재
  • KS F 8014 받침철물: 고정형·조절형·Pivot형 받침철물, U헤드
    − 피벗형 받침철물[16]: 고정형, 조절형, 삽입형

---

14) KS D 6759(알루미늄 및 알루미늄 합금 압출형재) 참조
15) 한국산업안전보건공단, 2020.12., 'KOSHA GUIDE C-51-2020(파이프 서포트 동바리 안전작업 지침)' 참조
16) 경사바닥에서 수직도를 유지할 수 있도록 한 받침철물

[동바리 · 멍에용 강재의 성능기준]

강재 종류	인장강도(kg/mm^2)	신장률 최소치(%)
강관	34 이상 41 미만	25
	41 이상 50 미만	20
	50 이상	10
강판, 형강, 평강, 경량형강	34 이상 41 미만	21
	41 이상 50 미만	16
	50 이상 60 미만	12
	60 이상	8
봉강	34 이상 41 미만	25
	41 이상 50 미만	20
	50 이상	18

② KS인증품이 아닐 경우 안전인증품이거나 자율안전확인 신고품일 것
  • '가설기자재 안전인증품', '가설기자재 자율안전확인 신고품'
  • 방호장치 안전인증 고시 및 방호장치 자율안전기준 고시 적용

〈방호장치 안전인증 고시 §36관련 별표 "성능기준 및 시험방법"〉
• 별표16 파이프서포트/동바리용 부재
• 별표20 조임철물: 강관용 클램프(고정형 및 회전형)
• 별표21 받침철물: 받침철물 및 U헤드

③ '최대사용길이>4,000mm'일 경우 시험 후 인증[17]
④ 품질시험 결과 KS 인증품 이상의 자재일 것[18]
  • 재사용품은 반드시 검사 후 공사감독자 승인 필요
  • 변형, 부식, 심하게 손상된 것 사용금지

Ⅲ 동바리 시공

1. 사전검토사항

(1) 구조안전성 확인[19]

  ① '동바리 높이≥5m'일 경우 구조안전성 의무 확인
  ② 시공 전 거푸집 및 동바리 구조안전성 검토
    • 검토 · 확인 사항: 거푸집 조립 · 해체, 콘크리트 타설 등

---

17) 건설기술진흥법 시행규칙에 근거, '건설공사 품질관리 업무지침' §8①관련 별표2 참조
18) 산업안전보건기준에 관한 규칙 §329관련 별표10 '강재의 사용기준' 참조
19) '건설기술진흥법 §101의2' 참조: 건축구조, 토목구조, 토질 및 기초와 건설기계 직무 범위 중 수급인 소속이 아닌
   기술사로서 공사감독자 또는 건설사업관리기술인이 인정하는 직무 범위일 것

③ 수급인 의뢰에 따라 관계전문가 안전성 확인 실시

④ 구조계산 실시, 사용자재 및 하중조건 고려

- 작용하중, 부재 강도·단면, 설치간격 등

(2) **시공계획서 및 시공상세도 작성**

① 안전성 검토 후 시공계획서 및 시공상세도(표준조립도) 작성

② 시공계획서 작성내용

- 동바리 설치·해체 방법, 콘크리트 타설순서 및 시공이음부

- 작업일정, 상부층 양중방법 등 명시

③ 조립도 작성내용

- 동바리 재질 및 규격(단면, 치수), 설치간격, 이음방법 명시

④ 공사감독자 승인 후 현장 적용

2. 파이프서포트

(1) **설치 작업**

① 시공계획 및 조립도에 따라 동바리 설치

② 동바리의 수직도, 설치높이, 간격 준수

- 동바리 상·하부 동일 수직선상 위치, 처짐 우려 시 솟음(Camber) 적용

③ 동바리 역립(逆立) 및 이음 금지, 불가피한 경우 2개 이하 연결 사용

④ 부재 이음 및 교차부 결속 고정, 흔들림 방지

- 전용철물(클램프) 사용, 철선 고정금지

⑤ 책임기술자 입회 및 결과 확인

- 작업자는 기능습득 교육이수자, 또는 동등 이상의 유자격자일 것[20]

(2) **상·하단부**

① 동바리 하부지지력 확보, 침하 및 처짐 방지

- 지반 위 설치 시 바닥면 콘크리트 타설, 2단 이상 깔목·깔판 설치금지

- 동결지반일 경우 해빙기 대책 강구(토목구조물)

② 동바리 활동(滑動, 미끄러짐)방지

- 필요시 상·하단부 못이나 앵커 고정

- 거푸집 경사면에 연직 설치 시 분력(分力)에 의한 활동·전도 방지 조치

③ 하부 바닥의 수평도 확보, 필요시 고임재 설치·고정

④ U헤드·받침철물 삽입길이 확보 및 유격 방지

- 조절형 ≥ 전체길이의 1/3, 고정형 ≥ 95mm

- 조절용 너트는 밀착상태 유지할 것

---

20) 산업안전보건법 §140 및 유해위험작업의 취업제한에 관한 규칙, KCS 215005 3.3(1) 등 참조

　⑤ 동바리 상단부 중앙에 멍에 위치, 편심하중 방지

3. 잭서포트

(1) 적용부위

① 동바리 재설치 부위
- 동바리 해체 후 설계하중 이상의 상부하중이 작용되는 곳
- 보 · 슬래브 중앙부, 큰보–작은보 접속부 등

② 지하주차장 상부 장비동선의 보 및 슬래브
- 콘크리트 타설장비, 굴착 및 잔토 운반차량, 포장 · 조경 차량 및 장비 등

③ 강구조 및 PC구조의 보 · 슬래브
- 스팬 중앙부 및 큰보–작은보 교차부

④ 철거현장 해체 인접부재 등

(2) 설치순서

① 설치위치 및 자재 확인
- 구조검토 및 배치도면, 자재 제원 및 인증품 여부

② 설치높이(h) 측정, 레이저 측정기 사용

③ 동바리 길이 조정, 동바리 길이≒(h–50mm)
- 잭스크루 및 클램프 조임 해제, 내관 연장 후 길이 조정

④ 길이 조정 후 클램프 완전 조임 · 고정, 손망치 사용
- 내 · 외관 고정 후 상판에 방진패드(전용 고무판) 부착

⑤ 소운반 정위치 및 상하단부 밀착 · 고정

> - 2인 1조(4m 이하일 경우) 소운반 및 정위치
> - 외관을 회전시켜서 상하단부 밀착 · 고정
> - 수직도 점검 후 잭스크루 완전조임, 손망치 사용
> - 장척(4m 초과) 및 중량재일 경우 전동윈치, 백호 사용 고려

(3) 유의사항

① 설치위치는 최하층까지 동일 수직선상일 것

② 반드시 조립도에 따라 아래층부터 설치, 해체는 역순

③ 구조체 콘크리트 강도는 설계기준강도 이상일 것

④ 설치 중 · 후 중량물 통제
- 설치 중 상부 중량물 이동 및 적재 금지
- 설치 후 중량 차량 및 장비의 동선 이탈방지

⑤ 슬래브 지지의 경우 Punching Shear 방지
- 각목 · 형강재 등의 머리받침대 설치, 하중분산 유도

4. 수평연결재

(1) 역할

① 동바리 좌굴변형 방지[21]

② 동바리 변위 방지, 수직도 및 간격 유지

③ 동바리 일체식 거동 유도

④ 동바리 지지시스템 강성 제고

(2) 설치

① '단품 동바리 높이≥3.5m'일 경우 수평연결재 보강
- 동바리에 직교 2방향으로 설치

② 강관틀동바리: 매 5단 이내마다 설치

③ 양단부 단단한 구조체에 지지 및 결속·고정, 여의찮으면 가새 설치

④ 이음 및 접속부 견고하게 결속, 전용 클램프 사용, 철선 사용금지

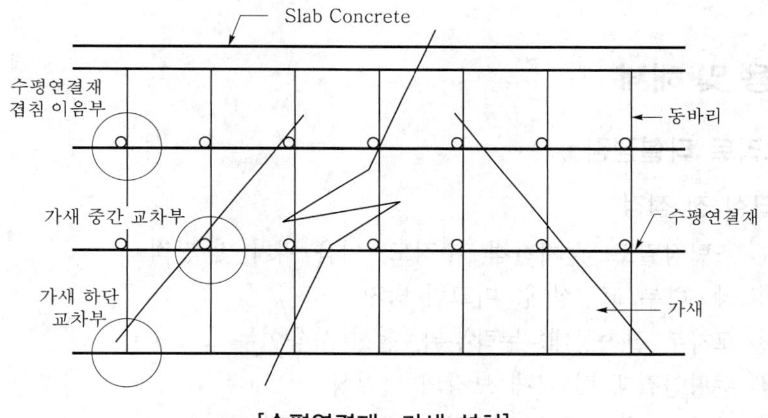

[수평연결재 · 가새 설치]

5. 가새[22]

① 수평하중을 하부구조물·지반에 전달하도록 설치
- 수평연결재 양단부 결속 곤란 시 설치, 수평연결재 변형방지

② 단일재 사용, '설치각도≤60°' 유지

③ 이음 불가피 시 동일각도 유지, 겹침이음 순간격≤100mm
- 이음위치는 엇갈리게 배치

④ 동바리 상·하부에 가새 결속 및 고정

⑤ 동바리 하부 결속≤바닥+300mm
- 해당 동바리의 하부에 못 고정, 상부는 멍에에 고정

---

21) 수평연결재가 필요한 가장 큰 이유는 동바리의 '장주 효과'를 상쇄시켜서 좌굴변형을 방지하기 때문이다.
22) KCS 215005(3.6 가새재) 참조

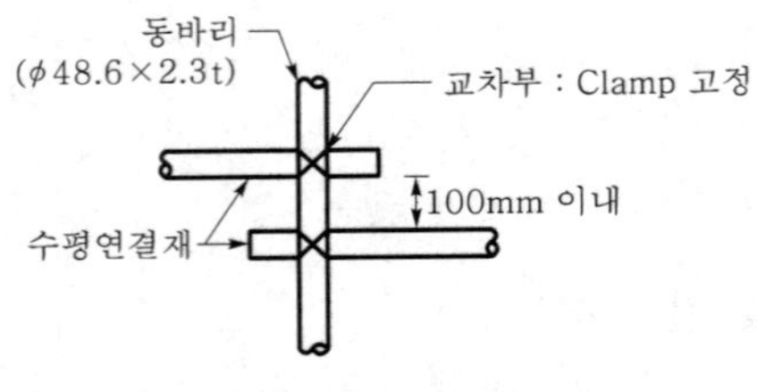

[수평연결재 이음 순간격]

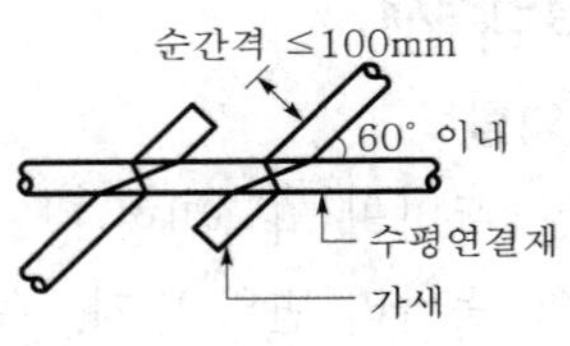

[가새 이음부 등각]

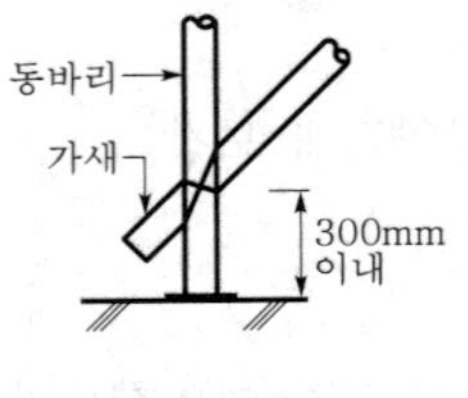

[가새 최하단]

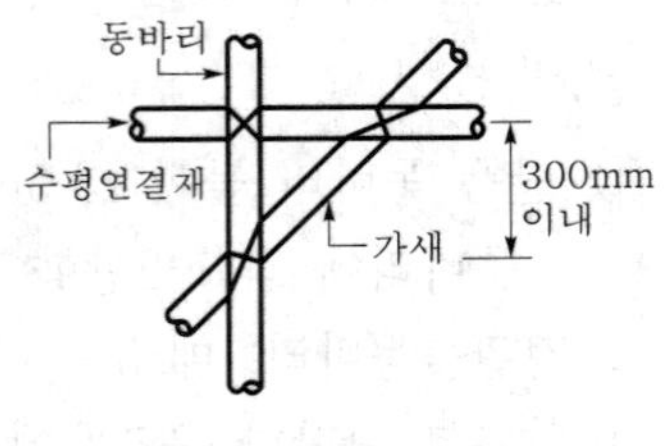

[중간 교차부]

Ⅳ 사용 및 해체

1. 콘크리트 타설점검

(1) 타설 전 점검

① 조립정밀도: 설치간격, 수직도, 이음 위치 및 간격

② 상·하부 고정상태: 미끄럼 방지

③ 교차부 결속상태: 누락부위, 철선 사용여부

④ 수평연결재 및 가새 보강의 적절성

⑤ 기타 조립도 및 시공계획 이행의 적절성 점검

(2) 타설 이후 점검

① 타설순서 준수, 집중타설에 의한 편심하중 방지

- 집중하중에 대한 안정성 검사, 필요시 타설장비 이동 및 재배치 검토

② 타설 중 이상징후 수시 점검, 필요시 즉시 조치

- 처짐 및 붕괴 징후, 거푸집 이탈, 동바리 침하 및 활동·변형

③ 존치기간 준수 및 재설치 상태의 적절성

④ 타설 중 관리감독자 배치[23]

- 이상 현상 발견 시 즉시 작업중지 및 근로자 대피조치

⑤ 기타 시공계획의 준수여부 점검

---

23) KCS 215005 3.4(15) 참조

2. 존치 및 재설치

(1) 검토사항

① 보 및 슬래브 작용하중
② 보 및 슬래브 콘크리트 설계기준강도
③ 층간 콘크리트 타설간격
④ 재설치 시점의 콘크리트 양생강도

(2) 판단 및 조치

① '동바리 작용하중 > 설계하중'일 경우 존치 및 재설치
② 상부 타설층 존재 시 타설층 포함 3개층 이상 존치 및 재설치
③ 콘크리트 자중 및 시공하중 충족 시까지 존치
④ 재설치 시 원칙적으로 동일위치일 것
　• 구조계산 후 안전성 확인 시에는 예외
⑤ 재설치 동바리로 인한 구조물 변형방지, 과도한 밀착금지

3. 동바리 해체[24]

(1) 검토사항

① '동바리 작용하중 ≤ 보·슬래브 설계하중' 확인 후 판단
② 보·슬래브 설계하중은 콘크리트 압축강도시험으로 확인
③ 상부 시공하중 영향 소멸 후 동바리 해체 가능
　• 양생을 위한 거푸집 존치기간과 무관
④ 구조계산에 의한 안전 확인 후 최종 해체 결정
⑤ 잭서포트일 경우 장비 사용여부 결정

(2) 해체 작업

① 계획 및 순서에 따라 해체 진행, 작업 전 안전교육 실시
② 작업자 및 관련자 외 작업장 출입금지
　• 작업장 내 출입금지 표지 부착
③ 비, 눈, 기타 기상 불안정 시 작업중지
④ 작업 중 낙하물 방지, 해체물 승강 시 달줄·달포대 사용
　• 해체물 신속 반출, 작업공간 확보
　• 구조물 적치 필요시 분산 적재, 집중적재 방지
⑤ 해체 후 상부구조물에 대한 안전성 평가 실시

---

24) KCS 142012 거푸집 및 동바리 '3.3 거푸집 및 동바리의 해체' 참조

Ⅴ 결론

1 거푸집용 동바리는 보 또는 슬래브의 거푸집을 지지하는 가설부재로서 골조공사의 안전, 품질, 경제성에 미치는 영향이 매우 크다.

2 동바리의 설치·해체 작업은 고도의 노동강도가 요구되므로 피로도 누적으로 인한 품질 저하와 안전사고를 방지하기 위해 지게차 및 전용장비 등의 기계화 시공요소를 적극 도입할 필요가 있다.

---

tip 참고 출전

- KCS 215005 거푸집 및 동바리 공사 일반사항
- KCS 142012 거푸집 및 동바리 공사
- KDS 215000 거푸집 및 동바리 설계기준
- KS F 8001 강재 파이프서포트
- KS F 8021 조립형 비계 및 동바리 부재
- SPS-KFCA-D4302-5016 구상흑연 주철품
- 방호장치 안전인증기준 §36관련 별표16(파이프서포트 및 동바리용 부재의 성능기준·시험방법)
- 건설기술진흥법 법 §48(설계도서 작성), §62⑪(안전성 확인), 영 §101-2(안전성 확인)
- 산업안전보건기준에 관한 규칙 §332(거푸집 동바리 등의 안전조치)
- 한국산업안전보건공단 KOSHA GUIDE C-51-2020(파이프서포트 동바리 안전작업 지침)
- 고용노동부, 공공발주기관을 위한 안전보건관리 매뉴얼(제3장 거푸집동바리 작업안전)

4103 ┃ 수평연결재 · 가새 설치

Ⅰ 개요

1. 동바리는 수평거푸집을 지지하고 상부하중을 안전하게 하부 지지구조에 전달시키는 가설 압축부재로, 강성을 확보하고 적정 간격으로 설치되어야 한다.

2. 층고가 높은 동바리는 허용하중이 감소되므로 수평연결재를 설치하여 변형을 방지하여야 하며, 수평연결재의 수평변위를 방지하기 위해서는 가새를 설치한다.

3. 대개의 동바리 붕괴사고는 수평방향하중에 기인하므로, 동바리의 수평강성을 확보하기 위하여 수평연결재와 가새의 올바른 설치가 매우 중요하다.

수평하중	➡	수평연결재	➡	가새
• 발생 원인 • 적용값		• 기능 • 설치방법		• 사용부재 • 설치방법

Ⅱ 동바리 상부의 수평하중

1. 발생 원인

① 거푸집의 경사

② 작업 시의 진동과 충격

③ 편심하중 등으로 동바리 머리부분에 수평방향으로 하중작용

2. 적용기준

① 고정하중의 2% 이상

② 동바리 상단의 수평방향 단위길이당 1.5kN/m 이상 ⎤ 중에서 큰 값

Ⅲ 수평연결재 설치

1. 기능(역할)

① 수평하중 분산

② 지보공시스템의 일체식 거동 유도

③ 동바리 수직도 유지

④ 동바리 좌굴길이 저감, 동바리 압축내력 증대

- 동바리 길이가 2.4m 이내면 압축내력이 2.0tonf/本
- 3.5m일 때는 장주효과로 1.0tonf/本으로 저하
- 수평연결재 설치 시 좌굴길이 저감으로 2.0tonf/本으로 향상

2. 설치방법

(1) 설치기준

① 동바리 높이가 3.6m 이상일 경우 적용

② 매 2m마다 동바리와 직교 2방향으로 설치

(2) 동바리와의 교차부

① 전용 볼트와 클램프 등으로 고정

② 철선 사용금지

(3) 이음부

① 겹침이음 시 상하 순간격 10cm 이내

② 이음부위 전용 철물로 단단하게 고정

(4) 수평변위 방지

① 가새를 설치하여 수평연결재의 수평변위 방지

② 수평연결재 양단부를 강성이 큰 인접구조물에 지지

- 이러한 경우 가새 생략 가능

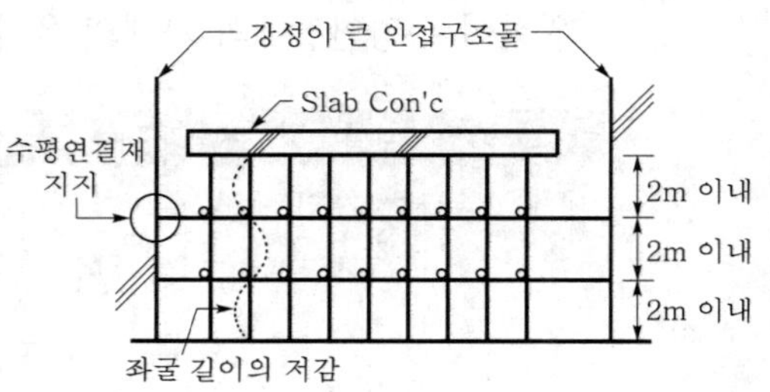

[수평연결재의 양단부 지지]

Ⅳ 가새 설치

1. 사용부재

① 원칙적으로 단일부재(단품) 사용

② 단일부재가 불가 시 이음 사용

- 동일 이음각도 유지, 겹침부위 순간격은 10cm 이하

③ 가새재료는 강관 이상의 강도가 있을 것

2. 설치방법

(1) 설치각도, 길이

① 수평연결재와의 각도가 60° 이내일 것

② 가새길이는 바닥에서 동바리 상단부까지 설치

③ 가새상단부와 교차된 동바리는 멍에에 고정

④ 가새하단부와 교차된 동바리는 바닥에 고정

- 가새 거동에 의한 동바리 상승방지

(2) 설치 상세

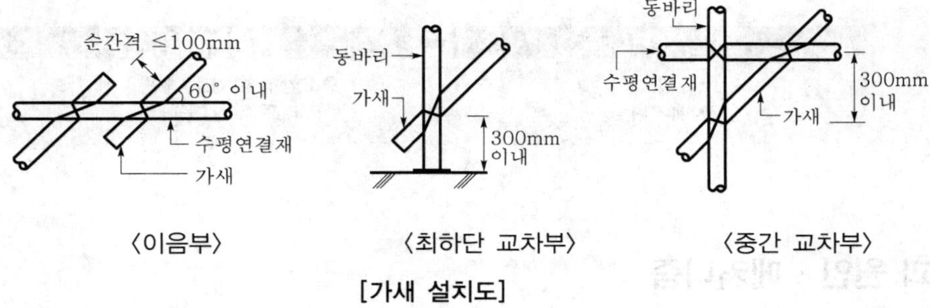

① 이음부

- 가새 겹침부위 순간격은 10cm 이내

② 최하단 교차부는 바닥에서 30cm 이내일 것

③ 중간 교차부

- 동바리와 수평연결재 교차부에서 30cm 이내가 되도록 전용철물로 가새 고정

4104 ┃ 동바리 붕괴방지

I 개요

1. 동바리는 거푸집널과 장선 · 멍에를 소정의 위치에 유지시키고 상부하중을 하부구조에 전달하는 가설구조물이다.
2. 수직 · 수평 하중에 안정되도록 설치하여야 하며, 국부적인 불안정상태는 연쇄적인 붕괴를 초래한다.
3. 동바리 붕괴를 방지하려면 동바리 구조의 안정성 검토, 표준조립도에 따른 설치, 존치기간 준수, 해체 후 재설치 등의 철저한 관리가 필요하다.

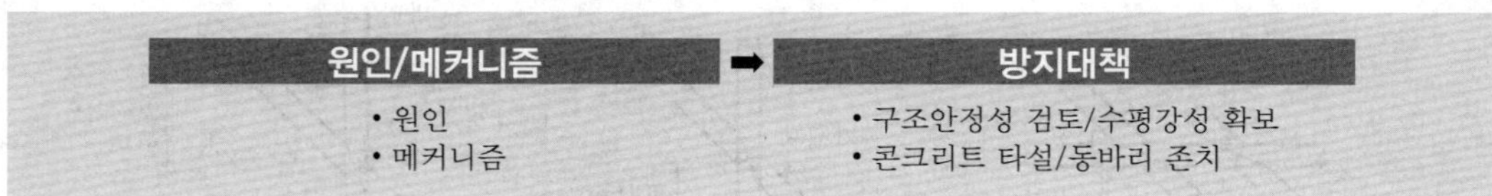

II 붕괴 원인 · 메커니즘

1. 원인

① 동바리의 압축강성 부족
② 동바리의 수직도 불량
③ 수평연결재, 가새의 설치 불량 및 누락
④ 콘크리트의 편심타설
⑤ 동바리 존치기간의 부족

2. 메커니즘

(1) 동바리 전도(顚倒)

① 콘크리트 편심타설
② 동바리 상부에 수평력 가중
③ 연직하중 집중, 동바리 좌굴변형
④ 수평력이 편심방향으로 작용, 동바리 연쇄 전도

(2) 거푸집 처짐

① 동바리 간격 미흡, 동바리 수직도 불량, 동바리 침하
② 동바리 사이의 중앙부위에 소성힌지(塑性 Hinge)로 거푸집 처짐
③ 국부적인 소성힌지는 주변하중의 집중을 유발하여 연쇄적으로 붕괴

(3) 동바리 좌굴 · 침하

　① 층고 높은 동바리의 수평연결재 설치 불량 및 누락

　② 동바리 압축내력이 저하되어 좌굴변형 발생

　③ 동바리 좌굴 시 하중집중으로 연쇄붕괴 초래

Ⅲ 방지대책

1. 구조안정성 검토

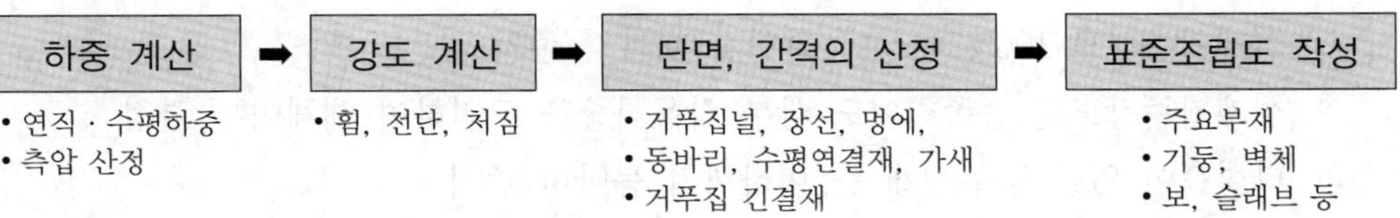

2. 수평강성 확보

(1) 수평연결재 설치

　① 설치 목적

　　• 수평하중 분산

　　• 지보공시스템의 일체식 거동 유도

　　• 동바리 수직도 유지

　　• 동바리 좌굴길이 저감, 압축내력 증대

　② 설치간격 및 방향

　　• 동바리 높이가 3.5 m 이상일 경우 2 m마다 동바리와 직교 2방향으로 설치

　③ 수평연결재 양단부

　　• 강성이 큰 인접구조물에 지지

　　• 또는 가새를 설치하여 수평연결재의 변위방지

(2) 가새 설치

　① 수평연결재의 수평변위 방지

　② 수평연결재와 $60°$ 이내가 되도록 할 것

　③ 동바리 하단부에서 상단부에 이르기까지 설치

3. 콘크리트 타설

① 편심타설 금지
- 층고가 높은 수직부재에서는 1회 타설높이를 낮게 하여 순환타설

② 집중타설 금지
- 넓은 수평부재에서 과도한 콘크리트 적재금지
- Slab 두께의 3배 이상 적재 시 수평하중이 작용하여 전도 우려
- 타설순서에 따라 평면상 대칭이 되도록 타설

4. 동바리 존치

① 설계기준강도 100% 이상이 확인될 때까지 존치
② 설계기준강도를 충족하여도 상부 작용하중을 고려하여 해체여부 결정
③ 타설층이 있을 경우 2개 층 이하까지 동바리 존치

4105 ｜ 거푸집 탈형시기

I 개요

1. 거푸집은 콘크리트가 소정의 강도에 도달하여 자립할 수 있을 때까지 존치되어야 하며, 해체 여부는 소요의 압축강도에 도달하였는지를 확인 후 결정하여야 한다.

2. 거푸집 탈형시기의 결정방법에는 구조체관리용 공시체에 의한 강도 확인, 재령에 의한 방법, 적산온도법 등이 있다.

탈형기준	→	탈형시기 결정	→	유의사항
• 수직부재/수평부재 • 동바리 존치기간		• 강도시험법 • 적산온도법		• 해체시기 결정 • 대경간/해체 후

II 탈형기준[25]

1. 수직부재

▶ 기초·보 측면, 기둥, 벽체 등의 거푸집널에 적용한다.

(1) 압축강도 기준

① 콘크리트 압축강도 ≥ 5MPa

　• 유해균열이나 기타 손상이 발생하지 않는 범위 이내일 것

② 내구성 중요 구조물: 콘크리트 압축강도 ≥ 10MPa

③ 콘크리트 압축강도는 구조체관리용 공시체시험으로 확인

(2) 재령일 기준

[KCS 142012 표3.3-2]

시멘트 종류 / 평균기온(T)	조강포틀랜드	보통포틀랜드, 고로슬래그(1종) 포틀랜드포졸란(1종) 플라이애시(1종)	고로슬래그(2종) 포틀랜드포졸란(2종) 플라이애시(2종)
20℃ ≤ T	2일	4일	5일
10 ≤ T < 20℃	3일	6일	8일

① 압축강도시험 없이 탈형할 때 적용

　• 결합재 종류별 평균기온 10℃ 이상~20℃ 미만일 경우에 한정

---

25) KCS 142012(3.3 거푸집 및 동바리의 해체) 참조

② 타설위치에서 양생일자별 평균기온 이력 기록
③ 평균기온 및 재령일 조건 충족 시 거푸집 탈형

2. 수평부재

▶ 보·슬래브 밑면 및 아치 내면의 거푸집, 그리고 이를 지지하는 동바리의 탈형여부는 콘크리트 압축강도시험값으로 결정한다.

(1) 기본 조건

① 원칙적으로 동바리 해체 후 탈형
② 동바리 안정구조 및 양생조건 충족 시 → 책임기술자 승인
- 양생조건: '양생온도 10℃ + 4일' 이상으로 양생
③ '작용하중 > 설계하중'의 경우 → 구조계산 확인 후 책임기술자 승인
- 구조계산으로 유해균열 방지 및 구조안전성 확인

(2) 단층구조

① 압축강도시험값 $\geq f_{ck} \times 2/3$
② 또한 압축강도시험값 $\geq 14\,MPa$

(3) 다층구조

① 압축강도 시험값 $\geq f_{ck} \times 2/3$
② 또한 압축강도시험값 $\geq 14\,MPa$
③ 필러 동바리구조일 경우 구조계산에 의해 존치기간 단축 가능
④ 상부층 시공 시 타설층 포함 3개층 이상 동바리 존치

Ⅲ 탈형시기 결정

▶ 재령일을 기준으로 탈형시기를 결정하는 것은 거푸집의 전용과 공정에 불리하므로, 구조체 관리용 공시체에 의한 강도시험과 적산온도법을 적극 활용하는 것이 바람직하다.

1. 압축강도시험

| 공시체 제작 | ➡ | 압축강도시험 | ➡ | 존치 판단 |

(1) 공시체 제작

① 시료채취 후 공시체 제작
- 1검사 로트마다 사전계획 개수만큼 공시체 제작
② 2회에 걸쳐 Mold 충전, 각 8회씩 다짐

③ Mold 초기양생, 20℃에서 24시간 동안 초기양생

④ Capping 후 몰드 탈형, 현장공시체양생

- 서중·일반 콘크리트: 현장수중양생, 한중콘크리트: 현장봉함양생

(2) 압축강도시험 실시

① 시험계획에 따라 실시, 담당 감리원 입회

② 공시체를 시험기에 Setting하고 가압

- 최대하중, 파괴하중(P)이 확인될 때까지 가압

③ 압축강도(σ)의 산정

$$\sigma = \frac{P}{A} = \frac{P}{\pi \cdot r^2}$$

여기서, A: 공시체 단면적, r: 공시체 반지름

(3) 거푸집 탈형여부 판정

① 부위별 소요강도값의 충족여부 판단

② 기준 미달 시 거푸집 존치기간 연장 후 재시험 판정

2. 적산온도법

▶ 한중콘크리트에서 특히 유용하다.

(1) 적용요건

① 대규모 초고층건물의 장기간 공사

② 매층 공시체 반복시험의 번거로움 고려

③ 담당원(감독·감리자)에게 적산온도값의 Data 신뢰성을 인정받은 후 적용

④ 콘크리트의 온도이력을 철저하게 관리할 것

- 타설, 양생, 외기온의 변화추이를 철저하게 기록하여 적산온도값에 반영

(2) 적용방법

① 구조체관리용 공시체에 의한 압축강도 Data 활용

- 온도이력과 강도발현의 함수관계 이용

② 산정식

$$적산온도(M) = \sum_{z=1}^{n} (\theta_z + 10)\Delta t$$

여기서, z: 재령

θ_z: 재령기간 동안의 일평균 양생온도

10: 기저온도, 상수값

③ 적산온도값으로 압축강도 추정

④ 강도추정치가 소요의 압축강도값 충족 시 거푸집 탈형 고려

Ⅳ 탈형 시 유의사항

1. 탈형 전

① 해체시기 결정
- 시멘트 종류, 배합조건, 구조부위, 작용하중, 콘크리트 내·외부 온도조건 등 고려

② 대경간의 보와 슬래브: 사전에 감리원 승인 필요

③ 설계하중 초과 시
- 구조계산 및 책임기술자 확인, 담당원 승인 후 동바리 탈형할 것

2. 탈형 후

① 설계기준강도 이상의 하중재하 시 2개층 이하까지 동바리 존치
- 타설층 포함 3개층 이상 동바리 존치

② 과대응력에 의한 유해균열 방지

③ 콘크리트 표면의 급격한 건조방지

④ 서중 시 아파트 측면에 자동살수장치 가동 고려

4106 ┃ 거푸집 하자 및 점검항목

I 개요

1 거푸집공사는 골조공기를 좌우하는 CP 공정이므로 하자 영향을 방지하기 위한 단계별 점검이 필요하다.

2 거푸집 점검항목에는 구조안정성 검토, 타설 전·중 검사, 타설 후 존치기간 준수 등이 있다.

거푸집 하자	➡	단계별 점검항목
• 하자 원인 • 하자 영향		• 조립·설치/타설 전 점검 • 타설 중 점검/타설 후 점검

II 거푸집 하자

1. 하자 원인

(1) Cement Paste 누출

① 거푸집의 수밀성 부족에 기인

② 보·슬래브 거푸집널의 수밀성 부족

③ 벽·기둥 거푸집의 측면과 하단부의 틈새에서 발생

(2) 거푸집 벌어짐, 터짐

① 타설 시 측압 과다

② 긴결재(폼타이, 칼럼밴드 등)의 강성과 간격 미흡

③ 보 상부의 벌어짐, 기둥·벽 거푸집의 터짐

(3) 거푸집 처짐

① 상부의 불균형하중, 집중하중 등에 기인

② 장선, 멍에의 설치간격 미흡

③ 동바리 간격의 부적합, 좌굴

④ 부적합한 콘크리트 타설높이 및 타설속도

(4) 거푸집 탈형 불량

① 콘크리트 존치기간 미준수

② 박리제 미사용

③ 탈형 후 급격한 수분 증발 및 온도변화

2. 하자 영향

(1) 콘크리트 강도 저하

　① 페이스트 누출부위 강도저하

　② 시멘트 입자와 양생수 이탈

(2) 단면형상, 치수정밀도 불량

　① 벌어짐, 터짐, 처짐부위

　② 탈형 후 불량부위 수정작업 불가피

(3) 표면품질 불량

　① 박리제 얼룩

　② 거푸집널 잔재물 부착

　③ 표면균열 발생

(4) 안전사고 발생

　① 거푸집 이동, 전도, 붕괴

　② 작업구간 내 대형사고 우려

　③ 사고 시 막대한 시간과 비용 발생, 붕괴 잔재물 처리 시간과 비용 등

Ⅲ 단계별 점검항목

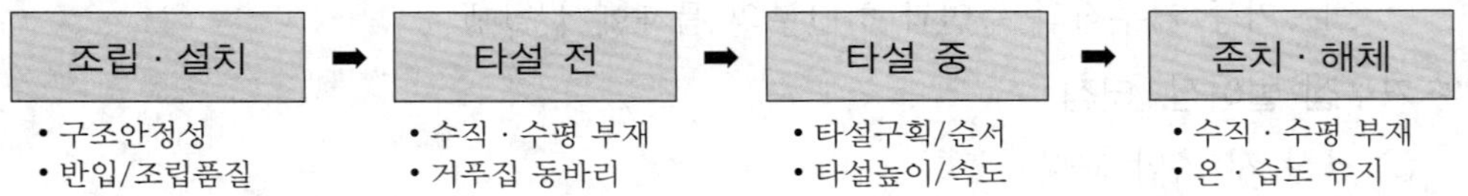

1. 조립 및 설치

(1) 구조안정성

　① 설계하중

　　• 연직하중, 수평하중, 측압, 특수하중 등

　② 응력·처짐량

　　• 휨, 전단, 처짐 등

　③ 단면크기 및 배치간격

　　• 거푸집널, 장선, 멍에, 동바리, 수평연결재, 가새 등

(2) 재료 반입검사

　① 검사항목

　　• 거푸집·동바리 재료, 연결재의 종류·재질·형상계수

② 외관검사 실시
  • 치수 및 품질표시 확인
③ 거푸집 · 동바리 조립 전 실시

(3) 조립품질 점검

① 거푸집 설치위치 점검
  • 먹매김 정밀도, 거푸집 조립정밀도 확인
② 거푸집널 수밀성
  • 이음부에서 페이스트나 모르타르가 누출되지 않을 것
    – 파손부위 유무, 보수 및 조립 상태 등 점검
③ 동바리 설치
  • 설치간격 및 수직도 유지, '상하편심 ≤ 50mm'일 것
  • 상하층 동바리: 평면상 동일위치, 수평연결재 · 가새 보강상태
④ 긴결철물 위치 및 수량, 폼타이 · 컬럼밴드 등

2. 타설 전 점검

(1) 수직부재(기둥, 벽)

① 거푸집 내 이물질 유무, 청소구 설치 및 폐쇄 방안 강구
② 긴결철물 위치 및 개수
③ 벽체거푸집 수직 · 수평띠장(장선, 멍에) 간격
④ 기둥, 보, 벽의 접합부 조립상태
⑤ 턴버클, 버팀대 설치방향, 위치, 긴결상태 등

(2) 수평부재(보, 슬래브)

① 거푸집널 이음부, 보수부위의 수밀성
② 캠버(Camber) 치수
③ 콘크리트 타설면 표시상태, 수평실 및 레벨봉 등
④ 인서트, 매입물, 배관 등의 위치 및 고정상태
⑤ 시공이음부 처리상태
  • 이음막이재, 지수재료(지수판 및 수팽창지수재) 설치상태

(3) 동바리

① 간격, 수직도, 경사각도
② 멍에위치, 치수, 긴결상태
③ 수평연결재, 가새, 밑받침 쐐기 등의 고정상태 등

3. 타설 중 점검

(1) 측압 상승요소

① 타설높이 및 타설속도

- 자유낙하, 1회 타설높이 적정성
- 급속타설 유무

② 다짐방법

- 내부진동다짐, 거푸집 진동다짐 등의 적정성

(2) 페이스트 누출

① 보, 슬래브: 하부에서 육안검사

② 기둥 및 벽: 측면 육안검사

③ 유출부위 틈새 차단

(3) 거푸집 변형

① 보·슬래브 거푸집 처짐, 동바리 좌굴

② 춤이 깊은 보 옆, 기둥·보 거푸집 변형 등 점검

4. 타설 후 점검

(1) 거푸집 존치기간

① 수직부재(기초, 보 옆, 기둥 및 벽의 거푸집널)

- '콘크리트 압축강도 ≥ 5MPa' 확인 시까지 존치할 것, 내구성 중요구조물 ≥ 10 MPa
  - 압축강도는 구조체관리용 공시체시험으로 확인
- 시멘트 종류별 재령일 기준[26], '평균기온 ≥ 10℃'일 경우에만 적용

[KCS 142012 표3.3-2]

시멘트 종류 평균기온(T)	조강포틀랜드	보통포틀랜드, 고로슬래그(1종) 포틀랜드포졸란(1종) 플라이애시(1종)	고로슬래그(2종) 포틀랜드포졸란(2종) 플라이애시(2종)
20℃ ≤ T	2일	4일	5일
10 ≤ T < 20℃	3일	6일	8일

② 수평부재(슬래브 및 보 하부의 거푸집널)

- 원칙적으로 동바리 해체 전까지 존치
- Filler거푸집 존치 시 주변부 거푸집 존치기간 단축 가능

---

26) KCS 142012 '표3.3-2' 참조

③ 수평부재 동바리

- 슬래브 및 보의 콘크리트 ≥ 설계기준강도 100%
- 설계하중 이상이 작용할 경우 안전상태가 될 때까지 존치

④ 해체 가능한 콘크리트 압축강도 최소치

- 수평부재 및 동바리에 적용, '압축강도 ≥ 14MPa'일 것

(2) 거푸집 해체

① 해체 승인여부 확인

- 반드시 감리 · 감독원 승인 후 안전하게 해체할 것

② 콘크리트 부재위치, 단면치수 검사

- 필요시 구조물의 특성에 적합한 별도의 규준에 따라 실시[27]

③ 콘크리트 마무리 평탄도 검사

- 평탄도 표준값[28]

내 · 외장 두께(t)	평탄도 (mm)	내 · 외장 마감 구분	
		기둥, 벽	바닥
$t \geq 7mm$	10/1m	미장벽, 띠장바탕	미장, 이중바닥
$t < 7mm$	10/3m	뿜칠, 타일 압착	타일, 카펫, 방수
제물치장, 얇은마감	7/3m	제치장콘크리트면, 도장, 천붙임	수지미장, 마모바닥, 쇠흙손 마무리

④ 콘크리트 표면결함 검사

- 해체 후 표면결함 유무를 육안검사
- 허니콤, 콜드조인트, 재료분리 공동부 등
- 결함보수 후 결과 확인

⑤ 탈형 후 급격한 온 · 습도 변화방지

- 필요시(아파트 측벽의 경우) 살수장치 가동 고려
- 직사일광 및 강풍의 영향 고려, 필요시 시트보양 실시

---

27) KCS 코드 제정 이전에는 허용오차의 표준값이 제시되었으나 코드 제정 후 삭제되었다.
28) KCS 142010 '표3.7-1' 참조

4107 | 시스템거푸집

Ⅰ 개요

☐ 재래식 거푸집은 조립·해체 복잡, 노동집약적, 전용성이 낮아서 비경제적이고 천연자원 낭비요소 등으로 개선의 여지가 많다.

☐ 시스템거푸집은 동일평면이 반복되는 고층구조물에서 거푸집널, 장선, 멍에, 동바리, 긴 결철물 등의 전부 또는 일부를 유닛화(Unit 化)하여 노무절감과 전용성을 향상시킨 거푸집 으로 현장적용성과 시공관리 측면에서의 적극 활용이 필요하다.

중요성	➡	종류	➡	공법 선정
• 공기단축/시공정밀도 • 공사비 절감/안전성		• 벽/바닥 전용/바닥-벽 • 연속수직타설용		• 현장적용성 • 시공관리 측면

Ⅱ 중요성

1. 공기단축

① 해체 및 조립작업 단순화
- 인력작업 요소가 축소되어 공기단축 가능

② 거푸집과 비계 일체화, 외부 마감공사 병행

2. 시공정밀도 향상

① 넓은 면적에서 균일한 시공품질 확보

② 거푸집 강성 우수, 변형방지
- 콘크리트의 설계형상
- 치수 확보 용이

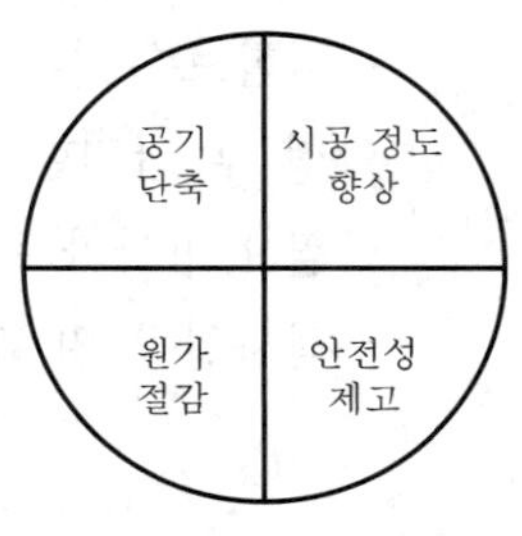

[시스템거푸집의 중요성]

3. 공사비 절감

① 거푸집 전용성 우수

② 조립·해체품 절감, 노무비 절약 가능

4. 시공 안전성 제고

① 인력 투입을 줄여서 작업원의 위험노출 저감

② 고소작업 단순화
- 양중에 의한 대형부재의 조립·해체 가능

Ⅲ 종류

1. 벽 전용

(1) 갱폼(Gang Form, Climbing Form)

① 외벽마감용 비계와 Unit화된 거푸집을 크레인으로 양중(Climbing)하면서 설치 · 해체

② 내측에는 유로폼 또는 알루미늄폼 사용

③ 동일평면이 반복되는 중 · 고층 공동주택에 많이 적용

④ 타워크레인 양중장비 필요

(2) Self Climbing Form(Auto-Climbing Form)

① RC코어월 선행공법에 적용 가능

② 자체인양시스템(Jacking System) 구비

(3) Shuttering Form

① 패널, 보강재, 작업발판을 일체화

• 크레인으로 이동시키면서 벽 · 보 거푸집으로 사용

② 다공구 분할작업 용이

• VH 분리타설 시 벽과 보의 거푸집으로 사용

(4) 무Form-Tie 거푸집(Brace Frame Form)

① 폼타이 대신 브레이스프레임을 사용하는 거푸집

② 폼타이 설치가 곤란하거나 수밀성이 요구되는 벽체에 적용

• 지하층 합벽부위에서 엄지 말뚝에 폼타이용 철물을 용접하여 프레임과 연결

• 또는 기 타설 슬래브의 매입앵커프레임과 고정

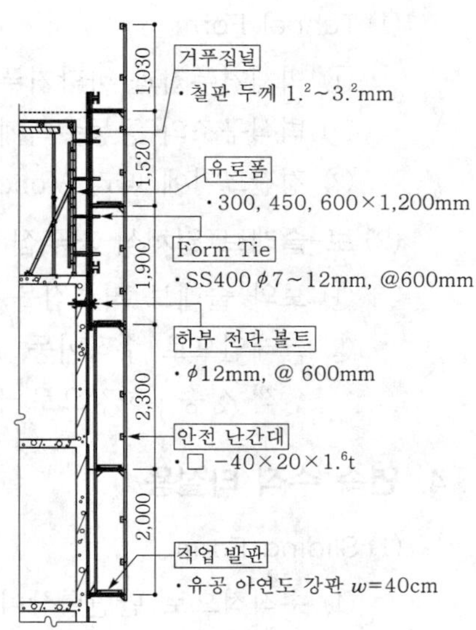

[Gang Form 설치도]

2. 바닥 전용

(1) Traveling Form

① 높낮이를 조절할 수 있는 가동식(可動式) 동바리구조와 바닥거푸집널을 일체화

② 긴 구조물에서 적용성과 경제성이 우수

③ 쉘, 아치, 돔 등이 적용되는 지붕구조 거푸집으로 사용

(2) Table Form(Flying Shore Form)

① 거푸집널, 장선, 멍에, 동바리 등을 일체화시킨 바닥 전용거푸집

② 수직 · 수평적인 반복 모듈구조물에 적용성 우수

• 공동주택, 학교, 병원, 넓은 지하주차장 등

③ 커튼월 외벽구조에서 적용성 우수

3. 바닥-벽 / 보-슬래브용

(1) Tunnel Form

① 벽체거푸집과 바닥거푸집을 일체로 한 바닥·벽 전용 거푸집

② 벽식구조의 공동주택에 적용 가능

③ 경간크기에 따라 Mono·Twin Shell 선택 사용

(2) 보-슬래브 일체식 거푸집

① 보와 슬래브 거푸집을 3~4Span 가량 일체화시킨 거푸집

② 크레인으로 수직이동, 자체 바퀴로 수평이동

- 잭 상승·하강으로 설치·해체 가능

4. 연속 수직 타설용

(1) Sliding Form

① 수직적으로 단면형상이 연속되는 구조물에 적용

- 시공이음 없이 균일형상으로 연속이동시키면서 콘크리트 타설

② 돌출물이 없고 단면형상 변화 없는 수직구조물에 적용, Silo형 구조물

(2) Slip Form

① 단면형상 변화가 있는 구조물에서 수직이동하면서 연속타설이 가능한 거푸집

② 전망탑, 급수탑, 대형 굴뚝 등의 구조물에 적용

4108 시스템동바리

I 개요

1 시스템동바리는 조립 및 해체를 용이하게 함으로써 동바리 물량을 절감하거나 하중부담 성능을 대폭 개선시킨 것을 의미한다.

2 시스템동바리는 보형식과 지주형식이 있으며 건설현장에서는 호리빔, 데크플레이트, 강관시스템동바리 등이 폭넓게 적용되고 있다.

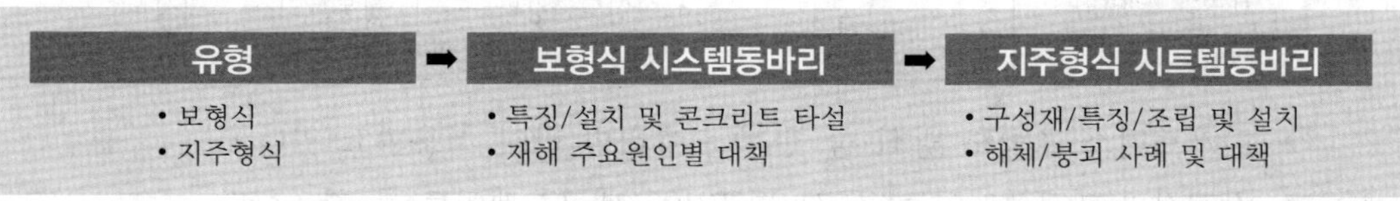

II 시스템동바리 유형

보형식	강제트러스조립보	보우빔, 페코빔, 호리빔
	강제갑판	강판－철근 · 철선 일체형 · 분리형
지주형식	강관시스템동바리	

1. 보형식 시스템동바리

① 강제트러스 지지력으로 지주없이 슬래브 거푸집 지지
- 강제트러스조립보와 강제갑판으로 분류

② 강제트러스조립보: 슬래브 거푸집의 하부에서 타설하중 지지

③ 강제갑판(데크플레이트), 강판 상부의 강재트러스로 타설하중 지지
- 아연도금강판(0.5T) 상부에 철근(또는 철선)트러스 전기용접

④ 트러스재 양단부는 보 또는 보거푸집에 지지, 걸침길이 확보 필요

⑤ 층고 높은 슬래브 지지에 유용

2. 지주형식 시스템동바리

① 수직재, 수평재, 가새재로 구성한 동바리 시스템
- 단관지주에 수평재와 가새재를 조합

② 부재의 규격화 · 부품화 실현

③ 현장 조립 · 해체 용이

④ 높은 층고 및 연직하중이 큰 곳에 유용
- 초고층건축물 로비층(1층), 필로티 구조 및 주상복합건물의 전이층 등

Ⅲ 보형식 시스템동바리

[보형식 시스템동바리 종류]

강제트러스 조립보	보우빔(Bow Beam)	스팬길이 고정형
	페코빔(Pecco Beam)	스팬길이 가변형, 경량으로 취급 용이
	호리빔(Horry Beam)	• 스팬 가변형, 본체 좌우에 Side Beam 조절 및 쐐기 고정 • 일본 개발, 'Horizontal Beam'에서 유래
강제갑판 (Deck Plate)	강판 존치형	• 아연도금강판－강선·강봉트러스 일체식 • 콘크리트 타설·양생 후 강판 존치
	강판 제거형	• 아연도금강판－강선·강봉트러스 분리식 • 콘크리트 타설·양생 후 강판 제거

▶ 강제트러스 조립보 방식 중 현재는 호리빔 만이 사용되고 있다.[29]

▶ 강제갑판(데크플레이트)은 제3편 "3107 데크플레이트"를 참조한다.

1. 특징

(1) 자재

[호리빔 제원]

호칭규격	본체(mm)		중량(kg)				비고
	길이	깊이	a	b	c	계	
11－14	1,100 ~ 1,450	163	6.2	4.7	0.4	11.3	
14－18	1,450 ~ 1,800	163	7.4	4.7	0.4	12.5	
18－25	1,800 ~ 2,500	272	9.2	9.4	0.4	19.0	• a: 본체
25－32	2,500 ~ 3,200	323	13.2	9.4	0.4	23.0	• b: Side Beam 1~2개
32－39	3,200 ~ 3,900	324	18.2	9.4	0.4	28.0	• c: 고정용 쐐기 2개
39－46	3,900 ~ 4,600	325	25.2	9.4	0.4	35.0	
46－53	4,600 ~ 5,300	325	29.2	9.4	0.4	39.0	

① 구성재: 본체(Main Beam), Side Beam, 고정용 쐐기 등
  • 본체에 캠버(Camber, 스팬의 솟음)적용, 평균 7.5mm
② 호칭규격 7종, 적용가능한 스팬길이 1,100~5,300mm
  • '11-14' 및 '14-18'는 350mm, 나머지는 700mm까지 조절 가능
③ 조립체 중량: 12.5kg ~ 39.0kg, 2인 1조 작업 고려
④ 층고가 높은 슬래브거푸집 지지용으로 유용

---

29) 보형식 시스템동바리 중 보우빔이나 페코빔은 국내 도입 초기에 적용되어 출제사례(제76회)도 있었으나, 현재는
'호리빔'과 '데크플레이트'로 모두 대체된 실정이므로 참고 정도로 학습하여도 무방하다.

(2) 작업공간 확보

① 바닥슬래브 거푸집 무지주 지지

② 슬래브 거푸집 하부에 무주(無柱) 작업공간 형성

③ 설치층 작업 및 이동 용이

④ 골조작업 효율 및 안전성 확보

(3) 동바리 물량 절감

① 슬래브 거푸집 동바리 지지 불필요

 • 슬래브 하중을 보 거푸집으로 전가

② 보 거푸집 하부에만 동바리 지지, 필요시 강관 시스템동바리 적용

③ 재래식 대비 조립 · 해체 용이

 • 반입, 해체 및 정리 물량 대폭 감소

④ 노무인력 및 작업시간 절감

2. 설치 및 콘크리트 타설

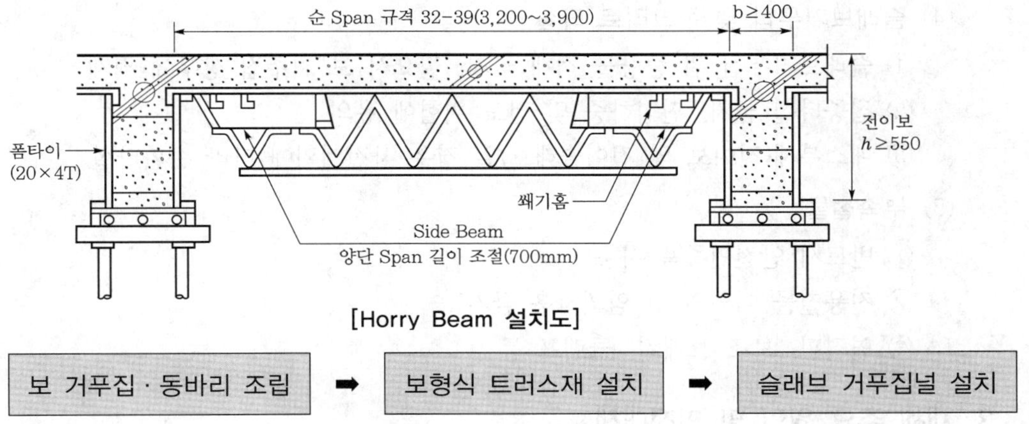

[Horry Beam 설치도]

보 거푸집 · 동바리 조립 ➡ 보형식 트러스재 설치 ➡ 슬래브 거푸집널 설치

(1) 보 동바리 조립

① 동바리 구조검토

 • 슬래브 · 보의 타설하중 및 동바리 허용하중 산정

 • 이후 동바리 소요수량 및 설치간격 산정

② 동바리의 연직하중 지지력 확보

 • 동바리 지지력 ≥ (보+슬래브) 작용하중

 • 2열 이상 대칭 설치, 필요시 강관시스템동바리 적용

③ 횡하중 지지력 확보, 좌굴과 수평력에 의한 변위방지

 • 높이 2m 이내마다 직교2방향 수평연결재 및 가새 보강

④ 동바리 하부 지지력 확보, 필요시 깔판 · 깔목 설치

 • 소요 지내력, 또는 콘크리트 양생강도 확보

  (2) 보거푸집 조립

    ① 걸침부위 각재 보강

    ② 폼타이 수직·수평 설치간격 준수, 거푸집 벌어짐 방지

      • 하부 첫 단 ≤ 150mm, 상부 첫 단 200~30mm, 수직간격 ≤ 400mm

      • 수평간격 ≤ 700mm

    ③ 각재 및 브래킷 등 거푸집 측면 보강

  (3) 보형식 트러스재 설치

    ① 2인 1조 작업 진행

      • 설치층 바닥에서 스팬길이 조정 후 인양

    ② 시방 및 구조 검토상의 설치간격 준수

      • 스팬길이, 슬래브 하중, 제품시방 등 참조

    ③ 안전한 걸침 및 고정 상태 확보

    ④ 보거푸집에 양단부 못·볼트 고정, 활동방지

  (4) 슬래브거푸집 및 콘크리트 타설

    ① 슬래브거푸집 위 중량물 적재 금지, 필요시 보 거푸집 상부에 적재

    ② 집중타설 금지, 편심하중 및 전도 위험에 유의

    ③ 매스부재(전이보 및 전이슬래브)일 경우 사전계획에 따라 순환타설

  (5) 부속철물

    ① 반드시 안전인증품 사용

    ② 전용철물 이외의 것 임의사용 금지

    ③ 연결핀, 보조 브래킷, 클램프 등

3. 재해 주요 원인 및 안전대책

  (1) 보거푸집 측판 강성 미흡

    ① 측압 및 횡하중 저항성능 구비

    ② 폼타이 설치간격 준수 및 결속상태 확인 → 측압에 의한 벌어짐 방지

    ③ 수평연결재 및 가새 보강 → 거푸집 및 동바리 전도방지

    ④ 필요시 보 전용거푸집 사용 고려

  (2) 상부 과하중 적재

    ① 슬래브거푸집 위 집중하중 방지, 거푸집 및 동바리 자재 적재 등

    ② 적재 시 보거푸집 등에 분산 적치

    ③ 자재 반입 및 양중 시 관리·감독자 입회·확인

(3) 구조검토 및 조립도 작성 미흡

　① 구조검토 후 책임기술자 승인

　② 작업 전 조립도 내용 숙지

　③ 필요시 조립구조 사전교육 실시

Ⅳ　지주형식 시스템동바리

1. 강관시스템동바리 구성재[30]

[구성재별 KS강재 규격]

부재/철물 구분	적용 강재	강재별 KS규격	
수직재 본체·삽입관 연결조인트 이음관·삽입관 수평재, 가새재 트러스 수평재·보강재	SGT275 SRT275 SS275	SGT275	KS D 3566(일반구조용 탄소강관)
		SRT275	KS D 3568(일반구조용 각형강관)
		SS275	KS D 3503(일반구조용 압연강재)
연결링(접합부) 이탈방지용 핀	SS275 SPHC	SPHC	KS D 3501(일반압연 연강판·강대)
수평재 결합부·결합핀 가새재 결합부·결합핀 트러스 결합부·결합핀	SS275 SPHC GCD450-10	GCD450-10	KS D 4302(구상흑연 주철품)
		U헤드·잭베이스	KS F 8014(받침철물)

(1) 수직재

　① 거푸집의 상부하중을 하부로 전달하는
　　기둥 부재

　② 단면치수에 따라 1, 2종으로 구분

　　• 1종 ≥ ∅60.0×2.3T

　　• ∅48.0×1.8T ≤ 2종 < ∅60.0×2.3T[31]

　③ 단위 수직재별 연결링 3곳(상, 중, 하)
　　용접·고정

　④ 최하단부: 잭베이스와 연결,
　　최상단부: 트러스 연결

　⑤ 단위재별 압축하중 ≥ 10~180kN

　　• 접합부(연결링) 인장하중성능은 30kN 이상일 것

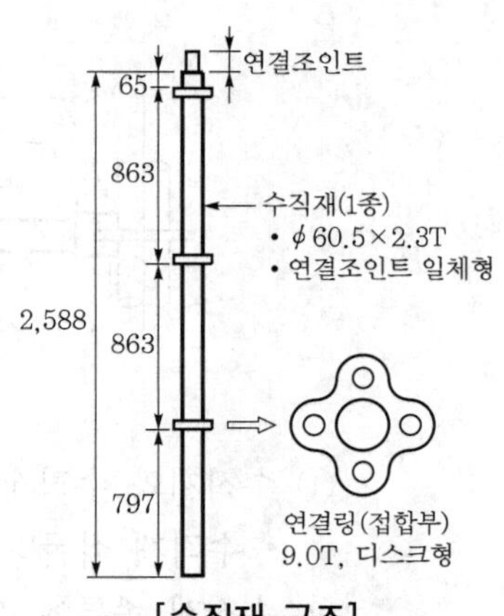

---

30) KS F 8021(조립형 비계 및 동바리 부재) 참조. SS275 강재는 모든 구성재에 적용 가능하다.
31) 실제 공장생산 규격: ∅48.0×1.8T→∅48.6×2.3T, ∅60.0×2.3T→∅60.5×2.3T

[수직재 길이별 압축하중 성능 최솟값]

호칭길이(l, mm)	압축하중(kN)		호칭길이(l, mm)	압축하중(kN)	
	1종	2종		1종	2종
$l < 900$	180	90	$2,400 \leq l < 2,700$	50	20
$900 \leq l < 1,200$	150	70	$2,700 \leq l < 3,000$	40	17
$1,200 \leq l < 1,500$	120	55	$3,000 \leq l < 3,300$	35	14
$1,500 \leq l < 1,800$	90	40	$3,300 \leq l < 3,600$	30	12
$1,800 \leq l < 2,100$	70	30	$3,600 \leq l$	25	10
$2,100 \leq l < 2,400$	60	25	–	–	–

[수직재 호칭별 규격]

호칭[32]	길이(mm)	중량(kg)
V1-216	216	2.0
V1-432	432	3.0
V1-863	863	4.4
V1-1,291	1,291	6.2
V1-1,725	1,725	8.0
V1-2,588	2,588	12.0

(2) 수평재

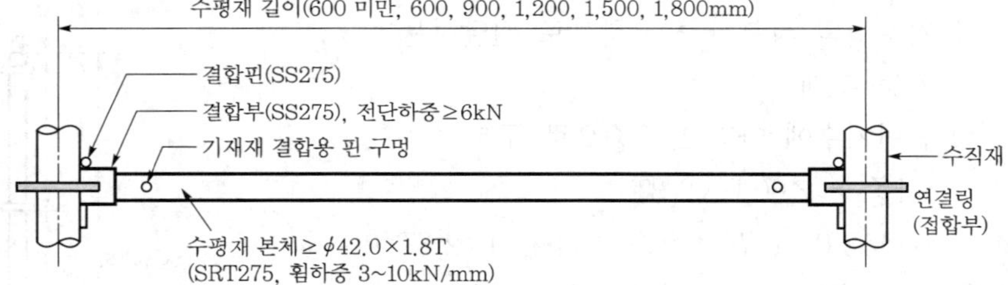

[수평재 구조]

① 수직재와 수직재를 직각으로 결합하는 부재
- 수직재 좌굴방지 및 수평하중 지지

② 수직재 종류에 따라 1, 2종으로 구분

③ 가새재 결합용 핀 구멍 2곳 설치

---

32) KS F 8021 조립형 비계 및 동바리 부재(9. 호칭방법) 참조, 여기서, V1은 수직재 1종을 의미하며 수직재 2종은 'V2'로 표현한다. 이와 달리 시중 제조업체는 각각 P-2, P-4, P-8, P-12, P-17, P-25 등으로 호칭하므로 혼동하지 말아야 한다.

④ 단위재 길이별 휨하중 최솟값 표준

단위재 길이(l, mm)	휨하중(kN)	단위재 길이(l, mm)	휨하중(kN)
$l<600$	10	$1,200 \leq l <1,500$	5
$600 \leq l <900$	8	$1,500 \leq l <1,800$	4
$900 \leq l <1,200$	6	$1,800 \leq l$	3

⑤ 수평재 결합부 전단하중 ≥ 6kN

(3) 가새재

① 수직재 및 수평재 각각의 대각방향으로 설치하는 부재
- 수직가새 및 수평가새로 구분, 수직재의 횡방향변위 억제

② 고정형과 조절형으로 구분
- 고정형 ≥ ∅27.0, 두께 ≥ 1.8T
- 조절형 외관≥∅34.0, 내관∅ ≥ 27.0, 두께 ≥ 1.8T

③ 단위재 길이별 압축하중성능 최솟값 표준
- 1,500mm 미만 ≥ 15kN, 1,500mm ≥ 12kN, 2,400mm 이상 ≥ 8kN

(4) 트러스재

① 수직재 최상단에서 인접 수직재를 결속시키는 수평부재
- 트러스재 상부의 슬래브거푸집의 멍에를 지지하는 부재

② 수직재 종류에 따라 1, 2종으로 구분

③ 연결방식: 수직재에 대하여 '상부연결형'과 '사이연결형'으로 구분

④ 구성재: 수평재, 수직보강재, 대각보강재 등

[트러스 구성재별 규격]

부재 구분	표준규격(최소치)	생산규격
수평재	∅42.0×1.8T	∅42.7×2.3T
수직보강재	∅48.0×1.8T	∅48.6×2.3T
대각보강재	∅34.0×1.8T	∅34.0×2.3T

⑤ 휨하중 최솟값 40kN

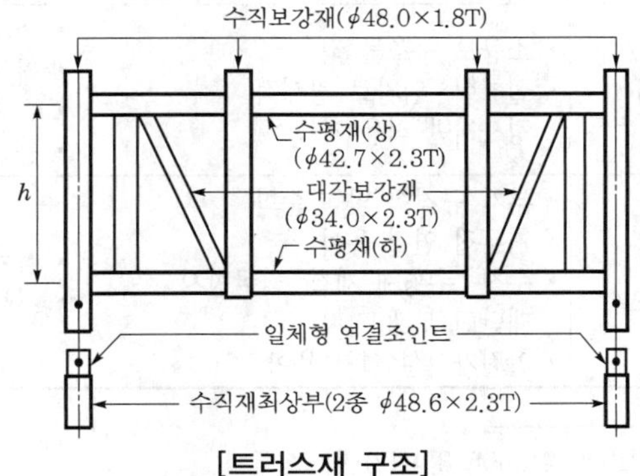

[트러스재 구조]

(5) 기타 부속재료

[부속재료 종류]

잭베이스	수직재 하부에 설치, 수직재 수평·수직 조절형 받침대
U헤드잭	멍에의 하중을 수직재로 전달하기 위한 연결지지대
연결조인트	상·하 수직재의 이음용 철물
연결링	수직재에 용접 고정, 수평재 및 가새재 연결구 역할, 9.0T
연결핀	연결부재 이탈방지용 철물

① 잭베이스: 수직재 최하부에 위치하는 부재
   - 스크루잭 기능, 높이 미세조절 시 사용
② U헤드잭: 수직재 최상부에 위치하는 부재, 높이 미세조절 가능
③ 연결조인트: 수직재 상하 이음용 부재, 삽입형과 일체형으로 구분
④ 연결링: 수직재에 용접되어 수평재를 접속시키는 접합부
   - 디스크형과 포켓형으로 구분
⑤ 연결핀: 수평재, 가새재, 트러스재 등을 연결링에 고정시키는 핀

2. 특징

(1) 일반적 특징

① 高층고 및 重하중일 경우 적용[33]
   - '설치높이>4.0m', 또는 '슬래브 두께≥1,000mm'일 경우
   - 전이보 및 전이슬래브 등의 대단면 구조체 등
② 설치 및 해체 작업 용이
③ 조립정밀도 확보 용이, 수직·수평재 등간격 연결, 좌굴방지
④ 고소작업 안전
   - 고소작업 필요시 작업발판 설치 및 안전난간대 설치 가능
⑤ 초기투자비 과다. 주로 임차 사용

(2) 단품 강관동바리 비교

구분	장점	단점
강관동바리	• 소규모 구조물 적용 • 설치비·임차료 경제적 • 경사지반 적용 가능	• 설치높이 한계 • 거푸집 연결 불편 • 수직정밀도 유지 곤란 • 등간격 설치 곤란
강관 시스템동바리	• 부재 규격화 및 단순화 • 거푸집 연결 용이 • 수직·수평재 체결, 좌굴방지 • 대단면 부재 지지 • 안전가시설 설치 용이	• 설치비·임차료 고가 • 경사지반 적용 곤란

---

33) KCS 142012 3.2.1(8), KCS 215005 3.4(12) 참조

3. 조립 및 설치

▶ '동바리 설치높이≥5m'일 경우 설계안전성 검토 대상

잭베이스+조절형 수직재 +가새재	→	상단부 수직재+수평재 +가새재	→	U헤드+슬래브거푸집

(1) 제1단 조립

① 위치 확인 후 잭베이스 배치

② 잭베이스에 최하부 조절형 수직재[34] 삽입 및 고정

- 잭베이스 길이≤600mm, 수직재-잭베이스 겹침길이≥200mm
- 잭베이스 미세조절 후 핀 고정, 경사바닥일 경우 수평 유지

③ 수직재 연결링에 수평재 삽입 및 결합핀 고정

④ 수평가새 조립 및 결합핀 고정

(2) 상단부 조립

① 수직재·수평재 조립

② 수평가새 및 수직가새 조립

③ 소정 높이까지 반복 조립, 설치높이≤단변길이×3

(3) U헤드 및 거푸집 조립

① 수직재 상단에 U헤드 삽입 및 고정

② U헤드 중심축에 거푸집 멍에2 못 고정, 쐐기에 의한 횡방향 이동방지

- 멍에1: 장선 직하에 있는 멍에, 멍에2: U헤드에 삽입되는 멍애

③ 멍에1 및 장선과 거푸집널 조립

(4) 안전가시설 설치·이용

① 작업발판 설치

② 가설통로 설치

③ 안전난간대 및 추락방호망 설치

④ 작업자 개인보호구(안전대, 안전모, 안전화 등) 착용

---

34) 생산규격 6가지(216, 432, 863, 1,2791, 1,725, 2,588mm) 중 216mm와 432mm 수직재를 말한다.

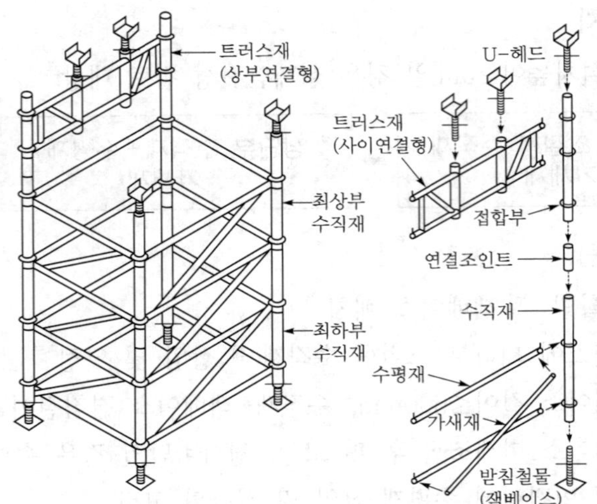

[강관시스템동바리 조립 구조]

  (5) 유의사항

    ① 구조설계 후 조립도 작성

    ② 슬래브 '두께 ≥ 500mm'일 경우 첫 수평재 위치

      • 최상단 및 최하단에서 400mm 이내일 것

      • U헤드 및 잭베이스 좌굴방지

    ③ 수평 · 수직 가새재의 설치누락 없을 것

    ④ '바닥 편경사 ≤ 6%'일 것

    ⑤ 방호장치 안전인증기준에 적합할 것

      • 설치 후 사용 전 안전성 검사 실시

4. 해체

  (1) 해체 전

    ① 해체작업계획 수립

    ② 작업지휘자 지정 및 배치

    ③ 지지층 콘크리트 양생강도 확인

    ④ 작업발판 적재물 제거

    ⑤ 작업 전 안전 점검 및 조치

      • 안전보호구 착용상태, 추락 · 낙하 재해예방 조치 등

  (2) 해체 중 · 후

    ① 작업지휘자 안내에 따라 작업 진행

    ② 조립의 역순으로 해체 실시

    ③ 출입금지구역 설정 및 작업장 통제

    ④ 해체물 정리정돈, 인양장비에 의한 하역

5. 붕괴 사례 및 대책

(1) 발생 원인

① 수직재 연결부 미고정

② 수직재 상부 고정 미흡

③ 가새 설치 부적합

④ 슬래브 동바리 하부 쐐기목 미설치

⑤ 조립도 작성 및 구조검토 미비

(2) 방지대책

① 설치 전 구조검토 및 조립도 작도

② 수직재 연결부 핀 체결 누락방지

③ 동바리 상부 거푸집 일체화

④ 콘크리트 타설 시 편심방지

⑤ 동바리 하부 수평 유지, 깔목 및 깔판 설치 등

Ⅴ 결론

1 시스템동바리는 높은 층고와 타설하중이 큰 곳에 적용하는 가설물로서 안정상태가 되도록 조립도에 따라 설치 및 해체하여야 한다.

2 高층고·重하중 조건이 중복될 경우에는 전도 및 붕괴에 취약한 구조가 되므로 동바리 상부의 횡력작용에 대한 구조안전성 검토 후 수평연결재 및 가새의 보강에 특히 유의하여야 한다.

> **tip 참고 출전**
> - KCS 215005 거푸집 및 동바리 공사 일반사항
> - KCS 142012 거푸집 및 동바리 공사
> - KDS 215000 거푸집 및 동바리 설계기준
> - KS D 3566 일반구조용 탄소강관(시스템동바리 부재용 강재, SGT275)
> - KS D 3568 일반구조용 각형강관(시스템동바리 부재용 강재, SRT)
> - KS D 3503 일반구조용 압연강재(시스템동바리 부재용 강재, SS275)
> - KS D 3501 열간압연 연강판 및 강대(시스템동바리 부재용 강재, SPHC)
> - KS D 4302 구상 흑연주철품(폐지, GCD450-10으로 이관, U헤드 및 잭베이스)
> - KS F 8014 받침철물(시스템동바리 부재용 강재, 받침철물)
> - 방호장치 안전인증기준 §36 별표16(파이프 서포트 및 동바리용 부재의 성능기준·시험방법)
> - 건설기술진흥법 법§48(설계도서 작성), §62⑪(안전성 확인), 영§101-2(안전성 확인)
> - 산업안전보건기준에 관한 규칙 §332(거푸집 동바리 등의 안전조치)
> - 한국산업안전보건공단 KOSHA GUIDE C-42-2020(시스템 동바리 안전작업 지침)
> - 고용노동부, 공공발주기관을 위한 안전보건관리 매뉴얼(제3장 거푸집동바리 작업안전)

4109 │ 알루미늄 거푸집

I 개요

1 Aluminum은 Steel에 비하여 비중은 낮지만 비강도가 우수하여 구조재로도 사용 가능한 비철금속으로 거푸집에도 유용한 재료이다.

2 알루미늄 거푸집은 강제틀 거푸집보다 가벼워서 취급이 용이하고 목재와 동바리의 사용량을 저감할 수 있으므로 향후 강제거푸집(유로폼)의 대안으로 이용 증대가 예상된다.

장단점	➡	시공방법	➡	적용방안
• 장점 • 단점		• 벽체/슬래브 • 유의사항		• 자가구입-임차 • 슬래브 적용/작업원

II 장단점

1. 장점

(1) 재료 측면

① 비중: 2.7 ~ 2.97

② 융점: 660℃, 내열, 내화, 접합성 취약

③ 내식성 우수: 대기 중에서 안정(산화 피막 형성)

④ 경질, 강도 우수: 구조재 사용 가능

⑤ 가공성 우수: 얇은 박판 가공, 압출성형 가능, T=4.0mm

• 다양한 형상의 제품으로 생산

(2) 취급 용이

① 중량은 강제틀의 60~70%에 불과

② Form 단위재의 크기 증대 가능

• 600×1,200 → 600×2,400

③ 골조공기 단축: 층당 2~3일

(3) 골조품질과 전용성 우수

① 유로폼보다 유리

② 시멘트 Paste 유출량 저감

• Flat Tie 연결부 최소화 → 할석 감소

③ 콘크리트의 표면품질이 우수

(4) 친환경 측면

    ① 목재, 합판의 사용량 저감

    ② 건축폐기물 감소

    ③ Frame재를 100% 재활용

    ④ 내ㆍ외부 거푸집널의 탈ㆍ부착 용이

2. 단점

    ① 초기의 Form 구입비 고가

    ② 조립작업의 정밀성이 요구되어 시공속도 저하

    ③ 손상ㆍ파괴에 특히 유의, 충격에 취약

    ④ 유경험자 소수, 작업자 수배 곤란

Ⅲ 시공방법

1. 벽체

(1) 바닥면 수평 유지

    ① 수평 유지용 각재 설치

    ② 먹줄 선에 표시된 대로 각재 설치

(2) Form 조립

    ① 모서리부터 조립 시작

    ② Panel 간 전용핀으로 체결

(3) 내ㆍ외부 Form Panel

    • 사이 홈에 Flat Tie를 끼운 후 핀으로 체결

(4) 인방, 마구리, 개구부

    • 수평ㆍ수직 확인 후 Panel 부착

2. 슬래브

    ① 벽체조립 후 실시

    ② 수평조절대(Steel재) 설치

    ③ 동바리 지지, 필요시 수평연결재 설치

    ④ 조절대 사이에 바닥 Form 설치

3. 유의사항

(1) 박리제 도포 철저

① Form 제조사의 권장품 사용

- 유성, 수성 등

② 매층마다 충분한 양 도포

- 철근에 묻지 않도록 유의

③ 최상층까지 사용 완료 후 반드시 박리제를 도포할 것

(2) Form 조립 시

① 무리한 충격금지: 해머 사용금지

② Panel 하단부: Flat Tie를 생략하는 일이 절대 없도록 할 것

- 측압에 의한 터짐사고가 없도록 유의

(3) 콘크리트 타설 시

① 진동기의 거푸집 접촉이 없도록 할 것

② 거푸집 진동기나 고무해머 사용

(4) 해체 후

① 전용공구 사용

② 던지거나 떨어뜨리지 말 것

③ 해체 후 세워 놓거나 눕혀서 밟지 말 것

④ 콘크리트 부착물 제거 철저

Ⅳ 현장적용방안

1. 자가구입 또는 임차사용 고려

① 신축건물의 규모

② 작업원 수배 상황

③ 자재관리 여건 등을 고려하여 결정

2. 슬래브 거푸집의 적용성 증대

① 전용 동바리 및 지지재 확보

② Steel 수평조절대의 효율적 이용방안 확립

3. 작업원 교육 철저

① 유해충격으로 인한 손상이 없도록 할 것

② 조립, 해체, 인양, 소운반 시 유의사항 교육

4110 Self Climbing Form

I 개요

1. 셀프클라이밍폼(Self Form, Auto-Climbing System Form)은 Hydraulic Unit와 양중용 Profile을 이용하여 별도의 양중장비 없이 1개 층씩 거푸집을 상승시키면서 콘크리트를 타설하도록 한 시스템거푸집이다.

2. 코어월(Core Wall)을 선행 시공할 경우에 유용하게 적용되는 거푸집공법으로, 초고층 주상복합건물의 건설 붐과 더불어 적용사례가 증가하고 있다.

데크별 작업	➡	특징	➡	유의사항
• 지반/기초 • 상부구조물/Life Line		• 관련기준 • 향상원리		• 기초/기둥/보 • 벽체/바닥 슬래브

II Deck별 작업

1. Working Deck(타설층)

① 타설층의 거푸집 설치 및 해체

② 철근 조립

③ Climbing Profile의 설치

2. Upper Deck(타설층 상부)

① 철근 조립

② Dowel Box의 고정

③ 매입철물의 고정

④ 콘크리트의 타설작업: 호퍼 및 토출구 조작

3. Suspended Deck(1)

① Profile의 제거

② 탈형 이후의 콘크리트의 양생관리

③ Shear Tab의 가조립

4. Suspended Deck(2)

① Shear Tab의 용접 고정

② Suspension Shoe 제거

③ 콘크리트의 마감작업

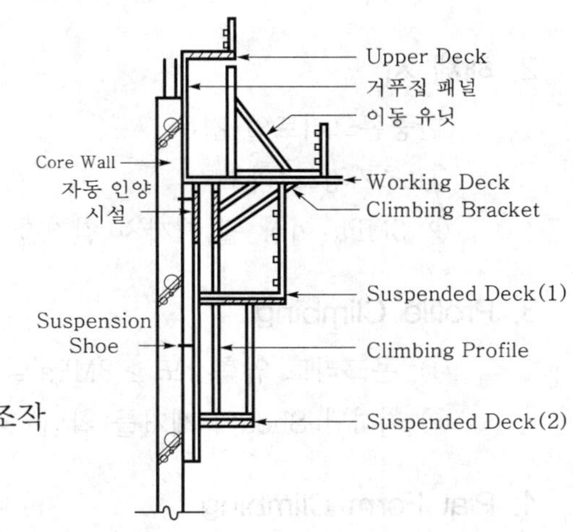

[Self Climbing Form 설치도]

Ⅲ 특징

① 우수한 골조품질 기대
② 기준층 작업공정 단축 가능
③ 30층 이상의 초고층 골조공사에서 경제적
④ 내 · 외부 거푸집널의 탈 · 부착 용이

Ⅳ 유의사항

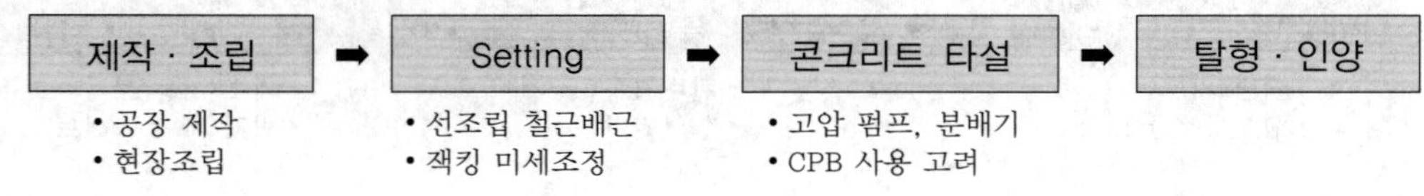

[1-Cycle 공정]

1. 거푸집 제작

① 제작도에 따라 정밀 제작
② 제작 후 치수검사 철저: 가로, 세로, 대각길이 등

2. 해체 시

▶ 한중콘크리트일 경우
① 초기강도 확보
② 5MPa 이상 될 때까지 철저한 보온 및 급열 양생 필요

3. Profile Climbing

① '콘크리트 압축강도 ≥ 8MPa'일 때 가동
② 최하단 Shoe의 제거를 확인 후 상승시킬 것

4. Plat Form Climbing

① 벽면의 폼타이 잔존여부 확인
② 인양 전 Safety-Pin 제거
③ 인양 후 Safety-Pin 고정 철저

4111 거푸집공사의 생산성

I 개요

1 거푸집공사는 철근콘크리트 골조를 형성시키기 위한 가설공사로, 공정 · 원가 · 품질 · 안전 · 환경 등의 공사관리 전 부문에 미치는 영향이 매우 크다.

2 거푸집공사의 생산성을 향상시키기 위해서는 거푸집 존치기간에 대한 정확한 이해가 필요하며, 현장여건에 적합한 존치기간 단축방안을 연구하는 현장기술자의 창의적 노력이 절실하게 요구되고 있다.

존치기준	→	강도 확인	→	존치기간 단축
• 필요성 • 국내 · 일본 · 미국 기준 이해		• 국내 기준 • 개선방안		• 강도 조기/무지주공법 • 복합화/강도증진

II 거푸집 존치기간 관련기준

1. 기준의 필요성

① 공사계약 당사자에 따라 거푸집 존치기간에 대한 입장 상이

② 감리 · 건축주

   • 가능한 오래 존치하여 단단한 구조물 지향

③ 시공자

   • 가급적 조기에 해체하여 공기단축과 원가절감 지향

④ 당사자 간 상반 입장 고려, 객관적 기준시방 적용 필요

2. 국내 · 일본

① 수직부재

   • 5MPa 강도 이상

   • 재령기준이 있으나 강도기준 적용이 원칙

② 수평부재 · 동바리

   • 기준강도 100% 이상 시까지 존치

3. 미국(ACI)

① 수직부재

   • 20℃ 이상 시 12시간 이상

② 수평부재

   • 조건별 3~21일간 존치

4. 존치기간 기준 종합

① 강도시험하여 5MPa 이상 시 수직거푸집 제거
② 재령기준에만 의존하는 것은 불합리
③ 존치기간 과다 시 문제점
  • 거푸집 해체 난이, 콘크리트 밀착으로 분리해체 시 충격영향 우려
  • 유해충격 시 균열 발생 및 거푸집 손상, 전용성 저하, 거푸집공사 비용 증대

Ⅲ 기준강도 확인방법

1. 국내 기준

① 원통형 Mold에 의한 공시체 제작
② Capping 후 수 시간 내 강도시험 곤란
③ Capping용 하이알루미나시멘트 사용 고려
  • 캡핑재 강도 ≥ 시료 콘크리트 강도

2. 개선방안

① 외국의 기준공시체 사용 고려
  • 원통형 Mold보다 유리한 단면형상 사용 고려
② 단면형상이 다를 경우 시험값 보정 필요
  • Mold 형상과 크기에 따라 시험값이 달라지므로 보정 필요
③ Capping 후 강도시험 조기 실시

Ⅳ 존치기간 단축방안

1. 강도 조기증진

(1) 조강제 사용
  ① 레미콘공장 첨가
    • 운반시간 지연에 유의, 근거리 운반조건일 때 적용
  ② 현장 내 배처플랜트에서 첨가
  ③ 현장첨가 시 현장 투입공정 추가, 혼합불량과 소음영향에 유의

(2) 설계기준강도 상향 조정
▶ 단위시멘트량을 증대시켜서 수화반응 촉진과 강도증진을 도모한다.
① f_{ck} = 24MPa → 30~35MPa로 상향 조정
② 단위시멘트량의 증대에 따른 수화열영향에 유의
③ 경제성 검토사항
  • 혼화재료 없이 단위시멘트의 증량만으로 35MPa까지의 강도증진 가능
  • 강도향상 대비 원가상승폭 경미
  • 레미콘 단가 상승액과 강도증대 및 거푸집 생산성 향상효과 대비

(3) 강제 촉진양생
① 적용 가능조건
  • 벽식구조에서 터널폼 사용 시 적용 가능
  • 벽체와 Slab 거푸집을 일체화시키고 콘크리트 타설
② 양생
  • 거푸집 외측 보온처리, 내부에서 급열
  • 12시간 내 20MPa의 강도발현 가능

2. 무지주공법 채용

(1) 데크플레이트공법[35]
  ① RC · S조 적용 가능
  ② 중앙부 처짐 고려
    • 처짐 우려 시 중앙부에 동바리 지지
(2) Half Slab/무지주공법 적용

  ① Half Slab공법
    • 공장제작한 PC 박판(薄板)이 바닥거푸집
      역할 수행
  ② 무지주공법
    • 보의 거푸집과 동바리가 Slab 하중까지 지지
    • 보 거푸집의 동바리로 Jack Support(대구경 동바리) 사용 고려

[철선일체형 데크플레이트]

3. 구체공사의 복합화
▶ 구조 · 공법의 복합화로 현장의 거푸집공정을 합리화한다.
  ① PC공법 + 현장타설공법

---

35) '3107 데크플레이트공법' 참조

② 현장타설기둥+PC보+Half Slab 구조계획
- PC보 양단부에만 중(重)하중용 동바리 설치
- PC 공장과의 연계성과 운반조건 고려
- 시공사의 Engineering 능력 필수, 부조화 시 공사비 증가 우려

4. 인위적 강도증진

(1) 적용근거

① Post Tension 원리를 보·Slab 부재에 도입
② 구조물의 강성증진, 거푸집 존치기간 단축

(2) 기대효과

① 층고절감 및 실내 유효높이(천장고) 확보
② 보 춤 경감
- 콘크리트 재료 및 가설재량 절감
③ RC라멘조 장Span에서 특히 유용

(3) 시공방법

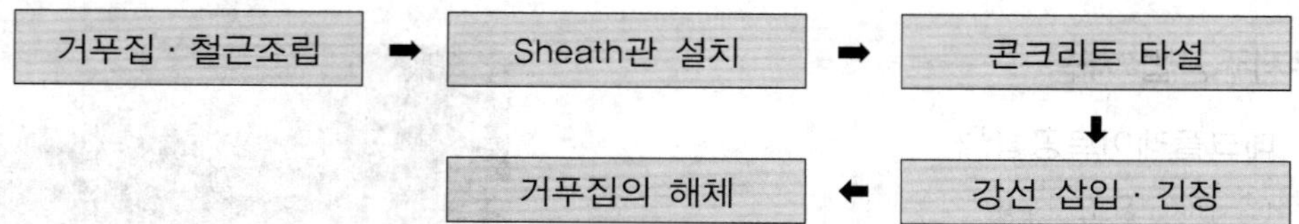

Ⅴ 결론

1. 거푸집 존치기간은 골조의 공사기간과 원가관리에 미치는 영향이 매우 크므로, 콘크리트의 양생품질과 거푸집 생산성을 고려하여 최소한의 기간이 되도록 하여야 한다.
2. 거푸집공사의 생산성을 향상시키기 위해서는 공사규모와 현장특성을 고려하여 융통성 있는 현장기술자의 다양한 노력이 시도되어야 할 것이다.

02 철근공사

4200 철근공사 일반

I 개요

① 철근공사는 공사관리와 구조물 성능 측면에서 중요도가 높은 공종으로 설계도서, 시공상세도, 시공계획에 따라 정밀하게 시공한다.

② 현장시공은 시공계획 및 시공상세도 작성, 철근구매 및 보관, 가공·조립, 이음·정착 등의 순으로 진행한다.

철근공사 중요성	→	철근 규격	→	철근공사
• 공정/원가/품질 측면 • 구조물 성능 측면		• 종류/기계적 성질 • 표준길이/화학성분/표시방법		• 시공상세도/구매·현장보관 • 가공·조립/이음·정착

II 철근공사 중요성

1. 공정 · 원가 측면

① 비효율 시 원가상승 및 공기지연 우려

② 노동집약적 공정, 기능인력의 높은 숙련의존도

③ 작업주체(현장-공장)에 따라 비용-일정 편차 발생

2. 공사품질 측면

① 공학지식에 기반한 품질의지

② '작업자-관리자'의 상호보완적 역할 수행

- 작업자의 숙련도 및 관리자의 적시적절한 품질활동(입회, 점검, 확인) 등

③ 중점품질관리

- 철근직경별 구부림 Pin Dia, 여장
- 부위별 배근간격, 겹침이음길이, 이음엇갈림간격, 정착길이
- 압접·기계적 이음부 연신율 및 인장강도

④ 품질확인 곤란
  • 배근 후 콘크리트에 매몰
  • 타설 후 품질하자 발견 곤란, 수정 시 사후 보강비용 발생

3. 구조물 성능 측면

① 구조물 내 인장력 부담
  • 배근품질은 구조물 내력에 직결
② 구조물 균열, 처짐, 피로 영향 등의 사용성능
③ 구조물 미관 및 경관성
④ 건물 사용기간의 내구성
  • 철근 방청성은 구조물 열화 좌우
  • 적정 피복두께와 유효한 표면마감 필요

Ⅲ 철근 규격[36]

1. 종류

(1) 형상
① 이형철근((Deformed Reinforcement)만 규정
② 원형철근(Plane Reinforcement)은 규격에서 제외(2007년도)

(2) 용도
① 일반용 SD300, SD400, SD500, SD600, SD700 등 5개 종류
② 용접용 SD400W, SD500W 등 2개 종류
③ 특수내진용 SD400S, SD500S, SD600S, SD700S 등 4개 종류

(3) 호칭(굵기, mm)
① 일반굵기: 4, 5, 6, 7, 8, 10, 13, 16
② 대경근: 19, 22, 25, 29, 32, 35, 38, 41, 43, 51, 57

2. 기계적 성질

① 구조내력, 가공성 고려
② 항복강도, 인장강도, 연신율, 굽힘성 등의 표준 규정

3. 표준길이

① 표준길이 범위 3.5~12m

---

36) KS D 3504(철근콘크리트용 봉강) 2021년 개정 참조, SD700S 규격을 추가하였다.

② 0.5m 구분범위 3.5~7.0m

- 3.5, 4.0, 4.5, 5.0, 5.5, 6.0, 6.5, 7.0 등

③ 1.0m 구분범위 7.0~12.0m

- 7.0, 8.0, 9.0, 10.0, 11.0, 12.0 등

④ 이외 길이는 주문자-제조자 협의에 따라 적용

4. 화학성분

① 화학성분별 질량백분율

- C, Si, Mn, P, S, Cu, N, 탄소당량 등

② 탄소당량

- 일반용 SD600 · SD700 ≤ 0.67%, 용접용 ≤ 0.50%, 특수내진용 ≤ 0.55~0.80%

5. 표시방법

(1) 낱개단위 표시

① 양각 표시(Rolling Mark)

- 철근 낱개별 1.5m 이하의 간격마다 양각기호를 반복 표시

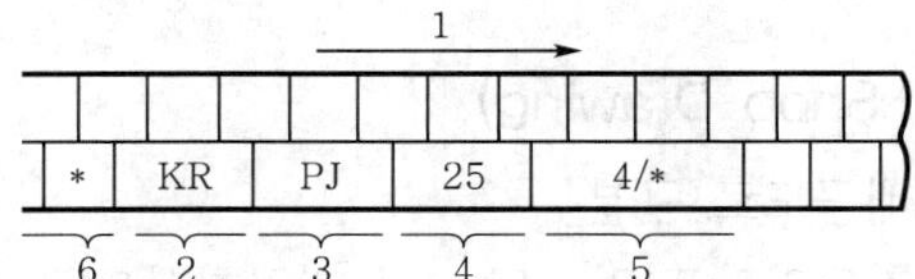

1: 읽는 방향
2: 원산지(예 Korea: KR, Japan: JP, China: CN)
3: 회사 로고(예 표준제강㈜: PJ)
4: 호칭지름(예 D25: 25)
5: 강종 구분
　(예　SD300 ; 표시없음,　SD400 ; 4,　SD500 ; 5,　SD600 ; 6,　SD700 ; 7,
　　SD400S ; 4S, SD500S ; 5S, SD600S ; 6S, SD400W ; 4W, SD500W ; 5W)
6: 용접용 철근은 2~5항 표기 이외에 2항의 원산지 표기 앞에 *을 표시
　다만, 리브가 없는 나사철근은 마디의 틈에 확인이 되도록 표기한다.

② 도색 표시

- 철망용 D4, D5, D6, D8은 낱개마다 단부에 도색 표시

(2) 묶음단위 표시

① 묶음단위 태그에 표시되는 제품정보

- 철근종류 기호, 레이들번호, 공칭지름, 호칭명, 제조자명, 약호, 도색 표시

② 도색 표시

일반강도	SD300	녹색
	SD400	황색
고강도	SD500	흑색
	SD600	회색
	SD700	하늘색
용접용	SD400W	백색
	SD500W	분홍색
특수내진용	SD400S	보라색
	SD500S	적색
	SD600S	청색
	SD700S	주황색

Ⅳ 철근공사

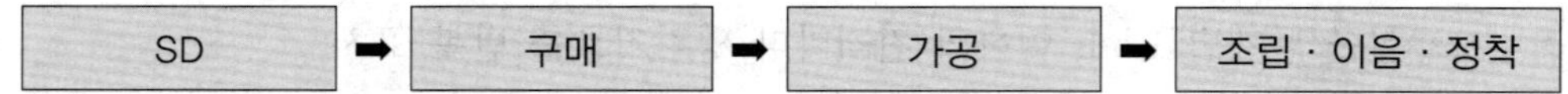

1. 시공상세도(SD: Shop Drawing)

① 가공도와 배근도로 구분
② 가공도는 철근일람표(Bar List)와 철근형상도(Bar Schedule)로 구성
③ 공사 전 하수급업체에서 작성
④ 시공자 검토 · 확인, 감리단 검토 · 승인 필요

2. 구매 · 현장보관

① 철근소요량＝정미량＋할증량
② 계약에 따라 공급주체 상이
③ 지급자재, 사급자재로 구분
　　• 지급자재일 경우 자재수불부 관리 필요
④ 보관 시 적정 받침대 설치 및 습기 · 우수 보양

3. 가공 · 조립

(1) 철근 가공

① 절단, 구부림, 단부가공 등
　　• 가스압접, 나사이음 적용 시 단부가공 필요

② 현장가공, 공장가공으로 구분
③ 현장가공: 재료손실 크지만 융통성 있는 가공작업 가능
④ 공장가공: 균일한 가공품질 기대, 재료손율 저감

(2) 철근 조립
① 도면위치에 철근 배치
② 현장조립, 공장조립(공장선조립, Pre-Fab공법)으로 구분
③ 현장조립: 철근간격, 이음품질 불리
④ 공장조립: 현장배근 단순화, 균일한 이음품질 기대

4. 이음 · 정착

(1) 겹침이음
① 이음길이 준수
② 이음개소별 2곳 이상 결속
③ A급이음, B급이음으로 구분
④ 별도 도면표시 없을 경우 B급이음 적용

(2) 가스압접
① 맞댄이음면을 가열 · 가압 이음
② 수직부재의 대경근 이음에 적용

(3) 기계적 이음
① 슬리브이음과 나사이음으로 구분
② 이음철물 사용
③ 적용부위
　• 수직 · 수평부재 대경근, 겹침이음길이 확보가 곤란한 곳

(4) 정착
① 부위에 따라 인장 또는 압축정착
② 표준갈고리 유무에 따라 정착길이 적용
③ 타설시기가 다를 경우
　• 선타설부에 이음철근(Dowel Bar) 또는 커플러(Coupler) 선매입
　• Slury Wall＋Slab 철근 정착, Core Wall＋보 · Slab 철근 정착 등

Ⅴ 결론

① 철근콘크리트 구조에서 철근은 주응력을 담당하는 구조재이며, 거푸집 내에 배근한 후 콘크리트에 매몰되므로 철저한 품질관리가 요구된다.

② 성공적인 철근공사 품질은 구조도면 및 시공상세도의 내용을 바탕으로 공사참여자의 정밀시공 의지와 노력이 강구되어야 할 것이다.

---

tip KCS 142011 3.1.2(철근의 조립)

1. 철근의 표면에는 부착을 저해하는 흙, 기름 또는 이물질이 없어야 한다. 경미한 황갈색의 녹이 발생한 철근은 일반적으로 콘크리트와의 부착을 해치지 않으므로 사용할 수 있다.
2. 철근은 바른 위치에 배치하고, 콘크리트를 타설할 때 움직이지 않도록 충분히 견고하게 조립하여야 한다. 이를 위하여 필요에 따라서 조립용 강재를 사용할 수 있다. 또한 철근이 바른 위치를 확보할 수 있도록 결속선으로 결속하여야 한다.
3. 철근의 피복두께를 정확하게 확보하기 위해 적절한 간격으로 고임재 및 간격재를 배치하여야 한다. 고임재와 간격재를 선정하고 배치할 때에는 사용개소의 조건, 이들의 고정 방법 및 철근의 중량, 작업하중 등을 고려할 필요가 있다.
4. 일반적으로 널리 사용되는 고임재 및 간격재에는 모르타르 제품, 콘크리트 제품, 강 제품, 플라스틱 제품, 세라믹 제품 등이 있으며, 사용되는 장소, 환경에 따라 적절한 것을 선정할 수 있다.
5. 거푸집에 접하는 고임재 및 간격재는 콘크리트 제품 또는 모르타르 제품을 사용하여야 한다.
6. 플라스틱 제품은 콘크리트와의 열팽창률의 차이, 부착 및 강도 부족 등의 문제가 있으며, 스테인리스 등의 내식성 금속으로 만든 고임재 및 간격재는 서로 다른 종류의 금속 간의 접촉부식 문제 등 불명확한 점이 있으므로 이들을 사용할 경우에는 책임기술자의 승인을 얻어야 한다.
7. 철근은 조립이 끝난 후 철근상세도에 맞게 조립되어 있는지를 검사하여야 한다.
8. 철근은 조립한 다음 장기간 경과한 경우에는 콘크리트를 타설 전에 다시 조립 검사를 하고 청소하여야 한다.

4201 철근 시공상세도(Shop Drawing)

I 개요

1. 콘크리트 속에서 철근이 설계형상과 위치를 유지하는 것은 구조성능을 발휘하기 위하여 매우 중요한 요소이나 시공과정에서 소홀하게 취급되는 경향이 많다.
2. 철근 시공상세도는 철근을 설계도면대로 가공·조립하여 시공품질의 향상과 손실률 (Loss)의 저감을 목적으로 작성하며 배근도와 가공도로 구성된다.
3. 일반적으로 철근 전문시공자는 시공자[37]로부터 구조도면을 전달받아서 배근도와 가공도를 작성하며, 승인과정을 거쳐 가공과 조립에 반영하고 있다.

목적/내용	➡	작성 및 활용
• 가공품질/조립개선/손실/정미량 • 바리스트/바스케줄/배근도		• 소요시간/가공성·시공성/승인 • 전산화/표준화/교육시스템/선조립

II 작성 목적 및 내용

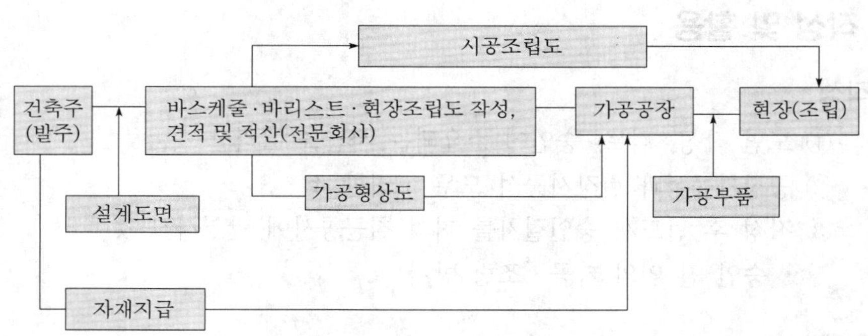

[철근공사 흐름도]

1. 작성 목적

① 철근의 가공품질 확보
   - 현장의 임의가공 방지, 공장가공 여건 제공
② 철근조립작업 개선
   - 현장배근의 용이성 제고, 공장선조립 여건 제공

---

37) '시공자'와 '전문시공자'는 건설산업기본법상의 종합공사업자와 철근·콘크리트공사업자를 말한다.

③ 철근 손실률 저감
- 손실률 저감으로 공사비 절감

④ 철근 소요량의 정확한 산출
- 공사 착수 전 정확한 물량에 의한 가공·조립

2. 작성내용

(1) 철근 가공도(Bar-List & Bar Schedule)

① 철근규격별, 형상별 소요명세(Bar-List) 작성

② 철근형상도(Bar-Schedule) 작성
- 가공형상, 구부림 각도, 가공치수 등 기재

(2) 철근 배근도(Placing Drawing)

① 현장에서 철근을 조립·배근하기 위하여 작성

② 배근간격, 이음·정착 길이, 이음 및 조립 위치, 조립순서 등 기록
- 복잡한 부위(접합부, 단면이 변하는 곳 등)의 배근도는 반드시 작성

③ 물량산출 및 가공도 작성의 기초가 되도록 작성

Ⅲ 작성 및 활용

1. 작성

① 도면 작성, 검토, 승인에 소요되는 시간을 고려할 것

② 공장가공성과 현장시공성 모두 고려할 것

③ 작성 후 반드시 승인절차를 거쳐 철근공사에 반영시킬 것
- 승인 전 임의 가공·조립 방지

2. 활용

① 상세도면 전문회사 적극 육성

② 도면작업의 전산화, 범용성 높은 전산 프로그램 개발

③ 도면에 표시되는 형상기호와 명칭 등을 표준화
- 도면 이용자(감리원, 시공관리자, 철근기능공)의 정보 호환성 제고

④ 현장적용을 위한 교육시스템 개발
- 철근기능공, 작업팀장, 시공관리자 및 감리원 대상

⑤ 궁극적으로 공장생산에 의한 가공 및 선조립(Pre-Fabrication) 지향
- 현장에서는 이음공정만 소화

4202　띠철근(帶筋, Hoop)

I 개요

1. 띠철근은 철근콘크리트 기둥의 주근을 감싸고 있는 철근으로 기둥의 연성을 발휘하도록 배근한다.
2. 띠철근은 철근 시공상세도에 따라 정확한 형상으로 가공하여 도면간격 이내가 되도록 배근한다.

역할/형상	➡	띠철근 시공
• 역할 • 형상		• 사용규격 • 일반 띠철근/나선 띠철근

II 역할 및 형상

1. 띠철근 역할

① 주근의 간격 유지
② 주근의 좌굴방지
③ 기둥의 압축변형 방지
　• 축소·폭증가 방지, 포아송비 저감
④ 기둥의 취성파괴 방지
　• 휨파괴 유도, 기둥의 연성 증대

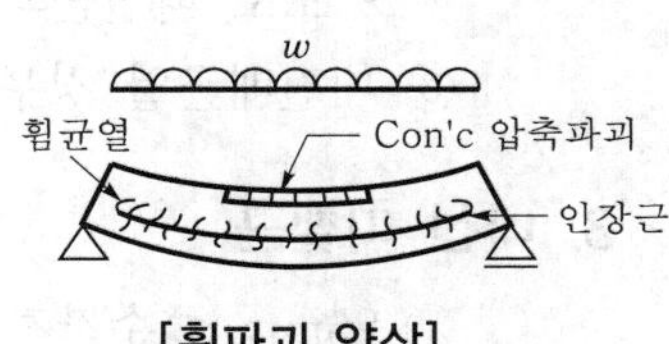

[휨파괴 양상]

2. 띠철근 형상

① 각형·원형 나선형 띠철근
② 각형·원형 일반 띠철근

III 띠철근 시공

1. 사용규격

① '주근 ≤ D32'일 때 D10 이상
② '주근 ≥ D35'일 때 D13 이상 사용
③ 이형철선·용접철망의 철근량은 이형철근과 등가단면적일 것

2. 일반 띠철근

(1) 배근간격

① 기둥 상하부(l_0) $\leq S_0$

- $l_0 \geq h, b, \dfrac{l}{6}, 450mm$ 중 큰 값

- $S_0 \leq$ 주근의 $16d_b$,

  띠철근의 $48d_b$, b, h, 300mm 중 작은 값

② 기둥 상하부 첫 단 $\leq \dfrac{S_0}{2}$

- 기초판·슬래브의 윗면에서 첫 단
- 슬래브·지판 최하단 수평철근에서 첫 단

③ 기둥 중앙부 $\leq 2S_0$

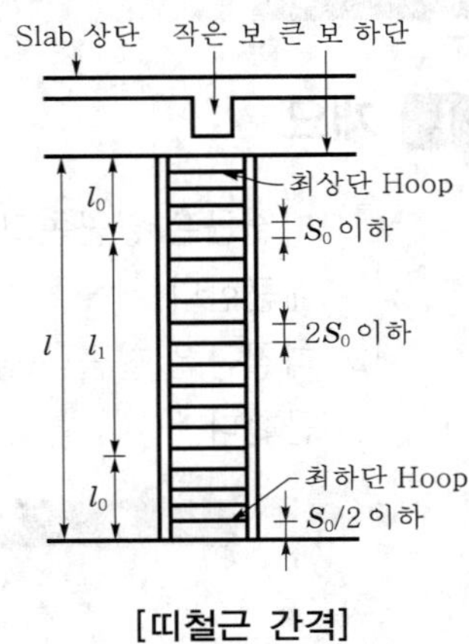

[띠철근 간격]

(2) 유의사항

① 주근 순간격이 150mm 이상일 경우 보조 띠철근 배치

- 띠철근에 구속되는 주근의 철근 순간격

② 보조 띠철근 Hook 방향은 이웃 보조 띠철근과 교대되도록 배근

- 보조 띠철근의 135° Hook 및 90° Hook의 방향

③ 내진배근일 경우 위 간격의 1/2값을 적용할 것

3. 나선 띠철근

① 25mm $\leq$ 순간격 $\leq$ 75mm

② 겹침이음 길이 $\geq$ 300mm

③ 단부에서 1.5회전 추가하여 정착할 것

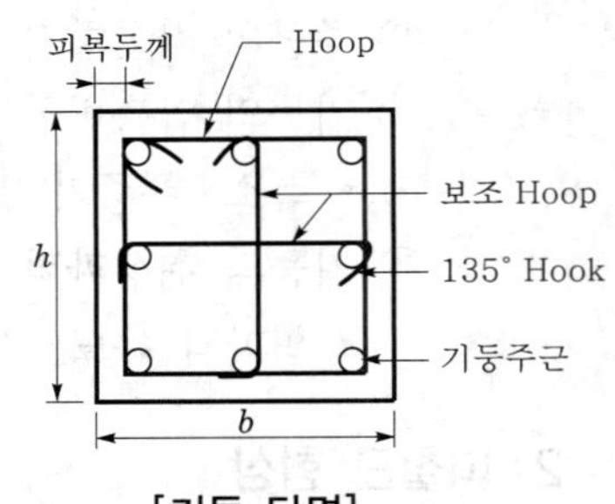

[기둥 단면]

4203 균형철근비

I 개요

☐ 균형철근비는 인장철근이 항복하는 시점에서 동시에 콘크리트가 파괴에 도달하는 수준의 철근비를 의미한다.

☐ 콘크리트 구조설계상 중요한 개념으로서 콘크리트 파괴형태와 관련기준 등을 연계하여 안내한다.

개념의 중요성	➡	콘크리트 파괴형태	➡	관련기준
• 철근량 설계기준 제시 • 구조물 연성거동 설계 • 현장 실천과제 제시		• 균형파괴(균형보강보) • 연성파괴(저보강보) • 취성파괴(과보강보)		• 균형변형률 단면 상태 • 휨부재 최소허용변형률 • 최소철근량

II 개념의 중요성[38]

1. 철근량 설계기준 제시

① 철근비(ρ) 개념으로 '철근량(A_s)' 기준 제시

- 철근비$(\rho) = \dfrac{철근단면적}{콘크리트단면적} = \dfrac{철근단면적(A_s)}{유효깊이(d) \times 보폭(b)} = \dfrac{A_s}{db}$

- 철근량$(A_s) = 콘크리트단면적(db) \times 철근비(\rho) = db \times \rho$

② 균형철근비 미만의 범위에서 철근량 상·하한값 기준 규정

③ 철근량 하한값 = 최소철근비 기준

④ 철근량 상한값 = 휨부재 최소허용변형률 기준

2. 구조물 연성거동 설계

① 휨부재의 적정 배근량으로 취성파괴 방지

② 콘크리트 파괴 이전 철근 항복강도 유도

③ 철근 과대·과소 배근량의 제한기준 제시

④ 휨부재 연성에 의한 구조물의 연성거동 유도

- 철근 연성 → 휨부재 연성 → 구조물 연성

---

38) 현행 설계기준(KDS) 코드에는 '균형철근비'라는 용어는 없지만 균형철근비의 개념을 이용하여 '철근량'에 대한 기준을 정량적으로 제시하고 있다는 점에서 중요한 의미가 있다.

3. 현장 실천과제 제시

▶ 균형철근비 관련 설계사항에 따라 다음 사항을 실천한다.
① 배근 시 철근량(규격, 가닥수) 임의조정 금지
② 콘크리트 설계기준압축강도(f_{ck}) 확보
③ 도면상 휨부재 단면치수에 대한 정밀도 확보
④ 압축철근 보강근 누락방지, 띠철근 및 스터럽 정밀 배근
⑤ 이음·정착 길이 준수

Ⅲ 콘크리트 파괴형태

▶ 콘크리트는 균형파괴, 연성파괴, 취성파괴 등의 형태로 파괴된다.

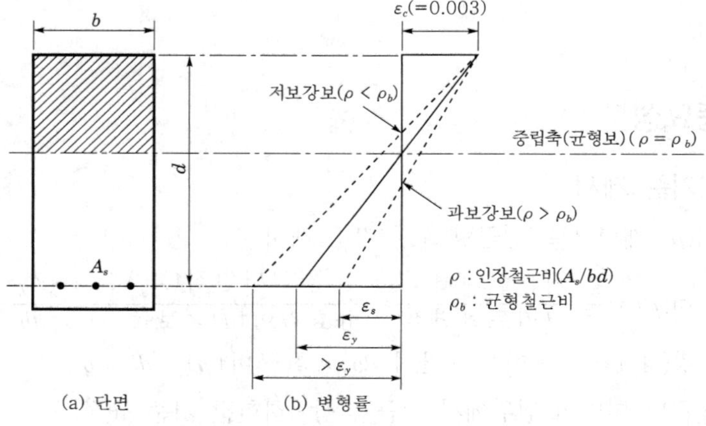

[콘크리트 보 중앙 단면]

- 콘크리트는 극한변형률(ε_u) 0.003에 도달하면 파괴된다.
- 콘크리트는 극한변형률(ε_u) 0.003 이상의 변형률을 가질 수 없으므로 상부 압축측의 콘크리트 변형률은 철근항복과 관계없이 0.003으로 고정하여 적용한다.
- 철근은 연성재료이므로 항복변형률(ε_y) 이후에도 극한에 이르기까지 하중을 받을 수 있다.

1. 균형파괴(균형보강보)

① 철근량이 균형철근비에 해당할 경우의 이론적 파괴형태
② 콘크리트의 변형률이 극한변형률(ε_u) 0.003에 도달(=파괴)
③ 동시에 철근의 변형률이 항복변형률(ε_y)에 도달
④ 동일 시점에서 콘크리트 파괴와 철근 항복
⑤ 파괴거동은 취성파괴와 동일, 실제는 연성파괴와 취성파괴만 존재

2. 연성파괴(저보강보)

① 균형철근비보다 철근량이 적을 경우의 바람직한 파괴형태
② 콘크리트 극한변형률($\varepsilon_u = 0.003$) 도달 전에 철근 항복
③ 철근항복 이후 철근변형량에 따라 점진적으로 콘크리트 파괴 진행
  - 철근은 연성, 콘크리트는 취성의 재료
④ 점진적 콘크리트 파괴의 진행으로 콘크리트에 균열발생
  - 철근의 연성은 콘크리트의 극한변형률 도달시기를 지연
⑤ 처짐과 더불어 균열 진단으로 콘크리트의 잔존내력 추정

3. 취성파괴(과보강보)

① 균형철근비보다 철근량이 많을 경우의 위험한 파괴형태
② 철근항복 전 콘크리트 극한변형률이 0.003에 도달하면서 파괴
③ 콘크리트의 극한파괴로 보 부재 전체가 취성파괴
④ 예비 징후 없이 부재가 일시에 붕괴

Ⅳ 관련기준

배근불가능	배근가능	배근불가능

최소허용 인장변형률(ε_{amin})에 해당하는 철근비(ρ)=$0.714\rho_b$　　철근비(ρ)

최소철근비(ρ_{min})　　균형철근비(ρ_b)　　철근비(ρ)

과소보강보(취성파괴)	과소보강보(연성파괴)	과대보강보(취성파괴)

1. 균형변형률 단면상태

〈KDS 142020 4.1.2 일반원칙(2)〉
인장철근이 설계기준항복강도 f_y에 대응하는 변형률에 도달하고 동시에 압축 콘크리트가 가정된 극한변형률인 0.003에 도달할 때, 그 단면이 균형변형률 상태에 있다고 본다.

① 철근의 항복과 콘크리트 극한변형률이 동시 도달하는 상태
② 균형변형률 상태에서 압축 콘크리트는 극한값에 도달
③ 콘크리트 극한변형률 가정 값은 0.003[39]
④ 균형철근비는 균형변형률 상태의 철근비 의미

---

39) 콘크리트 1축 압축시험을 통하여 콘크리트가 파괴에 이르는 변형률의 일반적인 근사값을 의미한다.

2. 휨부재 최소허용변형률

> **〈KDS 142020 4.1.2 일반원칙(5)〉**
> - 프리스트레스를 가하지 않은 휨부재는 공칭강도 상태에서 순인장변형률 ε_t가 휨부재의 최소허용변형률 이상이어야 한다.
> - 휨부재의 최소허용변형률은 철근의 항복강도가 400 MPa 이하인 경우 0.004로 하며, 철근의 항복강도가 400 MPa을 초과하는 경우 철근 항복변형률의 2배로 한다.

① 휨부재 허용변형률의 허용치는 최솟값($\varepsilon_{a\min}$) 이상일 것

② 최솟값은 철근의 항복강도값에 따라 달리 적용
  - 400MPa 이하일 때 0.004, 초과할 경우 철근 '항복변형률×2'

③ 최소허용변형률($\varepsilon_{a\min}$) 이상이 되도록 과대배근하지 말 것

④ 과대철근비 개념에서 인장철근량의 상한선 규정
  - 과보강(過補强)보 방지, 철근변형의 최소기준 제시

⑤ 휨부재의 최대철근비($\rho_{\max}$) $= 0.714\rho_b$[40]
  - 부재의 최소허용변형률을 최대철근비 개념으로 환산한 값

3. 최소철근량($A_{s\min}$)[41]

① 부재단면적에 대한 최소한의 철근단면적
  - 최소철근량($A_{s\min}$) = 최소철근비($\rho_{\min}$)×부재단면적

② 최소철근량 미만일 경우 취성파괴 발생[42]
  - 콘크리트가 부담하던 인장력이 순간적으로 철근에 전가
  - 최소철근량 이상의 배근이 필요한 사유임

③ 최소철근량 구조기준

  - 최소철근량 $A_{s,\min} = \left[\dfrac{0.25\sqrt{f_{ck}}}{f_y}b_w d ,\ \dfrac{1.4}{f_y}b_w d\right]$ 중 큰 값

    여기서, b_w: 부재의 복부 폭, mm, / d: 유효깊이, mm

    f_y: 철근의 설계기준항복강도, MPa

④ 철근 항복강도에 반비례
  - 콘크리트 압축강도와 부재 단면적에 비례

---

40) 종전 규정(KCI 03, KBC 05: $\rho_{\max} = 0.750\rho_b$)에 비해 보수적으로 하향 규정하였다.
41) KDS142020 4.2.2 휨부재의 최소철근량(1)
42) 콘크리트가 저항하던 인장력을 순간적으로 철근이 모두 부담하게 되므로 취성파괴 거동을 보인다.

4204 ┃ 철근 순간격(Clearance)

I 개요

① 철근의 '순간격'이란 배근되어 있는 인접철근의 표면 간 최단거리로서, 철근 간 이격하여야 할 최소간격으로 철근 중심 간의 간격인 '철근간격'과 구분하여 이해하여야 한다.

② 철근콘크리트 구조물의 배근에 사용되고 있는 이형철근은 철근 간의 마디와 리브(Rib) 등이 가장 근접하게 되는 경우의 치수를 이형철근의 순간격으로 판단한다.

③ 철근의 순간격은 KDS(설계기준) 코드에서 규정하고 있다.

간격제한	➡	확보방안
• 제한 목적/휨부재(보) • 압축부재(기둥/벽 · 슬래브)		• 철근 사용 • 이음 · 조립/기타

II 간격제한

1. 제한 목적

① 콘크리트의 충전성 고려

② 철근과 콘크리트의 부착강도 확보

③ 철근과 철근, 철근과 거푸집 사이의 공극방지

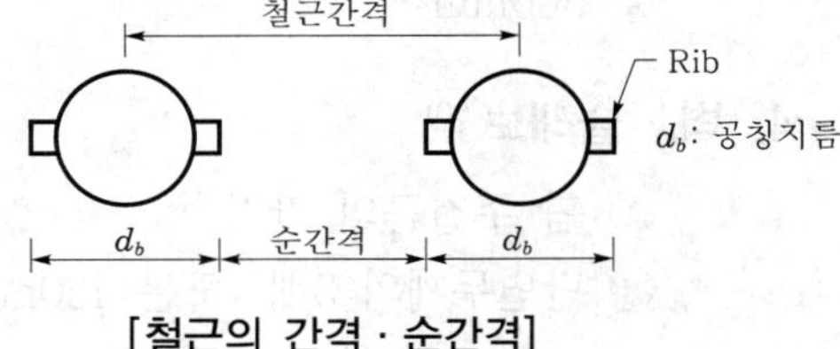

[철근의 간격 · 순간격]

2. 휨부재(보)[43]

(1) 주근

① 수평 순간격: 다음 값 중 큰 값 이상일 것
- 철근 공칭지름
- G_{max}의 4/3[44], 25 mm

② 수직 순간격
- 2단 배근 시 25mm 이상 이격

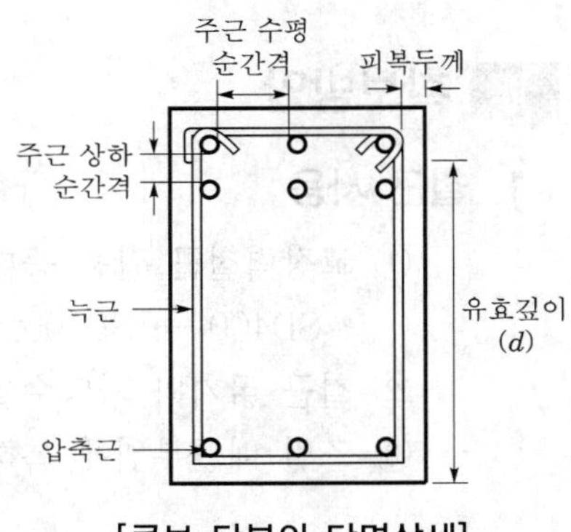

[큰보 단부의 단면상세]

---

43) KDS 142050 4.2.2 '간격제한' 참조
44) KDS 142001(3.1.1(2)2④) 참조

(2) 늑근(Stirrup) 간격

① 중앙부: $d/2$, 60cm 중 작은 값 이하[45]

② 내진배근 시 $d/4$, 30cm 중 작은 값 이하일 것[46]

3. 압축부재(기둥)

(1) 주근의 수평 순간격[47]

▶ 다음 값 중 큰 값 이상일 것

① $1.5\,d_b$ 이상

② 굵은골재 최대치수의 4/3

③ 40mm

(2) Hoop의 수직 간격[48]

▶ 다음 값 중 작은 값 이하일 것, (   )은 내진배근[49]

① 주근의 $16\,d_b(8d_b)$

② Hoop의 $48\,d_b(24d_b)$

③ 기둥 최소단면치수$\left(\dfrac{b}{2}\ \text{또는}\ \dfrac{h}{2}\right)$

④ 300mm

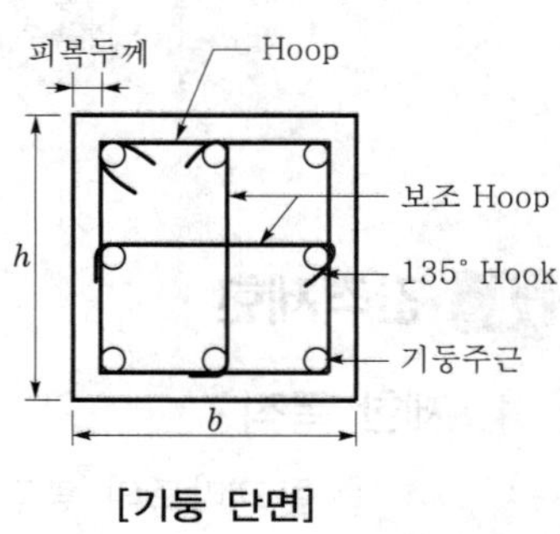

[기둥 단면]

4. 벽 · 슬래브[50]

① 휨 주철근의 간격

② 단면두께의 3배, 또는 450mm 중 작은 값 이하

Ⅲ 확보방안

1. 철근 사용

① 고장력철근 활용 증대

• SD400 → SD500, SD600, SD700 등

② 철근 굵기와 가닥수를 절감하여 순간격 확보

③ 조밀 배근부위에 특히 유용, '큰보＋작은보', '보＋기둥' 접합부 등

---

45) KDS 142050 4.2.2 '간격제한' 참조
46) KDS 142080 4.9.4 '보' 참조
47) KDS 142050 4.2.2 '간격제한' 참조
48) KDS 142020 4.4.2 압축부재의 횡철근
49) KDS 142080 4.9.5 '기둥' 참조
50) KDS 142050 4.2.2 '간격제한' 참조

2. 이음 및 조립

① 대구경 철근의 이음공법 개선, 압접 및 기계적 이음효율 증대

② 이음부위 중복 배제

- 이음부위가 1/2 이상 집중되지 않도록 분산 이음

③ 철근조립의 Pre-Fab화(선조립) 지향

- 철근 간격·형상 유지 용이, 타설 시 흐트러짐 방지

3. 기타

① 철근 순간격을 고려한 배합 적용, 굵은골재 최대치수($G_{\max}$) 등

② 타설 시 철근 간격재(Spacer) 이탈방지

③ 조밀한 배근부위 정밀다짐 실시

4205 철근이음[51]

Ⅰ 개요

1. 철근은 운반 및 설치를 고려하여 표준길이(3.5~12m)의 규격으로 공장생산되므로 조립현장에서는 철근이음이 불가피하다.

2. 국내에서 적용되고 있는 철근이음공법에는 신기술로 지정된 공법이 다양하지만, 대별하면 겹침이음·용접이음·가스압접·기계적이음 등으로 구분한다.

3. 철근이음공법을 선정할 때에는 각 공법의 장단점을 파악하고 이음작업의 시공성과 경제성, 이음강도 등을 고려한다.

종류	➡	공법 선정
• 겹침/압접/용접 • 슬리브/나사이음		• 품질/시공성 • 경제성 측면

Ⅱ 이음공법 종류

구분			세부유형
겹침이음			일반적 이음방식
가스압접			수직철근에 적용
용접이음			맞댐, 겹침, 덧댐방식
기계적 이음	슬리브이음	편체식	커플러·너트·볼트 고정식
		강관압착식	단속·연속·폭발 압착식
		강관충전식	모르타르·용융금속 충전식
	나사이음	나사마디이음	토크·충전 고정식
		단부나사가공이음	원추형·부풀림 가공식

1. 겹침이음(Lap Splice)

(1) 정의

① 이음단부를 겹치게 배치하여 결속선으로 고정하여 이음하는 방식

② 철근과 콘크리트의 부착력으로 이음효과 발휘

③ 겹침길이와 철근간격의 확보, 이음위치의 선정 등이 품질관리 요소

④ D35 초과 시 겹침이음 금지[52]

---

51) KCS 142011(3.1.3 철근이음) 참조
52) KDS 142052(4.5.1) 참조

(2) 겹침길이

① 응력의 위치에 따라 달리 적용

② 인장근의 이음길이는 A급, B급 이음으로 분류

- 내진배근이거나, 도면표기가 없으면 B급 이음 기본 적용
- B급 이음길이 = 1.3×인장정착길이 ≥ 300mm

(3) 이음위치 선정 및 이음부위 결속

① 부재 내의 인장응력이 작은 곳에서 이음

- 기둥·내력벽(압축 부재): 중앙부에서 이음하고, 시공성을 고려하여 통상 바닥 위의 1m 높이에서 이음
- 보·슬래브(휨부재): 상부근은 중앙부, 하부근은 양단부에서 이음

② 이음위치는 반수 이상 겹침 방지

③ 이음부위는 결속선으로 2곳 이상 고정, 위치 이탈방지

2. 가스압접(Gas Press Welding)

(1) 정의

① 철근이음면의 단부 밀착 후 가열 및 가압하여 이음

② 산소와 아세틸렌의 혼합불꽃으로 가열(1,200~1,300℃), 가압(200~300kg/cm²)

③ 용접봉을 사용하지 않고 철근을 녹이지 않는 점에서 용접이음과 구별

④ 품질요소는 압접부의 부풀음 길이와 굵기, 절단면의 평활도, 가열·가압의 정도 등

(2) 특징

① 철근 순간격의 확보

- 대경근(大徑筋)이음에서 순간격의 확보, 충전성을 높이고 재료분리 방지

② 철근재료의 낭비방지, 대경근일 경우 겹침이음길이만큼 강재량 절감

③ 압접시공 시 기후영향

- 강풍·강우 시 작업금지, 저온(−5℃ 이하)에서 작업금지

④ 숙련공이 필요하고 자동압접기의 경제성 미흡

- 도입가격이 고가이고 일정량 이상일 때 경제적

⑤ 검사시간과 소요비용 과다

- 외관검사와 초음파탐상검사 원칙, 굽힘·인장검사 보조적 적용
- 외부기관에 의한 검사일 경우 검사시간으로 후속공정 지연 및 검사비용 발생

3. 용접이음

(1) 정의

① 이음부위를 맞대거나 겹쳐서 또는 보강재를 덧대어서 용접봉의 용착금속으로 이음

② 다른 이음공법의 적용이 곤란할 경우 제한적으로 적용

(2) 적용부위

① 기존 구조물의 확장부위에서 겹침길이의 확보가 곤란한 곳

② 부재가 얇아서 앵커 설치가 곤란한 부위

③ 이음기기의 설치공간이 부족한 곳 등

(3) 특징

① 맞댐용접 시 철근단부의 개선(Groove) 가공 필요

② 용접 숙련공이 필요하고 공사비 고가

③ 이음부위의 품질검사 난이

4. 기계적이음(Mechanical Joint, Mechanical Splice)

▶ 이음부위에 연결철물을 개입시켜서 나사 조임, 또는 Sleeve를 개입시켜서 이음하는 공법이다.

▶ 나사이음과 Sleeve 이음으로 구분하고 슬리브이음은 다시 압착공법과 충전공법으로 분류한다.

(1) 나사이음

① 철근단부의 표면과 커플러 내부에 나사산을 가공하여 철근을 이음하는 방식

• 국내에서는 철근단부 나사가공방식 주로 적용

② 철근단부의 나사가공방식

• 원추형 가공방식과 부풀림 가공방식으로 구분

③ 나사체결방식: 철근 회전식과 커플러 회전식으로 구분

④ 나사철근방식

• 나선형 리브를 가진 철근과 전용 커플러 사용

• D19, D22, D25, D29, D32 등 대경근

• SD500, SD600, SD700 등의 고장력철근에 적용

⑤ 비숙련공 시공 가능, 조밀 배근부위의 체결작업 곤란

(2) Sleeve 압착공법

① 철근보다 큰 내경의 슬리브에 철근을 끼우고 슬리브를 압착하여 이음하는 공법

② 압착방향에 따라 단속압착(Grip Joint)과 연속압착(Squeeze Joint)으로 구분

③ 특징

• 압착시간 소요, 압착장비의 운반 불편으로 현장적용 난이

• 이음응력이 우수하여 인장 · 압축 부재에 적용 가능

(3) Sleeve 충전공법

① 철근부위에 삽입한 커플러와 철근 사이에 충전재를 주입하여 이음

② 충전재는 강재의 용융액, 무수축 고강도 Mortar, 에폭시수지 등이 사용

③ 이음비용이 가장 비싼 공법

- 충전공간 소요로 이음단면 증대, 시공오차의 흡수 용이, 이음 시 철근신축 방지
- PC부재에서 나사이음이 곤란한 부위에 적용

Ⅲ　공법 선정 시 고려사항

1. 품질 측면

① 철근의 피복두께와 순간격의 확보방안

② 이음강도의 발휘

③ 이음위치의 선정

④ 열간가공 시 철근의 함유성분 등 고려

- 용접 시: 탄소함량 0.5% 이내일 것
- 가열 시: 탄소와 망간 성분의 소실로 이음강도 저하가 없을 것

2. 시공성 측면

① 조밀 배근부위의 작업성과 검사방법의 용이성 고려

② 작업환경(기후, 온도, 공간)의 제한 및 기능공의 숙련도

3. 경제성 측면

① 시공비 및 검사비용의 경제성 고려

② 이음재료비, 인건비 등의 소요비용을 합산하여 경제성 검토

4206 철근 가스압접

I 개요

① 철근의 가스압접이란 산소와 아세틸렌의 혼합가스 불꽃으로 이음단면을 가열 · 가압하여 철근을 이음하는 공법이다.

② 가스압접에 의한 이음부위의 품질은 압접공의 숙련도에 좌우되므로 숙련도의 검증과 이음부위에 대한 검사 · 확인이 필요하다.

③ 가스압접을 할 때에는 철근직경의 편차가 7mm 이내여야 하며, 인장강도와 품질이 다를 경우 압접의 적용성을 사전에 검토하여야 한다.

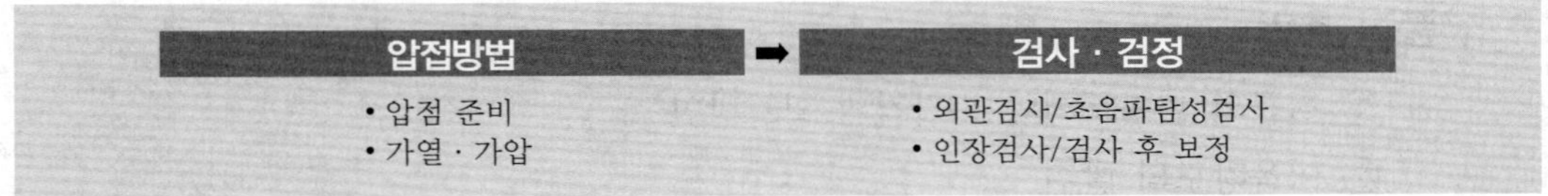

II 가스압접

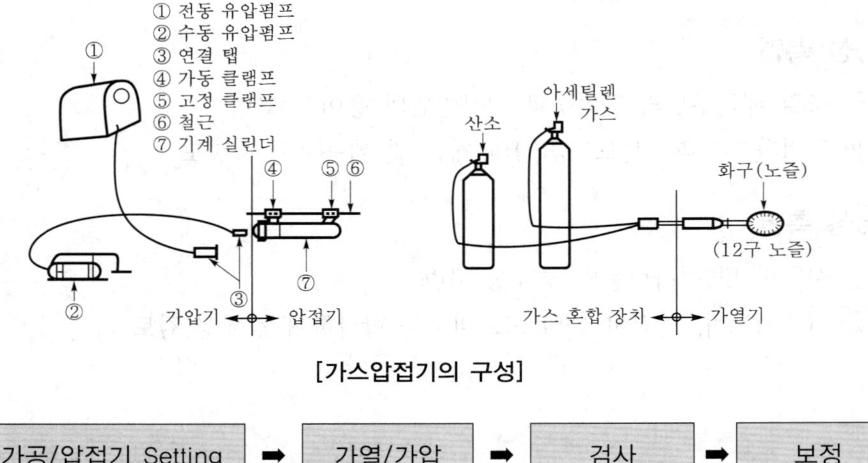

[가스압접기의 구성]

철근가공/압접기 Setting ➡ 가열/가압 ➡ 검사 ➡ 보정

1. 압점 준비

(1) 철근가공

① 철근 절단면의 녹 · 기름 등의 부착물 제거(Grinding)

② 절단면의 모서리를 둥글게 면 처리

③ '맞댐면의 밀착오차 ≤ 1mm'일 것

(2) 압접기 Setting

① 유압 펌프의 호스를 압접기에 연결

② 연료(산소 및 아세틸렌 가스)의 호스를 가열장치에 연결

③ 이후 전원 연결

2. 가열·가압

① 1차 환원불꽃으로 가열하면서 맞댐면의 틈새가 닫힐 때까지 가압

② 2차 중성불꽃으로 가열(가열온도 1,200~1,300℃)하면서 가압

③ 가압력은 200~300kg/cm² 가량 도입

④ 접합부 불꽃이 사라진 후 압접기에서 철근 해제

Ⅲ 검사 및 보정

▶ 외관검사와 초음파탐상검사는 현장에서, 인장검사는 공인시험기관에 의뢰하여 실시한다.

1. 외관(육안)검사

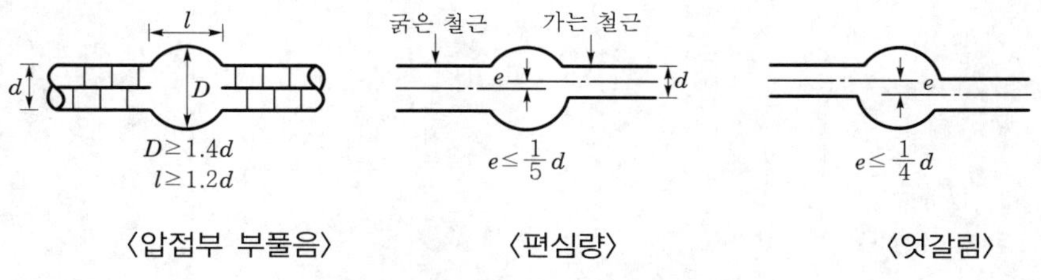

[가스압접부 외관품질 기준]

① 압접부 부풀음
- 직경(D) ≥ 1.4d, 이음길이(l) ≥ 1.2d

② 중심축 편심량(e) ≤ $d/5$
- 여기서, d: 철근 직경(단, 직경이 다를 경우 가는 철근의 직경을 기준으로 한다.)

③ 맞댐면의 엇갈림(e) ≤ $d/4$

2. 초음파탐상검사(KS B 0839)

① 1검사 Lot당 20개소 이상 검사
- 1검사 Lot는 1조 1일 작업량

② Lot당 2개소 이상 불합격 시 전체의 이음개소 불합격

3. 인장검사(KS B 0554)

① 1검사 Lot당 3개 이상 검사

② 모든 개소가 합격일 것

③ 불합격 1개소일 경우

- 6개소 이상을 검사하여 2개소 이상 불합격 시 전체를 불합격으로 판정

4. 검사 후 보정

① 편심, 엇갈림 초과분은 제거하고 재압접

② 부풀음 크기가 부족할 경우 규정치가 될 때까지 재가열·가압하여 보정

4207 　철근 슬리브이음(Sleeve Joint)

I 개요

① 슬리브이음이란 철근보다 강도가 큰 커플러(Coupler)로 슬리브를 고정시켜서 철근을 이음하는 공법이다.

② 철근 이음용 슬리브는 편체식(片體式)과 강관식이 있으며, 강관식은 강관충전식과 강관압착식으로 구분한다.

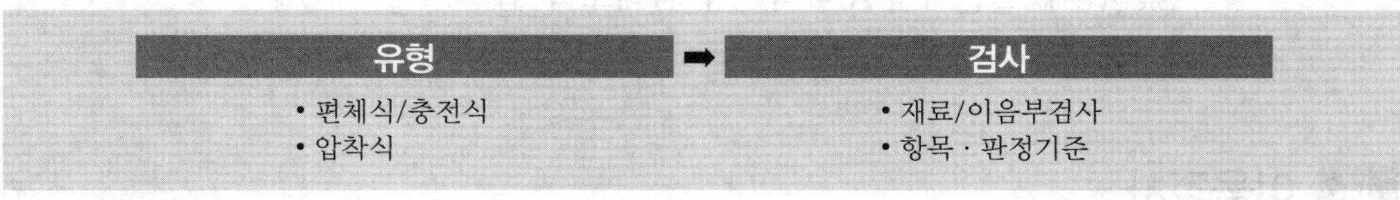

II 유형

1. 편체Sleeve이음

① 이음 단부에 마디 고정용 슬리브 편체를 끼우고 커플러로 고정하여 이음

② 기(旣) 시공된 기둥, 보의 철근이음 부위

③ 또는 개구부 양단이음부에 적용

④ 시공순서

⑤ 슬리브 고정방식: 커플러 고정식, 너트 고정식, 볼트 고정식 등

2. 강관Sleeve 충전식이음

① 강관Sleeve에 철근을 끼우고 접합재료 충전

② 무수축 고강도 Mortar, 에폭시수지, 용융금속 사용

③ 보, 기둥, PC 부재 등에 적용

④ 시공순서

[강관Sleeve 충전식이음]

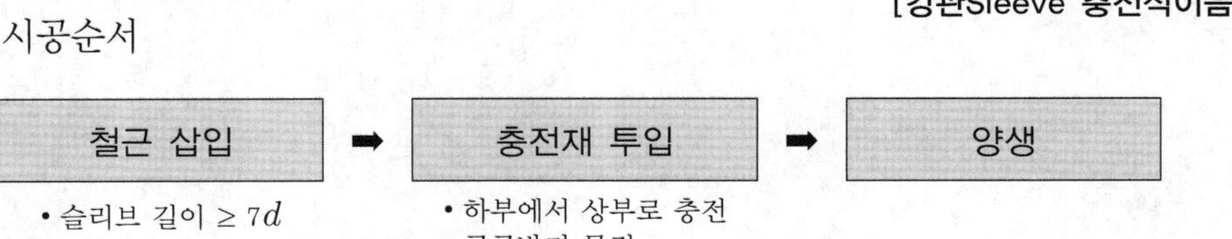

3. 강관Sleeve 압착식이음

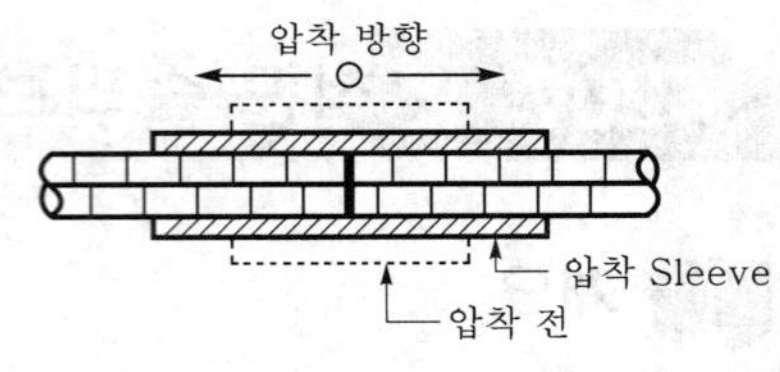

[강관Sleeve 압착식이음]

　　① 철근 이음부위에 강관 슬리브를 위치

　　② 압착기로 슬리브를 철근마디에 압착

　　③ 겹침이음과 압접이 곤란할 경우에 적용

　　④ 시공순서

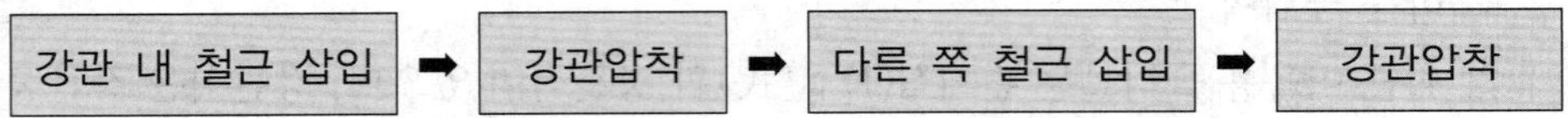

| 강관 내 철근 삽입 | ➡ | 강관압착 | ➡ | 다른 쪽 철근 삽입 | ➡ | 강관압착 |

　　• Sleeve에 철근이 4~6마디가량 물리도록 삽입

Ⅲ 이음검사

1. 검사빈도

　　① 철근 재료

　　　• 규격별로 매 100개마다 1개씩 검사

　　② 이음부

　　　• 부위별, 규격별로 20개소마다 1개소씩 검사

2. 검사항목

　　① 인장시험 ≥ 항복강도의 125%

　　② '연신율 ≥ 16~18%'일 것

4208　철근 나사이음

Ⅰ 개요

1. 철근의 나사이음공법에는 나사마디이음과 단부나사가공이음이 있으며, 국내에는 주로 단부 나사가공이음공법이 적용되고 있다.

2. 철근의 단부나사가공이음공법은 이음단부에 나사산을 가공하고 Coupler 내부에도 암나 사를 가공하여 철근을 이음하는 공법으로 나사산을 가공하는 방식에 따라 원추형 나사가 공, Rib 마디 나사가공, 부풀림 나사가공방식 등으로 구분된다.

공법유형	➡	검사
• 원추형 나사 • 부풀림 나사		• 시기 · 빈도 • 항목 · 판정

Ⅱ 공법유형

1. 원추형 나사가공이음

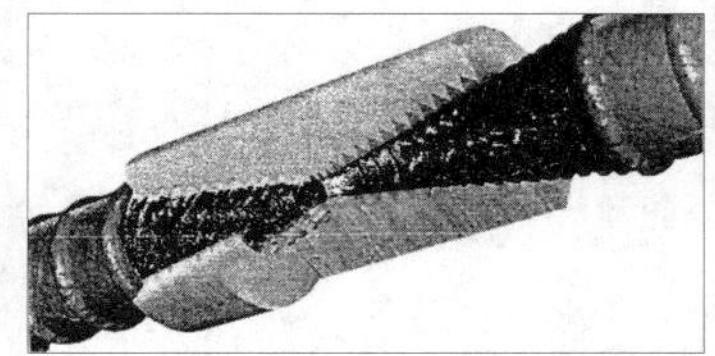
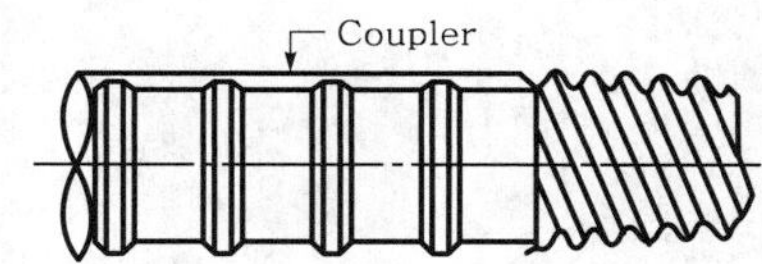

[원추형 나사가공이음]

① 이음단부를 원추형 나사산으로 가공
- 전단면에 하중이 전달되도록 하는 이음방식
② 나사산이 1~2피치로 체결, 반드시 체결력 확인 필요
③ 전수검사가 가능한 부위만 적용하는 것이 바람직함

2. 부풀림 나사가공이음

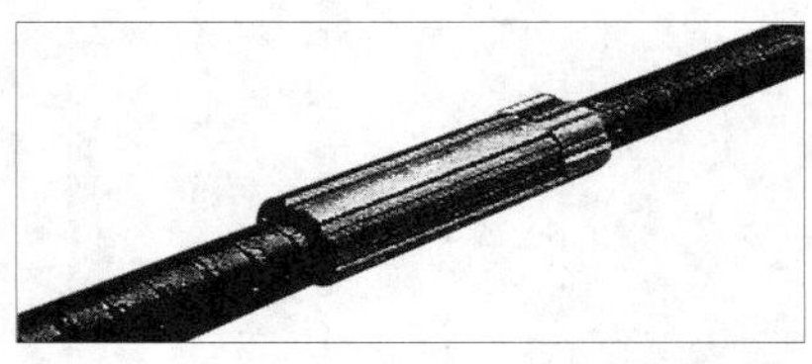
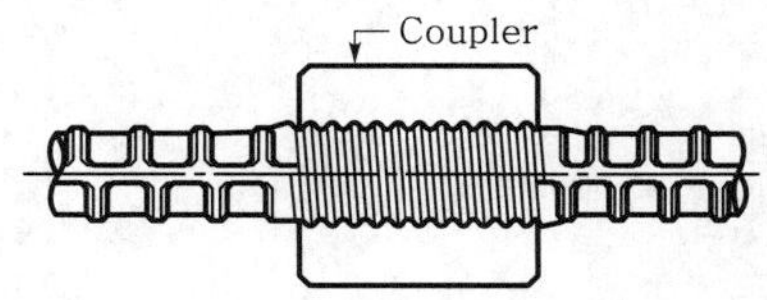

[부풀림 나사가공이음]

① 나사가공부위를 압착하여 부풀린 후 나사산 가공
② 나사산부분이 본래의 단면보다 커서 체결강도 우수
③ 나사산 피치가 5개 이상이면 하중전달이 양호한 것으로 간주
④ 이음단가가 높고 대형장비를 사용하므로 현장적용 곤란

Ⅲ 이음검사

1. 검사 시기 및 빈도

① 재료 반입 시 매 100개마다 1개씩 검사
② 이음 후 20개소마다 1개씩 검사

2. 검사항목 및 판정기준

① 인장시험 ≥ 항복강도의 125%
② '연신율[53) ≥ 16~18%'일 것

---

53) 연신율(延伸率, elongation ratio)은 파괴되지 않고 늘어나는 비율을 말한다.

4209 철근정착

I 개요

1 인접부재에 정착시킨 철근의 단부는 항복강도에 이르기까지 뽑히거나 미끄러지는 변형이 없어야 한다.

2 설계기준(KDS)[54]에 근거하여 철근의 정착 요소와 정착길이의 산정을 안내하고 부위별 정착방법을 설명한다.

정착요소	➡	정착길이 산정	➡	부위별 정착
• 철근 부착강도 • 표준갈고리/확대머리		• 인장철근 무/유/확대 • 압축철근		• 기둥/보 • 벽/슬래브

II 정착요소

〈KDS 142052 4.1.1(1)〉
• 철근콘크리트 부재 각 단면의 철근에 작용하는 인장력 또는 압축력이 단면의 양측에서 발휘될 수 있도록 묻힘길이, 갈고리, 기계적 정착 또는 이들의 조합에 의하여 철근을 정착하여야 한다.
• 이때 갈고리는 압축철근의 정착에 유효하지 않은 것으로 본다.

1. 철근 부착강도

▶ 철근의 정착길이는 부착강도에 반비례하며 철근의 부착강도 영향요소는 다음과 같다.

(1) 철근 표면상태

① 단면 형상: 이형철근 > 원형철근

② 마디 형상: 직각마디 이형철근 > 경사마디 이형철근

③ 에폭시도장 유·무

④ 정착길이 보정계수: β

(2) 콘크리트 강도

① 압축강도 및 인장강도에 비례

② 경량콘크리트 사용 유·무

③ 정착길이 보정계수: λ

---

54) KDS 142001 설계(강도설계법) 일반사항, KDS 142010 해석과 설계원칙, KDS 142050 철근상세 설계기준, KDS 142052 정착 및 이음 설계기준 등

(3) 배근 위치 및 방향

① 연직철근 > 수평철근

• 수평철근 하단부의 공극 영향

② 하부수평철근 > 상부수평철근

③ 정착길이 보정계수: α

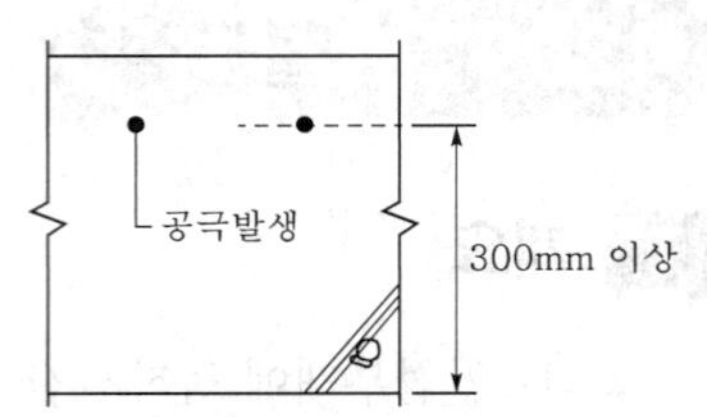

(4) 철근순간격 및 피복두께

① 순간격 부족 시 철근 중심파괴

② 피복두께 부족 시 콘크리트 할렬(割裂)

• 피복 부착파괴 발생

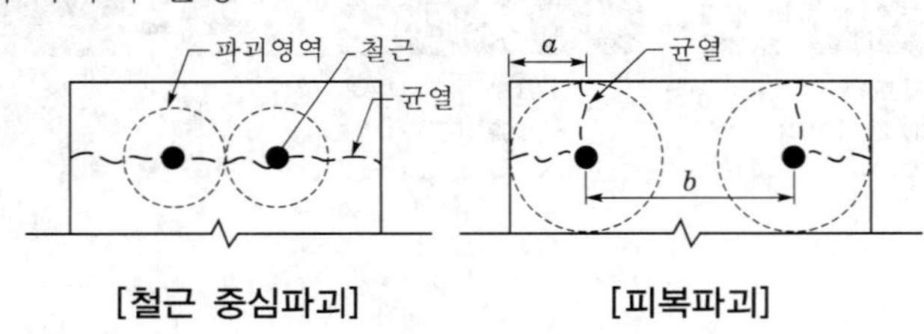

③ 정착길이 보정계수: c

(5) 철근 굵기

① 지름이 작을수록 부착에 유리

② 정착길이 보정계수: γ

③ D19 이하 $\gamma=0.8$, D22 이상 $\gamma=1.0$

(6) 기타

① 다짐 정도

② 철근부식 정도 등

2. 표준갈고리(Hook)[55]

[KDS 142050(4.1 철근 가공) 요약]

철근 구분	Hook	여장(d_b)[56]	절곡내면 최소반지름
주근	90°	$12d_b$	D10~25 $\geq 3d_b$ D29~35 $\geq 4d_b$ D38 이상 $\geq 5d_b$
	180°	$4d_b$, 또는 60mm	
스터럽 및 띠철근	90°	D16 이하 $\geq 6d_b$ D19~25 $\geq 12d_b a$	D16 이하 $\geq 2d_b$ D19 이상: 주근과 동일
	135°	D25 이하 $\geq 6d_b$	

---

55) 표준갈고리: 정착·이음 목적으로 단부를 설계기준상의 각도로 구부린 갈고리 부분
56) 갈고리 여장: 철근 항복강도가 도달되어야 할 위험단면과 갈고리 외단 간의 최단길이

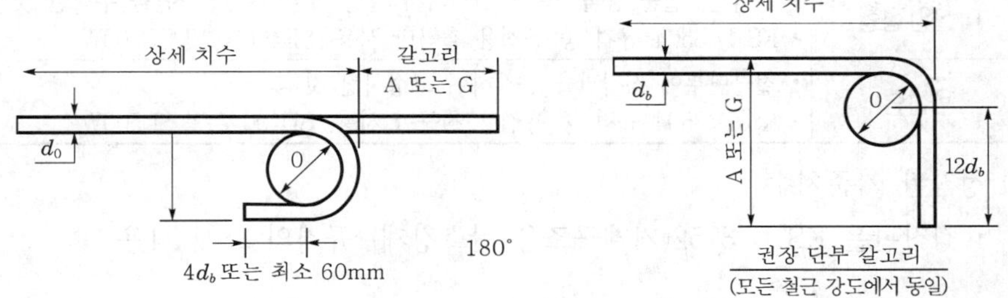

[Hook: 주근]

① 철근 굵기·구부림각별 여장과 구부림 최소내면반지름 규정

② 철근 굵기는 주근과 스터럽 및 띠철근으로 구분

③ 표준갈고리 구부림각 구분

- 주근: 90°와 180°, 스터럽 및 띠철근: 90°와 135°

④ 갈고리 여장은 구부림 각도에 따라 $4 \sim 12d_b$ 적용

⑤ 구부림 최소내면반지름은 철근 굵기에 따라 $2 \sim 5d_b$ 적용

[철근 절곡 장면]

〈가동 순서〉
1. 구부림 각도 설정
2. 회전롤러 크기 조절
3. 철근 삽입
4. 철근받침쇠 조절 및 고정
5. 절곡 가동

3. 확대머리철근

▶ 단부를 확대하여 콘크리트 지압력 증대로 정착성능을 높인 철근이다.

(1) 재료 규격[57]

① 철근단부에 정착판(확대머리)을 부착시킨 철근

[확대머리철근 유형]

전조나사형	• 철근단부에 나사산을 가공하여 정착판을 체결한 것 • KS D 3504 규격의 모든 철근 사용
나사마디형	• 나사마디 철근에 암나사가 가공된 정착판을 부착한 것 • KS D 3504 규격의 모든 철근 사용

---

57) 관련규격: KS D 3871 콘크리트 보강을 위한 확대머리철근

마찰압접형	• 정착판, 철근 등을 고속회전시켜서 발생 마찰열로 정착판을 부착한 것 • KS D 3504 규격 중 용접용 철근만 사용, SD400W 및 SD500W
용접형	• 철근단부에 정착판을 용접하여 고정시킨 것 • KS D 3504 규격 중 용접용 철근만 사용, SD400W 및 SD500W

② 정착판 기준치수

- 정착판은 KS D 3752(기계구조용 탄소강재) 규격의 소재 사용

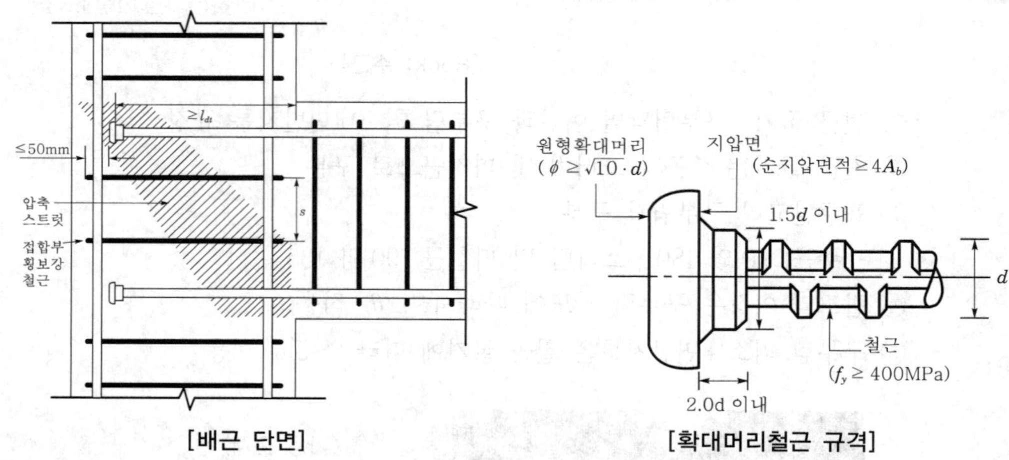

(2) **적용조건**[58]

① 철근 설계기준항복강도(f_y) ≥ 400MPa, f_{ck} ≥ 40MPa, 보통·중량 콘크리트

- 경량콘크리트 적용 불가

② D ≤ 30mm, 순피복두께 ≥ $2d_b$, d_b: 철근 단면적

③ 철근 순간격 ≥ $4d_b$, 또는 $2.5d_b$

④ 확대머리 순지압면적(A_{brg}) ≥ 철근공칭단면적(A_b)×4

- A_{brg} = 정착판면적 − A_b ≥ 철근공칭단면적(A_b)×4

(3) **기대효과**

① 경제성 확보

- 대구경철근 사용 시 정착물량 감소

- 표준갈고리 대비 원가절감 효과

② 시공성 향상

- 과밀배근 부위의 정착 개선: 보·기둥 및 큰보·작은보 접합부 등

- 정착길이 감소, 배근작업의 용이성 확보

- PC구조물, 코어선행공법, 철근선조립공법의 시공성 개선

---

58) KDS 142052 4.1.6 확대머리 이형철근 및 기계적 인장 정착

③ 시공품질 향상
- 콘크리트 충전성 향상, 과밀배근 부위 정착 개선효과
- 철근과 콘크리트의 부착성 확보
- 경화구조체의 품질 향상

Ⅲ 정착길이 산정[59]

1. 인장철근(Hook 無)

(1) 간편식[60]

① 정착길이(l_d) = 기본정착길이(l_{db})×보정계수 ≥ 300mm

② $l_{db} = \dfrac{0.6d_b f_y}{\lambda \sqrt{f_{ck}}}$

여기서, d_b: 철근 공칭지름, f_y: 철근 항복강도, f_{ck}: 콘크리트 설계기준강도

③ 보정계수

정착위치 조건	D ≤ 19	D ≥ 22
정착이음철근 순간격, 피복두께 ≥ d_b 최소철근량 이상의 늑근대근이 있는 l_d 구간	$0.8\alpha\beta$	$1.0\alpha\beta$
정착이음철근 순간격 ≥ $2d_b$, 피복두께 ≥ d_b		
기타	$1.2\alpha\beta$	$1.5\alpha\beta$

- α(철근배치위치계수): 상부근 1.3, 기타 1.0
- β(철근도막계수): 피복두께 < $3d_b$, '순간격 < $6d_b$'인 도막철근 ·················· 1.5
  아연도금철근, 일반철근 ······································· 1.0
- $\alpha\beta \leq 1.7$
- λ(경량콘크리트계수): $0.75 \leq \lambda < 1.0$

(2) 기본식

① 정착길이(l_d) = $\dfrac{0.9d_b f_y}{\lambda \sqrt{f_{ck}}} \times \dfrac{\alpha\beta\gamma}{\left(\dfrac{c+k_{tr}}{d_b} \leq 2.5\right)} \geq 300$mm

② 보정요소
- γ(철근크기계수): $D \leq 19 = 0.8$, $D \geq 22 = 1.0$
- c(철근간격, 피복두께치수): 철근 중심~콘크리트표면 최단거리,
  정착근 간 중심거리 1/2 중 작은 값(mm)

---

59) KDS 142052 4.1 '철근의 정착' 참조
60) 간편식과 기본식 중 택일, 산정치는 간편식의 결과가 기본식보다 크며 실무에서는 간편식을 적용한다.

- K_{tr}(횡방향 철근지수) $= \dfrac{40A_{tr}}{sn}$

$$\text{여기서, } A_{tr}: s \text{ 이내의 횡철근 전체단면적(mm}^2)$$
$$s: l_d \text{ 구간 내 횡철근의 최대중심간격(mm)}$$
$$n: \text{쪼개질 가능성이 있는 평면상의 정착·이음철근의 가닥수}$$

2. 인장철근(Hook 有)

① 정착길이(l_{dh}) = 기본정착길이(l_{hb}) × 보정계수 $\geq 8d_b, 150mm$

② $l_{hb} = \dfrac{0.24\beta d_b f_y}{\lambda \sqrt{f_{ck}}}$

〈기본정착길이 l_{dh}〉
- 위험단면부터 갈고리 외측단부까지 거리로 나타낸 인장 표준갈고리의 정착길이
- '위험단면–갈고리시작점'의 직선묻힘길이＋구부림내면반지름＋철근지름＝l_{hb}×보정계수

③ 보정계수(D ≤ 35)

Hook			
	90°	정착장피복 ≥ 70mm, Hook여장피복 ≥ 50mm	0.7
		l_{dh}구간 또는 Hook여장의 띠철근늑근간격 ≤ $3d_b$	0.8
	180°	l_{dh}구간의 띠철근늑근간격 ≤ $3d_b$	0.8
과다철근 위치			$\dfrac{\text{소요}A_s}{\text{배근}A_s}$

3. 인장철근(확대머리)

① 정착길이(l_d) = 기본정착길이(l_{dt})×보정계수 $\geq 8d_b, 150mm$

② $l_{dt} = 0.19\dfrac{\beta f_y d_b}{\sqrt{f_{ck}}}$

③ 에폭시도막철근 보정계수 $\beta = 1.2$

4. 압축철근

① 정착길이(l_d) = 기본정착길이(l_{db})×보정계수 $\geq 200mm$

② $l_{db} = \dfrac{0.25d_b f_y}{\lambda \sqrt{f_{ck}}} \geq 0.043d_b f_y$

③ 보정계수

- 과대철근 배근: $\dfrac{\text{소요}A_s}{\text{배근}A_s}$

- 나선철근 ≥ 6mm, 나선간격 ≤ 100mm
  또는 중심간격 100mm의 D13 띠철근으로 구속된 철근·····················0.75

Ⅳ 부위별 철근정착

〈정착 일반원칙〉
- 정착철근은 받침부를 지나서 정착길이(l_d) 이상을 연장시킬 것
- l_d 확보가 곤란 시 Hook · 확대머리 적용 고려
- 압축철근에서는 Hook이나 확대머리가 유효하지 않은 것으로 간주

1. 기둥

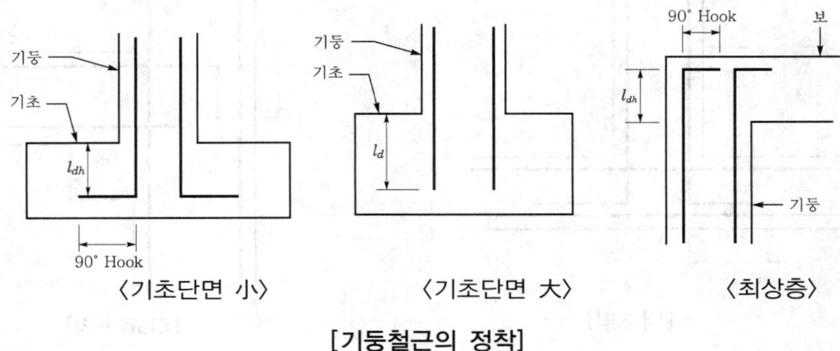

[기둥철근의 정착]

① 기둥철근을 보 또는 기초에 정착
② 정착길이는 특기가 없는 한 인장철근으로 간주
③ 정착길이(l_d)가 확보되면 Hook을 두지 않아도 무방

2. 보

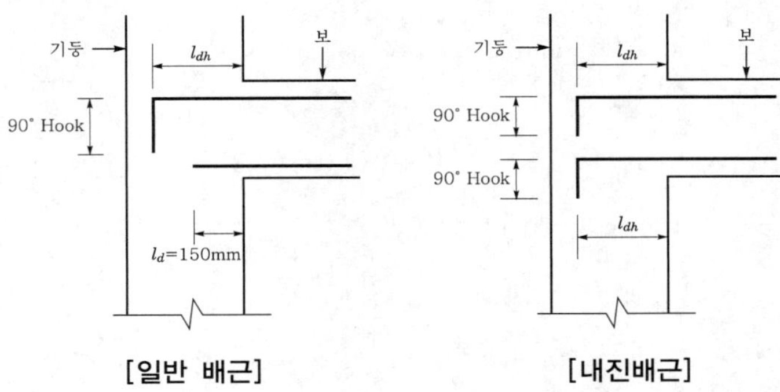

① 보철근을 기둥에 정착
② 내진배근일 때에는 상 · 하단근 모두에 표준갈고리 적용

3. 벽

① 교차하는 벽이나 보에 정착
② 인장정착길이 이상 확보

4. Slab

① 벽이나 보에 정착
② 상부근은 인장정착
③ 하부근은 압축정착

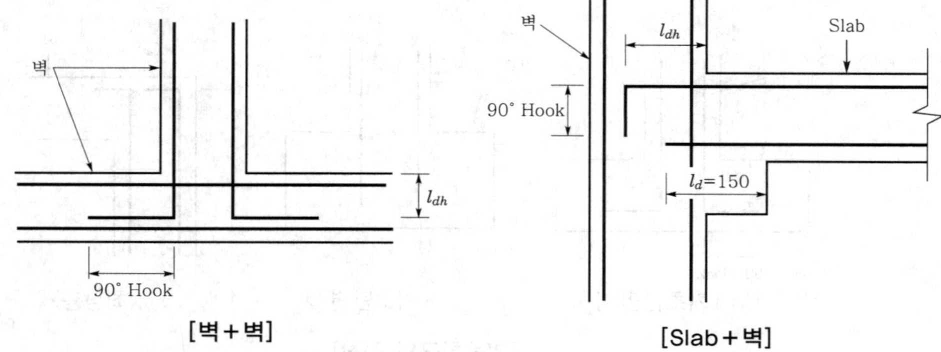

4210 수축 · 온도 철근(Shrinkage & Temperature Reinforcement)

I 개요

① 수축 · 온도 철근은 건조수측 및 온도변화에 의한 콘크리트의 균열을 방지하기 위해 1방향 슬래브의 장변 방향에 배치하는 철근이다.

② 관련기준은 설계기준(KDS)에서 규정하고 있다.

필요성/적용부위 ➡	배근방법 ➡	배력근 비교
• 유해균열/1방향 슬래브 • 슬래브/깊은보/벽체	• 최소철근비 • 철근 배치	• 공통점 • 차이점

II 필요성 및 적용부위

1. 필요성

① 건 · 습 및 온도변화로 인한 유해균열의 발생 최소화

② 1방향 슬래브에서 주철근 간격 유지

③ 구조물 거동 일체화

④ 매스콘크리트에서 온도응력에 의한 균열 제어

2. 적용부위

① 슬래브 주근의 직각방향

② 깊은 보의 측면

③ 대단면 벽체에서 외부구속에 의한 온도균열 우려 부위

III 배근방법[61]

1. 최소철근비

① 철근의 설계기준항복강도(f_y) ≤ 400MPa: 0.002

② f_y > 400MPa: $0.002 \times \dfrac{400}{fy}$

---

61) KDS 142050 4.6 '수축 · 온도철근' 참조

2. 철근 배치

① 철근간격: 슬래브 두께의 5배, 또는 450mm 중 작은 값 이하

② f_y가 발휘되도록 정착길이 확보

3. 유의사항

① 철근 흐트러짐 방지

② 교차부 적정 결속

  • 2~3곳마다 결속선으로 고정

③ 타설 시 간격 훼손 방지

Ⅳ 수축 · 온도 철근과 배력근

구분	차이점	공통점
배력철근	2방향 슬래브에서 하중 분포	• 주철근 직각방향으로 장변에 배근
수축 · 온도 철근	1방향 슬래브에서 휨철근에 직각으로 배치	• 주철근의 위치 및 간격 유지 • 건조수축 · 온도신축에 의한 균열 최소화

1. 공통점

① 주철근 직각방향으로 장변에 배근

② 주철근의 위치 및 간격 유지

③ 건조수축 및 온도신축에 의한 균열 최소화

2. 차이점

(1) 배력철근(Distributing Bar)

① 2방향 슬래브에 장변방향으로 배치

② 주근 작용하중에 대한 균등분포 역할

(2) 수축 · 온도 철근

① 1방향 슬래브에 배치

② 주요 목적은 콘크리트 균열 억제

4211　철근 선조립

I　개요

① 철근 선조립공법이란 콘크리트 부재 안에 보강될 철근을 공장이나 현장의 지상에서 미리 조립하는 공법을 말한다.

② 철근 선조립공법은 부재, 강재의 종류, 거푸집공사, 선조립 장소 및 이음공법 등에 따라 다양하게 분류되며, 구조물과 현장여건을 고려하여 적정 공법을 채용한다.

필요성	➡	공법유형	➡	개발방향
• 구조 · 설계 측면 • 시공 측면		• 유닛철근공법 • 용접철망공법		• 장비/설계적용성/이음 • 거푸집 시스템화/공장 육성

II　필요성

1. 구조 및 설계 측면

① 대경근의 적용 가능

② 피복두께의 정확한 유지 → 내구성 향상

③ 안전율이 우수한 구조계산이 가능

④ 고강도콘크리트와 고층건물에서 적용성 우수

2. 시공 측면

① 철근 숙련공 최소화, 노무 표준화(시공물량 평준화 근거)

② 현장 작업요소의 최소화, 단순 · 반복 작업

③ 시공정밀도 향상: 피복두께, 철근간격 등

④ 철근공사와 거푸집공사의 상호간섭 배제

III　공법유형

1. 유닛철근공법

(1) 정의

① 현장의 지상이나 공장에서 이형철근 사용

② 전용장비 이용

③ 부재의 형상대로 철근을 가공 및 조립하여 Unit化하는 공법

(2) 현장적용

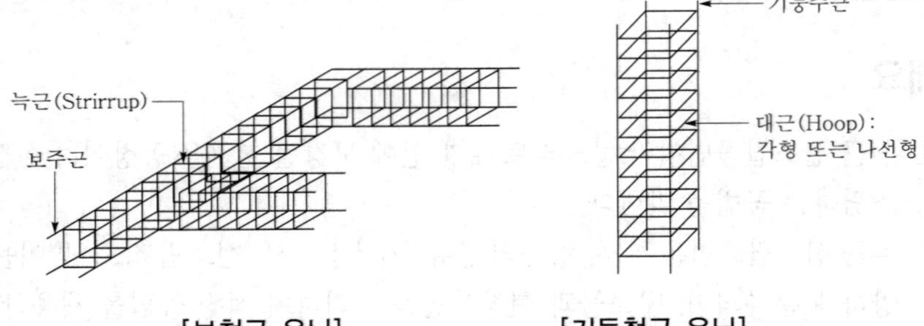

① 주로 보·기둥 철근에 적용
- 기타 Slurry Wall의 패널철근 및 Guide Wall 철근, RCD 기둥철근 등에 적용

② 현장 또는 공장에서 선조립하여 유닛화

③ 현장에서는 크레인으로 양중하여 이음 접합

④ 이음공법은 겹침이음, 가스압접, 기계적 이음공법 적용

(3) 기대효과

① 고소작업 최소화

② 대경근의 가공품질 우수: 135° Hook, 나선철근 등

(4) 유의사항

① 공장조립 시 운반성 고려

② 현장조립 시 작업공간 및 소운반에 유의

③ 운반·양중 시 변형방지: Balance Beam 사용

④ 적정 이음공법의 적용: 가스압접, 기계적 이음공법 등

2. 용접철망공법

(1) 정의

① 연강선재나 철선을 사용

② 냉간에서 신선·압연하여 직교시키고 교차점을 전기저항용접으로 고정
- 격자망 형상으로 선조립하는 공법

(2) 현장적용

① 주로 슬래브, 벽체 등에 적용

② 시트 또는 Roll 형태의 용접철망 사용

③ 배치도에 따라 현장 배치

④ 이음부위는 겹침이음공법 적용

(3) 기대효과

① 조립·설치 시간 단축

② 숙련공 불필요, 전기·설비의 배선·배관 용이

③ 고항복강도로 강재 절감

④ 바닥철근의 흩어짐 방지

⑤ 균열을 분산시키는 효과 우수

(4) 적용 시 유의사항

① 재료비 고가 → 경제성 검토 필요

② 피복두께 준수: 녹의 진행이 일반철근보다 빠름

③ 교차점의 용접품질 확인

　• 고강도일수록 용접성 저하

④ 정확한 시공계획과 배치도에 따라 현장적용

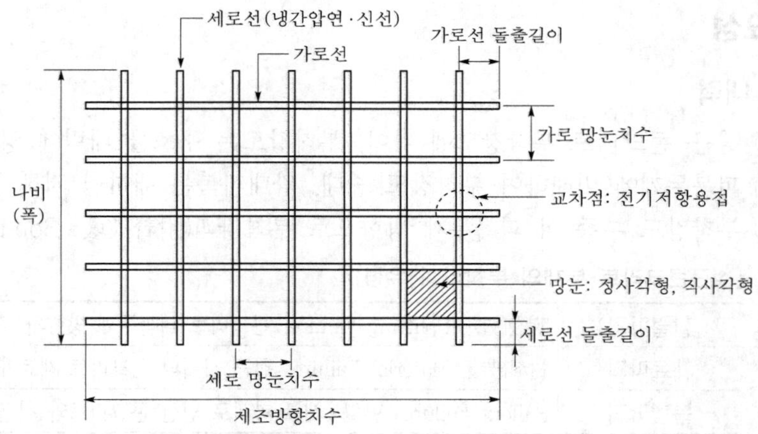

Ⅳ 개발방향

① 선조립 장비의 소형화, 범용화

② 선조립공법의 설계 적용성 증대

③ 합리적인 이음공법의 확립

④ 부위별(보, 기둥, 슬래브, 벽) 거푸집의 System화

⑤ 철근 Pre-Fab 공장의 육성·지원 확대 등

4212 철근 피복두께

I 개요

① 철근 피복두께는 부재의 최외측 철근 표면에서 콘크리트 외측면까지의 최단거리로서 구조체 품질에 영향을 미치는 중요 요소이다.

② 콘크리트구조 철근상세 설계기준(KDS 142050)에서는 구조물의 사용환경에 따라 철근의 피복두께 최소치를 규정하고 있다.

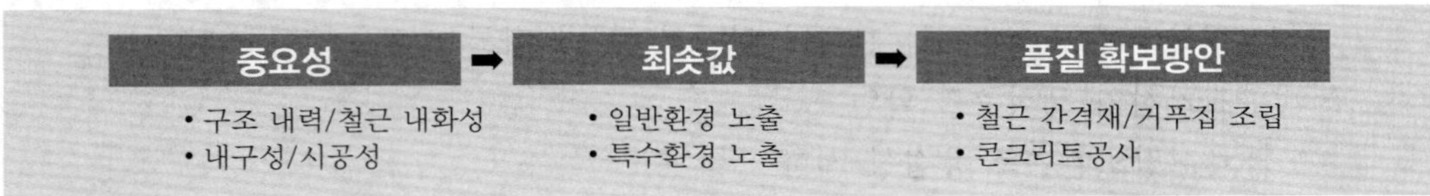

II 중요성

1. 구조 내력

① 철근–콘크리트 부착강도에 기여, 부착강도는 구조물 내력에 영향

② 피복두께에 비례하여 부착강도 증대, 과대피복은 내하력 저해

③ 부착강도 부족 시 피복두께 방향으로 부착파괴(附着破壞, Bond Failure)

[철근콘크리트 부재의 부착파괴 유형]

할렬파괴	割裂破壞, Splitting Failure, 콘크리트 피복두께 방향의 쪼개짐파괴
재료파괴	材料破壞, Material Failure, 철근 사이의 콘크리트 재료파괴
뽑힘파괴	Pullout Failure, 할렬·재료 파괴로 인한 콘크리트와 철근의 분리되는 파괴

④ 피복층 할렬파괴 → 유해물질 유입량 증가 → 경화체 품질 저하 가속
　• 콘크리트 경화체 품질: 강도, 수밀성, 내구성 등

2. 철근 내화성

① 철근의 내화성능에 기여, 화재열 직접 노출 차단

② 피복두께에 비례하여 내화성능 증대

③ 내화성능 미흡 시 조기에 철근 항복온도 도달

④ '철근온도 ≥ 600℃'이면 열변형 급격 가속

3. 구조물의 내구성

① 철근콘크리트 구조물의 내구성에 기여

② 피복두께에 비례하여 내구성 증대
③ 피복층은 구조물 외피로서 유해물질 차단
- 콘크리트 유해물질: 탄산화 유발 물질(이산화탄소, 산성비 등)
- 철근 유해물질: 철근부식 유발 물질(염화물, 빗물, 대기 등)
④ 피복두께 부족 시 콘크리트 중성화영향 조기 발생
⑤ 피복층의 중성화 → 철근부식 → 열화 저하

4. 시공성

① 타설 시 철근 피복층의 시공성에 기여
- 철근 피복층: 거푸집널–최외측 철근 사이
② 피복두께에 비례하여 타설 시 생콘크리트의 시공성 향상
- 생콘크리트의 시공성: 충전성, 다짐성 등
③ 피복두께 미흡 시 피복층 품질손상
- 피복층 품질: 콘크리트 조직의 균질성 및 치밀성 등
④ 피복층 품질손상 → 경화체 열화 가속

Ⅲ 피복두께 최솟값[62]

▶ 설계기준(KDS 142050 4.3) 중 프리캐스트콘크리트의 경우는 생략하였다.

1. 일반환경 노출

[콘크리트 노출 환경별 피복두께 최솟값]

콘크리트 노출환경			피복두께 최솟값(mm)
수중타설			100
지중 타설·매입			75
지중·외기중	철근 $\geq D\,19$		50
	철근 $\leq D\,16$, 철선 $\leq \varnothing 16mm$		40
지중·외기중 이외	보, 기둥	$f_{ck} < 40MPa$	40
		$f_{ck} \geq 40MPa$	30
	슬래브, 벽체, 장선	철근 $> D\,35$	40
		철근 $\leq D\,35$	20

---

62) KDS 142050(4.3 최소피복두께) 참조

① 콘크리트 노출환경 구분

- 수중타설, 지중타설 · 매입, 지중 · 외기중 노출, 지중 · 외기중 이외 노출 등

② 수중타설 콘크리트 100mm

③ 지중타설 및 매입 콘크리트 75mm

④ 지중 · 외기중 노출 콘크리트

- 철근 $\geq D19$: 50mm, 철근 $\leq D16$ 및 철선 $\leq \varnothing16mm$: 40mm

⑤ 지중 · 외기중 노출 이외의 콘크리트

- 보 · 기둥: 40mm, 고강도콘크리트일 경우 30mm 가능

- 슬래브 · 벽체 · 장선: $D35$ 이상일 때 40mm, $D35$ 이하일 때 20mm

〈장선구조(joist construction): KDS 142001(1.4) 참조〉
- 슬래브를 지지하는 작은 보 구조시스템
- 장선의 폭 100 mm 이상, 깊이는 장선 최소 폭의 3.5배 이하, 장선 사이 순간격은 750 mm 이하
- 2방향 장선으로 배치된 경우를 2방향 장선구조 또는 와플(waffle)구조라고 함

2. 특수환경 노출

(1) 염화물 노출환경

① 해수, 해수물보라, 제빙화학제 등에 의한 노출환경

② 콘크리트 구조물의 노출등급에 따라 피복두께 적용

[노출등급별 최소피복두께: KDS 142040 콘크리트구조 내구성 설계기준(4.1.3) 참조]

노출등급[63]	노출조건	최소피복두께
ES1	• 해안가 또는 해안 근처에 있는 구조물 • 도로 주변에 위치하여 공기 중의 제빙화학제에 노출되는 콘크리트	60
ES2	수영장이나 염화물을 함유한 공업용수에 노출되는 콘크리트	
ES3	항상 해수에 침지되는 콘크리트	70
ES4	• 건습이 반복되면서 해수 또는 염화물에 노출되는 콘크리트 • 해양 환경의 물보라 지역(비말대) 및 간만대에 위치한 콘크리트	80

(2) 기타 특수환경

① 유수 등에 의한 심한 침식 · 마모 우려 환경: 피복두께 증대

② 내화성능 부재: 별도의 내화피복재 부착, 또는 피복두께 증대 ≒ 50mm,

- 화열온도, 화열 지속시간, 골재 성질 등 고려

③ 증축 · 확장용 노출철근 및 · 매입철물: 별도의 부식방지 조치 강구

---

63) 노출등급: KDS 142040 콘크리트구조 내구성 설계기준(4.1.3) 참조

Ⅳ 품질 확보방안

[철근 피복두께의 품질 영향요인]

구분	영향요인
설계기준 측면	• 구조물 노출 환경(일반, 특수), 철근 굵기, 콘크리트 압축강도 • 부재 종류(보, 슬래브, 기둥, 벽), 부재 노출 위치(수중, 지중, 외기중, 실내)
현장시공 측면	철근간격재 설치상태, 거푸집 조립정밀도, 거푸집 존치기간 콘크리트 타설·양생 품질

1. 철근간격재 배치

〈'철근간격재' 정의〉
• 콘크리트공사 중 철근의 간격과 피복두께 등의 위치를 유지시키기 위해 사용하는 철근공사의 부속재
• 배근 위치에 따라 기성제품(콘크리트제, 모르타르제, 금속제, 플라스틱제)이나 현장 가공품 사용

[표준시방서/전문시방서상 '철근간격재' 용어 정의]

KCS 142011(1.3) 고임재(Chair)	수평으로 배치된 철근 혹은 프리스트레스용 강재, 쉬스 등을 정확한 위치에 고정하기 위하여 쓰이는 콘크리트제, 모르타르제, 금속제, 플라스틱제 등의 부품
LHCS 14201105(1.3) 간격재(spacer)	철근 혹은 프리스트레스용 강재, 쉬스 등에 소정의 철근피복을 가지게 하거나 그 간격을 정확하게 유지시키기 위하여 쓰이는 콘크리트제, 모르타르제, 금속제, 플라스틱제 등의 부품

(1) 간격재 선정요건

① 배근위치에 적합한 재질일 것

• 강제, 콘크리트제, 모르타르제, 플라스틱제, 세라믹제 등

② 배근위치에 적합한 형상일 것

• 고임재(콘크리트제, 모르타르제), 폭고정재(철근재, 플라스틱제)

• Bar Chair(Bar Support, 철근재),

③ 내부식성, 강도, 부착성 등의 요구성능을 구비할 것

〈간격재의 요구성능〉
• 내부식성: 강제품일 경우 이종금속 간의 접촉부식이 없을 것
• 강도: 공사 중 작용하중에 변형되지 않고 콘크리트에 매입되어 강도 취약부가 되지 않을 것
• 부착성: 철근에 밀착·고정되어 콘크리트 타설이 끝날 때까지 이탈되지 않을 것

④ 에폭시 도막철근일 경우 도막 손상을 방지할 것

(2) 간격재 배치

[KCS 142011 표 2.2-1: 철근 고임재 및 간격재의 수량 및 배치 표준]

부위	수량/배치간격[64]
기초	8개/4m^2, 20개/16m^2
지중보	간격 1.5m, 단부는 1.5 m 이내
벽/지하외벽	상단 보 밑에서 0.5m, 중단: 상단에서 1.5m 이내, 횡간격 1.5m, 단부는 1.5m 이내
기둥	상단: 보밑 0.5m 이내, 중단: 주각과 상단의 중간, 기둥 폭방향 1m 미만 2개, 1m 이상 3개
보	간격은 1.5 m, 단부는 1.5 m 이내
슬래브	간격은 상·하부 철근 각각 가로 세로 1 m

① 사용 전 재질별 사용환경 검토 및 공사감독자 승인
  - 플라스틱제: 콘크리트와의 열팽창률 차이, 부착 및 강도 부족
  - 스테인리스강제: 이종금속간 접촉부식 우려 등의 영향 사전검토
② 노출콘크리트에는 내부식성 간격재 사용
③ 거푸집에 닿는 강제 간격재는 단부에 PVC캡 설치
④ 기초바닥 상부근은 Bar Chair 사용
⑤ 내력벽 단부는 '폭고정근' 부착·고정

2. 거푸집 조립

① 거푸집 조립정밀도 확보
② 거푸집 강성 확보, 작용하중에 의한 변형방지
③ 조립정밀도 불량에 의한 피복두께 과부족 발생방지
④ Seperator(Flat Tie) 간격 유지

3. 콘크리트공사

① 타설 전 간격재 배치·고정상태 점검

> 〈최소피복두께 허용오차 기준, KDS 142050(표4.2-1) 참조〉
> - 유효깊이(d) ≤ 200mm → -10mm, d > 200mm → -13mm
> - 다만, 하단 거푸집까지의 순거리 허용오차 -7mm, 도면·구조기준상 최소피복두께의 -1/3 이내일 것

② 타설 중 간격재 이탈방지, 진동기 사용 및 보행 시 유의
③ 수직부재(기둥, 벽) 재료분리 방지, 미흡 시 피복층 손상
④ 진동다짐 철저, 치밀 피복층 형성

---

64) 수량 및 배치간격은 5 ~ 6층 이내의 철근콘크리트 구조물을 대상으로 한 것으로서, 구조물의 종류, 크기, 형태 등에 따라 달라질 수 있다.

Ⅴ 결론

1. 철근 피복두께는 콘크리트 부재의 단면에서 외측일수록 구조 내력에는 도움이 되나 내구성 · 내화성 및 시공성 측면에서는 불리한 점이 있으므로 구조물 특성을 고려하여 과부족의 영향이 없도록 해야 한다.

2. 철근콘크리트 구조물공사에서 적정 피복두께를 유지하려면 최소피복두께 기준의 충족 외에도 철근공사, 거푸집공사, 콘크리트공사 등 일련의 과정에서 세심한 입회 및 점검 활동이 필요하다.

03 일반콘크리트공사

4300 콘크리트공사 일반

I 개요

1 콘크리트공사는 가장 중요한 골조공사이므로 재료품질과 시공품질을 연계하여 설계도서 이상의 품질을 실현하려는 노력이 필요하다.

2 콘크리트 구성재의 이해를 바탕으로 한 콘크리트 타설 전·중·후의 콘크리트공사 전반에 관한 품질관리 내용을 설명한다.

콘크리트 재료 ➡	타설 전 ➡	타설 중 ➡	타설 후
• 결합재/혼합수 • 충전재/화학혼화제	• 시공조직/거푸집조립 • 철근조립/타설계획	• 운반시간/반입검사 • 콘크리트 타설	• 콘크리트 양생 • 거푸집 존치/탈형

II 콘크리트 재료

▶ 콘크리트의 재료는 결합재, 혼합수, 충전재, 화학혼화제 등으로 구분한다.

[콘크리트 구성재]

결합재	수경성 결합재	Portland Cement
	잠재수경성 결합재	高爐Slag, Pozzolan材(Fly Ash, Silica Fume)
혼합수	수돗물	음용수 가능
	지하수	지층 간극수, 암석층 열극수
	회수수	재처리수(믹서·드럼 세척수 및 폐레미콘)
충전재	잔골재	강사, 부순잔골재(쇄사), 해사
	굵은골재	강자갈, 부순굵은골재(쇄석), 인공골재
	석회석미분말	시멘트공장 부산물
화학혼화제	AE제	공기연행제
	고성능AE감수제	공기연행제＋감수제
	응결지연제	수화반응 지연

1. 결합재

① 배합물의 결합과 수화반응에 의한 강도발현을 담당하는 재료

② 수경성 결합재와 잠재수경성 결합재로 구분

③ 수경성 결합재: 물과 혼합 시 수화반응 → 포틀랜드시멘트

④ 잠재수경성 결합재: 수화반응성 잠재 → 고로슬래그 및 포졸란재

　• 산업부산물로서 포틀랜드시멘트 사용량의 일부 치환(대체)

2. 혼합수[65]

① 결합재와 혼합하여 점액질의 풀(Paste) 생성

② 시멘트의 수화반응, 생콘크리트의 주요물성에 기여

③ 상수돗물과 이외의 물, 회수수 등으로 구분

④ 상수돗물 이외의 물과 회수수는 시험 후 혼합수로 사용

3. 충전재

① 단위콘크리트 용적·질량의 70~80%를 채우는 재료

　• 호칭강도가 높아질수록 단위콘크리트 중 충전재 비율은 감소

② 입자 크기에 따라 잔골재, 굵은골재, 석회석미분말로 구분

　• 석회석미분말은 일반강도의 고유동콘크리트 제조 시 사용

③ 생콘크리트의 물성, 경화체의 강도 및 내구성, 생산의 경제성에 영향

④ 입자크기, 채취원, 가공상태 등에 따라 다양하게 분류

4. 화학혼화제

① 콘크리트의 물성을 개선하기 위해 첨가하는 소량의 배합재

② 계면활성 작용으로 콘크리트 성질 개선

　• AE제, 감수제, AE감수제, 고성능AE감수제 등

③ 기타 유동화제, 응결지연제, 급결제, 방청제, 분리저감제 등

④ 배합시 질량 계산에 미포함

Ⅲ 타설 전 품질관리

1. 시공조직 및 공장점검

(1) 타설 참여자 확인

① 타설 전 회의, 또는 타설위치에서 확인 및 안내

---

65) KS F 4009(부속서 B) 참조

② 작업반별 소요인원 및 작업원별 역할 확인
  • 확인 후 타설작업 실명부 작성 및 날인
③ 신규 참여자는 사전교육 후 현장 투입

(2) 생콘크리트공장 선정

① 운반거리 및 소요시간 검토
② 일일 생산능력
③ 운반 및 품질관리 능력 등 고려 → 필요시 복수의 공장 선정

(3) 생콘크리트 공장점검

① 제조설비 가동상태
② 재료관리의 적정성
③ 기술자 보유 및 시험실 기구
④ 운반 소요시간 실측 등 점검
⑤ 매 6개월 이내 점검, 점검 체크리스트 소지

2. 거푸집 조립상태 점검

① 거푸집의 수직·수평도 측정·확인: 다림추, 트랜싯, 스케일 등 사용
② 부재의 위치, 단면치수 정밀도 확보
③ 시공이음 위치 및 이음 처리상태 육안점검
  • 지수재 및 전단보강근 배치상태에 유의

3. 철근 조립상태 점검

① 철근 수량, 조립정밀도, 이음 및 정착 길이
② 철근 피복두께, 간격재 배치상태 및 수량
③ 주철근 간격
④ 개구부 등의 보강근 배치상태
⑤ 바닥 배력근 결속 상태 점검

4. 타설계획 점검

① 타설 구획 및 순서
② 콘크리트 타설량, 납품공장
③ 타설·다짐 기구, 투입 인원
④ 압송장비의 위치, 압송관 배관상태
⑤ 청소 및 이물질 제거, 합판거푸집 및 시공이음부 물축임 등

Ⅳ 타설 중 품질관리

1. 콘크리트 운반시간

(1) 운반시간의 책임 구분

① 총운반시간＝반입시간＋타설시간

② 반입시간: 상차 후 콘크리트펌프 하차지점까지의 운반시간

③ 타설시간: 콘크리트 하차 후 타설 완료 시점까지의 소요시간

④ 운반시간별 콘크리트 품질에 대한 책임 소재 구분

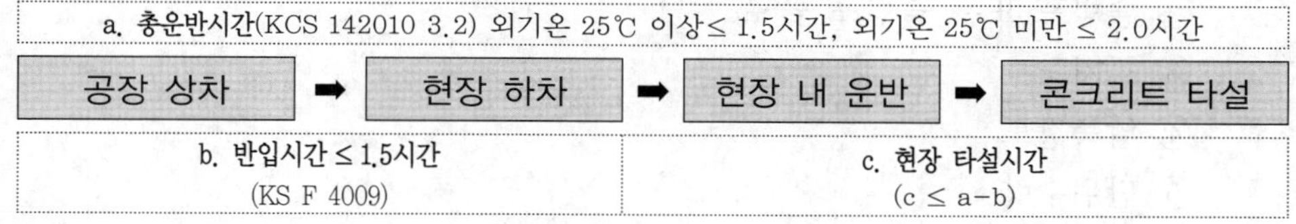

[콘크리트 운반시간]

(2) 반입시간

① 납품서상의 출차 · 도착 시간 확인

② 현장타설 상황에 따라 반입속도 조절

③ 현장 대기차량 최소화, 출하 담당자와 긴밀 연락 유지

④ 운반차량 저속 운행

⑤ 계절 및 기후 변화에 따르는 영향 고려

(3) 타설시간

① 윤활모르타르 선송 및 장외 반출

② 콘크리트 맥동 영향 방지

③ 압송배관 막힘사고에 대비

④ 총운반시간 내에서 반입시간과 타설시간 조절

2. 콘크리트 반입검사

(1) 검사방법

① KS F 4009에 따라 반입검사 실시

② 검사 주체는 현장 품질관리기술인

③ 담당 감리원은 검사 과정 · 결과의 적정 여부 판정

④ 검사항목의 구분: 기본항목, 지정항목, 기타 항목 등

[검사항목의 구분]

기본항목	의무적으로 적용하는 항목
지정항목	공사참여자의 필요에 따라 선택적으로 실시하는 항목
기타 항목	관련규정 부재, 품질담당자 역량·관심도에 따라 추가하는 항목

⑤ 검사결과 불합격품은 사용 불가

(2) 기본항목

① 콘크리트 운반

② 슬럼프 또는 슬럼프 플로

③ 공기량

④ 압축강도

⑤ 단위수량

(3) 지정항목

① 염화물 함유량

② 콘크리트 온도

③ 단위용적질량

(4) 기타 항목

① 물결합재비 관련항목

- 단위결합재량, 물결합재비, 잠재수경성 결합재 치환율, 기타 재료 단위량

② 화학혼화제 혼입량 및 혼입률

③ 콘크리트 물성: 워커빌리티, 펌퍼빌리티 등

3. 콘크리트 타설

(1) 타설방법

① 타설 구획 및 순서 준수, 순환타설 → 거푸집 편심작용 방지

② 급속타설 금지, 벽·기둥 등의 측압 상승 고려

③ 재료분리 방지: 타설면에서 1~1.5m 이내의 높이 유지, 횡류타설 엄금

④ 콜드조인트 방지: 연속타설, 이어치기 허용시간 준수

- 외기온 > 25℃ → 120분 이내, 외기온 ≤ 25℃ → 150분 이내[66]

(2) 다짐 및 표면마무리

① 진동다짐 철저: 다짐 시간 및 간격 준수

② 부위에 따라 다짐기구 적절 활용, 내부진동기 및 거푸집진동기 등

---

66) KCS 142010 표3.3-1 참조

③ 표면마무리 적정시기 및 정밀도 확보
④ 블리딩수 걷힌 후 표면마무리 착수
⑤ 필요시 타설 전 레벨봉 부착, 넓은 바닥의 평활도 고려

Ⅴ 타설 후 품질관리

1. 콘크리트 양생

(1) 초기균열 소거

① 타설 후 경화 전 초기균열 소거, 소성수축균열 및 침하수축균열 등
② 경화 후 건조수축 확대방지
③ 각재 등으로 균열부 표면 Tamping 또는 거푸집진동기 사용

(2) 습윤양생 및 보양

① 타설면 양생수 조기증발 방지
  • 타설면 보양: PE필름＋부직포＋살수
② 양생기간 중 바람, 일사, 외기온 영향 차단
  • 필요시 차양막, 방풍막, 단열·급열 조치
③ 타설 후 1일간 유해 진동·충격 및 중량물 조기적재 방지
④ 타설 후 2일 이상 급격한 온·습도 변화방지

2. 거푸집 존치

(1) 측면 거푸집널

① 기초, 보, 벽, 기둥 등 측면 거푸집널
② 재령일, 또는 콘크리트 압축강도 기준 충족 시까지 존치
　[KCS 142012 표3. 3-2]

시멘트 종류 평균기온(T)	조강포틀랜드	보통포틀랜드, 고로슬래그(1종) 포틀랜드포졸란(1종) 플라이애시(1종)	고로슬래그(2종) 포틀랜드포졸란(2종) 플라이애시(2종)
20℃ ≤ T	2일	4일	5일
10 ≤ T < 20℃	3일	6일	8일

(2) 하단 거푸집널

① 보 하단 및 슬래브 거푸집널
② 원칙적으로 동바리 해체 시까지 존치
③ 또는 콘크리트 압축강도 기준 충족 시까지 존치

[콘크리트 압축강도 기준: KCS 142012 표3. 3-1]

부재		콘크리트 압축강도(f_{cu})
기초, 보, 기둥, 벽 측면		5MPa 이상, 내구성이 중요한 구조물 $\geq$ 10MPa
슬래브·보 밑면 아치 내면	단층구조	설계기준압축강도의 2/3배 이상, 또한 최소강도 14 MPa 이상
	다층구조	설계기준 압축강도 이상, 필러 동바리 구조일 경우 구조계산에 의해 기간단축 가능. 단, 이 경우라도 최소강도는 14 MPa 이상으로 함

④ 상부에 타설층 존재 시 타설층 포함 3개층 이상 동바리 존치

3. 거푸집 탈형

① 탈형 전 해체 시기 및 순서 결정
- 결합재 성질, 콘크리트 배합, 구조물 종류·중요도, 부재 종류·크기
- 부재 작용하중, 콘크리트 내·외부 온도차이 등 고려

② 안전대책 강구 후 순서대로 탈형

③ 탈형 후 급격한 온·습도 변화 및 일사에 의한 영향 방지
- 필요시 방풍막·차양막 설치 및 콘크리트 표면 살수

④ 유해하중 작용 시 동바리 존치 또는 재설치

Ⅵ 결론

① 설계도서상의 요구사항은 최소한의 요건이므로 규정 이상의 품질이어야 하고 골조공사로서의 콘크리트공사는 임의 시공이 절대 허용될 수 없음을 명심해야 한다.

② 공사담당자는 콘크리트 재료와 표준시방, 그리고 관련규정에 대한 이해를 높이고 이를 공사에 소신껏 반영함으로써 골조 전반의 공사품질을 불특정 다수의 사용자에게 보증할 수 있어야 할 것이다.

4311　포틀랜드시멘트

I　개요

① 포틀랜드시멘트는 수경성 결합재로서 물과 혼합하여 골재의 결합과 수화반응을 일으키는 핵심적인 콘크리트 재료이다.

② 포틀랜드시멘트의 주요 화합물을 살펴보고 포틀랜드시멘트 및 이를 혼합한 각종 시멘트의 종류와 시멘트의 고기능화 방안에 대하여 안내한다.

광물조성	➡	시멘트 종류	➡	고기능화
• 주요 전용 화학기호 • 주요 화합물 조성		• 포틀랜드시멘트 • 혼합시멘트/특수시멘트		• 입도·원형 조정/함유성분 조정 • 혼화재료 사용

II　주요 광물조성

1. 전용 화학기호[67]

전용 화학기호	화학식	명칭
C	CaO	산화칼슘(=생석회, 석회)
S	SiO_2	산화규소(=이산화규소, 실리카, 규산)
A	Al_2O_3	산화알루미늄(=알루미나, 알루민산)
F	Fe_2O_3	산화제2철

* 시멘트 화합물의 명칭이 다양하기 때문에 혼동하지 않도록 동의어를 모두 표시하였음.

① 일반 화학식을 전용기호로 간략화

② 클링커 광물의 전용 화학식 표현에 이용

③ C_3S, C_2S, C_3A, C_4AF 등

---

67) 전용 화학기호: 시멘트는 일반적인 화학식을 전용화한 전용 화학기호를 사용한다.

2. 주요 화합물의 조성(광물조성)

▶ 수화작용에 관계있는 주요 화합물은 다음과 같다.

Clinker 광물	화학식		명칭		수화열 (cal/g)
	전용	일반			
Alite	C_3S	$3CaO \cdot SiO_2$	규산3석회	규산칼슘	120
Belite	C_2S	$2CaO \cdot SiO_2$	규산2석회		60
Aluminate	C_3A	$3CaO \cdot Al_2O_3$	알루민산3석회	간극 물질	200
Ferrite	C_4AF	$4CaO \cdot Al_2O_3 \cdot Fe_2O_3$	알루민철4석회		100

(1) Alite(알라이트: C_3S, $3CaO \cdot SiO_2$; 규산3석회)

① 물과 반응하여 수 시간 내에 경화
- 7일이 경과하면 50%, 28일이 경과하면 70%가 수화반응

② 수화반응 영향
- 발열 동반(발열량: 120 cal/g)
- C_2S보다 2배 가량의 수산화칼슘($Ca(OH)_2$) 생성
- 규산칼슘 수화물로서 C-S-H(Calcium Silicate Hydrates, 규산칼슘 수화물) 생성

③ 함유량
- 응결과 초기강도에 영향을 미치며 과다함유하면 백화현상 발생
- 보통포틀랜드시멘트에는 52~62% 함유

(2) Belite(벨라이트: C_2S, $2CaO \cdot SiO_2$; 규산2석회)

① 수화반응이 늦지만 Alite와 비슷한 강도에 도달
- 재령 7일부터 반응이 시작되며, 장기강도 발현에 영향
- 단위시멘트량이 많은 콘크리트에 유용

② 수화반응 시
- 발열 동반, C_3S의 1/2 수준, C_3S와 함께 C-S-H 생성

③ 함유량
- 보통포틀랜드시멘트의 15~30% 함유
- 매스콘크리트에서는 C_3S를 줄이고 C_2S의 함유량 증대

(3) Aluminate(알루미네이트: C_3A, $3CaO \cdot Al_2O_3$; 알루민산3석회)

① 물과 혼합 시 큰 발열로 순간 반응
- 미경화콘크리트의 점성·응결·초기 발열량과 관계되는 화합물
- 공기 중에서 수축이 크고 1주일 이내에 경화

② 수화반응 시 발열량 가장 큼, 200cal/g
- 석고는 수화반응을 조절하면서 에트린가이트(Ettringite)를 생성하여 팽창반응

③ 함유량
- 보통포틀랜드시멘트에서 6~12% 함유
- 내황산시멘트는 C_3A를 적게 함유

(4) Ferrite(페라이트: C_4AF, $4CaO \cdot Al_2O_3 \cdot Fe_2O_3$; 알루민철4석회)

① 4성분 중 C_3A 다음으로 수화속도 빠름
- 수화 개시 1시간이 경과하면 60~70% 반응
- 굳지 않은 콘크리트의 점성 및 응결과 관계있는 성분

② 수화반응할 때의 수화열은 100cal/g가량

③ 함유량
- 보통포틀랜드시멘트는 5~10%, 백색 시멘트는 Fe_2O_3 성분이 0.5% 이하
- 함유량이 많을수록 시멘트 색이 짙어짐

3. 기타 성분

① 산화마그네슘(MgO): 1.2~1.4%

② 3산화황(SO_3): 1.5~3.3%

③ 알칼리성분의 산화나트륨(Na_2O), 산화칼륨(K_2O), 강열감량, 불용해 잔량 등

Ⅲ 시멘트 종류

1. 포틀랜드시멘트(KS L 5201)

(1) 종류

[포틀랜드시멘트 종류]

1종 보통포틀랜드시멘트	가장 일반적인 용도로 사용
2종 중용열포틀랜드시멘트	수화열 저감용
3종 조강포틀랜드시멘트	긴급, 한중 공사용
4종 저열포틀랜드시멘트	수화열 저감용
5종 내황산염포틀랜드시멘트	폐수처리시설, 원자로 공사용

① 1~5종으로 분류

② 용도에 따라 구분 사용

③ 일반적으로 1종 보통포틀랜드시멘트 사용

④ 2~4종은 수화열 제어용

(2) 원재료

① 포틀랜드시멘트 클링커
- 원료(규소, 알루미늄, 철, 칼슘) 혼합+용융 시까지 소성

② 석고(KS L 5313)

③ 분쇄조제 ≤ 시멘트의 1%

④ 고로슬래그 · 플라이애시 · 포졸란 중 한 종류 ≤ 5%

⑤ 석회석 ≤ 시멘트의 5%

2. 혼합시멘트

▶ 포틀랜드시멘트에 잠재수경성 결합재(고로슬래그, 플라이애시, 포졸란 등)를 최대치환율 범위 내에서 혼합한 다성분계시멘트이다.

(1) 고로슬래그시멘트(BS, KS L 5210)

① 고로슬래그 함유율(%)에 따라 1~3종으로 분류

- 1종 $5 < BS \leq 30$, 2종 $30 < BS \leq 60$, 3종 $60 < BS \leq 70$

② 재료: 포틀랜드시멘트+포틀랜드시멘트 클링커+고로슬래그+석고

- 또는 포틀랜드시멘트+포틀랜드시멘트 클링커
  +고로슬래그 · 고로슬래그미분말이나 석고

(2) 플라이애시시멘트(KS L 5211)

① 플라이애시 함유량에 따라 1~3종으로 분류

- 1종: $5 < FA \leq 10$, 2종: $10 < FA \leq 20$, 3종: $20 < FA \leq 30$

② 원재료: 포틀랜드시멘트 클링커, 포틀랜드시멘트, 플라이애시, 석고

(3) 포졸란시멘트(KS L 5401)

① 실리카질 혼합재 함유량에 따라 1~3종으로 분류

- 1종 $5 < SF \leq 10$, 2종 $10 < SF \leq 20$, 3종 $20 < SF \leq 30$

② 원재료: 포틀랜드시멘트 클링커, 실리카질 혼합재, 석고 등

3. 특수시멘트

[특수시멘트 종류]

백색포틀랜드시멘트	치장벽돌 줄눈용	KS L 5204
박리팽창질석을 사용한 단열시멘트	고온부의 단열용	KS L 5216
팽창수경성시멘트	건조수축 저감, 화학적 프리스트레스용	KS L 5217
메이슨리시멘트	미장 및 조적용	KS L 5219
내화물용 알루미나시멘트	긴급보수, 내열 처리용	KS L 5205

① 백색포틀랜드시멘트(백시멘트): 이산화규소, 알루미나, 석회

② 박리팽창질석을 사용한 단열시멘트

- 박리팽창질석, 내열성 접착제 사용, 단열 $38 \sim 982 \, ℃$

③ 팽창수경성시멘트: K형, M형, S형
- 경화 초기에 팽창하는 수경성 시멘트

④ 메이슨리시멘트: N형, S형, M형
- 포틀랜드시멘트·혼합시멘트+가소성 재료(석회석, 소석회, 수경성 석회)

⑤ 내화물용 알루미나시멘트: 산화알루미늄 함량에 따라 1~5종
- 1종≥77%, 2종≥70%, 3종≥50%, 4종≥40%, 5종≥35%

Ⅳ 시멘트 고기능화

▶ 시멘트는 경제적인 건축재료로서 폭넓게 사용되어 왔으나, 구조물의 초고층화, 환경 친화적인 건축 등 다양한 사용환경의 요구로 기존 시멘트의 단점을 개선하여야 하는 과제에 직면하고 있다.

▶ 시멘트의 고기능화 방안으로는 시멘트 자체의 입도조정, 함유성분 조정, 그리고 혼화재료의 첨가에 의한 고기능화 방안으로 구분하여 설명할 수 있다.

▶ 혼화재료 중 혼화제에 의한 시멘트의 기능 향상방안은 시멘트가 제조된 이후의 공정에 해당하므로 논외로 한다.

1. 입도·입형 조정

① 시멘트 입자의 크기(=粒度)를 다양화하여 연속입자분포가 되도록 개선
- 입자 간의 공극을 줄여서 치밀한 콘크리트 형성

② 시멘트 입자의 형상(=粒型)을 구상화(球狀化)
- 입자 간의 비표면적을 줄여서 굳지 않은 콘크리트의 유동성 개선

③ 조분·미분 시멘트 등

2. 함유성분 조정

▶ 시멘트클링커의 주요 화합물을 구성하는 주요 4성분인 알라이트(Alite), 벨라이트(Belite), 퍼라이트(Ferrite), 알루미네이트(Aluminate)의 함유량을 조정하여 요구기능을 확보한다.

(1) Alite (+)조정

① 한중콘크리트공사에서 시멘트의 경화속도를 단축시키기 위해 필요

② 조강·초조강 시멘트는 Alite 성분을 보통 시멘트보다 증량(增量)

(2) Belite (+)조정

① 수화열 저감이 필요한 공사에 유용

② 중용열·저열 시멘트는 Belite 성분 증량

(3) Aluminate (−)조정

① 공장바닥 등의 공사에서 황산염반응을 저감

② 내황산염포틀랜드시멘트에서 Aluminate 성분을 감소조정

(4) Ferrite (±)조정

① 색상 조정이 필요한 시멘트에 적용

② 백색 시멘트에서는 Ferrite 성분 0.5% 이내

- 착색이 필요할 경우 착색제 첨가

3. 혼화재료 사용

(1) 미분말(微粉末) 혼화재

① 굳지 않은 콘크리트에서 시멘트 사용량을 치환하여 수화열 저감

② 치밀한 경화체를 구성하여 콘크리트의 수밀성, 고강도성, 내구성 대폭 개선

③ Fly Ash, 고로 Slag, Silica Fume 등의 산업부산물

- 시멘트 치환량만큼 시멘트 공정에서 발생되는 CO_2와 산업폐기물 저감

(2) 유기화합물

① 콘크리트의 취약한 물성인 인장 및 전단강도 요구 시 적용

② 폴리머 유기재료(플라스틱)를 시멘트의 일부 또는 전부로 대체 사용

(3) 섬유보강재

① 콘크리트의 인장력, 내충격성, 내피로성, 내마모성 개선

- 바닥미장의 균열 방지, 터널라이닝 등에 유용

② 강섬유, 유리섬유, 탄소섬유 등의 보강재를 혼입하여 시멘트 성능 향상

(4) 전도성 물질

① 위험전압의 접지, 바닥 난방, 전자파의 차단이 필요할 경우에 적용

② 전도성 물질을 시멘트에 혼입하여 부도체인 콘크리트 성질 개선

V 결론

1 시멘트는 제조과정과 함유성분에 따라 수화반응속도와 경화체의 품질이 달라지므로 주요 광물질 조성에 대한 정확한 이해가 필요하다.

2 기존 시멘트의 재료적 한계를 개선하려면 굳지 않은 콘크리트의 고유동성과 경화체의 고내구성 및 고강도성을 확보하기 위한 지속적인 노력이 요구된다.

> **tip**
>
> - 시멘트 재료에 대한 화학적 측면의 이해는 출제여부와 상관없이 잘 숙지해야 한다.
> - 포틀랜드시멘트 1톤 제조에 필요한 주요 원료량
>   - 석회석(CaO) 1,200kg, 점토(Al_2O_3) 250kg, 규석(SiO_2) 30kg, 산화철(Fe_2O_2) 20kg, 석고 30kg 등

> **tip** 시멘트 수화생성물: $Ca(OH)_2$ & $C-S-H$

수화반응식	$C_3S+6H_2O \rightarrow C-S-H+3Ca(OH)_2$,　$2C_2S+4H_2O \rightarrow C-S-H+Ca(OH)_2$
$Ca(OH)_2$	수 μm의 육각기둥형의 결정질 수화생성물, 탄산화 반응식 : $Ca(OH)_2+CO_2 \rightarrow CaCO_3+H_2O$
$C-S-H$	Gel상의 저결정성 수화생성물, 탄산화 반응식 : $C-S-H+3CO_2 \rightarrow 3CaCO_3+2SiO_2+3H_2O$

4312 ｜ 회수수 (回收水)

I 개요

① 회수수는 생콘크리트의 생산 및 사용 과정에서 발생한 산업폐기물로 Zero Emission 차원에서 재처리한 다음 자원으로 활용하고 있다.

② 회수수 재처리 후의 상징수와 슬러지 고형분은 각각 콘크리트 배합용 및 다양한 지반 개량재로 재활용이 가능하다.

일반사항	➡	재이용 방안
• 발생원/품질 기준 • 재처리 과정		• 상징수 • 슬러지 고형분

II 일반사항

1. 발생원(發生源)

① 생콘크리트 출하 종료 후 믹싱드럼 및 애지테이터 드럼 세척수

② 반품 또는 잉여 생콘크리트의 재처리 시 발생하는 물

2. 품질기준

[KS F 4009 부속서B(표B.2, 표B.3) 참조]

품질시험 항목	품질기준
현탁 물질	2g/L 이하
염소이음(Cl⁻)량	250mg/L 이내
시멘트 응결시간의 차	초결 ≤ 30분, 종결 ≤ 60분
모르타르 압축강도의 비	재령 7일 및 28일에서 90% 이상
단위슬러지 고형분율	3% 이내일 것

① 기준 충족 시 혼합수로 사용 가능

② 고강도콘크리트에는 회수수 사용금지 → KS F 4009(3.3) 참조

3. 재처리 과정

① 회수수 수조에서 고형분 침강 및 안정화

• 1차 상징수 회수 및 슬러지수 잔류

② 슬러지수에서 고형분 원심분리

• 2차 상징수 회수 및 슬러지 잔류

③ 105~110℃ 고온에서 슬러지 건조 → 슬러지 고형분 잔류

Ⅲ　재이용 방안

1. 상징수(上澄水)

　　① 회수수에서 슬러지 고형분을 제거한 물
　　② 시험을 통하여 품질 확인
　　③ 콘크리트 비빔용수로 재이용

2. 슬러지 고형분(固形粉)

　　① 슬러지를 고온 처리하여 생성된 고체상 잔류물
　　② 토양 중화재: 식물의 생육환경 개선
　　③ 매립지 복토재: 매립층의 안정화
　　④ 벽돌 및 블록의 충전재로 사용 등

Ⅳ　결론

　1 회수수는 생콘크리트의 생산 및 사용 과정에서 불가피하게 발생되는 폐기물로 재처리 과
　　정을 통하여 재이용률을 높일 수 있다.
　2 재이용이 가능한 상징수에 대해서는 품질기준을 확인하고 최종 배출물인 슬러지 고형분의
　　활용을 통하여 생콘크리트의 Zero Emission을 실현하여야 할 것이다.

4313 　콘크리트용 골재

Ⅰ 개요

1. 골재는 콘크리트 용적비 70%가량을 차지하는 충전재로 화학적으로 안정적인 광물질재료 이며, 입자크기에 따라 잔골재와 굵은골재로 분류한다.
2. 콘크리트용 골재의 수급 사정이 나날이 어려워짐에 따라 골재의 물량과 품질 확보가 중요 한 과제로 떠오르고 있다.

분류	품질요소	부순골재
• 입자크기/채취원 • 가공상태	• 강도내구/입도조립 • 입형실적/굵은/유해물	• 품질특성 • 품질확보

Ⅱ 골재 분류

▶ 입상암석이 자연적으로 붕괴·마모된 것, 인공처리한 것, 규격체 통과량으로 판별한다.
▶ 골재시험용 체의 호칭치수는 0.08, 0.15, 0.3, 0.4, 0.6, 1.2, 1.7, 2.5, 3.5, 5. 10. 13, 15, 20, 25, 30, 40, 50, 65, 75, 90, 100 등이 있다.

[골재의 다양한 분류]

입자크기	잔골재	세골재, 모래
	굵은골재	조골재, 자갈
채취원[68]	하천골재	강자갈, 강모래(강사)
	석산골재	부순굵은골재(쇄석), 부순잔골재(쇄사)
	바다골재	바닷모래, 해사
	수입골재	중국산 등
가공상태	천연골재	강사, 강자갈, 해사 등
	부순골재	부순굵은골재(쇄석), 부순잔골재(쇄사)
	인공골재	플라이애시, 버텀애시, 고로슬래그, 점토 등으로 제조
	순환골재	폐콘크리트 분쇄

1. 입자크기에 의한 분류

(1) 잔골재

① 10mm체 모두 통과
② 5mm체 거의 다 통과
③ 0.08mm체 거의 다 남은 골재

---

68) 'KS F 2527: 2016' 참조

(2) 굵은골재

  ① 5mm체에 거의 다 남은 골재

  ② 건축용은 주로 25mm 이하인 것 사용

2. 채취장소에 의한 분류

(1) 하천골재

  ① 하천에서 채취한 골재

  ② 입형이 우수하여 다짐성 양호

  ③ 하천수질에 따라 유기불순물 혼입

  ④ 자원이 고갈된 상태, 하천 정비 시 제한적으로 생산

(2) 석산골재

  ① 석산의 자연원석을 크러셔로 분쇄하여 가공한 골재

  ② 부순잔골재, 부순굵은골재, 석분 등

  ③ 거친 표면으로 부착성 우수, 타설 시 충실한 다짐 필요

  ④ 주골재원, 석산개발에 대한 환경문제 제기

(3) 바다골재

  ① 해변의 모래를 채취한 해사

  ② 입형 우수, 조개껍질 등 불순물 제거 혼입

  ③ 염분 제거를 위한 세척공정 필요

  ④ 제한적 채취

3. 가공상태에 의한 분류

(1) 천연골재

  ① 자연상태에서 입자·입형이 생성된 골재

  ② 강사, 강자갈, 해사 등의 자연마모 골재

(2) 부순골재

  ① 석산골재의 다른 표현

  ② 석산에서 채취한 자연원석을 적절한 크기로 분쇄·분류하여 만든 골재

  ③ 부순잔골재(쇄사), 부순굵은골재(쇄석), 중량골재, 석분 등

(3) 인공골재

  ① 산업부산물을 원료로 하여 인공으로 제조한 골재

  ② 플라이애시, 버텀애시, 고로슬래그, 점토 소성골재 등

(4) 순환골재[69]

① 폐콘크리트를 분쇄하여 만든 골재

② 건축구조용으로 부적합하므로 사용금지

③ 품질요소

품질요소		굵은골재	잔골재	시험/검사 방법
절대건조밀도(g/cm^3)		2.5 이상	2.3 이상	KS F 2503(2504)*
흡수율(%)		3.0 이하	4.0 이하	
마모감량(%)		40 이하	–	KS F 2508
입자모양판정실적률(%)		55 이상	53 이상	KS F 2527
0.08mm체 통과량 시험에서 손실된 양(%)		1.0 이하	7.0 이하	KS F 2511
알칼리 골재반응		무해할 것		KS F 2545
점토덩어리량(%)		0.2 이하	1.0 이하	KS F 2512
안정성(%)		12 이하	10	KS F 2507
이물질 함유량(%)	유기이물질	1.0 이하(용적)		KS F 2576
	무기이물질	1.0 이하(질량)		

* (   )은 잔골재 시험 및 검사 방법

④ 적용 및 사용 기준

- 설계기준강도 21~27MPa의 구조용 콘크리트에 적용 가능
- 순환골재 사용기준

굵은골재	잔골재	적용 가능 부위
천연+순환 혼합 사용 가능	천연골재만 사용	• 기둥, 내력벽 • 보, 슬래브

⑤ 문제점 및 조치사항

- 원재료 산지(産地) 불분명, 균일한 품질확보 곤란
- 흡수율 과다, 이물질 함유량 불량, 골재입도 불량으로 품질확보 곤란
- 관련 KS 규정에 따라 산지 변경 시, 공사 전·중 품질검수 철저

Ⅲ 골재의 품질요소

1. 강도, 내구성

(1) 골재 강도

① 밀도와 안정성이 높을 것

---

69) 국토교통부공고 제2021-1852호, 2021. 12. 22. 시행, '건설폐기물의 재활용촉진에 관한 법률' 제35조, '순환골재 품질기준'에 근거

② 흡수율과 마모율이 낮을 것

구분	잔골재	굵은골재
밀도(g/cm^3)	2.5 이상	2.5 이상
흡수율(%)	3.0 이하	3.0 이하
안정성(%)	10 이하	12 이하
마모율(%)	–	40 이하

(2) 내황산성(耐黃酸性)

① 황산나트륨에 의한 시험을 5회 실시하여 골재의 안정성 평가

② 최대손실 질량백분율 기준

- 잔골재 ≤ 10%, 굵은골재 ≤ 12%

(3) 내동해성

① 동결융해 반복에 의한 기상작용으로부터 안전할 것

② 낮은 흡수율, 높은 밀도의 골재가 내동해성 우수

③ 동결융해시험으로 내동해성 평가

(4) 알칼리 및 실리카 무반응성

① 골재에 알칼리 반응성 물질이 없을 것

② 알칼리 잠재반응시험으로 무해성 유무 평가

- A종: 무해한 골재, B종: 무해하지 않거나 시험하지 않은 부순골재

2. 입도, 조립률

(1) 입도(粒度)

① 골재의 대소립이 혼합된 정도, 체가름시험으로 파악

[골재 입도기준]

체호칭 (mm)	체를 통과한 질량백분율		
	57*(25~5)	67*(20~5)	잔골재
40	100	–	–
25	95~100	100	–
20	–	90~100	–
13	25~60	–	–
10	–	20~55	100
5	0~10	0~10	95~100
2.5	0~5	0~5	80~100
1.2			50~85
0.6			25~60
0.3			10~30
0.15			2~10

* KS 골재규격번호

- 골재번호 57: 체의 호칭치수는 25~5mm
- 골재번호 67: 체의 호칭지수는 20~5mm
- 잔골재는 10mm체 모두 통과
② 입도는 '연속입자분포' 상태가 바람직
- 치밀하고 경제적인 콘크리트 형성
- 경화 전 워커빌리티와 충전성 우수, 재료분리 방지
- 경화 후 경화체 강도·수밀성 우수, 건조수축량 저감

(2) 조립률(組立率, FM)

① 골재입자의 평균적 크기를 나타내는 계수, 체가름시험으로 파악
② 조립률 대·소 영향
- 콘크리트 내부의 공극량, 강도, 재료분리, 표면거칠기와 관련
- 조립률 작을수록 조직 내 미세공극량 증가, 강도 저하, 표면거칠기 개선
③ 적정 조립률
- 잔골재 FM = 2.3~3.1, 굵은골재 FM = 6.0~8.0

3. 입형 및 실적률

(1) 입형(粒形)

① 골재의 입자형상, 단위용적질량과 실적률시험으로 파악
② 입형의 양부(良否)
- 생콘크리트의 단위시멘트량, 단위수량, 경제성 좌우
- 경화체의 강도, 수밀성, 내구성에 영향
③ 구형상의 입형
- 단위시멘트량 저감, 단위수량 저감, 다짐성 우수
- 경화체의 강도, 수밀성, 내구성 향상
④ 부순골재
- 하천골재에 비하여 큰 비표면적, 부착성 우수, 입형은 불량
- 구형상 제조, 충실한 다짐 필요

(2) 실적률(實積率)

① 골재의 입형 판정정수
- 일정 크기의 용기 내에서 골재립이 차지하는 용적백분율
② 입형이 양호할수록 실적률 증가
③ 적정 실적률
- 잔골재, 굵은골재 모두 55% 이상
- 부순잔골재는 53% 이상일 것

4. 굵은골재 최대치수(G_{max})

(1) 정의

① 숯골재질량 90%가 통과하는 체눈 최소치수를 체눈 호칭치수로 나타낸 것

② 체눈 호칭치수는 실제 체눈 크기를 부르기 쉽게 표시한 치수

- 실제 체눈 5×5mm → 호칭치수 5mm

(2) 관련규정

① 콘크리트 구조기준

- 거푸집 양측면 사이의 최소거리에 대하여 1/3
- 슬래브 두께의 1/3
- 철근 최소순간격의 3/4

② 건축공사표준시방서

- 기둥, 보, 슬래브, 벽: G_{max} 20, 25mm 사용
- 기초: G_{max} 20, 25, 40mm 사용

5. 유해물질 함유량

(1) 점토덩어리 및 연한 석편

① 분말상이 아닌 덩어리 형상이 대상

② 잔골재 ≤ 1.0%, 굵은골재 ≤ 0.25%일 것

③ 점토덩어리 영향

- 골재 부착강도 저하, 건습 · 동결융해 반복 시 콘크리트 표면 손상

④ 굵은골재 중의 연한 석편 ≤ 5%

(2) 미립자분 함유량

① '비중 ≤ 2.0'의 경량편

- 해당입자: 석탄, 갈탄분, 과다 시 콘크리트 표면 손상 우려
- 중요 외관용 ≤ 0.5%, 기타 ≤ 1.0%

② 0.08mm체 통과량

- 잔골재: 강사 ≤ 3.0~5.0%, 쇄사 ≤ 7%
- 굵은골재 ≤ 1.0%

③ 미립자분 영향

- 단위수량 · 건조수축량 증가, 콘크리트 내구성 · 강도 저하

(3) 잔골재 염화물

① '염소이온(Cl^-) ≤ 0.02%, 염화나트륨($NaCl$) ≤ 0.04%'일 것

② 염화물은 철근부식 유발 · 촉진

(4) 잔골재 유기불순물

① 유기불순물시험으로 평가

② 잔골재 중의 유기불순물 영향

- 콘크리트 경화속도와 강도발현 저해

Ⅳ 부순골재

1. 품질 특성

(1) 입형

① 각이 많고 가는 형상

② 얇은 입형이 많아서 실적률 낮음

③ 골재립 하부에 수막(Honey Comb) 발생

④ 슬럼프 손실로 압송성 저하 우려

(2) 입자분포

① 입도조정 불량 시 불연속분포의 입도 우려

② 불연속입자분포는 재료분리, 워커빌리티 · 강도 · 수밀성 저하

(3) 부착성

① 천연마모 골재에 비해 거칠은 표면

② 비표면적이 커서 시멘트페이스트 부착성 우수

(4) 석분영향

① 일정량 이하는 재료분리 방지

② 과다 시 단위수량, 단위시멘트량 증가

- 강도, 수밀성, 내구성 저하 우려

(5) 반응성 물질

① 알칼리 반응성 물질이 있을 경우 팽창균열 발생

② 의무적으로 잠재반응시험 실시, 무해성 유무 평가 · 기록

2. 품질 확보방안

(1) 원석선별

① 석질 분석 후 사용

② 알칼리 반응성시험으로 무해성 확인

③ 강하고 내구성이 큰 석질인 것 사용

④ 분쇄 시 결정 사이에 잠재균열이 없을 것

⑤ 표면 불순물 제거 후 사용

(2) 원석 분쇄

① 반드시 입형 개선공정 실시

② 구형상의 입형 지향

- 편평하거나 세장(細長: 가늘고 긴 것)한 입자 배제
- 거친 표면으로 부착성이 좋고 구형으로 실적률이 좋을 것

(3) 분류공정

① 표면에 부착된 석분을 깨끗하게 제거

② 석분함유량

- 굵은골재 ≤ 1%, 잔골재 ≤ 7%

③ 석분 제거방법

- 습식분류: 물씻기, 해수 사용금지
- 건식분류: 원석을 건조시킨 후 제거, 비산분진 방지대책 필요

(4) 저장관리

① 입도분리와 경화방지

② 저장 시 불순물 유입방지

③ 한중·서중 시 외기온 영향방지

(5) 배합·타설 단계

① 배합용 골재의 품질관리

- 적정 입형판정실적률 확보, 부순잔골재 ≥ 53%, 부순굵은골재 ≥ 55%
- 적정 입도분포 유지, 표준입도범위에서 연속입자분포일 것
- 잔골재체: 0.15, 0.3, 0.6, 1.2, 2.5, 5, 10mm
- 굵은골재체: 2.5, 5.0, 10, 15, 20, 25, 30, 40mm

② 천연골재 혼합 사용

- 강사와 해사를 일정비율로 혼합 사용
- 해사 혼합 시 염분 함유량 저감효과 기대

③ 잔골재율 할증

- 압송성 저하와 재료분리 고려, 잔골재율 2~3% 할증

④ B종 부순골재[70]

- 생콘크리트 중의 알칼리 총량 통제, 'Na$_2$O ≤ 3kg/m^3'일 것
- 내화학성 혼화재 첨가: 플라이애시, 고로슬래그 미분말 등

---

70) A종 부순골재는 알칼리－골재 반응성이 없는 것

⑤ 타설 시 다짐 철저
- 천연골재보다 비표면적이 크므로 양질의 다짐작업 필요

V 결론

① 골재품질은 레미콘의 시공성과 경제성을 좌우하고 경화체의 내구성, 수밀성, 강도 등에 미치는 영향이 크므로 골재 종류별 적정수준의 품질을 확보하여야 한다.

② 레미콘용 부순골재와 해사의 품질관리는 석산공장과 레미콘 공장에서 이루어지므로 정부 관련기관의 엄격한 KS 규격관리가 요구된다.

③ 한편, 골재의 공급품질은 수요시기와 지역에 따라 달라지므로 건설 성수기에 골재 부족으로 인한 불량골재가 무분별하게 사용되지 않도록 정부 차원의 수급관리가 필요하다.

---

tip　지구의 질량과 밀도

1. 지구 질량
- 욜리(Johann Philipp Gustav von Jolly, 독일 물리학자, 1809~1884)
  - 1881년에 천칭저울로 지구의 질량 측정
  - 지구 질량$=6.15\times1027$g
- 인공위성 궤도 측정량: 5.98×1027

2. 지구 평균밀도(ρ)

$$\rho = \frac{지구질량}{지구용적} = \frac{5.98\times10^{27}g}{\frac{4}{3}\pi(6390\times10^5)cm^3} ≒ 5.5(g/cm^3)$$

- 지표면 암석층의 평균밀도는 $3.0(g/cm^3)$가량이다.

4314 ｜ 콘크리트 혼화재료(Admixture)

Ⅰ 개요

① 콘크리트 혼화재료는 콘크리트의 물성을 개선하기 위해 기존 배합재에 타설 전 첨가하는 재료이다.

② 혼화재료는 시멘트 사용량에 대한 질량비에 따라 혼화재와 혼화제로 구분하며, 2종 이상 첨가 시 시험배합으로 상호유해작용을 확인하여야 한다.

일반사항	➡	혼화재	➡	혼화제	➡	유의사항
• 분류기준 • 구비조건		• 시멘트 치환용 • 기타 혼화재		• 화학/유동화제 • 수중/방청제/기타		• 원칙/제품 • 배합품질

Ⅱ 일반사항

1. 분류기준

① 시멘트 사용량(질량) 기준으로 혼화재와 혼화제로 분류

② 혼화재 ≥ 시멘트 사용질량의 5%, 배합 시 질량에 포함

③ 혼화제: 시멘트 사용질량의 1% 내외, 배합 시 질량에 미포함

2. 구비조건

(1) 생콘크리트 측면

① 재료분리 저항성 증대
   - 점성 조절, 블리딩 저감 등

② 응결시간 조절
   - 응결시간 무변, 지연, 촉진

③ 수화반응성 조절
   - 수화발열량 무변, 수화반응 촉진 · 지연

(2) 경화체 측면

① 골재반응성 저감, 알칼리－실리카 반응성

② 강도, 건조수축, 내구성 향상

③ 친환경성, 인체 및 환경 무해성

Ⅲ 혼화재(混和材)

1. 시멘트 치환용

구분	규격번호	용도
플라이애시	KS L 5405	시멘트 치환, 수화열 저감, 고강도용
고로슬래그	KS F 2563	〃
실리카퓸	KS F 2567	〃
팽창재	KS F 2562	화학적 프리스트레스 도입, 건조수축 저감
미분시멘트	–	시멘트 치환, 콘크리트 조기강도 증대

① 플라이애시
- 석탄연료 화력발전소 굴뚝에서 포집한 미립자 물질

② 고로슬래그
- 고로 상부층의 암석물질을 급냉하여 미분쇄한 광물질

③ 실리카퓸
- 금속 페로실리콘 전기로의 폐가스를 집진한 초미립자 물질

④ 미분시멘트
- 시멘트 원료 분쇄 시 비산분진과 예열 중 가스를 집진기로 포집한 미세립자 물질

2. 기타 혼화재

① 팽창재
- 수화반응으로 에트린자이트, 수산화칼슘 생성
- 팽창성으로 건조수축 저감 및 보상, 화학적 프리스트레스 도입

② 비규격 혼화재 사용요건
- 사용실적이 많고, 품질이 확인된 것
- 공사시방서에서 정하는 것
- 담당원의 승인을 얻은 것 등

Ⅳ 혼화제(混和劑)

규격번호	혼화제
KS F 2560	공기연행제, 감수제, 공기연행감수제, 고성능 공기연행감수제
KCI-AD101[71]	유동화제
KCI-AD102	수중불분리성 혼화제
KS F 2561	철근콘크리트용 방청제

---

71) KCI-AD: 한국콘크리트학회에서 규정한 혼화재료 규격

1. 화학혼화제

① 계면활성작용을 개선시키기 위한 혼화제
- 응결속도 변화 효과에 따라 표준형, 지연형, 촉진형으로 구분

② 종류별 응결속도 성능

화학혼화제 종류	응결속도		
	표준형	지연형	촉진형
공기연행제	–	–	–
감수제	○	○	○
공기연행감수제	○	○	○
고성능 공기연행감수제	○	○	–

③ 요구성능 시험항목
- 감수율, 블리딩 양의 비, 응결시간의 차
- 압축강도비, 동결융해 저항성, 경시변화량 등

2. 유동화제

① 선비빔콘크리트의 유동성을 증대시키기 위해 첨가하는 혼화제
② 요구성능 시험항목
- 응결속도 성능 표준형, 지연형
- 슬럼프 및 공기량 기준

항목	베이스콘크리트	유동화콘크리트
슬럼프(mm)	80±10	200±10
공기량(%)	4.5±0.5	4.5±0.5

- 베이스콘크리트: 유동화 전의 콘크리트
- 유동화콘크리트: 베이스콘크리트에 유동화제를 첨가한 콘크리트
- 기타 요구성능은 화학혼화제와 동일

3. 수중불분리성 혼화제

① 수중타설 시 재료분리를 억제시키기 위한 혼화제
- 콘크리트에 점조성(粘稠性) 부여
② 표준형과 지연형으로 분류
③ 요구성능 시험항목
- 블리딩률, 공기량, 슬럼프플로의 시간적 감소량, 수중분리도
- 응결시간, 수중제작공시체의 압축강도, 수중－기중 강도비 등

4. 방청제

① 철근부식을 방지시키기 위해 첨가하는 혼화제

② 요구성능 시험항목

- 방청률, 초결 · 종결 시간차, 압축강도비 등

5. 기타 혼화제

① 표준시방, KS규격 외 혼화제의 사용

- 사전에 조사 및 검토를 통하여 품질을 확인할 것

② 조사 · 검토 항목

- 품질, 성능, 사용실적, 균등성
- 워커빌리티, 강도, 내구성, 수밀성, 체적변화, 방청성, 경제성 등

Ⅴ 사용 시 유의사항

1. 사용원칙

① 시험배합으로 첨가 효과 확인 후 본배합 실시

② 단일재료별 인증품질 확보

③ 조합품질은 반드시 상호 유해성을 시험배합으로 검증할 것

④ 첨가량 계량오차는 허용치 이내일 것

2. 제품품질

① KS 인증성능 적정성

② 첨가 시 경시효과

③ 품질의 균일성과 균질성

3. 배합품질

① 혼화재료 간 유해성 여부

② 복수 혼화재료 혼합 시 상호 유해성

③ 기존 배합재와의 혼합 시 부작용 유무성

4315 플라이애시(FA: Fly Ash)

I 개요

1 플라이애시는 유연탄[72]을 사용하는 화력발전소의 연소가스 중에서 집진·포집한 석탄재의 미립자[73]이며 콘크리트 결합재로 포틀랜드시멘트와 치환하여 사용한다.

2 친환경건축과 고품질 콘크리트의 실현을 위하여 산업부산물인 플라이애시의 적정 활용방안이 필요하다.

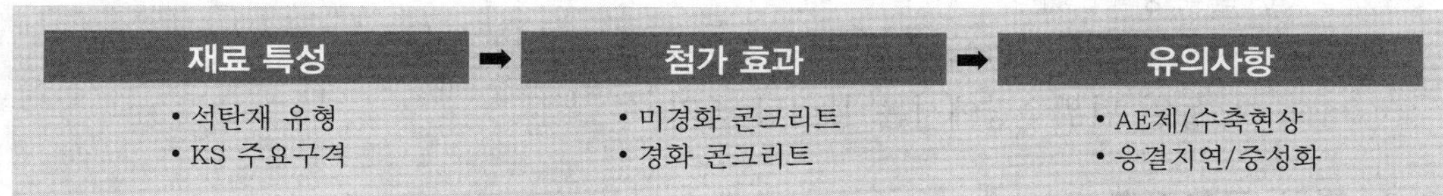

II 재료 특성

1. 석탄재 유형

① 버텀애시(Bottom Ash, Clinker Ash)
  • 보일러 연소실 저부에서 회수, 석탄재의 10~20%, 대부분 매립 처분되어 환경오염 우려
② 신더애시(Cinder Ash)
  • 절탄기와 공기예열기에서 회수한 비활성물질, 석탄재의 5%가량 발생
③ 플라이애시(Fly Ash)
  • 용융 탄분이 보일러 출구에서 급랭, 표면장력으로 구형입자 생성
  • 회수량은 석탄재의 70~80% 차지, 재활용량은 발생량의 약 60%

2. KS 주요규격[74]

① 강열감량 ≤ 3~8%
② 밀도 ≥ $1.95g/cm^3$, 철분량과 탄소 함유량에 따라 상이
③ 이산화규소(SiO_2) ≥ 45%, 수분 ≤ 1.0%
④ 분말도 ≥ $1,500(cm^2/g)$: 1종 ≥ 4,500, 2종 ≥ 3,000, 3종 ≥ 2,500, 4종 ≥ 1,500
⑤ 28일 압축강도비 ≥ 60%

---

72) 미분탄(微粉炭)물질: 화력발전용 석탄으로 회분 함량이 10~15%인 양질의 석탄, 무연탄은 주로 국내에서 생산되며 회분 함량이 45%가량으로 미연탄소 함량이 높아서 혼화재료 용도에 부적합하다.
73) 화력발전소 보일러 연소실에서 미분쇄 유연탄을 태우면 가스와 함께 용융회분 미립자가 보일러 출구에서 냉각되면서 유리질의 구형입자를 생성하며, 이를 전기집진기로 포집한 것이다.
74) KS L 5405(플라이애시) 참조, 2018년 추가항목: MgO, 총인산염, 수용성인산염, 염화물(Cl^-), 총알칼리양 등

Ⅲ 첨가 효과

1. 미경화 콘크리트

① 워커빌리티 향상, 단위수량 저감
- 결합재 용적량 증대, 성형성과 점착성 향상
- 구형상 입자의 Ball Bearing 작용, 유동성 향상으로 단위수량 저감

② 단위시멘트량 치환
- 치환량 상한: 10~30%, 수화열 및 이산화탄소 저감

③ 블리딩
- 시멘트량 치환에 의한 용적량 증가로 블리딩 억제
- 동일 단위수량에서는 블리딩 증가

2. 경화 콘크리트

① 초기강도 지연, 응결과정에서 자기수축량 저감, 장기강도 증진
② 내화학성 우수, 알칼리 골재반응 억제
③ 구형상 입형으로 수밀성 향상

Ⅳ 유의사항

1. 내동해성

① AE제와 미연소탄분 입자의 흡착작용
② 미연소탄분이 적은 것 사용, 필요시 AE제 할증

2. 중성화

① 단위수량 저감, 콘크리트 밀도 향상
② 감수제 첨가, 경화체의 건조수축량 저감

3. 응결지연

① 한중 초기양생 시 온도관리 철저, 초기동해 방지
② 타설 시 '콘크리트 온도 ≥ 10~20℃' 확보
③ '압축강도 ≥ 5Mpa' 이상이 되도록 단열 및 급열 양생

4316 | 고로슬래그(高爐 Slag, BS : Granulated Blast Furnace Slag)

I 개요

1. 고로슬래그는 철광석 용광로(高爐) 상부의 부유물을 회수한 것으로 여러 형태로 분쇄하여 콘크리트 혼합재료(결합재)로 활용한다.
2. 고로슬래그 미분말은 포졸란재와 더불어 잠재수경성[75] 재료로서 수경성이 발휘되려면 알칼리 자극물질이 필요하다.

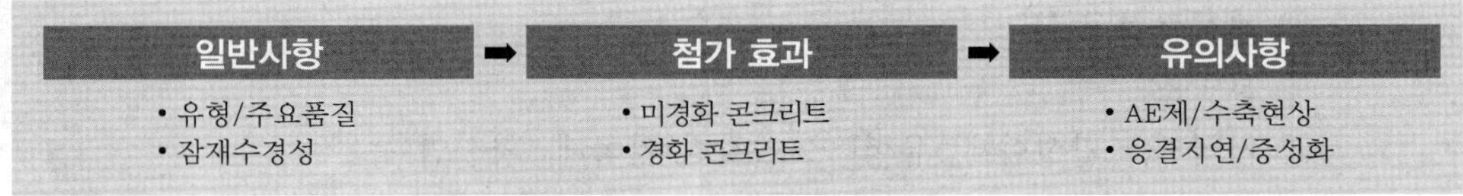

II 일반사항

1. 유형

① 서랭 슬래그: 콘크리트용 골재, 지반개량재

② 반급랭 슬래그: 경량콘크리트용 골재, 흡음 및 방화재료

③ 급랭 수쇄 슬래그: 시멘트 혼합재, ALC, 콘크리트용 잔골재

   • 모래입자 크기를 미분쇄하여 '고로슬래그 미분말' 생산

2. KS 주요규격[76]

① 강열감량 ≤ 3%

   • 풍화도의 척도, 저장기간이 길수록 증가

② 밀도 ≥ $2.8g/cm^3$

③ $2,750 ≤$ 분말도$(g/cm^3) < 10,000$

④ 활성도지수(SAI: Slag Activation Index): 7일 ≥ 55%, 28일 ≥ 60%, 91일 ≥ 95%

⑤ 염화물 이온 ≤ 0.02%

---

75) 잠재수경성 재료에는 포졸란재와 고로슬래그가 있으며, 포졸란재는 화산재, 규산질백토, 규조토 등의 천연 포졸란재와 플라이애시, 실리카퓸 등의 인공 포졸란재가 있다.
76) KS F 2563(콘크리트용 고로슬래그 미분말) 참조

3. 잠재수경성 수화

(1) 정의

① 수화반응 성분이 있지만 자체의 비활성 작용으로 수경성이 잠재된 성질

② 억제되었던 수화반응은 외부 자극물질에 의하여 수경성 발휘

③ 고로슬래그 미분말에 물과 알칼리 자극제[77]를 첨가 시 잠재수경성 활성화

(2) 영향요인

① 유리화율

② 화학성분, 염기도[78]: $(CaO+MgO+Al_2O_3) / SiO_2 \geq 1.6$

③ 광물구성 성분

④ 분말도

⑤ 자극제(=활성화제) 유형[79]: 알칼리 자극제, 황산염 등

(3) 수화기구

① 슬래그 미분말에 물 혼입

② 슬래그 입자표면에 치밀한 불투수성 겔 박막 형성

　• 규산염(산성) 겔 박막 형성, 입자 내부로 물 침입을 차단하여 수화반응 방해

③ 시멘트 수화생성물(수산화칼슘, 강알칼리 성분)이 겔 박막 파괴

④ 슬래그 입자 내부에서 이온 및 불용성 물질 용출

　• C-S-H(규산칼슘) 수화물 생성 및 경화 시작

Ⅲ　첨가 효과

1. 미경화 콘크리트

① 워커빌리티 향상: 물과 혼합 시 분산성 우수, 분말도와 치환율에 비례

② 수화열 저감: 치환율에 비례, 분말도에 반비례

③ 블리딩률 감소: 분말도가 높을수록 블리딩률 감소

④ 단위시멘트량 치환: 시멘트 사용량 절감, 포틀랜드시멘트 최대치환율 70%

2. 경화 콘크리트

① 장기강도 10% 이상 증진

② 내화학성 우수, 알칼리 골재반응 억제

---

77) 포틀랜드시멘트와 혼합하여 사용하면 시멘트 수화물인 $Ca(OH)_2$가 자극제 역할을 한다.

78) Slag 함유성분 중 산성성분에 대한 염기성 성분의 비율, 일반적으로 $CaO(\%)/SiO_2(\%)$를 쓰지만 염기성분으로서 분자에 $MgO(\%)$, $MnO(\%)$, $FeO(\%)$를 더하기도 한다.

79) '4417 폴리머콘크리트'에서 '지오폴리머콘크리트'와 연계하여 이해할 것

③ 내동해성, 수밀성 향상
  • 동결 가능한 세공의 용적감소, C-S-H·C-A-H의 미소세공(겔 공극) 증가
④ 염분 및 오염물질의 침투저항성 우수, 해양콘크리트 구조물에 유용

Ⅳ 유의사항

1. AE제 흡착

① 미분말 입자의 AE제 흡착작용으로 공기량 감소 우려
② 치환율이 클수록 AE제 할증 필요
③ 시험배합 후 적정량 첨가

2. 건조·Creep 수축

① 단위수량 저감, 콘크리트 강도증대
② 감수제 첨가, 경화 후 수축변형 방지

3. 응결 지연

① 한중 초기양생 온도관리에 특히 유의
② 소량 치환하면 수화반응 촉진
③ 치환량이 클 경우 시험배합 후 적정량 적용

4. 중성화 영향

① 충분한 습윤양생, 낮은 W/B 고려, 수화율 제고
② 분말도 높은 미분말 사용하고 감수제 첨가
  • 분말도가 낮을 경우 비표면적 부족으로 잠재수경성 발휘 불충분
  • 치밀조직 형성, 유해물질의 조직 내 침투방지
③ 적정 분말도 $\geq 4,500 g/cm^3$

4317 | 실리카퓸(Silica Fume)

I 개요

[1] 금속 페로실리콘을 제조하기 위한 전기로에서 발생하는 폐가스를 집진한 초미립자 물질로, 콘크리트의 배합에서 혼화재(포졸란 결합재)로 활용되고 있다.

[2] 주성분은 이산화규소(SiO_2)이며, 분말도는 시멘트 입자의 50~60분의 1에 해당하므로 시멘트와 치환할 경우 콘크리트의 미세공극을 채우는 충전 효과로 밀실한 조직을 형성하고 시멘트 사용량의 저감과 콘크리트의 고강도화를 가능하게 한다.

첨가 효과	➡	유의사항
• 미경화 콘크리트 • 경화 콘크리트		• 응결지연/소성수축 • 내동해성 고려

II 첨가 효과

▶ Micro Filler 작용으로 다음 효과를 기대할 수 있다.

1. 미경화 콘크리트

① 보통콘크리트에서 소성점도 증대로 슬럼프가 낮아져 유동성 저하

② 고강도콘크리트에서 W/B 0.3% 미만이면 소성점도가 저하되고 유동성 향상

③ Bleeding 감소와 재료분리 방지 효과 기대

2. 경화 콘크리트

① 시멘트와 20% 치환 시 강도 최대 발현

② 중성화 및 알칼리 골재반응 억제

③ 초미립자의 공극충전효과로 압축강도 증진

III 사용 시 유의사항

1. 한중 시 응결지연

① 고성능감수제, 고성능AE감수제를 다량 사용할 경우 응결지연 우려

② 혼화제 첨가 시 시험배합 후 현장배합

2. 소성수축균열 발생

▶ 低 W/B의 배합이므로 다음의 원인을 유발한다.

① Bleeding水가 적어서 수분의 표면 이동 곤란

- 표면수 조기증발로 소성수축균열 발생

② 초기 습윤양생 철저

- 콘크리트 표면의 보수성 증대, 소성수축균열 방지

3. 내동해성 고려

① 실리카퓸에 의하여 치밀조직이 되므로 내동해성 보완 필요

② 필요시 적정량의 AE 연행 고려

4321 　물결합재비(W/B)

I 개요

1️⃣ 물결합재비는 결합재에 대한 물의 질량비로서 압축강도, 내구성, 수밀성 등을 고려하여 결정한다.

2️⃣ 물결합재비의 적용기준은 표준시방(KCS)에 명시되어 있다.

산정기준	➡	저감방안
• 산정원칙 • 물결합재비 최댓값		• 배합단계 • 타설·양생

II 산정 · 적용 기준[80]

1. W/B 산정원칙

① 시험배합으로 소요의 압축강도에 상응하는 W/B 규명

② 또는 배합강도에 해당하는 '결합재-물비(B/W)' 값의 역수로 산정

　• 기준 재령의 'B/W-압축강도'와의 관계식으로 도출

2. W/B 최댓값

(1) 내동해성 콘크리트

　① 물 노출, 낮은 투수성 콘크리트 ≤ 0.50

　② 습한 상태, 동결융해 우려, 제빙화학제 노출 환경 ≤ 0.45

　③ 염분 노출, 철근부식 방지 목적 ≤ 0.40

(2) 황산염 노출 환경

　① 보통 ≤ 0.50

　② 심한 정도 ≤ 0.45

(3) 기타

　① 수밀성 기준 ≤ 0.50

　② 해양콘크리트 환경

　　• 해풍 ≤ 0.50, 해상대기 환경 ≤ 0.45, 물보라 · 간만대 지역 ≤ 0.40

　③ 탄산화저항성 기준 ≤ 0.55

---

80) KCS 142010 2.2.3 및 표3.5-2 참조

3. 생콘크리트 W/B 검사

① '단위수량 – 시멘트 계량치'에 의한 검사

- 오전 · 오후 각 2회 이상씩 실시

② 콘크리트 재료의 계량치로부터 구하는 방법

- 레미콘 하차 시 전 배치 대상으로 실시

③ 검사값은 허용값 이내일 것

Ⅲ 저감방안

1. 배합단계

① 잔골재율 최소화

② 단위수량 저감 및 감수제 적용

2. 타설 및 양생

① 낮은 W/B + 다짐 철저

② 진공배수공법 적용 고려

- 타설 후 잉여수 배수, 10~20%의 W/B 저감효과 기대

③ 낮은 W/B + 충분한 습윤양생

4322 잔골재율(세골재율, S/a)

I 개요

① 잔골재율이란 콘크리트 배합설계에서 전 골재의 용적 중 잔골재가 차지하는 절대용적의 백분율이다.

② 잔골재율은 Workability, 콘크리트 재료분리, 강도, 내구성, 경제성 등을 고려하여 적정 혼합율이 되도록 산정한다.

③ 잔골재율 산정식 $\dfrac{S}{a} = \dfrac{\text{잔골재의 절대용적}}{\text{골재 전체의 절대용적}} \times 100$

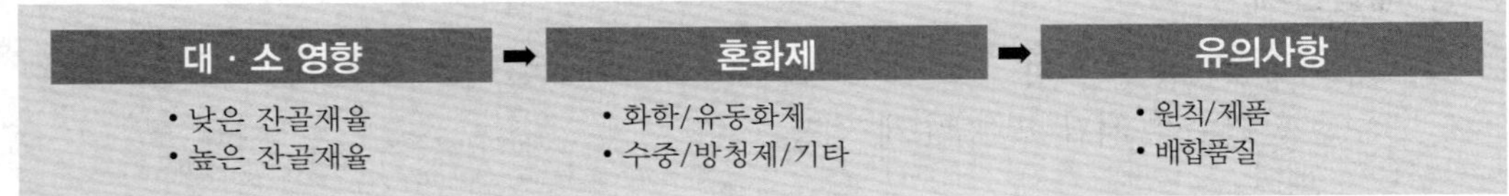

II 대·소 영향

▶ 잔골재: 5 mm체에서 중량비로 85% 이상 통과하는 골재
▶ 굵은골재: 5 mm체에서 중량비로 85% 이상 남는 골재

1. 낮은 잔골재율

① 슬럼프치 증가, 유동성 증진
② 콘크리트의 재료분리 우려
③ 굳은 콘크리트의 강도, 내구성 저하 우려: 콘크리트 내 큰 공극 다량 발생

2. 높은 잔골재율

① 슬럼프 저하 유동성 감소, 점성 증대, 압송성 저하
② 콘크리트 내 미세공극 증가, 강도와 내구성 저하
③ 경화 후 건조수축량 증가

III 적정 잔골재율

1. 최적조건

① 소요 워커빌리티 내에서 최소한
② 재료분리가 없으면서 작업성이 나쁘지 않을 만큼일 것

2. 할증조정

① 슬럼프치 150mm일 때 적정 잔골재율 최저
  • 80mm일 때 0~2%가량, 120mm일 때 4~5%
② 잔골재 조립률(FM) 증가 시: FM이 0.1% 커질 때마다 0.5~1%
③ 펌프 압송, 제치장콘크리트공사에서는 2~3% 할증
④ 쇄석 사용 시에 4~6% 할증

3. 감소조정

① W/B의 저하 시마다 감소조정(0.2~2% 가량)
② G_{max}가 클수록 잔골재율 감소
③ 공기량 1% 증가할 때마다 0.5~5%의 잔골재율 저감

Ⅳ 적부판정

1. 시험방법

① 다짐계수 Test
② Vee-Bee Test
③ Slump Test 등

2. Slump Test

① 된비빔일 때: 슬럼프시험 후 콘크리트의 측면을 다짐봉으로 다짐하여 끈기 관찰
② 페이스트가 유출되거나 골재가 표면에 노출하는 등의 재료분리가 없을 것
③ 흙손을 사용하여 마감성을 관찰 후 최초의 잔골재율 결정
④ 슬럼프콘 제거 시: 고른 슬럼프, 충분한 점도가 있으면 적정 잔골재율 상태로 판정
⑤ Tamping: 서서히 무너지고 고르게 퍼지는 점성이 있으면 적정

3. 적정 조립률

① 잔골재: 2.3~3.1
② 굵은골재: 6.0~8.0

4323 조립률(組粒率, FM: Fineness Modulus)

I 개요

1. 골재의 조립률은 콘크리트 배합용 골재의 입도상태를 수량적으로 표시한 비율로서, 골재의 평균적 입자크기를 정수로 표현한 것이다.
2. 조립률은 체가름시험으로 산정되며 조립률에 의하여 콘크리트의 시공연도와 배합의 경제성을 추정할 수 있다.

산정방법	배합영향
• 사용체 규격 • 체가름시험	• 큰 조립률 • 작은 조립률

II 산정방법 [81]

1. 사용체 규격 [82]

① 75, 40, 20, 10, 5mm
② 2.5, 1.2, 0.6, 0.3, 0.15mm

2. 체가름시험

① 규격별로 체가름하여 잔류질량 기록

- 잔류량(%)$= \dfrac{\text{남는 질량}}{\text{사용 전 질량}} \times 100$, 10개의 체로 모두 체가름하여 잔류량 파악

② 조립률(FM)의 산정, $FM = \Sigma$ 각 체의 잔류질량 백분율 $\times \dfrac{1}{100}$

III 조립률 영향

1. 큰 조립률

① 거친 콘크리트 표면
② 강도증대와 경제적 배합 가능

2. 작은 조립률

① 매끄러운 콘크리트 표면
② 강도 감소, 비경제적 배합
③ 미세공극 증대로 단위시멘트량 증대

---

81) KS F 2502 '굵은골재 및 잔골재의 체가름시험 방법' 참조
82) KS F 2523 3.6 참조

4324　실적률[83)]

I　개요

① 골재의 실적률은 용기 안에서 골재립(骨材粒)이 차지하는 용적 백분율로, 골재의 입형을 나타내는 입형판정(粒形判定) 정수이다.

② 콘크리트를 배합할 때 실적률이 높은 골재를 사용하면 강도, 수밀성, 내구성 및 경제성이 우수하므로 배합 전 실적률을 확인한다.

산정방법		품질영향
• 실적률/밀도 • 단위용적질량	➡	• 크면/작으면 • 적정 실적률

II　산정방법

1. 실적률(G)

① 골재의 밀도에 대한 단위용적질량의 백분율

② $G = \dfrac{T}{d_D} \times 100$, 또는 $G = \dfrac{T}{d_S} \times (100 + Q)$

　　　여기서, G: 골재의 실적률(%)

　　　　　　　T: 단위용적질량(kg/L)

　　　　　　　d_D: 골재의 절건밀도

　　　　　　　Q: 골재의 흡수율(%)

　　　　　　　d_S: 골재의 표건밀도(kg/L)

2. 밀도(ρ)

① 밀도가 높을수록 치밀한 조직과 낮은 흡수량으로 내구성 우수

② 절건밀도 $= \dfrac{절건골재\ 질량}{표건골재\ 용적}$

③ 표건밀도 $= \dfrac{표건골재\ 질량}{표건골재\ 용적}$

---

83) 관련표준: KS F 2505 골재의 단위용적질량 및 실적률 시험방법

3. 단위용적질량(T)

① 용기에 골재를 채웠을 때 1m³당 질량으로 표기(kg/m³)

② 조립률에 비례하고 골재의 흡수량에 반비례

③ $T = \dfrac{m_1}{V}$

여기서, T: 골재의 단위용적질량(kg/L)
V: 용기의 용적(L)
m_1: 용기 안의 시료질량(kg)

Ⅲ 콘크리트 품질영향

1. 높은 실적률

① 입형이 우수, 콘크리트 내 공극 감소

② 단위시멘트량 저감, 수화열 감소와 경제적 배합 가능

③ 강도, 내구성, 수밀성이 향상되고 건조수축량 저감

2. 낮은 실적률

① 입형이 가늘고 편평(扁平), 콘크리트 내 공극 증가

② 단위시멘트량이 다량 소요되어 수화발열량 증가, 비경제적 배합

③ 굳은 콘크리트의 강도, 내구성, 수밀성 저하

3. 적정 실적률

① 입자분포: 구형상이고 연속입자분포의 골재가 바람직

② 최소실적률 기준: 부순잔골재 ≥ 53%, 부순굵은골재 ≥ 55%

> **tip** 순수한 물(증류수)의 밀도(KS F 2503 및 KS F 2508 참조)
> - 15℃: 0.9991(g/cm³), 20℃: 0.9982(g/cm³), 25℃: 0.9970(g/cm³)
> - 4℃에서 가장 큰 값으로 측정된다.: 0.99997(g/cm³)

4325 ｜ 골재 함수상태

Ⅰ 개요

1. 골재의 함수상태는 골재가 수분을 함유한 정도로서, 콘크리트 배합에서 혼합수의 정확한 계량 관리를 위하여 함수상태를 파악한다.
2. 콘크리트 배합용 골재는 표면건조 · 내부포수(內部包水) 상태를 표준으로 한다.
3. 골재의 흡수율에 따라 골재의 비중과 강도, 콘크리트의 강도와 내구성이 좌우되므로 가급적 흡수율이 적은 골재를 사용하는 것이 바람직하다.

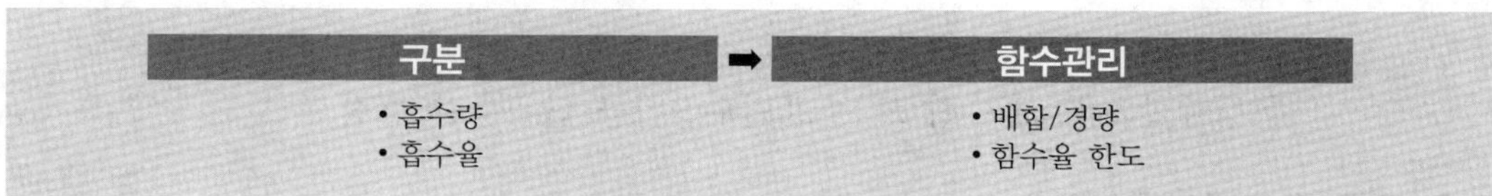

Ⅱ 함수상태 구분

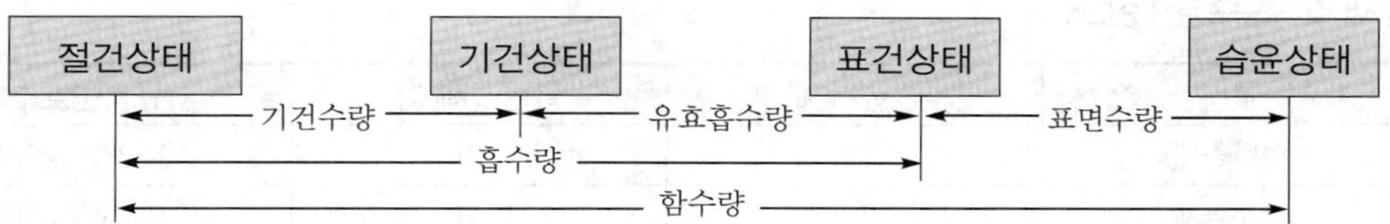

1. 흡수량

① 표면건조 · 내부포수 상태의 골재에 함유되어 있는 물의 양
② 골재의 흡수율에 따라 상이

2. 흡수율(Q)

① 절건상태 골재질량에 대한 흡수량의 백분율

② 흡수율 $= \dfrac{\text{흡수량}}{\text{절건상태의 골재 질량}} \times 100$

③ 천연골재: 굵은골재 · 잔골재 ≤ 3%
　• 순환골재: 굵은골재 ≤ 3%, 잔골재 ≤ 4%

3. 함수율(Z)

① 절건상태 골재질량에 대한 건조 전 골재질량의 백분율

② $Z = \dfrac{m - m_D}{m} \times 100$

여기서, Z: 함수율

m: 건조 전 시료질량(g)

m_D: 건조 후 시료질량(g)

Ⅲ 골재의 함수관리

1. 배합 시

① 표준배합: 표건상태 기준
② 현장배합: 유효흡수량 또는 표면수량만큼 단위수량 보정

2. 경량콘크리트용 골재

① 경량골재 보관 시 습윤상태 유지
② 사용 시 표건상태가 되도록 관리

3. 골재의 흡수율 한도

구분	잔골재(%)	굵은골재(%)	규격번호
일반골재	3.0	3.0	KS F 2526(2012)
부순골재	3.0	3.0	KS F 2527(2012)
고로슬래그골재	–	A급 6.0 B급 4.0	KS F 2544(2012)
순환골재	4.0	3.0	KS F 2573(2011)

① 일반골재 및 부순골재 ≤ 3.0%
② 순환골재: 잔골재 ≤ 4.0%, 굵은골재 ≤ 3.0%

4326 공기량

Ⅰ 개요

1 공기량(空氣量)은 내동해성이 필요한 환경의 콘크리트에 필수적인 배합요소로서 자연공기량과 연행공기량으로 구분한다.

2 연행공기량 기준은 국가표준(KS) 및 표준시방(KCS 코드)에서 규정하고 있다.

유형/역할	➡	관련규정	➡	관리사항
• 자연/연행 공기량 • 미경화/경화 콘크리트		• KS F 4009 • KCS 142010		• 콘크리트 배합 • 비빔·운반/타설

Ⅱ 유형 및 역할

1. 유형

(1) 자연(自然)공기량

① 콘크리트 제조과정에서 자연적으로 발생하여 혼입된 공기(Entrapped Air)의 양

② 자연공기량 0.5~2.0%가량

(2) 연행(連行)공기량

① 공기연행제(AE제)를 혼입하여 발생시킨 공기(Entrained Air)의 양

② 관련 규정에 따라 AE제를 첨가하여 공기 연행

③ 공기포 크기 φ 0.025~0.300mm가량

2. 역할

(1) 미경화 콘크리트

① Ball Bearing 작용으로 콘크리트의 유동성 증대

② 단위수량과 단위시멘트량 저감

③ Bleeding, 재료분리, 수화열 등의 발생량 저감

(2) 경화 콘크리트

① 콘크리트의 수밀성 증대

② Air Cushion 작용으로 동결융해 저항성 증대

• 콘크리트 조직 내에서 동결팽창압 흡수

③ 알칼리 골재반응 발생량 저감

Ⅲ 관련규정

▶ 공기량 측정은 모두 콘크리트 운반차에서 배출한 지점으로 한다.

1. KS F 4009

콘크리트 종류	공기량(%)	허용오차
고강도콘크리트	3.5	
보통콘크리트	4.5	±1.5
경량콘크리트	5.5	

① 콘크리트 종류별 공기량 기준 규정
② 공기량 3.5~5.5%, 허용오차 ±1.5
  • 고강도콘크리트 3.5%±1.5, 보통콘크리트 4.5%±1.5, 경량콘크리트 5.5%±1.5
③ 압축강도가 낮을수록 높은 공기량 적용

2. 표준시방(KCS 142010)

[공기연행콘크리트 공기량의 표준값]

$G_{\max}$ (mm)	보통 노출(%)	심한 노출(%)
10	6.0	7.5
15	5.5	7.0
20	5.0	6.0
25	4.5	6.0
40	4.5	5.5

① AE제, AE감수제, 고성능AE감수제를 혼입한 콘크리트에 적용
② 굵은골재 최대치수($G_{\max}$)와 내동해성 환경에 따라 다르게 규정
  • 내동해성 환경은 심한 노출과 보통 노출로 구분

[내동해성 환경의 구분]

보통 노출	동절기에 수분과 지속적 접촉으로 결빙이 되거나, 제빙화학제를 사용하는 경우
심한 노출	간혹 수분과 접촉하여 결빙이 되면서 제빙화학제를 사용하지 않는 경우

③ 허용오차 ±1.5 % 적용

Ⅳ 관리사항

1. 콘크리트 배합

① 적정량의 AE제 첨가, 시험배합 후 첨가량 결정
② AE제 계량오차 ≤ 3%

2. 비빔 및 운반

① 적정 비빔시간 준수, 과다 비빔 시 공기량 감소

② 생콘크리트 운반시간 규정 준수, 운반 지연 시 공기량 감소로 슬럼프치 저하

3. 타설

① 레미콘 반입 시 공기량 검사, 소요 공기량 미달 시 반입금지 조치

- 시험기준: KS F 2421(압력법), KS F 2409(질량법)

② 압송성 고려, AE제 할증 고려

③ 과잉 진동다짐 방지, 과다한 진동다짐은 공기량 감소 및 재료분리 발생

4327 콘크리트 압축강도

Ⅰ 개요

① 콘크리트의 압축강도는 구조계산, 공장생산, 제품주문, 현장 품질관리 등의 목적에 따라 다양한 명칭의 개념으로 구분하고 있다.

② 국가표준(KS)[84], 설계기준(KDS) 및 표준시방(KCS) 등에서 규정[85]하고 있는 콘크리트의 압축강도 명칭별 개념과 현장 관리방안을 안내한다.

명칭별 개념	➡	현장 관리방안
• 설계기준강도/내구성기준압축강도 • 품질기준압축강도/호칭강도/배합강도		• 생콘크리트 주문/반입 • 압축강도 품질검사

Ⅱ 명칭별 개념

1. 설계기준강도(Specified Concrete Strength, f_{ck})

① 콘크리트 구조설계에서 기준으로 하는 압축강도(=설계기준압축강도)
- 구조적 안전성을 확보하기 위한 압축강도의 최소치

② 부재단면, 철근배근량 등의 구조계산 설계에 이용

③ 압축강도의 기준 재령일은 28일

④ 품질기준강도 결정에 적용 → 내구성기준압축강도와 비교하여 큰 값으로 결정

2. 내구성기준압축강도(Compressive Strength for Durability, f_{cd})

① 콘크리트 내구성 설계기준에 따른 압축강도
- 구조물의 장기적 내구성을 확보하기 위한 압축강도의 최소치

② 노출환경의 범주별 등급에 따라 기준치 규정[86]
- 일반, 탄산화, 염화물, 동결융해, 황산염 등으로 구분

③ 품질기준강도 결정에 적용 → 설계기준강도와 비교하여 큰 값으로 결정

3. 품질기준강도(Compressive Strength Based on Quality Standard, f_{cq})

① 타설 후 구조체 품질관리 기준으로 적용하는 압축강도(=품질기준압축강도)

② 설계기준강도와 내구성기준압축강도 중 큰 값으로 산정

---

84) KS F 1004(콘크리트 용어) 참조
85) KDS 142001(콘크리트구조 설계(강도설계법) 일반사항) 및 KCS 142010(일반콘크리트) 참조
86) KDS 142040 표4.1-3 참조

③ 구조체 콘크리트의 양생품질 판정기준으로 적용

④ 28일 재령의 **현장**양생공시체 시험 값과 비교하여 판정

4. 호칭강도(Nominal Concrete Strength, f_{cn})

① 공장에서 제조하는 생콘크리트의 규격을 표시하는 압축강도

② 주문자가 제조자에게 주문하는 압축강도

　• 품질기준강도에 기온보정강도(T_n)를 더한 압축강도, $f_{cn} = f_{cq} + T_n$

③ 생콘크리트의 제조품질 판정기준으로 적용

④ 28일 재령 **표준**양생공시체 시험 값과 비교하여 판정

5. 배합강도(Strength for Proportioning, f_{cr})

① 생콘크리트 제조자가 배합설계 시 목표로 하는 압축강도

② 주문받은 호칭강도(f_{cn})에 품질편차(s)를 할증하여 산정

　• 현장 배치플랜트 제조 시: 품질기준강도(f_{cq})에 기온보정강도(T_n) 적용

③ 호칭강도값의 수준에 따라 배합강도 산정식 적용

　• '$f_{cn} \leq 35\text{MPa}$'과 '$f_{cn} > 35\text{MPa}$'의 경우로 구분

④ '$f_{cn} \leq 35\text{MPa}$'일 때: 다음 중 큰 값

　• $f_{cr} = f_{cn} + 1.34s$, 또는 $f_{cr} = (f_{cn} - 3.5) + 2.33s$

⑤ '$f_{cn} > 35\text{MPa}$'일 때: 다음 중 큰 값

　• $f_{cr} = f_{cn} + 1.34s$, 또는 $f_{cr} = 0.9f_{cn} + 2.33s$

Ⅲ 현장 품질관리

1. 생콘크리트 주문

① 생콘크리트 주문 전 품질기준강도(f_{cq}) 결정

② 품질기준강도에 기온보정강도를 더하여 호칭강도(f_{cn}) 산정

③ 제조자에게 호칭강도(f_{cn}) 값으로 생콘크리트 주문

2. 시험용 공시체 제작

① 생콘크리트 현장반입 시 시료채취

② 시방기준에 따라 검사 용도별 규정치 이상의 공시체 제작

　• 제조품질 및 시공품질 검사용으로 구분

③ 공시체 표준양생, 또는 현장양생

　• 제조품질검사용: 28일 재령으로 표준양생(현장시험실 수조에서 양생)

　• 시공품질검사용: 조기 재령 및 28일 재령으로 현장양생(타설위치에서 양생)

3. 제조품질검사

① 재령 28일에 압축강도시험 실시, 표준양생공시체 사용
② 시험 값이 호칭강도 이상이면 합격판정
③ 호칭강도(f_{cn}) 미달 시 제조자 및 발주자와 검사 추가여부 협의
④ 검사 추가 시 규정에 따라 소요강도 측정
⑤ 최종 불합격 판정 시 제조자 책임 부담

4. 시공품질검사

(1) 거푸집 탈형여부 검사

① 탈형 시점에서 압축강도시험 실시, 현장양생공시체 사용
② 시험 값이 탈형에 필요한 기준강도 충족 시 거푸집 탈형
③ 기준강도 미달 시 거푸집 존치기간 연장 후 재시험

(2) 양생품질검사

① 28일 재령으로 압축강도시험 실시, 현장양생공시체 사용
② 시험 값이 품질기준강도 이상이면 합격 판정
③ 품질기준강도(f_{cq}) 미달 시 발주자와 추가 검사여부 협의
   • 이후 협의에 따라 검사절차 수행, 또는 최종 불합격 판정
④ 최종 불합격 판정 시 시공자 및 감리자 책임 부담

Ⅳ 결론

1 콘크리트 압축강도는 관리 목적에 따라 설계기준강도, 내구성기준압축강도, 품질기준강도, 호칭강도, 배합강도 등의 다양한 명칭을 사용한다.
2 콘크리트 품질 담당자는 명칭별 개념에 대한 이해를 바탕으로 제조 및 공사 과정에서 압축강도의 품질관리 역량을 갖춰야 할 것이다.

4328 ┆ 콘크리트 운반차[87)

I 개요

1 콘크리트 운반차는 콘크리트 배합재료나 혼합된 콘크리트를 적재하여 혼합 또는 교반하면서 타설장소로 운반하는 차량이다.

2 운반차량은 콘크리트의 생산방식과 품질에 따라 트럭믹서, 트럭 애지테이터, 덤프트럭 등을 이용한다.

3 KS 규정[88)은 공장 고정믹서에서 완전비빔하고 트럭 애지테이터를 이용하여 운반하도록 규정하고 있다.

운반차 종류	➡	운반차 관리
• 트럭믹서 • 트럭 애지테이터/덤프트럭		• 가수금지/대기시간 최소화 • 운행 수칙/운송 한계시간 준수

II 운반차 종류

1. 트럭믹서(Truck Mixer)

① 콘크리트 혼합장치(Mixer)가 탑재된 트럭

② 운송 중 혼합(Mixing) 및 교반(Agitating) 실시

• 공장에는 고정믹서가 없고 공장 계량장치로 배합재 적재

['혼합 & 교반' 의미상 차이]

혼합(混合)	• Mixing • 배합재료를 골고루 균일하게 섞는 것
교반(攪拌)	• Agitating • 균일한 혼합상태를 유지시키기 위해 휘젓는 것

③ 반비빔(Shrink Mixing), 건식(Truck Mixing, Dry Mixing) 방식에 이용

• 미국, 영국, 호주, 동남아 등지

④ 장시간 운반에 유리, 운반시간 ≤ 3시간

---

87) 종전까지 '애지테이터 트럭'으로 표기하였으나 KS에 따라 '트럭 애지테이터'로 변경하였다.
88) KS F 4009(2016) 8.1.4 운반차 참조

2. 트럭 애지테이터(Truck Agitator)

① 콘크리트 교반(Agitator)장치가 탑재된 트럭

② 교반하면서 운송, 균질한 혼합상태 유지 및 재료분리 방지

　　• 공장 고정믹서에서 완전비빔한 콘크리트를 타설지점으로 교반 · 운송

③ 공장 완전비빔(Central Mixing)방식에 이용

　　• 한국, 일본, 독일, 프랑스 등지

④ 운반 후 '슬럼프 편차 ≤ 20mm'일 것

　　• 시료채취 부위: 콘크리트의 1/4과 3/4 부분

⑤ 운반시간 한도 ≤ 90분

3. 덤프트럭(Dump Truck)

① 低 슬럼프(25mm)의 된비빔콘크리트를 운송하는 트럭

　　• 슬럼프 25mm 초과 시 운반 진동으로 재료분리 우려

② 적재함 바닥은 평활성 방수성 확보, 방수덮개 구비

③ 운반 후 '슬럼프 편차 ≤ 20mm' 일 것

　　• 시료채취 부위: 콘크리트 표면의 1/3과 2/3 부분

④ 도로 콘크리트 포장공사에 이용

⑤ 운반시간 한도 ≤ 60분

Ⅲ 운반차 관리

▶ 국내에서 사용하는 '트럭 애지테이터'를 기준으로 관리방안을 설명한다.[89]

1. 가수(加水)금지

① 가수행위는 재료분리 및 강도저하 초래

② 운반 전 드럼 세척잔류수 제거

③ 우천 시 호퍼에 우수 유입방지, 덮개 설치

2. 대기시간 최소화

① 공장－현장 간 긴밀한 연락 유지

② 대기시간 한도 ≤ 10~15분

③ 불가피할 경우 그늘 대기(서중)

---

89) 저자 注: 건설기계관리법상 '건설기계의 범위(시행령 제2조 관련 별표1)'에서 '콘크리트믹서트럭'으로 표기하고
　　있으나 국내 사용현황과 KS 규정(KS F 4009)으로 볼 때 '트럭 애지테이터'로 정정하여야 한다.

3. 운행 수칙

① 슬럼프 및 공기량 손실방지

② 저속으로 교반하면서 운행

③ 교통거리 및 교통상황 고려, 운행 소요시간 확보

4. 운송 한계시간 준수

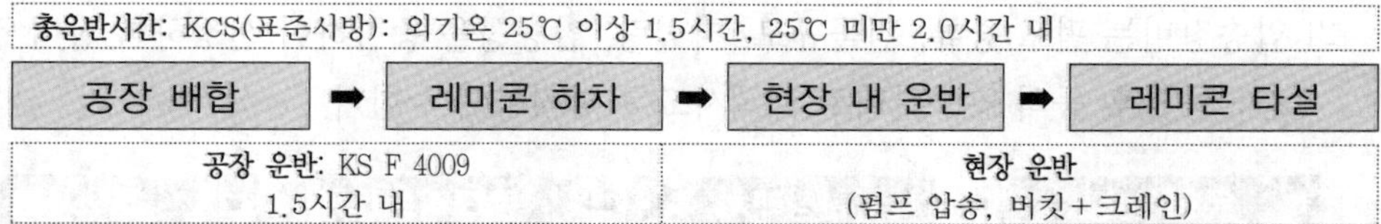

[레미콘 운송 한계시간 규정]

① 한계시간 초과 시 타설 지양, 장외 반출

• 타설 시 콜드조인트 우려, 폐기 시 처리비용 발생

② 공장 혼합 후 1시간 이내 운반, 현장 반입 시 송장 확인

③ 현장 주문이 있을 경우 운반시간 단축방안 강구

tip	가수(加水)유형	
생산·운반 (공장 책임)		• 애지테이터 드럼 내부에 세척잔류수가 있는 상태에서 레미콘을 상차하는 행위 • 배처플랜트 내부의 세척수를 배수하지 않고 믹싱하는 행위 • 배처플랜트에서 배합계획보다 많은 물을 직접 가수하는 행위 • 운반 도중 트럭 애지테이터의 물탱크에서 가수하는 행위 • 우천(여름철 폭우) 시 트럭 애지테이터의 호퍼로부터 우수가 유입되는 경우
타설 단계 (현장 책임)		〈차량·펌프 기사에 의한 가수〉 • 레미콘 배출 시 펌프나 차량의 호퍼로 물을 투입하는 행위 • 유도제나 윤활모르타르를 분리·배출하지 않고 구조체에 잔류시키는 행위 • 레미콘 배출 후 배출구의 세척수를 펌프카에 유입시키는 행위 〈타설공에 의한 가수행위〉 • 최하층 매트 타설 시 바닥 잔류수 및 용출수를 콘크리트에 희석시키는 행위 • 기둥 및 벽체거푸집 하단의 잔류수에 콘크리트를 혼입시키는 행위 • 철근에 존재하는 이슬, 서리, 눈 등을 제거하지 않고 타설하는 행위 등

4331 | 콘크리트 압송장비

I 개요

① 콘크리트 압송은 압송장비를 이용하여 반입된 콘크리트를 타설지점으로 보내는 공정이며, 압송장비에는 콘크리트펌프와 압송관이 있다.

② 압송장비는 펌프 종류, 건물규모, 타설량, 압송성을 종합하여 선정하며 장비 선정, 압송 전·중·후 등의 압송관리로 폐색사고를 방지하여야 한다.

유형/선정	➡	현장배치	➡	콘크리트 압송	➡	폐색사고 대책
• 펌프/압송관 • 선정 시 고려사항		• 배관재/상·하향배관 • 수평배관/펌프배치		• 압송 직전 • 압송 중/압송 후		• 배합요소/압송 전 • 압송/응급요령

II 유형 및 선정

장비유형			특징/적용요건
Concrete Pump 콘크리트펌프[90]	차량탑재형 (Pump Car)	일체형 펌프카 (Boom Pump)	• 펌프와 타설기구를 차량에 탑재 • 이동성 양호 • 지하층, 저층부(50m 미만)에 유용
		배관형 펌프카 (Line Pump, 몰리)	• 콘크리트펌프만을 차량에 탑재 • 수평·수직 압송배관 필요 • 고층부 적용 가능
	차량견인형 (Portable Pump)		• Stationary Concrete Pump (고정식/정치식 콘크리트펌프) • 10층 이상의 건물에서 경제적 • 500m까지 수직압송 가능 • 타설량이 많은 초고층현장에 유용
Conveying Pipe 압송관[91]	저압용		4t×3m×ϕ100~150mm(85bar)
	고압용		• 7.1t×3m×ϕ100~150mm(130bar) • 8.8t×3m×ϕ100~150mm(200bar) • 11.0t×3m×ϕ100~150mm

---

90) 펌프 압력 도입방식은 피스톤 유압방식과 스퀴즈방식, 국내 장비는 대부분 피스톤 유압방식이다.

91) 압송관은 'Conveying Pipe', 또는 'Delivery Line'으로 불리기도 한다.

1. 콘크리트펌프

(1) **차량탑재형(펌프카)**

① 차량에 탑재된 콘크리트펌프, 일명 '펌프카'
   - 일체형과 배관형으로 구분
② 일체형 펌프카(Boom Pump)
   - 차량에 펌프와 타설기구(Concrete Placing Boom) 일체 탑재
   - 이동성 양호, Boom 도달범위(최대 약 50m가량) 내에서 적용 가능
③ 배관형 펌프카(Line Pump)
   - 차량에 콘크리트펌프만 탑재
   - 수평·수직배관, CPB·분배기·주름관 등 필요
   - 고층부 적용 가능

(2) **차량견인형(Portable Pump)**

① 트럭으로 견인·이동할 수 있도록 한 콘크리트펌프
② 고층부 적용 가능
   - 압송능력에 따라 수직거리 최대 500m까지 가능
③ 타설량이 많은 초고층현장에 유용

2. 콘크리트 압송관

(1) 수직·수평 압송관

① 펌프 압송능력에 따라 고압용과 저압용으로 구분
② 배관재의 단위규격(두께×길이×직경)
   - 저압용: 4t×3m×(ϕ100~150mm)
   - 고압용[92]: (7.1, 8.8, 11.0t)×3m×(ϕ100~150mm)

(2) 배관 부속재

① 곡관부 엘보(Elbow, Bent Pipe), 이음용 커플러(Coupler)
② 관경조절용 Reducer Pipe(Taper Pipe), 타설기구 연결용(Transition Pipe)
③ 콘크리트 잔량회수장치(Shut-off Valve)
④ 맥동완충 및 배관고정용 브래킷(Bracket)

3. 장비 선정 시 고려사항

(1) 콘크리트펌프

① 펌프 압송능력
   - 펌프 제원(최대타설압력, 엔진출력)

---

92) ϕ125mm 압송관의 두께 7.1t와 8.8t 규격은 외경은 동일하나 내경은 두께 차이만큼 크기가 다르다.

② 시간당 타설가능 물량
- 장비효율, 시간당 타설목표량 고려
- 시간당 타설능력$(m^3/h) = \dfrac{\text{시간당 타설목표량}(m^3)}{\text{장비효율}\times\text{작업효율}}$
- 장비효율 $= \dfrac{60-(\text{대기, 고장, 정비, 휴식시간})}{60}$
- 작업효율 $= \dfrac{60-\text{비작업시간}(\text{대기, 배관, 해체, 이음시간})}{60}$

③ 장비 소요대수
- 일일 타설량, 장비효율 고려

(2) 압송관

① 배관 내 작용압력
- 수직·수평관, 곡관부·커플링 개소, 선단부 주름관 압력손실
  - 할증요소: 마모손실률, CPB·분배기 연결구 압력손실 등
- 압송관 직경 및 소요길이, 콘크리트 배합품질 고려

② 수직·수평배관 총 소요길이
- 펌프에서 타설위치에 이르는 배관의 총 길이: 총 소요길이 ≒ 건물높이×1.4

(3) 콘크리트 관련

① 콘크리트 압송성(Pumperbility)
- 배합요소별 마찰계수 산정
- 압축강도, 슬럼프, 공기량, G_{max} 등의 배합 품질요소 고려
- 마찰계수가 클수록 압송성 저하

② 콘크리트 일일·시간당 타설량

③ 모르타르 선송 및 처리방안

④ 관내 잔류량 파악 및 회수방안 검토

Ⅲ 현장 배치

1. 배관규격 및 교체시기

(1) 압송관 규격

① '수직관 길이 ≥ 100m'일 경우 고압용 배관재 적용

② 관경 ≥ G_{max} ×3, 보통콘크리트 ≥ ϕ100, 경량콘크리트 ≥ ϕ125

(2) 배관재 교체시기

① 압송 중 파열방지를 위한 검토사항

② 타설량 30,000~35,000m^{3}마다 마모상태 점검

③ 초음파측정기로 배관두께 측정

　• 여러 지점을 표시하여 지속적으로 측정·점검

④ 마모 취약부위인 곡관부(엘보) 점검 철저

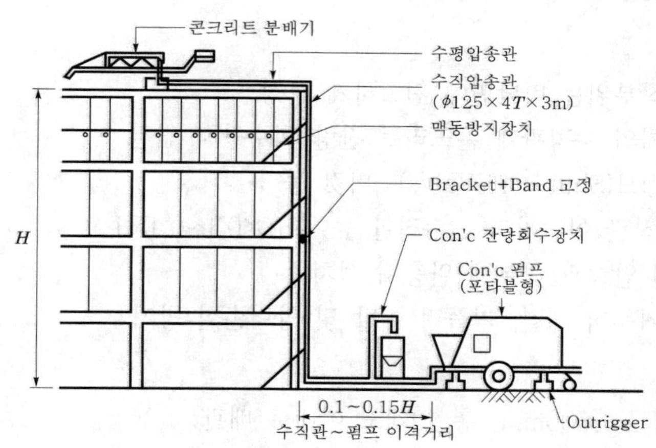

[압송장비 배치]

2. 상향배관(지상층)

(1) 배관 내 압력 상승방지

① S형 배관 지양

② 펌프–수직관 이격거리 유지

　• 수직관 길이의 10~15% 이격

　• 근접 배관 시 고압맥동으로 연결부 및 취약부 파손 우려

(2) 수직관 고정

① 외벽·코어월 등에 브래킷으로 견고하게 고정

② 단위재(3m)당 2개소 고정이 원칙, 현장별 조정 가능

③ 매층 맥동방향과 수직으로 구조체에 긴결

3. 하향배관(지하층)

(1) 하향맥동 고려

① 압송압력–하중 방향 일치로 인한 맥동압 증대 고려

② 압송관 견고하게 고정, 토류벽에 브래킷으로 고정

(2) 선송 모르타르 윤활성 증대

① 자유낙하로 관내 접착성 불량

② '밸브 잠금–물 충전–모르타르 압송–밸브 개방' 실시

　• 배관 중앙, 선단부에 차단 밸브 설치

(3) 관내 공기층 방지 및 제거

    ① 타설 일시중단 시: 선단부 밸브 잠금, 관내 공기 유입방지

    ② 공기층 제거: 발생부위를 천공(Drilling)하여 공기 제거

4. 수평배관 · 곡관부

(1) 수평배관

    ① 배관 시작부위는 바닥면에 견고하게 고정

    ② 펌프 근처의 수평관에 콘크리트 잔량 회수장치 연결

      • 차단 밸브(Shut-Off Valve), 버킷 등

    ③ 펌프-수직관 이격거리 ≥ 수직관 높이(H)×0.1~0.15H

    ④ 타설층의 압송관 하부에 완충재 설치

    ⑤ 이음부 커플러 체결, 커플링 이탈 및 압력손실 방지

(2) 곡관부

    ① 곡률반경 ≥ 1,000mm, 총 10개소 이내로 배관

    ② 펌프 연결부와 수평 · 수직전환부 곡관

      • 콘크리트블록과 브래킷을 이용하여 견고하게 고정

    ③ 곡관부는 반드시 체인 고정

(3) 타설기구 연결

    ① 압송관 선단부에 타설기구 연결

    ② 주름관 · 분배기: 타설층 수평압송관 선단에 연결

    ③ CPB: 수직압송관 선단에 연결

5. 콘크리트펌프 배치

(1) 배치방향 및 공간

    ① 펌프 토출구 방향은 배관 라인 반대쪽 위치

    ② 펌프 보호: 배관 설치 · 해체 시 인장력 고려(Tension Free)

    ③ 2대의 레미콘트럭 접근과 장비 주변에 1m 이상의 여유공간 필요

(2) 전도방지, 응급 대비

    ① 바닥면 지지력 확보

    ② 강철 프레임과 콘크리트블록으로 아웃리거 지지

    ③ 펌프 근처에 작업장 설치, 배관부속재 구비

Ⅳ 콘크리트 압송

1. 압송 직전

① 레미콘 반입검사 철저
- 슬럼프, 공기량의 적정성 판단

② 운송시간, 현장대기시간 지연방지

③ 압송장비 배치 및 레미콘 차량 접근동선 점검

④ 응급 시 소요 부품 및 인원 점검

2. 압송 중

① 윤활 모르타르 선송
- 빈배합, 믹싱 불량, 배합량 부족, 저온기후 등에 유의

② 생콘크리트 연속공급
- 콘크리트 압송성 저하 고려
- 불연속 공급 시 콜드조인트 발생, 슬럼프 및 공기량 저하

③ 타설 중 막힘사고 방지
- 잔골재 및 압송능력 부족 방지
- 펌프 투입구에 이물질 유입 방지, 격자망 설치

④ 타설 중 고압용 압송관 내부압력 무선 모니터링, IoT 기술 이용

3. 압송 후

(1) 콘크리트 잔량회수

① 압송 완료 후 회수기 밸브 차단

② 회수기에 펌프 배관 연결

③ 회수기 개방, 잔류 콘크리트의 자중으로 회수
- 회수량$(\text{m}^3) = \pi r^2 l$

여기서, l: 배관길이(m)

④ 버킷, 또는 레미콘 차량 호퍼에 잔량 투입

⑤ 회수 콘크리트 적정 처리
- 현장 내 사용, 레미콘공장 회송

(2) 배관 청소

① 타설기구 선단에 청소용 포트(Port) 부착, 스펀지볼(Sponge Ball) 삽입

② 압축공기로 스펀지볼 흡입시켜 관내 잔류 콘크리트 제거

Ⅴ 폐색사고 대책

1. 콘크리트 배합요소

(1) 잔골재율 부족

① 2~3% 할증, 콘크리트 점성 확보

② 재료분리로 인한 압송관 폐색방지

(2) 굵은골재 크기

① 압송관경은 굵은골재 최대치수 고려

② '압송관경 ≥ $G_{max} \times 3$'일 것

(3) 슬럼프 부적합

① 슬럼프 저하방지

② 서중 시 현장 유동화제 첨가 고려

③ 운송시간, 대기시간 최소화

2. 압송 전

(1) 윤활 모르타르 불량

① 믹싱 불량, 압송량 부족

② '시멘트: 모래 = 2: 1'로 부배합

③ 압송량 ≥ $\pi r^2 l$

(2) 동절기 압송관 예열 미흡

① 압송관 단열재 보양

② 콘크리트 압송 전 온수예열 실시

3. 압송

(1) 펌프 압력 부족

① 배관상태 점검, 압력 손실요인 파악

② 압력 부족 시 압송능력이 큰 장비로 교체

(2) 압송 일시 중단

① 하향관일 경우, 단부에 차단 밸브 설치

② 1시간 이상 압송 중단 시, 잔량을 토출시켜서 관내 경화방지

(3) 관내 이물질 유입

① 진흙, 나뭇가지, 굵은골재 호퍼 혼입방지

② 호퍼에 격자망 설치

(4) 압송 후 세정 불량

① 관내 잔류량 없도록 세정

② 적정 세정방식 채용

- 고압수, 고압공기＋물, 중력＋물 방식 등

4. 폐색사고 시 응급요령

① 응급조치 미흡 시 콜드조인트 발생

② 폐색부위 파악

- 의심부위(곡관부 등)를 손망치로 가볍게 타격하여 전달음으로 파악

③ 경미한 부위

- 가벼운 타격으로 관내 고착입자 분리

④ 막힘부위 해체, 고착입자 제거 후 재조립

4332 콘크리트 타설기구

I 개요

① 콘크리트 타설기구는 현장반입된 레미콘을 소요위치에 타설하기 위한 기구로서 트럭슈트, 트레미관, 주름관, 분배기, CPB, 버킷 등이 있다.

② 현장에 운송된 레미콘은 타설여건에 따라 적정 기구를 선정하여 품질변화와 재료분리가 되지 않도록 타설한다.

유형	➡	운용	➡	선정요소
• 중력타설용 • 펌프타설용		• 주름관/분배기 • CPB		• 타설위치 • 효율/품질

II 유형

[타설방식별 타설기구 유형]

타설방식	타설기구	현장 내 운반
중력타설	Chute(슈트)	Agitator Truck
	Tremie Pipe(트레미관)	Agitator Truck, CPB, Crane+Bucket
	Bucket(버킷)	Crane
펌프타설	Flexible Hose(주름관)	Pump+압송관
	Concrete Distributor(분배기)	Pump+압송관
	Concrete Placing Boom(CPB)	Pump+압송관

1. 중력타설용

▶ 연직 방향 타설위치에 콘크리트 중력을 이용하는 기구이다.

▶ 수중 또는 기중에서 콘크리트 재료분리를 방지하기 위한 목적으로 적용한다.

(1) 슈트(Chute)

① 트럭에 장착된 슈트 경사면을 이용하는 방식

② 트럭 접근이 가능한 곳에 적용

③ 소규모 타설부위, 수중 및 지중 타설 시 트레미관 상부에 적용

(2) 트레미파이프(트레미관, Tremie Pipe)

① 콘크리트 자중을 이용하여 연직배관부로 최종 운반시키는 타설기구

② 수중 또는 콘크리트 낙하거리가 높은 곳(CFT)에 적용

　• 타설높이로 인한 콘크리트 재료분리 방지

③ 콘크리트는 애지테이터 트럭, 크레인+버킷, 펌프카 등으로 공급

(3) 버킷(Bucket)[93]

　① 개폐장치가 있는 용기에 콘크리트를 적재하여 타설하는 기구

　　• 타설위치에서 버킷 하부 개폐장치를 열어서 콘크리트 타설

　　• 적재 용량은 약 $1.6m^3$가량

　② 타설위치까지 크레인 양중 필요

　③ 압송관 적용이 곤란한 곳, 소규모 타설부위에 적용

2. 펌프타설용

　▶ 펌프 압송력을 이용하여 콘크리트를 상·하향으로 타설하는 기구이다.

　▶ 타설작업은 대부분 펌프 타설용 기구를 사용한다.

(1) 주름관(Flexible Hose, Endhose Pressure)

　① 압송관 선단부에 연결하여 콘크리트를 타설하는 기구

　② 인력으로 주름관 이동

　　• 철근 흐트러짐, 철근간격재 이탈 우려

　③ 가장 보편적이고 저렴, 작업도구 간단

　④ 수평배관으로 맥동 전달

　　• 철근부착력 저하, 거푸집 변형 우려

(2) 콘크리트 분배기(Concrete Distributor)

　① 수평압송관 선단부에 연결하여 360° 방향으로 타설이 가능한 기구

　　• 분배기 이동에 크레인 양중 필요

　② 선행작업(철근 및 거푸집)의 품질 유지 용이

　③ 타설인력 저감, 타설속도 신속, 작업반경이 넓은 곳에 적용

　④ 크레인 조력 필요, 초기투자비 큼

(3) CPB(Concrete Pacing Boom)

　① 공급배관부 선단에 연결하여 360° 방향으로 타설이 가능한 기구

　　• 차량탑재형은 차량 내 압송토출구에 연결

　　• 마스트 고정식은 수직압송관 선단에 연결

　② 지지방식은 마스트 고정식, 차량탑재식, 자립식 등

마스트(Tubular Mast) 고정	• 마스트 상단부에 CPB를 고정하여 지지 • 가장 일반적인 지지방식
차량탑재식[94]	• 펌프가 적재된 트럭에 CPB 지지 • 저층부(50m 높이 이내)에서 적용
자립식(Outrigger 방식)	타설층에서 아웃리거로 CPB 지지

---

93) ‘Concrete Hopper’로 잘못 호칭하고 있으나 정확한 명칭은 ‘Concrete Bucket’이다.
94) 일반적으로 ‘Pump Car’로 호칭한다.

- 차량탑재식은 지하층, 저층부로서 수직·수평 50m 거리 이내에서 적용
- 마스트 고정식은 고층부 타설에 적용

③ 타설위치에서 수평관 불필요

- 순환타설과 선행작업의 품질 유지 용이

Ⅲ 운용

1. 주름관

▶ 펌프 타설기구별 운용 시 고려사항

① 타설인력 여유있게 확보

② 바닥 슬래브의 철근간격재 설치간격과 강성 확보

③ 맥동압에 의한 거푸집 변형방지

- 수평받침대 설치, 합판배치 등

2. 분배기

① 운전 중 레일 이탈방지

② 압송관 맥동 방지

- 수평관 로프 고정, 수직관 맥동 고정장치 설치

3. CPB

① '붐(Boom) 길이 ≥ 27m'일 경우 밸러스트 설치 고려

② 붐 회전 시 타워크레인 간섭에 유의

③ 타설위치 및 작업반경을 고려하여 마스트 배치

④ 마스트 고정방식

- 슬래브 고정, 벽 브래킷 고정, 코어월 내부 고정 등

Ⅳ 타설기구 선정요소

1. 타설위치

① 지하층, 저층부, 고층부

② 지중 및 수중, 좁은 곳, 넓은 곳 등

2. 효율 및 품질

① 소요 물량을 예정시간 내에 타설할 수 있을 것

② 선행공사의 품질훼손 방지, 철근 흐트러짐 등

③ 콘크리트 재료분리를 방지할 것

4333 콘크리트 타설

I 개요

1 콘크리트 타설[95]은 철근 및 거푸집을 조립한 다음 콘크리트를 부어 넣는 공정으로 다짐작업을 포함한다.

2 타설방법에는 일체타설과 VH분리타설공법이 있으며, 타설원칙에 따라 단계별 품질확보에 유의하여야 한다.

유형/선정	➡	일체타설	➡	VH분리타설	➡	유의사항
• 일체타설/VH분리타설 • 공법 선정 시 고려사항		• 수직/수평/특정 • 다짐방법		• 적용부위 • 타설방법		• 타설원칙 • 유의사항

II 공법 유형 및 선정

1. 일체타설공법

① 수직 · 수평 부재를 한번에 타설

② 접합면 품질, 공기 측면에서 유리

③ 일반적인 타설공법

2. VH분리타설공법

① 수직 · 수평부재를 분리하여 타설

② 수직부재 선타설, 양생 후 수평부재 타설

③ 타설품질, 작업안전성 측면에서 유리

3. 공법 선정 시 고려사항

(1) 타설량

① 타설량이 적을 경우 일체타설

　• VH분리타설은 일정-비용관리에 불리

② 타설량이 많을 경우 VH분리타설

　• 거푸집 전용성과 공기단축에 유리

　• 타설 시차를 합리적으로 조정하여 공구 분할

---

95) 종전에는 '타설'을 '부어 넣기'와 '치기'로 표기하였으나 2003년 콘크리트표준시방서와 2006년 건축공사표준시방서 개정판부터 용어를 통합하였다.

(2) 콘크리트 시공품질

① 수직·수평 부재 콘크리트의 압축강도 규격

- 압축강도 차이가 1.4배 이상일 경우 분리타설 용이

② 시공이음면 발생

- VH타설은 시공이음면 추가
- 보 아래, 또는 접합면에서 수평부재쪽 내민길이 부분

③ 수직·수평 부재 슬럼프값

- 슬럼프값이 다를 경우 분리타설이 품질면에서 유리

④ 다짐작업과 재료분리 발생

- 분리타설 시 다짐작업 및 재료분리 방지 용이

(3) 층고와 부재단면

① 층고 높은 곳

- 분리타설 적극 검토, 수직부재 다짐작업 용이
- 일체타설 시 거푸집의 불안정성 고려
  - 측압과 동바리 시스템(수평연결재) 양단의 불안정성

② 수직·수평 부재의 단면차 큰 곳

- 타설 경계면 침하균열 우려, 분리타설 유리

(4) 장비 및 인원

① 타설장비 적정성

- 콘크리트펌프, 압송관, 타워크레인 및 버킷(Bucket) 장비의 동원 가능성

② 작업원 숙련도

- 시공경험 및 사전지식 숙지상태
- VH분리타설은 초보자 사전교육 필요

▥ 일체타설

1. 수직부재(기둥·벽)

① 보 하부까지 타설 후 충분한 다짐 실시

- 보와 슬래브까지 연속타설 시 침하균열 우려

② 수직부재 강도가 수평부재보다 1.4배 초과 시[96] 분리타설 적용

- 수직-수평 접합면에서 수평방향으로 안전한 내민길이 확보
- 내민길이 기둥면으로부터 600mm

---

96) 'Ⅳ. 수직·수평 분리타설' 참조

③ 적정 타설속도 유지

> 〈타설속도 과대영향〉
> • 측압증대로 거푸집 변형, 블리딩 증가, 수평철근 부착력 저하
> • 좁은 단면은 공기구속으로 공동부·곰보 발생

- 단면크기, 배합조건, 다짐방법에 따라 적정 타설속도 유지
- 일반 타설속도: 30분당 1~1.5m

④ 콘크리트 횡류방지

- 한 곳에서 많은 콘크리트 배출 후 주변으로 흘려보내지 말 것

⑤ 콘크리트 자유낙하고 ≤ 4m

- 재료분리 고려, 배출구 높이를 타설면까지 최대한 낮게 유지

2. 수평부재(보·슬래브, 기초바닥)

① 수직부재 콘크리트 침강·안정 후 타설

- 타설 전 수직부재 상부의 블리딩수 제거

② 보 타설·안정 후 슬래브 타설

③ 작업자 보행 및 타설기구 이동 시 철근 흐트러짐 방지

④ 1회 타설층 높이 ≤ 400~500mm

- 진동다짐 능력 고려, 매트기초일 경우 무다짐콘크리트 배합·타설

⑤ 콘크리트 자유낙하고 ≤ 1~1.5m

- 낙하 충격에 의한 철근변위와 스페이서 이탈방지

3. 특정부위

(1) 수중타설

① 수중콘크리트 시방[97]에 따라 타설

- 슬러리월, 현장타설콘크리트말뚝 등

② 트레미관 타설기구 이용

- 수중콘크리트의 재료분리 방지

(2) 콘크리트 충전강관기둥(CFT: Concrete Filled Tube)[98]

① 강관 하부, 또는 상부에서 콘크리트 충전

- 상부 타설은 트레미관, 하부 타설은 주입관 이용

② 고유동콘크리트 적용

- 강관 내 다짐성 고려

---

97) '4413 수중콘크리트' 참조
98) '4422 콘크리트 충전강관기둥' 참조

(3) 지하흙막이 합벽부

① 타설기구 배출구 낮게 유지

② 콘크리트 연속공급

③ 시공이음면

- 타설 전 고압공기로 물·이물질 제거 철저
- 지수재 정밀배치, 다짐기에 의한 이동 및 변형 방지

〈합벽부 하자 유형별 원인〉
- 거푸집 벌어짐: 과대측압, 급속타설, 콜드조인트: 콘크리트 불연속 공급
- 콘크리트 재료분리: 과대타설높이, 백화·누수: 폼타이홈, 콜드조인트, 재료분리 부위

4. 다짐방법

(1) 다짐기구 선정

① 부위에 따라 적정 다짐기구 선정

- 봉형 내부진동기, 거푸집 진동기, 나무망치, 다짐봉 등
- 내부진동기 사용 원칙, 보조적으로 나머지 기구 사용

② 부재두께 및 면적, 시간당 최대타설량, 배합품질을 고려하여 선정

- 배합품질: G_{max}, 잔골재율, 슬럼프 등

(2) 내부진동기

① 타설면에 수직으로 삽입

② 철근·강구조·거푸집에 접촉 금지

- 진동에 의한 부착력 저하 및 스페이서·폼타이 이탈방지

③ 다짐봉 뺀 후 구멍 발생 금지

④ 수평·수직 다짐간격 ≤ 500mm

⑤ 페이스트가 윗면에 떠오를 때까지 진동가력

- 재진동 시 초결 이전에 실시할 것

(3) 거푸집 진동기

① 타설깊이가 크거나 얇은 수직부재(기둥 및 벽)에 적용

② 거푸집 표면에 진동기 고정시키고 진동 가력

③ 타설높이와 타설속도에 따라 순서별 거푸집 진동

(4) 유의사항

① 과잉 진동다짐 → 측압 증대, 콘크리트 재료분리

② 과소 진동다짐 → 콘크리트 내 공극 발생, 건조수축 증가, 내구성 저하

Ⅳ VH분리타설

1. 적용부위

① 보-기둥식(라멘구조) 건축물
② 지하주차장의 기둥, 보, 바닥
③ 층고가 높은 곳
④ 공사규모가 큰 곳, 타설량이 많은 곳
⑤ 부위별 콘크리트 배합품질(압축강도, 슬럼프값)이 다른 곳

2. 타설방법

(1) 타설 전

① 기둥 및 벽 거푸집의 수직도 확보
② 시공이음 위치에 타설높이 표시
③ 철근의 정착길이 확인
④ 타설 인원의 작업요령 점검, 필요시 작업 전 교육 실시

(2) 수직부재 1차 타설

① 수직부재 콘크리트의 타설높이 준수
  • 재료분리 방지
② 다짐작업 철저, 철근에 진동기 접촉 방지
③ 수직·수평부재의 압축강도차가 1.4배 이상일 경우[99]의 시공이음
  • 접합면에서 수평부재 쪽으로 안전한 내민길이(약 600mm) 확보
  • 시공이음면의 페이스트 누출방지
④ 일반 시공이음부
  • 보와 기둥의 접합면에 시공이음 설치
⑤ 1차 타설 후 시공이음부 전단면을 거친면으로 처리, 쇠솔 이용

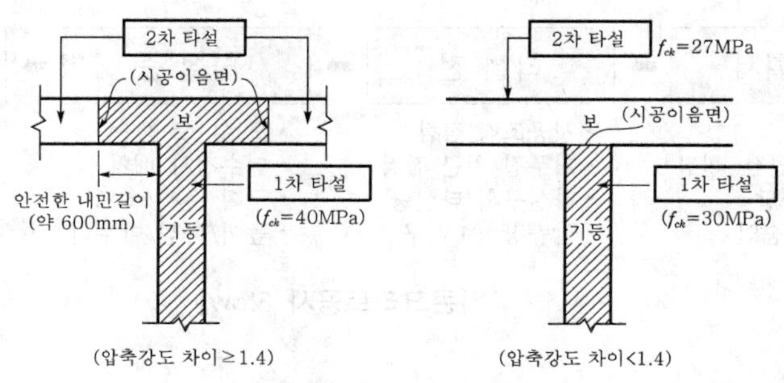

[VH분리타설]

---

99) KCS 142010(1.4(4)), KDS 142020(4.6.2) 참조

(3) 수평부재 2차 타설

① 시공이음면의 레이턴스 및 이물질 제거

② 이어치기면 조면처리

- 이음면 부착강도를 높이고 콜드조인트 발생 억제

③ 수직부재 양생상태 고려하여 2차 타설

Ⅴ 유의사항

1. 타설원칙

① 원칙적으로 시공계획에 따라 타설

- 임의시공에 의한 품질변화 방지와 안전시공 고려

② 타설순서

- 구획 내에서 먼 곳으로부터 가까운 곳으로 진행
- 선타설부 작업영향(진동, 충격 등) 방지

③ 콘크리트 공급간격

- 콜드조인트 발생과 다짐효율을 고려하여 연속공급
- 외기온 ≥ 25℃: 120분, 외기온 < 25℃: 150분 내 타설

④ 타설표면

- 구획 내에서 수평이 되도록 타설
- 콘크리트 상·하부의 균질한 품질 고려

⑤ 이음 단면

- 가능한 이음개소 최소화, 단면은 수평 또는 수직으로 직교

2. 단계별 유의사항

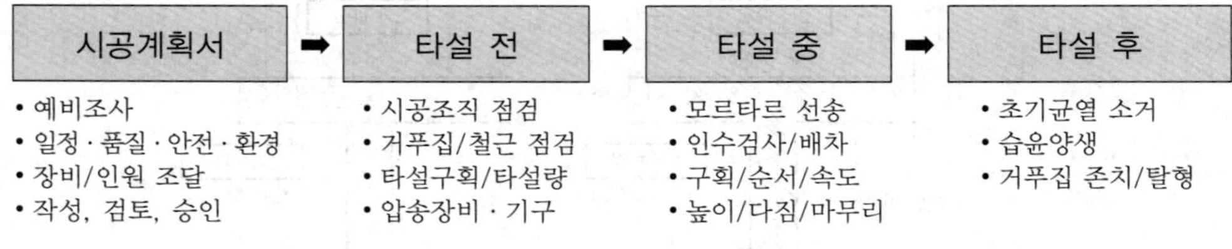

[콘크리트공사 Flow]

(1) 타설 전

① 거푸집 조립, 물축임, 청소상태 점검

- 잔류수는 고압공기 제거

② 철근배근 및 스페이서 배치, 전기 · 설비 배관점검

③ 콘크리트 압송장비, 타설기구, 인원 등의 배치점검

- 타설실명부 작성

- 작업자, 관리자별 성명 및 역할 명시

④ 본타설 전 윤활모르타르 선송

- 용기에 배출시킨 후 장외 처리, 구조체 유입 엄금

(2) 타설 중

① 레미콘 차량 배차간격, 장비 운전상태 수시 확인

② 돌발사고 시 신속 대응

- 거푸집 파손, 압송관 막힘사고 등

③ 타설기구, 보행에 의한 철근 흐트러짐과 간격재 이탈방지

④ 순환타설 간격이 길 경우 해체 압송관 내의 콘크리트 제거

⑤ 횡방향 콘크리트 이동 목적으로 내부진동기 사용금지

(3) 타설 후

① 적정 표면마무리 실시

② 블리딩수 걷힌 후 마무리, 초기균열 Tamping 소거

③ 구조체 콘크리트 보양 및 양생 철저

④ 거푸집 존치기간 준수

- 해체 전 소요강도 확인, 해체 후 급격한 온 · 습도 변화방지

4334 ㅣ 콘크리트 타설이음(Joint)

I 개요

☐ 콘크리트 이음은 의도적으로 설치하는 시공이음과 기능이음이 있으며, 비의도적인 콜드조인트 등으로 구별된다.

☐ 시공이음은 타설계획에 따라 설치하며, 기능이음은 설계도서 내용을 반영한다.

☐ 표준시방서(KCS 142010)에는 시공이음, 신축이음, 조절이음 등을 규정하고 있다.

시공이음	• 현장여건을 고려한 의도적인 타설시간 불연속부 • 가급적 설치하지 않는 것이 바람직 • 불가피할 경우 이음원칙 준수, 필요시 수밀·전단보강 실시
기능이음 (가동이음)[100]	• 타설이음부에 균열제어 성능을 부여한 이음 • 구조물의 내·외부 이동요소를 고려한 이음 • 콘크리트에 단면, 또는 타설시간 불연속부 • 신축이음, 조절이음, 지연이음, 미끄럼이음 등
콜드조인트[101]	• 비의도적인 타설시간 불연속부 • 재료분리와 더불어 대표적인 콘크리트공사 품질하자

시공이음	➡	기능이음
• 정의/위치 • 설치방법		• 요구성능/설계요소 • 신축/조절/지연/미끄럼

II 시공이음(Construction Joint)[102]

1. 정의

① 시공이음은 타설순서 및 일일 타설능력 등의 현장여건 반영

  • 타설계획 시 결정되며 타설구획 경계면에 설치

② 보, 슬래브는 시공이음을 가급적 두지 않거나 최소한으로 설치하는 것이 바람직[103]

  • 수직부재는 층 단위 시공이음이 불가피

---

100) '균열제어' 측면에서 기능이음, '부재이동'을 전제로 한 이음 측면에서 가동(可動)이음으로 볼 수 있다.
101) '4334 콜드조인트' 참조
102) KCS 142010(3.6 이음) 참조
103) 타설량이 많은 기초 매트도 가급적 시공이음을 두지 않는 것이 바람직하다.

2. 이음위치

(1) 이음원칙

　① 설치위치는 구조내력 및 내구성을 손상하지 않는 곳일 것

　② 공사시방서, 설계도면 품질에 충실할 것

　③ 구체적 내용이 없을 경우 담당원 승인 후 설치할 것

(2) 보, 슬래브, 아치(수직시공이음)

　① 스팬 중앙부에 주근 직각방향으로 설치

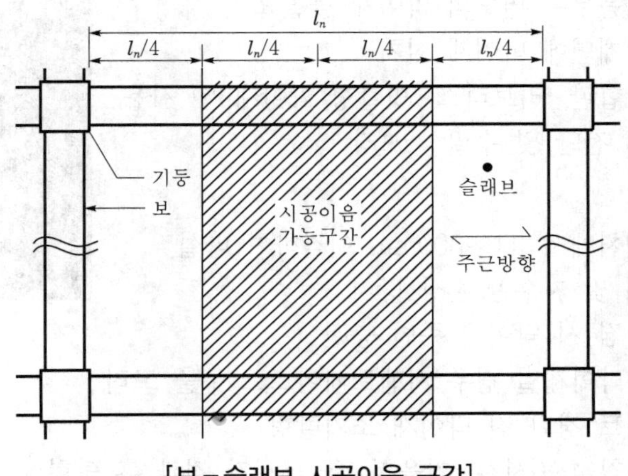

[보-슬래브 시공이음 구간]

　② 작은보가 있을 경우

　　• 작은보에서 보폭(b)의 2배 이상 이격

　　• 이 경우 반드시 전단보강근 배근

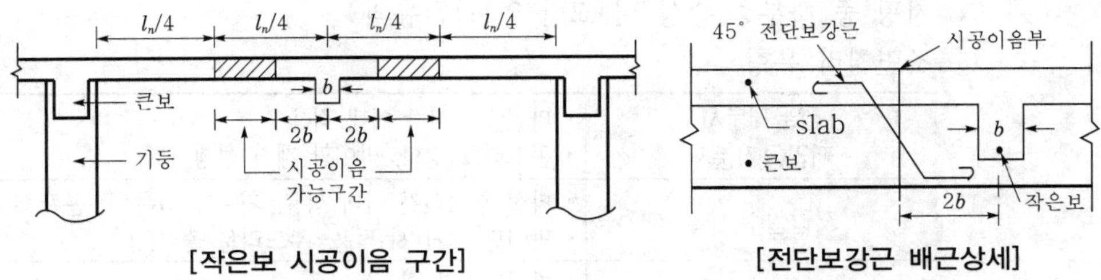

[작은보 시공이음 구간]　　[전단보강근 배근상세]

　③ 아치부위는 아치축에 대하여 직각방향

　　• 수평방향으로 설치 시 보강방안 강구

　④ 캔틸레버 보·슬래브 이음금지

(3) 기둥, 벽(수평시공이음)

　① 기둥, 벽에 수평방향으로 설치

② VH분리타설: 바닥 및 지붕 슬래브, 보
  • 헌치 있는 곳의 이음은 헌치 하단부
③ 일체타설: 바닥슬래브, 보, 기초 보의 상단에 설치

3. 설치방법

| 막이재 설치 | ➡ | 선타설 | ➡ | 표면처리 | ➡ | 후타설 |

(1) 막이재 설치

① 수평이음부는 별도의 막이재 불필요
② 타설경계면에 막이재 설치
③ 각목＋합판, 리브라스, 빗살형 막이재[104] 사용
④ 필요시 전단 및 수밀성 보강

[빗살형 막이재]

(2) 선타설

① 이음위치에서 150~300mm 이격하여 타설
② 막이재 및 지수판 손상 방지
③ 진동다짐 시 막이재 주변 충전
  • 라스막이재일 경우 시멘트페이스트 누출 고려
④ 콘크리트 경화 전 막이재 조기탈형
  • 여름철 4~6시간, 겨울철 10~15시간 경과 후 탈형

(3) 표면처리(Chipping)

① 선타설이음부 거친면(조면, 粗面) 처리
② 표면부 레이턴스, 취약한 콘크리트 제거
③ 굵은골재 노출: 주변 모르타르 2~3mm 깊이까지 제거
④ 치핑 중 하부층 손상 및 교란 없도록 유의
⑤ 조면처리 유형

잔골재분사 저압공기분사	• 타설 1~4시간 이내 적용 • 콘크리트 경화, 막이판 제거 선행
저압살수＋솔	• 타설 후 4시간 이내 적용, 지수재 있는 곳 곤란 • 막이판 제거 시 적용, 부드러운 솔 사용
저압 워터젯	• 타설 6시간 내 적용 • 워터젯 저압살수, 지수재 있는 곳 가능
물씻기＋쇠솔	• 타설 34시간 내 적용 • 약하게 살수하면서 쇠솔질로 씻어 냄
해머, 드릴링	• 재령 3일 후 실시 • 얇은단면 곤란, 초기대응 미흡 시 적용

---

104) 가로근에 빗살봉(차단봉)이 간섭될 경우 하단부에 해당크기의 차단판을 끼워서 페이스트 누출을 방지한다.

(4) 후타설

① 타설 전 물축임 및 잔류수 제거

- 잔류수는 경화 후 콘크리트 조직의 공극이 됨

② 수직부재 1회 타설높이 300~500mm, 블리딩 구속방지

③ 타설경계부 진동다짐

- 지수판 주변에 공극없도록 다짐 철저

Ⅲ 기능이음(Function Joint)

1. 요구성능

(1) 내구성

① 구조물 사용기간 동안 열화 및 파손이 적을 것

② LCC 측면에서 내구성 적극 검토

(2) 방수, 방음, 단열, 내화 성능

① 누수차단 성능이 있을 것

② 틈새에 의한 소음 전달 및 열손실을 차단할 것

③ 화재로부터 안전한 구조일 것

(3) 외관성

① 구조물 전체 외관을 고려한 외관성

② 이음외관이 콘크리트 제치장, 표면마감과 조화될 것

(4) 유지관리용이성

① 점검이 용이할 것

② 점검 및 보수를 위한 접근성이 있을 것

2. 이동량 설계요소

(1) 사용환경

① 콘크리트 온도변화

- 실내외, 대기노출·비노출, 사용·비사용 등 사용환경에 따라 상이
- 사용온도범위＝연중 최고온도−연중 최저온도

② 콘크리트 선팽창계수

- 콘크리트 강도, 밀도, 배합재에 따라 상이
- 일반콘크리트일 경우 $(10\sim13)\times10^{-6}$

③ 대기 습도변화
- 콘크리트 수밀성능에 따라 상이
- 습도변화에 따른 콘크리트 내 수분이동량 경미

(2) 작용하중

① 건물자중
② 활하중, 풍하중, 지진하중
③ 비대칭하중 등

(3) 지반거동

① 하중으로 인한 침하
② 압밀침하
③ 지반 부등침하, 지반수축 및 융기

(4) 콘크리트 원인

① 초기재령의 시멘트 수화열
② 비탄성 축소, 건조수축 및 Creep 변형 등

3. 기능이음 유형

3.1 신축이음(Expansion & Contraction Joint)

(1) 정의

① 온·습도 변화에 의한 거동량을 허용하는 이음
② 위치 및 구조는 구조물의 안전도, 외관, 시공성을 고려하여 설계
③ 부재길이가 길거나 단면크기가 급변하는 곳에 설치

(2) 주요기능

① 콘크리트 수축과 팽창 허용
② 하중에 의한 치수변화 허용
③ 추가하중에 의한 상대처짐과 변위 허용
④ 이음부 양측을 완전 분리

(3) 설치위치

① 온도차이 큰 곳, 미단열 지붕층
② 동일건물 고·저층 경계부
③ 기존 건물에 면한 증축 경계면
④ 평면·단면 급격 변화부위

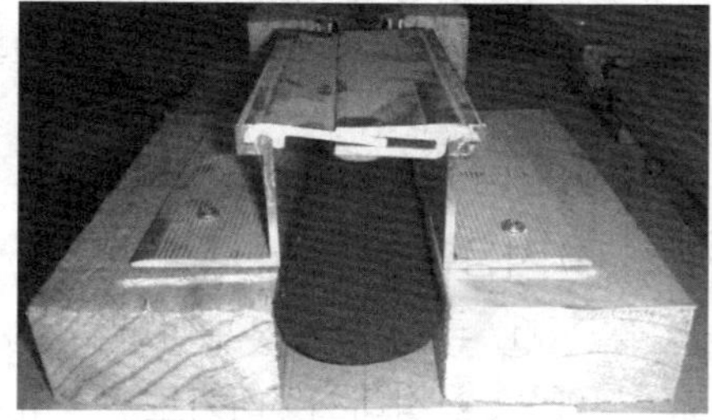

[신축이음용 철물]

(4) 설치방법

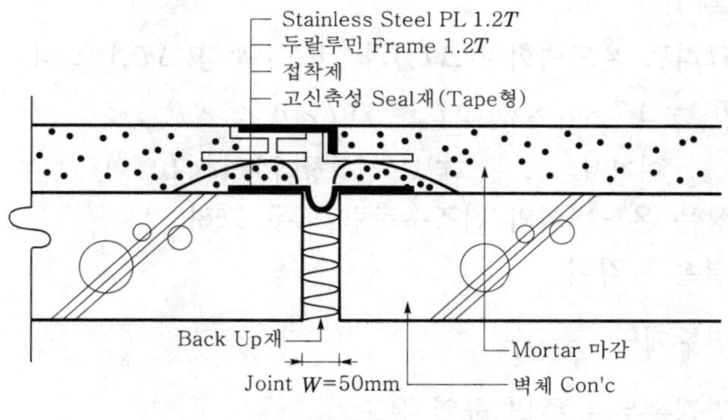

[신축이음 설치단면]

① 구체공사
   • 설계위치에서 철근 및 콘크리트 절연시공
② 줄눈부 방수처리
   • 백업재 충전, Tape형 Seal재 부착
③ 보호 프레임 설치
   • 보호 프레임 구조체 고정 후 마감판 설치
④ 주변부 무근 및 모르타르 마감

3.2 조절이음(Control Joint, 균열유발줄눈)

(1) 정의
   ① 콘크리트 표면부의 인장응력을 해소시키기 위해 설치하는 이음
   ② 주로 무근콘크리트에서 건조수축응력에 의한 표면균열을 유도하기 위해 설치

(2) 설치위치
   ① 외벽개구부
   ② 구조물 관통부 주위
   ③ 무근콘크리트 타설부위
      • 지붕바닥 방수층 누름콘크리트, 주차장 무근콘크리트 타설바닥층

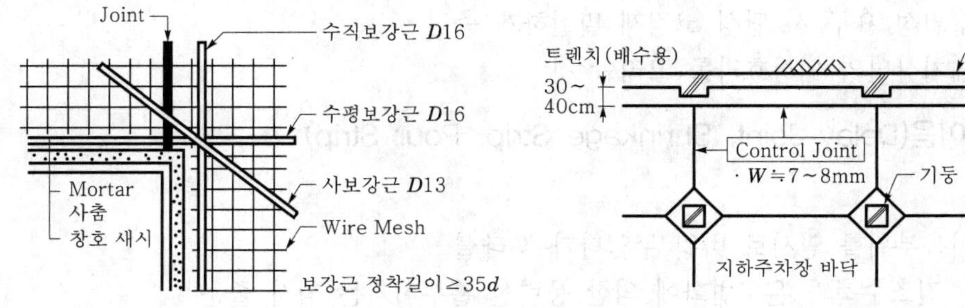

[외벽조절줄눈]　　　　　　　[지하주차장 바닥조절줄눈]

(3) 설치방법

① 줄눈폭(W)

- 콘크리트 온도변화량(ΔL_t)과 건조수축량(ΔL_s) 고려
- $\Delta L_t = \Delta T \times \alpha \times l$, $\Delta L_s = \Delta T \times \alpha \times l \times \beta$

　　여기서, α: 콘크리트 선팽창계수(1×10^{-5}), l: 부재길이, β: Creep 보정계수

- 옥상은 온도변화와 건조수축량 모두 고려

② 단면결손부 깊이

- 단면두께의 $\frac{1}{5} \sim \frac{1}{4}$
- 단면결손부로 주변 균열 유도

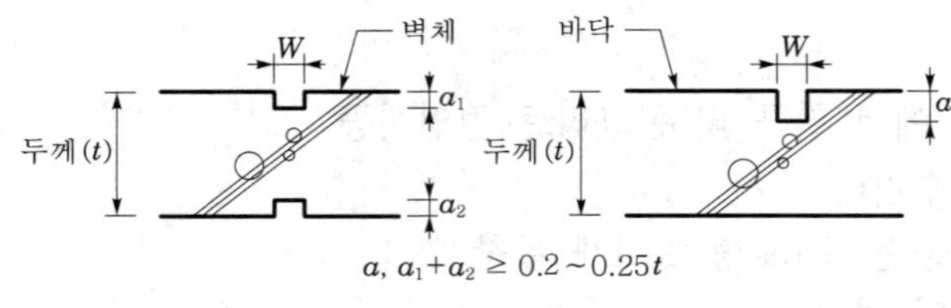

[단면결손부 상세]

③ 줄눈간격

- 개구부가 있는 외벽: 2~3m, 지하주차장 바닥: 3~5m

④ 단면결손부 설치

- Saw Cutting, 줄눈대 대기, 줄눈긋기 등으로 단면에 홈 형성
- 일반적으로 Saw Cutting 적용
- 단면결손부 설치 후 Cauking
  - 실리콘, 유성 코킹재, 조이너 등을 충전하여 이음부 마감

(4) 유의사항

① 지붕 방수보호층 Saw Cutting, 방수층·단열층 직전까지 절단
② 가급적 구조체 시공이음부와 일치시킬 것
③ 균열보수가 용이한 곳에 설치할 것
④ 수밀성 요구 시 탄성 코킹재 밀실하게 충전
⑤ 제치장면의 의장효과를 고려할 것

3.3 지연이음(Delay Joint, Shrinkage Strip, Pour Strip)

(1) 정의

① 이음부위를 임시로 비워 두었다가 후타설
- 건조수축과 온도변화에 의한 응력을 흡수시키는 임시 줄눈
② 신축이음의 마감처리 및 누수문제에 대응하여 지연이음으로 대체하는 추세

(2) 적용부위

① 얇고 긴 벽체와 바닥 슬래브

② 아파트 지하 주차장의 상부 바닥슬래브

③ 100m 이상의 긴 구조물

④ 건물 사이에 설치되는 바닥슬래브 등

(3) 설치방법

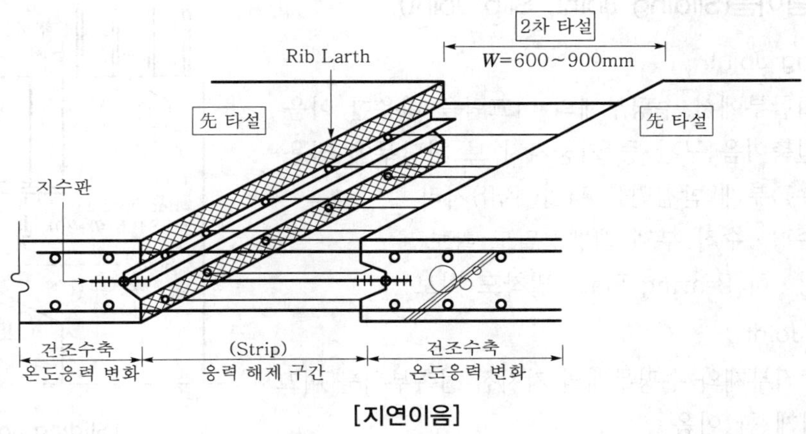

[지연이음]

① 이음간격, 폭, 위치

• 30~45m 간격

• 온도변화와 건조수축량 고려

$$\Delta L_t = \Delta T \times \alpha \times l, \ \Delta L_s = \Delta T \times \alpha \times l \times \beta$$

• 전단응력이 작은 곳에 설치

② 철근배근

• 철근굽힘 방식: 이음구간 철근을 굽혀서 배근

• 철근겹침이음 방식: 이음 양측의 수축변위 흡수 후 철근을 겹침이음

③ 선타설 및 면처리

• 이음양면에 막이재 설치하고 선타설

• 막이재 탈형, 조면처리

④ 이음부 후타설

• 선타설 후 4~6주 경과한 다음 후타설

(4) 유의사항

① 전단응력이 큰 곳, 반드시 전단보강 실시

② 누수가 우려되는 부위, 지수판 설치

③ 이음부위 콜드조인트 방지
- 후타설 전 조면처리, 물축임 철저
- 다짐 및 양생 철저, 콜드조인트 방지
④ 2차 타설시기(수축대 존치기간)
- 슬래브 두께, 철근비, 온도, 계절에 따라 다르게 적용
- 건조수축이 가장 큰 하절기(혹서기) 충전 지양

3.4 미끄럼이음(Sliding Joint, Slip Joint)

(1) Sliding Joint
① 접합부에서 수평부재의 미끄럼을 허용한 이음
② 신축이음 구간 중 기둥지지 보 하단부에 적용
③ 수직부재 받침면을 평활(平滑)처리
④ 수평 · 수직 부재 레벨정밀도 확보
⑤ 상 · 하 Bearing Plate 밀착도 확보

(2) Slip Joint
① 수직부재와 수평부재의 지지점 접촉부위를 미끄럽게 한 이음
- 수평부재의 자유신축을 허용하여 응력 발생 해제
② 조적벽체와 RC 바닥 및 보의 접합부가 별개의 거동이 되도록 설치
- 조적벽의 수평균열 방지, 부재의 뒤틀림 방지
③ 접촉면 미끄럼(Slip)기능 확보
- 접촉면에 적정 두께 · 강도의 Bearing Pad 설치
④ 지지점 간 수평 레벨 확보

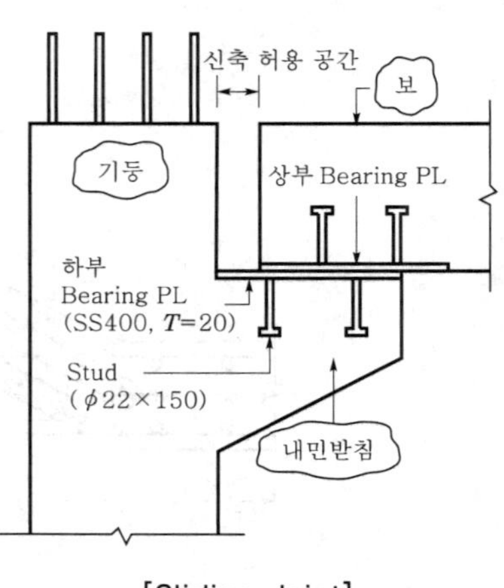

[Sliding Joint]

Ⅳ 결론

① 시공이음은 가급적 설치하지 않는 것이 좋으나 타설능력과 현장여건을 고려하여 최소한으로 하고 이음위치 선정과 이음부위의 일체성 확보가 매우 중요하다.
② 기능이음은 이동량을 고려하여 설계도서에 따라 정밀시공하며, 콜드조인트는 중대하자이므로 레미콘 운반시간 준수, 타설 · 다짐품질 확보 등에 유의하여야 한다.

4335　콘크리트 표면마무리

Ⅰ　개요

1. 건축부재의 콘크리트 표면은 안으로 철근을 피복하고 밖으로는 마감면의 바탕이 되거나 제치장면으로서 외력과 외기의 영향을 차단하는 부위이다.

2. 콘크리트 표면부 결함은 사용 전부터 구조물 성능과 외관을 해치므로 타설을 완료하거나 탈형 즉시 결함 유무를 검사한 다음 필요시 적절한 보수대책을 강구한다.

3. 콘크리트의 표면마무리는 공사시방에 따라야 하며, 표준시방서에는 마무리 상태의 검사, 콘크리트 표면의 평탄성 표준값이 규정되어 있다.

부위별 시공	➡	마무리검사	➡	표면보수
• 거푸집 비접촉면, 접촉면 • 마모 노출면		• 검사방법 • 판정기준		• 필요성/노출면 • 거푸집면/마모면

Ⅱ　부위별 시공

1. 거푸집보 비접촉면(보, 슬래브의 윗면)

(1) 마무리 시기

① 콘크리트 경화 전으로 Bleeding水가 걷히거나 제거한 후에 실시

② Bleeding水를 제거하지 않으면 Laitance와 표면균열의 원인

(2) 마무리 방법

① 나무흙손 먼저 사용, 시간경과 후 경화 직전 쇠흙손 마무리

　• 쇠흙손을 먼저 사용하면 표면의 집수현상(集水現狀)으로 수축균열과 Laitance가 발생하여 마모저항성 저하

② 쇠흙손 마무리 방법

　• 치밀한 표면마무리가 필요할 경우 실시

　• 표면이 굳기 직전에 쇠흙손을 강하게 누르면서 마무리

③ 방수 바탕면: 도면 상의 물매 확보 $\left(\dfrac{1}{100} \sim \dfrac{1}{50} \right)$

　• 필요시 기계미장 마감

④ 무근 타설면: 블리딩수 제거 후 마무리

2. 거푸집 접촉면(벽체, 기둥, 보·슬래브 옆)

(1) 거푸집널의 평활성과 수밀성 확보

① 거푸집널 표면이 매끄러운 것 사용

② 거푸집널 이음부위에서 시멘트풀이 새지 않도록 설치

(2) 밀실한 콘크리트 타설

① 재료분리와 Cold Joint 부위가 없도록 타설

② 철저한 진동다짐으로 표면부에 공극이 없도록 마무리

3. 마모 노출면

▶ 보행 및 차량 통행, 물이 흐르는 수로의 표면이 되는 곳

① 마모저항성이 큰 골재를 사용

• 입형판정실적률이 높고 연속입자분포의 깨끗한 골재 사용

② 低 W/B로 배합

③ 철저한 진동다짐, 콘크리트 조직의 치밀화

④ 충분한 습윤양생

• 서중: 살수 및 피막양생, 한중: 보온, 급열양생 철저

⑤ 특수콘크리트 적용

• 내마모성이 높은 콘크리트 사용, 폴리머콘크리트, 섬유보강콘크리트 등

Ⅲ 마무리검사

1. 부재 위치·단면치수

① 타설이 끝난 콘크리트 부재는 소정의 위치와 단면치수 확보

② 거푸집널, 받침기둥 해체 후 자, 트랜싯, 레벨을 이용하여 검사

③ 불합격 시 보정 조치

• 할석, 덧붙이기, 재시공 등

2. 마무리 평탄성

(1) 검사방법

① 소요의 평탄성 충족여부 검사

② 거푸집널, 받침기둥 해체 후 정규(定規: 측정침이 달린 자) 이용

③ 대상부재에서 1m당 3개소 이상 측정

④ 요철의 최대·최소치로 평탄성검사

(2) 마무리 평탄성 표준값[105]

콘크리트의 내외장 마무리 바탕	평탄성 (mm)	콘크리트 표면	
		기둥 · 벽	바닥
마무리 두께 ≥ 7mm(바탕 영향 작을 때)	10 / 1m	바름, 띠장바탕	바름, 이중마감바탕
마무리 두께 < 7mm(고평탄성 필요)	10 / 3m	뿜칠, 타일압착바탕	타일, 방수바탕
제치장(얇은 마무리 두께)	7 / 3m	제치장, 도장바탕	수지바름, 내마모마감, 쇠흙손마무리바탕

① 내외장 마무리 두께
- 미장용 또는 마감재 붙임용 Mortar나 얇은 바름재(수지미장, 도장 등)의 두께
- 마무리 두께가 얇을수록 시공오차 흡수 곤란

② 제치장콘크리트의 표면은 균일노출면이 되도록 마무리
- 외관영향 고려, 마무리 재료와 시공은 구체공사와 동일

3. 타설 결함부

① 재료분리, Laitance와 균열, Cold Joint 등의 발생부위
② 거푸집널과 받침기둥 해체 후 육안검사

Ⅳ 표면보수

1. 필요성

(1) 내외장 마감 바탕면
① 미장, 도장 마감 시 바탕의 평탄성 필요
② 타일, 석재 붙임바탕의 평탄성 확보
③ 방수마감 바탕의 평탄성과 물매 확보

(2) 제치장면인 경우
① 제치장면의 외관, 수밀성, 내구성 확보
② 중성화, 우수 침투방지
- 불량부위 있으면 적정 보수할 것

2. 거푸집 비접촉면(보와 슬래브의 윗면)

(1) 경화 전
① 소성수축과 침하균열의 유무를 육안검사
② 발견 즉시 표면다짐(Tamping)하고 재마무리하여 균열 소거

---

105) KCS 112010 표 3.7−1 참조

(2) 경화 후

① Laitance 침전부위 육안검사

② 쇠솔, 고압수 및 고압공기로 침전된 레이턴스 제거, 마감재 부착성 향상

3. 거푸집 접촉면

▶ 거푸집 탈형 즉시 검사 후 보수한다.

(1) 공극 및 공동(空洞) 부위

① 피복두께보다 깊을 경우

• 공극부위의 콘크리트 제거 후 재타설

② 피복두께 이내일 경우

• 수지 Mortar이나 에폭시로 즉시보수

(2) Cold Joint 부위

① 내부철근 보일 경우 불량부위 제거하고 콘크리트 재타설

② 기타 부위는 에폭시 주입보수

(3) 제치장 요철면

① 오목부: 폴리머시멘트 Mortar 충전

② 돌출부: Grinder와 숫돌로 연마하여 돌출부위 제거

(4) 소성·침하균열 부위

① 시멘트계 주입재 주입

② 폴리머시멘트 Paste 도포

(5) 건조수축, 온도균열 부위

① 에폭시수지 주입 또는 V, U-Cut하고 충전

② 폴리머시멘트 Mortar, 탄성형 실링재 등의 충전재 사용

4. 마모 노출면

① 보행면, 유수(流水: 흐르는 물)면, 수로(水路) 등의 마찰·마모 부위의 표면경도 보강

② 표면부에 폴리머를 함침하여 보수

4336 콘크리트 양생

I 개요

[1] 콘크리트의 양생은 거푸집에 타설된 콘크리트가 적절하게 수화반응하여 경화 후의 소요품질이 발휘되도록 보양하는 공정이다.

[2] 양생방법은 타설 직후의 양생환경에 따라 습윤양생과 온도제어양생으로 대별한다.

필요성 ➡	양생방법
• 수화/유해 작용 • 전용성/기타	• 습윤/온도제어 • 양생방법 선정

II 필요성

① 수화작용의 촉진
  • 수화에 필요한 온·습도를 유지하여 수화율 제고
② 유해작용 방지
  • 유해한 진동·충격으로부터 콘크리트 보호
③ 거푸집의 전용성 제고
  • 강도촉진으로 탈형시기 단축
④ 기타
  • 경화체 강도, 수밀성, 내구성 증대

III 양생방법

1. 습윤양생

[습윤양생기간(일)][106]

일평균기온	조강포틀랜드시멘트	보통포틀랜드시멘트	고로슬래그 및 플라이애시시멘트
15℃ 이상	3	5	7
10℃ 이상	4	7	9
5℃ 이상	5	9	12

---

106) KCS 142010 표3.4-1

(1) 수분공급 방식

① 수중 · 담수양생, 바닥 및 지붕 Slab에 적용 가능

② 살수양생, 거적 또는 부직포를 덮고 호스나 Sprinkler로 살수

(2) 밀폐 방식

① 피막양생: 피막용 양생도료를 분무기로 분사하여 수분 증발방지

② 시트양생: 비닐, 플라스틱재 시트로 타설면의 수분 증발방지

2. 온도제어양생

(1) 고온양생

① 주로 프리캐스트콘크리트에 적용

② 상압증기양생: 상온의 대기압에서 실시

- PC 및 한중콘크리트에 적용

③ 고압증기양생(Auto Clave Curing)

- 압력용기에서 고압증기로 양생시키는 방법

(2) 온도저감양생

① 매스콘크리트에 적용

② Pipe Cooling으로 콘크리트 내의 온도구배 저감

(3) 급열양생

① 한중콘크리트공사에서 적용

② 급열기구 이용, 수화반응에 필요한 온도 유지

(4) 보온단열양생

① 양생기간 중 외기온 영향 차단, 외기온으로 인한 온도 상승 · 저하 방지

② 콘크리트 표면에 단열시트 설치, 외기온 영향 차단

- 한중 · 서중 · 매스 콘크리트에 모두 유용

3. 양생방법 선정 시 고려사항

① 기상 및 기후 조건

② 구조물의 종류 및 시공부위

③ 공사시기 및 경제성 등

④ 양생 취약부

- 서중: 슬래브 단부(사무용 건축물의 커튼월 설치부위)
- 한중: 벽이음부(아파트 벽이음철근 부위) 등

⑤ 거푸집 존치기간 충족

- 해체 시 급격한 온 · 습도 변화방지

4341 생콘크리트(Fresh Concrete)

I 개요

① 굳은 콘크리트(Hardened Concrete)의 상대어(相對語)로서, 비빔 후 응결·경화하기 전의 콘크리트를 말한다.

② 생콘크리트에 요구되는 품질특성에는 시공연도(Workability), 반죽질기(Consistency), 성형성(Plasticity), 마감성(Finishability), 압송성(Pumpability) 등이 있다.

품질요소	➡	품질관리
• Workability/Consistency • Plasticity/Finishability/Pumpability		• 배합, 제조/운반 • 반입검사, 타설

II 품질요소

① Workability(施工軟度)
   • 반죽질기에 따르는 타설작업의 용이성과 재료분리에 저항하는 정도
② Consistency(반죽질기)
   • 단위수량의 다소에 의한 반죽질기의 정도
③ Plasticity(成形性)
   • 거푸집에 쉽게 다져 넣을 수 있고 재료분리되거나 쉽게 허물어지지 않는 성질
④ Finishability(磨勘性)
   • 굵은골재의 크기, 잔골재율, 골재 입도와 입형, 반죽질기 등에 따르는 마무리 용이성의 정도
⑤ Pumpability(펌프 壓送性)
   • 콘크리트펌프에 의한 압송 용이성의 정도

III 품질관리

1. 배합 및 제조

① 단위시멘트량과 단위수량은 소요 워커빌리티 내에서 최소한으로 배합
② 低 W/B에서는 AE제, 감수제, 유동화제 등의 혼화제 첨가
③ 잔골재율 할증 고려
   • 펌프 압송성 향상, 재료분리 방지
④ 적정 비빔시간 준수

2. 운반단계

① 운송시간 최소화로 슬럼프 저하방지

② 레미콘 차량의 현장 내 대기시간 최소화

③ 운반 중 가수(加水)금지

3. 현장반입 및 타설

① 레미콘 반입 시

- Slump Test, 공기량시험으로 시공연도 측정

② Cold Joint의 한계시간 준수(이어치기 한계시간)

- 응결 전 이어치기

- 외기온 25℃ 이상 ≤ 120분, 외기온 25℃ 미만 ≤ 150분

③ 재료분리 방지

- 타설속도 · 높이 유지, 적정 다짐 실시, 페이스트 · 골재 분리현상 방지

④ 타설 후 양생수 공급 및 표면부 조기 증발방지, 습윤양생기간 충족 등

4342 | 콘크리트 워커빌리티(Workability)

I 개요

1. 워커빌리티는 미경화 콘크리트의 반죽질기에 의한 타설작업 용이성과 재료분리에 저항하는 정도로서, 굳지 않은 콘크리트의 중요한 품질요소이다.
2. 콘크리트의 워커빌리티는 배합재료의 구성과 비빔 및 운송시간의 경과에 따라 상이하므로 공사의 특성과 환경을 고려하여 적정치의 워커빌리티를 확보하여야 한다.
3. 워커빌리티는 레미콘 반입 시 시료를 채취하여 측정하며 Slump Test, Remolding 시험, Vee-Bee Test 등으로 측정한다.

영향요소	→	확보방안
• 재료 · 배합 • 비빔 · 운반 · 타설		• 배합 · 타설 • 워커빌리티 측정

II 영향요소

1. 재료 · 배합

① 빈배합일수록 시공연도는 향상되지만 재료분리 우려
② 시멘트 분말도가 작을수록 증가
③ 단위수량이 많을수록 증가
④ 골재입도가 크고 입형이 구형일수록 증가
⑤ 화학혼화제, 미분말혼화재 사용량

2. 비빔 · 운반 · 타설

① 비빔시간과 운반시간이 길수록 워커빌리티 감소
② 거푸집 단면이 작고 철근 배근량이 많을수록 워커빌리티 감소

III 확보방안

1. 배합 및 타설

① 운반시간의 지연방지
② 시멘트는 소요 워커빌리티 내에서 최소한으로 배합
③ 현장에서 유동화제를 첨가하여 교반할 것을 검토

 ④ 콘크리트의 타설온도
  • 35℃ 이하가 되도록 관리
  • 고온일 경우 슬럼프 저하로 워커빌리티 감소

2. 워커빌리티 측정 · 검사

 ① Slump Test 및 Slump Flow Test
 ② Remolding 시험
 ③ Vee-Bee Test 등으로 워커빌리티의 양부(良否) 측정
 ④ 불량 콘크리트 장외 반출 · 폐기

4343 콘크리트 품질검사

I 개요

1. 콘크리트 품질은 타설 전의 생콘크리트와 타설 이후의 구조체 콘크리트로 구분하여 검사를 실시한다.
2. 생콘크리트는 현장반입 단계에서 인수검사, 구조체 콘크리트는 타설 및 탈형 이후에 구조체 중의 콘크리트를 검사한다.
3. 품질불량 판정 시 생콘크리트일 때에는 콘크리트 제조사, 구조체 콘크리트일 때에는 시공사와 감리사가 책임을 부담한다.

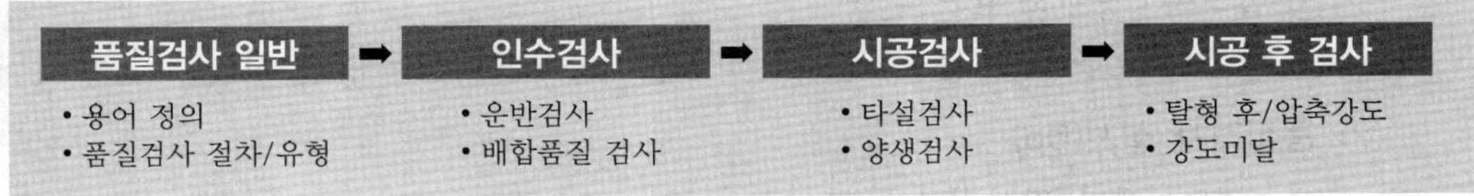

II 품질검사 일반

1. 용어 정의

(1) 품질관리
  ① 관리대상에 대하여 품질계획
  ② 계획내용의 이행 및 품질 실현
  ③ 이행사항 점검 및 평가, 점검·평가 수단으로 검사 실시
  ④ 평가결과에 대한 사후조치 및 확인

(2) 품질검사
  ① 품질의 적부(또는 합부)를 판정하는 행위
  ② 검사수단으로 측정, 계측, 시험 등 이용
  ③ 측정·계측·시험의 결과를 판정기준과 비교
    • 판정기준: 법령, 시방, 표준 등
  ④ 적부판정은 후속공정 진행여부에 영향
    • 합격 시 공사 진행, 또는 완료, 불합격 시 수정·재시공 후 재검사

(3) 품질시험
  ① 품질의 특성을 정량값으로 도출하기 위한 행위
    • 시험(Test): 어떠한 특성을 절차에 따라 측정하는 것

② 품질시험은 품질검사를 수행하기 위한 수단 중의 일부

③ 시험기준(또는 표준)에 따라 유자격자가 시험 실시

③ 품질시험값은 품질검사의 합부판정에 이용

④ 품질시험은 자체시험과 의뢰시험으로 구분

  • 자체시험은 생산주체, 의뢰시험은 공인시험기관[107]에서 실시

2. 품질검사 절차

(1) 품질검사 계획(Plan)

① 단계별 검사항목의 선정 및 계획

② 측정 가능한 검사항목 선정

③ 합리적·경제적 요건 반영

④ 발주자 요구수준, 공사·검사 난이도, 시공자 역량 등 종합 고려

(2) 품질검사 실시(Do)

① 계획에 따라 검사절차에 참여

② 검사주체는 시공자, 공인된 객관적 기준에 따라 검사 실시

  • 공사시방 및 표준시방, 국가·국제 표준 등

③ 감독·감리자는 검사과정에 입회, 검사절차의 적절성 확인

(3) 품질검사 점검(Check)

① 검교정 검사 장비·기구 사용

② 검사항목별 체크리스트에 합부 명기

③ 부적합 품질에 대한 원인 분석, 필요시 통계기법 적용

(4) 품질검사 후 조치(Action)

① 부적합 품질에 대한 조치 강구 및 이행

② 품질보완 및 재시공 조치

③ 기록 유지 및 재발 방지대책 강구

3. 품질검사 유형

3.1 전수·발췌 검사

[품질검사 유형]

구분 기준	유형
빈도	전수검사, 발췌검사
방법	육안검사, 시험검사
파괴	파괴검사, 비파괴검사
기타	기록물검사

(1) 전수검사(Total Inspection)

① 대상군의 모두를 검사하는 것, 일명 100% 검사

② 검사 대상은 재료, 공정 및 서비스 등

③ 외관관찰이 가능한 부분에 적용

④ 대량품, 연속·복합 공정, 파괴검사 등에는 적용 곤란

---

107) 국내 **공인시험기관**은 국가기술표준원의 한국인정기구(KOLAS)에서 지정한다.

(2) 발췌검사(Sampling Inspection)

　① 전수검사 대응 개념

　　• 전수검사에 비하여 신속·저렴

　② 전수검사 불가능·곤란 시 적용

　　• 대량품, 연속·복합 공정, 파괴검사 등에 적용 가능

　③ 검사대상의 일부를 발췌(Sampling)하여 전체의 품질을 판정

　　• 검사대상 선정 및 시료채취는 반드시 무작위 발췌일 것[108]

　④ 결과분석 시 통계기법(SQC) 적용, 검사 신뢰도 제고

　　• 히스토그램, 관리도, 특성요인도, 산포도, 체크시트, 파레토도, 층별 등

3.2 육안 · 시험 검사

(1) 육안검사(Visual Inspection)

　① 검사대상 외관 및 표면부의 양부를 육안으로 검사

　　• 필요시 간단한 측정기기 사용, 자(Scale)·다림추·레벨기 등

　② 대부분 '시험에 의한 검사'의 보조적 수단

　③ 검사 간편, 용이, 신속 및 염가

　④ 반입 자재·부재의 변형, 시공표면부 결함 및 치수정밀도 등

(2) 시험검사(Test & Inspection)

　① 시험에 의한 검사

　　• 시험: 대상으로부터 품질 특성치를 측정하는 행위

　② 공인규정(KS 등)에 따라 시험 절차 및 방법 준수

　③ 시료 및 시험체에 대한 시험값 도출

　④ 시험값을 기준값과 비교하여 합부판정

3.3 파괴 · 비파괴 검사

(1) 파괴검사

　① 파괴시험(Breaking Test)에 의한 검사

　② 대상물에 충격 및 하중 등 가력

　③ 파괴 시의 측정치 파악

　④ 검사대상에서 일부 발췌 후 시험 및 검사 실시

　⑤ 콘크리트의 압축강도, 강재의 인성과 강도 및 기계적 성질 등

---

108) 콘크리트 반입검사에서 예정된 특정 차량에서 시료를 채취하였다면 발췌검사의 품질을 왜곡시키는 심각한 위반 행위에 해당한다. 발췌검사는 검사 대상의 무작위 선정을 원칙으로 하기 때문이다.

(2) 비파괴검사

① 비파괴시험(NDT, Non-Destruction Test)에 의한 검사

② 시험대상을 파괴하지 않고 시험 후 검사

③ 고도의 숙련도 및 해석능력 필요

④ 콘크리트 압축강도, 강구조 용접부 결함검사 등에 적용
  • 콘크리트: 슈미트 해머법(반발경도법)
  • 강구조 용접부 결함: UT, MT, PT, RT 등

3.4 기록물검사

① 선행공정의 기록물에 의한 검사

② 선행공정의 검사결과 확인

③ 미흡한 부분의 조치 확인 후 차기공정 착수

④ 선행공정 품질은 차기 공정 품질에 절대적 영향
  • 불량 품질의 방치·확산 방지

⑤ 선행공정의 기록물 유형
  • 설계도서, 시공상세도, 시공계획서, 납품서, 배합보고서, 밀시트
  • 품질·안전·환경 관리계획서 등

Ⅲ 인수검사[109)

▶ 인수검사 항목은 운반검사와 배합품질검사로 구분한다.

1. 운반검사

▶ 생콘크리트 운반 중 품질변화를 최소화하기 위한 검사항목이다.

(1) 운반 설비·방법, 인원배치

① 타설 전·중 외관관찰

② 시공계획서 및 시방서 규정에 근거하여 검사

③ 미흡 시 시정지시 및 확인

(2) 운반량

① 일일단위, 타설위치별 현장반입 운반량 확인

② 현장반입량 = 운반차량수 × 차량별 적재량($6m^3$)

③ 최종 차량의 적재량 사전조정
  • 현장-공장 긴밀 연락 유지

---

109) KCS 142010 일반콘크리트 3.5.3.1 콘크리트의 받아들이기 품질검사(표3.5-2) 참조

　　④ 필요시 임의차량 용적량 확인

　　　　• 적재차량중량－공차중량＝적재량(kg),　적재량/2,300＝용적량(m^3)

　　　　• 용적량 미달 시 공장에 통보 및 시정 요구

(3) 운반시간

　　① 생콘크리트 상·하차 소요시간 확인, 송장시간 기록 참조

　　② 운반시간 확인 및 감리자 서명, 서명 없을 경우 기성 불인정[110]

　　③ 현장 하차지점까지의 운반시간 기준 ≤ 1.5시간

　　　　• 주문자 지시가 있을 경우 단축 및 연장 가능[111]

　　④ 운반 소요시간[112] 초과 시 회차 및 폐기 조치

2. 배합품질검사

　▶ 배합품질검사는 '기본항목', '선택항목', '기타 항목' 등으로 세분한다.
　▶ 주문자의 주문품질을 기준으로 공장생산품의 적합여부를 판정한다.
　▶ 운반차량에서 시료를 채취하여 발췌검사 및 시험검사를 실시한다.

2.1 기본항목[113]

　▶ 기본검사항목에는 강도·슬럼프·슬럼프 플로·공기량 등이 있다.

> • 시료채취는 KS F 2401에 따라 실시하고 시험은 시료채취 직후 실시한다.
> • 압축강도시험은 재령 28일의 현장제작공시체를 이용한다.
> • 한 가지 이상 불합격 시 동일로트에서 모두 재시험 후 최종 판정한다.[114]

(1) 압축강도시험

　　① KS F 2405에 따라 시험, 28일 재령의 현장제작 표준공시체 이용

　　　　• KS F 2405(콘크리트 압축강도 시험방법)

　　② 1회 시험에 공시체 3개, 1검사로트는 3회 시험분 9개 소요

　　③ 시험빈도 및 판정기준은 공사시방서 규정 적용

　　　　• 해당규정이 없을 경우 KS 또는 KCS 중 현장에서 협의·선택

KS F 4009	• 1회 시험 타설량 매 150m^3 • 1검사로트 3회 시험, 매 450m^3
KCS 142010 (표3.5-3)	• 일일, 매 120m^3, 또는 배합변경 시마다 1회 실시 • 1검사로트 3회 시험, 매 360m^3

---

110) 건설공사 사업관리방식 검토기준 및 업무수행지침 제55조제5항 참조
111) KS F 4009 '8.4 운반시간' 참조
112) KCS 142010 "3.2"에서 콘크리트의 운반은 콘크리트 배출 이전과 배출 후 양생 전까지의 시간으로 구분한다.
　　 생콘크리트 인수검사 시에는 배출 이전의 운반 소요시간을 적용한다.
113) "염화물 함유량"은 KCS 142010 '표3.5-2'에서 해사 사용 시에 한하여 시험할 것을 규정하고 있으므로 '기본검사
　　 항목'에서 제외하여 '선택검사항목'으로 분류하였다.
114) KS F 4009 10.3 참조, 가장 오해가 많은 부분이다.

④ 합격 판정기준

KS F 4009(5.1)	1회 시험값 평균 $\geq 0.85 f_{cn}$, 3회 시험값 평균 $\geq f_{cn}$	
KCS 142010 (표3.5-3)	$f_{cn} \leq 35\text{MPa}$	• 연속 3회 시험값의 평균 $\geq f_{cn}$ 또는 1회 시험값 $\geq f_{cn} - 3.5\text{MPa}$
	$f_{cn} > 35\text{MPa}$	• 연속 3회 시험값의 평균 $\geq f_{cn}$ 또는 1회 시험값 $\geq 0.9 f_{cn}$

- 불합격 시 장기재령의 공시체시험 실시 검토

⑤ 7일 재령의 공시체시험 적극 활용 필요 → 장기재령 공시체시험 사례 최대한 예방

(2) 슬럼프(Slump)

① KS F 2402(콘크리트의 슬럼프 시험방법)에 따라 시험 실시

② 시험시기

KS F 4009	주문자 지정에 따라 시험
KCS 142010 (표3.5-3)	• 최초 1회 실시, 이후 압축강도 공시체 제작 시 • 또는 타설 중 품질변화가 인정될 때

③ 슬럼프 콘에 시료 충전 후 콘 제거, 시료의 내려앉은 높이(mm) 측정

④ 지정값-시험값 비교 및 판정

- 시험값이 지정값의 허용오차 이내이면 합격
- '지정값 슬럼프 $\geq 80\text{mm}$'일 경우 허용오차 $\pm 25\text{mm}$

⑤ 불합격 시 동일로트에서 재시험

- 이후에도 불합격 시 반입 불허 최종판정

(3) 슬럼프 플로(Slump Flow)

① KS F 2594에 따라 시험 실시

② 시험 시기 및 빈도는 슬럼프시험과 동일

③ 슬럼프콘에 시료 충전 ≤ 2분, 3회에 걸쳐 충전, 각 5회 다짐

- 고유동콘크리트일 경우 다짐없이 한번에 충전

④ 슬럼프콘 제거 및 시험값 측정

- 콘 제거시간$\leq (3.5 \pm 1.5)$초, 점성이 높을 경우 10초 이내

퍼짐지름(mm)	• 콘 제거 후의 시료의 퍼짐상태 측정 • 최대지름과 수직방향의 지름을 측정하여 평균값 산정 • 재시험 대상: 지름차이$\geq 50\text{mm}$, 또는 퍼짐형상이 원형모형과 현저하게 다를 경우 적용
흐름시간(초)	• 흐름의 지름이 평판상의 원형모형을 채우는 소요시간 • 흐름이 정지하는 데에 소요시간 등을 측정

⑤ 판정기준: 지정값에 대한 시험값의 허용오차 기준

지정값(mm)	허용오차(mm)
500	±75
600	±100
700	±100

(4) 공기량(%)

① KS F 2409 · 2421 · 2449에 따라 시험 실시

② 시험용기에 시료 충전 후 공기량 시험값 측정

③ 시험시기 및 횟수는 슬럼프시험과 동일

④ 시험값 판정기준(KS F 4009)

콘크리트 종류	표준량(%)	허용오차
보통콘크리트	4.5	
경량콘크리트	5.5	±1.5
고강도콘크리트	3.5	

- 시험값이 표준량의 허용오차 이내이면 합격

(5) 단위수량

① 1회/일, 매 120㎥, 배합 변경 시 검사 실시

② 한국콘크리트학회 검사규정(KCI-RM10) 준용

- 고주파가열법, 에어미터법, 정전용량법, 마이크로파법 중 선택

③ '측정치 ≤ 시방배합 단위수량±20kg'이면 합격

2.2 선택항목

▶ 공사참여자의 필요에 따라 실시하는 검사항목이다.

(1) 염화물 함유량(kg/㎥)

① 해사 또는 회수수 사용 시 일일 2회 이상 검사[115]

- 'KS F 4009 부속서 A[116]'에 따라 검사

② 콘크리트 중의 염소이온(Cl^-)량 측정

③ '측정치 ≤ $0.3kg/m^3$'이면 합격

④ 구입자 승인 시 $0.6kg/m^3$까지 허용

---

115) 저자 注: KS 및 KCS에는 '해사' 사용의 경우만 명시되어 있으나 실무에서는 회수수의 사용사례가 많으므로 이의 경우를 추가하였다.

116) KS F 4009 부속서 A "굳지 않은 콘크리트에서의 물의 염소이온농도 시험방법 해설" 참조

(2) 콘크리트 온도(T, ℃)

① 콘크리트 시료 중의 온도 측정, 디지털 온도계 사용

② 서중콘크리트: $T \leq 30\sim35$℃

- 상차지점 ≤ 30℃, 타설지점 ≤ 35℃

③ 한중콘크리트: 5℃ $\leq T < 20$℃

- 비빈 직후의 온도는 기상조건, 운반시간 등 고려

④ 매스콘크리트는 공장－구입자 협의에 따라 적용

(3) 단위용적질량(㎥)

① 경량·중량 콘크리트 타설 시 검사

- KS F 2409(굳지 않은 콘크리트의 단위용적질량 및 공기량 시험방법)에 따라 시험

② 금속제 시험용기에 3회에 걸쳐 시료 충전 및 다짐

③ 용기 중 시료질량 측정 및 단위용적질량 산정

- $M = \dfrac{W}{V} \, (\mathrm{kg/m^3})$

  여기서 W: 용기질량(kg), V: 용기용적

④ 단위용적질량 산정값과 기준값 비교 및 판정

2.3 기타 항목

▶ 관련규정 부재, 품질담당자의 역량과 관심도에 따라 추가하는 항목이다.

▶ 배합기록표, 재료계량값, 장비계기지침 등에 근거하여 검사를 실시한다.

(1) 물결합재비 관련

① 단위결합재량, 물결합재비

② 잠재수경성 결합재 치환율

③ 기타 재료 단위량

(2) 화학혼화제 및 콘크리트 물성

① 화학혼화제 혼입량 및 혼입률

- 고성능AE감수제, AE제, 응결지연·촉진제 등

② 워커빌리티는 타설 중 수시 확인

- $G_{\max}$와 슬럼프값의 만족여부, 재료분리저항성 외관관찰

③ 펌퍼빌리티. 펌프 압송 시 검사

- 최대이론토출압력에 대한 최대압송부하량의 적정성 확인

Ⅳ 콘크리트 시공검사

▶ 시공계획과 비교하여 타설 및 양생 과정의 적합성을 검사한다.

1. 타설검사

(1) 타설설비

① 타설장비 · 기구의 적정성 검사
- 제원과 작동, 배치 장소 및 수량 등

② 압송장비: 콘크리트 펌프, 압송관

③ 타설기구: CPB, 분배기, 주름관

④ 기타 다짐 · 마무리 기구 및 가설동력
- 진동다짐기 댓수, 밀대, 흙손, 피니셔, 전력공급선 등

(2) 타설인원

① 인원배치의 적절성 검사

② 타설팀 및 관리자 배치상태
- 타설팀: 노즐, 배관, 다짐, 마무리 담당자
- 관리자: 차량관리, 품질관리, 안전관리, 공사 진행 담당자 등

③ 타설 전 '타설참여자 실명부'117) 작성 및 확인
- 타설팀 및 관리자별 역할 구분 · 기록
- 타설일, 타설위치, 참여자 성명 · 소속 · 직위 · 생년월일, 공사내용 등

(3) 타설방법

① 타설순서 및 다짐방법

② 시공이음 위치

③ 표면마무리 시기 및 평탄성 등의 적절성 검사

(4) 타설량

① 개소별 타설물량 검사
- 바닥슬래브, 기둥 및 보, 벽체 등

② 소요량 및 잔여량 수시 확인

③ 필요시 차량담당자와 긴밀 연락 유지

2. 양생검사

(1) 양생설비 및 인원배치

① 양생설비의 운용의 적절성 외관관찰

---

117) 건설공사 사업관리방식 검토기준 및 업무수행지침 '별지35 구조물별 콘크리트 타설현황' 참조

② 양생재, 방풍·차양막, 급열기구, 살수장치

③ 양생인원의 배치 및 운영상태 확인

(2) 양생방법 및 양생기간

① 양생방법의 적절성 외관관찰

② 습윤양생, 온도제어양생 등의 적정 이행여부

③ 양생 일수 및 시간의 적합성

(3) 압축강도 검사[118]

① 양생기간 중 탈형여부의 판단을 위해 검사

② 현장양생공시체[119]에 의한 압축강도시험 실시

③ 시험결과와 소요강도값 충족여부 파악

④ 불합격일 경우 거푸집 존치기간 연장

[현장제작 공시체 유형]

현장양생공시체 (구조체관리용)	• 양생방법의 적부, 탈형시기, 초기강도 등의 판단 • 현장 타설위치의 온도조건으로 양생 • 현장수중양생공시체와 현장봉함양생공시체로 구분
표준양생공시체 (레미콘품질확인용)	• 레미콘 품질 확인용 공시체 • 주로 28일 재령의 호칭강도 확인 시험용, 또는 양생방법의 적부 판단을 위한 비교시험용 • 현장 시험실의 수조에서 $20\pm2℃$의 온도조건으로 양생

V 시공 후 검사[120]

1. 탈형 후 검사

(1) 표면상태

① 노출면 결함 유무, 외관 관찰 및 확인

  • 허니컴, 자국, 기포, 철근피복두께 부족 징후 등

② 균열부 유무 및 스케일에 의한 균열폭 측정

  • '균열폭 ≥ 허용치(KDS 142030)'일 경우 보수·보강 대책 강구

③ 시공이음부 신·구 콘크리트의 일체성 및 수밀성 관찰

④ 결함판정 시 보수·보강

---

118) KCS 142010 3.5.4 콘크리트 시공 검사 '(3)' 참조
119) 거푸집 탈형시기의 결정 및 구조체 콘크리트의 28일 재령 양생강도를 검증하기 위해서라도 현장양생공시체의 적극적인 활용이 필요한 실정이다.
120) KCS 142010 '3.5.5.2~3.5.5.6' 참조

(2) 부재 위치 및 형상치수

① 기둥중심선 및 층고 사전·사후 확인

- 사후보정 곤란, 사전검사에 치중

② 단면 과부족 측정, 처짐 및 배부름 부위 유무 확인

③ 필요시 단면 보정(할석, 깍아내기) 실시

(3) 철근피복

① 표면상태 검사결과 참고, 피복두께 검사

② 철근탐사법 등의 비파괴시험 적용

③ 불합격 시 책임기술자 지시에 따라 조치 강구

2. 콘크리트 압축강도[121]

① 28일 재령의 압축강도 검사

- 구조체 콘크리트의 시공품질 양부 평가

② 시험방법: KS F 2405에 따라 시험

- 현장양생공시체 이용

③ 시험 시기 및 횟수

- 일일, 층, 타설구획 등의 단위로 1회 시험

- 또는 배합 및 현장양생조건이 변경될 때마다 1회 시험

> **〈타설구획별 시험의 경우〉**
> – 타설구획별 시험시기: 타설량의 2/3시점에서 실시
> – 여러 제조사 제품 혼용타설 시 제조사별·타설구획별 구분하여 시험 실시

④ 합격 판정기준

$\langle f_{cq} \leq 35MPa \rangle$

- 연속 3회 시험값의 평균 $\geq f_{cq}$, 1회 시험값 $\geq f_{cq} - 3.5MPa$

$\langle f_{cq} > 35MPa \rangle$

- 연속 3회 시험값의 평균 $\geq f_{cq}$, 1회 시험값 $\geq 0.9f_{cq}$

⑤ 강도미달의 경우 관계기술자 지시에 따라 추후 조치

[재령28일 공시체시험 결과의 정리]

2가지 시험 모두 합격	• 표준공시체시험 합격: 제품 호칭강도(f_{cn}) 만족 • 현장양생공시체시험 합격: 콘크리트 품질기준강도(f_{Cq}) 만족
표준공시체시험만 합격	• 레미콘 품질양호＋콘크리트 시공품질 불량 • 추가절차에서 f_{Cq} 입증 시 시공품질 인정 • f_{Cq} 최종 불합격 시 시공자 및 감리자 책임 부담
2가지 시험 모두 불합격	• 제품 품질불량(f_{cn} 미달)＋시공품질 불량(f_{Cq} 미달) • f_{Cq} 입증 시 제품 및 콘크리트 시공품질 합격 • f_{Cq} 최종 불합격 시 공장, 시공자, 감리자 모두 책임 부담

---

121) KCS 142010(3.5.5.6) 참조, 2024. 12. 30. 개정, 실무자와 수험자 모두 유의할 사항이다.

3. 강도미달시 검사[122]

▶ 28일 재령의 공시체 압축강도가 설계기준강도에 미달하거나 콘크리트 동해가 의심될 경우 실시한다.[123]

▶ 선행시험의 적절성 검토, 공시체 관리재령 연장시험, 비파괴시험, 코어공시체시험 등의 순서로 강도확인을 검토 · 진행한다.

(1) 선행시험 적절성 검토

① 시험과정에 대한 관련규정 준수여부를 판단하기 위한 검사
  • 선행시험 기록물 검토에 근거
② 시료, 시험기기, 시험방법 등의 적절성 등 검토
③ 선행시험 적합 시 공시체 관리재령 연장 후 재시험
④ 부적합 시 해당부분 개선 후 재검사 규명

(2) 관리재령 연장시험

① 공시체 관리재령 연장, 28일 재령 → 장기재령
  • 관리재령(D) 연장범위: 28일 $< D \leq$ 91일
② 압축강도시험 실시 및 판정
③ f_{CK} 충족 시 합격 처리
④ f_{CK} 미달 시 비파괴시험 실시 검토

(3) 비파괴시험

① 비파괴시험법에 의한 압축강도 검사 실시
② 전문학술단체, 공공기관 품질관리 요령 및 지침 준용
  • 한국콘크리트학회 '비파괴시험법에 의한 콘크리트 강도평가 요령 등
③ 시험 후 종합 판단
④ 구조물 성능 의심(불합격) 시 코어공시체시험 검토

(4) 코어공시체시험

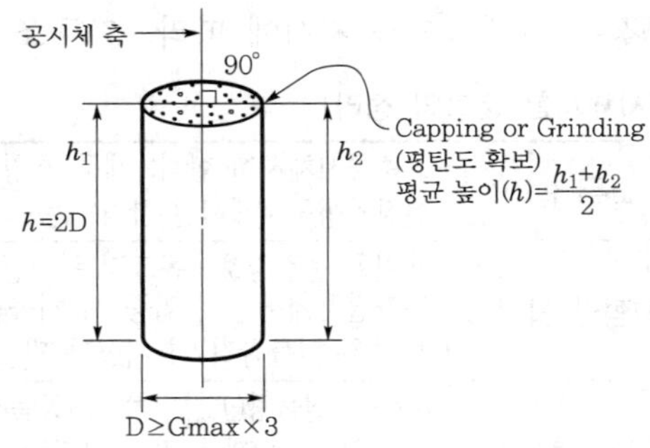

[코어공시체 규격: KS F 2422]

---

122) KCS 142010 '3.5.5.7 시험결과 콘트리트의 강도가 작게 나오는 경우' 참조
123) 발주자 및 관계기술자의 판단에 따라 전부 또는 일부가 생략될 수도 있다.

① 구조물의 문제부위에서 코어 절취, KS F 2422[124] 규정 준수
- 코어드릴 이용, 관계기술자 지시에 따라 소요수량만큼 절취[125]

② 코어공시체에 의한 압축강도시험 실시, KS F 2405 준용
- $20\pm3\,^{\circ}\mathrm{C}$의 수중에 40~48시간 동안 존치 후 시험
  → 공시체 건습조건 균일화, 재하시험값의 신뢰도 제고

③ '시험값 $> 0.85f_{ck}$'이고, '공시체 각각의 값 $> 0.75f_{ck}$'이면 합격

④ 부분결함은 보강, 또는 재시공

⑤ 전체결함일 경우 구조물 재하시험 실시 검토

(5) 재하시험 실시

① 소유주 승인 선행 후 책임구조기술자가 시험계획 수립
- 시험부위, 시험빈도, 시험시기, 판정기준, 입회자 등

② 재하시험 실시, 휨부재(보, 슬래브), 또는 구조물의 예상 취약부 등
- 시험하중 재하, KDS[126] 규정 준수

③ 재하방법 및 하중크기는 구조물에 위험영향이 없을 것

④ 재하 중·후 설계값에 대한 구조물의 처짐과 변형률 확인

⑤ 시험결과 확인 및 해석, 내하력에 의한 안전성 평가

> - 적합 판정 시 건축주에게 결과수용 여부 최종 상의
> - 부적합 시 책임기술자는 건축주에게 보강안 제시 및 보강 확인
> - 발주자 수용거부 시 분쟁 진행 불가피

Ⅵ 생콘크리트의 시료채취(Sampling)[127]

▶ 인수검사용 콘크리트 시료채취 시 다음 사항을 준수한다.

1. 채취원칙

① 채취 장소는 레미콘 운반장치와 타설기구 고려

② 콘크리트 품질을 대표할 수 있는 곳에서 채취
- 채취장소별 3개소 이상의 곳에서 나누어 분취(分取)[128]할 것

③ 재료분리된 것 채취금지, 불가피할 경우 재비빔 후 채취
- 재료분리 우려 시 더 많은 곳에서 분취

---

124) KS F 2422 콘크리트 코어 및 보의 시료절취 및 강도시험 방법
125) KS F 2422 및 KS F 2405에는 코어공시체의 소요수량에 대한 언급이 없다.
126) KDS 142090 '기존 철근콘크리트 구조물의 안전성 평가기준' 참조
127) KS F 2401 '굳지 않은 콘크리트의 시료채취방법' 참조
128) 분취(分取): '나누어 채취하는 것'을 의미. 생콘크리트의 시료는 적재용기(채취장소)별 3개소 이상의 위치에서
　　채취한다. KS F 2401에서 분취한 시료를 "분취시료(分取試料)"라고 정의한다.

④ 채취량 ≥ 20L, 또는 시험 소요량+5L
- 되비빔하지 않고 사용하는 경우 20L 미만 허용

⑤ 채취 후 즉시 시험 실시, 시료의 품질변화 방지
- 시험 전까지 비흡수성 재질의 용기에 보관

2. 장소별 시료채취

(1) 트럭 애지테이터[129]

① 임의 차량 선정, 규칙적인 간격으로 3회 이상 채취

② 배출 초기·종료 부분에서 채취금지

③ 애지테이터 회전속도를 조절하여 全횡단면에서 채취

④ 유동화콘크리트는 30초간 애지테이터 고속회전 후 채취
- 최초 배출되는 것 50~100L 배제

(2) 콘크리트 펌프

① 압송관 토출구에서 등간격 3회 이상 채취

② 또는 배출된 콘크리트 더미의 3개 이상의 곳에서 채취

(3) 타설위치

① 거푸집에 타설 직후 채취

② 다지기 직전 3개소 이상에서 삽으로 채취

(4) 기타 장소

① 버킷

② 손수레

③ 덤프트럭 등에서 시료채취

Ⅶ 결론

1 건설현장에서 압축강도·공기량·슬럼프·염화물 함유량 등을 콘크리트 품질검사의 전부로 인식하거나 시험과 검사의 개념을 혼동하는 경우도 적지 않다.

2 최소한 표준시방상의 규정만이라도 숙지·이행하려는 공사참여자의 진지한 관심과 자세가 필요하다.

---

129) 대부분의 현장이 트럭 애지테이터에서 시료를 채취하고 있으나 임의 차량 선정하거나 배출 초기 및 종료 부분에서 채취를 금하는 등의 기본사항을 잘 준수하지 않고 있다.

---

tip **기출사례**

[건축시공]

62305 콘크리트의 품질 시험방법에 대하여 기술하시오.

68107 레미콘의 압축강도검사 기준과 판정기준

71203 레미콘 압축강도 시험에 대하여 다음을 설명하시오.
 1) 시험시기, 횟수, 시료채취방법 2) 합격 판정기준

74403 건축공사 표준시방서에 따른 레미콘 강도시험용 공
 시체 제작의 다음 사항에 대하여 설명하시오. 1) 시험횟
 수, 2) 시료채취 방법, 3) 합격 판정기준

77111 콘크리트 공시체의 현장봉함(밀봉)양생

81205 콘크리트 압축강도시험의 합격판정기준을 다음 경
 우에 따라 설명하시오. 1) 1일/회 타설량 150m³ 이하, 2)
 1일/회 타설량 200~450m³

89107 구조체 관리용 공시체

95403 콘크리트 품질시험검사 중 표준양생공시체의 압축

강도 시험결과 시 불합격되었다. 불합격 시 조치에 대하
 여 설명하시오.

06305 콘크리트 압축강도 시험방법과 구조체 관리용 공시
 체 평가방법에 대하여 설명하시오.

12201 콘크리트 구조물의 28일 압축강도가 설계기준강도
 에 미달될 경우, 현장의 처리절차와 구조물 조치방안에
 대하여 설명하시오.

18304 철근콘크리트 구조물의 표준양생 28일 강도를 설계
 기준강도로 정하는 이유와 압축강도 시험의 합격 판정기
 준을 설명하시오.

[건축품질시험]

120회 레미콘 품질시험 기준에 대하여 설명하시오.

123회 레디믹스트콘크리트의 검사로트 기준과 시험횟수

---

tip **"콘크리트 품질검사 항목" 정리 – KCS 142010 3.5 현장 품질관리**

생 콘크리트	인수	운반	운반설비, 인원배치 운반방법, 운반량, 운반시간	표 3.5-1
		기본	압축강도: 표준양생공시체 재령 28일	표 3.5-2 표 3.5-3
			공기량, 슬럼프, 슬럼프플로, 단위수량	표 3.5-2
		선택	염화물함유량, 콘크리트온도, 단위용적질량	표 3.5-2
		기타	W/B, 단위결합재량, 혼화재치환율 화학혼화제 혼입량 및 혼입율 워커빌리티, 펌퍼빌리티 등	표 3.5-2
구조체 콘크리트	시공	타설	타설설비·인원배치, 타설방법, 타설량	표 3.5-4
		양생	양생설비·인원배치, 양생 방법·기간	표 3.5-5
		탈형강도	압축강도: 현장양생공시체 시험재령일	3.5.4(3)
	탈형 후	표면상태	노출면외관, 균열부, 시공이음부	표3.5-6
		부재위치	기둥중심선, 층고	3.5.5.3
		형상치수	단면 부족, 처짐, 배부름	3.5.5.3
		철근피복	철근탐사	3.5.5.4
		양생강도	압축강도: 현장양생공시체 재령 28일	3.5.5.6
	강도 미달	1st	선행 시험 적절성 검토	3.5.5.7
		2nd	압축강도: 장기재령 공시체	
		3rd	압축강도: 슈미트해머 비파괴시험	
		4th	압축강도: 코어공시체	
		5th	내하력: 재하시험	

*고딕체는 시험에 의한 검사항목임

4344 콘크리트 압축강도시험

I 개요

1 콘크리트 압축강도시험은 콘크리트 제조품질과 시공품질의 양부를 검사하기 위한 품질시험으로 표준양생공시체와 현장양생공시체를 사용한다.

2 최근(2024.12.30.) 표준시방서(KCS)에서 현장양생공시체에 의한 시험이 의무화되면서 콘크리트공사에 대한 시공자와 감리자의 정밀한 품질관리 이행이 요구된다.

표준공시체시험 ➡	현장양생공시체시험 ➡	강도미달 시 조치
• 정의/시험 시기 · 횟수/공시체 제작 • 압축강도시험/판정기준	• 정의/시험 시기 · 횟수 • 공시체 제작 · 양생/시험 · 판정	• 문제점 • 단계별 조치

II 표준공시체시험

1. 정의

① 현장에 반입된 생콘크리트의 제조품질검사용 시험

② 28일 재령의 표준공시체 사용

③ '시험값(f_{cm}) ≥ 판정기준'일 경우 제조품질 합격

　• 판정기준: KS 및 표준시방(KCS)에서 호칭강도(f_{cn})에 대한 하한값 제시

④ 불합격된 경우 구조물 콘크리트의 강도검사 실시

⑤ 최종 불합격 판정 시 제조자 책임 부담

2. 시험 시기 및 횟수

(1) KS F 4009

① 검사로트의 크기는 450m^3, 검사로트별 제조품질의 합부 판정

　• 검사로트의 크기는 인도 · 인수 당사자간 협의에 따라 조정 가능

② 검사로트수는 450m^3의 배수, 검사로트는 3회 시험으로 구성

　• 타설량이 배수를 벗어나면 조정범위 내에서 검사로트 적용[130]

〈타설량 조정범위〉
- 조정범위 상하한: $-300 ≤ (450\ 배수) < +150$
- '타설량<300'일 때: 동일 배합조건일 경우 타현장 시료에 의한 공시체 제작 허용
　"자"~자가현장 시료에 의한 공시체, "타"~타현장 시료에 의한 공시체

---

130) KS F 4009 해설(10 검사) 참조

[타설량별 검사로트 구성]

타설량(m^3, Q: 조정범위)		검사로트수	시험횟수
300 미만	$0 \leq Q < 50$ $50 \leq Q < 150$ $150 \leq Q < 300$	1	• 자0＋타3＝3회 • 자1＋타2＝3회 • 자2＋타1＝3회
450	$300 \leq Q < 600$	1	1로트×3＝3회
900	$600 \leq Q < 1,050$	2	2로트×3＝6회
1,350	$1,050 \leq Q < 1,500$	3	3로트×3＝9회
1,800	$1,500 \leq Q < 1,950$	4	4로트×3＝12회

③ 매 150m³당 1회의 비율로 시험
- 1회 시험에 공시체 3개 제작, 1검사로트량＝3회×3개＝9개

④ 시료는 임의 운반차 1대의 채취시료로 1회분의 공시체(3개) 제작

(2) KCS 142010

① 1회/일, 타설량 120m³마다, 배합이 변경될 때마다 1회 시험
- 매 120m³당 1회의 비율로 시험

② 연속 3회 시험분으로 검사로트 구성[131]

[타설량별 검사로트 구성]

타설량(Q)	소요 시험횟수(회)		타설량별 시료채취 구간(예시)
$0 < Q \leq 120$	3	66	1회차: $0 < Q \leq 22$ 2회차: $22 < Q \leq 44$ 3회차: $44 < Q \leq 66$
$120 < Q \leq 240$	3	210	1회차: $0 < Q \leq 70$ 2회차: $70 < Q \leq 140$ 3회차: $140 < Q \leq 210$
$240 < Q \leq 360$	3	315	1회차: $0 < Q \leq 105$ 2회차: $105 < Q \leq 210$ 3회차: $210 < Q \leq 315$
$360 < Q \leq 480$	4	380	1회차: $0 < Q \leq 95$ 2회차: $95 < Q \leq 190$ 3회차: $190 < Q \leq 285$ 4회차: $285 < Q \leq 380$

$0 < Q \leq 120$	$120 < Q \leq 240$	$240 < Q \leq 360$	$360 < Q \leq 480$	$480 < Q \leq 600$	$600 < Q \leq 720$
1회차 시험	2회차 시험	3회차 시험	4회차 시험	5회차 시험	6회차 시험
연속 3회 시험($0 < Q \leq 360$), Lot #1					
	연속 3회 시험($120 < Q \leq 480$), Lot #2				
		연속 3회 시험($240 < Q \leq 600$), Lot #3			
			연속 3회 시험($360 < Q \leq 720$), Lot #4		

['연속 3회 시험'의 개념, '타설량(Q) > 360m³의 경우']

---

131) KCS 142010의 내용만으로 '연속 3회 시험'의 개념을 알 수 없으므로 규정 제시자(한국콘크리트학회)가 출간한 '콘크리트 표준시방서 해설'의 내용을 참조하였다.

③ 시료채취 구간의 간격: 타설량/소요 시험횟수
  • 타설량을 소요 시험횟수로 나누어 등간격 구간 유지
④ 시료채취 및 공시체 제작요령은 KS 규정 적용

(3) 현장적용

① KS와 KCS의 타설량에 의한 시험빈도 규정 상이
② 공사시방에 따라 시험빈도 적용
③ 또는 시공자-감리자 협의 후 생산자와 의견 조정
④ 최종 협의사항에 따라 KS 또는 KCS 적용

3. 공시체 제작[132)

(1) 시료 충전

① 원주형 공시체 형틀(Mold) 사용, 형틀규격 $\varnothing100 \times 200mm$
② 수평상태의 바닥에 형틀 위치, 2회에 걸쳐 동일 두께의 시료 투입
③ 다짐봉($\varnothing16 \times 500 \sim 600mm$)으로 시료 다짐
  • 또는 전용 진동장치(KS B ISO 18652) 사용
④ 각 층별 8회씩 다짐[133), 윗층 다짐 시 아래층까지 다짐봉 도달
  • 재료분리 우려 시 다짐횟수 저감
⑤ 다짐 후 형틀 측면 고무망치 경타 → 다짐봉에 의한 구멍 제거
  • 시료 충전 후 형틀면 상부 마무리, 캐핑두께(2mm) 고려

(2) 공시체 초기양생[134)

① 시료 충전 후 탈형 전까지의 양생
  • 시험 목적에 따라 가장 근접한 환경조건으로 초기양생
② 초기양생 전·후 공시체 이동 최소화
  • 이동으로 인한 유해한 충격, 진동, 수분증발 등 방지
③ 형틀 상부에 덮개 설치, 아크릴이나 유리판 사용
④ 구조체 콘크리트의 양생여건 최대한 반영
⑤ 16시간 ≤ 초기양생기간 ≤ 3일

〈초기양생 중 유의사항〉
• 형틀 내부의 수분증발 방지, 형틀 상부에 비닐시트나 덮개 설치
• 대규모 현장은 전용 습윤실 설치 고려, 소규모 현장에서는 아이스박스 사용
• 직사광선 노출방지, 그늘이나 온도변화가 적은 실내에서 양생
• 급격한 온도변화 방지: 냉난방기기 바람에 직접노출 방지
• 탈형 시 손가락으로 눌렀을 때 자국이 생기지 않을 것, 탈형 중 공시체 손상 방지

---

132) KS F 2403(콘크리트의 강도 시험용 공시체 제작 방법) 참조
133) 다짐횟수: 단면적 $1000mm^2$당 1회, 공시체 단면적$(\pi r^2)/1000 = \pi \times 50 \times 50 \div 1000 = 7.85 = 8$회
134) 현 KS 및 표준시방(KCS)에는 공시체 양생기간을 구분하지 않지만, 시료 충전 후 탈형 전까지의 양생을 '공시체 초기양생'으로 표현한다.

(3) 캐핑 및 탈형

▶ 압축강도시험 시 압축면에서 가압하중을 균일하게 전달하기 위한 공정이다.

▶ 시멘트 페이스트 캐핑, 또는 고강도콘크리트에 언본드 캐핑을 주로 적용한다.

[공시체 Capping의 종류]

시멘트 페이스트	• 가장 일반적인 캐핑방법, W/C 0.27~0.30으로 배합, 몰드 제거 전 실시 • 시료 충전 후 된반죽은 2~6시간 후, 묽은반죽은 6~24 시간 후 실시 • 순서: 공시체 윗면 고름－물 흡습－물기 제거－캐핑재 충전·누름－상부 보양 • 제작정밀도 및 숙련도 필요: 캐핑두께, 캐핑면의 평탄도 및 수직도 등
유황 혼합물	• 탈형 후 강도시험 2시간 전에 캐핑 실시 • 고강도형일 경우 50~100MPa의 고강도콘크리트에 적용 가능
경질석고 혼합물	• 탈형 후 캐핑 실시 30MPa 이하일 경우 적용 가능 • 경질석고 또는 경질석고와 포틀랜드시멘트 혼합물 사용
기계연마	• 탈형 후 캐핑 없이 공시체 탈형 후 그라인딩 처리 • 전용기계 사용, 다수의 공시체 동시 연마, 시험·연구 목적의 고강도콘크리트에 적용
언본드 캐핑	• 탈형 후 시험 직전 공시체 상부에 고무패드와 강제캡 설치 • 고무패드: 공시체 미세요철 영향 흡수, 강제캡: 고무패드의 수평방향변형 구속 • 캐핑재의 양생시간 불필요, 적용범위: 10~60MPa

① 시료에 적합한 캐핑 재료·방법 선정

② KS 규정에 따라 형틀 탈형 전·후에 캐핑 실시

③ 캐핑재 사용 시 시료보다 큰 강도일 것

　• 캐핑층 두께 ≤ 2mm(∅100×2%), 캐핑면 평탄성 ≤ 0.5mm

④ 기계연마 적용 시 공시체 영향방지

⑤ 언본드 캐핑 시 적정 강제캡과 고무패드 사용

(4) 공시체 표준양생

① 초기양생 후 습윤조건에서 표준양생

　• 현장 시험실 수조에 넣거나 상대습도 95%의 공간에서 양생

② 표준양생 중 온도 20±2℃ 유지

③ 양생기간: 재령 28일, 초기양생기간 포함, 기간 중 물 교체금지

④ 표준양생 후 콘크리트 제조품질시험용으로 사용

4. 압축강도시험[135]

(1) 공시체 가압

① 압축시험기 가압판에 공시체 정위치, 공시체－가압판 중심축 일치 및 밀착

　• 28일 표준양생공시체 사용

② 일정속도로 하중 가력, 하중 증가율 0.6±0.4MPa/초

---

135) KS F 2405(콘크리트의 압축강도 시험방법) 참조

③ 공시체 급격변형 시 속도 고정 후 가압 지속

④ 공시체 파괴시점의 최대하중(P) 측정 · 기록, 유효숫자 3자리까지 측정

(2) **압축강도 산정**

① 공시체별 압축강도 산정

- 압축강도(MPa) $= \dfrac{P}{A}$, (A: 공시체 단면적, P: 파괴하중 극한값)

- 필요시 측정단위 환산, $\text{kgf/cm}^2 \rightarrow \text{MPa}$, N/mm^2

② 1회 시험값 산정, 공시체 3개 시험값의 산술평균값

③ 3회 시험값의 평균으로 1로트 시험값 산정

5. 규정별 판정기준

▶ KS 및 KCS 규정 모두 호칭강도(f_{cn})를 기준으로 시험 평균값을 판정한다.

▶ 1회 · 3회 시험값의 평균이 판정기준을 모두 충족할 때 합격으로 판정한다.

▶ 3회 시험값의 평균: (1~3회 시험값 평균의 합계) ÷ 3

[규정별 판정기준]

KS F 4009(5.1)		• 1회 시험값 평균 $\geq 0.85 f_{cn}$ • 3회 시험값 평균 $\geq f_{cn}$
KCS 142010(표3.5-3)	$f_{cn} \leq 35\text{MPa}$	• 1회 시험값의 평균 $\geq f_{cn} - 3.5\text{MPa}$ • 연속 3회 시험값의 평균 $\geq f_{cn}$
	$f_{cn} > 35\text{MPa}$	• 1회 시험값의 평균 $\geq 0.9 f_{cn}$ • 연속 3회 시험값의 평균 $\geq f_{cn}$

(1) **KS F 4009**

① 1회 시험값 평균 $\geq 0.85 f_{cn}$

② 3회 시험값 평균 $\geq f_{cn}$

(2) **KCS 142010(표준시방서)**

① ‘$f_{cn} \leq 35\text{MPa}$’ 및 ‘$f_{cn} > 35\text{MPa}$’ 등으로 구분하여 판정

② ‘$f_{cn} \leq 35\text{MPa}$’일 경우의 판정기준

- 1회 시험값의 평균 $\geq (f_{cn} - 3.5\text{MPa})$, 연속 3회 시험값의 평균 $\geq f_{cn}$

③ ‘$f_{cn} > 35\text{MPa}$’일 경우의 판정기준

- 1회 시험값의 평균 $\geq 0.9 f_{cn}$, 연속 3회 시험값의 평균 $\geq f_{cn}$

(3) **불합격 판정 대상**

① 3회 중 1회 이상 판정기준에 미달할 경우 불합격

② 3회 시험값의 평균이 호칭강도(f_{cn})에 미달할 경우 불합격

③ 불합격 시 해당물량이 타설된 구조체에 대하여 추가검사 여부 협의

- 추가검사에서 품질기준강도(f_{cq}) 입증 시 최종 합격판정
- 협의 불가, 또는 추가검사에서 판정기준 미달 시 최종 불합격 판정

④ 콘크리트 제조자는 최종 불합격에 대한 책임 부담

⑤ 불합격 판정의 경우: 예시

[압축강도 시험값 판정] – f_{cn} : 24MPa, 반입량 120m³마다 1회 시험, 타설부위: 기초매트

시료채취		28일 재령 시험값(MPa)				합계/평균		회차별 판정
대상 차량	채취 차량	회차	공시체 1	공시체 2	공시체 3	합계	평균	
61~80	73번째 차량	1	25.7	26.6	26.9	79.2	26.4	충족
81~100	91번째 차량	2	19.6	20.4	20.2	60.2	20.1	미달
101~120	45번째 차량	3	26.2	22.8	28.1	77.1	25.7	충족

〈판정 및 해석〉
- 3회 시험값의 평균은 호칭강도(f_{cn}) 만족: $(26.4+20.1+25.2) \div 3 = 24.1 \geq f_{cn}$
- 3회 시험값의 평균은 기준을 만족하였으나 2회차 시험값이 기준에 미달되었으므로 3회분의 시험을 모두 불합격으로 판정
- 불합격 대상의 콘크리트: 61~120대(60대×6m³=360m³)에 해당하는 현장반입 콘크리트
- 추가검사 대상부위: 360m³가 타설된 기초매트 타설부위(X15~16, Y5~7)

Ⅲ 현장양생공시체시험

1. 정의

① 구조체에 타설된 콘크리트의 시공품질검사용 시험
- 시험 목적: 콘크리트의 양생품질 확인, 한중콘크리트의 양생관리 등

② 시험 목적에 따라 적정 재령의 공시체 사용
- 조기재령, 28일 재령, 장기재령 등의 현장양생공시체 사용

③ '시험값(f_{cm}) ≥ 판정기준'이면 시공품질 합격
- 판정기준: 시방서의 소요강도, 또는 품질기준강도(f_{cq})의 하한값 적용

④ 강도 미달 시 후속조치 강구

[유형별 후속조치 유형]

강도미달 유형	후속조치
거푸집 탈형 소요강도 미달	거푸집 존치기간 연장 후 재시험
한중콘크리트 소요강도 미달	초기양생기간 및 계속양생기간 연장 후 재시험
재령 28일 품질기준강도 미달	• 관계자 협의 후 추가시험 여부 결정 • 최종 불합격 시 시공자 및 감리자 책임 부담

2. 시험 시기 및 횟수

▶ 시험 목적에 따라 거푸집 탈형시점, 한중양생 중단시점, 재령 28일 등으로 구분하여 시험한다.

(1) 조기 재령시험

① 거푸집 탈형여부 결정 시마다 시험

② 또는 한중 초기양생 및 계속양생의 중단시기 등의 결정 시마다 시험

③ 조기재령의 현장양생공시체 사용

④ 공사시방 또는 시공자－감리자 협의에 따라 시기·횟수 결정

(2) 28일 재령시험[136]

① 구조체 콘크리트의 시공품질 양부 평가

② 일일, 층, 타설구획 등의 단위로 1회 시험

• 또는 배합 및 현장양생 조건이 변경될 때마다 1회 시험

③ 타설구획별 시험은 타설량의 2/3시점에서 실시

④ 제조사가 여러 곳일 경우 제조사별·타설구획별 시험 구분·실시

3. 공시체 제작 · 양생

(1) 공시체 제작

① 표준양생공시체(KS F 2403)와 동일한 요령으로 제작

• 몰드 사용, 시료 충전, 탈형, 캐핑 등

② 구조체 콘크리트의 온습도 조건에서 초기양생

③ 초기양생 후 타설위치에서 계속양생 실시

• 계속양생: 수중양생, 봉함양생, 온도추종양생 중 택일[137]

④ 계속양생 후 시공품질시험용으로 사용

(2) 현장수중양생

① 현장타설콘크리트의 시공품질시험용 공시체에 적용

• 거푸집 탈형강도 확인, 구조체 콘크리트의 28일 압축강도 확인 등

② 구조체 콘크리트의 양생조건과 유사한 조건으로 양생

③ 캐핑 및 탈형 후 수조(물통)에서 수중양생

④ 계획 재령일 동안 구조체 옆에서 수조양생 유지

(3) 현장봉함양생

① 한중콘크리트의 양생기간 관리용 공시체에 적용

② 한중 시 초기양생 또는 계속양생의 중단여부 결정

③ 초기양생 후 공시체 봉함, 밀폐용 재료 사용

• 밀폐용 재료: PE필름, 비닐랩, 기타 플라스틱재 밀폐용기 등

④ 계획 재령일 동안 타설위치에서 봉함양생 유지

---

136) KCS 142010(표3.5-7) 참조
137) (사)한국콘크리트학회 제규격: 현장 콘크리트 공시체의 양생방법(KCI-CT118: 2022) 참조

(4) 온도추종양생

① 양생과정에서 '구조체－공시체'의 온도 연동, 온도제어장치 이용

- 구조체에 센서 매입 → 실시간 데이터 전송 → 원격 온도제어

② 수화열 제어에 의한 양생관리

- 매스콘크리트, 고강도콘크리트, 한중 및 서중 콘크리트 등

③ 온도제어용 양생챔버(양생조)에서 수중 또는 봉함 양생

④ 계획 재령일 동안 챔버의 제어환경 유지

4. 압축강도 시험 및 판정

(1) 압축강도시험

① 시험 목적에 적합한 재령의 현장양생공시체 사용

② 시험방법 KS F 2405 적용, 표준공시체시험과 동일

③ 재령별 평균압축강도(f_{cm}) 산정, 1회 또는 3회 시험값의 평균으로 f_{cm} 산정[138]

> **〈평균압축강도 기호, f_{cu} & f_{cm}〉**
> - 평균압축강도(f_{cm})는 특정 재령과 양생조건하에서 측정된 개별 공시체 시험값을 산술평균한 것으로 1회 시험(공시체 3개의 시험)에 대한 f_{cm}과 연속 3회분 시험(검사로트)별 f_{cm}으로 구분한다.
> - 평균압축강도의 기호는 f_{cu}와 f_{cm}이 있으며 이 중 f_{cu}는 정육면체(Cube) 공시체를 사용하는 유럽에서 사용하였으나 원주형(Cylinder) 공시체를 사용하면서 f_{cm} 기호로 바꾸어 사용하고 있다.
> - 국가건설기준에서 표준시방서(KCS)는 f_{cu}, 설계기준(KDS)에서는 두 가지 표현을 혼용하고 있으나 모두 f_{cm}으로 통일시킬 필요가 있다.

(2) 조기 재령강도 판정

① 'f_{cm}－소요강도' 비교 및 평가[139]

② '$f_{cm} \geq$ 소요강도'면 합격

- 합격 시 거푸집 탈형, 한중 초기양생 및 계속양생 중단 등 결정

[거푸집 부위별 해체 가능한 소요강도] KCS 142012(3.3)

부재		소요강도(콘크리트 압축강도: f_{cu}, f_{cm})
기초/보/기둥/벽 측면		$f_{cu} \geq 5\text{MPa}$
슬래브·보 밑면 아치 내면	단층구조	$f_{cu} \geq \left(f_{ck} \times \dfrac{2}{3} \right)$, 최소강도 $\geq 14\,\text{MPa}$
	다층구조	• 시험값 $\geq f_{ck}$, 최소강도 $\geq 14\,\text{MPa}$ • 필러동바리구조는 구조계산에 의해 기간단축 가능

---

138) 저자 注: 2024. 12. 30. KCS 142010에는 평균압축강도에 대한 언급이 없으므로 공사시방서에서 규정한 바가 없으면 시공자－감리자가 협의하여 현장양생공시체 3개의 시험값 평균으로 거푸집·동바리의 탈형여부를 결정하는 것이 무난하다고 본다.

139) KCS 142012 '3.3', 또는 '4105 거푸집 탈형시기' 참조

[한중 초기양생 소요강도, 단위: MPa] KCS 142040(표3.4-1)

단면(t, mm) / 구조물의 노출	t ≤ 300	300 < t ≤ 800	t > 800
물 포화 부분	15	12	10
보통 노출상태	5	5	5

③ 강도미달 시 사후조치 강구
- 거푸집 존치기간 및 한중콘크리트 양생기간 연장 등

(3) 28일 재령강도 판정[140]

① '$f_{cq} \leq 35MPa$'일 때 다음의 조건을 모두 충족할 것
- 연속 3회 시험값의 $f_{cm} \geq f_{cq}$, 1회 시험값의 $f_{cm} \geq f_{cq} - 3.5MPa$

② '$f_{cq} > 35MPa$'일 때 다음의 조건을 모두 충족할 것
- 연속 3회 시험값의 $f_{cm} \geq f_{cq}$, 1회 시험값의 $f_{cm} \geq 0.9 f_{cq}$

③ 강도미달 시 관계자와 협의 후 후속조치 강구
- 최종 불합격 시 시공자-감리자 책임 부담

Ⅳ 강도미달 시 조치

▶ 표준양생공시체 및 현장양생공시체에 의한 28일 재령의 압축강도 시험값이 판정기준에 미달하는 때의 문제점과 조치사항을 안내한다.

1. 문제점

(1) 구조적 안전성 저하
- ① 내하력 부족
- ② 변형·처짐 증가, 열화 가속으로 구조물 불안정성 초래
- ③ 구조물 붕괴 우려

(2) 경제적 손실
- ① 공기지연으로 인한 비용 증가, 간접비 및 입주 지연으로 인한 손해 부담 등
- ② 참여업체 신뢰도 하락, 시공 및 감리 회사 수주활동 타격
- ③ 구조물 자산가치 하락
- ④ 막대한 보수·보강 및 재시공 비용 소요

(3) 사회적 문제
- ① 구조물 안전에 대한 사회 전반의 불안감 증폭
- ② 건설산업 불신 심화
- ③ 다자간 분쟁으로 인한 소모적 사회비용 발생

---

140) KCS 142010 표3.5-7 참조

2. 단계별 조치[141]

[강도미달 시 단계별 조치사항]

1st	시험의 적절성 검토	부적절 부분은 해석대상에서 제외 후 평가
2nd	장기재령시험	장기재령 공시체 사용, 여분의 공시체가 없을 경우 시험 불가
3rd	비파괴시험	1, 2단계가 여의치 않을 경우 실시
4th	코어공시체시험	• 비파괴시험 불합격 시 적용 • 시험결과 부분결함은 보강 및 재시공, 전체결함 시 구조물 재하시험 실시
5th	구조물 재하시험	• 콘크리트 동해, 강도미달 시 적용 • 내하력, 내구성 문제가 있을 경우 구조물 보강 조치

(1) 시험의 적절성 검토

① 시료, 시험기기, 시험방법 등 시험 전반의 적절성 검토

② 부적절한 부분을 제외 후 평가

(2) 장기재령시험 실시

① 관리재령 연장 후 압축강도 재시험

② 현장양생공시체 여유분이 있을 때만 시험 가능

③ 시험값의 평균과 품질기준강도(f_{cq}) 비교 · 판정

(3) 비파괴시험 실시

① 선행단계에서 강도가 규명되지 않을 때 적용

　• 장기재령시험 불가, 또는 시험결과 강도부족 시 적용

② 반발경도법 및 초음파탐상법 등의 조합으로 강도 추정

　• 추정값과 품질기준강도(f_{cq}) 비교 · 판정

③ 구조물의 습도, 표면상태, 균열여부 등의 시험값 변수 존재

④ 시험결과의 신뢰도 제고 필요, 보정곡선에 의한 전문가의 해석능력 등

(4) 코어공시체시험

① 비파괴시험 불합격, 또는 시험결과의 신뢰도 부족 시 실시

② 문제된 부분에서 코어공시체 채취, 코어채취 시 KS F 2422 방법 준수

③ 시험평균값 $> 0.85f_{cq}$'이고 '공시체 각각의 값 $> 0.75f_{cq}$'이면 합격[142]

④ 결함 정도에 따라 후속조치 강구

　• 부분결함: 해당부분 보강 및 재시공, 전체결함: 재하시험 실시

---

141) KCS 142010(3.5.5.7 시험결과 콘크리트의 강도가 작게 나오는 경우) 참조
142) 압축강도값의 기준이 '설계기준강도(f_{ck})'가 아니라 '품질기준강도(f_{cq})'임에 유의할 것

(5) 구조물 재하시험

① 코어공시체시험에서 전체결함으로 판명된 경우 적용
- 기타 공사 중의 동해 및 구조물 안전에 근거 있는 의심이 생긴 경우 적용
② 구조물의 내하력 및 내구성 최종 평가
③ 시험결과 불합격 시 발주자–책임기술자 협의에 따라 조치 강구
④ 원만한 협의가 곤란 시 법적, 행정적 책임 불가피
⑤ 구조물 보강 시 책임기술자[143] 지시에 따라 적절 조치 이행

Ⅴ 결론

1 콘크리트공사에서 압축강도시험은 콘크리트의 제조 및 시공 품질을 규명하기 위한 **가장 중요한 품질시험 항목**이다.

2 콘크리트의 품질을 보증하려면 시료채취, 공시체의 제작 및 양생, 공시체 시험 등에 관한 관련규정의 이해와 준수 의지가 필요하다.

---

143) 책임기술자(Supervisor): 감리원(건설사업관리기술자) 및 감독자 등

4345 콘크리트 슬럼프시험

I 개요

1. 슬럼프시험은 굳지 않은 콘크리트의 워커빌리티를 측정하는 시험이다.
2. 시험과정과 결과를 통하여 시료 및 시험 후의 성상만으로도 레미콘의 양부를 다양하게 평가할 수 있으므로 숙련된 능력이 필요하다.

시험방법	➡	판정기준
• 시기/시료채취/투입 • 콘제거/시험값 측정		• KS F 4009/표준시방 • 재시험 대상

II 시험방법

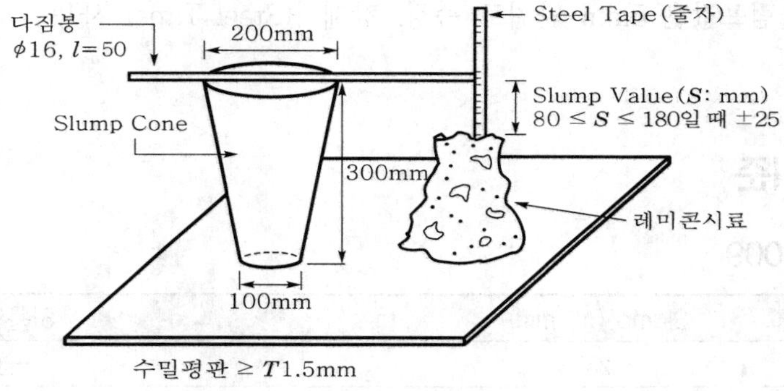

[슬럼프시험: 슬럼프값 측정]

1. 시험시기

① 압축강도시험용 공시체 시료채취 시점
② 타설 중 품질변화가 인정될 때마다 실시

2. 시료채취

① 회전하는 드럼믹서 또는 애지테이터로부터 채취
② 3회 이상 규칙적인 간격으로 채취
③ 배출초기 및 종료시점에서 채취금지
④ 채취된 시료를 삽으로 거듭 비빈 후 시험콘에 투입

3. 시료 투입

① 높이기준으로 시험콘에 3회에 걸쳐서 시료 투입
② 콘의 상부면과 일치하도록 시료 충전
③ 수밀평판(水密平板) 위에서 각 층이 중첩되지 않게 다짐
④ 각 층별 25회 다짐, 다짐봉 사용

4. 슬럼프콘 제거

① 천천히 직상부로 콘 들어 올림
② 소요시간 2~5초 이내 실시, 콘의 들어 올리는 시간 엄수할 것
③ 시료 투입부터 콘 제거까지 소요시간은 3분 이내일 것

5. 시험값 측정

① 허물어진 시료가 안정된 후 측정
  • 콘의 밑면 중심에서 수직으로 측정
② 슬럼프값: 콘의 높이에서 시료의 잔류 높이를 뺀 수치
③ 슬럼프값은 5mm 단위로 측정, 강제자(Steel Tape) 사용

Ⅲ 판정기준

1. KS F 4009

Slump (S, mm)	허용오차
25	±10
50, 65	±15
80 이상	±25

① 슬럼프값을 3개 구간으로 구분
② '슬럼프 지정값 ≥ 80mm'일 경우 허용오차 ±25mm

2. 표준시방[144]

Slump(S, mm)	허용오차
$30 \leq S < 80$	±15
$80 \leq S < 180$	±25

① 슬럼프값(S)을 2개 구간으로 구분

---

144) KCS 142010 표3.5-2 참조

  ② '$S > 180$'의 경우

   • 슬럼프 플로(Slump Flow) 시험규정 적용

  ③ '$80 \leq S \leq 180$'일 경우 허용오차 ±25mm

3. 재시험

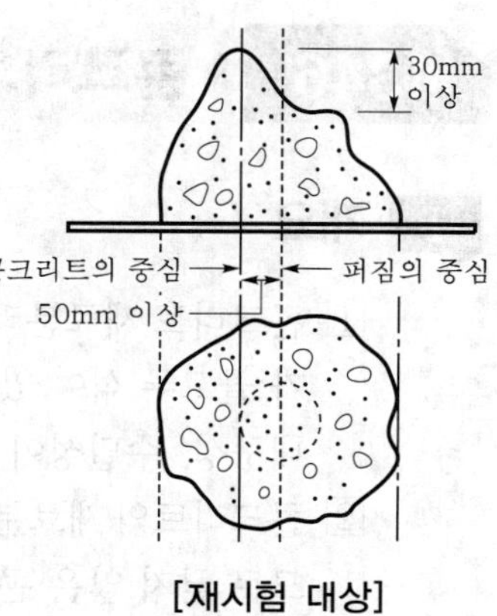

(1) 대상

  ① 슬럼프값이 허용범위를 벗어나는 경우

  ② 슬럼프 형상이 불량할 경우

   • 고저차 $\geq$ 30mm, 퍼짐중심 어긋남 $\geq$ 50mm

(2) 재시험 실시

  ① 동일 차량에서 시료 추가 채취

  ② 규정에 따라 재시험 실시

  ③ 기준 충족 시 최종합격판정, 미달 시 최종불합격판정

Ⅳ 결론

1. 슬럼프시험은 굳지 않은 콘크리트의 워커빌리티를 측정하는 시험이다.

2. 시료와 슬럼프 성상만으로도 생콘크리트의 물성을 다양하게 평가할 수 있으므로 품질기술
인의 의지 및 숙련된 해석능력의 구비가 절실한 과제이다.

4346 ▮ 콘크리트 재료분리

I 개요

① 콘크리트 재료분리는 미경화콘크리트의 균질성(均質性)이 상실되어 콘크리트 배합재료가 골고루 섞여 있지 않고 분리되는 중대한 하자현상으로 경화 후에는 콘크리트의 강도, 내구성, 수밀성이 저하된다.

② 콘크리트의 재료분리 현상은 배합재료의 품질과 구성, 운송 및 타설 등의 과정에서 발생하므로 굳지 않은 콘크리트의 철저한 관리가 요구된다.

유형/원인 ➡	방지대책
• 유형/원인 • 문제점	• 재료 · 배합 • 운반 · 타설/기타

II 유형 및 원인

1. 유형

(1) 골재분리

① 굵은골재가 콘크리트에서 분리

② 비중차이로 골재가 하부에 침전

③ 주로 수직부재 하단부에서 발생

(2) 페이스트 분리

① 시멘트 입자와 물이 분리(Bleeding 현상)

② 점성 부족으로 발생

③ 형틀 제거 후 공동부 발생, 수직부재 중 · 상부

(3) 수중분리

① 수중콘크리트공사에서 발생

   • Slurry Wall, 현장타설말뚝 타설 시

② 타설관 선단부 묻힘깊이 부족

③ 또는 콘크리트 수중낙하 시 발생

2. 원인

(1) 재료 · 배합 측면

① 시멘트: 빈배합, 풍화된 시멘트 사용

② 골재 입도·입형의 부적절, 비중이 큰 골재의 사용, 잔골재 부족

③ 단위수량 과다

④ 화학혼화제 과다 혼입

- AE제, 고성능AE감수제 등

(2) 운반·타설 측면

① 운반 시 가수, 운반시간 지연

② 급속타설, 타설높이 과대

③ 횡류타설, 과잉 진동다짐 등

3. 문제점

(1) 철근의 부착강도 저하

① 거푸집 접촉면에 곰보 발생

② 피복층 조직 취약, 균열 유발

③ 콘크리트 부재의 내하력 저하

(2) Bleeding水의 과다 발생

① 서중에서 소성수축균열 발생

② 한중 시 동해의 원인

③ 경화한 뒤에는 표면침하, Blister·Scailing 등

(3) 레이턴스 발생

① 콘크리트 시공이음면의 일체성 저해

② 외장재 부착면의 부착강도 저해

(4) 경화콘크리트 품질 저하

① 부재 내하력 저하, 압축력 및 인장력

② 지상층 열화현상 취약, 외기·우수 중의 유해물질 침투경로

③ 지하층 수밀성 저하, 누수 발생 및 펌핑 부하량 증대

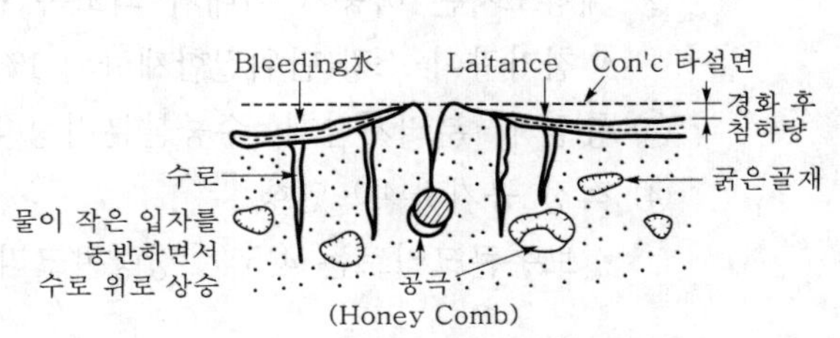

Ⅲ 방지대책

1. 재료·배합

▶ 재료분리가 발생하면 보수·보강 외에는 대안이 없으므로 예방만이 유일한 대책이다.

(1) 시멘트·혼합수

① 적정 단위결합량 확보

② 소요의 Workability 내에서 단위수량 최소한으로 배합

③ W/B 낮추고 감수제·AE제 등의 혼화제 사용 고려

(2) 골재

① 입도와 입형이 좋은 연속입자분포의 골재 사용

② 깨끗한 골재 사용

- 점토 혼입률 ≤ 1%, 유기불순물이 없는 것(잔골재) 사용

③ 적정 잔골재율 확보: 40~50 %, 45% 내외

④ 중량콘크리트에서는 시멘트페이스트 상태에서 굵은골재 투입

- 골재의 높은 비중 고려

(3) 혼화제

① 2종 이상의 혼화제 사용 시 상호위해성 확인 후 배합

② 계량오차는 허용치 이내가 되도록 할 것

- 첨가량이 소량(단위결합재량의 1%가량)이므로 정확한 계량 요구

③ 증점제, 분리저감제, 수중불분리성 혼화제의 사용 검토

④ 적정 공기량[145] 연행

- 보통콘크리트는 4.5%, 경량콘크리트는 5.5% 표준

2. 운반 · 타설

(1) 레미콘 운반

① 레미콘 운반 중 가수금지

② 레미콘 차량 저속 운행 · 교반

(2) 타설 시

① 타설높이 낮게 유지, 타설높이 ≤ 1m

- 배출구와 타설면까지의 높이 ≤ 1.5m

② 하향 펌프압송 시 적정 압송능력 확보, 자유낙하보다 큰 압력 필요

③ 과잉 진동다짐 금지

④ 벽 · 기둥 부위 횡류타설 금지

- 바닥에 받은 콘크리트를 기둥으로 흘려 넣지 말 것

- 기둥 거푸집 내에 타설관을 낮게 내려서 투입

- 타설높이가 높을 경우 중간투입구 설치 고려

⑤ 수중콘크리트 타설 시 수중낙하 금지

- Tremie Pipe, 밑열림 상자 등 이용

- Tremie Pipe일 경우 선단부가 콘크리트에 2m 이상 묻히도록 함

---

145) KS F 4009(2010), '5. 4 공기량' 참조

3. 기타

① 거푸집 수밀성 확보
- 거푸집널 손상여부 확인, 결합재풀의 누출방지

② 철근 피복두께와 순간격 확보
- 적정 간격재 설치, 거푸집과 철근 사이의 충전성과 유동성 확보
- 철근 사이에서 굵은골재의 유동성이 발휘되도록 순간격 확보

4347 블리딩(Bleeding)

I 개요

1 콘크리트에서 물보다 상대적으로 비중이 높은 골재와 시멘트 입자가 침강(沈降)하면서 물이 콘크리트 상부로 떠오르는 재료분리 현상의 일종이다.

2 Bleeding水는 콘크리트의 마감성(Finishability)을 좋게 하지만 증발 후 콘크리트 표면의 침하와 소성수축균열의 원인이 되기도 한다.

원인/문제점	➡	저감대책
• 배합/운송/타설 • 레이/균열/공극/동해		• 재료 · 배합 • 시공 · 대책

II 원인 및 문제점

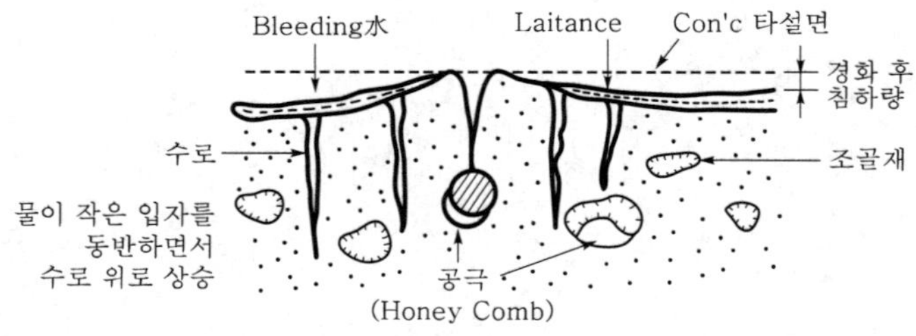

[Bleeding 현상]

1. 발생 원인

(1) 콘크리트 배합 · 제조

① 빈배합의 점성 부족

② 단위수량 과다

③ 잔골재율 부족, 골재의 입도 · 입형 불량

(2) 운송 · 타설

① 레미콘 가수

② 급속타설, 과잉 진동다짐 등

2. 문제점

① Bleeding水 증발 후 Laitance 발생

• 시공이음면의 일체성 저해, 마감재의 부착강도 저해

② 콘크리트 표면침하, 소성수축균열 유발
  - Bleeding水 증발 후 콘크리트 표면침하
  - 급격 건조 시 내부수량(水量)의 구속으로 표면균열 발생
③ 콘크리트 내부공극 발생
  - 큰 골재 또는 대경근 아래에 수막현상(Honey Comb) 발생
④ 한중 시 초기동해 우려

Ⅲ 영향 저감대책

1. 재료 · 배합

① 적정 단위시멘트량 확보
② 풍화시멘트 사용금지
③ 소요의 Workability 이내에서 단위수량, W/B 최소한으로 배합
④ 입도 · 입형이 우수한 연속입자분포의 골재 사용

2. 시공대책

① 적정 진동다짐, 과잉 진동다짐 금지
② Bleeding水가 걷힌 후 Tamping 철저
  - 각재, 스티로폼 등을 이용하여 균열부위를 두드림
  - 침강균열, 소성수축균열 등의 발생부위 소거
③ 수직거푸집 내 Bleeding水 구속방지
  - Bleeding水 상부 배수
  - 1회 진동다짐 높이 ≤ 1.5m 준수
④ 대규모 바닥 Slab공사일 경우 진공배수공법 채용
  - 콘크리트 내의 과잉 수분과 공극을 제거하고 표면경도 증대
  - 콘크리트 강도증대와 건조수축량 저감효과
  - 타설된 콘크리트 내의 W/B 저감, Bleeding 발생량 제거

4348 레이턴스(Laitance)

Ⅰ 개요

① Laitance는 콘크리트의 Bleeding水가 증발한 후 표면에 침전된 가루 형태의 미세 고형분 이다.

② 레이턴스 침전물은 콘크리트 시공이음부의 일체성과 마감재 부착면의 부착강도를 저해하므로 사전 제거가 바람직하다.

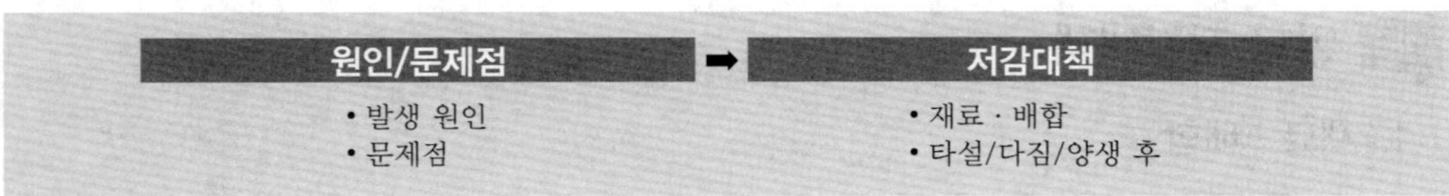

Ⅱ 원인 및 문제점

1. 발생 원인

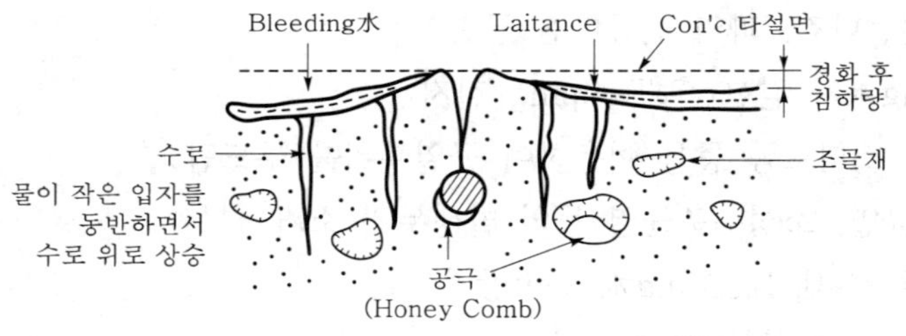

[Laitance의 발생기구]

(1) 재료 · 배합 측면

① 풍화 시멘트 사용, 적은 단위시멘트량(＝빈배합 콘크리트)

② 골재의 입도 · 입형 불량, 잔골재율 부족, 불순물이 함유된 골재 사용

③ 단위수량과 W/B 과다

(2) 타설 · 다짐 측면

① 급속타설, 높은 타설높이

② 과잉 진동다짐 등으로 Bleeding水가 다량 발생하면 레이턴스 동반

2. 문제점

① 후타설 콘크리트의 일체성 저하

② 시공이음부에 Cold Joint 발생

③ 경화 후 누수 및 중성화 등의 열화 취약부가 됨

④ 마감재의 부착강도 저해

Ⅲ 저감대책

1. 재료 · 배합

① W/B 낮게 배합, 감수제 첨가

② 깨끗한 골재 사용

- 회수수 중의 슬러지 고형분 $\leq$ 3%

- 골재 중 점토분 $\leq$ 1%, 유기물순물 없는 깨끗한 골재 사용

2. 타설 · 다짐

① 적정 타설높이 및 타설속도 유지

② 과잉 진동다짐 방지

3. 양생 후

① 레이턴스 제거 철저

- 쇠솔, Water Jet, Air Jet 이용

② 타설이음면의 일체성 확보, 레이턴스 제거 후 거친면 처리

③ 마감재 부착강도 확보

4349 콜드조인트(Cold Joint)

I 개요

① 콜드조인트는 시공 전 계획하지 않은 곳에서 발생한 불연속 타설이음으로 재료분리 및 초기동해와 더불어 대표적인 콘크리트 품질하자이다.

② 콜드조인트 부위는 강도, 내구성, 수밀성 등의 경화체 품질취약부가 되므로 기후조건과 레미콘 운반시간 등에 유의하여야 한다.

원인/문제점		방지대책
• 순환/품질변화/중단/이음처리 • 이음부/중성화/체적변형/누수	➡	• 레미콘 공급, 타설 • 장비, 인원/시공이음면

II 원인 및 문제점

1. 발생 원인

① 순환타설 미흡
  • 2시간 이상 경과 시 타설이음면의 일체성 저하

② 레미콘 품질변화
  • 레미콘 장시간 운반, 대기시간 지연
  • 레미콘 가수, 서중 슬럼프 저하

③ 타설작업 중단
  • 강풍 · 강우 영향
  • 타설기구 고장: 진동기 · 펌프 고장, 압송관 폐색
  • 레미콘 공급지연 등

④ 시공이음면 처리 미흡
  • 타설이음면 조면처리 미흡, 레이턴스 미제거 등

2. 문제점

① 이음부위 강도 및 방수성 저하

② 중성화, 균열에 취약

③ 경화 후 체적변형으로 내구성 저하
  • 건조수축, Creep 변형 등

④ 지하외벽(슬러리월, 합벽면) 누수
  • 상수위 이하일 경우 누수(1차 피해), 이상일 경우 백화 발생(2차 피해)

Ⅲ 방지대책

1. 레미콘 공급 및 타설

① 타설계획에 따라 구획 내에서 연속타설

② 운송지연 방지, 배차관리 철저

③ 이어치기 허용시간 간격 준수
- '외기온 > 25℃'일 때 120분 이내
- '외기온 ≤ 25℃'일 때 150분 이내

2. 장비 및 인원

① 압송장비, 타설기구, 다짐기구, 타설인원 등 사전점검

② 고장과 돌발상황에 대비

③ 장비부품 준비, 기구와 인원 여유 있게 수배
- 곡관부 엘보, 여분의 압송관·다짐기구, 비상시 응급조치 요원 등

④ 압송관 폐색사고 방지, 적정 슬럼프값 확보
- 수직압송관–펌프 이격거리 확보, 레미콘 Pumpability 확보, 막힘사고 방지

3. 시공이음 처리

① 이음면 조면처리, 물 흡습 후 후타설 및 다짐 철저

② 전단보강: Key Box 설치, 전단보강근 배근

③ 수밀보강: 지수판·지수재 설치 고려 등

4350 시멘트 수화반응

I 개요

1. 시멘트의 수화반응이란 시멘트 조성물질(C_3S, C_2S, C_3A, C_4AF 등)이 물과 반응하여 수화 생성물에 의한 강도 발현과정을 말한다.

2. 수화반응식: $CaO + H_2O \rightarrow Ca(OH)_2 + 수화열$

3. 수화반응은 수화열을 동반하므로 이러한 수화기구(Mechanism)를 고려하여 콘크리트의 시공품질을 확보하여야 한다.

수화기구	⇒	영향요소	⇒	시공대책
• 유도기/가속기 • 감속기		• 수화반응속도 • 재령기간		• 서중콘크리트 • 한중콘크리트

II 시멘트 수화기구

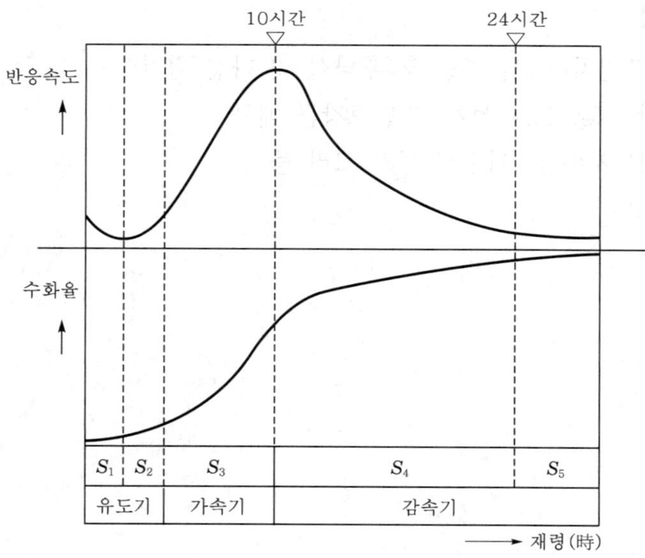

[시멘트의 수화반응속도와 수화율]

▶ 시멘트에 물 혼입 ⇨ 시멘트 입자 수화(표면 → 내부) ⇨ 입자 주변 수화물 생성 ⇨ 입자별 수화물 상호결합 ⇨ 응결·경화

1. 유도기(비빔 후 2~4시간)

(1) S_1단계

① 물과 시멘트 입자가 접촉하여 활성표면이 급속하게 반응하는 단계

② 물에 용해된 석고는 시멘트 화합물 중에서 가장 활성이 큰 알루미네이트(C_3A)와 반응

③ 일시적으로 수화 발열속도 상승

- 에트린가이트(Etringite) 생성열 + 알라이트(Alite) 용해열

(2) S_2단계

① 입자 표면이 과포화되고 수화겔이 흡착, 수화가 일시적 중단

② 알라이트(C_3S) 주위에 불용성의 C-S-H[146]막이 덮여서 수화반응 억제

2. 가속기(S_3단계)

① 물이 입자 내부로 침입하면서 억제되었던 수화반응 재개

② 알루미네이트 시멘트 화합물(C_3A)의 수화가 가속되는 단계

3. 감속기(S_4단계)

① 입자 주위에 생성된 수화물로 입자간극 충전

② 이온 이동이 곤란하여 수화속도가 급격하게 저하

③ 수화물끼리 접착하면서 응결 시작

④ 감속기 이후

- 장기반응형 시멘트 화합물(C_2S, Belite)이 완만하게 수화하는 단계

Ⅲ 영향요소

1. 수화반응 속도

(1) 콘크리트 온도

① 타설하는 콘크리트의 온도가 높을수록 수화반응 가속

② 타설 후의 양생온도가 높을수록 수화반응 촉진

(2) 결합재의 종류

① 시멘트의 광물조성에 따라 반응속도 상이

- 시멘트 화합물의 수화반응속도: $C_2S < C_3S < C_4AF < C_3A$

② 시멘트의 입자가 작을수록, 즉 분말도가 높을수록 수화반응 빠름

③ 단위시멘트량이 많을수록 수화반응 빠름

④ 잠재수경성 결합재의 치환량이 적을수록 빠름

---

146) Calcum, Silicate, Hydrates(규산칼슘실리게이트)의 약자

(3) 양생수

① 습윤·수중 상태일수록 촉진
② 양생 시 충분한 수분 공급
③ 또는 양생수 증발방지 필요

2. 재령기간

▶ 시멘트가 물과 혼합되어 수화하기 위해서는 비빔 이후 일정시간이 경과되어야 한다.

[일반콘크리트의 재령기간에 따른 수화율(20℃)]

3일	7일	28일	3개월	1년	1년 이후
25%	45%	80%	90%	95%	100%

① 온·습도 및 결합재 구성에 따라 소요재령일 상이
② 양생 중 거푸집 존치기간 준수 필요
③ 재령일 28일 경과(온도조건 20℃) 시 80% 수화반응 진행
④ 1년 이후 경과 시 100% 수화반응

Ⅳ 시공대책

1. 서중콘크리트

(1) 낮은 온도의 배합재 사용

▶ '콘크리트 온도 ≤ 35℃'가 되도록 관리한다.
  ① 고온상태의 시멘트 사용 지양
  ② 혼합수는 지하수 또는 얼음을 혼입하여 사용
  ③ 일사를 차단하여 보관한 표건상태의 골재 사용
  ④ 배합 재료별로 적정하게 Pre-Cooling 실시
  ⑤ 수화반응 지연제 첨가 고려

(2) 운반 및 타설

① 신속하게 운반하여 타설
  • 외기온에 의한 콘크리트 온도상승 고려
② 레미콘 차량
  • 대기시간을 최소화하고 일사량이 없는 그늘에서 대기
③ Cold Joint 방지
  • 가급적 연속타설 실시
  • 일시중단이 불가피할 경우 2시간 이내에 재개

(3) 양생

　① 수화율이 저하되지 않도록 양생수의 급격한 증발방지

　② 피막보수양생 · 살수습윤양생 철저, 지속적 수화반응 유도

2. 한중콘크리트

(1) 타설온도 확보

　① 5~20℃가량 되도록 온도관리 철저

　② 필요시 물과 골재를 가열하여 사용

　③ 조강시멘트, 미분시멘트, 응결촉진제 사용 고려

(2) 양생

　① Concrete 표면의 보온과 급열양생 철저, 수화반응 촉진

　② 수화반응이 지연되거나 초기동해가 없도록 조치

4351 ｜ 콘크리트 건조수축

I 개요

1. 콘크리트의 건조수축이란 굳은 콘크리트 속에 들어 있는 Gel상의 자유수가 증발하면서 콘크리트의 체적이 줄어드는 현상으로 균열을 동반한다.
2. 건조수축 균열은 건축물의 사용성과 수밀성을 저해하므로 콘크리트의 재료, 배합, 타설, 양생 과정에서의 철저한 품질관리가 필요하다.

원인/문제점	➡	저감대책
• 재료 · 배합/타설 · 양생 • 사용성/수밀성/내구성 저하		• 재료 · 배합 • 타설/마무리/양생/이음

II 원인 및 문제점

1. 발생 원인

(1) 재료 · 배합 측면

① 단위결합재량, 단위수량, W/B의 과다

② 골재의 흡수율과 잔골재율의 과대

③ 골재 중의 점토분 · 실적률 낮은 골재 사용

④ 미분말혼화재 사용, 공기량 과다

(2) 타설 · 양생 측면

① 재료분리, Cold Joint 발생

② 습윤양생 불량 등

2. 문제점

① 건물 사용성 저하, 균열발생

② 콘크리트 수밀성 저하

③ 콘크리트 내구성 저하

④ 구조물 내하력 손상

Ⅲ 저감대책

1. 재료 · 배합

① W/B 낮게 배합

② 단위골재량 크게 하되 잔골재율 낮게 배합

③ 깨끗한 골재 사용, 점토분 ≤ 1%

④ 입도와 입형이 우수한 골재(연속입자분포) 사용

2. 타설 · 다짐

① 재료분리와 콜드조인트 방지

- 타설높이와 속도를 적정하게 유지, 부어넣기 한계시간 준수

② 진동다짐 철저

- 진동다짐의 간격과 요령 준수, 치밀한 콘크리트 형성

3. 표면마무리 · 양생

① 블리딩수 정지 후 표면마무리 실시

② 초기균열(침하 · 소성수축균열) 발생 시 적시 Tamping 실시

- 조기에 균열을 소거하여 건조수축 영향을 저감

③ 대규모 바닥 슬래브 → 진공배수공법의 채용 고려

④ 습윤양생 철저, 수화율 최대한 조기 증진

⑤ 거푸집 탈형 시 콘크리트 표면의 급격한 건조방지

4. 이음 설치

① 균열 제어를 위한 기능이음 설치

② Delay Joint: 장스팬의 부재나 긴 건물일 경우에 채용

③ 균열유발줄눈: 무근콘크리트 타설부위, 개구부 주위 등에 설치

4352 콘크리트 Creep

I 개요

1. 콘크리트의 Creep은 응력을 작용시킨 상태에서 시간경과와 함께 체적변형이 증가하는 현상으로 비탄성 거동을 나타낸다.[147]
2. 축하중이 큰 콘크리트 고층건물은 기둥축소량이 누적되므로 Creep 영향을 고려하여 설계·시공되어야 한다.

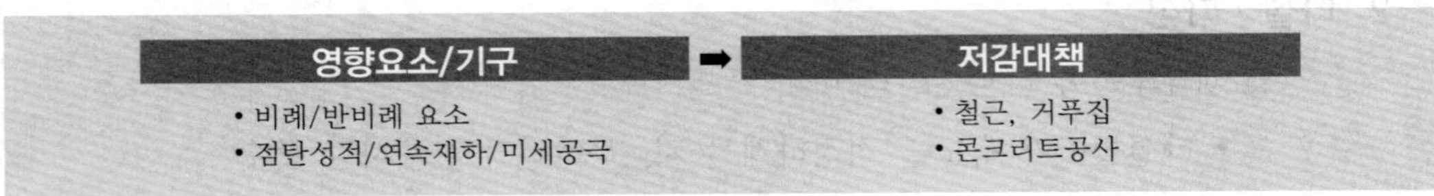

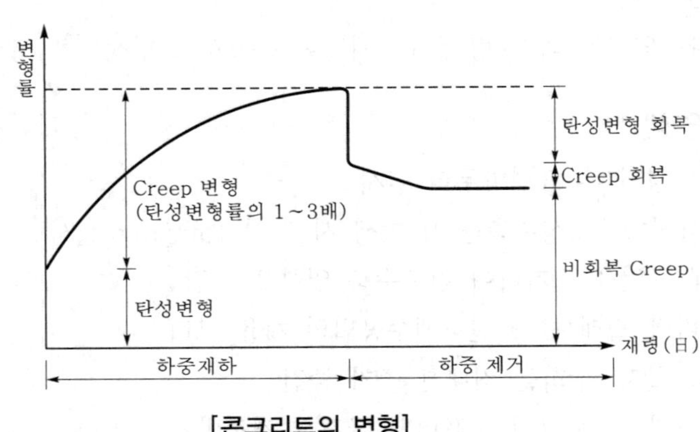

[콘크리트의 변형]

II 영향요소 및 기구

1. 영향요소

(1) 비례요소

① 상부하중

② 단위결합재량

③ W/B

④ 사용온도

---

147) KS F 1004 '콘크리트 용어 정의(2014)' 참조

(2) 반비례 요소

① 습도

② 단면치수, 체적

③ 콘크리트 강도, 재령

2. 발생기구

① 시멘트 Paste의 점탄성적 성질과 골재 사이의 점착성 · 소성에 기인

② 연속재하로 콘크리트 Gel水가 완만하게 압축 · 일산하면서 체적이 축소변형

③ 시멘트 Paste의 미세공극이 많으면 체적변형과 더불어 균열발생

Ⅲ 저감대책

1. 철근 · 거푸집공사

① Creep 축소량만큼 거푸집 레벨 사전조정

② 부재 압축 측의 배력근 보강

2. 콘크리트공사

① 콘크리트 강도 증대, 공극저감

- 입도조정시멘트, 연속입자분포의 골재 사용
- W/B 낮게 배합

② 콘크리트 수화율 증대

- 초기 습윤양생 철저, 한중 초기동해 방지

4353 콘크리트 자기수축(Autogenous Shrinkage)

I 개요

1. 콘크리트 자기수축은 수화반응으로 혼합수가 소비되면서 내부 건조화에 의해 체적이 수축하는 현상이다.
2. 낮은 W/B와 단위결합재량이 많은 콘크리트는 초기재령에서 자기수축에 의한 유해균열을 검토하여 적정 제어대책을 강구하여야 한다.

원인/기구	➡	저감대책
• 재료/배합/양생 방법 • 반응 개시/생성/수축/배수		• 팽창재/플라이애시/저감제 • 수화열 제어/습윤양생

II 발생 원인 및 기구

1. 발생 원인

(1) 재료

① 시멘트 광물조성
- C_2S(벨라이트) 함유량에 반비례, C_3A(알루미네이트)에 비례
- 알루미나시멘트, 조강포틀랜드시멘트(3종)는 자기수축량이 큼
- 저열포틀랜드시멘트(4종)는 자기수축량 저감

② 시멘트 분말도가 높을수록 자기수축 증가

③ 미분말혼화재 사용량
- 고로슬래그, 실리카퓸, 석회석미분말 사용량에 비례
- 플라이애시, 팽창재는 저감효과

(2) 배합

① 낮은 물결합재비, 약 0.4 이하
② 고단위시멘트량 · 결합재량 · 분체량[148]
③ 고단위수량
④ 단위수량이 일정할 경우 단위분체량에 비례
- 즉, 단위페이스트량에 비례

⑤ 단위골재량에 반비례, 골재 사용량이 많을수록 자기수축 감소

---

148) 분말상 혼화재는 대부분 시멘트 입자보다 비중이 낮으므로 질량배합에서 시멘트 사용량을 치환할 경우 동일 질량에서 용적량이 증가하며 결합재가 아닌 석회석미분말(충전재) 혼입의 경우에도 마찬가지이다. 콘크리트 배합에 있어서 질량단위에서는 '결합재량', 용적단위에서는 '분체량'이란 의미로 이해할 필요가 있다.

(3) 양생방법

① 수화 발열량에 비례

② 습윤양생 시 수분공급량에 반비례

[콘크리트별 주원인]

대상 콘크리트	주원인
고강도콘크리트	• 고단위결합재량 • 저물결합재비
고유동콘크리트	• 고단위분체량, 고단위결합재량 • 저물분체비, 저물결합재비
매스콘크리트	• 고강도 · 고유동 배합의 매스콘크리트 • 빠른 수화발열의 상승속도

2. 발생기구

① 결합재 페이스트의 수화반응 개시

• 결합재와 물의 화학반응, 수화열 발열, 체적감소 등이 동시 발생

② 수화물 생성

• $C-S-H$, $Ca(OH)_2$ 등

• 페이스트 내 모세관 공극수가 수화물로 대체

• 시멘트가 응결하여 골격(Skeleton) 형성

③ 수화수축(Chemical Shrinkage), 질량변화 없이 체적만 수축

• 화학수축이 골격에 구속, 페이스트 내 미세기공 형성

• 미세기공 유형

모세관 기공	• 모세관 미수화입자 사이에 존재 • 기공수는 외기와 상대습도차에 의해 상온에서 증발
겔 기공	• 수화물 내부에 생성된 기공 • $C-S-H$ 針 · 板狀 結晶(침 · 판상 결정)의 층간에 존재 • 기공수는 수화물 표면에 흡착 • 동결온도 낮고 수화반응에 미참여, 고온조건에서만 증발

④ 수화 미사용수가 미세기공으로 배수

• 모세관 공극 내 상대습도 감소, 자기건조(Self-Desiccation) 반복

⑤ 모세관 미세공극에 인장응력 발생, 자기수축 발생

Ⅲ 저감대책

1. 팽창재 사용

① 혼입 시 경화촉진으로 조기에 자기수축 발생
- 초기 화학수축량에 무관, 타설 후 약 3시간 이후부터 자기수축

② 체적 팽창작용으로 자기수축량 보상
- 타설 후 약 17시간 이후부터 팽창작용 발생

③ 자기수축 총량 저감

2. 플라이애시 적정 사용

① 구형상 입자
- 동일 W/B에서 상대적으로 자유수(Free Water) 다량 함유
- 자유수는 수화과정에서 수분 소비량 충당

② 초기 수화반응 지연, $Ca(OH)_2$ 생성과 포졸란반응 지연

③ 강도와 수축량 고려, 적정 치환률 적용

3. 수축저감제 첨가

① 초기 수화반응 및 화학수축량 증가
- 시멘트페이스트의 분산도 증가 원인

② 경화체의 공극량 증가, 투과성 증대[149]
- 내부공극에 물 이동(충전) 용이

③ 모세관 압력을 줄여서 자기수축량 저감
- 페이스트 내부공극수의 표면장력 감소

4. 수화열 제어[150]

① 수화 발열총량 제어
- 결합재 특성 제어: 저열시멘트, 고로슬래그 미분말 사용

② 수화 반응속도 제어, 응결지연제 사용

③ 흡열 및 Time Lag 제어
- 잠열재, 상전이물질(相轉移物質, PCM: Phase Change Materials)[151] 사용

---

149) 페이스트의 투과성 증대는 물 접촉을 용이하게 하여 수화반응을 촉진시키지만 자유수 이동을 구속하지 않으므로
물 충전에 의한 자기건조를 저감시킨다.

150) 3성분계 결합재(OPC 30~60%, 고로슬래그 미분말 30~50%, 플라이애시 10~30%)에 잠열재(Hyper-HR)를 혼
입하여 자기수축량을 저감시키는 기술(건설신기술 제546호)이 개발된 바 있다.

151) 상변화(고체 → 액체) 시 열 흡수 및 잠열 축적, '액체 → 고체' 변화 시 응결점 이하로 온도가 내려가면 PCM은
축적된 잠열을 방출하여 온열을 제공한다.

- 수화열과 수화발열 상승속도 감소(Time Lag 효과), 자기수축량 저감
- 수화반응 촉진, 초기재령에서 빠른 응결과 높은 압축강도 발현

PCM 미혼입(OPC)	• 내부 수화온도 상승구간의 열팽창계수 비교적 높은 값 • 내부 수화온도 하강구간의 열팽창계수 비교적 낮은 값 • 온도 상승·하강량이 유사해도 팽창·수축량 차이 발생
PCM혼입(OPC+PCM)	• 내부 수화온도 상승–하강 구간의 열팽창계수 유사 • 따라서 '팽창·수축량'도 유사하여 자기수축량 저감

5. 습윤양생 철저

(1) 초기재령에서 수분공급

　① 종결 후 수분공급

　② 모세관 내 자유수 감소, 부압력 해소

(2) 수분공급과 고로슬래그 미분말 사용 병행

　① 고로슬래그는 시멘트보다 수화반응 지연

　② 응결 후 24시간 이상 수분공급

　③ 수분공급 시점은 자기수축 시점에 가까울수록 효과적

Ⅳ 결론

1 저 W/B와 고단위결합재량에 의한 콘크리트의 수요 증가와 더불어 자기수축에 관한 연구가 활발하게 진행되고 있지만 아직 초기재령의 수축 메커니즘이 완전하게 규명되지 않은 실정이다.

2 자기수축 저감 방안에는 팽창재, 플라이애시, 수축저감제 등의 사용과 수화열 제어 및 철저한 습윤양생 등이 있으며, 복수안 이상에 대하여 현장적용 시 시험배합으로 상호위해성을 검증할 필요가 있다.

3 향후 고강도·고성능 콘크리트에 대하여 명확한 자기수축 메커니즘의 규명에 기반하여 보다 효율적인 저감방안을 강구하여야 할 것이다.

4354 콘크리트 소성수축

I 개요

1. 생콘크리트가 최종 형상을 유지하는 소성(＝가소성, Plasticity)상태에서 수분증발에 따라 수축하는 현상을 소성수축(Plastic Shrinkage)이라고 한다.
2. 콘크리트의 소성수축은 표면균열을 유발하여 방치할 경우 내부까지 균열이 진행되므로 타설환경을 고려한 대책이 필요하다.

기구/양상	➡	방지대책
• 블리딩/증발/수축/균열 • 균열방향/폭깊이/위치원인		• 시멘트/골재/혼화/기타 • 시공환경/타설 전후

II 발생기구 및 균열 양상

1. 발생기구

① 콘크리트 타설 후 Bleeding水 떠오름
② 바람, 건조한 날씨, 강한 일사량, 고온 등으로 표면수가 급격하게 증발
③ 표면수의 증발로 표면부에 수축작용 발생
  • 콘크리트 응결이 진행되면서 소성이 상실되지 않는 상태에서 수축
④ 소성수축으로 콘크리트 표면에 균열발생

2. 균열 양상

(1) 균열방향

① 바람부는 방향의 직각방향으로 발생하지만 비교적 불규칙
② 표면부에서 내부로 균열 진행
③ 균열부위는 서로 평행하고 균열간격은 0.3~1.0 m가량

(2) 균열폭과 깊이

① 초기 균열폭은 0.1~0.3mm, 깊이는 표면에서 25mm 미만으로 불규칙
② 균열 방치 시 균열폭은 1mm 정도까지, 균열깊이는 부재 관통

(3) 균열 위치와 원인

① 부재의 가장자리 쪽, 비표면적(比表面積)이 큰 부위
② 미립자가 많이 몰려 있는 곳, 과잉 마무리 부분

③ 점토덩어리 주위, 발자국 주위 등

④ 풍화시멘트, 부배합 콘크리트, 잔골재율과 단위수량의 과다

⑤ 건조한 날씨, 강한 바람과 일사량, 고온 등의 기후환경에서 많이 발생

Ⅲ 방지대책

1. 재료 · 배합

(1) 시멘트

① 풍화되지 않은 안정성이 큰 것 사용

② 단위결합재량 저감

(2) 골재

① 미세입자가 적은 깨끗한 골재 사용

- 점토덩어리, 석분 등의 유해물질이 기준치 이하인 것 사용

② 입형과 입도분포가 양호한 골재 사용

- 연속입자분포의 골재와 입형판정실적률이 높은 골재 사용

(3) 혼화재료

① 분산제, 감수제를 사용하여 단위수량 저감

② 보수성 혼화제 사용, 타설 후 표면수의 급격한 증발방지

(4) 기타

① 단위수량, 잔골재율

- 소요 워커빌리티 범위에서 최소한으로 적용

② 섬유보강재 혼입, 셀룰로오스 · 나일론 섬유 등

- 콘크리트 표면부의 인장응력 증대

2. 타설 · 양생

(1) 시공환경 개선

① 서중 시 운반시간 단축

② 현장 기후조건 고려, 허용범위 내에서 타설시간 조정

- 오전보다 오후, 오후 · 낮보다는 야간시간 타설이 유리

- 맑고 바람부는 날보다는 흐리고 바람없는 날에 타설

(2) 타설 전·후

① 거푸집 침하와 변형방지, 초기 침하균열 방지
  • 침하수축에 의한 소성수축 증대 우려
② 지나친 표면마무리 금지
③ 타설 후 습윤양생 철저
  • 콘크리트 표면을 비닐이나 양생포로 덮고 살수
  • 방풍막 또는 차양막 설치, 일사와 바람 영향 저감

Ⅳ 결론

1 소성수축균열은 굳지 않은 콘크리트에 발생하는 균열이므로 소성 메커니즘을 고려하여 재료사용과 배합대책이 있어야 하고, 타설 후에는 표면수의 급격한 수분증발을 방지하여야 한다.

2 발생된 균열은 조기에 발견하여 경화 전 재다짐·소거하여야 하며, 방치된 균열은 유해균열로 확대되지 않도록 균열폭과 깊이에 따라 적절한 보수 대책을 강구하는 것이 매우 중요하다.

4355 ┃ 콘크리트 침하균열

I 개요

① 콘크리트 침하균열은 Bleeding수 건조 후 표면부가 침하하면서 생기는 균열이다.

② 침하균열을 예방하기 위해서는 낮은 슬럼프로 배합하여 콘크리트의 표면다짐을 잘 하고, 균열부위는 재다짐하여 소거하여야 한다.

기구/양상	➡	예방대책	➡	균열 제거
• 블리딩/공극/침하 • 상단근/경계면/유출부/방향		• 거푸집, 철근/배합 • 타설, 다짐		• 제거시기 • 제거방법

II 발생기구 및 균열 양상

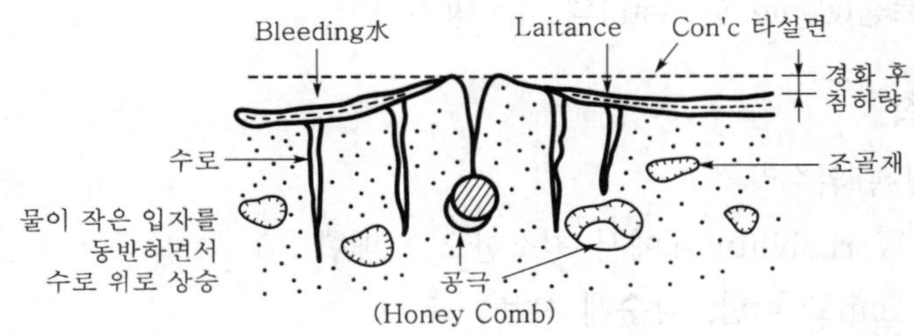

[콘크리트 피복층의 침하현상]

1. 발생기구

① 묽은 콘크리트 타설, Bleeding水 상승

② 골재 · 철근 아래에 공극(Honey Comb) 발생

③ Bleeding水가 건조된 후 침하균열 발생(타설 후 1~2시간 후)

2. 균열 양상

① 보, 바닥의 상단근 윗면

② 부재 두께가 달라지는 경계면

　• 보와 바닥판의 경계면

③ Cement Paste가 유출되는 곳

④ 철근방향으로 표면부에 균열 진행

3. 원인

① 단위수량 과다

② 높은 Slump

③ 레미콘 가수

④ 진동다짐 불량

⑤ 표면마무리 미흡

Ⅲ 예방대책

1. 거푸집공사 및 철근배근

① 철근 흐트러짐 방지

- 결속작업 철저, Spacer 이탈방지

② 거푸집 하단

- 시멘트풀(Cement Paste)의 유출방지

2. 콘크리트 배합

① W/B 및 단위수량

- 소요 Workability 내에서 최소한으로 배합

- 저 Slump로 배합, 감수제 사용 고려

② 시멘트 사용

- 적정 단위시멘트량 배합, 경화속도가 빠른 것 사용

3. 타설 및 다짐

① 레미콘 현장반입 시 슬럼프시험 철저

- 과잉 슬럼프일 경우 반송 조치

② 레미콘 현장반입 후 가수행위[152] 엄금

③ 타설속도 완만하게, 1회 타설높이 $\leq 1\,\mathrm{m}$

④ 슬래브: 기둥·보 콘크리트가 침강·안정된 후 타설

⑤ 표면부 다짐 철저, 과잉·과소 다짐이 없도록 할 것

---

152) 타설 용이성을 목적으로 콘크리트펌프의 투입구에서 가수하는 사례는 반드시 근절되어야 한다.

Ⅳ 균열 제거

1. 시기

① Bleeding水가 걷히고 경화 전에 실시
② 여름철 60~90분, 가을철 90~120분 이내에 발생된 균열 제거

2. 방법

① Tamping: 각재로 균열부위 재다짐
② 균열부를 쇠흙손으로 눌러서 제거
③ 또는 거푸집 진동기 사용, 재다짐 효과 기대

04 특수콘크리트공사

4411 ┃ 한중콘크리트

Ⅰ 개요

1 한중콘크리트는 타설 후 동결 우려가 있는 시기에 공사하는 콘크리트로서 경화지연과 초기 동해로 인하여 양생불량이 우려되므로 콘크리트의 온도관리가 매우 중요하다.

2 사계절이 뚜렷한 국내에서는 공기상 동절기공사가 불가피하므로 한랭기 타설 시 콘크리트 품질을 확보하기 위한 각별한 시공관리가 필요하다.

목표/적용	→	재료/배합/타설	→	양생관리
• 시공 목표 • 적용기간		• 시멘트/골재/혼화/WB/믹서 • 운송, 압송/콘크리트 타설		• 초기/계속양생 • 양생 방법/거푸집

Ⅱ 시공 목표 및 적용

1. 시공 목표

① 응결 · 경화 초기에 동결방지

② 양생 종료 후 동결융해저항성 발휘

③ 공사 중 예상하중에 대한 소요강도 구비

④ 동절기 공사기간 확보

2. 적용기간

(1) 표준시방(KCS 코드)

① 타설일의 '일평균기온 ≤ 4℃'

② 타설 후 24시간동안 '일최저기온 ≤ 0℃'

③ 또는 타설 24시간 이후 초기동해 위험이 있는 경우

(2) ACI 306

▶ 다음 상황이 3일 이상 연속될 경우 'Cold Weather(한중)'로 정의한다.

① 일평균기온이 5℃ 이하이고,

② 하루 절반 이상의 기온이 10℃ 이하인 경우

〈ACI 306R-88 Cold Weather Concreting 1.1 Definition of cold Weather〉

Cold weather is defined as a period when, for more than 3 consecutive days, the following conditions exist:

1. the average daily air temperature is less than 40°F(5℃) and

2. the air temperature is not greater than 50°F(10℃) for more than one-half of any 24-hr period

Ⅲ 재료 · 배합 및 타설

1. 재료 · 배합

(1) 시멘트

① 보통포틀랜드시멘트 + 조강제, 또는 조강포틀랜드시멘트 사용

- 또는 미분시멘트('분말도 $\geq$ 7,000cm^2/g'의 미립자시멘트) 사용 고려

② 시멘트 저장 시 냉각방지

③ 냉각 시 직접가열 금지

(2) 골재

① 보관 시 동결방지

② 골재 사용 시 빙설 혼입방지

③ 온풍으로 간접가열

④ 건조하거나 불균질 온도분포 방지

(3) 혼화제의 사용

① 소요공기량 확보

- AE제, AE감수제, 고성능AE감수제 중 반드시 한 가지 이상 첨가

- 4~6%의 공기량을 확보할 것

② 동결방지 및 응결촉진

- 저온동결 방지, 응결촉진용 혼화제 첨가

(4) W/B · 단위수량 저감

① AE제 계열의 혼화제와 감수제 사용, 低 W/B의 유동성 보완

② W/B 상한선 60%

③ 동결가능 수량 저감, 저온상의 Bleeding水 발생 최소화

(5) 믹서 투입

<table>
<tr><td>가열수, 잔골재 투입</td><td>➡
65 ℃ 이하</td><td>굵은골재 투입</td><td>➡
40 ℃ 이하</td><td>시멘트 투입</td></tr>
</table>

① 가열수 · 잔골재 투입, 가열온도 $\leq 65℃$

② 굵은골재 투입

③ 시멘트 투입, 투입 전 $\leq 40℃$, 시멘트 가열 금지

4~0℃	간단한 주의+보온
0~-3℃	물 · 골재 가열+보온
-3℃ 이하	물 · 골재 가열+보온+급열

2. 타설

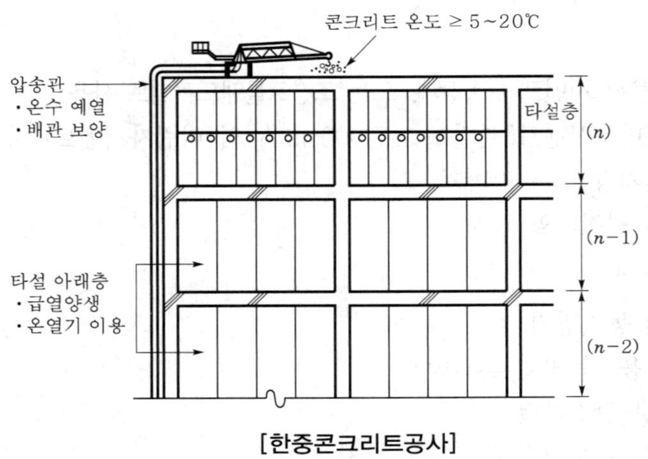

[한중콘크리트공사]

(1) 운송 및 압송

① 운반 트럭: 보온덮개 보양

② 압송관은 보온재 보양, 타설 전 온수 예열 실시

③ 운송시간 지연방지, 외기온 영향 최소화

(2) 콘크리트 타설

① 콘크리트 온도 5~20℃ 유지, 얇은 부재(slab)는 10℃ 이상 확보

   • 단면치수 및 기상조건 고려

② 철근과 거푸집에 부착된 빙설 제거, 빙설 위 콘크리트 타설방지

③ 일몰 전 타성 완료, 타설 후 보양시간 확보

④ 레미콘 반입 시 콘크리트온도 점검 · 확인

   • 5~20℃ 이내, 계획온도 범위 이내일 것

⑤ 타설 전 일기예보 확인

Ⅳ 양생관리

1. 초기양생

(1) 정의

① 초기동해를 방지하기 위한 기간의 양생

② 타설 초기 동결 시 강도발현 불안정

(2) 양생 온도 및 기간

① 타설 직후부터 '초기 양생온도 ≥ 5℃' 유지

② 소요 압축강도 도달 시까지 온도관리 철저

③ 노출환경 및 부재 단면두께별 소요 압축강도

[소요 압축강도 기준, 단위: MPa] – KCS 142040(표3.4-1) 참조

구조물의 노출 ＼ 단면(t, mm)	t ≤ 300	300 < t ≤ 800	t > 800
물 포화 부분	15	12	10
보통 노출상태	5	5	5

④ 소요 압축강도는 시험으로 확인

⑤ '콘크리트 온도≥5~10℃' 조건으로 양생 시

- 소요 재령일 충족 시까지 초기양생 실시

[초기양생 기간: 소요 재령일 기준: KCS 142040(표3.4-2) 참조]

구조물 노출상태 ＼ 시멘트 종류		보통포틀랜드 시멘트	조강포틀랜드 보통포틀랜드＋촉진제	혼합시멘트 2종
물 포화 부분	5℃	9일	5일	12일
	10℃	7일	4일	9일
보통 노출상태	5℃	4일	3일	5일
	10℃	3일	2일	4일

(3) 계속양생

① 초기양생 완료 후 2일간 구조물 콘크리트 온도 0℃ 이상 유지

② 구조물 목표강도 도달 시까지 계속양생

③ 부재단면이 얇을수록 노출면 보양에 유의

2. 양생방법

(1) 취약부 보양

① 구조물 모서리

② 부재 단부

③ 이어치기면: 벽 · 기둥 이음부로서 이음용 철근 돌출부

④ 단열양생재, 방풍막 등으로 틈새 없이 보양

(2) 급열양생

① 방열기구 배치 → 공간온도 증대

② 갈탄 · 석유 난로 및 열풍기 가동

③ 국부가열 및 양생수 조기증발 방지

④ 화재 및 연소가스 안전에 유의

⑤ 온도관리 철저, 바닥 위 1m 상부에 온도계 설치

(3) 바닥슬래브

① 벽 개구부 밀폐, 틈새방지

② 단열 · 방풍 소재 사용

③ 타설면 단열시트 보양, 필요시 이중단열시트 설치 고려

④ 타설 상 · 하부층 급열양생

(4) 외벽면

① 외부비계 또는 시스템거푸집 외부에 보양막 설치

② 필요시 벽면 내측 급열양생

③ 상 · 하층 틈새방지, 급열량 손실 고려

3. 거푸집 존치

(1) 존치기간 결정

① 부위별 소요강도 확인 시까지 거푸집 존치

② 소요강도 확인 후 거푸집 · 동바리 해체

③ 임의해체 금지, 반드시 소요강도 확인

(2) 소요강도 확인

① 압축강도시험에 의한 확인

- 구조체관리용공시체로 시험 및 판단, 현장봉함양생공시체 사용

② 적산온도에 의한 확인

- '동일 적산온도 → 동일 압축강도 발현' 전제, 온도이력관리 철저

(3) 거푸집 해체

① 탈형 후 온도차에 의한 균열발생 방지

② 콘크리트 온도가 외기온에 근접된 상태에서 해체

4. 양생온도 관리

① 콘크리트 온도, 보온 공간 온도

② 동결 위험성이 적은 경우 타설부 주위 온도만을 기록

③ 자기기록온도계 사용

④ 온도관리 항목

- 외기온≤일평균기온 4℃, 타설 시 콘크리트 온도 5~20℃
- 양생 중 콘크리트 온도, 보온공간 온도 등

4412 초기동해

I 개요

1. 콘크리트 초기동해는 경화 초기의 온도변화로 콘크리트가 동결과 융해를 반복하여 강도가 저하되거나 파손·균열 등의 피해를 일으키는 현상이다.

2. 초기동해를 입은 콘크리트는 재령을 추가하여도 강도가 증진되지 않으므로 초기동해에 견딜 수 있는 수준의 압축강도가 발현될 때까지 철저한 양생관리가 필요하다.

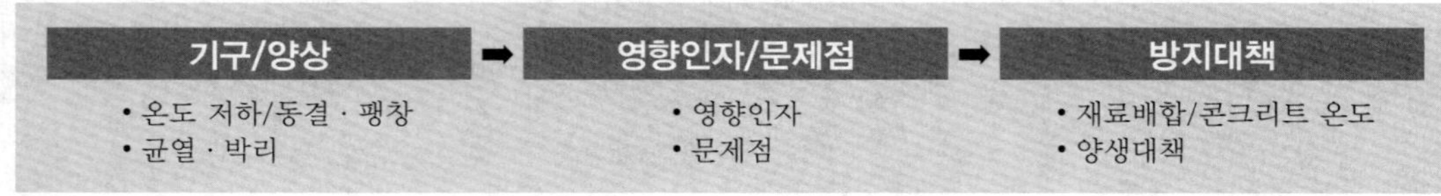

II 발생기구와 양상

1. 콘크리트 온도 저하

① 콘크리트 내부의 자유수 ≤ $-0.5 \sim -3.0$℃

② 각종 염류영향으로 물보다 빙점이 낮음

2. 동결·팽창

▶ 동결 시 9%의 체적이 팽창한다.

(1) 응결 전 동결

① 융해시점에서 얼었던 조직 다짐

• 강도, 내구성에 문제가 없음

② 다짐불량 시 내구성 저하

(2) 경화 초기 동결

① 경화 콘크리트의 강도와 내구성이 현저하게 저하

② AE공기량 부족 시 콘크리트 파괴

• 동결융해 반복으로 팽창량 누적, 콘크리트 파괴

3. 균열 · 박리

(1) 콘크리트의 냉각 및 동결

① 노출면에서 내부로 냉각과 동결 진행

② 콘크리트 내의 큰 세공에 있는 물 동결

(2) 얼음결정 성장

① 주변의 작은 세공 안의 물을 얼음이 흡수

② 얼음 결정체가 동일 평면상에서 성장 · 확대

(3) 동결층 형성 및 팽창

① 수분 보급 종료 후 하부로 동결층 진행

② 동결층 팽창압으로 콘크리트 표면 균열 · 박리

Ⅲ 영향인자 및 문제점

1. 영향인자(증가요인)

① 짧은 동결 도달시간, 긴 동결 유지시간

② 잦은 동결융해 반복

③ 낮은 동결온도

④ 낮은 콘크리트 인장강도, 적은 공기량

⑤ 높은 W/B 등

2. 문제점

① 재령연장에 의한 치유 불가능

② 경화 콘크리트의 내구성, 강도 저하

③ 보수 · 보강 대책 적용 불가, 재시공만이 유일한 대책

Ⅳ 방지대책

1. 재료 · 배합

(1) 시멘트 및 혼화제

① 조강포틀랜드시멘트, 또는 '보통포틀랜드시멘트＋경화촉진제' 사용

② AE공기량 확보, 초기동결 시 Air Cushion 역할

• 4~6%가량의 공기량 확보, 타설지점에서의 소요공기량 충족

(2) 저 W/B 배합

① 동결 가능 수량 원천적 저감

② 저온 Bleeding水 저감, 콘크리트 온도 저하방지

③ W/B는 소요 워커빌리티 내에서 최소한으로 배합

(3) 골재 사용

① '흡수율 ≤ 3%'인 것 사용

② 흡수성이 클 경우 동결 시 Pop-Out 현상 우려

2. 레미콘 적정온도 확보

(1) 타설 시 콘크리트 온도

① 콘크리트 온도 5~20℃

② 구조물의 단면치수, 기상조건 고려

③ 기상조건 가혹, 또는 얇은 부재 두께의 경우

- 콘크리트 온도 10℃가량

(2) 물, 골재 가열

① 물 ≤ 60℃

② '골재 ≤ 65℃'가 되도록 간접가열

③ 동결 골재와 빙설 혼입방지

3. 양생대책

(1) 초기양생[153]

① 타설 직후 콘크리트 표면에 냉풍 노출방지

② 소요 압축강도 발현까지 5℃ 이상 유지

③ 단면두께별 소요 압축강도 기준

- 초기동해 저항성을 발휘하기 위한 최소한의 압축강도 기준

(단위: MPa)

노출 구분	얇은 단면	보통	두꺼운 단면
보통 노출	5	5	5
물 포화	15	12	10

④ 초기양생일수 기준

- 양생온도가 높고 노출상태가 건조할수록 초기양생 일수가 짧음

---

153) KCS 142040(3.4.1) 참조

노출상태 ＼ 시멘트 종류		조강시멘트 보통 + 촉진제	보통포틀랜드	혼합시멘트 B종
보통 노출	10 ℃	2일	3	4
	5 ℃	3	4	5
물 포화	10 ℃	4	7	9
	5 ℃	5	9	12

(2) 계속양생

① 초기강도 확인 후 계속양생
- 구조체관리용 공시체로 압축강도시험

② 초기양생 완료 후 2일 이상 '콘크리트 온도 ≥ 0℃' 유지

③ 반드시 소요강도 확인 후 거푸집 해체
- 구조체관리용 공시체 강도시험 실시, 현장봉함양생 공시체 제작·사용
- 양생온도와 재령에 의한 강도추정 방식도 참조할 것

④ 외기온과 콘크리트 온도차이 근접 시 해체할 것
- 콘크리트의 급격한 온도 저하에 의한 온도균열 방지

4. 온도 검사 및 관리[154]

① 타설 전 외기온
- '일평균기온 ≤ 4℃'일 경우 한중콘크리트 시방 적용

② 타설 시 콘크리트 온도, 5~20℃ 이내일 것
- 미달 시 레미콘공장에 연락 및 시정

③ 양생 중 콘크리트 및 양생공간 온도, 계획온도 범위 이내일 것
- 자기온도기록계 사용 → 양생기간 동안 시간별 온도변화 기록 유지
- 온도관리상 취약부로서 타설층 하부 2곳, 상부 1곳 이상 설치

---

154) KCS 142040 (표 3.5-1)

4413 적산온도(積算溫度, Maturity Factor)

I 개요

① 콘크리트 적산온도는 타설한 콘크리트가 양생하는 데 필요한 열량을 나타낸 온도 수치로, 양생기간의 일 평균양생온도[155]를 적산한 수치이다.

② 콘크리트는 동일수준의 적산온도에서 일정하게 강도가 발현된다는 경험적 전제하에 동절기 초기양생기간을 결정하거나 W/B 보정, 거푸집 해체시기 추정 등을 파악하기 위한 수치로 활용한다.

적용	→	산출 및 활용
• 유효범위 • 적용한계		• 적산온도 산출/강도 추정 • 동절기공사/탈형판단

II 적용

1. 유효범위

▶ '적산온도-압축강도'가 표준양생 시의 '재령-압축강도'의 관계와 유사해지는 조건의 범위를 말하며, 다음 조건에서 적산온도치의 유용성이 인정된다.

① 상온양생 시 양생온도 ≤ 35 ℃

② 수화발열 또는 증기양생 시 콘크리트의 최대 상승온도 ≤ 70 ℃

2. 적용한계

① 활용범위: 콘크리트의 강도 동향을 파악하는 보조적 자료로 활용

② 적산온도의 적용시간: 타설 이후의 양생 소요시간만을 적용

③ Mass콘크리트에는 적용 불가

• 수화 발열량 미고려, 70℃ 이상 시 적산온도값 신뢰도 저하

④ 습도영향 미고려

⑤ 온도변화 심할 경우 적용 곤란

• 양생온도가 일정하거나 변화율이 일정할 경우 적용

⑥ 배합비 달라질 경우 적용 금지

• 단위시멘트량, 시멘트 성분, W/B가 달라지면 기존의 적산온도치 적용 불가

---

[155] 일 평균양생온도: 하루 중의 최저온도와 최고온도의 산술 평균치

Ⅲ 산출 및 활용

1. 적산온도 산출

① 양생온도 및 양생시간 기록

② 적산온도(M) 산출식 적용

- 적산온도(M) $= \sum (T - T_o)\Delta t$

여기서, T: 콘크리트 양생온도

T_o: 기준온도, 일반적으로 '-10℃'

Δt: 양생시간(일)

2. 압축강도 추정

① 양생온도와 재령일에 따라 압축강도 추정

- 임의시점의 콘크리트 압축강도, 거푸집 탈형시기 판정 시점 등

② 추정식(Plowman 제안식)

$$P = a + b \log (M \times 10^{-3})$$

여기서, P: f_{ck}에 대한 양생강도 발현비율

a, b: 실험상수

3. 동절기 콘크리트공사

(1) W/B의 보정

① W/B$(x) = \alpha \cdot x_{20}$

② 보정계수$(\alpha) = \dfrac{\log (M - 100) + 0.13}{3}$

여기서, M: 적산온도, '$M = 840°\text{DD}$'[156]이면 $\alpha = 1$

③ 재령 28일 압축강도를 얻기 위한 W/B

- '$x_{20} = 20 \pm 2℃$'의 표준양생조건

(2) 초기양생기간 산정

① 동해(凍害)로부터 안전한 초기강도(5MPa)의 발현기간 산정에 활용

② '$M \geq 70°\text{DD}$'가 될 때까지 초기양생기간 적용

③ 자기온도기록계 사용

4. 탈형시기 판단

① 산출된 적산온도에 의하여 압축강도 추정

② 탈형조건 부합여부 판단

③ 소요압축강도값 충족 시 거푸집 탈형

---

156) 적산온도를 나타낼 때의 단위로서 도일(度日, degree day) 또는 도시(度時)를 사용, '℃시' 또는 '℃일($= °\text{DD}$)' 등으로 표시한다.

4414 ┃ 서중콘크리트

Ⅰ 개요

① 서중(暑中)콘크리트는 높은 외부기온으로 슬럼프 저하 및 수분의 급격한 증발 등의 우려가 있는 경우에 시공되는 콘크리트이다.

② 서중콘크리트공사는 서중의 기후환경으로 인한 문제점을 고려하여 레미콘 반입, 타설, 표면마무리, 양생 등의 품질시공방안이 필요하다.

서중조건	→	문제점	→	시공방안
• 국내표준시방서 • ACI 305		• 배합품질/온도상승 • 콜드조인트/소성수축 · 양생불량		• 재료관리/배합 · 제조/운송 · 타설 • 표면마무리/서중 양생

Ⅱ 서중조건

1. 국내표준시방서[157]

① 일평균기온 > 25℃

② 슬럼프 및 슬럼프플로 저하

③ 또는 양생수의 급격한 증발의 염려가 있을 경우 적용

2. ACI 305

▶ 콘크리트의 품질을 해치는 다음 경우의 조합을 서중환경으로 한다.

① 주위의 높은 온도

② 높은 콘크리트 온도

③ 풍속 및 일사의 영향으로 낮은 상대습도 환경

〈ACI 306R–99 Hot Weather Concreting 1.2 Definition of hot Weather〉
Hot weather is any combination of the following conditions that tend to impair the quality of freshly mixed or hardened concrete by accelerating the rate of moisture loss and rate of cement hydration, or otherwise causing detrimental results
• High ambient temperature, High Concrete temperature
• Low relative humidity ; Wind speed ; and Solar radiation

---

157) KCS 142041(1.3) '용어의 정의' 참조

Ⅲ 문제점

1. 배합품질 변화

① 응결 촉진, 고온영향
② 공기량 및 슬럼프 저하
③ 운반시간 지연 시 품질변화 가속

2. 콘크리트 온도상승

① 배합재료의 고온 노출
② 운송 중 콘크리트의 온도상승
③ 온도상승 시 수화반응 촉진, 운송 및 타설 여유시간 축소

3. 콜드조인트

① 콘크리트 수화반응 가속
② 레미콘 운반시간 영향 증대
③ 이어붓기 한계시간 준수 필요, 일시 중단 시 120분 이내에 이어칠 것
④ 누수 · 중성화 가속

4. 소성수축 · 양생 불량

① 타설 후 표면수량 급격하게 증발
② 일사, 고온, 바람 등의 영향 작용
③ 블리딩 정지 전 표면수 증발, 표면부 소성수축 및 균열 발생

Ⅳ 시공방안

1. 재료관리(Pre-Cooling)

▶ 시멘트 8℃, 혼합수 4℃, 골재 2℃가량 낮추면 각각 콘크리트 온도는 1℃ 저감된다.

(1) 시멘트

① 중용열 · 저열 · 고로슬래그 · 플라이애시 시멘트 사용
② 고온시멘트 사용금지, '시멘트 온도 ≤ 50℃'인 것 사용
  • 저장 전 충분히 냉각한 후 저온보관

(2) 골재

① 격막형 저장소에 덮개 보양, 일사 차단
  • 살수 · 배수 시설 구비, 기화열에 의한 골재온도 저감

② 사일로형 저장소

- 백색 반사도장 마감
- 상부 통풍기 가동, 하부 압축공기 주입으로 골재온도 저감

③ 골재 운반 트럭: 적재함 커버 설치, 운송 중 일사 차단

④ 골재 냉각: 지하수와 냉풍에 의한 수냉 및 공냉 실시

(3) 혼합수

① 지하수: 음용 가능한 지하수, 수온 17℃ 전후인 것 사용

② 냉각수: 열펌프, 액체질소 분사, 얼음혼입 등으로 혼합수 냉각 사용

③ 송수관 설비: 지중매입, 기온과 일사 영향 배제

④ 회수수 저장 탱크: 지붕 설치, 일사 차단

(4) 혼화재료

① 미분말혼화재 치환

- 플라이애시·고로슬래그를 다량 치환하여 수화열 저감

② AE감수제, 유동화제(지연형), 응결지연제 사용검토

2. 배합 및 제조

(1) 단위수량

① 보통·고강도 콘크리트 $\leq 185\text{kg/m}^3$

② 고내구성콘크리트 $\leq 175\text{kg/m}^3$

③ 단위수량 적게 하고 감수제 등의 화학혼화제 첨가 고려

(2) 슬럼프, 공기량

① 슬럼프값: 타설지점에서의 소요값 고려

② 운반 중 공기량 감소 고려, AE제 할증

(3) 레미콘 온도관리

① 타설지점의 콘크리트 온도 $\leq 35℃$

- 비빔온도 $\leq 30℃$, 운반 시 온도상승 고려

② 온도 상승요소 고려

- 외기온, 수화열, 마찰열, 열전도계수, 운송시간
- 고체배합재 평균비열, 배합재료(골재·시멘트·혼합수) 온도 및 질량

3. 운송 및 타설

(1) 생콘크리트 운송

① 비빔 후 배출 및 타설 완료시간 준수

- 하차 완료 ≤ 60분, 타설 완료 ≤ 90분

　② 레미콘 차량 장시간 대기방지
　　• 배차관리 철저, 대기 시 그늘 정차
　③ 애지테이터트럭
　　• 드럼 표면도색 및 단열 커버 설치, 일사량 반사 · 차단

(2) 타설 및 다짐

　① 2회 이상 순환타설 시 허용, 이어치기 시간간격[158] 준수, 레미콘 연속공급
　　• '외기온 > 25℃'일 때 120분 이내일 것
　　• 펌프별 차량 2대씩 진입공간 확보 및 배차간격 조정
　　• 수평부재는 수직부재 상부의 블리딩수 제거 후 타설
　② 슬럼프 불량 시 반송조치
　　• 콜드조인트 우려 시 현장 유동화제 첨가 고려, 이때 반드시 담당원 승인 필요
　③ 타설이음부(Construction Joint) 다짐 철저
　　• 선타설부 이물질 제거, 물 흡습 후 다짐
　　• 지수판 하부공극 방지
　④ 압송관 막힘사고(Plug, 폐색) 방지
　　• 막힘사고 시 신속조치 위한 사전준비 철저
　⑤ 레미콘 가수금지[159]
　　• 레미콘 상차 전 드럼 세척수 잔류
　　• 운송 중 애지테이터 호퍼에 폭우 유입, 하차지점 가수 등

4. 표면마무리

(1) 적정 마무리 시기

　① 블리딩 걷힌 후 표면마무리
　　• 조기마무리 시 블리딩 구속, 표면박리(Blister) 우려
　② 표면수 급속 증발 및 응결속도 고려
　　• 시기가 늦을 경우 마무리 곤란
　③ 소요의 작업원 · 장비 사전확보

(2) 초기균열 발생부위

　① 소성수축 및 침하균열 발생 시 Tamping 실시
　② 응결 초기에 균열 소거
　③ 방수마감 부위는 기계마무리(피니셔 마감) 실시
　　• 응결 · 경화 상태에 따라 피니셔 마무리
　　• 야간작업조 운용, 적정 마무리 간격 준수

---

158) 직하층 콘크리트 비빔 시작부터 직상층 콘크리트가 타설되기까지의 시간
159) '4328 콘크리트 운반차' 참조

(3) 콜드조인트 부위

① 탈형 후 U, V-Cutting, 시멘트 주입재 Sealing

② 휨·전단응력 작용하는 곳

- 균열보수 후 내력 보강, 철판 및 탄소섬유시트 보강

5. 서중 양생

(1) 원칙

① 일사 및 통풍 차단, 표면수 및 양생수의 조기증발 방지

② 최소 5일 이상 습윤상태 유지

(2) 양생방법

① 살수양생: 부직포 + 호스·스프링클러 살수

- 보행 가능 시 실시

② 피막양생: 부직포 보양이 곤란한 곳에 적용

- 보행 가능 시 피막 실시

③ 시트양생: 비닐 + 부직포 + 살수

- 타설 직후 또는 보행 가능 시 적용

- 타설 중 폭우 또는 폭우 예상 시 사전준비에 따라 시트양생

Ⅴ 결론

1 서중환경은 높은 기온, 일사, 바람 등으로 한중과 더불어 습식 골조공사의 일정-비용은 물론 품질에 미치는 영향이 크다.

2 서중콘크리트의 콜드조인트·초기균열·양생불량을 방지하려면 배합재 온도 저감, 레미콘 운송시간 단축, 습윤양생 등의 사전·사후 조치가 필요하다.

> **tip　서중콘크리트 품질검사 항목**
>
> 1. 온도측정: 외기온~공사 전·중
>   재료온도~계획온도 범위 내
>   비빔온도~계획온도 범위 내
>   타설온도~공사 중 ≤ 35℃, 또는 계획온도 범위 내
> 2. 운반시간: '비빔~타설 종료' 소요시간 ≤ 1.5시간, 또는 계획시간 이내일 것

4415 매스콘크리트

I 개요

[1] 매스콘크리트는 단면치수가 커서 시멘트 수화열에 의한 유해 온도균열이 우려되는 콘크리트이다.

[2] 매스콘크리트공사에서 온도균열을 방지하려면 수화열을 저감하거나 온도응력을 제어하기 위한 다양한 대책이 필요하다.

적용조건	➡	온도균열 기구	➡	온도균열 방지대책
• 적용범위 • 적용부위		• 내부구속 균열 • 외부구속 균열		• 시공계획/재료, 배합 • 타설 · 양생 · 기타 대책

II 적용조건

1. 적용범위[160]

① 넓은 평판 구조두께 ≥ 800mm

② 하단구속 벽체두께 ≥ 500mm

③ 부배합 콘크리트 사용으로 구속조건에 따라 적용
- PC(Prestressed Concrete) 구조물 등

④ 기타 유해 온도균열이 우려되는 콘크리트

2. 건축물 적용부위

① 기초매트

② 코어월(Core Wall)

③ 대단면 기둥(Mega-Column), 트랜스 거더, 인공지반 슈퍼거더

④ 지하외벽 합벽부 등

III 온도균열 기구(Mechanism)

1. 내부구속[161] 균열

(1) 시멘트 수화열 발생

① $CaO + H_2O \rightarrow Ca(OH)_2 + 수화열$

---

160) KCS 142042 1.1(적용범위) 참조
161) 내부구속(Internal Restraint): 콘크리트 단면 내의 온도차이에 의한 변형의 부등분포에 의해 발생하는 구속작용

② 시멘트에 물 혼합
③ 수화반응으로 수산화칼슘과 수화열 발생

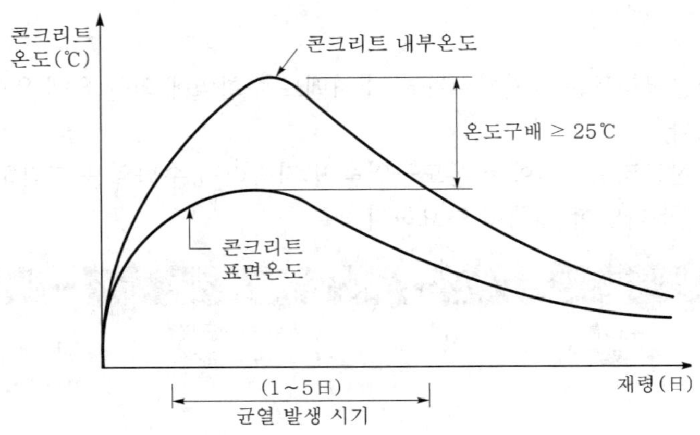

[내부구속 온도응력기구]

(2) 수화열 전도
　　① 부재 내의 수화열 외부 방출
　　② 부재 내부－부재 표면－외기 등으로 수화열 전도

(3) 내·외부 온도구배 발생
　　① 부재 중심부와 표면부의 방열량 차이 발생
　　② 내·외부 방열량 차이로 온도구배 발생

(4) 온도균열 발생
　　① 고온부는 압축응력, 저온부는 인장응력 작용
　　② '온도구배 ≥ 25℃' 시 인장응력부 균열

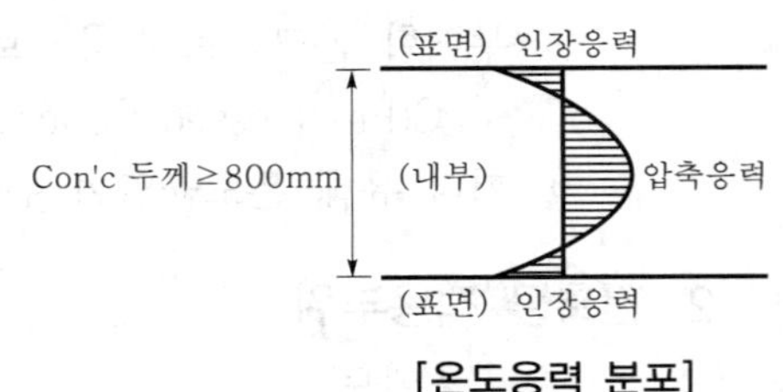

[온도응력 분포]

2. 외부구속[162] 균열

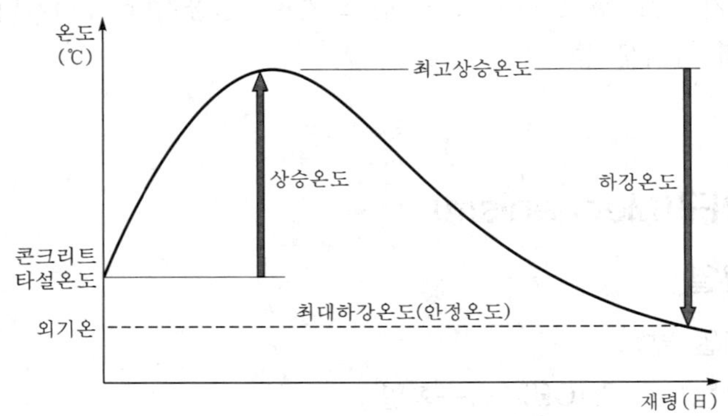

[외부구속 온도균열기구]

---

162) 외부구속(External Restraint): 새로 타설된 콘크리트 블록의 온도에 의한 자유로운 변형이 외부로부터 구속되는 작용

(1) 콘크리트 온도상승 및 하강

　　① 수화열 작용으로 최고온도치 도달

　　② 이후 온도가 하강하면서 체적수축

(2) 부재 하단부 구속

　　① 부재 상단은 온도하강에 따라 자유 신축

　　② 부재 하단은 수축이 구속, 인장응력 발생

(3) 온도균열 발생

　　① 구조체 탄성계수와 L/H가 클수록 온도균열 증가

　　② 온도 하강속도 빠를수록 균열 발생량 증가

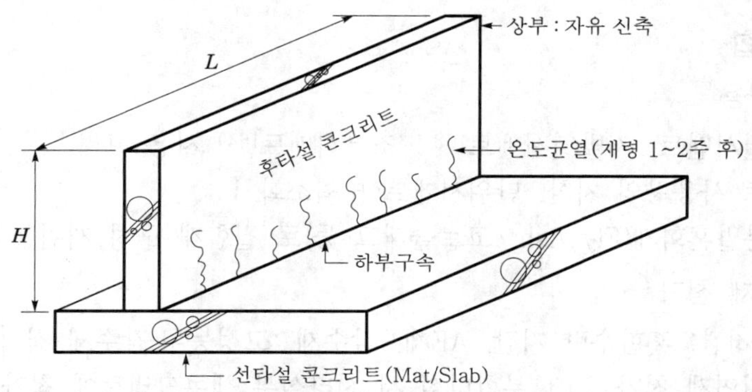

[하부구속 온도균열]

[온도균열 양상]

균열 양상	내부구속 균열	외부구속 균열
발생시기	재령 1~5일 이내 거푸집 탈형 시	재령 1~2주 후 거푸집 탈형 시
균열폭	0.1~0.3mm	0.2~0.5mm
방향성	불규칙	수직방향
관통성	비관통성	관통
발생 위치	표면부	외부구속면

Ⅳ 온도균열 방지대책

1. 시공계획

　　① 온도응력을 예측·해석하여 온도균열지수 파악

　　　• 온도균열지수에 따라 유해균열 확률 예측

　　② 온도균열지수 1.5 이상이 되도록 시공계획

③ 배합, 운반, 타설, 양생과정에서 수화열 저감방안 강구

④ 타설구획, 자원조달계획 수립

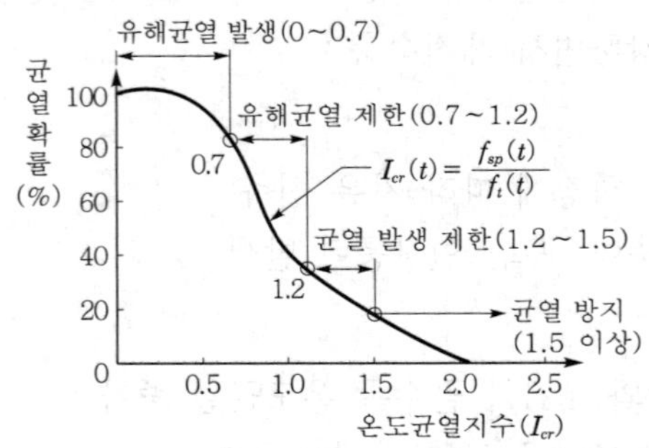

[온도균열지수 해석]

2. 재료 및 배합

(1) 시멘트 사용

① 중용열시멘트, 저발열시멘트[163], 조분시멘트[164] 사용 고려

② 시멘트 사용량의 치환, 단위시멘트량 최소화

- 미분말혼화재(Fly Ash, 고로슬래그 등)로 결합재 구성 재편

(2) 화학혼화제 첨가

① W/B 저감: 혼합수량 저감, AE제, 감수제, 고성능AE감수제 첨가

② 응결지연제 첨가, Lift 분할타설 시 선타설부 생콘크리트에 첨가

- 초기 · 장기 강도의 안정성 측면에서 1% 이하 혼입이 바람직

(3) 배합재료 Pre-Cooling

① 고온 시멘트는 냉풍으로 온도저감 후 사용

② 혼합수는 저온의 지하수 또는 얼음 혼합

③ 골재온도 저감: 일사량 노출방지, 사용 전 표면건조내부포수상태 유지

- 가열된 골재는 살수하여 기화열로 온도 저감

3. 타설

▶ 생콘크리트 공급능력, 타설장비 설치공간, 현장품질 관리능력에 따라 타설구획 분할(블록분할), 또는 리프트 분할을 고려한다.

(1) Lift 분할타설

① 두꺼운 단면을 수직분할, 당류계 초지연제의 응결시간차 활용

② 선타설 레미콘에 응결지연제 첨가

③ 수화반응시기를 조정하여 수화열 저감

---

163) 성분 조정, 소성온도 변경 등으로 수화열을 저감시킨 고가의 시멘트로 국내 수요는 많지 않다.

164) 분말도가 낮은(1,900cm^2/g) 시멘트, 수화반응 지연으로 수화열 저감효과가 있어서 사용 증대가 기대된다.

④ 적용효과

- 상·하부 콘크리트 타설이음부 배제, 상·하부 응결시간차로 수화열 조정
- 최고상승온도를 낮추어서 온도구배 저감

(2) Block 분할타설

① 시공계획에 따라 구획 내에서 연속타설: 타설순서 준수, 콜드조인트 방지

② 시공이음부에는 지수판, 전단 Key 설치: 이음부위는 물축임 후 타설 및 다짐 철저

(3) 표면마무리

① 콘크리트 침강 완료 후 피니셔로 2차 표면마무리

② 소성수축 및 침하균열부위는 Tamping 실시

③ 온도균열 발생 시 균열폭 확대·신장 방지

4. 양생

▶ 매스콘크리트 양생방법은 크게 Pipe Cooling과 단열양생으로 분류한다.

▶ Pipe Cooling은 냉각설비 설치, 운용, 후처리 등 추가공정이 필요하다.

▶ 단열양생은 양생재료의 초기구입비를 부담하며, 최근에는 주로 단열양생을 적용하는 추세이다.

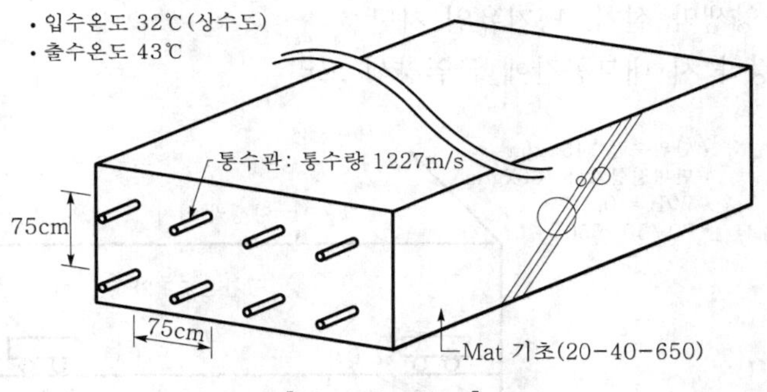

[Pipe Cooling]

(1) Pipe Cooling[165]

① 냉각수 순환으로 내부온도 상승방지

- 콘크리트-통수 온도차 ≤ 20℃
- 입·출수 온도와 냉각기간 설정

② 기초철근 배근 시 통수관 고정

- 직선 배치 @75cm, 코일배치 @150cm가량으로 배관
- 통수관은 STS 재질의 ∅25규격 사용
- 배관재는 앵글(L-25×25×3t, L-30×30×3t)로 고정 및 지지

③ 온도센서와 연동하여 수화열 제어

---

165) KCS 코드(2018)에서는 '관로식 냉각', 'Post-Cooling'이라고도 한다.

(2) 단열양생

① 콘크리트 표면에 비닐 + 양생포 또는 이중단열시트재 설치
- 보양재 존치기간 최적 적용, 대류계수 고려
- 중심부 최대온도 상승시점 이후에 보양재 제거

② 표면부의 수분 증발방지 및 방열량 억제
- 표면방열 억제로 온도구배 저감

③ 현장여건에 따라 담수양생 고려
- 양생경계부에 각재 설치 후 표면이 잠기도록 담수

④ 수화온도 계측: 최고온도 도달시기 및 온도구배량 파악
- 매입 온도센서로 중앙·표면부 온도 측정, '온도구배 ≥ 25℃' 시 표면부 단열보강

(3) 한중양생

① 콘크리트 단면 내·외부 온도센서 설치
- 단면중심, 표면, 모서리, 내부공간, 외부 등

② 한냉기의 온도편차 영향에 특히 유의
- 콘크리트 중심, 표면, 모서리, 내부공간, 외부 등에 온도센서 설치

③ 콘크리트 표면부의 단열양생 철저

④ 상부 양생막 설치, 냉기유입 차단

⑤ 기온강하 시 내부공간에 급열양생 고려

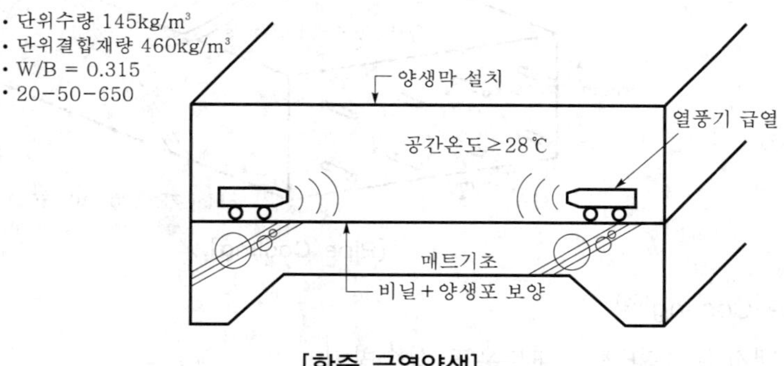

[한중 급열양생]

(4) 거푸집 존치 및 해체

① 콘크리트 온도와 외기온 편차가 작을 때까지 존치

② '콘크리트-외기 온도차 ≤ 20℃'일 경우 탈형

③ 거푸집 해체 후 표면의 급격한 수분 이탈방지

5. 기타 대책

(1) 거푸집

① 양단부에 온도신축 완충재(Joint Filler) 설치

② $T = 20$ 스티로폼 사용

(2) 온도철근 배근

① 매트기초 상 · 하단 외측에 배력근 보강: HD13, @100~150mm, 3~4개 배치

② 하단구속 벽체: 하단에서 1m가량 상부까지 배력근 보강

V 결론

① 매스콘크리트 부재는 수밀성이 요구되는 지하층이거나 큰 응력이 작용하는 부위이므로 콘크리트 경화체의 품질은 매우 중요하다.

② 온도균열 방지대책은 레미콘의 수화열 저감, 타설된 콘크리트의 온도구배 저감, 온도균열의 구속 등으로 다음과 같이 요약된다.

수화발열 저감	저열시멘트 사용, Pre-Cooling, 단위수량 저감
온도구배 저감	Pipe Cooling, 단열 · 급열 양생, 거푸집 존치기간 준수, Lift 분할타설
온도응력 구속	온도철근 배치

tip　매스콘크리트 시공계획항목

타설 구획	일일타설량, 펌프 대수, 총타설량 및 구획별 타설량 등 고려
타설 방법 · 시간	타설 순서 및 리프트층 두께, 개시~종료 시간
생콘크리트 공장	• 배합 지정: G_{max}, f_{cn}, Slump Flow, 결합재 구성, 콘크리트 온도 • 공장별 납품 총량 및 구획 내 납품량, 출고 담당자
압송장비	• 펌프 유형 및 대수: 펌프카, 견인형, 배관형 • 펌프별 애지테이터 진출입 동선, 차량유도원 배치
인원배치	펌프별 타설공, 반입검사 품질시험인력 및 안전관리자 배치
양생대책	방풍 · 급열 방법, 단열보온재, 온도이력 담당자 지정
수화열 계측	온도센서 설치, 센서별 온도이력 기록 및 분석, 담당자 지정
Mock-Up 타설	위치 선정, 본타설 시 이음 고려, 입회 및 피드백 등

4416 온도균열지수

I 개요

1 온도균열지수(Temperature Crack Index)는 매스콘크리트의 수화열 해석에 의한 정량적 평가를 통하여 온도균열의 위험성을 예측하기 위한 지수이다.

2 표준시방(KCS)에서 제시하는 지수 산정식과 수화열 제어대책을 강구하기 위한 관리방안을 설명한다.

지수 산정	➡	관리방안
• 영향요소 • 산정식		• Mock-Up 시공 • 지수산정 및 피드백

II 지수 산정

▶ 온도 및 온도응력 해석에 영향을 미치는 요소와 이를 이용한 지수 산정식의 유형을 살펴본다.

1. 영향요소

(1) 재료 · 배합

① 시멘트 종류

② 단위시멘트량

③ 생콘크리트 온도

(2) 타설 · 양생

① 단면두께(타설높이), Lift 분할두께

② 거푸집, 콘크리트 및 지반의 열적 · 역학적 특성

• 열적 특성: 열전도율, 열용량(비열), 외기대류계수

• 역학적 특성: 압축강도, 탄성계수, 열팽창계수, 프아송비 등

③ 양생기간(재령), 외기온, 양생재의 단열성능 및 존치기간

④ 수화열 변화추이

• 최고온도 도달, 소요시간, 내 · 외부 온도차이

2. 산정식

▶ 표준시방에 따라 중요한 구조물은 정밀식 적용을 원칙으로 한다.

▶ 유해균열이 우려되지 않을 경우 지수 산정을 생략할 수 있다.

(1) 정밀식

① 온도균열지수 $Icr(t) = \dfrac{f_{sp}(t)}{f_t(t)}$

여기서, $f_{sp}(t)$: 콘크리트의 인장강도

$f_t(t)$: 콘크리트 내부의 온도응력 최댓값

② 수밀성, 기밀성, 내구성이 요구되는 공사에 적용
③ 계측온도에 대한 수치해석, 열전달 및 열응력 예측으로 지수 산정
④ 다양한 현장조건의 반영 곤란
⑤ 전문 인력에 의한 분석 및 해석 필요

(2) 약산식

① 내부구속응력이 큰 경우: $I_{cr}(t) = \dfrac{15}{\Delta T_i}$

여기서, ΔT_i: 콘크리트의 내·외부 온도차이 값

② 외부구속응력이 큰 경우: $I_{cr}(t) = \dfrac{10}{\Delta T_0 \cdot R}$

여기서, ΔT_0: 수화열 강하온도

R: 보정값(연암 위: 0.5, 경암·콘크리트 위: 0.8)

③ 온도계측 결과만이 있을 경우 간이 적용
   • 실제보다 지수값이 낮게 산출되므로 불안정
④ 신뢰도 제고를 위한 보정값 적용 필요
   • 온도 상승속도 및 타설두께 보정

Ⅲ 관리방안

1. Mock-Up 시공

① 시험타설 위치 선정
② 시험체 규격 결정, 실제 단면크기 적용
   • 시험체 규격: 가로×세로×단면두께, 가로·세로 ≥ 단면두께
③ 온도센서 설치, 거푸집 및 철근조립 후 실시
   • 중앙부 중심·표면, 측면부 중심·표면 등 3~5 개소
④ 본 시방과 동일한 배합 및 타설
⑤ 위치·재령(시간)별 온도계측 및 기록

2. 지수 산정 및 피드백

① 온도수치 및 온도응력 해석, 콘크리트의 열전달 및 열응력 예측

② 재령 및 계측위치별 온도균열지수 산정, 정밀식 적용

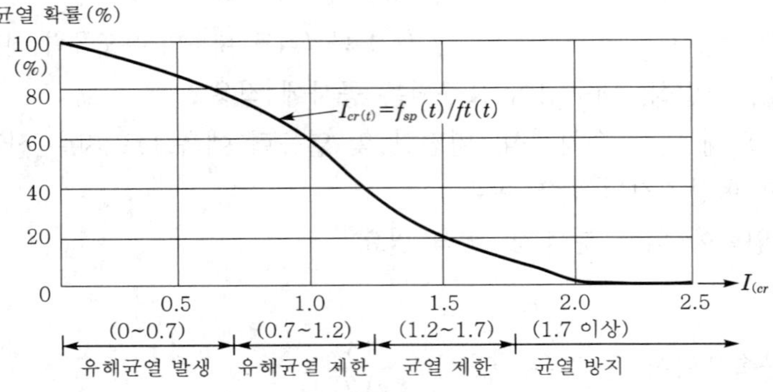

[구간별 균열발생 확률]

③ '계측치–목표값' 비교, 온도균열 가능성 평가

- 목표값에 대한 적합, 미흡, 초과 등으로 평가
- 비교 지수: 최솟값의 재령과 위치의 지수 파악

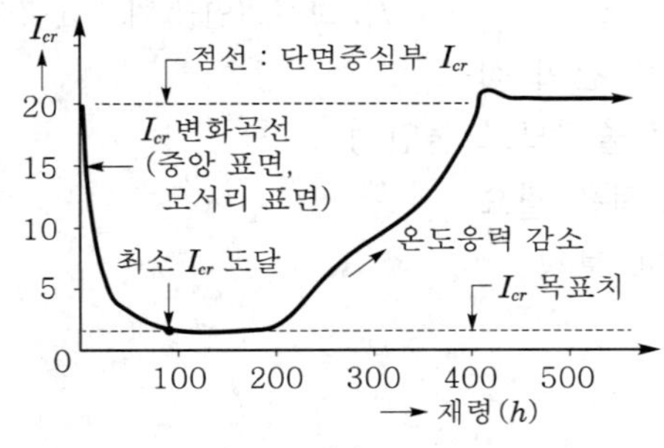

['재령 – $I_{cr}(t)$' 추이분석]

- 단면중심부: 수화열 축적량 최대
- 표면·모서리: 최소 지수값 도달
  – 균열발생 확률 상승
- '지수 최솟값 ≥ 목표치'이면 적합
- 지수 최솟값: 여러 계측지점별 지수 중에서 가장 낮은 값
- 지수 목표치: 1.2~2.0

④ 해석 결과 피드백

- 적합: 본 시방 적용
- 미흡: 배합·시방 대책 강화
- 초과: 경제적 시방안 마련

4417 시멘트 수화열(水和熱)

I 개요

☐ 시멘트 수화열은 시멘트가 물과 반응하는 과정에서 응결(Setting) · 경화(Hardening)와 더불어 생성되는 열이다.

☐ 시멘트 수화열은 시멘트의 종류, 단위시멘트량, 시멘트의 광물조성, W/B, 분말도 등에 따라 발열량이 달라진다.

☐ 시멘트 수화열의 발생속도는 수화반응속도와 비례하는데, 특히 매스콘크리트에서는 수화열에 의한 온도응력이 작용하여 균열이 우려되므로 적절한 관리대책이 필요하다.

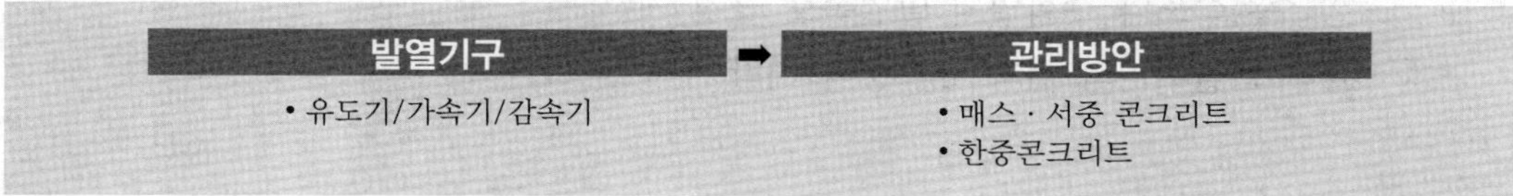

II 발열기구(Mechanism)

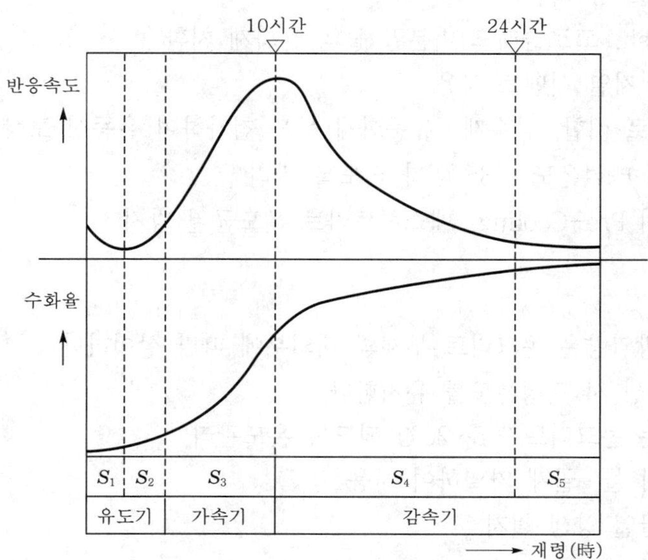

[시멘트의 수화반응기구]

1. 유도기

① 일시적으로 수화발열속도 상승

• 에트링자이트(Etringite) 생성열과 알라이트(Alite) 용해열에 영향

② 이후 2~4시간 동안 입자표면 과포화
③ 수화Gel 흡착으로 수화 일시적 중단, 수화발열 정지상태

2. 가속기

① 물이 시멘트 입자 내부로 침입
② 수화반응이 빠른 알루미네이트 C_3A의 수화 재개
③ 발열량이 큰 C_3A 수화로 발열속도 가속

3. 감속기

① 입자 주위에 생성된 수화물로 이온이동 곤란
② 수화속도와 수화열의 발열속도 급격 저하
③ 수화물끼리의 접착으로 응결 시작

Ⅲ 관리방안

1. 매스 · 서중 콘크리트

① 단위시멘트량 저감
  • Fly Ash, 고로슬래그 미분말 등의 혼화재 치환
② 중용열 · 저열 시멘트 사용
③ 低 W/B로 배합, 감수제 · 유동화제 등을 첨가하여 유동성 보상
④ '서중 시 타설온도 ≤ 35 ℃'가 되도록 관리
⑤ 배합재의 Pre-Cooling, 매스콘트리트 온도균열 방지

2. 한중콘크리트

▶ 수화열의 방열량은 콘크리트 부재의 내외부에 따라 상이하다.
▶ 타설 및 양생 시 적정온도를 유지한다.
① 타설되는 콘크리트가 5~20℃ 되도록 온도관리
  • 필요시 물 · 골재 가열하여 사용
② 보온 · 급열 양생 철저
  • 콘크리트 표면과 내부 온도차이 저감
③ 초기동해 방지, 거푸집 존치기간 연장 고려
④ 거푸집 해체 시 외기온과 콘크리트 온도차이가 20℃ 미만일 때 해체

4421 고강도콘크리트

I 개요

1. 고강도콘크리트는 배합재료의 구성과 질을 개선하여 강도를 향상시킨 콘크리트로서 보통·경량 콘크리트는 각각 40MPa, 27MPa 이상의 강도인 것을 말한다.
2. 일반적으로 누적하중을 받는 기둥과 코어월에 적용하며 50MPa 이상일 경우 폭렬방지를 위해 내화성능기준을 충족하여야 한다.

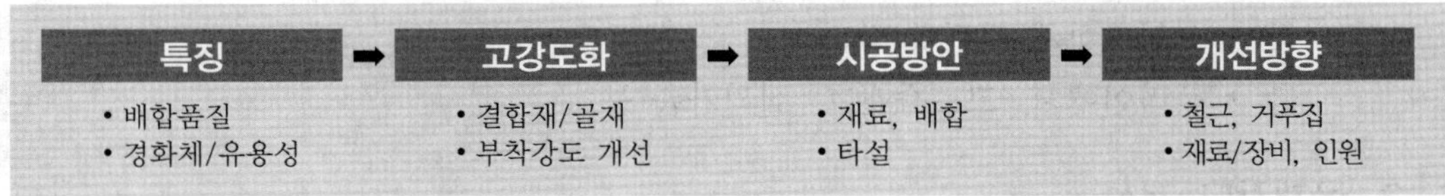

II 특징

1. 배합품질

① 다량의 단위결합재 배합
② 낮은 물결합재비
③ 품질 경시 변화 우려

2. 경화체

① 부재의 소요단면 절감
② 건조수축, Creep 변형 저감, 자기수축 증가
③ 내화성능 보완 필요, 50MPa 이상에 적용
④ 취성파괴 우려

3. 유용성

① 콘크리트 용도의 다양성 부여
   • 부재의 슬림화, 구조물의 장대화·고층화 가능
② 구조물의 신뢰성 제고
   • 시공편차, 체적변형, 기둥축소량 등의 부정적 요소 저감
③ 구조물의 장수명화 가능
   • 치밀한 콘크리트 조직으로 내구성 증진
④ 친환경 건축요소 실현
   • 산업부산물 이용 증대, 콘크리트 재료 절감 등

Ⅲ 고강도화 원리

1. 결합재 개선

(1) 물결합재비 저감

① 화학적결합에 필요한 최소한의 물만을 사용

② 고성능 계면활성제 사용, 고성능AE감수제 혼입

(2) 고품질 결합재 사용

① 구상화 · 벨라이트 · 입도조정 시멘트 사용

② 미분말혼화재 적정량 치환

- 플라이애시, 고로슬래그, 실리카퓸 등

2. 골재강도 개선

① 골재 함유성분 안정화, 염분 및 실리카 반응 억제

② 우수한 입도와 입형의 골재 사용

③ 낮은 흡수율과 높은 비중의 골재 사용

3. 골재–결합재 부착강도 개선

① 골재의 비표면적 증대, Gmax 작게 배합

② 구형상의 부순골재 사용

Ⅳ 시공방안

1. 재료 및 배합

(1) 결합재

① 포틀랜드시멘트＋미분말혼화재, 시멘트 사용량을 미분말혼화재로 치환

- 고로슬래그, 플라이애시, 실리카퓸 등

② 입도조정시멘트, 구상화시멘트, 벨라이트시멘트 등 사용

(2) 골재

① 부순골재, 활성골재 사용

- 구형상의 연속입자분포인 것

② $G_{max} \leq 25,\ 40mm$

- 가능한 25mm 이하일 것, 철근 최소수평순간격의 3/4 이내의 것

③ 잔골재 염화물 $\leq 0.02\%$

(3) 화학혼화제

① 고성능감수제

② 고성능AE감수제 첨가

③ 반드시 시험배합 후 사용

(4) 배합강도(f_{cr}) 결정

① $f_{cr} = f_{ck} + 1.34S\text{(MPa)}$

　　　여기서, S: 압축강도의 표준편차(MPa)

② $f_{cr} = 0.9f_{ck} + 2.33S\text{(MPa)}$ 중 큰 값 이상일 것

(5) 기타 배합요소

① 물결합재비: 소요의 강도·내구성을 고려하여 산정

② 원칙적으로 공기연행제 사용 배제

③ 단위수량은 소요의 워커빌리터 내에서 최소한으로 배합

④ 폭렬방지용 섬유재 혼입, PP섬유 및 나일론 섬유 등

　　• 혼입량은 공사시방, 또는 내화인증시험체[166] 제작조건과 동일

⑤ 회수수 사용금지

2. 타설

(1) 생콘크리트 반입검사

① 검사항목

　　• 슬럼프플로, 압축강도시험 등

② 검사빈도

　　• 구조물 중요도, 공사규모에 따라 $20\sim150\text{m}^3$마다 1회 이상 실시

(2) 생콘크리트 운반

① 재료분리, 슬럼프 손실이 적은 방법으로 신속하게 운반

② 운반시간과 거리가 긴 경우

　　• 트럭믹서, 건비빔믹서 운반

　　• 고성능감수제 추가투여장치 준비

③ 콘크리트펌프에 대한 책임기술자 검토 및 지시

　　• 기종, 압송관 직경, 압송속도

(3) 타설

① 타설순서 확인

　　• 거푸집 형상, 생콘크리트 공급상태, 거푸집 변형 등을 고려하여 결정

---

166) 시험체 제작내용은 '4518 콘크리트 내화성능' 참조

② 보 아래면까지 타설, 침하 · 안정 후 수평부재 타설

③ '수직부재 강도 ≥ 수평부재 강도×1.4'일 경우

- 고강도콘크리트의 안전한 내민길이 확보, 접합면으로부터 약 600mm

(4) 양생

① 습윤양생 철저, 저 W/B 특성 고려

② 타설 후 급격한 표면수 증발방지, 직사광선과 바람 차단

V 개선방향

1. 철근 · 거푸집공사

① 철근 선조립공법 활성화

② 거푸집공사 시스템화

2. 콘크리트 재료

① 고품질 시멘트 생산기반 확보

- 입도조정시멘트, 구상화시멘트

② 미분말혼화재 품질확보

- 실리카퓸, 플라이애시, 고로슬래그

③ 표준형 · 지연형 화학혼화제 적정 사용

- 고성능감수제, 고성능AE감수제 등

3. 장비 및 인원

① 고압용 압송장비 운용기술 확보, 펌프 및 압송관

② 타설기구 선정 및 운용, CPB · 분배기 적극 활용

③ 타설인력 교육

- 콘크리트 물성 이해, 신규참여자 교육 철저

4422　유동화콘크리트

I　개요

① 유동화콘크리트는 된비빔 상태의 Base Concrete에 유동화제를 첨가하여 일시적으로 시공성을 향상시킨 것이다.

② 유동화제의 첨가 영향을 고려하여 베이스콘크리트(Base Concrete)를 제조하고, 유동화 시에는 운송시간과 유동성 경시 변화를 고려하여야 한다.

베이스콘크리트	→	유동화 방법	→	품질시험	→	적용/개선 방안
• 단위시멘트량/슬럼프값 • 잔골재율/AE공기량/기타		• 유동화제/유동화 시기 • 교반방법		• 시료채취 • 슬럼프/공기량		• 적용/문제점 • 개선방안

II　베이스콘크리트

1. 단위시멘트량

① 300 kg/m³ 표준

② 쇄석 사용 시 증량

③ 단위시멘트 산정식

- 단위시멘트량 $= W_c \times \dfrac{W}{W_b}$

$$\text{여기서, } W_c : \text{1배치당 시멘트 사용량}$$
$$W_b : \text{1배치당 콘크리트 질량}$$
$$W : \text{단위용적질량}$$

④ 단, '① − ③ < 5kg/m³'일 것

2. 슬럼프값

① 베이스콘크리트 ≤ 150mm

② 유동화콘크리트 ≤ 210mm

3. 잔골재율

① 유동화 이후의 슬럼프에 적합하도록 잔골재율 적용

- 베이스콘크리트를 기준으로 하면 유동화 이후에 재료분리 우려

② 40~50%, 일반콘크리트보다 높게 적용

4. AE공기량

① 유동화 이후의 목표 공기량이 되도록 첨가

② 비빔 15분 후 4.5±0.5%

5. 기타

① AE감수제 첨가

• 잔골재 증가에 따른 슬럼프 저하 고려

② 콘크리트 배합온도 20±3℃

Ⅲ 유동화 방법

1. 유동화제

① 고성능감수제 유형

• 멜라민 설폰산염제: 시멘트량의 1~1.2% 사용

• 나프타린 설폰산염제: 시멘트량의 0.5~0.79% 사용

• 위의 첨가량보다 많을 경우 재료분리 우려, 반드시 시험배합 후 본배합 적용

② 감수효과로 고강도콘크리트 제조 가능

2. 유동화 시기

① 공장첨가-공장유동화

② 공장첨가-현장유동화

③ 현장첨가-현장유동화 등

3. 교반방법

① 교반장치나 애지테이터 이용

② 고속으로 2~3분, 중속으로 3~5분간 교반

③ 애지테이터의 1/4, 3/4 배출시점에서 슬럼프 오차 30mm 이하일 것

Ⅳ 품질시험

1. 시료채취

① 베이스콘크리트

• 비빔하여 15분이 경과, 강제식 드럼에서 15초간 비빈 후 시료채취

② 유동화콘크리트
  • 유동화 직후 채취

2. 슬럼프 · 공기량

① 50m^{3}마다 1회의 빈도
② 타설 초기는 시험빈도 높일 것
③ 판정은 정해진 기준 적용

V 적용 및 개선방안

1. 적용(유용성)

① 고강도콘크리트에서 단위시멘트, 단위수량 저감
② 매스콘크리트에서 수화열, 건조수축, 침하량 저감
③ 수밀콘크리트에서 W/B 저감, 슬럼프 저하방지, 콘크리트 내의 공극 저감
④ 서중콘크리트에서 배출 지점에서의 유동화로 슬럼프 저하방지
⑤ 한중콘크리트에서 단위 수량과 W/B 저감, Bleeding量과 동해방지

2. 문제점

(1) 생콘크리트 공장
  ① 시공자 주문에 의하여 배합비 변경
  ② 표준생산 곤란

(2) 시공자
  ① 배합조정에 의한 원가 상승요인 발생
  ② 잔골재율 할증, 재료분리 방지
  ③ 유동화 공정 추가
    • 유동화제 첨가 및 교반공정 추가 → 철저한 계량 및 시간관리 필요

3. 개선방안

① 유동화제+증점제, AE제의 공장혼합 고려
② 유동화제에 의한 재료분리와 공기량 저하 보상
③ 또는 분리저감형 유동화제를 현장교반, 공장의 배합수정 최소화
④ 유동화 이후 경시변화 최소화
  • Self-Leveling, Self-Compaction 성능 등
⑤ 고유동화 · 고성능 콘크리트의 기술 향상
  • 산 · 학 · 연 공동 노력 필요

4423 | 고유동콘크리트

I 개요

① 고유동콘크리트(High Fluidity Concrete)는 일반콘크리트보다 유동성과 재료분리저항성을 높인 자기충전이 가능한 콘크리트를 의미한다.

② 표준시방은 KCS 142032(고유동콘크리트), 시험방법은 KS F 2594 및 KCI-CT 108에서 규정한다.

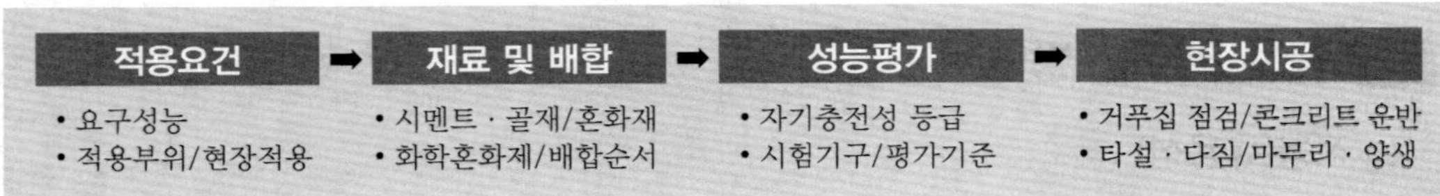

II 적용요건

1. 요구성능

(1) 굳지 않은 콘크리트

　① 고유동성

　② 자기충전성(Self Compaction)

　③ 재료분리 저항성 등이 있을 것

(2) 굳은 콘크리트

　① 양호한 강도

　② 고내구성

　③ 품질이 균질할 것

2. 적용부위

　① 조밀한 배근부위, 고층 타설부

　② 단면이 큰 매트기초

　③ 콘크리트 충전강관기둥(CFT: Concrete Filled Tube)

　④ 수중콘크리트공사 부위

　　• 슬러리월, 현장타설말뚝 등

　⑤ 기타 다짐이 곤란한 부위에 적용

3. 현장적용

① 생콘크리트 주문 가능성
- 요구성능을 충족할 수 있는 레미콘 공장의 선정 가능 여부

② 철저한 타설계획 수립
- 계획에 따라 적정 인원 및 장비 운용

③ 거푸집 측압대책
- 액압으로 측압거동 해석

④ 적정 타설장비 및 기구
- 고압용 콘크리트펌프와 압송관
- 트레미파이프, 버킷, 주입관, 콘크리트 분배기 및 CPB 등

Ⅲ 재료 및 배합

▶ 고유동콘크리트는 미분말혼화재 및 화학혼화제 조합에 따라 분체형, 증점제형, 병용형 등으로 분류한다.

유형	미분말혼화재	화학혼화제	비고
분체형	〈활성미분말〉 고로슬래그 플라이애시 실리카퓸	고성능감수제	• 미분말혼화재는 결합재로 배합 • 고강도용
	석회석미분말	고성능감수제	• 미분말은 충전재 용도로 배합 • 일반강도용
증점제형	–	고성능감수제 증점제	혼화제 적합성 확인 필요
병용형	고로슬래그 플라이애시 실리카퓸 석회석미분말	고성능감수제 증점제	재료분리 저항성 부여

1. 시멘트 및 골재

① KS규격 시멘트
- 포틀랜드시멘트, 고로슬래그시멘트, 플라이애시시멘트

② 3성분계시멘트[167], 입도조정시멘트(연속입자분포의 조분·미분 시멘트)

③ 실적률이 큰 골재, 쇄석 $G_{\max}$ 20

---

167) 포틀랜드시멘트 외에 고로슬래그와 플라이애시를 혼합시킨 시멘트, 결합재가 3가지인 시멘트이다.

2. 혼화재

① 활성 미분말(결합재)
- 시멘트와 혼합하여 잠재수경성 활성화로 압축강도가 발현되는 미분말

> **〈활성도 지수〉**
> - 결합재용 미분말의 압축강도 발현 비율을 나타내는 지수이다.
> - 시멘트모르타르에 대한 미분말 혼합 모르타르의 압축강도 백분율이다.
> - 활성도 재령은 7, 28, 91일로 한다.
> - 관련규격: KS F 2563, KS L 5405, KS F 2567

- 고로슬래그, 플라이애시, 실리카퓸 등 사용
- 최대결합재 치환율[168]

FA[169]	30%
BS[170]	70%
$FA+BS$	$(FA/30)+(BS/70) \leq 1$
실리카퓸	15%

② 팽창재
- 자기수축과 건조수축을 고려하여 사용

③ 석회석미분말(충전재)
- 결합재가 아니며 강도와 무관, 매스콘크리트에 적용 시 유용

3. 화학혼화제

① 고성능AE감수제
- 나프탈렌계, 폴리카르폰산계, 멜라민계, 아미노술폰산계 등 사용

② 고성능감수제＋AE제

③ 증점제(분리저감제)
- 셀룰로오스계, 바이오폴리머계(다당류 폴리머, 수용성 폴리사카로이드), 아크릴계, 글리콜계, 기타 증점제 등
- 증점제 사용량 표준값[171]

셀룰로오스계	$W \times (0.15 \sim 0.3)\%$
다당류 폴리머	$0.15 \sim 1.5 \mathrm{kg/m}^3$
수용성 폴리사카로이드	$W \times 0.05\%$
아크릴계	$W \times (3.0 \sim 5.0)\%$
글리콜계	$W \times (2.0 \sim 3.0)\%$

---

168) "고유동콘크리트의 제조 및 시공", 한국콘크리트학회, 기문당, 2010, p.42
169) FA: 'Fly Asy' 약어
170) BS: 'Blast Furnace Slag' 약어
171) "고유동콘크리트의 제조 및 시공", 한국콘크리트학회, 기문당, 2010, p.43

4. 배합순서

① 배합 유형 결정
  • 분체형, 증점제형, 병용형 등
② 배합강도, 평균압축강도, W/B 산정
  • 설계기준강도와 내구성능을 고려하여 배합강도 산정
  • 배합강도와 소요 워커빌리티상의 압축강도 중 큰 값을 평균압축강도로 함
  • 평균압축강도를 충족하는 W/B 산정(50% 이하, 23~45%)
③ 단위수량, 결합재량, 고성능AE감수제, 분리저감제(증점제)
  • 고성능감수제, 또는 고성능AE감수제는 분체량의 1.0~1.3% 첨가, 증점제와 병용 시 할증
  • 소요 워커빌리티 내에서 적정 사용량 산정
④ 단위굵은골재용적
  • 소요충전성과 간극통과성에 적합한 용적량 산출
⑤ 상기 순서로 시험배합 후 계획배합 결정

Ⅳ 성능평가

▶ 자기충전성 등급에 따라 시료를 채취하여 생콘크리트의 유동성, 재료분리저항성, 자기충전성을 평가한다.

1. 자기충전성

[자기충전성 등급: KCS 142032(1.4.2) 참조]

등급	내용
1등급	• 최소철근순간격 35 ~ 60mm의 복잡한 단면형상을 가진 철근콘크리트 구조물 • 단면치수가 작은 부재 또는 부위에서 자기충전성을 가지는 성능
2등급	• 최소철근순간격 60 ~ 200mm의 철근콘크리트 구조물 • 또는 부재에서 자기충전성을 가지는 성능
3등급	• 최소철근순간격 200mm 이상으로 단면치수가 크고 철근량이 적은 부재 또는 부위 • 무근콘크리트 구조물에서 자기충전성을 가지는 성능

① 1~3등급으로 구분
② 최소철근순간격, 단면형상, 단면치수, 철근배근 유무 등 고려
③ 일반구조물 및 부재의 표준은 2등급

2. 시험기구

① Slump형[172)]

- Slump Test용 Cone 이용
- 콘을 벗긴 후 시료가 퍼진 직경과 시간 측정

② L형

- 하부의 유출구를 개방하여 흐름거리와 속도 측정

③ Box형[173)]

- 격막하부를 개방하여 전후의 높이차 측정
- 사각 및 U형 시험기구

④ 로트(깔대기)형

- V형 로트와 O형 로트 시험기구
- 하단의 토출구를 열어서 시료가 통과하는 시간 측정

⑤ 망체형

- 전체 시료 중 망체를 통과하는 양(질량) 측정

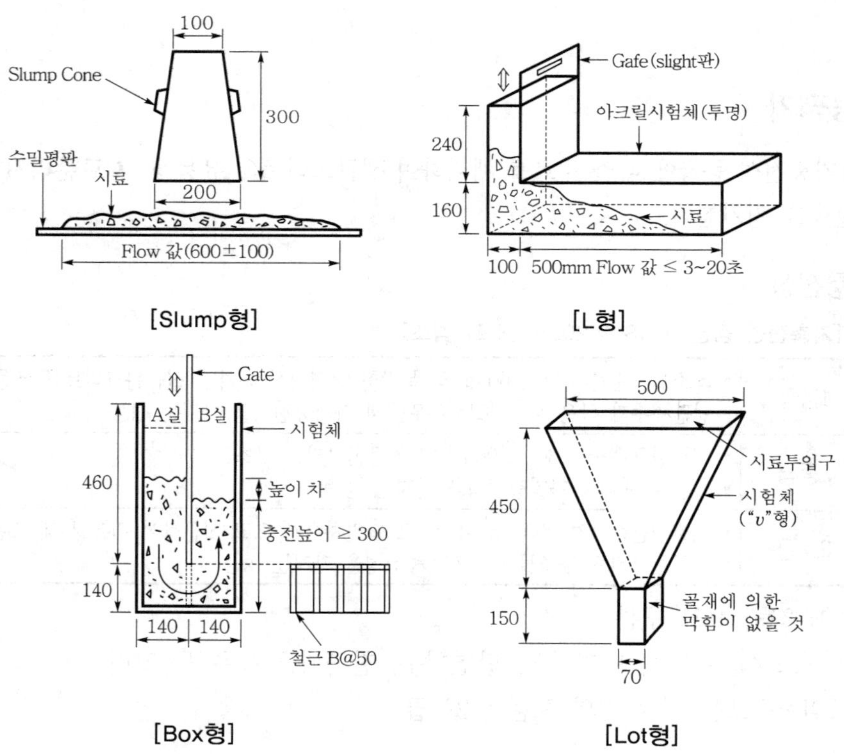

---

172) KS F 2594 '슬럼프 플로시험' 참조
173) KCI‑CT‑108 고유동콘크리트의 유동성능 측정방법, 한국콘크리트학회 제규격 참조

3. 평가기준

(1) 유동성

① 슬럼프플로시험의 흐름 범위를 측정하여 평가

② '흐름범위 ≥ 600mm'일 것

(2) 재료분리저항성

① 슬럼프플로시험 결과를 관찰하여 평가

② 시료 중앙부에 굵은골재가 모여 있지 않을 것

③ 시료 주변부에는 시멘트페이스트가 분리되어 있지 않을 것

④ 슬럼프플로 500mm 도달시간 범위는 3~20초일 것

- 또는 깔대기시험으로 골재 막힘이 없을 것

(3) 자기충전성

① 콘크리트학회 시험기준(KCI-CT 108) 적용

② U형 또는 Box형 시험기구 사용

③ '충전높이 ≥ 300mm'일 것

Ⅴ 현장시공

▶ 시공계획에 따라 다음 사항을 준수하여 시공한다.

1. 거푸집 점검

① 거푸집에 작용하는 측압은 유체압(액압)으로 산정

② 거푸집의 수밀성 확보

- 시공이음부 및 거푸집 이음면의 틈새방지
- 시멘트페이스트, 또는 모르타르의 유출방지

③ 폐쇄공간은 공기유출구 설치

- CFT 내부 다이어프램(Diaphragm), 내력벽 창문틀의 하부 등

2. 콘크리트 운반

① 혼합에서 타설종료 시까지 총운반시간 한도

- 90분 이내를 원칙으로 하되 유동성과 자기충전성 고려

② 압송관 규격 및 배관길이 표준

- 압송관은 ∅100, ∅125 사용, 배관길이 ≤ 300m
- 배관길이는 사전 시험·해석 후 결정

③ 장거리 압송 시 사전시험으로 압송성 파악
   • 사용재료와 배합, 펌프 기종 및 배관직경 등 고려
④ 10초 이상 고속회전 후 콘크리트 배출

3. 타설 및 다짐

① 허용 가능한 낙하높이 및 유동거리 설정, 시험결과 및 실적에 근거
   • 자유낙하 허용치 $\leq$ 5m, 최대수평유동거리 $\leq$ 8~15m
② 원칙적으로 다짐 불필요
③ 콘크리트 유동성을 보조하는 정도로 다짐 실시
   • 콜드조인트, 표면기포 우려 시 나무·고무 망치를 보조적으로 사용
④ 소요의 펌퍼빌리티 확보, 압송압력 산정에 의한 배관·펌프 선정
⑤ 고압용 압송관의 내부압력 무선모니터링, IoT 적용

4. 마무리 및 양생

① 응결지연을 고려하여 마무리작업 실시
   • 미분말혼화재를 사용할 경우 응결시간 지연
② 마무리 전까지 표면건조 방지
   • 블리딩이 적으므로 표면건조 시 마무리작업 곤란
   • 차양막, 방풍막을 설치하여 소성수축균열 방지
③ 경화 전까지 초기양생에 필요한 온·습도 유지

4431 | 동결융해작용을 받는 콘크리트[174]

I 개요

① 동결융해작용에 대하여 내구성이 필요한 곳에 적용하는 콘크리트이다.
② 시공자는 생콘크리트의 공기량 관리방법을 정하여 책임기술자 및 감리·감독자의 사전승인을 받아야 한다.

II 적용 및 배합

1. 적용부위

① 우수에 노출된 지붕 슬래브, 패러핏, 외부계단
② 지면에 접하는 외벽 등

2. 배합

① $W/B \leq 0.45$
② 단위수량은 소요품질 범위에서 최소한이 되도록 배합
③ 흡수율
  • '모래 $\leq 3\%$', '자갈 $\leq 2\%$'인 것 사용
④ 공기량
  • G_{max} 40mm 사용 시 5.5%
  • G_{max} 20, 25mm 사용 시 6.0%
  • 허용오차 ±1.5%
⑤ $f_{ck} \geq 30MPa$

III 타설·양생

① AE제의 계량오차는 허용치(3%) 이내일 것
② 운반시간 지연방지, 지연 시 공기량 감소
③ 과잉 진동다짐, 표면마무리 금지
④ 공기량시험은 타설지점에서 실시
⑤ 초기강도 5MPa까지 양생관리 철저

---

174) KCS 413004(2018) 참조

4432 수밀콘크리트

I 개요

1 수밀콘크리트는 밀도를 높여서 방수성이 좋고 산·알칼리·동결융해저항성을 크게 한 콘크리트이다.

2 낮은 W/B와 콘크리트 조직 내에 공극을 줄여서 경화 후 균열을 최소화함으로써 콘크리트의 수밀성을 확보한다.

II 적용 및 배합

1. 적용부위

① 지하실 바닥, 외벽, 지중구조물

② 정수장, 수영장, 저수조 등의 수중구조물

③ 지붕 슬래브, 기타 투수·투습이 우려되는 부위

2. 배합

① 콘크리트 내의 공극 최소화

② 공기량 $\leq$ 4%, 일반콘크리트보다 작게 배합

③ W/B $\leq$ 0.5 , Slump $\leq$ 180mm

④ AE제, AE감수제, 고성능감수제, 팽창재, 방수제 등의 적정 사용

⑤ 중복사용 시 상호 유해작용 여부 검토

III 시공 시 유의사항

① 거푸집의 강성과 수밀성 확보
- Cement Paste의 유출과 측압 영향 고려

② 연속타설, 이어치기 지양, 콜드조인트 방지
- 부득이할 경우 이음부위 수밀성 보강

③ 다짐 철저
- 低 W/B로 배합인 점 고려

④ 습윤양생기간
- 일평균기온 5℃ 이상일 때 9일, 10℃ 이상일 때 7일, 15℃ 이상일 때 5일

4433 수중콘크리트[175)]

I 개요

1 지중의 굴착공이나 수중(水中)에 설치한 거푸집에 타설하는 콘크리트로, 수중에서 재료분리가 되지 않으면서 적정한 유동성이 발휘되도록 배합 · 제조 · 타설한다.

2 수중콘크리트 시방은 현장타설말뚝공사나 지중연속벽공사에 적용한다.

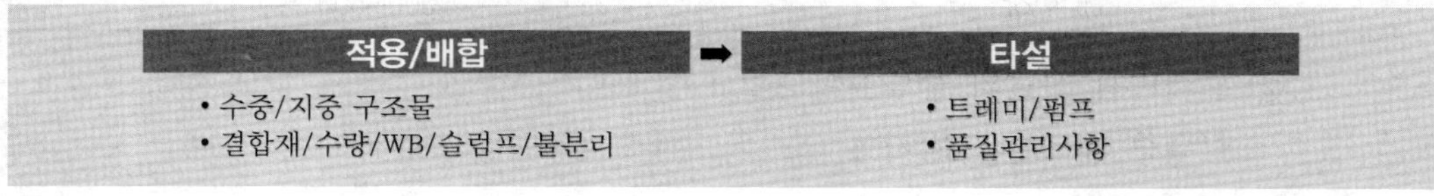

II 적용 및 배합

1. 적용부위

① 수중구조물: 정수장, 수영장, 저수조

② 지중구조물: 현장타설콘크리트말뚝

• Slurry Wall, CIP 등

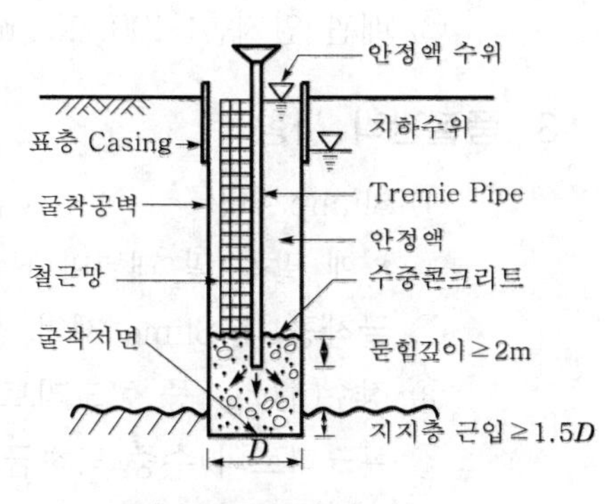

2. 배합

① 단위결합재량

• 일반 수중콘크리트 $\geq 370kg/m^3$

• 현장타설콘크리트말뚝, 지하연속벽 $\geq 350kg/m^3$

② 단위수량 $\leq 200kg/m^3$

③ W/B $\leq 0.50 \sim 0.55$

• 일반 ≤ 0.50, 현장타설콘크리트말뚝 · 지하연속벽 ≤ 0.55

④ Slump 표준값

• 밑열림상자 타설: 100~150 mm

• 트레미 타설: 130~180 mm, 현장타설콘크리트말뚝과 지하연속벽: 180~210mm

• 콘크리트펌프: 130~180mm

⑤ 수중불분리성혼화제 사용

• AE감수제, 고성능감수제 병용 고려

---

175) KCS 142043 '수중콘크리트' 참조

Ⅲ 타설

1. 트레미관(Tremie Pipe) 타설

① 트레미 관경은 조골재 입경과 수심을 고려하여 결정, $G_{max} \times 8$ 이상

수심(m)	트레미 안지름(mm)
3 이내	250
3~5	300
5 이상	300~500

② 트레미관 선단의 묻힘깊이 ≥ 2m

- 수중 재료분리 방지

2. 콘크리트펌프 타설

① 배관 수밀성 확보

② 배관 안지름: 100~150 mm

3. 품질관리 사항

① Slump시험

- 매 말뚝 및 패널마다 최초 레미콘 차량에서 시료채취 후 시험

② 굴착공 내 Slime 제거 철저

③ 정수(靜水) 중 콘크리트 타설, 공벽 붕괴방지

④ 콘크리트의 수중 낙하금지

4434 　해양콘크리트(Offshore Concrete)[176]

I 개요

1. 해양콘크리트는 항만, 해안, 해양에 위치하여 해수 및 해풍의 작용을 받는 구조물에 사용하는 콘크리트이다.
2. 해양환경의 콘크리트 구조물은 염해에 의한 내구성 저하를 고려하여 사용재료, 배합, 타설 등의 품질에 유의하여야 한다.

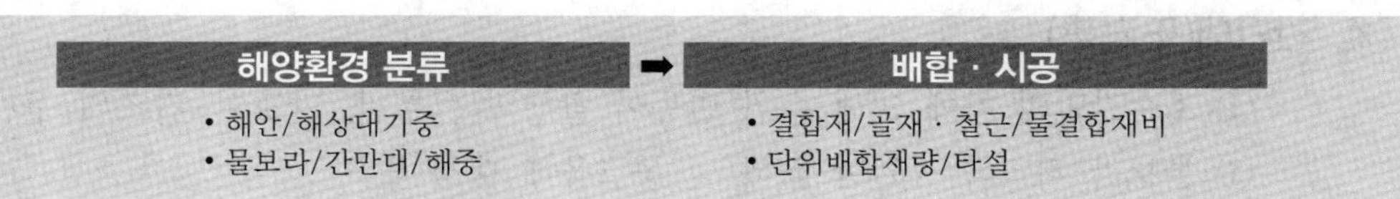

II 해양환경 분류

▶ 해양콘크리트 사용환경은 해안선을 중심으로 해안지역과 해상부로 구분한다.

▶ 해상부는 만조선, 간조선으로 세분한다.

▶ 해상 수직부는 수심에 따라 해중, 간만대, 물보라지역, 해상대기중으로 구분한다.

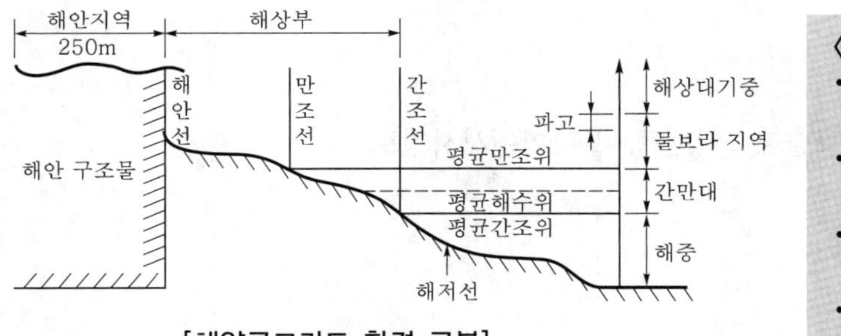

1. 해안지역

① 해안선에 근접하여 해풍에 의한 염화물 침투가 우려되는 지역
  • 해안선에서 육지방향으로 250m 이내의 곳
② 염해대책 필요
  • 기존구조물의 열화 · 손상경험과 실적, 외국사례 등 참조

---

2. 해상대기중(Marine Atmosphere)

① 해수에 접하지 않지만 파도와 바람의 영향이 미치는 곳

② 물보라 상부에 위치, 비래염분에 의한 염해 우려

3. 물보라지역(飛沫帶)

① 해수면(평균만조위) 위의 파도 영향 지역

② 해수의 건습 반복으로 공기와 염화물 공급이 가장 많은 곳

③ 가장 높은 수준의 염해 및 동결융해 대책 필요

4. 간만대(干滿帶)

① 조수간만의 차에 의해 수위 변동이 발생되는 부위, 만조위–간조위 구간

② 물보라 지역과 동일한 염해 및 동결융해 대책 필요

5. 해중(海中)

① 상시 해수에 잠겨 있는 부분

② '평균간조위–해저' 구간

③ 염화물 침투량은 가장 많지만 산소 공급이 적은 곳

Ⅲ 배합 및 시공

1. 내염성 결합재

① 혼합 시멘트: 고로슬래그시멘트, 플라이애시시멘트

② 중용열시멘트

③ 유기계 폴리머 등

2. 골재 및 철근

① 내구성이 좋은 골재 사용

② 해수의 알칼리 반응 촉진성 고려

③ 부식환경에 따라 방청철근 사용, 에폭시 도막철근 등

3. 물결합재비(W/B)

① 최댓값 표준

- 해중 ≤ 0.50, 해상대기중 ≤ 0.45, 물보라·간만대 지역 ≤ 0.40

② 동결융해작용을 받는 콘크리트: '최댓값 + 0.1%' 적용

③ 해풍영향이 큰 육상구조물 $\leq 45\%$, 해상대기중 수준으로 적용

4. 단위배합재량

(1) 단위결합재량(G_{max} 25)

① 물보라지역, 간만대, 해상대기중 330kg/m³

② 해중 300kg/m³

(2) 연행공기량

① 염화물작용에 의한 내동해성 보완 고려

② 표준값

- 굵은골재최대치수(G_{max})에 따라 차등 적용

내구성 환경	G_{max} 20	G_{max} 25	G_{max} 40
물보라·간만대지역	6.0	6.0	5.5
해상대기중	5.0	4.5	4.5
동결융해 없는 곳[177]	4.0	4.0	4.0

③ 공기량 허용오차 ±1.5%

④ '$f_{ck} \geq$ 35MPa'인 경우 1% 감소조정

5. 타설

① 철근 결속선은 내측으로 구부림 처리

② 간격재, 기타 금속류의 표면노출 방지

③ 타설 전 철근, 거푸집의 염류 및 이물질 제거

④ 원칙적으로 시공이음 배제, 물보라지역, 해중부위 등

- 특히, 만조위 상향 600mm, 간조위 하향 600mm 구간

⑤ 불가피한 시공이음부는 수밀보강 철저

Ⅳ 결론

① 콘크리트 구조물이 내륙에서 해양지역으로 확산됨에 따라 해양콘크리트의 내구성 향상이 중요한 과제로 부상하고 있다.

② 해양콘크리트공사는 구조물이 위치하는 해양지역에 따라 염분영향을 고려하여 내염성 높은 배합, 이음 없는 타설대책이 필요하다.

③ 향후 콘크리트 표면의 염소이온량, 투수계수, 염소이온 확산계수, 임계 염소이온량 등에 기반한 설계·시공 대책이 강구되어야 할 것이다.

---

177) 항상 해중에 위치하여 수온이 동결온도 이하인 경우가 거의 없는 곳

4435 경량골재콘크리트[178)

I 개요

① 골재의 전부, 또는 일부를 경량골재로 사용한 기건단위 질량이 $1,400 \sim 2,100 kg/m^3$인 콘크리트이다.

② 경량골재콘크리트는 비(非)구조부위에서 건물의 자중경감을 위해 다양한 형태로 제조·사용한다.

종류/배합	→	현장시공	→	개발방향
• 1종/2종 경량골재 • 경량골재/배합		• 경량골재/철근공사 • 콘크리트 반입/타설 후		• 경량골재 • 인공골재

II 종류 및 배합

1. 종류

(1) 경량골재콘크리트 1종

① 호칭강도(f_{cn}, MPa): 18, 21, 24, 27, 30, 35, 40

② 기건단위질량: $1,800 \sim 2,100 kg/m^3$

(2) 경량골재콘크리트 2종

① 호칭강도(f_{cn}, MPa): 18, 21, 24, 27

② 기건단위질량: $1,400 \sim 1,800 kg/m^3$

2. 재료·배합

(1) 경량골재

① 인공소성골재 주원료: 팽창성혈암·점토, 플라이애시

② 산업부산물 가공골재: 팽창 슬래그, 석탄찌꺼기 가공

③ G_{max} 20mm

④ 단위질량(kg/m^3): 잔골재 ≤ 1,120, 굵은골재 ≤ 880, 혼합물 ≤ 1,040

---

178) KCS 142020(2022) 참조

(2) 배합

① Slump값 ≤ 180mm, 50~180mm

② 단위시멘트량 ≥ 300kg/m^3

③ W/B ≤ 60%, 내동해성 고려 시 45~50%

④ 공기량＝일반콘크리트＋1%

Ⅲ 현장시공

1. 경량골재

① 보관은 습윤상태 유지

② 사용 시에는 표건상태가 되도록 관리

2. 철근공사

① 이음·정착길이의 증대: 겹침이음 및 정착 Hook의 길이 증대

② 피복두께 할증: 10mm가량

3. 콘크리트 현장반입

① 단위용적질량시험 실시

② 레미콘 하차지점에서 실시

③ 허용오차 ±3.5% 이내 합격

4. 콘크리트 타설 후

① 탬핑(Tamping) 철저

② 타설표면으로 떠오른 골재 평활처리, 응결 전 Tamping

Ⅳ 개발방향

① 고강도용 경량골재의 개발 ⇨ 흡수성과 강도 개선 필요

② 경제적인 인공골재의 개발 및 활용, 산업부산물 최대한 사용: 고로슬래그, 플라이애시 등

• 골재 부족 해소 및 친환경건축 실현

4436 방사선차폐용 콘크리트(중량콘크리트)[179]

Ⅰ 개요

1 방사선(X선, γ선, 중성자선 등)의 차폐를 목적으로 중량골재를 사용하여 비중을 높인 콘크리트이다.

2 원자력 발전소, 핵연료 저장시설, 방사선 의료실 등의 구조물공사에 적용한다.

성능/배합	→	현장시공
• 밀도/압축강도/결합수량/붕소량 • 시멘트/골재/시험배합, W/B, 슬럼프		• 거푸집/타설다짐 • 품질검사

Ⅱ 성능 및 배합

1. 차폐성능항목

① 밀도

② 압축강도

③ 결합수량: 중성자 운동에너지 감소, 방사선 생성량 저감

④ 붕소량: 중성자를 흡수하여 방사선 차폐

2. 재료·배합

(1) 시멘트

① 매시브 단면 고려

② 보통포틀랜트시멘트+Fly Ash 또는 중용열시멘트 사용

(2) 골재

① 비중 4.0~5.2가량의 중량골재 사용

② 적철광석, 자철광석, 중정석, 바라이트 등

(3) 배합

① 시험배합 후 본배합 결정

② W/B ≤ 50%

③ 슬럼프 ≤ 150mm

④ 재료분리 고려, Cement Paste 상태에서 골재 투입

---

179) KCS 142034(2021) 참조

Ⅲ　현장시공

1. 거푸집공사
　① 측압에 대한 강성 확보
　② 방사선 조사부위 간격재 설치금지

2. 타설 · 다짐
　① 슈트(Chute) 사용금지
　② 과잉 진동다짐 금지
　③ 연속타설, Cold Joint 방지
　④ 순환타설
　　• 측압 고려, 1회 타설높이 $\leq 30cm$

3. 품질검사
　① 레미콘 반입 시 단위용적질량시험 실시
　② 골재의 함유성분 검사
　③ 방사선 유출시험 실시, 유출부위는 납을 충전하여 보수

4437 | 폴리머콘크리트[180]

I 개요

1 폴리머콘크리트는 결합재의 일부 또는 전부를 폴리머로 대체시킨 콘크리트이다.

2 결합재는 유기계와 무기계가 있고 부착성, 속결성, 인장강도 등의 물성을 향상시키고 CO_2 저감을 목적으로 연구 및 개발이 활성화되고 있다.

콘크리트 분류	→	특징	→	시공요점
• 일반콘크리트 • 폴리머계 콘크리트		• 유기계 • 무기계		• 거푸집 • 배합/타설 · 양생

II 콘크리트 분류

[결합재에 의한 콘크리트 분류]

콘크리트 명칭			결합재
일반콘크리트(무기계)			보통포틀랜드시멘트(OPC)
폴리머계 콘크리트	유기계	폴리머시멘트콘크리트	폴리머+OPC
		폴리머콘크리트	폴리머
		폴리머함침콘크리트	콘크리트 경화체+폴리머 함침
	무기계	지오폴리머콘크리트	미분말혼화재+알칼리 활성화제

1. 일반콘크리트

① 보통포틀랜드시멘트를 결합재로 사용

② 제조과정에서 에너지 소비로 CO_2 다량 발생

③ 시멘트는 수화과정을 통하여 규산칼슘수화물(C–S–H) 생성

2. 폴리머계 콘크리트

(1) 폴리머시멘트콘크리트(PCC: Polymer Cement Concrete)

① 결합재로 유기 폴리머와 포틀랜드시멘트 사용

② 내진벽, 지붕 슬래브의 방수마감에 적용

---

180) KCS 142023(2021) 참조

(2) 폴리머콘크리트(PC: Poymer Concrete, Resin Concrete)

　① 유기 폴리머만을 결합재로 사용

　② 도로 보수, 터널라이닝, 맨홀 제작 등에 적용

(3) 폴리머함침콘크리트(PIC: Polymer Instrusion Concrete)

　① 경화 콘크리트에 유기 폴리머재를 함침시킨 콘크리트

　② PC부재, 흄관, 침목, RC구조물의 보수 및 보강 분야에 적용

(4) 지오폴리머콘크리트(Giopolymer Conctrete)[181]

　① 무기질 고분자물질을 전량 결합재로 사용

　　• 규산알루미늄산화물–알칼리 용액 간 중합반응(重合反應)으로 고분자 생성

　　• 플라이애시, 고로슬래그

　② 결합재에 알칼리활성반응(중합반응, Poly Merization) 촉진

　　• 알칼리반응활성화제 첨가, 실리카산화물과 알루미늄산화물(Si–O–Al) 생성

　③ 알칼리반응활성화제 유형

　　• 규산화나트륨, 규산화칼륨, 수산화나트륨, 수산화칼륨용액 등

　④ 적용부문

　　• 내화 · 내열 섬유복합체, 지반밀폐재

　　• 유독 · 방사성 폐기물차단재, 내산성구조물 등

Ⅲ 특징

1. 유기계

　① 내산성, 내식성, 내염성 우수, 내충격성, 내마모성 우수

　② 내충격성, 내마모성, 수밀성, 속결성 우수

　③ 압축강도, 인장강도, 휨강도 우수

　④ 내화성 취약

2. 무기계

　① 수화열 저감, 저발열 콘크리트 가능

　② 잠재수경성, 포졸란반응성, 수화율 지연, 장기강도 우수

　③ 내염성, 내알칼리반응성

　④ 저알칼리성, 중성화 우려

　⑤ 친환경성, 시멘트 사용량 저감

---

181) 1978년 프랑스에서 지오폴리머콘크리트를 개발한 이래 많은 연구가 진행 중이나 해명되지 않은 부분이 많으며, 표준시방안이 부재하므로 구체적 내용을 추후 개정판으로 미루고 있다.

Ⅳ 시공요점[182]

1. 거푸집

① 박리제 도포 철저, 폴리머 접착력 고려

② 거푸집 타설면 온도 ≥ 5℃

③ 타설면 건조상태 유지

2. 배합

① 지연제 사용 검토, 폴리머 속결성 고려

② W/B: 0.30~0.60

③ 폴리머 – 시멘트비(P/C): 0.05~0.30

• P/C: 시멘트에 대한 폴리머의 질량비

3. 타설 · 양생

① 신속 타설, 속결성 고려, 타설시간 지연방지

② 1회 타설높이 낮게 시공, 큰 유동성에 의한 측압 고려

③ 시공온도 표준: 5~35℃

④ 1~3일간 습윤양생, 표준양생기간 7일

tip	폴리머 관련용어
폴리머	• 그리스어의 많다(Poly)와 부분(Meros)의 합성어 • 다수 부분 개체의 결합체, 많은(Poly) + 단량체(Mer) = 고분자 • 고분자는 단분자 간의 화학적 결합체 • 하나의 개체를 단분자(Monomer), 고분자는 Polymer • 기본단위의 동질 단분자가 중복합성된다는 의미에서 '중합체' • 중합체가 되는 화학반응을 '중합반응'이라고 함 　∴ 폴리머의 동의어는 '고분자', '중합체' • '복합체'는 중합체와 달리 이질재료 간의 합성체를 의미 　– 복합체 = 매트릭스상 + 분산상 　– 매트릭스상: 결합재, 분산상: 골재, 보강섬유재, 기포 등의 배합재
폴리머콘크리트 & 폴리머콘크리트 복합체	• 유사용어: 레진콘크리트, 플라스틱콘크리트 등 • 폴리머는 중합체를 의미하므로 분산상 배합재와 결합된다는 의미에서 폴리머콘크리트 명칭에 대한 적합성에 이의가 제기됨 • 최근 '폴리머콘크리트'란 표현을 '폴리머콘크리트 복합체'로 바꿔야 한다는 의견이 있음[183] • '폴리머콘크리트 복합체'란 세부적 의미에 기반하여 '폴리머콘크리트'로 호칭함을 고려할 필요가 있음

---

182) 유기계의 시공요점만을 명시, 무기계는 시멘트 전량을 플라이애시나 고로슬래그로 치환한 콘크리트의 시방을 제시해야 한다. 건축공사표준시방서(2013)는 유기계(폴리머시멘트콘크리트)만을 규정하고 있다.

183) "폴리머콘크리트 복합체의 제조 및 시공", (사)한국콘크리트학회 폴리머콘크리트 전문위원회, 기문당, 2013

4438 섬유보강콘크리트(Fiber Reinforced Concrete)[184]

I 개요

① 생콘크리트에 불연속단섬유를 균일하게 분산시켜서 인장·휨·전단강도, 균열저항성, 내충격성, 내마모성 등을 개선시킨 것이다.

② 섬유보강재에 따라 혼입률 및 이외의 배합, 시공, 품질검사 항목이 상이하므로 공사시방서와 섬유재료별 제규준을 적용한다.

특징/적용대상	➡	재료/배합	➡	품질검사
• 인장/균열/내화성능 • 보수·보강/보호층/폭렬		• 보강용 섬유 종류/성능 • 공통/강섬유/유리섬유		• 섬유혼입/기타 검사 • 휨/압축인성/기타

II 특징 및 적용

1. 특성

① 인장·휨·전단강도 증대
② 균열저항성, 내충격성, 내마모성 개선
③ 내화성능 향상(유기계), 폭렬방지

2. 적용대상

① 콘크리트 보수·보강 공사
② 방수보호층 무근콘크리트공사
③ 폭렬 방지용 고강도콘크리트공사
④ 기타 품질특성이 요구되는 콘크리트공사 등

III 재료 및 배합

1. 보강용 섬유재

(1) 종류

① 무기계 섬유재
  • 강섬유, 유리섬유, 탄소섬유 등

---

184) KCS 142022(2022) 참조

② 유기계 섬유재
  • 아라미드섬유, 폴리프로필렌섬유, 비닐론섬유, 나일론섬유

(2) 요구성능

① 섬유재-결합재 부착성

② 섬유재 인장강도

③ 탄성계수 $\geq 0.2 \times$ 결합재

④ 형상비 $\geq 50(l/d)$

⑤ 기타 성능: 내구성, 내열성, 내후성, 시공성, 경제성 등

2. 배합

(1) 공통사항

① 단위수량은 소요 품질범위에서 최소한으로 배합

② 섬유의 형상, 치수, 혼입률: 소요 압축강도, 휨강도, 인성 고려하여 결정

③ 믹서 투입 시 균일 분산

(2) 강섬유재

① 섬유길이 $\geq G_{\max} \times 1.5$, 20~60mm, 40mm 이상일 경우 Fiber Ball 유의

② 단위수량 증가량: 혼입률 1%당 약 20kg/m^3

③ 섬유재 굵기: ϕ0.3~0.9mm

④ 형상비: 30~80

⑤ 단위용적혼입률: 0.5~2.0%, 40~100kg/m^3

(3) 유리섬유

① 규사, 강사 $\leq \phi$2mm

② 감수제 첨가 고려

Ⅳ 현장 품질검사

1. 굳지 않은 콘크리트

(1) 섬유혼입율검사[185]

① 압축강도용 시료채취, 품질변화 시 실시

② 강섬유재 단위용적혼입율 ±0.5%

③ 기타 섬유재는 각각 별도 규정에 따라 검사

(2) 기타 검사항목

① 일반콘크리트와 동일

② 슬럼프, 공기량, 온도, 염화물함유량, 단위용적질량 등

2. 굳은 콘크리트

(1) 휨강도, 휨인성계수[186]

① 압축강도용 시료채취, 품질변화 시 실시

② '설계 휨인성지수값 미달 확률 ≤ 5%'일 것

(2) 압축인성[187]

① 압축강도용 시료채취, 품질변화 시 실시

② '설계 압축인성 미달 확률 ≤ 5%'일 것

(3) 기타 검사항목

① 일반콘크리트와 동일

② 압축강도, 물결합재비, 내구성, 수밀성 등

---

185) KCS 142022 (표 3.5-1) 참조
186) KCS 142022 (표 3.5-2) 참조
187) KCS 142022 (표 3.5-2) 참조

4439 | 팽창콘크리트(Expansive Concrete)[188]

I 개요

1 팽창재, 또는 팽창시멘트를 사용하여 팽창성을 부여한 콘크리트이다.

2 경화과정에서 수축량을 보상하거나 화학적 프리스트레스를 도입시키기 위하여 사용한다.

용도/목적	➡	재료/배합	➡	시공/품질검사
• 용도 • 사용 목적		• 팽창재 • 배합		• 시공 • 품질검사

II 용도 및 목적

1. 용도

(1) 수축보상용

① 수조, 정수장, 수영장, 사일로 구조물에 사용

② 팽창성 $150 \sim 250 \times 10^{-6}$

(2) 화학적 프리스트레스용

① 수축보상용보다 다량의 팽창재 혼입

② 팽창성 $200 \sim 700 \times 10^{-6}$

(3) 충전용 모르타르 · 콘크리트

① 무수축 충전재로 사용

② 팽창성 $200 \sim 1,000 \times 10^{-6}$

2. 사용 목적

① 방사선 차폐

② 넓은 부위 무줄눈 시공

③ 지하외벽 수밀성 증대

④ 자기수축 및 건조수축량 저감

---

188) KCS 142024(2022) 참조

Ⅲ 재료 및 배합

1. 팽창재

① KS 규정품(KS F 2562) 사용
② 3개월 이상 저장품은 시험확인 후 사용
③ 보관 시 밀폐상태 확보할 것

2. 배합

① 단위수량, 슬럼프
  • 소요 워커빌리티 범위에서 최소한으로 배합
② 단위팽창재량
  • 수축보상용 $30kg/m^3$
  • 화학적 프리스트레스용 $35{\sim}50kg/m^3$
  • 공장 PC용 $30{\sim}60kg/m^3$
③ 단위시멘트량, 단위팽창재량 제외값
  • 보통콘크리트 $260kg/m^3$, 경량골재콘크리트 $300kg/m^3$
④ 미분말혼화재(결합재) 사용량
  • 팽창재 성능발휘를 고려하여 사전검토 후 사용할 것
⑤ 반드시 시험배합 후 본배합 결정

Ⅳ 시공 및 품질검사

1. 시공

① 혼합 후 타설까지 소요시간 $\leq 1{\sim}2$시간
  • 기상조건과 시공등급에 따라 적용
② 한중 시 콘크리트 온도(T): $10℃ \leq T < 20℃$
  • 서중 시 비빔 직후 $\leq 30℃$, 타설 시 $\leq 35℃$
③ 양생 시 $2℃$ 이상에서 5일 이상 유지

2. 품질검사

(1) 팽창률시험

① 구조물 중요도와 공사규모에 따라 실시
② 시험방법은 KS 규정(KS F 2562) 참조, 재령 7일 표준

③ 판정기준
- 수축보상용 150×10^{-6} 이상, 250×10^{-6} 이하
- 화학적 프리스트레스용 200×10^{-6} 이상, 700×10^{-6} 이하

(2) 압축강도

① KS 규정에 따라 시험 실시
- 수축보상용 KS F 2405, 화학적 프리스트레스용 KS F 2562 참조

② 매일, 구조물중요도, 공사규모, $100m^3$ 타설마다 1회, 배합변경 시마다 실시

③ 판정기준: 물결합재비 산정기준에 따라 상이
- 물결합재비 기준: 3회 연속시험값 평균이 f_{ck}에 미달 확률 $\leq 1\%$
- 내구성, 수밀성 기준: 시험평균값 > 물결합재비 상당 압축강도

4440 　진공배수콘크리트

Ⅰ 개요

① 타설 후 진공 펌프를 이용하여 내부의 잉여수와 공기포를 제거함으로써 표면경도를 증진시킨 콘크리트이다.

② 대규모 바닥 슬래브와 도로포장공사에서 W/B를 저감시키는 효과를 기대할 수 있다.

특징/적용	➡	시공방법
• 강도/경도/건조수축/동결 • 포장, 댐/바닥/PC 패널제품		• 타설면/진공매트 • 가압, 진공배수

Ⅱ 특징 및 적용

1. 특징

① 초기 · 장기강도 증대, 약 20% 증진

② 콘크리트 표면경도와 내마모성 증대

③ 경화 후 건조수축량 저감, W/B 저감 효과

④ 표면수(表面水)가 제거되어 한중 시 초기동결 방지에 유효

2. 적용부문

① 포장용 콘크리트, 댐콘크리트 구조물

② 건축용 대규모 콘크리트 바닥면

③ PC 패널제품 등

Ⅲ 시공방법

1. 타설면 고르기

① 표면진동기 사용

② 1~1.5m/min의 속도로 Beam을 끌면서 타설면 평활처리

2. 진공매트 설치

① 콘크리트 표면에 밀착 설치

② 水 분리조와 펌프에 호스 연결

3. 가압 및 진공배수

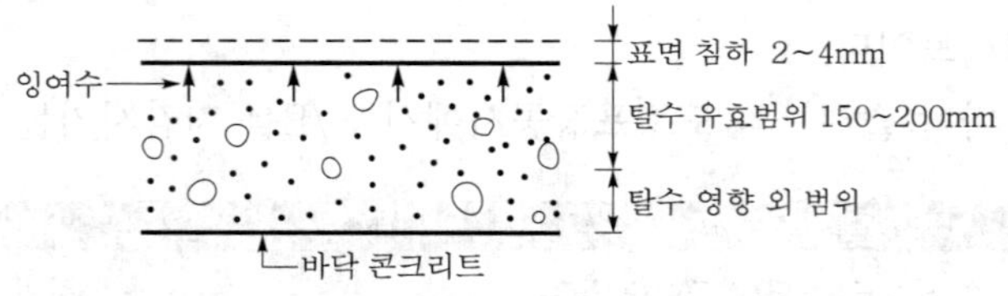

[진공배수 영향범위]

① 진공펌프 가동, 6~8t/m²으로 가압

② 단위수량과 관계없이 20~30분간 탈수

　• 배수시간이 부족 시 블리딩수 내부구속

③ 표면에서 150~200mm 깊이까지 잉여수 탈수

④ 콘크리트 단위수량의 15%가량 탈수 가능, W/B 저감 효과

　• 단위수량이 $180L/m^3$일 때 $27L/m^3$ 탈수 가능(180×0.15)

　• 배합 시의 'W/B=0.60'이라면 탈수 후의 W/B=0.51

4441 | 제치장콘크리트

I 개요

① 제치장콘크리트(노출콘크리트, Exposed Concrete)는 부재나 건물의 내외에 별도의 마감재를 부착하지 않고 노출된 타설 표면이 치장이 되도록 마무리한 콘크리트이다.

② 제치장콘크리트는 고도의 재료, 배합, 시공, 유지보수 기술의 결과물이므로 품질확보를 위해서 시공계획, 거푸집, 철근, 콘크리트공사는 물론 탈형 후 적정 보수대책이 필요하다.

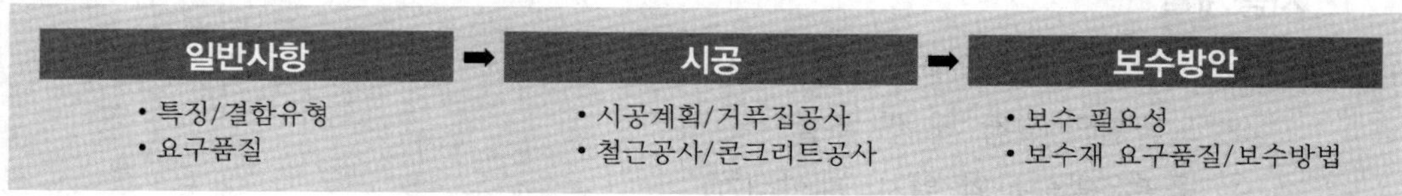

II 일반사항

1. 특징

① 다양한 제치장면 가능
  • 매끄러운면, 거친면, 요철문양, 광택면 등
② 종합적인 기술능력 필요
  • 거푸집, 철근, 콘크리트, 보수공사 기술 등
③ 완성물의 경제성, 상징성, 유지관리용이성 구비 필요

2. 결함유형

① 노출면 색상의 불균일: 오염 및 불규칙 색상
② 재료분리, 콜드조인트, 균열 부위 노출
③ 모서리면 파손: 양생 미흡 시 탈형과정에서 발생
④ 표면요철: 물기포 및 돌출부위 발생
⑤ 시공이음부 단차 발생 등

3. 요구품질

(1) 굳지 않은 콘크리트

① 충전성: 거푸집 형상대로 콘크리트가 잘 채워질 것
② 재료분리저항성: 타설 시 골재와 물이 분리되지 않을 것

(2) 굳은 콘크리트

　① 색상 균일성: 동일면에서 동일한 질감·색채일 것

　② 내균열성: 건조수축 등으로 균열부가 없을 것

　③ 내구성: 노출면이 중성화, 동해, 염해 등으로부터 열화되지 않을 것

Ⅲ 시공

1. 시공계획

　① 시공자의 공사능력 및 공사비의 적정성

　② 노출면의 질감 및 면 분할

　③ 균열유발줄눈의 위치, 배합설계

　④ 탈형 후 보수대책의 적정성 등

2. 거푸집공사

(1) 판나누기

　① 수평방향은 중앙부에서 단부로 판 나누기 진행

　　• 자투리는 양단부에 균형 배치

　② 수직방향은 아래에서 위로 판나누기

　　• 자투리가 상부에 위치하도록 배치

　③ 거푸집널의 합판은 절단 없는 전장으로 판나누기

(2) 거푸집 설치

　① 면의 평활도, 표면 및 모서리의 손상이 없을 것

　② 이음면의 틈새, 비틀림, Marking선, 돌출부가 없도록 설치

　③ 고정못의 간격·깊이를 일정하게 유지

　④ 거푸집 모서리의 예각 제거: 삼각 코너용 졸대(25mm) 사용

(3) 줄눈재 및 폼타이 설치

　① 줄눈재는 못 고정, 어긋남 방지

　② 층간 줄눈재는 각목(40mm각) 사용

　③ 폼타이 간격 일정 유지, 완전조임

　　• 의장효과와 측압영향 고려

　④ 관통형 폼타이: 제거 후 누수대책 강구(수지 Mortar 충전)

　⑤ 매입형 폼타이: 녹물 발생이 없도록 적정깊이 확보

3. 철근공사

(1) 개구부

① 응력집중 고려, 개구부 주위에 보강근 정밀 배치

② 수직 · 수평 · 사 보강근 배치(2-D16 이상 배치)

③ 타설 시 중앙부 처짐우려 시 동바리 지지상태 확보

(2) 철근 피복두께

① 표준치보다 10~20mm 크게 유지

② 외측 내력벽 50mm

(3) 철근 결속선 처리

•녹물 유출을 방지하기 위하여 안쪽으로 구부려 넣음

4. 콘크리트공사

(1) 재료 · 배합

① 동일 공장 레미콘 사용

② 재료분리, 충전성 고려, 적정 배합비 적용

• W/B, Slump, 공기량, S/a, 단위혼화재 및 시멘트량 등

③ '잔골재 염화물 NaCl ≤ 0.04 %'의 세척사 또는 강사 사용

④ 동일 품질의 골재 사용, 색상에 가장 민감

(2) 타설 · 다짐

① 적정 타설높이 및 속도 유지: 골재분리 방지

② 과잉 진동다짐 방지: Bleeding 고려

③ 필요시 거푸집 진동기 사용 고려: 거푸집면 기포 제거

(3) 양생

① 균일한 습윤조건으로 수화율 확보, 콘 주변의 색상차이 방지

② 노출면이 충분히 양생된 후 탈형, 표면박리 고려

Ⅳ 보수방안

1. 보수 필요성

① 제치장콘크리트 품질관리 난이

② 복합적 요인으로 무결점 품질실현 곤란

③ 노출면 미관회복 및 내구성 손상방지

• 분진, 배기가스, 일사, 우수 등의 영향 저감

2. 보수재 요구품질

① 무수축성: 균열방지

② 고접착성: 탈락방지

③ 무변색성, 고내후성: 외기에 의한 변색방지

④ 고강도성: 모재 이상의 강도가 있을 것

3. 보수방법

(1) 미장보수

① 바탕면 처리
  - 오염물질, 먼지, 불순물 제거
  - Sand Paper, Air Gun 사용

② 1차 바름
  - 무기질계 보수전용 시멘트 사용
  - 기존 색상과 동일한 시멘트로 배합비 조절

③ 2차 바름
  - 1차 바름면을 Sanding 후 불순물 제거
  - Spray Gun으로 2차 표면처리

④ Sanding · 청소 후 마감

(2) 도장보수

① 도막형 색조 발수제나 수지계 페인트 사용
  - 실리콘계, 비실리콘계, 혼합수지계 재료
  - 흡수성, 무변색성, 모체 침투성, 내오염성, 통기성, 내구성 필요

② 일반적으로 아크릴계 투명도료, 침투성 방수제 도포

③ 4~5년 주기로 재도장 유지관리

4442 │ 콘크리트 충전강관기둥(CFT: Concrete Filled Tube)

I 개요

① 콘크리트 충전강관(CFT, Concrete Filled Steel Tube)기둥은 원형 또는 각형의 강관 안에 콘크리트를 충전하여 강성과 내력을 증대시킨 합성구조체이다.

② 고유동콘크리트 생산 및 건설 장비의 발전으로 적용사례가 점차 증가 추세이나 건설기준 (KDS & KCS)은 미흡한 상태이다.

일반사항	➡	강관부재	➡	콘크리트 충전
• 출현 배경 • CFT기둥 특징		• 단면형상/다이어프램 • 가공 시 유의사항		• 공통사항/하부압입공법 • 상부타설공법/시공이음

II 일반사항

1. 출현 배경

(1) 기존 기둥재의 한계

① RC · S · SRC 구조 이상의 성능 추구

- 단면성능, 내진 · 내화성능, 경제성 등

② 좌굴저항성능 향상, 높은 층고 실현

③ 하중부담성능 증대, 장스팬공간 실현

④ 강재-콘크리트 재료의 합성 시도

(2) 건축기술 발전

① 강재 생산 및 가공 기술 발전

- 고성능 내진강재(SN, HSA)의 국내 생산기반 조성
- 강재의 정밀가공을 위한 장비 및 기술 발전

② 고유동-고강도 콘크리트의 생산 및 공급 여건 조성

- 유동성 · 자기충전성 · 고강도성 콘크리트 생산기반

③ 타설용 장비 및 기술의 발전

- 콘크리트 압입타설, 크레인+버킷+트레미관 타설 등

④ 요구성능의 정량화 · 표준화 및 구조해석 기술의 향상

- 구조성능 해석기술 및 내화성능 인정기술
- Mock-up 시공에 의한 검증기술 등

2. CFT기둥 특징

(1) 구조 측면

① 고축력 기둥 실현, 기둥의 세장비 증대
- 하중 부담면적 확대 → 기둥 단면적 절감

② 내진성 우수
- 충실단면의 원형 및 각형 강관, 좌굴저항성(연성) 우수
- H형강 기둥의 강축(Strong Axis)·약축(Week Axis) 구분 불필요

③ 합성기둥 효과 발휘(구속효과: Confinement-Effect)

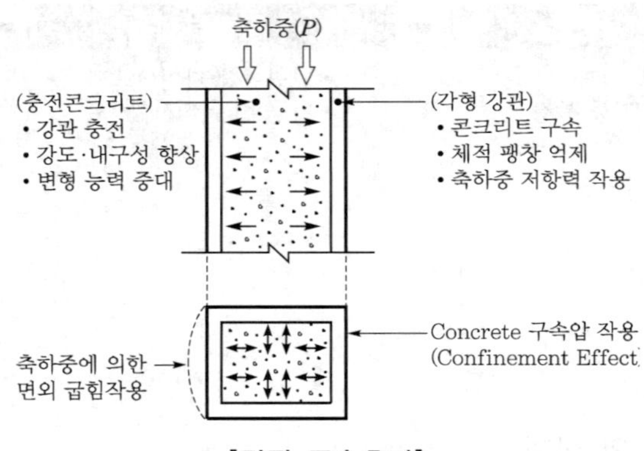

[강관 구속효과]

- 기둥의 강성과 내력(휨, 전단, 압축) 대폭 증대
- 강관의 국부좌굴변형 구속, 콘크리트 균열방지 및 압축강도 상승

④ 보 붕괴형 골조시스템 유도
- 기둥의 높은 강성과 내력, 보-기둥의 강성비 및 내력비 조절 가능

(2) 재료 및 시공 측면

① 철근 및 거푸집공사 불필요
- 강관이 Hoop와 거푸집 역할 담당

② 충전콘크리트 열용량 특성으로 강관의 내화성능 보완
- 무내화피복 또는 내화피복 최소화

(3) 구조물 사용 측면

① 실내 유효면적 증대, 공간 자유도 양호
- 기둥 단면적 감소, 기둥간격 증대 등의 영향

② 기존 강구조 대비 거주성 향상, 구조물 진동(흔들림) 저감

③ 충전콘크리트의 폭렬방지
- 강관 외피에 증기유출구 설치, 화재영향 고려

④ 충전콘크리트 내구성 우수

- 강관이 콘크리트 유해작용 차단, 균열 및 중성화 영향 등

[CFT 기둥의 장단점 요약]

장점	단점
• 강성과 내력 우수	• 강관 제작비용 과다
• 기둥의 변형능력 향상	• 콘크리트 충전성 확인 필요
• 기둥 단면적 및 두께 절감	• 보–기둥 접합상세 복잡
• 내화성능 및 폭렬 방지성능 구비	• 설계기준 미흡 및 표준시방 부재

3. 시공절차

(1) 강구조공사

① 주각부 설치 및 기초바닥 타설

② 강구조부재 공장제작 및 현장반입

- 강관기둥(1개 절: 2~3개층 단위), H형강 Girder & Beam 등

③ 강구조부재 조립 · 접합

(2) 데크바닥슬래브공사

① 데크플레이트 설치

② 스터드용접 및 철근 배근

③ 바닥슬래브 콘크리트 타설

(3) 콘크리트충전공사

① CFT 상부타설, 바닥슬래브 타설 시 병행

- 단일 기둥의 절단위로 강관 상부에서 하향 충전

② CFT 하부압입

- 다수 기둥의 절단위로 강관 하부에서 상향 압입충전
- 1회 타설높이는 다수의 절단위로 계획, 일반적으로 60m 이내

Ⅲ 강관부재

1. 단면형상

▶ 단면형상의 채용은 단면 성능, 강종 및 단면두께, 강관 제작, 접합부 상세, 시공성 등의 측면을 종합하여 결정하여야 한다.

(1) 원형단면

① 모서리가 없는 곡률단면, 구속효과 우수

② 축하중저항력이 강관의 원주방향으로 작용

③ 각형보다 국부좌굴저항성 효율 우수

④ 링 형상의 외측 다이어프램 적용

(2) 각형단면

① 4각형(Box형)의 Built-Up 단면

- 일반형: 4개의 강판을 맞댐용접으로 제작
- 조립형: 형강재나 절곡강판을 조립·용접
  - 특허·신기술 등록사례 다수, 특수용접(Flare Welding 등) 적용

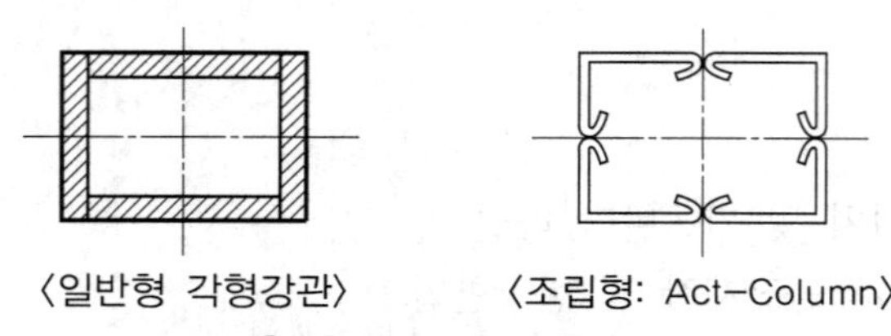

[각형강관 단면 유형]

② 원형보다 단면성능 불리

- 내압저항효율 및 국부좌굴저항성 등

③ 일반적으로 각형강관 선호, 접합부 설계 및 시공 측면

2. 다이어프램(Diaphragm) 방식

▶ 보-기둥 접합부를 보강하기 위한 강판, 강관의 보강위치에 따라 내측형, 외측형, 관통형 등의 다이어프램이 있다.

(1) 선정요소

① 공장제작용이성

② 건물 층수 및 높이

- 1회 타설높이 및 압입능력 등 고려

③ 타설 시공성 및 장비운용성

- 하부압입공법 및 상부타설공법 등

④ 콘크리트 충전성

- 보-기둥 접합부에 대한 콘크리트 충전성

(2) 내측 다이어프램

① 보 플랜지 접속부의 강관기둥 내측에 강판 보강

② 응력 전달 명확, 접합부 마감성 양호

③ 강관 내측에 다이어프램 설치 난이

④ 콘크리트 충전성 고려, 콘크리트 개구부 및 공기유출구 설치 필요

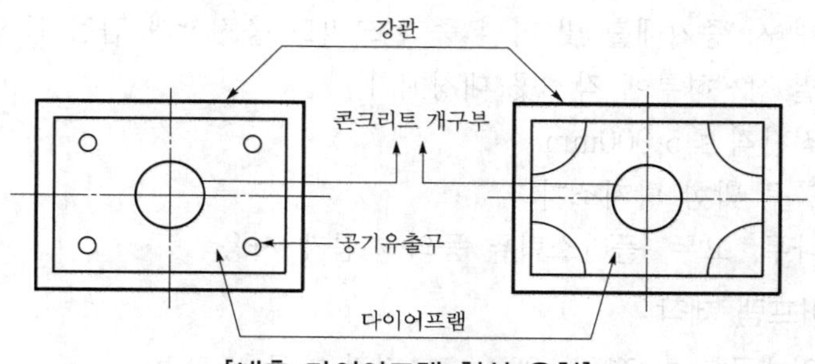

[내측 다이어프램 형상 유형]

(3) 관통 다이어프램

① H형강보를 강관 접합부에 관통시키는 방식
- "+"형 보 브래킷 상·하부 강관기둥 용접

② 보–기둥의 응력 전달 명확

③ 제작과정 복잡, 용접량 증가

④ 콘크리트 충전성 고려 필요

(4) 외측 다이어프램

① 보 접속부의 강관 외측에 강판을 보강하는 방식

② 외관 복잡, 다이어프램 제작 및 설치 난이

③ 콘크리트 충전성 양호

3. 제작 시 고려사항

(1) 콘크리트 압입구

① 강관 하부에 콘크리트 압입을 위한 인입구 설치

② 압송관 직경 고려

③ 바닥에서 1,000mm 상단에 위치

④ 인입구에 역류방지용 차단장치 설치

(2) 증기유출구

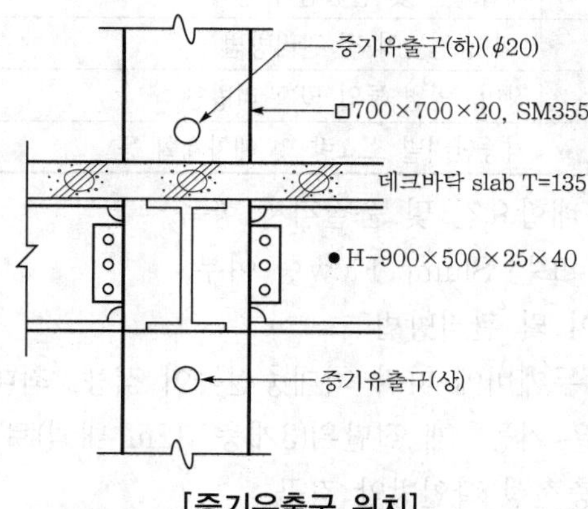

[증기유출구 위치]

① 화재 시 증기배출 및 타설 중 콘크리트 충전상태 점검 목적

② 층별 상·하부에 각 2곳 대칭배치

③ 수직간격 ≤ 5,000mm

④ 유출구 막힘 방지조치

　• 나무, 고무, 플라스틱류 등의 끼움재 사용

(3) 다이어프램 제작

① 압입개구부 ≥ ∅100~200mm, 적정 개구율 고려

　• 하부압입 시 상향충전을 위한 콘크리트 개구부

② 공기유출구 4개소, 직경 ≥ ∅30mm

　• 다이어프램 하부의 기포 및 블리딩수의 구속방지

(4) 배수구 설치

① 강관 내의 고인 물을 외부 배수

② 강관 최하단 및 콘크리트 시공이음 위치에 설치

③ 강관 이음부 하단에서 300mm 이상 이격

　• 강관 용접이음 시 용접열의 영향 고려

Ⅳ 콘크리트 충전

▶ 강관기둥 내의 콘크리트 충전 공정은 강구조부재의 조립 및 접합, 바닥슬래브 타설 등이 완료된 다음 실시한다.

1. 공통사항

(1) 사전검토사항

▶ 콘크리트 충전방식에 따라 다음 사항을 사전에 검토한다.

배합 품질	배합요건 및 반입검사 항목
1회 충전	1회 충전높이 및 관리방법
장비·인원	장비·인원 투입 및 관리방안
배차관리	기둥단위별 소요량 및 배차계획 등

① 생콘크리트 배합요건 및 품질검사 항목

　• Slump형, 또는 Slump Flow형 여부

② 1회 충전높이 및 관리방법

　• 강관의 폭두께비에 따라 최대충전높이 적용, 최대높이 ≤ 60m

　• 상부타설은 기둥 1개 절단위(3개층, 12m 내외)로 충전높이 설정

　• 타설 중 충전성 확인방안 강구

③ 타설 장비 및 인원 관리방법

④ 레미콘 운반 소요시간 및 배차관리

- 1시간 이내일 것, 운송 중 콘크리트 물성변화 고려

(2) 배합요건

① 고강도-고유동 콘크리트 배합

- 충전성, 분리저항, 압송성 고려

② 운반·타설 중 물성변화 최소화

③ 타설 후 블리딩 및 침강이 적도록 배합

- 낮은 W/B+고성능AE감수제, 다이어프램 하부의 침강·공극 방지

④ 시험배합에 의한 소요품질 확인 등

(3) 반입검사 항목

▶ 항목별 시험치를 시방서 등에 근거하여 합부를 판정(검사)한다.

① Slump Test(상부타설)

② Slump Flow Test

③ L형 Flow 시험

④ Box형 간극충전성시험

⑤ Lot형 시험 등

[콘크리트 품질관리 항목]

물량주문	• 압축강도, 공기량 • 반입 시 충전성 시험항목 제시
반입검사	• Slump Test, Slump Flow Test • L·Box·Lot형 시험
타설 중	충전속도, 충전상태 검사
타설 후	• 시공이음 처리 • 타설상부 마무리상태 등 검사

(4) 타설 전 점검

① 타설순서 및 소요량

- 기둥별 생콘크리트 소요량 및 일일타설예정량

② 강관 내 이물질 유무 확인, 필요시 배수 및 이물질 제거

③ 차량 및 타설장비 점검

- 트럭애지테이터 진출입 동선, 펌프 및 운전원 배치

④ 인원 점검

- 배관·인입·압송, 충전 확인, 압입구 차단 등의 담당자 점검

2. 하부압입공법

(1) 특징

① 강관 하부에서 콘크리트를 상향충전하는 펌프타설공법

- 강관 하부의 인입구(引入口)에 펌프압송관 연결

② 콘크리트 펌프 및 압송배관 필요

③ 고유동콘크리트(무다짐콘크리트) 배합 및 시방 적용

④ 최대압입높이 내에서 다수의 기둥 절에 충전 가능

⑤ 강관 제작 복잡, 고비용 지출

(2) 압입방법

① 콘크리트펌프 배치 및 압송관 인입
- 압입구에 연결·고정, 압송관 하부 지지

② 윤활모르타르 선송 및 장외 배출
- 미이행 시 선송 후 압송성 및 유동성 저하 우려

③ 펌프 압송, 압입속도 1~3m/min($\fallingdotseq$30m^3/h) 유지
- 압입 중 펌프 도입압력 모니터링

④ 기둥단위로 예정 타설고까지 연속 압입

⑤ 압입 중·후 충전성 확보
- 압입 중 증기유출구를 통하여 충전성 확인
- 필요시 강관 하부에 해머 타격, 콘크리트 충전성 고려

3. 상부타설공법

(1) 특징

① 강관기둥 상부에서 콘크리트를 하향충전하는 중력타설공법
② 크레인+버킷+트레미관 타설방식 적용
③ 일반콘크리트 배합일 경우 진동다짐기 운용 필요
④ 강관기둥 1개 절 단위(일반적으로 12m 이내)로 충전
- 고소압송으로 인한 품질변화 우려 없음
- 타설빈도 및 공정관리 측면에서 하부압입공법보다 불리

⑤ 충전용 강관의 가공작업 단순

(2) 타설방법

① 크레인 및 콘크리트 버킷 배치
② 트럭애지테이터로부터 버킷에 콘크리트 하차
③ 버킷과 트레미관 양중, 강관 상부에 위치
④ 트레미관 삽입 및 콘크리트 중력타설
- 펌프카 타설일 경우 '자유낙하높이 ≤ 1.5m' 유지

⑤ 진동다짐 및 상부 마무리
- 고유동콘크리일 경우 진동다짐 생략 가능

4. 시공이음 및 마무리

① 1회 타설 완료 후 시공이음 처리
② 강관 용접이음부 300mm 하단에 이음 처리
③ 상부의 강관 이음 시 용접열 영향 고려
④ 시공이음 상부에 물매 마무리, 물고임 방지 및 배수 유도
⑤ 강관 최상단일 경우 평탄마무리 실시

Ⅴ 결론

① CFT 합성구조가 1990년대 국내에 소개된 이래 많은 연구와 건축사례가 축적되었음에도 아직 설계 및 시방에 대한 기준이 확립되지 않은 실정이다.

② 향후 그간의 연구와 실적을 바탕으로 콘크리트의 충전성 확인, 강관기둥의 내화성능 인정, 표준접합 상세 등에 관한 국가건설기준의 확립으로 현장적용성을 높여 나가야 할 것이다.

4443 ｜ 친환경콘크리트

I 개요

① 지구환경 보존과 자연자원 절약을 위하여 친환경 요소가 주요 관심사로 대두되면서 콘크리트의 제조·사용·폐기 등 전 과정에서 환경친화적 요구가 증대하는 추세이다.

② 친환경콘크리트는 콘크리트의 제조와 사용 및 폐기 과정에서 환경부하량을 줄이거나 자연환경에 순응시킨 콘크리트이다.

필요성		➡	유형
• 부하량/사용량/대체	• 용도 개발/재활용		• 환경부하량 저감형 • 환경순응성 증대형

II 필요성

① 환경부하량 저감, CO_2 발생량 저감
② 시멘트 사용량 절감: 수화열 저감, 저알칼리성콘크리트의 제조
③ 천연자원 대체: 시멘트, 골재 등 천연자원 고갈에 대처
④ 콘크리트의 다양한 용도 개발: 지상·지하·수중 구조물 등
⑤ 산업부산물 재활용: 폐기물 처리비용 절감, 콘크리트 고강도화

III 유형

구분	기대효과	적용부문
환경부하량 저감	• 폐기물 처리비용 저감 • 콘크리트 천연재료 절약 • 에너지 절약	• 에코시멘트 • 고강도·고내구성 콘크리트 • 혼합 시멘트 • 순환콘크리트, 순환골재
환경순응성 증대	• 자연 서식환경의 조성 • 다양한 콘크리트의 활용	• 해저 인공콘크리트 구조물: 암초 서식용(부착 및 서식 생물) • 극간서식 생물용, 물고기 은닉처용 • 투수포장콘크리트, 식생콘크리트 등에 적용 가능

1. 환경부하량 저감형

(1) 산업폐기물 재활용

① 도시쓰레기, 소각재, 하수오니 활용
- 가연성 쓰레기: 시멘트 제조 시 연료 활용
- 소각재, 하수오니: 시멘트 첨가재 사용

② Fly Ash, 고로슬래그, 실리카퓸 활용
- 미분말혼화재를 시멘트와 치환
- 단위시멘트량 저감, 콘크리트 고강도화
③ 시멘트와 콘크리트 제조를 위한 에너지 절약
- CO_2 발생량의 저감으로 환경부하량 저감

(2) 구조물 장수명화

① 고내구성 · 고강도 콘크리트 사용 증대
- 고내구성콘크리트: 재개발 주기 연장, 콘크리트 재료 낭비 방지
- 고강도콘크리트: 콘크리트 소요량 원천 절감
② 보통콘크리트 품질관리 철저
- 제조, 배합, 시공, 유지관리단계의 철저한 품질관리
- 콘크리트 구조물의 장수명화 실현

2. 환경순응성 증대형

(1) 동식물 접근성 개선

① 콘크리트 표면처리
- 암초부착생물 서식환경 제공
② 구조물 설치각도와 구조 조정
- 생태적 약자에게 은닉공간 제공
- 암초성 해저생물과 극간서식생물 등

(2) 식물 생육환경 부여

① 콘크리트 포장의 투수성 부여
- 토양수의 자유로운 이동 허용
② 알칼리 용출량 저감
- 강알칼리성에서 중성에 가까운 식생조건 구비

Ⅳ 결론

[1] 국내에서는 저탄소녹색성장을 기반으로 친환경건설을 장려하고 있으므로 콘크리트 제조 기술의 발전과 더불어 친환경콘크리트는 폭넓게 적용될 것으로 전망된다.

[2] 향후, 친환경콘크리트의 제조 기술 및 제반규정(시방서 등)을 정비하고, 이를 설계 · 시공에 적극 활용하여야 할 것이다.

4444 | 식생콘크리트

Ⅰ 개요

1. 일반적으로 콘크리트는 시멘트의 강알칼리 성분과 수밀성이 높은 치밀한 조직으로, 식물의 발아와 생육이 불가능한 복합생성물이다.
2. 식생콘크리트는 비구조체에서 다공질 조직으로 식물의 생육공간을 제공하고 수질과 공기를 정화하거나 구조물의 열환경부하를 저감시킨 것이다.

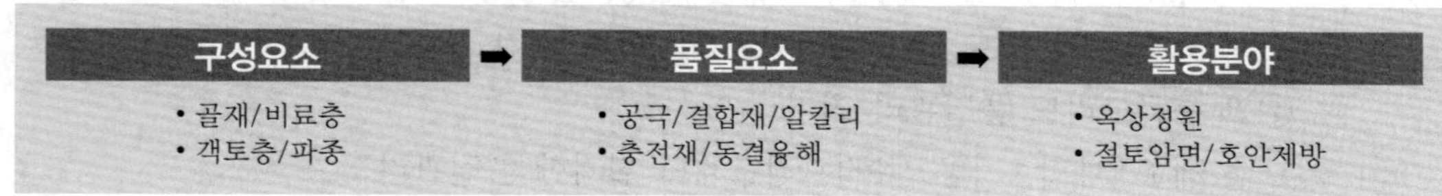

Ⅱ 구성요소

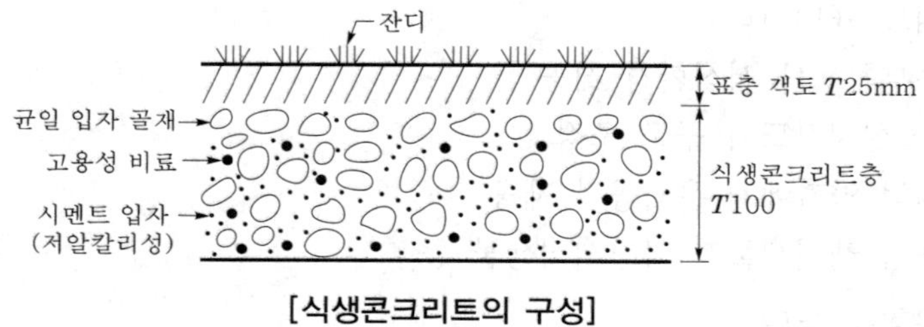

[식생콘크리트의 구성]

1. 연속공극 골재층

① 식물뿌리의 성장공간 제공
② 알칼리 성분의 용출량이 적도록 처리: 저알칼리시멘트 사용
③ 미생물·식물의 생장조건 고려, pH5~9의 조건 구비

2. 보수성 재료와 비료층

① 식물뿌리에 수분과 영양 공급
② 토양입자, 인공토양, 흡수성 고분자, 피트머스 등 사용

3. 표층 객토층

① 식물종자의 발아공간을 제공하는 층
② 경화체 내의 수분 건조방지
③ 식물 발아초기에 비료 공급원 기능 수행

4. 식물 파종

① 객토층에 식물종자 파종

② 또는 객토층에 지피식물 식재

Ⅲ 품질요소

1. 골재의 공극률

① 공극률과 입자가 클수록 생육조건 양호

② 골재비가 클수록 공극률 감소, 압축강도 증대

③ 적정 공극률 20~30%

④ 10~20mm의 **균일입자** 사용

2. 결합재

① 저알칼리시멘트 사용

② 고로슬래그, 플라이애시, 실리카퓸 치환 사용

③ 초기에 알칼리 용출량 저감으로 생육조건 구비

3. 알칼리 용출량 저감

① 일정기간 대기 중에서 탄산화 유도

② 수중 성분용출 유도

③ 미분말혼화재 사용

- 잠재수경성 · 포졸란 작용으로 수산화칼슘량 저감

④ 인위적 중화처리

- 인산과 암모늄 희석액에 콘크리트 침지

4. 보수성 충전재의 양

① 토양재의 적정량은 공극량의 55%가량

- 식생콘크리트 1l당 4~8g의 토양재 충전

② 충전재의 종류와 양 결정

- 식물의 생육조건 고려

- 고체 · 액체 · 기체 형상의 충전재가 균형을 이루도록 함

5. 동결융해저항성, 건조수축

　① 연속공극구조이므로 내동해성 불리, AE제 첨가 필요

　② 건조수축률 저하대책 필요

　　• 단위수량 감소, 단위골재량 증대, 보통콘크리트의 60% 수준이 되도록 함

Ⅳ 활용분야

1. 도심지 옥상정원

(1) 인간의 심리적 안정효과 기대

　① 녹지공간과 휴식처 제공

　② 거주자에게 심리적 안정과 위안감 제공

(2) 물리적 환경 개선

　① 식물의 대기정화기능 수행

　　• 도시 대기환경보전에 기여

　　• 도심부 고농도 오염가스 확산과 교외 전송 억제

　② 외기영향 완충

　　• 일사량 차단, 기온영향 조절, 방풍 및 풍량 조절

(3) 건물의 에너지 절약

　① 실온안정에 기여

　　• 최고온도 저감, 최저온도 상향 개선

　② 열환경 조정효과 우수

　　• 일교차 진폭 저감

2. 기타

　① 절토암면의 풍화방지, 산사태 예방, 미관 향상

　② 호안제방의 유실방지

4445 포러스콘크리트

I 개요

1 포러스콘크리트(Porous Concrete)는 콘크리트 조직 안에 연속공극층을 형성시켜서 생태계와 조화되거나 환경부하량을 저감시키도록 한 콘크리트이다.

2 포러스콘크리트는 친환경콘크리트의 일종으로 생물대응형과 환경부하저감형이 있다.

사용재료/배합	적용부문
• 사용재료 • 배합	• 생물대응형 • 환경부하저감형

II 사용재료 및 배합

1. 사용재료

(1) 시멘트 및 혼화제

① 식생용: 고로슬래그시멘트 사용

② 공장 PC, 포장용: 조강시멘트 사용

③ 유동성 확보를 위해 고성능AE감수제 사용

(2) 골재

① 굵은골재

• 식생용 $\phi20$, 차도용 $\phi13$, 보도용 $\phi5$

② 잔골재

• 생략하거나 또는 굵은골재의 10% 이내 사용

2. 배합

(1) 배합강도

① 용도별 적정 강도치 반영

② 공극률에 따라 강도 실현치 상이

(2) 공극률

① 가장 중요한 배합요소

② 강도와의 상관성을 고려하여 결정

③ 적정치는 시험배합으로 확인

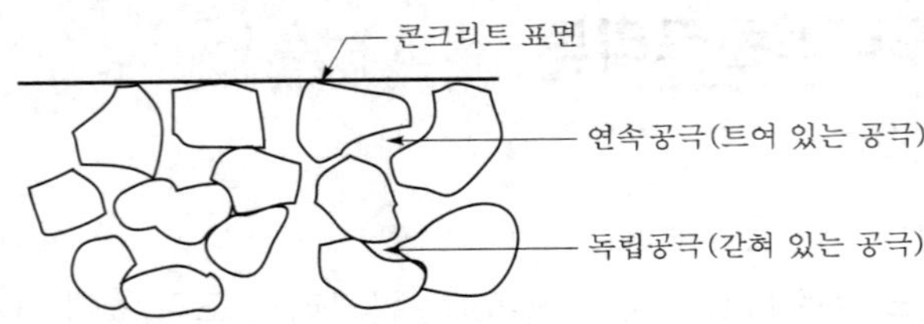

[포러스콘크리트의 단면조직]

(3) W/B 및 Flow값

① W/B: 25% 내외

② Flow값

- 진동다짐 시 155mm
- 가압다짐 시 175mm
- 타설 지점에서의 측정값 기준

Ⅲ 적용부문

1. 생물대응형

(1) 식생콘크리트

① 법면과 하천 호안용으로 적용

② 풍화작용으로부터 시설물의 표면층 보호

③ 연속공극골재층, 보수성재료 및 비료층, 표면객토층 등으로 구성

(2) 인공어초용 콘크리트

① 암초서식, 극간서식 생물용

② 물고기 은닉처용 구조물에 적용

(3) 수질정화콘크리트

① 공극층에 미생물의 생식공간 형성

② 미생물에 의한 수질정화기능 부여

2. 환경부하저감형

(1) 도로포장용

① 투수성포장콘크리트

- 흡수된 물을 지반으로 통과시키도록 한 콘크리트

　　② 배수성포장콘크리트
　　　• 노면표층의 배수성능 고려
　　③ 보수성포장콘크리트
　　　• 공극층에 우수를 저장시켜서 증발속도를 지연시키는 콘크리트
　　④ 기타
　　　• 노면소음·노면온도 저감용 등
(2) 우수침투 및 우수유출 저감용 콘크리트
　　① 침투용 트렌치 및 측구에 적용
　　② 일시적 하수부하량 저감

05 열화현상 및 보수·보강

4511 철근부식

I 개요

1. 강재(Fe)는 본래 화학적으로 불안정하여 산화하려는 성질이 있으므로 발청에 필요한 산소와 물이 공급되면 녹이 발생한다.
2. 철근부식은 휨·압축내력을 손상시켜서 내구성이 급격하게 저하되므로 재료, 배합, 시공 측면에서 방지대책을 강구하여야 한다.

부식기구	→	문제점	→	방지대책	→	균열관리
• 침입/도달/전지 • 녹/팽창/내구성		• 휨/압축 • 구조물		• 재료, 배합 • 시공 측면		• 허용균열폭 • 보수, 보강

II 부식기구(Mechanism)

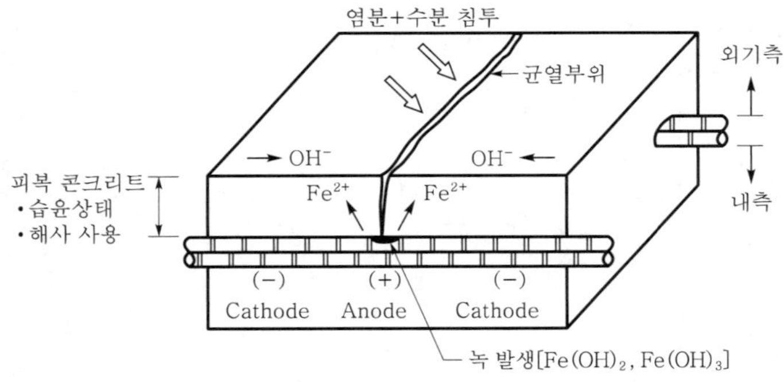

[콘크리트 내부의 철근부식]

① 피복 콘크리트 내 물과 산소 침입
② 부식물질이 철근표면에 도달

③ 철근표면의 국부전지 작용

- 양극반응(Anode): $Fe \rightarrow Fe^{2+} + 2e^-$
- 음극반응(Cathode)

  알칼리: $\frac{1}{2}O_2 + H_2O + 2e^- \rightarrow 2OH^-$, 산: $2H^+ + 2e^- \rightarrow 2H$

④ 녹 발생

- $Fe^{2+} + 2OH \rightarrow Fe(OH)_2$ ─────────▶ 흑청: 물에 용해
- $Fe(OH)_2 + \frac{1}{2}H_2O + \frac{1}{4}O_2 \rightarrow Fe(OH)_3$ ────▶ 적청: 용해되지 않고 침전

⑤ 녹의 체적팽창(약 2.5배가량)
⑥ '콘크리트 균열 → 누수 → 열화가속'으로 내구성 저하

Ⅲ 문제점(영향)

1. 휨부재(보, 슬래브)

① 전단 · 휨철근의 내하력 저하
② 피복 콘크리트의 부착강도 저하
③ 철근 정착력 저하
④ 철근의 방청능력 저하
⑤ 인장부재(지붕 Slab, 외벽)의 수밀성 저하

2. 압축부재(내력벽, 기둥)

① 피복 콘크리트의 균열 및 탈락
② 콘크리트 유효단면적 감소, 압축내력 저하

3. 콘크리트 구조물

① 균열, 누수에 의한 강도 · 내구성 저하
② 방청처리 및 보수 · 보강 필요

Ⅳ 철근부식 방지대책

1. 재료 · 배합

① 염분 함유량이 규정치 이상인 골재 사용 시 방청대책 강구

② 방청처리 · 아연도금 철근 사용

③ '해사의 염분함유량 ≤ 규정치'인 것 사용

- 잔골재 절건질량 기준으로 NaCl 0.04 % 이하인 것 사용

④ 해양콘크리트의 W/B 최댓값

[W/B 최댓값 기준[189]]

해중	50%
해상대기중	45%
물보라지역	40%

- 사용환경이 열악할수록 W/B 낮게 배합

2. 시공 측면

① 물침투 우려 부위

- 수밀 · 유동화 콘크리트 시방에 따라 시공

② 철근 피복두께 확보

[콘크리트 노출환경별 피복두께 최솟값: KDS 142050(403)]

콘크리트 노출환경			피복두께 최솟값(mm)
수중			100
지중 타설 · 매입			75
지중 · 외기중	철근 $\geq D19$		50
	철근 $\leq D16$, 철선 $\leq \varnothing16mm$		40
지중 · 외기중 이외	보, 기둥	$f_{ck} < 40MPa$	40
		$f_{ck} \geq 40MPa$	30
	슬래브, 벽체, 장선	철근 $> D35$	40
		철근 $\leq D35$	20

③ 스페이서 적정 배치

④ 외장마감 철저: 방수, 외장재 부착 등 부식환경으로부터 보호

---

189) KCS 142044 표2.2-1 참조

V 균열관리 및 보수·보강

1. 균열부 관리

① 허용균열폭 이내로 관리

② 허용균열폭 기준[190]

강재의 종류	강재의 부식에 대한 환경조건			
	건조환경	습윤환경	부식성환경	고부식성환경
철근	$0.4\,mm$와 $0.006c_c$ 중 큰 값	$0.3\,mm$와 $0.005c_c$ 중 큰 값	$0.3\,mm$와 $0.004c_c$ 중 큰 값	$0.3mm$와 $0.0035c_c$ 중 큰 값
긴장재	$0.2\,mm$와 $0.005c_c$ 중 큰 값	$0.2\,mm$와 $0.004c_c$ 중 큰 값	–	–

※ 여기서, c_c는 최외단 주철근의 표면과 콘크리트 표면 사이의 콘크리트 최소피복두께(mm)

③ 허용균열폭 초과 시 보수·보강

2. 균열부 보수·보강

① 경미한 균열부 보수

- 표면처리, 주입 및 충전 공법 적용

② 내하력 저하부위 보강, 기둥과 보의 휨·전단·인성보강

- 탄소시트 보강공법, 강판보강공법 적용

---

190) KDS 142030(콘크리트구조 사용성 설계기준) 표3.2−1 참조

4512 ┃ 콘크리트 중성화(中性化, Neutralization)

I 개요

① 콘크리트 중성화는 대기 및 토양 중의 유해물질 영향으로 콘크리트 중 알칼리 성분이 약화되는 현상을 총칭하며, 탄산가스만의 영향을 나타내는 탄산화(Carbonation)라는 의미를 포함한다.

② 중성화된 콘크리트는 철근부식을 유발하므로 원인과 발생기구에 대한 기본적 이해를 바탕으로 적정 대응방안이 필요하다.

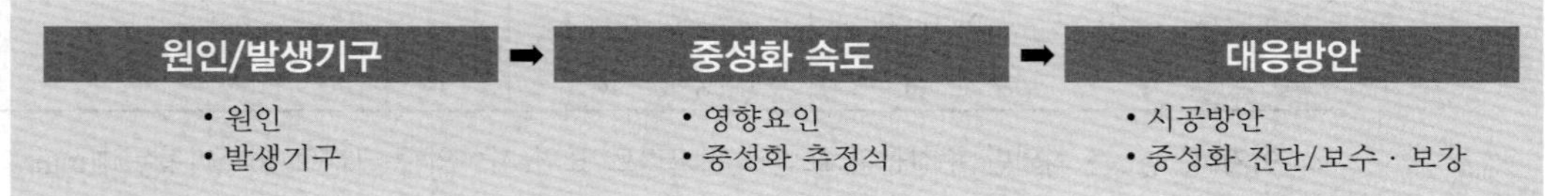

II 원인 및 발생기구

1. 원인

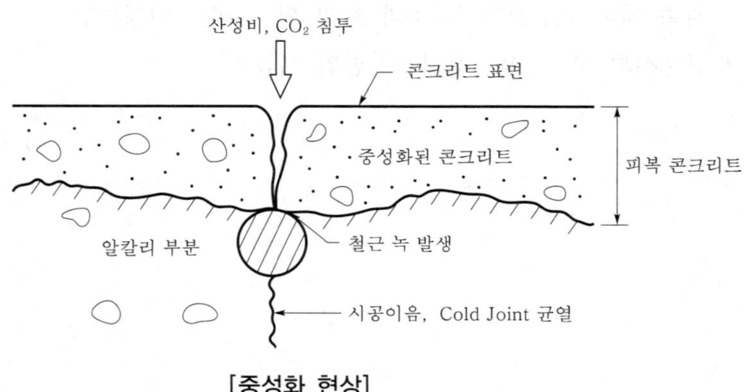

[중성화 현상]

① 콘크리트 표층의 기밀 · 수밀성 부족

② 콘크리트의 유해물질 노출환경
  - 대기 및 지표 노출면의 이산화탄소
  - 자동차 배기 및 석유 연소 시의 아황산가스, 산성비 강우 등

③ 저알칼리 농도의 결합재 사용

④ 화재열에 의한 알칼리 성분 소실, 400~600℃에서 $Ca(OH)_2$ 소실(탈수)
  - $Ca(OH)_2 \xrightarrow[\text{℃}]{500 \sim 580} CaO + H_2O$

⑤ 외장 유효마감 미흡

2. 발생기구

① 콘크리트 표층 모세공으로 유해물질(CO_2, SO_2) 침투

② 세공용액 중 수산화칼슘과 접촉하여 화학반응

[중성화 원인별 화학반응식]

이산화탄소	$Ca(OH)_2 + CO_2 \rightarrow CaCO_3 + H_2O$ $C-S-H + 3CO_2 \rightarrow 3CaCO_3 + 2SiO_2 + 3H_2O$
아황산가스	$2Ca(OH)_2 + 2SO_2 + 2H_2O \rightarrow 2(CaSO_4 \cdot 2H_2O)$
화재열 (500~580℃)	$Ca(OH)_2 \rightarrow CaO + H_2O$

- 아황산가스 반응: $2Ca(OH)_2 + 2SO_2 + 2H_2O + O_2 \rightarrow 2(CaCO_4 + 2H_2O)$

③ 콘크리트 세공에 탄산칼슘 침착, 표면층의 pH(알칼리) 농도 저하

- 탄산칼슘과 함께 발생한 물 증발, 또는 철근부식 촉진에 기여
- pH 변화: pH12~13 $\rightarrow$ pH8.5~10

④ 철근표면까지 중성화 진행, 철근 부동태피막 파괴 및 발청

〈不動態皮膜(Passive Protective Oxide Fil) 메커니즘〉
- $Ca(OH)_2$에서 이온화된 OH^-가 철근 分極現象(Polarization)으로 생긴 Fe^{2+}와 화합하여 공극수 내에서 $Fe(OH)_2$를 생성한다.
- $Fe(OH)_2$는 시간경과 후 철근표면에서 O_2와 결합하여 안정적 Fe^{3+} 산화박막을 형성한다.

⑤ 발청 시 철근 녹은 2.5~7배까지 체적 팽창, 피복층 균열

- 물·산소 유입 증가 및 열화작용 가속

Ⅲ 중성화 속도

1. 영향요인

(1) 결합재 종류

① 혼합·실리카시멘트 > 보통포틀랜드시멘트(OPC)

② OPC > 조강 PC

(2) 골재

① 보통골재: 저밀도골재 > 고밀도골재

② 경량골재 > 보통골재

③ 보통·경량골재 > 인공경량골재[191]

---

191) 인공경량골재는 세공수분 유지 기능이 보통골재보다 상대적으로 우수하여 내구성에 유리하다.

(3) 화학혼화제

① AE제, 분산제, 고유동화제 첨가 시 중성화 속도 둔화

- 무첨가콘크리트보다 40~60%가량

② 시멘트 입자의 양호한 분산 및 수화율 향상에 기인

(4) 콘크리트 사용환경

① 온도: 고온일수록 중성화 촉진

② 상대습도: 45~50%일 때 중성화 영향 최대[192]

- 습도 0%이거나 100%에서는 중성화 진행정지

③ 이산화탄소 농도: 옥내(0.1%) > 옥외(0.03%)

④ 건조부위가 젖은 곳보다 중성화에 취약

2. 중성화 추정식

▶ 중성화 진행깊이 및 도달기간을 산정하고, 구조물의 건전도와 잔여 수명[193]을 예측한다.

▶ 잔여 수명의 예측은 '피복균열'의 상태에 따라 추정하는 것이 가장 합리적이다.

[잔여 수명 유형]

유형	정의	수명평가
피복중성화	중성화 깊이가 철근표면에 도달하는 시점	과대평가
피복균열	철근부식으로 피복층에 균열이 발생하는 시점	가장 합리적
내하력	부재내력이 한계에 도달하는 시점	과소평가

(1) 중성화 깊이(X, cm)

① 표면으로부터 중성화 부분과 비중성화 부분 경계면까지의 깊이 파악

② 영향인자(R)와 경과년수(t)의 관계식 적용

- 중성화 깊이 $X(\mathrm{cm}) = R \cdot \sqrt{t}$

③ 영향인자(R)

- 시멘트, 골재 종류, 혼화재료, 표면마감, 환경조건 등의 실험상수

(2) 중성화 기간(t, 년)

① '물결합재비(W) ≤ 0.6' 전제

② 관계식: $t = \dfrac{7.2X^2}{R^2(4.6W - 1.76)^2}$

③ '물결합재비 ≤ 0.4'이면 충분한 내구수명 보장

---

192) 중성화 조건과 달리 철근부식은 상대습도 95~98%에서 가장 왕성하며 60% 미만에서는 발청이 억제된다.

193) 구조물 잔여 수명의 종료 시점 평가에 대하여 '피복중성화' 기준은 실제보다 너무 짧으며 '내하력' 기준은 구조물 안전상 위험한 측면이 있으므로 '피복균열' 기준을 가장 무난한 시점으로 보고 있다.

Ⅳ 대응방안

1. 시공방안

(1) 철근 피복두께

① 최소치 이상의 피복두께 확보
② 구조부위별 적정 스페이서 배치
③ 타설 시 이탈방지

(2) 재료·배합

① 중성화 속도가 늦은 시멘트 사용
② 구형상의 연속입자분포 골재 사용
③ 물결합재비, 잔골재율 낮게 배합
④ 방청제, AE제, 감수제, AE감수제, 고성능AE감수제 등 첨가 고려

(3) 타설 품질

① 재료분리 및 콜드조인트 방지, 중성화 취약부 원천 배제
② 콘크리트 조직 치밀화 시공, 진동다짐 철저
③ 타설 중 페이스트 및 모르타르 누출방지

(4) 수화양생

① 양생 초기 급속한 수분 손실방지, 수화 소요 수량 유지
  • 강한 일사 및 바람 차단
② 충분한 습윤양생 실시, 습윤양생 기준 충족

(5) 유효마감

① 외부로부터 습기 및 물의 침입방지
② 저투기성 마감재 시공
  • 콘크리트 및 유기도료 도포, 타일 및 석재 부착, 방수 시공 등

2. 중성화 진단

▶ 콘크리트 건전도 및 잔여 수명을 예측하고, 적시 적절한 유지관리 대책을 강구한다.
▶ 지시약액법 외 pH Meter법과 시차열중량분석법을 보조 적용한다.

(1) 지시약액법

① 지시약액 분무 후 반응 색상으로 중성화 깊이를 판단하는 기법
② 지시약액(100cc) = 페놀프탈레인 1 + 에탄올 95 + 물 4
③ 콘크리트 표면 파쇄 후 지시약액 도포 및 탐상

④ 알칼리 부분: 보라색 변색, 중성화 부분: 무변색
⑤ 페놀프탈레인 지시범위: pH8.3~9.5

〈지시약액에 의한 진단법〉
a. 예정깊이까지 조사부위 드릴 천공, 콘크리트 분말 채취
b. 백지에 페놀프탈레인 약액 분무
c. 백지 위의 콘크리트 분말을 살포하고 색상변화 탐상
d. 변색 여부, 변색 정도 등으로 중성화 상태 판정

(2) pH Meter법

① pH Meter로 농도를 파악하여 중성화의 정도를 분석하는 기법
② 미분쇄 시료 10g에 증류수 25ml 희석, 30분 방치 후 농도 측정
③ 'pH ≥ 10.0'인 시료에 적용

(3) 현미경 탐상법

① 주사형 전자현미경으로 시료를 탐상하여 중성화 영역을 파악하는 기법
② 전자빔 주사, 입체화된 시료 표면형상 탐상
③ 단시간 내 탐상면의 원소 분석, $Ca(OH)_2$ 및 $CaCO_3$

(4) 시차열(時差熱)중량분석법

① 시료 가열 · 냉각의 시차열로 탄산칼슘 중량비율을 정량분석하는 기법

〈콘크리트 가열단계별 변화〉
- 100℃: 자유수 증발
- 100~300℃: 모노설파이드 탈수
- 400~500℃: 수산화칼슘 탈수
- 650~900℃: 탄산칼슘 탈탄산화

② 탈수 · 탈탄산 시점의 중량변화량으로 $Ca(OH)_2$와 $CaCO_3$ 정량화
③ 시료채취 및 분석 난이, 장비 고가
④ 지시약액법 보조수단으로 활용

(5) X-선 회절법

① X-선 회절각으로 광물별 고유결정구조 분석으로 중성화를 탐상하는 기법
② $Ca(OH)_2$와 $CaCO_3$의 결정구조 분석
③ X-선 회절분석기와 분쇄한 콘크리트 시료 사용

3. 보수 및 보강

① 철근부식 이전 단계, 저 투기성 마감재 시공
② 철근부식 단계, 저 투기 · 투습성 마감재 시공
③ 피복층 균열 · 박리, 피복층 및 철근 녹 제거 후 피복층 복원

참고문헌

1. 최신 콘크리트공학, 한국콘크리트학회 편, 2005, pp.389~392
2. 레디믹스트콘크리트 품질문제의 원인 및 대책, 한국콘크리트학회, 레미콘품질관리위원회, 2013, pp.159~167

4513　콘크리트 알칼리골재반응

I　개요

⚊ 알칼리골재반응(AAR: Alkali Aggregate Reaction)은 콘크리트 내부의 알칼리 성분과 골재 중의 실리카, 탄산염 등의 광물질이 반응하여 불용성 화합물인 알칼리 실리카겔이 생성되고, 이것이 주위의 수분을 흡수·팽창시켜서 균열을 일으키는 현상이다.

⚋ 알칼리 골재반응은 콘크리트에 균열을 유발하여 구조물의 내구성과 사용성을 해치므로 이를 방지하기 위한 배합·시공 대책이 필요하다.

원인/문제점	➡	방지대책
• 골재/콘크리트/수밀성 • 균열/탈락/내구성		• 농도/반응성 • 수밀성 증대

II　원인 및 문제점

1. 원인

① 반응성 골재의 사용
- 하천골재 고갈, 쇄석 사용 증가
- 부순골재 반응성 물질의 석출 용이

② 콘크리트 알칼리 농도 증가
- 콘크리트 고강도화로 단위시멘트량 증가

③ 콘크리트 수밀성 저하
- 콘크리트 내부로 물 침투

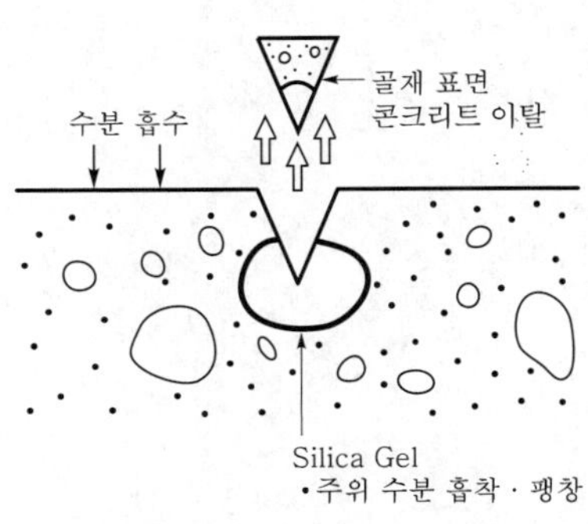

[알칼리골재반응 요소]

2. 문제점(영향)

① 균열발생
- 무근콘크리트: 방향성이 없는 지도상 균열
- 철근콘크리트: 주근방향으로 균열

② 피복 콘크리트 탈락
- Pop-Out 현상 발생

③ 콘크리트 내구성 저하
- 손상부위로 물·산소 유입, 콘크리트의 열화 가속

[Pop-Out 현상]

Ⅲ 방지대책

▶ 고농도 알칼리, 반응성 골재, 다습환경 중 하나 이상의 조건을 제거한다.

1. 알칼리 농도 저감

① 반응성 골재 사용이 불가피할 경우
- 콘크리트 중의 알칼리 총량 억제

② 혼합시멘트 사용, 미분말혼화재에 의한 단위시멘트량 저감
- 플라이애시, 고로슬래그, 실리카퓸으로 시멘트량 치환
- 내화학성, 수밀성, 장기강도 증대 기대

③ 콘크리트 중의 알칼리 총량 억제
- '$Cl^- \leq 0.3kg/m^3$'일 것
- 저알칼리형 시멘트의 사용, 알칼리량을 시멘트량의 6% 미만으로 저감

2. 반응성 골재 대책

① 쇄석 사용 시 반응성 검사 실시
- 반응성 골재를 사용하지 않으면 원천 방지 가능

② 반응성 골재 사용이 불가피할 경우
- 콘크리트의 알칼리 농도를 낮추거나 사용 단계에서 다습환경 개선

3. 콘크리트 수밀성 증대(다습환경 대책)

① W/B 낮게 배합, 감수제 사용
- 콘크리트 치밀조직 형성, 수밀성 증대

② 유효마감 대책
- 제치장면에 침투 방수처리 후 도장마감
- 내수성 우수한 외장재 부착, 물 침투 차단

4514 콘크리트 동해(凍害, Frost Damage)

I 개요

1. 수분을 함유한 콘크리트가 한랭기에 동결과 융해를 반복하면서 내구성이 저하되는 현상을 의미한다.

2. 콘크리트 동해는 경화 초기와 경화 후 양상이 다르게 나타나며, 경화체의 동해는 Pop-Out, Scaling, 균열 등의 유형으로 나타난다.

3. 동해를 방지하려면 내구성이 우수한 골재 사용, 적정 공기량 확보, 치밀한 콘크리트 경화체의 형성이 필요하다.

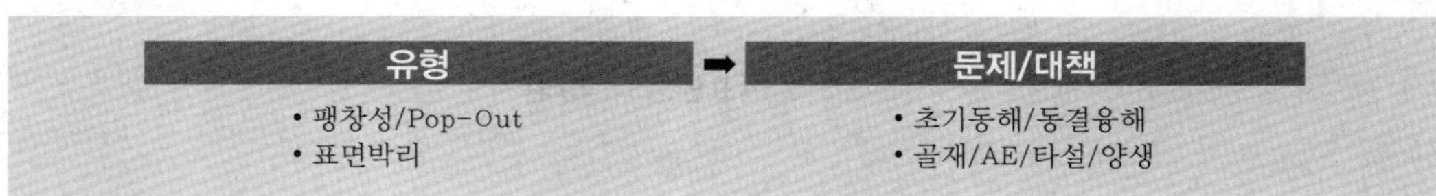

II 동해유형

1. 팽창성 동해

① 콘크리트에 침투된 수분이 동결

② 동결조직의 체적팽창(9%)

2. Pop-Out 동해

① 다공질골재 중의 수분이 동결 · 팽창하여 표면의 콘크리트층을 박리시키는 동해

② 굵은골재가 파괴되거나 굵은골재 표면층이 박리되는 유형

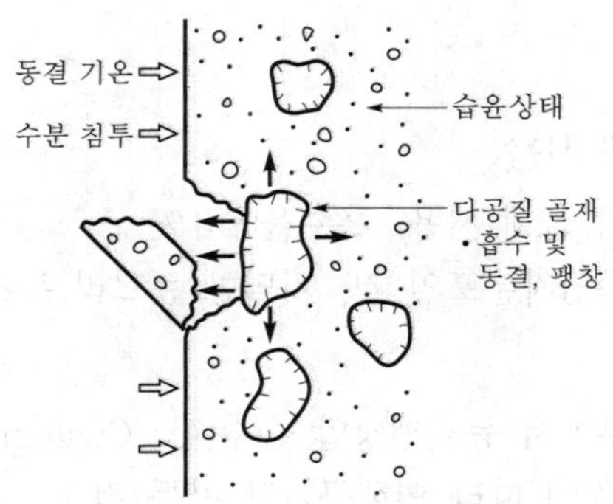

[동결에 의한 Pop-Out 현상]

3. Scaling, 표면박리(Blister)

① 건습 반복부위에서 발생

② W/B 과다, 염류와 동결융해 시 발생

③ 표면의 치밀마감층 하부에서 Bleeding水가 동결하여 발생

④ 타설 직후 표면마무리 미흡

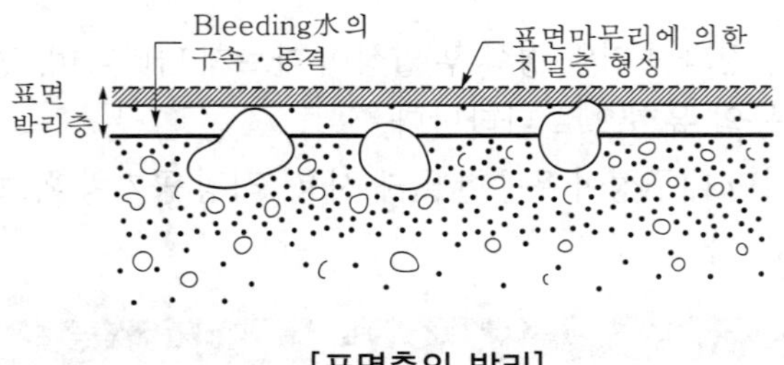

[표면층의 박리]

Ⅲ 문제점 및 방지대책

1. 문제점

(1) 초기동해

① 응결·경화 초기의 동해

② 양생기간을 연장해도 강도 미발현

③ 내구성에 치명적, 재시공만이 유일

(2) 굳은 콘크리트의 동결융해

① 경화체 중의 수분 동결로 인한 동해

② 균열발생 및 피복 콘크리트 박리

③ 표면층 열화의 급속 확대, 내구성·수밀성의 저하 가속

2. 방지대책

(1) 내구성 높은 골재 사용

① 낮은 흡수율의 골재 사용, 흡수율 ≤3%

② 구형상의 연속입자분포일 것, 치밀한 콘크리트 조직 형성

(2) AE공기량 확보

① 콘크리트 내부에서 동결팽창압 흡수(Air Cushion)

② 수분, 노출환경에 따라 연행공기량 차등 적용, 4.5~6.0% 적용

③ 경량골재콘크리트[194]는 일반보다 1% 할증

---

194) 건축공사표준시방서(2013), '05035 경량골재콘크리트공사, 2.3 배합' 참조

(3) W/B 낮게 배합

  ① 콘크리트의 사용환경을 고려하여 최대치 이하로 적용

  ② 기상작용이 클수록,

  ③ 콘크리트 단면이 작을수록,

  ④ 콘크리트의 함수상태가 클수록 낮게 배합

(4) 콘크리트 타설 · 다짐

▶ 타설 후 진동다짐과 탬핑을 철저하게 하여 치밀한 콘크리트가 되도록 한다.

  ① 재료분리, 콜드조인트 방지

  ② 진동다짐 철저: 다짐간격, 다짐시간 등

  ③ 적정 표면마무리: 블리딩수 걷힌 후 실시, 조기 마무리 엄금

  ④ 초기균열부 재다짐, 균열 소거

(5) 콘크리트의 수화율 증대

  ① 충분한 습윤양생 실시

  ② 한중 시 보온 및 급열양생 철저, 초기동해 방지

  ③ 콘크리트의 수화율을 증대시켜서 수밀성 확보

4515 ┃ 콘크리트 염해

I 개요

① 해사를 사용한 구조물과 해안구조물은 염해로 인한 내구성 저하가 우려된다.

② 염화물질은 고알칼리성의 콘크리트에서도 철근을 부식시키므로, 시공조건과 사용환경을 고려하여 염화물이 일정량 이하가 되도록 배합하고 경화 후에는 치밀조직체가 되도록 시공한다.

원인/발생기구	➡	방지대책
• 염해 원인 • 발생기구		• 재료, 배합 • 타설, 유지관리

II 원인 및 발생기구

1. 염해 원인

① 해사 사용, 염분 제거 불량

② 레미콘의 염소이온농도(Cl^-) 과다

③ 경화구조체에 염화물 침투, 해풍·해수 등

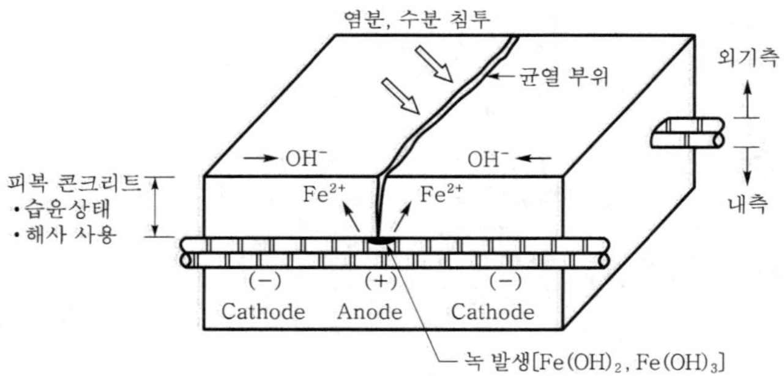

[염분에 의한 철근부식]

2. 발생기구

① 콘크리트 내 염화물 함유

② 철근의 부동태피막 파괴

③ 부식전지 형성

- 양극 반응(Anode): $Fe \rightarrow Fe^{2+} + 2e^-$
- 음극 반응(Cathode)

  알칼리: $\frac{1}{2}O_2 + H_2O + 2e^- \rightarrow 2OH^-$, 산: $2H^+ + 2e^- \rightarrow 2H$

④ 녹 발생

- $Fe^{2+} + 2OH^- \rightarrow Fe(OH)_2$ ────────▶ 흑청: 물에 용해
- $Fe(OH)_2 + \frac{1}{2}H_2O + \frac{1}{4}O_2 \rightarrow Fe(OH)_3$ ──────▶ 적청: 용해되지 않고 침전

⑤ 녹의 체적팽창(약 2.5배가량)
⑥ 콘크리트 균열 → 누수 → 열화 가속으로 내구성 저하

Ⅲ 방지대책

1. 철근공사

(1) 방청용 철근 사용

① 에폭시코팅 및 아연도금 철근 등 → 철근의 방청성능 증대
② 고부식 노출환경의 구조물에 적용
- 철근부식 물질: 지하수, 황산염, 염화칼슘, 기타 염화물 등
③ 피복두께만으로 철근의 방식(防蝕)이 부족할 때 고려

(2) 철근 피복두께

① 최솟값 기준 이상일 것
② 특수 노출환경일 경우 피복두께 할증
- 제치장콘크리트, 해양콘크리트, 고내구성콘크리트 등
③ 거푸집 조립 시 간격재(Spacer) 적정 설치
- 타설 중 이탈방지

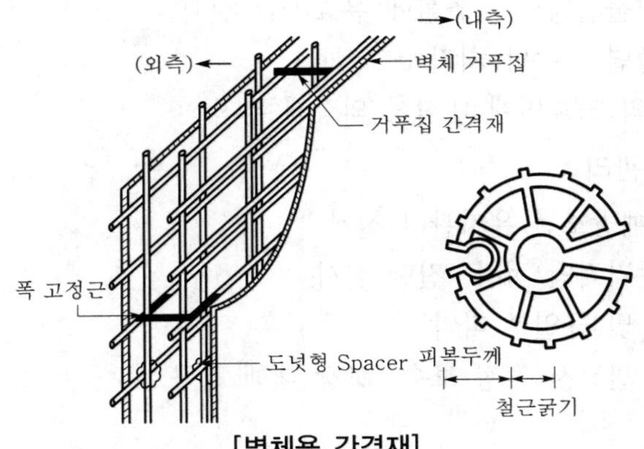

[벽체용 간격재]

2. 콘크리트공사

(1) 결합재

① 적정 단위시멘트량 확보 → 철근의 기본적 방청성능에 기여

② 내염성·내화학성 결합재의 치환 사용 고려

- 고로슬래그(내염성), 플라이애시(내화학성) 등

(2) 단위수량

① W/B 저감

- 콘크리트 조직 내 공극 저감 → 적정 다짐 시 철근의 치밀한 피복층 형성

② 감수제 계열 화학혼화제 적정량 혼입

- 낮은 W/B로 인한 생콘크리트 유동성 저하 보상

(3) 배합재 염화물 관리

① 잔골재 중의 $NaCl \leq 0.04\%$ → 공장 확인

② 회수수 중의 $Cl-$(염소이온) $\leq 250mg/m^3$ → 공장 확인

③ 생콘크리트 중의 $Cl- \leq 0.3kg/m^3$ → 현장 반입검사

(4) 타설 및 양생

① 콘크리트 건전도 확보 → 경화 후 염화물 침투방지

- 콜드조인트 및 재료분리 방지, 시공이음부 수밀성능 보강

② 진동다짐 철저, 철근피복층 치밀화

③ 습윤양생 철저 → 결합재 수화율 제고 → 철근 방청성 확보

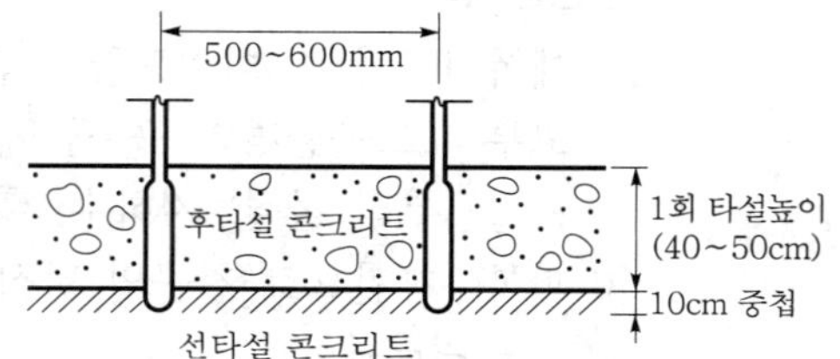

[진동다짐 간격: 기초매트]

3. 마감공사 및 유지관리

(1) 마감공사

① 염화물 노출환경의 구조물에 유효마감 실시

② 지하 노출면 방수막 처리

③ 해양대기의 노출면에 내식성 외장재 부착

(2) 시설물 유지관리

① 준공 후 예방보전 유지관리 철저

② 시설물 주기적인 점검·진단 실시

③ 철근부식 및 균열부 파악

④ 조사결과 필요시 적정 보수·보강 대책 강구

tip

1. 콘크리트의 조건이 철근에 미치는 영향

콘크리트 조건		철근영향
NaCl 함유량	0.04 %	부식이 거의 없음
	0.1 %	약간 부식
	0.2 %	부식이 가속
W/B	0.50 이하	부식 저감
철근 피복두께	20 mm 이하	부식 증가

2. 레미콘의 염화물총량 관리 방안
   (1) 고내구성 콘크리트 배합기준 충족
       레미콘 중의 'Cl$^-$ ≤ 0.3kg/m^3'이 되도록 배합관리
   (2) 'Cl$^-$ ≤ 0.6kg/m^3'으로 관리할 경우(KCS 142010(1.8.1))
       ① W/B ≤ 0.55, 감수제 사용
       ② Slump Value: 보통콘크리트 ≤ 180mm, 베이스콘크리트 ≤ 150mm, 유동화콘크리트 ≤ 210mm
       ③ 방청제 첨가, 철근 피복두께 ≥ 30mm
   (3) 'Cl$^-$ > 0.6kg/m^3'으로 관리할 경우: 방청처리된 철근 사용

4516 │ 콘크리트 내구성

Ⅰ 개요

1 콘크리트의 내구성은 강도·수밀성과 함께 경화콘크리트의 매우 중요한 성능으로, 콘크리트 구조물이 사용에 견디는 능력을 말한다.

2 내구성을 저해하는 주요인은 중성화, 염해, 알칼리 골재반응, 동해 등이 있다.

3 내구성을 향상시키기 위해서는 고내구성 재료 사용, 철근의 방청성 증대, 타설, 양생, 유효마감 등의 대책을 강구한다.

저하 원인		향상방안		연구개발
• 중성화/염해 • 동해/알칼리	➡	• 재료, 배합/방청성 • 타설양생/유효마감	➡	• 고성능콘크리트/골재 • 내부식철근시멘트혼화

Ⅱ 저하 원인

내구성 저하 원인		열화현상
하중작용	• 피로하중 • 지진·풍하중 • 부등침하 • 과대적재하중	• 진동의 반복으로 균열발생 • 침하균열 발생 • 기둥축소, 인장재 처짐
화학적 작용	• 중성화 • 염해 • 알칼리 골재반응 • 황산염 침식	• 콘크리트의 알칼리 농도 저하 • 해사 사용, 염분 침투 • 반응성 골재 사용
온도작용	• 동결용해 • 기상 변화 • 화재열 • 건조수축	• 공기량 부족, 피복층의 수밀성 부족 • 콘크리트의 건습(乾濕) 반복 • 철근의 열 변형 • 콘크리트 중의 Gel水 증발
전류작용	• 전식 • 전해	철근부식
기타	마모	유속을 받는 구조물

1. 중성화 현상

① 대기 중의 탄산가스와 산성물질의 영향으로 콘크리트의 알칼리성 약화

② 알칼리 농도(pH값) 저하 시 철근의 방청성 손상으로 균열발생

2. 염해

① 콘크리트 내의 염화물은 고농도의 알칼리성에서도 철근부식 유발

② 해사 사용, 해풍·해수의 영향을 받는 건물에서 염해발생

3. 동해

① 한랭기공사의 초기동해와 굳은 콘크리트의 동결융해로 구분
② 철근피복층 수밀성 부족, 공기량 부족 등에 기인

4. 알칼리 골재반응

① 콘크리트의 강알칼리성, 골재의 반응성물질 함유, 다습 사용환경으로 발생
② 콘크리트 표면부로부터 골재 주변이 파괴되어 균열과 박락 등 유발

Ⅲ 향상방안

1. 고내구성 재료 · 배합

(1) 시멘트

① 단위시멘트량 저감
  • 미분말혼화재 치환 사용: 플라이애시, 고로슬래그 등
② 시멘트 품질개선
  • 입도조정시멘트, 구상화시멘트, 고벨라이트시멘트 등

(2) 골재품질 확보

① 해사는 염분 규정치 이하일 것: $NaCl \leq 0.04\%$
② 흡수율 낮은 골재 사용, 흡수율 $\leq 3\%$
③ 고른 입도분포, 입형실적률이 우수한 것으로 배합
  • 콘크리트 공극 감소, 치밀조직 형성
④ 반응성골재 사용 배제

(3) W/B 저감

▶ 사용환경에 따라 최대치 이하
① W/B 최대치

해수중콘크리트	0.40
해안지대콘크리트	0.50
고강도 · 고내구성 콘크리트	0.45
수밀콘크리트	0.50

② AE제, 고성능감수제, 유동화제 등 첨가
  • 低 W/B에 의한 유동성 저하 보상

(4) 소요 공기량 확보

① 보통콘크리트 4%, 경량콘크리트 5%가량

② 콘크리트 내부 동결 시 팽창압 흡수, Air Cushion 역할

2. 철근의 방청성 확보

(1) 철근 피복두께 확보

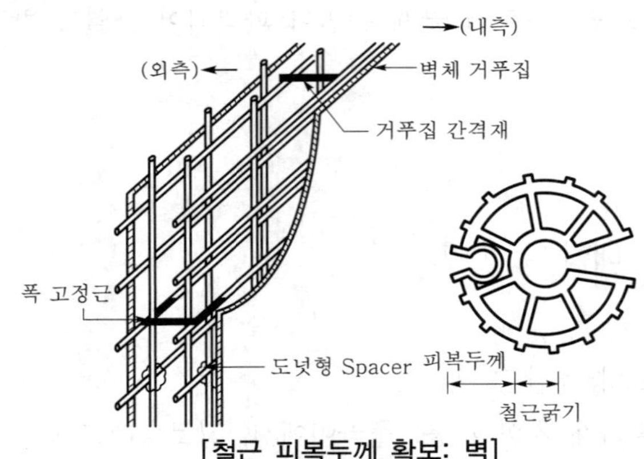

[철근 피복두께 확보: 벽]

① 제치장·해중 콘크리트는 최소치 기준보다 20~30mm 두껍게 피복

② 적정 철근간격재 배치, 타설 시 이탈방지

③ 타설 시 바닥, 보의 철근 흐트러짐 방지

(2) 방청성능 강화

① 고부식성 환경의 구조물에 적용

② 레미콘 염화물(Cl^-) 총량이 $0.3kg/m^3$ 초과 시 방청철근 사용

③ 레미콘에 방청제 첨가, 아연도금·에폭시코팅 철근 등 사용

3. 타설 및 양생 대책

① 재료분리, 콜드조인트 방지

• 콘크리트 취약부 방지

② 다짐 및 탬핑 철저, 치밀 피복층 형성

③ 습윤양생 철저, 시멘트의 수화율 제고

④ 초기동해 방지

• 양생온도 5℃ 이상 유지

• 한중콘크리트의 보온·급열 양생 철저

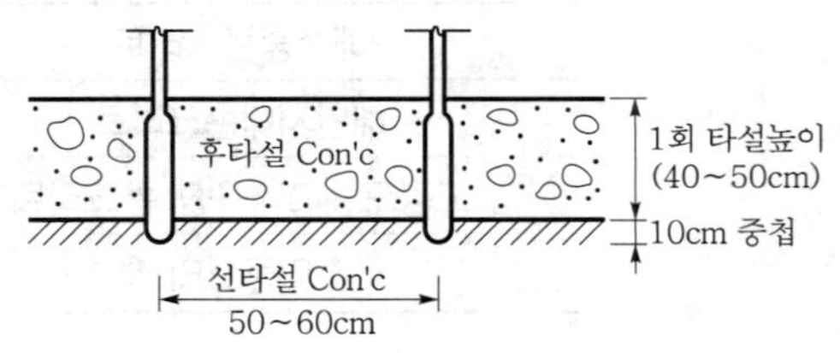

[진동다짐 간격]

⑤ 거푸집 존치기간 준수
- 해체 전 소요강도 반드시 시험·확인
- 해체 시 급격한 수분 증발 및 온도저하 방지

4. 기타 유효마감 대책

① 제치장콘크리트: 침투성 방수처리 후 도장마감
② 외장재 마감공사: 유해물질의 콘크리트 내 침투 차단, 내구성 향상

Ⅳ 연구·개발 방향

① 고성능콘크리트의 실용화
- 타설 시 고유동성, 경화 후 고내구성·고강도성 발휘
② 골재의 품질관리 및 콘크리트의 배합기술 확보
③ 내염성과 내부식성이 우수한 철근, 시멘트, 혼화제 개발

4517 ｜ 콘크리트 균열

I 개요

1 콘크리트에 균열이 발생하면 누수, 철근부식, 외관 손상, 마감재 손상, 심리적 불안 등을 유발하여 구조물의 사용성과 내구성을 저해한다.

2 콘크리트 균열은 시공 불량, 체적변형, 외부응력, 온도응력, 화학반응, 동결융해, 지반침하 등에 의해 발생한다.

3 균열을 최소화하거나 제어하기 위해서는 레미콘의 품질확인, 치밀한 콘크리트 시공과 균열의 유도 · 분산 · 구속 · 보수 등의 대책이 있어야 한다.

원인	➡	방지대책	➡	보수＋보강
• 재료 · 시공/사용환경 관련 • 내구성 저하		• 레미콘/치밀조직 • 균열 제어		• 판단기준 • 보수＋보강

II 원인

1. 재료 · 시공

① 생콘크리트 품질불량
  • 공기량 부족, 레미콘 가수, 운반시간 초과, 불량 골재

② 타설 · 이음 부적합
  • 재료분리, 콜드조인트, 각종 기능이음 불량

③ 습윤양생 미흡
  • 양생수 조기 증발, 습윤양생기간 부족

④ 철근공사 불량
  • 철근량 부족, 배근간격 불량, 피복두께 과부족

⑤ 거푸집공사 하자
  • 거푸집 처짐, 페이스트 누출, 거푸집 조기 탈형

2. 사용환경 관련

① 지진 및 구조물 진동

② 과대하중, 충격하중 작용

③ 지반침하, 부등침하

3. 내구성 저하

① 콘크리트 체적변형: 건조수축, Creep 수축

② 동결융해

③ 중성화, 염해, 알칼리 골재반응

④ 누수 하자

Ⅲ 방지대책

1. 생콘크리트 품질확보

① 제조 · 배합보고서 검토, 시방서와 지정품질 대조 및 시험

② 생콘크리트 반입 시 수입검사 철저: 불량일 경우 반송 조치

2. 치밀조직의 콘크리트 시공

(1) 재료분리 방지

① 타설높이 ≤ 1m

② 과잉 진동다짐 방지

(2) Cold Joint 방지

① 타설구획 내에서 연속타설

② 타설 한계시간 준수

- 외기온 ≥ 25℃: 120분 내 타설, 외기온 < 25℃: 150분 내 타설

(3) 진동다짐 철저

① 콘크리트 내의 공극 최소화, 밀도 증대

② 수평간격 50~60cm, 수직간격 40~50cm

③ 상 · 하 10cm가량 중첩다짐

(4) 초기양생 철저

① 서중: 습윤 또는 피막양생

- 표면수의 급격한 증발방지, 소성수축균열 예방

② 한중: 초기양생 철저

- 압축강도 5MPa이 발현될 때까지 초기동해 방지, 보온 · 급열 양생 실시

(5) Tamping 실시

① 타설 후 2~3시간 경과, Bleeding水 걷힌 다음 실시

② 소성수축 및 온도응력에 의한 균열 소거

• 이후의 타요인 균열 영향 차단

3. 균열 제어(유발, 흡수, 분산)

(1) 균열유발줄눈 설치

① 온도응력, 건조수축 영향이 큰 부위

• 지붕, 지하주차장바닥, 외벽 등

② 관리 용이한 구간에서 균열 유발

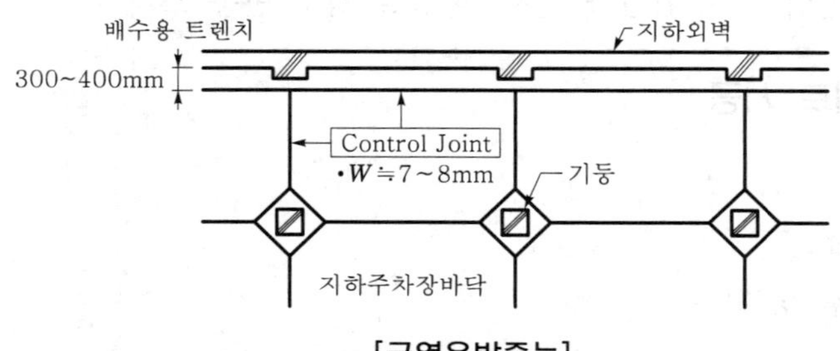

[균열유발줄눈]

(2) Delay Joint 설치

① 지붕, 지하주차장 바닥, 장스팬 및 두꺼운 구조물에 적용

② 줄눈부에서 건조수축 및 온도응력 흡수·해제

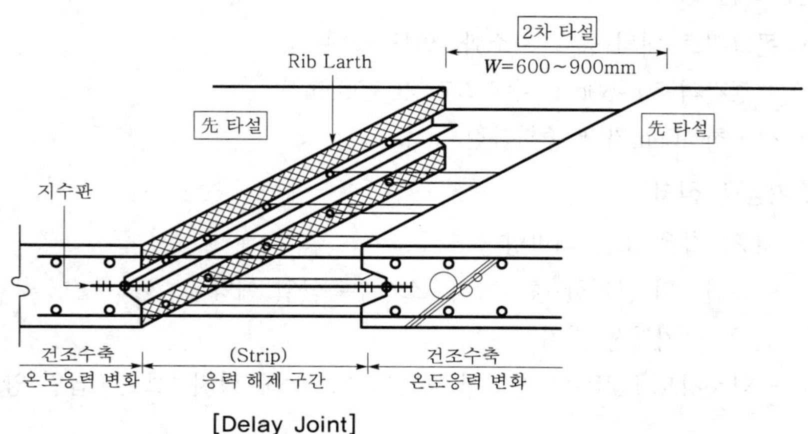

[Delay Joint]

(3) 온도철근 보강

　① 온도응력 작용 위치, 주철근과 직각으로 배치

　② 온도응력 구속, 균열 분산

Ⅳ 균열의 보수 · 보강

1. 유해균열 판단기준

① 콘크리트의 수밀성과 내구성에 미치는 영향을 종합 고려

② 균열의 폭과 진행성 여부로 유해성 판단

• 균열의 깊이와 발생된 균열의 수가 아님

③ 균열폭 허용치

강재의 종류	강재의 부식에 대한 환경조건			
	건조환경	습윤환경	부식성환경	고부식성환경
철근	$0.4\,\mathrm{mm}$와 $0.006\,C_c$ 중 큰 값	$0.3\,\mathrm{mm}$와 $0.005\,C_c$ 중 큰 값	$0.3\,\mathrm{mm}$와 $0.004\,C_c$ 중 큰 값	$0.3\,\mathrm{mm}$와 $0.0035\,C_c$ 중 큰 값
프리스트레싱 긴장재	$0.2\,\mathrm{mm}$와 $0.005\,C_c$ 중 큰 값	$0.2\,\mathrm{mm}$와 $0.004\,C_c$ 중 큰 값	—	—

※ 여기서, C_c는 최외단 주철근의 표면과 콘크리트 표면 사이의 콘크리트 최소피복두께(mm)

2. 보수 · 보강

(1) 경미한 균열 보수

① 표면처리, 주입 · 충전 공법 등 적용

② 수밀성과 사용성의 손상 회복

(2) 내하력 저하 시 보강

① 탄소섬유시트보강공법, 강판보강공법 등 적용

② 기둥 · 보의 휨, 전단, 인성 등 보강

4518 　콘크리트 내화성능

I 개요

1. 고강도콘크리트는 치밀한 조직의 특성으로 고온의 화재열에 노출될 경우 폭렬에 의한 단면결손과 철근온도의 상승으로 구조물의 급격한 내력 저하가 우려된다.

2. 50MPa 이상의 고강도콘크리트를 적용하려면 반드시 시험체로 내화성능을 공인받은 후 같은 시방에 따라 정밀 시공하는 노력이 필요하다.

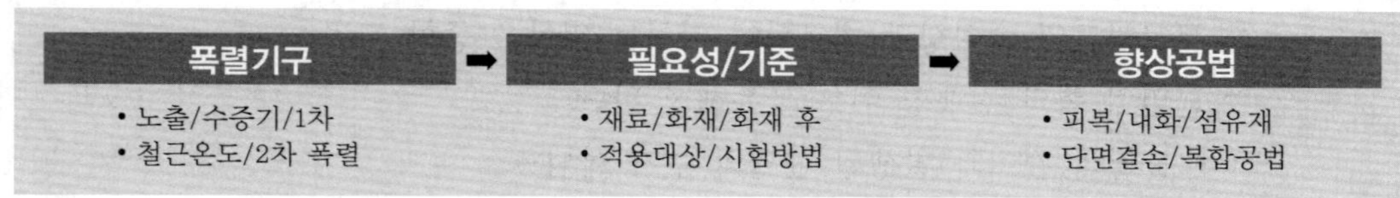

II 필요성 · 폭렬기구

1. 내화성능 필요성

(1) 철근 피복두께의 내화 한계

① 최소피복두께 기준으로 내화성능(1~3시간) 발휘 곤란

② 일반콘크리트 이상의 철근 피복두께 필요

③ 피복층의 화재열 차단을 위한 내화피복 조치 요구

(2) 콘크리트의 포습성

① 콘크리트 조직이 치밀할수록 통기성 저하, 고온에서 통기성 발휘 필요

② 고온 노출 시 수증기압의 이동 곤란으로 폭렬발생

(3) 화재 시

① 일정 시간 이상 내화성능 발휘

② 안전한 대피시간 확보

③ 구조물의 조기 붕괴 방지

④ 궁극적으로 인명과 재산의 손실 최소화

(4) 화재 후

① 화재 영향을 국부적으로 제한, 전체 구조물 파급방지

② 콘크리트 구조부재의 단면결손과 철근변형 방지

③ 구조물의 잔존내력 보존과 장수명화 실현

• 화재에 의한 조기열화 차단

2. 폭렬 기구

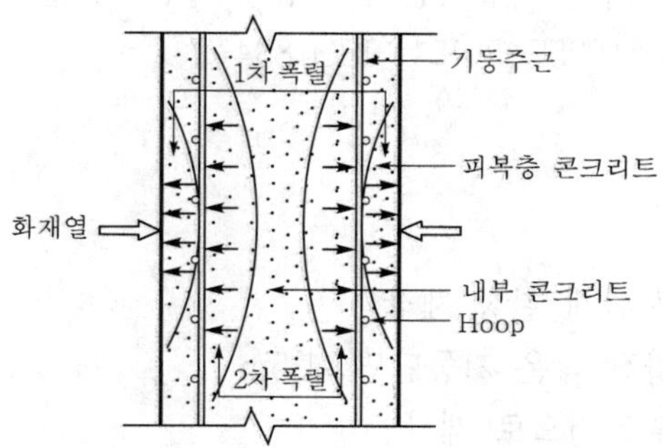

① 화재열에 콘크리트 표면부 노출, 철근 피복층의 온도상승
② 피복층의 조직 내에 수증기압 생성 및 상승
③ 수증기압이 상승하여 1차 폭렬발생, 피복층 박리
④ 철근의 온도가 급격하게 상승, 내부 콘크리트 층으로 열전달
⑤ 2차 및 연쇄적 폭렬발생, 철근항복 및 단면결손 증대
- 기둥 좌굴 및 보의 휨 변형으로 내력 저하
- 폭렬이 반복적으로 발생하면 구조물 붕괴

Ⅲ 내화성능 기준

[내화성능 관련기준]

내화성능 기준	건축물의 피난·방화구조 등의 기준에 관한 규칙
내화구조 정의	건축법 시행령 §2
시험 및 판정 기준	고강도콘크리트 기둥·보의 내화성능 관리기준
낙하물 투하설비	낙하물을 안전하게 떨어뜨리기 위한 설비
내화시험방법	KS F 2257-1(건축부재의 내화시험방법 일반 요구사항)

1. 적용대상 및 인정 유형

(1) 적용대상

① 고강도콘크리트 ≥ 50MPa
② 해당 구조부위의 기둥과 보

(2) 인정 유형

① 비재하가열시험 기본적용
- 시험방법 KS F 2257-1, 일반적 적용방식

② 구조기술사 확인 및 서명, '$f_{ck} \leq 60\text{MPa}$'인 경우 적용

③ 재하–가열시험: 국외 시험기관에서 성능 확인되었을 때 적용
- 시험방법 KS F 2257-7 또는 ISO 834-7

2. 시험 및 시공

(1) 시험체 제작

① 2개의 기둥형 시험체 현장 제작

② 시험체 규격: 가장 작은 기둥단면×1.5m

③ 시공현장과 동일조건으로 제작
- 콘크리트 배합, 철근 배근, 피복두께 및 내화성능 첨가재 · 공법 등

④ 주철근 외측에 온도측정용 열전대 설치
- 철근 표면 천공 후 온도센서 설치

⑤ 시험체 타설 및 양생, 양생기간 ≥ 91일, 시험의뢰자 요청 시 28일 이상
- 타설 시 압축강도 공시체 제작 후 강도 확인할 것

(2) 가열시험 실시

① 시험체 압축강도 확인 후 시험 시행
- 시험의뢰자: 시공사(수급인), 내화재료 제조자, 압축강도 확인자: 감리자

② 가열로에 시험체 설치 및 가열

③ 성능기준 초과 시까지의 소요시간 측정
- 성능기준 온도: 주철근 평균온도 ≤ 538℃, 주철근 최고온도 649℃

④ 가열 종료시간을 내화성능으로 판정

⑤ 시험 후 시험성적서 교부, 유효기간 3년

(3) 현장시공

① 시험체 제작조건과 같은 시방 적용

② 감리자는 '시험–현장시공' 일치여부 확인

Ⅳ 향상공법

▶ 기본적으로 철근 피복두께를 일반콘크리트보다 크게 하고 다른 공법을 추가한다. 현재 통용되고 있는 내화성능 향상공법은 다음과 같다.

내화원리	내화공법
화재열 차단방식 (受熱溫度 저감)	철근 피복두께 유지
	내화피복: 내화보드, 내화뿜칠, 내화도료
통기성 부여방식 (수증기압 저감)	섬유재 혼입: PP, PVC, NY, PE, PET, 셀롤로오스
피복층 비산방지 (단면결손 방지)	• 강섬유 혼입 • 메탈라스 횡구속
복합방식 (동질 · 이질재 복합)	피복재 + 피복재: 내화뿜칠 + 내화보드
	섬유재 + 피복재: 섬유보강 + 내화보드
	섬유재 + 섬유재: PP섬유 + NY섬유
	섬유재 + 섬유재: PP섬유 + 강섬유
	섬유재 + 메탈라스: 섬유재 + Metal Lath

1. 철근 피복두께 유지

① 철근의 조기 온도상승 방지
- 화재열의 온도 전달시간 지연

② 피복두께 50mm 유지
- 철근 최소피복두께, 일반콘크리트의 피복두께, 구조내력 등 고려

③ 철근 피복두께 유지를 기본으로 하고 다른 공법 추가 적용

〈내화성능 영향요소〉
- 콘크리트 배합재 구성
- 콘크리트 밀도, 강도
- 철근 피복두께
- 부재 단면적, 위치
- 내화재료 성능, 두께

2. 내화피복공법

(1) 내화보드공법

① 방화용 석고보드 사용, 제한적으로 일반 석고 보드 허용

② 바탕면에 석고보드 부착
- 스터드, 내화용 접착제, 앵커핀 사용

③ 2겹 이상 설치, 소요두께 확보
- 이음면 엇 배치, 틈새없이 나사못 고정

(2) 내화뿜칠, 내화모르타르공법

① 석고계, 질석계, 퍼라이트계, 알루미나 실리케이트 등의 재료 사용

② 바탕면에 소요두께(15~40mm)의 피복층 형성
- 내화성능(1~3시간)에 따라 15~40mm 두께 확보

③ 부착강도 확보, 시공비 저렴

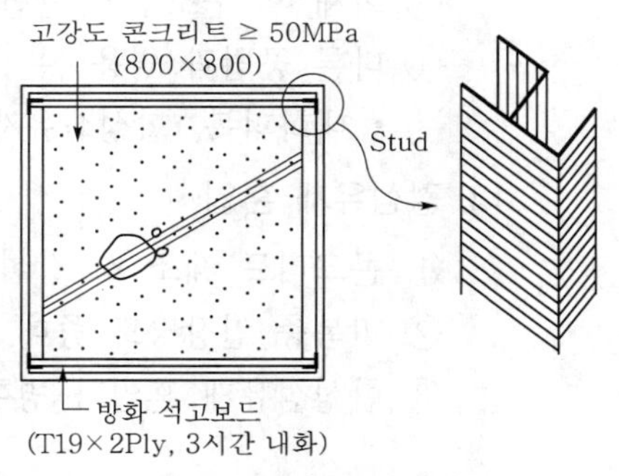

[기둥 내화피복 단면]

(3) 내화도료공법

① 바탕면에 내화도료를 스프레이건으로 도포

② 부재 단면증대를 최소화, 건조도막두께 ≤ 1~7mm

③ 내화시간 ≤ 2시간, 공사비 고가, 추가적 내화성능 조치 필요

3. 합성섬유재 혼입공법

(1) 시기 · 역할

① 합성섬유재를 콘크리트 제조 시 혼입

② 경화 후 화재 시 콘크리트 조직에 통기성 부여

③ 최소한의 혼입량과 피복두께 유지 필요

(2) 사용 재료

① PP, PVC, NY(나일론 섬유), PE, PET, 셀룰로오스 섬유재 사용

② 주로 PP, NY섬유재를 많이 사용함

③ 사용량 $0.5~1kg/m^3$, 시험체 검증 후 적정량 준수

④ 합성섬유재의 주요 품질요건

- 용융점 ≤ 200~300℃, 연소점 ≥ 500℃, 섬유재 길이: 11~19mm

4. 단면결손 방지공법

(1) Metal Lath 횡구속

① 메탈라스를 최외측 철근(Hoop, Stirrup)에 고정

② 폭렬 시 콘크리트의 비산을 메탈라스가 횡구속하여 방지

③ 화재 후 구조부의 단면결손을 방지하여 잔존내력 유지

④ 다른 공법과 병용하는 것이 바람직

- 내화피복, 합성섬유재 혼입 등

(2) 강섬유재 혼입

① 콘크리트 제조 시 강섬유재 혼입

② 피복층 인장강도 증대, 피복층 탈락 지연

③ 합성섬유재 혼입과 병행하는 것이 바람직

5. 복합공법

▶ 둘 이상의 동종(同種), 또는 이종(異種) 재료를 사용하여 규정치 이상의 내화성능을 발휘 하도록 한 공법이다.

내화뿜칠 + 내화보드	• 뿜칠(두께≥10mm) 후 방화 석고보드(12.5T) 설치 • 내화보드재와 뿜칠재로 화재열을 차단하여 수열량 저감
섬유재 + 내화보드	• 섬유재를 콘크리트에 혼입·시공 후 내화보드재(15T) 설치 • 내화보드에 의한 수열량과 섬유재에 의한 수증기압 저감
PP섬유 + NY섬유	• PP 섬유재와 나일론 섬유재를 콘크리트에 혼입, $0.5{\sim}1.0kg/m^3$ 혼입 • 용융점 차이를 이용하여 잔류 수증기압을 효율적으로 제거
PP섬유 + 강섬유	• PP 섬유에 의한 수증기압 저감 • 강섬유에 의한 피복층의 인장응력 증대
섬유재 + Metal Lath	• 합성섬유재를 콘크리트에 혼입하여 수증기압 저감 • 메탈라스로 피복층을 구체 내부에 횡구속시킴

Ⅴ 결론

1. 일반적으로 철근콘크리트조 건축물은 내화구조로 인식되어 왔으나 고강도콘크리트를 사용할 경우 반드시 내화성능을 구비하도록 규정하고 있다.
2. 고강도콘크리트 구조물의 내화성능은 화재 발생 시 폭렬방지와 잔존내력의 확보로 요약되며, 이를 위한 내화성능 향상공법이 다양하게 적용되고 있다.
3. 기준치 이상의 내화성능을 확보하려면 철근 피복두께를 일반콘크리트보다 크게 하고 시험체를 통하여 검증된 공법을 채용하여 정밀시공하여야 한다.

참고문헌

1. 고강도콘크리트 기둥·보의 내화성능 관리기준, 국토해양부고시 제2008-334호, 2008
2. 초고층용 고강도콘크리트의 내화성능 확보에 관한 연구, 김정진, 2009
3. 폴리아미드 섬유보강콘크리트 기술, 코오롱건설기술연구소, 2009
4. 고강도콘크리트 내화성능 확보방안에 관한 국내 기술동향, 김흥열·전현규, 한국건설기술연구원, 2009
5. 고강도콘크리트 내화성능 관리기준 및 성능확인 현황, 김대희·최동호, 방재시험연구소, 2009
6. 합성섬유 및 내화피복재를 이용한 고강도콘크리트 내화성능 확보방안, 김용로·송영찬·김옥종·이도범, 대림산업기술연구소 건축연구지원팀, 2009
7. 고내화 고강도콘크리트 시공성능 향상공법 개발 연구, 롯데건설기술연구소
8. 건축법, 건축물의 피난·방화구조 등의 기준에 관한 규칙, 법제처(http://www.law.go.kr/)
9. 건축부재의 내화시험방법 일반 요구사항, KS F 2257-10

4521 ▏콘크리트 비파괴시험(NDT : Non-Destruction Test)

I ▏개요

① 콘크리트 비파괴시험은 경화된 콘크리트 구조물을 손상시키지 않고 강도 및 내부결함 여부를 검사하기 위한 시험이다.

② 콘크리트 구조물의 비파괴검사방법에는 슈미트해머법, 초음파법, 복합법, 인발법, 공진법 등이 있다.

검사유형	➡	판정/조치
• 슈미트해머법/초음파법 • 적산온도법/기타		• 합격/불합격 시 • 코어 불합격 시

II ▏검사유형

1. Schmidt Hammer법(反撥硬度法)

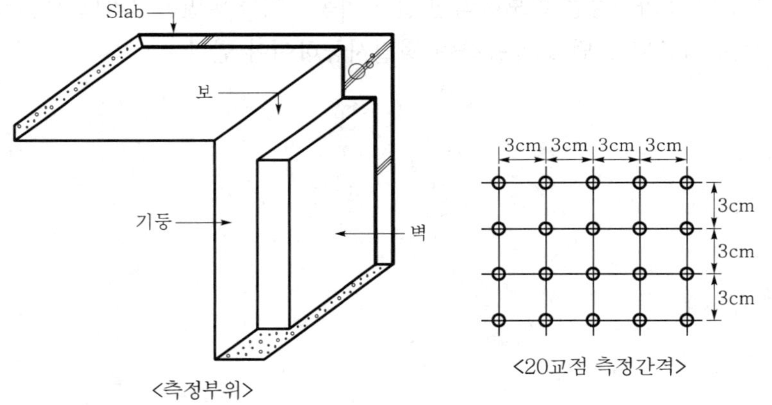

[Schmidt Hanmmer 측정 위치 및 간격]

① 콘크리트 표면의 20교점을 타격하여 해머의 반발정도로 강도 추정

② 타격점의 측정치(R)에 보정치를 가감한 기준경도(R_0) 산정

• 압축강도 산정식에 기준경도를 대입하여 압축강도 산정

③ 압축강도(F_c) 산정식

• 일본재료학회式: $F_c = (13R_0 - 184)\alpha_n$

• 동경건축재료검사소式: $F_c = (10R_0 - 110)\alpha_n$

여기서, α_n: 재령에 따른 보정 계수

• α_n: 28일 재령일 때 1, 28일 전 〈1, 28일 후 ≥ 1

④ 시험 Flow

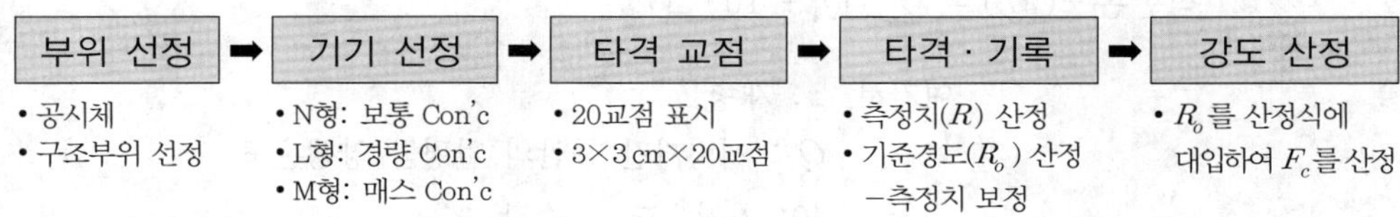

2. 초음파법

(1) 정의

① 인간의 가청영역(20 kHz)을 초과하는 초음파(50~100 kHz)를 측정부위에 투과

② 전파속도(V)에 의해 콘크리트의 강도, 피복두께, 균열위치와 깊이 등 검사

$$전파속도(V) = \frac{S}{T}$$

여기서, V: 전파속도
T: 전파시간
S: 전파거리

(2) 특징

① 부재의 형상 · 치수 제약 없음

② 검사속도 신속, 간단

③ 배합비, 함수율, 골재에 따라 음속 상이 측정

④ 강도추정값의 정도 낮음

(3) 전파속도(V) 측정법

① 투과법: 대칭법, 사각법

② 반사법: 간접법, 횡파법 적용

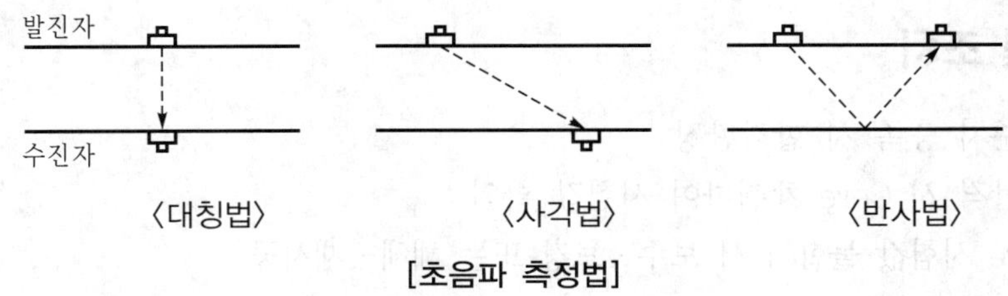

[초음파 측정법]

3. 적산온도법

① 전제 사항

• 동일 적산온도에서 동일한 강도가 발현됨을 전제

② 적산온도$(M) = \sum_{z=1}^{n} (Q_z + 10)\, \Delta t$

여기서, z: 재령

Q_z: 재령기간 동안의 일평균 양생온도

10: 기저온도, 상수값

- $M = 840°\text{DD}$일 때 설계기준강도가 100% 발현하는 것으로 해석

③ 구조체관리용공시체에 의한 압축강도시험을 대체

- 온도이력만으로 콘크리트의 압축강도 추정, 거푸집의 해체 여부 판단

4. 기타

(1) 복합법(초음파법 + 반발경도법)

① 반발경도와 초음파속도의 파형을 종합, 시험값의 신뢰도를 향상시킨 검사방법

② 콘크리트의 압축강도 측정에 효과적

(2) 인발법

① PC 콘크리트에서 콘크리트에 묻힌 볼트의 인발력 측정

② 볼트의 설치방식에 따라 Pre-Anchor법과 Post-Anchor법으로 구분

(3) 공진법

① 물체 간 고유진동주기 이용

② 동적측정치로 콘크리트의 압축강도 추정

Ⅲ 판정 및 조치

① 기준치 충족 시 합격판정

② 불합격 시 Core 채취하여 시험값 확인

③ Core 시험값 불합격 시 보수·보강 또는 해체·재시공

4522 Schmidt Hammer 시험

I 개요

1. 콘크리트 표면의 측정부위를 스프링 반발력에 의한 해머의 반발정도로 압축강도를 측정하는 비파괴검사법이다.

2. 측정치(R)는 타격각도, 건조상태, 재령 등의 보정치를 반영하여 기준경도(R_o)를 구하고, 이를 산정공식에 대입하여 압축강도(F_c)를 산출한다.

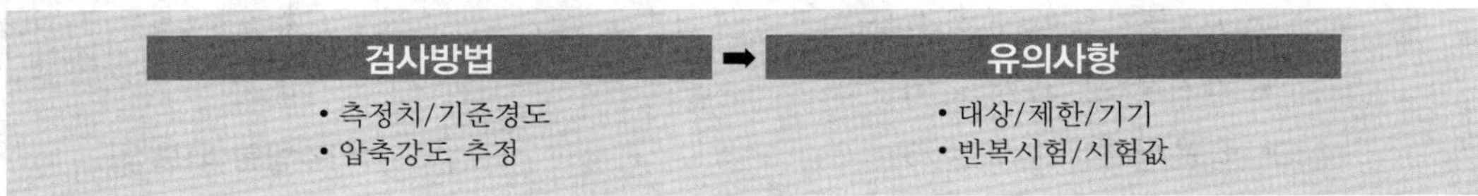

II 검사방법

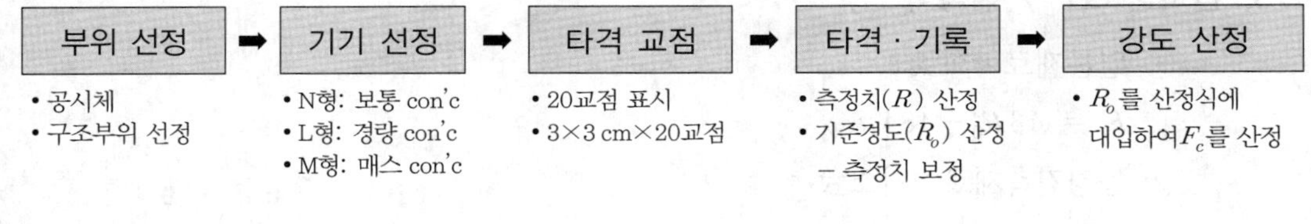

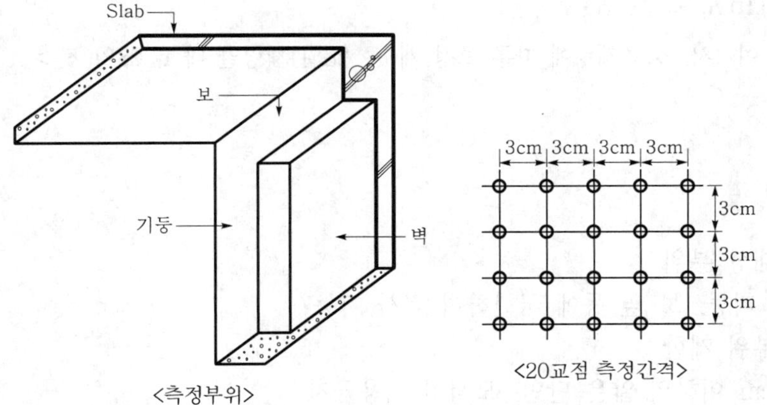

[Schmidt Hanmmer 측정 위치 및 간격]

1. 측정치(R) 산정

① 20교점 타격 후 측정치 기록

② 중앙값에서 20% 이하는 버리고 산술평균하여 R값 산정

2. 기준경도(R_o) 산정

① 산정식: $R_o = R + \Delta R$

② 보정치: $\Delta R = \Delta R_1 + \Delta R_2 + \Delta R_3$

③ ΔR_1(타격방향 보정값)

- 상향타격 시 $(-)$보정, 하향타격 시 $(+)$보정, 수평타격 시에는 0 보정
- 기기의 보정값 조견표에서 타격 방향, 각도에 따른 보정치 적용

④ ΔR_2(측정부위의 함수상태)

- 기건상태: $\Delta R_2 = 0$
- 습윤상태: $\Delta R_2 = 5$

⑤ ΔR_3(압축응력 보정값)

- 25kgf/cm² 이상일 때: $\Delta R_3 = -0.05R$
- 25kgf/cm² 미만일 때: ΔR_3은 재령에 따른 보정계수 적용

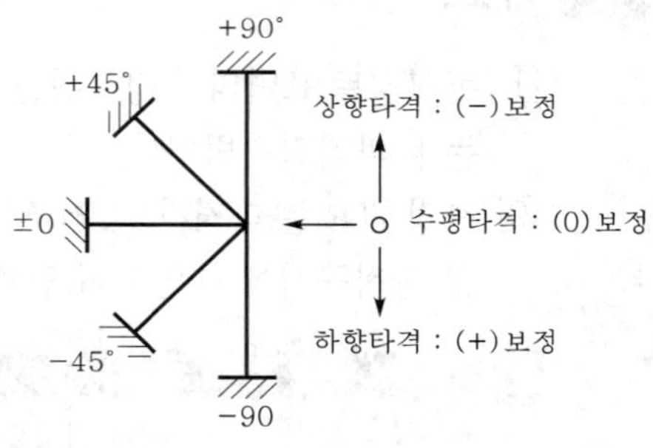

3. 압축강도(F_c) 추정식

① 일본재료학회식

$$F_c = (13R_0 - 184)\alpha_n$$

② 동경건축재료검사소식

$$F_c = (10R_0 - 110)\alpha_n$$

여기서, α_n: 재령에 따른 보정 계수, 28일 재령일 때 1, 28일 전 > 1, 28일 후 < 1

Ⅲ　유의사항

① 측정대상 부위
- 벽, 기둥, 보 옆 등에 국한하여 검사 가능

② 측정부위 제한
- 10 cm 이하의 얇은 단면, 모서리 적용금지

③ 기기의 검·교정 철저
- 검사용 기기 Calibration 실시

④ 동일개소 반복시험 금지

⑤ 시험값 신뢰성 제고
- 다른 비파괴시험법 병행
- 초음파법, Windsor Probe 등

4523 ┃ 콘크리트 구조물 보수 · 보강

Ⅰ 개요

1 콘크리트 구조물의 성능(강성, 내구성, 수밀성) 유지는 사용 단계의 적시적절한 보수와 보강조치를 필요로 한다.

2 보수는 구조물에 작용하는 위해요인으로 발생된 결손을 치유하는 것이며, 보강은 설계하중 이상의 하중에 대해 구조물이 안전하도록 내하력을 회복 또는 증진시키는 것이다.

3 콘크리트 열화의 결과는 균열로 나타나므로 균열폭과 균열폭의 변동, 철근부식의 유무에 따라 건물성능 회복을 위한 적정 재료와 공법 적용이 필요하다.

대상구조물 선정절차 ➡	보수공법 ➡	보강공법
• 안전점검등/구조물 평가 • 보수 · 보강안/재료 · 공법/우선순위	• 목적/판정요소 • 공법 선정/공법 유형	• 판정요소 • 탄소섬유시트/강판 보강

Ⅱ 대상구조물 선정절차[195]

1. 안전점검등

① 정기안전점검

② 정밀안전점검 및 긴급안전점검

③ 정밀안전진단 등

2. 구조물 평가

① 내구성에 대한 상태평가

② 구조내력에 대한 안전성평가

③ 상태평가 및 안전성평가에 의한 종합평가

④ 구조물 종합평가에 따라 안전등급 지정

---

195) '시설물의 안전 및 유지관리에 관한 특별법(약칭: 시설물안전법)' 참조

[안전등급 구분]

등급	건축물 상태		
	주요부재	보조부재	건축물 전체
A(우수)	–	–	문제점 없음, 최상
B(양호)	–	경미한 결함 일부 내구성 보수 필요	기능 발휘 지장 없음
C(보통)	경미한 결함 내구성·기능성 보수 필요	광범위한 결함 간단한 보강 필요	안전 지장 없음
D(미흡)	결함 긴급 보수·보강 필요	–	사용 제한 검토
E(불량)	심각한 결함 보강·개축 필요	–	안전 위험 즉각 사용금지

3. 보수·보강안

(1) 보수·보강 대상 구분

① 내구성능 회복·향상이 필요한 구조물→보수

② 내하력·강성에 대한 역학적 성능 회복·향상 등이 필요한 구조물→보강

(2) 보수·보강 수준 결정

① 현상 유지

② 성능 회복

③ 성능 개선

④ 개축 등의 수준

4. 재료·공법

▶ 다음 사항을 종합 검토하여 보수·보강을 위한 재료 및 공법을 선정한다.

① 보수·보강 수준에 근거

② 구조적 안전성 검토

③ 경제성 등

5. 우선순위

▶ 다음 사항을 우선적으로 고려하여 보수·보강 대상을 선정한다.

① 보수보다는 보강

② 보조부재보다는 주요부재

③ 중요도가 높은 부재

④ 심각성이 큰 결함부위

⑤ 낮은 평가 등급의 부위·건축물

Ⅲ 보수공법

▶ 보수를 위해서는 상태평가 결과를, 보강을 위해서는 안전성 평가결과를 상세히 검토 후 보수·보강의 필요성과 방법을 제시한다.

1. 목적

① 구조물의 성능 회복
- 강도, 내구성, 수밀성 등의 철근콘크리트 성능

② 구조물의 일체성 증대

③ 방수성 회복

④ 철근부식 방지

2. 판정요소

① 균열폭 허용치 초과 시 보수

② 균열폭의 허용치 기준(KDS 142030 표3.2-1)
- 철근과 PC강재로 구분
- 부식환경은 건조, 습윤, 부식성, 고부식성 등으로 구분하여 규정

강재의 종류	강재의 부식에 대한 환경조건			
	건조환경	습윤환경	부식성 환경	고부식성 환경
철근	0.4mm와 $0.006C_c$ 중 큰 값	0.3mm와 $0.005C_c$ 중 큰 값	0.3mm와 $0.004C_c$ 중 큰 값	0.3mm와 $0.0035C_c$ 중 큰 값
긴장재	0.2mm와 $0.005C_c$ 중 큰 값	0.2mm와 $0.004C_c$ 중 큰 값	–	–

※ 여기서, C_c는 최외단 주철근의 표면과 콘크리트 표면 사이의 콘크리트 최소피복두께(mm)

3. 공법 선정

(1) 방수성능

① 철근부식이 없어도 균열폭이 변동하면 방수성능 보수

② 표면처리, 주입공법, 충전공법, 침투성방수공법 등 채용

(2) 내구성능

① 철근부식 전: 균열폭 변동의 대소에 따라 적정 공법 선정

② 철근부식 후: 충전공법 채용

③ 염해 우려 시: 방청, 방식, 아연도금 철근 사용

④ 알칼리 골재반응 우려 시
- 반응성 골재의 사용 배제
- 콘크리트의 알칼리 총량을 관리(저감), 또는 피복 콘크리트 수밀성 증대

4. 공법유형

(1) 표면처리공법

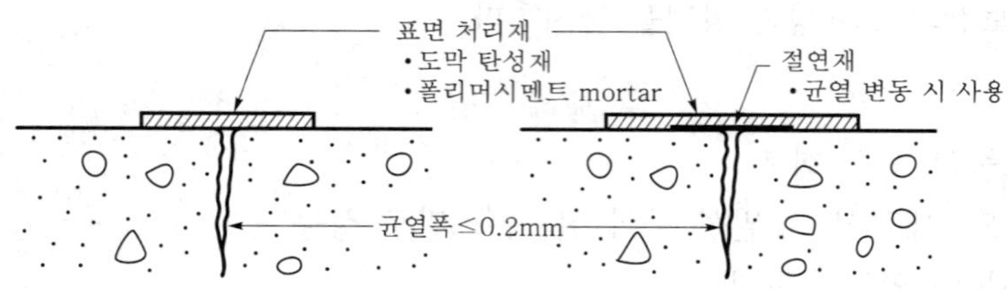

[콘크리트 표면처리공법]

① 0.2mm 이하의 미세한 균열보수에 적용

② 표면처리방법

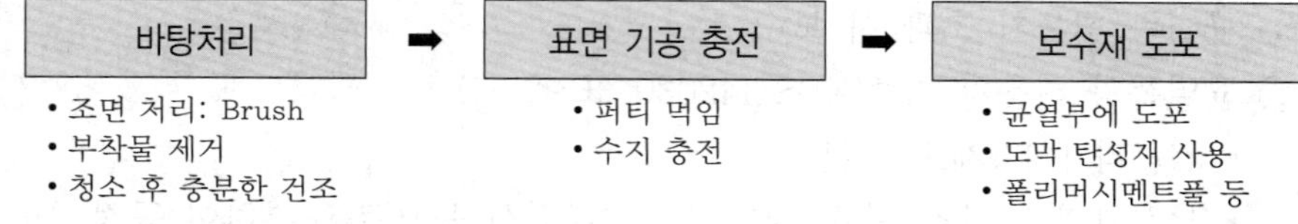

(2) 주입공법

① 균열폭이 0.2mm 이상일 때 적용

② 에폭시수지, 폴리머시멘트슬러리, 팽창시멘트 주입

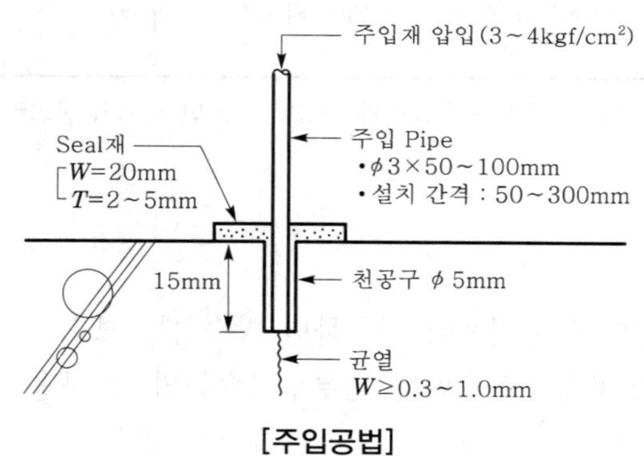

[주입공법]

③ 시공방법

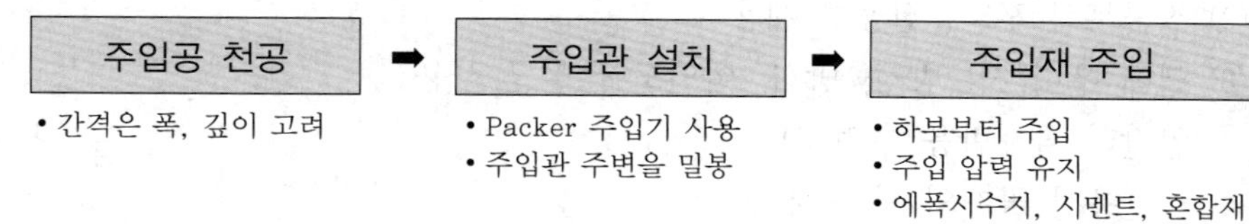

(3) 충전공법

① 수지계: 레진 Mortar, 에폭시수지

② 시멘트계: 폴리머 · 팽창 시멘트 Mortar를 Cutting 부위에 충전

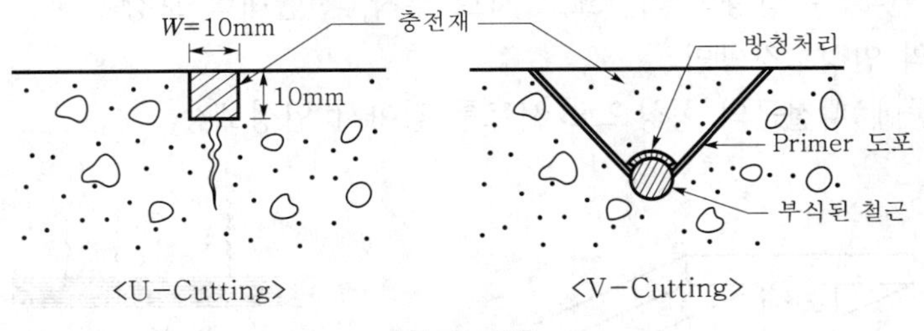

③ 시공방법

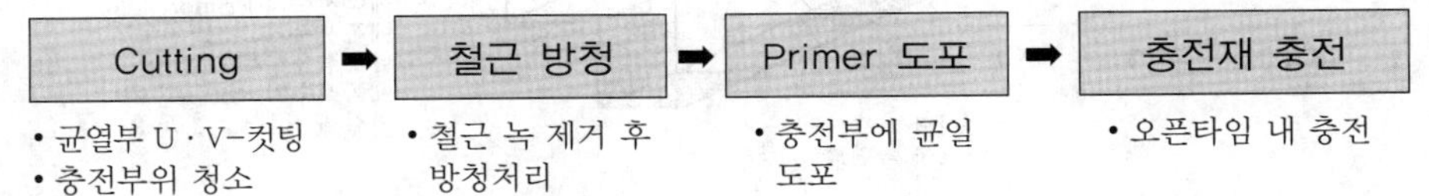

Ⅳ 보강공법

1. 판정요소

▶ 다음 사항을 검토하여 안전율이 기준치 이하면 보강한다.

▶ 부재 안전율을 기준치 이상으로 하기 위해 '단면증가' 정도를 판정한다.

① 구조내력 파악, 보강 여부 판단

② 균열의 종별 파악: 휨, 전단, 팽창균열 등

③ 부재내력과 잔존내력 추정

④ 구조물 작용하중과 외력 변화 예측

2. 탄소섬유시트보강공법

(1) 정의

① 보강부위에 부드러운 상태의 탄소섬유시트 부착

② 기둥과 보의 휨, 전단, 인성보강

(2) 특징

① 재료의 인장강도, 내피로성, 내부식성 우수

② 복잡부위 적용, 보강량 조절, 국부적 방향으로의 보강 등 용이

③ 재료가 경량(비중 1.6), 공정이 간단 · 신속

④ 상온경화형 수지를 접착제로 사용, 내화성 취약

⑤ 보강부위 취성거동 유의

(3) 보·기둥 보강

① 보의 휨, 전단내력 보강방법

- 보 중앙부: 축방향으로 인장면 측의 표면에 시트 부착, 휨내력 보강
- 보 단부: 축방향의 직각으로 시트 부착, 전단내력 보강

② 기둥의 인성보강방법

- 기둥에 띠철근의 형상으로 시트를 감아서 인성보강

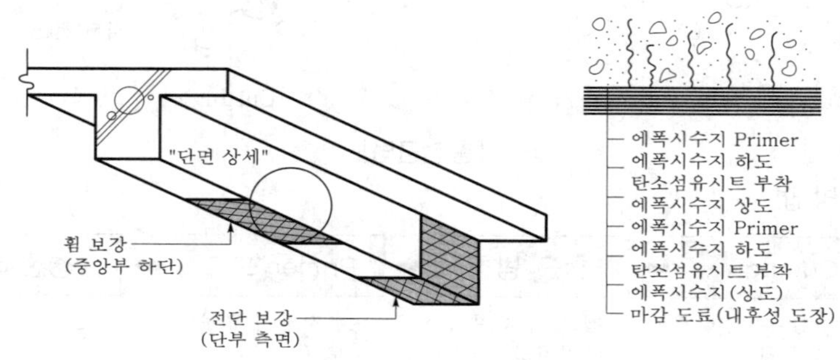

[보의 보강]

(4) 탄소섬유시트 부착방법

① 시트 부착면 바탕처리

- 균열부 보수, 단면결손부위 복구
- 요철부 제거, 패인 부위는 수정용 퍼티 먹임
- 바탕처리면 청소 후 충분하게 건조

② 에폭시수지 Primer 균일도포

③ 하도: 에폭시수지 함침

④ 상도: 탄소섬유시트 부착 후 에폭시수지 함침

⑤ 보강 정도에 따라 ③~④ 공정 반복, 내후성 도료 마감

(5) 접착성능시험

① 시험철편 부착

- 도장부위 및 오염물질 제거, 시험부위 조면처리
- $40 \times 40 \times 10mm$의 철편에 접착제 부착
- '접착제 부착강도 $\geq 70kgf/cm^2$'일 것

② 철편 주변부 Cutting: 절단깊이 10mm

③ 시험편 인장, 시험값 측정

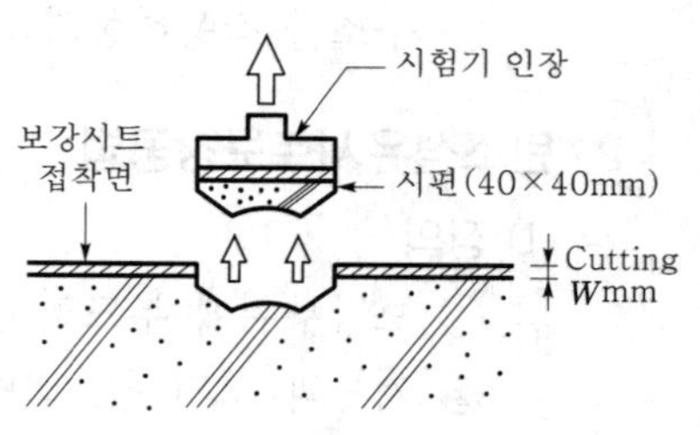

[접착성능시험]

- 시험기를 철편에 연결(철편 중앙홈에 장착)하고 철편 인장
- 파단 시 최대강도값과 파괴양상 기록

④ 탄소시트 부착강도 평가

- '모재 파괴 시 $\geq 5kgf/cm^2$'이면 합격, 또는 강도 무관하게 합격
- '계면 파괴 시 $\geq 20kgf/cm^2$'이면 합격

3. 강판보강공법

3.1 정의 및 특징

(1) 정의

① 휨부재 및 기둥의 내력을 보강하기 위해 강판을 부착하는 공법

② 보 · 슬래브의 중앙부 하단과 단부의 상단에 강판을 부착하여 휨내력 보강

 • 보 단부의 측면에 강판을 부착하여 전단내력 보강

③ 기둥면에 강판을 감싸도록 부착하여 기둥의 인성 보강

④ 강판 부착방식은 접착공법과 압착공법으로 구분

[공법별 비교]

항목	강판접착공법	강판압착공법
보강 바탕면	곡면부 적용 가능	평탄한 곳에 적용
접착제 시공	강판 내부에 간격재 설치 후 주입	접착면에 1~2mm 균일하게 도포
공기 제거	배기관 설치 후 한쪽 방향으로 주입	앵커체결력으로 강판을 압착하여 제거
장단점	• 바탕면 상태에 제한 없음 • 접착면에 기포 구속 우려	• 공기 잔류량 거의 없음 • 부착강도 우수

(2) 특징

① 공정 단순, 자재 구입 용이, 경제적

② 강성보강 효과 우수, 보강부위 거동예측 용이

③ 노출면 미관처리 곤란

④ 재료 증량, 시공 불편, 복잡부위 적용 등 곤란

⑤ 방청 · 내화 처리 필요

 • 에폭시수지 및 강판의 내화성능 취약

3.2 강판접착공법

(1) 앵커 설치

① 바탕면 마감재 제거

② 손상 · 균열 부위 보수

③ 강판 고정용 앵커 설치

④ 요철부 충전 및 제거 후 청소

(2) 강판 고정

① 저점도 에폭시용 프라이머 균일 도포

② 간격재 설치 후 강판 고정, 앵커볼트 체결

 • 강판 이면부 블래스팅 선처리

③ 강판 겹친면 필릿용접, 또는 홈용접

④ 바탕면-강판 틈새 실링 처리

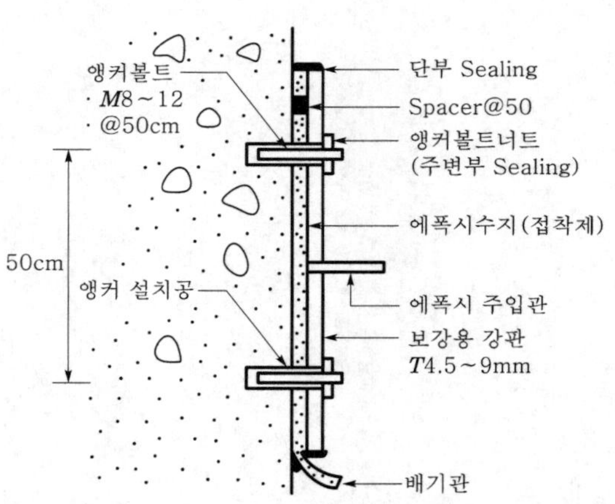

[시공단면: 강판접착공법]

(3) 에폭시 주입

① 압력을 도입하여 강판 접착용 수지 주입

② 주입 직후 충전상태 검사

③ 해머 타격음으로 충전상태 확인

- 미흡 시 즉시 보완주입 실시

3.3 강판압착공법

(1) 앵커 설치

① 바탕면 마감재 제거

② 바탕면 처리

- 결손부위 보수, 평활도 확보

③ 앵커 설치 및 청소

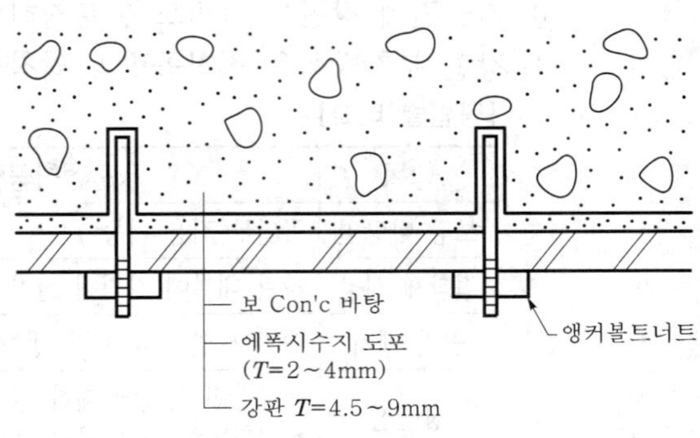

[시공단면: 강판압착공법]

(2) 에폭시 도포

① 강판 이면 블래스팅 처리

② 강판과 바탕면에 균일 도포

(3) 강판 압착

① 강판 거치 후 앵커볼트 체결

② 균등가압력 도입(5 Ton/㎟), 앵커강도 및 접착제 점도 고려

③ 압착 후 양생, 양생 중 충격금지

④ 압착불량으로 인한 낙하사고에 유의할 것

4524 철근콘크리트공사 발전 방향

I 개요

1. 철근콘크리트공사는 여러 가지 복합재료를 배합하여 주로 습식으로 공사가 진행되므로 시공상태에 따라 품질편차가 발생한다.

2. 균일품질과 합리적 시공을 위하여 거푸집공사의 System화 및 무지주공법 활용, 철근공사의 Pre-Fab화 및 이음공법의 개선, 콘크리트공사의 재료 · 배합의 개선과 타설장비의 기계화 및 로봇화 시공 등이 필요하다.

문제점	발전방향
• 거푸집/철근공사 • 배합 및 타설	• 거푸집/철근 • 콘크리트공사

II RC공사 문제점

1. 거푸집공사

① 전용성과 시공성이 저조, 설치와 해체 품이 많이 소요

② 기능인력 부족, 열대우림의 천연자원(목재) 낭비

③ 전용 거푸집 제작업체 영세

• 체계적 연구발전의 토대 미흡

2. 철근공사

① 현장조립 위주의 철근배근

• 조립 기능공이 부족

• 철근의 시공품질 저하

② 재래적인 이음공법

• 겹침이음 위주의 철근이음

• 철근재료 낭비, 이음응력 미흡

3. 배합 및 타설

① 고성능콘크리트 제조기술 미흡

• 고기능성 혼화제의 국내 생산기반 미흡

• 고강도 · 고유동 · 고내구성 콘크리트의 품질시방 미(未)확립

② 타설장비 개선 미흡

- 고압용 콘크리트펌프의 국내 생산기반 미약
- 분배기, CPB, 표면마무리 로봇 등의 성능개선 필요

Ⅲ 발전방향

1. 거푸집공사

(1) 시스템 거푸집의 개선 및 현장 적용성 증대

① 중소형 공사의 적용성 증대

② 부재 경량화, 전용성 향상

③ 골조부위별 유닛(Unit)화: 기둥, 보, 바닥, 벽 등

(2) 거푸집 복합기능 부여

① 거푸집+구조체 기능

- 바닥 슬래브에 Half PC 슬래브, 합성 데크플레이트 적용
- 해체 불필요, 공기 · 인력 절감

② 거푸집+마감재 기능

③ 거푸집+비계 및 마감작업발판 등의 복합기능 수행

(3) 무지주공법 적용 증대

① 장스팬 바닥에 보타입 트러스 거푸집 활용

② 동바리 사용량 절감, 바닥판의 시공품질 증대

③ 장스팬, 층고가 높은 건물에 유용

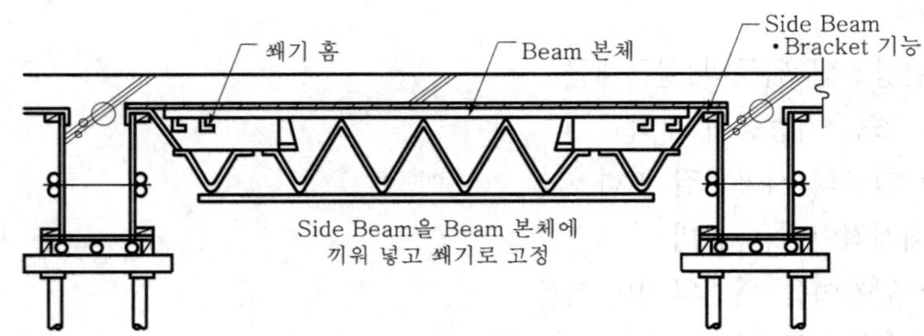

[보 타입 트러스 거푸집]

2. 철근공사

(1) 부위별 Pre-Fab화

① 기둥, 보, 벽, 바닥철근의 공장 및 지상 선(先)조립

② 고소작업 최소화, 배근품질 향상

(2) 용접철망 사용 증대

① 벽, 바닥 Slab 적용성 우수

② 고항복강도 망식철망 사용

- Mesh Bar: 눈금이 100~150mm인 것 사용

③ 바닥 Slab 적용

- 타설작업 중 철근 흐트러짐과 Spacer 이탈방지

(3) 철근 이음공법 개선

① 철근굵기와 구조부위별 작업성 고려, 적정 이음공법 적용

② 대경근(D35mm 초과)이음 시

- 자동가스압접, 기계식이음공법, 나사이음공법 등을 적극 검토

③ 현장 적용성과 이음효율이 높은 공법 개발

3. 콘크리트공사

(1) 환경친화적인 재료사용 증대

① 산업부산물 활용 증대

- 미분말혼화재의 시멘트 사용량 치환
- 고품질 Fly Ash, 고로 Slag, Silica Fume 등의 국내 생산기반 확충

② 건설폐기물 재이용률 증대

- 폐콘크리트의 재생처리기술 확보, 순환골재의 품질 제고
- 유한(有限)한 천연골재의 절약, 건설폐기물의 사회적 처리비용 절감

(2) 시멘트 기능성 증대

① 고유동성, 분리저항성 제고

- 고유동성: 구성화합물 개선, 유동성 향상
- 고분말도: 점성을 높여서 분리저항성 제고

② 시멘트의 초고강도성 부여

- MDF시멘트, 입도조정시멘트, DSP시멘트, 섬유보강시멘트 등의 실용화 증대
- 초고층 RC구조 및 CFT 등의 분야에 활용, 고강도용 시멘트 사용

(3) 우수한 고성능 혼화제 개발

① 안정적인 고성능감수제, 고유동화제, 분리저감제, 증점제 등

② 시간경과에 따른 경시 변화 최소화

③ 경제적인 국내 생산기반 확충

④ Self-Compaction, Self-Leveling 등의 고성능 지향

(4) 콘크리트의 고성능화 실현

① 低 W/B 및 고유동화콘크리트의 제조기술 확립

② 유동성시험방법의 국내표준 확립(KS규격)

③ 고내구성, 고유동성, 고강도성의 실현

- 굳지 않은 콘크리트의 고유동성, 경화 후의 고내구성·고강도성 발현

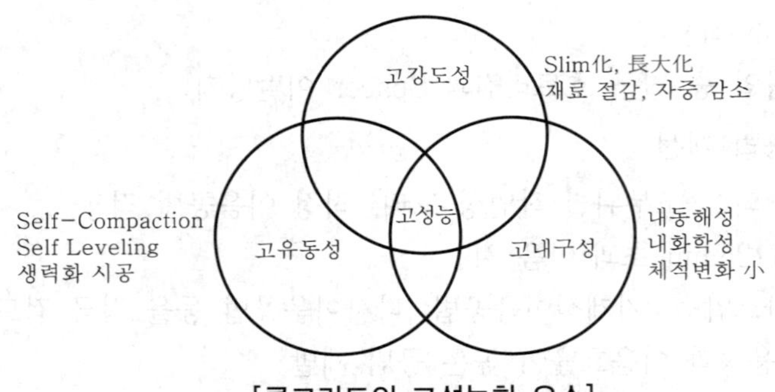

[콘크리트의 고성능화 요소]

(5) 타설작업의 기계화·로봇화 지향

① 분배기, CPB의 현장적용성 증대

- 타설장비의 성능향상, 자중 및 가격 경감, 타설작업의 기계화 촉진

② 로봇화 지향

- 작업정밀도 요구부위, 표면마무리 작업 부분 등

Ⅳ 결론

1 철근콘크리트공사의 발전을 위하여 공법 발전은 물론 재료와 장비 개선이 병행되어야 하고, 공정, 품질, 원가, 안전 측면에서의 철저한 시공관리와 환경 차원에서의 친환경건축공사를 지향하여야 한다.

2 향후 콘크리트와 다양한 강재의 조합에 대하여 합리적인 복합구조 및 복합부재의 실현을 위한 요소기술의 연구와 개발이 요구되고 있다.

PART 05

마감공사

제1절 조적 · 석 · 타일 공사
제2절 방수공사
제3절 미장 · 도장 공사
제4절 단열 · 차음 · 수장 공사
제5절 창호 · 기타 공사

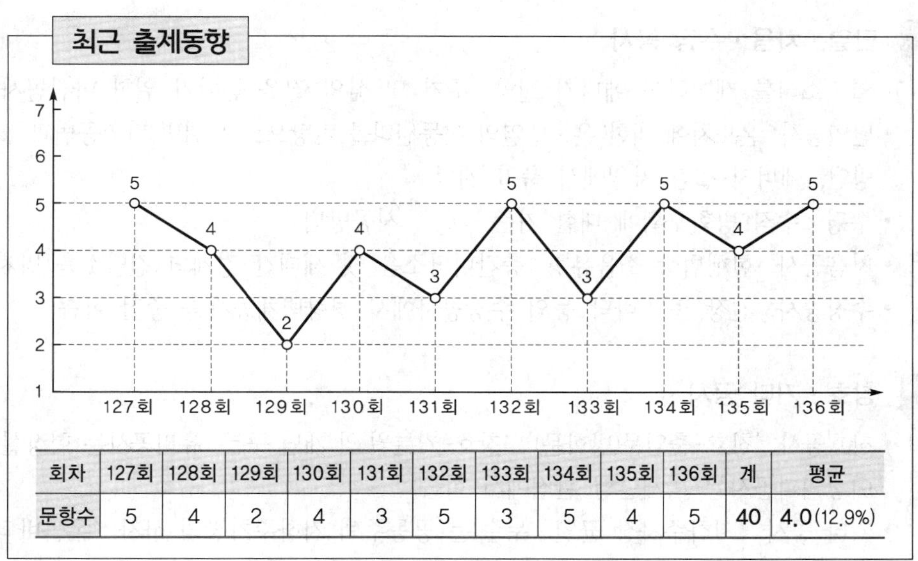

최근 출제동향

회차	127회	128회	129회	130회	131회	132회	133회	134회	135회	136회	계	평균
문항수	5	4	2	4	3	5	3	5	4	5	40	4.0(12.9%)

📖 학습방향

▶ 마감공사는 16%의 출제비중을 차지하는 단원(제1편과 유사한 수준)으로 매회 평균 5문제 가량 출제된다.

▶ 건물의 용도(공동주택, 또는 오피스빌딩 등)와 부위(바닥, 외벽, 내벽, 천장 등), 공정 상 바탕마감, 중간마감, 최종마감 등의 관점에서 학습한다.

▶ 각 절별 학습요령 및 중점 학습사항은 다음과 같다.

제1절 │ 조적 · 석 · 타일 공사

- 조적공사: 조적재(벽돌 및 블록)의 유형과 규격, 조적벽 시공방법
- 석공사: 벽체 건식공법 위주의 학습이 효율적, 커튼월공사와 연계
- 타일공사: 내장 위주로 학습하며 부착(접착)강도 영향요소 숙지

제2절 │ 방수공사

- 마감공사에서 가장 출제빈도가 높은 공종, '과년도 출제문제' 분석을 통하여 중요도와 출제경향을 직접 파악할 것
- 멤브레인 방수재를 이용한 지하외벽 및 지붕의 방수공법을 중점 학습

제3절 │ 미장 · 도장 공사

- 미장공사: 부위별 사용자재, 시공방법, 하자 유형 및 방지대책
- 도장공사: 일반(5320), 시멘트 · 금속면도장(5321, 5323), 도장공사 결함(5323) 등

제4절 │ 단열 · 차음 · 수장 공사

- 열 · 소리를 제어하여 에너지 절약, 주거 및 삶의 질을 높이기 위한 마감공사
- 단열공사: 온도차에 의한 온 · 냉열의 이동원리를 바탕으로 부위별 단열공법과 결로 방지 방안, 에너지 절감 차원에서 축열 개념
- 수평 · 수직 방화구획에 대한 기준, 개념, 시공방법
- 차음공사: 현행법상 소음유형, 층간바닥소음 및 세대간 경계벽 전달소음 방지공법
- 수장공사: 천장, 벽, 바닥 등의 수장공사에서 경량벽체공사를 중점 학습

제5절 │ 창호 · 기타 공사

- 창호공사: '창호-출입문(방화문)', '창호-커튼월'의 개념 구분, 유리공사는 현장설치 관점, 이중외피공사는 벽체단열 관점에서 학습
- 기타 공사: '지하주차장 균열 · 누수'는 공동주택 지하주차장의 하자, '온돌바닥공사'는 차음과 난방, '목재함수율과 목재방부'는 인테리어 마감 등의 관점에서 학습

📖 과년도 출제문제(374)

제1절 (76) 조적 · 석 · 타일 공사	조적공사 (16) 석공사 (21)	타일공사 (39)
제2절 (78) 방수공사	재료별 공법 (38) 부위별 공법 (31)	기타 방수공사 (9)
제3절 (42) 미장 · 도장 공사	미장공사 (20)	도장공사 (22)
제4절 (99) 단열 · 차음 · 수장 공사	단열공사 (36) 방화구획공사 (15)	차음공사 (27) 수장공사 (21)
제5절 (79) 기타 마감공사	창호공사 (13) 유리공사 (24) 온돌공사 (6)	목공사 (13) 실내공기질 (11) 기타 (12)

제1절 조적 · 석 · 타일공사 76

[조적공사] 16

60106 본드 빔 (Bond Beam)
70405 조적공사 벽체균열 원인과 대책에 대하여 기술하시오.
71201 철근콘크리트 보강블록 노출면 쌓기에 대하여 기술하시오.
75110 조적조의 부축벽
76401 조적조의 테두리보와 인방보의 상세도(Detail)도해 및 시공시 유의사항을 기술하시오.
79101 Wall Girder
89401 조적조 벽체에서 신축줄눈(Expansion Joint)의 설치목적, 설치위치 및 시공시 유의사항에 대하여 설명하시오.
93302 조적벽돌 벽체에서 발생하는 균열의 원인을 계획·설계 측면과 시공 측면에서 설명하시오
94108 조적벽체 테두리보 설치위치
00103 조적벽체의 미식쌓기
01107 점토벽돌의 종류별 품질기준
09106 콘크리트(시멘트) 벽돌 압축강도시험
22205 점토벽돌 조적공사에서 수평방향 거동에 의한 균열의 방지방법에 대하여 설명하시오.
23402 아파트세대 내부벽체 조적공사 시공순서와 품질관리 방안에 대하여 설명하시오.
26203 조적조 벽체의 균열 원인 및 방지대책을 설명하시오.
33204 벽돌공사에서 수직 및 수평 신축줄눈 구성 방법과 균열 방지대책에 대하여 설명하시오.

[석공사] 21

66201 석공사의 강재 Truss(Metal Truss) 공법에 대해 기술하시오.
70110 Key stone plate
70204 외벽의 건식돌 공사에서 Anchor 긴결공법에 대하여 기술하시오.
80404 석재가공시 석재의 결함, 원인 및 대책에 대하여 기술하시오.

89304 석재공사의 오픈조인트(Open Joint) 공법의 장단점과 시공시 유의사항에 대하여 설명하시오.
91401 석공사에서 습식과 건식공법의 특징을 비교하여 설명하시오.
92102 GPC(Granite Veneer Precast Concrete)
94302 건축물의 외벽마감공사에서 석재외장 건식공법의 종류 및 석재오염 방지대책에 대해 설명하시오.
99406 석재공사에서 재료선정, 표면처리방법 및 시공 시 유의사항에 대하여 설명하시오.
05406 석재가공 시 발생하는 결함의 종류와 그 원인 및 대책에 대하여 설명하시오.
09112 석공사의 오픈조인트(Open Joint)
09303 외부 석재 공사에서 화강석의 물성기준 및 자재 반입 검수에 대하여 설명하시오.
10104 석재 혼드마감(Honded Surface)
11406 석재 가공시 발생할 수 있는 결함과 원인 및 대책에 대하여 설명하시오.
13205 바닥 석재공사 중 습식공법의 하자유형과 시공 시 주의사항에 대하여 설명하시오.
17110 Non-Grouting Double Fastener방식(석공사의 건식공법)
18406 외부 석재공사에서 화강석의 물성기준 및 화스너(Fastener)의 품질관리에 대하여 설명하시오.
21105 사용부위를 고려한 바닥용 석재표면 마무리 종류 및 사용상 특징
23306 석공사에서 석재 표면 마무리 종류와 설치공법에 대하여 설명하시오.
26105 석공사의 오픈조인트(Open Joint)공법
35112 석재 앵커긴결공법

[타일공사/백화] 39

60403 외벽타일 붙임공법의 종류 및 박리·탈락 방지 대책에 관하여 시공시 고려사항을 기술하시오.
67106 타일공사 시 시멘트 몰탈의 Open Time
67205 다음 공법을 설명하고, 일반적인 공장생산방식의 현황에 대하여 기술하시오.
   1) 철근 선조립 공법   2) 타일 선부착 공법
69108 타일 분할도
74101 타일 접착모르터 Open Time
75403 옥내에 시공한 타일이 박리되는 원인 및 방지대책에 대하여 기술하시오.
77204 타일 붙임 공법의 종류별 특징과 공법의 선정절차 및 품질기준을 기술하시오.
80302 타일의 접착방식을 제시하고 부착강도의 저해요인과 방지대책에 대하여 기술하시오.
82405 타일공사에서 발생하는 주요하자 원인 및 방지대책을 기술하시오.
83104 모르타르 Open Time
85405 백화발생 원리와 원인 및 공종별(타일, 벽돌, 미장, 석재, 콘크리트 등) 방지대책에 대하여 설명하시오.
86402 타일 거푸집 선부착공법 및 적용사례에 대하여 설명하시오.

27205 밀폐공간에서 도막방수 시공 시, 작업 전(前) 과정의 안전관리 절차에 대하여 설명하시오.
28105 실링방수의 백업재 및 본드 브레이커
29403 실링(Sealing)방수에서 실링재의 종류, 백업(Back Up)재, 본드 브레이커(Bond Breaker), 마스킹 테이프(Masking Tape)의 역할과 시공순서별 주의사항에 대하여 설명하시오.
31402 도막 방수공법 시공 및 품질관리 방안에 대하여 설명하시오.
32303 복합방수공법의 특성 및 시공 시 유의사항에 대하여 설명하시오.

[부위별 공법] 31
60304 아파트 옥상 바닥 누름콘크리트의 균열발생 및 들뜸 원인에 관하여 방지대책으로 시공상 고려사항을 기술하시오.
64401 지붕 방수층 위에 타설한 누름 콘크리트 신축줄눈에 대하여 그 시공목적과 시공방법에 대하여 설명하시오.
65105 후레싱(Flashing)
68406 공동주택의 다음 부위별 방수공법선정 및 시공시 유의사항을 기술하시오.
　　1) 지붕
　　2) 욕실 및 화장실
　　3) 지하실
74303 콘크리트 슬래브 지붕방수 시공계획에 대하여 설명하시오.
76204 지하방수 선정시 조사할 사항, 방수의 요구성능, 발전방향에 대하여 기술하시오.
78304 옥상녹화방수의 개념 및 시공시 고려사항에 대하여 기술하시오.
80108 바닥 배수 Trench
80205 공동주택에서 지하 저수조의 방수시공법을 설명하고 시공시 유의사항에 대하여 기술하시오.
83404 지하실에서 외방수가 불가능할 경우 채택하는 내방수 또는 다른 방수공법에 대하여 설명하시오.
85403 옥상 및 주차장 상부조경에 따른 시공시 검토사항에 대하여 기술하시오.
86305 조적 외부 벽체에서 방습층의 설치 목적과 구성공법에 대하여 설명하시오.
87203 건축 지하구조물의 방수공사시 재료선정의 유의사항, 조사대상 항목, 기술개발 방향을 기술하시오.
88401 도심지 건축물에서 옥상녹화 시스템의 필요성 및 시공방안에 대하여 기술하시오.
99404 옥상녹화 방수공사 시 재료의 요구 성능 및 시공 시 주의사항에 대하여 설명하시오.
02305 건축물 평지붕(Flat Roof)의 부위별 방수하자 원인 및 방지대책에 대하여 설명하시오.
08103 배수판(Plate) 공법
08110 콘크리트 지붕층 슬래브 방수의 바탕처리 방법
09304 공동주택 평지붕 옥상 신축줄눈 배치기준과 줄눈 시공 시 유의사항에 대하여 설명하시오.

11306 옥상 녹화방수 시 방수재의 요구 성능과 적용 시 검토사항에 대하여 설명하시오.
12108 옥상드레인 설계 및 시공시 고려사항
16305 옥상정원을 위한 방수·방근공법 적용 시 시공형태별 특징과 시공환경에 따른 유의사항에 대하여 설명하시오.
20206 방수 바탕면으로서의 철근콘크리트 바닥(Slab) 시공 시 유의사항에 대하여 설명하시오.
20406 건축물 지붕방수 작업 전 검토사항 및 지붕누수 원인과 방지대책을 설명하시오.
23406 방수공법 종류 및 선정 시 고려사항, 지붕방수 하자원인을 설명하시오.
24109 지하구조물에 적용되는 외벽 방수재료(방수층)의 요구조건
28206 방수공사에서 부위별 하자 발생원인 및 대책에 대하여 설명하시오.
28304 공동주택의 외기에 면한 창호주위, 발코니, 화장실 누수의 원인 및 대책에 대하여 설명하시오.
32404 지붕층 방수공사 시공 계획 시 고려사항에 대하여 설명하시오.
34304 지붕층 방수공사 시 고려사항 및 시공하자 발생원인과 방지대책에 대하여 설명하시오.
36110 옥상녹화 방수공사

[기타 방수공사] 9
62107 Vapor Barrier
66405 방수공법 선정시 검토사항을 기술하시오.
67202 단열층의 방수, 방습 방법의 종류와 각각의 장단점을 기술하시오.
69201 방수층의 요구성능을 기술하시오.
78105 지수판(Water Stop)
82302 방수공사 시 설계 및 시공 상의 품질관리 요령에 대하여 기술하시오.
85104 방수층 시공 후 누수시험
91203 방수공사의 시행 전에 방수성능 향상을 위해 행해야 할 사전조치사항에 대하여 설명하시오.
96302 방수공사에서 방수공법 선정시 고려해야 할 사항에 대하여 설명하시오.

제3절 미장·도장공사 42

[미장공사] 20
61103 수지 미장
61108 단열 모르타르
62306 몰탈 미장면의 균열 방지대책에 대하여 기술하시오.
63108 엷은 바름재(Thin Wall Coating)
70106 셀프 레벨링
70111 corner bead
70205 모르타르 바르기 미장공사에서의 보양, 바탕처리, 한냉기, 서중기 시공에 대한 유의사항을 기술하시오.

71112 내식(耐蝕) 모르터(Mortar)
71205 바닥강화재(Hardener)의 종류 및 시공법을 설명
하시오.
79204 미장공사의 하자유형과 방지대책에 대하여 기술
하시오.
83405 바닥강화재(Floor Hardner)의 특성과 시공법을
설명하시오.
89105 단열 모르타르
89112 셀프 레벨링(Self Leveling) 모르타르
96303 콘크리트 벽체의 시멘트모르타르 바름공사에서
발생하는 결함의 형태별 원인 및 방지대책에 대하
여 설명하시오.
97111 수지(樹脂)미장
05103 미장공사에서 게이지비드(Gauge Bead)와 조인트
비드(Joint Bead)
07202 건축공사에서 수지미장의 특성과 시공 시 유의사
항에 대하여 설명하시오.
12205 수지미장의 특징과 시공순서 및 시공시 유의사항
에 대하여 설명하시오.
13106 단열모르타르
34106 수지미장

[도장공사] 22
61106 천연 페인트
66302 도장공사 후 건조과정에서 발생하는 도막결함의
발생원인 및 방지대책을 기술하시오.
73303 도장공사에서 재료별 바탕처리와 균열 및 박리원
인을 들고 대책에 대하여 기술하시오.
80403 도료의 구성요소와 도장시에 발생하는 하자와 대
책에 대하여 기술하시오.
87303 도장공사중 금속재 피도장재의 바탕처리방법을
기술하시오.
98204 도장공사에서 발생하는 결함의 종류별 원인 및 방
지대책에 대하여 설명하시오.
00405 모르타르(Mortar) 부위 수성페인트 도장작업시
바탕처리, 도장방법 및 시공시 유의사항에 대하여
설명하시오.
02112 건축공사의 친환경 페인트(Paint)
04406 도장공사에서 복합적인 요인으로 발생하는 하자
유형과 방지대책에 대하여 설명하시오.
05110 도장공사의 전색제(Vehicle)
11305 콘크리트 바탕면 수성페인트 시공 시 표면처리 방
법과 시공 시 유의사항에 대하여 설명하시오.
13110 도장공사의 미스트 코트(Mist coat)
13404 공동주택 지하주차장 바닥 에폭시 도장의 하자유
형별 원인과 대책에 대하여 설명하시오.
14304 오피스 계단실 도장공사 중, 무늬도장 시공순서
및 유의사항에 대하여 설명하시오.
15205 도장공사에서 발생하는 결함의 종류와 원인 및 대
책을 설명하시오.

15304 금속공사에 사용되는 철강재의 부식 종류별 특성,
그리고 방식방법에 대하여 설명하시오.
19202 건설현장에서 사용되는 도료의 구성요소와 도장
공사 결함의 종류별 원인 및 방지대책에 대하여
설명하시오.
20105 에폭시 도료
20205 지하주차장 천장 뿜칠재 시공 시 중점관리항목과
시공 시 유의사항, 도장공사 시 안전수칙에 대하
여 설명하시오.
22401 도장공사에서 발생하는 하자의 원인과 방지대책
에 대하여 설명하시오.
23206 지하 주차장 바닥 에폭시 도장의 시공방법 및 하
자발생 원인과 방지대책에 대하여 설명하시오.
30402 도장공사의 하자 유형(들뜸, 백화, 균열, 부풀어
오름)에 대한 원인 및 방지대책을 쓰고, 도장작업
전·중·후 확인사항에 대하여 설명하시오.

제4절 단열 · 차음 · 수장공사 99

[단열공사] 36
61202 공동주택에서 결로발생 원인과 방지대책에 대하
여 기술하시오.
63404 공동주택의 부위별 결로 발생원인을 기술하고, 각
각의 원인별 방지대책을 설계, 공법 및 시공상 유
의사항을 기술하시오.
65404 지하층외벽과 바닥에 발생하는 결로방지의 방법
과 시공상 유의사항을 기술하시오.
66112 표면결로
67110 Heat bridge
72403 건축공사에 있어서 단열공법 적용 시 고려사항과
각 부위 (벽체, 바닥, 지붕)별 시공방법을 기술하시오.
74304 공동주택 지하주차장에 하절기에 발생하는 결로
원인과 대책에 대하여 설명하시오.
82205 건축물에서 발생하는 결로의 원인과 방지대책에
대하여 기술하시오.
84304 건축물의 부위별 단열공법을 구분하여 기술하시오.
86204 건축물에 발생하는 결로현상을 부위별, 계절적 요
인으로 구분하여 원인을 설명하고 그 해결방안을
제시하시오.
93205 건축물의 단열공사에서 고려하여야 할 사항과 단
열공법의 종류에 대하여 설명하시오.
95303 여름철 건축물 지하최하층 바닥에 발생하는 결로(結露)
현상의 발생원인과 방지대책에 대하여 설명하시오.
96109 열관류율 및 열전도율
99201 공동주택 단위세대에서 부위별 결로 발생원인 및
방지대책에 대하여 설명하시오.
00205 건축공사에서 단열재의 선정 및 시공시 주의사항
에 대하여 설명하시오.

01203 지하주차장 최하층 바닥과 외벽에서 발생되는 누수 및 결로수 처리방안에 대하여 설명하시오.
02106 건축공사의 진공(Vacuum)단열재
03106 공동주택 결로 방지 성능기준
03108 진공복층유리(Vacuum Pair Glass)
06403 공동주택의 단위세대 부위별 결로 발생 원인과 방지대책을 설명하시오.
08403 공동주택공사에서 세대 내 부위별 결로예방을 위한 시공방법에 대하여 설명하시오.
13202 건축물에 사용되는 반사형 단열재의 특성과 시공 시 유의사항에 대하여 설명하시오.
16109 열관류율
16206 단열재 시공부위에 따른 공법의 종류별 특징과 단열재 재질에 따른 시공 시 유의사항에 대하여 설명하시오.
17109 열교, 냉교
17203 공동주택공사에서 세대 내 부위별 결로 발생 원인과 대책에 대하여 설명하시오.
19302 건축공사에서 시공부위별 단열공법과 단열재 선정 및 시공시 유의사항에 대하여 설명하시오.
21303 콘크리트 타설 시, 선 부착 단열재 시공부위에 따른 공법의 종류별 특징과 단열재 형상에 따른 시공 시 유의사항에 대하여 설명하시오.
21405 외단열 공법에 따른 열교사례 및 이에 대한 방지대책에 대하여 설명하시오.
24305 건축물 벽체에 발생하는 결로의 종류, 발생원인 및 방지대책에 대하여 설명하시오.
27112 공동주택의 비난방 부위 결로방지 방안
27406 건축공사의 단열재 시공 시 주의사항과 시공부위에 따른 단열공법의 특징에 대하여 설명하시오.
30204 건축물 벽체에 발생하는 결로의 종류, 발생원인 및 방지대책에 대하여 설명하시오.
31104 지하층 마감공사에서 결로수 처리를 위한 지하 이중벽 구조
34405 공동주택 결로 발생의 원인, 방지대책 및 시공상 유의사항에 대하여 설명하시오.
35404 공동주택 단열공사 시 단열이음공법의 종류와 시공방법 및 결로 취약 부위별 시공 시 중점관리사항에 대하여 설명하시오.

[방화구획공사] 15
71111 방화재료
72201 건축물의 층간방화구획 방법에 대하여 설명하시오.
85304 건축물 커튼월(Curtain-wall) 부위의 층간방화구획 방법에 대하여 설명하시오.
87108 건축용 방화재료
92101 방화문 구조 및 부착 창호 철물
92305 초고층 건축물에서 층간 방화구획을 위한 구법 및 재료의 종류별 특징에 대하여 설명하시오.
95306 커튼월(Curtain Wall) 층간방화구획 공사 시 요구성능과 시공방법에 대하여 설명하시오.

02406 초고층건물에서 화재발생시 수직 확산방지를 위한 층간방화 구획방법에 대하여 설명하시오.
10205 6층 건축물의 외단열공법으로 시공 시 화재확산 방지구조에 대하여 설명하시오.
12111 갑종방화문 시공상세도에 표기할 사항
14305 건축물의 층간 화재확산 방지방안을 설명하시오.
14401 건축물 마감재료의 난연성능 시험항목 및 기준에 대하여 설명하시오.
15206 철재방화문 시공시 주요 하자원인과 대책에 대하여 설명하시오.
22206 초고층 건축물 피난안전구역의 설치대상 및 설치기준에 대하여 설명하시오.
23202 건축물의 화재발생 시 확산을 방지하기 위한 방화구획에 대하여 설명하시오.

[차음공사] 27
60204 공동주택의 층간 소음방지를 위한 시공상 고려할 사항을 기술하시오.
61301 공동주택에서 발생하는 소음의 종류와 저감대책을 설명하시오.
65101 층간 소음방지
73403 건축공사에 쓰이는 차음재료를 벽체와 바닥으로 나누어 설명하고 시공방법에 대하여 기술하시오.
75305 공동주택에 발생하는 충격소음에 대한 원인 및 대책에 대하여 기술하시오.
76304 벽체의 차음공법에 대하여 기술하시오.
77305 공동주택 바닥 차음을 위한 제반 기술(技術)에 대하여 설명하시오.
83403 공동주택의 바닥충격음 차단성능 향상 방안을 설명하시오.
84401 건축물의 흡음공사와 차음공사를 비교 설명하시오.
85108 층간소음 방지재
86206 차음성능에 관한 이론으로 벽식 아파트의 고체전파음에 대하여 설명하시오.
90406 공동주택에서 발생하는 층간소음의 원인 및 저감대책에 대하여 설명하시오.
99302 공동주택 바닥충격음 차단 표준바닥구조(국토해양부고시 기준)에서 벽식구조 및 혼합구조, 라멘구조, 무량판구조의 단면상세 구성기준과 시공 시 유의사항에 대하여 설명하시오.
00108 뜬바닥 구조(Floating Floor)
08201 공동주택의 층간소음방지를 위한 바닥구조의 소음저감방안 및 시공시 유의사항에 대하여 설명하시오.
10402 공동주택 세대간 경계벽 시공기준을 설명하고, 층간 소음발생 원인 및 대책에 대하여 설명하시오.
13112 공동주택 세대욕실의 층상배관
15403 공동주택 층간소음 방지를 위한 30세대 이상 벽식구조 공동주택의 표준바닥구조(콘크리트)에 대하여 설명하시오.

95108 유리의 자파(自破)현상
97109 접합유리
00406 유리공사 중 복층유리의 구성재료, 품질기준 및
　　　가공시 단계별 유의사항을 설명하시오.
04112 유리의 영상현상
07109 유리공사에서 Sealing 작업시 Bite
09204 유리공사에서 로이유리(Low-Emissivity Glass)의
　　　코팅 방법별 특징과 적용성에 대하여 설명하시오.
10405 유리의 구성재료와 제조법에 대하여 설명하시오.
11110 배강도유리
13402 건축물 커튼월 공법인 S.S.G.S(Structural Sealant
　　　Glazing System)의 설계 및 공사관리방안에 대하여
　　　설명하시오.
18112 SSG(Structual Sealant Glazing)공법
18404 유리공사에서 로이유리(LOW-Emissivity Glass)
　　　의 코팅방법별 특징 및 적용성에 대하여 설명하시오.
25104 배강도 유리
29108 저방사 유리(Low Emissive Glass)
32110 유리공사의 요구성능 및 저방사(Low-e)유리의 특성
33104 유리의 구성요소 중 단열 간봉
36112 SSG(Structural Sealant Glazing)공법의 구조용
　　　실런트(Structural Sealant) 줄눈 시공 시 검토항목

[온돌공사] 6
85201 시멘트모르터 공사의 기계화 시공의 체크 포인트
　　　에 대하여 설명하시오.
87404 공동주택 방바닥 미장공사의 균열발생 요인과 대
　　　책에 대하여 기술하시오.
94105 바닥온돌 경량기포콘크리트의 멀티폼(Multi Form)
　　　콘크리트
98401 공동주택 바닥미장 공사에서 시멘트 모르타르 미
　　　장균열의 원인과 저감대책에 대하여 설명하시오.
03205 공동주택의 미장공사에서 온돌바닥의 품질기준
　　　및 균열저감을 위한 시공단계별(전, 중, 후) 관리
　　　방안에 대하여 설명하시오.
11203 경량기포콘크리트의 특성 및 시공시 주의사항에
　　　대하여 설명하시오.

[목공사] 13
66111 목재의 방부처리
71301 목 공사에 있어서 목 구조 접합의 이음, 맞춤, 쪽
　　　매에 대하여 기술하시오.
74201 목재 방부제 종류 및 방부 처리법에 대하여 기술
　　　하시오.
78102 수장용 목재의 적정 함수율
79102 목재건조의 목적 및 방법
82107 목재의 함수율
84103 목재의 내화공법
90105 목재의 함수율과 흡수율
96203 건축물 목재의 내구성에 영향을 주는 요인과 내구
　　　성 증진방안에 대하여 설명하시오.
03102 목재의 함수율

06401 목재의 부식을 막기 위한 방부제의 종류 및 처리
　　　법에 대하여 설명하시오.
15103 목재의 방부법
16401 목재의 방부처리에 대하여 설명하시오.

[실내공기질] 11
72306 공동주택에서 발생하는 실내공기 오염물질 및 그
　　　에 대한 대책을 기술하시오.
74111 V.O.C(Volatile Organic Conpounds)
75111 새집증후군 해소를 위한 베이크아웃(Bake Out)
78303 금년부터 시행중인 신축공동주택의 실내공기질
　　　권고기준 및 유해물질대상의 관리방안에 대하여
　　　기술하시오.
81204 실내공기질 개선사항에 대하여 다음 각 시점에서
　　　의 조치사항을 설명하시오.
　　　1) 시공시
　　　2) 마감공사후
　　　3) 입주전
　　　4) 입주후
86404 신축 공동주택의 새집증후군을 설명하고 실내 공
　　　기질 향상방안을 기술하시오.
98101 VOCs(Volatile Organic Compounds) 저감방안
04101 Bake Out
06402 내부 도장공사시 실내공기질 향상을 위한 시공 단
　　　계별 조치사항에 대하여 설명하시오.
20109 공동주택 라돈 저감방안
21112 베이크아웃(Bake-Out), 플러쉬아웃(Flush-Out)
　　　실시 방법과 기준

[기타 마감공사] 12
95405 건축물 금속재료 간 이온화(Ionization) 현상에 따
　　　른 부식(腐蝕)에 대하여 설명하시오.
99405 공동주택 주방가구 설치공사에 따른 공종별 사전협
　　　의 사항과 시공 시 유의사항에 대하여 설명하시오.
06203 공동주택에서 난간의 설치기준과 시공 시 유의사
　　　항을 위치별(옥상, 계단실, 세대내 발코니)로 구분
　　　하여 설명하시오.
13403 도심지 지하구조물 공사에서 누수발생 원인 및 대
　　　책에 대하여 설명하시오.
14205 공동주택 마감공사에서 주방기구 설치 공정과 설
　　　치 시 주의사항에 대하여 설명하시오.
15303 옥상누수와 지하누수로 구분하여 누수 보수공사
　　　공법에 대하여 설명하시오.
16103 거멀접기
16304 수목(樹木) 자재 검수 시 고려사항과 수목의 종류
　　　에 따른 검수요령에 대하여 설명하시오.
20107 주방가구 상부장 추락 안정성 시험
26303 지붕재의 요구성능과 지붕누수 방지대책을 설명
　　　하시오.
29107 건축공사 중 금속의 부식
36204 철근콘크리트조 지하주차장에서 균열과 누수가
　　　발생하는 원인과 방지대책 및 보수방안에 대하여
　　　설명하시오.

제5편　마감공사

제 4 절 단열 · 차음 · 수장 공사

제 5 절 창호 · 기타 공사

01 조적·석·타일 공사

5110 조적공사 일반

I 개요

① 조적공사는 벽돌, 블록 등을 적층 시공하여 벽체를 구성하는 공종이다.

② 시공사례가 많은 콘크리트벽돌 및 점토벽돌을 중심으로 조적공사를 설명한다.

조적 재료	➡	조적 시공
• 콘크리트벽돌 • 점토벽돌		• 조적 일반/줄눈 시공 • 인방보/테두리보/보양

II 조적 재료

▶ 조적 재료에는 콘크리트벽돌, 점토벽돌, 속빈콘크리트블록, 경량기포콘크리트블록 등이 있다.

[조적 재료의 종류별 용도]

종류	적용 부위·용도	KS규격번호
콘크리트벽돌	내부 칸막이 벽체, 방수 보호벽	KS F 4004
점토벽돌	건물 내·외벽 치장용	KS L 4201
속빈콘크리트블록	지하주차장 내벽, 공장, 창고	KS F 4002
경량기포콘크리트블록	주택 내벽, 결로 취약부	KS F 2701

1. 콘크리트벽돌

(1) 품질규격

[종류별 품질 및 용도]

종류 \ 품질 및 용도	압축강도 최소치(N/mm^2)	흡수율 최대치(%)	용도
1종	13	7	옥외, 내력구조용
2종	8	15	옥내, 비내력구조용

① 품질 및 용도에 따라 1종, 2종으로 구분

② 1종: 압축강도 $\geq 13\,N/\text{mm}^2$, 흡수율 $\leq 7\%$

③ 2종: 압축강도 ≥ $8N/\text{mm}^2$, 흡수율 ≤ 15%

④ 표준치수(길이×높이×두께, mm): 190×57×90, 190×90×90

(2) 특징

① 결합재, 잔골재 등의 배합재로 구성

② 재료 배합(W/C ≤ 35%) → 진동 압축성형 → 1차 실내양생(500도시)

③ 7일 이상 보존 후 출하

④ 반입 시 파면검사: 석분 및 토분 함유상태 파악

2. 점토벽돌

(1) 품질규격

[종류별 품질 및 용도]

종류 ＼ 품질 및 용도	압축강도 최소치(N/mm^2)	흡수율 최대치(%)	용도
1종	24.5	10	내장 및 외장용
2종	14.7	15	내장용

① 품질 및 용도에 따라 1종, 2종으로 구분

② 1종: 압축강도 ≥ $24.5N/\text{mm}^2$, 흡수율 ≤ 10%

③ 2종: 압축강도 ≥ $14.7N/\text{mm}^2$, 흡수율 ≤ 15%

④ 표준치수(길이×높이×두께, mm)

- 190×90×57, 230×90×57, 290×90×48 등 3가지 규격

(2) 특징

① 점토 압출성형 → 와이어 커팅 → 건조 및 소성

② 접착부위 조면처리

③ 외관, 색상, 질감 우수 → 치장줄눈에 의한 다양한 외관 효과

④ 주로 중·저층 외장재로 사용

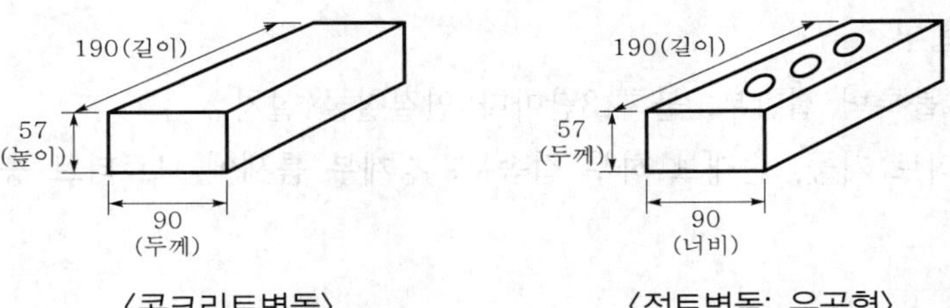

[벽돌 형상 및 표준치수]

Ⅲ 조적 시공

1. 조적 일반

(1) 준비사항

① 적벽돌은 하루 전 충분하게 물 흡습, 표면건조 방지
- 콘크리트벽돌은 물축임 금지

② 조적용 모르타르 용적비 1 : 3 건비빔

③ 조적 시 물 혼합, 반드시 기계비빔

④ 3분 ≤ 기계비빔시간 < 10분

(2) 수평 조적

① 가로줄눈 표준너비 10mm 유지

② 바탕 모르타르의 균일한 두께 및 평탄성 확보

③ 벽돌을 내리누르듯 조적

④ 규준틀, 벽돌나누기에 따라 정밀시공

(3) 수직 조적

① 수직줄눈 표준너비 10mm

② 통줄눈 방지
- 설계도서상 지정이 없을 경우 영식 및 화란식 쌓기 적용

③ 구간별 균일한 높이로 조적 진행

④ 수직줄눈용 모르타르를 벽돌마구리에 고르게 접착

⑤ 일일조적 표준높이 ≤ 1.2m(18켜), 최대높이 ≤ 1.5m(22켜)

(4) 조적이음

① 이음부위 층단 들여쌓기

② 벽체 중앙부, 모서리 부위

(5) 이질 접합부

① 보강 블록벽 접합부: 블록 3단마다 연결철물 설치

② 콘크리트 기둥, 슬래브 하부 접속부: 경계부 틈새에 모르타르 충전

2. 줄눈 시공

(1) 수평 · 수직줄눈

① 벽돌 접합부 전단면에 모르타르 균일 접착, 기배합 전용 모르타르 사용

② 조적 직후 빈틈없이 줄눈 누르기, 줄눈용 전용흙손 사용

(2) 치장줄눈

▶ 치장줄눈은 점토벽돌 조적면에 외관을 고려하여 설치하는 줄눈이다.

① 줄눈깊이 6mm

② 수평·수직 줄눈 모르타르 굳기 전 줄눈파기 실시

③ 조적 후 벽면 청소 및 정리

④ 의장시방에 따라 치장줄눈 시공

⑤ 줄눈형태: 평줄눈, 볼록 줄눈 등 치장줄눈 다양

• 방수 기능상 평줄눈이 가장 무난

• 줄눈 색상: 백색, 회색, 흑색, 적색 등

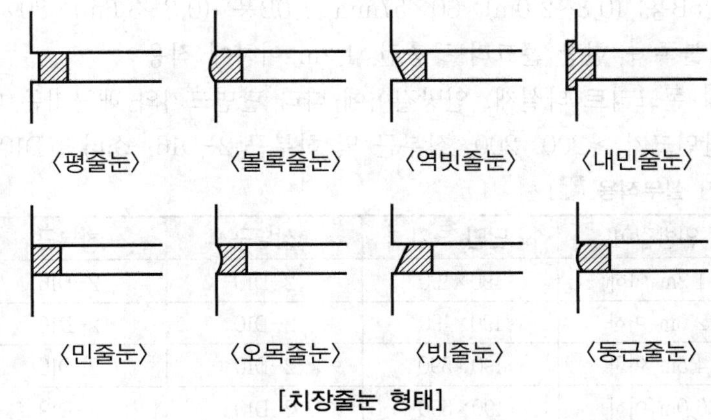

[치장줄눈 형태]

(3) 신축줄눈

① 도면표시에 따라 신축줄눈 설치

② 벽체의 온도 수평거동에 의한 균열이나 파괴 방지

③ 벽체 모서리에서 9m 이내 간격으로 설치

• 줄눈 폭 15~20mm, 백업재 충전 후 코킹 마감

• 백업재: 탄성충전재, 기성 네오프렌재, 압출 플라스틱재 사용

④ 중앙부위는 18m 이내 간격으로 설치

⑤ 줄눈부 수직간격 @600mm마다 전용 조인트앵커 설치

• 줄눈부 좌우 연결 및 일체화

3. 인방보(Lintel Beam)

(1) 정의

① 조적벽 개구부 위에 설치하여 상부 집중하중을 좌우로 분산시키는 휨부재

• 조적벽의 개구부에 설치하는 수평 보강부재[1]

---

1) KDS 419005(소규모 건축구조기준 일반) 1.4.6 조적식구조 용어의 정의

   ② 코오벨[2]이나 아치를 설치하지 않은 개구부에 설치

     • 콘크리트 또는 강재 인방보 사용

   ③ 개구부 폭이 1.8m 이상일 경우 반드시 RC조 윗 인방 설치[3]

(2) 기능

   ① 조적벽체의 하중 안정성 확보

   ② 창호·문틀의 장기처짐 방지

   ③ 상부하중 균등 분산

(3) 사용 자재

   ① 기성 경량콘크리트재, 일반적으로 가장 많이 사용

     • 0.5B용: (0.8~2.0m)×80×57mm, 1.0B용: (0.8~3.6m)×80×190mm

   ② U형블록 + 현장 콘크리트 충전, 1.2m 이하에 적용

   ③ 현장 콘크리트 타설재: 인방길이에 따라 단면크기와 배근기준 다르게 적용

     • 단면크기 ≥ 200×200, 상부근 및 하부근 2-D16, 스터럽 D10@100

[현장 실무적용 예]

인방길이	단면 크기	상부근	하부근	스터럽
1.2m 이하	190×190	2-D10	2-D16	D10 @300
2.0m 이하	190×190	2-D10	2-D16	D10 @200
4.5m 이하	190×590	2-D10	2-D16	D10 @300
6.0m 이하	190×590	2-D10	2-D19	D10 @300

   ④ H형강재 등

인방길이	H형강 규격
4.5m 이하	H-200×200×8×10
6.0m 이하	H-369×199×7×11
10.0m 이하	H-596×199×10×15

(4) 설치방법

   ① 개구부 하부 조적

   ② 문틀 설치 후 좌·우 조적, 또는 좌·우 조적 후 문틀 설치

   ③ 정착 하부 빈틈없이 모르타르 충전 후 인방보 설치

   ④ 단부 걸침길이: 소규모 건축물 ≥ 개구부 폭×0.1, 또는 200mm[4]

     • 일반건축물 ≥ 100mm[5]

---

2) 벽체에서 돌출된 짧은 캔틸레버 보, 정식 명칭은 "내민받침"이다.
3) 건축물의 구조기준 등에 관한 규칙 제35조 제3항 참조
4) KDS 419034(소규모 건축구조기준 조적식 구조) 4.4.1.2 개구부 인방보 참조
5) KDS 413403(조적식구조 설계일반사항) 1.2.9 참조

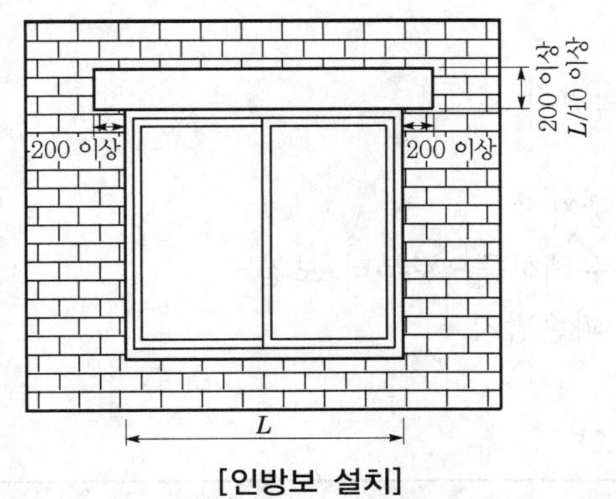

[인방보 설치]

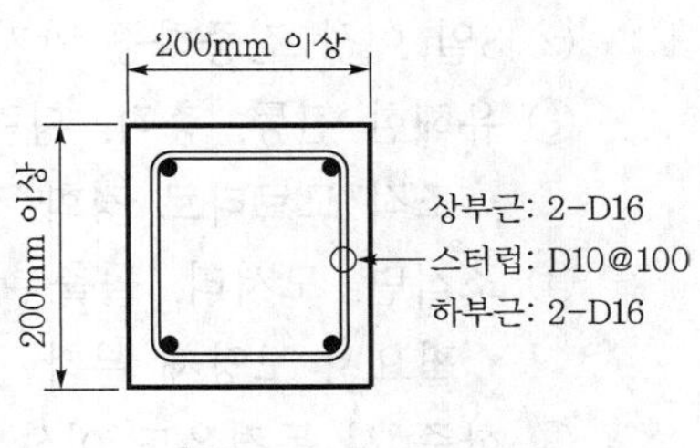

[콘크리트 인방보 상세]

4. 테두리보(Girder Wall)

(1) 정의

① 슬래브 하중을 조적 내력벽에 균등히 전달하도록 설치하는 보

② 모든 내력벽 상부에는 슬래브와 일체화된 콘크리트 테두리보 설치

(2) 기능

① 상부하중의 하부 등분포

② 조적벽체의 수평강성 증대

③ 별체-슬래브의 정착장 역할

④ 개구부 주위 균열방지

(3) 시공방법

① 보폭 ≥ 내력벽 두께, 200mm

② 보깊이 ≥ 내력벽 두께×1.5, 400mm

③ 상부근 및 하부근 각각 2-D16, 스터럽 D10 @300

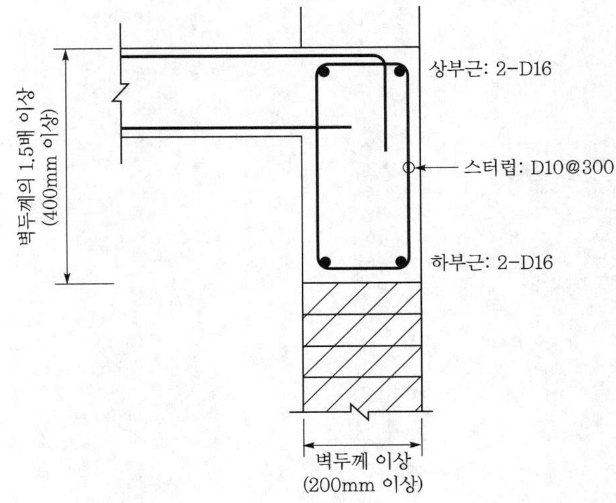

[테두리보 시공단면]

5. 보양

① 조적 완료 후 12시간 이내 재하방지

② 3일 이상 집중하중 방지

③ 유해한 진동, 충격, 횡력하중 방지
  • 조적 모르타르 경화 전까지 유해하중으로부터 보양

④ 조적면, 모서리, 돌출부, 단부 파손방지
  • 필요시 보양재 부착

⑤ 한중 시 동결온도 이상으로 보양

평균기온(T, ℃)	보양유형
$4 > T \geq 0$	내후성 덮개 보양, 눈·비 노출방지
$0 > T \geq -4$	내후성 덮개로 24시간 이상 보양
$-4 > T \geq -7$	보온덮개 보양, 또는 방한시설로 24시간 보양
$-7 > T$	울타리, 보조열원, 전기담요, 적외선 발열 램프 등으로 급열

Ⅳ 결론

1 조적공사는 기능공 숙련도에 따라 시공속도와 품질의 편차가 많으므로 작업 전 설계도서와 시방안에 대한 유의사항을 사전에 확인하여야 한다.

2 특히, 신축줄눈 설치가 누락되지 않도록 주의를 환기하고 시방에 따라 작업이 이루어지도록 입회·확인 등의 품질관리가 필요하다.

5111 조적벽 균열·누수

I 개요

① 조적조 벽체의 균열과 누수는 자체의 구조적 결함을 가속시키고 구조물 전체의 단열성능과 방수성능을 저하시킨다.

② 조적조 벽체의 균열과 누수는 설계, 재료, 시공과정의 복합적인 원인에 기인하므로 품질 확보를 위한 세심한 대책이 있어야 한다.

원인	➡	방지대책	➡	유의사항
• 줄눈부/접합부/기초/재료 • 사춤/평면/하중/양생		• 설계구조/재료 • 시공대책		• 일일 쌓기량 • 우수처리/시공 후

II 원인

1. 설계·자재 측면

① 기초 부등침하

② 불합리한 평면·입면 형상

③ 조적재 품질 미흡

- 벽돌·붙임모르타르 강도 부족
- 벽돌 흡수율 과다

④ 불균형 집중하중

2. 시공 측면

① 줄눈부 방수 미흡

② 접합부 처리 부실

③ 개구부 주위 사춤 불량

④ 양생 중 충격 및 하중 작용

[조적벽체의 단면]

III 방지대책

1. 설계·구조 측면

① 벽량(l_W)[6] 확보

- $15 \sim 24\text{cm/m}^2$

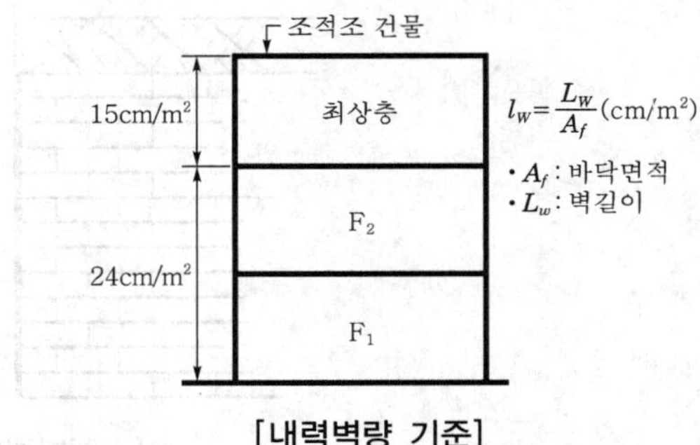

[내력벽량 기준]

---

6) 바닥면적에 대한 내력벽의 수평길이 비율(cm/m^2)

② 벽의 균형 배치, 좌우 대칭
③ 벽의 개구부 위치와 폭
　　• 상·하부의 위치와 폭이 일치되도록 배치

2. 재료상 대책

① 벽돌
　　• 소요강도와 흡수율 충족하는 것
　　• 기본벽돌 치수: 190 × 90 × 57
② 붙임 Morter
　　• Mortar 강도 ≥ 벽돌강도

[콘크리트 벽돌 품질기준, KS F 4004]

구분		기건비중	압축강도 (N/mm^2)	흡수율(%)
A종		1.7 미만	8 이상	–
B종		1.9 미만	12 이상	–
C종	1급	–	16 이상	7 이하
	2급	–	8 이상	10 이하

3. 시공대책

(1) 보강근 설치

▶ 집중하중이 작용하거나 분산되는 부위에 배치한다.
① 창, 출입구 등 개구부 양측
② 모서리 교차부위에는 $40d$ 이상의 정착길이 확보
③ 조절줄눈이 위치하는 곳에는 양측에 설치

(2) 신축줄눈 설치

① 도면에서 정한 간격으로 설치
② 벽체의 신축과 팽창량을 흡수하도록 설치
③ 건축용 Sealing재 사용, 온도변화량과 진동에 추종하도록 시공

(3) 조절줄눈(Control Joint) 설치

① 벽 높이와 두께가 변화하는 곳
② 벽체와 기둥의 접합부
③ 개구부 주위, 벽 교차부위 등

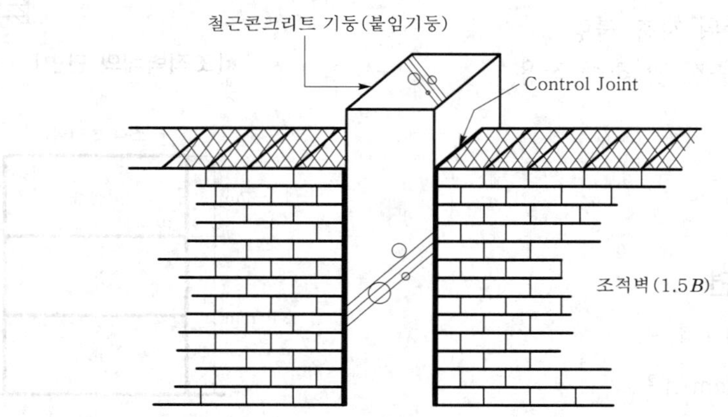

[조적벽체의 Control Joint]

(4) 인방보 · 테두리보 설치[7]

① 인방보 설치

- 개구부 상 · 하에 설치, 일반적으로 기성품 사용
- 양단 정착길이 $\geq$ 200mm

② 테두리보 설치

- 폭$(T) \geq t$, 춤$(D) \geq 1.5t$
- 주근: $D10\sim13$ 사용, 늑근: $D7$ 이상 사용, 보강근 정착길이 $\geq 40d$

(5) 치장줄눈 시공

① 배합비

- 시멘트: 모래$=1 : 1\sim2$

② 방수제를 혼합하여 줄눈부 흡수 방지

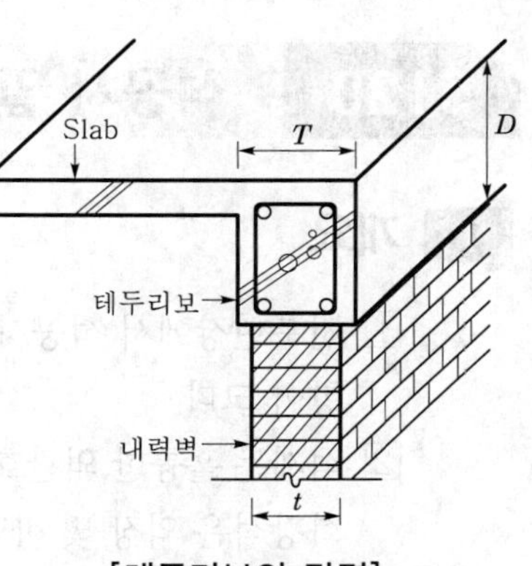

Ⅳ 시공 시 유의사항

1. 조적 중

① 일일 쌓기량 준수: $1.2\sim1.5$m($17\sim20$켜)
② 우수처리 철저, 상부층 물끊기 홈 누락 방지
③ 조적 틈새 사춤 철저, 비계 · 장선용 구멍 등

2. 시공 후

① 유해한 충격과 하중적재 방지
② 외벽면에 발수제 도포 고려, 외벽의 빗물 침투가 예상되는 부위
③ 1 · 2차 도포 후 물맺힘검사 실시, 발수상태 확인

---

7) '건축물구조기준 등에 관한 규칙' 참조

5120 석공사 일반

I 개요

1. 건축현장에서 석공사는 최종단계에 실시하는 마감공정으로 건축물의 외관에 미치는 영향이 크다.
2. 석재는 훌륭한 외관효과로 인하여 중저층 건축물의 내·외장재로 사용되고 있으며, 이 중 화강석은 외장 및 바닥재, 대리석은 주로 내장재로 사용하며 다양한 습식 및 건식공법이 있다.

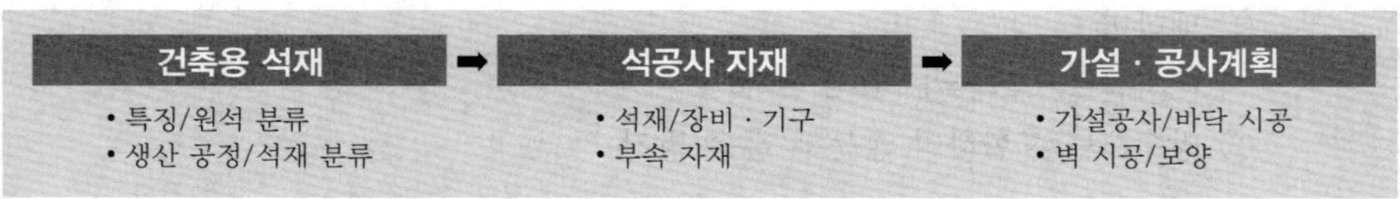

II 건축용 석재

1. 특징

(1) 장점

① 외관성: 생상 선택성 양호, 외관 미려, 질감 우수, 광택 도입 가능
② 불연성: 불에 타지 않는 성질
③ 내구성: 풍화에 잘 견디는 성질
④ 강도: 압축강도 우수, 10MPa 이상

(2) 단점

① 가공 난이하고 가격 고가
② 밀도가 높고 중량으로 취급 불편
③ 취성으로 인장강도 미약(압축강도의 1/40~1/20)
④ 내화성 미약, 불연성이지만 내화성능 미흡

2. 원석 분류

▶ 건축용 천연석재는 성인에 따라 화성암, 수성암, 변성암으로 대별한다.
▶ 건축물 외장재로는 화강암이 가장 많이 사용되며, 대리석은 외부에 적용하지 않는다.

[생성원인별 암석의 종류]

생성원인(成因)		종류	건축용도
화성암 (火成巖, Igneous)		화강암(花崗巖, Granite)	구조재, 내·외장재, 골재
		안산암(安山巖, Andesite)	구조재, 판석, 장식재
		화산암(火山巖, Pumice Stone)	경량골재, 내화재, 정원석, 흑요석
수성암 (水成巖, Aqueous)		사암(砂巖, Sand Stone)	외장재
		점판암(粘板巖, Slate)[8]	지붕재, 비석, 숫돌
		응회암(凝灰巖, Tuff)	장식재, 경량골재, 내화석
		석회암(石灰巖, Lime Stone)	시멘트 원료, 도로포장용 골재
변성암 (變成巖, Metamorphic)		대리석(大理石, Marble)	내장재, 조각용
		사문암(蛇紋巖, Serpentinite)	내외장식재
인공석재		인조석(人造石)	바닥·벽마감용
		펄라이트(Perlite)	경량골재, 콘크리트 제품용
		질석(蛭石, Vermiculite)	
		암면(巖綿, Rock Wool)	흡음재, 암면, 펠트용

(1) 화성암

① 화산 폭발로 인하여 분출된 마그마에 의해 생성된 암성

- 화산암과 심성암으로 구분
- 화산암은 지표면에 나와 굳어진 암석, 대표적 암석은 현무암
- 심성암은 땅속 깊은 곳에서 서서히 굳어진 암석

② 화강암

- 강도가 높고 입자가 크며 색상이 다양, 국내 암석의 25%가량 차지
- 경계석, 계단석, 판석, 분묘 설치용으로 사용

③ 안산암

- 광물조성에 따라 휘석, 각섬석(흑운모), 석영 재구분
- 판석, 장식재 등으로 사용

(2) 수성암(퇴적암)

① 물의 침식, 운반, 퇴적작용에 의한 퇴적물로 생성된 암석

② 물의 작용에 의해 생성되어 수성암, 퇴적물로 생성되어서 퇴적암으로 호칭

③ 역암, 이암(이판암, 점판암, 혈암), 사암, 응회암, 석회암 등

(3) 변성암

① 화성암과 수성암이 지중 마그마의 고온·고압 영향으로 변성된 암석

② 대리석, 편마암, 사문암 등

③ 편마암 중 화강편마암은 한반도 기저암의 2/3에 해당

---

8) 점판암(粘板巖)과 이판암(坭板巖, Shale)은 한자 의미상 같은 뜻으로 보이지만 이판암이 좀 더 오랜 세월 동안 변성된 것이 점판암이다. 이판암은 적층의 미세 토립자가 굳어진 암석이나 강도가 약하여 얇은 층으로 부서지므로 지붕재(돌기와)로 사용할 수 없다.

3. 생산 공정

▶ 화강석재는 채석, 할석, 표면마감, 절단, 천공 등의 공정을 거친다.

(1) 채석(採石)

① 석산에서 원석을 채취하는 공정

② 석산의 암석을 수송가능한 블록 형태의 원석으로 채취

③ 블록커터, 제트버너, 워터제트 등의 장비 사용

Block Cutter	발파공을 일직선 천공으로 수송가능한 블록 형태로 절단
Zet Burner	• 암질이 다른 원석 채취에 필요한 장비 • 열팽창계수가 다른 암석을 가열하여 채석
Water Zet	• 초고압수(4,000bar가량)를 분사하여 암석 절단 • 정밀절단 가능, 장비 구입 및 운전비용 고가

(2) 할석(割石)

① 공장에서 원석을 판석으로 가공하는 공정

• 할석공정에서 원석의 손률은 약 25~30%가량 발생

② 할석장비

• Gang Saw, Diamond Saw, Diamond Wire Saw 등

Gang Saw	• 원석을 판재로 가공하는 대형 장비 • 회전체운동을 다수 톱날의 직선운동으로 전환 • 톱날 간격으로 판재두께 조정
Diamond Saw	• 대형의 원형톱으로 원석을 판재로 절단하는 장비 • 다수 판재 절단용 Multi형 Dia Saw
Diamond Wire Saw	• 관통 천공구에 Wire Saw를 넣고 원석을 절단하는 장비 • 석산이나 곡면가공에 사용하는 장비

(3) 표면마무리

① 판석 표면에 질감과 광택을 도입하는 공정

② 두들김 마감, 물갈기 마감, 기타 마감 등으로 분류

두들김 마감	정다듬(정), 도드락다듬(도드락망치), 잔다듬(날망치)
물갈기 마감	거친갈기, 물갈기, 본갈기, 정갈기 등
기타 마감	제트버너 마감, 제트폴리시 마감

③ 물갈기 마감

• 거친갈기: 톱날자국만 없앤 정도의 물갈기

• 물갈기: 광도 80~90°까지 연마, 본갈기, 외관상 무광 수준으로 마감

• 정갈기: 광도 90° 이상의 특광까지 연마, 실제 현장 미적용

④ 제트버너 마감

• 액화산소와 액화석유가스(LPG) 버너 사용

• 1,200~1,400℃의 불꽃으로 석재표면에 균일·미세한 요철 도입

(4) 가공 시 유의사항

① 할석공정

- 절단속도 과속 방지, 미흡 시 두께 불균일
- 절단 후 판재별 고압수 물씻기 실시
- 세정제 사용할 경우 얼룩·황변 우려, 물씻기 미흡 시 녹 발생

② 버너 표면마무리

- 버너 가공 직후 석재표면 살수 금지, 미흡할 경우 판재 휨 변형 발생
- 얇은 판재에 버너 가공 금지, 30mm 미만일 경우 균열 및 파손 발생

③ 구멍천공

- 천공각도 및 깊이 정밀가공, 심도가 과다할 경우 표면에 얼룩·황변 발생

4. 석재 분류[9]

(1) 원석에 의한 분류

① 화성암계: 화강암류, 안산암류
② 수성암계: 사암류, 점판암류, 응회암류
③ 변성암계: 대리석, 사문암류 등

(2) 모양에 의한 분류

① 각석: 너비가 두께의 3배 미만인 것
② 판석: '두께 ≥ 150mm'이고, 너비가 두께의 3배 이상인 것
③ 견치석: 사각형에 가까운 것, 4등분하여 장변이 단변의 1.5배 이상인 것
④ 사고석: 사각형에 가까운 것, 2등분하여 장변이 단변의 1.2배 이상인 것

(3) 압축강도에 의한 분류

① 압축강도에 따라 연석, 준경석, 경석 등으로 분류

- 압축강도 시험방법: KS F 2519 참조

종류 \ 항목	압축강도(N/mm^2)	참고값	
		흡수율(%)	비중
연석	10 미만	15 이상	2.0 미만
준경석	10 이상, 50 미만	5 이상, 15 미만	2.0 이상, 2.5 미만
경석	50 이상	5 미만	2.5 이상

② 부대적으로 흡수율과 비중값 참고

- 흡수율과 비중의 시험방법, KS F 2518 참조

---

9) KS F 2530 석재(2020) 참조

(4) 등급 및 규격

① 등급

- 1등급: 결점이 없는 것, 크기는 비슷한 것
- 2등급: 결점이 심하지 않은 것
- 3등급: 결점이 실용상 지장이 없는 것

> **〈결함유형: KS F 2530〉**
> - 구부러짐: 표면과 옆면의 구부러짐
> - 균열: 표면·옆면 금 터짐
> - 썩음: 쉽게 이탈되는 이질부분
> - 빠진 조각: 면모서리가 작게 깨진 것
> - 오목: 표면이 오목하게 들어간 것
> - 반점: 표면의 색얼룩
> - 구멍: 표면·옆면에 있는 구멍
> - 물듦: 표면에 이질재 색깔이 물든 것

② 화강석 판재규격

- 단위재당 100kg 이내에서 아래의 규격(단변×장변×두께, mm)으로 절단

> **〈판재규격〉**
> - 300×(500, 600)×30
> - 500×(500, 900)×30
> - 800×(800, 1000, 1200)×30
> - 400×800×30
> - 600×(600, 800, 900)×30
> - 1000×(1000, 1200)×30

Ⅲ 석공사 자재

1. 석재

▶ 원석으로서의 암석물성과 이를 가공한 석재판 규격을 설명한다.

(1) 암석물성 기준[10]

암석 종류 \ 물성	흡수율(%)	비중(최소)	압축강도(MPa)	철분함량(%)
화성암(화강암, 안산암)	0.5 이하	2.60 이상	130 이상	4 이하
변성암 — 방해석	0.8 이하	2.65 이상	60 이상	2 이하
변성암 — 백운석	0.8 이하	2.90 이상	60 이상	2 이하
변성암 — 사문석	0.8 이하	2.70 이상	60 이상	2 이하

① 암석 종류별 흡수율, 비중, 압축강도 철분함유량을 확인할 것
② 원재료 암석은 요구물성을 모두 충족한 것 사용
③ 견본품에 의해 물성 확인, '견본품 ≥ 300mm' 각 2개
④ KS 기준에 따라 품질시험(압축강도, 흡수율 등)

- 압축강도 시험용 시료 50mm 입방체 사용, 시험방법 KS F 2519
- 흡수율 50~80mm 입방체 블록 사용, 시험방법 KS F 2518 적용

---

10) KCS 413501 석공사 일반 표2.1-1

(2) 석재규격

① 성능검정품 사용

- KS규격(KS F 2530), 공사시방서, 표준시방서 등에서 정하는 규격품
- 건축공사표준시방서 등급기준[11)

  - 1등급: 결점이 전혀 없는 석재
  - 2등급: 결점이 심하지 않은 것
  - 3등급: 시공 및 실용상 지장이 없는 것

- 석재결점 유형(건축공사표준시방서, 2016)

  - 구름무늬 및 얼룩 흐름   - 반점(흰색, 검은색)
  - 띠(흰띠, 검은띠)   - 철분(녹물)
  - 끊어지는 줄(균열, 짬)   - 산화, 풍화

② 수입석재는 공사시방서 지정의 원산지 등급기준 합격품일 것

③ 이외는 담당원이 승인하는 것 사용

④ 석재판 두께 허용오차

- T10 ≤ ±1mm, T20 ≤ ±1.5mm, T30 이상 ≤ ±2mm
- 허용오차 초과 수량은 소요물량의 10%(T30 이상은 5%) 이내일 것

2. 장비 · 기구

① 핸드그라인더: 석재 수정부위 절단 및 연마

② 핸드드릴: 꽂임촉 및 앵커볼트 삽입구 천공, 단차부위 연마

③ 용접기: 트러스 현장용접, 방청제 포함

④ 타워크레인, 전동 윈치: 강제 트러스, 석재 양중 및 설치

⑤ 기타 장비 및 기구

- 지게차, 모르타르 믹서기
- 레벨 및 고무망치: 수직 · 수평 정밀도 확인용
- 현장 수평운반용 대차(2륜, 3륜, 4륜)

3. 부속 자재

(1) 긴결 · 보강 철물

① 앵커볼트, 패스너, 너트, 와셔, 꽂임촉, 전단연결철물 등

- 재질은 STS 304(스테인리스강), 또는 알루미늄합금재 사용
- 철물단면은 구조계산 조건 충족

② 1, 2차 패스너(Fastener): 석판재당 2개 이상 소요

---

11) KCS 413501(2016) 2.1 (7)

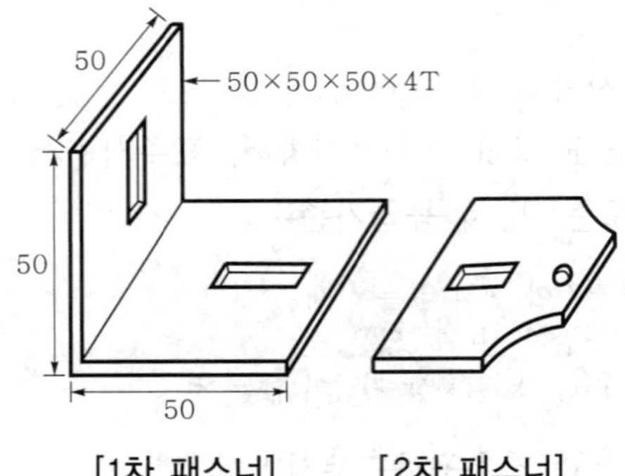

> **〈1차 패스너〉**
> – 구조체 · 백프레임 · 석재에 앵커볼트로 긴결하는 앵글형 철물
> – 일반규격: 50×50×50×3~6T
>
> **〈2차 패스너〉**
> – 1차 패스너와 석재의 연결 및 간격 조정을 위한 철물
> – 마감거리에 따라 2차 패스너 길이 상이

- 패스너 두께는 항복강도, 부담하중[12], 마감거리에 따라 상이
- 앵커긴결공법일 경우 꽂임촉($\phi 4$, l=40mm)

③ 견본품에 의해 재질, 형상, 부착방법 확인

- 2개 이상의 견본을 확인한 다음 사용 승인

(2) 백프레임

① 적용 부위: 커튼월 구조 및 리모델링 외벽

② Back Frame＝수직재(Mullion)＋수평재(Transom)

③ 강제: 사각파이프(수직재)＋C형강 · L형강(수평재)

④ 알루미늄합금재의 수직 · 수평재는 각각 특허 · 신기술 형상으로 제작 사용

(3) 실링재

① 내후성, 습기경화형, 부정형 1성분계 사용

② 비흡수성 백업재 선정, 폴리에틸렌 재질 등

- 줄눈폭보다 2~3mm 굵은 것 사용

③ 줄눈깊이 및 폭 고려하여 사용량 산정

Ⅳ 가설 및 공사계획

▶ 시공계획사항 중 가설공사 및 공사진행 계획에 대하여 설명한다.

---

12) 패스너 1개가 부담하는 석재하중은 대략 15~100kg 범위이며 마감거리를 70mm로 가정하여 구조 계산을 하면 15kg일 때 3mm, 30kg일 때 4mm, 50kg이면 5mm, 100kg이면 6mm 정도의 소요두께가 필요하다.

[공사관리 부문별 주요 계획 내용]

공정관리	• 자재/공도구 투입 • 양중·운반장비 투입 • **가설/공사진행**	안전관리	• 안전보건조직 • 안전시설물 설치 • 공도구 안전, 중점안전관리항목
품질관리	• 자재품질검사 • 공사품질검사 • 검측 체크리스트	환경관리	• 자재 정리 정돈 • 폐기물 처리 • 분진소음대책

1. 가설공사

▶ 현장설명, 견적조건에 따라 가설공사를 계획한다.

(1) 외부공사

① 외부비계 적용
- 시스템비계, 강관쌍줄비계 설치계획

② 계획 내용
- 설치순서, 안전난간대, 수직이동로(계단)
- 석재인양구 보강, 벽연결재 설치간격 등

(2) 내부공사

① 내부비계 구비계획
- 말비계, 틀비계(안전발판, 안전난간대 포함)

② 계획내용
- 유형별 사용계획, 반입수량 등 명시

(3) 현장 소운반

▶ 설치공법에 따라 다음의 소운반 수단을 강구한다.

① 내외부 리프트카 이용
- 내부 리프트카: 해당 층 양중 후 대차로 작업위치까지 수평 운반
- 외부 리프트카: 해당 층 외부비계 상부 양중

② 타워크레인으로 최상층 양중 후 해당 층으로 운반

③ 각층의 비계로 운반 후 윈치 양중

2. 바닥 시공

▶ 공사시방 및 표준시방, 시공상세도에 따라 공법별 시공절차를 계획한다.

① 줄눈부 먹매김
- 기준 레벨 확인, 바닥구배 레벨 확인, 줄눈부 먹작업

② 석재 설치준비
- 관련자재(시멘트, 모래, 석재판) 현장 소운반
- 시공부위 이물질 제거, 선공정(문틀, 방수) 확인 후 착수

③ 석재 설치
- 시멘트–모래 혼합(1 : 3)·포설 후 시멘트페이스트(1 : 3) 균등 살포
- 마감선 실에 따라 레벨에 맞추어 석재 설치, 설치 후 돌출턱이 없을 것

④ 바닥양생 후 줄눈 설치 및 보양

3. 벽 시공

▶ 공사시방에서 지시하는 공법에 따라 석재를 설치한다.
① 설치부위 먹매김
② 앵커볼트 설치
③ 백프레임 및 석재 설치
④ 줄눈처리

4. 보양

(1) 설치 중 보양

① 눈·비에 노출되지 않도록 덮개 설치
② 양생불량이 우려될 경우 비닐보양 및 급열 고려

(2) 설치 후 보양

① 바닥 보양
- 시공 완료 후 0.1mm 천막지 사용, 준공청소 시점까지 존치

② 벽 보양
- 작업자 및 장비 출입구 벽 모서리 보양
- 충격 예상부위에 완충재 부착

Ⅴ 결론

1 석공사는 건물의 외관은 물론 골조 및 단열 등 선행공사의 기능 발휘에 매우 큰 영향을 미치는 최종마감 공종이다.

2 비용 측면에서 다른 마감공사에 비하여 고가이므로 자재 선정과 설치과정에서 하자가 없도록 철저한 품질관리가 요구된다.

참고문헌

1. 건축재료, 대한건축학회, 기문당, 2010
2. 석재의 특성과 시공방법의 장단점, 강치형, 산우석건 대표

5121 석공사 공법

I 개요

① 석공사 현장에서는 다양한 공법을 채용하고 있으나 재료적 특성과 설치여건의 한계 등으로 지속적으로 개선된 공법이 출현하고 있다.

② 현행의 표준시방과 현장 적용사례 등을 참조하여 화강석 및 대리석 판재의 설치공법을 설명한다.

공법 분류	➡	바닥습식공법	➡	벽체건식공법
• 지지/줄눈/구조 • 설치/부착방식		• 바탕 모르타르/석재 설치 • 줄눈시공/보양		• 앵커긴결/강제트러스지지공법 • 오픈조인트공법

II 공법 분류

▶ 판재설치공법은 지지 · 줄눈 · 구조 · 부착방식 등에 따라 다음과 같이 분류한다.

지지방식	하부지지공법	석재판 하중을 밑면 2곳에서 지지시키는 공법
	배면지지공법	석재판 하중을 뒷면 2곳 이상에서 지지시키는 공법
줄눈방식	닫힌줄눈공법	Closed Joint, 줄눈부를 밀폐시키는 공법
	열린줄눈공법	Open Joint, 줄눈부를 개방시키는 공법
구조방식	외장마감공법	벽구조체에 석재판을 외장마감재로 부착하는 공법
	커튼월공법	석재판으로 비내력벽 외피를 형성시키는 공법
설치방식	스틱월공법	바탕면에 석재판을 낱장으로 붙여 나가는 공법
	유닛월공법	지상에서 제작한 석재 패널을 외벽부위에 붙이는 공법
부착방식	건식공법	석재판을 모르타르 없이 연결철물로 붙이는 공법
	반건식공법	석재판을 건비빔 모르타르와 시멘트풀로 붙이는 공법
	습식공법	석재판을 시멘트모르타르를 이용하여 붙이는 공법
건축공사 표준시방서	앵커긴결공법	앵커볼트와 연결철물을 사용하여 석재판을 붙이는 공법
	강제트러스지지공법	강제 프레임에 석재판을 선부착하여 양중 · 설치하는 공법

▶ 'KCS 413506'에는 앵커긴결공법과 강제트러스지지공법만을 규정하고 있으므로, 이외의 공법은 공사시방서를 참조하여 시공한다.

1. 지지방식

▶ 하부지지공법과 배면지지공법으로 분류한다.

▶ 설치바탕은 공히 벽면, 백프레임, 커튼월프레임(새시) 등이다.

(1) 하부지지공법

① 하부지지방식은 패스너 위에 석재판을 단순 지지

② 상부는 핀에 의해 상부 석재판과 면맞춤 처리

③ 표준시방서상 '앵커볼트긴결공법'이 대표적

(2) 배면지지공법

① 배면지지방식은 석재판 배면에 앵커볼트를 설치하여 긴결

② 바탕체에 설치한 패스너에 긴결

③ 배면 4곳에 앵커볼트 설치, 하부 2곳은 하중 지지

④ 상부 2곳은 상부석재판과 면맞춤 처리

2. 줄눈방식

▶ 닫힌줄눈공법과 열린줄눈공법으로 분류한다.

(1) 닫힌줄눈(Closed Joint)공법

① 닫힌줄눈은 줄눈부를 탄성 · 비탄성 줄눈재로 충전

② 줄눈폭 · 깊이에 대하여 정밀하게 설계 · 시공

③ 내후성 실링재 선정, 경년에 따른 주기적 줄눈재 재시공

④ 실링재에 의한 오염 및 황변 방지 등 필요

(2) 열린줄눈(Open Joint)공법

① 줄눈 내외부에 등압을 도입하여 우수침투 방지

② 등압구획, 침투수 배수, 차수판 설치 등 조치 필요

③ 줄눈재 열화에 의한 하자현상 원천 방지

3. 구조방식

▶ 외장마감공법과 커튼월공법으로 분류한다.

(1) 외장마감공법

① 외장마감공법은 벽구조체에 석재판을 설치하는 공법

② '벽면＋석재판', '벽면＋백프레임＋석재판'으로 재분류

③ 선설치 외벽의 미관을 높이기 위한 최종마감 공법

④ 다른 외장마감보다 공사비 고가 소요

(2) 커튼월공법

① 석재 패널이 비내력외벽체 기능을 발휘하도록 설치하는 공법

② 슬래브 단부에 백프레임을 대고 석재 부착(Knock Down 방식), 외부 가설비계 필요

③ 또는 유닛월패널을 양중 · 설치, 외주부 슬래브 단부에 설치

• 공장 · 지상 조립공간과 양중장비 필요

4. 설치방식

▶ 스틱월공법과 유닛월공법으로 분류한다.

(1) 스틱월공법(Stick Wall Method=Knock Down Method)

　① 스틱월공법은 바탕체에 판재를 하나씩 설치하는 공법

　② 바탕면: 벽면, 강제 프레임(Back Frame) 등

　③ 비계 및 작업발판 필요

(2) 유닛월공법(Unit Wall Method)

　① 유닛월공법은 지상조립패널을 양중·설치하는 공법

　② 슬래브 단부에 패널 조립 및 설치

　③ 비계 불필요, 양중장비 소요

5. 부착방식

▶ 현장 부착방식에 따라 건식공법, 반건식공법, 습식공법 등으로 분류한다.

(1) 건식공법

　① 건식공법은 현장 석공사 중 물을 사용하지 않는 부착공법

　② 연결철물을 사용하여 바탕체에 석재판을 부착하는 공법

　③ 연결철물은 1·2차 패스너, 앵커볼트 등으로 구성

　④ 앵커볼트긴결공법, 강제트러스지지공법 등 주로 내·외벽에 적용

(2) 반건식공법

　① 반건식공법은 연결철물로 긴결한 곳에 부착용 모르타르를 충전하는 공법

　② 외벽 마감공사에 적용

　③ 적용사례 별로 없음

(3) 습식공법

　① 습식공법은 석재판 이면에 모르타르를 충전하여 부착하는 공법

　② 주로 바닥마감에 적용

　③ 슬래브 바닥, 실내계단, 두겁석 등에 적용

　④ 실외 우수에 노출된 곳은 백화 발생 우려, 불가피한 곳은 발수제 도포 처리

Ⅲ 바닥 습식공법

▶ 습식 및 건식 공법이 있으나 대부분의 현장에서 적용하는 습식공법에 대해 설명한다.

1. 바탕 모르타르

① 모래와 시멘트 건비빔 후 물 흡습
- 시멘트 : 모래 = 1 : 3
- 흡습량: 손으로 쥐고 나서 형태가 잘 흩어지지 않을 정도로 물 흡습
- 흡습량이 미흡할 경우 들뜸하자 발생

② 해사 사용금지, 부득이 할 경우 염분 세척 후 사용

③ 바닥 레벨선에 맞추어 모르타르 포설
- 시공상세도에 따라 마감선에서 석재두께 1/2 하단까지 포설
- 일반적으로 30~70mm 두께로 시공

2. 석재 설치

① 석재 현장 소운반, 송장 참조하여 해당 위치에 적정 배치
- 크레인 양중, 지게차 및 대차에 의한 수평운반
- 운반 시 충격에 의한 모서리 파손에 유의, 파손된 것은 장외 반출

② 흙에 접하는 바닥일 경우 석재판 배면에 발수제 도포
- 설치 2일 전 판재 이면에 2회 이상 도포

③ 석재판 레벨 조정
- 바탕 모르타르 위에 석재판 가설치, 레벨 확인
- 석재판 제거하고 레벨 조정(모르타르량 가감 조정)

④ 바탕 모르타르 위에 시멘트페이스트 골고루 살포
- 시멘트 : 물 = 1 : 3

⑤ 석재판을 정위치에 놓고 고무망치 타격 및 위치 미세조정
- 바닥 마감선 실에 맞추어 판재 배치, 레벨 및 줄눈간격 유지
- 판재 간 표면단차 없도록 정밀시공, 양생 후 단차부위 연마하여 평활처리

3. 줄눈시공 및 보양

① 시공 완료 2일 후 줄눈 시공
- 줄눈재는 현설 및 공사시방, 또는 특기시방에서 지정한 자재 사용

② 설치 후 3일간 유해충격 및 적재 방지

③ 양생 후 표면오염 및 손상이 우려될 경우 시트지 보양

④ 설치 직후 4℃ 이하일 경우 단열 및 급열보양 고려할 것

⑤ 넓은 바닥일 경우 신축줄눈 설치
- 구조체 및 바닥석재 신축량 흡수
- 줄눈간격과 시공은 도면과 공사시방에 의거하여 적용

Ⅳ 벽체 건식공법

1. 앵커긴결공법

▶ 이 공법은 석재판 하부지지, 닫힌 줄눈, 스틱월 방식을 적용한다.

▶ 'RC벽＋패스너', 'RC벽＋강제 프레임＋패스너', '슬래브 단부＋패스너' 등으로 조합시공하며, 외장마감공법과 커튼월공법에 모두 적용한다.

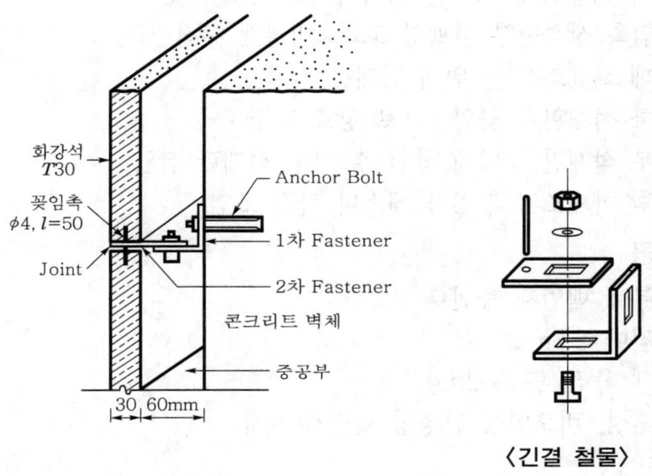

[앵커긴결공법 시공단면]

(1) RC 바탕

① 시공도에 따라 수평실치기

② 드릴 천공 및 앵커볼트 설치

• φ14mm 드릴 사용, 40~45mm가량 천공

③ 앵커볼트에 1차 패스너 연결, 와셔 삽입 및 너트 조임

• 완전조임 전 패스너 상·하 위치 미세조정

④ 1차 패스너에 2차 패스너(조정판) 연결 및 볼트 가조임

(2) 강제 프레임 바탕(Steel Back Frame)

▶ '방청처리된 강제각파이프＋C·L형강', 또는 '각형 알루미늄합금 부재' 등을 사용한다.

① 구조체 천공 및 앵커볼트 설치

• 기준선에 따라 슬래브 단부, 또는 RC벽 천공

② 구조체에 수직지지대(Mullion) 설치, 철제 각파이프 사용

• 석재판 폭에 맞추어 설치, 앵커볼트 조임

③ 수직지지대에 수평지지대(Transom) 설치

• 석재판 높이 고려, C형강 또는 L형강 사용, 설치오차 ≤ 10mm

• 수직재 교차부 접합, 볼트 또는 용접, 용접부는 방청도장(Touch Up)

④ 1 · 2차 패스너 설치
- 수평지지대 해당개소에 1차 패스너 설치, 용접 또는 볼트 고정
- 1차 패스너에 2차 패스너 연결 및 볼트 가조임
⑤ 시공도에 따라 수직지지대에 신축줄눈부 구획
- 강재의 온도신축량 고려

(3) 석재판 설치
① 하부석재판 위에 조정판 위치시키고 꽂임촉 삽입
- 꽂임촉 상하단부 열팽창 고려, 비닐캡 부착
② 2차 패스너(조정판) 위에 석재판 지지
- 상하 석재판은 꽂임촉으로 상호 고정
- 하부 석재판 구멍에 삽입 후 상부 석재판 삽입
③ 전 · 후 미세조정 후 2차 패스너 완전 조임

(4) 줄눈 시공
① 줄눈부에 백업재 충전
② 줄눈깊이 ≥ 6mm
③ 백업재 충전 후 Sealing
- 내후성, 비오염성 탄성형 실링재 사용

2. 강제트러스지지공법[13]

▶ 이 공법은 석재판 배면지지, 유닛커튼월 등의 공법으로 시공한다.
▶ 신축건물은 커튼월 구조, 기존 건물은 외벽마감면에 덧대어 적용한다.

(1) 유닛 부재 제작[14]

▶ 유닛 부재의 제작은 공장 제작방식과 현장작업장 제작방식이 있다.
① 구조계산서 참조, 소요자재 구매
② 새시(프레임) 제작, 용접부 방청도장
③ 패스너 및 석재 부착
- 프레임에 패스너 부착, 패스너에 석재배면 긴결
④ 줄눈설계에 따라 줄눈 시공
⑤ 필요시 현장설치 전 Mock-Up Test 실시, 창호가 있을 경우 적용
- 기밀성 · 수밀성 · 구조성능 확인, 미흡 시 보강 후 제작 수정

(2) 현장설치
① 현장실측 및 시공도 작성, 유닛패널 제작에 반영
② 시공계획서 작성 및 검토 · 승인

---

13) 저자 注: 표준시방서의 '강제트러스지지공법'과 건설현장에서의 '유닛공법' 명칭은 엄밀한 의미에서 '석재커튼월공법'으로 수정 · 표현하는 것이 맞다. '강제트러스'에는 트러스 구조가 없으며 다만 강제로 된 수직재(Mullion)와 수평재(Transom)의 조합체인 새시프레임이 있을 뿐이기 때문이다. 설치공법의 자세한 내용은 커튼월의 '유닛월공법'을 준용한다.
14) 유닛 부재의 제작 · 설치공법에는 TEC패널공법, FINE패널공법, DCT패널공법, DFP패널공법 등이 있다.

③ 구조체 해당부위 앵커 선설치
- 해당 층 바닥타설 시 매입 앵커 설치

④ 양중 및 가조립
- 스프레더빔 이용, 양중 시 변형에 유의

⑤ 수평·수직 위치 미세조정 후 완전 조임

3. 오픈조인트공법

(1) 특징

① 줄눈부 열화 및 석재오염 방지

② 석재판 내부에 등압공간 구획, 기압차에 의한 우수침투 방지

③ 등압공간 내측 방습·기밀·단열성능 부여

④ 석재판 안정적 배면지지
- 하부지지방식에 의한 수평줄눈부 패스너 개입 배제

⑤ 고도의 시공정밀도 요구
- 기밀성능, 단열성능, 차음성능 실현 기술 및 기능 등

(2) 석재판 앵커 설치

① 석재판 배면에 천공위치 마킹, 패스너 유형 및 판재규격 고려
- 선단이 확장되도록 천공, Under-Cut Drilling

② 4곳 천공, 전용 천공기 사용, 천공심도 준수
- 하부 2곳은 지지 앵커용, 상부 2곳은 상하석재 면맞춤 고정 앵커용

③ 전용 앵커볼트 삽입 및 고정, 선단확장형 앵커볼트 사용

④ 앵커 인발력 및 풍압안정성(최대풍속에 대한 풍압안정성) 확보
- 화강석: 풍하중 정·부압에 대한 앵커 인발력(600kgf/m^2) 도입 가능

(3) 콘크리트벽 차수막(Rain Screan) 설치

① 창호 주변 Flashing 설치
- 아연도강판 'ㄱ'형 절곡, 30×100mm×창호폭·길이

② 창호 주변부 기밀막 설치
- 자착식 알루미늄호일(1.0T), 부틸시트
- 또는 EPDM(Elastomeric Polylene Diene Monomer) 부착
- 50~150mm 폭으로 창호 주변부에 부착, 기밀막(Tightening) 기능 부여
- 콘크리트 전면에 부착, 물고임 및 콘크리트 흡습 방지
- 플래싱 및 기밀막 하단부 물끊기 돌출부 설치, 스크루못 고정 및 실링 처리

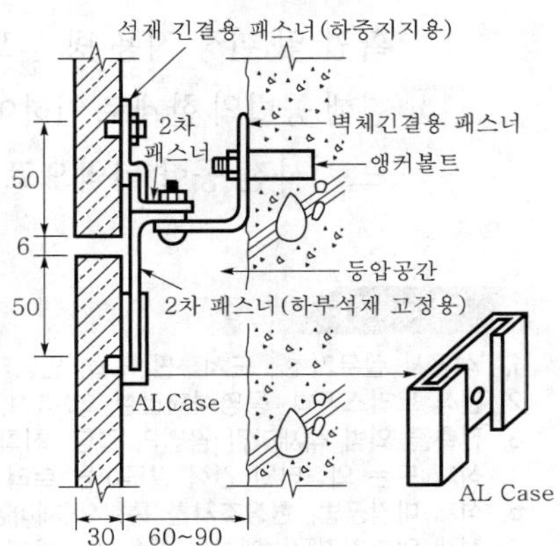

[오픈조인트 시공단면: 콘크리트벽]

③ 플래싱 및 창호새시 경계부 몰딩 고정
  • 플래싱 및 기밀막 이탈 방지, 스크루못 고정 후 실링 처리
④ 창호 주변 실링 및 단열
  • 창호 새시 틈새 내외부에서 우레탄폼 충전 및 실링
  • 단열재는 방습막 설치된 것 사용

(4) 강제 프레임 차수막 설치

① 강제 프레임 외측에 아연도강판(1.0T) 부착
② 강판 이음부에 자착형 부틸시트 부착, 기밀성 확보
③ 절곡형 플래싱 설치
  • 강제 프레임에 플래싱 나사못 고정 후 실링 처리
④ 기타 탄성형 플래싱, 몰딩, 실링, 단열재 설치
  • 콘크리트 벽면과 동일한 요령으로 시공

(5) 유의사항

① 시공 전 창호위치 및 규격 확인할 것
② 등압 구획면적 $\leq 50\text{m}^2$
③ 콘크리트 바탕의 부착성 확보
  • 한중 시 건조상태 확보 및 프라이머 도포 후 기밀막 부착
④ 플래싱 처리 후 이음 · 접착 시단부 실링 처리 철저
⑤ 이질금속 접속부 전위차 발생 방지, 절연 필름 설치 등

Ⅴ 결론

[1] 바닥 습식공법 적용 시 들뜸과 백화 발생 및 줄눈단차 발생이 없도록 공사품질을 관리하여야 하며, 건식공법은 설치 후 줄눈부 및 석재오염에 특히 유의하여야 한다.

[2] 신공법 채용 시에는 재래공법 대비 개선 부분 파악, 실제 사례현장을 답사 후 은폐된 문제점 확인 및 현장 적용 방안 도출 등의 구체적 노력이 매우 중요하다.

[3] 현행 공법의 한계로 인하여 판재가공, 긴결철물, 설치장비 부문 등이 꾸준히 개선되고 있으므로 사전 동향 파악으로 석공사 품질을 안정화시켜야 할 것이다.

참고문헌

1. "석공사 실무기초", 도서출판 도올, 민병태, 2010
2. 건식 트러스공법, 동명석재건설, 2013.11.08.
3. 건축물 외벽 석재마감 공법의 결함, 최희진, 한양대학교, 2011
4. 석재 또는 외장타일 건식 알루미늄 트러스 설치공법의 시공에 관한 연구, 이영래 외, 2012
5. 석재 마감공법, 현장조사를 통한 석재마감 건식공법의 경제성에 관한 연구, 임병훈
6. 석재 앙카긴결공법에서의 에폭시 사용에 관한 조사연구, 최준오, 2008.08.
7. 앙카긴결공법, 동명석재건설, 2013.11.06.

5130 타일공사 일반

I 개요

① 내외장재로 널리 사용하는 타일은 재료, 시공부위, 하자발생 가능성, 시공성 등을 고려하여 적정 공법으로 선정·시공하여야 한다.
② 타일붙임공법은 시공부위와 붙임방식에 따라 다양하게 분류한다.

공법 선정	➡	타일공법(1)	➡	타일공법(2)	➡	품질관리
• 타일/바탕 적용성 • 하자/시공성		• 떠붙임/개량떠붙임/압착 • 개량압착/접착/밀착공법		• 직접붙임/선부착 • 타일건식공법		• 시공 전·중 • 시공 후

II 공법 선정 시 고려사항

1. 타일 재료

① 자기질, 석기질, 도기질 등의 재질
② 타일의 크기 및 형상
③ 타일의 물성
  • 흡수율, 내균열성, 파괴 저항성, 마모 저항성, 내동해성 등

2. 바탕 적용성

① 내장·외장면
② 바닥, 벽체, 천장 바탕면
③ 습식 또는 건식 바탕면
④ 바탕면의 일조(日照), 진동, 하중 등의 외력조건
⑤ 바탕면의 평탄성 등

3. 하자 가능성

① 박리, 백화, 동해 등의 하자
② 공법별 발생 원인 검토 후 선정
③ 추가적으로 공사시기 검토

4. 시공성

① 작업 용이도
② 숙련공의 수배여건
③ 거푸집 및 PC판 선부착공법 등의 적용 가능성

Ⅲ 타일공법(기존 공법)

시공부위별	• 벽: 외벽타일공법, 내벽타일공법 • 바닥: 외부바닥타일공법, 내부바닥타일공법 • 천장타일공법
기존 공법	• 떠붙임공법(적재공법), 개량떠붙임공법(개량적재공법) • 압착공법, 개량압착공법, 밀착공법(동시줄눈공법), 접착공법
합리화 공법	• 거푸집선부착공법 • PC판선부착공법(TPC공법) • 건식공법

1. 떠붙임공법

(1) 시공방법

① 타일 뒷면에 붙임 Mortar 부착

  • 타일크기: 75×75~200×200mm

② 바탕면에 빈틈없이 눌러서 부착

③ 붙임 Mortar 두께: 12~24mm

  • 배합비＝1 : 3

④ '적재공법' 또는 '쌓기공법'으로도 불림

(2) 특징

① 바탕구조체 거동에 적응도 우수

② 타일 접착력 양호

③ 요철 바탕면에도 적용 가능

④ 높은 숙련도 필요, 시공능률 불리

⑤ 외벽 백화 발생 우려

2. 개량떠붙임공법

2.1 외장 타일

(1) 시공방법

① 바탕 Mortar를 고르게 마감

  • 초벌과 정벌로 시공

  • 평활도 ≤ ±2mm / 2m

② 붙임 Mortar

  • 1 : 2~2.5로 배합

  • 건비빔한 다음 가수 후 기계 비빔

③ 타일 뒷면에 붙임 Mortar를 고르게 바른 후 아래에서 위로 붙여 나감

④ 1일 붙임높이: 1.5~2m 이내

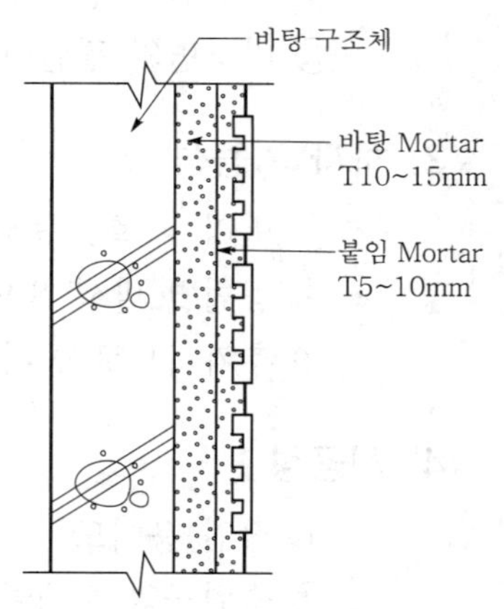

[시공단면: 외장 타일]

(2) 특징

① 바탕 Mortar의 평활도가 요구

② 타일 이면에 공극이 없도록 붙임 Mortar를 얇게 바름

③ 높고 균일한 접착강도를 기대할 수 있음

④ 외장 타일에서 백화 발생을 저감시킴

2.2 모자이크 유닛타일 및 내장 타일

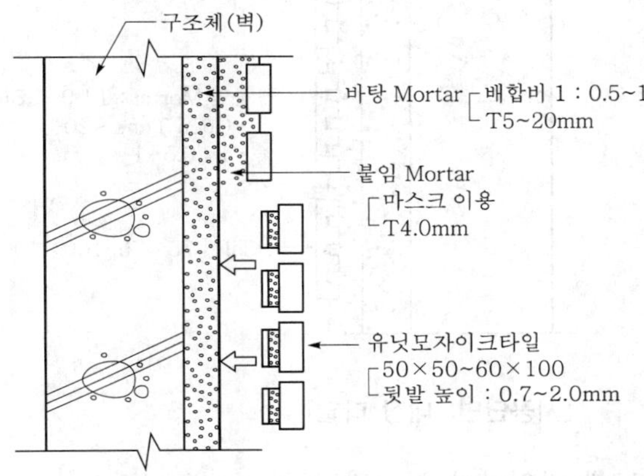

[시공단면: 내장 타일]

(1) 시공방법

① 바탕면 물축임 실시

• 바탕면 평활성 확보

② 유닛타일의 뒷면에 붙임 Mortar 바름

• 마스크를 타일 뒷면에 얹고 붙임 Mortar를 홈에 채운 후 마스크 탈형

③ 줄눈부에 붙임 Mortar가 올라오도록 눌러서 붙임

(2) 특징

① 붙임 Mortar의 바름기구(마스크) 사용

② Open Time 없이 시공하므로 접착강도가 우수

③ 붙임 Mortar에 혼화제 첨가

• 메틸셀룰로오스, 고무 라텍스계, 합성수지 에멀션계 등

3. 압착공법

(1) 시공방법(내장 타일)

① 바탕면에 물축임 후 붙임 Mortar 시공

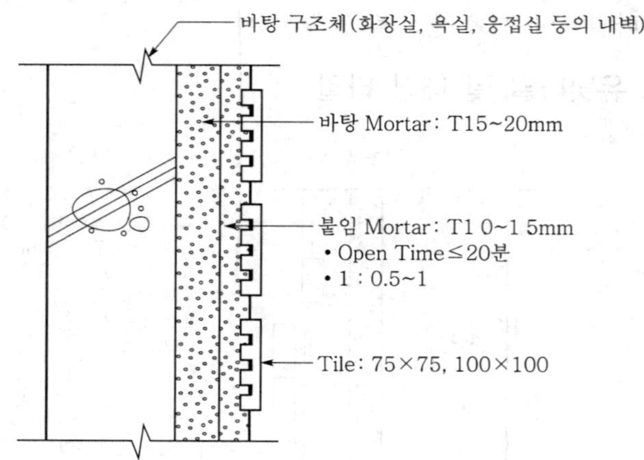

[시공단면: 내장 타일]

② 타일 붙이고 매 타일마다 두드림 압착

(2) 특징

① 시공속도 신속

② Open Time 영향이 특히 큼

③ 물축임에 따라 Open Time과 접착강도에 영향

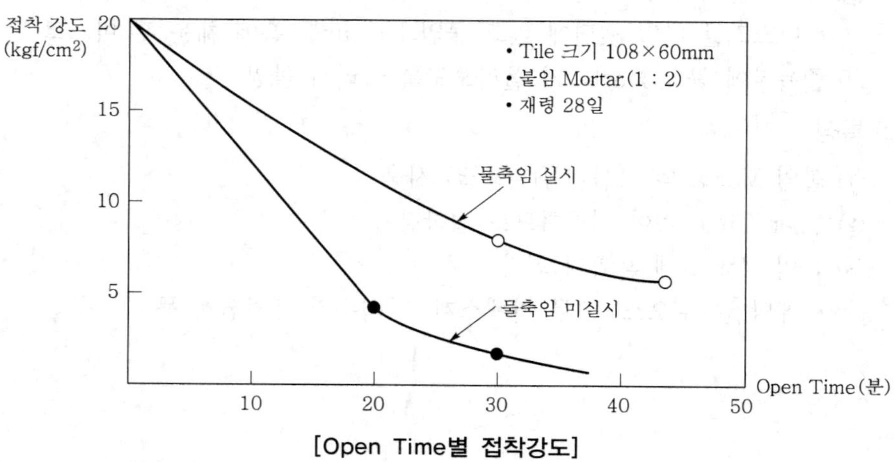

[Open Time별 접착강도]

④ 하자 발생 빈번

• 외장 타일에 부적합

4. 개량압착공법

(1) 시공방법

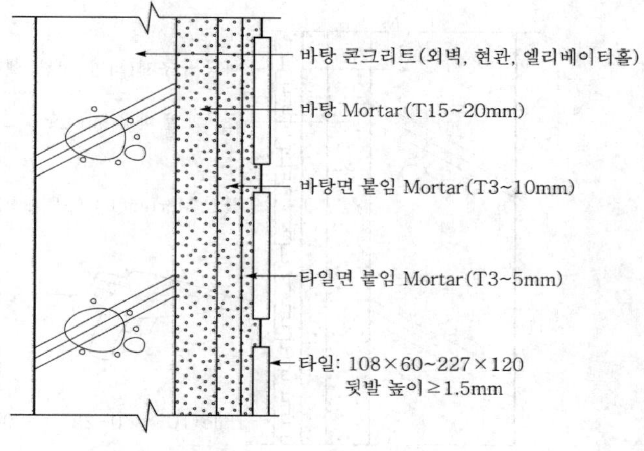

[시공단면]

① 바탕 Mortar 면에 붙임 Mortar 도포
② 15분가량 경과 후 타일 뒷면에 붙임 Mortar를 발라서 즉시 부착
③ 줄눈부로 Mortar가 나오도록 나무망치로 압착

(2) 특징

① 기존 압착공법의 Open Time 한계 개선
② 타일면에도 붙임 Mortar 바름
③ 균일한 접착강도 확보
④ 백화현상 저감, 작업능률 저하

5. 접착공법

(1) 시공방법

① 바탕면을 평활하게 처리
  • ±1mm / 2m, 건조상태 확보
② 접착제 도포
  • 기배합재 사용, 에폭시수지
  • 바름두께: 3~5mm
③ 위에서 아래로 접착 진행

(2) 특징

① 내벽에만 적용
② 바탕의 높은 평활도 요구
③ 내장용 보드류에 주로 적용

6. 밀착(동시줄눈)공법

(1) 시공방법

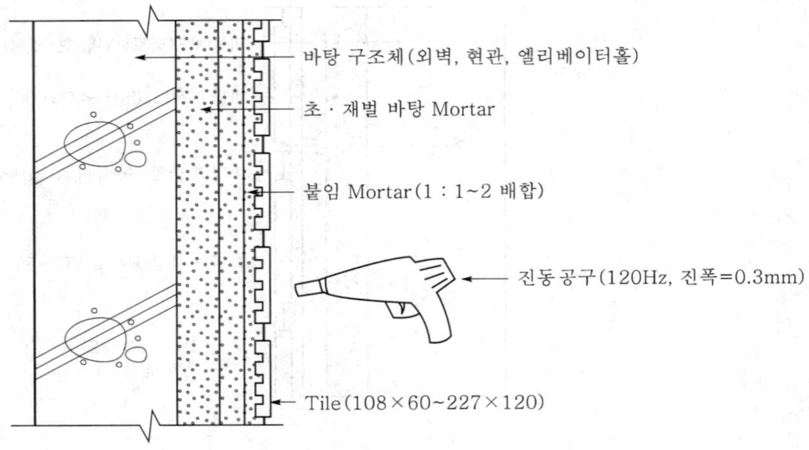

[시공단면: 밀착공법]

① 바탕면에 붙임 Mortar 시공
- 1회 3~5mm, 2회에 걸쳐 5~8mm 두께 확보
- 1회 바름면적 $\leq 1.2m^2$, Open Time $\leq$ 15분

② 진동공구로 타일 위를 진동 · 가압하여 밀착
- 타일면의 좌 · 우 · 중앙 등 3곳을 각 3초 이내로 가압

(2) 특징

① 외장 타일에 유용

② 부착강도 우수

③ 붙임 Mortar가 타일면까지 나오도록 가압

④ 뒷발높이가 1.5~3.0mm인 Tile 사용

Ⅳ 타일공법(합리화 공법)

1. 직접붙임공법

(1) 시공방법

① 구조체의 표면정도(精度) 높게 시공

② 붙임 Mortar 도포
- 1 : 2~2.5 비율로 배합
- 메틸셀룰로오스, 고무 라텍스 등의 혼화제 첨가

- 바름두께 5mm, 1회 바름면적 $\leq 2{\sim}3m^2$
- 2회에 걸쳐 총 두께가 8~10mm 되도록
③ 타일 붙이고 매 6회씩 타격하여 압착

(2) 특징

① 바탕 Mortar 시공 생략
② 타일 공사비와 노무 소요량 절감

2. 타일선부착공법

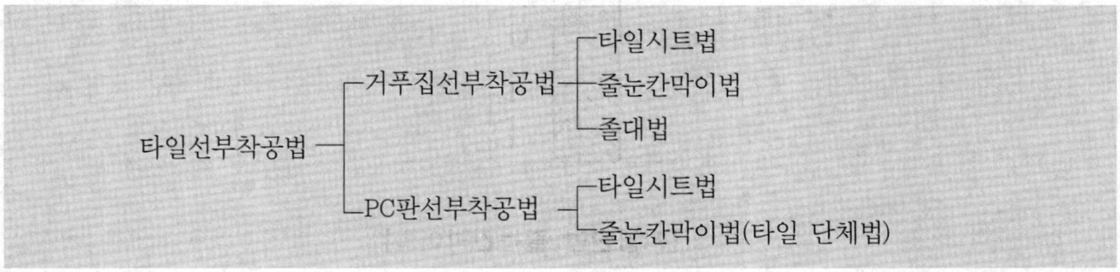

2.1 거푸집선부착공법

(1) 타일시트법

① 타일유닛을 거푸집에 설치
- Staple 또는 특수못으로 고정
② 콘크리트 타설 및 양생
③ 형틀 제거 및 타일유닛 Sheet 제거

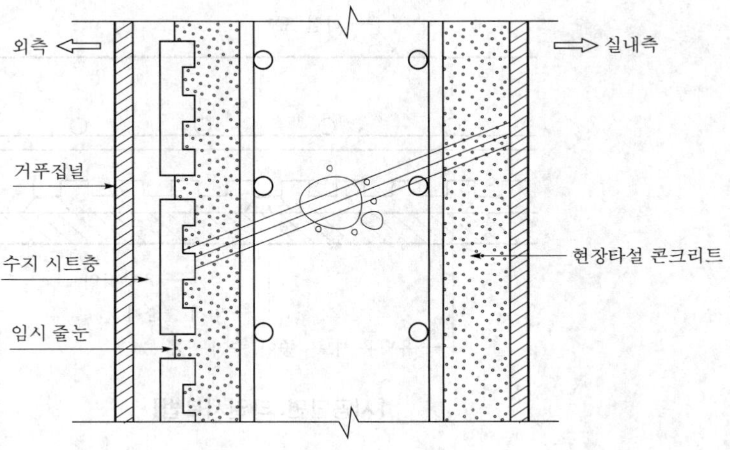

[시공단면: 타일시트법]

(2) 줄눈칸막이법

① 거푸집 내부에 줄눈칸막이 설치
② 줄눈칸막이 사이에 타일 배치

③ 콘크리트 거푸집 내 타설, 양생
④ 거푸집 및 줄눈재 해체

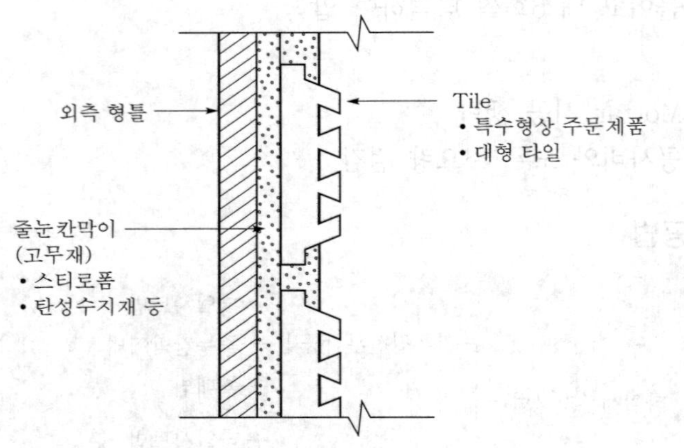

[시공단면: 줄눈칸막이법]

(3) 졸대법

① 거푸집에 졸대목 배치(못으로 고정)
② 졸대목 사이에 타일을 배열하여 못으로 고정
③ 콘크리트 타설 · 양생 후 거푸집 탈형

2.2 PC판선부착공법

(1) 타일시트법

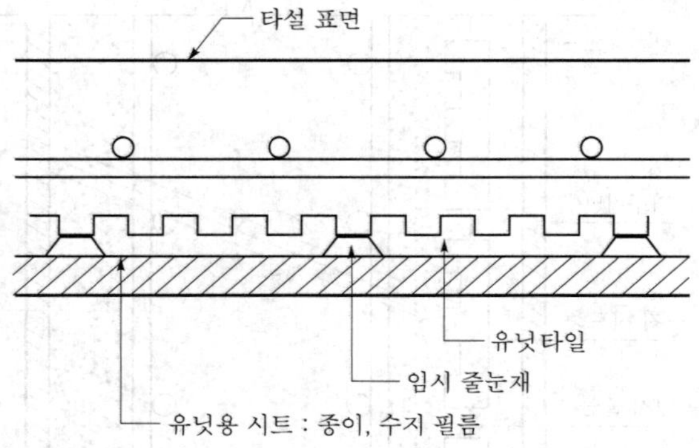

[시공단면: 타일시트법]

① 형틀에 유닛타일 배치, 고정
② 콘크리트 타설
③ 탈형 및 유닛시트재 제거

(2) 타일단체법

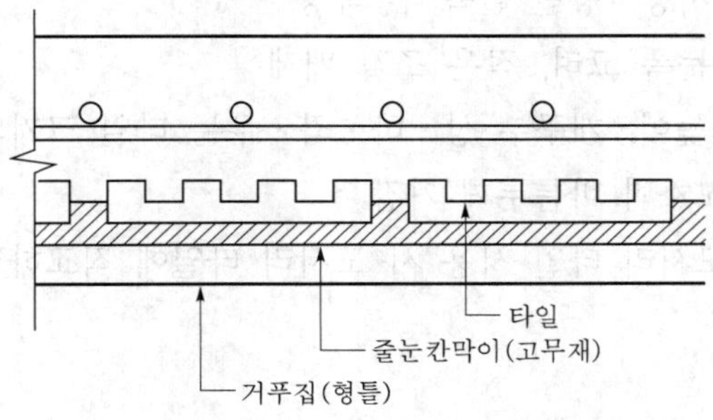

[시공단면: 타일단체법]

① 거푸집에 줄눈칸막이 설치
② 줄눈 사이에 타일 배치
③ 콘크리트 타설 및 양생
④ 거푸집 및 줄눈칸막이 탈형

3. 타일건식공법

(1) 시공유형

① '건식바탕(보드류)＋접착제' 사용
② '타일패널＋못 고정' 방식
③ '구조용 합판＋못 고정' 방식 등

(2) 기대효과

① 시공효율 우수, 공장생산 및 현장조립 가능
② 타일 박리하자 예방, 못 고정방식
③ 대규모 공사에 적용 가능
④ 건축폐기물 저감효과 등 기대

Ⅴ 타일공사 품질관리

1. 시공 전

(1) 타일 반입

① 색조(色調), 구색(具色), 모양, 치수 확인
② 타일의 외관, 뒤틀어짐, 흡수율, 강도 검사
③ 불합격품은 장외 반출

(2) 타일 나누기도 작성

① 바탕면 실측, 시공바탕면 실측 후 작성

② 온장 배치, 줄눈폭 고려, 작은 조각 배제
  • 시공면 수직높이, 개구부 상·하·좌·우는 타일 크기의 정배수일 것

③ 가로나누기: 교차벽 바름두께 가감

④ 세로나누기: 모서리 타일 사용 시 모서리 타일에 직교하도록 배치

2. 시공 중

(1) 바탕면 처리

① 바탕면의 평탄성 확보

② 바닥면은 배수구의 홈과 물흘림경사를 유지하면서 평활하게 바탕처리

③ 콘크리트 표면은 깨끗이 청소한 다음 물축임
  • 붙임 Mortar 배합비에 따라 적정 함수비 유지
  • 일반적으로 8~10%의 함수비가 적정

(2) 벽타일 붙이기

① 줄눈나누기에 따라 수평실 설치

② 하부 구석모서리부터 가로 방향으로 진행

③ 붙임 Mortar
  • 경질 타일은 1 : 2, 연질 타일은 1 : 3으로 배합
  • 또는 Pre-Mix 타일 전용 Mortar 사용

④ 붙임상태를 확인하면서 작업 진행
  • 1일 붙임높이: 1.2~1.5m
  • 부착 타일 뒷면의 공극에는 건비빔 Mortar 충전

⑤ 3시간 후 청소

(3) 바닥 타일 붙이기

① 벽 타일 선행 후 실시

② 타일 나누기도에 따라 기준먹을 치고 가장자리와 중간 요소에 수평실 설치

③ 붙임 Mortar
  • 15mm 이내의 두께로 규준대밀기 후 나무흙손으로 눌러 바름
  • 1회 Mortar 깔기: 6~8m², 작업자 숙련도에 따라 가감

④ 붙임순서
  • 구석에서 출입문 방향으로 진행

⑤ 줄눈넣기
  • 타일 부착 후 6시간 뒤에 실시

(4) 치장줄눈 시공

① 부착 후 6시간 뒤에 실시

② 물솔과 천으로 청소한 다음 줄눈파기

③ 치장줄눈깊이

- 6mm 이하일 경우 헝겊닦기, 9~15mm일 경우 줄눈용 흙손 사용

④ 필요시 방수제 혼입

3. 시공면 보양

① 줄눈 넣은 후 24시간 이상 보양

- 강우 시 비닐 보양, 보행과 충격 방지, 직사광선과 바람 차단

② 바닥 타일은 톱밥으로 보양

③ '기온 ≤ 2℃'이면 작업장의 온도가 10℃ 이상이 되도록 난방

④ 줄눈시공 후 10일 경과하면 타일 표면 물닦기

4. 품질검사

(1) 시공 중 검사

① 일일 작업 후 실시

② 대상부위: 비계발판에서 눈높이 이상 및 무릎 이하 부분의 타일

③ 임의 타일을 떼어 뒷면의 모르타르 충전상태 확인

(2) 두들김검사

① 붙임 모르타르 경화 후 모든 타일 대상으로 실시

② 검사봉의 타격음으로 타일 밀착상태 양부 판단

③ 떠붙임공법: 임의 타일을 떼어서 중앙부 밀착 정도가 80% 이상일 것

- 불합격 시 주변 8장을 떼어내 재확인

  → 1장 이상 불량 시 전 시공물량 재시공

④ 들뜸·균열 부위는 줄눈부 절단 후 제거 및 재시공

(3) 접착력검사

① 타일 접착 4주 경과 후 실시

② 검사빈도: 일반건축물 매 200㎡, 공동주택 10호당 1호에 1장씩 검사

③ 감독자 지시 위치에서 접착력시험 실시

④ 시험타일 줄눈부 절단

- 시험장치 크기 또는 $180 \times 60mm$ 크기로 바탕 콘크리트면까지 절단

- 40mm 미만의 타일: 4매 1개조의 줄눈부 절단

⑤ '타일 인장 부착강도 ≥ $0.39\,N/mm^2$'일 것

5131 타일 부착강도

I 개요

1. 타일의 부착강도(＝접착강도)는 타일이 마감바탕면에서 떨어지지 않는 정도를 말하며, 부착강도는 타일의 성상, 바탕면의 Mortar, 붙임 Mortar, 타일 부착, 양생 등 전 과정의 양부(良否)에 따라 상이하다.
2. 부착강도가 부족하면 타일이 탈락·박리되므로 영향요소를 고려하여 정밀 시공 후 검사를 실시한다.

영향요소	⇒	확보방안	⇒	접착시험
• 바탕/붙임모르타르 • 타일 재료/기타		• 재료/바탕/붙임 • 부착/양생/신축		• 시기/빈도 • 방법/판정

II 영향요소

1. 구조체 바탕

① 온도신축 및 균열
② 양생정도
③ 바탕면 함습비 등

2. 붙임 Mortar

① 배합비
② 바름두께, 바름면적(전면·반면)
③ Open Time

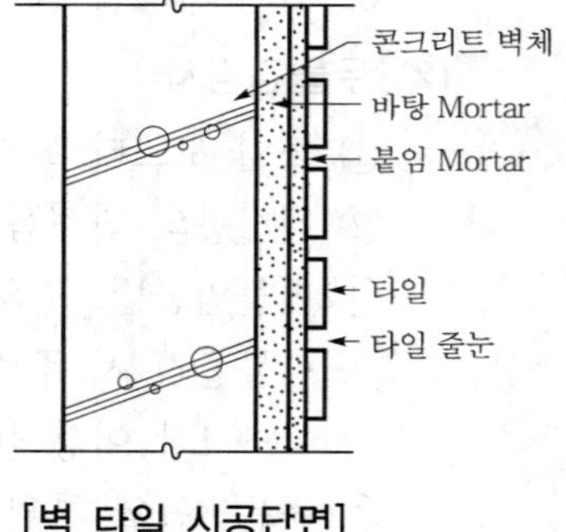

[벽 타일 시공단면]

3. 타일 재료

① 색상 및 크기
② 뒷발 형태
③ 흡수율

4. 기타

① 압착 횟수
② 치장줄눈 수밀성
③ 양생품질

Ⅲ 확보방안

1. 타일 재료

(1) 흡수율

① 흡수율 ≤ 3%

② 흡수율이 클수록 접착강도는 크지만 내동해성에는 불리

(2) 뒷발형태, 크기

① 접착강도 크기는 '압출형 > Press형 > 평판형' 순

② 뒷발높이가 클수록 접착강도가 큼

③ 타일 크기가 작을수록, 밝은 색일수록 접착강도에 유리

2. 바탕 Mortar

① 결함부위의 보수 철저

② 충분히 양생한 다음 살수하여 적정 함수율 유지

[바탕면의 적정 함수율]

붙임 Mortar 배합비	1 : 2	8~10%
	1 : 3~4	6~7%
직접붙임공법 적용 시		3.6~6%

- 직접붙임공법[15]
- 부배합일수록 바탕면 적정 함수율 상승
③ 거친면 처리
  - 바탕 Mortar 표면에 에폭시수지 접착제 도포
  - 모래(입자크기 0.3~0.6mm)를 뿌려서 거친면 처리

3. 붙임 Mortar

(1) 사용 모래

① 연속입자분포의 강사 사용

② '적정 입자크기 ≤ 2.5mm'인 것 사용

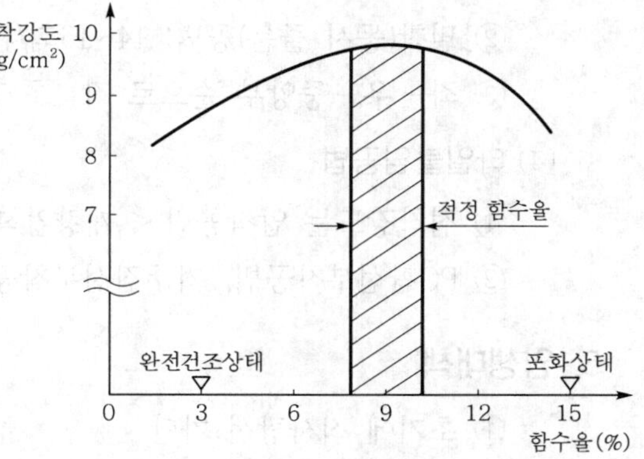

[타일 바탕면 함수율 영향]

---

15) 타일 바탕면의 바탕 Mortar 시공을 생략하고 타일을 붙임 Mortar로만 구체 바탕면에 직접 붙이는 공법으로 재료비, 노무비, 공기가 절감되는 효과를 기대할 수 있는 외장 타일붙임공법이다.

(2) 배합비

① 1 : 2~3이 적절

② 초기 Flow치는 180mm가 최적

(3) 적정 바름 두께 · 면적

① 5.5 mm에서 부착강도 최대

② 직접붙임공법 시 8~10mm가 적절

③ 전면바름 또는 1/2바름도면, 시방 면적 준수

4. 타일 부착

(1) Open Time

① Open Time이 길수록 접착강도 저하

② 내장타일: 10분, 외장타일: 15분

- 통상 20분 이내가 무난

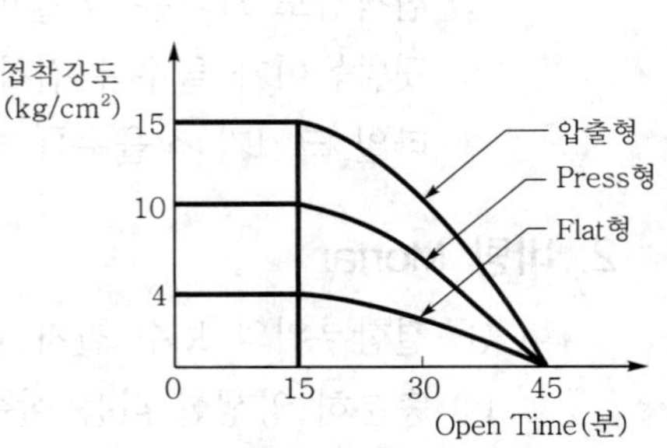

[타일 뒷발형태와 Open Time]

(2) 접착제 사용 시

① 건조상태 확인

② 함습비 ≤ 8~10%

(3) 두들김 횟수

① 압착공법: 6~8회/枚

② 밀착(동시 줄눈)공법: 14~16회/枚

③ 좌 − 우 − 중앙부 순으로 각 1초가량씩 3초가량 타격

(4) 타일붙임공법

① 접착강도는 압착공법 < 개량압착공법 < 밀착공법 < 타일선부착공법 순

② PC판선부착공법, 거푸집선부착공법 적극 도입 필요

5. 양생대책

① 초기에 직사광선 차단

② 치장줄눈 설치 후 강우노출 차단

- 24시간 이상 비닐로 보양하여 백화현상 방지

③ 양생 중 유해진동과 충격 방지

6. 신축줄눈 설치

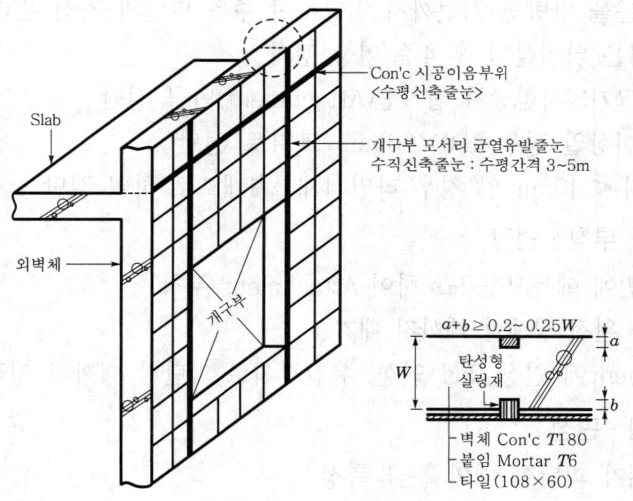

[신축줄눈 설치]

① 설치위치는 가급적 시공이음부와 일치
② 수직줄눈은 매 3~5m마다 설치
③ 줄눈부에는 Sealing재를 기포 없이 충전

Ⅳ 접착강도시험

1. 시험 시기와 빈도

① 타일 시공 후 4주 이상 지난 후 실시
② 타일면적 200m^{2}당 1곳 이상
③ 공동주택 10세대당 1호 이상

2. 시험방법 및 판정

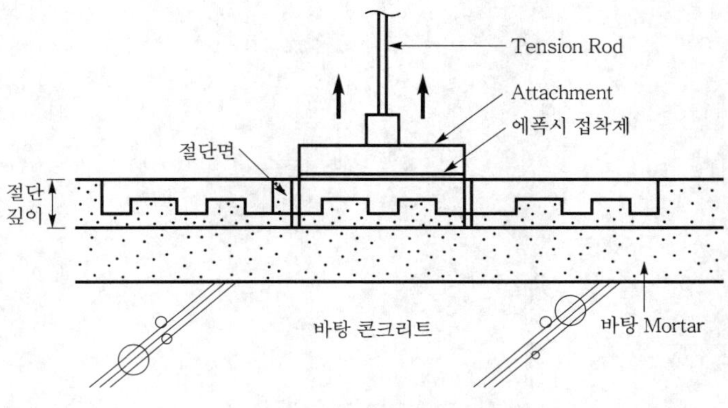

[타일 접착강도시험]

(1) 시험편 절단

　① 줄눈 부분을 바탕면 직전까지 절단하여 주위 타일과 완전 분리

　② 시험재령은 타일붙임 후 4주 이상 경과

　③ 시험편 크기: 시험장치 접착면(Attachment)만큼 절단

　④ 접착면 이상일 경우 '180×60mm' 크기로 절단

　⑤ '타일크기 < 40mm'일 경우 타일 4개를 1개조로 하여 절단

(2) Attachment 부착 · 인장

　① 타일 표면에 에폭시를 도포하여 Attachment 부착

　② 접착부가 완전 양생할 때까지 대기

　③ Attachment에 인장 Rod 연결, 유압장치로 파단할 때까지 인장

(3) 시험값 측정 · 판정

　① 접착부위가 파단할 때의 눈금 측정

　② '접착강도 ≥ 0.39MPa'이면 합격

5132 타일공사 하자

I 개요

1. 불량한 타일 시공면이 일사, 외기온, 우수에 노출되어 있으면 박리 및 탈락 등의 하자가 발생한다.

2. 하자를 방지하려면 시공 및 유지관리 전 과정에서 세심하고 지속적인 노력이 필요하다.

원인	➡	방지대책	➡	검사/유지
• 바탕 구조체/붙임 모르타르 • 타일 성상 · 시공/치장줄눈		• 신축/재료 • 부착/양생		• 타일검사 • 유지관리

II 원인

1. 바탕 구조체

① 바탕면의 신축 및 균열

② 양생불량

③ 바탕면의 함수율, 조면처리 상태 등

2. 붙임 모르타르

① 배합비와 바름두께 미흡

② Open Time 한계 초과

3. 타일 성상 및 시공

① 큰 흡수율, 낮은 강도의 타일

② 크기, 색상 부적절

③ 뒷발형태, 압착횟수 과대 또는 과소

4. 치장줄눈

① 불연속 충전부

② 충전상태 불량

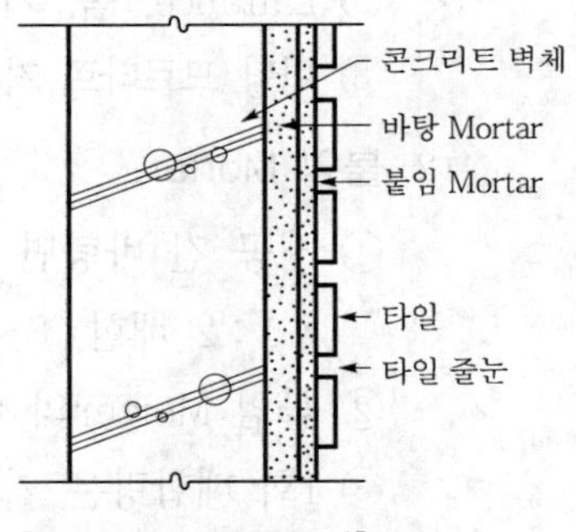

[외장타일 시공단면]

Ⅲ 방지대책

1. 신축줄눈 설계

① 벽면 타일의 온도 신축량을 흡수하여 균열발생 방지

② 구조단면 변화가 큰 곳, 시공이음부에 설치

③ 넓은 벽면: 3m 수평간격으로 신축줄눈 설계

2. 타일 재료 성상(性狀)

① '흡수율 ≤ 3%'의 자기질, 석기질 타일

② 기공률이 적고 강도가 큰 것 사용

③ 뒷발형태

　• 압출형으로 뒷발높이가 큰 것이 접착력에 유리

3. 타일 시공

(1) 바탕처리 철저

① 균열 및 들뜬 부위 보수 철저

② Laitance, 녹, 기름, 돌출물 제거

③ 바탕 모르타르 거친면 처리

(2) 붙임 Mortar

① 시공 전 바탕면 흡습

　• 1 : 2 배합, 8~10% 함수율

② 붙임 Mortar의 배합비 1 : 2~3

③ 1회 배합량은 기능공의 수와 숙련도,
　붙임공법을 고려하여 결정

④ 붙임 Mortar의 바름두께는 5~6mm가 최적

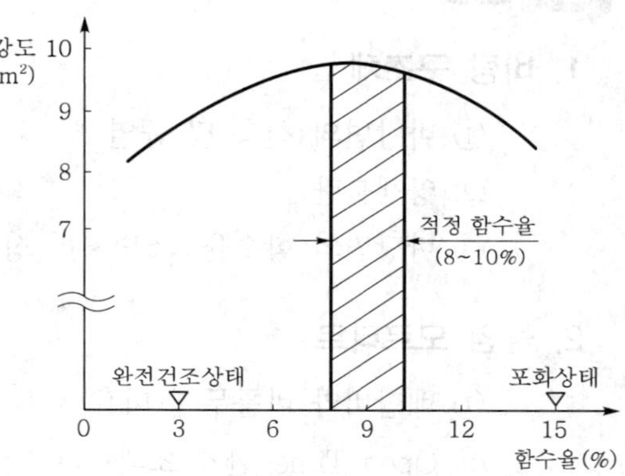

[타일 바탕면의 적정 함수율]

(3) 타일 부착

① Open Time 한계 내에서 타일 부착

　• 내장 타일은 10분, 외장 타일은 15분 이내에 부착

② 이면공극 없도록 부착

③ 두들김 횟수 6~16회가 최적

　• 압착공법: 6~8회, 동시줄눈공법: 14~16회

4. 양생대책

① 2℃ 이하일 때 '작업장 온도 ≥ 10℃' 되도록 난방

- 보온 곤란 시 작업 중단
- 방동제, 급결제, 방수제 사용 시 조합성능을 시험 후 사용

② 치장줄눈 시공 후

- 강우 우려 시 24시간 이상 비닐 보양, 백화방지 고려

Ⅳ 검사 및 유지관리

1. 타일검사

(1) 시공 중

① 일일 작업 후 실시

② 발판높이 기준: 무릎 이하, 눈 높이 이상의 타일 시공면 대상

③ 타일 이면의 접착 Mortar 충전상태 검사

(2) 두들김검사

① 붙임 Mortar 경화 후 전 타일을 대상으로 검사

② 검사 후 들뜸·균열 부위는 제거 후 재시공

(3) 접착력검사

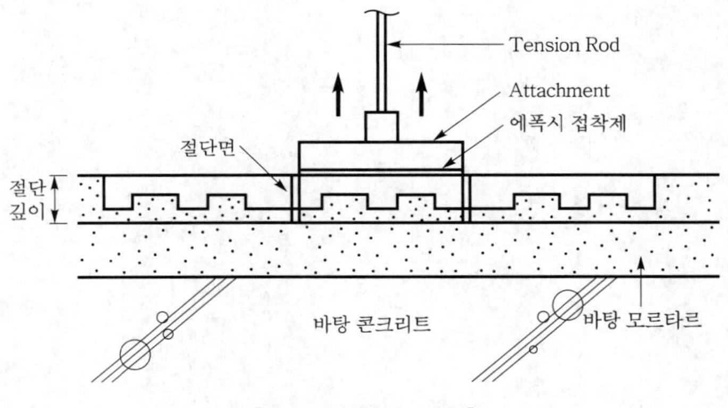

[타일 접착강도시험]

① 타일 부착 4주 경과 후 실시

② 600m²당 1개 검사

③ '접착강도 ≥ 0.39MPa'이면 합격

2. 유지관리

(1) 누수부위 조기발견 조치

① 동절기 비난방부위 동해 우려

② 탈락 시 주변으로 연쇄 하자 발생

③ 주변의 타일까지 떼어낸 후 보수를 철저히 할 것

(2) 백화부위

① 마대로 문지르거나 물로 세척한 다음 발수제 도포

- 유성, 수성, 실리콘 발수제 2회 도포

② 벽면의 우수침투 차단, 빗물관 이탈방지

5133 | 외벽면 백화현상

I 개요

① 백화현상은 시멘트를 사용하는 건축물의 마감표면에 백색물질이 발생하는 현상이다.

② 백화현상은 마감재 접착 Mortar의 W/C比 과다, 벽면 우수침투 및 누수 등이 주원인으로 적정 시공대책이 필요하다.

부위/기구	➡	발생 원인	➡	방지대책
• 발생부위 • 발생 기구		• 1차/2차 백화 • 환경조건		• 벽면/배합 • 시공/기타

II 발생 부위 및 기구

1. 발생부위

① 시멘트 Mortar 미장 표면, 외장 타일 마감면

② 습식공법에 의한 석재 마감면

③ 조적벽체의 치장쌓기면

④ 건물 북향 또는 일사 차단 부위(그늘) 등

⑤ 지하외벽 균열부

2. 발생 기구

① 벽면으로 물 흡수 또는 접착 Mortar의 W/C比 과다

② 알칼리 염류인 $Ca(OH)_2$가 물에 용해(溶解)

③ 모세관을 통해 외부 이동

④ 대기 중의 이산화탄소(CO_2)와 작용, 탄산화 및 물의 건조

　• $Ca(OH)_2 + CO_2 \rightarrow CaCO_3 + H_2O$

⑤ 탄산염($CaCO_3$)이 하얀 가루형태로 표면 잔류

III 발생 원인

1. 1차 백화

① 접착 Mortar의 W/C比 과다

② 물청소 또는 강우 시 우수로 제거 가능

2. 2차 백화

▶ 시공 중이나 시공 후 외부 침투수에 의해 발생한다.

① 창호 접착부의 사춤 불량

② 패러핏 상부의 우수처리 미흡, 물 끊기 홈 누락 등

③ 시공 중 우수침투

④ 바탕구조체의 균열부 누수

⑤ 마감재 줄눈부의 누수 및 흡수

3. 환경조건

① 건축물 방위(북향면), 인접구조물에 의한 그늘 위치

② 벽면의 수분 증발속도 완만, 백화용액이 표면으로 용출되어 발생

Ⅳ 방지대책

1. 벽면 설계

① 경사벽면 지양

② 지붕처마에 물끊기 홈 설계

③ 빗물 정체시간 지연방지, 벽면 내부 흡수 차단

2. 시멘트 Mortar 배합

① 해사 사용금지, 강 상류 모래 사용

• 해사 사용 시 염분 규정치 이하가 되도록 세척 후 사용

② 깨끗한 혼합수 사용

• 회수수 재이용 시 염분함유량 검토, $Cl^- \leq 250mg/L$

③ 마감재의 흡수율 고려, 적정 W/C比 적용

④ 치장줄눈용 Mortar

• 방수제 혼합, 기(旣) 배합된 줄눈 전용 Mortar 사용

3. 외장재 시공

① 시공환경

• 겨울이나 장마철 시공 제한

② 조적 Mortar 바름

• 치밀하게 충전, 흘러내림 방지, 창호 주위 사춤 철저

• 시공 중 빗물 침투방지

③ 치장줄눈 시공
- 8~10mm의 깊이로 치밀하게 시공
- 우천 시 비닐 보양, 우수침투 방지

④ 시공면 청소
- 시공 완료 후 물청소
- 맑고 건조한 날에 청소하여 벽면의 흡수 방지

4. 기타 마감

① Parapet 상부 Flashing(두겁대) 마감처리
- 금속제 동판재질 사용
- 두겁대 설치하고 선단부는 Caulking

② 우수 드레인
- 벽면에 닿지 않도록 설치
- 빗물 홈통에서 이탈되지 않도록 벽면에 고정

③ 발수제 도포

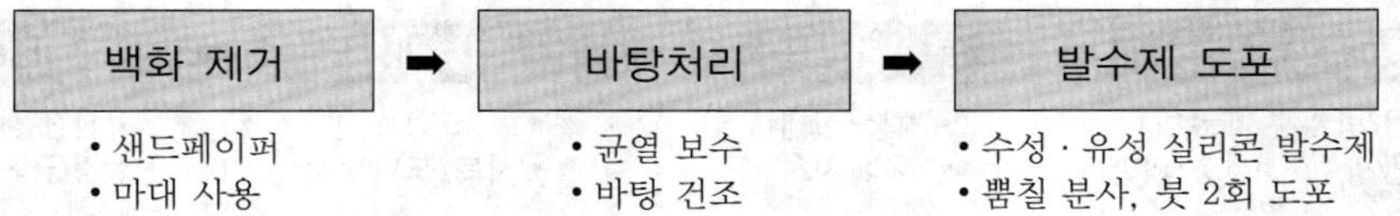

02 방수공사

5200 방수공사 일반

Ⅰ 개요

1. 방수공사는 물과 접촉하기 쉬운 부위에 방수층을 형성시키는 공사로, 구조물의 사용성을 좌우하는 매우 중요한 마감공사이다.

2. 방수공사의 분류는 방수층이 설치되는 시설물과 시공부위, 사용재료, 시공방법 등에 따라 구분한다.

3. 방수공법을 선정할 때에는 구조물의 사용 환경, 방수재의 성능, 방수바탕의 시공조건, 계절과 기상조건, 시공성, 경제성 등을 고려한다.

분류/공법 선정 ➡	부위별 방수 ➡	멤브레인 ➡	기타 방수
• 부위/방수층 재료별 • 바탕/방수 · 보호층/외관	• 지붕/실내 • 외벽/지하	• 아스팔트 • 시트/도막방수	• 규산질/시멘트/벤토 • 실링/금속판방수

Ⅱ 분류 및 공법 선정

1. 분류

방수부위	지붕방수	보행 · 비보행용, 노출 · 보호층 지붕방수
	실내방수	욕실, 주방, 화장실, 주차장, 기계실 방수
	외벽방수	제치장면, 커튼월 · 석재 Joint 방수
	지하방수	지하외벽 · 기초바닥방수, 안 · 바깥 방수
	수조 · 수영장 방수	지하저수조, 수영장, 옥상정원 방수
방수층 재료	Membrane 방수	아스팔트방수: 열 · 토치 · 상온공법
		합성고분자시트방수: 접착공법, 금속고정공법
		개량아스팔트방수(아스팔트방수 토치공법)
		도막방수
		복합방수
	규산질계 도포 방수	무기질계, 유기질계 방수
	시멘트계 방수	시멘트 액체방수, 폴리머시멘트 · 모르타르 방수
	벤토나이트방수	매트 · 시트 · 패널형 벤토나이트 방수
	실링방수	실링재 · 코킹재, 1액형 · 2액형 실링 방수
	금속판방수	납판, 동판, 스테인리스스틸판 방수

2. 공법 선정

(1) 방수바탕면(방수부위)

　① 바탕면 형상
　　• 바탕면의 평탄성, 모서리 · 돌출물 등 방수 취약형상 유무
　② 함수상태
　　• 방수재 부착성 고려
　③ 재질
　　• 콘크리트, PC, ALC 등에 따라 바탕면의 거동량 상이
　④ 사용환경
　　• 포습 · 수중 · 지중 · 기중환경, 기상과 일사 노출 정도
　　• 보행 · 비보행, 거주 · 비거주 공간 등

(2) 방수층

　① 방수층 요구성능
　　• 열, 자외선, 오존, 물, 산 · 알칼리, 바람, 충격, 바탕거동 등에 견디는 성능
　② 결함 발견 및 보수용이성
　　• 들뜸, 누수부위의 발견과 보수가 쉬울 것
　③ 시공성, 안전성
　　• 시공이 용이하고 작업원의 안전보건상 유해 · 위험성이 없을 것
　④ 경제성
　　• 건축물의 중요도 · 방수성능 대비, LCC 측면 고려

(3) 보호층

　① 방수부위 사용환경 고려, 보호층의 필요성 판단
　② 방수층의 내구성, 내후성, 내마모성 필요시 보호층 고려
　③ 노출공법일 경우 방수재의 내마모성 확보

(4) 외관효과

　① 지붕방수에서 노출공법, 콘크리트 제치장면의 외벽방수 부위
　② 적정 색상의 마감도료 사용 고려

Ⅲ 부위별 방수

1. 지붕방수

(1) 특성

　① 건축물의 최상부에서 우수침입 차단, 실내환경 보호
　② 평지붕은 옥상 용도와 보행 유무를 고려하여 방수보호층 설치
　③ 바탕면 체류수 방지, 물매 처리 및 드레인 유도배수

(2) 방수층 재료

　① 자외선, 오존, 기온변화, 마모 등의 영향 고려
　② 주로 멤브레인 방수재 사용
　③ 아스팔트, 합성 고분자 시트, 도막, 금속판 방수재 등

(3) 방수층 시공

　① 보행용일 경우 방수층을 전면접착하고 보호층 설치
　② 방수재의 특성(표면경도, 내후성)을 고려하여 보호층 설치 결정

2. 실내방수

(1) 대상부위

　▶ 실내의 거주공간으로 물을 사용하는 부위에 방수층을 형성한다.
　① 욕실, 주방, 화장실
　　• 사용수 실외 유출방지
　② 실내주차장
　　• 외부 유입수와 실내 사용수 처리경로의 하부에 방수층 설치
　③ 각종 수조 및 축열조
　　• 방수층: 저장수 상호 유해작용 없을 것

(2) 특징

　① 방수재 선정 시
　　• 방수대상의 수질과 사용조건 고려
　② 방수작업 공간
　　• 작업공간이 밀폐되어 있으므로 환기·조명 등의 철저한 안전조치 필요
　③ 방수바탕 형상
　　• 오목·볼록 모서리, 돌출된 배관류 등
　④ 시공환경
　　• 선·후행 마감공정으로 시공환경 복잡

3. 외벽방수(지상)

(1) 대상부위

① 커튼월, 외벽마감재 Joint, 콘크리트 제치장면 등

② 방수 대상부위는 풍압과 우수에 노출

(2) 특징

① 건물 외피면에 시공, 외관효과 고려

② 외벽면 물끊기 홈과 침투수의 배수공 설치 중요

③ 방수재는 바탕추종성과 내후성 요구

④ 안전작업을 위한 비계발판 등 필요

4. 지하방수

(1) 대상부위

① 방수층 설치부위

- 기초 슬래브와 지하외벽

② 방수층 설치위치

- 설치부위의 안쪽(안 방수) 또는 바깥면(바깥 방수)

(2) 특징

① 수압 · 토압 작용

② 바깥 방수층 설치시기

- 구체공사 전의 선행공법, 구체공사 이후의 후행공법 등

③ 안 방수층

- 바깥 방수층 설치가 곤란할 경우 채용, 합벽부 및 슬러리월 등
- 침투수의 배수용 파이프와 이중벽 설치 필요

Ⅳ 멤브레인방수

1. 아스팔트방수

(1) 공법 종류

열공법	액상의 용융 아스팔트 액체를 방수바탕면에 도포하여 아스팔트 펠트와 루핑을 적층하여 방수층을 형성하는 공법
토치공법	개량 아스팔트시트 이면의 아스팔트를 토치열로 용융시키면서 롤러로 압착하여 바탕면에 시트를 접착시키는 공법
상온공법	고온의 액상 아스팔트 용융액을 사용하지 않고 상온의 액상 아스팔트를 바탕면에 바른 후 루핑 시트재를 적층하면서 방수층을 형성시키는 공법

(2) 적용부위

① 지붕

② 지하외벽

③ 지하주차장 등

(3) 방수재 종류

① 아스팔트펠트(Asphalt Felt)

② 루핑, 시트류

- 아스팔트루핑, 스트레치 아스팔트루핑, 모래 붙은 아스팔트루핑
- 구멍 뚫린 아스팔트루핑, 개량 아스팔트시트 등 사용

③ 방수공사용 아스팔트

- 상온에서는 고체상, 고온(220~270℃)에서 액상으로 용융

④ 아스팔트프라이머(바탕처리재)

(4) 특징

① 바탕 추종성 우수

- 바탕의 흠과 단차에 대한 적용성
- 용융액은 충전재와 접착제의 역할 수행, 바탕면에 대한 부착성 우수

② 적용실적 풍부

- 축적된 시공기술로 품질시방 확립

③ 다양한 품질의 루핑류 선택이 가능

> - 방수바탕의 특성과 시공·사용여건을 고려한 선택 가능
> - 변형·거동 부위에는 스트레치 아스팔트루핑이 적합, 바탕 추종성 우수
> - 노출용 바탕면에는 모래 붙은 아스팔트루핑 사용, 내마모성 우수
> - 방수층 부풀음이 우려되는 부위는 구멍 뚫린 아스팔트루핑이 적합
> - 바탕의 균열거동 흡수, 냄새·화상을 방지하기 위해 개량 아스팔트시트가 적합

④ 시공 기술 진보

> - 열간공법: 방수층 접착력과 방수 신뢰성이 높지만 연기와 냄새 발생, 무연 솥과 탈취장치 필요
> - 상온공법(냉공법): 상온 용융액 사용, 화기 사용 불필요, 방수 신뢰성을 열공법 이상으로 확보하는 것이 과제
> - 개량 아스팔트시트공법: 아스팔트방수의 신뢰성과 시트방수의 시공성을 조합시킨 공법, 적극 현장 적용이 기대되는 공법

2. 합성고분자시트(合成高分子 Sheet)방수

(1) 방수재 종류

가황고무계	• 부틸 고무, 에틸렌·프로필렌 등의 합성고무에 가황제와 보강제를 첨가하여 고온에서 유황을 첨가시킨 재료 • 감온성이 적고 내피로성 우수
비가황고무계	• 부틸, 에틸렌·프로필렌 합성고무에 보강제와 연화제를 첨가시킨 재료 • 시트 상호 간의 접착성 우수
염화비닐수지계	• 염화비닐수지에 충전제, 가소제, 안정제 첨가 • 시트 상호 간 용제접착과 열융착성 우수, 노출·보행용 방수재로 적합(누름층 불필요)

(2) 부착공법

① 접착공법

- 프라이머와 접착제를 사용하여 시트재를 바탕면에 부착시키는 공법
- 접착제의 접착방식에는 전면접착(온통접착), 부분접착(줄접착, 점접착), 절연접착(들뜬접착, 갓접착), 자착식 등
- 주로 가황·비가황고무계 시트재에 적용

② 금속고정공법

- 고정용 철물로 시트재를 바탕면에 부착시키는 공법
- 주로 염화비닐계 시트에 많이 적용
- 다소 젖은 바탕과 균열이 우려되는 바탕에 적용 가능한 공법

(3) 장점

▶ 아스팔트방수와 비교하여 다음과 같은 장점이 있다.

① 신축능력 우수

- 신축률이 300~800%(아스팔트는 2~5%), 바탕균열에 대한 추종성 우수

② 상온시공

- 접착제를 사용하므로 상온시공 가능, 아스팔트는 270℃로 가열

③ 공정 단순

- 2~3공정으로 방수층이 형성, 아스팔트방수는 3~6공정 실시

④ 내후성 우수

- 기상변화에 견디는 재료의 합성기술의 진보가 빠름

⑤ 작은 온도영향

- 아스팔트는 고온에서 연화·흘러내림, 저온에서 취화·균열 우려
- 시트재는 고분자류가 주성분, 온도영향에 덜 민감

⑥ 지붕재로 적합

- 입상부에서 흘러내림이 없고 시공이 간단
- 절판구조, 큰 구배의 지붕구조, 쉘 구조 등에 적용성 우수

(4) 단점(유의사항, 하자요인)

① 바탕면
- 바탕의 높은 평활도와 건조상태 필요
- 모서리, 드레인 주변의 수밀성 확보 곤란
  - 모서리: 보강 시트를 선행하여 정밀 부착
  - 드레인 주변: 도막방수재, 실링재로 방수보강

② 방수층 시공
- 실내부, 지하부의 밀폐공간에서 용제성 접착제 사용으로 중독 위험
- 용제의 인화성으로 화재에 위험
- 환기장치 점검, 화기 접근 차단

③ 방수층 시공품질
- 방수층 부풀음 우려, 용제의 휘발성 성분과 바탕면의 수분 팽창 원인
- 필요시 탈기구(脫氣口) 설치
- 신장하여 부착 시 파단 우려
- 이음접착부 누수 우려

3. 도막방수

(1) 재료별 적용부위

도막재 종류	적용부위
우레탄 고무	지붕, 발코니, 욕실
아크릴 고무	지붕
고무 아스팔트	지붕, 욕실
아크릴 외벽용	외벽
고무 아스팔트 지하용	지하외벽, 지하공동구

(2) 특징

① 방수바탕의 건조상태 필요

② 방수층의 일체성 확보 용이
- 방수층 이음 및 접착부 없음

③ 얇은 방수피막
- 방수층의 바탕추종성이 약하여 파단 우려
- 취약부(모서리, 돌출부위)는 망상 보강포 부착 후 보강바르기 실시

④ 색상 도입으로 외관 조성 용이

⑤ 복잡 부위 시공성(방수이음) 우수

Ⅴ 기타 방수

1. 규산질계 도포방수

▶ 발수성 유기질재료와 분말형의 무기질재료를 콘크리트나 Mortar 미장면에 도포하여 표면부 공극을 충전함으로써 결정물을 생성하거나 발수막을 형성시키는 공법이다.

(1) 방수재 종류

① 유기질계

- 용제형(솔벤트형): 폴리아크릴계, 폴리스틸렌계, 폴리염화비닐(PVC)계, 실리콘계
- 수성형(수용액형): 염화비닐·염화비닐리덴 에멀전계, PVA 에멀전계, 실리콘계

② 무기질계

- 규산질 미분말계, 규산염계, 시멘트·규산질계 미분말, 지르코니움 금속지방산염계

(2) 특징

① 콘크리트 및 Mortar 바탕에 적용

② 바탕 표층부에 침투하여 공극 충전

- 규산질 미분말이 모세관공극 내에 침투하여 규산칼슘수화물 생성

③ 시멘트 성분에 의한 백화현상 방지

④ 습윤바탕 적용 가능

⑤ 발수 피막두께가 도막방수층보다 얇고 탄력성 없음

(3) 적용부위

① 유기질계

- 제치장콘크리트 표면, 조적·석재 표면, 건조환경하의 콘크리트 표면

② 무기질계

- 콘크리트 내부 바탕면, 습윤환경하의 콘크리트 바탕면
- 내벽, 바닥면, 수조 및 피트 등의 구조부위 등에 적합

2. 시멘트 Mortar계 방수

(1) 시멘트 액체방수

① 방수용액을 시멘트 Mortar에 희석

② 콘크리트 표면에 방수층을 형성시키는 공법

(2) 폴리머시멘트 Mortar 방수

① 1종: 폴리머시멘트 Mortar를 3회 바름

② 2종: 폴리머시멘트 Mortar를 2회 바름

(3) 적용부위

① 실내바닥(욕실, 발코니)

② 지하외벽(실내측)

③ 수조, 옥상 등

(4) 특징

① 시공결함부 발견 용이

② 공사비 저렴, 누름층 불필요

③ 방수층의 신축성 부족, 균열 우려

④ 철저한 바탕처리 필요

⑤ 방수성능 낮고, 내구성 미약

3. 벤토나이트방수

▶ 팽윤성, 점착성, 농후성, 윤활성이 우수한 광물질을 사용하여 물이 콘크리트 구조체의 간극으로 침투할 경우 겔(Gel)상의 차단막을 형성시키는 방수공법이다.

(1) 방수재 유형

① 패널형

- 면적당 5kg/m²의 벤토나이트 충전
- 단위체적질량 8kg/m³ 이상인 패널 사용

② 시트형

- 고밀도 시트 0.5mm, 벤토나이트층 4mm 이상의 시트재 사용
- 외측면에서 시트 방수재에 의한 1차 방수효과
- 침투수에 대하여 내측면의 벤토나이트층이 2차 방수효과를 발휘하도록 한 합성재료

③ 매트형 등

(2) 적용부위

① 지하외벽, 지하구조물의 기초 슬래브

② 콘크리트 구조물의 시공이음부, 수팽창지수재

(3) 특징

① 시공 용이, 장비 간편

- 콘크리트 못, 와셔 못, 망치, Stapler 등의 간편한 도구 사용

② 젖은 바탕 적용 가능

③ 전천후 시공 가능

- 강설, 강우 영향이 적고 기온의 영향이 없음

④ 내수압, 내구성, 내화학성 우수

- 유수(流水)부위 부적합

4. 실링방수

(1) 방수재 종류

① 형상에 따라 정형재와 비정형재로 구분

② 희석제 사용 유무에 따라 1액형과 2액형

③ 성분조합에 따라 1성분, 2성분, 3성분형

④ 경화기구에 따라 반응경화, 습기경화, 산소경화, 건조경화, 비경화로 구분

1성분형	습기경화	실리콘, 변성 실리콘, 폴리설파이드, 폴리우레탄 등
	산소경화	변성 폴리설파이드계
	건조경화	• 에멀전형: 아크릴, SBR • 용제형: 부틸 고무
	비경화	실리콘매스틱, 유성 코킹제
2성분형	반응경화	실리콘, 변성 실리콘, 폴리설파이드, 아크릴우레탄, 폴리우레탄 등

(2) 적용부위

① 커튼월 수평 · 수직 조인트(Closed Joint)

② PC 부재 이음부위

③ 콘크리트 구조물의 각종 줄눈부위

④ 멤브레인 방수층의 말단부

⑤ 기타 외장마감재의 이음부위(줄눈부)

(3) 실링재 요구성능

① 접착성, 신축성, 비오염성

② 내구성, 비변색성, 내자외선성 등

5. 금속판방수

▶ 일정 폭의 금속박판을 현장에서 가공하여 고정철물로 바탕면에 고정시키고, 이음부위를 용접하여 방수층을 형성시키는 공법이다.

(1) 방수재 종류

① 스테인리스스틸판

② 납판

③ 동판 등

(2) 적용부위

① 구배지붕, 차양, 특수형상의 지붕

② 기타 화장(化粧) 마감부위

5211 아스팔트방수

I 개요

1. 아스팔트방수는 방수바탕에 용융 아스팔트를 접착제로 하여 아스팔트펠트 및 루핑 등의 방수 시트를 적층하여 연속적인 방수층을 형성시키는 Membrane 방수공법이다.
2. 아스팔트방수공법에는 열공법, 토치공법, 상온공법 등이 있으며, 방수재와 시공법의 발전으로 토치공법과 상온공법의 적용사례가 증가하는 추세이다.

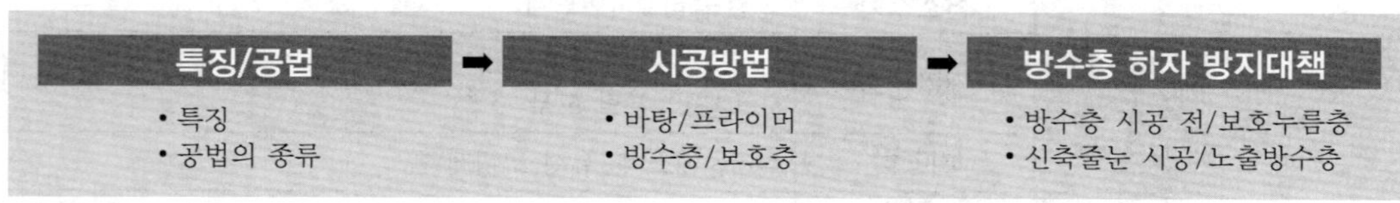

II 특징 및 공법

1. 특징

① 방수성능 우수
  • 루핑류를 적층 시공
② 아스팔트 용융공정 필요
  • 악취와 화상 위험으로 작업 난이
③ 작업과 관련된 재료가 많고 공정 복잡
④ 건설공해 유발, 환경오염 규제
⑤ 방수층 하자부위의 발견 · 보수 곤란

2. 공법의 종류

(1) 열(熱)공법

① 고형체(固形體) 아스팔트를 용융 가마솥에 넣고 가열 · 용융시켜서 방수바탕면에 도포
② 아스팔트펠트와 루핑시트를 2~4장가량 적층하면서 방수층 형성

(2) 토치(Torch)공법(개량아스팔트방수공법)

① 개량 아스팔트시트재 사용
② 토치로 시트 밑을 가열하여 부착된 아스팔트 용융
③ 시트를 압착하여 방수층 설치

(3) 상온(常溫)공법

① 고온의 용융 아스팔트 미사용
② 상온의 기제품(旣製品)으로 아스팔트 시트재를 적층하여 방수층 설치

③ 점착공법
- 루핑 한 면 또는 양면에 부착·점착성이 큰 고무 아스팔트재를 바른 시트 사용
- 점착제에 붙인 박리지를 벗기면서 방수층 설치

④ 접착공법
- 상온의 액상 아스팔트를 접착제로 도포 후 그 위에 시트재를 적층하여 방수층 형성

Ⅲ 시공방법

| 바탕면 처리 | ➡ | Primer 도포 | ➡ | 방수층 시공 | ➡ | 보호층 시공 |

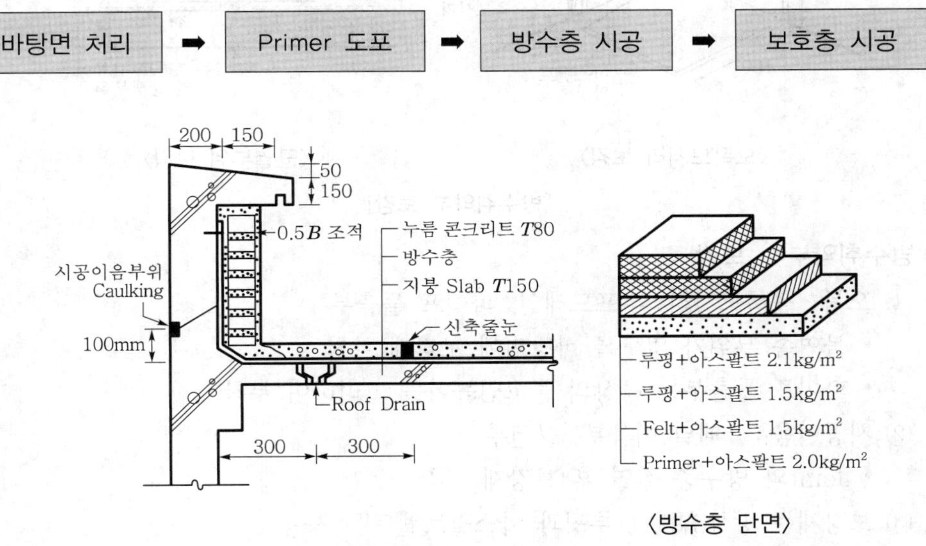

1. 바탕면 처리

① 콘크리트 이음부, 균열부위 보수

② 돌출물 제거, 청소 후 충분히 건조

③ 바탕면의 구배
- 보행용: 1/100~1/50, 비보행용: 1/50~1/20

2. Primer 도포

① 균일하게 도포 후 건조
- 도포량이 과다하면 건조불량이나 방수층 이완현상 발생

② 솔, Roller 사용, 불연속 부위 없도록 전면(全面) 도포

3. 방수층 시공

취약부 보강 ➡ 평면부 ➡ 말단부

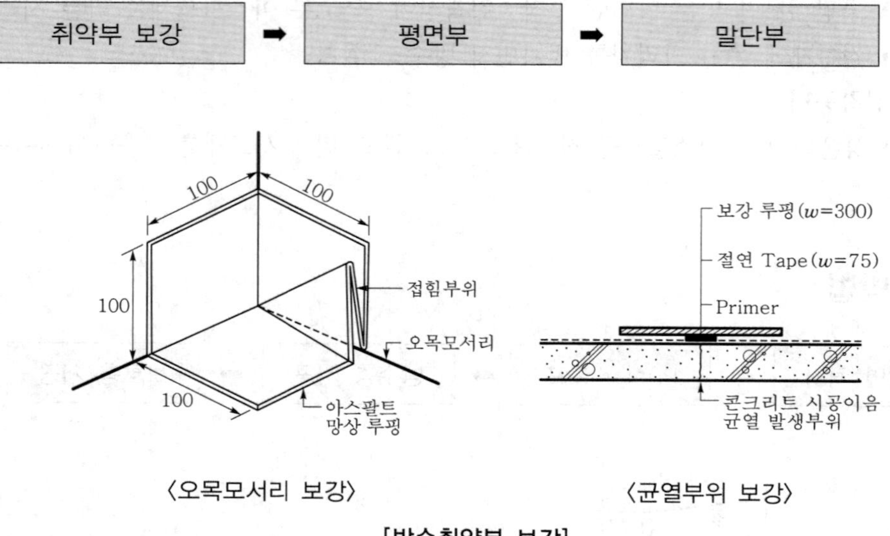

[방수취약부 보강]

(1) 방수취약부[16] 보강

① 오목 · 볼록모서리, 루프드레인, 파이프 돌출부
- 불연속 부위가 없도록 바탕면에 보강재 부착
- 파이프 돌출부는 옥상의 물고임높이를 고려하여 부착

② 시공이음부, 패널 이음부, 균열부
- Joint와 방수층 절연 후 보강재 부착

③ 보강재는 망상(網狀) 루핑과 아스팔트펠트[17] 사용
- 보강재폭(W) ≥ 200~300mm

(2) 평면부

① 바탕면에 용융 아스팔트 도포

② 아스팔트펠트 깔기

③ 아스팔트 용융액을 바르고 루핑 깔기 → 2회 실시

(3) 치켜올림부(Parapet)와 말단부

① 말단부 뒷면의 우수침투 방지
- 치켜올림부는 패러핏에 홈을 내어 말단부를 매입하고 Sealing 처리

② 방수층 부착 불량, 처짐, 말림현상 방지
- 방수층의 각 루핑 끝을 가지런하게 정리하고 나무주걱으로 바탕면에 밀착

---

16) 바탕면이 평탄하지 않은 모서리, 시공이음 및 균열부위, 패널 이음부, 루프드레인의 주변, 파이프 돌출물이 있는 부위를 말한다. 이러한 곳은 방수층이 손상되기 쉬우므로 부착력을 높이거나 절연처리가 필요하다.

17) 유기성 섬유와 목면, 펄프 등을 주원료로 한 루핑원지에 아스팔트(Straight Asphalt)를 침투시킨 후 냉각 · 제조한 방수재료이다. KS F 4901에 표준규격이 규정되어 있으며, 규격품은 폭 1m, 길이 42m, 표면에 유분이 돌출되지 않고 종이에 완전하게 흡수되어 있는 상태이다.

③ 말단부 보강처리
  - 방수층 말단부에 아스팔트 용액 도포
  - 망상 루핑($W=70$mm) 부착한 다음 아스팔트 용액 함침
  - 말단부 단면은 고무 아스팔트계 Seal재로 Sealing 처리

(4) 담수(潭水)검사

① 물이 새는 곳이 없도록 조치하고 담수
  - Drain Pipe 등의 배수구를 막아서 새는 물이 없도록 선조치
② 담수량 수심 150~200mm가량
③ 담수시간 ≥ 24시간
④ 방수부위별 누수 유무 검사

4. 보호마감층 시공

(1) 평면부

① 비보행부
  - 마감도료 도색, 방수층의 노출면 보호
② 보행부
  - 현장콘크리트 타설, 아스팔트콘크리트 포장, 콘크리트블럭 설치, 자갈 깔기 등

(2) 수직부위(지하외벽, 옥상난간)

① 방수층과 20mm 이격하여 시멘트 벽돌 조적, $0.5B$
② 보호벽과 방수층 사이 Mortar 충전, 노출면은 미장마감

Ⅳ 방수층 하자 방지대책

▶ 들뜸 및 누름층의 균열 방지대책을 말한다.

1. 방수층 시공 전

(1) 함습비검사

① 210℃가량의 용융 아스팔트를 바탕면에 도포하여 관찰
② 기포가 발생하거나 용융액이 벗겨지지 않을 것
③ '함습비 ≤ 10%'일 것

(2) Primer 도포 시

① Joint 100mm 이내에 도포 금지
② 바탕 Joint에 Primer 침투방지

(3) Asphalt 용해온도

① 하한 200℃
② '상한 ≤ 소요인화점 +14℃'일 것

2. 보호누름층

① 방수층과 누름층 사이에 절연재로 폴리에틸렌필름 설치
② 누름층 온도 및 신축거동전달 방지
③ 누름콘크리트에 섬유보강재 혼입
④ 신축줄눈 일정간격 설치
   • 줄눈부위로 균열 유도

3. 신축줄눈 시공

① 보호층 시공 후에 신축줄눈 설치
② 누름콘크리트층을 Saw-Cutting하고 줄눈충전재 주입
③ 또는 된비빔 Mortar로 줄눈성형재를 고정시키고 누름콘크리트 타설
④ 설치간격, 폭, 깊이
   • Parapet에서 600mm 이내부터 매 3m마다 설치
   • 줄눈폭은 25mm가량, 깊이는 누름층 하단까지 설치
⑤ 줄눈충전재의 종류와 품질
   • 아스팔트컴파운드나 블로운아스팔트 주입
   • 충전재의 품질은 침입도 20가량 확보

4. 노출방수층

① 루핑 시트의 겹침횟수 증대
② 방수층의 최상층은 모래 붙은 스트레치루핑 사용
③ 방수층의 부풀음 방지
   • 구멍이 뚫린 루핑재 사용, 방수층 위에 일정간격으로 탈기구 설치

tip 아스팔트방수층의 부위별 열화현상

부위	열화현상
평면부	누름층 균열, 솟아오름, 방수층 단면 결손, 풍화, 동해
신축줄눈부	줄눈재의 돌출, 틈새에 식물의 번식
치켜올림부 내부	누름층의 균열, 방수층의 결손, 박리, 동해
난간부	녹, 결손, 휨, 실링재 절손
패러핏 상부	균열, 결손, 동해, 들뜸, Flashing(두겁대)의 변형과 부식
Roof Drain, 측면 배수구	드레인 파손·부식·막힘, 토사 퇴적, 식물 번식, 물고임
패러핏 외부	패러핏 밀림, 외벽부 균열, 틈새 발생

5212   개량아스팔트방수

I 개요

① 개량아스팔트방수공법은 아스팔트방수의 방수성능과 Sheet 방수의 시공성을 고려한 공법이다.

② 시트재는 합성고무와 플라스틱 성분을 첨가 · 개량한 것이며, 토지로 시트 이면의 아스팔트를 가열 · 용융시켜 방수층을 형성시킨다.

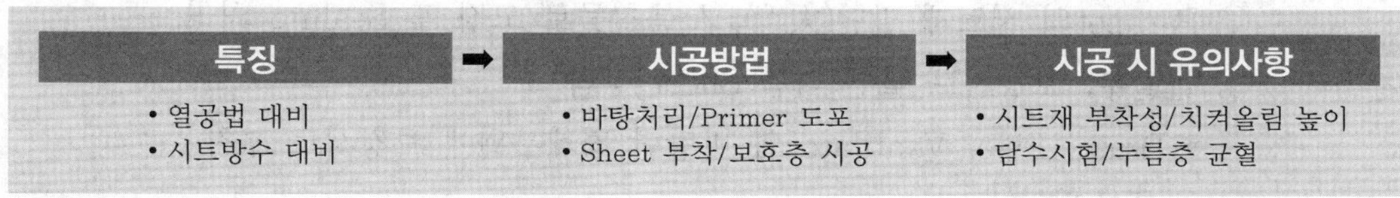

II 특징

1. 아스팔트 열공법 대비

① 공정 간단: 대규모 장비 불필요

② 아스팔트 신속 냉각, 환경공해 적음

③ 고분자폴리머 첨가, 내후 · 감온성 개량

④ 복잡부위 시공 곤란, 굴절부 등

2. Sheet 방수 대비

① 이음 · 접합부 추종성 우수

② 화기 사용, 화재 위험

III 시공방법

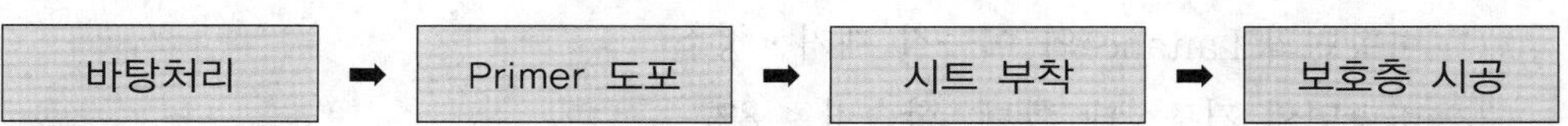

1. 바탕처리

① 균열 · 결함 부위 보수

② Laitance, 녹, 오염 이물질 제거

③ 모서리 면접기

2. Primer 도포

① 바탕면의 얼룩이 없도록 도포

② 솔, 주걱으로 균일하게 도포

3. Sheet 부착

① 토치 가열 및 압착

- 시트 이면과 바탕면을 토치로 가열, 롤러로 압착하면서 시트 접착

② 겹침폭 ≥ 100mm, 낮은 곳 시트가 아래에 위치

③ Parapet의 시트재 말단(末端), 누름철물로 고정 후 Sealing 처리

④ 돌출부: 보강시트 붙인 다음 Sheet 부착

- Drain, Pipe, Ventilator와 바탕면 경계부위에 보강시트 부착

⑤ 지하외벽

- 2m마다 재단하여 시공, 재단하지 않을 경우 늘어뜨리는 장치 이용하여 시공
- 10m마다 누름철물 설치, 시트재 고정

4. 보호층 시공

① 방수층 위에 비닐을 깔고 누름콘크리트 타설

② Wire Mesh의 겹침길이를 확보하면서 누름콘크리트 속에 매입

③ 누름콘크리트 경화 후 마감 Mortar 시공

④ Parapet 상부

- 금속재 Flashing(두겁대) 설치, 단부 Caulking 처리

Ⅳ 시공 시 유의사항

1. 시트재 부착성 확보

▶ 접착면의 들뜸과 공극 발생을 방지한다.

① 바탕면의 평탄성 확보

② 바탕면의 Laitance와 이물질 제거·청소

③ 바탕면의 건조상태 확보: 함습비 ≤ 8%

④ 시트 이면과 바탕면을 토치로 적절하게 가열

⑤ 시트 위, 특히 겹침부위를 Roller로 압착하여 틈새 방지

2. 치켜올림 높이

　① 최소한 300mm 이상 수직으로 방수층 연장

　② 바닥면의 배수능력, 물고임, 물튀김 영향 고려

3. 담수시험

　① 물새는 곳의 유무 파악

　　• Drain Pipe 등의 배수구 밀폐

　② 수심 150~200mm가량이 되도록 담수

　③ 담수시간 ≥ 24시간

　④ 방수부위별 누수 유무 검사

4. 누름층 균열 방지

(1) 누름콘크리트 타설

　① 방수층 위에 비닐 2겹 깔고 Wire Mesh 설치

　② 또는 Wire Mesh 대용으로 섬유보강재 혼입·타설

　③ 누름층 두께 $T = 100$

(2) 신축줄눈 설치

　① 루프드레인과 Parapet에서 600mm 이내부터 설치

　　• 방수층 직전까지 Saw Cutting 실시

　② 이후부터 매 3m마다 설치

　③ 줄눈충전재: 발포성형재, 아스팔트블로운, 탄성형 Sealing재 등 사용

5213 도막방수(塗膜防水)

I 개요

1. 도막방수는 고분자(高分子) 화합물로 된 방수재료를 바탕면에 도포(塗布)하여 소요두께의 방수피막(皮膜)을 형성시키는 Membrane 방수공법의 일종이다.

2. 도막방수공사는 방수바탕 부위별 적정 재료를 선정하여 시방규정에 따라 정밀 시공하여야 한다.

특징/재료	➡	시공방법	➡	유의사항
• 특징 • 사용재료		• 바탕/프라이머/취약부 • 방수층/보호층		• 재료/바탕/방수층 • 검사/누름층

II 특징 및 재료

1. 특징

(1) 장점

① 상온시공으로 작업 용이, 시공 간단

② 액상재료 사용

③ 누수부위 발견 용이, 보수성 양호

④ 다양한 색상으로 노출외관 조정 용이

(2) 단점

① 바탕면의 고평탄성 요구

  • 균일두께의 도막시공 고려

② 방수층의 바탕추종성 미약

  • 도막 전 보강재 시공 필요

③ 바탕면의 건조상태 필요

  • 시공 전 건조상태 확인

④ 2성분계 도막재는 정확한 배합관리 필요

2. 사용재료

도막재 종류	적용부위
우레탄	지붕, 발코니, 욕실
아크릴	지붕
고무 아스팔트	지붕, 욕실
아크릴 외벽용	외벽
고무 아스팔트 지하용	지하외벽, 지하 공동구

Ⅲ 시공방법

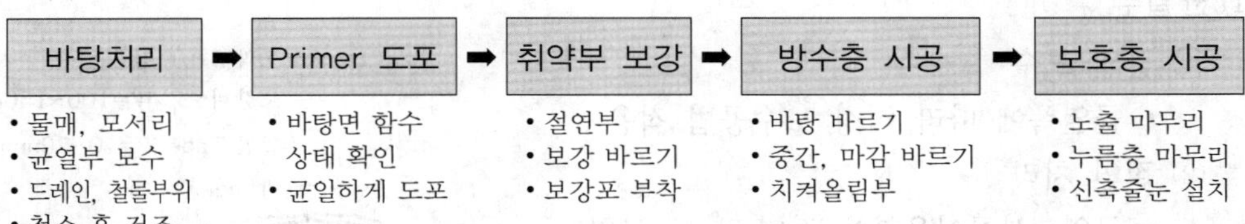

1. 바탕처리

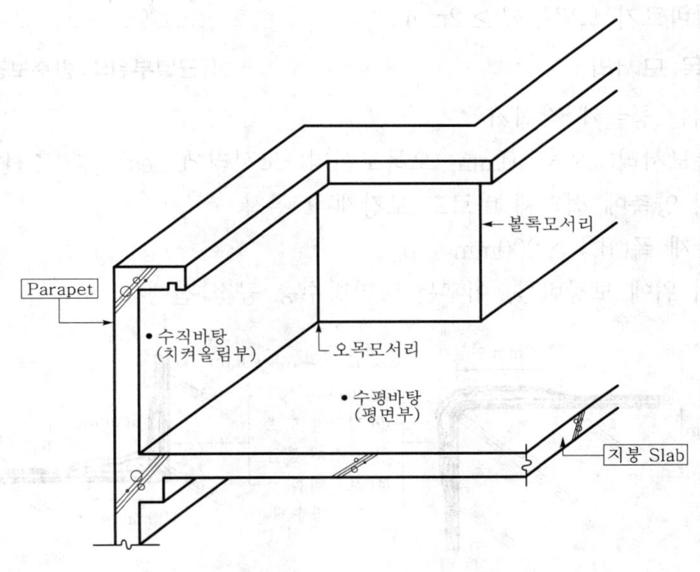

[지붕층의 방수바탕면]

① 물매: 1/50 이상 큰 물매로 바탕처리

② 볼록모서리: 둥글게 면처리, 오목모서리: 각접기 불필요 또는 Sealing

③ 바탕 균열부: 에폭시수지를 충전하여 보수

④ Drain, 철물 주위: 거친면(粗面) 처리

　• Wire Brush, Sand Paper 사용

⑤ 건조 후 청소

　• Laitance, 녹, 먼지, 모래 알갱이 제거

2. Primer 도포

① 바탕면이 완전하게 건조된 다음 Primer 도포

　• '함수율 ≤ 8~10%'일 것

② 방수바탕의 전면에 불연속 부위와 기포가 없도록 균일 도포

3. 취약부 보강

(1) 균열부

① 균열 보수

- 균열폭에 따라 적정 보수공법 적용

② 절연 처리

- 균열, 시공이음부에 절연 Tape 부착
- 또는 절연용(파라핀계) 도료 도포

③ 절연부에 보강바르기

- 보강바르기 도막두께 ≥ 2mm

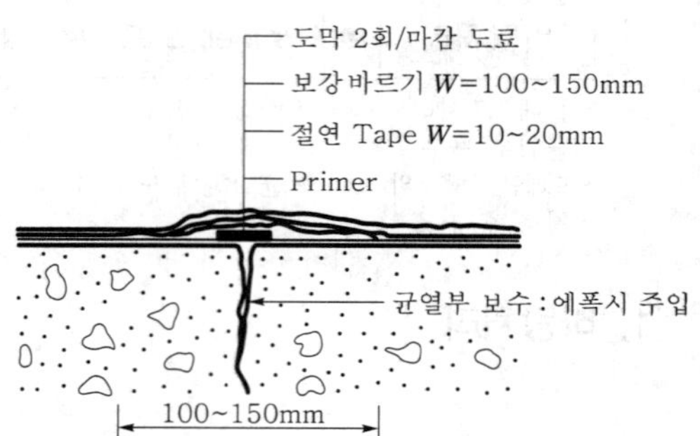

[균열부위의 방수보강]

(2) 볼록 · 오목 모서리

① 모서리는 둥글게 각접기

- 볼록모서리: $R ≒ 10$mm, 오목모서리: 모서리에 Seal재를 충전하여 각접기

② 모서리 양측에 접착제 바르고 보강재[18] 부착

- 보강재 폭(W) ≥ 200mm

③ 보강재 위에 보강바름, 이후는 도막방수층 공정 진행

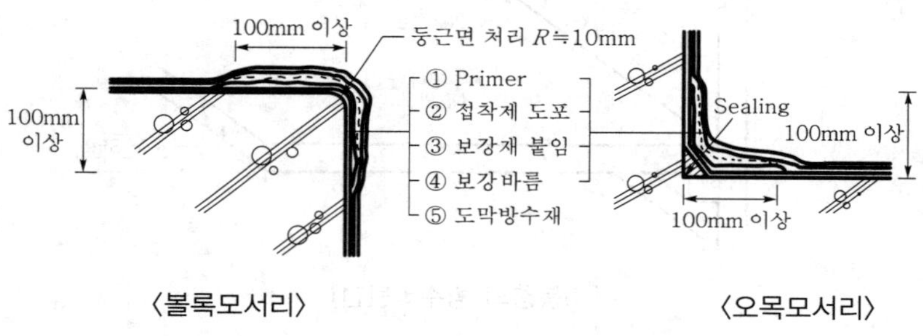

[모서리 보강]

(3) 돌출부

① 조면처리

- 방수층 치켜올림 부위까지 거친면 처리
- Wire Brush나 Sand Paper 사용

② 조면처리부에 Primer 도포

③ 보강바르기 후 방수층 공정 실시

(4) PC · ALC 접합부 및 시공이음부

① 균열부와 동일하게 절연처리

② 보강바르기 후 방수층 공정에 따라 시공

---

18) 보강재는 방수취약부를 보강하고 일정한 도막두께를 확보하기 위한 재료로, 방수재 제조업자가 지정하는 소재를 사용한다(유리섬유, 합성섬유, 가 · 비가류 고무 시트 등).

4. 방수층 시공

(1) Spray Gun 사용

　① 바탕면에 대하여 수직분사

　② Pin Hole이 없도록 균일 도포

(2) 시공순서

　① 치켜올림부에서 평면부 순으로 시공

　② 낮은 곳에서 높은 곳으로 진행

(3) 겹침바르기

　① 전(前) 공정(하도)과 직교(直交)하여 교차 도포

　② 겹침이음폭 ≥ 50~100mm

　③ 바름시간 간격 유지

　　• 도료제조사의 시방 준수

[방수층 단면]

5. 보호층 시공

(1) 노출형(비보행용 바닥)

　① 방수층 위에 실러 도장

　② 3~5년마다 재도장

(2) 누름층 시공(보행용 바닥)

　① 단열층 미설치

　　• 방수층 위에 폴리에틸렌시트 설치하고 누름콘크리트 타설

　　• 또는 보호 Mortar 시공

　　• 누름콘크리트: $T=80mm$, 보호 Mortar: $T=40mm$

　② 단열층 설치

　　• 방수층 위에 단열재와 폴리에틸렌시트를 설치한 다음 누름콘크리트 타설

　③ 치켜올림부

　　• 0.5B 조적 후 조적면의 뒤(裏面)에 Mortar 사춤, 전면은 미장마감 및 수성도장

Ⅳ 유의사항

1. 방수재료 관리

　① 방수재 유효사용기간과 재료 시험성적서 확인

　② 도막재와 시너의 지정 배합비 준수

　③ 전동교반기 사용, 용액 속의 기포 방지

　④ 교반용기 사용 전 잔류용액 제거

2. 방수바탕면

① 이물질 제거

② 건조상태 확인 후 시공, 함수율 ≤ 8~10%

③ 취약부 보강 철저

- 돌출, 모서리, 균열, Joint 부위의 도막재 박리가 없도록 보강포 처리

3. 방수층 시공

① 균일한 도막두께 유지

② Pin Hole 방지, 도막재 도포 전 바탕면의 이물질 제거

- 도포 후 비산 이물질로부터 보양

4. 방수검사

① 방수층 공정 후 보호마감층 시공 전 검사

② 방수층 도막두께 측정

- Dial Gauge 계측, 도막두께 ≥ 3~6mm

③ 담수시험

- 바닥면의 드레인과 파이프 설치부위 밀폐
- 15~20cm가량의 수심으로 24시간 이상 담수하여 누수 여부 확인

5. 누름층 균열 방지

① 누름층 시공 시 섬유보강재 혼입 후 타설

- 나일론 섬유재 1~1.2kg/6m^3 혼입

② 누름층 시공 후 일정간격으로 신축줄눈 설치

- Saw-Cutting 후 Sealing재 충전

---

tip **도막방수의 열화현상 및 원인**

모서리 들뜸 및 파단	모서리의 바탕처리 및 보강 미흡
Drain 주위의 파단	청소 및 Primer 도포 불량
방수층의 마모, 부풀음, 파단	도막두께 부족, 보강재 부착 불량, 유지관리 미흡
변·퇴색	마감도료 불량, 유지관리 부실
쵸킹 현상	• 고저온에서 시공, 바탕 청소 불량 • 적층간격 미흡, 바탕면의 요철 등이 원인

5214 시트방수

Ⅰ 개요

① Sheet 방수는 합성고무, 합성수지, 고무 아스팔트 등을 합성하여 성형한 1~3mm가량의 고분자 시트를 바탕면에 접착제와 고정철물로 방수층을 형성시키는 멤브레인방수의 일종이다.

② 방수층 시공방법에는 접착공법과 금속고정공법이 있으며, 건축공사표준시방서에는 접착공법을 전면접착 또는 부분접착으로 구분하고 있다.

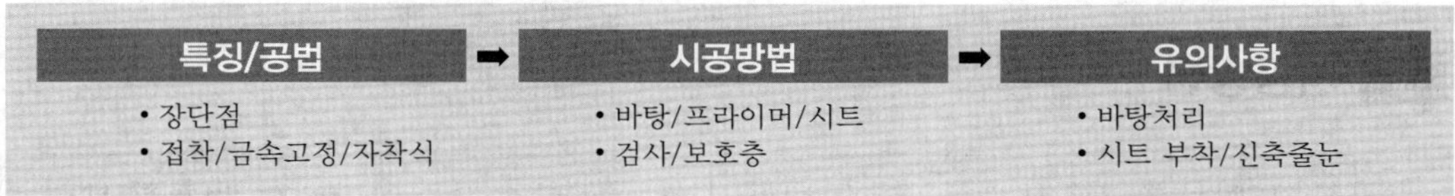

Ⅱ 특징 및 공법

1. 특징

(1) 장점

① 신장성과 내후성 우수

② 방수재 경량

③ 상온 시공 가능, 공정이 간단하여 공기단축 유리

④ 아스팔트방수에 비하여 환경공해와 오염 적음

(2) 단점

① 접착불량 시 균열 · 박리

② 얇은 방수층, 파손 우려

③ 시트재의 바탕거동 추종성 미흡

• 모서리와 구석 부위의 시공 곤란, 바탕면 균열 시 시트재 파단

④ 겹침부위의 방수성능 취약

2. 공법의 종류

(1) 접착공법

① Primer와 접착제를 바탕면에 도포

• 그 위에 방수 시트를 Roller로 압착하면서 방수층을 형성시키는 공법

② 가황 · 비가황고무계 시트 사용

③ 접착제 도포면적에 따라 전면접착공법과 부분접착공법으로 구분

(2) 금속고정공법

① 고정 철물을 이용하여 방수 시트재를 바탕면에 고정하여 방수층 형성

② 시공이 간편하고 들뜸에 의한 방수층의 박리현상 방지

③ 용제의 접착성과 열융착성이 우수한 염화비닐계시트 사용

(3) 자착식공법

① 접착제 도포가 불필요한 시트를 사용하여 방수층 형성

② 고무 아스팔트계, 부틸고무계, 천연고무계 시트 사용

Ⅲ 시공방법

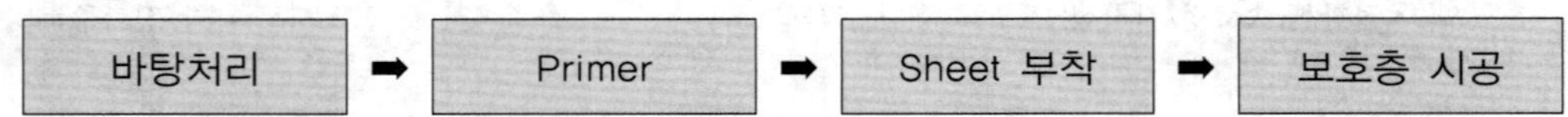

1. 바탕처리

① 바탕면 균열부 보수

② 바탕면 평활도 확보, 필요시 고름 Mortar를 15~20mm 두께로 시공하여 평활도 확보

③ 바탕면 건조 후 청소

2. Primer 도포

① 건조상태 확인 후 Primer 균일 도포

② 당일 방수층 작업량 정도만 도포

③ Roller, Spray Gun, 솔 등 이용

3. Sheet 부착

(1) 접착제 도포

① Primer의 건조상태 확인 후 접착제 도포

② 접착제의 Open Time 고려

③ 솔과 롤러 이용, 바탕면에 균일 도포

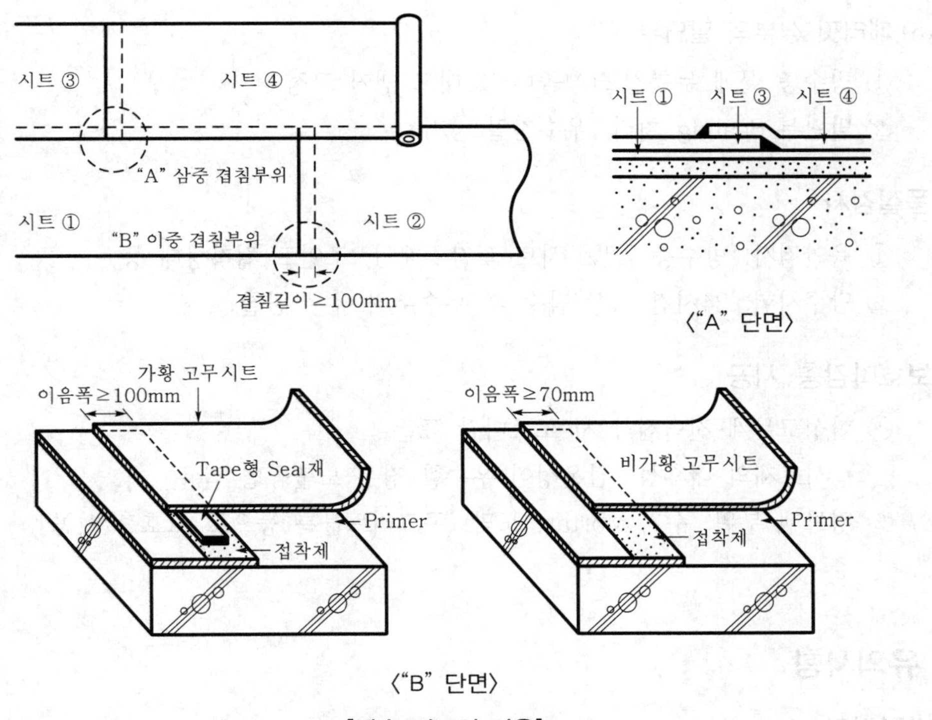

[방수 시트의 이음]

(2) 취약부 보강

① 콘크리트 시공이음부, 균열부

- Joint에 절연재 붙이고 보강시트 부착
- 절연재폭(W) ≥ 50 mm, 보강시트폭(W) ≥ 200mm

② 볼록 · 오목 모서리

- 오목모서리의 보강시트는 접어서 접착
- 볼록모서리는 불연속 부위가 없도록 보강 시트를 덧대어서 보강

③ 루프드레인 부위

- 드레인 매입날개와 슬래브 경계면에 비가황고무 시트를 부착하여 보강

(3) 평탄부

① 시트 굽힘과 과도한 신장 방지

② 공기 혼입과 주름 방지

③ 겹침이음길이 ≥ 100mm, 아래쪽 시트가 위쪽 시트 밑에 위치

(4) 파이프 돌출부

① 물고임 높이 고려, 시트 부착높이 적용

② 바닥과의 경계, 시트 말단부위는 Sealing 처리

(5) 패러핏 상부의 말단부

① 방수층 끝에 누름철물(Al졸대)을 대고 앵커 고정

② 말단부 Sealing 처리, 우수침입 방지

4. 품질검사

① 육안검사: 방수층 들뜸, 시트 찢김·패임, 조인트 접착상태 등

② 담수시험: 24시간 이상 담수 후 누수부위 유무 관찰

5. 보호마감층 시공

① 합성고무계 전면접착 시 도료마감 표준

　• 시트재의 내후성·감온성이 우수할 경우 노출공법 적용

② 경보행 부위: 수지 Mortar, 도막, 콘크리트블록 등으로 보호층 시공

Ⅳ 유의사항

1. 바탕처리

① 평활도, 건조상태 확보

② 물고임 방지를 위한 바닥면의 구배 확보

　• 보행용: 1/100~1/50, 비보행용: 1/50~1/20

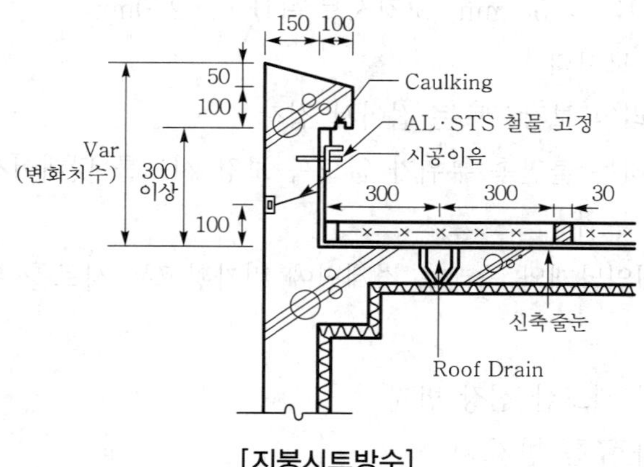

[지붕시트방수]

2. 시트 부착

① 무리한 신장 금지

② 기포, 주름, 공극이 없도록 Roller로 압착

③ 접착제의 Open Time 준수

3. 신축줄눈

① 평면부 누름콘크리트 타설·양생 후 설치

② 간격: 3~5m

③ 누름콘크리트의 신축에 의한 방수층 손상방지

tip 시트방수의 열화현상(劣化現狀)과 원인	
열화현상	• 모서리의 들뜸 • 드레인 주위의 박리 • 파이프, 이음부위의 박리 • 말단부 Seal재의 열화 • 방수층의 부풀음, 박리, 주름, 손상, 파단 • 마감도료의 퇴색, 박리
열화원인	• 바탕처리 미흡(돌기물의 미제거) • 접착제 불량, Open Time Over • 시트재 불량, 압착 불량으로 공기 흡입 • 겹침부위의 접착 불량 • 파이프, 드레인 주위의 상세처리 미흡 • 말단부 처리 불량

5215 벤토나이트방수

I 개요

1. Bentonite는 응회암, 석영암 등의 미세 점토물질이 화산폭발 시 염수와 작용하여 생성된 광물이며, 분말은 물과 접촉하면 팽창성 젤라틴막을 형성하여 구체 틈새의 침투수를 차단한다.
2. Panel, Sheet, Mat 형태의 벤토나이트 방수재는 주로 지하층에 적용한다.

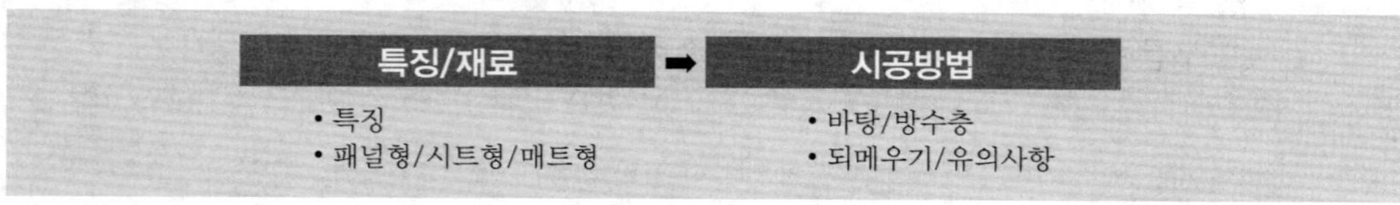

II 특징 및 재료

1. 특징

① 시공 용이, 장비 간편
 • 콘크리트용 못, 와셔 못, 망치, Stapler 등의 간편한 도구 사용
② 젖은 바탕에 시공 가능
③ 전천후 시공 가능
 • 강설·강우 영향이 적고 기온 영향이 없음
④ 내수압, 내구성, 내화학성 우수

2. 재료

(1) Panel형

 ① 파형(波形)의 단열심관을 가진 패널형 방수재
 ② 심관(心管)에는 팽창성 Bentonite 점토분말 충전

(2) Sheet형

 ① 고밀도합성고분자계 시트와 압밀 벤토나이트를 일체화시킨 방수재
 ② 이중방수[19] 효과를 기대할 수 있는 합성재료

(3) Mat형

 ① 폴리프로필렌 직포와 부직포 사이에 Bentonite를 충전시킨 방수재
 ② 건조·수화된 상태에서 사용

---

19) 고분자 시트재가 외측면에서 1차 물을 차단하고, 침투수는 벤토나이트 입자의 팽윤현상으로 틈새를 충전하여 방수 성능을 발휘한다.

Ⅲ 시공방법

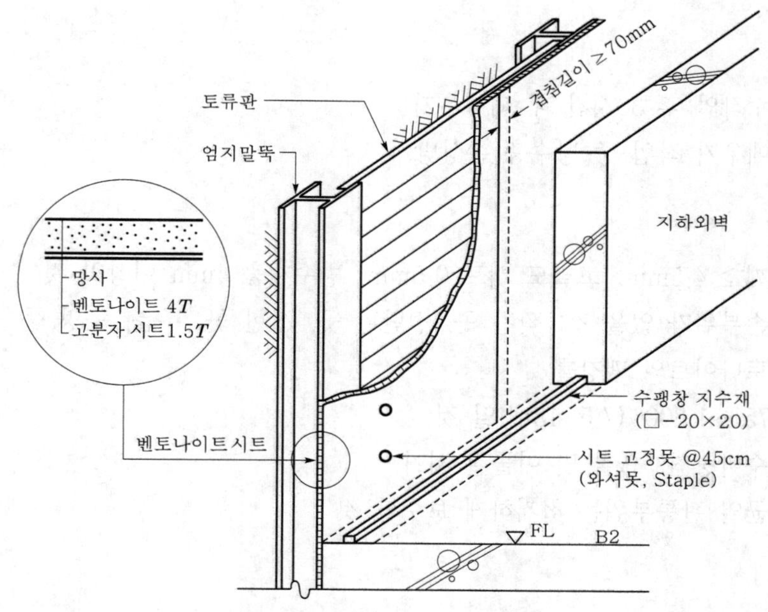

[벤토나이트방수: 지하외벽]

1. 바탕처리

① 결함부위에는 Bentonite Sealant를 충전하여 보수
  • 시공이음부, Form-Tie, Seperator 구멍, 균열부 등
② 유입된 수분은 배수처리한 후 시공

2. 방수층 시공

(1) Panel형

① 겹침길이 ≥ 50mm
② 못을 일정한 간격으로 박아서 패널 고정
③ 보강 덧바름: 관통부위와 Slab 모서리 등
④ 말단부는 AL졸대를 대고 앵커 고정

(2) Sheet형(합벽면)

① 방습시트(폴리에틸렌필름) 설치 후 Bentonite Sheet 설치
  • Bentonite층이 구체측에 접하도록 설치
② '바닥＋벽체' Joint 부위
  • Bentonite Sealant로 구석의 틈새 충전
③ Sheet 고정
  • 콘크리트용 못을 45cm 간격으로 박아서 고정

④ 겹침길이 ≥ 70mm, 겹침부위는 Tape로 접착 처리

⑤ 말단부위: 시공 후 AL 졸대를 대고 못 고정

3. 되메우기

① 방수작업 후 36시간 내 되메우기

② 되메우기 작업 중 방수층 손상방지

4. 유의사항

① 두께 ≥ 4.5mm: 고밀도 시트 0.5mm, 방수재층 4mm 이상일 것

② 결손부위가 없을 것: 찢긴 곳, 절단된 곳, 접힌 곳, 주름, 구멍 등

③ 벤토나이트의 팽창률

- 750~1,300%(7.5~13배)일 것

④ 방수바탕면: 요철 및 이물질 제거

- 균열 관통부위는 철저하게 보수할 것

5216 　복합방수

I　개요

1 방수재료의 발달로 인하여 물성(物性)이 우수함에도 시공 난이도와 작업자의 숙련도에 따라 균일한 방수성능을 확보하는 일은 대단히 어려운 과제이다.

2 복합방수는 2종 이상의 재료나 공법을 조합시킨 방수로서 적용사례가 많은 최신 공법을 중심으로 살펴보고자 한다.

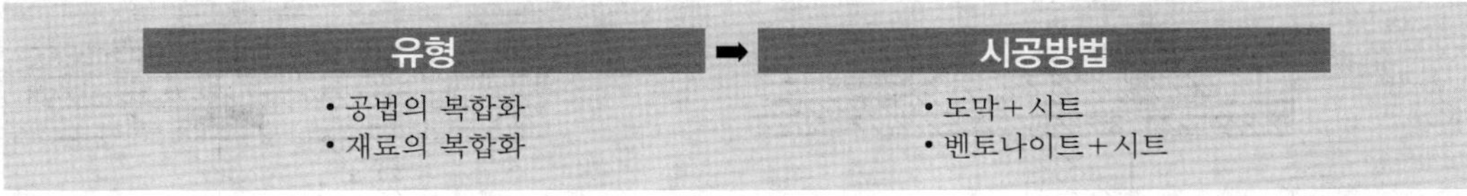

II　유형

1. 공법의 복합화

아스팔트방수	• 열공법(수평부)＋상온공법(수직부) • 열공법(수평부)＋토치공법(수직부) • 상온공법(방수1층)＋열공법(나머지층) • 토치공법＋뿜칠공법, 상온공법＋뿜칠공법: (지하층 외벽 및 바닥)
시트방수	접착공법＋기계적공법

① 동일재료 사용

② 위치별 상이한 공법 적용(아스팔트방수)
  • 수평부와 수직부, 적층일 경우 제 1층과 나머지 층으로 구분

③ 동일위치에 다른 공법(시트방수)
  • 접착공법의 단점을 기계적공법으로 보완

2. 재료의 복합화

도막＋시트	• 도막재 도포 후 시트재를 접착시키는 공법, 겹침이음 적용 • 또는 시트재 접착 후 도막재를 후시공하는 공법, 맞댐이음 적용
벤토나이트＋시트	• 시트 이면에 벤토나이트 입자층을 부착시킨 방수재 사용 • 주로 지하외벽이나 기초바닥에 적용

① 이질재료별 장점을 복합화

② 복합방수재 사용, 2중 방수효과 기대

③ 도막재의 이음 및 접착 효율, 시트방수재의 내후성

④ 벤토나이트의 팽윤성과 시트방수재의 안정성 등을 고려

Ⅲ 시공방법

1. '도막재＋시트재' 방식

(1) 특징

① 도막재로 이음새 없는 바닥방수층 형성

② 내후성 있는 시트재 사용, 상부 방수층을 이중으로 형성

③ 시공이음(Joint) 부위의 취약화 개선

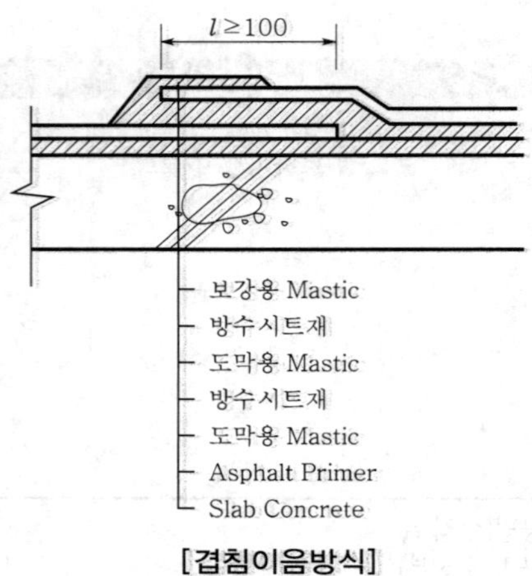

[겹침이음방식]

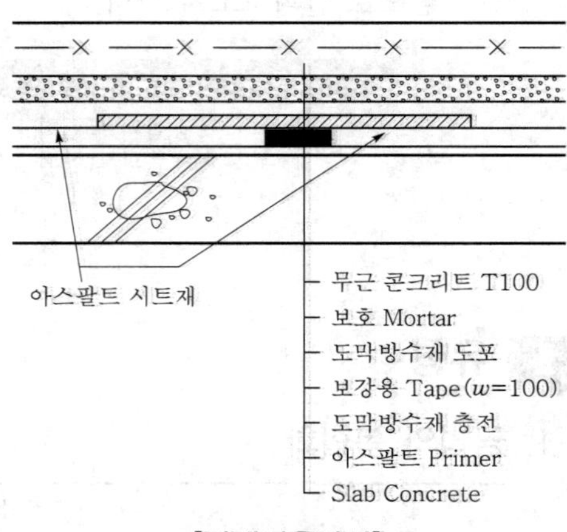

[맞댐이음방식]

(2) 겹침이음방식

① 바탕면에 Primer 도포 후 도막용 Mastic[20] 도포

② 도막용 Mastic 위에 시트재 접착

③ 방수이음부는 100mm 이상의 겹침길이 확보

④ 보강용 Mastic을 이음부위의 상·하층에 균일 도포

(3) 맞댐이음방식

① 바탕면에 Primer 도포 후 시트재 부착

　• 자착식 시트재 사용

② 이음부위는 10~20mm 가량 띄우고 도막방수재 충전

③ 이음부위의 상부에 보강용 Tape 접착

④ 시트재 상부의 전면에 도막방수재 도포

　• 우레탄 또는 고무아스팔트 도막재 적용

(4) 적용부위

① 지하주차장 상부

② 옥상녹화방수

---

20) 아스팔트에 석분과 모래를 넣고 혼합·가열한 재료

2. '벤토나이트＋시트재' 방식

(1) 특징

① 고밀도 시트재의 내수압성과 벤토나이트의 팽윤성으로 이중방수막 구조 형성

② 시공 간단, 접착제 불필요, 못으로 고정

③ 젖은 바탕 적용 가능

④ 지하 외방수: 지하외벽, 기초 하부 등에 적용

(2) 시공방법

① 벤토나이트면이 바탕면에 접하도록 설치

② 와셔(Washer) 달린 못으로 시트재 고정

5217 시멘트 액체방수

Ⅰ 개요

1. 경화 콘크리트의 모세공극 표면에 방수제를 혼합한 시멘트모르타르를 이용하여 방수층을 형성하는 공사이다.
2. 방수층의 품질은 특히 바탕면의 처리상태에 좌우되므로 공사시방에 따라 정밀 시공한다.

적용/특징	→	시공방법	→	유의사항
• 적용부위 • 특징		• 바탕/방수층 • 양생		• 바탕면/방수층 • 균열유발줄눈/공정 연관성

Ⅱ 적용 및 특징

1. 적용부위

① 지하실 안 방수, 이중벽방수 채용부위
  • 침투수압 영향이 적은 곳에 적용
② 욕실, 발코니 바닥
③ 지붕 Slab, Roof Drain 주변부 등

2. 특징

① 시공결함부 발견 용이
② 공사비 저렴, 누름층 불필요
③ 방수층의 신축성 부족, 균열 우려
④ 철저한 바탕처리 필요
⑤ 방수성능, 내구성 미약

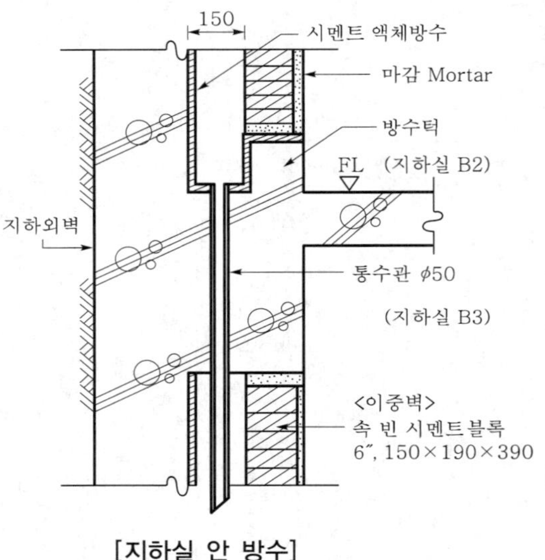

[지하실 안 방수]

Ⅲ 시공방법

바탕처리	→	방수층 시공	→	양생
• 물매처리 • 평면부 · 치켜올림부		• 방수 시멘트풀, 방수용액, 방수 Mortar 시공		• 유해충격 방지 • 한중 초기동해 방지

1. 바탕처리

① 물고임 방지를 위하여 1/100~1/20의 물매 유지
- 보호층 시공 시 1/100~1/50, 보호도장이나 노출마감 시 1/50~1/20

② 구체의 평면부를 쇠흙손으로 평활하게 처리

③ 치켜올림부 모서리
- 오목모서리: 직각 면처리(아스팔트 방수층은 삼각 면처리)
- 볼록모서리: 완만한 면처리

2. 방수층 시공(바닥)

① 바탕면 물축임
- 방수액이 지나치게 흡수되는 것을 방지하기 위해 실시

② 방수시멘트 Paste 1차 도포(P)
- '시멘트+방수제+물'을 전동교반기로 5분 이상 비빔 후 사용

③ 방수용액 도포(L)
- '방수제+물'을 혼합하여 방수 시멘트페이스트(P)가 경화한 다음에 도포

④ 방수시멘트 Paste의 2차 도포(P)

⑤ 방수 Mortar 바름(M)
- 방수 모르타르 배합순서

- 최종 바름 후 솔·빗자루 등으로 거친면 마감

3. 양생

① 양생 중 유해충격과 하중재하 방지

② 한중 시 초기동해 방지, 방풍막 설치 및 급열양생 철저

Ⅳ 유의사항

1. 방수바탕면

① 요철부, Cold Joint, 콘크리트 시공이음부의 바탕처리

② 균열부, Form Tie, Separator 관통부의 보수

③ 특히 바탕물매에 유의

④ '배수관-구체' 틈새의 누수방지 선조치
- 고점도 겔타입 도막재 사용 고려

2. 방수층 시공 시

① 공정 간 바름간격 준수

② 구석, 모서리 등 마모되기 쉬운 곳은 덧칠하여 보강

- 방수턱 측면까지 누락 없도록 보강

③ 방수용액의 겹침이음폭 $\geq 100mm$

④ 말단부는 솔을 이용하여 바탕에 방수재를 눌러서 밀착

⑤ 방수 Mortar Open Time ≤ 45분

3. 균열유발줄눈 설치

① 제조사 특기시방에 의거

② 콘크리트 시공이음부와 일치하도록 설치

③ 줄눈간격: 1m, 줄눈폭: 9mm, 줄눈깊이: 6mm

4. 선 · 후행 공정 연관성 확보

① 바탕체 선행 공정

- 드레인 배수 레벨, 바탕체와 드레인 틈새 방지

② 후속공정

- 타일마감 공정 등

5218 실링방수

I 개요

① 실링방수는 구조 및 마감재의 접합부 틈새에 수밀재료를 충전하여 기밀성과 방수성을 확보하는 공사이다.

② 실링 방수재는 바탕면과 Joint의 요구성능을 충족하여야 하며, Joint의 설계깊이만큼 정확하게 충전하여 수밀성과 내구성을 확보한다.

③ 방수층의 시공을 전후로 Joint 설계와 실링재의 적정성 검토, 백업재 설치, Sealing재 충전 등의 확인 · 검사가 필요하다.

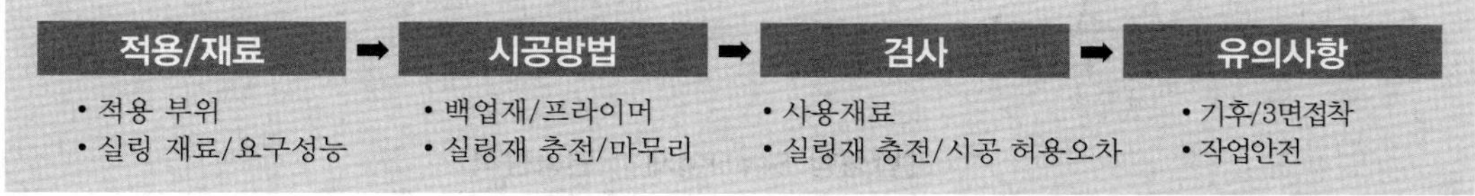

II 적용 및 재료

1. 적용부위

① 외벽 마감부위의 Joint
- 유리와 새시의 접합부
- 석재마감 Joint, 커튼월의 패널 Joint

② PC접합부

③ Membrane 방수층의 말단부 마감처리

④ 균열 제어를 위한 기능줄눈부의 충전

⑤ Flashing(패러핏 상부의 두겁대) 말단부의 코킹

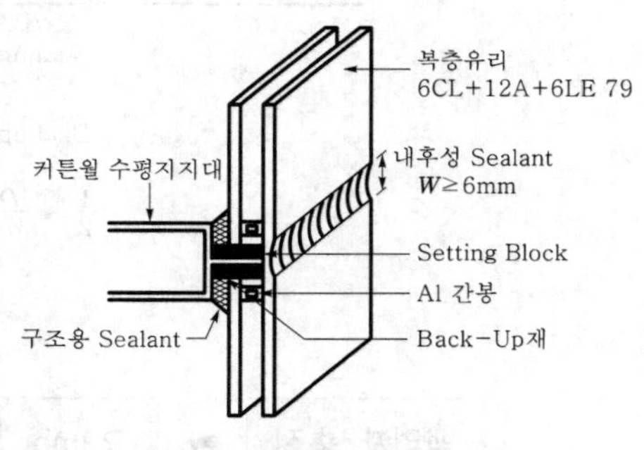

[유리 접합부의 Sealing]

2. 실링 재료[21]

구분		재료
1성분형	습기경화	실리콘, 변성 실리콘, 폴리설파이드, 폴리우레탄 등
	산소경화	변성폴리설파이드계
	건조경화	에멀션형: 아크릴, SBR
		용제형: 부틸고무
	비경화	실리콘매스틱, 유성 코킹제
2성분형	반응경화	실리콘, 변성 실리콘, 폴리설파이드, 아크릴우레탄, 폴리우레탄 등

---

21) 방수공사핸드북, 대한전문건설협회 미장방수협의회, 2003

3. 요구성능

① 접착성

② 수밀 · 기밀성

③ 신축 · 내구성

④ 비오염성, 무변색성 등

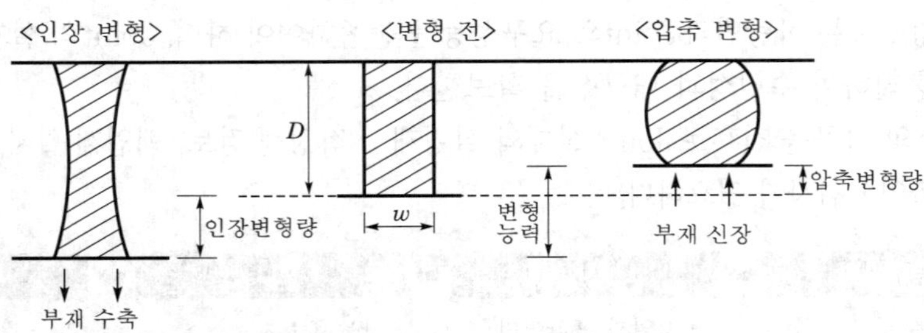

[탄성형 Sealing재의 변형능력]

Ⅲ 시공방법

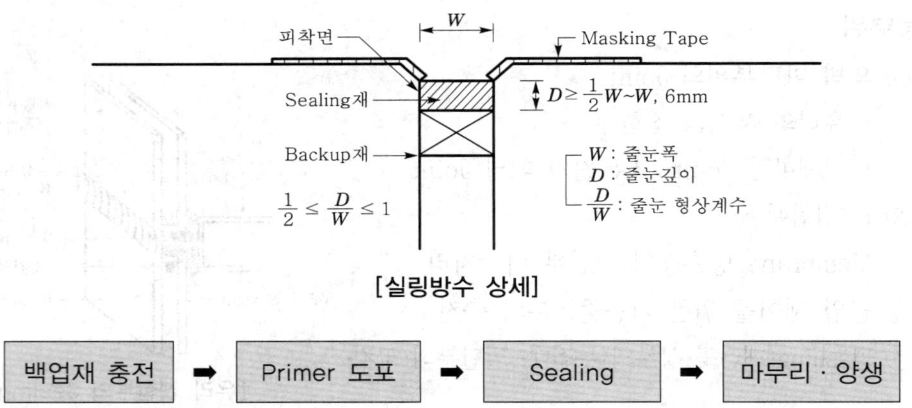

[실링방수 상세]

| 백업재 충전 | ➡ | Primer 도포 | ➡ | Sealing | ➡ | 마무리 · 양생 |

1. 백업재 충전

▶ 바탕청소 후 실시한다.

(1) Bond Breaker[22]

① 얕은 줄눈부에 적용

② 줄눈바닥에 Bond Breaker(절연 Tape) 부착

③ 폴리에틸렌테이프, 실리콘 처리 테이프 사용

---

22) Joint 깊이가 얕은 부위에서 소정의 줄눈깊이를 확보하고 줄눈바닥과 실링재의 접착(Bond)을 절연(Break)하여 3면접착파괴를 방지하기 위한 절연용 테이프

(2) Back Up재 설치

① 줄눈부가 깊을 때 적용

　• 적정 줄눈깊이 유지, 실링재 낭비 방지

② 실링재 내측으로 설치

　• 백업재 설치용 지그(Jig) 사용

③ 재질과 형상

　• 각형이나 원형의 형상, 줄눈폭보다 약간 굵은 것이 적당

　• 유연한 기포체의 합성수지나 합성고무재질의 기성제품 사용

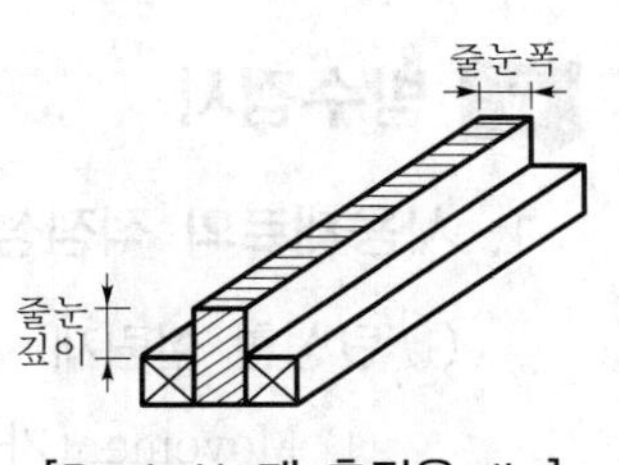

2. Primer 도포

(1) Masking Tape 부착

① 줄눈부 주위의 실링재 오염 방지

② 실링재 충전부 경계면 주변에 부착

③ 종이 또는 비닐재 사용

(2) Primer 도포

① 피착면에 균일 도포

② Joint 주위 비산 방지, 단위면적당 도포량 준수(kg/m^2)

3. 실링재 충전

① 교차부와 구석모서리에서 개시

② 실링재 내 기포혼입 방지

③ 충전기구는 줄눈폭에 맞는 노즐의 Gun 사용

　• 2성분계 코킹건 또는 컴프레서건(Compressor Gun) 사용

　• 소량일 때에는 1성분계 카트리지용 코킹건 사용

4. 마무리, 청소

① 실링재를 충전하고 주걱으로 눌러서 표면을 평활하게 마감

② 주걱마감 후 Masking Tape 제거

③ 굳기 전에 주변에 부착된 Seal재 제거

④ 실링재의 충전부에 먼지부착, 손상, 오염이 되지 않도록 보양

⑤ 경화 시까지 바탕면을 고정시키고 유해 충격 방지

Ⅳ 방수검사

1. 사용재료의 적정성

(1) 탄성형 실링재

① Movement가 큰 Joint에 적합

② 유리, 실내줄눈, 금속재 커튼월 외부에 적용

(2) 비탄성형 실링재

① PC재 또는 콘크리트 바탕, 거동량이 적은 Non-Working Joint에 적용

② 유성 Caulking재, 아스팔트 Caulking재 등

(3) 성형 실링재

① 부재의 실내측, 유리 Joint 등에 적용

② 지퍼형·끈모양·Tape형 Seal재 등

2. 실링재 충전

① 실링재 충전하기 전 검사

② 백업재 설치깊이의 적정성 검사

③ Seal의 표면마무리, 접착상태

④ Seal재 내의 기포 유무

⑤ Seal재의 Modulus 등을 Sampling하여 검사

3. 시공 허용오차

① 줄눈중심오차: 2~3mm

② 줄눈부 단차: 2~4mm

③ 줄눈폭: 3~5mm

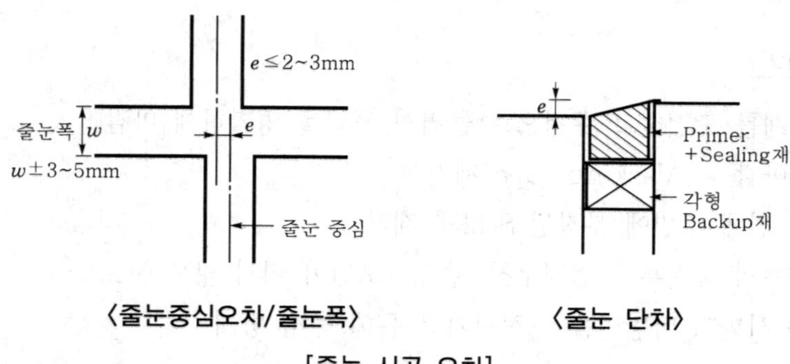

[줄눈 시공 오차]

Ⅴ 유의사항

1. 부적합 기후

① 강우, 강설 시 작업금지

② 기온이 5℃ 이하이거나 30℃ 이상

③ 바탕 표면온도 ≥ 50℃

④ 습도 ≥ 85%

2. 3면접착파괴 방지

① 실링재의 바탕추종성 고려, 2면·3면 접착파괴 방지

② 줄눈형상과 깊이에 따라 적합한 Bond Breaker나 백업재 사용

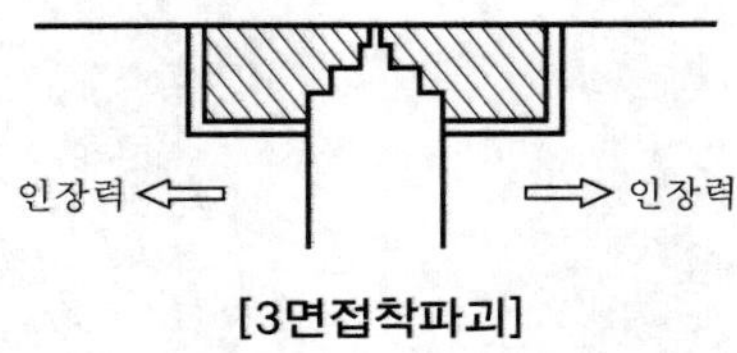

3. 작업안전

① 밀폐공간 작업 시 환기 철저, Primer에 의한 질식사고 방지

② 작업발판의 안전높이 확보

5219 실링방수 하자

Ⅰ 개요

1 실링방수에서 실링재는 접착강도를 갖고 변질되지 않아야 하며 부재의 장기간 반복거동 (Movement)을 고려하여야 한다.

2 실링방수의 하자 유형에는 접착파괴, 응집파괴, 줄눈오염, 변질 등이 있다.

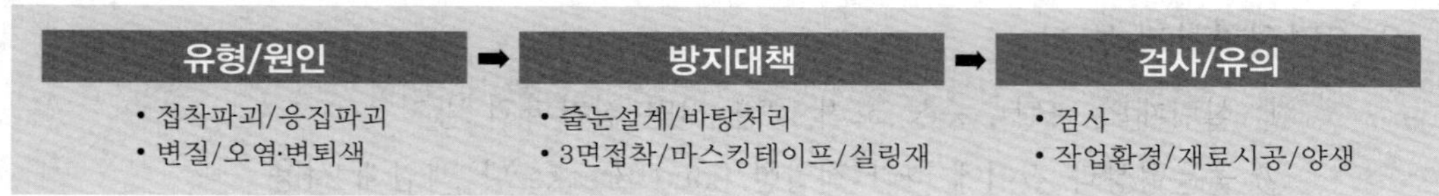

Ⅱ 하자 유형 및 원인

1. 접착파괴(박리)

▶ 실링재 접착강도가 바탕면 거동(Movement)응력보다 작을 때 발생하는 파괴 현상을 말한다.

(1) 피착체표면 접착파괴

① 피착체의 표면경도 부족

② 표층이 박리되는 하자

(2) 피착면-Primer 접착부 박리

① 표면바탕의 먼지, 녹, 오염물질 영향

② Primer의 혼합 · 도포 불량

③ 줄눈깊이 부족: $D \le 6\,mm$

(3) Primer-Sealing재 접착파괴

① Primer와 Seal재의 부조화

② 실링재의 열화

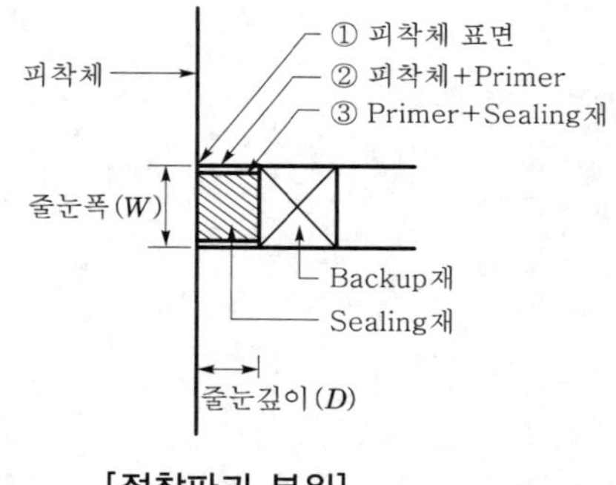

(4) 실링재의 3면접착파괴

① 실링재가 Joint 측면과 바닥의 3면에 접착

② 바탕면 거동 시 인장응력으로 바닥면에서 실링재 파단

2. 응집파괴(피로파괴, 破斷)

▶ 바탕면 거동의 장기간 반복에 의한 피로누적으로 실링재가 파괴하는 현상을 말한다.

① 줄눈부 거동량 산정 미흡

② 실링재 설계신축율 과다 산정

③ 경화 중의 거동량 미고려

④ 외기 · 일사에 장기간 노출, 실링재가 열화되어 응집파괴

⑤ Joint의 단면설계 미흡: 줄눈폭(W)과 줄눈깊이 부적합

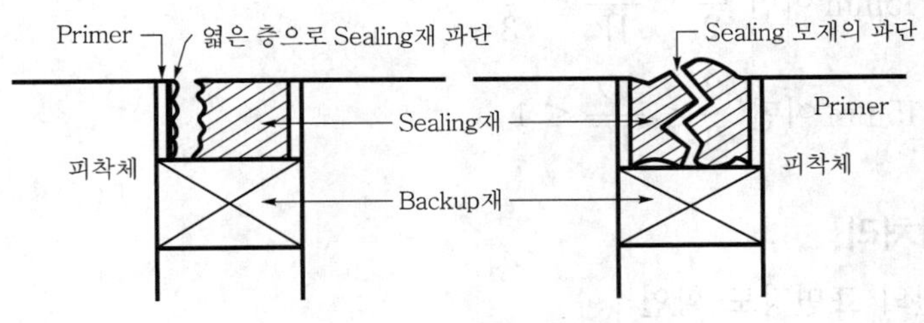

[Sealing재 응집파괴 유형]

3. 실링 재료 변질

① Seal재, Primer의 변질

② 온도, 습도, 일사에 의한 재질 변화

③ 실링재의 부적합한 배합, 마감도료의 부적합 등에 기인

4. 줄눈부 오염 및 변 · 퇴색

① 곰팡이 번식, 먼지 오염

② 자외선에 의한 변 · 퇴색 등

Ⅲ 하자 방지대책

1. 줄눈설계

(1) 줄눈폭(W)

$$W \geqq \frac{\delta}{\xi} \times 100 + t, \ \delta \geqq \alpha \times L \times \Delta t \, (1-k)$$

여기서, δ: Joint 변위량(m/m)

ξ: Seal재의 허용 변형률(%)

t: 줄눈의 시공 허용차

Δt: 부재의 표면온도

k: 부재의 구속률

α: 부재의 열팽창 계수

L: 부재의 길이

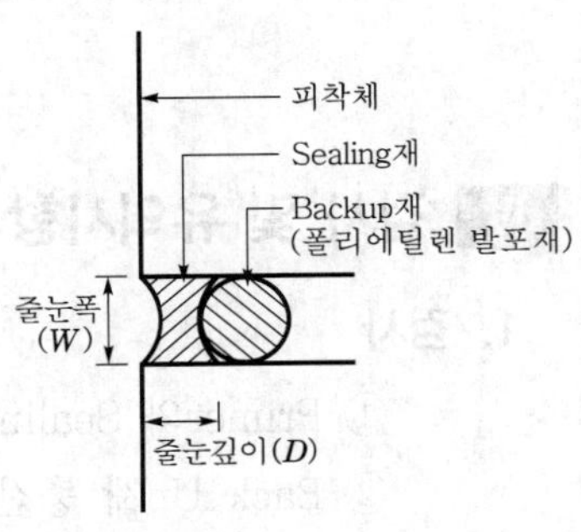

[줄눈설계 요소]

(2) 줄눈형상계수 $\left(\dfrac{D}{W}\right)$

① 줄눈깊이(D) $\geq$ 6mm

② '$W \geq$ 15mm'이면 $\dfrac{1}{2} < \dfrac{D}{W} \leq \dfrac{2}{3}$

③ '$W <$ 15mm'이면 $\dfrac{2}{3} < \dfrac{D}{W} \leq 1$

2. 피착면 바탕처리

① 피착면의 표면강도 확인

② 단차, 돌기물 제거, 물기, 기름, 흙, 먼지 등 제거

3. 3면접착 방지

① 줄눈이 깊을 때: Back Up재 충전

② 줄눈이 얕을 때: Unbonded Tape 부착

4. Masking Tape 붙임

① 줄눈부의 주변 오염 방지

② Seal재 충전 후 제거

5. 실링재 배합 · 충전

① Primer 도포, 바탕면과 실링재에 적합한 것 사용

- 바탕면에 얼룩 없이 균일 도포

② 2성분계의 실링재: 전동교반기로 충분하게 혼합

③ 실링재 충전, 줄눈나비에 맞는 노즐의 Gun 사용

- 구석과 교차부에서 개시하여 기포가 없도록 수밀하게 충전

④ 주걱마무리: Seal재가 바탕면에 밀착하도록 누르면서 마무리

Ⅳ 검사 및 유의사항

1. 검사

① Primer와 Sealing재의 제조일, 사용기한 등 사용환경 확인

② Back Up재 충전상태

③ Sealing 표면마무리 상태: 기포, 모듈러스(배율) 등을 발췌검사

2. 시공 시 유의사항

(1) 작업환경의 적합성 검토

① 악천후일 때 작업금지: 강풍, 강우, 강설 등

② 저온, 고온일 때 작업금지

- $30℃ \leq 기온 \leq 5℃$, 피착체 온도 $\geq 50℃$

③ 습도가 높을 경우 작업금지, 습도 $\geq 85\%$

(2) 재료 사용 및 시공속도

① 이종재료 사용 시 상호접착성 검토

② 2인 1조의 작업조가 평균 25~30m/h의 속도로 시공

(3) 양생 철저

① 경화 중 먼지 부착과 손상, 바탕재의 거동이 없도록 보양

② 실링재 건조시간 준수

5221 ㅣ 지하실방수

I 개요

1. 지하실방수공법에는 안 방수(內방수)공법과 바깥 방수(外방수)공법이 있으며, 지하수압, 시공성, 유지관리 및 경제성을 고려하여 적합한 공법을 채용한다.
2. 특히, 지하외벽에 방수층을 설치할 때에는 흙막이와 외벽 사이의 작업공간과 되메우기 이후의 유지관리용이성을 검토한다.

안 방수	➡	바깥 방수	➡	유의사항
• 기초바닥 • 지하외벽		• 기초바닥 • 지하외벽		• 안 방수 • 구체/바탕

II 안 방수공법

▶ 토류벽과 지하외벽 사이의 작업공간이 여의치 않을 경우 불가피하게 적용한다.

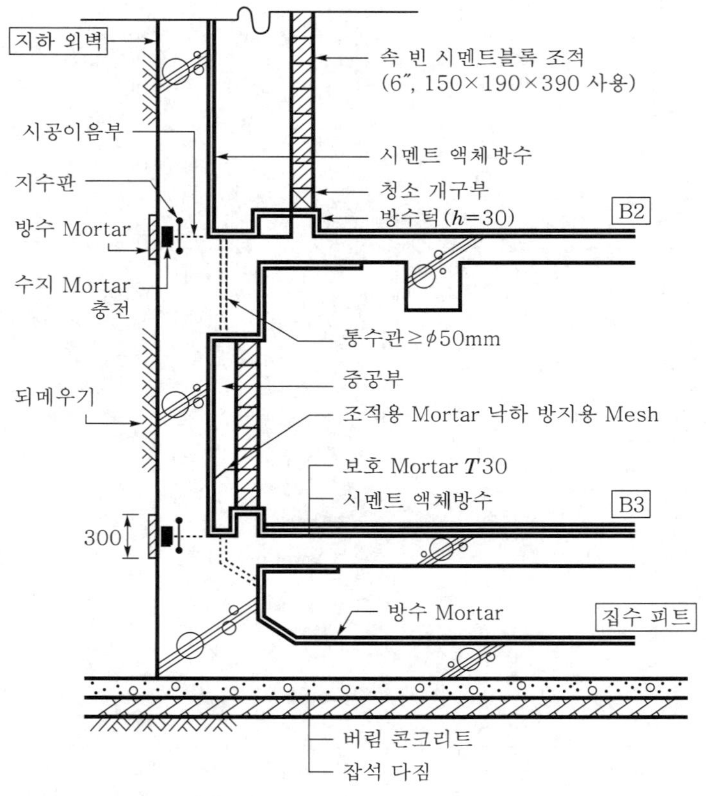

[지하실 안 방수공법]

1. 기초바닥

① 바닥구조체 위에 방수층 시공

② 아스팔트 또는 시멘트 액체방수 적용

③ 보호누름층 시공

- 신더콘크리트(T 50mm) 타설, 또는 보호 Mortar(T 30mm) 시공

2. 지하외벽

(1) 방수층

① 외벽 내측에 방수층 설치

② 침투방수 또는 액체방수 적용

(2) 침투수 배수

① 중공부의 저부(低部)에 배수관 설치: 배수관경 $\geq \phi$50mm

② 배수로의 물매 유지: 시멘트 Mortar 바닥면 물매, 1/100~1/50가량

(3) 이중벽 설치

① 방수턱 위에 이중벽 설치, '방수턱 높이 $\geq$ 200mm'일 것

② 블록조적 후 미장 마감, 속 빈 콘크리트블록(150×190×390) 사용

③ 청소용 개구부 설치, 방수턱 직상부에 설치

- 중공부 점검 및 이물질 제거 용도, 설계간격 유지

Ⅲ 바깥 방수공법

▶ 지하수압이 큰 지하외벽일수록 유용한 공법이다.

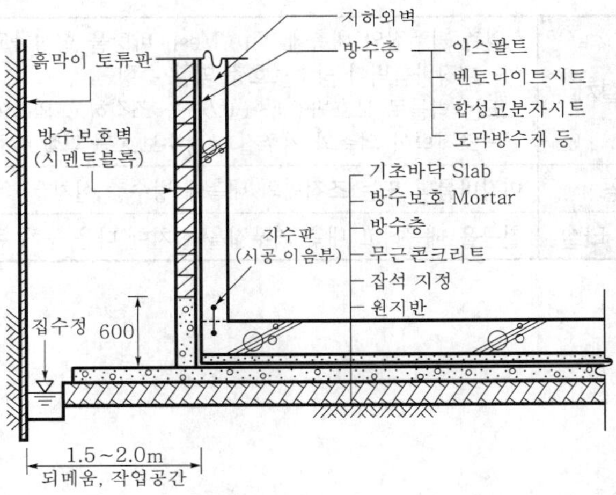

[지하실 바깥 방수공법]

1. 기초바닥

(1) 방수층 시공

    ① 잡석지정 위에 버림콘크리트 타설

    ② 버림콘크리트 양생 후 방수층 설치

    ③ 합성고분자시트, 아스팔트, 벤토나이트 등의 방수재 적용

(2) 보호 Mortar 시공

    ① 방수층 위에 비닐을 깔고 보호층 시공

    ② 시멘트 Mortar($T = 30$) 일정두께 시공

    ③ 이후 기초바닥 시공

2. 지하외벽

(1) 방수층 후(後)시공 방식

▶ 지하외벽을 완성하고 방수층을 시공하는 방식이다.

    ① 흙막이 가시설물 해체(1층 단위로)

    ② 외벽바탕 보수 · 청소하고 방수층 설치

      • 합성고분자시트, 아스팔트, 벤토나이트, 도막 등의 Membrane 방수재 적용

    ③ 보호층 시공

      • 방수층 외측에 보호벽 설치, 시멘트블록 1일 쌓기량 준수(1.4m/일)

    ④ 되메우기

      • 양질의 토사로 되메우기, 300mm 깊이마다 기계다짐 실시

(2) 방수층 선(先)시공 방식

▶ 지하실 외벽의 바깥측에 방수층을 먼저 시공하고 구체 콘크리트를 나중에 타설하는 공법이다.

방수보호층 설치	• 외측 거푸집의 내측에 Wire Mesh 바탕을 형성하고 시멘트 Mortar 바름 　– 미장바름벽이 방수보호층 역할 수행 • 또는 벽돌로 보호벽($0.5{\sim}1.0B$)을 조적하고 외측에 띠장과 멍에 보강 　– 조적벽이 외측의 거푸집과 방수보호층 역할 수행
방수층 시공	미장바름벽 또는 조적벽의 내측에 방수층 설치
구체 콘크리트 타설	철근을 배근하고 내측 거푸집을 설치한 다음 구체 콘크리트 타설

Ⅳ 시공 시 유의사항

1. 시멘트 액체방수 적용(안 방수)

　　① 완전한 방수효과 곤란
　　② 침투수 배수용 통수관 설치, 집수정으로 유도배수
　　　　• $\phi50\,mm$ 이상의 PVC재 사용, Span당 2곳 이상 설치하여 막힘사고에 대비
　　③ 이중벽 설치, 침투수에 의한 결로 방지

2. 지하구체 시공

　　▶ 수밀콘크리트 시방에 따라 시공
　　① 低W/B 적용, AE제, 분산제 등을 첨가하여 콘크리트 배합
　　② 타설높이 낮게 유지, 자유낙하에 의한 재료분리 방지
　　③ 밀실한 다짐으로 곰보와 Cold Joint 발생 방지
　　④ 시공이음부에는 반드시 지수판과 지수재 설치
　　⑤ 거푸집 Form Tie는 가급적 매입형 폼타이 사용

3. 바탕처리

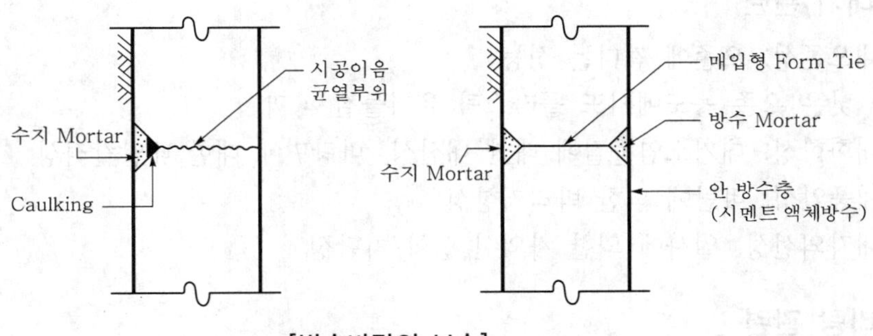

[방수바탕의 보수]

　　① 균열부 보수
　　　　• U, V-Cutting 후에 수지 Mortar 충전
　　② 구체 관통부위 보수 후 수지모르타르 충전
　　　　• Form Tie, Separator, Rock Anchor 등의 설치부위

5222 │ 지붕방수

I 개요

① 지붕방수는 구체공사 후 가장 먼저 실시하는 마감공사로 건축물의 사용기간 동안 그 성능을 유지할 수 있도록 설계·시공되어야 한다.

② 외기 노출면이 큰 지붕바닥은 일사, 오존, 바람, 온도변화, 대기 오염물질 등에 대한 영향을 고려하여 방수재와 방수공법을 채용한다.

요구성능	➡	시공방법	➡	유의사항
• 일사·대기/유수·바탕 • 노출·녹화 관련		• 바탕/방수층 • 누수시험/보호층		• 바탕/방수층 • 보호층 시공

II 방수재 요구성능

▶ 일사, 대기, 우수, 방수바탕면, 노출 및 녹화 등과 관련된 요구성능이다.

1. 일사·대기 관련

① 내오존성: 오존에 견디는 성능

- 낮은 오존 농도에서도 플라스틱 유기물질 파괴

② 내화학성: 대기오염물질에 대한 내산성, 바탕면에 대한 내알칼리성

③ 내풍압성: 바람에 의한 박리저항성

④ 내자외선성: 일사에 의한 자외선 영향 차단성

2. 우수·바탕 관련

① 내투수·투습성: 방수층 상부의 지체수에 대한 투수 및 투습 저항성

② 통기성: 방수층－바탕면의 공기압에 대합 투기성능

③ 바탕거동 추종성: 바탕면 온도변화에 대한 거동추종성

3. 노출·녹화 관련

① 내마모성: 옥상 보행자에 대한 노출방수층의 마모저항성

② 내충격성: 노출방수층에 대한 충격저항성

③ 방근성: 옥상녹화 부위의 식물뿌리에 대한 방수층 보호성능

Ⅲ 시공방법

1. 바탕처리

(1) 바탕면 물매

① 물고임 방지

② $\dfrac{1}{100} \sim \dfrac{1}{50}$ 가량의 물매 필요

(2) 결함부 보수

① 바탕면의 곰보와 돌기물 제거, Mortar로 평활하게 보수

② 균열부는 U, V-Cutting 후 Caulking 처리

(3) 구석모서리

① 오목모서리: Mortar 등으로 면접기

② 볼록모서리: 둥글게 모접기

2. 방수층 시공

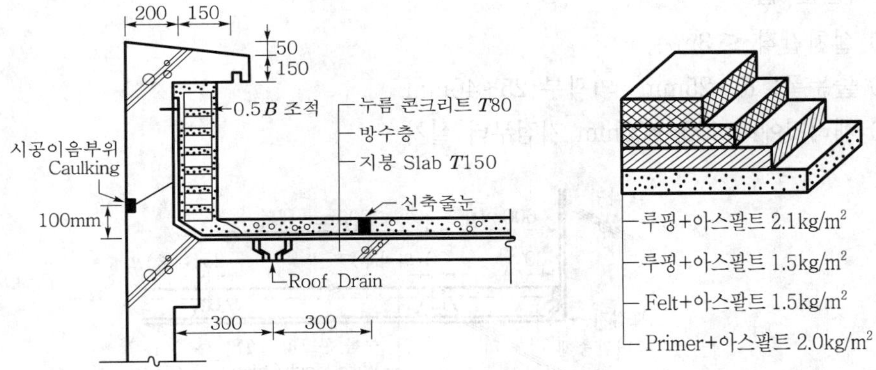

[지붕방수 단면도: 아스팔트방수]

(1) 적용공법

① 넓은 면: 아스팔트방수, 시트방수, 도막방수, 복합방수

② 좁은 면: 금속판방수

(2) 보강부위

① 구석모서리, 돌출부, 접합부

② 보강재 부착 후 방수재 시공

(3) 이음부 · 말단부

① 50~100mm 이상 겹치게 하고, 들뜸이 없도록 바탕면에 접착

② 아스팔트방수: 바탕면에 홈을 내어 방수층을 묻고 Caulking

③ 시트방수: AL 졸대를 앵커 고정하고 Seal재 Caulking

3. 누수시험

① 방수층 시공 후 신축줄눈을 넣기 전에 담수시험 실시

② Roof Drain을 막고 150~250mm의 수심이 되도록 담수

③ 담수 후 24시간 방치, 아랫층에서 누수 여부 점검

4. 보호마감층 시공

(1) 바탕 유형

▶ 지붕단열층 위치에 따라 상이

① 내단열: 단열층이 지붕 Slab 밑에 설치되므로 방수층 위에 보호마감층 시공

② 외단열: 지붕 Slab의 방수층 위에 단열층 설치하고 보호마감층 시공

(2) 보행부위

① 바탕면에 방습 시트(폴리에틸렌필름) 설치

② 방습 시트 위에 Wire Mesh 깔고 누름콘크리트 타설(THK 100mm)

• 또는 섬유보강재를 혼입하여 타설

(3) 신축줄눈 설치[23]

① 설치간격 ≤ 3m

② 줄눈폭: 15~25mm, 외곽부 25~40mm

③ 패러핏에서 400~600mm 지점부터 설치

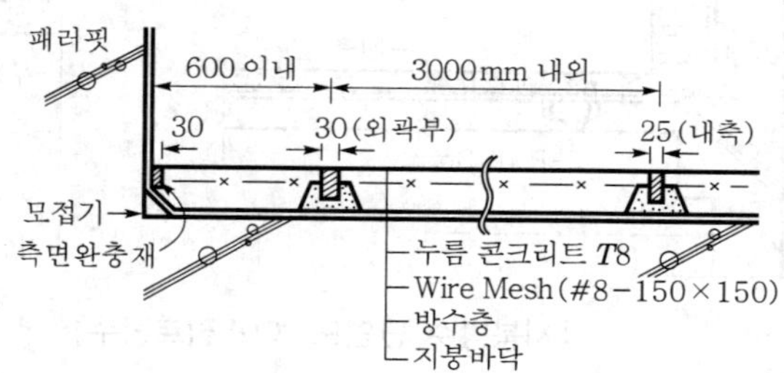

[신축줄눈 간격]

(4) 패러핏

① 방수층에서 20mm 띄워서 $0.5B$ 조적

② 방수층과 보호벽 사이에 Mortar 충전, 표면은 미장마감

---

23) KS F 9004(2018)

Ⅳ 유의사항

1. 바탕면 함수율 확인

(1) 수분측정계 사용

① 모르타르 수분측정계

② 고주파 수분계 등

(2) 간이측정법 사용

① 검사부위에 폴리에틸렌 필름 부착, 1,000×1,000mm 크기

② 필름 주변에 테이프 고정, 또는 실링 처리

③ 16~24시간 경과 후 결로가 없을 것

④ 또는 필름 안에 신문지 넣고 2시간 후 연소 가부 확인

- 잘 연소하면 건조상태 양호

2. 방수층 시공

① 적정 겹침이음길이 확보

② 취약부 방수보강 철저

- 오목·볼록모서리, 바탕면 결함부, 돌출물(Pipe), 균열부 등

③ 멤브레인 방수층 내에 탈기구(脫氣口) 설치, 방수층의 들뜸현상 방지

④ 방수층의 말단부 처리 철저

3. 보호층 시공

(1) 무근콘크리트 타설 전

① 적정간격으로 신축줄눈 설치

② 방수층과 절연

- 온도변화에 의한 거동을 고려하여 방수층 위에 PE필름 설치

- PE필름은 방수층과 누름층을 절연시킴

(2) 누름콘크리트 타설 시

① 와이어메시의 떠오름과 노출방지

② 와이어메시는 누름층의 2/3 지점에 위치

③ 여의치 않을 경우 섬유보강재 혼입이 바람직

- 셀룰로스·나일론 섬유보강재

- 믹싱플랜트 혼입 $1.2kg/m^3$, 상차 시 혼입 $1{\sim}1.5kg/m^3$

④ 타설 후 Saw Cutting 실시

5223 옥상녹화방수

I 개요

1 옥상녹화방수는 녹화층을 설치하기 위한 방수공사이며 녹화층을 포함하여 옥상녹화시스템을 구성한다.

2 옥상방수시스템의 성능을 확보하려면 관련기준[24]에 관한 공사참여자[25]의 충분한 이해를 바탕으로 상호 협력하여 시공하여야 한다.

기대효과	➡	유형/시스템	➡	시공방안
• 심미심리/구조물성능 • 녹지 · 생태/기타		• 중량/경량/혼합 • 바닥/방수/배수/토양		• 사전/방수방근 • 여과배수/토양식생

II 기대효과

1. 심미 · 심리적 공간 제공

① 도심지 경관 개선

② 건물에 자연경관 조성

③ 휴식 · 레저 공간 확보

2. 구조물 성능 제고

① 최상층 실온안정

- 냉난방 부하량 경감, 에너지 절약 유도

② 방수층 열화 방지

- 일사, 오존, 건습, 온도변화 영향 최소화

③ 콘크리트 표면층 보호

3. 녹지 · 생태 공간 확보

① 대기 오염물질 정화

- 녹화식물의 탄소동화작용(CO_2 저감), 대기 중금속물질 정화

② 생태공간 제공

- 조류, 곤충 등의 서식환경 조성

③ 법령상(건축법) 조경면적 확보

---

24) 조경기준, 건축물 녹화설계기준, 설계기준(KDS: 인공지반녹화지반, 옥상녹화) 및 표준시방(KCS: 옥상녹화방수공사) 등

25) 건설산업기본법상 하도급을 받아서 공사에 참여하는 선 · 후행 공종의 건설사업 등록업종은 각각 '철근콘크리트공사업', '습식 · 방수공사업', '조경식재공사업' 등이다.

4. 기타 효과

① 하수도 배수 부하량 경감

② 도심지 소음흡수 기능

③ 도시 열섬현상 완화, 식물의 증발산[26] 기능

〈열섬현상(Heat Island)〉
- 정의
  - 1927년 오스트리아 기상학자 W. 슈미트가 밝혀낸 현상
  - 열섬: 도심지에서 주변보다 기온이 특별히 높은 지역
  - 여름보다는 일교차가 큰 봄·가을이나 겨울에, 낮보다는 밤에 발생
  - 열대야 현상도 대부분 열섬에서 발생
- 발생요인
  - 건축물, 포장도로 등의 증대에 따른 지표면 열수지[27]의 변화
  - 연료 소비에 따른 인공열, 오염물질의 방출량 증가
  - 도시 대기 오염물질에 의한 온실효과
  - 도심 고층건물의 요철작용에 의한 환기장애
  - 풍속·구름의 양·도시의 크기, 가옥밀도

Ⅲ 옥상녹화시스템

1. 녹화 유형

(1) 중량형(이용형) 녹화

① 옥상 이용자 중심형 녹화방식

② 지상 녹지조건 부여

③ 관목·초본류 식재, 교목류 일부 도입

④ 토심 ≥ 200mm, 바닥 설계하중 ≥ $300kgf/m^2$

⑤ 주기적 집중관리 필요: 관수, 시비, 전정, 예초, 제초, 병충해 방제 등

(2) 경량형(생태형) 녹화

① 자연조건과 유사하게 조성, 생태 중심형 녹화방식

② 자생력 높은 지피식물 식재, 자연적 천이[28] 허용

- 이끼류, 다육식물, 초·화본류

---

26) 증발산(蒸發散, Evapotranspiration): 지·수면에서 대기로 수분이 이동하는 현상을 증발, 식물체를 통하여 수분이 이동하는 현상을 통산(通散) 또는 증산(蒸散)이라고 하며, 이 현상을 증발산으로 통칭한다.

27) 열수지(熱收支, Heat Budget): 어떤 장소에서의 열 출입. 열 출입 차이는 지구 전체와 우주공간 측면에서 긴 시간을 평균하면 0이지만 지구상 특정 장소에서는 복사와 물 증발량 차이로 인하여 장소와 시간에 따라 열수지는 달라진다.

28) 천이(遷移, Succession): 동일 장소에서 시간에 따라 진행하는 식물군집의 변화

③ 바닥 설계하중 $\geq 120\,\mathrm{kgf/m^2}$
- 토양층은 천이 및 극상[29]을 고려하여 최소한의 토심으로 조성

④ 인간 간섭 배제, 최소한의 유지관리(영양공급 등) 적용

(3) 혼합형 녹화

① 중량형을 단순화시킨 녹화방식
② 초본류, 관목 식재, 교목류 허용 불가
③ 바닥 설계하중 $200\,\mathrm{kgf/m^2}$ 내외
④ 중량형보다 축소된 유지관리 적용

2. 시스템 구성요소

(1) 옥상바닥

① 설계하중 부가요소
- 성장 후의 식물하중, 습윤상태의 토양하중, 이용자 작용하중 등

② 바닥 배수성능 요소
- 드레인 개소: 연중 시간당 최대강수량 고려, 드레인 관경 $\geq 100\,\mathrm{mm}$
- 바닥면 물매 1/100~1/50, 체류수 방지, 배수·저수성능 동시 고려
- 물매(경사율)별 고려사항

2~5%	일반적 수준의 물매, 지붕평바닥 비보행 부위
2% 미만	식생층의 배수성능
5% 초과	식생층의 저수성능

(2) 방수·방근층

① 체류수에 의한 화학적 열화가 없을 것
② 바탕 변위추종성이 있을 것
③ 이음부위에 대한 안정된 방수·방근 대책 강구
④ 식물뿌리의 영향을 차단할 것
⑤ 누수보수용이성 고려

(3) 배수·여과층

① 불필요한 체류수 발생 배제, 상부 유입수를 적정 배수시킬 것
② 식생층에 산소공급 기능 부여
③ 토립자 유출 방지, 배수층 위에 여과재료 설치
④ 식생층 하중과 작업하중에 견딜 수 있을 것
⑤ 점검구 설치, 유지관리용이성 고려

---

29) 극상(極相, Climax): 천이가 정지되어 군집의 평형상태를 유지하는 현상, 강우 및 기온 등 식생환경이 지속적으로
　　일정하면 천이가 멈추고 극상에 이른다.

(4) 토양층

① 하중부하 경감 고려, 인공 경량토양 사용

② 식재식물에 따라 적정 토심 및 토량 확보

③ 보수성과 비료성분을 함유할 것

④ 토양 비산·유실 방지: 지피식물 식재, 토양 표면 멀칭재 설치

(5) 식생층

① 일사·기상환경 고려

- 음·양지, 일사량, 기온변화 등

② 토심에 따라 적정 식물 식재

- 지피류, 초화류, 잔디, 수목(관목, 교목) 등

③ 관수, 시비, 병충해 방제, 제초 대책 강구

④ 교목일 경우 지지매트 선설치 고려

Ⅳ 시공방안

1. 사전검토사항

▶ 옥상녹화 이외 다음 사항에 대한 확인 및 선보완이 필요하다.

① 옥상바닥 설계 부가하중

② 바닥 물매의 적정성

③ 안전시설 구비: 안전난간대 높이 − 식재기반층 + 1,200mm, 소화기구 비치

④ 휴게시설 및 보행로: 위치, 선행작업

⑤ 조명 및 수공간 설치 영향 등

2. 방수 및 방근층

① 방수재 및 방근재의 요구성능 확인

- 내화학성, 내근성, 내알칼리성, 내박테리아성, 내충격성, 수밀성 등
- KS 규정 및 관련 평가방법에 따라 요구성능 확인

요구성능	원인 및 시험방법
내화학성	• 상시 습기, 화학비료, 농약 등 • 시험편(50×50mm)을 화학(산, 알칼리, 염화나트륨)처리 수용액에 침지하여 전·후 중량변화율 측정으로 내화학성 평가
내근성	• 식물뿌리의 성장강성이 방수층 및 방근층 파손 • KS F 4938 인공지반녹화용 방수 및 방근재료의 방근성능 시험방법
내알칼리성 내박테리아성	토양층에 함유된 알칼리성분 및 박테리아 미생물

요구성능	원인 및 시험방법
내충격성	• 공사 중 발생하는 충격하중 • KS F 2622 멤브레인 방수층 성능평가 시험방법
수밀성	• 녹화층의 수변공간 구성, 토양층의 상시 습윤성 • 모르타르시험편($\phi100\times20mm$) 위에 재료를 30mm 겹치게 한 후 $0.3N/mm^2$의 수압을 24시간 가압 후 시험편을 할렬하여 투수 유무 평가

② 방수재별 방근성능 고려
- 도막계, 아스팔트계 시트방수재: 방근성 미약, 방근용 보호재 필요
- 합성고분자계 시트방수재: 방근성 양호, 이음부위 방근보강 필요

③ 방수재는 유해성분 용탈이 없는 것 사용

④ 방수층 취약부 식물뿌리 침입 방지: 방수이음·단부, 바닥관통부 등

⑤ 필요시 방수·방근층 위에 보호층 설치 및 보양
- 시공 중 방수·방근층 손상방지
- 부직포형, 패널형, 배수층형, 방근층형 등

3. 여과 및 배수층

(1) 여과층

① 배수판 위에 부직포나 토목섬유 설치
- 또는 배수판에 선부착된 것 사용

② 여과용 필터의 성능요건 확인
- 단위면적질량 $\geq 200g/m^2$, 뿌리확산성(경량형 녹화), 내화학성, 내구성 등

③ 이음부 겹침길이 $\geq 100mm$

④ 설치 즉시 상부 토양층 시공

(2) 배수층

[배수층 요구기능]

관점	요구기능
건축공학	정체수 배수, 하중지지, 방수층 보호
식생공학	정체수 방지, 생육수분 확보, 생육공간 확보, 녹화유형별 식생형태 유지

① 배수층 요구기능에 맞는 적정 배수층 형성

② 유형별 배수층 요구기능 확보

[배수층 유형]

골재형	세립자 함유량≤10%, 식재기반층 두께에 따른 토양입도분포 및 포설안정성
패널형	상부하중에 대한 형상안정성, 현장 가공용이성
매트형	압밀조건에서의 '통수단면적≥90%'
저수형	배수성능을 저해하지 않는 범위에서의 저수성능

4. 토양 및 식생층

(1) 토양층

① 토양재료 요구성능 확인
- 환경·식물친화성, 유기물 함량, 포설(鋪設)안정성
- pH 5.5~9.5, 염분함유량 2.5~3.5g/L, 매토종자[30] 미함유

② 여과층 설치 직후 토양층 조성

③ 토양층 높이: 계획고+초기침하 예상량
- 초기침하량을 고려하여 토양재 포설

④ 토양표면 Mulching(식물뿌리 덮개 설치) 실시
- 멀칭 목적: 토양 침식 방지, 수분 유지, 이입식물 방지, 비산 방지 등

(2) 식생층

① 도면표시 식물 검토 및 선정
- 종자, 포복경, 다년초, 구군초화류, 수목, 뗏장잔디, 식생매트 등

② 생태영속성, 종다양성, 계절감, 경관 가치 고려

③ 식물소재별 적정 식재공법 적용

④ 식재층 유지관리 방식에 유의하여 시공
- 관수, 제초, 병충해방제, 전정 등 고려

Ⅴ 결론

[1] 옥상녹화방수는 옥상바닥에 인공지반을 조성하여 녹화층을 형성하기 위한 방수공사로서 방근성능이 매우 중요한 요소이다.

[2] 방수공사는 누수 보수용이성을 고려하여 시공하고 방수공사 후 배수층에는 점검구를 설치하여 녹화영향을 상시 관리할 수 있어야 한다.

참고문헌

1. KDS 343015 ; 2019 인공지반식재기반
2. KDS 347046 ; 2019 옥상녹화
3. KCS 414014 ; 2016 옥상녹화 방수공사
4. 조경기준, 국토부고시 제2018-413호
5. 건축물 녹화설계기준, 국토해양부, 2012.04.

---

30) 매토종자(埋土種子, Burried Seeds): 흙에 묻혀 있는 휴면상태의 발아(發芽) 가능한 종자

5224 수팽창지수재(水膨脹 止水材)

I 개요

① 수팽창지수재는 물과 접촉하면 팽창하여 지수효과(止水效果)를 발휘하는 재료로서, 콘크리트의 시공이음부에 설치하여 수밀성을 보완한다.

② 재료 구성은 그물망사(직포)에 소디움벤토나이트 분말을 압축·성형하여 부착시킨 제품과 특수 변형고무의 원료로 물과 접촉하면 자기 체적의 400~800%까지 팽창하도록 만든 재료가 있다.

유형	➡	설치방법
• 가황고무계 • 벤토나이트계		• 적용부위 • 지수재 설치/유의사항

II 유형

1. 가황고무계

① 특수 변형고무 사용, 친수성 고분자폴리머 함유
② 물과 접촉 시 자기 체적팽창 및 겔물질 생성
③ 유기재료(부틸고무재), 신속한 팽창반응 불가
④ 자재 형상은 Roll형 및 Ring형

2. 벤토나이트계

① 천연 소디움벤토나이트 분말와 직포를 압축·성형
② 물과 접촉하면 수화반응, 팽윤 및 겔상 불투수층 형성
③ 유기재료, 팽창반응 신속
④ 벤토나이트의 팽윤성과 시트 방수재의 안정성 등 고려

III 설치방법

1. 적용부위

① 콘크리트 시공이음부: 지하외벽 및 기초바닥
② 기초바닥 관통부: Rock Anchor 슬리브 설치부위
③ 지하외벽 관통부: 폼타이, Strut, 배관 등의 관통부

2. 지수재 배치

① 바탕면 평활처리

② 철근 외측에 지수재 배치, 철근 발청 고려

③ @300~500mm 간격으로 못 고정

④ 가황고무계 겹침이음≥50mm, 벤토나이트계 맞댐이음 처리

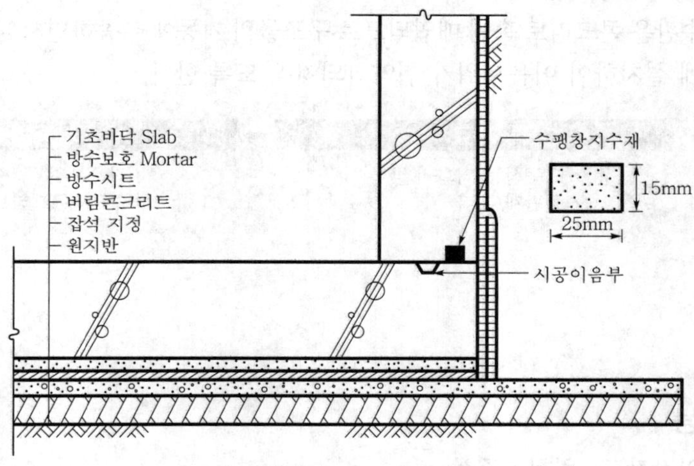

[수팽창지수재의 설치위치]

3. 유의사항

① 설치 후 우수 노출방지, 조기 팽창 우려

- 조기 팽창 시 지수재(가황고무계) 들뜸 발생

② 설치부위 철근 피복두께 부족 방지, 부득이할 경우 중앙 배치

③ 타설 시 지수재 변위방지, 진동다짐기 접촉방지

5225 ｜ 지수판(止水板, Water Stop)

Ⅰ 개요

① 지수판은 수밀성이 요구되는 부위에서 타설이음이 불가피할 경우 신·구 콘크리트의 수밀성을 확보하기 위한 지수재료이다.

② 지수판은 콘크리트 속에 매입되므로 구조물의 거동에 추종하면서 내구성이 있어야 하며, 적기에 설치하여 이음부위가 취약화되지 않도록 한다.

재료	➡	시공방법
• 요구성능/염화비닐 • 동판재/기타		• 적용부위 • 구/신 콘크리트 타설

Ⅱ 자재

1. 요구성능

① 인장강도, 변형추종성
② 지수, 흡수·투수저항성
③ 내알칼리성, 내구성
④ 시공성, 가공 및 용접성

2. 유형

(1) 설치형상

① Ring 형상
- 구체를 관통하는 금속배관 외부에 Ring 형상의 지수판을 용접 고정
- 링의 직경 $\phi 9 \sim 16$mm

② Roll 형상
- 콘크리트 신·구 타설이음 경계면에 Roll 형상의 지수판을 선상(線狀)으로 설치
- Roll의 폭(W) 100~300mm

(2) 단면형상

① 온도신축 흡수기능 유무에 따라 평면형, 중앙밸브형, 언컷형으로 분류
- 평면형: 시공이음(Construction Joint)용
- 중앙밸브형, 언컷형: 신축이음(Expansion Joint)용

② 본체 전개면의 요철(주름) 유무에 따라 평판과 주름판으로 구분
- 주름판이 평판보다 지수성 우수

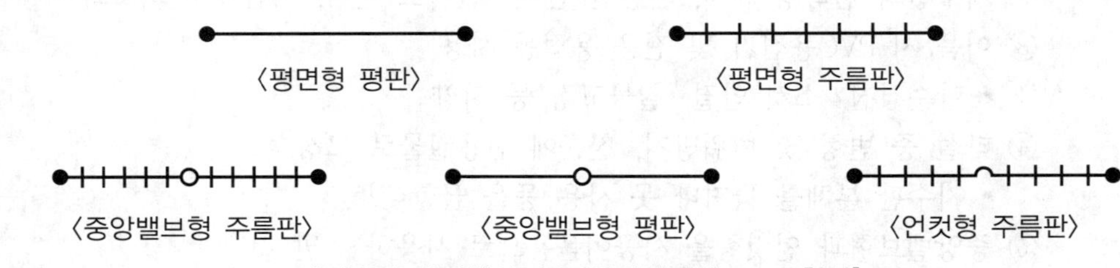

[지수판 단면형상: 폴리염화비닐재, Roll 형상]

Ⅲ 설치방법

1. 적용부위

① 타설이음부
- 지하외벽, 기초바닥, 지붕 슬래브, 기타 누수가 우려되는 곳

② 구조체 신축이음부(Expansion Joint)
- 설계도면상의 신축이음부

2. 중앙부 설치

① 타설이음 단면의 중앙부에 지수판 설치, 편심 설치 금지

② 벽체 설치 시 수직철근에 고정, 전용클립 이용

③ 진동다짐 시 지수판 접촉방지

④ 후타설 이어치기 시 지수판의 상하·좌우로 정밀 다짐
- 다짐 불량 시 지수판 하부에 기포 발생으로 누수

⑤ 기초바닥일 경우 타설이음면 처리에 다수의 형틀인력 소요

3. 외측면 설치

(1) 기초바닥

① 버림콘크리트 위에 지수판 고정

② 콘크리트 타설·양생

③ 형틀 설치 및 해체작업 불필요

(2) 지하 합벽부

① 바탕면 평활처리

② 이음부위에 지수판 고정

③ 선타설 및 양생, 이후 후타설 및 양생

4. 유의사항

① 변형된 자재 반입 금지: 눌림 변형, 경화된 것 등
- 중량물에 의한 눌림 변형, 48시간 이상 일사에 노출된 것

② 지수판의 연속성 유지, 가능한 한 긴 길이로 설치, 이음개소 최소화

③ 이음 시 PVC용접기 및 전용 용접봉 사용

  • 단순겹침, 소켓 연결, 철물고정 등 지양

④ 타설 중 변형 및 변위방지, 철근에 전용철물로 고정

  • 지수판 본체를 뚫거나 못 사용 등을 금할 것

⑤ 중앙밸브형과 언컷형을 시공이음용으로 사용하지 말 것

  • 신축이음부에는 반드시 중앙밸브형이나 언컷형 적용

0000　옥상 루프드레인(Roof Drain)

I　개요

① 옥상 루프드레인은 지붕 바닥슬래브 상부에서 우수의 유입을 유도하고 배수관으로 유입수를 배출시키기 위한 철물 자재이다.

② 루프드레인은 다양한 제품이 생산되고 있으므로 설계도서 및 기술검토 결과에 따라 적정품을 선정하여 정밀 시공한다.

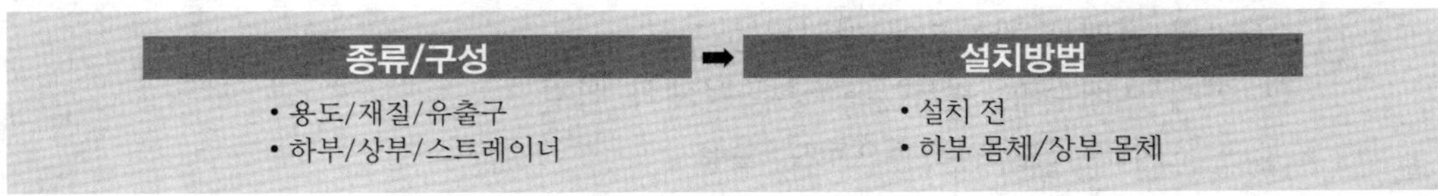

II　종류 및 구성

1. 종류

▶ 평지붕용은 주로 주철재 사용하며 도면에 따라 세로형, 또는 가로형으로 시공한다.

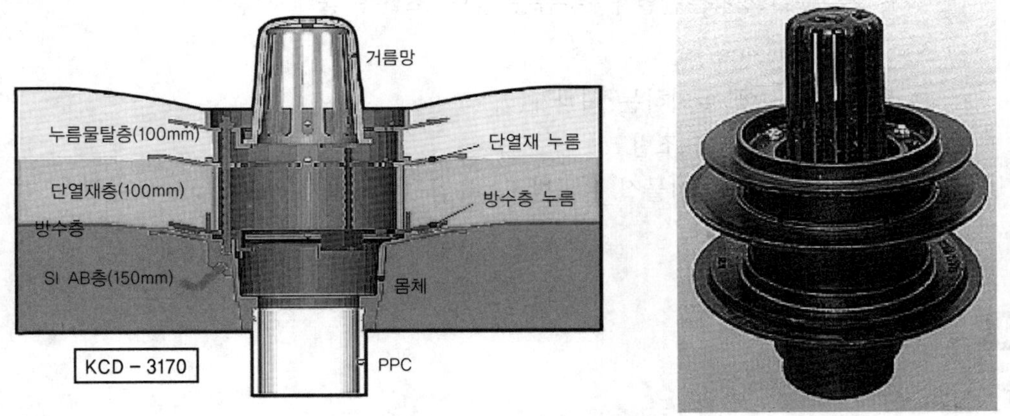

[드레인 형상: 평지붕용/주철재/세로형]

(1) 용도

　① 평지붕용

　② 지하주차장 트렌치용

　③ 발코니용

　④ 교량용

(2) 재질

　① 주철: 일반적인 재질

　② 스테인리스 스틸: 내부식성 우수

    (3) 유출구 방향

       ① 세로형: 연직방향의 유출구

       ② 가로형: 수평방향의 유출구

2. 구성

▶ 루프드레인은 몸체와 스트레이너로 구성하며 몸체는 골조에 매입되는 하부 몸체와 마감층에 매입되는 상부 몸체로 구분한다.

(1) 하부 몸체

    ① 바닥 슬래브 관통부에 매입되는 부분

    ② 아래는 배수관, 윗부분은 상부 몸체와 연결

    ③ 골조의 수직도 검측용으로도 활용

(2) 상부 몸체

    ① 바닥 슬래브 마감층의 관통부에 위치하는 부분

      • 마감층: 방수층, 단열층, 누름층

    ② 아래는 하부 몸체, 윗부분은 스트레이너와 연결

    ③ 마감층을 고정하기 위한 원형 플랜지 부착

      • 플랜지(Flange): 관(Pipe) 둘레에 연장시킨 원형 테두리판

      • 방수층 고정용, 단열재·누름층 높이 조절용 플랜지 등

(3) 스트레이너(Strainer)

    ① 우수 유입구에 설치하는 여과체

    ② 상부 몸체의 위에 조립

    ③ 드레인 유입구의 이물질 유입방지, 유입구 틈새(Slit) ≤ 12mm

Ⅲ 설치방법

1. 설치 전

    ① 위치, 개소 등의 적절성 검토

      • 시간당 최대강수량 및 배수효율 검토

    ② 반입검사 시 자재 품질 확인

      • KS인증, 특허증, 규격 등의 적절성

    ③ 특기시방, 참여 인력의 숙련도 점검

2. 하부 몸체

    ① 지붕 바닥슬래브 거푸집 및 철근배근

    ② 도면상 드레인 수평위치 확인, 하부층 위치와 연직도 점검

③ 상부 유입구 레벨 확인, 바닥레벨보다 하향 15~20mm에 위치
④ 거푸집에 못 고정, 또는 철근에 고정
- 타설 중 위치이탈 방지
⑤ 드레인 상부 밀봉, 콘크리트 유입방지

3. 상부 몸체

① 콘크리트 양생 후 상부 몸체 조립
② 방수층 시공 후 플랜지 밀착 누름
② 단열재 설치 및 위치고정용 플랜지 밀착 조임
③ 누름콘크리트 타설 마무리

Ⅳ 결론

1 루프드레인의 시공품질은 바닥물매, 방수층 및 보호마감층과 더불어 방수성능을 좌우하는 요소로서 선·후 공정 간 긴밀한 협력 시공이 필요하다.
2 특히 드레인의 수직레벨이 슬래브 골조와 누름층 상부의 물매와 부합되도록 하고 경계부에 틈새가 발생되지 않도록 유의하여야 한다.

참고문헌

1. 성진드레인 홈페이지 : http://www.drain.kr/kcd/cast-roof.php
2. KS F 4522 루프드레인(평지붕용, 2017)

03 미장·도장 공사

5310 │ 미장공사 일반

Ⅰ 개요

1. 미장(美匠, Plaster)공사는 구조물의 천장, 벽, 바닥 등의 바탕면에 가소성(可塑性)[31] 재료를 흙손이나 뿜칠로 바르는 공사이다.

2. 미장부위는 도장·타일·방수공사의 바탕면이 되기도 하므로 각각의 요구품질에 상응하도록 시공한다.

고려사항		자재		미장시공
• 선·후 공정 • 요구품질/자원조달	➡	• 결합재/골재 • 혼화제/바탕재료	➡	• 사전검토/바탕처리 • 비드설치/바름시공

Ⅱ 고려사항

1. 선·후 공정

선행공정		현행공정		후속공정
• 골조·조적·수장	➡	• 미장공사	➡	• 도장·타일·방수

① 선행공정은 미장 바탕공사에 해당

  • 콘크리트, PC, 벽돌, ALC 재료의 바닥·벽 수장공사

② 미장공사 양부에 따라 후속의 최종마감 품질 좌우

  • 도장, 타일, 방수 등

2. 미장공사 요구품질

① '바탕–미장재'의 부착강도

  • 들뜸, 박리, 박락이 없을 것

---

31) 가소성(可塑性, Plasticity): 외력을 제거하여도 원형으로 돌아오지 않는 물성으로 탄성한계를 초과하는 힘이 작용할 때 나타나는 물성을 말한다. 즉, 변형된 모양을 유지하는 성질이다. 찰흙과 같은 성질을 가소성이라고 하며, 소성(塑性)이라고도 한다.

② 미장표면의 평활도 및 강도: 소요의 균일두께와 표면강도가 있을 것

③ 내균열·미관성: 균열저항성이 있고 변색이 없을 것

④ 시공·유지관리 용이성: 시공 및 사용단계에서 현장관리가 용이할 것

⑤ 기타: 내화, 방수, 차음, 단열, 조습, 균열저항 등의 성능이 있을 것

3. 자원조달

(1) 협력업체 선정

① 습식·방수공사업 등록업체[32]

② 습식공사: 타일공사, 미장공사, 뿜칠공사, 조적공사, 단열공사 등

(2) 바름용 도구(흙손))

① 쇠흙손, 나무흙손, 주걱흙손

② 구석·모서리·줄눈파기흙손

(3) 압송장비

① 스퀴즈식 및 피스톤식(고층, 원거리 배송), 차량탑재형 및 포터블형

② 바닥배송용 압송펌프: 압송능력 100m3/일

- 기포콘크리트, 시멘트모르타르, 셀프레벨링재 등에 적용

③ 벽·천장 뿜칠용 압송 펌프: 습식, 건식공법

- 내화뿜칠용 모르타르, 시멘트모르타르, 얇은 바름재 모르타르 등에 적용

(4) 바탕처리 및 표면마무리용 장비

① 그라인더: 바닥 레이턴스 제거, 인조석 물갈기, 견출용

② 피니셔: 탑승형, 수동형

(5) 측정기구

① 다림추(수직), 수준기(수평), 레이저 측정기(수직·수평)

② 줄자(길이), 곱자(곡자, 각도)

③ 금긋기(먹통), 버니어캘리퍼스(두께) 등

Ⅲ 자재

▶ 자재 구성에 따라 결합재, 골재, 보조재, 바탕재로 나뉜다.

▶ 경화성질에 따라 수경성, 기경성, 화학경화성, 고화성 등으로 분류한다.

---

32) 건설산업기본법 제8조(건설업의 종류) 참조

분류기준		유형
자재구성	결합재	시멘트, 석고계, 돌로마이트, 소석회, 플라이애시, 실리카, 고로슬래그 미분말
	골재	모래, 펄라이트, 질석, 팽창혈암, 소성 플라이애시, 기타
	혼화제	합성수지계·화학혼화제, 흡수조정 및 접착제
	바탕재	비드, 라스
경화성질	수경성	석고(순석고, 경석고) 플라스터, 시멘트모르타르
	기경성	돌로마이트플라스터, 회반죽, 흙바름재
	화학경화성	레진모르타르, 2액형 에폭시수지 바닥마감재
	고화성	아스팔트모르타르, 용융 아스팔트 바닥마감재

1. 결합재

① 포틀랜드시멘트
- 보통포틀랜드시멘트, 백색포틀랜드시멘트

② 미분말혼화재
- 플라이애시, 고로슬래그, 실리카 등

③ 석고계 플라스터
- 혼합석고, 보드용 석고, 경석고 등의 플라스터

④ 돌로마이트플라스터
- 마그네시아 석회에 모래와 여물을 혼합한 재료

⑤ 소석회($Ca(OH)_2$)
- 소석회: 생석회(CaO)의 수화반응 생성물, 수산화칼슘

2. 골재

① 모래: 강사, 해사(염분 < 0.1%)
② 펄라이트(Pearlite)[33], 질석
③ 팽창혈암, 소성 플라이애시
④ 경량발포골재, 종석, 색모래, 쇄석 및 석분, 색흙

3. 혼화제

① 화학혼화제
- AE제, 감수제, AE감수제, 고성능AE감수제, 유동화제, 방수제 등

② 흡수조정 및 접착제
- 합성수지에멀션[34]: 바닥흡수조정, 내알칼리·내수성 증대
- 합성수지에멀션 실러: 바탕면의 흡수조정, 표면강화, 접착성 보강

---

33) 저자 注: 페라이트(Ferrite)와 시멘타이트(Cementite)로 이루어진 결정조직으로 진주암(Perlite)을 분쇄하여 고온소성한 무기질의 경량단열골재이다. Pearlite와 Perlite의 한글표기는 '펄라이트'로 동일하지만 Perlite를 가공한 것이 Pearlite라는 점을 혼동하지 말아야 한다.

34) 에멀션(Emulsion): 작은 액체방울이 다른 용액 중에 녹지 않은 상태로 분산된 계를 말한다. 우유, 크림, 마요네즈, 석유 유제 등이 있다. 젤라틴과 같은 친수(親水) 콜로이드 분산계를 일컫기도 한다.

4. 바탕재

▶ 미장바탕에 사용하는 재료에는 비드와 라스가 있다.

▶ 비드는 미장부위에 따라, 라스는 메탈라스와 와이어라스로 구분한다.

(1) 비드(Bead)

① 사용목적

- 최종마감재 분리(재료분리대), 바름두께 유지, 모서리 파손방지, 구조체 거동추종 등

② 재질: 아연도금철판, 알루미늄 및 스테인리스강(SST) 금속제

③ 바탕 고정용 재료: 못, 또는 된비빔 시멘트모르타르(1 : 2)

④ 비드 유형: 베이스비드, 스톱비드, 코너비드, 조인트비드, 두께조절 비드 등

- 부위에 따라 사용하는 비드 유형 상이

[비드 유형]

베이스비드(Base Bead)	• 벽 하부의 바닥인접부에 설치하여 최종마감재를 분리·구획 • 일명 걸레받이 비드
스톱비드(Stop Bead)	문틀 주변, 걸레받이·이질재 경계부 등의 바름면 단부에 설치
코너비드(Corner Bead)	• 인코너비드: 오목모서리의 미장마감선 확보 • 아웃코너비드: 기둥, 문틀, 벽 등의 볼록모서리에 적용
조인트비드(Joint Bead)	• 장변 벽, 이질재 접합부에 설치 • 비드 양면의 부재를 완전히 분리시켜 구조체 거동추종성 부여
두께조절 비드	• 장변 벽의 바름두께를 조절하기 위한 목적으로 설치 • 고름용 잣대의 길이단위로 설치하여 바름벽의 규준대 역할 부여

(2) 메탈라스(Metal Lath)[35]

① 미장재의 부착보강재

② '힘살철선 ≥ 직경 2.6mm' 사용

③ 고정용 재료: 스테이플, 갈고리못, 타커 못 등

④ 유형: 혹라스(KS 명칭: 봉우리라스), 평라스, 파형라스, 리브라스 등

- 미장용은 평라스(KS 명칭: 평평라스) 사용

(3) 와이어라스(Wire Lath)[36]

① 미장재 부착 보강재

② '힘살철선≥직경 2.6mm' 사용

③ 갈고리못(KS 명칭 거멀못) 규격: 직경 ≥ 1.6mm(#16), 길이 25mm 내외

---

35) 설계도서 지정이 없을 경우 KS F 4552 규격의 평평라스 중에서 1호 2종의 규격(나비×길이=0.61×1.82m) 사용을 표준으로 하고 있다(KCS 414601 3.1.6 메탈라스 바탕).

36) 관련규격: 'KS F 4551 와이어라스' 참조

④ 유형: 마름모 갑옷형[37), 갑옷형, 둥근형 등 3종류
- 미장용은 마름모 갑옷형 사용

(4) **용접철망 및 철근격자망**

① 충격, 진동에 의한 박리 우려가 있는 곳에 설치
② 무근콘크리트 타설 전 철근콘크리트 바닥면에 적용
③ 관련규격: KS D 7017(용접철망 및 철근격자)

Ⅳ 미장 시공

1. 사전검토

① 부위별 시공도면 작성 및 승인
② 시공계획 검토
- 바탕조건 확보, 작업조 편성, 도구·장비 및 소요자재 조달
- 작업발판, 추락 방지, 채광, 조명, 통풍, 보양시설 등 계획
- 공사착수 전 전문건설사 작성, 종합건설사 검토, 감리단 검토·승인
③ 수직·수평 시공정밀도 및 검측방법 등
④ 이질재 접속부 균열 방지 조치, 신축줄눈 누락 여부 확인

2. 바탕처리

(1) **공통사항**

① 거푸집 유해잔류물 및 돌출부 제거, 오목부 모르타르 충전
② 오염 바탕면 물청소, 작업 직전일 실시
③ '바름두께 > 25mm'일 경우 라스 보강
④ 미장 전 물축임: 미장재 경화, 보수성, 흡수율 고려
- 필요시 흡수조정재 선시공

(2) **메탈라스**

① 갈고리못 고정
- 300mm 간격, 천장은 150mm 간격
② 리브라스는 리브에 갈고리못 고정, 4장 겹치는 곳은 2장의 모서리 절단

(3) **와이어라스**

① 세로방향으로 설치
② 300mm 간격으로 갈고리못 고정
③ 이음처리: 가로 꿰매기, 세로 1눈 겹침 후 힘살보강

---

37) 한자 표현으로 능형(菱形), 귀갑형(龜甲形)이라고도 한다.

3. 비드 설치

(1) 줄띄우기

① 벽의 허리높이에 수평기준 먹매김

② 수평·수직줄 설치

- '비드 위치+1~2mm' 지점이 되도록 줄 고정, 바름두께 고려
- 수평줄 양단부와 수직줄 상부 못 고정, 수직줄 하부 중량물 고정

(2) 비드 고정

① 된비빔 시멘트풀, 또는 시멘트모르타르(1 : 1) 사용

② 100mm 이내 간격

(3) 보양 및 보수

① 비드 설치 후 비드에 부착된 모르타르 제거

② 설치부위 통행금지, 급격한 일사 및 통풍 방지

③ 손상된 곳은 모두 제거 후 재시공

4. 바름 시공

(1) 재료 반입 및 배합

① 견본품 승인, 반입검사

- 시방서상의 각종 결합재, 골재, 혼화제, 또는 기배합 제품

② 현장보관

- 건조상태 보관, 쌓기단수 ≤ 15포대
- 분산제, 실러: 일사 방지, 5℃ 이하 보관

③ 배합: 초벌 부배합, 정벌 빈배합

- 결합재와 골재는 용적배합, 그 외 재료는 질량배합 적용

(2) 흙손바름

① 틈 없이 충분히 누르면서 초벌바름

② 각 방향 균등하게 흙손 조작

③ 굳기 전 표면물기상태에 따라 정벌바름 및 누름 실시

④ 백색 및 유색면의 변색얼룩에 유의

(3) 뿜칠

① '두께 > 20mm' 시 초벌, 재벌, 정벌 3회 바름

② '두께 ≤ 20mm' 시 초벌, 정벌 2회 바름

③ '두께 10mm'가량은 정벌만을 밑바름과 윗바름으로 구분하여 실시

(4) 보양

① 인접부위 오손 방지: 종이 및 비닐 덮기 등

② '작업장 온도 ≤ 5℃'일 경우 공사 중단, 또는 급열난방

③ 바름면 조기건조 방지 조치, 통풍 및 일사 영향 차단

5311 시멘트모르타르 바름

I 개요

① 시멘트모르타르는 대표적인 미장재료로서 바닥, 벽, 천장 등의 콘크리트 및 조적바탕에 사용한다.

② 표준시방은 바닥, 벽, 천장 등에 1~3회 바름을 제시하고 있으나 일반적으로 현장에서는 내벽에 2회 바름을 적용한다.

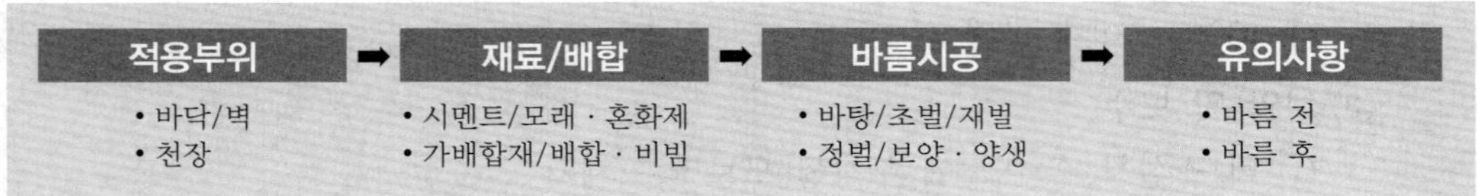

II 적용부위

1. 바닥

① 온돌바닥[38]: 기포콘크리트 위에 온돌배관 후 실시

② 기타 바닥
   • 보행, 운반구 주행, 물건 적재 등으로 큰 강성 요구
   • 강성과 들뜸을 고려하여 부배합, 24mm 이상의 바름두께 필요

2. 벽

① 시멘트 벽돌, 속빈 콘크리트 벽돌 등의 조적 칸막이벽
   • 매끈한 도장바탕, 칸막이벽의 차음이 필요할 경우 미장 실시

② 콘크리트벽: 거친면, 또는 라스 바탕처리 후 미장

3. 천장

① 천장 마감재로 가려지는 부위 미장 생략
   • 천장틀 마감 전 그라인딩 제물마감

② 미장이 불가피한 부위는 15mm 두께로 1회 바름

---

38) 온돌바닥 미장은 '5503 온돌바닥공사' 참조할 것

Ⅲ 재료 및 배합

1. 시멘트

① KS규격품[39]일 것
② 또는 기배합(시멘트＋모래)제품 사용

2. 모래 및 혼화제

① 토분, 염분 등 유해불순물이 없는 것
② 초벌용 굵은 것, 정벌용은 가는 입자의 모래 사용
③ 입도기준

	입도	용도
중사	2.5mm체 80~100% 통과하는 것	바닥바름용, 벽·천장 초벌용
세사	1.2mm체 70~100% 통과하는 것	벽·천장 정벌용

④ 흡수조정재(Sealer), 접착증강제 등

3. 기배합재[40]

① 공장에서 제조한 시멘트계 모르타르 제품
② 현장 사용 시 물 혼입
③ 뿜칠미장용, 일반미장용, 조적용, 바닥용 등으로 구분

4. 배합·비빔

① 용적배합 적용
  • 초벌용 부배합(1 : 2), 정벌용 빈배합(1 : 3)
② 벽·천장 초벌용 부배합
③ 바닥, 벽·천장 정벌용 빈배합 적용
④ 물 혼입 후 기계비빔

Ⅳ 바름시공

▶ 시공부위는 벽, 시공방법은 흙손바름을 기준으로 설명한다[41].

1. 바탕처리

① 콘크리트 바탕처리
  • 쪼아내기, 필요시 라스(Metal Lath, Wire Lath) 부착
  • 모르타르·페이스트 바름 및 조면처리 후 2주 이상 방치 등

---

39) 포틀랜드시멘트(KS L 5201), 백색 포틀랜드시멘트(KS L 5204), 착색 시멘트, 고로슬래그시멘트(KS L 5210), 플라이
　　애시시멘트(KS L 5211) 등
40) KS L 5220(건조 시멘트모르타르) 참조
41) 바닥과 천장은 일반적으로 시멘트모르타르 미장을 적용하지 않으므로 본문에서 제외하였다.

② 바탕면 청소 및 물축임

[바름공정별 소요두께 기준[42]]   (단위: mm)

부위	초벌	재벌	정벌	합계
천장 · 차양	6	6	3	15
내벽	7	7	4	18
외벽	9	9	6	24
바닥	–	–	24	24

2. 초벌바름

① 흙손바름 후 빈틈없이 충분하게 누름
② 표면부 조면처리, 쇠갈퀴 사용
③ 필요시 초벌 후 1일 이내에 고름질 실시
  • 정벌두께 초과 및 얼룩 발생부위 대상, 균일두께 되도록 보정
④ 상온에서 2주 이상 방치, 균열 · 처짐 부위 있을 경우 덧먹임

3. 재벌바름

① 재벌 소요두께 고려하여 흙손바름
② 기준부위에 규준대(잣대) 고름질 후 흙손누름
  • 기준부위: 모양 및 바름두께 기준이 되는 모서리 부위
③ 오목 · 볼록 모서리는 규준대 대고 평탄하게 흙손바름
④ 조면처리 후 2주 이상 방치

4. 정벌바름

① 흙손바름 후 규준대 고르기
② 기설치 비드, 규준대, 기준점 참조
③ 물 걷힘 고려, 나무흙손 고름 후 쇠흙손 누름마무리
  • 구석, 기둥부분은 모형손이나 면접기 전용흙손 사용

[마무리 유형]

쇠흙손마무리	쇠흙손바름 – 나무흙손누름 · 고름 – 쇠흙손누름마무리
나무흙손마무리	• 쇠흙손바름 – 나무흙손고름 · 마무리 • 뿜칠 · 도료바탕에 적합
솔질마무리	쇠흙손바름 – 나무흙손고름 – 솔질마무리
조면마무리	• 나무흙손고름 후 시멘트모르타르 뿜칠 • 또는 문양, 쇠빗, 물결문양으로 표면마무리

④ 필요시 줄눈파기
  • 해당부위 규준대 대고 표시, 전용흙손으로 줄눈파기

---

42) KCS 414602 표3.3-2 '바름두께의 기준'

5. 보양 · 양생

　① 과도한 일사와 바람 차단
　② 유해 진동 · 충격 방지
　③ 우수보양 및 동결 방지

Ⅴ 유의사항

1. 바름 전

　① 마감높이 및 두께 기준먹줄 치기
　② 마감평활도 고려, 마감기준점 및 마감기준면목 설치, 1.5~2.0m 간격
　③ 각종 비드 설치상태의 적정성, 이질재 접속부 등
　④ 매설물 주변부 충전 및 균열 방지 조치
　⑤ 신축줄눈 및 균열유발줄눈 설치부위 등 사전검토

2. 바름 후

　① 마무리면 평활도, 규준대 이용, 마감벽체의 요철정도 확인
　② 들뜸 유무, 뾰족망치 사용, 미장면 마찰음으로 식별
　③ 기타: 균열발생, 모서리 직각도, 거친면의 적정성, 백화발생 등 확인

tip	시멘트모르타르 접착력 증대방안
사용재료	• 시멘트 배합: 초벌용 부배합, 재 · 정벌용 빈배합 • 모래: 시공성 범위에서 거친입자의 것 사용 • 필요시 접착증강제 혼입 고려
시공 전	• 바탕면의 취약부위 제거, 방수바탕면은 라스먹임 선조치 • 매끄러운 부위(콘크리트 바탕면)는 빗살흠손으로 접착용 모르타르 선바름 • 물축임 1일 후 바름공정(초 · 재 · 정벌) 실시 • 바탕면 오염부위 고압수 · 중성세제 등으로 깨끗하게 제거 • 백화현상, 레이턴스, 박리제오염부, 경화불량부는 그라인딩 제거
시공 중	• 작업 직전 선바름 품질상태 점검 및 보정 • 흠손바름 시 보수제, 합성수지에멀전 혼입 고려 • 1회 바름두께 ≤ 6mm, 바름 후 방치기간 준수 • 작업 완료시간 고려하여 비빔량 산정, 비빔 후 Open Time ≤ 2시간
시공 후	• 바탕면의 시공 · 신축이음 해당부위에 미장줄눈 설치 • 바름 후 급격한 온 · 습도 노출방지, 직사광선 · 우수 · 한랭기온 차단

5312 | 합성고분자 바닥바름

I 개요

① 합성고분자 바닥바름은 에폭시 및 우레탄 등의 합성고분자 수지물질이 혼입된 도료와 모르타르를 사용하여 바닥을 마감하는 공사이다.

② 주로 지하·지상 주차장바닥에 적용하며 바름재는 도장재와 미장재로 구분되지만 표준시방서에는 미장공사로 분류한다.

자재	➡	시공방법	➡	유의사항
• 종류 • 요구성능		• 바탕/배합·교반 • 바름/보양		• 작업 전/도포 및 바름 • 작업 후

II 자재

1. 종류

[주차장 바닥용 방수재의 종류][43]

자재유형		마감두께
에폭시수지계	라이닝	3mm 이내
	모르타르	5mm 이내
우레탄수지계	고경질라이닝	3mm 이내
	모르타르	5mm 이내
기타 수지모르타르계	아스팔트	10mm 이상
	기타	

(1) 에폭시라이닝

① 내충격성, 내마모성, 내약품성(산, 알칼리, 용제), 내수성 우수

② 고광택성, 평활성, 두께조절 용이

③ 부분보수 곤란, 바탕추종성 취약, 일사 황변, 차륜소음 발생

(2) 우레탄라이닝(고경질)[44]

① 내후성, 내유성, 내약품성, 내마모성 우수

② 방진·방수성, 접착력, 신축성 우수

③ 부분보수 용이

---

43) KS F 4937(2019) 주차장 바닥용 표면마감재 해설 표2
44) KCS 414611 '합성고분자 바닥바름 및 KCS 414700 도장공사' 참조

(3) 에폭시수지모르타르

　① 내마모성, 내후성, 내약품성, 내유성 우수

　② 두께조절 용이, 표면 평활도 양호, 미끄러짐 방지

　③ 일사에 의한 황변, 먼지 오염, 실내바닥에 적합

　④ 부분 보수, 흡습부위 곤란

2. 요구성능[45]

(1) 내충격성능

　① 중량물 낙하에 의한 유해 손상이 없을 것

　② 천공, 균열, 박리 등

(2) 부착성능

　① 타이어 회전마찰에 의한 들뜸·파손이 없을 것

　② 시공 전 바탕면의 건조, 이물질 제거 등에 좌우

(3) 윤하중(輪荷重) 저항성능

　① 타이어와 바닥 사이의 이물질에 의한 마모 저항성능

　② 바닥방수 하자담보기간, 차량주행횟수, 단위면적당 이물질량 고려

(4) 수밀성능

　① 바닥마감재 바탕면에 물 침투가 없을 것

　② 차륜 부착수량 및 빙설 영향 고려

(5) 기타 성능[46]

　① 오염물질 방출이 없을 것, 실내공기질 기준 적용

　② 냉온반복, 염수, 윤활유 등의 악영향이 없을 것

　③ 급정차·출발저항성, 난연성, 미끄럼저항성 등이 있을 것

Ⅲ 시공방법

1. 바탕처리

　① 균열부 보수

　② 이물질 제거 및 청소

　　• 레이턴스, 먼지, 기름, 녹 등

　③ 바탕면 건조, 지정물매 확보

---

45) KS F 4937(주차장바닥 성능기준) 참조
46) 기타 성능 중 '오염물질 방출' 외의 사항은 추후 KS기준에 고려되어야 할 항목이다.

2. 배합 · 교반

   ① 주제, 경화제 배합비 준수

   ② 반드시 전동교반기 혼합

   ③ 모르타르 교반

     • '주제＋경화제' 교반 후 절건상태의 골재 투입

3. 바름

  (1) 프라이머 도포

   ① 재료별 전용 프라이머 $0.2{\sim}0.3kg/m^2$

   ② 바탕면 건조상태 확인 후 균일 도포

  (2) 솔질 및 뿜칠

   ① 폴리우레탄 도포

     • 페이스트 1.5＋페이스트 1.0＋정벌 $0.3kg/m^2$, 바름두께 $1.5{\sim}2.0mm$

   ② 에폭시수지 도포

     • 페이스트 1.8＋페이스트 $1.0kg/m^2$, 바름두께 $1.5{\sim}2.2mm$

  (3) 흙손바름

   ① 에폭시수지모르타르 바름

     • 결합재 0.3/모르타르 10＋페이스트 0.4＋정벌 $0.2kg/m^2$

   ② 불포화폴리에스테르 수지모르타르 바름

     • 모르타르 10＋페이스트 0.4＋정벌 $0.3kg/m^2$

   ③ 바름두께 $4{\sim}6mm$

4. 보양

   ① 인접부위 오손 방지 보양

   ② 실내온도 $5℃$ 이상 유지

   ③ $2℃$ 이하, 강풍 · 강우 시 작업 중단, 필요시 방풍 조치

   ④ 급속 건조, 먼지 부착방지

Ⅳ 유의사항

1. 작업 전

　① 자재 생산년월일, 보관상태 확인

　② 교반 시 전용시너 사용, 희석량 과잉방지

　　• 경화불량, 강도불량, 균열 우려

　③ 제조사 배합비 준수

2. 도포 및 바름

　① 교반 후 가사시간 준수

　② 수직부 마감 후 수평부 시공

　③ 1회 바름량, 바름간격 준수

　④ 밀폐공간 작업 시 호흡기 보호장구 착용할 것

3. 작업 후

　① 보양 철저, 오염부위 세제 청소

　② 필요시 건조도막두께 및 바름두께 확인

---

tip　주차장바닥공법 선정 시 고려사항

　주차장바닥재는 에폭시수지, 우레탄수지, 에폭시수지모르타르 등 합성고분자계(유기질계)가 주류이나 흡습부위에는 폴리머시멘트콘크리트, 고무컬러모르타르, 기타 무기계 마감재의 적용이 유리하다. 중량차량이 이동하거나 빈번한 차량 통행으로 마감층 박리가 우려되는 곳은 이질표면층 형성이 불필요한 공법(표면연삭 - 액체형강화재 도포 - 표면연마(Polishing) - 보호도료 마감 등의 순서로 시공)[47]을 고려할 수 있다.

---

47) 개발자 에코파트너스(주) http://www.jkt.co.kr/, 공법명 '나노플레이트폴리싱공법', 제품명 '에코크리트'

5313 셀프레벨링재 바름

Ⅰ 개요

1. 셀프레벨링재 바름은 인테리어 미관성을 확보하기 위한 고평탄성바닥의 미장면을 형성하기 위해 자기수평성 자재를 사용하는 공사이다.

2. 셀프레벨링재는 공장에서 기배합 제품으로서 석고계와 시멘트계가 있으며, 공사시방에 따라 적합한 자재와 시방을 적용한다.

적용범위	→	시공방법
• 적용바닥 • 자재		• 바탕처리/실러 바름 • 셀프레벨링재/보양 · 양생

Ⅱ 적용범위

1. 적용바닥

▶ 셀프레벨링재 바름은 다음의 일반용 및 산업용 건축물바닥에 적용한다.

(1) 일반용

① 사무소 건물, 판매시설, 전시장, 전산실

② 공동주택 바닥슬래브, 복도, 온돌바닥

(2) 산업용

① 공장, 물류창고

② 지하주차장 등의 바닥

2. 자재

(1) 석고계

① 석고, 경화지연제, 유동화제, 모래, 액상수지(프라이머)

② 시공성, 경화성(3~7일) 우수

③ 내수성 · 방청성 취약, 옥외 부적합

(2) 시멘트계

① 포틀랜드시멘트, 모래, 분산제, 유동화제, 액상수지

② 강도, 내수성 우수, 옥내외 적합

　• 필요시 팽창재 혼입

(3) 요구품질[48]

① 플로값: 자기평탄성을 발휘할 수 있을 것

② 압축강도: 28일 재령값이 기준치 이상일 것

③ 부착강도: 바탕면에서 박리되지 않을 것

④ 내충격성: 중량물 낙하 시 균열과 박리가 없을 것

⑤ 기타: 휨강도, 내마모성, 응결시간, 길이변화비율 등

- 휨강도가 기준치 이상일 것
- 내마모성은 단위면적당 이물질량이 기준치 이내일 것
- 응결시간 중 초결은 기준치 이상, 종결은 기준치 이하일 것
- 28일 재령 후 길이변화비율이 허용치 이내일 것

[셀프레벨링재 품질기준]

자재용도 품질항목	일반용	산업용
플로값(mm)	180 이상	190 이상
압축강도(N/mm^2)	20 이상	28 이상
부착강도(N/mm^2)	0.8 이상	1.2 이상
휨강도(N/mm^2)	0.6 이상	←
내충격성	균열/박리 없을 것	←
내마모성(mg/mm^2)	0.15 이하	←
응결시간(h)	초결 ≥ 1, 종결 ≤ 15	←
길이변화비율(%)	±5	←

Ⅲ 시공방법

1. 바탕처리

① 레이턴스, 먼지, 유지류 제거

- 그라인더, 브러시, 진공청소기 등 사용

② 균열부 보수, 표면처리 및 충전공법 적용

③ 깊은 곳은 시멘트모르타르 충전, 셀프레벨링재의 경제성과 시공성 고려

2. 실러(Sealer)[49] 바름

① 합성수지에멀션에 지정량의 물 혼입, 3분 이상 전동교반

- 과도한 물 혼입금지

---

48) KS F 4041 '시멘트계 자기수평 모르타르' 참조

49) 도료의 흡입을 방지하고, 바탕의 알칼리나 수지 등의 영향을 억제하기 위해 최초로 바탕에 칠하는 초벌칠의
　　도료

② 바탕면 양생 및 건조 확인

③ 1회 도포량 $0.2\sim0.3\text{kg/m}^2$, 2회 도포, 분무기 사용

　• 1차 도포면 건조 후 직각 방향으로 2차 도포

④ 셀프레벨링재 타설 2시간(또는 제조사 시방기준 시간) 전에 완료할 것

3. 셀프레벨링재 타설

① 기배합재 시방에 따라 물 혼입, 3분 이상 충분한 전동교반

② 벽·기둥에 타설높이 표시, 바닥에는 두께측정용 핀 설치

③ 소요두께(3~10mm) 고려, 타설 및 고름질

　• 긴 흙손, 돌기형롤러, 전용밀대 사용

④ 이음부의 돌출 및 기포부위 연삭마무리

　• 깊은 곳은 된비빔 셀프레벨링재 충전

4. 보양·양생

① 일사, 먼지, 유해진동 차단 및 보양

② 통풍기류 차단, 창문 밀폐

③ 타설공간 기온 5℃ 이상 유지할 것

5314 　바닥강화재 바름

I 개요

① 바닥강화재 바름은 차량이나 보행이 빈번한 곳에 시공하여 바닥면의 표면경도를 높이기 위한 공정이다.

② 바닥강화재는 제물마감 콘크리트, 또는 시멘트모르타르 바탕에 적용 가능하며, 시방은 분말형과 액체형으로 구분한다.

적용범위	➡	강화재 바름	➡	품질검사
• 적용바닥 • 요구성능		• 분말형 강화재 • 액체형 강화재		• 접착강도 • 마모감량

II 적용범위

1. 적용바닥

① 지하 · 지상층의 주차장 접근 경사로(Ramp)

② 공장바닥: 자동차, 제철, 공작기계, 화학제품 공장

③ 창고 및 병원의 실내바닥

④ 옥상, 공원, 주유소, 활주로 등

2. 요구성능

① 바탕재(콘크리트 및 시멘트모르타르) 압축강도

② 시멘트모르타르 및 강화재(분말형) 부착강도

③ 내마모성, 방진성(防塵性)

④ 내오염성, 평활성, 외관성 등

III 강화재 바름

1. 분말형 강화재

(1) 자재

① 합금강 골재를 섬유 · 분말상으로 혼합 · 제조한 것

　• 니켈, 크롬, 몰리브덴

② 비금속 경질골재에 안료와 특수 화학약품을 가미한 것

　• 금강사, 규사, 철분 등의 골재, 내알칼리성 · 무기질 안료

③ 포장단위 20kg/Bag

(2) 강화재 살포

① 소요두께 고려, 균일하게 살포

② 소요두께 ≥ 3mm, 살포량 3~7kg/m²

③ 손, 또는 전용기구 사용

(3) 흙손 마무리

① 나무흙손 고름 및 다짐

② 살포된 분말에 수분이 흡수되도록 눌러서 다짐

③ 물고임 부위는 강화재 추가 살포 및 보정

④ 표면수 걷힌 후 쇠흙손 또는 피니셔 마무리

- 발자국 없도록 전용신발 착용

(4) 양생

① 7일 이상 습윤양생

② 살수, 거적 및 비닐보양

③ 양생 후 조절줄눈 설치, 4~5m 간격

2. 액체형 강화재

(1) 자재

① 아크릴계, 에폭시계

② 포장단위 20kg/Can

(2) 배합 및 도포

① 바탕 콘크리트 및 시멘트모르타르 양생 및 건조

② 생산자 시방에 따라 제품원액에 물 희석

③ 2회 이상 균일하게 도포

④ 회차별 도포간격 1일

(3) 보양

① 보행, 물건 적치, 결빙 방지

② 표면건조 시 먼지 오염 방지

③ 저온, 고온, 바람 등의 영향이 우려될 경우 작업 중지

Ⅳ 품질검사

▶ 분말형 강화재에 대하여 접착강도와 마모감량의 적정성을 검사한다.

▶ 'LH전문시방서'[50]의 시험방법을 준용한다.

---

50) LHCS 414613(2020) 부록 '바닥강화재의 시험방법' 참조

1. 접착강도

(1) 시험체 성형

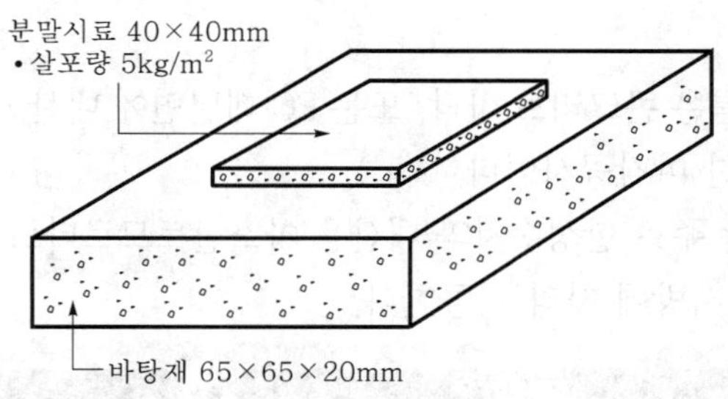

[시험체 규격]

① 실제와 같은 조건으로 바탕재(콘크리트, 시멘트모르타르) 제작
② 65×65×20mm 몰드에 시료 충전 후 다짐
③ 1시간 후 바탕재 중앙 16cm2(4×4cm)부위에 바닥강화재 시공·표면마무리

(2) 시험체 양생

① 습기함에서 48시간 저장하여 초기양생
② 탈형 후 습기함에서 12일간 계속 양생

(3) 시험 및 판정

① 시험 1일 전 시험체 건조, 에폭시 접착제로 상부지그 부착
② 시험체 5개 제작·시험, 최대치와 최소치 제외 후 산술평균
③ 판정기준: 산술평균값 $\geq 1.2\text{N/mm}^2$

2. 마모감량

(1) 시험체 성형

① 바닥강화재 모르타르 시료를 원형몰드에 충전, 다짐, 마감
② 몰드규격: 외경 100mm, 내경 10mm, 높이 4mm

(2) 시험체 양생

① 성형 직후 48시간 습기함 및 습기실에서 초기양생
② 탈형 후 5일간 습기함 양생, 이후 시험실 내에서 21일간 기건양생

(3) 시험 및 판정

① 소요 시험체 2개, 마모시험기 이용
② 판정기준: 마모감량 $\leq 3,000\text{mg}$

5315 내화학 바름

I 개요

1. 내화학 바름은 콘크리트 바닥, 또는 PC 패널면에 내산·내알칼리성 등의 내화학성능을 부여하기 위한 마감공사이다.
2. 사용자재는 주로 합성수지와 내산용 아스팔트모르타르 제품으로 관련 자재의 공사시방서 및 제조사 시방에 따라 시공한다.

자재	➡	시공방법
• 종류 • 품질조건		• 바탕처리/교반·바름·양생 • 자재 반입 및 취급

II 자재

1. 종류

(1) 결합재

① 에폭시, 폴리에스테르

② 기타 수지류 등

(2) 경화제

① 반응성·촉매성, 액상 또는 분말상 재료

② 결합재에 첨가하여 사용

(3) 보강재 및 충전재

① 규산질, 탄소질 재료

② 결합재, 경화제와 혼합하여 사용

③ 내산성, 내알칼리성 보유성분

2. 품질조건[51]

① 교반 후 '가사시간[52] ≥ 30분'일 것

② 기준시간 경과 후 화학물질 노출에 안정적일 것

• 기준시간 경과 후 소요 통행량 허용이 가능할 것

③ 사용강도는 기준재령에서 발현될 것

---

51) KCS 414616 표2.2−1 내화학 바름의 물리화학적 요구조건
52) 가사시간(可使時間, pot life): 2액형도료의 주제와 경화제 혼합 후 정상적인 도장이 가능한 시간이다. 이 시간을 넘기면 젤리 상태가 되어 분사도장이 불가능하다. 우레탄 도료는 8~10시간(20℃) 정도이다. 단, 도료의 종류 및 기온에 따라 차이가 있다.

④ 7일 재령의 인장강도 및 압축강도는 기준치 이상일 것
⑤ 내화학성능시험 결과는 기준치 이상일 것 등

[내화학 바름 품질기준]

품질항목 \ 자재유형	에폭시		폴리에스테르	
	1종	2종	1종	2종
사용시간(분)	30 이상	←	←	←
초기사용시간(시간)				
• 화학물질 노출	72 이상	←	←	←
• 통행량 적음	24 이상	←	16 이상	←
• 통행량 많음	48 이상	←	36 이상	←
최소사용강도발현재령(일)	7 이내	←	3 이내	←
7일 재령 인장강도(N/mm^2)	10.5 이상	4.2 이상	10.5 이상	2.8 이상
7일 재령 압축강도(N/mm^2)	42 이상	28 이상	70 이상	56 이상
수축율(%)	0.5 이하	←	1.0 이하	0.6 이하
흡수율(%)	1.0 이하	2.0 이하	1.0 이하	2.0 이하
내화학성	제조사기준 이상	←	←	←

Ⅲ 시공방법

1. 바탕처리

① 신·구 콘크리트 바탕면 대상
② 신콘크리트 양생기간 28일 이상 확보
③ 레이턴스, 먼지, 기름, 녹, 산성물질 제거 및 청소
④ 필요시 오염부위 세제 청소 및 샌드블래스트 적용

2. 교반 · 바름 · 양생

① 공사시방서, 제조업자 시방에 따라 시공
② 합성수지모르타르 바름: '합성고분자바닥 바름' 참조
③ 합성수지도막 바름: '도막방수 공사시방' 참조
④ 아스팔트모르타르 바름: '아스팔트방수 공사시방' 참조

3. 자재 반입 및 취급

① 자재반입 시 검사
• 품명, 색번호, 로트 번호, 수량 등
② 보관 및 취급 시 소방 및 산업안전법규 준수
③ 비 · 서리 · 일사 차단, 밀봉상태 보관

5316 단열모르타르 바름

I 개요

1. 단열모르타르 바름은 건축물의 열손실 방지를 목적으로 외벽, 지붕, 지하층 바닥면 내·외에 적용하는 미장공사이다.
2. 단열 모르타르는 기배합 규격품을 사용하며 벽, 천장부위는 부착강도 확보에 특히 유의하여 시공한다.

자재	→	시공방법
• 구성재료 • 품질기준		• 바탕처리/교반/바름 • 보양·양생/유의사항

II 자재

1. 구성재료[53]

(1) 결합재

　① 포틀랜드시멘트(KS L 5201), 백색 포틀랜드시멘트(KS L 5204)

　② 재유화형 분말수지, 합성수지에멀션을 분무·건조시킨 것

(2) 유·무기질 인공경량골재

　① 펄라이트(KS F 3701)

　② 질석(KS F 3702)

　③ 발포폴리스티렌, '입자크기 ≤ ϕ5mm'인 것

(3) 기타

　① 무기질분체

　　• 탄산칼슘, 클레이, 탤크, 운모, 규조토, 규석분

　② 혼화제

　　• 방수제, 분산제, 안정제, 부착보강제, 조습제

　③ 유·무기섬유재 등

2. 품질기준

(1) 열전도율(W/mK)

　① 1종 ≤ 0.071, 2종 ≤ 0.095, 3종 ≤ 0.149

　② 인용규격: KS L 9016 보온재의 열전도율 측정방법

---

53) KS F 4040(단열 모르타르) 참조

(2) 부착강도

① 부착강도 $\geq 0.1\mathrm{N/mm}^2$

② 인용규격: KS F 4706 시멘트계 바탕바름재 5.6 부착강도 시험방법

(3) 길이변화비율

① 길이변화비율 $\leq 0.5\%$

② 28일 재령의 모르타르 공시체 3개 시험

③ 인용규격: KS F 2424(모르타르 및 콘크리트의 길이변화 시험방법)

[단열모르타르 품질기준]

종류 ＼ 항목	열전도율(W/mK)	부착강도(N/mm^2)	길이변화비율(%)
1종	0.071 이하		
2종	0.095 이하	0.10 이상	0.5 이하
3종	0.149 이하		

Ⅲ 시공방법

1. 바탕처리

① 굴곡 · 요철부 정리

② 유해부착물 제거

③ 프라이머 또는 시멘트페이스트 균일 도포

2. 교반

① 지정수량 혼입

② 충분한 손비빔, 또는 전동교반

③ 1회 교반량은 가사시간 고려

3. 바름

① 바탕면에 보강재 접착 고정, 내화용 접착제 사용

② 부위에 따라 흙손, 뿜칠, 펌프 압송 도구 적용

③ 초벌바름 $\leq 10\mathrm{mm}$, 초벌면 건조 후 정벌바름

- 지상: 7~10mm, 초벌 1회 바름
- 지하: 6mm 초벌, 5시간 경과 후 6mm 재벌

④ 흙손자국, 기포 등은 물 솔질 후 마감용 흙손으로 제거

⑤ 표면정리 및 강도보정이 필요할 경우 보강 바름 실시

4. 보양 및 양생

① 저강도 표면부 파손방지

② 급격한 건조, 진동, 충격, 동결 방지

③ 먼지, 매연, 강우, 강설로부터 외장면 보양

④ 7일 이상 자연건조, 바름층별 양생기간 준수

5. 유의사항

① 자재 저장

• 바닥·벽 이격 ≥ 150mm, 불순물 오염과 흡습 방지

② 외기온 5℃ 이하일 경우 작업 중지

• 필요시 급열조치

③ 외부 시공면 방수성 유효마감 고려할 것

• 도장 및 타일 등

④ 개봉한 자재 당일 소진할 것, 습기·물 노출방지

5317 | 제물마감

I 개요

1 제물마감[54]은 별도의 미장바름재 없이 바닥·벽·천장의 콘크리트 타설면을 직접 마감처리 하는 공정이다.

2 제물마감 바닥의 선행공정은 콘크리트공사이며, 후속공정은 조면처리·착색·표면강화 이고, 벽과 천장은 도장·도배 등이다.

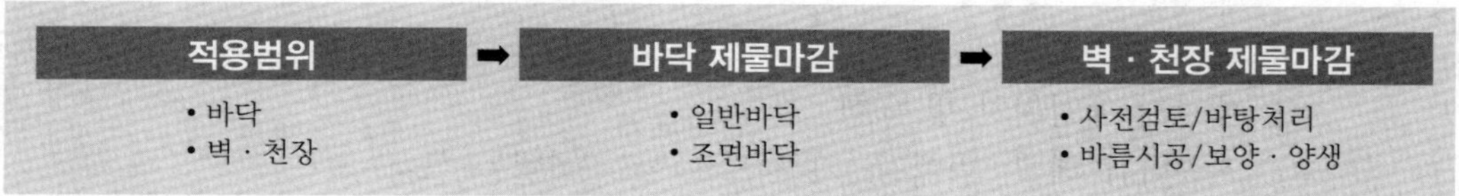

II 적용범위

▶ 적용부위는 바닥, 벽, 천장 등의 용도별 공간으로 구분한다.

▶ 해당부위의 후속공정에는 방수, 바닥강화, 도장, 도배 등이 있다.

적용부위	후속공정	방수	바닥강화	도장	도배	비고
바닥	주차장	–	O	O	–	
	기계실	–	–	O	–	
	경사로	–	O	–	–	
	지붕	O	O	O	–	
벽·천장	계단실	–	–	O	–	
	침실	–	–	–	O	공동주택

1. 바닥

① 주차장: 바닥강화재, 또는 도장마감 전 기계흙손 및 쇠흙손 마무리

② 경사로: 콘크리트 타설면의 조면처리 및 바닥강화재 공정

③ 지붕: 바닥강화재·도장 전 방수보호층 제물마감

2. 벽·천장

① 벽: 도장 및 도배마감 전 거푸집 이음면 그라인딩

② 천장: 천장틀 마감 전 그라인딩

---

54) KCS 414618 제물마감, 대한전문건설협회 '습식공사 미장·단열 시공도해' 참조

III 바닥 제물마감

▶ 조면처리 유무에 따라 일반바닥과 조면바닥으로 구분한다.

1. 일반바닥

▶ 액상형 바닥강화재와 방수마감이 후속되는 주차장바닥, 또는 옥상바닥에 적용한다.

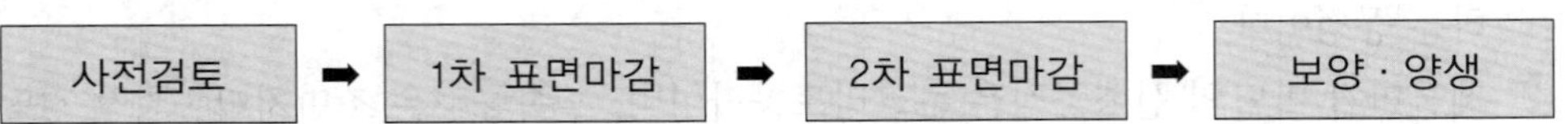

[제물마감 Flow]

(1) 사전검토

① 배관재 매입위치 및 영향

② 최종마감 레벨, 먹매김, 기준 모르타르, 레벨봉 설치

③ 트렌치 구배, 시공이음구획

④ 타설 · 마감 인원 및 장비의 적정성

⑤ 선설치 줄눈대 간격 · 위치 · 레벨 · 구배 등

(2) 신축줄눈재[55]

① 설치부위

- 이질 마감경계 부위, 또는 옥상방수 누름콘크리트의 신축줄눈[56]

② 설치방법

- 줄눈받침대에 충전재 조립
- 줄눈재 배치 및 고정, 된비빔 모르타르 사용
- 누름콘크리트 타설 및 양생, 타설 시 줄눈재 손상에 유의
- 줄눈충전재 상부 제거, 실링재 충전

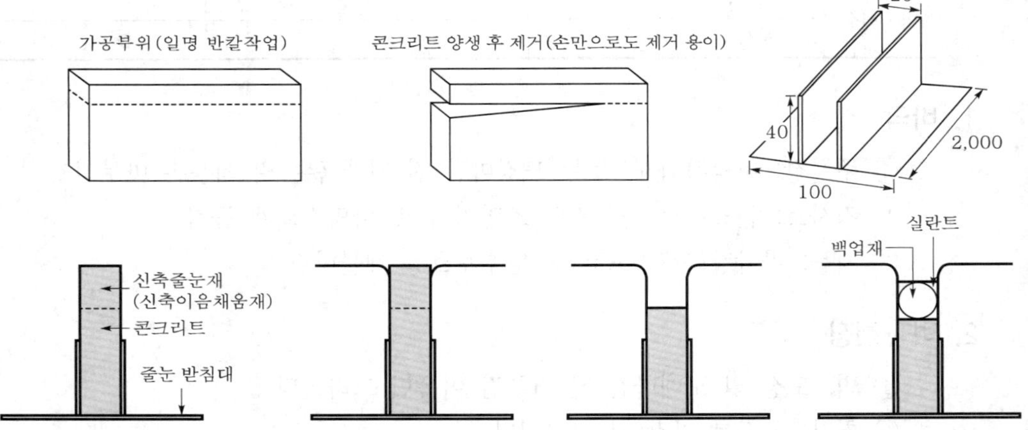

---

55) 마감층 미장부분의 온도신축을 흡수시키기 위한 줄눈재로 골조단면을 절연시키는 구조체 신축줄눈과는 무관하다.

56) 내단열 지붕 슬래브에 적용, 지붕방수층 위 단열재 배치 시에는 PE필름 위 신축줄눈재 설치가 곤란하다.

(3) 1차 표면마감

    ① 된비빔 레미콘 반입, 타설 전 균열방지 선조치

    ② 섬유보강재 레미콘 혼입, 설치 레벨 및 물매에 따라 타설

    ③ 전용밀대 및 규준대 고름질, 바닥강화재·착색 부위는 물기 걷히기 전 실시

      • 공장·창고·경사로, 분말형 하드너 시공, 시멘트, 안료, 골재 등에 의한 착색공정 등

    ④ 물기 걷힌 후 나무흙손 마무리, 표면 잉여수 제거

    ⑤ 레이턴스 제거부위: 시멘트모르타르(1 : 2) 도포 후 나무흙손 재마무리

(4) 2차 표면마감

    ① 쇠흙손 및 피니셔 마무리

    ② 1차 마무리 후 하절기 2~3시간, 동절기 5~6시간 경과 후 실시

    ③ 기계흙손 사각(死角)부위 쇠흙손 마무리 철저

      • 구석모서리 및 수직철근 돌출부 주변

(5) 보양·양생

    ① 외기에 접한 면은 일사·바람영향 최소화, 차양 및 방풍막 설치

    ② 2~3일간 살수양생, 또는 '비닐＋양생포＋살수' 양생 실시

      • 타설 직후 강우 예상 시 비닐 신속 설치

    ③ 동절기 초기동해 방지, 단열·급열양생 철저

    ④ 마무리면 중량물 및 낙하물에 의한 표면손상 방지

(6) 유의사항

    ① 경사로 균일물매 유지, 레미콘 유동성 고려, 슬럼프값 조정 필요

    ② 적정 레벨기기 사용, 소요 마감높이 및 방수물매 확보

    ③ 기계흙손 마감 시 철야작업 대비, 조명·안전통로, 적정 투입인원 확보

      • 사각부위인 오목·볼록모서리는 반드시 손마감 처리

    ④ 동절기 동해 및 하절기 소성수축, 낙하물에 의한 표면손상 방지

    ⑤ 침투식 액상하드너는 표면 완전건조 후 시공

2. 조면(粗面)바닥

  ▶ 조면바닥은 바닥강화재 착색 유무에 따라 무색조면과 유색조면(컬러무늬조면)으로 구분한다.

  ▶ 유색조면은 표면마감 시 분말·액체형 강화재 바름공정[57]을 포함한다.

---

57) '5314 바닥강화재' 참조

(1) 사전검토

① 조면재 재질, 형상, 설치간격, Stamping 및 양생방법

② 콘크리트 강도, 슬럼프값의 적정성

③ 경사로 타설·고름 시 콘크리트 흐름 방지 등

(2) 1차 표면마감

① 콘크리트 타설

- 경사로, 지하·옥상 주차장바닥 등 조면바닥 설계부위

② 타설 후 나무흙손 마무리

③ 1차 표면마감까지는 일반바닥 공정과 동일

(3) 2차 표면마감

① 나무흙손 마무리 후 조면재 배치

- 유색조면은 조면재 배치 전 유색분말형 바닥강화재 및 보조분말재 도포
- 보조분말재는 조면재 배치·제거에 의한 강화재 유실방지

② 조면재 상부압착(Stamping)

- 고무망치 타격, 또는 조면매트 위를 발로 밟아서 Stamping

③ 2차 표면마감 및 조면재 제거

- 무색조면은 일반바닥과 동일하게 2차 표면마감 실시
- 유색조면은 Stamping 직후 조면재 제거

④ 액상바닥강화재 도포

- 유색조면은 필수공정으로 실시
  - 보조분말재 물씻기 제거, 바탕면 완전건조 후 균일 도포
- 무색조면바닥은 설계도서에 따라 선택적으로 실시

(4) 보양·양생

① 유해한 충격·손상 방지

② 기타 보양 및 양생은 일반바닥과 동일

Ⅳ 벽·천장 제물마감[58]

▶ 벽·천장 제물마감은 도장·도배 공사의 바탕면 처리공정이다.

1. 사전검토

① 외벽의 작업환경에 따른 백화 가능성

② 보수부위의 최종마감 품질영향, 도배 및 도장공사

③ 사용재료 및 시방 적정성 등

---

58) 일반적으로 현장에서는 '견출공사'로 구분하지만 본서는 'KCS 414618 (3.2)'의 분류에 따른다.

2. 바탕처리

 ① 거푸집 접합부 연마(Grinding)

 ② 폼타이 구멍 및 곰보부위 시멘트모르타르 충전

 ③ 기타 부착 이물질 제거

  • 나뭇조각, 철선, 레이턴스, 박리제 등

3. 바름시공(무기계 바름재)

 ① 초벌: 현장배합, 또는 전용 기배합 시멘트모르타르 사용

  • 오목부위에 평탄하게 충전, 필요시 초벌 전 물축임 실시

 ② 정벌: 시멘트페이스트 도포 후 물솔질 마무리

  • Open Time 1시간 이내, 롤러·붓 사용

 ③ 합성수지계는 '수지미장' 공정[59]에 따라 시공

4. 보양 및 양생

 ① 연마 전 소음 및 분진 방지 조치

 ② 강우 대비, 빗물 차단

---

59) '5312 합성고분자바닥 바름' 참조

5318 　미장공사 하자[60]

Ⅰ 개요

1. 미장공사 하자는 최종마감의 품질에 직접 관련되므로 예방적 시공대책과 하자의 조기발견 및 적시 적절한 사후조치가 필요하다.

2. 주요 미장하자를 중심으로 유형별 원인과 방지대책, 그리고 하자조사방법 및 보수방안에 대하여 설명한다.

유형별 원인/대책	⇒	하자보수
• 들뜸 · 박리/벽 균열/옥상바닥 균열 • 결손 · 박락/백화		• 들뜸 · 박리 부위/균열부 • 결손부

Ⅱ 유형별 원인 · 대책

▶ 하자유형을 주요 하자와 기타 하자로 구분하고 주요 하자를 대상으로 원인과 방지대책을 설명한다.

▶ 주요하자: 들뜸 · 박리, 균열, 결손 · 박락, 백화

▶ 기타 하자: 마모, 풍화 · 중성화, 동해(동절기 시공), 오염(박리제, 기름, 녹, 먼지) 등

[미장공사 하자유형]

하자유형	정의
들뜸 · 박리	바탕구조체와 미장층이 분리된 상태
균열	미장면이 갈라져서 생긴 틈
결손 · 박락	국부적 단면결손, 미장층 탈락부위
백화	미장층에서 시멘트 가용성분이 석출되어 발생한 백색물질
마모	외력마찰로 인하여 감소된 미장층 두께
풍화 · 중성화	기중 이산화탄소에 의해 미장층 알칼리성분이 약화되는 현상
동해	미장층이 응결 전 얼거나 경화 후의 동결융해
오염	세정작업으로 제거되지 않는 오염부위

1. 들뜸 · 박리

(1) 원인

① 바탕면의 레이턴스, 기름, 녹, 박리제 미제거

　• 계면 간섭물질로 인하여 접착불량 발생

② 바탕구조체 및 부착물의 진동하중

---

60) 미장공사핸드북, 대한전문건설협회 미장방수업협의회, 2003, pp.209~238 참조

③ 바름재의 가사시간 초과

④ 흙손누름 불량, 바름층 내 기포 형성

(2) 대책

① 바탕면 처리

- 청소 철저, 매끄러운 바탕의 조면처리 및 라스먹임
- 적정 함수상태 확보, 무기질바탕 흡습, 유기질바탕 건조상태 등

② 바름재 접착력 증대

- 접착증강제(Bonding Agent), 보수제(Water-retaining Addititive) 첨가

③ 바름 시 흙손누름 철저, 초·재·정벌 바름간격 준수

④ 가사시간(可使時間, pot life) 내 바름 완료

⑤ 초기양생 시 유해한 진동·충격 방지

2. 벽 균열

(1) 원인

① 조절줄눈 미설치, 이질재 접합부

② 조절줄눈 폭·깊이 부적합

③ 바탕구조체 균열

(2) 대책

① 조절줄눈 누락 방지

- 이질재 접합부: RC기둥+조적벽, RC보+조적벽, RC벽+조적벽 부위
- 조적벽 통줄눈, 콘크리트 시공이음 및 신축이음부 등
- 개구부 주위 줄눈파기, 미장두께 2/3 깊이 가량
  - 바탕구조체 균열 예상부위: 라스 바탕처리 후 바름 시공

② 적정 조절줄눈 형상계수 $\left(\dfrac{D}{W}\right)$

- '$W \geq 15\text{m}$'일 경우: $\dfrac{1}{2} < \dfrac{D}{W} \leq \dfrac{2}{3}$ 또는 $D \geq 10\text{mm}$
- $10\text{mm} \leq W < 15\text{mm}$의 경우: $\dfrac{2}{3} < \dfrac{D}{W} \leq 1$

③ 바탕구조체 균열보수 후 미장

3. 옥상바닥 균열

(1) 원인

① 신축줄눈 설치 미흡

② 용접철망·와이어메시 설치 부적합

③ 바탕면 수분 과다, 동절기 동결

(2) 대책

① 신축줄눈 적정 설치, 3×3m 간격[61]

- 첫 줄눈위치: 패러핏 보호조적면에서 400~600mm 이내일 것

② 신축줄눈 내부에 수축줄눈 설치, 1×1mm 간격

- 줄눈대 설치, 줄눈파기 방식 중 택일

③ 용접철망 설치 후 콘크리트 및 모르타르 타설

- 또는 섬유보강재 혼입, 단위용적당 1kg가량($1kg/m^3$)

④ 표면마무리 후 보양 및 양생 철저

- 일사 · 바람 차단, 충분한 습윤양생 실시

4. 결손 · 박락

(1) 원인

① 들뜸, 균열 등의 열화 진행
② 최종마감재 탈락으로 국부 파괴
③ 바탕구조체 철근부식
④ 외부 충격에 의한 파손 등

(2) 대책

① 들뜸 · 균열 부위 조기발견 및 보수
② 최종마감재의 부착강도 확보
③ 철근 피복두께 확보 및 유효 방수마감
④ 코너비드 설치, 모서리 취약부 보강

5. 백화

(1) 원인

① 모르타르 부배합
② 높은 물결합재비
③ 동 · 북측 벽면 등의 저온다습 환경

(2) 대책

① 물결합재비 낮게 배합, 모르타르 가수금지
② 가사시간 준수, 비빔 후 30~40분 내 바름 완료
③ 저온시공 금지
④ 미장 후 빗물, 일사, 강풍 보양 철저

---

61) 미장공사핸드북(2003), p.225 참조

Ⅲ 하자보수

1. 들뜸 · 박리 부위

(1) 조사방법

① 테스트해머 타격음에 의한 조사
- 숙련도, 판단능력에 따라 신뢰도 저하 우려

② 반발경도법

③ 임펄스 반응법

④ 연속가진 · 진동측정법

⑤ 기타 적외선진단법, 초음파법 등

(2) 앵커피닝＋주입

① 장기간 내구성 회복

② 소음진동 최소화, 단기간 수선 가능

(3) 부분 재시공

① '앵커피닝＋주입' 곤란부위

② 신축줄눈 신규 설치부위 등에 적용

2. 균열부

(1) 조사방법

① '크랙스케일＋현미경'으로 균열폭 측정, 균열길이는 자 사용

② 길이방향으로 매 300mm마다 측정

③ 균열의 정지 및 진행상태 파악

(2) 주입 · 충전

① 균열부 에폭시수지 주입 및 충전

② U-Cut 후 미장재 충전

3. 결손부

(1) 조사방법

① 구조체 바탕, 바름층, 최종마감층으로 구분

② 녹 발생 유무 조사

(2) 결손부 충전

① 박락 및 박락 예상부위

② 에폭시수지 모르타르 충전

③ 경미한 곳은 폴리머시멘트모르타르 충전

Ⅳ 결론

1. 미장공사의 주요품질은 골조를 구성하는 바탕구조체에 대한 부착강도와 거동추종성이며, 이를 위한 전문시공사의 숙련공, 양품자재, 적정 도구 등의 조달이 필요하다.

2. 하자 없는 균일한 품질을 확보하려면 시공계획과 작업지침에 따라 배합, 비빔, 바름 및 보양 등의 전 공정을 관리하는 여건 조성이 매우 중요한 과제이다.

5320 도장공사 일반

I 개요

1. 도장(塗裝, Painting, Coating)공사는 피도체(被塗體) 바탕에 도료(塗料)를 칠하여 도막(塗膜)을 형성시키는 최종마감공사이다.

2. 적용부위는 건축물 내·외부의 바닥, 벽, 천장 등이며, 도료를 사용하는 공사 중 '합성고분자바닥 바름'과 '도막방수'는 각각 미장공사와 방수공사로 구분하고 있다.

도료 ➡	요구성능 ➡	도장시공 ➡	점검사항
• 도료 구성 • 도료 종류	• 도료 • 도막	• 바탕처리 • 도장공법	• 도장 전/중 • 도장 후

II 도료(塗料)

1. 도료(Paint, Coating)[62] 구성

• 도료 구성요소에는 도막요소와 색소가 있다.
• 도막(Paint Film)요소에는 수지, 첨가제, 용제 등이 있다.
• 도막요소를 전색제(展色劑, Vehicle)라고도 하며, 전색제는 안료 분산을 위한 액상촉매로서 도료성능을 지배한다.
• 색소는 착색제(着色劑, Stain)라고도 하며, 안료와 염료가 있다.
• 투명(Clear)도료는 도막요소만으로 구성, 착색(Enamel)도료는 도막요소에 색소를 첨가한다.

도막요소 (전색제)	主요소	수지(Resin)
	副요소	첨가제(Addition Agent)
	助요소	용제(Solvent)
색소(착색제)		안료(Pigment), 염료(Dye)

(1) 수지(樹脂, Resin)

① 도막을 형성하는 주요소

② 천연수지, 합성수지(플라스틱)[63], 셀로로스 유도체[64], 고무유도체[65]

  • 기타 각종 수용성화합물 등

③ 콘크리트 및 모르타르 바탕면에는 내알칼리성 합성수지 널리 사용

---

62) Coating은 도료작업의 총칭이며, Painting은 안료를 포함한 도료작업를 일컫는다.
63) 고분자화합물 중 합성섬유와 합성고무를 제외한 것, 무정형의 고체 및 반고체 물질로 물에 녹지 않고 알코올과 에테르 등에 잘 녹는다. 열가소성과 열경화성수지로 구분한다.
64) 플라스틱, 폭발물, 접착제, 필름, 소포제, 셀룰로이드, 셀룰팜, 식품산업 등의 용도로 사용된다.
65) 이성질화반응에 의한 생성물 및 산화, 수소화, 할로겐화 혹은 첨가반응에 의한 생성물을 말한다. 합성고무, 합성수지 발달로 이용분야가 축소되고 있다.

(2) 첨가제(添加劑, Addition Agent)

① 수지 및 착색제의 물성을 조정하는 도막 형성 부요소

② 분산(分散), 건조(乾燥), 경화(硬化)물성 조정

③ 레벨링제, 레올로지조정제, 가소제[66], 유화제, 안료분산제, 관안정제 등

(3) 용제(溶劑, 溶媒, Solvent)

① 도장 작업성을 위해 혼입하는 도막 형성 助요소

- 수지, 안료, 첨가제 등을 용해 또는 분산

② 도장 후 도막에서 잔류 없이 증발

③ 조용제(助溶劑), 공용제(共溶劑), 희석용제 등으로 구분

④ 물, 지방족계·방향족계 탄화수소, 알코올, 케톤, 에테르, 에스테르 성분

(4) 안료(顔料, Pigment)

① 물이나 유기용제, 기름, 수지 등에 녹지 않는 분말상의 착색제

- 안료 미립자를 전색제에 분산시키면 착색 도막이 됨

② 도료, 인쇄잉크, 그림물감 등의 **착색, 보강, 증량** 목적으로 사용

③ 사용목적에 따른 안료 종류

체질안료	• 굴곡율이 작고 투명한 피도면을 은폐하지 않는 안료 • 도막의 증량, 도막 살오름, 단가조정, 광택감소 용도
방청안료	• 전색제 중의 유류와 반응, 발청에 저항하는 안료 • 납, 크롬, 인산염, 몰리브텐, MIO, 아연분말계 등
발광안료	• 특정파장의 빛을 흡수하여 긴파장 빛으로 방사하는 안료 • 방사시간이 긴 축광안료와 짧은 형광안료로 구분
방오안료	• 해양생물이 부착하기 쉬운 선저, 해저관용으로 사용 • 아산화동, 트리페닐주석아세테이트 등의 성분
시온안료	• 온도를 색으로 지시하는 시온성(示溫性), 온도지시 안료 • 색 복원에 따라 가역(可逆)적, 비가역적 시온안료로 구분
무기안료	• 금속화합물을 주성분으로 하는 안료 • 산화물, 수산화물, 황산물, 크롬산염, 탄산염, 황산염, 규산염 등

(5) 염료(染料, Dye)

① 물·기름에 용해, 단분자로 분산하여 도료분자와 결합하는 착색물질

② 섬유재 염색용, 도료용은 유용성 염료 사용

2. 도료 종류

▶ KS와 일반으로 구분하여 분류한다.

(1) KS 분류

① KS 화학부문(M)으로 명시

---

66) 가소제(可塑劑): 도막에 강인성 및 유연성을 조절할 수 있는 물질, 도막성능을 향상시킬 목적으로 도료를 만들 때에 가하는 물질, 도막 형성요소와 상용성이 있는 비휘발성 또는 난휘발성의 액체 또는 고체의 물질로 주로 휘발건조성 도료의 제조에 사용한다.

[건축용 도료의 주요규격]

KS M 5304 염화비닐수지바니시	염화비닐수지바니시, 바탕면 누름용 흡수막이
KS M 5305 염화비닐수지도료	염화비닐수지에나멜 옥내용
KS M 5318 조합도료목재용 프라이머	조합페인트목재프라이머 백색 및 담색, 외부용
KS M 5605 아크릴수지바니시	아크릴수지바니시, 하도용 흡수 방지
KS M 5710 아크릴수지도료	아크릴수지에나멜
KS M 5713 불포화폴리에스테르퍼티	불포화폴리에스테르수지퍼티
KS M 6010 수성도료	합성수지에멀션 도료 내외부용
KS M 6020 유성도료	조합 페인트, 자연건조형 에나멜, 알루미늄페인트, 아크릴 도료
KS M 6030 방청도료	광명단조합페인트, 크롬산아연 방청용 페인트 및 프라이머, 타르에폭시수지 도료
KS M 6040 래커 도료	• 래커프라이머·퍼티·서페이서, 목재용 실러 • 상도마감용 투명 래커 및 래커에나멜
KS M 6050 바니시	스파바니시, 우레탄변성바니시, 알키드바니시
KS M 6060 도료용 희석제	에나멜, 바니시, 조합 페인트, 래커용 등
KS M 6070 분체도료	강관·봉강용 에폭시, 폴리에스테르 분체도료
KS M 6080 도로표지용 도료	상온형, 수용성, 가열형, 융착식 도로표지용 도료

② 주로 도막 형성요소(수지)에 따라 분류

③ 분체도료는 공장 도장용으로 사용

(2) 일반 분류

분류기준		종류
도막	주요소	유성, 폴리우레탄수지, 염화비닐수지, 에폭시수지 도료
	성상	투명, 무광, 백색도료
	성능	내산, 내알칼리, 방화, 방부, 내열, 전기절연 도료
도료	배합	조합 페인트, 분체도료, 2액형도료
	건조/경화	자연건조형, 저온소부형, 가열건조형, 자외선경화, 전자선경화 도료
	용도	건축용, 선박용, 중방식용, 자동차용, 목공용, 캔용 도료
	유통	일반범용, 가정용, 공업용
도장	공법	붓도장, 분무도장, 정전도장, 전착도장, 침전도장 도료
	장소	내부용, 외부용, 바닥용, 지붕용 도료
	공정	하도용, 중도용, 상도용 도료
안료		알루미늄, 그라파이트, 광명단 페인트

① 도료의 구성요소 측면에서 분류, 도료＝도막＋안료

② 또는 도료 완제품과 도장작업 관점에서 분류, 도장＝도료＋시공(작업)

Ⅲ 요구성능

1. 도료

(1) 기계적 기능

① 경도, 유연성, 부착성

② 내충격성, 내마모성, 내후성

(2) 광학적 기능

① 발광, 형광, 축광, 편광, 광전도, 복굴절

② 재귀반사[67], 광선택 흡수, 포토크로믹(Photochromic)[68]

(3) 전기 · 자기적 기능

① 절연, 도전(導電), 유전(誘電), 대전(帶電, Electrification) 방지, 전자파 흡수

② 일렉트로크로믹(Electrochromic)[69], 자성(磁性), 포토레지스트(Photoresist)[70]

(4) 열적 기능

① 내열, 단열, 전열, 발열

② 방화, 감열기록, 적외선 흡수 및 복사

(5) 기타 기능

① 화학적 기능

• 방식성, 내약품성, 흡착성, 흡수성

• 콘크리트 중성화 방지, 촉매 활성, 이온 교환

② 표면 기능

• 비점착, 스트리퍼블(Strippable, 박리성)

• 결로 방지, 착빙 방지, 벽보 부착방지, 발수, 발유

③ 생태 기능

• 해중 방오, 방균, 방충, 방부

④ 방수, 방음, 방진, 발포, 가스 차단, 탈취, 투습

• 발포, 분리, 가스 차단, 탈취, 투습, 방소, 방음 등

2. 도막(=도장공사의 목적)

(1) 미관성

① 색감, 심미성

② 광택성: 유광, 반광, 반무광, 무광

③ 은폐성, 확산반사율 등

---

67) 재귀반사(再歸反射, retro-reflection): 입사광선을 光源으로 되돌려 보내는 반사로 어느 방향, 어느 각도로 입사되더라도 광원 방향으로 반사하는 것. 도로표지용 도료의 재귀반사 기능은 자동차 운전자의 표지 인지도를 높여 준다.

68) 포토크로믹스(photochromics): 단파장 빛을 조사하여 착색하고, 장파장 빛을 조사하여 원상으로 돌아가는 물질, 빛이 비추어지면 색이 가역적(可逆的)으로 변하는 재료이다. 가역성 감광재료로 쓰이고, 포토크로믹 유리는 선글라스 재료로 사용한다.

69) 일렉트로크로믹: 전기적인 작용에 의한 물질의 가역적(可逆的)인 발색(發色) 또는 발광(發光)현상을 일렉트로크로미즘이라고 하고, 그와 같은 작용을 나타내는 재료를 일렉트로크로믹 재료라고 한다.

70) 빛의 조사로 성질이 변화하는 고분자 재료로서 사진식각 기술(포토에칭)에 사용한다. 감광성, 접착성, 내부식성을 겸비한 고분자화합물이다.

(2) 기능성

　① 방수, 내수, 내화, 내열, 단열, 방청, 내식

　② 내마모, 내충격, 방활, 방진, 방폭, 전기절연성, 내화학성

(3) 기타

　① 작업성, 내굴곡성

　② 비휘발성, 인체무해성

　③ 경제성 등

Ⅳ 도장시공

1. 바탕처리[71]

▶ 도장공사의 피도체(被塗體) 바탕면은 재질에 따라 목재, 시멘트계 및 플라스터계, 금속 바탕 등으로 구분한다.

[바탕별 처리공법]

목재	목재면	• 부분 퍼티 처리
시멘트계 플라스터계	모르타르면/콘크리트면/석고면	• 전면 퍼티 처리 • 이음새 퍼티 처리
금속	철재면/아연도금면/경금속면/동합금면	• 인산염처리 • 금속바탕용 프라이머 도포 • 황산아연 수용액 도포

(1) 목재면 바탕

　① 오염, 부착물 제거: 유류는 휘발유나 시너로 제거

　② 송진 제거: 긁어내기, 인두 지짐, 휘발유 닦기

　③ 연마지 닦기: 대팻자국, 엇거스름, 찍힘부위 등

　④ 옹이 주변: 셀락니스로 2회 붓도장 처리

　⑤ 구멍 퍼티 처리: 전용 퍼티 사용, 갈림, 틈서리, 오목부위 등

(2) 철재면

　① 인산염 처리(1종)

　　• 부착물, 유류, 녹 제거 후 인산염(크롬산) 화학처리 및 피막마무리

　② 프라이머 도장(2종)

　　• 오염, 부착물, 유류 제거 후 방청도장

　③ 보통금속 바탕처리(3종)

　　• 오염, 부착물, 유류, 녹 제거

---

71) KCS 414700 3.3.2 바탕만들기 및 바탕면 처리

(3) 아연도금면

　① 프라이머 도장(A종): 오염, 부착물 제거 후 방청도장

　② 황산아연처리(B종): 오염, 부착물 제거 후 화학처리 및 수세처리

　③ 옥외노출 풍화처리(C종): 방치 후 오염 및 부착물 제거

(4) 경금속, 동합금면

　① 인산처리(1종)

　② 프라이머 도장(2종): 오염, 부착물, 유류 제거 후 방청도장

(5) 시멘트계, 플라스터면

　① 퍼티 및 연마

　　• 들뜸면, 부풀음면, 오물, 부착물 제거 후 프라이머 도포

　　• 이후 퍼티 및 연마처리

　② 이음새 바탕만들기

　　• 들뜸면, 부풀음면, 오염, 부착물 제거 후 프라이머 도포

　　• 이후 이음새 퍼티 및 테이프 부착, 줄퍼티 및 연마처리

2. 도장공법

　▶ 도장공사기구(器具)에 따라 분류한다.

(1) 붓 · 롤러도장

　① 붓도장

　　• 붓을 평행 · 균등하게 사용하여 평활한 도막 형성

　　• 색깔경계, 구석 등에 특히 주의

　② 롤러도장

　　• 붓보다 도장속도 신속, 일정 도막 유지 곤란

　　• 거칠거나 불규칙 표면부의 도막 유지에 특히 유의

(2) 주걱 · 레기도장

　① 주걱(긁개)[72]도장

　　• 표면요철, 흠, 빈틈처리에 적용

　　• 퍼티, 충전제, 여분도료 처리용 주걱 사용

　② 레기도장

　　• 자체평활형(Self-Leveling) 바닥용 도료시공에 적용, 레기 사용

(3) 분무(噴霧, Spray)도장

　① 가장 일반적인 현장 도장공법

　　• 공기압축력으로 도료를 분사하거나 도료를 압축하여 분무시키는 공법

　　• Air Spray 방식과 Airless Spray 방식이 있음

---

72) '헤라'는 일본어이므로 '주걱' 또는 '긁개'로 순화 · 사용하는 것이 바람직하다. 이때 주걱은 점성이 큰 도료를 떠올리거나 벽에 바를 때, 긁개는 떠올린 도료를 긁거나 평탄화하는 의미로 사용될 수 있다.

② Air Spray 방식
- 압축공기($0.2 \sim 0.4 \text{N/mm}^2$)로 도료를 분사하여 도장, 기체압축방식
- 노즐구경 $\phi 1.0 \sim 1.5 \text{mm}$

③ Airless Spray(Mist Coat) 방식[73]
- 도료 자체를 고압(14.7N/mm^2)으로 가압하여 분무, 액체 펌프 방식
- 노즐구경 $\phi 0.02 \sim 0.1 \text{mm}$

④ 도장면 표준 이격거리 300mm, 압력에 따라 가감

⑤ 평행 이동하면서 도장, 1/3씩 중첩

(4) 정전분체도장(靜電粉體塗裝, Electrostatic Powder Coating)

① 고전압으로 피도체와 분무장치의 양·음극 간 정전장 도입

② 정전장에 분체도료를 분사하여 피도체에 부착
- 합성수지 분말도료 사용
- 내식성, 내충격성, 내약품성, 내후성, 전기절연성 우수

③ 피도체 양면에 도료 부착, 도료손실 저감

④ 복잡한 면 도장 곤란, 피도체 크기에 제한

(5) 전착도장(電着塗裝, Electro Deposition Coating)

① 피도체가 담긴 도료용기에 통전, 전기영동[74]과 물 전기분해로 도장
- 전착성분의 수성도료 사용

② 통전 시 양이온입자는 음극, 음이온입자는 양극으로 이동
- 음이온(Anionic) 전착도장과 양이온(Cationic) 전착도장으로 구분

③ 주로 금속제품 하도(방청도료)에 적용
- 냉장고, 에어컨 컴프레서의 외부 마무리칠(Top Coating)에도 적용

④ 복잡형상의 내·외부 균일도장 가능, 도장공법 중 도료유실 최소

Ⅴ 점검사항

1. 도장 전

(1) 바탕면

① 이물질 부착 유무

② 함수율 $\leq 6 \sim 10\%$, 도료 제조사의 사용방법 참조

③ 피도체 온도의 적정성 점검, 도료 사용설명서 참조
- $-5\,^{\circ}\!\text{C} \leq$ 피도체 온도 $\leq 45\,^{\circ}\!\text{C}$, 표준상태: $4\,^{\circ}\!\text{C} \sim 43\,^{\circ}\!\text{C}$

---

73) Air Spray 방식보다 도입압력은 큰 반면 노즐구경은 작으므로 도료를 미세하게 분무시키는 특성이 있다. 도료를 뿌리는 방식(Spray)이지만 분사체가 공기압축 방식보다 미세하므로 'Mist Coat'라고도 한다.

74) 전기영동(電氣泳動, Electrophoresis)과 물의 전해로 전착성분을 석출·도장하는 방법

(2) 도료

① 소요량 준비

- 바탕상태, 도료 손실량 고려

② 도료 제조업체 특기시방

③ 생산일, 보관상태 점검

(3) 작업인원 및 도장기구

① 소요인원 및 숙련도

② 도장기구: 붓, 롤러, 스프레이건, 교반기, 개인안전장구, 기타 동력

③ 보양재료: 마스킹테이프, 비닐, 방풍용 천막 등 점검

2. 도장 중

(1) 작업환경

① 비도장 부위 오손 방지 보양

- 표면처리 금속면, 스테인리스강, 크롬도금판, 동, 주석 등 점검

② 작업자 안전 확보

- 안전모, 안전벨트, 보안경, 방진마스크 착용

③ 옥내 환기 및 조명, 옥외 방풍 조치

④ 도장 금지 환경

- 45℃ ≤ 기온 〈 5℃, 상대습도 > 85%

- 눈비, 강풍, 안개 등의 천후(天候)

- 먼지, 물 부착이 우려되는 곳

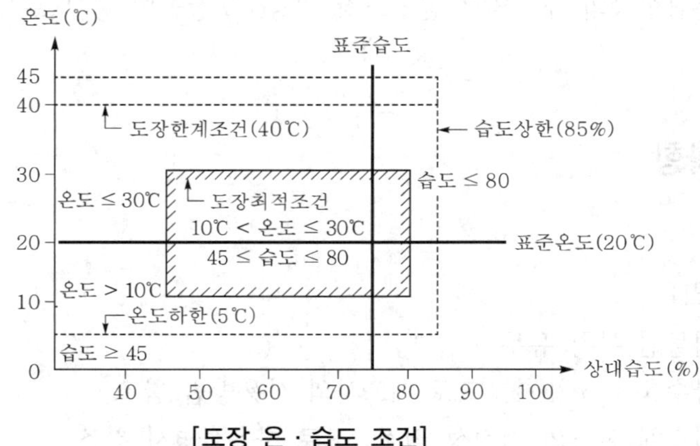

[도장 온·습도 조건]

(2) 도장작업

① 도장기구의 적정성

② 분무도장일 경우: 분무거리, 압력, 폭의 적정성

③ 초 · 재 · 정벌 간격, 연마 적정성

④ 2액형 도료의 가사시간[75]

⑤ 경계선, 모서리, 마감선의 칠상태 점검

3. 도장 후

(1) 도장면

① 오염 방지 보양 및 오염물 제거

② 하자발생 유무 육안검사: 솔 · 롤러자국, 들뜸, 얼룩, 균열 등

③ 도막두께 검사, 두께측정용 기구 사용

(2) 작업장

① 잔여 도료: 밀봉 보관, 또는 지정업체에 폐기 의뢰

② 현장정리 등 점검

참고문헌

1. MATERIALS SCIENCE FOR ENGINEERS, FIFTH EDITION, JAMES F.SHACKELFORD, PEARSON PRENTICE HALL, 2009
2. 건축재료, 대한건축학회, 기문당, 2010
3. 퍼지분석을 통한 공공임대주택 외부도장공사의 노후화분석에 관한 기초적 연구, 신승섭 · 최성민 · 서치호, 대한건축학회, 2014
4. 페인트 도장공사의 색관리에 관한 연구, 심명섭 · 이현정, 한국건축시공학회, 2003
5. 폴리우레탄, 삼화페인트. http://www.samhwa.com/

75) 2액형 도료의 주제와 경화제 혼합 후 겔화 · 경화 없이 도장에 적합한 유동성을 유지하고 있는 시간으로 가사시간을 초과하면 젤리 상태가 되어 분사도장이 불가능하다. 우레탄 도료는 8~10시간(20℃) 정도이다. 단, 도료의 종류 및 기온(고온일수록 짧음)에 따라 차이가 있다.

5321 │ 시멘트계 바탕면 도장

I 개요

1 시멘트계 바탕면의 도장은 시멘트를 사용한 모르타르 및 콘크리트 바탕면에 도막을 형성시키는 공사이다.

2 벽과 천장의 수성도료 도장, 바닥의 우레탄 및 에폭시계 도장을 중심으로 설명한다.

적용범위	➡	도장시공	➡	유의사항
• 도장면 • 도료		• 수성/우레탄/에폭시 • 우레아/아크릴수지		• 바탕처리/수성도료 도장 • 바닥재 도장

II 적용범위

▶ 수성도료는 주로 천장, 내·외벽, 보·기둥부위에 적용한다.

▶ 실내외 바닥에는 우레탄수지 도료, 에폭시수지 도료, 우레아계 도료, 아크릴계 도료 등을 적용한다.

천장, 내·외벽, 보·기둥	수성도료
바 닥	우레탄수지 도료, 에폭시수지 도료, 우레아계 도료, 아크릴계 도료

1. 도장면

(1) 바탕재

　① 시멘트모르타르면

　② 콘크리트면 등

(2) 시공부위

　① 내·외부 벽, 천장

　② 실내외 바닥

2. 도료

(1) 수성도료(KS M 6010)

▶ 전용, 또는 지정 희석제 없이 물을 사용하는 도료이다.

　① 합성수지에멀션 도료 1·2종, 내·외부용

　② 합성수지에멀션 퍼티 3종, 내수용 및 일반형

　③ 천장, 내·외벽, 보, 기둥 등에 적용

(2) 바닥용 도료(KS F 4937)

　① 우레탄수지 도료

　② 에폭시수지 도료

　③ 우레아계 도료

　④ 아크릴계 도료 등

Ⅲ 도장시공

1. 수성도료 도장

　① 하도, 합성수지에멀션 투명 1회 $0.08kg/m^2$ 도포

　　• 건조 ≥ 3시간

　② 퍼티먹임 및 연마

　　• 퍼티먹임, 건조 ≥ 3시간, 연마지 p180~240 사용

　③ 상도

　　• 합성수지에멀션 도료 2회 각 $0.1kg/m^2$ 도포, 건조 ≥ 3시간

2. 우레탄 도장

(1) 박막형(薄膜形, 코팅형)

　① 하도

　　• 우레탄수지 프라이머 $0.08kg/m^2$ 도포, 건조 ≥ 8시간

　② 중도

　　• 우레탄수지 도료 $0.2~0.45kg/m^2$ 도포, 건조 ≥ 24시간

　③ 상도

　　• 우레탄수지 프라이머 $0.12kg/m^2$ 도포, 건조 ≥ 24시간

(2) 후막형(厚膜形, Linning형, 3mm)

　① 하도

　　• 우레탄수지 프라이머(습기경화형) $0.1kg/m^2$ 도포, 건조 ≥ 8시간

　② 중도

　　• 우레탄수지 중도제(탄성형) $3.6kg/m^2$ 도포, 건조 ≥ 24~72시간

　③ 상도

　　• 우레탄수지 중도제 $0.2kg/m^2$ 도포, 건조 ≥ 24시간

3. 에폭시 도장

(1) 박막형(Coating)

  ① 하도
- 에폭시수지 프라이머(투명) $0.08kg/m^2$ 도포, 건조 $\leq$ 8시간

  ② 중도
- 에폭시수지 도료 $0.20 \sim 0.45kg/m^2$ 도포, 건조 24시간

  ③ 상도
- 에폭시수지 도료 $0.20kg/m^2$ 도포, 건조 24시간

(2) 후막형(2~3mm, Lining)

  ① 하도 · 퍼티 · 연마
- 2액형후도막 에폭시프라이머 $0.28kg/m^2$ 도포, 24시간 $\leq$ 건조 $\leq$ 7일
- 2액형 에폭시퍼티먹임 후 연마

  ② 중도
- 2액형후도막 에폭시 도료 $0.25kg/m^2$ 도포, 4시간 $\leq$ 건조 $\leq$ 7일

  ③ 상도, Airless 분무도장
- 2액형후도막 에폭시 도료 $0.25kg/m^2$ 도포, 건조 $\geq$ 24시간

4. 폴리우레아 도장(2mm)

  ① 하도 · 퍼티 · 연마
- 우레탄수지 프라이머(습기경화형) $0.1kg/m^2$ 도포, 8시간 건조

  ② 중도, 전용분무기 사용
- 폴리우레아 중도제(탄성형) $2.2kg/m^2$ 도포, 4시간 $\leq$ 건조 $\leq$ 48시간

  ③ 상도, Airless 분무도장
- 우레탄수지 도료(무황변) $0.20kg/m^2$ 도포, 건조 $\geq$ 24시간

5. 아크릴수지 도장

  ① 하도
- 아크릴수지 투명 $0.08kg/m^2$ 도포

  ② 중도, 전용분무기 사용
- 폴리우레아 중도제(탄성형) $2.2kg/m^2$ 도포, 4시간 $\leq$ 건조 $\leq$ 48시간

  ③ 상도 2회
- 아크릴수지 도료＋아크릴 희석제 배합
- 상도 1회차 $0.2 \sim 0.45kg/m^2$ 도포
- 상도 2회차 $0.2kg/m^2$

Ⅳ 유의사항

1. 바탕처리

① 바탕재 양생 및 건조
- 20℃ 기준으로 28일 이상 충분히 건조
- 표면함수율 ≤ 7%, 알칼리 농도 ≤ pH9

② 이물질 제거, 바탕손상 유의

③ 프라이머(아크릴에멀션 투명도료) 15kg/m^2 도포 후 2시간 건조

④ 바탕 전면 퍼티먹임(1kg/m^2), 균열부는 석고퍼티 충전

⑤ 연마 및 평탄화, 필요에 따라 조면처리

2. 수성도료 도장

① 저장, 수송 중 도료 결빙 방지

② 피도체 바탕면 충분한 양생 및 건조 실시, 동·하절기 영향 고려

③ 도료 과다희석 방지, 부착성 불량 우려

④ 필요시 본도장 전 새김질 도장 선행

⑤ 외부도장 시 온습도, 풍속, 황사 등에 유의

3. 바닥재 도장

① 바탕면 건조상태 확보

② 반드시 지정 희석제 사용

③ 도장 시 환기장치 가동 및 보호대 착용

④ 콘크리트 강화재 처리면
- 도장 전 블래스팅(Blasting), 그라인딩, 산·물세척 및 건조 선행

5322 | 금속면 도장

I 개요

1. 금속면 도장은 철금속, 비철금속, 아연도금철금속 등의 표면에 도막을 형성하는 공사이다.
2. 금속면에 적용하는 유성도료 도장을 중심으로 바탕처리와 도장공정을 설명한다.

적용범위	➡	시공
• 도장바탕 • 도료		• 바탕/도장 • 유의사항

II 적용범위

1. 도장바탕

① 일반 철재면
② 아연도금 철재면
③ 경금속 및 동합금속면 등

2. 도료(KS M 6020)

① 조합도료 1종, 아연도금면용
② 자연건조형도료 2종, 아연도금면용
③ 알루미늄도료 3종, 철재류용

III 시공

1. 바탕처리

(1) 철금속 바탕

▶ 유지, 녹, 흑피, 기계유 등의 오염물질을 다음과 같은 방법으로 제거한다.
① 인산염처리(1종)
  • 부착물, 유류, 녹 제거
  • 인산염(또는 크롬산) 처리 후 피막마무리, 연마지 및 철섬유 사용
② 금속 바탕처리용 프라이머 도포(2종)
  • 이물질 제거 후 방청도장

③ 보통금속(3종)
- 이물질 제거 후 손 및 기계로 녹 제거

(2) 아연도금 바탕

▶ 바탕소재, 면 형상, 사용 부분, 녹막이처리 등에 따라 다음의 3개 공정 중 하나를 선택한다.

① 금속 바탕처리용 프라이머 도포(A종)
- 표면이물질 제거, 와이어브러시 · 내수연마지 사용
- 유류는 휘발유, 비눗물, 온수 등으로 세척
- 붓 1회 도장, $0.05kg/m^2$

② 황산아연처리(B종)
- 이물질 제거 및 화학처리
- 황산아연 5% 수용액 1회 붓도장($0.05kg/m^2$) 후 물씻기

③ 옥외노출풍화 처리(C종)
- 1개월 이상 풍우에 노출 방치
- 도장 직전 표면부 산화아연 제거, 연마지(p60~80) · 와이어브러시 사용

(3) 경금속 · 동합금 바탕

▶ 철재보다 표면이 평활하므로 화학처리하는 것이 바람직하다.

▶ 탈지는 트리클렌증기 · 알칼리액, 피막은 인산염으로 처리한다.

① 인산처리(1종)
- 이물질(오염 및 부착물, 유류) 제거 후 인산알코올 처리

② 금속 바탕처리용 프라이머(2종)
- 이물질 제거 후 녹방지 1회 붓도장($0.05kg/m^2$)

2. 도장공정[76)]

(1) 철재면

① 하도(방청)
- 아연분말 프라이머(KS M 6030) $0.1kg/m^2$ 도포, 건조 $\geq$ 48시간

② 중도 및 연마
- 조합도료(KS M 6020) $0.12kg/m^2$ 도포, 건조 $\geq$ 12시간

③ 상도
- 조합도료 $0.10kg/m^2$ 도포, 건조 $\geq$ 12시간

---

76) '2100 공장제작 일반(Ⅳ. 가공 및 접합 5. 녹막이 도장)' 부분과 연계학습할 것

(2) 아연도금면

  ① 하도(방청 프라이머 2회)

    • 에칭프라이머(KS M 6030) 0.09kg/m^2 도포, 건조 ≥ 12시간

    • 아연분말 프라이머(KS M 6020) 0.10kg/m^2 도포, 건조 ≥ 48시간

  ② 중도 및 연마

    • 조합도료(KS M 6020) 0.12kg/m^2 도포, 건조 ≥ 12시간

    • 연마지 p180~240로 가볍게 연마

  ③ 상도

    • 조합도료(KS M 6020) 0.1kg/m^2 도포, 건조 ≥ 12시간

3. 유의사항

  ① 상도용 조합도료는 전문제조사 색상 및 광택 적용

  ② 도료 사용 전 충분한 균일 혼합

  ③ 희석제 배합비 및 건조시간 준수

  ④ 필요시 본도장 전 새김질 도장 선행

  ⑤ 외부도장 시 온·습도, 풍속, 황사 등에 유의

5323　도장공사 결함

I　개요

[1] 도장공사는 바탕면에 도료를 칠하여 건축물 미화, 부재 보호, 건축물의 강도 및 내구성·내수·내화·절연·내약품성을 증대시키는 작업이다.

[2] 도장결함은 재료, 바탕처리, 시공, 양생관리 등의 공정 전반에서 나타나므로 단계별 철저한 품질관리가 요구된다.

종류/원인	→	방지대책	→	유의사항
• 바탕재료/균열/박리 • 흘러내림/기타		• 재료/바탕처리 • 시공/양생/검사		• 바탕처리/도장작업 • 안전관리

II　종류 및 원인

1. 바탕재료 결함

(1) 목재

① 바탕면 수분, 송진

② 바탕얼룩 발생

③ 건조·수축, 퍼티 메우기 불량

(2) 금속재료

① 바탕면 흠집

② 바탕면 유기불순물 및 오염

③ 바탕처리 불량

(3) 콘크리트, Mortar, 회반죽 재료

① 양생 불량으로 인한 얼룩

② 급격한 건조, 수축, 팽창

③ 바탕면 결함(흠집)

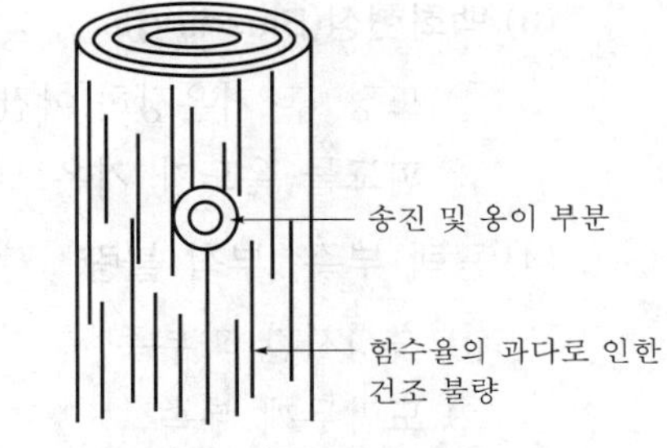

[목재 바탕처리의 불량]

2. 균열(Crack)

① 바탕, 도막층의 수축·팽창

② 도장간격 부적절

③ 도료배합 부적절

④ 작업 시 큰 온도차이

3. 박리현상

① 노화된 도장면에 재도장

② 초벌, 재벌 시 도료의 화학성분 차이

③ 피도장면의 기름 등 불순물 부착

4. 흘러내림

① 1회 도막두께 과다

② 희석재 과다

5. 기타

(1) 번짐 · 스며나옴

① 바탕재 처리 불량

② 시너 과다 사용

(2) 건조 불량

① 고 · 저온의 작업장 온도

② 통풍 불량으로 희석제 증발 지연

(3) 백화현상(Blushing)

① 도장 후 기온강하(야간), 수분의 도장면 혼입

② 피도물 온도가 기온보다 낮을 때 발생

(4) 광택 부족, 부착 불량

① 숙성시간 과부족

② 도막두께 부족

③ 바탕면 흡입 과다

(5) 변색 · 퇴색

① 유기안료 과다사용

② 안료의 영향으로 H_2S(황화수소: 악취가 나는 무색 유동성 액체) 발생

Ⅲ 방지대책

1. 재료

(1) 수성 Paint

① 실내에 적용, 물 침투부위 적용 금지

② 내수성, 내구성이 우수한 재료 사용

(2) 유성 Paint

　① 물 사용부위 적용 가능

　② 내후, 내수성이 우수한 재료 사용

(3) 방청 Paint

　① 철부위 녹 발생이 우려되는 곳에 적용

　② 광명단, 산화철 녹막이, 알루미늄 도료, 아연분말, 징크로메이트 도료 등

(4) 방화도료

　① 난연성 도료 사용

　　• 물, 유리의 무기질 용제 + 내화성 도료

　② 발포성 도료

　　• 화열에 접하면 소염성 Gas를 내는 도료

　　• 10~50mm 부풀어 화열 차단층 형성

2. 바탕처리

　① 바탕면의 오염물 제거

　② 콘크리트, Mortar 면은 충분히 건조

　③ 균열, 오목한 부분은 퍼티 처리 철저

　④ 아연도금판은 중화시킨 후 도장

3. 시공

　① 도장면적 · 도료에 따라 솔칠, 롤러, 뿜칠로 시공

　② 뿜칠은 피착면에서 300~600mm 이격

　③ 뿜칠면의 겹침은 1/3 또는 100mm 이상

　④ 뿜칠방향

　　• 수평방향은 좌에서 우, 우에서 좌로 시공

　　• 수직방향은 위에서 아래로 진행

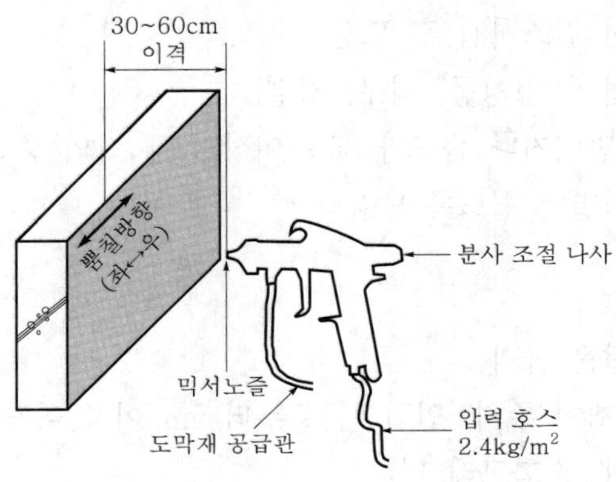

4. 양생

　① 건조 전 먼지나 다른 마감재에 의한 오염 방지

　② 시너 및 희석제의 증발을 위해 환기 실시

5. 검사

(1) 바탕면

　① 바탕면의 양부 검사

　② 금속면: 녹, 기름, 용접자국 검사

　③ 콘크리트, Mortar, 석고보드: 균열, 구멍, 평활도

(2) 도장 중

　① 작업환경의 적정성 검사

　② 악천후 시 작업 중단

　③ 습기가 많은 시간(우천, 야간)에는 작업 중단

(3) 도장 후 검사

　① 도막두께 검사

　② 절단시험, 인발, Cross Cutting Test

Ⅳ 유의사항

1. 바탕처리

　① 오염, 기름, 녹 등의 제거

　② 바탕면을 충분히 건조 후 분무 및 도장

2. 도장작업

　① 도장두께는 얇게 초벌, 재벌, 정벌 순으로 도장

　② 각 층을 충분히 건조시킨 후 도장

　③ 악천후 시 작업 중단(강풍, 강우, 강설)

　④ 기온이 5℃ 미만이거나 습도가 85% 이상일 때 작업 중단

　⑤ 각 층의 색깔식별이 쉽도록 도장

3. 안전관리

　① 인화성 물질 접근 금지

　② 저장장소는 화재에 주의, 인접건물로부터 5m 이상 이격

　③ 작업 시 소화기, 소화모래 비치

04 단열·차음·수장 공사

5410 단열공사 일반

Ⅰ 개요

① 단열(斷熱, Heat Insulation, Thermal Insulation)공사는 외부열에 대한 실온의 영향을 최소화하기 위한 마감공종이다.

② 단열공사 품질은 건축물 냉난방효율에 절대적 영향을 미치므로 검증된 자재를 사용하고 설계 제반기준 및 시방을 충족하여야 한다.

③ 이하에서는 단열 이론, 단열재, 시공일반 등을 설명하고 공동주택의 부위별 시공은 별도로 다루기로 한다.

단열 이론	➡	단열재	➡	단열시공
• 열 이동/단열 원리 • 단열 목적		• 적용조건/자재(1)(2) • 단열재 사용기준		• 설계검토/적용부위/단열성능 기준 • 단열재 설치공법/유의사항

Ⅱ 단열 이론

1. 열 이동

▶ 열은 물체 간 온도차가 존재할 경우 고온부에서 저온부로 이동한다.

▶ 열 이동방식에는 열전도, 대류, 복사 등 3가지가 있다.

(1) 열전도(熱傳導, Heat Conduction)

① 열에너지가 물질[77]의 이동 없이 고온부에서 저온부로 연속 전달되는 현상

② 열전도는 주로 고체에서 발생[78]

③ 열전도속도는 물체 단위길이당 온도차에 비례, 열전도율(＝열전도도)로 표시

④ 열전도율은 물질에 따라 상이, 고체 > 액체 > 기체 순

　• 열전도 양부(良否)에 따라 양도체(良導體), 부도체(不導體, ＝絕緣體)로 구분

---

77) 물질(物質, Matter): 물체를 이루는 본바탕. 물질은 겉모습에 따라 고체, 액체, 기체, 플라스마, 콜로이드, 비결정상태 등으로 존재한다.

78) 액체·기체는 주로 대류에 의해 열이 이동하며 열전도와 전달열의 확산이 고체에 비하여 매우 완만하다.

⑤ 관련용어: 열전도율, 열관류율, 열저항 등

열전도율	• 단위시간당 단위두께(m)를 통하여 전달되는 열에너지 • 단열재의 성능 척도, 작을수록 성능 우수 • 단위: W/mK[79], 또는 kcal/m · h · ℃
열관류율 (U값)	• 열전도율을 물체의 두께로 나눈 값, 열전도율÷두께 　(두께가 1m 이면 열전도율과 열관류율 값은 같음) • 단열재를 부착한 부위의 성능 척도, 단위: $W/m^2 \cdot K$ • 구조부위는 구성재료별 열저항 합계를 구한 다음 역수를 산정
열저항 (R값)	• 열관류율의 역수, 1÷열관류율, 두께÷열전도율 • 단위: $m^2 \cdot K/W$

(2) 대류(對流, Convection)

① 부력에 의한 상하운동으로 유체(流體, 기체 · 액체)가 열을 전달하는 현상
  • 부력은 열에 의한 유체 간의 밀도차이로 발생
② 열과 매질(媒質, 유체) 동반 이동, 열전도는 매질(고체) 이동 없이 열만 이동
③ 자연대류와 강제대류로 분류
④ 냉방열은 상부, 난방열은 하부일 때 고효율

(3) 복사(輻射, Radiation)

① 고온체에서 저온체로 매질없이 전자기파를 통해 직접 열을 전달하는 현상
  • 진공에서도 매질과 상관없이 광속으로 열을 전달
② 전자기파 특성에 따라 전리−비전리 복사로 구분
  • 전리복사(Ionizing Radiation): X선, γ선 복사
  • 비전리복사(Nonionizing Radiation): 전파, 단파, 자외선, 가시광선, 자외선 복사
③ 주간에는 태양에서 복사열 방출(＝放射), 야간에는 건물에서 복사열 방사

2. 단열 원리

(1) 전도열 차단

① 구조부위를 통과하는 전도열 차단
② 단열부위에 열전도율이 낮은 자재 설치
③ 구조체 · 단열재의 방습처리, 단열 성능저하 방지

(2) 대류열 차단

① 공기유통에 의한 열손실 방지, 층간 대류공간 차단
② 외피면의 기밀성 확보, 창호 및 커튼월
③ 출입문 방풍처리, 방풍실 및 회전문에 의한 방풍

---

79) 열전도율 단위: 'W/mK'은 '와트 매 미터 켈빈' 또는 '와트 퍼 미터 켈빈'으로 읽는다.

(3) 복사열 차단

① 빛과 같이 반사판으로 열의 방향을 전환시켜서 단열

② 열 이동부위에 복사열의 입·방열 반사재료 배치

- 저전도성(밀폐공기층 구조) 시트재 양면에 알루미늄필름 부착

③ 냉난방열 단열

- 냉방 시 태양 복사열 입사 차단, 외피면 밝은 색 도색

- 난방 시 실내 복사열 방사 차단

3. 단열 목적

(1) 실온 안정

① 외기온 영향 차단

② 실내 냉난방열 이동(손실) 최소화

③ 재실자에게 쾌적한 실내온도 유지

(2) 에너지 비용 절감

① 냉난방기기 부하량, 화석연료, 탄소배출량 등 저감

② 냉난방 열효율 증대

③ 구조물 사용기간 중의 유지관리비 절감

(3) 구조체 내구성 증진

① 온도차에 의한 구조체의 신축량 최소화

② 화재열 및 동해 영향 차단

(4) 기타

① 외부 소음·진동 차단(광물질 섬유계 단열재)

② 외피 및 비난방 경계부위의 결로 방지

- 실내 습환경 및 공기질 저하 방지

Ⅲ 단열재

1. 적용요건

▶ 단열재는 본연의 단열성능 외 시공성, 내구성, 경제성 등이 구비되어야 한다.

(1) 단열재 및 구조체

▶ 단열 원리에 따라 열이동을 효율적으로 차단할 것

① 단열재의 열이동 차단성능(단열성능)

- 전도열: 저밀도, 내투습성

- 대류열: 독립 미세기포 조직

- 복사열 차단: 복사열 고반사 및 저방사 성능
- 복합 단열성능: 열이동 원리 복합 고려, 상호보완적 복합성능 발휘
  - EPS＋VIP, 알루미늄포일＋EPS · MW 등

② 구조체의 축열용량

- 구조체 축열량에 의한 Time Lag(열류시간 지연) 및 진폭감쇠 성능 등

(2) 시공성

① 취급 용이성: 가볍고 유연하여 현장설치가 용이할 것

② 부착성: 부착이 용이하고 외력에 의해 떨어지지 않을 것

③ 현장가공성: 현장가공이 용이할 것

④ 내외장 최종마감재와 조합이 용이할 것

(3) 내구성

① 내열 · 내화 · 불연성

- 사용온도 범위의 고 · 저폭이 넓을 것, 보온 · 보냉성이 클 것
- 화재열에 견디고, 불에 연소되지 않을 것

② 물리 · 화학적 안정성

- 시간경과에 의한 형태 · 치수안정성이 있을 것, 화학적 분해로 인한 열화현상이 없을 것

③ 인체 무해성

- 연소에 의한 유독가스 발생이 없을 것
- 유해분진 발생이 없을 것, 기타 유해물질 발생이 없을 것

④ 성능 유지성

- 건축물 사용기간 동안 단열성능이 유지될 것

(4) 경제성

① 가격 대비 성능이 우수할 것

② LCC 관점에서 경제성을 확보할 것

2. 자재(1)-기존 단열재

▶ 재료적 한계가 있으나 경제성 측면에서 널리 사용하는 단열재이다.

▶ 기존 단열재를 무기계와 유기계로 분류하여 망라하면 다음과 같다.

무기계	• 섬유상으로 수분에 취약 • 뭉침 · 처짐 발생, 유기계보다 단열성능 미흡, 흡습성, 패널 가공 난이
유기계	• 화재 취약성, 일산화탄소 발생 • 무기계보다 단열성능 및 시공성 유리

[재질별 단열재]

무기질계	유리섬유	KS L 9102
	암면(MW)·글래스울	KS L 9102, KS F 6306
	질석	KS F 3702
	펄라이트	충전형
	규산칼슘보온재	
유기질계	발포 폴리스티렌폼	KS M 3808
	우레아폼	
	경질 우레탄폼	KS M 3809
	수성연질 우레탄폼	KS M 3871-1(분무식 중밀도 폴리우레탄폼)
	발포 폴리에틸렌	KS M 3862
	페놀폼	KS M ISO 4898(경질발포 플라스틱)
	인슐레이션보드	
	셀룰로스파이버폼	KS M 3880
혼합형	단열 모르타르	KS F 4040
	ALC 패널·블록	KS F 4914, KS F 2701
	기포콘크리트	

▶ 건축현장에 일반적으로 적용하는 기존 단열재의 종류는 다음과 같다.

[건축용 주요 단열재]

유형		제조 및 재질	비고
발포 폴리스티렌	판형	• 비드법: 1~2종, 종별 1~4호 • 압출법: 특, 1~3호	KS M 3808
경질 폴리우레탄폼	판형 뿜칠형	1~2종	KS M 3809
인조광물섬유	판형 블랭킷형	• 미네랄울(암면) • 글래스울(유리면)	KS L 9102
페놀폼(PF)	판형	열경화성수지	KS M ISO 4898

(1) 발포 폴리스티렌(PS: Expanded Poly Styrene)

① 가장 많이 사용되는 판형 유기단열재, 화재에 취약

② 제조방식에 따라 비드법 단열재와 압출법 단열재로 구분

③ 비드법(EPS: Expanded Poly Styrene) 단열재

　• 발포성 폴리스티렌이나 그 공중합체의 성형 비드로 제조

　• 본질적으로 독립기포구조의 경질발포플라스틱 단열재[80]

---

80) KS M ISO 4898, 3.1 EPS 참조

> - 1종(흰색): 1~3호는 나등급, 4호는 다등급
>   구형상원료를 미리 가열하여 1차 발포·숙성시킨 후 판상금형에서 재가열하여 2차 발포에 의해 융착·성형한 단열재
> - 2종(회색)[81]: 가등급, 1종 제조방법과 유사, 첨가제로 개질된 폴리스티렌 원료를 사용하여 발포·성형한 단열재
> - 각 종별 밀도에 따라 1~4호로 구분
>   1호 $\geq$ 30kg/m^3, 2호 $\geq$ 25kg/m^3, 3호 $\geq$ 20kg/m^3, 4호 $\geq$ 15kg/m^3
> - 경량으로 운반과 시공성 우수, 70℃까지 사용 가능
> - 자외선에 취약, 인화성이 크고 화재 시 유독가스 발생
> - 열전도율 0.031~0.043W/mK

④ 압출법(XPS: eXtruded Poly Styrene) 단열재

- 폴리스티렌, 또는 그 공중합체(특호, 1호, 2호)

- 스킨층의 유무와 무관하게 발포·압축된 독립기포구조의 경질발포플라스틱 단열재

> - 가등급 단열재로 특, 1, 2, 3호로 구분
> - 원료를 가열, 용융하여 연속적으로 압출·발포시켜 성형한 제품
> - 동일밀도의 비드법 단열재보다 성능 우수, 내수성이 강하여 지하층 외벽에 적용 가능
> - 열전도율 0.027~0.031W/mK

⑤ 품질요소: 밀도, 열전도율, 굴곡, 압축강도, 흡수량, 연소성, 투습계수 등

(2) 경질 폴리우레탄폼(PUR: PolyURethane Form)

▶ 폴리우레탄 또는 '우레탄–이소시아네이트 중합체'라고 한다.

▶ 본질적으로 독립기포구조를 가지는 경질발포플라스틱 단열재[82]이다.

① KS규격 유기단열재 중 가장 우수한 열전도율과 난연성 구비(1종)한 단열재

- 인조광물섬유보다 약 2배의 단열성능, 냉장고 부속재로 사용

- 열전도율 0.023~0.025W/mK, 화재 시 맹독성 시안가스 발생(2종)

② 주제를 발포성형한 판상 단열재 또는 현장발포형 단열재

- 주제: 폴리이소시아네이트, 폴리올 및 발포제, 1·2종으로 구분

③ 1·2종 구분

- 1종: 면재(面材)[83] 없이 주제를 판상으로 발포 성형한 것

- 2종: 면재 사이에서 주제를 발포시켜 자기접착에 의해 샌드위치 모양으로 성형한 면재가 부착된 판상 단열재

④ 다양한 시공법 적용 가능, 철판·보드류 패널과 접착성 우수

- 판형 단열제 시공, 현장발포 시공, 샌드위치패널 시공 등

⑤ 품질요소

- 밀도, 열전도율, 굴곡, 압축강도·흡수량, 연소성, 투습계수 등

---

81) 흰색 비드에 흑연을 첨가하여 복사열에 대한 축열성을 보강한 것으로 1종보다 단열성능이 우수하다.
82) KS M ISO 472 참조
83) 외피용으로 폴리에틸렌 가공지(KS T 1037)와 접착 알루미늄박(KS D 9003)을 사용한다.

(3) 미네랄울(MW: Mineral Wool)

① 규산칼슘계 광석(현무암)을 고온으로 용융시켜 만든 무기질 인공암면

- 석회질, 규산질 광물을 용융하여 섬유화한 것

② 섬유에 의해 무수한 기공과 미세한 공기층 형성, 전도열과 대류열 차단

③ 밀도에 따라 1호(고밀도), 2호(중밀도), 3호(저밀도)로 구분

④ 보온판 유형

- 미네랄울을 접착제로 판상 성형한 것, 외피 부착형, 표면 피복형 등

⑤ 불연성, 흡음성, 시공성 우수

- 품질요건: 밀도, 열전도율, 열간수축온도, 섬유평균굵기, 입자함유율 등

(4) 글래스울(GW: Glass Wool)

① 규사, 폐유리 등을 원료로 용융하여 섬유화한 무기질 단열재

② 보온판 유형: 미네랄울 보온판과 동일

- 밀도에 따라 24, 32, 40, 48, 64, 80, 96, 120K 등으로 구분

③ 인체 무해성

- 인체 호흡기로 유입되어도 단시간 체외 배출, 화재 시 유독가스 무배출

④ 품질요건: 미네랄울과 동일

- 밀도, 열전도율, 열간수축온도, 섬유평균굵기, 입자함유율 등

(5) 페놀폼(PF: Phenol Form)

> - 단독, 알데히드, 케톤 유도체의 축중합에 의해 고분자 구조를 가지는 경질 발포폼
> - 단열재 PF는 본질적으로 독립기포로 구성되거나 열전도도에 영향을 주는 높은 함량의 개방기포 발포구조를 가짐, 준불연 단열재

① 열경화성 페놀수지를 발포시킨 부피단열재

- 발포공정에 프레온가스 미사용

② 단열성능 우수

- 독립미세기포(50μm 단위의 Close Cell) 조직, 전도·대류열 차단성능 구비

- 열전도율 0.017~0.019W/mK, 유기단열재 중 단열성능 가장 우수

- 장기간 단열성능 유지 우수, 25년 경과 시 90% 수준

③ 저투습성, 준불연 난연2급 성능 구비

- 건축물 화재안전기준 강화[84]와 더불어 수요량 증가 추세

---

84) 건축물의 피난·방화구조 등의 기준에 관한 규칙, 2016.04.08. 시행

3. 자재(2)-차세대 단열재

▶ 성능안정성, 표준시방안, 경제성 확보 등이 필요한 단열재이다.

유형		자재 구성
열반사단열재	두루마리형	글라스울＋심재
진공단열재	판형	외피단열재＋진공심재
초저밀도단열재	블랭킷형	주로 실리카 에어로젤

(1) 열반사 단열재[85]

① 복사열 97% 이상을 차단하는 단열재

② 부피단열재[86] 양면에 알루미늄 박판을 접착하여 제조

- 알루미늄 박막을 다층으로 구성할수록 열저항성능 대폭 향상[87]

③ 벽체 외단열용으로 전도·대류열 차단성능 부여

- 양면 알루미늄 박판: 표면부에서 복사열 고반사(High Emissivity)
  - 배면부 저방사(Low Reflectivity)
- 부피단열재: 독립기포조직으로 전도·대류열 이동 차단

④ 자재성능의 안정성 확보, KS 규격화 필요

- 외장마감재를 고려한 효율적 벽체 구성 방안
- 단열성능의 장기적 유지 방안, 표면부 오염으로 성능저하 방지 등

⑤ 효율적 현장 시방안 미흡, 표준시방안 필요[88]

- 단열재 배치 시 복사열이 실내에 미치는 계절별 영향 고려
- 반사공기층 30mm 일정 유지, Roll형 단열재의 바탕면 밀착상태 확보 방안
- 반사면에 복사열 방출구(Air Vent) 설치 방안 필요
- 작업 숙련편차에 의한 품질영향 최소화 방안 등

(2) 진공단열재(VIP: Vacuum Insulation Panel)

① 진공층에 의해 전도열과 대류열을 획기적으로 차단시킨 단열재

- 현존 단열재 중 열전도율 성능(0.002~0.004W/mK) 가장 우수
- 준불연성능 구비

② 심재(心材, Core Material)를 넣은 판상 기밀외피재(Envelope) 내부 진공처리

---

85) 이미 현장 적용사례가 많음에도 불구하고 향후 시방 및 검사방법 등 개선의 여지가 많다.
86) 유·무기단열재의 또 다른 호칭, 밀폐 독립공기층을 도입하여 전도열과 대류열을 차단시킨 단열재로 부피(두께)가 클수록 열전도율이 낮은 특성에서 비롯된 말이다.
87) "기존 열반사단열재의 문제점 및 다층반사형 단열재에 관한 연구", 이무진 외, 대한건축학회, 2010
88) "알루미늄 박막을 이용한 효율적인 반사형 단열재 시공 방안에 대한 연구", 김진관, 2017

- 기밀외피재 유형: 진공단열재 성능 및 내구성 결정요소

AFF	• Aluminum Foil Film • 가공방식: 4~8μm AL Foil Film에 PE 또는 PET Film 부착 • 두꺼운 층으로 외부 미세기체·증기 차단 • 접거나 구부림에 취약, 미세핀홀 발생 시 수명 저하 우려
AMF	• Aluminum Metalized Film • 가공방식: (PET Film +15~100μm AL 증착[89])×3겹 • AFF보다 AL층이 얇아서 미세기체·증기의 차단성능 다소 불리 • 유연한 얇은 두께, AL층 손상 방지 유리, 미세핀홀 영향 경미

- 심재 및 기밀성능 도입유형

유·무기 단열재	• 심재: 우레탄폼, 폴리스티렌폼, 글래스울 등 • 기밀성능: 진공공간에 Getter 투입, Getter 성능에 좌우 • Getter: 진공공간의 잔류기체분자, 외부침투 기체·증기 등 흡착
퓸드실리카재	• 심재: Aluminum Metalized Film • 기밀성능: Getter 사용 불필요 • 퓸드실리카 심재(보드狀)가 Getter 역할을 수행하도록 성형

③ 진공상태 유지기능상 단위재 크기 제약

④ 설치 시 패널접속부 열교 방지대책 필요

- 패널 내외부에 비드법 단열재 추가, EPS+VIP+EPS 또는 VIP+MW

(3) 초저밀도단열재(KS L 0702: 에어로젤 블랭킷 단열재)

▶ 0.10~0.17g/cm^3 가량의 저밀도 고다공성 고체로서 '실리카에어로젤'이 주 단열재로 사용되고 있다.

① 나노기공성(기공률 ≥ 90%, ϕ1~100nm)의 초저밀도 조직으로 구성된 단열재

② 에어로젤[90] 또는 나노기포 금속재 등으로 개발

- 주로 플랜트 시설에 적용, 건축물에는 고가로 비경제적

③ 열전도율: 0.015~0.020W/mK, 온도사용범위: −200~650℃

④ 불연성, 발수성, 시공성(유연한 구조) 우수

- 자재 가격경쟁력 미흡(XPS 대비 20배 고가)

⑤ 국내외 개발 사례

국내	• 한국에너지기술연구원, 실리카에어로젤 제조공정 단축, 상용화 기반 확보(2009) • 알이엔텍, 실리카에어로젤 경제적 양산공정화기술 구비(2015) • 연세대학교, 그래핀 에어로젤 개발(2015)
해외	• 블랭킷형 단열재 개발, 美 Aspen Aerogel社(1999) • 기포율 99.99% 금속재료 개발, 미국(2011)

---

89) 증착(蒸着, ＝진공증착, Vacuum Evaporation): 금속을 가열·증발시켜 그 증기로 금속을 박막상(薄膜狀)으로 밀착시키는 방법을 말한다.

90) Aero(공기)와 Gel(3차원 네트워크 구조)의 합성어로 젤 구조 내의 액체를 공기로 치환시켜서 만든 초미세(1~100μm) 고다공질 나노고체이다. 공기분자가 98% 이상을 차지하는 현존 최저밀도의 고체물질이다. 상용화 및 가격경쟁력을 갖추면 기존 단열재의 기술적 한계를 극복하는 차세대 수퍼단열재가 될 전망이다.

4. 단열재 사용기준[91]

▶ '지역-단열부위-단열재 등급-단열재 종류'별로 구분하여 최소두께 기준을 제시한다.

(1) 지역 구분

① 외기온 차이에 따라 전국을 4개 지역으로 구분
② 중부1지역, 중부2지역, 남부지역, 제주도 등

중부1	• 강원도(고성, 속초, 양양, 강릉, 동해, 삼척 제외), 충청북도(제천) • 경기도(연천, 포천, 가평, 남양주, 의정부, 양주, 동두천, 파주), 경북(봉화, 청송)
중부2	• 서울특별시, 대전광역시, 세종특별자치시, 인천광역시, 경기도(1지역 외) • 강원도(고성, 속초, 양양, 강릉, 동해, 삼척), 충청북도(제천 외) • 충청남도, 경상북도(봉화, 청송), 전북, 경상남도(거창, 함양)
남부	• 부산광역시, 대구광역시, 울산광역시, 광주광역시, • 전남, 경북(울진, 영덕, 포항, 경주, 청도, 경산), 경남(거창, 함양 제외)
제주도	제주도 전 지역

(2) 단열부위 구분

[건축물의 단열 대상부위]

건축물(거실)		외기 접촉		난방 유무	
		직접면	간접면	난방	비난방
외벽		○	○	−	−
바닥	최하층 바닥	○	○	○	−
	최상층 반자/지붕바닥	○	○	−	○
	층간바닥	−	−	○	−
개구부	외부창/커튼월	○	○	○	−
	현관문	○	○	○	−

① 단열 대상부위를 외벽, 바닥, 개구부로 구분
② 외기 접촉 및 난방 유무 고려
③ 외기에 직간접으로 면하는 외벽: 전·후·측벽, 외벽-거실 사이의 벽
④ 최하층, 층간, 최상층 등의 바닥
⑤ 외부창문, 커튼월, 현관출입문 등

---

91) 국토교통부 고시 제2017-881호 "건축물의 에너지절약설계기준('녹색건축물 조성 지원법' 규정에 근거) 별표2~3"
참조, 제로에너지를 지향하는 '녹색건축물 정책'에 따라 단열성능기준은 지속적으로 강화될 전망이다.

(3) 단열재 등급

① 열전도율 범위에 따라 단열재 등급 구분

② KS 시험방법에 따라 단열재 제품별 열전도시험 실시

③ 시험결과에 따라 단열재 등급 부여, 가~라 등급

[단열재 등급별 열전도율 및 단열재 종류]

등급	W/mK [92]	단열재 종류
가	0.034 이하	• 압출법보온판 특호, 1~3호 • 비드법보온판 2종 1~4호 • 경질우레탄폼보온판 1종 1~3호 및 2종 1~3호 • 압출법보온판 I종(A-1,A-2), II종(A,B-1,B-2), III종(A,B-2,C) • 비드법보온판 I종 A-1, II종 A-1, III종(A-1,A-2,B) • 경질우레탄폼보온판 I종(A,B,C,D,E), II종(A,B,C), III종(A,B,C) • 페놀폼 I종(A,C,D), II종 A • 분무식 중밀도 폴리우레탄 폼 1종(A, B), 2종(A, B) • 폴리에스테르 흡음 단열재 1급 • 글래스울보온판 48K, 64K, 80K, 96K, 120K • 기타: '열전도율 ≤ 0.034 W/mK'인 경우
나	0.035~0.040	• 비드법보온판 1종 1호, 2호, 3호 • 비드법보온판 I종 A-2, II종 (A-2, B), III종 C • 페놀폼 I종B, II종B, III종A • 미네랄울보온판 1호, 2호, 3호 • 글래스울보온판 24K, 32K, 40K • 분무식 중밀도 폴리우레탄 폼 1종(C) • 폴리에스테르 흡음 단열재 2급 • 기타 단열재로서 '열전도율≤0.035~0.040 W/mK'인 경우
다	0.041~0.046	• 비드법보온판 1종 4호 • 비드법보온판 I종 (B, C) • 폴리에스테르 흡음 단열재 3급 • 기타 단열재로서 '열전도율 ≤ 0.041~0.046 W/mK'인 경우
라	0.047~0.051	기타 단열재로서 '열전도율 ≤ 0.047~0.051 W/mK'인 경우

(4) 단열재 최소두께

① '지역–단열부위–단열재 등급'별 최소두께 적용

② '고위도 지역–외기 노출–하위 등급'일수록 두께 증대

③ 층간바닥 단열재는 차음재 성능 겸비

---

92) KS L 9016, KS L ISO 8301 또는 8302에 의한 20±5℃ 시험조건의 열전도율

[단열재 최소두께기준, 중부2지역]

거실 구분			단열재 등급별 최소두께(mm)			
			가	나	다	라
외벽	외기직접면	공동주택	190	225	260	285
		이외	135	155	180	200
	외기간접면	공동주택	130	155	175	195
		이외	90	105	120	135
최상층 반자/지붕	외기직접면		220	260	295	330
	외기간접면		155	180	205	230
최하층 바닥	외기직접면	난방	190	220	255	280
		비난방	165	195	220	245
	외기간접면	난방	125	150	170	185
		비난방	110	125	145	160
바닥난방인 층간바닥			30	35	45	50

Ⅳ 단열시공

1. 설계검토

▶ 공사 전 단열 설계기준 및 표준시방을 참조하여 설계도서의 적정성을 검토한다.

(1) 설계 의무사항

[건축물의 에너지 절약 설계기준(2017) 제6조]

단열조치	• 외기에 직·간접으로 면하는 곳에 단열조치 • 단열부위 열관류율은 규정값 이하일 것 • 단열재는 KS 규격(열전도율, 소요두께)을 충족할 것: 비규격품은 공인기관의 시험성적 확인
난방바닥	• 바닥, 벽을 통한 난방열의 손실 방지 • 난방배관 하부에 단열재 배치 • 열관류 저항값 기준: 층간바닥 ≥ 60%, 최하층바닥 ≥ 70%
기밀처리 결로 방지	• 외피 단열부 틈새 방지, 코킹 및 개스킷 처리 • 외부출입문은 방풍구조 설계, 회전문 또는 이중문 적용 • 결로가 우려되는 부위는 단열재 실내 측에 방습층 설치 • 단열재·방습층 이음부위의 투습 방지 　- 밀착이음, 단열재 2겹 설치 시 엇갈림 이음 　- 방습필름 겹침길이 ≥ 100mm, 내습성 테이프 및 접착제로 틈새 방지

① 단열 위치, 열관류율, 사용자재 등 관련기준 충족

② 난방 바닥층의 열관류 저항값 충족

③ 외피 단열부위 틈새 방지

(2) 설계 권장사항

[건축물의 에너지절약 설계기준(2017) 제7조]

배치	대지의 방향, 일조, 주풍향 고려할 것, 남향·남동향 배치 지향
평면	• 거실 층고 및 반자높이는 가능한 낮게 할 것 • 건물체적·연면적에 대한 외피면적비율을 가능한 작게 할 것 • 실의 용도·기능에 따라 수평·수직으로 조닝할 것
단열	• 열손실 방지 기준보다 단열층을 두껍게 하여 열저항을 높일 것 • 외벽은 외단열로 시공할 것, 외피모서리의 열교 방지를 위해 단열재를 연속적으로 설치할 것 • 창과 문 면적, 특히 북측 거실 창과 문의 면적을 최소화할 것 • 발코니 확장형 주택과 창·문 면적비가 큰 건물에는 로이 복층창이나 삼중창 이상을 설치할 것 • 야간 난방건물의 창은 야간단열장치(셔터, 덧문)를 설치할 것 • 태양열 유입을 조절하여 냉난방 부하를 저감시킬 것 • 옥상녹화에 의한 지붕층 열저항 증대와 냉방 부하를 저감할 것
기밀	• 외기 직·간접면에 기밀한 창·문을 설치하여 틈새바람을 차단할 것 • 공동주택 외기면의 주동출입구와 각 세대현관은 방풍구조로 할 것
채광·환기	• 자연채광을 적극 이용, 외기면 거실창에 수동개폐창을 설치할 것 • 공동주택 지하주차장(1층)은 외기면 $300m^2$ 이내마다 $2m^2$ 이상의 개폐 천창·측창을 설치할 것 • 수영장은 바닥면적 1/5 이상의 자연채광 개구부를 설치할 것

① 건물 배치 및 평면 설계

② 단열재 두께·공법, 열교 방지, 창문 면적, 태양열 유입량 조절, 옥상 녹화

③ 출입문 방풍구조

④ 자연채광 이용, 지하주차장 환기창 설치

(3) 표준시방서상 설계도서 검토사항[93]

① 단열재 종류 및 두께, 사용량

② 단열부위 및 개소

③ 단열층 및 그 부위의 구성

④ 방습층, 통기층 유무와 그 시방 및 구성

⑤ 단열부위 사이의 접합부 상세

⑥ 단열 보강개소 및 그 상세

2. 적용부위

① 건물용도별 목적사용하는 거실[94]에 한하여 적용

• 거실로서 단열이 필요한 냉·난방 공간의 외벽, 바닥, 개구부 등

② 외기(外氣) 직·간접 노출면: 직접 노출−거실외벽, 지붕바닥, 간접 노출−최상층 반자, 비난방공간과 접한 계단실 및 엘리베이터실 내벽

③ 지중(地中)에 노출되는 부위: 최하층 거실바닥, 지하외벽 등

---

93) KCS 414200(1.1 적용범위) 참조

94) '거실'이란 건축물 안에서 거주, 집무, 작업, 집회, 오락, 그 밖에 이와 유사한 목적을 위하여 사용되는 방을 말한다(건축법 제2조 제6호 참조). 현관, 복도, 창고, 기계실, 화장실, 욕실 등은 거실이 아니다.

건축물(거실)	외기 접촉		난방 유무	
	직접면	간접면	난방	비난방
외벽	○	○	–	–
최하층 바닥	○	○	○	○
최상층 반자/지붕바닥	○	○	–	–
층간바닥	–	–	○	–
개구부: 외벽창호, 커튼월, 출입문	○	○	○	–

3. 단열성능 기준[95]

① 열관류율 허용 최대치 규정

② 지역별 및 시공부위별 구분 적용

③ 시공 후 부위별 열관류율 산정, 비교 및 평가

단열부위			중부1	중부2	남부	제주도
외벽	외기직접면	공동주택	0.15	0.17	0.22	0.29
		이외	0.17	0.24	0.32	0.41
	외기간접면	공동주택	0.21	0.24	0.31	0.41
		이외	0.24	0.34	0.45	0.56
최상층 반자/지붕	외기직접면		0.15	0.15	0.18	0.25
	외기간접면		0.21	0.21	0.26	0.35
최하층 바닥	외기직접면	난방	0.15	0.17	0.22	0.29
		비난방	0.17	0.20	0.25	0.33
	외기간접면	난방	0.21	0.24	0.31	0.41
		비난방	0.24	0.29	0.35	0.47
층간 난방바닥			0.81	0.81	0.81	0.81
창/문	외기직접면	공동주택	0.90	1.00	1.20	1.60
		이외 창	1.30	1.50	1.80	2.20
		이외 문	1.50			
	외기간접면	공동주택	1.30	1.50	1.70	2.00
		이외 창	1.60	1.90	2.20	2.80
		이외 문	1.90			
공동주택 세대현관문 및 방화문	외기직접면 거실내방화문		1.40			
	외기에 간접 면하는 경우		1.80			

---

95) 국토부고시 제2022-52호, 건축물의 에너지절약설계기준 별표1 참조

4. 단열재 설치공법

(1) 부착공법

① 단열재를 접착제, 볼트, 못 등으로 바탕면에 부착하는 공법
② 판형 단열재 사용
③ 벽면, 천장 적용

(2) 충전공법

① 스터드, 샛기둥 사이에 단열재를 삽입하거나 채워 넣는 공법
② 펠트형, 판형 단열재 사용
③ 벽면 적용

(3) 타설 · 바름공법

① 거푸집 위에 단열재를 배치 후 콘크리트를 타설하는 공법(타설공법)
  • 또는 단열 모르타르 흙손바름(바름공법)
② 판형 단열재 사용
③ 지붕바닥 슬래브 하부단열에 적용

(4) 분사(噴射, Spray)공법

① 단열재 충전공간, 또는 바탕면에 발포재나 뿜칠재를 분사하는 공법
② 사용자재: 현장 발포형 경질 우레탄폼
③ 적용부위: 중공벽, 최상층 성장

5. 유의사항

(1) 시공계획

① 사전검토사항
  • 설계도서, 자재, 공법, 시공상세도, 공정계획
  • 부위별 자재의 적정성, 단열 누락부위 유무, 공정 투입시기 검토
② 사전검토사항 반영, 시공계획서 작성 · 검토 · 보완 · 승인
  • 전문건설사 작성, 종합건설사 검토 및 보완, 감독자 검토 · 승인
③ 열관통부(우각부) 중점관리항목으로 계획
  • 열교 방지대책 강구

(2) 바탕처리

① 바탕면의 돌출물 제거, 접착면 틈새 방지
② 콘크리트 바탕의 못, 철선, 모르타르 등

(3) 접착 · 이음(판형 단열재)

① 규격재별 나누기도에 따라 단열재 배치
② 현장 절단 시 전용기기 사용, 정밀 절단

③ 이음부 틈새 방지

- 2겹 설치 시 이음부 엇갈림 배치로 중복 방지, 이음부위 기밀 테이프 부착

④ 접착제 사용 시 완전접착

- 초기접착 후 소요의 압착상태 유지, 초기접착 후 30분 이내에 재압착

(4) 방습 · 보양

① 설계도면상 해당 개소에 방습층 설치

② 단열재 실내 측에 방습필름 부착

- $50\text{mm} \leq$ 필름겹침부 $\leq 150\text{mm}$, 겹침부에 접착제 · 내습성 테이프 처리

③ 단열 및 방습층 보양

- 병 · 후행공사 및 작업자로부터 시공부위 손상방지

V 결론

1 단열공사는 건축물의 쾌적한 실내환경 조성은 물론 생애주기비용 및 온실가스 저감 측면에서도 매우 중요한 마감공종이다.

2 에너지절약설계기준과 마감재의 화재안전기준이 가파르게 강화되고 있는 추세를 고려하여 현행기준 이상을 충족하기 위한 안정된 자재 선정 및 시방 적용이 필요하다.

3 아울러 그린빌딩 · 제로에너지하우스 개념을 실천하기 위한 차세대 단열재의 상용화 및 현장적용성 증대를 꾀하고 **축열기술** 및 **신재생에너지원** 분야에 대한 다각적 노력을 병행하여야 할 것이다.

참고문헌

1. Low-E 단열재의 단열특성에 관한 연구, 권영철 · 김경민, 한국건축친환경설비학회, 2014
2. PCM을 이용한 건물에너지 절감기술, 김수민, 건축환경설비, 2014
3. PCM을 이용한 구체축열 복사냉난방시스템, 임재한, 이화여자대학교 건축공학과, 2014
4. PCM을 적용한 고열효율 축열 건축자재, 김수민 · 정수광, 숭실대학교, 2014
5. PF보드/경질우레탄/로이단열재/미네랄울/글래스울, KCC(https://www.kccworld.co.kr)
6. 건물 에너지 감축 노력 절실하다, 은종환, 건설경제데스크칼럼
7. 건물용 단열재-특성 선정 지침서, KSM ISO 9774, 2012
8. 건물적용을 위한 에어로젤의 단열 특성에 관한 연구, 차정훈 · 김수민, 대한건축학회, 2011
9. 건축구조물 외단열 시스템의 열화 및 누수현상, 박연진 외, 서울산업대학교, 건설기술 쌍용
10. 건축물 에너지절약 설계기준 강화에 따른 단열 Detail 연구, 권영철, 대한건축학회, 2017
11. 건축물 에너지효율등급 인증 및 제로에너지건축물 인증 기준, 국토부고시, 제2017-76호
12. 건축물의 에너지절약설계기준, 국토교통부고시, 제2015-1108호
13. 건축용 난연 및 단열제품의 현황 및 대책, 송훈, 한국세라믹기술원, 2015
14. 건축재료, 대한건축학회, 기문당, 2010
15. 공동주택 단열재로서의 에어로젤 적용 연구, 권영철, 대한건축학회, 2012
16. 기존 열반사단열재의 문제점 및 다층반사형단열재에 관한 연구, 이무진 · 이강국, 대한건축학회, 2010
17. 단열재 외부설치공법 신기술, 건설경제, 2016
18. 미국의 PCM(상변화물질) 연구동향, 이경옥, 2014
19. 반사형단열재가 설치된 단일 중공층의 열저항 특성 연구, 최정민, 대한건축학회, 2014
20. 불연성 무기단열재를 화재확산 방지구조로 적용한 외단열 마감시스템의 화재성능, 이종착 · 박종철 · 송훈, 2016
21. 사무용 커튼월 건물의 외피조건에 따른 연간 냉난방에너지 부하에 관한 연구, 리바이홍 · 김성훈 · 이갑택 · 이경희, 대한설비공학회, 2016.
22. 알루미늄 박막을 이용한 효율적인 반사형 단열재 시공방안, 김진관, 한국건축시공학회, 2017
23. 에어로젤, 에너지기술연구원, 건설경제, 2009.04.
24. 열교현상 저감기능 고정장치를 사용하는 외단열 건축물의 외장재 설치공법(건설신기술 제793호), 남동균, 2016.09
25. 열반사 단열재, 청우산업(http://www.chungwoo21.com), 2017
26. 열반사/저방사단열재(로이단열재), 태화단열산업(http://nine09092000.blog.me), 2017
27. 열반사단열재의 두께에 따른 효율성 평가에 관한 실험적 연구, 고귀한, 대한건축학회, 2015
28. 외단열 습식공법에 적용되는 접착모르타르의 부착상태에 관한 기초적 연구, 최수영 · 한윤정 · 김수연 · 오상근, 대한건축학회, 2016
29. 외단열공법(네오블록), 정순오 · 서상욱, 한국건설관리학회, 경복대학교 · 경원대학교, 2002
30. 인조광물섬유 단열재/석고보드, 한국건축내화자재협회
31. 저에너지 건축물의 위한 PCM 적용 동향, 류성룡, 금오공과대학교 건축학부, 2014
32. 진공단열재 적용 외단열 시스템의 에너지성능 비교평가, 구보경 외, 대한건축학회, 2012
33. 진공복층유리-이건창호, 건설경제, 2015.11.16.
34. 진공복층유리가 적용된 창호의 단열성능 및 냉난방에너지 성능평가, 박재성 · 강흥훈 · 김정수, 대한건축학회, 2013
35. 진공복층유리와 3중 유리의 결로 위험성 평가, 원종서 · 남중우, 2013
36. 친환경 흄드실리카 진공단열재의 건축적용기술, 최두진, 한국그린빌딩협의회
37. 패시브하우스 수준 공동주택을 위한 진공단열재 적용 외장일체식 외단열시스템 성능평가, 박시현 · 임재한 · 송승영, 대한건축학회, 2013
38. 화마 막는 단열재(프리미엄 단열재 시장의 전쟁), 모닝투데이, 2017

5411 ｜ 부위별 단열공사

Ⅰ 개요

① 단열(斷熱, Heat Insulation, Thermal Insulation)공사는 외부열에 대한 실온의 영향을 최소화하기 위한 마감공종이다.

② 건물의 단열성능은 에너지 소비량에 절대적인 영향을 미치므로 설계기준, 자재품질, 부위별 단열품질을 확보할 수 있도록 시공한다.

부위/공법	⇒	외벽단열	⇒	바닥 단열	⇒	개구부 단열
• 단열부위 • 공법유형		• 내단열공법 • 중·외단열 공법		• 최하층·층간 바닥 • 지붕바닥·최상층 천장		• 출입문 • 외부 창호·커튼월

Ⅱ 단열부위 및 공법

1. 단열부위

건축물(거실)	외기 접촉		난방 유무	
	직접면	간접면	난방	비난방
외벽	○	○	−	−
최하층 바닥	○	○	○	○
최상층 반자/지붕바닥	○	○	−	−
층간바닥	−	−	○	○
개구부: 외벽창호, 커튼월, 출입문	○	○	○	−

(1) 외기(外氣) 직·간접 노출면

① 직접 노출면

- 거실[96] 외벽, 지붕바닥, 최상층 반자
- 외피(Building Envelope)[97] 면 개구부: 외부 창호 및 커튼월

② 간접 노출면

- 비난방공간과 접한 계단실 및 승강기실 내벽, 출입문 등

(2) 지중(地中) 노출면

① 최하층 거실바닥

② 지하외벽 등

---

96) '거실'은 건축물 안에서 거주(단위세대 내 욕실, 화장실, 현관 포함)·집무·작업·집회·오락·기타 이와 유사한 목적을 위하여 사용되는 방을 말한다. 단열공사에서는 거실이 아닌 냉난방공간도 거실에 포함한다.

97) '외피'는 거실 또는 거실 외 공간을 둘러싸고 있는 벽, 지붕, 바닥, 창, 문 등으로서 외기에 직접 면하는 부위를 말한다(건축물의 에너지절약설계기준 제5조 참조). 외피는 기후조건이나 계절에 따라 외부열을 차단하거나 필요한 열을 취득하여 열적 평형을 유지한다.

2. 공법유형

▶ 단열재 구조부위의 외기 접촉 여부에 따라 내단열, 중단열, 외단열, 양단열 공법으로 구분한다.

(1) 내단열공법

① 단열재를 외벽 실내 측에 설치하는 공법

② 시공 간편, 공사비 저렴

- 외단열공법에 비하여 외부비계 및 양중장비 불필요

③ 단열 저효율, 열관통부위의 단열 불연속면(열교부위) 발생 불가피

- 열교부는 열류가 외기온과 유사한 벽체 내부로 확산, 단열보강 필요

④ 건물 외피면의 외기 영향 노출

- 내부결로 및 구조체 조기열화 우려

⑤ 주로 중·고층건축물에 적용

(2) 중단열공법

① 단열재를 구조체 벽의 중공부에 설치하는 공법

② 판형, 발포형, 반사형 단열재 사용

③ 현장발포형 적용 시 틈새 충전효과 우수

④ 조적조 이중벽, 콘크리트 외벽-치장벽돌 중공부에 적용

⑤ 저층건물에 적용

- 중공벽이 있는 조적조 건물, 또는 RC조 치장벽돌 외벽마감 건물

(3) 외단열공법[98]

① 단열재를 구조체의 외기측에 설치하는 공법

② 단열효율면에서 바람직한 공법

- 실내 표면온도가 실내온도와 유사, 기밀성·실온안정성 우수[99]

- 열교(Heat Bridge) 차단, 결로 방지 유리

③ 공사 난이, 공사비 증액

- 표준시방 미흡, 외부비계 설치, 또는 전용 양중장비(곤돌라) 사용 필수

④ 단열층 결손 방지

- 외장재·단열재의 긴결철물 선정 및 설치에 유의

⑤ 주로 중·저층건축물에 적용, 고층건축물 적용 곤란

(4) 양단열공법

① 구조체 실내외 양측에 모두 단열재를 설치하는 공법

② 외단열보다 단열효율 우수

- 구조체 내구성 연장, 쾌적한 실내환경 조성

---

98) 외벽단열공사에서 궁극적으로 외단열공법을 지향할 수 밖에 없으므로 이를 일반화하기 위한 단열소재 개선, 부착
성능 확보, 시공성 확보, 표준시방 확립 등이 시급한 과제이다.

99) 축열효과로 인하여 틈새를 통한 열손실 영향이 내단열보다 현저하게 감소하여 열류량이 상대적으로 적기 때문
이다.

③ 자재 및 공사비 증가
④ 생애주기비용 측면에서 다른 공법들보다 경제적
⑤ 패시브하우스 등 저층주택에서 선택 적용

Ⅲ 외벽 단열

▶ 외기에 직간접으로 면하는 부위로서 내단열, 중단열, 외단열공법을 설명한다.
▶ 단열성능 요소에는 열용량, 열저항, 단열재 설치위치 · 종류, 외장 색상 · 질감, 창호 구성방식, 유리 종류 · 설치방위, 외벽방위, 흡수율, 일사량, 색상 등이 있다.

1. 내단열공법

(1) 판형 단열재

① 바탕면 이물질 제거, 평활처리
② 단열재 바탕 밀착 후 전용 접착제 · 앵커 고정
③ 단열재 고정방식

유기질계 보온판	• PS, 경질 폴리우레탄, PF 보온판 • 유 · 무기질계 전용 본드 사용, 또는 거푸집 선부착 시 전용 못 사용
인조광물섬유 보온판	• MW, GW 보온판 • 못, 전용 앵커 사용

④ 수평방향 이음부위 빈틈 방지
  • 반턱이음 가능하도록 공장가공 선처리
  • 상하길이는 주문치수로 공장 절단하여 수직이음 방지
  • 현장절단이 불가피한 부분은 이음단면의 직각도 확보
⑤ 이음경계부 테이프 처리 고정

(2) 두루마리 · 블랭킷(모포)형 단열재

① 나무벽돌을 벽면에서 단열재 두께만큼 돌출되도록 설치
② 나무벽돌 주위의 단열재를 재단하여 틈새 방지
③ 실내 측에 방습층 부착하고 띠장 설치
④ 방습층 불연속면 방지, 겹침이음 ≥ 100mm

2. 중단열공법

(1) 판형 단열재

① 단열재 설치면 요철 방지
  • 중공벽 내측에 모르타르 흘러내림 유의, 경화 전 평활처리
② 단열재 설치면에 방습층 선설치
③ 전용 접착제 · 앵커 · 못으로 단열재 부착

④ 쐐기용 단열재 설치·고정
- 중공벽 외측면과 단열재 사이, 수직·수평간격 ≤ @600mm

⑤ 내부결로 방지, 중공외벽면 통기구 설치

(2) 발포형 단열재

① 누출이 우려되는 부위 사전조치
- 중공벽 외측면 마감상태 점검, 틈새 방지

② 주입구를 통하여 아래부터 상향 충전

③ 상부 다른 주입구로 단열재가 유출될 때까지 주입

④ 1일 경과 후 유출부분 제거, 주입구 마감

⑤ 보양 및 검사
- 건조 완료시까지 3~4일간 충분한 환기 실시
- 필요할 경우 시료채취하여 열전도율, 밀도, 물리적 성질 시험·확인

(3) 반사형 단열재

① 중공벽 내측 표면에 단열재 설치

② 반사표면부 접촉물 방지, 접촉 시 전도열 이동으로 단열손실

③ '판형 단열재＋반사형 단열재' 적용 고려

3. 외단열공법

▶ 외단열공법은 현행 KCS 414200(3.3) 기준을 중심으로 설명한다.

▶ 표준시방 이외의 공법은 해당 공법의 현장적용성을 면밀히 선행검토한다.

(1) 판형 단열재

▶ EPS, XPS, MW, GW 등의 보온판을 사용한다.

① 단열재 하부에서 상향 부착
- 전용 본드·못·앵커 등으로 바탕면에 부착
- 또는 거푸집에 단열재를 선설치 후 콘크리트 타설

② 접착제 부착 시 단열재 가장자리 전면 도포, 부분 도포는 화재 시 연돌현상 우려[100]

③ 단열재 수직이음부의 통줄눈 및 틈새 방지

④ 외장마감 정밀시공
- 설계도서에 따라 단열재 외측에 지정된 외장재 설치
- '메시＋얇은 바름재 미장', '화강석 외장마감' 등 적용

⑤ 접착제와 패스너 병용·고정, 강풍에 의한 미장재 탈락 방지

(2) 반사형 단열재

① 단열재 부착, 성능유지상 다층반사형 단열재 사용이 바람직[101]
- 자착식, 또는 전용철물로 바탕면에 평활하게 밀착
- 반사면이 외측을 향하도록 설치

---

100) 접착제 도포 틈새는 대류열 이동을 유발하므로 단열효과가 저하되거나 화재가 상층부로 급속하게 확산될 수 있다.
101) 복사열 단열필름 사이에 공기층이 하나일 경우 먼지오염으로 인한 반사성능 저하가 우려된다.

② '반사면–외장재' 사이 공기층 설치

- T=30가량 이격, 반사된 복사열 방출구(Air Vent) 필요[102]

③ 외장마감 시공

- 화강석, 치장벽돌, 기타 각종 외장 패널 등 적용

④ 외장재 긴결철물(앵커볼드 및 패스너)에 의한 단열재 손상방지

Ⅳ 바닥 단열

1. 최하층바닥

① 비방수 콘크리트 바탕면에 방습필름 선설치

- 방수층 바탕면은 방습필름 불필요

② 단열재 밀착 설치

③ 이음부는 내습성 테이프를 이용하여 접착 · 고정

④ 누름용 콘크리트 및 모르타르 타설 후 바닥 최종마감 실시

2. 층간난방바닥

▶ 난방열의 하향 손실을 최소화하고 완충재로서 층간소음 저감성능을 겸비한다.

① 단열 요구조건: 건축물의 에너지절약설계기준

- 열관류율 $\leq 1.810W/m^2K$, 단열재 소요두께 $\geq 30\sim50mm$(가~라급)

② 판형단열재 틈새 없이 설치

③ 기포콘크리트 타설, 난방배관, 마감 모르타르 미장마감 실시

3. 지붕바닥

(1) 윗면 단열

① 방수층 위에 단열재 배치하고 방습필름 설치

- 내투습성 판형 단열재 사용

② 누름콘크리트(T=50~100mm), 또는 보호 모르타르(T=20~40mm) 타설

③ 누름콘크리트 타설 시 균열 방지용 철망 선 배치[103]

④ 단열보호층 신축줄눈 설치, Saw-Cutting(T=6mm, @3~5m)

(2) 밑면 단열

① 단열재 선설치

- 지붕바닥거푸집 설치 후 단열재 배치
- 철근받침대 하부 지지판 설치, 상부 작업하중에 의한 단열재 손상 고려

---

102) 외장재가 밀폐식 줄눈(Closed Joint)이면 반사형 단열재의 열적 성능을 기대할 수 없다. 단열재의 외측 공기층은
  복사열 방출구가 필요하고 배면은 복사열에 의한 열전도를 최소로 하기 위한 공기층이 있어야 한다.

103) 저자 注: 표준시방(KCS)은 누름콘크리트에 철망 설치를 규정하고 있으나 모든 면에서 섬유보강재 혼입으로 대체하는
  것이 바람직하다. 철망이 온도신축을 제어하려면 누름층 2/3지점에 위치시켜야 하나 현장여건상 불가능하기 때문이다.

② 단열재 후설치
- 거푸집 탈형 후 단열재 설치, 못·본드 이용하여 단열재 부착

(3) 복사열 차단(Cool Roof 도장)

① 바닥면에 백색 차열용 페인트 등장

② 일사·복사열 80% 이상 반사

③ 최상층 실온 저감(4~5℃), 냉방부하 저하 가능

④ 경사지붕에는 백색 지붕재 채용

4. 최상층 천장

(1) 단열재

① 판형, 블랭킷형, 현장발포형 단열재 사용

② 두루마리형(블랭킷형) 단열재
- 천장마감재 위에 틈새가 없도록 설치, 특히 벽면 접합부 틈새가 없도록 주의

③ 현장발포형 단열재
- 천장재 위에 방습필름 선설치
- 모서리 먼저 분사, 먼 곳에서 가까운 곳으로 작업 진행

④ 인조광물섬유재(MW, GW) 시공
- 천장재용 인서트·목심 선설치, 단열재 분사 후 천장재 마감
- 처짐·박리 우려 시 메탈라스 및 와이어메시 바탕보강

(2) 통기구 설치

① '지붕바닥–단열재' 사이에 통기구 설치

② 내부결로 방지

Ⅴ 개구부 단열

▶ 개구부는 열손실이 가장 큰 단열 불연속 부위로서 출입문, 창호, 커튼월 등이 있다.

1. 출입문

(1) 자재 사용

① 열관류율 기준[104]을 만족하는 자재 사용

② 일반문: 단열두께 ≥ 20mm, 열관류율 ≤ $1.6{\sim}1.8W/m^2K$

③ 유리문: 열관류율 ≤ $2.6{\sim}5.5W/m^2K$

④ 공동주택 세대 현관문(중부지역): 열관류율 ≤ $1.2{\sim}1.9W/m^2K$

---

104) 건축물의 에너지절약설계기준(국토교통부 고시 제2017-881호) 제6조 참조

(2) 외기에 직접 면하거나 1층 · 지상 연결출입문

   ① 출입문 현관 방풍구조 설계 · 시공

   ② 외기온에 대한 열적 완충공간 확보

2. 외부 창호 · 커튼월

(1) 자재 사용

   ① 출입문과 동일한 품질기준을 만족하는 자재 사용

   ② 외기면 개구부(창 · 문) 열관류율 $\leq 0.900 \sim 1.600$ [105]

     • 중부1지역 0.900, 중부2지역 1.000, 남부지역 1.200, 제주도 1.600 이하

   ③ 유리: 복층창, 삼중창, 사중창 적용

     • 창의 방위, 계절특성, 입사열 취득, 내부결로 등을 종합 고려

     • 일반 복층창, 로이유리(하드 · 소프트코팅) 복층창, 아르곤 주입 복층창, 아르곤 주입+로이유리 복층창

     • 외피 전면(全面), 또는 최소한 건축물 북측 유리 적용 배제[106]

   ④ 창호 새시(창틀): 금속재, 플라스틱재, 목재별 열관류율 조건을 만족할 것

     • 금속재: 열교차단재(단열간봉) 적용

     • 플라스틱 · 목재: 금속재보다 열관류율이 낮지만 방화성능이 요구될 경우 적용 불가

(2) 틈새 방지

   ① 창틀과 외벽 틈새 방지

   ② 필요시 실내외 양측에 내후성 실리콘 기밀 충전

Ⅵ 결론

1️⃣ 단열공사는 쾌적한 실내온도와 건축물 유지관리비를 좌우하는 공종이므로 생애주기비용 관점에서 단열성능의 확보가 매우 중요한 과제이다.

2️⃣ 건축물 부위별 외기 접촉 여부에 따라 적합한 자재를 선정하고 단열층의 불연속면이 없도록 이음처리에 특히 유의할 것이며, 장기적으로 안정적인 외단열공법에 대한 적용성을 높여나가야 한다.

3️⃣ 또한 최근 하절기 폭염현상에 대비하여 난방 관점만이 아닌 냉방 측면의 단열성능에 대한 종합적인 단열방안을 강구할 필요가 있다.

---

105) 건축물의 에너지절약 설계기준 별표1 지역별 건축물 부위의 열관류율표

106) 열전도체인 유리는 본질적으로 단열성을 기대할 수 없다. 유리로 감싼 건축물이 훌륭한 외관과는 달리 정크빌딩(Junk Building)으로 취급되는 이유이기도 하다.

5412 건축물 축열

I 개요

① 건축물 축열(蓄熱, Heat Storage, Thermal Storage)은 쾌적한 실온유지와 에너지효율 측면에서 단열과 상호보완적 역할을 기대할 수 있다.
② 축열방식, 구체축열 방안 및 향후 과제에 대하여 설명한다.

II 축열방식

▶ 축열은 액체나 고체가 온·냉열을 흡수하여 유지하는 현상으로 건축물 실내측 축열을 이용하여 외기영향을 완충시키는 역할을 한다.
▶ 축열방식에는 현열축열, 잠열축열, 화학축열 등이 있다.

1. 현열(顯熱, Sensible Heat)축열

(1) 정의

① 현열: 온도수치가 변하면서 열량 변화가 있는 열
② 현열축열: 축열재의 열용량을 이용해서 열을 저장하는 방식
③ 축열량은 용적비열(容積比熱, Volumetric Specific Heat)[107]에 비례

(2) 장점

① 축열원리 단순, 기술적 문제 거의 없음
② 안정된 축열재 다양: 물, 자갈, 콘크리트, 흙 등
③ 축열·방열 과정이 무한기간 가역적[108], 설치 후 개보수 불필요

(3) 단점

① 단위용적당 축열량 미흡, 큰 용량의 축열조 필요
② 사용온도 이상의 고온이나 저온 축열, 열손실 많음
③ 축열조 내 온도성층화가 안 될 경우 이용효율 가변적

---

107) 용적비열: 단위용적당 물질온도를 단위온도만큼 상승시키는 소요열량으로 단위용적당 열용량이다. 단위는 $kcal/m^3 \cdot ℃$ 이다. 용적비열＝비열×밀도, 비열$(cal/g \cdot ℃)$은 1g의 물질을 1℃ 높이는 데 필요한 열량이다.
108) 실온상태에서 축열·방열이 거듭될 수 있다는 의미이다.

(4) 적용사례

① 수축열: 대수층축열, 수축열조축열

- 사용온도 범위: 0~100℃, 온도성층화[109] 기능 필요

② 고체축열(지반축열)

2. 잠열(潛熱, Latent Heat)축열

(1) 정의

① 잠열: 열량 변화는 있으나 온도수치가 변하지 않는 열

② 잠열축열: 물질의 상변화 또는 전이과정에서 발생하는 잠열을 저장하는 방식

(2) 장점

① 단위용적 · 질량에너지 저장용량 우수

- 높은 열교환에도 온도변화 없음, 현열보다 축열조 용적 · 질량 저감

② 일정 온도로 축열 · 방열 조절 용이

③ 현열방식보다 축열성능 및 시간 지연(Time Lag)효과 우수

(3) 단점

① 축열재에 따라 운전온도의 범위가 한정적

② 부식성, 상변화 시 용적변화를 고려한 용기 필요

③ 반복 사용 시 효율 저하(가역성 퇴화), 상분리 · 과냉각 현상 발생

(4) 적용사례

① 빙축열: 정적제빙방식, 동적제빙방식, 캡슐방식, 직접접촉방식

② 상변화물질(PCM)축열: 파라핀, 무기수화물

③ 최근 건축 분야에서 상변화물질에 의한 축열사례 증가

> 〈건축용 잠열축열재 요건〉
> - 비열용량 · 열전도율이 클 것
> - 증기압이 작을 것: 압력용기 사용배제, 제작비 상승 방지
> - 일정 온도에서 상변화될 것, 상변화 시 용적변화가 작을 것
> - 상변화 온도가 사용온도 범위와 일치할 것
> - 인체무해성, 경제성, 구입 용이성 등

3. 화학축열

(1) 정의

① 가역화학반응으로 열에너지를 화학에너지 형태로 저장하는 방식

② 필요한 때 역반응으로 화학에너지를 열에너지로 변환 · 회수

---

109) 온도성층화(Temperature Stratification): 온도 고저에 따라 수직방향으로 온도층이 형성되는 현상이다. 온도성층화는 수축열조의 에너지 효율 측면에서 매우 중요한 요소이다.

(2) 장점

① 고밀도 열저장 가능, 잠열축열보다 우수

② 열손실 없이 상온에서 장기간 축열 가능

③ 반응계 선택으로 가사온도 확대 용이

④ 저품질의 열을 고품질화, 열의 수송 용이

(3) 단점

① 기술적 경험 필요, 불균일 반응계 존재

② 장기 가역반응 신뢰도 미흡

(4) 적용사례

① 열펌프방식

② 합성연료방식: 합성석유, 합성가스, 메탄올, 수소 등의 연료

③ 전지방식: 축전지, 연료전지

④ 열가역반응방식: 열화학 반응, 광화학 반응 등

Ⅲ PCM 구체축열

▶ 구체축열은 별도의 축열조를 사용하지 않는 구체축열 방안을 말한다.

▶ 잠열축열재로서 PCM에 의한 구체축열 방안을 설명한다.

▶ 상변화물질(PCM: Phase Change Materials)

- 물체의 상태가 변할 때 열을 축적하거나 방출하는 물질
- 상변화 유형: 고체 → 액체, 액체 → 기체, 잠열원리에 기반
- 상변화물질 종류: 유기물질, 무기물질, 공융혼합물[110] 등
- 건축용으로는 파라핀계 물질과 무기수화물 사용

1. 석고보드

① 석고보드에 캡슐형 PCM 물질 혼입, 질량대비 60%가량

② 석고보드의 물성에 축열성능 부가

- 석고보드 물성: 방화, 단열, 차음, 인체무해성 등

③ 실내 측 내장재로 사용하여 에너지 효율 증대

- 벽면 실내 측 마감, 칸막이재 등으로 사용

---

110) 공융혼합물(共融混合物, Eutectic Mixture): 액체에서 동시에 정출되는 2종 이상의 결정혼합물이다. 일정한 녹는점을 가지며 미세한 이종의 결정이 혼합되어 있지만 겉보기에는 균일하다(두산백과 참조).

2. 벽돌

① 점토벽돌에 캡슐형 파라핀 혼입

② 실내 냉난방열 축열, 실내 피크온도 5~10℃ 저감

③ 조적조 건축물의 열적성능 향상 기대

3. 블라인드

① 차양용 블라인드에 PCM 물질 혼입

② 여름철 입사열 영향 차단

③ PCM 용융점온도 이내에서 실온안정화, 주간 축열량 → 야간 방출

4. 유리블록

① 유리블록 내부에 PCM 물질 충전

② 3~5℃가량 피크온도 저감 가능

5. 온돌바닥

① 난방바닥 축열층에 PCM 물질 혼입

② 온돌배관 하부의 기포콘크리트층 축열

③ 온돌배관층의 마감모르타르층 축열 등 고려

④ 난방 가동시간 절감, 난방 피크온도 저감 기대

Ⅳ 향후 과제

1. PCM 물성 개선

① 낮은 열전도율

- 실내온도 흡수·방출을 위한 높은 열전도율 필요

- 높은 잠열·열전도 나노입자물질 혼합 고려

- 고효율 열전도 물질 개발 및 응용, GnP(그래핀 물질) 소재 등

② 상안정화 필요, 액상변화로 인한 유출방지

- 건축재 가공 내 PCM 주입, 폴리머 혼합, 캡슐 피복(캡슐화) 등

③ 연소성, 화재안전 취약, 연소지연충전재 혼합 고려

2. 자재 · 시방 표준 확립

① 자재 국가표준 및 자재성능의 시험방법

② 축열부위 · 자재별 표준시방안 도출

- 건축물 방위 및 일사조건 고려, 외단열 기반의 구체축열 표준시방 확립

③ 부위별 적정 상변화온도 설정 등

3. 경제성 확보

① LCC 측면에서 경제성 확보 추구

② 공사원가의 지속적 인하 필요

참고문헌

1. 축열시스템의 종류 및 열에너지 공급시스템에서의 역할, 이동원 · 조수 · 장철용, 한국태양에너지학회
2. PCM을 적용한 구체축열시스템의 설계기준, 이현화 · 김윤지 · 임재한 · 송승영, 대한건축학회, 2014
3. PCM재를 적용한 온돌난방 모르타르의 축열특성, 이성현 · 강승민 · 김광기 · 송명신 · 위준우 · 장성훈, 한국콘크리트학회, 2014
4. 건물의 외피단열기술, 이경회, 대한건축학회, 1991.09.
5. 건축물 적용을 위한 상변화물질의 열적성능 향상에 관한 연구, 정수광 · 장성진 · 위승환 · 이종기 · 김수민, 한국건축친환경설비학회, 2016
6. 국내외 유사규정 비교 및 외피 유형별 사례검토를 통한 건물외피단열규정에서의 열교영향 고려 필요성 분석, 박민주 · 송진희 · 임재한 · 송승영, 대한건축학회, 2015
7. 삼일로빌딩을 다시 본다, 권태문
8. 상변화물질을 이용한 구체축열 복사난방 공간의 실내온열환경 특성, 임재한, 한국건축친환경설비학회, 2016
9. 에너지낭비형 정크빌딩, 이규진
10. 천연 상변화물질이 적용된 석고보드의 축열성능 평가, 위승환 · 정수광 · 장성진 · 김수민, 한국건축친환경설비학회, 2016

5413 　결로방지공사

Ⅰ 개요

1 공동주택은 사용성과 거주성을 고려하여 기밀(氣密)하게 시공되고 있으나 사용단계에서 결로가 중요한 문제로 대두되고 있다.

2 결로는 습공기가 차가운 면과 접촉하여 노점온도(露店溫度) 이하가 되면 포습상태에서 여분의 수증기가 물방울로 맺히는 현상이다.

3 결로수는 마감재를 손상시키거나 단열성능을 저하시키고 곰팡이 발생으로 실내공기를 오염시키므로 설계 · 시공 · 사용단계별 적정 대책이 강구되어야 한다.

결로 메커니즘	➡	원인별 대책
• 기온/구체온도/상대습도 • 결로/건축재 함수량 증가		• 조기사용/불연속/개구부 • 지하주차장/열관통부

Ⅱ 결로 메커니즘

온도 저하	• 여름철 냉방, 겨울철 기온 저하

↓

구체온도 저하	• 열전도 효과

↓

상대습도 포화	• 저온부의 상대습도 포화

↓

결로	• 포화 후 저온부에서 습공기가 결로 • 내부결로: 구체 내부의 저온부에서 발생 • 표면결로: 실내외 표면부에서 발생

↓

건축재 함수량 증가	• 물에 의한 열전도율 상승으로 구체의 단열성 저하 • 곰팡이가 발생하여 박테리아 번식 → 실내 공기질 영향 • 구체 내부의 철근부식으로 내구성 저하

Ⅲ 원인별 대책

1. 건물 조기사용

(1) 원인

① 콘크리트 구체의 수분증발이 미흡한 상태에서 방습 마감
  • 도배, 도장 등의 표면마감으로 수분증발 지연
② 실내의 결로는 건물 완료 후 1~2년 사이에 발생

(2) 방지대책

① 마감 전 제습설비를 가동하여 건조
② 또는 실내에 환기시설을 설치하여 구체바탕을 충분히 건조

2. 불연속 단열층

(1) 원인

① 단열재 설치 누락
② 단열재의 이음 불량 또는 파손부위

(2) 방지대책

① 단열재의 이음처리
  • 좁은면은 단열재가 꼭 끼이도록 설치하여 틈새 방지
  • 10~20mm가량 크게 절단하여 이음면의 틈새 방지
  • 이음부는 테이프 접착 · 고정
② 단열재 파손부위
  • 단면손실부 충전보수, 우레탄폼 사용

3. 개구부 결로

(1) 원인

① 단층유리와 금속재 새시, 강제현관문 등에서 발생
② 강제 및 금속면은 5~7℃ 이하일 때 결로
③ 해안 · 산간 지역일수록 결로가 많이 발생

(2) 방지대책

① 창호: 단열 새시[111], 복층유리, 이중창 등 시공
  • 창호성능 검토(Mock-up Test) 시 기밀성, 수밀성 외 새시 · 유리의 열관류율과 결로 사항 병행
② 현관문: 이중출입문으로 방풍실 설치

---

111) 새시 중공부에 단열재를 충전하거나 열교 차단재를 설치한 새시

4. 지하주차장 하절기 결로

(1) 대상부위

① 흙과 접하는 지하외벽: 지하주차장 외벽, 슬러리월, 합벽부

② 최하층 기초바닥판

(2) 방지대책

① 제습 공조설비 가동

② 외벽 및 바닥의 단열성능 보강

 • 외벽에는 단열 드레인보드, 바닥에는 단열 배수판 설치 고려

③ 결로수 배수, 트렌치 구배 확보

④ 표면마감재의 조습성능 구비

5. 열관통부 결로

(1) 대상부위

① 측벽+Slab, 욕실바닥의 접합부

② 주방외벽+Slab 접합부

③ 발코니외벽+Slab 접합부

④ 세대간경계벽+발코니외벽 접합부 등

⑤ 지붕바닥+하부층 보·벽

(2) 방지대책

① 열관통부의 실내 측에 단열층 연장

② 압축스티로폼이나 단열 Mortar 연장 시공

③ 내부마감재의 투습저항성 보강

 • 석고보드 후면에 비닐 설치, 이음부의
   기밀성 확보

 • 또는 방수·방균 석고보드 사용

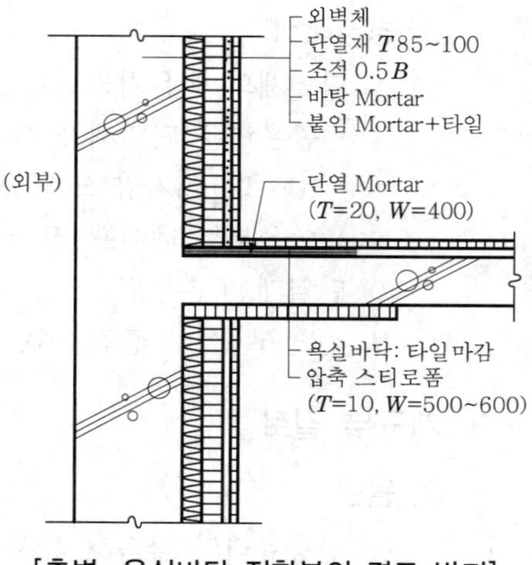

[측벽, 욕실바닥 접합부의 결로 방지]

5414 ┃ 방화구획공사

I 개요

① 방화구획은 화재 시 발화지점에서 인근 공간으로 화재확산을 방지하기 위한 방화벽, 방화문 및 방화셔터, 내화충전공사를 포함한다.

② 방화벽은 구획기준에 따라 내화성능을 구비하고 피난동선의 개구부는 방화문 또는 방화셔터를 설치하며 방화구획 내의 수평·수직 틈새는 내화충전구조이어야 한다.

방화구획기준	수평 방화구획	내화충전공사
• 구획 대상시설 • 층별 구획단위면적/방화재료	• 방화벽 • 방화문/방화셔터	• 슬래브–커튼월/파이프 관통부 • 공조덕트/슬래브＋경량벽체

II 방화구획 기준

▶ 건축법 시행령에 의거, '건축물의 피난·방화구조 등의 기준에 관한 규칙'을 적용한다.

〈건축법 시행령 §46(방화구획 등의 절차)〉
① 법 제49조제2항 본문에 따라 주요구조부가 <u>내화구조</u> 또는 <u>불연재료</u>로 된 건축물로서 연면적이 1천 제곱미터를 넘는 것은 **국토교통부령**으로 정하는 기준에 따라 다음 각 호의 구조물로 구획(방화구획)을 해야 한다. 〈개정 2022. 4. 29.〉

1. 구획 대상시설[112]

(1) 대상시설

▶ 다음 용도의 시설물로서 일정 규모(면적) 이상에 대하여 방화구획을 의무적으로 적용한다.

① 문화·집회시설

② 의료시설

③ 공동주택

④ 기타 건축법 시행령 제58조에서 정하는 시설물

　• 원자로 및 관계시설은 '원자력안전법' 적용

---

112) 건축법 시행령 제56조(건축물의 내화구조) 및 동법 시행령 제57조(대규모 건축물의 방화벽) 참조

(2) 설치기준

① 구획 대상시설은 반드시 **내화구조**일 것

- 내화구조 요건 '건축물의 피난 · 방화구조 등의 기준에 관한 규칙(§3)'

벽	• RC · SRC조 ≥ 100T, S조피복: 미장 ≥ 40T, 조적 · 석재 ≥ 50T • 조적조 ≥ 190T, ALC 패널 · 블록 ≥ 100T
비내력외벽	• RC · SRC조 ≥ 70T, S조피복: 미장 ≥ 30T, 조적 · 석재 ≥ 40T • 보강블록조 ≥ 보강철재피복 40T, 무근콘크리트 · 조적조 · 석조 ≥ 70T
기둥	• 공히 '단면 ≥ 250mm'일 것, RC · SRC조 • S조피복 ≥ 미장 60T · 조적 70T · 경량골재 50T · 콘크리트 50T
바닥	• RC · SRC조 ≥ 100T • S조피복: 모르타르 · 콘크리트 · 보강블록조피복 ≥ 50T
보	• RC · SRC조, S조피복: 모르타르미장 · 콘크리트피복 ≥ 50T • S조지붕틀(층고 ≥ 4m): 반자가 없거나 불연재료 반자일 것
지붕	RC · SRC조, 보강블록조, 조적조, 석조, 보강유리블록, 망입유리지붕
계단	RC · SRC조, 무근콘크리트조, 철제보강 블록조 · 조적조 · 석조계단
기타	기타 국가지정기관[113]의 인정구조일 것

② 방화구획은 내화구조의 **방화벽**일 것[114]

- 부득이 방화벽을 설치하기 곤란한 부위는 자동방화셔터 설치

③ 방화벽 출입문은 갑종방화문을 설치할 것

- 방화셔터 설치부위는 일체형 자동방화셔터[115] 적용

④ 방화구획 관통부는 내화충전 구조일 것

2. 층별 단위구획면적

▶ 고층부일수록 단위구획면적을 좁게 적용한다.

▶ 건축물의 피난 · 방화구조 등의 기준에 관한 규칙 제14조

층 구분		단위구획면적: m²	
		자동식 소화설비(無)	자동식 소화설비(有)
지하층~10층(1~2층 제외)		1,000	3,000
11층 이상	불연재 마감(X)	200	600
	불연재 마감(O)	500	1,500

(1) 지하층~10층

① 매 1,000m² 이내마다 구획

② 1~2층은 구획대상에서 제외

---

113) 한국건설기술연구원
114) 건축법 시행령 제56조 제1항 및 제57조 제1항 참조
115) 방화구획 용도로 화재 시 감지장치에 의한 자동폐쇄되는 셔터로서 작은 피난구가 설치된 것을 말한다. 대피자가 피난구를 밀고 나가고 나면 자석작용으로 자동폐쇄된다. 현장에서는 일명 '퓨마셔터'로 부른다.

(2) 11층 이상

① 매 $200m^2$ 이내마다 구획

- 불연재 마감이 없고 자동식 소화설비가 없을 경우

② 불연재 실내마감이 있고 자동식 소화설비가 있을 경우 매 $500m^2$ 이내마다 구획

(3) 자동식 소화설비 설치층

① 층별 구획면적의 3배까지 완화

- 지하층~10층: 매 $3,000m^2(1,000\times3)$ 이내
- 11층 이상: 매 $600m^2(200\times3$, 불연재 실내마감 시 $1,500m^2)$ 이내

② 스프링클러, 또는 이와 유사한 소화설비가 설치된 층에 적용

3. 방화재료

① 보드재: 방화석고보드 $\geq 12.5mm$, 석고시멘트판 $\geq 6mm$

② 단열재: 미네랄울 $\geq$ 보온판2호

③ 내화성능시험 재료

- 차염성능 ≥ 15분, 이면 온도상승치 $\leq 120K$

Ⅲ 수평 방화구획공사

1. 방화벽

(1) 구조유형

① 내력벽의 철근콘크리트벽

② 비내력벽: 조적벽, 보강블록벽

③ '내화성능 ≥ 1시간'의 경량칸막이벽, 또는 콘크리트패널

- 일반적으로 '스터드 구조 경량철골+방화석고보드' 적용

④ 콘크리트부재 $\geq 100T$

(2) 방화벽(경량칸막이벽) 시공

① 내화구조성능[116]을 구비한 자재 사용, 방화석고보드 사용

- 소요내화성능에 따라 적정 두께의 인정품 적용
- 내화성능: 차열·차염성능 $\geq (1, 1.5, 2)$시간, 지지구조 내화성능은 구획부재와 동일할 것
- 시설용도(일반, 주거, 산업시설)별 내화성능품 사용

② 러너, 스터드, 수평지지대 설치

③ 스터드 사이에 미네랄울 충전

---

116) '건축물의 피난·방화구조 등의 기준에 관한 규칙' 별표1 내화구조의 성능기준 참조

④ 방화보드 부착

⑤ '슬래브 바닥＋커튼월' 틈새 충전

- 방화실런트 코킹, 화재 시 열, 연기, 유독가스 등의 이동 차단
- 반드시 천장재 마감 전 코킹 여부 확인할 것

2. 방화문

(1) 구조성능

① 문 세트의 성능항목

- 비틀림강도, 연직하중강도, 개폐력, 개폐반복성, 내충격성

② 차연·차염 및 차열 성능

- 연기·불꽃 차단(차연·차염)성능 및 열 차단(차열)성능
- 성능시험: KS F 2268-1(방화문의 내화시험방법) 적용

[건축법 시행령 §64(방화문의 구분)]

구분	연기·불꽃 차단	열 차단
60분＋방화문	60분 이상	30분 이상
60분 방화문	60분 이상	–
30분 방화문	30분 이상	–

③ 방화문 인접창 및 승강기문의 차연·차염 성능

④ 개방성능(개방력)≤133N[117]

- 개방력(開放力): 도어클로저가 있는 방화문 개방에 필요한 힘

(2) 설치유형

▶ 모든 방화문은 화재 시 자동으로 폐쇄되어야 하며, 다음과 같은 유형이 있다.

① 상시폐쇄형

- 재실자 출입 후 자동 닫히는 구조의 방화문, 언제나 닫힌 상태 유지
- 피난용 승강기 승강장은 반드시 상시폐쇄형 설치

② 상시개방형

- 상시 열린 상태를 유지하다가 화재 시 자동 폐쇄되는 구조
- 화재로 인한 연기, 온도, 불꽃을 감지하여 자동적으로 닫히는 구조
- 일반승강기 승강장은 상시개방형 적용 가능

(3) 설치위치

▶ 재실자 대피 동선에 있는 출입구에는 60분＋방화문을 설치한다.

▶ 특별피난계단실로 통하는 출입구에는 차연·차염 방화문을 설치한다.

---

117) 화재 시 셔터가 자동폐쇄된 상태에서 노약자나 어린이가 방화문을 개방하는 데 필요한 힘의 한계를 제한함으로써 대피 용이성을 고려한 중요 성능항목이다.

① 피난·특별피난계단 출입구

[건축법상 계단유형]

직통계단	• 피난층[118] 이외 층 거실에서 보행거리 30m 이내에 설치하는 계단 • 건축법 시행령 제34조 • 건축물의 피난·방화구조 등의 기준에 관한 규칙 제8조
피난계단	• 거실에서 접근하는 피난용 계단 • 동법 시행령 제35조, 동규칙 제9조
특별피난계단	• 거실에서 부속실(전실)이나 노대(편복도)를 거쳐 접근하는 피난용 계단[119] • 동법 시행령 제35조, 동규칙 제9조

② 대피공간 출입구

③ 승강장 출입구 등

3. 방화 셔터

(1) 구조성능

① 자동·수동 개폐

② 자동폐쇄성능: 연기·열감지기 구비

③ 비차열성능 ≥ 1시간

④ 차연성능(KS F 4510, 중량 셔터)

⑤ 피난용 출입구 개방성능(개방력) ≤ 133N

(2) 설치유형

① 자동방화 셔터

• 화재 시 연기 및 열을 감지하여 자동 폐쇄되는 방화 셔터

② 일체형 자동방화 셔터

• 자동방화 셔터의 구조에 재실자 피난용 출입구가 설치된 것

• 피난용 출입구는 대피 후 자동 폐쇄

(3) 설치위치

① 갑종방화문에서 3m 이내

• 일체형을 설치할 경우 방화문 설치 생략 가능

② 방화문 설치가 곤란한 곳

• 경사로 및 에스컬레이터 출입구 등

---

118) 피난층: 직접 지상으로 통하는 출입구가 있는 층 및 피난안전구역(피난·안전을 위하여 건축물 중간층에 설치하는 대피공간이 있는 층), 건축법 시행령 제34조 참조
119) 여기에서 '부속실'은 승강기 및 계단실로 접근하기 위한 완충공간으로서 전실(前室)이며, 노대(露臺)는 특별피난계단으로 접근하기 위한 편복도 등을 의미한다.

Ⅳ 내화충전공사

▶ 방화구획의 수직·수평틈새를 충전하는 공사, 층간 관통부와 덕트 관통부로 구분한다.

▶ '내화충전구조 세부운영지침[120]'에는 설비관통부 충전시스템과 선형조인트 충전시스템으로 구분하여 내화충전부의 성능을 규정하고 있다.

▶ 내화충전공사는 차열·차염성능 조건을 충족시켜야 한다.

1. 슬래브-커튼월 층간틈새

▶ 커튼월과 슬래브 바닥판 접속부의 선형조인트 충전시스템이다.

▶ 충전재는 내화인정품을 사용하며 시공품질은 검측과정에서 최종 확인한다.

(1) 충전재

① Mineral Wool

② 발포성형 방화재

③ 방화도료

④ 기타 방화성능 인정재료 사용

(2) 시공방법(암면충전구조)

① 암면보드 재단, Cutter 칼 이용, 틈새보다 20% 이상 크게 재단

② 지지철물 일정간격 설치

- 암면 처짐방지용, 슬래브 단부에 걸쳐 놓고 타정용 못 고정

③ 관통부 틈새 충전

- 재단된 암면을 지지철물 위에 압축·충전
- 맞댄이음부 틈새 없도록 밀착 설치

④ 방화도료 도포

- 암면 상부, 치켜올림부, 커튼월패스너 주변까지 연장하여 도포
- 에어리스건, 붓, 롤러 등 사용

⑤ 시공품질 차염·차열성 충족하여야 함

2. 파이프 관통부

▶ 바닥을 관통하는 배관류, 전선관, 통신선(버스덕트류 포함) 등의 설비관통부 틈새를 말한다.

(1) 적용부위

① EPS(Electric Pipe Shaft)실

② TPS(Telecommunication Pipe Shaft)실

③ 기계실 등

---

120) '건축물의 피난·방화구조 등의 기준에 관한 규칙', '내화구조의 인정 및 관리기준' 중 내화충전구조의 성능확인을 위한 절차와 방법, 기준 등에 대하여 국토교통부로부터 관련업무를 위탁받은 '한국건설기술연구원'에서 규정한 운영지침이다.

(2) 충전재

① Mineral Wool

② 시멘트모르타르

③ 방화실런트 등

(3) 시공방법

① 관통 파이프 앵글 지지, 앵글은 바닥면에 앵커 고정

② 하부를 막고 시멘트모르타르 충전, 또는 암면 충전

③ 양생 후 상부에 방화도료 도포, 틈새는 방화실런트 코킹

3. 공조덕트 관통부

① 천장 내부에 수납되는 공조덕트의 방화벽 관통부 틈새

② 수평관통부 및 근접부위에 방화댐퍼 설치

③ 방화댐퍼 설치요건

- 1.5T 이상의 철판 사용, 화재 시 자동폐쇄 구조이고 폐쇄 후 틈이 없도록 설치할 것

4. '슬래브 + 경량벽체' 접속부

① 방화용 실런트 코킹, 연기 및 유독가스 이동 차단

② 천장마감 전 실시

Ⅴ 결론

① 방화구획공사는 설계·시공단계에서 건축물의 방재성능 측면에서 중대한 공종으로 화재 확산을 방지하기 위한 방화구획 및 층간틈새의 내화충전 등을 포함한다.

② 사용자재는 반드시 내화성능을 충족하여야 하고, 시공 후에는 연동시험을 통하여 화재 시 자동감지 및 성능장치의 구동 여부를 확인하여야 한다.

참고문헌

1. 건축법
2. 건축물의 피난·방화구조 등의 기준에 관한 규칙, 국토교통부령 제238호, 2016.04.08. 시행
3. 자동방화셔터 및 방화문의 기준, 국토교통부고시 제2016-193호, 2016.04.08. 시행
4. 내화구조의 인정 및 관리기준, 국토교통부고시 제2016-416호, 2016.08.01. 시행
5. 건축물 마감재료의 난연성능 및 화재 확산 방지구조 기준, 국토교통부고시 제2015-744호, 2015.10.13.
6. 건축물 방화구획에 적용되는 방화문 등의 성능기준 개선방안, 여인환, 건설기술정보, 2008
7. 건축물 마감재료의 난연성능 및 화재확산방지구조 기준

5415 ┊ 공동주택 차음공사

I 개요

1 공동주택은 바닥과 벽을 이웃세대와 공유하는 구조이므로 규정치 이상의 소음 차단성능이 되도록 설계 · 시공해야 한다.

2 법령상의 '공동주택성능등급 표시항목' 중 소음 차단성능에 관한 제반사항을 설명한다.

소음 일반	➡	층간바닥충격음	➡	기타 소음 저감
• 소음/공동주택 층간소음 • 소음 차단성능		• 유형별 특징/원인 · 문제점 • 저감방안/층간바닥 시공		• 세대간경계벽/화장실급배수 • 교통/해결기구/제도적방안

II 소음 일반

1. 소음(騷音, Noise)

(1) 정의

① 불필요한 모든 소리, 시끄러워서 불쾌감을 느끼게 하는 소리

② 물체 사용이나 사람 활동으로 인한 강한 소리[121]

③ 사람마다 주관적으로 소음 인식, 인간의 가청주파수 영역: 100~1,000Hz

　• 청각 예민도, 건강, 심리상태, 배경소음 등에 따라 소음 인식 상이

④ 현행법(소음진동관리법, 주택법, 건축법)으로 소음 상한 규제

　• 주야 및 거주지역에 따라 소음한계 규정, 소음(소리) 단위: dB(A)[122]

(2) 유형

① 발생원에 따라 소음 유형 구분

　• 공장 소음, 생활 소음, 교통 소음, 항공기 소음 등

② 건설현장 관련 소음: 공사장 소음, 폭약에 의한 소음

③ 공동주택 관련 소음: 층간소음, 교통 소음

---

121) 소음 · 진동관리법 §2(정의) 참조
122) 소음 측정단위는 데시벨(dB)이나 인간이 주로 들을 수 있는 주파수 특성을 보완하여 'dB(A)'로 표기한다.

[발생원별 소음 유형: '소음 · 진동관리법']

발생원	소음유형
공장 소음	• 공장(제조업을 하기 위한 사업장)에서 발생하는 기계 소음 • 기계장치 발생음에 대한 허용한도 규제 • 한도초과 시 법적제재(개선 명령, 조업 정지, 허가 취소, 폐쇄조치 등) • 사업자는 소음방지시설을 설치하여 소음한도 관리
생활 소음	• **<u>층간소음</u>**: 공동주택의 층간바닥 소음, 인접세대 간 소음 포함 • 확성기 소음: 옥외, 또는 옥내 설치 확성기로 구분 • **<u>공사장 소음</u>**[123]: 공사용 장비에 의한 발생 소음 　– 굴삭기, 다짐기계, 로더, 발전기, 브레이커, 공기압축기 　– 콘크리트 절단기, 천공기, 항타·항발기, 콘크리트펌프, 압쇄기 등 • 이동소음: 영업용확성기, 행락객 휴대음향기기, 음향장치부착이륜차 소음 • **<u>폭약에 의한 소음</u>**[124], 소음 배출시설이 없는 공장 발생 소음 • 기타 공장·공사장을 제외한 사업장 발생 소음
교통 소음	• 도로교통 소음: 경차, 승용차, 화물차, 이륜차 • 철도교통 소음: 고속철도, 무궁화·새마을·화물열차, 지하철 소음 • 교통 소음 관리, 소음지도 작성 　– "방음시설의 성능 및 설치기준(환경부고시)" 운용
항공기 소음	• 항공기 이착륙 및 운항 소음 • 공항 인근지역에서 측정

(3) 성능등급 표시항목

① '주택법' 및 '녹색건축물 조성 지원법' 등에 근거

> **〈주택법〉**
> 제39조(공동주택성능등급의 표시)
> 사업주체가 **<u>대통령령으로 정하는 호수 이상</u>**[125]의 공동주택을 공급할 때에는 주택의 성능 및 품질을 입주자가 알 수 있도록 「녹색건축물 조성 지원법」[126]에 따라 다음 각 호의 공동주택성능에 대한 등급을 발급받아 국토교통부령으로 정하는 방법으로 입주자 모집공고에 표시하여야 한다.
> **1. 경량충격음 · 중량충격음 · 화장실소음 · 경계소음 등 소음 관련 등급**

> **〈'녹색건축 인증 기준' §3관련 별표1〉**
> G-SEED 2016 신축 주거용 건축물 > 7. 실내환경 > 소음관련 인증항목
>
> **7.5 경량충격음 차단성능**　　　　**7.8 교통 소음(도로, 철도)에 대한 실내외 소음도**
> **7.6 중량충격음 차단성능**　　　　**7.9 화장실 급배수 소음 차단성능**
> **7.7 세대 간 경계벽의 차음성능**

② 입주자 모집 시 공동주택의 성능등급 표시

• 표시 부문: 소음, 구조, 환경, 생활환경, 화재소방 등 5개 부문

---

123) 소음진동관리법 시행규칙 별표9 의거, '특정공사의 사전신고' 대상 기계·장비는 11종이다.
124) '총포·도검·화약류 등의 안전관리에 관한 법률'에 의한 폭약 사용에 따르는 소음
125) '주택건설기준 등에 관한 규정' 제58조 참조, 500세대 이상의 공동주택에 적용
126) 녹색건축물 조성 지원법 §16⑥ > 녹색건축 인증에 관한 규칙 > 녹색건축 인증 기준 §3

③ 소음관련 5개 성능항목 표시
- 경량·중량충격음, 세대 간 경계벽 전달소음, 교통 소음, 화장실 급배수 소음 등
④ 소음차단성능 등급은 성능항목별 1~4급으로 구분

2. 공동주택 층간소음

(1) 층간소음 범위[127]

① 공동주택 입주자 또는 사용자의 활동으로 인하여 발생하는 소음
- 뛰거나 걷는 동작음, 음향기기음, 인접세대 간의 벽간 소음
- 대각선 위치의 세대 간 소음 포함
② 직접충격소음과 공기전달소음으로 구분

[표시항목별 소음의 구분]

성능등급 표시항목　　　소음의 구분	직접충격소음	공기전달소음	층간소음
경량충격음	○	×	○
중량충격음	○	×	○
세대 간 경계벽 전달음	×	○	○
화장실 급배수음	×	○	×
교통 소음	×	○	×

③ 직접충격소음: 뛰거나 걷는 동작에 의한 바닥충격음
- 층간 바닥충격음으로서 경량충격음과 중량충격음, 벽충격음 제외
④ 공기전달소음: TV, 음향기기 등의 사용 소음
- 세대 간 경계벽의 차단성능 평가항목으로 적용
⑤ 급배수소음은 층간소음에서 제외, '공동주택 성능등급 표시항목'에는 포함
- 급배수 소음: 욕실, 화장실, 다용도실 등의 급배수 소음 등

(2) 직접충격음(Structure-borne Sound)

① 음원실(音源室)의 골조 충격으로 전달되는 경량·중량충격음
② 진동 수반 충격음(Impact Sound) 발생
③ 골조의 굴곡 및 진동, 수음실(受音室)로 진동음 전달
④ 수음실에서 공기전달음으로 변환 및 방사(放射)
⑤ 음원실 충격음보다 증폭된 소리로 수음실 감지

---

127) '공동주택관리법' §20①, '공동주택 층간소음의 범위와 기준에 관한 규칙' §2 참조

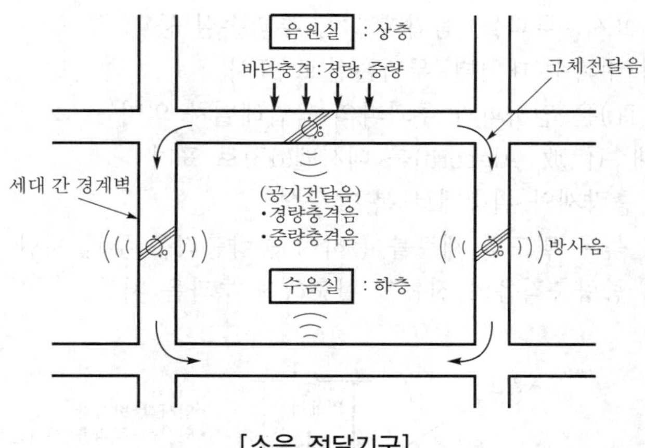

[소음 전달기구]

(3) 공기전달음(Airborne Sound)

① 공기를 매개체로 하여 전달되는 소리, 진동을 거의 수반하지 않는 소리

② 음원실에서 공기 중으로 소리 방사(放射)

③ 층간바닥 및 경계벽 틈새 투과

④ 미세진동의 투과음이 인접 수음실로 방사

⑤ 음원실과 수음실이 멀수록, 경질 구조체일수록 투과손실 증가

3. 소음 차단성능

(1) 흡음(吸音, Sound Absorption Coefficient)

① 소리에너지가 열에너지로 변화하는 현상, 재료 표면의 마찰저항 및 진동작용 영향

② 재료의 흡음정도는 주파수 형태에 따른 흡음률로 표시

  • 흡음률＝흡수에너지/입사에너지, '1'이면 완전흡수, '0'이면 완전반사

  • 흡음률 요소: 음파의 주파수, 입사각, 재료 두께, 설치방식, 배면구조 등

③ 음원실의 음향효과 개선, 소음레벨 저감 등에 필요

④ 수음실 벽과 천장에 흡음재 부착: 음원실 공기전달음 흡수, 수음실 투과음 흡수

⑤ 흡음재 유형: 다공재, 판막재, 공명재 등

[흡음재 유형별 특성]

다공재(多孔材)	글래스울, 미네랄울, 경질우레탄 등의 다공성 재료, 중·고 음역대 흡수
판막재(板膜材)	합판, 석고보드, 기타 천 흡음재: 얇은 판·천의 진동으로 저음역대 흡수
공명재(共鳴材)	• 유공으로 가공한 합판, 석고보드, 알루미늄판 등 사용 • 입구가 좁은 구멍으로 공명 유발, 저음역대 흡수

(2) 차음(遮音, Isolation Sound)

① 소리 전달경로를 차단하는 것

② 음원실의 소리유출 방지, 또는 외부의 소리유입 방지

  • 음원실 입사음 반사·흡수, 입사음 투과음 저감

③ 차음성능 표시: 투과율, 음압레벨차, 투과손실 등
- 주로 각 주파수 대역별 '투과손실'로 표시
④ 투과손실(TL)은 입사파와 투과파의 음압레벨차 의미
- TL의 대수(代數, Algebra)를 데시벨(dB)로 표기
⑤ 차음재는 중량재와 완충재로 복합 구성
- 중량재: 높은 밀도의 재료를 통하여 중량충격음 투과 차단
- 완충재: 중량충격음의 진동을 완충하여 투과음 저감

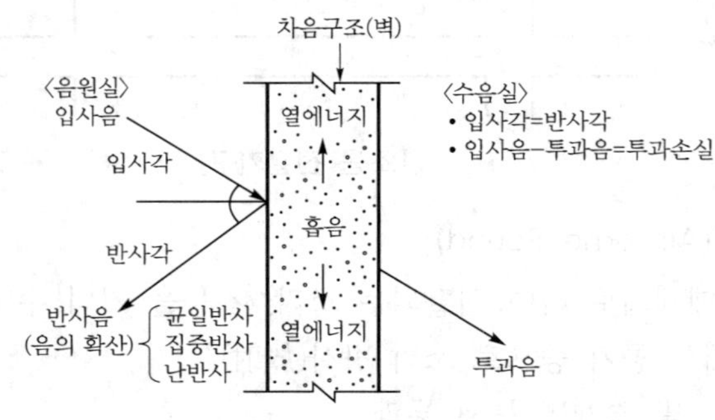

[소리의 입사−반사−투과]

Ⅲ 층간 바닥충격음

1. 유형별 특징

(1) 경량충격음

① 비교적 가볍고 딱딱한 충격에 의한 바닥충격음(고체전달음)
② 작은 물건의 낙하, 가구 이동 등으로 발생
③ 음압레벨은 중·고주파수
④ 표면마감재 유연성에 따라 전달음압 상이

(2) 중량충격음

① 무겁고 부드러운 충격에 의한 바닥충격음(고체전달음)
② 주로 맨발 보행(걷기, 뜀)으로 발생
③ 음압레벨은 낮은 주파수
④ 슬래브 면적, 슬래브 지지 조건, 바닥 두께·밀도에 따라 전달음압 상이

2. 원인 및 문제점

2.1 시공 측면

(1) 바닥 골조

① 슬래브 두께 미달
② 표면마무리 평탄도 불량
③ 콘크리트 압축강도 부족

(2) 완충재층

　① 사전인정품과 상이한 재료 사용, 요구품질 미달

　② 반입검사 미흡: 겉보기밀도, 동탄성계수, 소요두께 등

　③ 바탕 밀착도 불량

　　• 공진 및 공기 스프링(Air Spring)작용으로 바닥충격음 증폭

　④ 측면완충재 누락 및 설치 불량

　　• 바닥충격음 벽면으로 전달, 수평·수직 이웃세대에 영향

　⑤ 완충재 이음부 틈새 미처리

　　• 상부층 습식 시공 시 틈새로 물 유입, 유입수 정체 및 악취 발생

(3) 경량기포콘크리트층

　① 현장배합 시 배합비 불균일, 정량배합 미흡

　② W/B 과다, 슬럼프플로 불량

　③ 습윤양생 불량 → 소요 압축강도 미달

　④ 기타 품질 미흡

　　• 겉보기밀도, 열전도율, 침하깊이, 길이변화율 등

(4) 마감모르타르층

　① 현장배합 불량: 단위수량, 기타 배합비

　② 타설 전 검사 미흡: 슬럼프플로, 압축강도시험용 공시체 제작 등

　③ 소요두께 및 압축강도 미달

2.2 사용 측면

(1) 보행 충격음(직접충격음)

　① 유아 놀이, 맨발 보행

　② 실내 운동, 줄넘기 등

(2) 벽체 충격음(직접충격음)

　① 못 타정(못 박기 작업)

　② 벽 천공(穿孔, Drilling) 작업 등

(3) 가구 이동음(직접충격음)

　① 의자 및 중량가구 등의 이동

　② 끌거나 떨어뜨리는 소리

(4) 기타 발생 소음(공기전달음)

　① TV·음향기기 소리

　② 청소기 및 세탁기 가동음

　③ 말소리, 반려동물 소리 등

2.3 문제점

(1) 시공자

① 사후 해결 곤란

② 보완시공 시 시간-비용 발생 막대

③ 손해배상 시 장기간 소송 공방 불가피

④ 건설사 신인도 추락

⑤ 감독기관의 책임 소재 규명 곤란

(2) 사용자

① 이웃세대 간 불화 심화

② 가해 및 피해 관계 규명 곤란

③ 음원실 및 소음 전달경로 파악 복잡

 • 음원실 위치의 다양한 개연성 존재, 실시간 유해소음 감지시스템 필요

④ 사용자 정온(靜穩) 주거환경 파괴

⑤ 사용자 생활수칙 준수 미흡

3. 바닥충격음 저감방안

3.1 저감 원리

(1) 강성 증대

① 마감층의 일체화 구조로 강성 증대

② 경량기포콘크리트층과 마감모르타르층 전단연결

③ 바닥구조 강성 증대 → 진동주파수 이동 → 중량충격음 저감

④ 바닥구조의 고유진동수와 바닥충격음의 고유진동수 이격

 • 공진으로 인한 진동 억제, 진동의 크기 저감

(2) 감쇠 증진

① 완충재에 의한 바닥충격음 감쇠량 증대

 • 감쇠: 진동음 에너지가 매질을 통과할 때 열에너지로 변하는 것

② 마감층 사이마다 완충 증진용 재료 설치

 • 바닥슬래브-완충재, 완충재-완충재, 완충재-마감모르타르 등의 사이

③ 마감층 재료별 감쇠성능 증진, 다층구조에 의한 투과손실 극대화

(3) 질량 부가

① 마감층 질량 증대만으로 차음성능 제고

② 마감모르타르의 고밀도 배합재 사용, 철 함유성분의 잔골재 사용

③ 고밀도 모르타르층으로 바닥충격음 투과손실 증대

3.2 바닥구조 기준

〈'소음방지를 위한 층간 바닥충격음 차단구조 기준' §2〉
1. "**바닥충격음 차단구조**"란 「주택법」 제41조제1항에 따라 바닥충격음 차단구조의 성능등급을 인정하는 기관의 장이 차단구조의 성능[중량충격음(무겁고 부드러운 충격에 의한 바닥충격음을 말한다) 50데시벨 이하, 경량충격음(비교적 가볍고 딱딱한 충격에 의한 바닥충격음을 말한다) 58데시벨 이하]을 확인하여 **인정한 바닥구조**를 말한다.[128]
2. "**표준바닥구조**"란 중량충격음 및 경량충격음을 차단하기 위하여 콘크리트 슬라브, 완충재, 마감 모르타르, 바닥마감재 등으로 구성된 일체형 바닥구조를 말한다.

(1) 사업계획 승인 대상[129]

① '표준바닥구조＋인정바닥구조' 요건 모두 충족[130]

② 세대 내 층간바닥 중 화장실 바닥 제외

③ 콘크리트 슬래브 두께 $\geq$ 210mm, 라멘조 $\geq$ 150mm

④ 경량·중량충격음 $\leq 49dB$

⑤ 제외: 라멘조, 공업화주택, 발코니, 현관, 세탁실, 대피공간, 창고 등[131]

(2) 비사업계획 승인 대상[132]

① 30세대 이상: 인정바닥구조와 표준바닥구조(Ⅰ) 중 택일
- 표준바닥: "1-Ⅰ", "2-Ⅰ", "3-Ⅰ" 유형 적용, 오피스텔 포함, 기숙사 제외

② 30세대 미만: 인정바닥구조와 표준바닥구조(Ⅱ) 중 택일
- 표준바닥구조는 "1-Ⅱ", "2-Ⅱ" 유형 적용
- 오피스텔, 기숙사, 다가구주택, 다중생활시설 등 포함

③ 제외 부분
- 발코니, 현관, 세탁실, 대피공간, 창고, 비거주 하층, 최하·최상층 바닥

(3) 표준바닥구조

① 바닥슬래브 두께와 마감층 두께의 최솟값 표준 제시

② 표준두께 충족 시 최소한의 차단성능등급(4급)으로 인정

③ 바닥슬래브 두께 기준
- 벽식 및 혼합구조 $\geq$ 210mm
- 라멘구조 $\geq$ 150mm, 무량판구조 $\geq$ 180mm

④ 마감층 두께 기준
- 마감층: a+b+c(a: 완충재, b: 경량기포콘크리트, C: 마감모르타르)

---

128) 현행 '주택건설기준 등에 관한 규정'에 따라 **경량·중량충격음은 각각 49데시벨 이하**로 개정되어야 한다.
129) '주택건설기준 등에 관한 규정' 제14조의2 참조: 이 규정은 '사업계획승인대상'의 공동주택에만 적용되며 이외의 공동주택은 '건축법'에 의거 '소음방지를 위한 층간 바닥충격음 차단 구조기준'을 적용한다.
130) '주택건설기준 등에 관한 규정' 제14조의2 참조, 2024.1.2. 개정
131) '주택건설 기준 등에 관한 규칙' 제3조의2 참조
132) 국토교통부고시 제2018-585호 '소음방지를 위한 층간 바닥충격음 차단 구조기준' 별표1 참조

[표준바닥구조의 유형별 구성]

바닥구성 / 바닥유형	바닥슬래브(mm)	마감층(mm)				시공순서
		a	b	c	계	
1-Ⅰ	210	20	40	40	100	a - b - c
1-Ⅱ	210	20	–	40	60	a - c
2-Ⅰ	210	20	40	40	100	b - a - c
2-Ⅱ	210	20	–	40	60	a - c
3-Ⅰ	210	40	–	50	90	a - c

- 경량기포콘크리트층이 있는 바닥구조: "1-Ⅰ", "2-Ⅰ"
- "1-Ⅱ", "2-Ⅱ": 동일 구조[133]

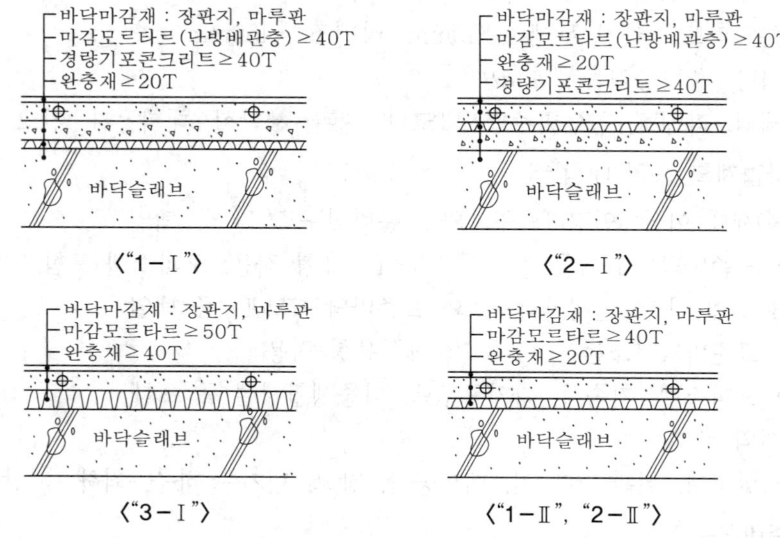

[표준바닥구조 유형]

(4) 인정바닥구조(바닥충격음 차단구조)[134]

① 인정기관이 공인한 바닥충격음 차단구조
- 바닥슬래브를 포함한 상부 구성체, 바닥골조+온돌마감층
- 온돌마감층: 완충재+경량기포콘크리트+마감모르타르
- 바닥마감재: 바닥구조에서 제외하되 신청 시 포함 가능

② 경량충격음과 중량충격음 차단성능으로 구분

③ 음압레벨 구간에 따라 1~4급으로 성능 분류

④ 라멘구조 '슬래브두께 ≥ 160mm'일 때 성능확인 및 등급 부여 가능

⑤ 표준바닥구조 요건만 충족할 경우 4급으로 인정

---

133) 두 가지 표준바닥구조가 동일한 것은 명백한 오류이므로 바로 잡아야 할 부분이다.
134) 국토부고시 제2023-494호 '공동주택 바닥충격음 차단구조인정 및 검사기준' 참조

[인정바닥 등급기준(단위: dB)]

등급	경량충격음	중량충격음
	가중표준화 바닥충격음 레벨	A-가중 최대 바닥충격음레벨
1급	$L'nT,W \leq 37$	$L'iA,Fmax \leq 37$
2급	$37 < L'nT,W \leq 41$	$37 < L'iA,Fmax \leq 41$
3급	$41 < L'nT,W \leq 45$	$41 < L'iA,Fmax \leq 45$
4급	$45 < L'nT,W \leq 49$	$45 < L'iA,Fmax \leq 49$

3.3 향후 연구 · 개발 과제

▶ 완충재의 중량충격음 차단성능 한계를 보완, 또는 대체하기 위한 과제이다.

(1) 층간소음 영향도 분석

　① 실 공간 규모별 · 구조부위별 영향도 및 상관성

　　• 바닥 · 벽 두께별 영향도, 면적 · 층고별 영향도, 각 요인별 상관성 등 규명

　② 층간소음 전달경로별 영향도

　　• 상하 · 좌우 · 대각 방향별 소음전달 영향도, 경로별 최적 저감방안 도출

(2) 라멘구조 효과성 실증

　① 벽식구조 대비 효과성 검증

　② 효과성 실증 시 구조설계에 적극 권장

　③ 실증 효과 미흡 시 보완 및 대안 강구

(3) 천장공법 개선[135]

　① 천장 흡음재의 개선

　　• 다공성형, 판진동형, 복합형, 트랩형, 공명기형 흡음재 등

　　• 저주파 대역의 기술 특화 → 거주자의 생활체감적 측면에서 개선 가능

　② 달대구조 개선

　　• 무달대 · 방진달대 구조: 저주파 대역(50~80Hz)음의 증폭현상[136] 원천 차단

　③ 통기성 천장

　　• Air Spring 작용으로 인한 공진투과 완화

　　• 천장 측면 및 전면부 판재(석고보드)에 타공 처리

(4) 바닥충격음 능동제어[137]

　① 충격음 강도레벨 실시간 감시

　② 소음 · 진동 주파수 변환 메커니즘 규명

　③ 층간 발생파동의 소멸간섭 → 위상변조방식의 진동감쇠 활용

---

135) 층간소음 저감을 위한 저주파 천장 흡음재 기술, 김인호, 2020.02.
136) 증폭현상: 달대를 통한 진동 전달과 천장 공기층의 공기 스프링 작용으로 인한 공진투과가 원인
137) 층간소음 능동제어 기술, 김동훈, 2018.03.

> **〈위상변조방식, 位相變調方式, Phase Modulation System)〉**
> • 능동진동제어시스템에서 진동을 감쇠시키는 데 사용되는 기술
> • 구조물과 반대방향의 진동으로 소음진동을 감쇠시키는 방식
> • 장점: 넓은 주파수 대역에서 효과적, 고성능 진동감쇠, 에너지 저소비
> • 단점: 다른 방식보다 복잡, 입력신호와 출력신호 간의 관계 비선형적

④ 자기유변유체에 의한 진동소음 주파수 능동제어, 나노미립자 이용

> **〈자기유변유체(磁氣有變流體, Magneto-Rheological Fluid, MR Fluid)〉**
> • **Magneto**: 전화 신호용, 자동차 및 항공기의 내연기 점화용 소형 발전기
> • **Rheolog(리올로지)**: 물질의 변형과 움직임을 연구하는 과학. 콜로이드성 물질, 고분자 물질, 생체 물질 따위의 유체에 자성을 부여하였을 때의 움직임을 연구
> • **Magneto-Rheological Fluid**: 자기장 작용 시 자성입자의 재배열로 고체 성질을 발휘하여 진동소음의 주파수를 광폭으로 능동제어한다.

(5) 표준시방안 제시

① 층간바닥구조 표준시방안(KCS 코드) 확립
② 벽식구조 및 라멘구조, 모듈러주택별 시방안 구분
③ 시공단계별 품질관리안 명시
④ 하자발생 시 판단 근거로 활용

4. 층간바닥 시공

4.1 바닥슬래브

[공법유형]

표면완충공법	• 표면탄성으로 충격시간 연장, 피크충격력 저감 • 고주파대역 충격음 레벨 저하, 경량충격음 저감에 유효
뜬바닥공법	• 충격층을 구조층과 분리하여 공진특성으로 진동전달 저감 • 경량·중량충격음 저감에 가장 효과적 공법
중량바닥공법	• 바닥슬래브 중량화로 충격진동음 저감 • 중량충격음에 효과적이나 경량충격음에는 비효율적
이중천장공법	• 바닥슬래브 하부의 방사 투과음을 추가적으로 차단 • 경량·중량충격음 저감에 효과적, 천장틀 지지구조에 따라 상이

[뜬바닥구조의 구성요소별 품질영향]

바닥슬래브 (≥ 210mm)	• 바닥슬래브 두께가 두꺼워질수록 바닥충격음 차단성능 향상 • 평탄성 불량 시: 공기층 발생 → 동탄성계수 증가 → 차단성능 저하 및 완충재 조기 파손, 또한 상부층 시공 두께에 영향
단열완충재 (≥ 30mm)	• 완충재 및 측면완충재는 틈이 없도록 밀착시공 • 불량 시공 시 층간소음 차단성능 및 단열성능 저하 • 동탄성계수로 성능평가, 작을수록 바닥충격음 저감량 증가
기포콘크리트 (≥ 40mm)	• 온수배관 바탕의 평탄성 확보와 온돌층 하부의 단열성능 보충 • 품질불량 시 온수배관 및 마감모르타르 시공품질에 영향
마감모르타르층 (≥ 40mm)	• 온수 난방배관 설치 층, 경량기포콘크리트층 생략 시 두께 증대한 다음 온수배관 전후로 2차에 걸쳐 타설 • 밀도·강도가 높을수록 축열성능과 바닥충격음 차단성능 향상
바닥마감재 (≥ 5mm)	• 층간바닥 최종마감재, 재질에 따라 경량충격음 차단성능에 영향 • 표준 및 인정 바닥구조 요건에서 제외, 성능인정 바닥구조 신청 시 선택적으로 포함 가능

(1) 구조형식별 두께 충족

　① 벽식·혼합구조 ≥ 210mm

　② 라멘구조 ≥ 150mm

　③ 무량판구조 ≥ 180mm

(2) 바닥 평탄성 확보

　① 7mm/3m 이상의 정밀도 확보[138]

　② 완충재 밀착도 고려, 불량 시 완충능력 감소

(3) 품질검사

　① 바닥슬래브 두께 ≥ 210mm(벽식구조)

　② 콘크리트 압축강도 ≥ 24MPa

　③ 표면마무리 평탄성 ≤ 7m/3m

4.2 측면 · 바닥완충재

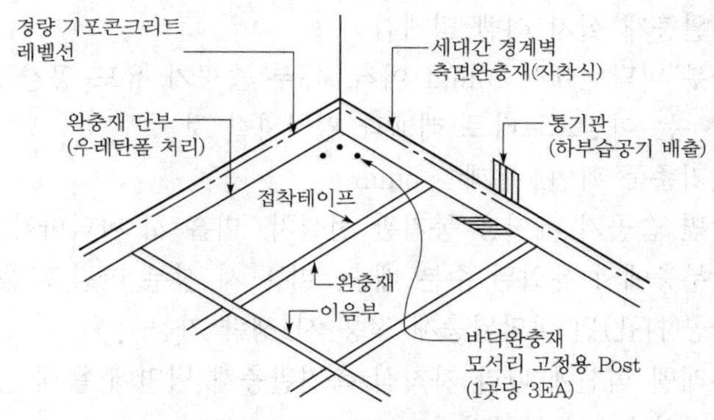

[측면 · 바닥 완충재 설치도]

(1) 재료 품질

　① 단열·차음 성능 모두 구비

　② 성능인정서상의 등급에 부합하는 재료 사용

　③ 자재 반입 시 바닥·측면용 완충재 품질[139] 확인

　　• 자재 반입 시 소요 두께 및 겉보기밀도 검사 실시

　　• 기타 항목은 시험시공·본시공 시 각 1회 이상 시험하여 품질을 검사할 것

　④ 본시공 전 시험시공 검사 결과와 대조 확인

　　• 성능 미달품 투입 및 부적합 시공 등 방지

---

138) KCS 112010 표3.7-1 참조
139) 공동주택 바닥충격음 차단구조 인정 및 검사기준 §38(완충재 등의 성능평가기준 및 시험방법) 참조

[완충재 품질기준 및 시험방법]

품질기준	시험방법
겉보기 밀도 $\geq 15\sim30\mathrm{kg/m}^3$	KS M ISO 845
두께 $\geq 30\sim50\mathrm{T}$ – 가급 $\geq 30\mathrm{T}$, 나급 $\geq 35\mathrm{T}$, 다급 $\geq 45\mathrm{T}$, 라급 $\geq 50\mathrm{T}$)[140]	–
열전도율 $\leq 0.034\sim0.044\ W/mK$[141]	KS L 9016
동탄성계수 $\leq 40MN/\mathrm{m}^3$, **가열 후의 값** $\leq$ 가열 전×1.2	KS F 2868⑤
손실계수 $\leq 0.1\sim0.3$	KS F 2868
흡수량 $\leq 4\% V/V$, 또는 시공시 완충재에 물침투 방지보장	KS M ISO 4898
가열치수안정성 $\leq 5\%$	KS M ISO 4898
잔류변형량 : 30T 미만 $\leq 2\mathrm{mm}$, 30T 이상 $\leq 3\mathrm{mm}$	KS F 2873

(2) 측면완충재 설치

① 설치 목적

- 상부층의 온도신축 흡수, 바닥충격음의 벽면 전달 차단 등

② 측면완충재 설치 레벨 먹매김

- 하부 바닥면에서 10mm 이격, 내부 습공기 유도 공간 고려
- 상부는 마감모르타르 레벨과 일치시킬 것

③ 품질기준품 확인, 두께 $\geq 5\mathrm{mm}$

④ 바닥면 습공기 제거용 통기관 선설치, 미흡 시 바닥마감층에 곰팡이 발생

- 상부층에서 유입된 수분 배출, 미흡 시 상부 마감층 품질 손상
- 타공(打孔)된 바닥완충재 적용 시 생략 가능

⑤ 상부레벨 먹선에 따라 자착식 측면완충재 벽면에 틈새 없도록 부착

- 신장상태에서 부착방지

(3) 바닥완충재 설치

① 설치 목적: 상부 마감층의 바닥충격음·난방열의 전달 차단

② 바탕면 평탄성 확보, 완충재 밀착 및 들뜸 방지 고려

- 요철·결함부 처리 및 이물질 제거

③ 바닥면 및 완충재 간 틈새 없도록 밀착 설치

④ 접착용 테이프 부착, 이음부 틈새 물 유입방지

- 미흡 시 습공기 정체 및 악취 우려

⑤ 측면완충재 경계부 구석에는 우레탄폼 처리

(3) 품질검사

① 완충재 성능 및 두께

② 측면완충재 부착상태

③ 바닥완충재 밀착 및 이음 상태

---

140) 건축물의 에너지절약설계기준 별표3(단열재의 두께), 국토교통부고시 제2023-104호 참조
141) 같은 기준 별표2 "단열재의 등급 분류" 참조

4.3 경량기포콘크리트

(1) 배합재 및 장비

① 배합재의 KS 규격품질[142] 확보

- 보통포틀랜드시멘트, 기포제, 물, 기타 혼화재료
- 겉보기밀도에 따라 0.4품, 0.5품, 0.6품으로 구분

② 배합재별 지정 비율 준수

- 물결합재비, 혼화제 혼입량, 기타 지정 재료의 배합비

③ 공장배합, 또는 현장배합 장비 사용

- 현장배합 장비일 경우 정량투입 장치 구비, 배합비 임의 변경 방지

(2) 타설 전 점검 및 확인

① 완충재 틈새 유무

② 벽면의 타설면 먹매김 정도

③ 믹싱·펌프 용량, 운반차량, 압송배관 상태

④ 방풍막 설치, 세대 내 일면 이상 외기 통과 방지

(3) 타설 및 양생

① 배합 후 1시간 내 타설

② 소요 높이에 맞추어 타설면 표면마무리

③ 3일 이상 습윤양생 및 유해충격(보행) 방지

④ 양생온도 ≥ 5℃, 기온 저하 시 동해 방지 조치

(4) 품질검사

① 시방기준에 따라 항목별 품질검사 실시

- 검사 시기 및 빈도 준수, 판정 후 조치 및 기록 유지

② 굳지 않은 경량기포콘크리트 검사항목

[기포슬러리 품질검사 항목]

구분	밀도	플로값(mm)	침하깊이(mm)
0.4품	0.39 이하	180 이상	15 이하
0.5품	0.52	180	10
0.6품	0.72	180	6

③ 경화체 경량기포콘크리트 검사항목

[경화체]

구분	겉보기밀도(G)	압축강도(N/mm^2) 7일	압축강도(N/mm^2) 28일	열전도율 (W/mK)	길이변화율(%)
0.4품	$0.30 \leq G < 0.40$	0.5 이상	0.8 이상	0.130 이하	0.5 이하
0.5품	$0.40 \leq G < 0.50$	0.9	1.4	0.160	0.4
0.6품	$0.50 \leq G < 0.70$	1.5	2.0	0.190	0.3

---

142) KS F 4039: 현장타설용 기포콘크리트

4.4 마감모르타르

(1) 장비 및 배합재

① 배합재료
- 현장배합재, 기배합재, 벌크재 등 사용
- 배합재 구성: 시멘트, 물, 잔골재, 팽창재, 감수제, 수축저감재 등

② 공장배합, 또는 현장배합 장비 사용
- 현장배합 또는 현장 혼화재료 투입 시 정량투입제어장치 구비

③ 현장배합 시 재료별 배합비 준수, 시멘트 : 잔골재＝1 : 3

③ 물결합재비 70~75%, 과도한 물결합재비 엄금

(2) 온돌배관 및 바탕처리

① 기포콘크리트 양생 후 실시

② 온돌배관 고정상태 확인

③ 타설 하루 전 바탕면 물축임 실시, 마감모르타르의 수분 흡수 방지

④ 균열방지재 설치, 구석 모서리 등

(3) 타설 및 양생

① 모르타르 압송 및 타설
- 경량기포콘크리트층 생략 시 1차타설 및 온돌배관 후 2차 타설 고려

② 타설면 높이에 맞게 고름질

③ 물기 걷힌 후 표면마무리, 작업자 발자국 방지

④ 습윤양생 ≥ 7일, 3일 이상 보행 금지

⑤ 양생 중 창문 및 출입문 비닐 밀봉 및 출입 통제

(4) 품질검사

① 적정 물결합재비 유지
- 미달 시 워커빌리티 저하, 초과 시 재료분리 및 강도 저하

② 슬럼프 플로: 지정값 범위 이내일 것

③ 28일 압축강도 ≥ 21MPa, 미달 시 바닥충격음 차단성능 손상 불가피

Ⅳ 기타 소음 저감방안

1. 세대 간 경계벽

(1) 특징

① 바닥·벽의 직접충격음 또는 공기전달음

② 상·하층(대각방향 포함) 및 같은 층의 세대 간 경계벽으로 전달

③ 내화구조 및 차음구조 요건 모두 겸비할 것

④ 경계벽 구조는 '차음구조'이거나 '인정차음구조'일 것

⑤ 차음구조 등급평가는 '공기전달음'만으로 평가

(2) 차음구조 기준[143]

① 벽체 두께에 따라 차음성능 등급 부여[144]

- 경계벽 두께만으로 등급 평가, 품질시험에 의한 인정 절차 불필요

[차음구조 벽체두께(T) 기준]

등급＼구조	PC조	RC조	조적조	가중치
1급	$220 \leq T$	$250 \leq T$	$300 \leq T$	1.0
2급	$180 \leq T < 220$	$210 \leq T < 250$	$260 \leq T < 300$	0.8
3급	$150 \leq T < 180$	$180 \leq T < 210$	$230 \leq T < 260$	0.6
4급	$120 \leq T < 150$	$150 \leq T < 180$	$200 \leq T < 230$	0.4

② PC패널 조립식 구조 $\geq 120mm$

③ RC · SRC 구조 $\geq 150mm$

④ 무근콘크리트 · 조적 · 석 구조 $\geq 200mm$

(3) 인정 차음구조 기준[145]

① 품질시험으로 벽체의 차음성능 인정[146], 차음성능에 따라 등급 평가

- '차음구조(PC, RC, SRC, 무근콘크리트 · 조적 · 석조) 이외의 구조

[인정 대상구조]

스터드 벽체	경량형강이나 목재에 강성 판재를 부착한 벽체
콘크리트패널 벽체	경량콘크리트 패널로 구성한 벽체
ALC 벽체	ALC 블록이나 패널로 구성한 벽체
기타 재질의 벽체	상기 이외 재질의 벽체

② 시료 및 시험체 품질시험으로 차음성능 평가

- 착공 전 차음구조 인정 신청, 관련 설계도서 첨부

③ 공인시험기관에서 벽체의 공기전달음 차단성능 평가

- 음향투과손실(Rw) 측정 및 스펙트럼조정항(C) 적용

- Rw: KS F 2808에 따라 실험실에서 측정한 음향감쇠계수(음향투과손실)를 KS F 2862에 따라 평가한 단일수치 평가량
- C: KS F 2862에서 규정하고 있는 스펙트럼 조정항, 특정 주파수대역에서 차음성능이 저하하는 것을 평가하기 위해 적용

---

143) 벽체두께에 의한 차음구조 적용 기준으로 '건축법' 영§53, '건축물의 피난 · 방화구조 등의 기준에 관한 규칙' §19, '주택건설기준 등에 관한 규정' §14①1~4 등을 참조할 것
144) '녹색건축 인증기준 세부평가기준(7.7 세대 간 경계벽의 차음성능 평가방법 2) 참조
145) '벽체의 차음구조 인정 및 관리기준' 별표1(차음구조 성능기준) 참조
146) '벽체의 차음구조 인정 및 관리기준(세부운영지침 별표1)' 참조

④ 시험성적에 근거하여 심사 후 성능등급 인정[147]

[차음성능 등급기준]

등급	공기전달음 차단성능 평가치(dB): RW+C	가중치*
1급	63 ≤ RW+C 또는 세대 간 경계벽을 공유하지 않는 경우	1.0
2급	58 ≤ RW+C < 63	0.8
3급	53 ≤ RW+C < 58	0.6
4급	48 ≤ RW+C < 53	0.4

* 가중치: '녹색건축인증기준'상 "세대 간 경계벽의 차음성능" 평점 산정 시 배점(2점)에 적용,
　평점=가중치×배점

⑤ 차음구조 인정 유효기간 5년 적용

- 유효기간 연장 시 시험체 제작 및 재시험 결과에 따라 심사 후 결정

(4) 시공 유의사항

① 공사시방에 따라 정밀 시공

② 도면상 벽 구조형식별 소요두께 확보

③ 조적조 벽체 상부 및 줄눈부 틈새 방지

④ 패널구조 상부 바닥슬래브에 접속 시공

⑤ 벽-바닥슬래브 접속 경계부 틈새 방지, 방화실런트 충전 등

- PC구조 및 '인정 차음구조' 등에 적용

2. 화장실 급·배수 소음

(1) 특징

① 배관 내 유체 흐름으로 인하여 발생하는 소음

② 고체전달 및 공기전달 소음

[급·배수 소음 전달 유형]

고체전달음	• 급수기구 소음·진동이 배관재·구조체를 통하여 실내에 공기음으로 방사 • 욕조 소음·진동이 층간바닥을 통하여 아래층 천장면을 통해 방사 • 변기·배수관 소음·진동이 관통부를 통해 아래층 실내에 방사
공기전달음	• 급수기구의 내부 소음이 기구 표면을 통해 실내에 직접 방사 • 물이 욕조, 세면기, 수면 등에 부딪혀 실내에 방사 • 물의 흐름으로 변기·배수관벽에서 실내에 직접 방사

③ 배관재·위생도기 설치 방식에 따라 소음도 상이

(2) 저감대책

▶ 소음저감형 공법의 채용으로 실내 정온성(靜穩性)을 지향한다.

① 배관 내 유속 저감, 세대별 '급수압 ≤ 2.5kg/cm^2' 유지

② 절수형 변기 설치, 세정수 절감으로 공기전달음 저감

---

147) 인정받은 성능등급은 「**공동주택성능등급 인증서**」 '소음 관련 등급' 중 "세대 간 경계벽의 차음성능" 항목의 등급
　　표시에 반영한다.

③ 저소음형 배수관 사용, 배수관 구조관통부 절연 시공
  • 배관 내 소음·진동 완충 및 절연
④ 층상배관 적용 고려, 소음저감 효과 가장 우수
⑤ 층하배관 시 저소음 배관 의무 적용

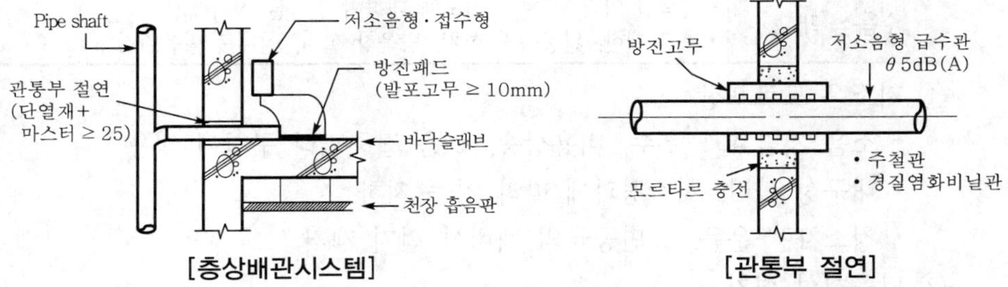

3. 교통 소음

(1) 특징

① 도로 및 철도 발생음이 실내로 유입되는 소음
② 차량 운행 및 도로 상태 영향
  • 교통흐름, 평균속도, 대형차량 비중, 도로 경사도 및 표면마찰 등
③ 방음벽 유무 및 설치상태에 따라 소음도 상이
  • 설치상태: 방음벽 재질, 높이, 길이 등

(2) 차단성능 기준

① 도로·철도 인접 건물에서의 실내외 소음도 측정·예측[148]
② 실외 소음도 측정, 모든 층 세대 대상
  • 도로·철도 인접 동(棟)의 외벽면 1m 이격, 지면 1.2~1.5m 높이에서 실시
③ 실내 소음도 예측, 6층 이상의 세대에 대해 예측·평가
  • 실외소음도 측정값 – 창호 음향감쇠계수값
  • 이후 실내흡음력 보정 후 실내소음도 산출
④ 실내외 소음도 등급 평가기준

등급 \ 소음도	실외		실내	
	LAeq dB(A)	점수	LAeq dB(A)	점수
1급	L < 50	2.0	L < 30	2.0
2급	50 ≤ L < 55	1.5	30 ≤ L < 35	1.5
3급	55 ≤ L < 60	1.0	35 ≤ L < 40	1.0
4급	60 ≤ L < 65	0.5	40 ≤ L < 45	0.5

⑤ 검토 자료
  • 실외 소음도: 단지 배치도, 주변도로, 철도 위치 등 배치상태
  • 실내 소음도: 건물배치도, 단위세대 평·단면도, 외벽·창호상세도

---

148) '공동주택의 소음측정기준', 국토교통부고시 제2017-558호, 2017.8.19.

(3) 저감대책

[저감대책 유형]

소음원 대책	저소음 포장, 차량속도 제한, 대형차 우회, 과속방지턱 설치
경로차단 대책	방음벽, 방음림(수림대), 방음둑, 방음터널 등의 방음시설 설치
수음점 대책	• 건축선 이격, 도로 · 철도에 대하여 건축물 직각배치 • 층고 제한, 완충녹지 설치, 방음창 설치, 실내측 방음마감

① 저소음 도로포장

  • 소음 저감효과 우수, 비용상승, 소음 집중관리 구간에 적용

  • 내구성 불리, 시간경과에 따라 기능 저하

  • 청소차량 운용, 표면공극의 재비산 먼지 제거

② 방음시설 설치

  • 방음벽, 방음림(상록수), 방음둑, 방음터널 설치

  • 공동주택 사업승인, 입주 전·후, 소음환경 변화 등에 따라 설치책임 상이

③ 설계·시공에 의한 수음점 대책

  • **소음지도**[149]에 근거한 종합적 차음설계 필요

  • 건물 배치, 완충녹지 설치, 방음창 및 실내측 흡음재 마감 실시

4. 분쟁해결기구 운용

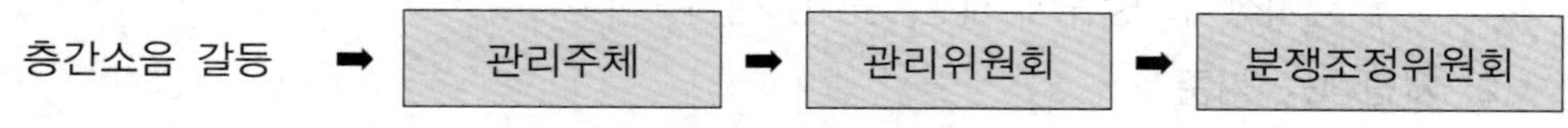

[갈등 흐름별 주체]

(1) 자율해결 지원

① 입주세대별 유해 층간소음 실시간 감지시스템 구비

  • 층간소음 기준치[150] 초과 시 경보장치 가동

[층간소음 기준]　　　　　　　　　　　　　　　　　　　　　　　　（단위: dB）

층간소음 구분		주간 (06:00~22:00)	야간 (22:00~06:00)
직접충격소음	1분간 등가소음도(Leq)	39	34
	최고소음도(Lmax)	57	52
공기전달소음	5분간 등가소음도(Leq)	45	40

② '당사자 세대–관리주체' 순의 자율해결 유도

③ 공동주택 단지 단위의 '층간소음 관리위원회' 구성 및 운용

  • 구성원: 관리소장, 동별 대표자, 입주민 대표 등

  • 갈등 심화 전 '층간소음 관리위원회' 가동

④ 단지 내 갈등 중재 및 조정, 민원상담 절차 안내, 예방교육 등 수행

---

149) 소음지도: 교통소음을 측정·예측하여 소음정도를 등음선이나 색상으로 시각화한 지도
150) '공동주택 층간소음의 범위와 기준에 관한 규칙' §3 관련 별표 참조

⑤ 유관기관 지원 강화, 소음 측정 및 관리주체 교육 등
  • 유관기관: '공동주택관리법' 상의 "대한주택관리사협회"

(2) 해결기구 강화

① 해결기구의 접근성 강화

[정부 부처별 민원해결 및 분쟁조정 기구]

부처명	민원해결기구	분쟁조정기구
국토교통부	공동주택관리지원센터	공동주택관리분쟁조정위원회
환경부	이웃사이센터	환경분쟁조정위원회

② 민원상담 및 분쟁조정 업무 협업 강화

③ 부처 간 협업과제로 적극 추진

④ 고난이도의 민원 및 분쟁해결 역량 공유

⑤ 모범사례 발굴 및 홍보, 자율기구 및 정부기구의 역량 증대 사례 등

5. 제도적 방안

(1) 사전성능인정

① 성능인정업무 처리절차 준수

② '도면–시료' 일치 여부 확인

③ 사용 재료의 품질시험성적서 진위·적부 확인
  • 확인자: 시공자, 감리자, 민간전문가, 입주민 등 공동 입회

④ 인정기관에 대한 정부의 감독 기능·역량 제고

(2) 시공단계

① 반드시 견본세대 품질확인 후 본시공 착수

② 완충재 반입검사 강화, 부실 반입검사 방지

③ 온돌층 압축강도 기준값 확보

④ 바닥슬래브 평탄성 정밀도 품질관리 강화

⑤ 위 사항에 대한 시공자 및 감리자 준칙의 개발·적용

(3) 사후성능검사

① 공동주택 사용검사 전 바닥충격음 사후성능검사 실시
  • 검사기관은 성능검사기준 준수

② 검사 대상 세대 무작위 추출: 평면 유형, 면적 및 층수 등 고려

③ 검사 후 결과 통보, 검사기관 → 사업주체

④ 검사기준 미달 시 보완시공 및 손해배상 조치 권고

⑤ 최종 성능검사 및 조치 결과 제출, 사업주체 → 사용검사권자·입주자

〈사후성능검사제도의 한계〉
- 도입 배경: 사전성능인정제도의 한계를 보완하기 위해 2022.08.04.부터 시행
- 검사결과: 미흡 시 입주자의 성능보완, 또는 손해배상 요구에 대응 필요
- 성능보완: 사용검사단계에서 성능보완공사 적용 원천 불가능
- 손해배상: 성능보상비용에 근거한 손해배상금 민사소송 불가피
  → '사업자-입주자'의 소모적 법률공방 및 기획소송 등으로 사회적 비용 증대 우려

Ⅴ 결론

1. 공동주택의 차음성능은 거주자 삶의 질을 좌우하는 요소이며, 이 중에서 바닥충격음 차단구조 성능은 입주자 모집공고 시 성능등급을 공시하고 사용검사 전에는 사후성능검사를 의무화하고 있다.

2. 층간 바닥충격음에 대한 사후성능검사에서 예상의 결과를 얻으려면 사용자재의 품질은 물론 시공과정에서 시험시공에 의한 면밀한 품질관리 풍토가 자리 잡아야 할 것이다.

참고문헌

1. 건축법, 2024.1.16.
2. 주택법, 2023.12.26.
3. 녹색건축물 조성 지원법, 2021.9.24.
2. 녹색건축 인증 기준, 국토교통부고시 제2023-329호, 2023.7.1.
3. 주택건설기준 등에 관한 규정, 대통령령 제34092호, 2024.1.2.
4. 건축물의 피난·방화구조 등의 기준에 관한 규칙, 국토교통부령 제1247호, 2023.8.31.
5. 공동주택 층간소음의 범위와 기준에 관한 규칙, 국토교통부령 제1185호, 2023.1.2.
6. 주택건설기준 등에 관한 규정, 대통령령 제34092호, 2024.1.2.
7. 공동주택 바닥충격음 차단구조인정 및 검사기준, 국토교통부고시 제2023-494호, 2023.8.28.
8. 벽체의 차음구조 인정 및 관리기준, 국토교통부고시 제2023-25호, 2023.1.12.
9. 소음방지를 위한 층간바닥충격음 차단구조기준, 국토교통부고시 제2018-585호, 2018.9.21.
10. 공동주택의 소음 측정기준, 국토교통부고시 제2017-558호, 2017.8.19.
11. 아파트 층간소음 저감제도 운영실태(감사보고서), 감사원, 2019.1.
12. 건축물의 바닥충격음 차단성능 현장 측정방법 : KS F 2810-1, KS F 2810-2
13. 공동주택 층간소음 개선방안, 국토교통부, 2022.8.18.
14. 기술지상주의 현실과 층간소음 분규, 정진용, 2022.11.
15. 기존 공동주택의 바닥충격음 차단성능 향상을 위한 복합시스템 개발 연구, 조현민, 김신태, 김명준, 2018.3.
16. 층간소음 능동제어 기술, 김동훈, 2018.
17. 신축 공동주택의 층간소음 저감기술 개발현황, 천영수, 이범식, 김혜란, 2018.5.
18. 공동주택 층간소음에 대한 부실시공 제도 개선방안, 오원식, 조영준, 2019.11.
19. 층간소음 저감을 위한 저주파 천장 흡음재 기술, 김인호, 2020.2.

[기출분석 27문항: 제61회~136회]

차음재료	73403 건축공사에 쓰이는 차음재료를 벽체와 바닥으로 나누어 설명하고 시공방법에 대하여 기술하시오. 84401 건축물의 흡음공사와 차음공사를 비교 설명하시오. 85108 층간소음 방지재	3
공동주택 소음	61301 공동주택에서 발생하는 소음의 종류와 저감대책을 설명하시오. 17305 공동주택에서 세대내 소음의 종류와 저감 대책에 대하여 설명하시오.	2
층간소음 바닥충격음	60204 공동주택의 층간 소음방지를 위한 시공상 고려할 사항을 기술하시오. 65101 층간소음 방지 75305 공동주택에 발생하는 충격소음에 대한 원인 및 대책에 대하여 기술하시오. 77305 공동주택 바닥 차음을 위한 제반 기술(技術)에 대하여 설명하시오. 83403 공동주택의 바닥충격음 차단성능 향상 방안을 설명하시오. 86206 차음성능에 관한 이론으로 벽식 아파트의 고체전파음에 대하여 설명하시오. 90406 공동주택에서 발생하는 층간소음의 원인 및 저감대책에 대하여 설명하시오. 99302 공동주택 바닥충격음 차단 표준바닥구조(국토해양부고시 기준)에서 벽식구조 및 혼합구조, 라멘구조, 무량판구조의 단면상세 구성기준과 시공 시 유의사항에 대하여 설명하시오. 00108 뜬바닥 구조(Floating Floor) 08201 공동주택의 층간소음방지를 위한 바닥구조의 소음저감방안 및 시공시 유의사항에 대하여 설명하시오. 15403 공동주택 층간소음 방지를 위한 30세대 이상 벽식구조 공동주택의 표준바닥구조(콘크리트)에 대하여 설명하시오. 18206 공동주택 층간소음 저감을 위한 바닥충격음 차단구조의 시공 시 유의사항을 설명하시오. 19110 Bang Machine 19401 공동주택에서 층간소음 저감을 위한 시공관리방안을 골조, 완충재, 기포콘크리트, 방바닥 미장 측면에서 설명하고, 중량과 경량 충격음을 비교 설명하시오. 23102 바닥충격음 차단 인정구조 27104 경량충격음과 중량충격음 30203 공동주택 바닥충격음 차단성능의 등급기준과 층간소음저감을 위한 완충재 설치 전·후 확인사항, 경량기포콘크리트 및 방바닥 미장 타설 전·후 확인사항에 대하여 설명하시오. 34112 공동주택 바닥충격음 36304 공동주택 층간소음 사후 확인제도(바닥충격음 성능검사)에 대하여 설명하고, 성능기준 미달 시 보완시공 방안에 대하여 설명하시오.	19
세대 간 경계벽 소음	76304 벽체의 차음공법에 대하여 기술하시오. 10402 공동주택 세대간 경계벽 시공기준을 설명하고, 층간 소음발생 원인 및 대책에 대하여 설명하시오.	2
급배수 소음	13112 공동주택 세대욕실의 층상배관	1

5421 경량벽체공사

I 개요

① 경량벽체는 실내공간을 구획하는 비내력벽으로 실의 용도와 설치위치에 따라 요구성능이 다양하다.

② 사용재료는 경량철재와 보드류를 조합하거나 경량콘크리트패널 등을 많이 적용한다.

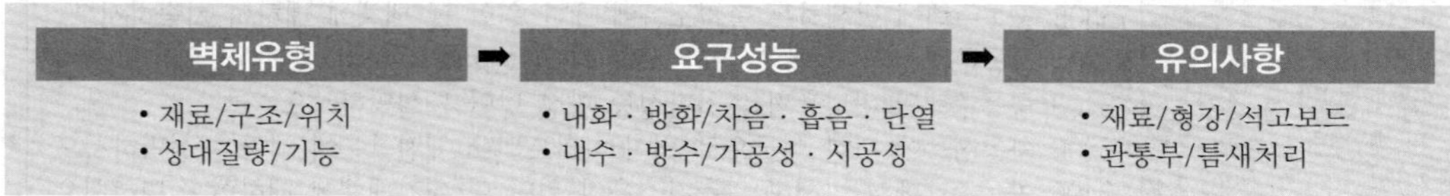

II 건축물 벽체의 유형

구분기준	벽체유형
사용재료	• 조적재(벽돌) 블록, PC Panel, ALC • 철근콘크리트, 무근콘크리트, 경량철재+보드류
구조역할	내력벽, 비내력벽, 옹벽
설치위치	외벽, 내벽
상대질량	경량벽체, 중량벽체
벽체기능	• 방화벽, 내화벽, 세대 간 경계벽 • 차수벽, 칸막이벽, 차음 · 흡음벽

III 요구성능

1. 내화 · 방화

① 불에 견디거나 확산을 방지하는 성능

② 내충격성, 내화염성, 난연 · 불연성 등

2. 차음 · 흡음 · 단열

① 소리를 차단하거나 흡수하는 성능

② 열전도를 차단하는 성능

3. 내수 · 방수

① 물에 견디거나 침투를 방지하는 성능

② 흡수성이 낮고 보드류의 원지가 분리되지 않을 것

4. 가공성 및 시공성

① 가볍고 가공성이 좋을 것

② 설치가 쉬울 것

③ 최종 마감재의 부착 · 시공이 용이할 것 등

Ⅳ 시공 시 유의사항(경량형강구조 벽체)

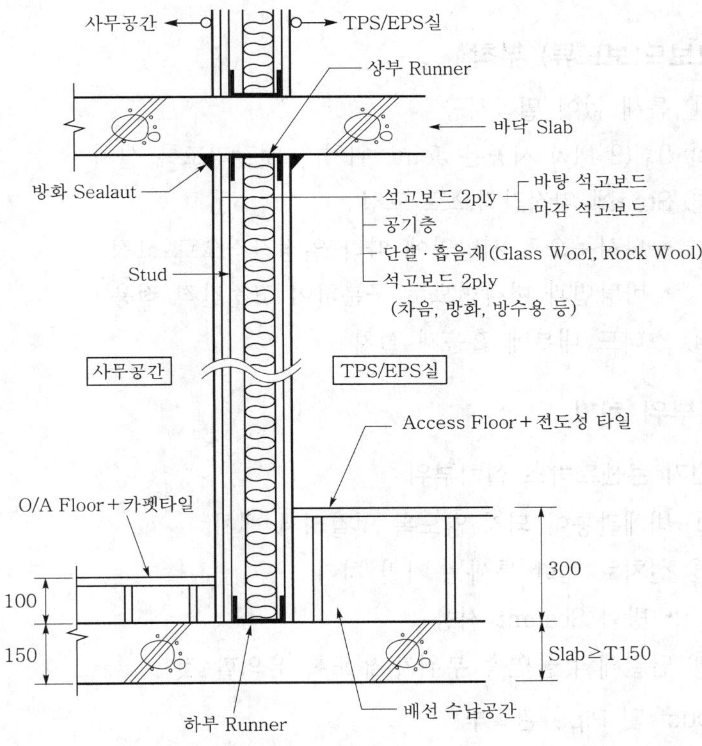

[경량벽체의 시공단면]

1. 재료 선정

① 설치장소별 요구성능 고려

② 관련규정의 충족 여부 사전검토

건축법	• 건축물 구조기준 등에 관한 규정 • 건축물의 피난 · 방화구조 등의 기준에 관한 규정
주택법	주택건설기준 등에 관한 규정 등

2. 형강구조[151] 설치

① 층고에 적합한 단면크기의 형강재 사용

② 적정간격의 보강 Channel 설치

- 수직간격 매 1,200mm마다 보강

③ 상부 Slab의 처짐 고려

- 상부 Runner, Stud, 보드류를 고정하지 말 것

④ 강제창호의 Frame에 접하는 Stud의 수직도를 확보할 것

- Frame과 Stud를 용접으로 고정

3. 석고보드(보드류) 부착

① 틈새 없이 밀착시공

② 2겹(2 Ply) 시공은 Joint 위치가 엇갈리도록 설치

③ Stud에 일정간격으로 고정

- 나사못으로 시방안에 따라 일정간격으로 고정
- 바탕면과 마감면으로 구분하여 고정간격 적용

④ 스터드 내부에 흡음재 설치

4. 관통부위 처리

(1) 전기 콘센트박스 설치부위

① 벽체관통이 되지 않도록 엇갈려서 배치

② 설치로 인한 틈새는 기밀 처리

- 방화 Sealant 사용

③ 단열재의 불연속 부위가 없도록 유의할 것

(2) Duct 및 Pipe 관통부

① 틈새를 불연·난연재로 충전시키고 방화 Sealant를 기밀하게 처리

② 충전재: Glass Wool, Rock Wool 등 사용

5. 틈새처리

① 벽체의 상·하단부, 벽체매입물 주위

② 방화구획 내에서는 방화 Sealant 사용

③ 상부의 틈새는 천장마감재를 설치하기 전에 반드시 확인할 것

---

151) 관련규격 KS D 3609 건축용 강제 받침재(벽, 천장)

5422 바닥마감재 유형

I 개요

① 다양한 건축물의 바닥마감재는 공간의 성격과 기능을 고려하여 적정 재료를 선정하여야 한다.

② 건축물 실내의 바닥에 사용되는 마감재는 목재류, 석재 및 자기류, 플라스틱재, 섬유재, 도장재 등이 있다.

종류	➡	자재 선정 시 고려사항
• 목/석/자기류 • 섬유재/도료		• 요구성능/바탕면재질/평탄도 • 위치 · 용도/기타

II 종류

1. 목재류

(1) 종류

① 단풍나무재, 참나무(Oak)재

② 자작나무, 삼나무재, 콜크재 등

(2) 특징

① 외관과 질감 우수

② 인체 무해

③ 널재로 가공하여 사용

• 쪽매널, 플로어링류, 합판 등

④ 못, 접착제, Mortar 등으로 부착

⑤ 숙련공에 의한 시공 필요

⑥ 체육관, 거실 등에 적용

2. 석재 및 자기류

(1) 종류

① 천연석 또는 인공석으로 분류

② 화강석과 대리석 주로 사용

• 대리석은 실내에만 적용

③ 자기질 타일

• 1,200℃의 고온에서 소성시킨 점토제품

(2) 특징

    ① 천연의 질감과 외관 우수

       • 색상과 무늬 다양

    ② 판재로 가공하여 사용

    ③ 콘크리트 또는 시멘트 Mortar 바탕 위에 시공

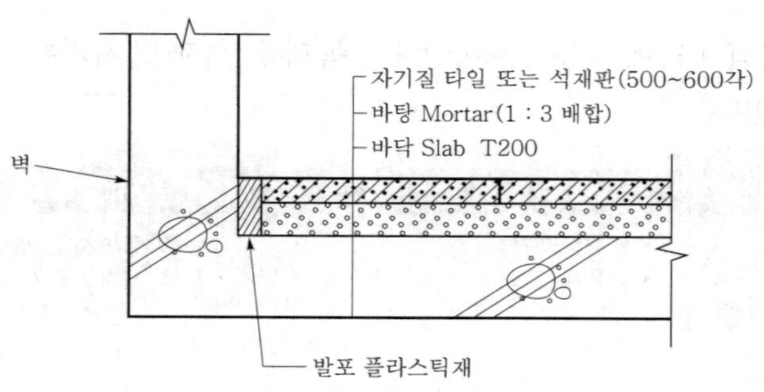

[시공단면: 타일, 석재판]

    ④ 적용부위 다양

       • 주택의 거실, 계단실

       • 다중이용시설, 업무시설의 로비 및 엘리베이터실 등

3. 플라스틱(합성수지)류

(1) 종류

    ① 타일형

       • 아스팔트타일, 고무 타일, 비닐 및 비닐합성 타일

    ② 시트형

       • 비닐 시트, 고무 시트

(2) 특징

    ① 시공이 간단하고 용이

    ② 재질과 형상 다양

       • 경보행, 중보행용

    ③ 내오염성 우수

    ④ 바탕면의 평탄성 요구

       • 재료두께(3mm 이하)

4. 섬유재류

(1) 종류

    ① 양탄자(Carpet)

       • 순모, 아크릴재, 폴리프로필렌, 폴리에스테르재 등

- 건축공사표준시방서 분류

A종	양탄자
B-1종	자른 털 양탄자
B-2종	자른 털 양탄자

② 장판지
  - 주택의 침실바닥용

(2) 특징(양탄자)

① 보온성, 보행감, 방음성 우수

② 시트재, 타일재 향상

③ 원상복원력과 내구성 우수

④ 이중바닥구조에 유용

⑤ OA Floor 및 Access Floor 등

5. 도료

(1) 2액형 폴리우레탄

① 코팅형과 라이닝형
  - 라이닝 바닥도장 ≥ 도막두께 3mm

② 내마모성, 내충격성, 탄성 우수

(2) 2액형 에폭시

① 코팅형과 라이닝형

② 내약품성, 내마모성, 내충격성 우수

③ 기계실, 주차장 등에 적용

(3) 아크릴수지에나멜

① 자연 건조형

② 무색, 투명, 내변색성, 내약품성 우수

③ 전기절연성, 내수성 양호

Ⅲ 자재 선정 시 고려사항

1. 요구성능

① 내마모성, 방진성, 내오염성

② 내충격성, 내화성, 내연성

③ 흡음 및 차음성

④ 질감, 의장성, 방활성

⑤ 무해·무독성, 내구성 등

2. 바탕면 재질

① 콘크리트, 시멘트 Mortar

② 목재류 바탕

③ 이중바닥구조 등

3. 바닥 평탄도 기준[152](콘크리트면)

마감두께	마감유형	평탄도(mm)
7mm 이상 시	바름바닥, 이중바닥	1m당 10 이하
7mm 미만 시	타일, 카펫, 방수마감	3m당 10 이하
제물 치장, 얇은 마감	수지바름, 쇠흙손마감	3m당 7 이하

4. 바닥위치 및 용도

(1) 위치

① 최하층, 중간층, 최상층

② 실내, 실외

③ 지하층, 지상층 등의 위치 고려

(2) 용도

① 보행(경보행, 중보행) 또는 비보행 및 차량 통행

② 주택, 다중이용시설, 체육관, 의료실, 교실 등

5. 기타

① 난방방식: 온돌 또는 공기조화식

② 마감재 설치방식

• 부착식: 접착제, 못, 풀 등 이용

• 바름식: 도장, 미장방식을 적용하여 마감재 설치

---

152) KCS 142010 표3.7−1 '콘크리트 마무리의 평탄도 표준값' 참조

5423 ｜ 클린룸(Clean Room)

I 개요

① 클린룸(Clean Room)은 실내의 공기 중에 부유하는 미립자의 농도를 한정된 청정도[153] 이하로 관리하여 미립자의 유입·생성·체류를 최소화하고 실내의 온도·습도·압력을 제어하는 청정공간이다.

② 클린룸(Clean Reeom)의 적용분야는 산업분야(ICR: Industrial Clean Room)와 의학분야(BCR: Biological Clean Room)로 대별하며 첨단산업의 발전과 생산과정에서 생산물의 질적 향상을 위한 필수적인 기반 시설이다.

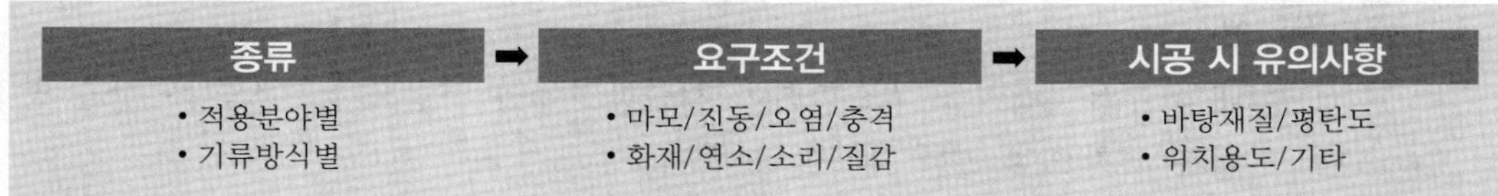

II 종류

적용분야별	• ICR(Industrial Clean Room), BGMP(Bio Manufacturing) • BCR(Biological Clean Room), GLP(Good Laboratory Practice) • GMP(Good Manufacturing Practice), GSP(Good Supply Practice)	
기류방식별	층류형 (단일 방향류형)	• 수직층류형 클린룸(Vertical Laminar Airflow Clean Room) • 수평층류형 클린룸(Horizontal Laminar Airflow Clean Room)
	비층류형(=비단일 방향류형, 혼합형, 난류형) 클린룸	

▶ 클린룸은 초정밀산업분야와 의학분야에서 다양하게 적용되고 있으며, ICR과 BCR로 대별할 수 있다.

1. ICR(Industrial Clean Room)

(1) 정의

① 공장 전체 또는 중요한 작업이 이루어지는 부분에 설치하는 클린룸

② 주로 미립자 제어, 필요에 따라 온·습도, 실내압력, 진동 등의 환경조건도 제어

③ 반도체, 우주항공, 전자, 정밀산업의 발전으로 고품질 제품이 요구산업에 적용

---

153) 미립자의 특정입자크기(0.1~5μm)에서 최대허용농도(입자수/m³)를 나타낸 등급으로 Class 100, Class 10,000, Class 100,000 등으로 표기한다.

(2) 적용분야

① 정밀기계금속공업
- 광학 렌즈, 정밀유도장치, 정밀응체소자, 소형 베어링, 반도체 Edging
- 디지털 시계, 소형계기, 베어링
- 로켓분해점검, 시계, 카메라 조립

② 전기 · 전자 기기 및 용품 공업
- 반도체소자, 집적회로, 브라운관, 전산기용 자기 테이프, 카메라용 필름

③ 인쇄업: 정밀제판, 전자제판

④ 전자기기: 전산기 제조, 오디오 제조 등

⑤ 요업: 정밀 세라믹

(3) 필요성

① 실내의 부유미립자를 최소화하여 제품공정에서 미립자가 부착되는 것을 방지

② 미립자 부착으로 인한 제품불량 방지

③ 양질의 제조공정환경을 조성하여 생산시간 단축과 제조원가 절감 실현

2. BCR(Biological Clean Room)

(1) 정의

① 실내의 부유미립자는 물론 생물학적인 입자와 비생체적인 입자 제어

② 동시에 온 · 습도와 실내압력을 제어할 수 있도록 한 Clean Room

(2) 적용분야

① 병원 · 의학 분야
- 무균수술실: 관절이식, 장기이식/무균병실: 급성 백혈병, 고성능 약물치료
- 신생아실의 미숙아, 임상검사: 균 · 곰팡이의 조직배양, 동물 실험실

② 의약 분야
- 항생물질 · 알약 · 혈청의 제조, 주사 침 · 거즈 · 주사약품의 제조

③ 농 · 축 · 수산업 분야
- 버섯 · 관엽식물의 배양, 균 · 곰팡이에 의한 식물 오염 방지
- 양식어류의 균에 의한 오염 방지, 농작물의 해충 실험
- 식육가공품(생선묵, 햄, 소시지): 미립자 · 균의 유입방지
- 우유 · 유제품, 반죽제품, 소주 · 맥주 · 와인, 떡 · 두부, 제과 · 제빵의 제조실 등

(3) 필요성

① 실내의 세균류를 제거하여 무균상태로 유지

② 저항력이 약한 생체 보호, 의도적인 실험결과를 도출하기 위한 무균실 필요

3. 기류방식별

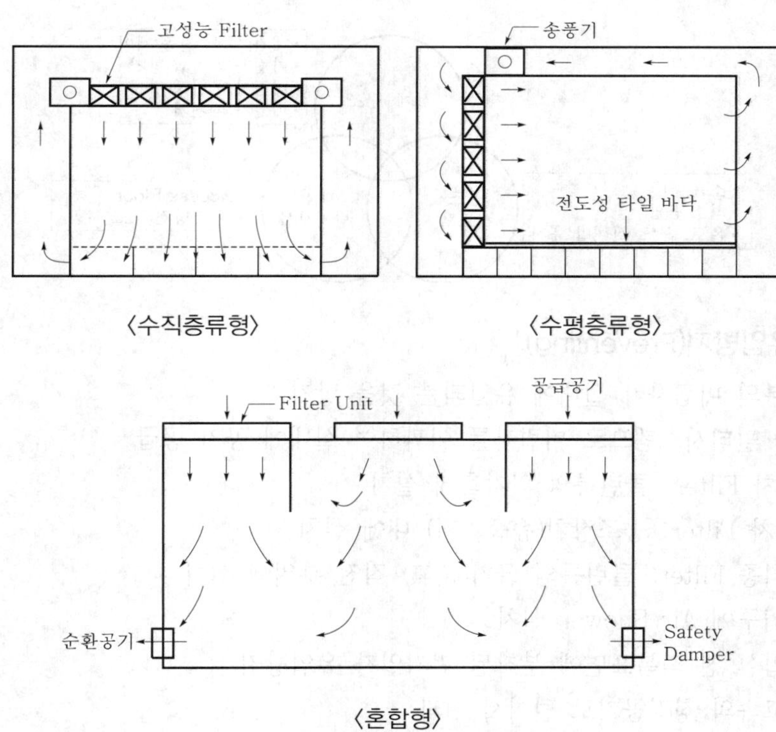

(1) 수직층류형 클린룸

① 고도의 청정도 유지 가능

② 설비비 고가

③ 작업성과 생산기기의 융통적 배치

④ 흡출풍속 0.35~0.5m/s, 환기횟수 시간당 20~30회가량

(2) 수평층류형 클린룸

① 간단한 구조로 청정도 유지

② 발생 먼지의 신속처리

③ 필터의 상류·하류 청정도에 차이

④ 흡출풍속은 0.5m/s, 환기횟수는 시간당 30~60회가량

(3) 혼합형(난류형) 클린룸

① 설비비 저렴

② 설비 확장과 운전·취급 용이

③ 실내조건에 따라 청정도 좌우

④ 환기횟수는 시간당 30~60회가량

Ⅲ 요구조건(5P)

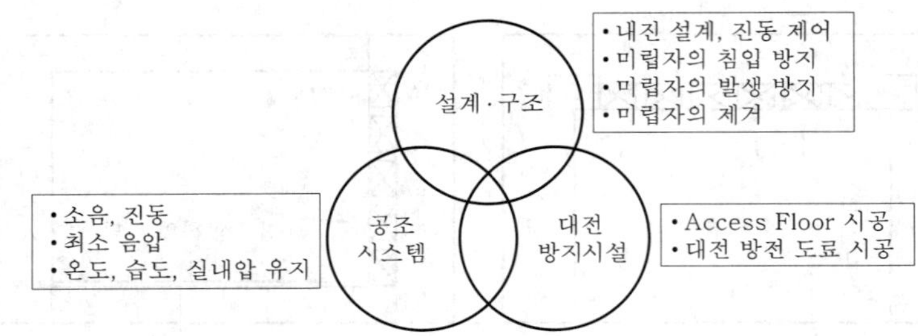

1. 미립자 유입방지(Preventing)

① 외부의 미립자가 실내에 유입되는 것을 방지

② 3중 필터시스템으로 미립자를 여과하여 실내에 공기 공급

  • 1차 Filter: 클린룸의 외기측에 설치

  • 2차 Filter: 공조장치(송풍기기) 내에 설치

  • 최종 Filter: 클린룸의 급기(給氣) 직전 부위에 설치

③ 출입구에 Air Shower 설치

  • 입실 전 의복표면에 부착된 먼지입자 유입방지

  • 고속의 청정공기로 털어서 여과

2. 미립자 발생 방지(Prohibiting)

① 실내마감재 자체가 미립자를 발생하지 않을 것

② 구조체(바닥과 벽)의 실내측 방진성 확보

3. 발생 미립자 제거(Purging)

① 작업공정에서 발생된 미립자를 즉시 배출할 수 있도록 할 것

② 적정 기류방식 채용

  • 2차 오염이 되지 않도록 최단경로로 미립자 배출

③ 적정한 환기빈도로 발생한 미립자를 신속하게 제거할 것

4. 미립자의 누적 방지(Protecting)

① 실내마감 표면과 밀봉재의 모서리

  • 청소가 용이하도록 매끄럽게 처리할 것

② 적정 마감재의 선정과 정밀시공 필요

  • 부위별 적합한 마감재 사용, 이음면의 밀봉상태 확보

③ 기류의 교란이 없도록 할 것

5. 온 · 습도와 실내압의 유지(Providing)

① 작업자의 작업환경을 쾌적하게 유지

② 실내의 생화학적 적정 조건 확보

③ 실내압의 유지로 기류의 흐름을 균일하게 할 것

Ⅳ　시공 시 유의사항

1. 설계 검토사항

(1) 기류방식

① 채용방식 파악: 층류식, 비층류식, 혼합식 등

② 기류방식별 특성의 목적 적합성 검토

(2) 청정도 수준(Cleanliness Level)

① 제품에 요구되는 정도에 따라 결정

② 기류방식, 환기횟수, 실내압력 등 충분히 고려

(3) 계획(Lay-Out)

① 작업성을 고려하여 결정

② 미립자 발생이 많은 작업은 다른 작업과 공간 격리

③ 사람과 물건의 출입구와 통로, 각종 유틸리티의 위치, 유지보수 등 종합적 검토

(4) 구조와 사용재료

① 가능한 실내표면이 매끄러운 구조가 되도록 할 것

　• 기류 교란, 미립자 누적, 청소 용이성 고려

② 필요에 따라 내약품성, 내습성, 내화성을 가진 재료일 것

(5) 부속장치(Equipment) 구비

① 작업자 출입용 Air Shower

② 물건 출입용 Pass Box

③ 실내 압력조정용 Safety Damper

④ 물품 · 포장의 보관용 Clean Stoker 및 Clean Locker 등 구비

(6) 사람과 물건의 출입관리

① 작업자 및 방문자

　• 입실 전 갱의실에서 방진복 착용 또는 Air Shower 실시

② 작업자와 외부 반입물건은 최대발진 원인

(7) 유틸리티(Utility)

① 급배수, 가스, 전기 등의 에너지 공급장치

② 기류방식과 Lay-Out의 융통성을 고려하여 결정

③ 유지보수 시에도 청정도 저하 방지

(8) 안전 및 비상 대책

① 화재, 가스누설에 대한 안전대책 필요

- 밀폐구조인 클린룸에서는 필수적

② 비상전원설비 구비

- 정전사태에 대비

2. 재료 및 공법 선정

(1) 재료

① 운전 중의 화학적 · 열 · 기계적 피로 고려

② 제조, 셋업, 청소, 오염제거, 전도성과 가스방출 등의 특성 고려

③ 유연성, 기능성, 내구성, 미관, 유지보수성이 있는 재료를 사용할 것

④ 부위별 적정 마감재료

- 벽 · 천장용: 스테인리스, 산화알루미늄, 폴리머 재질의 마감재를 적절한 지지층이나 구조물 바탕 위에 설치
- 바닥용: 폴리머코팅이 된 바닥재나 밀봉된 줄눈부를 가진 전도성 타일 등이 적합

(2) 공법

① 표면마감공법 유형

- 습식 또는 건식 마감인지 결정

② 현장조립방식 유형

- 선처리 부품방식(Pre-Finished Engineered Components)
- 선처리 모듈화 패널시스템(Modular Pre-Finished Panel System)

3. 천장

① 천장은 밀봉되도록 시공

- 다른 오염물질 유입방지

② 관통부위

- 관통개소 최소화, 관통부위는 반드시 밀봉처리

③ 조명, 스프링클러 등의 위치

- 기류교란이 없도록 배치

4. 벽체

① 표면마감재의 요구조건이 충족되는 재료 사용

② 충격·마모가 우려되는 부위

- 무궤도전차, 손수레 통행부위와 물건이동로에 보호대나 완충재 설치

③ 밀봉재의 모서리, 유틸리티 관통부위

- 둥글고 매끄럽게 처리하여 청소를 용이하게 하고 오염물의 축적 방지

④ 출입문 주위

- 표면단차 최소화, 수평면이 없도록 처리
- 문턱 설치 금지
- 문의 장식물 최소화(걸쇠, 손잡이, 경첩 등)
- 문의 형식은 미닫이, 자동문, 회전문 등이 무난

5. 바닥

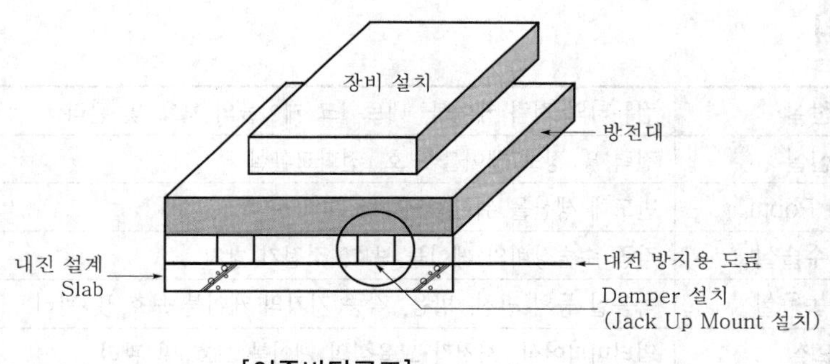

[이중바닥구조]

① 바탕면과 바닥마감재는 기공이 없고 미끄럽지 않은 재질일 것

② 내마모성, 내화학성, 내구성, 내하성, 전도성 등이 있을 것

- 살균제, 가공유체에 노출될 것에 대비
- 표면경도가 있고 정·동적 부하 지지
- 필요시 전도성 타일 사용 고려

③ 청소 용이성 고려

- 모서리는 둥글게 면처리하고 요철면이 없도록 평활하게 시공

④ 바닥구성체는 적절한 정전기적 특성을 가지도록 시공

⑤ 건식 이중바닥구조인 Access Floor의 적용 검토

- O/A 배선 및 덕트 공간 확보
- 지지대의 간격에 의하여 내하력 확보
- 다양한 표면마감재의 적용이 가능(전도성 타일 등)

5424 │ 액세스플로어(Access Floor)

I 개요

1. 액세스플로어는 바닥구조체 위에 지지대를 이용하여 설치한 이중바닥구조이며, OA기기의 사용량이 급증하면서 각종 배선을 처리하기 위해 설치사례가 확산되고 있다.
2. 액세스플로어는 사무공간의 용도에 따라 다양한 바닥마감재를 적용할 수 있고, OA배선의 수납공간 확보가 용이하다.

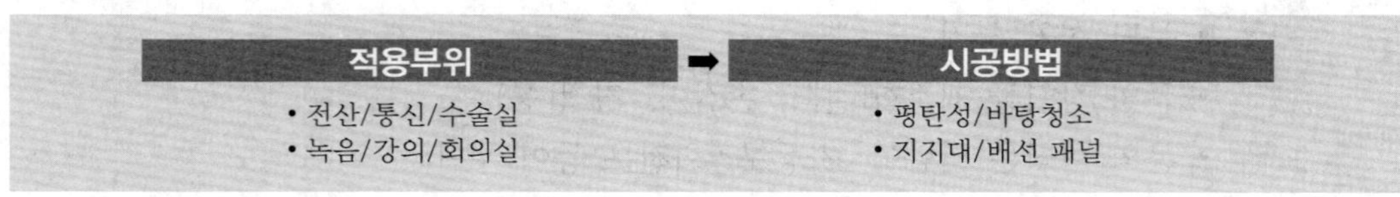

II 적용부위

전산실	컴퓨터의 전력 케이블, 네트워크 케이블의 보호 및 관리
통신실	전력 및 정보 케이블 보호, 전화교환실
Clean Room	반도체 생산을 위한 공장
병원 수술실	각종 수술장비의 케이블 보호, 정전기 방지
음악 녹음실	녹음실 등의 방진, 방음, 각종 기기의 케이블 보호 및 관리
강의실	멀티미디어실, 시청각 교육실의 케이블 보호 및 관리
회의실	화상회의나 기타 음향장비가 많은 회의실
화학실험실	공기정화를 위한 이중바닥판
스튜디오, 무대	각종 음향 및 영상장비 등의 보호 및 관리
첨단 공장바닥	고도의 정밀성 확보를 위한 먼지, 균의 발생 억제
일반사무실	모든 전력 및 케이블 보호

III 시공방법

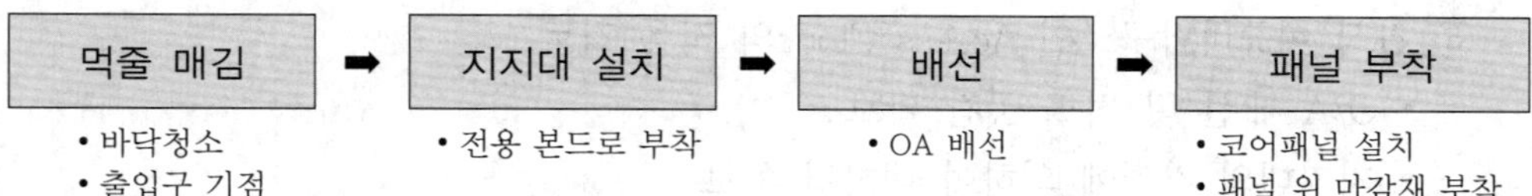

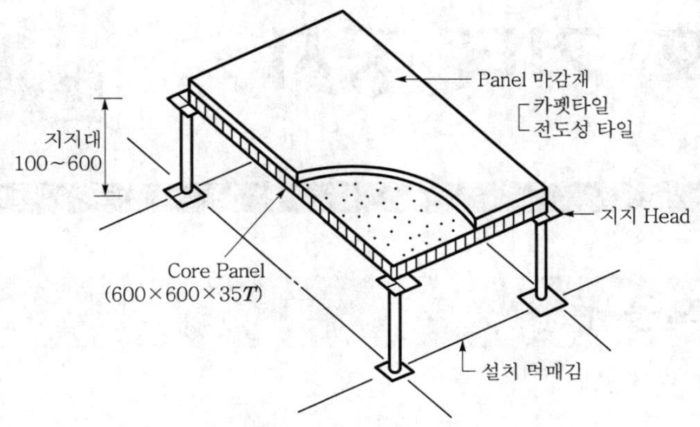

[Access Floor의 구성]

① 바탕구조체의 평탄성 확보
- 필요시 Self Leveling 성능이 있는 마감재 사용
② 바탕청소 후 Panel 나누기
- 출입구를 기점으로 패널 나누기
③ 지지대 설치
- 하부에 전용 본드 도포 후 바닥에 부착
④ 배선 및 패널 부착
- 바닥에 OA 배선을 설치하고 지지대 상부에 마감재 설치
- 마감재는 카펫타일, 전도성 타일, 마루판·금속판 패널 등 사용

05 창호 · 기타 공사

5511 창호공사

I 개요

1 창호는 벽면에 설치되어 거주자의 실내외 이동, 환기, 채광 그리고 외관의 향상을 위해 설치한다.

2 창호재는 목재, 금속재, 합성수지재 등으로 구분하며 재료적 특성을 고려하여 창호의 요구성능이 충족되도록 시공한다.

창호재 유형	➡	요구성능	➡	유의사항
• 목재/강재 • 알루미늄재/합성수지재		• 개폐/환기 · 채광/단열 · 내화 • 기밀 · 수밀 · 차음/내풍압		• 관련법/레벨 • 설치 시/설치 후

II 창호재 유형

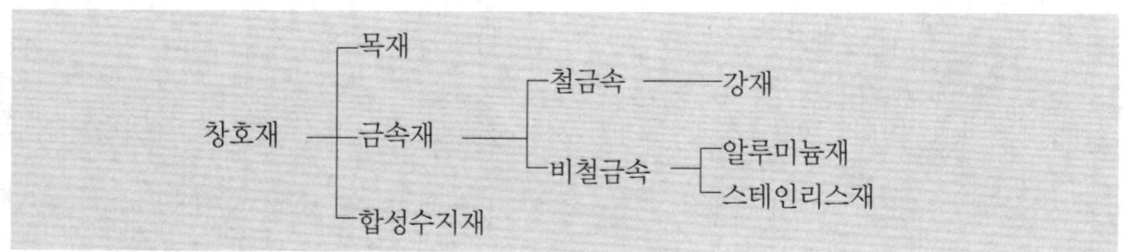

1. 목재

① 실내부위에 적용

② 15% 이내의 함수율과 곧은결 목재가 적합

2. 강재

① 방화문에 주로 적용

② 방청도장 처리 필요

3. **알루미늄재**

    ① 경량이며 강성과 내구성 우수

    ② 다양한 피복색상 가능

    ③ 내화, 내열, 단열성 부족

    ④ 대부분 알루미늄 합금제 사용

4. **합성수지재**

    ① 가공 및 제작성 양호

    ② 기밀성, 단열성이 우수하고 취급 용이

    ③ 내화성이 취약하고 강도 보완 필요

    ④ 일사에 의한 퇴색과 변질 우려

Ⅲ 창호 요구성능

1. **개폐 용이성**

    ① 여닫이가 용이한 정도

    ② 긴급 시 피난동선에서는 안여닫이 불가

    ③ 창호 설치의 정밀도와 하드웨어 성능에 좌우

2. **환기 · 채광성**

    ① 자연환기 고려

    ② 자연채광 고려하여 투명한 재료 사용, 유리 등

3. **단열성 · 내화성**

    ① 외기온 변화에 대한 실온 안정성이 있을 것

    ② 화재온도에 일정시간 이상 견딜 수 있을 것

4. **기밀 · 수밀 · 차음성**

    ① 닫힌 상태에서 공기, 물, 소음 등의 투과량이 적을 것

    ② 외부 창호일 때 특히 중요한 성능

5. **내풍압성**

    ▶ 바람의 압력에 견디는 성능이 있을 것

Ⅳ 시공 시 유의사항

1. 관련법규 검토

① 방화구획에 적합한 재료 적용

② 피난동선에 따른 개폐방향을 고려하여 설치

③ 건축법, 건축물의 피난·방화 구조 등의 기준에 관한 규칙 등

2. 창호 Level 설정

① 바닥, 천장 Level을 고려하여 정확하게 설치

② 먹매김 시 골조의 시공상태를 파악할 것

3. 창호 설치 시

① 문틀의 수직·수평도 확보

② 용접부위는 반드시 방청처리할 것

③ 누적오차는 허용오차 이내가 되도록 관리할 것

4. 창호 설치 후

① 문틀, 문지방의 보양 철저

② 작업자의 보행이나 운반물의 충격으로부터 보양

③ 하드롱지 또는 플라스틱 보양재를 사용하여 공사부위 보호

5512 유리공사

I 개요

① 유리는 건축물의 내·외장재로서 외관, 채광성, 개방성 등을 고려하여 단위부재가 대형화 되는 추세이며, 부위별 유리의 역할에 따라 설치공법이 다양하다.

② SSG공법과 DPG공법은 중량의 유리를 지지구조에 안전하게 고정시키는 공법으로 고층건 물의 커튼월이나 층고가 높은 저층부의 건물 등에 적용한다.

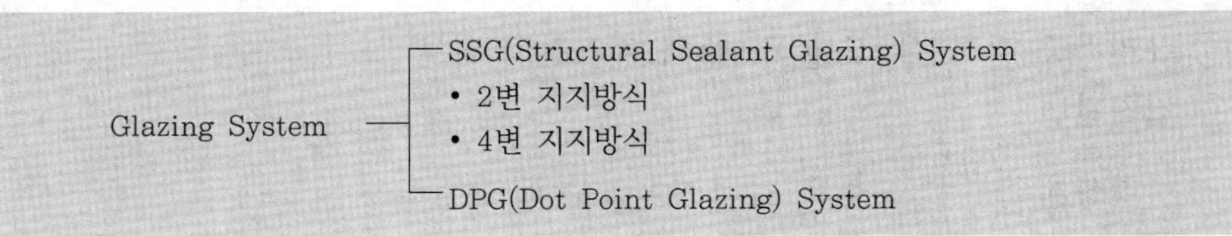

II 공법유형(Glazing System)

III SSG공법

1. 정의

① 구조용 Sealant를 사용하여 창호 또는 커튼월 지지재에 유리를 접착시키는 방식

② 고층 이상 건축물의 기준층에 적용

2. 유형

(1) 4변 지지방식

① 유리의 좌우 · 상하의 4변을 구조용 Sealant로 지지재(Mullion, 수평지지재)에 접착하여 지지시키는 방식

② 지지구조와 시공성 측면에서 2변 지지방식보다 불리

(2) 2변 지지방식

① 유리의 양측면에만 구조용 Sealant로 접착

② 상하단부는 일반 Sealant 사용

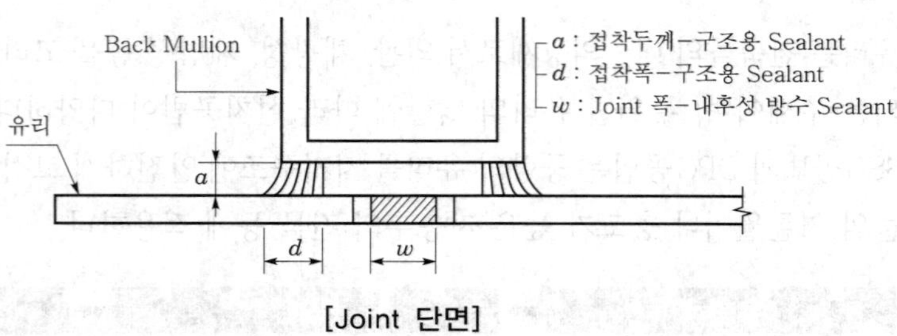

[Joint 단면]

3. 설계 · 시공 시 유의사항

① 구조용 Sealant의 장기접착성

② 풍압력을 고려한 Sealant 접착면적

③ 온도거동(Movement)을 고려한 접착두께(a)

④ 지진력 고려, 면진구조 적용

⑤ 유리자중 고려, Setting Block의 지지강도 확보

⑥ 접착단면

- 형상계수$\left(\dfrac{d}{a}\right)$: $1 < \dfrac{d}{a} \leq 1.5$

- 줄눈두께(a): $8 < a \leq 20$

- 줄눈폭(d): $10 < d \leq 25$

Ⅳ DPG공법

1. 정의

① Bolt의 조임력으로 유리의 자중과 작용 외력을 안전하게 지지시키는 공법

② 건축물의 저층부, 실내 유리난간 등에 작용

2. 특징 및 구성요소

(1) 특징

① 건물의 개방성과 채광성 우수

- Frame 없이 유리를 공중에서 고정 가능

② 유리의 가공, 조립, 설치공정의 System化

- 균일한 시공품질 기대

③ 융통성 있는 디자인 구성

- 설치높이, 폭, 각도, 개구부 설치 등

④ 각종 외력에 대한 추종성 우수

- 지진, 풍하중, 온도변화 등에 의한 Movement(거동)

(2) 구성요소

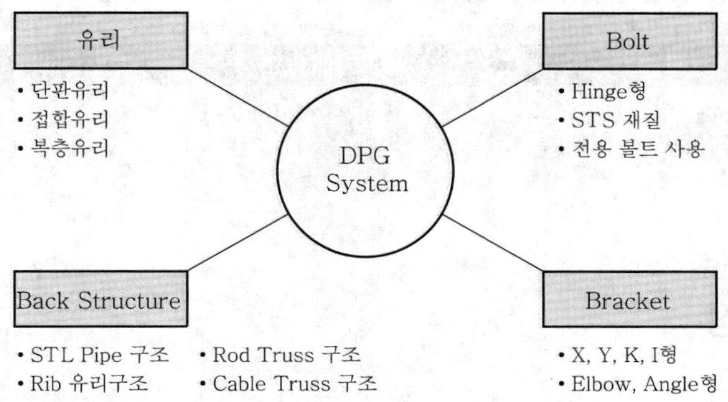

3. 유의사항

(1) 설치 전

① Mock-Up Test 실시 검토

② 각종 요구성능 확인

- 수밀성, 내진·내풍압성, 비산 방지 성능 등

③ 강화유리 적용 시 Heat Soak Test 실시

(2) 설치 시

① 숙련공 및 전용도구 수배

② 유리 Setting Block의 위치 설정

- 코너에서 15cm 이상 이격

- 밑변길이의 1/4 지점 위치

③ 유리 Joint

- 내후성 Sealant 충전

5513 이중외피 시스템(Double Skin System)

I 개요

1 이중외피란 기존의 단일외피 바깥쪽에 하나를 추가시킨 외벽 시스템이다.

2 이중외피는 단열성능과 환기성능을 높이기 위하여 국내 적용사례가 증가하는 추세이다.

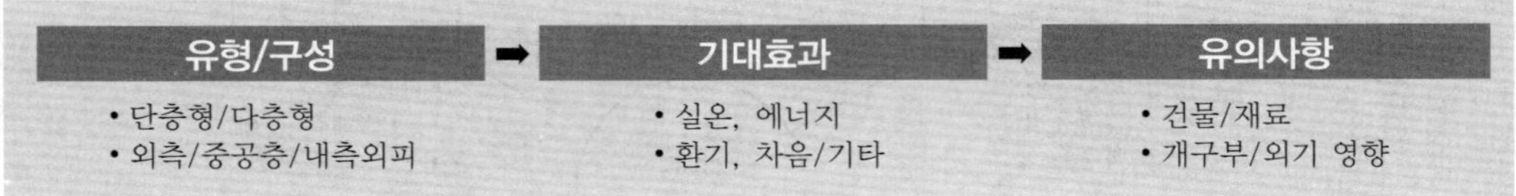

II 유형 · 구성

1. 유형

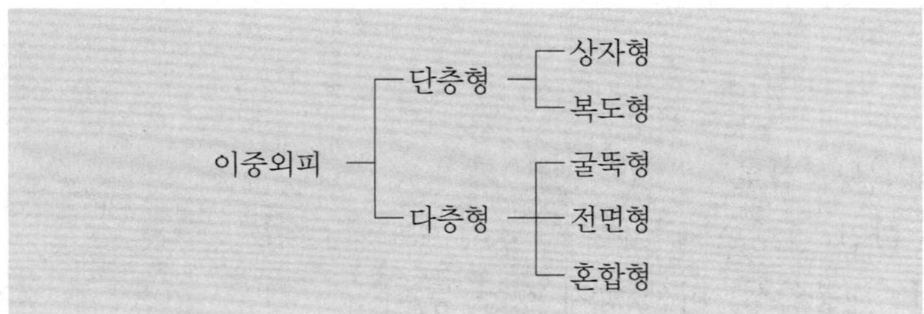

2. 구성

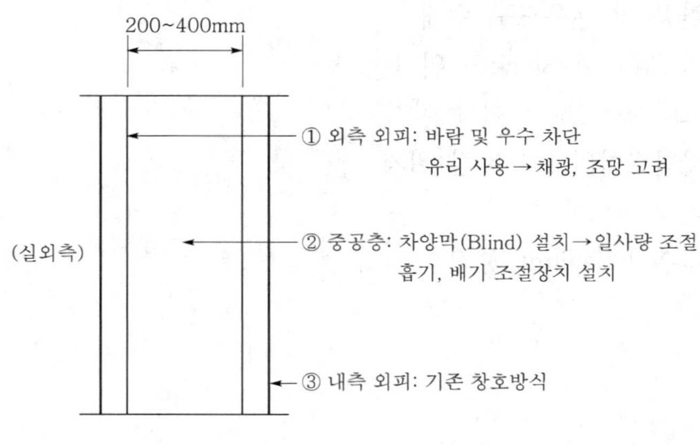

[이중외피의 구성]

Ⅲ 기대효과

1. 실온 안정 및 에너지 절감

① 냉난방 부하량 경감

② 중공부의 열적완충공간 확보

2. 자연환기 및 차음성능 증대

① 안정된 풍압의 자연환기 가능

- 실내공기질 개선효과

② 외부소음을 이중으로 차폐

3. 기타 효과

① 조망 및 채광효과

② 외피면의 미관 증대

③ 방범 및 방재성능 향상

Ⅳ 설계 및 시공 시 유의사항

① 건물의 규모와 용도에 적합한 이중외피 유형 선정

② 사용재료의 적정성 검토

- 유리 및 창호 시스템 → Mock-Up Test 실시

③ 외측 외피면의 개구부 최적화

- 개구부 위치 및 크기

④ 계절별 외기영향 고려

5521 지하주차장 균열·누수

I 개요

1 공동주택 수요자의 지하주차장 선호에 따라 공사과정 이후의 균열 및 누수하자가 중요한 문제로 제시되고 있다.

2 지하주차장의 균열·누수에 대한 원인과 방지, 그리고 하자발생 시 보수대책을 살펴본다.

사용환경	→	균열하자	→	누수하자	→	보수대책
• 공사 중 • 공사 후		• 원인 • 저감방안		• 원인 • 방지대책		• 사전고려/지하 1층 상부 • 층간 슬래브/기초/지하외벽

II 지하주차장 사용환경

1. 공사 중

① 자재 적치

② 공사용 중량차량 이동로

  • 레미콘애지테이터, 크레인, 덤프트럭, 기타 차량 등

③ 공사 중 건물자중 대응 미흡

2. 공사 후

① 조경 등 녹지공간

② 주차장, 전기 및 기계실

③ 차량 이동에 의한 진동·충격 지속

III 균열하자

1. 원인

(1) 건조수축

① 타설 후 1~3년 중 발생

② 건조수축률 $6 \sim 12 \times 10^{-4}$

③ 슬래브 상·하부 균열

④ 취약부: 무근콘크리트, 슬래브 모서리, 대경간 슬래브 등

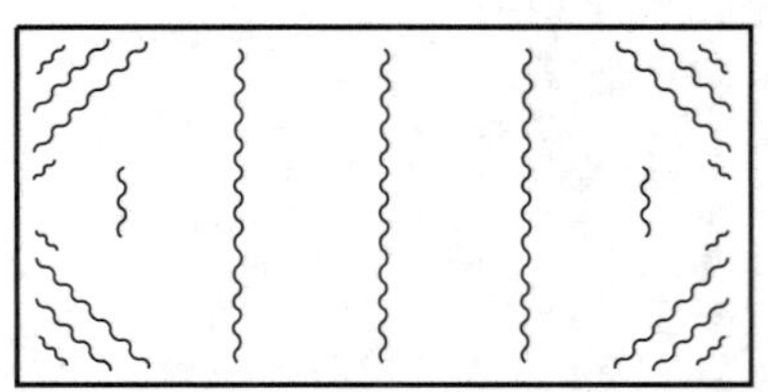

[건조수축균열 – 슬래브]

(2) 과하중 재하

① 공사 중 대형장비 및 차량통행, 자재야적

- 거푸집 및 동바리 변형

② 설계치 이상의 표토하중 재하

- 화단조성, 하수관로 매설, 마감 레벨 조정 등에 의한 장기 과하중 작용

③ 과하중 조기 재하

④ 내력 부족 시 주 인장응력의 직각 방향으로 균열발생

휨균열	• 보 중앙부 측면 및 하부 • 보 단부 위에 수직방향으로 발생
전단 · 비틀림균열	보 단부 측면에서 사선으로 발생
처짐균열	• 장스팬 슬래브 및 보 • 슬래브 상부: 보 형상을 따라 균열 • 슬래브 하부: 중앙에 망상형 균열

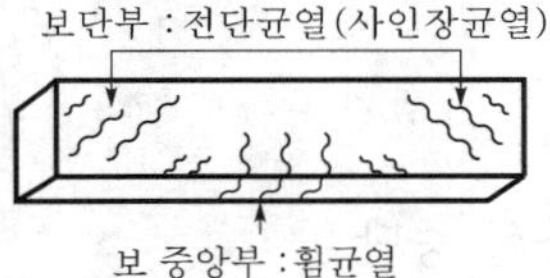

[휨 · 전단균열]

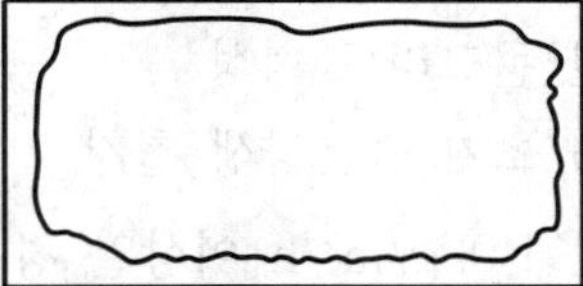
[처짐균열 – 슬래브 상부]

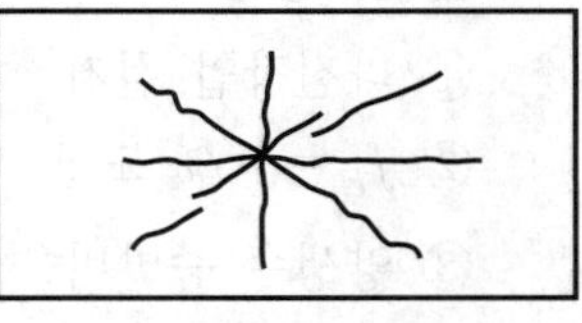
[처짐균열 – 슬래브 하부]

(3) 부력 및 침하

① 공사 중 지하수위 상승

② 설계 지하수위 초과

③ 부상 후 침하, 기둥 · 보 단부에 수직 · 사선균열

- 심한 경우 X형 균열, 피복박락, 철근좌굴

(4) 시공불량

① 이어치기 불량

- 슬래브: 후타설 전 면처리 및 표면마무리 미흡
- 수직부재: 레이턴스, 이물질 제거 미흡

② 거푸집 조기탈형

- 구조물 처짐 및 미세균열 발생

③ 피복두께 과부족

- 슬래브: 상부근 피복 과다, 하부근 피복 과소
  - 타설 시 작업자에 의하 철근간격재 이탈 및 상부근 흐트러짐 영향
- 보 피복두께 부족: 보 3면(양측면, 하부면) 늑근형상으로 균열발생

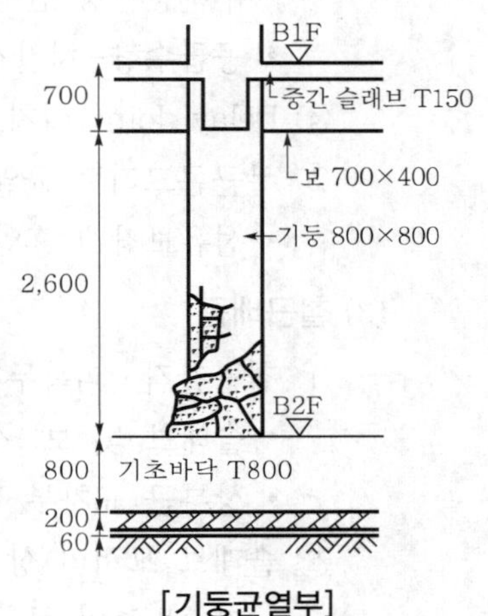

[기둥균열부]

(5) 기타 원인

① 과도한 외기노출, 표면수 조기증발

② 부재응력 집중
- 신축줄눈부(Expansion Joint), 주동(柱棟)경계부 등

③ 차량통행 지속에 따른 진동 및 충격, '경사로-바닥' 경계부

2. 저감방안

(1) 재료 · 배합

① 수축저감형 콘크리트 배합

② W/B · S/a, 소요 워커빌리티 내에서 최소한으로 배합

③ 단위수량 저감, 감수제 활용
- 레미콘 수입검사 시 단위수량 측정, 용적질량법 적용

④ 미분말혼화재 시멘트 사용량 치환, 콘크리트 조직의 수밀성 향상

⑤ 팽창재(건조수축량 보상), 고성능수축저감제[154] 혼입

(2) 타설 · 양생

① 다짐작업 철저, 치밀한 콘크리트 형성

② f_{ck}＝70% 도달 시까지 초기 습윤양생 철저

③ 양생수 증발비율 저감, $1.0\text{kg/m}^2/\text{h}$ 이상일 경우 타설 중단
- 방풍 · 차양막 설치, 피막양생 등 조치 강구
- 수분증발량 산정, 수치에 의한 양생관리 개선
- 공급수량-시간간격 산출 및 적용

④ Delay Joint 설치, 이어치기 품질확보

⑤ 무근콘크리트 균열 방지
- 섬유보강재 혼입, 소요두께 및 바닥구조체 부착강도 확보

(3) 철근배근

① 철근간격 · 피복두께 유지, 슬래브 상 · 하부근 처짐 및 간격재 이탈방지
- 슬래브 및 보: 상부근 과대피복, 하부근 과소피복 현상 방지
- 상부근 교차부 결속 철저, 교차부 50%(2~3곳당 1곳) 결속

② 슬래브 모서리 상 · 하부 철근보강, 또는 용접철망 보강
- 기중노출이 큰 곳, 건조수축 및 온도신축 영향 제어

③ 개구부 보강근 배치
- 타워크레인 설치부, 장비반입구 등
- 원칙적으로 개구부 면적에 대한 철근소요량 보강

④ 장비동선 철근보강 및 통행계획 반영

---

154) 콘크리트 경화체 내의 미세공극($\phi2.5{\sim}5.0\text{nm}$)에 존재하는 수분의 표면장력을 저감시키는 화학혼화제이다.

(4) 거푸집 · 동바리

① 존치기간 준수, 조기재하 엄금

② 대구경 동바리 설치, 상부하중 큰 곳
- 슬래브 경간 중앙부 설치, 상하층 동일개
  소 배치
- 동바리 임의 해체 및 재설치 금지, 반드시
  담당원 검토 후 조치[155]

③ 필러재(Filler) 설치, 주변부 동바리와 분리 제거
- 인접부 거푸집 및 동바리 해체 영향 배제

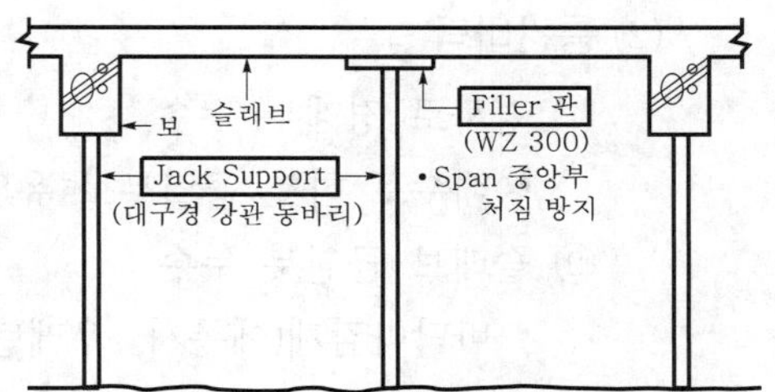

(5) 시공방법 합리화

① 차량 · 장비동선 조기 先포장
- 하향 응력집중 완화, 단지포장 정밀시공, 포장 시 진동 롤러 사용 지양
- 조경구간과 구분 관리

② 슬래브 설계
- 2방향 슬래브, 또는 경간 최소화, 작은보 설치 등 종합 고려

③ PC 구법 도입
- 건조수축량 저감, 무지주공법 활용, Half PC 적용

④ 시공하중 제어
- 장비동선 구획, 차량 및 장비 통행계획 수립 · 이행

⑤ 기타
- 설계 지하수위 합리적 결정
- 공사 중 지하수위 계측, 폭우 및 우기 대비 철저

Ⅳ 누수하자

1. 원인

(1) 지하 1층 상부바닥(1층바닥)

① 균열발생, 방수층 파단

② 조경화단, 보도블럭 하부의 체류수가 보호 콘크리트층 침투

③ 방수층 손상부, 균열부 경유 지하 1층 실내 유입

---

155) 층간 · 최하층바닥의 무근콘크리트 타설 시 동바리 일시해체 기간에 상부 과하중에 의한 처짐균열이 발생하지 않도록 엄격한 현장통제가 필요하다.

(2) 층간바닥

① 경사로 경계부 누수

- 배수로 하부 균열부로 유입수 침투

② 슬래브 균열부 누수

- 바닥마감재(에폭시, 우레탄도료) 손상
- 무근콘크리트 균열부 및 신축줄눈부
- 차륜 유입수 및 눈 등이 균열부 경유, 아래층으로 침투

③ 외벽연결부 누수

- 방수취약부를 통하여 지하수 유입
- 슬래브 접속부를 통하여 실내 침투

(3) 기초바닥 슬래브

① 배수판 취약부로 지하수 유입

- 배수판 파손, 규격 미달품 설치부위 등

② 지하수 양압력 상승

③ 무근콘크리트 균열 및 마감 바닥도료 파손부위로 지하수 침투

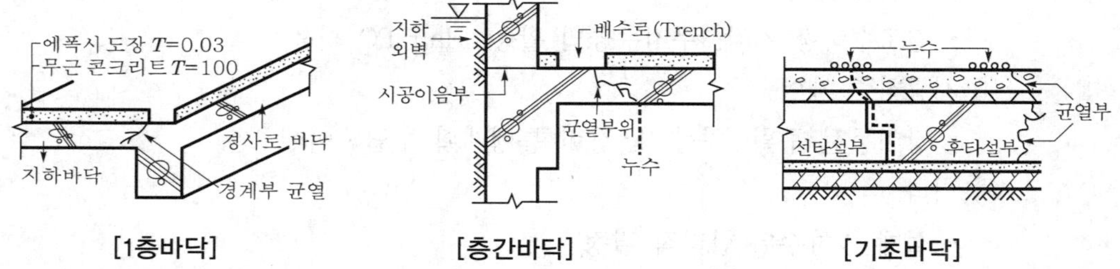

(4) 지하외벽

① 콘크리트 시공이음부

② 균열부

③ 폼타이 위치 등으로 지하수 유입

2. 방지대책

▶ 구조체 균열 방지와 더불어 적정 방수대책을 강구한다.

(1) 공통사항

① 구체 시공이음부 이어치기 품질확보

- 수팽창지수재, 지수판 정밀시공

② 무근콘크리트 균열 방지

- 신축줄눈 적정 설치, 섬유보강재 혼입 및 와이어메시 배치

③ 체류수 즉시 배수

- 지하 1층 상부 슬래브 및 층간바닥 스팬 중앙부, 각층 배수로(트렌치)[156]
- 슬래브 스팬당 1~2곳 배수관 설치
- 체류수 발생 시 즉시 집수정으로 유도배수[157]

(2) 지하 1층 상부 슬래브

① 물 체류 취약부 중점관리

- PIT, 화단내부, 아파트 주출입구 계단하부 등

② 수평배수 곤란 시 직하층 유도배수 조치

③ 방수층 성능확보, 복합방수 지향

- 바탕추종성, 내구성, 내화학성, 방수이음부 등의 품질확보

④ 구체 · 방수보호층 배수관 설치구간별 경사(구배)시공

(3) 층간바닥

① 바닥구조체 방수층 시공

- 차륜에 의한 빗물 및 눈 유입량 고려

② 무근콘크리트 줄눈부 실런트 충전 및 지수

③ 표면마감재 손상방지

- 에폭시 · 우레탄도료, 각종 바닥마감재의 들뜸 및 파손 방지

(4) 최하층바닥

① 외벽연결부

- 수팽창지수재 배치, 측면지하수 유입 차단
- 외벽 이어치기 품질확보
- 외방수일 경우 외벽–바닥 연결부 치핑 및 조인트 방수 보강

② 시공이음부

- 타설구획 시 De-Watering 배수구획과 일치화
- 침투수의 집수정 배수 유도, 다발관 상부에서 시공이음 구획

③ 배수판 시공

- 배수량에 적합한 규격품 적용
- 설치 및 무근콘크리트 타설 중 파손 · 막힘 방지

④ 바닥마감재 수밀성 확보, 들뜸 · 파손 방지

---

156) 지하외벽면에 근접한 결로수 배수로는 시공여건상 구배에 의한 배수에 한계가 있으므로 상시 체류수가 고여 있는 경우가 많다.

157) 구체와 토사층 사이의 물은 표면장력의 영향으로 구배시공만으로 체류 방지가 곤란하다. 이를 고려하여 체류수의 즉시 배수가 가능한 특허기술이 개발된 상태이므로 현장활용이 가능하다.

(5) 지하외벽

① 가급적 외방수 적용[158]

② 구체 누수취약부 중점관리

- 콜드조인트, 시공이음부, 배관 · 설비류 매입위치 등

③ 내부면에 결로벽 시공, 누수량 및 결로수 유도배수 등

Ⅴ 보수대책

1. 사전 고려사항

(1) 보수재 품질

① 누수 안정성

② 차량거동, 수압대응성

③ 입주자 주거안정성

④ 유지관리 용이성

⑤ 시공성 및 내구성 등 고려: 습윤면 접착성, 내열성, 내화학성

(2) 현장적용성 검토

① Mock-Up 시공 및 평가

② 자재성능 시험 및 평가

③ 전문업체 시공능력: 보수실적, 기술수준, 공사품질 신뢰성 등

2. 지하 1층 상부 슬래브

① 보호콘크리트 및 상부 조경시설 제거 곤란

② 슬래브 배면(하부) 주입

③ 누수위치에서 합성고무계 폴리머겔 주입

④ 기존 방수층 손상부 충전 및 일체화 유도

3. 층간 슬래브(중간층)

(1) 차량진출입구

① 보호콘크리트 제거방식: a

- 하자부위 보호콘크리트 제거

- 시트-도막 복합방수 후 보호층 시공

- 균열 · 누수 부위 보수품질 우수

- 보호층 두께 부족 시 차량진동으로 보호층 균열 재발 우려

---

158) 지하외벽의 외방수 적용은 공사비 증액이 불가피하나 LCC 관점에서 누수하자에 의한 유지관리비를 종합하여 판단할 필요가 있다.

② 보호콘크리트 존치방식: b
- 바탕면 건조
- 폴리우레아 도막 방수재 뿜칠시공
- 안정적 도막물성 발휘, 적용실적 양호

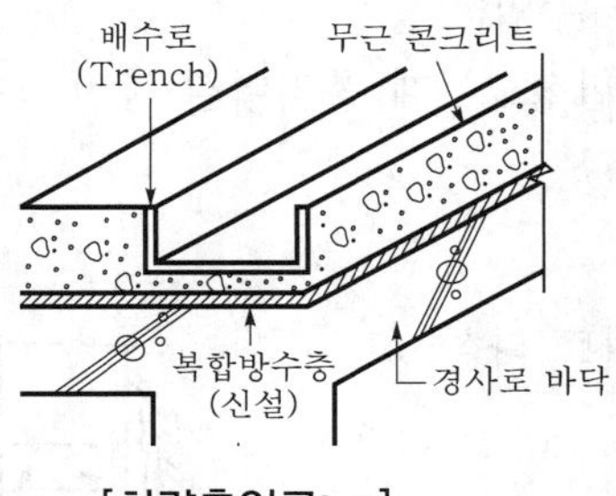

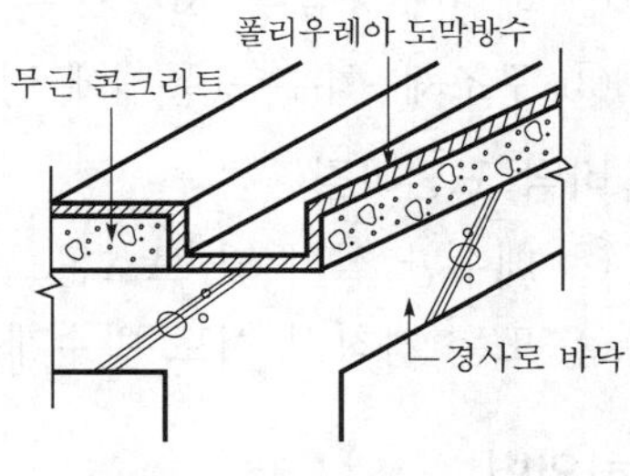

(2) 슬래브 균열부
　① 보호층의 두께·부착상태 사전조사
　② Mock-Up 시공 후 본주입 적용
　　- 밀착부위 주입 곤란, 주입압력 과다 시 들뜸 우려
　③ 슬래브 배면주입
　④ 수팽창형 아크릴 주입재 사용

(3) 외벽연결부
　① 외벽 배면주입
　　- 내면에서 지하외벽 배면부 충전, 뒷채움 선행
　② 외벽-토사 틈새 확인, 넓은 틈새일 경우 팽창형 우레탄폼 충전
　③ 외벽-우레탄폼 틈새 방수재 주입, 외벽연결부 상하 1m 범위

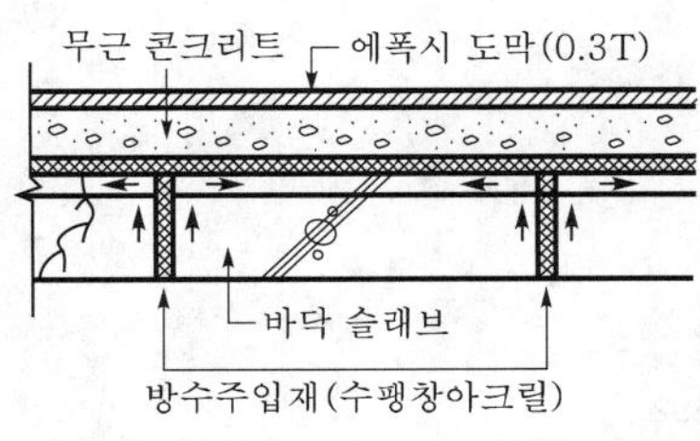

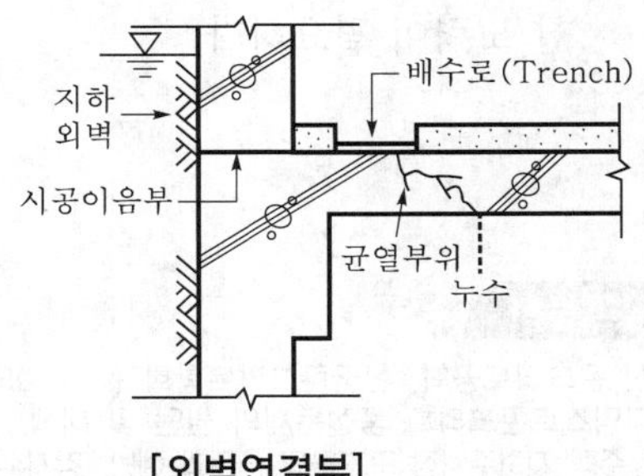

4. 기초바닥

　▶ 누수차단, 균열보수, 표면마감 순으로 보수한다.

(1) 배면차수층 형성
　① 바닥배면부에 차수층 형성

② 무수축 시멘트그라우팅재 사용

③ 균열부 보수 주입, 무수축 시멘트그라우팅재 적용

(2) 배면방수층 방식

① 바닥용 출수 원천차단

② 배면에 차수층 선행시공, 발포 우레탄 주입

③ 구조체-차수층 틈새에 방수재 주입, 합성고무계 폴리머겔 충전

(3) 바닥 표면마감

① 배수판 설치 및 보호콘크리트 타설

② 또는 자착식 시트 방수재+보호콘크리트 타설

5. 지하외벽

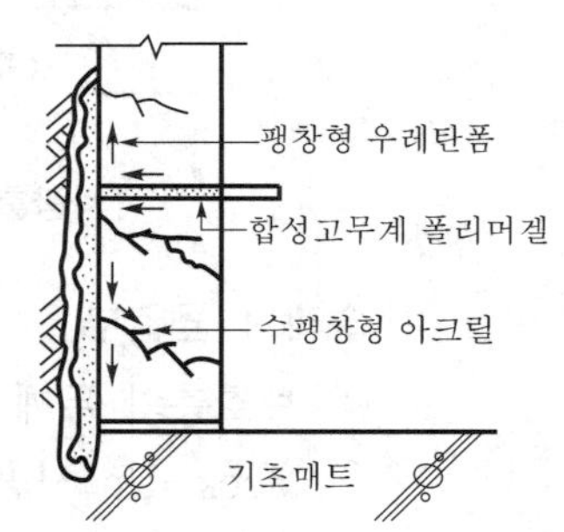

① 구조체-토사 틈새 차수재 주입, 팽창형 우레탄폼

② 구조체-차수층 틈새에 방수재 충전

- 합성고무계 폴리머겔

- 수압이 클 경우 무수축 시멘트그라우트재 주입

③ 구조체 균열보수, 수팽창형 아크릴재 주입

Ⅵ 결론

① 지하공간을 활용한 지하주차장은 공사여건상 균열 및 누수하자로 인하여 클레임 사례가 빈번한 구조물이다.

② 지하주차장의 균열 및 누수하자를 방지하려면 사례분석에 의한 시공계획을 수립하여 하자 예방에 전력하고, 발생한 하자에 대해서는 검증된 보수자재와 시공기술 확보를 위한 부단한 노력이 필요하다.

참고문헌

1. 최신 콘크리트공학, 한국콘크리트학회 편, 2005, pp.389~392
2. 레디믹스트콘크리트 품질문제의 원인 및 대책, 한국콘크리트학회 · 레미콘품질관리위원회, 2013, pp.159~167
3. 공동주택 지하주차장 구조물의 균열과 예방, 강지훈 · 박철용, 건설기술 쌍용
4. 공동주택 지하주차장 균열 및 누수 방지 대책방안 연구, 이도헌 · 이범식 · 신상훈 · 임해식, LH토지주택연구원, 2013
5. 공동주택 지하주차장 누수저감을 위한 시공관리방안, 최일호 · 이재현 · 방중석 · 김효락, 대한건축학회, 2011
6. 공동주택 지하주차장의 누수원인 분석 및 보수방안 검토, 오상근 · 최성민 · 송제영, 한국건설순환자원학회, 2014
7. 공동주택 지하주차장의 누수원인과 보수방안, 배기선, 한양대학교
8. 공동주택 지하주차장 상부구조형식 분석연구, 임남기 · 송희원 · 이영도, 한국건축시공학회, 동명정보대학교, 2003
9. 아파트 지하주차장의 균열 방지 대책, 정순오 · 서상욱, 한국건설관리학회, 경복대학교/경원대학교, 2002
10. 지하구조물 작업차량 운행에 따른 대책, 김종두, 남광토건(주), 건설기술 쌍용
11. 지하주차장 누수 사례 및 저감방안 제안/건축물 지붕(옥상) 누수 유형 및 대책방안 제안, 김동균, 건설기술 쌍용
12. 지하주차장 슬래브 균열저감을 위한 수축저감콘크리트, 삼성물산, 서종해 · 이정호 · 이규식 외, 남광토건(주)

5522 ｜ 온돌바닥공사

I 개요

① 공동주택의 Slab 위에는 난방을 위한 온돌공사 부위로서 온돌공사의 양부는 실온유지를 위한 에너지 효율과 상·하층 간의 소음전달에 미치는 영향이 크다.

② 온돌바닥은 차음층, 온돌층 Mortar 마감층으로 구성되며, 이들 경계면의 밀착상태가 불량할 경우 차음성능의 저하와 균열이 우려되므로 적정 재료와 시공법을 채용한다.

온돌바닥 시공	➡	유의사항	➡	균열부 보수
• 바탕/완충재/경량기포 • 온돌배관/마감 모르타르		• 미장면/작업환경 • 작업시간 관리/양성		• 시기/방법 • 유의사항

II 온돌바닥 시공

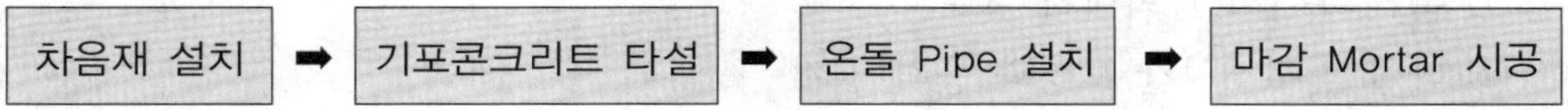

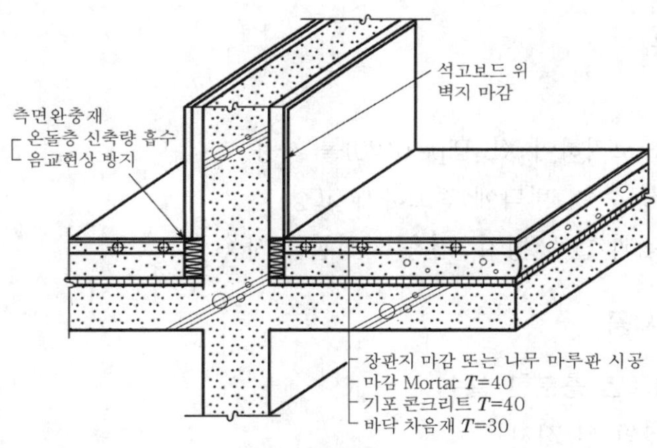

[온돌공사 시공단면도]

1. 바탕처리

① 요철부위를 평탄하게 처리하고 Chipping

② 콘크리트 잔재, Laitance, 기타 오물을 제거하고 청소

2. 단열완충재 설치

　① 바탕처리 후 청소

　② 틈새 없이 설치

　③ 이음부위에는 Tape를 부착하여 고정

　④ 바닥에 밀착시공

　　• 교점·이음 상부에 고정판 설치 후 타카핀, 콘크리트 못으로 고정

3. 경량기포콘크리트(Aerated Concrete) 타설

　(1) 재료·배합

　　① W/C比: 60%, 단위시멘트량: 320kg/m³, 단위수량: 200kg/m³

　　② 기포제 혼입량: 40g/l, Slump: 300mm

　　③ $f_{ck} \geq 0.8$MPa(0.8N/mm²)

　　④ 유량계, 유압계가 부착된 펌프시스템으로 혼합

　(2) 타설·양생

　　① 혼합 후 1시간 이내에 타설

　　② 타설 직후 3일간 보행과 충격 금지

　　③ 96시간 이상 습윤양생

4. 온돌배관 시공

　① 배관재

　　• 부식을 고려하여 XL Pipe (ϕ20)를 사용

　② Coil 간격 준수, 바닥에 견고하게 고정

　③ Pipe 유격과 들뜸 방지, 전용 고정철물 사용

5. 마감 Mortar 시공

　(1) 바탕 콘크리트면 충분한 살수

　　① 시공 1~2일 전 실시

　　② 마감 Mortar의 수분흡수를 방지하기 위해 습윤처리

　　③ 마감 Mortar 압송 및 타설

　(2) 바름면 평활도 확인

　　① Mortar의 유동성 확인, 평활하게 미장

　　② 규준대 밀기 후 마감처리

(3) Mortar면 마감

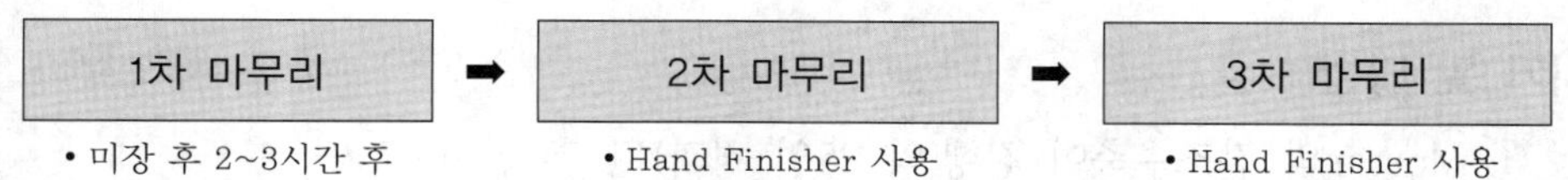

① 넓은 바닥면: Finisher 이용
② 구석모서리: 쇠흙손 사용
③ 마감 Mortar의 배합비＝1 : 3

Ⅲ 바닥미장 시 유의사항

1. 미장면

① 바탕면 청소 철저
  • 온돌배관의 유격 방지
② 문틀하부 사춤 철저
  • 틈새 유격 방지
③ 석고보드, ALC 벽체 하부
  • 바인더 도포 후 비닐보양, 마감 Mortar의 흡수 방지
  • 석고보드재는 방수·방균 처리된 것 사용
④ 코너부위(벽과 바닥의 경계면)
  • 보온재를 접착본드 부착
  • 바닥면의 신축량을 흡수하도록 세워서 설치

2. 작업환경

① 최종마감시간 고려
② 야간 조명시설 구비
  • 마감표면 확인이 가능한 조도 확보

3. 작업시간 관리

① 마감 종료시간을 오후 3시 이내로 할 것
② 마무리 소요시간은 5~6시간가량 소요될 것을 고려
③ 야간작업으로 인한 조잡한 시공 사전방지

4. 양생

① 마감표면의 급격한 건조 방지
② 창호를 조기에 설치하거나 Open 부위를 비닐로 보양

Ⅳ 균열부 보수

1. 시기 및 방법

① Mortar의 건조수축이 진행(약 25일 경과)된 후 실시

② 균열부위 바탕청소

③ 균열보수재(Non Crack) 충전

- 된반죽을 주걱으로 충전, 0.5mm 이상 균열부에 충전
- 균열 전부위에 엷게 바름, Thin Wall Coating

2. 유의사항

① Crack 보수재 주위의 오손 방지

② 얼룩과 변색 방지

③ Sample 시공을 하여 시방을 확인한 다음 본공사에 착수할 것

5523 목재 함수율

I 개요

1. 목재는 건축에서 구조재, 창호재, 수장재, 가구재 등으로 사용되고 있는 천연재료로서 각기 사용목적에 따라 적정량의 함수율을 유지하여야 한다.
2. 목재의 함수량은 세포수와 자유수로 구성되며, 함수율은 절건목재질량에 대한 함수목재와 절건목재질량차의 백분율로서 목재의 수축·팽창·강도·내구성·중량 등에 영향을 미친다.

II 함수율 구분

$$목재함수율(\%) = \frac{함수량(kg)}{목재의\ 절건\ 중량} \times 100$$

1. 용도별 적정 함수율

① 구조재: 25%
② 창호재, 수장재, 가구재: 15%

2. 함수율 구분

① 생나무: 25%
② 기건재: 15%
③ 절건재: 0%
④ 변재, 심재, 포습재(자유수 방출, 세포수만 남은 상태)

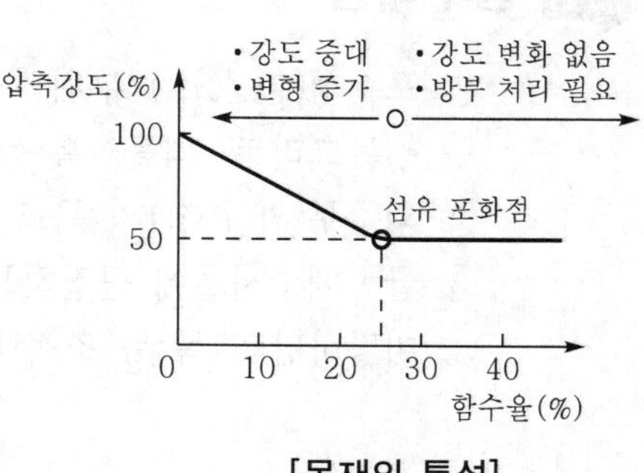

[목재의 특성]

III 함수율 관리

1. 섬유포화점

① 목재세포 중의 자유수가 증발하고 세포수만이 남은 상태
② 함수율 25~30%가량인 상태
③ 강도 증진 시 섬유포화점 이하로 관리
④ 수축, 팽창 고려 시 섬유포화점 이상 유지

2. 용도 및 내구성

① 용도별 적정 함수율을 유지하여 목재의 변형 방지
② 함수율이 20% 이상이면 방부처리 필요

5524 목재 방부

I 개요

1. 목재는 천연재료로서 질감이 우수하지만 목질부는 단백질, 전분, 수분 등의 영양분이 있어서 부패균과 흰개미에 의한 부식이 우려된다.

2. 목재가 부식되면 비중감소로 강도가 저하되며 변색 및 곰팡이 등으로 미관과 사용성이 떨어지므로 부패균과 풍화 및 충해를 방지하기 위해 방부처리가 필요하다.

방부대상	요구/종류	방부처리
• 포수성/외주부 • 급배수/미장바탕	• 방부제 요구품질 • 방부제 종류	• 도포/침지/주입 • 표면탄화/표준시방

II 방부대상

① 포수성(包水性) 부위의 목재
- 콘크리트, 벽돌, 흙 등의 포수성 재료에 접하는 목재

② 외주부(外主部)의 목조

③ 급·배수시설에 근접하는 목재

④ 미장바탕의 목부, 조적벽의 나무벽돌 등

III 방부제 재료

1. 요구품질

① 침투성
- 목재에 침투가 잘될 것

② 무해성
- 다른 건축재료나 인체에 무해한 재료일 것

③ 무취, 무변색성
- 악취가 없고 색상을 유지할 것

④ 마감 용이성
- 방부 처리 후 가공이 용이하고 도장마감이 가능할 것

⑤ 무변질성
- 방부 처리로 인하여 강도 저하, 중량 증가, 인화성 및 흡수성 증가가 적을 것

⑥ 경제성 등

2. 방부제 종류

수용성	크롬, 구리, 비소 화합물계
유용성	유기 요오드, 인 화합물계
유화성	지방산, 금속염계
유 성	크레오소트유(Creosote Oil), 콜타르, 아스팔트, 유성 페인트 등

Ⅳ 방부처리

1. 도포법(塗布法)

① 방부제를 액화하여 솔 등으로 목재표면에 방부도막을 형성하는 방법

② 특징

- 시공 용이
- 목재 조립 후 도포 가능
  - 목재 조립부위의 틈과 접합부의 불연속 도포 방지
- 주기적 반복 도포 필요
  - 도포재에 따라 적정 주기로 재도장

③ 크레오소트유의 도포

- 80~90℃로 가열하여 붓으로 5~6mm까지 침투되도록 도포

2. 침지법

① 목재를 방부액 속에 일정시간 동안 담가서 방부액을 침투시키는 방법

② 특징

- 목재 속에 방부제가 침투되어 방부효과 우수
- 방부처리시간 소요
  - 냉간에서 7~10일 소요
  - 가열시킨 방부액에 침지하면 침투속도 개선

3. 주입법

(1) 상압주입법

① 목재를 고온(100~120℃)으로 가열한 방부액에 3~5시간 담금

② 다시 상온액 중에서 5~6시간을 담가서 내부까지 방부액을 침투시키는 방법

③ 목재표면에서 15mm까지 방부액 침투 가능

(2) 가압주입법

① 70℃로 가열한 방부액을 30kg/cm²의 압력으로 가압·주입시키는 방법

② 가장 효과적인 방부처리방법, 처리속도 신속

(3) 생리적주입법

① 벌목 직전의 살아 있는 나무에 방부액 주입

② 수액이동으로 방부액이 목질부에 침투시키는 하는 방법

4. 표면탄화법

① 목재의 표면을 태워서 생성된 숯(6~10mm)으로 부패균의 침입을 막는 방법

② 마찰·접촉 부위에서는 방부효과 저하

- 가설재를 임시적으로 방부 처리할 때 적용

5. 표준시방[159]

1종	개설법, 또는 이에 준하는 가압법
2종	2시간 침지법
3종	2회 도포, 또는 2회 뿜칠

① 2종 및 3종의 방부처리는 목재가공 후 실시

② 방부처리 후 목재가공 시 3종 방부 처리

③ 3종 방부처리 시 바탕면의 갈라짐, 틈, 흠집부위 재처리

---

159) 건축공사표준시방서(2006), 표 10010. 14 참조, 2013 기준에서는 삭제되었음

0000 실내공기 오염물질

I 개요

① 실내공기질을 오염시키는 물질은 재실자의 건강을 해치게 되므로 신축 건축물은 오염물질 저방출형 자재를 사용하고 건축 후에는 실내공기 중의 오염물질이 기준치 이하가 되도록 관리하여야 한다.

② 실내공기질의 중요성과 오염물질 발생원을 살펴보고 실내공기를 오염시키는 물질과 신축 공동주택의 오염물질 저감대책에 대하여 설명한다.

실내공기질 일반	➡	오염물질 유형	➡	오염물질 저감대책
• 실내공기질 중요성 • 오염물질 발생원		• 입자형/가스·기체형 • 휘발성유기화합물		• 자재 사용/시공관리 • 실내마감 후 환기

II 실내공기질 일반

[실내공기질 관련법령 주요 연혁]

실내공기질 관리법	• 1996.12.30. '지하생활공간 공기질관리법' 제정 　지하역사·지하상가 등의 공기오염이 환경문제로 대두 • 2003.05.29. '다중이용시설 등의 실내공기질관리법' 　법 제명 변경, '다중이용시설'로 적용대상 확대 • 2015.12.22. '실내공기질 관리법', 법 제명 간결화
건강친화형 주택 건설기준	• 2010.06.18. '청정건강주택 건설기준' 제정 　적용대상: 1,000세대 이상 신축 및 리모델링 주택 • 2013.12.04. '건강친화형 주택 건설기준', 기준 명칭 변경 • 2013.10.21. 전부개정, 500세대 이상으로 적용대상 확대

1. 실내공기질 중요성

(1) 실내 재실시간 증가

① 실내공기에 의한 호흡시간 증가

② 1일 공기흡입량의 80~90% 차지

(2) 오염공기에 의한 질환 증가

① 빌딩증후군

- 건조하고 혼탁한 실내공기로 인해 일어나는 신체적 이상 증상
- 두통, 현기증, 눈·피부 자극 등의 증세

 ② 새집증후군
  • 신축건물에서 방출되는 유해물질로 인한 병적인 증상
  • 두통, 피부염, 수면 장애 등

(3) **다양한 오염물질 발생**

 ① 복합 건축자재 사용

 ② 다양한 실내 생활용품 사용

 ③ 유해물질별 인체유해성 파악 필요

(4) **건물의 기밀성능 향상**

 ① 에너지 효율 중시 영향

 ② 밀폐환경에서 오염물질 농도 축적

 ③ 자연 · 강제 환기시스템 구비 필요

(5) **실내공기질 관심도 증가**

 ① 유해물질에 의한 실내공기 오염

 ② 오염공기에 의한 인체유해성

 ③ 주거환경 중 실내공기질의 중요성 등

2. 오염물질 발생원

(1) **건축자재**

 ① 유해물질 방출 자재 사용

 ② 실내 마감재 부착, 내장(붙박이, Bilt-in)용 가구 설치

 ③ 판재(보드재, 합판 등), 접착제, 도료, 단열재, 바닥재, 코킹재 등

 ④ 실내에 포름알데히드, 휘발성유기화합물 방출

 ⑤ 자재별 방출기준 규정: 접착제 등 7종

(2) **실내활동**

 ① 보행, 대화, 흡연, 기침, 재채기

 ② 의류 및 침구 사용

 ③ 화장품, 난방 · 조리 기구, 세제 사용

 ④ 미세먼지, 부유세균, 휘발성유기화합물, 유해 가스 유발

  • 유해가스: 이산화탄소, 이산화질소, 일산화탄소, 이산화질소

(3) **생활용품**

 ① 살충제, 살균제, 방향제, 곰팡이 제거제

 ② 바닥용 왁스, 가구 광택제, 인쇄물

 ③ 나프탈렌(좀약), 공기청정제 등

 ④ 휘발성유기화합물 오염물질 방출

Ⅲ　오염물질 유형[160)]

▶ 실내공기질법상의 17개 오염물질을 입자형, 가스·기체형, 휘발성유기화합물 등으로 구분하여 안내한다.

[오염물질(17개), 실내공기질 관리법 규칙§2관련 별표1]

• 미세먼지(PM-10)	• 일산화탄소(CO)	• 석면	• 벤젠
• 이산화탄소(CO2)	• 이산화질소(NO2)	• 오존(O3)	• 톨루엔
• 폼알데하이드	• 라돈(Rn)	• 초미세먼지(PM-2.5)	• 에틸벤젠
• 총부유세균(TAB)	• 휘발성유기화합물	• 곰팡이	• 자일렌/스티렌

1. 입자형 오염물질

(1) 미세먼지(PM_{10} · $PM_{2.5}$, Particulate Matter)

① $10\mu m$ 이하의 미세한 먼지 입자

② 미세먼지(PM_{10})와 초미세먼지($PM_{2.5}$)로 구분

　• 입자가 작을수록 폐에 깊숙이 침투

③ 난방용 연료 연소, 흡연, 청소 등 실내활동 시 발생

④ 호흡을 통하여 폐에 유입

⑤ 천식 등 호흡계 질병 유발, 폐 기능 및 면역력 저하

(2) 부유세균(Airbone Bacteria)

① 먼지나 수증기에 붙어서 생존하는 세균

　• 세균 분류: 부유세균, 낙하세균, 진균 등으로 분류

② 가전기기, 애완동물, 덕트 먼지, 재실자 재채기, 음식물 쓰레기 등에 기인

　• 가전기기: 냉장고, 에어컨, 가습기

③ 세균수는 먼지농도에 비례, 공기청정도에 반비례

④ 전염성질환, 알레르기질환, 피부질환, 호흡기질환, 기관지질환 유발

(3) 곰팡이(진균, Filamentous Fungi, Mold)

① 균류 중 진균류에 속하는 미생물

② 온·습도와 영양원 조건 충족 시 서식

③ 대부분 무해하나 장기간 흡입 시 알레르기질환 유발

④ 비염, 기관지 천식, 폐포염, 전신성 폐렴 등

2. 가스·기체형 오염물질

(1) 이산화탄소(CO_2, Cabon Dioxide)

① 재실자 호흡, 유기불 분해, 탄소화합물 연소 시 발생

② 건조공기 중 0.03% 가량 분포

---

160) 실내공기질 관리법 시행규칙 §2관련 별표1(오염물질) 참조

③ '분포량 ≥ 18%'일 경우 생명 위험
- 공기 중 10% 이상일 때 호흡곤란으로 질식
④ 독성은 없지만 혈액에 녹아서 폐에 잔류

(2) 일산화탄소(CO, Cabon Monoxide)

① 탄소화합물 불완전 연소 시 발생
- 불완전 연소: 석유·가스 난로, 가스레인지, 흡연 등
② 혈중 헤모글로빈과 합성, 산소결핍 유발
- 헤모글로빈 친화력은 산소보다 합성력 250배 가량
③ 호흡 노출 시 두통, 메스꺼움, 졸음, 현기증, 방향감각 상실 증상
④ 만성적 증상: 성장 장애, 만성 호흡기질환(폐렴, 기관지염, 천식)
- 노출 정도에 따라 각종 질환 유발, 심할 경우 중독 사망

(3) 이산화질소(NO_2, Nitrogen Dioxinde)

① 자극성 냄새의 적갈색 기체
- 난방 연료 및 가스레인지 연소, 흡연 시 발생
② 알칼리 및 클로로포름에 용해
③ 취사용 버너, 난방기기, 흡연 시 발생
④ 호흡 시 폐 세포 깊이 도달, 헤모글로빈의 산소 운반능력 저하
- 호흡곤란, 기관지염, 폐수종 염증 유발

(4) 라돈(Rn, Radon)

① 지반 중의 우라늄에서 생성되는 발암성 가스
- 발생원: 토양, 암석, 지하수, 천연가스, 콘크리트, 석고보드 등
② 건물 균열부, 배수관, 오수관, 기타 배관 틈새로 실내 유입
③ 무색, 무미, 무취의 방사선 가스상 물질
- WHO에서 1급 폐암 유발 물질로 규정
④ 공기 무게의 9배 가량, 실내바닥면 존재, 환기 시 제거 가능
⑤ 방사선 입자 방출, 기관지 세포 등에 악영향, 폐암 유발

(5) 포름알데히드(HCHO, Formaldehyde)[161]

① 자극성 냄새의 가연성 무색 수용성 기체
- 메탄올 산화 시 발생, 눈·코·목 자극
- 수용액 포르말린은 합성수지, 물감, 살균 및 살충제의 원료
② 가구, 벽지, 집성목, 합판, 파티클보드, 단열재, 접착제 등에서 발생
- 기타 담배연기, 화장품, 옷감 등에서도 발생
③ 급성독성 및 피부자극성의 발암성 물질
- 피부질환, 점막자극, 호흡기장애, 정서불안감, 비염, 기억력 상실
- 기타 아토피, 알레르기 유발

---

161) 외래어표기법상 '포름알데히드', '포름알데하이드', '폼알데하이드' 등을 모두 허용하고 있다.

3. 휘발성유기화합물(VOCs, Volatile Organic Compounds)

(1) 정의

① 비점(沸點)이 낮은 액체·기체상의 유기화합물 총칭

〈유기화합물〉 산업안전보건기준에 관한 규칙 §420(정의) 및 별표12 참조
- 상온·상압(常壓)에서 휘발성이 있는 액체
- 다른 물질을 녹이는 성질이 있는 유기용제를 포함한 123종의 탄화수소계 화합물

② 상온·상압에서 액체·고체상, 대기 중에서 가스 상태로 존재

(2) 해당 물질

① 액체연료, 파라핀, 올레핀, 방향족 등의 화합물
- 톨루엔, 벤젠, 에틸벤젠, 자일렌, 스티렌 등의 탄화수소류 물질

② 자외선과 광화학반응, 광화학 스모그 유발

③ 복합화학물질의 건축재료, 세탁용제, 페인트, 살충제 등에서 발생

(3) 인체 영향

① 호흡기나 피부로 인체 침투, 장기간 호흡에 노출 시 암 유발

② 일반적으로 호흡곤란, 무기력, 두통, 구토 초래

③ 만성중독 시 혈액장애 및 빈혈, 암 유발

[VOCs의 인체 위해성]

톨루엔(Toluene)	두통, 현기증, 피로, 평행장애
벤젠(Benzene)	호흡곤란, 혈액장애, 빈혈, 백혈병
에틸벤젠(Ethylbenzene)	눈·코·목·피부 자극, 졸음, 현기증, 두통, 청력손실
자일렌(Xylene)	현기증, 비틀러림, 졸림, 폐부종, 구토
스티렌(Styrene)	눈·피부·호흡기 자극, 신경·신장·폐에 영향

Ⅳ 오염물질 저감대책

1. 자재 사용

(1) 접착제

① 바탕면 함수율 < 4.5%

② 바탕면 평활도 ≤ 3mm/2m

③ 작업 중 실내온도 ≥ 5℃

④ 작업 중 자연통풍, 또는 배풍기 가동
- 환기·공조시스템 가동 중지, 급·배기구 밀폐 후 실시

[저방출자재 표지]

(2) 도장공사

① '유해원소 ≤ 인증기준'인 도료 사용
- 납, 카드뮴, 수은, 6가크롬(Cr+6)

② 도료 비산 및 실내 유입방지

③ 외부 배출대책 강구

④ 오염 저방출 장비 사용, 오일리스방식 콤프레서 등

(3) 수장재

▶ 오염물질 및 유해미생물 발생량을 줄이기 위한 건축마감용 자재 사용량이다.

① 흡방습 자재 사용량 ≥ 거실·침실 벽체면적×10%

② 항곰팡이 자재 사용량 ≥ 외피면적×5%

③ 흡착 자재 사용량 ≥ 거실·침실 벽체 총면적×10%

④ 항균 자재 사용량 ≥ 세균 우려 부위의 외피면적×5%

⑤ 오염물질 기준치 초과 자재 사용금지[162]

(4) 자재별 오염물질 방출기준[163]

① 적용대상 마감재

- 접착제, 페인트, 실런트, 퍼티, 벽지, 바닥재, 목판재 등

② 오염물질별 방출량 상한 규정

- 포름알데하이드, 톨루엔, 총휘발성유기화합물 등으로 구분

③ 자재의 적합 여부 확인 후 사용

④ 방출량 초과 자재의 사용금지[164]

[건축자재의 오염물질 방출 상한기준]　　　　　　　　　　　　　(단위: $mg/m^2 \cdot h$)

마감재 ＼ 오염물질	포름알데하이드	톨루엔	TVOCs*
접착제	0.02	0.08	2.0
페인트	0.02	0.08	2.5
실런트**	0.02	0.08	1.5
퍼티	0.02	0.08	20.0
벽지	0.02	0.08	4.0
바닥재	0.02	0.08	4.0
목질판상재[165]	0.12	0.08	0.8
	0.05	0.08	0.4

* TVOCs('Total Volatile Organic Compounds, 총휘발성유기화합물): 단위체적당 VOCs의 총량
　VOCs는 개별 물질별 휘발성유기화합물, TVOCs는 여러 물질에서 방출되는 휘발성유기화합물의 총량
** 마감재별 오염물질의 단위 중 실런트의 단위는 $mg/m \cdot h$로 한다.

---

162) 실내공기질 관리법 시행규칙 §7의2관련 별표4의2(신축 공동주택의 실내공기질 권고기준) 참조
163) 실내공기질 관리법 시행규칙 §10조①관련 별표5(건축자재의 오염물질 방출 기준) 참조
164) 실내공기질 관리법 §11(오염물질 방출 건축자재의 사용제한 등)① 참조
165) 목질판상재: 합판, 파티클보드, 섬유판 등을 가공하여 만든 판상재로서 바닥마감재와 가구재는 제외한다.

2. 시공관리

① 저방출형 자재 선정
② 자재 입고 시 적합품 확인
③ 자재 보관 중 품질변화 및 오염물질 관리
④ 공사 중 환기계획에 따라 오염물질 실외 배기
⑤ 접착제 및 도료 사용기준 준수

3. 실내마감 후 환기[166]

[오염물질별 방출기준 상한값: 실내공기질 관리법 시행규칙 별표(4의2, 2, 3) 참조]

오염물질	신축 공동주택	다중이용시설	
	권고기준(별표4의 2)	유지기준(별표2)	권고기준(별표3)
미세먼지(PM-10)	–	$75{\sim}200\mu g/m^3$	
미세먼지(PM-2.5)	–	$35{\sim}50\mu g/m^3$	
이산화탄소	–	1,000ppm	
포름알데하이드	$210\mu g/m^3$	$80{\sim}100\mu g/m^3$	
총부유세균	–	$800CFU/m^3$	
일산화탄소	–	10~25ppm	
이산화질소	–	–	0.05~0.30ppm
라돈	$148Bq/m^3$	–	$148Bq/m^3$
곰팡이			$500CFU/m^3$
총휘발성유기화합물	–	–	$400{\sim}1,000\mu g/m^3$
벤젠	$30\mu g/m^3$	–	–
톨루엔	$1,000\mu g/m^3$	–	–
에틸벤젠	$360\mu g/m^3$	–	–
자일렌	$100\mu g/m^3$	–	–
스티렌	$300\mu g/m^3$		

(1) 의무사항

① 모든 실내 내장재 및 붙박이 가구류 설치 후 환기
② 플러시아웃 및 베이크아웃 실시
③ 시공과정 중 발생한 오염물질 배출
④ 습식공법에 따른 잔여 습기 제거
⑤ 신규 입주자용 설명서 마련 및 인계

(2) 플러시아웃(Flush Out)

① 신선한 외기를 실내에 도입, 실내 오염원 실외 배출
② 대형팬이나 환기설비에 의한 외기 공급
③ 환기설비 이용 시 필터 교체주기 준수

---

166) '건강친화형 주택 건설기준' §4관련 별표2(Flush-out 및 Bake-out 시행기준) 참조

④ 외기공급량, 공급시간, 시행방법 등 시방서 명기
- 실내온도 ≥ 16℃, 상대습도 ≤ 60%, 세대별 지속적 외기공급량 ≥ 400m^3/m^2
⑤ 강우·강설 시 중지

(3) 베이크아웃(Bake Out)

① 실내온도 증대, 마감재 유해물질의 배출 증진 후 환기
② 외피 개구부 밀폐(문, 창문, 환기구 등)
③ 수납가구 문·서랍 개방, 가구 포장재 제거
④ 실내온도 33~38℃ 8시간 유지
⑤ 개구부 개방 후 2시간 환기 및 측정, 동일 요령으로 3회 이상 반복

V 결론

1 신축 공동주택에서 실내공기질은 입주 초기에 재실자의 질적 거주환경을 해치므로 설계 단계부터 오염물질 저 방출형 자재와 효율적 환기시스템을 적극 반영할 필요가 있다.

2 공사담당자는 마감공사 후 입주 전후에 플러시아웃 및 베이크아웃을 실시하여 오염물질을 기준치 이하로 관리하고 입주자에게 '실내공기질 관리지침'을 안내하여 실내공기질 관리가 이어지도록 해야 한다.

PART 06

건설경영 총론

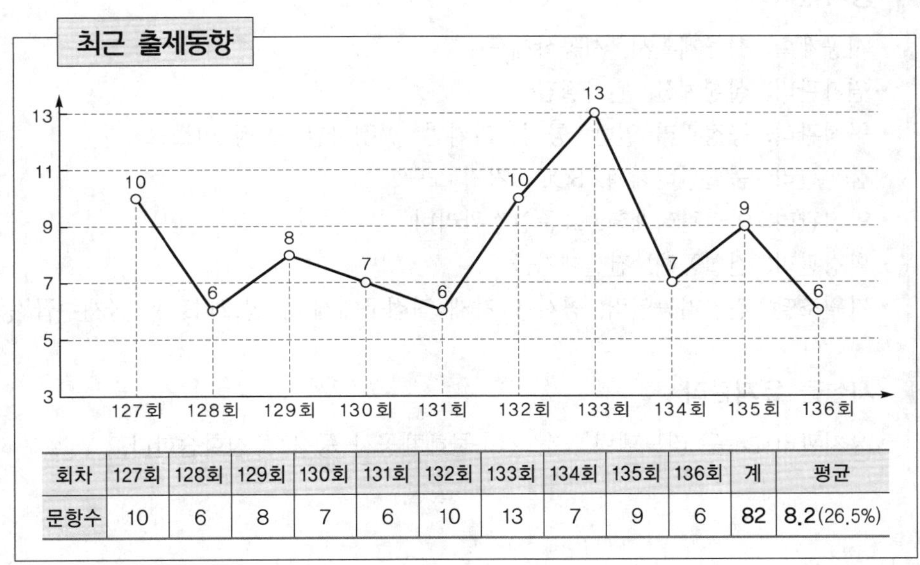

최근 출제동향

회차	127회	128회	129회	130회	131회	132회	133회	134회	135회	136회	계	평균
문항수	10	6	8	7	6	10	13	7	9	6	82	8.2(26.5%)

📖 학습방향

제6편은 건설사업 전반으로 학습량이 가장 많고 난해하며, 제4편 다음으로 출제비중이 높은 단원이다. 건설경영 총론의 틀이 바로 건설사업이 프로세스이므로 차례를 우선적으로 이해할 수 있어야 한다.
해당 절별 중점학습할 부분은 다음과 같다.

제1절 건설경영

- 건설경영을 건설사업, 건설정보, 건설혁신 등으로 구분·이해, '건설사업' 학습에 중점
- 건설사업: CM·PM 차이점, CM 유형 및 업무, 리스크·클레임 유형 및 예방대책

제2절 건설계획·설계

- 설계환경: 친환경건축물 개념, 녹색건축인증제도, 유엔기후변화협약
- 설계도서 및 검토: 공사시방서, 건설 VE 중점학습

제3절 건설계약

- 건설용역계약, 건설공사계약, 건설조달계약 등의 관점에서 접근
- 발주·계약: 공공부문 공사계약으로서 공동도급 이해
- 입낙찰제도: 순수내역입찰, 종합심사낙찰제도, 최고가치낙찰제도
- 계약이해·변경: 파트너링, 계약금액 조정

제4절 공사관리

- 시공계획: 시공계획서, 시공상세도
- 원가관리: 실행예산, 원가절감
- 공정관리: 공정관리 일반, 공정관리기법, 공정마찰, 공정 리스크
- 품질관리: 품질관리계획, SQC 7가지 도구
- 안전관리: 안전관리계획, 표준안전관리비
- 환경관리: 건설공해, 건설폐기물
- 자원조달: 건설기능인력, 공사용 자재 직접구매제도, 콘크리트용 골재수급 등

제5절 시설물 유지관리

- 유지관리 흐름, 리모델링공사, 건축물해체공사 등을 중점학습한다.

📖 과년도 출제 문제(552)

제1절 건설경영 (119)	건설사업 (65)	건설사업관리 (25) 건설위험도관리 (10) 건설 클레임 (16)
	건설정보 (13)	
	건설혁신 (40)	BIM (11) 린 건설 (11) 기타 (11)
제2절 건설계획·설계 (88)	설계환경 (59) 설계도서검토 (29)	
제3절 건설계약 (89)	발주·계약 (45) 계약이행·변경 (17)	입낙찰제도 (26)
제4절 공사관리 (210)	시공계획 (19) 공정관리 (48) 안전관리 (39)	원가관리 (25) 품질관리 (24) 환경관리 (28)
	조달관리 (27)	인력 (8) 장비·자재 (7) 하도급 (8)
제5절 시설물 유지관리 (46)	인수·유지 (12) 시설물해체 (25)	리모델링 (9)

제1절 건설경영 119

〈건설사업〉 65
[건설사업관리] 34
60101 건설사업관리(CM)의 주요업무
60104 PMDB (Project Management Data Base)
70108 PL법(제조물 책임법)
71106 관리적 감독 및 감리적 감독
74104 Project Financing
74109 건설공사비 지수
80201 건설프로젝트 단계별 CM(Construction Management) 업무에 대하여 기술하시오.
80305 설계단계에서 적정공사비 예측방법에 대하여 기술하시오.
84404 건설 프로젝트 기획 및 설계 단계별 공사비 예측방법에 대하여 기술하시오.
88406 건설사업관리(Construction Management)의 계약방식을 설명하고 향후 발전방향에 대하여 기술하시오.
90205 건설공사의 기획 및 설계 각 단계에서 사용되는 개산견적의 방법과 목적에 대하여 설명하시오.
90305 시공책임형 사업관리(CM at Risk) 계약방식의 특징과 국내 도입시 기대효과에 대하여 설명하시오.
91105 XCM(Extended Construction Management)
94104 직할 시공제
95201 최근 건축공사 프로젝트 파이낸싱(Project Financing) 사업이 사회 및 건설업계에 미치는 문제점과 대책에 대하여 설명하시오.
95205 건축현장의 CM(Construction Management) 운용 시 공기지연의 원인 및 방지대책에 대하여 발주, 설계 및 시공단계별로 설명하시오.
03105 건설공사 직접시공 의무제
07401 건설기술진흥법령에 따라 발주청이 시행한 건설공사의 사후평가에 대하여 설명하시오.

10202 시공책임형 건설사업관리(CM at Risk) 발주방식의 특징과 공공부문 도입 시 선결조건 및 기대효과에 대하여 설명하시오.
12104 총사업비관리제도
14109 건설사업에서의 RAM(Responsibility Assignment Matrix)
15111 프리콘(Pre Construction) 서비스
19101 건설공사비 지수(Construction Cost Index)
20110 CM at Risk의 프리컨스트럭션(Pre-construction) 서비스
21108 CM at Risk에서의 GMP(Guaranteed Maximum Price)
21404 정부에서 발주하는 공공사업에서의 건설공사 사후평가제도(건설기술진흥법 제52조)에 대하여 설명하시오.
24205 건축법에서의 공사감리와 건설기술진흥법에서의 건설사업관리를 비교하여 설명하시오.
26101 건설공사의 직접시공계획서
27201 건설사업관리(CM) 계약의 유형과 주요업무에 대하여 설명하시오.
29306 시공책임형 건설사업관리(CM at Risk)의 정의, 한계점 및 개선방안, 적용확대방안에 대하여 설명하시오.
33111 건설공사비 지수
33301 주택 건설공사에서 감리자의 업무 착수 준비사항 및 현지여건 조사에 대하여 설명하시오.
33405 '건설기술진흥법'상 건설사업관리를 시행하여야 하는 건설공사의 종류와 건설사업관리의 주요업무 내용에 대하여 설명하시오.
35113 건설사업관리(Construction Management)와 종합사업관리(Program Management)

〈건설위험도관리〉 10
65303 건설사업 추진과정에서 예상되는 리스크(Risk)인자를 서술하시오. (기획, 설계, 시공, 유지관리 단계별)
67304 계약 및 시공단계에서의 리스크 요인별 대응방안
71204 건축사업 시행(기획, 설계, 시공)시 예상되는 리스크의 요인별 대응방안을 기술하시오.
87109 건축 위험관리에서 위험 약화전략 (Risk Mitigation Strategy)
87306 건설사업 단계별(기획, 입찰 및 계약, 시공) 위험관리 중점사항에 대하여 기술하시오.
96301 건축공사의 시공단계에서 발생할 수 있는 위험(Rik)요인(要因)별 대응방안에 대하여 설명하시오.
01303 건설공사 시공단계에 잠재된 위험요인(Risk)들을 인지, 분석, 대응하는 방법에 대하여 설명하시오.
13113 위험약화 전략(Risk Mitigation Strategy)
16306 건설프로젝트 리스크관리에 대하여 설명하시오.
18301 건설 리스크관리(Risk Management)의 대응전략과 건설분쟁(클레임, Claim) 발생 시 해결방법에 대하여 설명하시오.

〈건설클레임〉 21
63406 공기 지연 유발원인을 유형별로 열거하고 클레임 제기에 필요한 사전 조치사항을 기술하시오.
64305 국내외 건설 클레임 및 분쟁의 해결방법을 설명하시오.
67203 공기지연의 유형별 발생원인과 대책
71401 공기지연의 유형을 발생원인(발주, 설계, 시공)별로 구분하여 설명하시오.

72401 건설공사에 발생하는 클레임의 발생유형과 사전
　　　　대책에 대하여 기술하시오.
77306 건설 클레임(Claim)의 유형을 설명하고 그 해결방
　　　　안과 예방대책을 설명하시오.
78402 건설공사 공기지연 클레임(Claim)의 원인별 대응
　　　　방안에 대하여 기술하시오.
80206 건축시공자의 입장에서 클레임(Claim) 추진절차
　　　　및 방법에 대하여 기술하시오.
87112 동시지연(Concurrent Delay)
88206 현장시공시 클레임(Claim)발생의 직접요인들을
　　　　설명하고, 클레임 예방 및 최소화 방안에 대하여
　　　　기술하시오.
91201 공동주택의 하자로 인한 분쟁발생의 저감방안에
　　　　대하여 기술하시오.
97301 건축공사에서 클레임(Claim)발생 직접요인들을
　　　　설명하고, 클레임 예방 및 최소화방안에 대하여
　　　　설명하시오.
01113 건설공사 공기지연 중에서 보상가능지연(Compensable
　　　　Delay)
13406 건설현장 공사분쟁의 정의와 분쟁해결 방안을 단
　　　　계별로 설명하시오.
17406 건축공사 분쟁에 있어서 클레임의 유형과 발생요
　　　　인 및 분쟁해결방안에 대하여 설명하시오.
23101 공사계약기간 연장사유
23302 건설클레임의 유형과 해결방안에 대하여 설명하시오.
24301 건설 클레임 준비를 위한 통지의무와 자료유지 및
　　　　입증에 대하여 기술하고, 클레임 청구절차 항목을
　　　　설명하시오.
26104 건설공사의 클레임(Claim)
29101 건설소송에서 기성고 비율
31205 클레임의 정의와 처리절차(①협의②조정③중재
　　　　④소송)에 대하여 설명하시오.

[건설정보] 14
60113 건설 CALS
64102 PMIS(Project Management Information System)
64205 건설표준화에 대하여 설명하고, 시공에 미치는 영
　　　　향을 기술하시오.
67401 건축시공의 지식관리 시스템 추진방안
70406 효율적인 공사관리를 위하여 웹(Web)기반 공사관리
　　　　체계를 도입하려고 한다. 다음사항을 기술하시오.
　　　　1) 필요성 2) 초기 도입시 예상되는 문제점
　　　　3) 변화 예상되는 공사관리의 범위와 대상
　　　　4) 현장의 준비사항
72102 건설 CITIS (Contractor Intergrated Technical
　　　　Information System)
75103 무선인식기술(RFID)
82304 Web기반 PMIS의 내용, 장점 및 문제점에 대하여
　　　　기술하시오.
83112 데이터 마이닝 (Data Mining)
87302 유비쿼터스(Ubiquitous)에 대응하기 위한 건설업
　　　　계의 전략에 대하여 기술하시오.
91108 RFID(Radio Frequency Identification)
04108 RFID
24406 지식경영시스템의 정의와 목적을 기술하고, 지식
　　　　경영의 장애요인 및 극복방안을 설명하시오.
36101 건설사업관리정보시스템(PMIS: Project Management
　　　　Information System)

[건설혁신] 40
〈BIM〉 14
85205 건축공사에서 BIM(Building Information Modeling)
　　　　의 필요성과 활용방안에 대하여 설명하시오.
90102 BIM (Building Information Modeling)
93404 건축시공 분야에서의 BIM(Building Information
　　　　Modeling) 적용방안에 대하여 설명하시오.
08112 5D BIM(5 Dementional Building Information
　　　　Modeling)요소기술
09301 건축시공 및 원가관리 중심의 BIM(Building
　　　　Information Modeling) 현장 적용방안에 대하여
　　　　설명하시오.
15112 개방형 BIM(Open BIM)과 IFC(Industry Foundation Class)
17104 BIM(Building Information Modeling)
19109 BIM LOD(Level of Development)
21206 BIM(Building Information Modeling)기술의 시공
　　　　분야 활용에 대하여 4D, 5D를 중심으로 설명하시오.
24204 BIM기술의 활용 중에서 드론과 VR(Virtual Reality)
　　　　및 AR(Augmented Reality)에 대하여 설명하시오.
30102 BIM(Building Information Modeling)의 활성화 방안
32306 BIM을 활용한 3D, 4D, 5D 중 4D 모델 활용의 장
　　　　점과 고려사항을 설명하시오.
33102 BIM 협업
35406 BIM(Building Information Modeling)을 활용한
　　　　프리컨스트럭션(Pre-Construction) 적용에 대하
　　　　여 설명하시오.

〈린건설〉 11
72406 Lean Construction의 기본개념, 목표, 적용요건,
　　　　활용방안 등에 대하여 기술하시오.
76205 TACT공정 관리에 대하여 기술하시오.
79305 사이클타임(CT)을 정의하고, 이를 단축함으로서
　　　　얻을 수 있는 기대효과를 기술하시오.
80113 린건설(Lean Construction)
85103 Tact 공정관리기법
92105 TACT 기법
93405 린 건설 생산방식의 개념 및 특징에 대하여 설명하시오.
97102 건설공사의 생산성(Productivity) 관리
98406 TACT 공정관리의 특징과 공기단축 효과에 대하
　　　　여 설명하시오.
09305 Lean Construction의 개념, 특징 및 활용방안에
　　　　대하여 설명하시오.
20111 린건설(Lean Construction)의 장점 및 단점

〈기타〉 15
63206 우리나라 해외건설의 침체 원인과 활성화 방안을
　　　　기술하시오.
69404 Business Reengineering에 의한 건설경영 혁신
　　　　방안에 대하여 기술하시오.
73406 최근 건설업의 환경변화에 대한 건설업의 경쟁력
　　　　향상 방안을 기술하시오.
76103 SCM(Supply Chain Management)
79201 건설산업 경쟁력 강화를 위한 기술개발의 필요성
　　　　과 추진방안에 대하여 기술하시오.
83106 6시그마(Sigma)
99304 최근 국내 건설경기 부진에 따른 건설경기 침체원
　　　　인, 사회에 미치는 영향 및 활성화를 위한 방안에
　　　　대하여 설명하시오.

60401 건축공사 시방서에 관한 기재사항 및 작성절차를 기술하시오.
63112 VECP(Value Engineering Change Proposal) 제도
64106 L.C.C
64112 시공성 분석
64204 건설 V.E(Value Engineering)의 개념과 적용시기 및 그 효과에 대해 설명하시오
67109 시공성(constructability)
67406 건설 프로젝트의 진행 단계별 LCC(Life cycle cost) 분석방안
73306 V.E개념과 시공에 있어서 건설VE의 필요성과 효과에 대하여 기술하시오.
78406 공동주택 건축설계단계에서의 VE적용방법과 절차에 대하여 기술하시오.
81303 L.C.C(Life Cycle Cost)측면에서 효과적인 V·E(Value Engineering)활동기법을 설명하시오.
89302 건축물 LCC(Life Cycle Cost)를 설명하고, LCC분석 전(全)단계의 VE(Value Engineering)효과에 대하여 설명하시오.
93104 시방서의 종류 및 포함되어야 할 주요사항
93105 VE(Value Engineering)
00304 국내 건설공사에서 VE(Value Engineering)의 법적요건과 적용상의 문제점 및 개선방안에 대하여 설명하시오.
02111 준공공(準公共) 임대주택
06202 건축물의 생애주기비용(LCC) 산정절차에 대하여 설명하시오.
08402 건축물 생애주기비용(LCC) 분석방법 중 확정적 및 확률적 분석방법의 적용조건과 적용방법에 대하여 설명하시오.
09111 설계안전성 검토(Design For Safety)
15113 브레인스토밍(Brain Storming)의 원칙
18401 VE(Value Engineering)의 수행단계 및 수행방안에 대하여 설명하시오.
18201 건설기술진흥법시행령 제75조의 2(설계의 안전성 검토)에 따른 건설공사 안전관리 업무수행 지침(국토교통부고시 제2018-532호)상 시공자의 안전관리업무를 설명하시오.
22102 건축공사 설계의 안전성검토 수립대상
27102 DFS(Design for Safety)
27302 설계의 경제성 검토(설계VE : Value Engineering)에 대하여 실시대상공사, 실시시기 및 횟수, 업무절차를 설명하시오.
30109 설계 경제성 평가(VE)의 원칙과 수행시기 및 효과
31102 LCC(Life cycle cost)에서 현재가치화법
32203 VE(Value Engineering)의 정의 및 수행 시점별 효과와 추진절차에 대하여 설명하시오.
36405 설계VE(Value Engineering)의 검토업무 절차 및 VEP(Value Engineering Proposal)와 VECP(Value Engineering Change Proposal)의 차이점에 대하여 설명하시오.

제3절 건설계약 89

[발주 · 계약] 46

63101 성능발주 방식
64103 공동도급 공사에서 공동이행방식, 분담이행방식
65112 실적 공사비
65306 공동도급계약시 공동이행방식에 의한 현장운영현황을 기술하시오. (목적, 장단점, 현실태, 문제점, 개선방안등)

66205 건설 현장에 신공법을 적용할 경우 사전검토사항을 구체적으로 기술하시오
67113 Cost plus time 계약
69111 정액도급(Lump-Sum Contract)
70306 실적공사비 자료를 활용한 예정가격 산정방법에 대하여 다음 사항을 기술하시오.
  1) 실적공사비를 활용한 견적방법의 정의
  2) 실적공사비 도입의 필요성
  3) 실적공사비 예정가격 산정방법
  4) 실적공사비 도입시 예상되는 문제점
71108 시공능력 평가제도
72204 실적공사비 적산제도 도입에 따른 문제점 및 대책에 대하여 기술하시오.
74108 Lane Rental 계약방식
75206 신기술 적용 및 절차, 문제점, 대책에 대하여 기술하시오.
76107 B.T.L
77107 시공능력평가제도
80104 Letter of Intent(계약 의향서)
82406 건설사업 발주방식에서 BTL(Build-Transfer-Lease)과 BTO(Build-Transfer-Operate) 사업의 구조를 설명하고 특성을 비교하여 설명하시오.
83109 주계약자형 공동도급제도
86405 설계 · 시공일괄발주방식(Design Build Turn Key)과 설계 · 시공분리발주방식(Design-Bid-Build)의 특징 및 장단점을 비교 설명하시오.
89111 시공능력 평가제도
91206 공동도급방식의 기본사항과 특징을 설명하고, 조인트 벤처(Joint Venture)와 컨소시움(Consortium)방식을 비교 설명하시오.
92401 현행 실적공사비 적산제도 시행에 따른 문제점 및 대책에 대하여 설명하시오.
93108 건설산업에서의 IPD(intergrated Project Delivery)
95101 주계약자형(主契約者型) 공동도급
95102 합성단가(合成單價)
99113 NSC(Nominated sub-contractor) 방식
99202 건축공사비 산정을 위한 내역서 작성 시 원가계산에 반영하여야 할 항목과 제반비용 및 개선방안에 대하여 설명하시오.(현행 국가계약법 및 조달청 원가계산 제비용 적용기준)
02101 건설공사대장 통보제도
02204 건축물 골조공사 시 도급수량대비 시공수량 초과 현상이 자주 발생되는 바, 철근과 콘크리트수량 부족의 원인 및 대책에 대하여 설명하시오.
03111 통합 발주방식(IPD : Integrated Project Delivery)
05206 공공건설 공사비 결정방식에서 실적공사비의 문제점 및 개선방안에 대하여 설명하시오.
06105 표준시장단가제도
10302 공동도급공사에서 Paper Joint의 문제점 및 대책에 대하여 설명하시오.
11112 표준시장단가
12107 BTO-rs(Build Transfer Operate-risk sharing)
17405 국내 건설 발주체계의 문제점 및 개선방안에 대하여 설명하시오.
19111 BOT(Build Operatee Transfer)와 BTL(Build Transfer Lease)
19304 계약형식 중 공동도급(Joint Venture)에 대하여 설명하시오.
19305 건설신기술지정제도에 대하여 설명하시오.
25301 계약형식 중 공동도급(Joint Venture)의 공동이행방식과 분담이행방식의 정의와 장단점에 설명하시오.

63104 E.V.M.S(Earned Value Managemen Stystem)
64402 실행 예산 작성시 검토할 사항에 대하여 설명하시오.
66402 국내건설공사에서 공정-원가 통합관리의 저해요
　　　 인과 해결방안을 기술하시오.
72404 정부에서 추진하고 있는 공정, 공사비 통합 관리체계
　　　 구축의 구체적 기법인 E.V.M (Earned Value
　　　 Management) 개념 및 적용절차에 대하여 기술하시오.
74301 주 5일 근무제 시행에 따른 현장관리 문제점과 대
　　　 책에 대하여
　　　 1)생산성　 2)공정관리를 구분하여 설명하시오.
75113 간접공사비
75405 공사원가 관리의 MBO(Management By Objective)
　　　 기법에 대하여 기술하시오.
77206 품질관리, 공정관리, 원가관리 및 안전관리의 상
　　　 호 연관관계에 대하여 설명하시오.
79206 공사원가 관리의 필요성 및 원가절감 방안에 대하
　　　 여 기술하시오.
82101 EVM(Earned Value Management)에서의 Cost
　　　 Baseline
84108 CPI(Cost Performance Index)
85404 건설공사의 원가측정(cost measurement)방법에
　　　 대하여 설명하시오.
88303 건설공사에서 원가구성 요소를 설명하고 원가관
　　　 리의 문제점 및 대책을 기술하시오.
90107 SPI (Schedule Performance Index)
96201 건설공사의 원가 구성요소를 구분하고, 원가관리
　　　 의 문제점 및 대책에 대하여 설명하시오.
00401 건축공사현장 개설시 시공사의 실행예산서 편성
　　　 요령, 구성 및 특징에 대하여 설명하시오.
01402 EVMS의 현장 운용상 문제점 및 활성화 방안에 대
　　　 하여 설명하시오.
07306 공사원가 관리에서 MBO(Management By Objective)
　　　 기법의 실행단계 및 평가방법에 대하여 설명하시오.
09107 EVMS(Earned Value Management System) 주
　　　 체별 역할
12113 건축공사의 원가계산서
15406 아래와 같은 가정에서 5일차를 기준으로 계획공사비
　　　 (BCWA), 달성공사비(BCWP), 실투입비(ACWP), 공
　　　 정수행지수(SPI) 및 공사비수행지수(CPI)를 계산하
　　　 고, SPI와 CPI를 이용하여 공사의 진행상황을 분석하
　　　 여 설명하시오.

〈가정〉
1,000,000원 예산으로 100m³의 터파기 작업을
10일 동안 수행하도록 계획하였으며, 이때 계획
진도는 작업기간에 정비례하는 것으로 가정한
다. 5일차까지 달성한 시점을 기준으로 40m³의
물량이 완료되었으며, 5일차까지 실제로 투입된
원가는 단위물량당 15,000원/m³으로 가정한다.

16102 건설원가 구성 체계
17112 EVMS(Earned Value Management System)
33103 EVM(Earned Value Management)에서 SPI(Schedule
　　　 Performance Index)와 CPI(Cost Performance Index)

[공정관리] 48
60107 건설공사의 진도관리방법
60405 초고층건축물 신축공사에서 공정마찰(공정간섭)이
　　　 공사에 미치는 영향과 그 해소기법을 기술하시오.

61107 코스트 슬로프
61205 복합 공법 적용 현장의 효율적인 공정관리 시스템
　　　 에 대하여 기술하시오.
61306 CPM 공정표 작성기법 중 ADM(Arrow Diagraming
　　　 Method)과 PDM(Predence Diagraming Method)
　　　 에 대하여 장단점을 비교 설명하시오.
62101 MCX(minimum cost expediting)기법
62103 특급점(Crash Point)
64201 공동주택현장에서 한 개 층 공사의 1Cycle 공정순
　　　 서(Flow Chart)와 중점관리사항을 설명하시오.
64306 건축공사에서 공사간섭원인과 해소방법을 설명하시오.
65110 Mile Stone
65111 자원분배(Resource Allocation)
66108 공정관리에서 L.O.B (Line Of Balance)
67111 진도관리
68101 Critical Path (주공정선)
69403 초고층 건축의 공정운영방식에 대하여 아래의 항
　　　 목들에 따라서 설명하시오.
　　　 ① 병행시공방식 ② 단별시공방식
　　　 ③ 연속반복방식 ④ 고속궤도방식(Fast Track)
72203 다음 공정표에서 일일작업에 공급될 수 있는 최대
　　　 동원지원인력이 3명일 경우 자원할당 (Resource
　　　 Allocation)에 의한 최소 공사기간을 산출하시오.
75112 공정관리의 over lapping기법
75304 CPM과 PERT에 대하여 비교 기술하시오.
76305 네트워크　 공정관리기법중　 화살형기법(AOA :
　　　 Activity On Arrow)과 노드형기법(AON : Activity
　　　 On Node)을 설명하고 특징을 비교 분석하시오.
77101 Cost Slope(비용구배)
78108 절대공기
78109 LOB(Line of Balance)
78111 Milestone(중간관리시점)
81112 최적시공속도
83406 공정마찰이 공사수행에 영향을 주는 요인과 개선
　　　 방안을 설명하시오.
84301 공정계획시 공사 가동율 산정방법에 대하여 설명하시오.
87401 공정관리 기법이 전통적인 ADM기법에서 Overlapping
　　　 Relationship을 갖는 PDM기법으로 변화하는 원인과
　　　 이에 대한 건설현장의 대책에 대하여 기술하시오.
88111 공정관리의 급속점(Crash Point)
89406 네트워크 공정표의 공기단축에서 MCX(Minimum
　　　 Cost Expediting)나 SAM(Siemens Approximation
　　　 Method)기법 등에 의한 공기단축에 앞서 실시하는
　　　 네트워크 조정기법에 대하여 설명하시오.
90402 공정관리에서 자원량이 한정되었을 때와 공사기간이 한
　　　 정되었을 때를 구분하여 자원관리 방법을 설명하시오.
91402 공기와 비용의 관점에서 공사지연의 유형을 분류
　　　 하여 설명하시오.
93102 네트워크 공정표에서의 간섭여유(Defended Float
　　　 or interfering Float)
94113 공정갱신에서 Progress Override 기법
94303 PDM(Precedence Diagramming Method) 공정관
　　　 리기법의 중복관계를 설명하고 중복관계의 표현
　　　 상 한계점에 대하여 설명하시오.
95110 공정관리의 Mile Stone(중간관리일)
99109 비용구배(Cost slope)

02113 공정관리의 Last Planner System
03109 선형공정계획(Linear Scheduling)
04102 공정관리에서 LOB 공정표
05402 공정관리절차서 작성의 필요성과 절차 및 담당자
별 주요업무사항에 대하여 설명하시오.
07105 자원배당
12306 건축공사 예정공정표와 현장공정관리 활용도가
저하되는 이유와 개선방안에 대하여 설명하시오.
14104 공정관리에서의 LSM(Linear Scheduling Method)기법
16203 건축공사 시 단계별 공기지연 발생원인과 방지대
책에 대하여 설명하시오.
20402 공동주택 마감공사에서 작업 간 간섭발생 원인과
간섭저감 방안에 대하여 설명하시오.
23105 PDM(Precedence Diagramming Method)기법
25403 건축공사 공정관리에서 자원배당 시 고려사항과
자원배당 방법에 대하여 설명하시오.
26401 초고층 건축공사의 공정마찰과 이에 대한 개선 대
책을 설명하시오.

[품질관리] 24

62109 Pareto도
63109 산포도(산점도, Scatter Diagram)
65113 품질보증(Quality Assurance)
65204 설계품질과 시공품질에 대하여 설명하시오.
65302 건설 프로젝트에 있어서 품질 매니지먼트(Quality
－Management)에 대해 기술하시오.
66105 작업표준
68301 건설공사 품질보증에 대하여 다음을 각각 설명하시오.
1) 도급계약서상의 품질보증
2) TQC에 의한 품질보증
3) ISO 9000 규격에 의한 품질보증
71406 건축공사 품질관리에 대하여
1) 생산성에 미치는 효과를 기술하고
2) 품질관리 Tool을 항목별로 기술하시오
72109 품질비용 (Quality Cost)
75204 부실시공의 원인과 방지대책에 대하여 기술하시오.
79107 부실공사와 하자의 차이점
82113 품질비용
84112 히스토그램(Histogram)
95112 부실공사(不實工事)와 하자(瑕疵)의 차이점
97403 건설기술관리법에 의한 발주청 또는 해당 인·허가
관청에 승인을 득한 후 실시해야 하는 품질관리계
획과 품질시험계획에 대하여 설명하시오.
00111 건설기술관리법의 부실벌점 부과항목(건설업자,
건설기술자 대상)
01304 건축공사에서 품질 경영기법으로 활용되는 품질
비용의 구성 및 품질개선과 비용의 연계성에 대하
여 설명하시오.
05108 현장시험실 규모 및 품질관리자 배치기준
22406 건설기술진흥법령에 따른 건설공사 등의 벌점관
리기준에서 벌점의 정의와 벌점의 산정방법 및 시
공단계에서 건설사업관리기술인의 주요 부실내용
에 따른 벌점 부과기준에 대하여 설명하시오.
23404 건설기술진흥법상 품질관리계획 및 품질시험계획
수립대상 공사와 건설기술인 배치기준, 품질관리
기술인 업무에 대하여 설명하시오.
24113 다중이용 건축물

25103 품질관리 중 발취 검사(Sample Inspection)
27105 품질관리 7가지 도구
32101 건축물 축조 시 건축기준의 허용오차

[안전관리] 39

63107 Tool Box Meeting
63205 일반 건설공사의 안전관리비 구성항목과 사용내
역에 대해 기술하시오.
63305 유해위험방지 계획서 제출서류 항목 및 세부내용에
대하여 기술하시오.(높이 31m이상인 건축공사)
68203 건설현장에서 발생하는 안전사고의 발생유형과
예방대책을 기술하시오.
72205 건축공사에서 발생하는 안전사고의 유형과 예방
대책에 대하여 기술하시오.
78306 현장안전관리비 사용계획서, 작성 및 집행에 따른
문제점 및 개선방안에 대하여 기술하시오.
83202 우기(雨期)에 건설현장에서 점검해야 할 사항을
열거 설명하시오.
85406 건축공사에서 표준안전관리비의 적정 사용방안에
대하여 설명하시오.
95305 우기(雨期)철 건축공사 현장에서 집중호우, 토사
의 붕괴, 폭풍으로 인한 낙하.비래(飛來)에 대한
안전사고 예방대책을 설명하시오.
01204 산업안전보건법령에 규정하고 있는 유해위험방지
계획서 제출대상과 구비서류 및 작성 시 유의사항
에 대하여 설명하시오.
01406 건설공사에서 차량계 건설기계의 종류를 나열하
고, 차량계 건설기계를 사용할 때 위험 방지대책
에 대하여 설명하시오.
04301 최근 건설현장에서 발생하고 있는 화재원인 및 방
지대책에 대하여 설명하시오.
06112 안전관리의 MSDS(Material Safety Data Sheet)
10201 혹서기(酷暑期) 건축공사 현장의 안전보건 관리방
안과 밀폐공간작업 및 집중호우 관리방안에 대하
여 설명하시오.
12406 최근 국토교통부에서 '국토교통 4차 산업혁명 대응
전략'을 제시하는 등, 우리 사회 경제 전반에 지능화,
고도화가 요구되고 있다. 건설 안전 및 현장시공
효율성 제고에 적용될 수 있는 방안을 설명하시오.
13203 일반건설공사의 규모별 산업안전보건관리비의 계상
기준과 운영상 문제점 및 대책에 대하여 설명하시오.
16111 건설업 기초안전보건교육
18101 안전관리의 물질안전보건자료(MSDS : Material Safety
Data Sheet)
22306 산업안전보건법령에 의한 안전보건교육 교육대상
별 다음 항목에 대하여 설명하시오.
1) 근로자 정기교육 내용
2) 관리감독자 정기교육 내용
3) 채용 시 교육 및 작업내용 변경 시 교육 내용
24103 밀폐공간 보건작업 프로그램
24107 건설기술진흥법상 가설구조물의 안전성 확인 대상
25201 안전관리계획서를 수립해야 하는 건설공사 및 구
성항목에 대하여 설명하시오.
26202 건설현장 작업허가제의 대상과 절차 및 화재예방
을 위한 화기작업 프로세스를 설명하시오.
26402 중대재해처벌법에 대해 '안전보건관리체계의 구
축 및 이행조치' 사항을 포함하여 설명하시오.
27103 건설기술진흥법상 안전관리비

28205 중대재해처벌에 관한 법률에 따른 중대산업재해의 정의와 사업주, 경영책임자 등의 안전보건확보 의무 및 처벌사항에 대하여 설명하시오.

30201 안전관리 계획수립의 기준 및 절차에 대하여 설명하시오.

31111 '중대재해 처벌 등에 관한 법률'상의 중대산업재해와 중대시민재해

32104 건설 사업장의 위험성 평가 절차

32202 건설현장에서의 임시소방시설 설치기준에 대하여 설명하시오.

32206 건설공사 유해위험방지 계획서 제출 절차 및 작성내용과 제출 대상에 대하여 설명하시오.

32402 건설공사의 안전관리비와 산업안전보건관리비를 비교 설명하시오.

33202 스마트 안전장비 지원사업과 건설현장 스마트 안전관리 주요 요소기술 및 단계별 적용방안에 대하여 설명하시오.

33406 '중대재해 처벌 등에 관한 법률'과 '산업안전보건법'에서 각각 정의 하는 법 이행의 의무 주체, 의무내용 및 재해에 대하여 비교 설명하시오.

34102 '산업안전보건법'에 따른 건설업 사업장 휴게시설 설치·관리기준

34306 물질안전보건자료(MSDS : Material Safty Data Sheet)의 개요, 작성 시 포함 내용, 교육의 시기 및 내용, 작업공정별 관리요령에 포함되어야 할 사항에 대하여 설명하시오.

35102 산업안전보건관리비의 공사 진척(공정률)에 따른 사용기준

35201 스마트 안전관리 시스템 개념과 스마트 안전장비 종류 및 현장 적용 방안에 대하여 설명하시오.

36406 안전관리계획서를 수립해야 하는 건설공사의 종류 및 수립기준과 승인절차에 대하여 설명하시오.

[환경관리] 28

62105 ISO 14000

62402 도심 밀집지역에서 공사 진행시 유의해야 할 환경공해에 대하여 기술하시오.

62405 현장에서 발생하는 건설폐기물의 저감방안을 기술하시오

66110 환경관리비

68201 건설공해의 예방을 위해 다음과 같은 현장환경관리의 요소별 대책에 대하여 기술하시오.
1)소음,진동 2)대기오염 3)수질오염 4)폐기물

68304 현장 시공중에 주변 민원으로 공정에 영향을 받는 작업 종류와 대책에 대하여 기술하시오.

73405 고층건물 시공에 있어서 건설폐기물 발생에 대한 저감대책을 기술하시오.

74202 건설사업 추진 시 환경 보존계획에 대하여
1)계획 및 설계 시
2)시공 시로 구분하여 설명하시오.

75102 건설산업의 제로에미션(Zero Emission)

75404 도심지 공사에서 현장 인근 민원문제의 대응방안에 대하여 기술하시오.

79404 건설현장에서 공사중 환경관리 업무의 종류와 내용에 대하여 기술하시오.

82204 건설현장에서 발생하는 폐기물의 종류와 재활용 방안에 대하여 기술하시오.

82305 도심지 건축공사에서 주변 환경에 영향을 미치는 건설공사의 종류와 방지대책에 대하여 기술하시오.

83401 건설사업 추진시 예상되는 소음·진동을 저감하기 위한 방안을 사업 추진단계별로 구분, 설명하시오.

89404 건설폐기물의 종류와 처리방법에 대하여 설명하시오.

98201 건축공사 현장에서 건설폐기물의 저감대책 및 관리방안에 대하여 설명하시오.

98305 건축현장의 친환경 요소를 고려한 가설공사 계획에 대하여 설명하시오.

03304 도심지 지하 굴착공사 및 장비공사 시 소음과 진동의 저감대책에 대하여 설명하시오.

10406 건설현장의 가설울타리와 세륜시설 설치기준을 설명하시오.

12202 건축물 신축공사 현장에서 발생하는 폐기물의 종류, 발생저감방안, 처리방안에 대하여 설명하시오.

12304 도심지 건축물 신축공사(지하6층, 지상23층 규모) 진행과정에서 발생되는 미세먼지 저감방안에 대하여 설명하시오.

14405 건축물 준공 후 발생되는 건축공해의 유형을 구분하고 사전방지대책을 설명하시오.

16301 건설현장의 세륜시설 및 가설울타리 설치기준에 대하여 설명하시오.

19113 건설기술진흥법에서 규정하고 있는 환경관리비

19204 공사현장에서 발생하는 건설공해의 종류와 방지대책에 대하여 설명하시오.

22305 대기환경보전법령에 의한 토사 수송 시 비산먼지 발생을 억제하기 위한 시설의 설치 및 필요한 조치사항에 대하여 설명하시오.

27402 비산먼지 발생을 억제하기 위한 시설의 설치 및 필요한 조치에 관한 기준에 대하여 설명하시오.

31306 건설공사와 관련하여 발생하는 공해의 종류와 방지대책에 대하여 설명하시오.

[조달관리] 27

〈인력〉 9

62406 건설 로봇의 활용 전망에 대하여 기술하시오

65406 초등학교 신축공사(연면적 5,000평, RC조)에 직종별 기능인력 투입계획 및 문제점에 대하여 설명하시오.

67301 최근 건설 기능 인력난의 원인 및 대책

77205 건축시공에 있어 로봇(Robot)화에 대하여 기술하시오.

97101 건설근로자 노무비구분관리 및 지급확인제도

06304 건설근로자의 생산성 향상을 위한 동기부여이론에 대하여 설명하시오.

13401 외국인 건설근로자 유입에 따른 문제점 및 건설생산성 향상 방안에 대하여 설명하시오.

15306 2018년 7월부터 시행되는 근로기준법에서의 근로시간 단축에 따른 건설현장에 미치는 영향과 대응방안에 대하여 설명하시오.

31202 건설현장에서 로봇의 공종별 활용방안에 대하여 설명하시오.

〈장비·자재〉 8

72107 건설기계의 경제적 수명

79205 현장에서 소운반을 최소화하기 위한 적시생산방식(Just-In Time)에 대해서 기술하시오.

95109 건설자재 표준화의 필요성

01111 건설장비의 경제적 수명(Economic Life)

01206 초고층공사에서 고강도 골재 수급방안의 문제점과 해결방안에 대하여 설명하시오.

05113 건설기계의 작업효율과 작업능률계수

07301 건축현장에서 사용되는 주요 자재의 승인요청부터 시공까지의 업무흐름 및 단계별 검사방법에 대하여 설명하시오.

30404 콘크리트 재료 중 하나인 골재의 부족현상에 대한 대책에 대하여 설명하시오.

제6편 건설경영 총론

제 3 절 건설계약

제 4 절 공사관리

01 건설경영

6100 | 건설경영 일반

I 개요

1 건설은 인간에게 유용한 시설물을 짓는 행위로서 3차산업인 건설산업은 건설공사업과 건설엔지니어링업으로 분류한다.

2 건설 프로세스, 현행법상 건설산업 분류 및 현황, 건설산업 종사자가 이해하여야 할 제반 환경에 대하여 설명한다.

건설 프로세스	➡	건설산업 분류/현황	➡	건설환경
• 기획/설계/공사 발주 · 계약 • 공사 · 감리/유지관리		• 건설업/건설엔지니어링업 • 건설산업 현황/대응과제		• 주문 · 계획/옥외이동/하도급 • 노동집약적/단품/장기간 생산

II 건설 프로세스[1]

▶ 건설 프로세스는 기획, 설계, 발주 · 계약, 공사 · 감리, 유지관리 등으로 구분한다.

1. 기획

▶ 발주자는 자체인력이나 외부 용역을 통하여 기본 구상, 타당성 조사, 사업계획 등을 수행한다.

(1) 기본구상

① 건설사업 필요성

② 위험요소 예측

③ 입지조건 및 환경영향 파악

④ 공사규모 및 소요공사비 예상

⑤ 관련법령 검토

---

1) 건설기술진흥법 영§67(건설공사의 시행과정) 참조

(2) 타당성 조사

① 기술, 환경, 사회, 재정, 용지, 교통여건 등 고려

② 예산 추정액 및 타당성 범위에서 사업비 증액한도 제시

(3) 사업계획

① 사업목표

② 사업기간

③ 재원조달계획

④ 시설물 유지관리계획

⑤ 환경보전계획

2. 설계[2]

▶ 설계자는 기획내용에 근거하여 용역계약에 따라 측량·지반 조사, 기본설계, 실시설계, 설계검토 등을 수행한다.

(1) 측량·지반 조사

① 사업예정지의 지적·지반 정보 조사

② 지적측량, 경계측량, 현황측량, 수준측량

③ 시추조사, 표준관입시험 등

(2) 기본설계

▶ 타당성 조사 및 사업계획에 근거한 다음의 내용과 같다.

- 설계 개요 및 법령 등 제기준의 검토
- 예비타당성 조사, 타당성 조사, 기본 계획 검토
- 공사지역 문화재 지표조사, 설계반영 필요성 검토
- 기본적인 구조물 형식의 비교·검토
- 구조물 형식별 적용 공법의 비교·검토
- 기술적 대안 비교·검토
- 대안별 시설물의 규모의 검토
- 대안별 시설물 경제성·현장적용 타당성 검토
- 시설물의 기능별 배치 검토
- 개략 공사비 및 공기 산정
- 측량·용지조사, 지반·지질·지장물, 수리·수문, 기상·기후
- 주요 자재·장비 사용성 검토
- 설계도서 및 개략 공사시방서 작성
- 설계설명서 및 계산서 작성
- 관계법령에 따라 기본설계 시 검토할 사항
- 기타 발주청 계약서·과업지시서 지정사항

---

2) '설계공모, 기본설계 등의 시행 및 설계의 경제성 등 검토에 관한 지침', 국토교통부고시 제2016-101호, 2016. 3. 8.

① 주요 구조물 형식
② 지반 및 토질
③ 개산견적
④ 실시설계 방침 등

(3) 실시설계

> • 설계 개요 및 법령 등 제기준 검토
> • 기본설계 결과의 검토
> • 구조물 형식 결정 및 설계
> • 구조물별 적용 공법 결정 및 설계
> • 시설물의 기능별 배치 결정
> • 공사비 및 공사기간 산정
> • 토취장, 골재원 조사확인(현지조사, 토석정보 시스템 이용) 샘플링, 품질시험, 자재공급계획
> • 측량 · 지반 · 지장물 · 수리 · 수문 · 지질 · 기상 · 기후 · 용지조사
> • 기본공정표 및 상세공정표의 작성
> • 시방서, 물량내역서, 단가규정, 구조 · 수리계산서 작성
> • 기타 발주청의 계약서 · 과업지시서 지정사항

① 기본설계 기반
② 세부조사 내용의 비교 · 분석 · 검토 · 최적안 선정
  • 시설물 규모, 배치, 형태, 공사방법, 기간, 공사비, 유지관리비 등
③ 설계도면, 시방서, 내역서, 구조 및 수리계산서 작성

(4) 설계의 경제성 · 안전성 검토
① 기본 · 실시 설계에 대한 경제성 검토
  • LCC 관점에서 경제성 검토
  • VE 기법에 의한 설계대안 검토 및 선정
② 실시설계에 대한 안전성 검토
  • 안전관리계획 수립현장 대상, 전문위원 · 외부전문기관에 의뢰하여 실시
③ 검토용역 결과는 수정설계에 반영

3. 공사 발주 · 계약

▶ 공사발주는 공공부문과 민간부문으로 구분한다.
▶ 공공부문은 법령에 따라 경쟁입찰에 의해 낙찰 및 계약을 실시한다.
▶ 민간부문은 공공부문의 절차 준용, 또는 수의계약을 적용한다.

(1) 입찰
① 입찰공고, 입찰참가자격심사, 입찰서 교부
② 경쟁입찰 방식
  • 경쟁입찰, 일반경쟁입찰, 제한경쟁입찰, 지명경쟁입찰 등

③ 입찰서 방식
- 총액입찰, 내역입찰, 순수내역입찰, 대안입찰, 일괄입찰 등

(2) 낙찰 및 계약
① 입찰자 심사에 따라 낙찰자 선정
② 낙찰자 선정방식
- 적격심사낙찰제, 최저가낙찰제, 최고가치낙찰제 등
③ 낙찰자 대상으로 공사도급계약 체결
- 계약당사자: 도급인(발주자), 수급인(건설업자[3])

4. 공사 · 감리

▶ 공사 수급인은 공사를 직접 시공하거나 하도급하여 공사를 수행한다.

(1) 직접 시공
① 수급인이 도급받은 공사를 직접 시공하는 방식
② 직접 시공을 위한 인적 · 물적 자원 직접 조달
③ 하도급 발주절차 불필요, 효율적인 공사진행 가능
④ 공사물량 미확보 시 고정비 부담

(2) 하도급 시공
① 수급인이 도급받은 공사를 세분하여 하도급하는 방식
② 하수급인이 건설자원 조달
③ 원수급인 공사관리 용이, 불필요한 고정비 부담 배제
④ 하도급 계약관리 필요, 하수급인 선정 및 관리 등

(3) 공사감독

▶ 도급인은 공사를 직접 감독하거나 용역을 발주하여 감독업무를 위탁한다.
① 직접 감독
- 도급인이 수급인의 공사과정을 직접 감독
② 감리 감독
- 발주자가 감리전문회사에 감독업무 위탁, 용역계약 체결
- 발주자는 감리용역 이행여부만을 감독

5. 유지관리

▶ 시설물 소유주체는 직접 또는 용역을 발주하여 시설을 유지관리한다.
▶ 유지관리는 점검, 진단 · 판정, 보수 · 보강, 리모델링, 해체 등으로 구분한다.

---

3) 건설산업기본법, 주택법 등에 따라 건설공사업자로 등록된 자로 종합 · 전문 건설사업자로 구분한다.

(1) 점검

  ① 초기점검

  ② 일상점검

  ③ 정기점검

  ④ 긴급점검

(2) 진단 · 판정 · 조치

  ① 점검내용의 분석 및 평가

  ② 평가내용에 근거하여 기준에 따라 시설물상태 등급 판정

  ③ 판정등급에 따라 조치 강구

    • 보수, 보강, 사용제한, 해체 등

(3) 리모델링

  ① 기본성능 개선

    • 구조적 안전성 및 내진성능

    • 기능적 성능: 물리적 열화 및 건물 기능

    • 미관적 성능: 외관 및 실내 미관

  ② 환경적 성능 개선

    • 열 · 빛 · 공기 · 음환경, 지역 · 지구환경 등

  ③ 에너지 효율 개선

    • 신재생 에너지 생산기능 부여, 친환경 설비 시스템 도입

(4) 해체

▶ 노후시설, 또는 등급판정에 따라 시설물을 해체한다.

  ① 사전조사

  ② 해체공법 선정

  ③ 계측관리

  ④ 안전 · 환경 대책 강구

Ⅲ 건설산업 분류 및 현황

▶ 건설산업은 건설업(건설공사업)과 건설엔지니어링업으로 구분한다.

1. 건설업

▶ 현장에 건설자원을 투입하여 시설물을 짓는 업을 말한다.

▶ 건설업은 종합건설업과 전문건설업으로 분류한다.

[법령별 등록업종 규정 현황]

구분	종합건설업	전문건설업
건설산업기본법	5	14
주택법	1	–
기타 법령	–	18
계	6	32

(1) 종합건설업

① 종합적인 계획, 관리 및 조정을 하면서 시설물을 시공하는 건설공사업

② 발주자로부터 공사를 도급받는 업종

- 또는 다른 종합건설사업자로부터 공사를 하도급 받는 업종

③ 도급공사를 분야별 전문건설업자에게 하도급하거나 직접 시공

④ 해당업종: 6개 업종

구분	업종
건설산업기본법	토목, 건축, 토목건축, 산업환경설비, 조경 등 5개 공사업
주택법	주택건설사업 및 대지조성사업

(2) 전문건설업

① 시설물의 일부 또는 전문 분야에 관한 건설공사를 담당하는 업

② 주로 종합건설업자로부터 하도급을 받을 수 있는 업

③ 하도급공사 직접 수행, 재하도급은 원칙적으로 불법

④ 해당업종: 32개 업종

구분	업종
건설산업기본법	실내건축공사업 등 14개 업종
기타 관련법	전기, 정보통신, 소방설비공사업 등 18개 업종

2. 건설엔지니어링업

▶ 건설기술에 관한 위탁업무를 수행하는 업을 말한다.

▶ 종합, 설계·건설사업관리, 품질검사 용역 등으로 분류한다.

[건설기술진흥법 영§44관련 별표5]

분야 구분		업무영역
전문	세부	
종합(1개 업종)	종합	설계, 건설사업관리, 품질검사
설계·사업관리(3개 업종)	일반	설계등용역, 건설사업관리
	설계등용역	설계, 측량, 수로조사
	건설사업관리	건설사업관리
품질검사(4개 업종)	일반	토목, 건축, 특수분야 품질검사
	토목	토목, 특수분야 품질검사
	건축	건축, 특수분야 품질검사
	특수	골재, 레미콘, 아스콘, 철강재, 섬유, 용접, 말뚝재하 등

(1) 종합분야

① 설계등용역

② 사업관리용역

③ 품질검사용역 등을 모두 담당할 수 있는 용역업

(2) 설계 · 사업관리 분야

① 설계 · 사업 관리(일반) : 설계등용역, 건설사업관리용역

② 설계 · 사업 관리(설계등용역) : 설계, 측량, 수로조사

③ 설계 · 사업 관리(건설사업관리) : 건설사업관리

(3) 품질검사분야

① 품질검사(일반): 토목 · 건축 · 특수 분야 품질검사

② 품질검사(토목): 토목 · 특수 분야 품질검사

③ 품질검사(건축): 건축 · 특수 분야 품질검사

④ 품질검사(특수): 골재, 레미콘, 아스콘, 철강재, 섬유, 용접, 말뚝재하 등 품질검사

3. 건설산업 현황

(1) 국내 건설시장

① 신규 건설물량 지속적 감소 추세

② 대형 공사물량 고갈

③ 건설업 등록업체수는 증가 추세

④ 업체 규모별 새로운 목표시장 설정 필요

(2) 해외 건설시장

① 플랜트 건설 위주의 해외건설 참여

② 후발도상국, 또는 국내업체 간 출혈 수주경쟁

- 후발도상국의 저임금, 국내업체 간 초저가경쟁 등

③ 단순 도급공사의 채산성 악화

④ 국제 유가에 따라 산유국 건설물량 기복

(3) 건설사별 현황

① 중견 · 대형 건설사

- 엔지니어링 기술분야 해외진출 모색

- PPP, PMC, PgM 등 엔지니어링 기술경쟁력 구비

② 중소건설사: 시설물 유지관리시장 진출 확대

4. 대응과제

(1) 해외 건설시장

   ① 단순도급공사 지양
- 시공능력에 기반한 기획 및 설계용역시장 적극 공략

   ② 투자개발형 프로젝트(PPP: Public-Private Partnership) 전략 지향
- 기획, 설계, 시공, 유지관리 전 단계 참여능력 배양
- 건설사의 용역업 참여 허용(건설산업기본법, 건설기술진흥법 등 개정)

   ③ 해외진출에 대한 금융기관 및 정부 지원
- 금융기관 프로젝트 금융 지원, 정부의 금융기관 지급보증 정책 등

   ④ Value Chain 전략 추진
- 단순공사 외 기획, 설계, 유지관리 업역으로 가치사슬 확대

   ⑤ 설계 · 엔지니어링 국제경쟁력 확보
- 글로벌 설계 · 엔지니어링 기업 육성, 디자인 거버넌스 도입

(2) 국내 건설시장

   ① 도심재생사업, 비내진시설물의 내진보강공사 활성화

   ② 소수선 위주의 인프라 시설물 관리

   ③ 건설시장 진입장벽 철폐
- 종합 · 전문 건설업종 업역체계 합리적 개편
- 건설엔지니어링업 · 공사업 겸업 단계적 허용

   ④ 건설보증제도 정착: 이행보증 및 지급보증의 형평성 확보

   ⑤ 통일 대비 자주적 건설역량 확보
- 북한지역 인프라 건설 주도적 참여, 수주 및 소화능력 구비

Ⅳ 건설환경

▶ 모든 산업의 근간인 제조업과 구분되는 생산환경에 대하여 각각의 의미와 과제를 설명한다.

1. 주문 · 계획 생산

(1) 주문생산

   ① 발주자 주문에 따라 생산활동 개시

   ② 수주활동과 주문생산능력이 경영실적 좌우

   ③ 토목 및 외주공사업에 해당

(2) 계획생산

① 건설사업자 계획에 의한 생산방식

② 양질의 사업계획이 성패 좌우

③ 주로 건축공사업에 해당

2. 옥외이동 생산

① 옥외건설 생산: 사계절 영향 고려, 전천후 시공능력 필요

② 이동생산 방식: 자재 수송성, 장비 접근성, 가설재 전용성 필요

③ 옥외 · 이동 생산방식의 타개책으로 OSC · 모듈러공법 등장

3. 하도급 생산

▶ 종합건설업의 관점에서 적극 고려해야 할 건설환경이다.

① 중층의 하도급 구조, 도급 − 하도급 − 자원조달 등

② 수급인 직접시공 방식 지양, 고정비 부담 고려

  • 제한적 직접시공 의무제도 실시

③ 하도급 생산방식 선호, 양질의 하도급 관리능력 필요

  • 다단계 하도급 및 Paper Company의 폐해 고려

④ 원 · 하수급인 간 상호협력 및 상생발전 노력 필요

4. 노동집약적 생산

▶ 전문건설업 진입시점에서 최우선적으로 고려해야 할 건설환경이다.

① 기계화 시공여건 열악, 타산업에 비해 높은 인력의존도

  • 작업동선 복잡, 공간제약 등의 원인

② 국내 건설근로자 노령화 및 절대인원 부족

  • 국내 신규 진입인력 감소, 외국인 고용비중 증가

③ 인력 확보 및 숙련공 육성 등 시급, 전문건설업의 가장 큰 애로

④ 노동집약적 생산 시스템 개선 → 기술집약적 산업 지향

  • 스마트건설기술 도입 및 정착

5. 단품생산

① 현장단위로 도면과 시방서 상이

② 표준화, 모듈화, 공업화 시공여건 열악

③ 사업별 공통요소 표준화, 시행착오 최소화

④ 특정 업무능력 매뉴얼화, 전 조직원의 능력 향상

6. 장기간 생산

① 기획, 설계, 시공 등의 사업기간 장기간 소요
- 발주자의 금융조달 능력이 사업성패 좌우

② 투입자금에 대한 금융비용 과중

③ 사업기간 단축이 가장 중요한 과제
- 발주자 사업기간 단축, 건설업자 공기단축

④ 공기단축 및 원가절감 병행 필요
- 발주자 금융비용 절감, 수급인 자금 유동성 확보

V 결론

1. 건설산업에서 건설업은 2차 산업인 제조업과 유사한 프로세스를 가지고 있으며, 건설엔지니어링업은 전형적인 3차 산업의 서비스업 특성을 지니고 있다.

2. 따라서 건설업 종사자는 제조업의 생산이론과 시장논리, 건설용역업 종사자는 서비스업 본연의 경쟁력 원천 등을 잘 이해하여 공정거래와 생산성 향상에 적극 동참하는 자세가 절실하게 요구된다.

참고문헌

1. 건설산업의 이해, 심영보, 건설기술교육원 기본교육교재, 2024.08.18.
2. 건설산업기본법
3. 건설기술진흥법

6111 건설사업관리(Construction Project Management)

I 개요

1 건설사업관리는 사업기획, 설계 및 발주, 공사관리, 유지관리 등의 제반 업무로서 발주자가 직접 수행하거나 용역업자(CM)에게 위탁한다.

2 CM에 의한 건설사업관리 방식에는 용역형과 시공책임형이 있으며, 건설시장의 업역 개편[4]과 더불어 시공책임형 CM이 적극 도입될 것이다.

단계별 업무	➡	수행방식	➡	CM건설사업관리
• 사업기획/설계관리 • 공사관리/유지관리		• 직접관리/외주관리 • PM과 CM		• 기대효과 • 용역형 CM/시공책임형 CM

II 단계별 업무

1. 사업기획

① 사업구상: 사업 목적 · 목표 설정

② 타당성 검토: 사업의 타당성 검토 및 분석, 경제성 · 위험도 등 검토

③ 소요예산 검토: 예산 확보 및 수급계획

④ 사업계획 수립: 사업 전반에 관한 마스터플랜 수립 · 검토

2. 설계관리

① 기본 · 실시 설계용역 발주: 용역계약, 설계품질 · 공정관리

② 설계기성, 용역성과품 검토: 사업비 예산 내에서 경제성 및 안전성 검토

③ 수정설계 및 설계 확정

④ CM at Risk 계약 시 GMP 제의 · 협의 · 계약

⑤ 이후 단계의 업무 지원: 계약, 자원조달, 공사관리업무 등

3. 공사발주 · 계약관리

① 물량산출 및 견적(예정가격 산정)

② 입찰 및 낙찰자 선정

---

4) 현재는 건설산업기본법상 건설업과 용역업의 겸업이 제한되고 있으나 대형 건설사의 용역분야 해외시장 진출, 업역(業域)의 글로벌스탠다드化 등으로 겸업 허용에 의한 업역 개편이 적극 검토되고 있다. 건설공사업종(종합건설업-전문건설업)은 2008년부터 겸업이 허용된 상태이다.

③ 공사도급계약, 하도급계획 검토
④ 계약 변경, 클레임 · 분쟁 조정

4. 공사관리

① 계약이행 여부 감독, 공사도급계약 및 용역계약 등에 근거
② 하도급관리, 하도급계획 및 하도급계약 확인
- 무자격자 하도급, 저가하도급, 일괄하도급, 재하도급 등의 사전 예방
③ 하도급공사대금 지급확인, 필요시 직접 지급
④ 공사 과정 · 결과의 적정성 관리
- 공정, 원가, 품질, 안전, 환경 측면
⑤ 월간 · 중간 · 완료용역보고서 제출 및 검토
- 용역자 작성 및 제출, 발주자 검토

5. 유지관리

① 시운전, 준공검사, 시설물 인수 · 인계
- GMP 방식: Open Book Data 포함, 실비정산 방식: 실투입 자료 제출 및 정산
② 운영 및 유지보수 매뉴얼 확정
③ 건축물 유지관리업체 선정
④ 시설물 점검 및 진단
⑤ 진단결과에 따라 적정 보수 · 보강

Ⅲ 건설사업관리 수행방식

1. 직접관리

① 용역외주 없이 발주자가 직접 건설사업 관리
- 공공부문에 한하여 허용(=직접감독)
② 해당 분야별 전문능력 필요, 전문성 미흡 시 관리 부실
③ 자체 전문인력 적정 보유 및 가동
④ 발주자 사업관리 역량에 따라 직접관리 비중 상이

2. 외주관리

① 건설사업관리 용역자(CM) 선정
② 건설사업관리 용역계약 체결, 용역업무범위 계약서(과업지시서) 명시
③ 용역계약 이행여부 감독
④ 용역보고서 검토 및 지시

3. PM과 CM

▶ CM과 PM을 모두 '건설사업관리'로 호칭하고 있으므로, 그 차이점에 대하여 설명한다.

(1) PM(Project Management)

　① 사업관리, 건설사업주체로서 본연의 관리업무 담당

　② 발주자 입장에서의 관리

　③ 사업관리 주체로서 프로젝트 전반업무

　④ 외주업무를 제외한 부분은 직접관리

　⑤ 외주부분은 용역이행 여부 감독

(2) CM(Construction Management)

　① 건설관리, 건설사업관리용역의 수탁업무(위탁된 업무) 담당

　② 용역자 입장에서 발주자를 대신하여 수행하는 건설사업관리 업무 수행

　③ 용역계약에 따라 프로젝트의 전부 또는 일부 담당

　④ 계약방식에 따라 용역형 CM과 시공책임형 CM으로 구분

Ⅳ. CM건설사업관리

1. 기대효과

　① 대규모 건설사업의 효율성 제고

　② 발주자의 전문성 보완

　③ 계약당사자 간(도급인 · 수급인) 상호이해 조정

　④ 건설사업 부가가치 증대

　⑤ 사업기간 단축 및 총사업비용 절감, Pre-Construction Service 활용

2. 용역형 CM(CM for Fee)

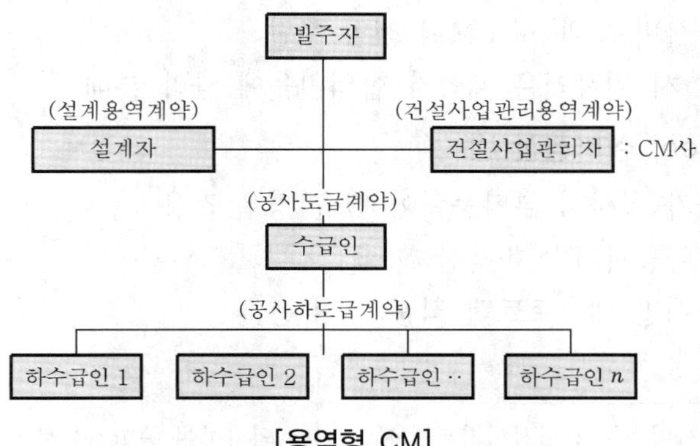

[용역형 CM]

① 건설사업관리업무의 전부 또는 일부 담당
- 발주자의 감독역량에 따라 용역범위 상이

② 계약범위 내에서 발주자를 대신하여 감독업무 수행

③ 사업성과와 무관하게 용역댓가 지급·수령

④ 국내 건설환경에서 적용 가능한 계약방식

3. 시공책임형 CM(CM at Risk)

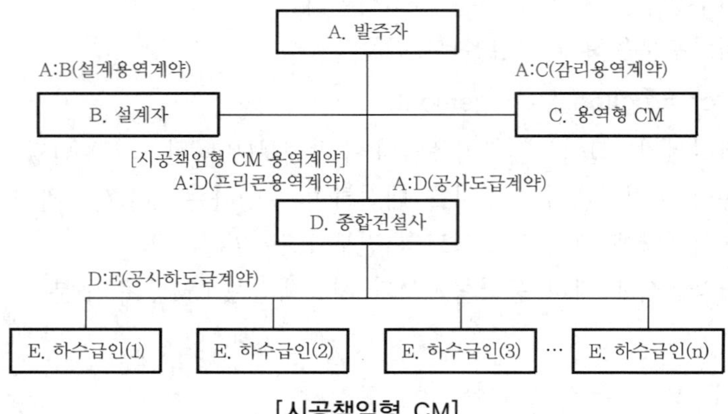

[시공책임형 CM]

3.1 정의

① CM이 용역자와 수급인의 역할 병행, 용역서비스와 공사 병행

② 설계단계에서 Pre-Construction[5] 서비스 제공

③ 공사단계에서는 하도급 발주 및 공사관리업무 수행

④ 사업성과에 대한 시공책임 부담, GMP 계약방식일 경우 해당

3.2 계약방식

(1) GMP 방식: Guaranteed Maximum Price [6]

① 실시설계 50% 이후 시점에서 CM이 공사비 한계 보증

② CM 제의금액을 발주자와 상호협의 후 결정

③ 실제공사비 초과 시 CM이 책임 부담
- 미달 시 절감액은 계약자 합의비율에 따라 분배

(2) Cost & Fee, 실비정산 방식

① 발주자가 공사비 부담능력이 있을 경우 적용

② 공사 후 공사비 실비정산

③ 설계단계별 패스트트랙 적용 시 유용

---

5) Pre-Construction 서비스는 건설산업기본법(제21조)에 의거하여 종합건설사업 등록사업자만이 수행할 수 있다.
6) Cost & Fee 방식과의 차이점: Cost & Fee의 상한이 있으면 GMP, 없으면 Cost & Fee 방식이다.

(3) Lump-Sum, 총액계약 방식

　① 설계 완료 후 총액으로 계약하는 방식

　② 유사 경험이 많은 개별(복합이 아님)사업에 적합

3.3 대상 프로젝트 및 서비스 활동

(1) 대상 프로젝트

　① 단일사업 및 설계의 표준화 · 정형화 가능한 사업

　　• 설계주체가 복수인 복합사업, 대규모 사업, 미경험 사업 등은 부적합[7]

　② 사업결과의 예측가능성이 높은 프로젝트, 사업계획 및 조건이 명확한 프로젝트

　③ 설계 이전단계부터 참여가능한 프로젝트, Pre-Construction을 위한 최소한의 요건

　④ Fast Track 공기단축이 필요한 프로젝트

(2) 프리콘 서비스

　① 설계단계에 시공자 노하우 제공

　　• 수급인 · 하수급인 협업 → 설계완성도 제고

　② 시공단계에서 미리 협의한 공사비 상한으로 책임 시공

　③ 공사비 절감 시 계약에 따라 일정 비율로 성과 분배

　　• 초과 지출액은 수급인이 부담

　④ 턴키 · 기술제안 방식과 구분

　⑤ BIM · 스마트건설기술 촉진 기대

3.4 국내 정착방안

(1) 관련법령 · 지침 정비

　① 건설산업기본법, 건설기술진흥법, 국가계약법

　② 건설사업관리 업무수행지침, 표준계약서 등

(2) 우선적용사업

　① 표준화 · 정형화가 용이한 단일사업에 우선적용

　② 학교, 군막사, 공동주택 등 설계 불확실성이 적은 건물

　③ 이후 난이도가 높고 공기가 촉박한 대형공사로 적용 확대

(3) '발주자-CM' 간 Open Data 신뢰도 제고

　① 실투입 직 · 간접비, 하도급금액 등

　② 'CM-하수급인' 간 상생협력 강화 등 필요

---

7) 다양한 사업이 병존하는 Program형 사업보다는 단일 중 · 소규모 사업(500억 원 미만)에 적용성이 높다. 초대형 공사나 미경험공사 등은 사업비와 공사기간 측면에서 리스크가 크기 때문에 GMP 협상 자체가 어렵다.

③ IPD 발주방식 도입
  • 우수 전문건설사와의 협업시스템 구축 등

Ⅴ 결론

1 건설사업관리는 사업목적을 효율적으로 달성하기 위한 업무로서 발주자의 역량과 이를 뒷받침하는 CM 역할이 매우 중요하다.

2 모든 건설사업에 공통적으로 적용할 수 있는 최적의 발주방식은 없으므로 발주자는 사업특성에 적합한 CM 방식을 채용하여야 한다.

3 CM 제도가 국내에 정착되려면 서비스의 다양화 측면에서 CM at Risk 방식에 대한 발주기관의 인식 전환, CM업체 전문성 제고, 제도적 정비 등이 절실하다.

6112 건설 위험도 관리(Risk Management)

I 개요

1 건설사업은 사업초기단계부터 사업과정에서 리스크를 최소화하기 위해 조직적이고 과학적인 노력이 필요하다.

2 건설 위험도(危險度) 관리는 건설과정(Process)의 각 단계에서 예상되는 위험(Risk)을 분석·평가하여 이에 최적 대응하는 관리과정이다.

3 건설사업관리자는 통제가능요소(Controlable Factor)는 물론 불가항력적인 각종 Risk(Uncontrolable Factor)에 충분히 대비하도록 건설 위험도를 적극 관리하여야 한다.

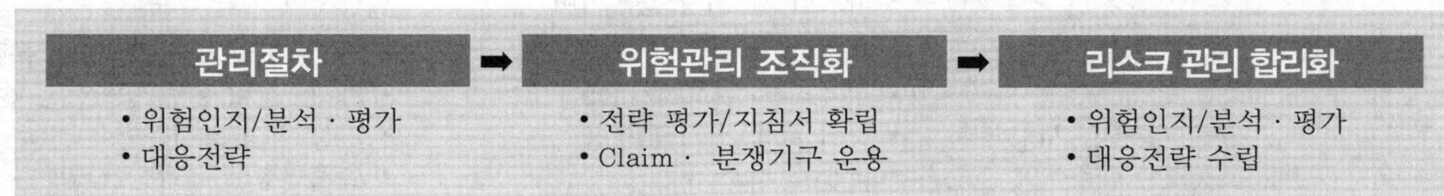

II 관리절차

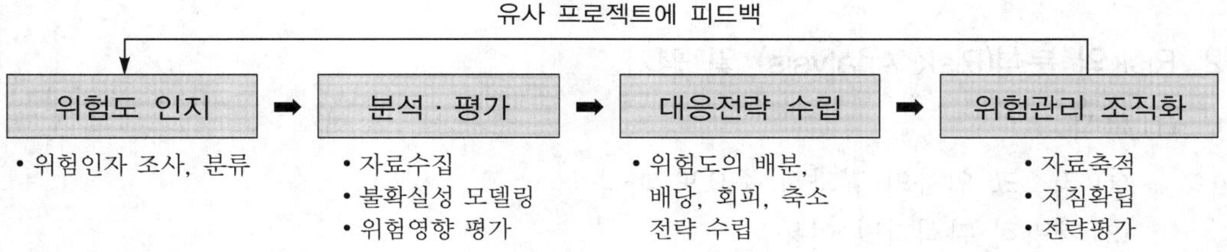

1. 위험인지(危險認知, Risk Identification)

▶ 리스크의 성격을 이해하는 과정으로 발생근원을 인식하고, 인자유형과 특성을 파악한다.

(1) Risk 인자의 조사

① 발생인자
 • 리스크 유발 가능성이 높은 조건과 상태 표현
 • 불규칙한 기후, 지반조건 상이, 수급업체의 파산 등 파악

② 결과인자
 • 발생인자로 인한 구체적인 재정적 손익과 인적·물적 피해 정도
 • 시간과 비용의 절감 또는 낭비로 표현

(2) Risk 인자의 체계적 분류

① 건설과정별로 인지된 리스크 인자 분류
② 기획 / 타당성 분석 / 계획·설계 / 계약·시공 / 사용·유지관리 단계별 분류

(3) 요약 및 대상 결정

① 리스크 인자의 요약·정리

② 분석대상 및 변수 결정

[사업단계별 리스크 유형]

사업발굴 타당성 분석	• 사전조사 및 타당성 분석 결함 • 자금조달능력 부족 • 기대수익 예측 오류 • 지가 상승	• 차입금리 인상 • 건물규모 결정 오류 • 건물수명·사업기간 산정 오류 • 할인율 및 세율 인상
사업계획, 설계	• 설계범위 미확정 • 설계 누락 • 신기술 도입 • 파트너 간 의사소통 미비	• 설계기간 부족 • 자재, 공법 선정 오류 • 시방서 내용누락 • 공사비 예측 오류
계약, 시공	• 부적합한 시방 • 설계조건-현장여건 상이 • 공기 부족/신기술 적용 • 낙찰률 저조 • 불합리한 공사하도급 관계	• 자재, 인력, 장비의 조달 곤란 • 자재·장비 운반 중 손실, 손상 • 기상 악화/노사분규 • 설계변경/부적합한 공법 • 안전사고/공사관리 부실
유지관리	• 구조물 안전성 • 부적합한 유지관리 방식 • 에너지 비용 상승 • 공조기기 성능 미비 • 운영목적 부적합	• 하자 발생 • 용도변경 • 개수, 개조, 증개축 • 운영 중 신기술 출현

2. Risk의 분석(Risk Analysis) 및 평가

(1) 목적

① 리스크 인자의 결과적 중요도 파악

② 계량적 분석기법 이용

③ 효과적 대응관리를 위해 실시

(2) 분석·평가 Flow

자료수집	➡	불확실성의 Modeling	➡	잠재적 위험영향 평가
• 과거의 객관적 자료 • 전문가, 시공자의 　주관적 자료수집		• 잠재적 결과 평가 • 재정적 항목으로 표시 • 주관적 확률분포에 의한 　평가로 위험도 모델링		• 기대가치이론 적용 • 이익과 손실의 기대치 평가 • 기대가치 　=대상물 가치×위험확률

(3) 위험도의 불확실성 분석도구

① 전문가 시스템, 인공지능

② 손익분기점, Simulation 기법

③ 감도분석(Sensitivity Analysis) 기법 등 활용

(4) Risk의 평가

① 객관적 자료(과거자료) + 계량적 분석치 + 주관적 인식(의사결정자 직관) 등 종합

② 인적·물적 손익과 시간·비용의 득실 등 평가

③ 기대가치이론(재무관리기법의 일종) 활용

3. 대응전략

▶ 부정적 영향을 가능한 완벽하게 제거하고 리스크에 대한 통제력을 증대하기 위해 평가된 Risk에 상응하는 전략을 강구하여 적극 대응한다.

(1) 배분전략

① 계약단계의 대응전략으로 위험도를 계약당사자에게 공동 배분

② 책임과 의무의 소재를 계약서에 명시하여 리스크 배분

③ 예측 가능한 리스크에 적용

(2) 배당전략

① 보증
- 주로 발주자가 발주 Risk를 방지하기 위해 활용
- 시공자의 도산과 계약위반에 대비
- 계약이행·하자·입찰·지급에 대하여 제3자의 보증 확보

② 보험
- 시공자의 위험관리수단으로 활용
- 시공사와 협력업체 간 시공 중의 위험에 대비하기 위해 적용
- 산재보험, 근재보험 등

③ 우발적 리스크에 적용

(3) 축소전략

① Risk 발생확률 축소
- 예방조치를 강구하여 발생확률을 줄이는 전략
- 중요 시설물에 도난방지시설 설치 등

② 재정적 부담의 경감
- Risk의 발생이 불가항력적일 경우 손실을 최소한으로 경감시키는 전략
- 내진설계 강화, 내화·방화 구획의 설정, Sprinkler System 설비조치 등

(4) 회피전략

① 불가항력적인 위험이 가시적으로 판단될 경우에 적용
- 계약 이전의 위험노출을 원천적으로 회피

② 위험국가와의 입찰, 사고 위험성이 큰 Project 회피

Ⅲ 위험관리 조직화

1. 전략 평가

① 대응전략의 적정성 평가

② 대응 부실에 따른 결과의 심각성 파악

③ 파악된 문제점의 원인과 대책을 분석하여 차기사업에 Feedback

2. 지침서 확립

① 현장단위의 Risk 관련 자료를 문서화하여 축적

② 유사 프로젝트에 Feedback

③ 위험도관리에 대한 사업단계별 매뉴얼 확립

3. Claim · 분쟁기구 운용

① 건설 Claim과 분쟁 Risk에 적극 대비

② Risk 발생 시 책임 소재를 조정 · 중재, 손실 최소화

Ⅳ 리스크 관리 합리화

1. 위험인지

① 유사한 프로젝트의 Risk 실적자료(Big Data) 입수

② 프로젝트의 특성, 사업 중 신규 리스크의 수시 업데이트

2. Risk 분석평가

① 리스크 분석자료의 객관성 증대

② 과거자료 최대한 참조

③ 분석내용의 객관성 확보: Simulation 횟수 증대(비용 증대)

④ 분석치를 종합하여 최종 평가

3. 대응전략 수립

① 복수의 전략을 강구하여 상승효과 추구

② 방재 System 설계 → 보험료 할인효과 기대

- 건축물의 안전성을 높임으로써 보험료 지출 절감
- 즉, Risk를 줄이면서 인센티브 부여 방안 검토

6113　건설 클레임

Ⅰ　개요

1. 건설 Claim은 계약당사자 간의 의견불일치 상태이며, 당사자 간 협의가 안 될 경우 분쟁으로 발전한다.
2. Claim 유형에는 공기지연, 공사범위 모호, 공사촉진 클레임 등이 있으며, 발생 원인으로는 계약, 당사자 행위, 불가항력적, 건설 Project 원인 등이 있다.
3. 클레임 대응은 계약단계부터 문서관리와 시공관리를 철저히 하는 것이 기본이며, 분쟁이 발생하면 초기단계에서 해결방안을 모색하여야 한다.

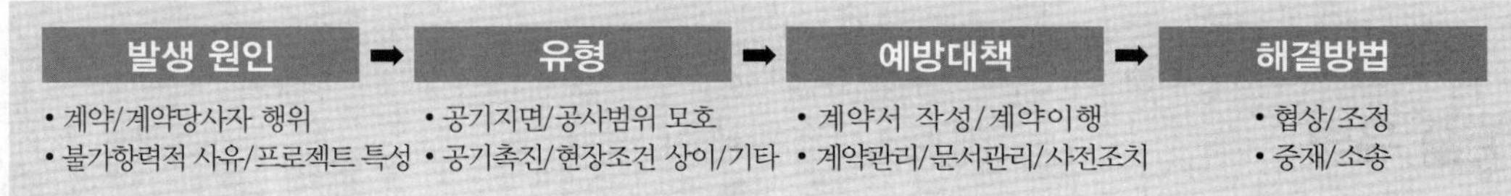

Ⅱ　발생 원인

1. 계약

① 계약조건의 명확한 표현 미흡
- 공기연장, 현장조건 상이, 작업중단, 계약종결 등에 기인

② 모호한 계약용어 사용 등

2. 계약당사자 행위

(1) 설계 · 감리자 원인

① 도면표시 미흡, 설계오류
② 시공상세도 검토의무 불이행
③ 변경지시서 승인 지연
④ 검사, 도면 및 시방서의 명확화 미흡
⑤ 설계오류의 수정 불이행 등

(2) 시공자 원인

① 공사비용의 견적 오류
- 저가도급의 손실보전을 위한 무리한 원가절감

② 부적절한 작업 수행
- 초과비용의 보상을 위해 고의적으로 Claim 유발

3. 불가항력적

① 합리적 건설계약의 범위를 초과하는 불가항력적 사건
② 천재지변, 전쟁, 침략, 혁명, 방사선 오염, 폭동 등
③ 발주자의 특별 위험요소로 간주
④ 공기연장은 허용되나 추가비용의 보상 불허

4. Project의 특성

① 특수한 기술이나 고도의 기술이 요구되는 공사에서 발생
② 복합공종, 대규모 · 오지 · 밀집지역의 공사 등
③ 핵발전소, 특수 Plant, 특수구조물, 지하구조물, 유지보수 Project 등

Ⅲ 유형

1. 공기지연

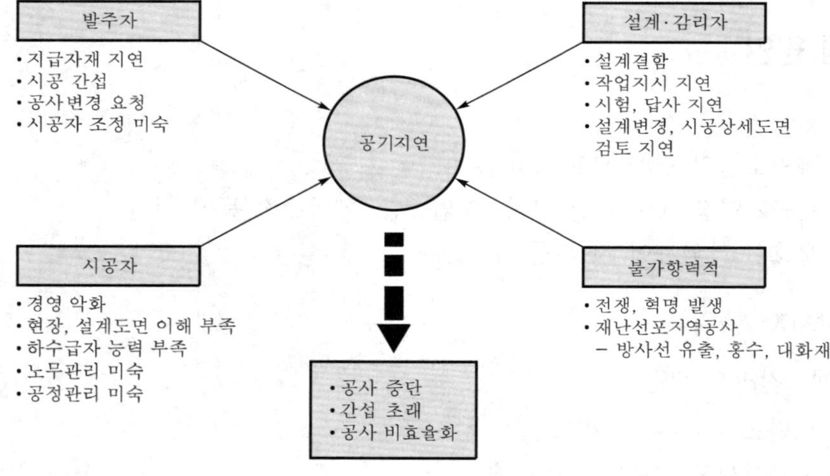

[공기지연의 원인−결과]

(1) 발주자 원인

① 지급자재의 공급지연
② 무리한 공사변경 요청
③ 지나친 시공 간섭
④ 시공자와의 의견 조정 미숙

(2) 시공자 원인

① 착공 · 시공의 지연 초래

② 현장 및 도면 이해능력 부족

③ 경영 악화로 공사중단

④ 공정관리 미흡, 공사자원의 배분 불합리

⑤ 노무관리 미숙, 미숙련자 고용, 노무인력 미확충

⑥ 하수급자의 시공능력 부족

(3) 설계 · 감리자 원인

① 설계변경 지연

② 작업지시 지연

③ 시공상세도면의 검토능력 부족 및 지연

④ 시험 · 답사 태만

⑤ 설계결함: 누락 및 오류

(4) 불가항력적 원인

① 이상기후에 의한 공사지연: 폭염, 한파, 풍우 등

② 노사분규, 민원 발생

③ 전쟁, 혁명 등에 의한 공기지연

④ 국가적 대규모 감염사태 등

2. 공사범위 모호

① 계약서상 공사범위의 명시 모호

② 계약당사자 간의 주관적 해석

③ 발주자의 무리한 공사 요구(계약범위의 초과 요구)

④ 시공자의 설계변경에 의한 계약금액의 증액 요구

3. 공기촉진

① 발주자의 무리한 공기단축 요구

② 공기단축 시 추가비용 발생 불가피

③ 발주자의 공사목적물 조기사용 욕구

4. 현장조건 상이

① 도면과 현장여건이 상이하여 추가 공사비가 예상

② 지하의 암 · 매립폐기물 존재

③ 현장조사 및 설계변경 사유 발생

5. 기타

① 공사비 지불 지연

② 발주자의 일방적 계약 파기

③ 시공자의 공사수행 불능상태 등

Ⅳ 예방대책

1. 계약서 작성

① 상호대등한 입장 견지, 불공정 계약행위 근절
② 정확하고 합리적인 공사비 견적: 적정 이윤과 공기 확보
③ 공사범위, 책임과 의무 등 명시
④ 분쟁해결 방법 구체적 제시, 조정 및 중재 등
⑤ 설계변경의 처리절차, 책임소재, 처리방법 등 구체적 명시

2. 성실한 계약이행

① 공사부지의 사전확보
② 기성금의 적시 지급 및 자재의 적시 공급
③ 계약 및 예정공기 준수
④ 설계도서상의 품질 확보
⑤ 계획에 의한 공사진행 및 점검·확인 철저
  • 중점관리항목을 선정하여 집중·추적 관리

3. 계약관리

① 물가변동에 의한 계약금액의 변경
② 설계변경에 의한 계약금액 및 공사기간의 변경
③ 관련절차 준수, 변경내용 계약서 명시

4. 문서관리

① 설계변경 관련문서
  • 공사비 증감자료, 세부공사비 및 물량내역
② 발주자·감리자 요구에 대한 증거자료
  • 공문서(추가공사 요청서), 작업지시서, 각종 확인서 등
③ 각종 공사기록 문서
  • 공사 및 감리일지, 회의록, 공사사진, 각종 보고서 등
④ 설계 및 기술검토 문서
  • 검토의견서, 승인요청서 등

5. Claim 제기 전 사전조치

(1) 사전평가

▶ 계약 규정의 범위 내에서 보상 가능성을 검토하는 단계이다.
① 공기연장과 비용 보상의 가능성

② Claim 제기에 대한 득실

③ 공기연장기간과 보상금액의 규모를 개략적으로 산출

(2) 자료수집

① 설계도서, 계약서, 기록문서, 사진 등의 자료 확보

② 공인회계사 및 기타 전문가의 소견서 첨부

③ 자료의 객관성 최대한 확보

(3) 자료분석과 근거 입증

① 자료를 통하여 보상의 타당성을 증명할 수 있는지 분석

② 상대의 책임과 과실근거 입증

(4) 비용산출

① 시공자의 원가산정 방식 적용

② 비용보상 요구액을 정확하게 산정

(5) Claim 서류의 작성 및 제출

① 공사개요, 현안문제의 분석내용 기재

② 공정 및 손실분석 내용 기재

③ 기재내용에 대한 증빙자료 첨부

Ⅴ Claim 및 분쟁 해결방법

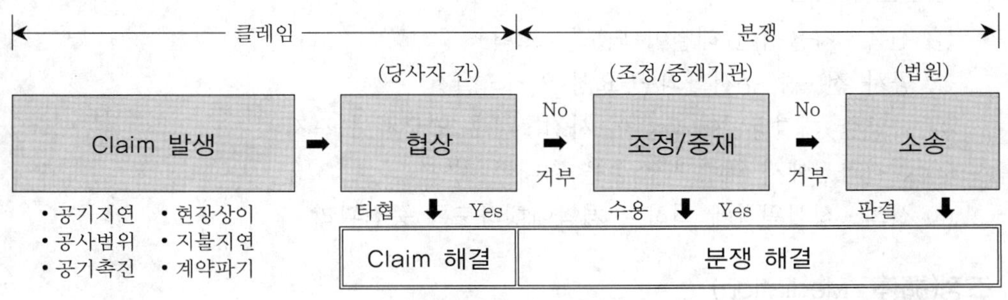

[클레임 & 분쟁 해결]

1. 협상(협의)

(1) Claim 접근 태도

① 명확한 목표 설정

- 얻을 것, 양보할 것, 타협할 것 등을 구분하여 설정
- 최소한의 요구사항 설정 후 보안 유지

② 자료의 신중한 수집 · 분석
- 정확하고 충분한 자료가 클레임의 성패 좌우

③ 신의 · 성실한 자세 견지
- 기만 · 과장에 의한 불신조장 시 해결 불가능

④ Claim 전략 개발
- 클레임으로 인한 쌍방 간의 강 · 약점 파악
- 해결과정에서 상황에 따른 기민한 전략적 대응방안 강구

⑤ 협상단 구성
- 협상분야별 전문요원 구성
- 협상단에는 최종 결정권자를 포함하도록 구성

⑥ 상대방 여건 파악
- 클레임으로 인한 재정여건과 영향 파악
- 상대조직 내의 견해 차이점 유무 파악

(2) 협상에 의한 Claim 해결

① 고도의 협상능력 요구
- 협상은 가장 바람직한 최선의 해결책
- Claim 당사자와의 관계 손상방지

② 계약당사자 대표가 주체가 되어 직접협상

③ 최소비용으로 단기간 해결 가능

④ 타결 시 계약변경에 반영

(3) 중점관리 방안

① 신속 · 자율적인 해결이 되도록 노력

② 공사 전 · 중 문서화의 중요성 인식 · 실천

③ 다양한 해결방법에 대하여 사전 · 사후 연구자세 견지

④ 해결과정에서 대립과 소송을 최대한 지양

⑤ 신의 · 성실원칙에 의하여 계약이행하도록 중점관리

2. 조정(調停, Mediation)

(1) 정의

① 분쟁당사자 사이에 제3자가 중개하여 화해에 이르게 하는 분쟁 해결 행위

② 조정기관은 계약서 명시사항이 아님

(2) 건설조정 기관 및 제도

조정 기관·제도	조정대상	관련기관
건설분쟁조정위원회	• 건설산업기본법에 근거 • 건설업 및 건설용역업자 분쟁	국토교통부/시·도지사
건설하도급분쟁조정협의회	• 하도급거래공정화에관한법률에 근거 • 원·하수급자 간의 건설하도급 분쟁	• 공정거래위원회 • 대한건설협회와 대한전문건설협회 공동 운영
건축분쟁조정위원회	• 건축법에 근거 • 건축주, 시공자, 민원피해자 분쟁	시·군·구/특별시·광역시·도
공동주택분쟁조정위원회	• 공동주택관리령에 근거 • 공동주택의 관리와 운영 분쟁	국토교통부
민사조정제도	• 민사조정법에 근거 • 모든 민사 분쟁	법원
환경분쟁조정위원회	• 각종 환경 관련 법규에 근거 • 건설 환경공해	준사법적 독립기관
국제계약분쟁조정제도	• 국가계약법에 근거 • 정부조달계약 분쟁	기획재정부

(3) 조정내용

① 분쟁 초기단계에서 우호적인 해결 도모
② 상호인정하는 기관의 조정으로 분쟁 해결
③ 분쟁 당사자 조정안 거부 가능
④ 조정인은 분쟁당사자의 화해를 권장하거나 유도
⑤ 조정안 수용 시 도의적 준수가 요구되나 구속력은 없음
  • 조정안 동의 시 확정판결과 동일한 효력

3. 중재(仲裁, Arbitration)

(1) 정의

① 당사자 간의 합의로 사법상의 분쟁을 중재인 판정으로 해결하는 절차[8]
  • 당사자 간의 합의는 서면이어야 함
  • 계약서에 중재조항이 있거나 관련 법에서 규정하는 합의방식[9]을 충족할 것
② 조정은 제3자(조정기관)의 조정안을 승낙함으로써 분쟁당사자 구속
  • 중재는 제3자의 판단이 법적인 구속력 발휘
  • 분쟁당사자는 중재판정을 수용하여야 함
③ 중재판정은 소송의 확정판결과 같은 효력이 있으나 강제 집행력 없음
  • 소송을 통하여 집행판결을 구함

---

8) 중재법 제3조 '정의' 참조
9) 중재법 제8조 '중재합의의 방식' 참조

(2) 중재내용

① 계약서에 중재자 명시
- 공사도급 및 용역계약서
- 또는 별도의 중재계약서에 분쟁당사자, 중재기관, 중재지 등 명시

② 분쟁당사자가 중재인 선정
- 계약당사자는 혐오중재인을 기피할 권리(기피권)가 있음
- 중재인은 해당부문의 전문가로 구성

③ 중재과정은 비공개 원칙
- 비공개로 인하여 타협과 조정이 용이하며 시간과 비용 절약

④ 중재판정은 확정판결 효력, 법적구속력 구비

⑤ '대한상사중재원'은 국내 유일의 상설 중재기관

4. 소송(訴訟, Litigation)

① 법원판결에 의하여 분쟁을 해결하는 방법
- 협상안, 조정안, 중재판정이 불이행될 경우의 최종적인 해결방식

② 관할법원은 계약조건에 명시

③ 소송과정에서 시간과 비용의 대가가 막대, 3심제

④ 판결내용은 법적 강제집행력 구비

〈학습 Point〉
- 클레임과 분쟁의 정의와 차이점
- 예방대책과 해결방법 구분
- 공기지연의 유형별 원인 등

Ⅵ 결론

① 클레임이 발생하면 계약당사자는 '협상'으로 해결하고 분쟁으로 발전하면 소송 이외의 수단으로 해결하는 것이 바람직하다.

② 건설계약당사자는 계약 이후 공사과정에서 클레임이나 분쟁에 대비하여 관련 증거문서를 확보하는 일이 무엇보다도 중요하다.

[관련 증거문서]

공문서	• 계약상대에게 관련 사항을 사전에 충분히 설명하고 문서로 통보한다. • 관련문서(수·발신)를 보존·유지한다.
회의록	문제제기 후 바로 회의를 소집하여 쟁점사안을 상호 확인한 다음 회의록에 참석자 서명날인을 받아 둔다.
공사일지	클레임 해당 공사의 착수일, 공사내용, 계약상대자와의 통화, 방문내용, 관련 문서 수·발신 사항 등을 자세하게 기록한다.
공사사진	• 쟁점부위에 대한 사진의 원본파일을 확보한다. • 완공 후 공사팀이 해체되기 전에 관련사진을 빠짐없이 수집한다.

6114 | 제조물책임법(Product Liability Law)

I 개요

1 제조물책임(PL: Product Liability)은 제조물(＝제품)의 결함이 원인이 되어 사용자 또는 제3자에게 생명, 신체 및 재산상의 손실을 끼칠 경우 제조·판매 관여자가 피해자에 대해 부담하는 손해배상책임이다.

2 제조물책임법은 기업의 사회적책임 강화 및 소비자 보호차원에서 1999년 12월 16일에 입법, 2002년 7월 1일부터 전격 시행되고 있다.

3 건설업은 제조물의 소비자 입장이지만 건축물 수요자에 대하여 공급자의 입장이므로 대응방안이 요구되고 있다.

대상/영향	➡	대응방안
• PL 대상행위 • 위반영향		• 설계/계약/공사 • 유지관리/센터 운용

[국내 도입 연혁]

년도	도입 연혁
1982	의원 입법안 발의
1994	행정쇄신위에서 입법 건의
1996	소비자보호원 주관으로 공청회 개최
1998	• 입법초안 마련 및 공청회 개최 • 소비자보호원에 설치된 법조계, 학계, 업계 등 전문가로 구성된 실무 작업반에서 실시
1999	• 소비자정책심의위원회에서 국회 상정 결정, 국회 입법 통과 • 재경부·법무부의 정부 공동안 입법 예고, 1999년 11월 의원입법 추진
2000	공포, 2002년 7월 1일부터 전격 시행

II 대상 및 영향

1. PL 대상행위

① 제조업자가 제조한 제품과 재료의 현장가공 행위

② 수입자재와 제품의 사용

③ 경고표시 의무의 해태

2. PL법 위반영향

① PL법 제소대상이 된 것만으로도 신인도 타격 예상

② 소송으로 인한 기업의 이미지 하락과 영업손실 발생 불가피

Ⅲ 대응방안

1. 설계

① 설계품질을 제고하여 Fail Zero 설계[10] 지향
② 설계안의 공법·재료·부품 개선
③ 건설목적물의 내구성과 안전성 향상 도모

2. 공사계약

① 발주자 일방적 우월조항 배제
② 계약당사자 상호 간의 책임과 역할을 명확화

3. 공사진행

(1) 문서관리 철저

① PL의 문제 제기 시 증빙문서 사전확보
② 대상문서
- 설계도서: 설계도면, 시방서, 견적서
- 자재·설비업자의 납품 관련도서: 납품서, 발주자의 주문서, 작업지시서
③ 주제별 정리·보관 철저

(2) 품질관리 강화

① TQC에 의한 전사적 품질관리 강화
- 재시공 및 하자 발생요인을 원천적으로 제거
② 품질경영체계 확립
- 국제규격(ISO 9000)의 품질경영시스템 인증 획득, 대외 신인도 제고
③ 통계적 품질관리(SQC) Tool의 적정 활용
- 품질결함 원인과 결과 데이터를 통계적으로 파악, 예방조치 강구
- 파레트도, 히스토그램, 특성요인도, 관리도, 산포도, 체크시트, 층별 등 7가지 활용

(3) 자재·설비의 납품관리 철저

① 업자 선정 시 유자격자 엄선
- 제품의 품질관리능력, 경영 및 재무상태, 품질인증 유무 등 종합 검토
② 계약 시 PL 책임한계를 분명하게 명시
- 제품 결함에 대한 PL 부담조항 포함
- 업자 선정 시 PL 보험가입을 조건으로 제시

---

10) Fail Zero 설계: 어느 한 부분의 설계결함으로 인한 피해가 다른 부위로 확산되지 않도록 하는 설계

③ 주요부품 가공 · 제작 시 공작도 · 현치도의 검토 및 승인
- 제작단계에서 제품품질 확보

④ 반입 시 철저한 수입검사 실시
- 품질기준에 따라 엄격하게 검수

4. 유지관리

① 안전 · 경고 표시 철저
- 안전한 사용법을 충분히 인지하도록 표시

② 건설목적물의 사용설명, 취급설명서 교부, 확인 · 날인
- 설비 · 전기용품의 취급설명서 등에 적용

③ PL 사고 예상 시
- 사전에 결함 발생의 개연성을 통지하고 즉시 보수

④ 사후 서비스(After Service) 철저
- 예방보전에 의한 A/S로 PL 제기 예방

5. PL Center(PL 피해자 상담반)의 운용

① 소비자의 Claim 제기에 적시 대응할 수 있는 창구 설치
- PL에 의한 손실 발생액의 확대 방지

② 공동 PL 센터 운용, 업계단위로 공동운용하는 것이 바람직

③ 건축물 또는 건축물 부품 대상
- 취급설명서, 경고표시 내용, 신체와 재산상의 피해 등에 관하여 사용자(입주자)에게 성실한 상담 실시

Ⅳ 결론

1 제조업자는 좋은 제품이란 의미에 값싸고 좋은 품질은 물론 '안전한 제품'이란 조건을 추가하여 최종 소비자에게 폭넓은 배려를 할 의무가 있다.

2 제조물책임법은 고의과실 유무를 떠나서 제품결함만 입증이 되면 제조업자는 사용자에게 손해배상 책임을 지게 되므로 종전보다 세밀한 품질관리와 철저한 사후관리가 필요하다.

3 건설업의 산물은 부동산이지만 제조물의 소비자이면서 제조물의 가공자로서 제조물책임을 부담하므로 PL법에 대한 적극적인 대응책을 강구하여 실천해야 할 것이다.

6121 | 지식관리시스템(Construction Knowledge Management System)

I 개요

① 지식관리시스템은 객관화된 양질의 지식을 전 조직원이 공유하기 위한 체계이며, 지식의 생성·축적·검색·분배·업그레이드 기능을 구비함으로써 기업의 대외 경쟁력을 제고하는 도구로 활용될 수 있다.

② 지식관리시스템은 지식의 발굴, 축적, 객관화, 활용과정을 거쳐 구축한다.

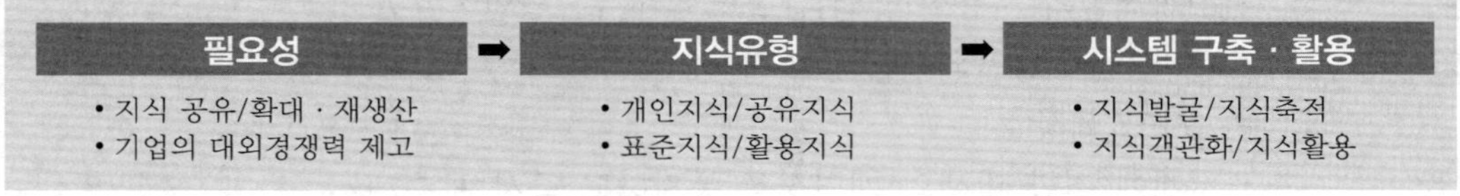

II 필요성

1. 지식 공유

① 유능한 구성원의 노하우 발굴
② 개인별 노하우 축적 및 공유
③ 조직 간 문화차이 극복

2. 지식 확대·재생산

① 축적지식 객관화, 주관적·비문서 지식 객관화
② 공식적 지식 생성
  • 지식분류체계, 문서표준화 등이 적용된 공식문서 생성
③ 활용지식 생성, 현업 적용사례를 통한 실패·성공 사례에 의한 지식 생성
④ 검색, 분배기능에 의한 지식사용 확대

3. 기업의 대외 경쟁력 제고

① 단위기업의 노하우 축적
② 건설생산성 증대
③ 대외 수주경쟁력 향상

Ⅲ 지식유형

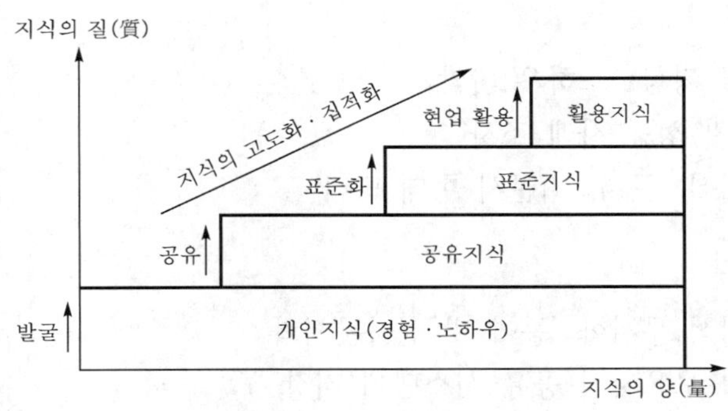

[지식 생성 프로세스]

1. 개인지식

① 개인별로 보유하고 있는 경험 및 노하우

② 개인별 성공 및 실패 경험

③ 문서, 비문서 혼재

④ 자발적 공유의식 미흡

2. 공유지식

① 공유시스템에 등록 · 저장한 지식

② 1차적으로 비문서의 종이문서화

③ 2차적으로 종이문서의 전자문서화, 디지털화

④ 저장 · 축적으로 공유 가능

3. 표준지식

① 공유지식을 객관화 · 공식화한 지식

② 지식분류체계, 표준화 지침에 따라 객관화

③ 객관적 지식은 표준 시트 및 매뉴얼 형식으로 재생산

4. 활용지식

① 표준지식에 검색, 보안기능 등 접근성을 부여한 지식

② 활용사례에 의해 지식 업그레이드

③ 신규지식 생성 및 미활용 지식 폐기

④ 지식관리시스템에 지속가능성 부여

Ⅳ 시스템 구축 · 활용

1. 지식 발굴

① 개인별 경험 · 노하우 파악
② 실패 및 성공 사례 조사
③ 대상지식: 문서, 비문서 형태 망라

2. 지식 축적

① 발굴지식 문서화, 종이 및 전자문서화
② 개인별 보유지식 공유 시스템에 저장
③ 가상 지식교류 공간 확보, 회합시간 · 공간 부족 해소
④ 개인별 · 부서별 보유지식 통합 저장

3. 지식 객관화

① 분류체계에 따라 지식 재정렬
② 표준화 형식에 따라 문서 정제작업
③ 이질적인 용어문화 동질화: On-Off Line에 의한 공유문화(Shared Culture) 형성
④ 지식의 양적 · 질적 Leveling: 중복 · 진부화 지식 삭제, 결함 · 누락 지식 보완

4. 지식 활용

① 지식의 접근성 확보: 지식 Mapping, 검색 · 보안 기능 부여, 단일 로그온 접근
② 표준지식 현업 적용
③ 공동실행(COP: Community of Practice) 기능 부여

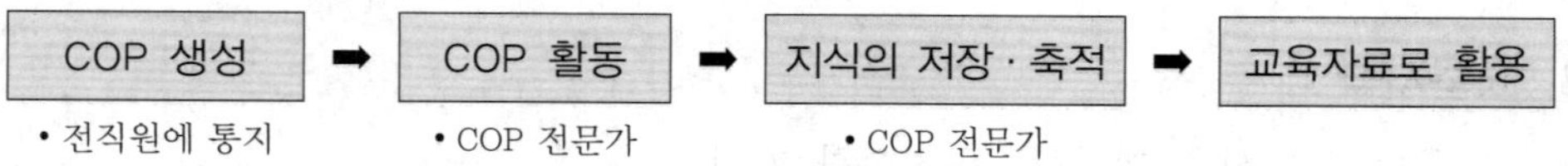

④ On-Line · Off-Line 교육, 지식 전달
⑤ 프로젝트 유형별 표준사업관리 모델 개발

Ⅴ 결론

1 건설업의 지식관리시스템은 지식정보의 Know-How와 Know-Where 기능을 강화함으로써 대외 경쟁력을 제고할 수 있는 도구이다.

2 지속가능한 시스템이 되려면 공유의식을 기반으로 구성원의 고유경험과 지식을 추출하여 객관화, 표준화, 매뉴얼화, 접근성 제고 등이 필요하다.

6122 유비쿼터스 컴퓨팅(Ubiquitous Computing)

I 개요

1 IT 산업의 미래형으로 PC 시대에서 유비쿼터스 컴퓨팅 시대가 도래됨에 따라 국내에서도 'E-Korea'[11]에서 'U-Korea'로 전환하기 위한 다양한 변화가 일어나고 있다.

2 유비쿼터스는 라틴어에서 유래된 말로 '도처에 널려 있다.', '언제 어디서나 동시에 존재한다.' 라는 뜻으로 유비쿼터스 컴퓨팅은 컴퓨터가 사람, 사물, 환경 속으로 스며들고 연결되어 언제 어디서나 컴퓨팅이 가능함을 의미한다.

3 유비쿼터스 컴퓨팅을 구현하기 위해서는 컴퓨팅 기능의 내재성과 컴퓨터의 이동성을 높이고, 핵심요소기술을 발전시켜야 한다.

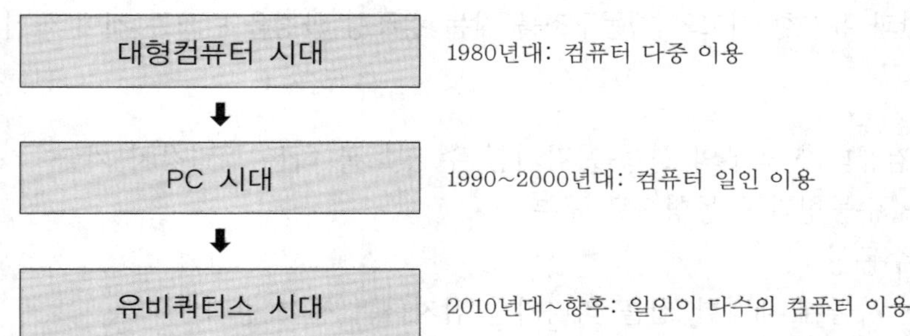

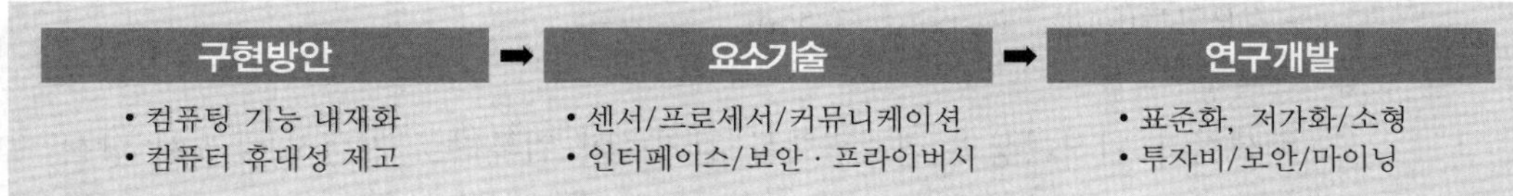

II 구현방안

1. 컴퓨팅 기능 내재화(Pervasive, Embedded)

① 기기 내에 컴퓨터 기능을 내장하는 방식

② 초기단계의 컴퓨터 사용환경

---

11) E-Korea: 2002년 지식경제부에서 수립한 제3차 5개년 정보화촉진기본계획안의 '비전: 글로벌 리더, E-Korea 건설'에서 유래된 용어이다. 주요목표는 국민의 정보 활용능력을 제고, 정보화를 통한 산업 전반의 경쟁력 강화, 생산적이고 투명한 Smart 정부의 구현 등으로 국가 사회의 정보화를 촉진시켜서 21세기 Global 지식정보사회의 Leader로 도약하는 것을 골자로 하고 있다.

2. 컴퓨터 휴대성(Movility) 제고

(1) Wearable Computing

① 옷, 안경처럼 착용 가능하도록 휴대 제고

② 건강관리용 체내이식형 컴퓨터칩 개발

(2) Nomadic Computing

① 네트워킹의 이동성 극대화

② 어디서든지 컴퓨터 사용 가능

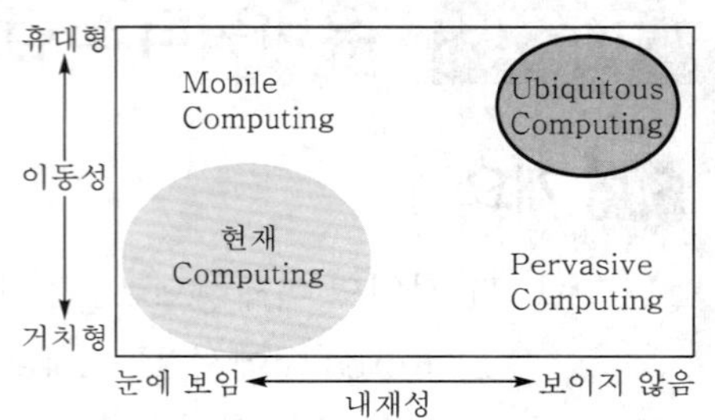

[유비쿼터스 컴퓨터의 구현방향]

Ⅲ 요소기술

▶ 인간과 유사한 사고와 행동구조를 갖는 컴퓨팅 환경을 만드는 것이 핵심요소기술이다.

1. 센서

① 컴퓨터가 외부의 환경을 감지할 수 있도록 하는 입력장치 기술
- 수동형과 능동형으로 구분

② 수동형
- 사물에 내장한 칩을 리더기가 감지하는 센서 방식
- 바코드센서, 무선인식센서(RFID: Radio Frequency IDentification)
- QR코드(Quik Response Code)

③ 능동형
- 센서가 인식대상의 환경변화를 감지하여 컴퓨터로 전송하는 센서 방식
- 안전·보안 시스템에 적용, 오감(五感)형 센서[12]

2. 프로세서

① 센서에 의해 획득한 정보를 분석하고 판단하는 정보처리장치

② 대상기기에 초소형 운영체계(OS: Operate System)를 내장하여 실시간 정보처리 가능

③ 지능형주택, 자동차, 가전제품 등에 적용

3. 커뮤니케이션

① 사용자–인근사물, 기기–기기 간의 상호작용을 지원하기 위한 통신기술

② 유선기술로는 한계가 있으므로 근거리(10~50m) 무선통신기술 필요

---

12) 오감형 센서: 시각·청각·촉각 등의 물리적 센서와 후각·미각 등의 화학적 센서 방식

4. 인터페이스

▶ 인간에 근접된 형태의 지능적 인터페이스(입력, 출력) 기술이 필요하다.

(1) 입력도구

① 센서 방식은 수동형에서 시작하여 능동형으로 진보
② 음성, 문자, 동작신호를 인식 · 입력

(2) 출력도구

① 시각적 디스플레이 일변도의 출력형태에서 탈피
② 음성, 문자, 표정, 감정의 표현을 가능하게 하는 기술 필요

5. 보안 및 프라이버시 보호

① 정보의 누출과 왜곡을 방지 · 감지할 수 있는 기술 필요
② 프라이버시 보호 기술
　• 유비쿼터스 컴퓨팅 이용도를 좌우하는 중요한 기술적 요소

Ⅳ 연구개발 방향

① 기술의 표준화, 핵심기기와 부품의 저가화, S/W 기술의 발전
② H/W의 소형화 및 저전력화
③ 막대한 초기의 연구투자비용의 조달 · 회수 방안 강구
④ 개인의 프라이버시와 정보의 보안성 확보
⑤ 복잡한 데이터의 Mining 기술[13] 개발

---

13) 관련내용 '6123 데이터마이닝' 참조

6123 데이터마이닝(Data Mining)

I 개요

1. 데이터마이닝은 방대한 데이터에서 의사결정에 유용한 패턴과 관계를 가진 지식을 도출하기 위하여 다양한 기법을 활용하는 과정이다.

2. 정보량의 급격한 증대와 더불어 건설과정에 유용한 의사결정도구로 폭넓은 활용이 예상된다.

필요성/적용과제 →	주요기법/프로세스
• 필요성 • 적용과제	• 관련 주요기법 • 데이터마이닝 프로세스

II 필요성 및 적용과제

1. 필요성

① Data 저장능력의 향상

② 다양한 Data 분석기법의 출현

③ 경쟁력 원천으로 새로운 지식습득 요구

④ 컴퓨터의 검색기능 발전

⑤ 데이터의 분류, 예측, 추정, 통합, 군집화, 서술 및 가시화 가능

2. 적용과제

① 고객(발주자)의 욕구(Needs) 적극 파악

② 관련정보 Data Base化

③ Data Warehouse의 기반 확립

④ Data Mining 기법의 활용능력 구비

⑤ Data Mining을 통한 건설생산성 증대방안 도출

Ⅲ 주요기법과 프로세스

1. 관련 주요기법

① 의사결정나무(Decision Tree)

② 인공신경망(Artificial Neural Network)

③ 사례기반추론(Case-Based Reasoning)

④ 군집분석(Cluster Analysis)

⑤ 유전자 알고리즘(Genetic Algorithm)

⑥ OLAP(On-Line Analytic Processing)

⑦ 회귀분석(Regression Analysis) 등

2. Data Mining Process

Sampling / Selection	① 대용량 데이터에서 표본 추출 ② 시간, 비용절약을 위한 필수과정 ③ 임의추출, 층화추출 등
Cleaning / Preprocessing	① 데이터 가공 · 정제 ② 일관성 없고, 불완전한 자료 전처리 ③ 자료결함 제거 및 가공
Transformation / Exploration	① 데이터 변형 또는 탐색 ② 기존 변수로 새로운 변수 생성
Modeling / Assessment	① Data Mining의 핵심 ② 예측모형을 도출하여 지식 생성 ③ Modeling 내용 평가

6124 PMIS(Project Management Information System)

I 개요

① 공사와 현장조직이 일정규모 이상일 경우 건설정보의 전달과 공유에 필요한 시간과 인력 수요가 증가하여 공기지연과 공사비의 초과지출이 우려된다.

② 건설 프로젝트의 관계자 간 실시간 정보교환에 의한 의사소통으로 문제점의 조기발견, 신속한 조치 강구, 추적관리 등이 가능한 웹기반 공사관리시스템이다.

도입효과	➡	운용방식
• 의사소통/과학화 • 집적화/접근성		• 선정요건/자체개발 방식 • 외주방식/적용방안

II 도입효과

1. 사업 주체 간 의사소통 원활

① 발주자, 설계 · 감리자, 시공자 사이의 의사소통 용이

② Communication 채널의 단순화

   • 출장빈도와 통신비 절감, 신속한 업무처리 가능

③ 계약당사자 간 정확하고 신속한 의사전달로 Claim 요소 제거

④ Web 기반으로 정보접근 용이

   • 정보접근을 위한 시간적 · 공간적 제약 배제

2. 공사관리의 과학화

(1) P–D–C–A[14]에 의한 관리과정

① 실시간의 계획 · 실적대비로 조기에 문제점을 발견하여 적정 조치

② 조치사항(Action)의 이행여부 추적 · 확인

(2) 일정–비용 통합 분석

① 실시간으로 공정 현황파악 용이

② 지연공정과 예산 초과공정 조기 파악

---

14) Plan-Do-Check-Action에 의한 관리과정, 즉 계획하고(Plan) 실행하며(Do) 체크(Check)한 결과 문제점에 대한 조치(Action)를 반복하는 일련의 관리과정을 말한다.

3. 건설 정보의 집적화(集積化)

　① Project의 중요 정보를 용이하게 종합

　② Project의 Know-How 축적, 재활용 용이

　③ 실패사례 공유, 유사공정의 시행착오 예방

　④ 도면정보와 문서관리 디지털화

4. 정보의 접근성 용이

　① 시간·공간적 제약 없이 정보이용 가능

　② 웹기반 환경으로 인터넷 접속 용이

　③ 정보전달에 대한 차별적 권한부여로 보안 유지 가능

III 운용방식

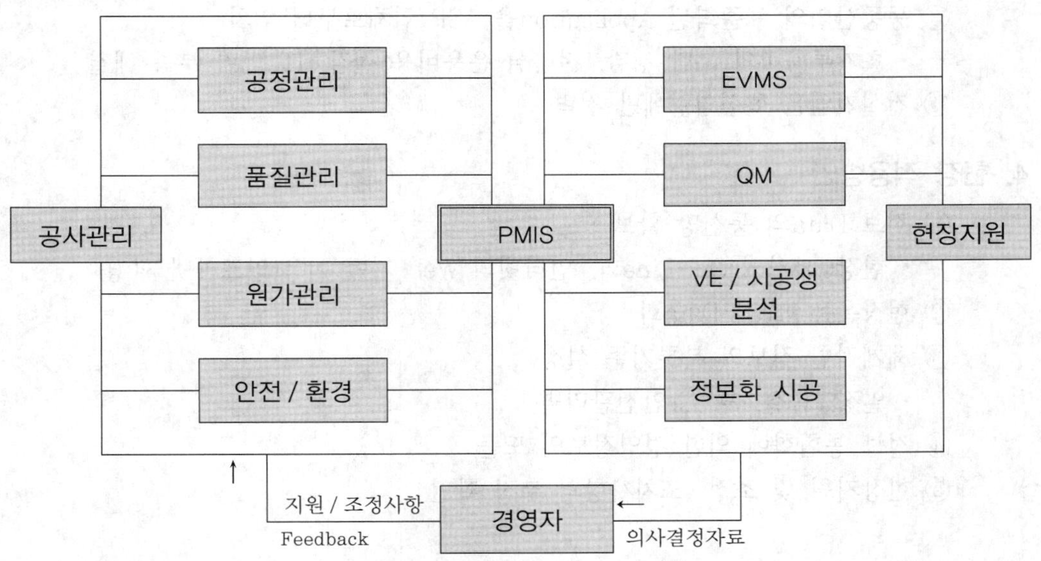

[PMIS의 구성: 현장 – 본사 모델]

1. 선정요건

　① 공사현장의 규모

　② 전산인력의 확보

　③ 시스템의 구축 및 운용비용

　④ 시스템 운용에 관한 노하우의 축적 정도 등 고려

2. 자체개발 방식

① 사내 전산실과 전문인력을 갖추고 시스템 구축을 자체적으로 기획 · 설계

② 개별적으로 H/W를 조달하고 S/W를 발주하여 PMIS를 구축하는 방식

3. 외주방식

(1) SI(System Integration) 방식

① 사내의 전산실 설치를 IT 및 인터넷 서비스 전문업체에게 위임

   • 시스템의 설계, 최적의 H/W 선정 · 발주 · 조달 등 위임

② 사용자의 용도에 맞는 S/W의 개발을 전문업체가 대행

③ 시스템의 유지와 보수를 전문업체에 Outsourcing

(2) ASP(Application Service Provider) 방식

① ASP 사업자 서버에 접속하여 필요한 S/W와 프로그램 환경을 임차 · 사용하는 방식

② 정보 시스템의 구축이나 패키지 프로그램의 구입 불필요

③ 동종산업의 표준화된 Application을 ASP 업체로부터 임차

   • 초기투자비의 부담 경감, 전산실 운용비용 절감, IT 인력 부족 해결

④ 건설기업은 핵심역량에만 전력

4. 현장 적용방안

① 정보 Data의 통신망 확보

   • 현장-본사의 On-Line화, 인터넷의 Web 기반 이용(인트라넷 환경)

② 현장운용정보를 Data화

③ 체계적인 정보의 분류기준 설정

   • 일정, 품질, 원가, 안전관리별

④ 정보 통합화에 의한 경영정보의 도출

⑤ 현장지원 및 조정, 조치사항의 추적 확인

6131 ┃ 건설 가치사슬(Construction Value Chain)

Ⅰ 개요

① 가치사슬은 고객에 대한 기업의 가치(Value) 전달과정을 사슬형(Chain) 연계활동으로 제시한 모델이다.

② 1985년 미국 하버드대학교의 마이클 포터(M. Porter)가 제조업에 기반한 이론으로 건설기업의 경쟁우위 강화기법으로 활용되고 있다.

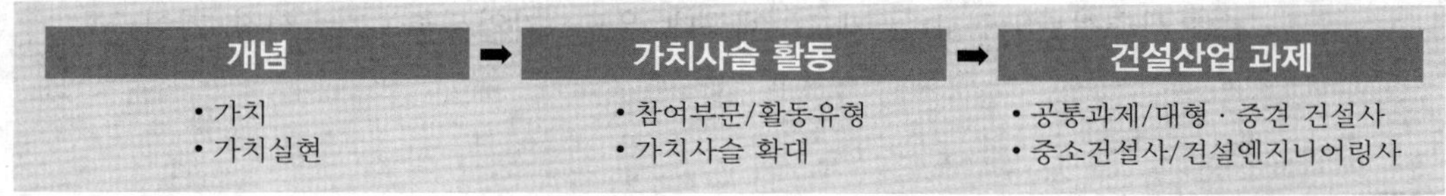

Ⅱ 개념

1. 가치(Value)

① 수요자(고객)가 기꺼이 지불하고자 하는 정량적 대가와 정성적 대가의 총량

② 정량적 대가: 고객이 지불하는 경제적 대가(금전) 의미

③ 정성적 대가: 해당기업의 재화나 서비스를 사용하여 얻는 고객의 만족감 정도

④ 기업이 고객에게 제공하는 가치는 이윤창출 요인과 직간접으로 관련

2. 가치실현

(1) 가치실현 원칙

① 고객 관점의 가치는 기업의 생존과 지속성장에 기여

② 기업의 생존 및 지속성장 요건

- 시장형성가격(Price)은 생산기업의 원가(Cost)보다 커야 하고, 고객 관점의 가치(Value)는 시장가격보다 커야 함[15]

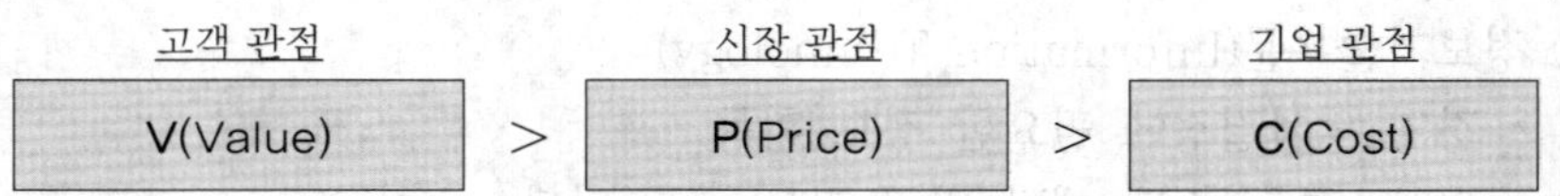

③ 'V＞P＞C' 관계

- 'P＞C'와 'V＞P'의 격차가 클수록 가치창출은 커짐

④ 생산원가 우위전략(P＞C) 최우선 추진

- 이후 'V＞P' 극대화 전략 강구

---

15) 윤석철의 "Principia Managementa: 기업의 생존부등식" 참조

(2) "P > C" 최대화

① 원가보다 지나치게 높은 시장가격, 고객 반발과 부담 증가

② 지나친 원가절감, 저기능 · 저품질 우려, 고객만족 실현 불가

③ 원가 우위전략 최우선 추진, 생산효율 제고 및 원가구조 혁신

(3) "V > P" 최대화

① 경쟁기업보다 원가 · 시장가격 비교우위 확보

② 원가우위와 시장가격 비교우위는 가치실현 최대화

③ 가치실현 최대화

- 고객충성도(Loyalty) 제고, 재구매 유도, 기업생존 · 지속성장 기여

Ⅲ 가치사슬 활동

▶ 가치사슬은 부가가치(이윤, Margine)를 창출시키는 생성체계이다.

▶ 즉, 부가가치 생성에 참여하는 일련의 활동 · 기능 · 프로세스 연계체계이다.

1. 참여부문

▶ 가치창출을 위한 기업의 내부기능적 요소는 다음과 같다.

(1) 생산 전반(全般)

① 경영층(Executive Management)

- 기업전략 수립, 전략 달성을 위한 자원 할당

② 인적자원부문(Human Resource)

- 소요인력 채용, 교육, 계발 방안 담당

③ 회계부문(Accounting)

- 생산부문 통제에 필요한 정보 제공
- 비즈니스 상황 기록, 경영층 의사결정 자료 제공

④ 재무부문(Financing)

- 비즈니스 운영자본의 조달 · 관리

⑤ 정보기술부문(Information Technology)

- 경영 의사결정에 필요한 정보 획득
- 의사소통 시스템 개발 및 유지보수 등 담당

(2) 생산 전

① 연구개발부문(Research & Development)

- 신제품 설계 담당

② 구매조달(Supply Management)

- 공급업체 선정, 협력관계 정립 등, 상류(Upstream) 공급기반 조정

(3) 생산 중·후

① 생산운영부문(Operation)
- 구매조달품을 부가가치가 높은 제품으로 변환

② 물류부문(Logistic)
- 적시적소에 자재 사용이 가능하도록 이송·저장

③ 마케팅 부문(Marketing)
- 고객요구 파악, 광고 및 판매 촉진
- 고객에게 만족 방안을 전달하는 하류(Downstream)의 고객관계 담당

2. 활동유형

▶ 기업의 가치창출은 본원적 활동과 지원활동으로 구분한다.

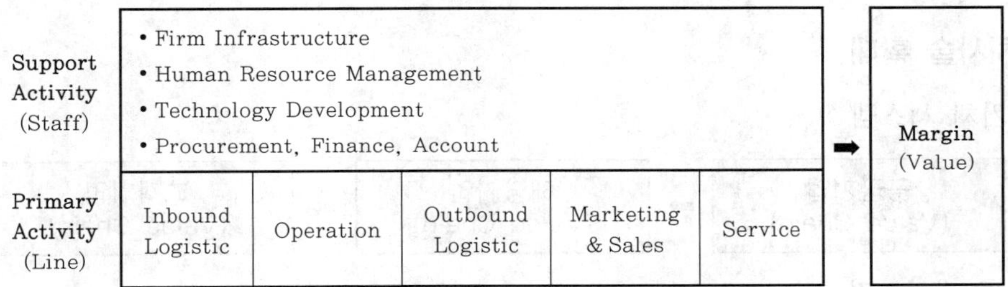

[Value Chain Model]

(1) 본원적 활동(Primary Activity)

① 기업의 부가가치 창출에 직접 기여하는 활동
- 기업이 고객에게 전달하는 재화·서비스 생산을 위한 5가지 활동

② 물류투입, 생산운영, 제품물류, 마케팅·판매, 사후 서비스 등

③ '생산~판매'의 주활동 참여자: 라인 근로자(Line Worker)

구분	활동내용	핵심요소
물류투입 (Inbound Logistic)	• 외부로부터 자원조달, 입고 및 투입 • 조달자원의 품질관리	원재료 및 부품 품질
생산운영 (Operation)	• 재화와 용역 생산 • 조립·제조, 기술·시설 운용, 생산관리	무결점 제품, 다양성
제품물류 (Outbound Logistic)	• 기업 외부로 생산물 조달 • 배송 시점·조건·방법	신속배송, 주문처리 효율성
마케팅·판매 (Marketing & Sales)	• 생산물의 마케팅과 판매 • 판매전략, 광고, 미디어 관계	브랜드 평판
서비스 (Service)	• 판매된 생산물에 대한 사후적 지원 • 수리, 보수, 부품공급, 소비자 관계	고객 기술지원 및 신뢰성

(2) 지원활동(Support Activity)

① 부가가치 창출을 지원하는 기업의 간접적인 활동

② 기업 하부조직 활동, 인적자원관리, 기술개발, 구매활동 등

③ 지원활동 참여자: 스탭 근로자(Staff Worker)

구분	활동내용	핵심요소
기업 하부조직 (Firm Infrastructure)	• 생산 지원조직 • 기획, 재무, 회계, 법무, 총무	경영정보 시스템
인적자원관리 (Human Resource Management)	채용, 교육, 보수체계	보수 책정, 교육훈련
기술개발 (Technology Development)	• 제품 및 프로세스 혁신 • 원천기술, 지적소유권	전략제품 개발
구매 (Procurement)	• 자원조달계획 • 조달기간, 입고 · 보관	• 합리적 가격 • 공급처 관리, 적시공급

3. 가치사슬 확대

(1) 가치 시스템

① 경영환경

• 다양한 기업들이 서로 연결되어 협업관계 유지

② 가치사슬의 연계

• 기업-기업, 산업-산업, 국가-국가 형태로 확장 가능

③ '가치 시스템'16) 또는 '공급사슬(Supply Chain) 가치 시스템'17)

• 단위 가치사슬의 연계체계 의미

④ 가치 시스템의 전략적 적용

• 경쟁우위에 의한 가치창출의 시너지 수단으로 활용

(2) 가치사슬 분석

① 장점 극대화, 약점 보완, 자사와 상대사의 가치사슬 분석

② 자사 및 경쟁사의 CSF · KPI18) 도출 및 비교 · 분석, 가치사슬 통합에 대한 의사결정
자료로 활용

---

16) "기술, 경영을 만나다", 홍영표 외, 에이콘출판, 2016, pp.125~126
17) "가치사슬혁신을 통한 공급사슬관리", 함용석, 도서출판 두남, 2011, pp.16~17
18) CSF(Critical Success Factor): 핵심성공요인/KPI(Key Performance Indicator): 핵심성과지수

③ 가치사슬 분석 4단계

1단계	내부역량 분석	• 자사의 본원적 · 지원적 활동의 원가와 가치 추출 • 기업의 기본적 가치사슬 체계 분석
2단계	경쟁사 분석	경쟁사 및 선도업체 가치사슬 분석
3단계	장단점 파악	자사와 상대사의 장단점 파악
4단계	경쟁우위 방안 수립	• 핵심성공요인 및 핵심성과지표 비교 • 강점 강화 → 차별화, 약점 보완 → 대체안 도출

(3) 가치사슬 통합

▶ 가치사슬 분석에 의한 전략적 수직적 · 수평적 통합 방안을 고려한다.

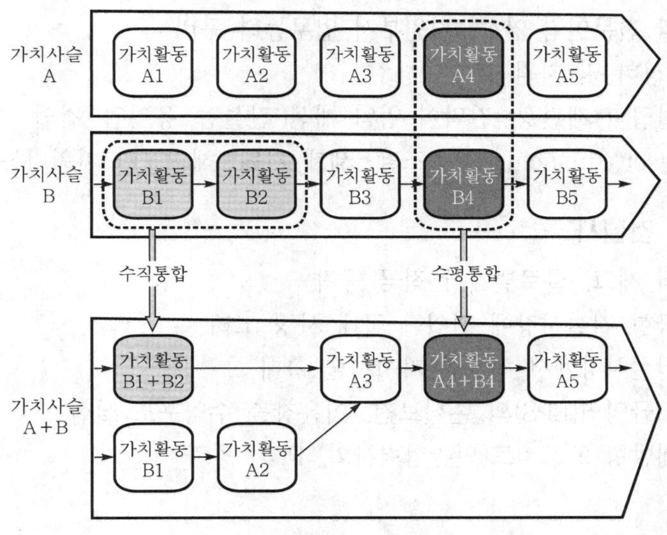

[가치사슬의 통합]

① 수직통합: 가치사슬 B에서 가치활동 B1과 B2 통합

　예 원자재 조달＋공장생산＝생산 프로세스 통합

② 수평통합: 가치사슬 A와 가치사슬 B에서 유사한 가치활동 A4와 B4 통합

　예 은행상품 판매＋보험상품 판매＝유사한 가치활동 통합

Ⅳ 건설산업 과제

1. 공통 과제

① 현행 가치사슬 역량 발판, 전 · 후방 가치사슬 확대

• 현 업역의 EPC 역량기반, 기획 · 설계 · 유지관리 전략적 연계

전방 업역 (기획)	기획 · 제안	• 사업발굴
	프로젝트 관리	• 금융조달
	개념 · 기본 설계	• 엔지니어링
현 업역 (EPC)	상세설계	EPC(단순도급사업)
	구매 · 조달	• Engineering(설계) • Procurement(구매조달)
	시공 · 감리	• Construction(시공)
후방 업역 (유지관리)	사용	
	유지보수	운영 · 매각
	해체	

② 내부역량 구비
  • 해외 전문인력 양성, 지원부서 업무능력 구비
③ 제도 정비 및 지원 강화
  • 건설업역 재편성, 칸막이 업역 개선('건설업–용역업' 겸업 허용)
  • Project Financing 금융조달, 세제 지원, 해외공관 지원기능 등

2. 대형 · 중견 건설사

① 경쟁력 제고, 글로벌시장 적극 공략
② 선진국형 건설시장에 진입한 국내 사정 고려
③ 해외건설시장에서 전후방 가치사슬 확대
④ 단순도급영역(EPS)의 손실보전, 이윤창출 수익구조 실현
⑤ 투자개발형 프로젝트(민관협력사업, PPP) 공략

3. 중소건설사

① 대형건설사와 파트너십 형성, 해외건설시장 개척
② 국내의 대체 건설수요에 부응하는 양면전략 강구
③ 유지보수공사에 적극 참여하기 위한 인력 구비 및 실적 증대
④ 참여대상공사
  • 내진보강, 시설개선, 리모델링, 복지시설건설
  • 도시재생사업, 기타 유지보수공사, 통일 건설부문 등

4. 건설엔지니어링사

① 엔지니어링 능력 제고, 해외시장 점유율 증대
② 대형건설사와 전략적 제휴, 해외건설시장 동반 진출
③ 용역사 간 M & A, 용역실적을 바탕으로 한 건설역량 확보

Ⅴ 결론

1. 국내 건설시장이 선진국형으로 변모함에 따라 신규 건설공사 수요가 축소되고 있는 현실에서 해외건설시장 진출 확대가 불가피한 시점이다.

2. 해외 단순도급공사는 수익창출이 곤란하므로 가치창출 범위를 현 건설업역에서 전후방 영역으로 확대하는 가치사슬 전략이 필요하다.

참고문헌

1. '2018 위기론' 해외 · 체질개선 · 민간투자로 넘어라, 건설경제, 2016.06.03.
2. 가치사슬 모형, 블로그 포스트, 2014.04.15.
3. 가치사슬, 블로그 포스트, 2013.02.25.
4. 가치사슬/공급사슬, 백과사전
5. 건설산업 경쟁력 제고 위해 칸막이식 규제 철폐해야, 박용석, 건설산업연구원, 2016.10.05.
6. 건설산업 부가가치 높이기, 국토일보 서상원
7. 건설생산방식 '모듈화' 대비 필요, 해외 리스크관리 힘써야, 건설산업연구원, 2014.04.08.
8. 건설한류의 지금과 조건, 건설경제, 2014.04.16.
9. 관행적 경영마인드 벗고, 일류기업 벤치마킹을, 건설경제, 2015.04.09.
10. 국내 건설수주 하락세 올해 이후 본격화 될 것, 이홍일, 건설산업연구원, 2016.10.20.
11. 도약의 기회, 투자형 개발(해외건설 4.0 새 성장동력 찾아라), 건설경제 인터뷰
12. 로봇을 이용한 무인시공은 언제쯤 가능할까?, 최광호(국내 대표 건설CEO에 듣는다), 건설경제, 2016.01.19
13. 밸류체인 확장, 삼성물산, 건설경제, 2012.11.27.
14. 벼랑 끝으로 오라, 황광웅, 2015.05.18.
15. 볼보건설기계, 'CCC 자금지원 프로그램' 신청접수, 건설타임즈, 2016.03.15.
16. 엔지니어링 두뇌산업 육성 팔 걷어붙여, 산업부, 건설경제
17. 두 토끼 다 잡았다, 삼성물산, 해외시장, 포트폴리오 다변화, 뉴스토마토, 2012.09.27.
18. 새로운 기업성장 전략의 함정과 성공원칙, 건설경제, 2014.09.02.
19. 시공 한 우물만 파는 건설, 관성에서 벗어나라, 건설경제, 2016.03.02.
20. 시공에서 벗어나 진정한 EPC강국 거듭나야, 건설경제, 2015.04.03.
21. 신시장, 신사업 찾아라, 건설경제, 2013.01.03.
22. 업역주의 뛰어넘는 게 선진화, 건설경제, 2014.03.11.
23. 통일 한국의 12대 유망사업 발표, 현대경제연구소, 2014.05.11.
24. 중, AIIB 구축에 덕 봐, 프로젝트 경영 전도사 조원동, 연합뉴스, 2016.10.17.
25. 프로젝트를 장악하라-디벨로핑 (해외건설은 지금), 건설경제, 2016.03.15.
26. 한국건설 미래를 향한 건설경영의 지혜, 이현수, 2016 세계CM의 날
27. 현대건설 인수 성공관건은 '지속가능성', 건설경제, 2010.10.25.
28. 현대산업개발과 대우건설의 급등세가 시장 이목을 끌고 있다, 건설경제, 2016.10.11.

6132 │ BIM(Building Information Modeling)

I 개요

① 건축물은 사업초기부터 사용 및 해체에 이르기까지 다종다양한 정보가 생성되고 있으나 효율적 정보이용은 미흡한 실정이다.

② BIM은 건축물의 Life Cycle에 걸쳐 생성된 각종 정보를 상호연계시켜 최적 활용함으로써 건설사업을 성공적으로 관리하기 위한 협력설계시스템이다.

필요성		활용방안
• 사업비 절감/사업 초기일정 단축 • 공사품질 제고/건설정보 일관성 확보		• 정보의 접근성/현장적용성 증대 • 도면정보 이용능력/정보교환 기술/통합 발주

II 필요성

1. 사업비 절감

① 설계단계의 VE 활동과 시공성 분석정보 적정 이용

② 시공단계의 시행착오 최소화

③ 재작업이나 실수로 인한 손실 감소

2. 사업 초기일정 단축

① 설계일정 Leveling

  • 상세설계의 수정 작업시간 고려

② Fast Track 적용여건 마련

3. 공사품질 제고

① 3D 설계에 의한 도면정보 시각화

② 시공 전 사전검토 강화

③ 설계 완성도 제고 → 하자 요인 사전 제거

4. 건설정보 일관성 확보

① 발주자 요구품질 수용

② 시공단계에서 설계의도 실현

③ 완성 구조물의 최적 유지관리

④ 사업단계별 건설정보 분절 방지

Ⅲ　활용방안

1. 정보의 접근성

(1) 건축물 정보분류체계의 호환성 확보

①　각종 관리 시스템에 사용되는 정보분류체계 확립

②　CIC, PMIS, SCM, ERP, CAx 시스템 등

③　국제규격에 부합하는 분류체계 적용 → 제품 데이터 교환 표준(STEP)

- STEP: Standard for the Exchange of Product model data[19]

(2) 표준정보 Interface 확보

▶　SDAI: Standard Data Access Interface

①　표준정보 이용기술 필요

②　도면정보와의 교환성 고려

(3) 도면정보 교환표준의 확립

①　현재의 2D 도면 교환수준 개선

②　3D CAD 활용 고려

- Parametric 3D CAD 시스템
- 객체 간 복잡한 기하학적 관계나 기능적 관계 정의

2. 현장적용성 증대

①　Web 기반으로 각종 정보를 통합, 연계 및 공유

- 설계자, 시공자, 감리자, 협력업체, 건축주 등

②　표준정보분류체계 최적 활용

③　CIC, SCM, ERP, CAx(CAD, CAE, CAM) 등의 각종 정보 공유

3. 도면정보 이용능력

①　설계·시공조직의 단일화 또는 의사소통 방안 모색

②　설계·시공정보의 호환성 제고

③　정보단절로 인한 시행착오 제거

④　비정형건물에서 특히 유용

4. 정보교환 기술

(1) 도면정보의 시각화

①　3D 도면의 활용

- Parametric 객체기반 CAD 기술

---

19) KS B ISO 10303-1(산업자동화시스템 및 통합-제품 데이터 표현 및 교환) 해설 참조

② 3D 도면＋공정(Time) 요소
- 시각적 도면에 시간적 효율성 가미

(2) 변경정보의 Up-Dating과 공지기능 구비

① 설계변경 또는 시공계획의 변경내용을 수시로 Up-Dating
② 기존정보와의 차이점을 사용자에게 자동 공지
③ 동시다발적인 정보의 선·후행 처리규칙 마련
- Concurrent Engineering

(3) 정보추출 및 여과기능 구비

▶ Data Extraction & Filtering
① Data Mining 기술 확립

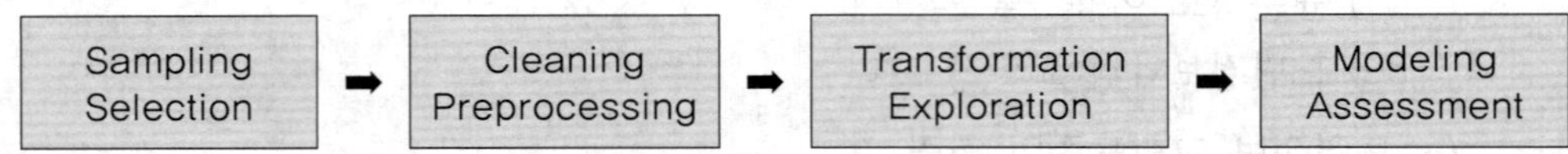

② Visual Data Query 확립
- 3차원 모델에서 질의 기능 구비

5. 통합 발주

① IPD(Intergrated Project Delivery) 발주방식 도입·입법
② 호환성 높은 설계·시공 정보의 호환성 부여
③ IPD의 핵심도구로서 BIM 정보 적극 활용
④ 설계 수요자의 설계정보 제공에 대한 대기기준 확립
- 관련 계약예규 및 표준계약서 제정

Ⅳ 결론

1 BIM은 건설프로젝트에 관련된 설계자와 설계수요자 간의 설계협업시스템으로서 스마트 건설 요소인 건설기술과 ICT를 융합시키는 플랫폼의 역할을 담당한다.

2 BIM 설계여건에서 입법·행정 기관의 선도적 역할이 절대적이므로 IPD 개념에 입각한 관련법령(행정규칙 포함)의 정비가 시급한 실정이다.

6133 린 건설(Lean Construction)

Ⅰ 개요

1 린 건설(Lean Construction)이란 '낭비를 최소화하는 가장 효율적인 건설생산 시스템'을 의미하며 일본, 미국, 유럽 등지에서 제조업의 생산원리를 건설업에 도입한 개념이다.

2 린 건설의 목표는 건설과정에서 낭비를 제거하여 건설생산을 최적화하는 것으로, 국내 실정에 맞는 도입기반을 마련하여 다양한 기법을 개발·적용하여야 할 것이다.

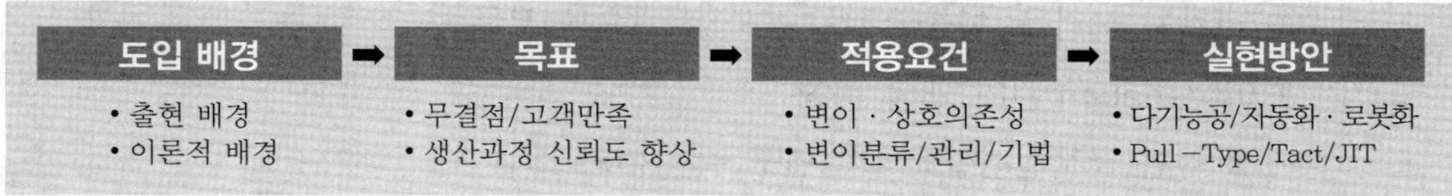

Ⅱ 도입 배경

1. 출현 배경

(1) 국제린건설협의회 발족

① 1993년 IGLC(International Group for Lean Construction) 발족

② 린 제조시스템(LPS, Lean Production System)의 건설업 적용방안 연구

③ 'LPS'에 "대량생산에 비하여 무엇이든지 조금 사용하는 생산" 의미 부여

• 국제자동차연구소의 "John Krafcik" 연구원

(2) 린 건설 목표 제시

① 1998년 영국의 연구보고서(DETR)에서 제시

② 공기-공사비의 10% 절감, 건설 하자 20% 감축 등

(3) 'Lean Construction' 의미

① Lean: '야윈 또는 기름기 없는'의 뜻

② Lean Construction: 불필요한 건설과정 제거 → 생산효율 최적화

③ LPS 개념을 건설산업에 도입

2. 이론적 배경

(1) TPS(Toyota Production System)

① 일본 자동차회사의 생산시스템(TPS)에서 비롯

② 수공업생산-대량생산 한계에 대한 대안으로 TPS 생산방식 도입

• 수공업생산의 비경제성, 대량생산의 융통성 부족 등의 타개

③ 대량생산의 과잉 재고, 소공업생산의 원가상승 요인 등의 제거
④ 주요기법으로 JIT 도입
⑤ 이후 LPS의 이론적 배경으로 TPS 생산방식 도입

(2) 린 건설 개념 등장

① 1992년 건설산업에 LPS 개념 도입 제의(핀란드 'Koskela')
② 종래 '변환생산' → '흐름생산' 전환
  • Conversion Production System → Flow Production System
③ 낭비 개념의 비가치 작업 제시
④ 비가치 작업을 '이동-대기-검사' 과정으로 분류

(3) 변이(Variation)관리 개념 등장

① 1999년 국제린건설협의회 연구논문(Howell)
② 건설과정에 대한 변이관리의 중요성 강조
③ 린 건설의 우선적 목표 제안
  • 건설생산 역학, 자원조달-생산사슬 상호의존성, 변이 영향 등의 이해
  • 생산사슬(Production Chain), 상호의존성(Dependency)

(4) 린 건설 개념 확립

① 종래 개념과 비교·제시 → 린 건설 개념 구체화
② 낭비요소, 관리 목표, 생산방식, 대상 수요자 측면 등으로 구분

[종래-린 건설의 차이점]

대상	종래 개념	린 건설 개념
낭비요소	유휴 자원, 재작업, 잉여 자재	이동, 운반, 검사 과정
관리 목표	생산 효율성	생산 효용성
생산방식	계획생산, Push Type	흐름생산, Pull Type
대상 수요자	최종 수요자	중간 수요자로서 후행 작업공정 추가

Ⅲ 린 건설 목표

1. 무결점, 무재고, 무낭비 지향

(1) 무결점(無缺點, Zero Defect)

① 선행공정 산물(産物)의 결함 배제
② 자가진단 시스템으로 불량공정을 조기발견하여 자율적 해결 유도
③ 불량 방치로 인한 후속공정의 점검시간 증대 방지

(2) 무재고(無在庫, Zero Inventory)

① 재고비용[20]을 원천 제거하여 낭비요인 최소화

② 자재조달능력의 구비
- 전자상거래(e-Commerce), 선물거래(Future Trading) 등의 구매기법 적극 활용
- 자재의 수요 왜곡[21](Demand Distortion) 방지, 조달능력의 차별화 지향

③ JIT 능력이 우수한 협력업체에 인센티브를 부여하여 구매
- 적시공급(JIT: Just-In-Time)의 중요성 인식
- JIT의 신뢰도 제고

④ 후행공정에서 필요한 만큼만 공급하여 재고 발생 방지

(3) 무낭비(無浪費, Zero Waste)

① 비가치창출 Process를 최소화하거나 완전 제거

② 작업의 Process에서 불필요한 이동 · 대기 · 검사 과정을 비가치창출 Process로 인식

③ 비용절감효과가 크거나 반복성이 높은 Process에서 낭비요인 파악 · 개선

2. 고객만족(CS: Customer Satisfaction)

(1) Pull Type(당김식) 건설생산 지향

① Push Type(밀어내기식) 건설생산에서 Pull Type 생산방식으로 전환
- 고객의 요구에 의하여 생산하는 방식
- 건설생산에서는 후행 Process가 선행 Process의 고객

② 모든 Process의 생산은 후행 Process의 요구에서 비롯

③ 고객이 만족하지 않으면 생산 미완료 상태로 인식

(2) 효율성보다는 효용성 강조

① 효용성이란 제품성능 또는 고객만족을 얻기 위한 해당 Process에서의 합목적성
- 생산의 효율성은 생산 Process에서 가장 적은 자원을 사용해서 가장 많은 중간 · 최종 제품을 만드는 것이며, 생산성으로 측정

② 린 건설에서 Process의 개선목표는 효용성 제고

③ 효용성 제고 방안은 선행공정의 신뢰도 향상, 변이 최소화, Cycle Time(CT) 단축 등

④ 건설생산 효용성의 척도는 단위건설비와 Cycle Time(CT)
- 단위건설비가 낮고 CT가 짧으면 효용성이 높은 건설생산으로 평가

---

20) 재고비용(Inventory Cost): 구입 Cost에 대한 금융비용, 보관료, 화재 및 도난보험료, 유실 및 파손에 의한 재고 감모비(在庫減耗費) 등

21) 수요 왜곡(Demand Distortion): 자재의 수급불안을 해소하기 위하여 수요자가 실제 필요한 양의 이상으로 안전재고를 확보함으로써 가수요(假需要)를 유발시키는 현상이다. 경영학 생산관리론에서는 적정 재고를 유지하기 위하여 연간 발주비용, 재고유지비, 수량 할인, 재고 부족영향 등을 종합한 경제적 발주량(EOQ: Economic Order Quantity) 모델을 제시하고 있다.

3. 생산과정 신뢰도 향상

① 중간 · 최종 수요자[22)]의 만족을 통하여 건설생산의 신뢰도 향상 지향

② 생산 Process의 신뢰도 제고 프로세스에 존재하는 변이를 관리하여 불확실성 제거

③ 변이관리기법은 Process 내부변이관리와 Process 간 변이관리가 있음

Ⅳ 린 건설 적용요건

▶ 린 건설을 위한 생산 시스템의 신뢰성을 제고하기 위해서는 생산 Process 선 · 후행 공정에서 상호의존성을 파악하고, 이에 존재하는 변이를 적정 관리한다.

1. 변이와 상호의존성

(1) 변이(變異, Variation)

① 시스템 내외에 존재하는 불확실성

- 목적물의 성과치가 일정한 결과로 나타나지 않고 변하는 현상

② 변이의 분포를 나타내는 척도는 분산(分散, Variance)

③ 모든 변이에는 원인 존재

- 일반원인, 특별원인, 조작 · 구조 원인 등

④ 모든 변이는 유형별 관리 필요

⑤ 일반원인 변이만이 있는 생산 시스템 → 안정 시스템(Stable System)

(2) 상호의존성

① 작업과 작업 상호 간의 의존도 의미

② 선행작업의 변이에 의해 후행작업이 받는 영향 정도

③ 또는 선행작업이 후행작업에 미치는 영향 정도

2. 변이의 분류

(1) 일반원인 변이(Common Cause Variation)

① 생산 시스템의 투입자원, 생산과 환경 등에 내재

- 특정 원인을 찾기 어려운 필연적으로 존재하는 변이

② 어느 작업과정에서든 생길 수 있는 경미한 차이로 누구에게나 발생할 수 있는 변이

③ 일반원인 변이

　　예 계획량 타설 후 발생하는 레미콘 잔량

---

22) 중간 · 최종 수요자: 중간 수요자란 선행 Process에 대하여 후행 Process가 되며, 최종 수요자는 건설 목적물의 발주자 또는 사용자를 의미한다.

(2) 특별원인 변이(Special Cause Variation)

① 일부의 특정원인에 의해 초래되어 원인을 구체적으로 지적해 낼 수 있는 변이

② 작업자의 열의와 능력 부족 또는 실수로 인하여 발생하는 변이

③ 특별원인 변이

　　예 물량산정 과부족으로 상당량의 레미콘이 남거나 부족할 경우의 변이

(3) 조작원인 변이

① 특정원인 변이에 대한 불필요하고 부적절한 조작으로 발생하는 변이

② 상황에 대한 미숙한 조작으로 발생하는 변이

③ 조작원인 변이

　　예 일시적 폭우에 대처하지 못하여 생기는 콘크리트의 시공품질 변이

(4) 구조원인 변이(Structural Cause Variation)

① 계절적이거나 외부 환경에 의해 어떤 경향(Trend)으로 나타나는 변이

② 구조원인을 제거하기 위해서는 사전대책이 필요

③ 구조원인 변이

　　예 서중 · 한중타설 후 양생대책에 따라 발생하는 콘크리트 품질 변이

3. 변이관리 절차

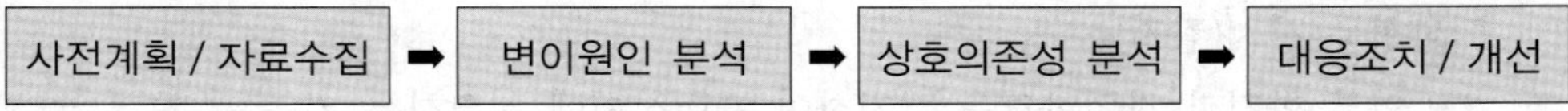

4. 변이관리 기법

(1) Process 내부 변이관리

▶ 생산에 영향을 미치는 Process의 내부 요인을 관리하는 것이다.

(2) Process 간 변이관리

① 해당 Process에 영향을 미치는 다른 Process와의 관계

② 즉, 의존도를 관리하는 변이관라로 Shielding과 Decoupling 방식

③ Shielding

• 선행 Process에서 변이원인을 찾아서 후행 Process 전이(轉移)를 방지하는 기법

④ Decoupling

• 다른 Process에 가장 많은 영향을 주는 Process를 찾아서 복수의 Process로 대체

• 해당 Process 변이의 전이로 인한 후행 Process의 파급효과를 축소시키는 기법

Ⅴ 린 건설 실현방안

1. 다기능공 배치

① 기능 및 직종의 통합
- 작업 대기시간 제거, 기능인력 절감

② 단순 기능인력 간의 의사소통과 선·후행 직종 간의 대기시간 불필요

③ 다기능자의 인력 활용 증대

④ 고용 안정 및 처우 개선 필요

2. 건설생산의 자동화·로봇화

(1) 다기능형 로봇 개발

① 전용성보다 범용성 제고

② 다수의 전용 로봇과 거대한 자동화 설비 배제

(2) 인공지능 구비

① 스스로 학습하여 작업능력 제어

② 퍼지 이론으로 제어능력 개선

(3) 시각정보처리능력 및 이동능력 구비

① 고성능 센서(감지) 기능 구비
- 외부 환경과 작업환경을 감지하여 제어장치에 전달하는 기능

② 장애물을 인식하여 이동하는 능력 등 요구
- 주행식, 보행식 등의 다양한 이동장치 필요

(4) 동력 공급장치의 개선

① 전기 유압모터에 의한 동력 제공

② 무선동력(배터리 용량)의 개선

3. Pull-Type 생산방식 도입

① 계획생산에 의한 밀어내기식(Push-Type) 생산 지양

② 후행공정의 요구에 따라 선행공정 진행
- 선행공정의 수요자인 후행공정의 요구에 따라 공정 진행
- 후행공정을 선행공정의 수요자 개념으로 인식

③ 후행공정에서 선행공정 평가

4. Tact 공정관리기법 적용

(1) 기존 공정관리기법의 한계 개선

① CPM 기법

- 불확실성과 작업 공정의 변이, 선·후행 공정 간의 상호의존성 미반영

② PERT 기법

- 작업의 불확실성을 3점(낙관, 비관, 보통)으로 추정

- 변이와 공정 간의 상호의존성 반영 불가

(2) Tact 공정관리기법

① 작업부위를 일정하게 구획

- 작업시간을 통일시켜서 선·후행 작업의 흐름을 연속작업으로 계획

② 불규칙한 선행작업으로 인한 후행작업 인원의 대기시간 최소화

③ 작업을 층별, 공종별로 세분하여 다공구화

④ 각 Activity에 인원과 장비 배치

- 공구별, 선·후행 공정별 작업 소요시간이 같아지도록 동기화(同期化)

5. Just in Time System 도입

① 선·후행 공정 간의 원활한 의사소통으로 재고 과부족현상 제거

② 후행공정의 특정 재고가 부족하지 않도록 선행공정단위 세분화

③ 불량공정을 자가진단하여 조치

- 불량방치로 인한 검사시간 증대 예방

④ 현장 내 소운반을 최소화하거나 완전 제거, 불필요한 재고비용 제거

6134 | 6-시그마(Sigma, σ)

I 개요

1. 6-시그마(Sigma, σ)는 실제업무에서 이룰 수 있는 가장 낮은 수준의 불량률을 의미한다.
2. 업무성과를 6-시그마 수준으로 지향하는 활동을 6-시그마(σ) 운동이라고 하며, 6-시그마 운동은 경영활동의 전반적인 Process 개선을 목표로 하고 있다.

개념/과제	➡	차이점	➡	전개절차
• 통계적/품질개선 의미 • 도입 과제		• 기존 기법과의 관계 • 차이점 비교		• 측정/분석 • 개선/관리

II 개념 및 과제

1. 통계적 의미

① 'σ'는 표준편차

② '6σ'는 표준에서 편차 6만큼 흩어진 상태(산포)

③ 6σ 수준까지 우량품질을 의미

- 우량(합격)률: 99.9999998%
- 불량률: 0.0000002%(0.002PPM: 2/10억)

2. 품질개선 의미

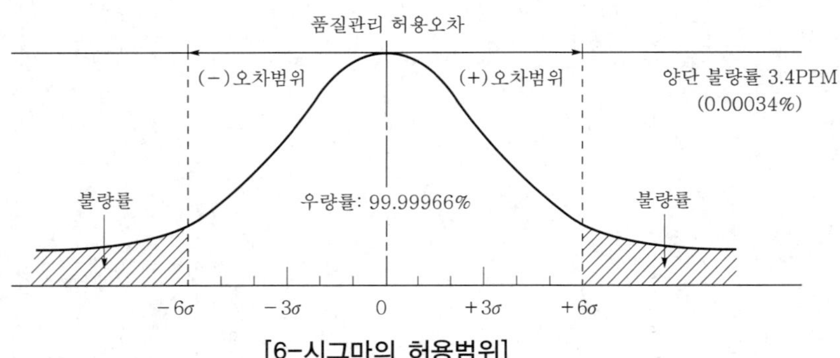

[6-시그마의 허용범위]

① 품질수준을 높여서 '4.5σ' Level에서 불량률이 3.4PPM 이하가 되도록 함
② 통계적 의미에서의 6σ는 상징적 의미일 뿐, 실제로는 '4.5σ'를 의미
③ 종래의 품질활동 수준(3σ)보다 획기적인 목표치

3. 도입 과제

① 최고경영자의 강력한 리더십
② 통계데이터에 의한 6–시그마 관리능력 구비
③ 내부 전문가 양성: 전문기관 또는 양성된 내부 전문가 활용
④ 전사적 참여는 물론 협력업체의 참여도 유도

Ⅲ 기존 기법과의 차이점

1. 기존 기법과의 관계

〈기존 기법〉	〈6–σ〉
• 지식관리(Knowlege Management) • CSM(Customer Satisfaction Management) • BPR(Business Process Re-Engineering) • TQC, TQM • 무결점운동(ZD : Zero Defect) • 통계적 품질관리(SQC)	6–시그마 운동 (전사적 경영 시스템)

2. 차이점 비교

구분	기존 방식	6–시그마
품질대상	단위업무, 현상의 품질	경영전반, 경영품질
목표치	추상적, 정성적	구체적, 정량적
평가대상	부분적, 결과품질	전체적, 과정+결과품질
관리 Tool	개방적 Tool	포괄적 Tool
추진조직	전담 부서	내부 전문가(Master, Black, Green, White)

Ⅳ 전개절차(MAIC Cycle)

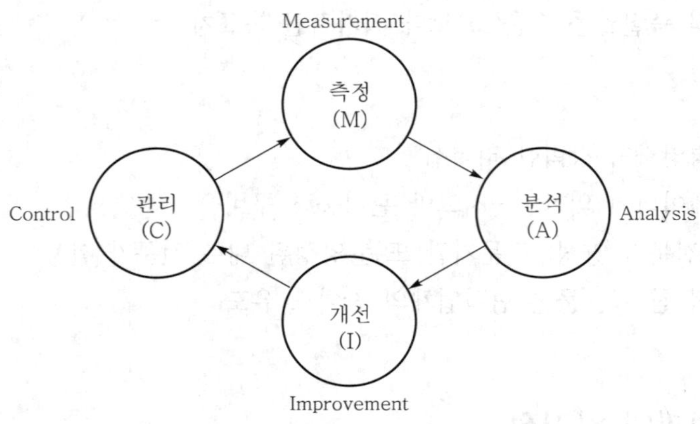

[MAIC Cycle]

1. 측정

① 품질요소(CTQ: Critical to Quality) 파악
② CTQ 결함 측정

2. 분석

① 결함원인을 파악하여 통계적 수단으로 활용
② SQC 7가지 도구 등

3. 개선(Improvement)

① 주요 품질변수 선정
② 변수별 CTQ 영향도 정량화

4. 관리(Control)

① 변수별 허용한계 설정
② 허용한계 내에서 지속적으로 유지관리

0000　스마트 건설기술

Ⅰ 개요

[1] 정부는 '건설산업 혁신방안(2018)'을 통하여 4차 산업혁명 시대의 기술혁신 과제로서 "스마트 건설기술 활성화 방안"을 제시하였다.

[2] 스마트 건설기술은 3D BIM을 기반으로 기존의 건설기술에 ICT를 융·복합시킨 개념으로 국토부 고시 "스마트 건설기술 로드맵"과 "스마트 건설기술 현장 적용 가이드라인"에 근거하여 다음의 내용을 설명한다.

일반사항 ➡	요소기술 ➡	단계별 적용 ➡	활성화 방안
• 개념 • 필요성	• ICT/핵심 스마트기술 • 기타 스마트기술	• 계획·설계/계약·구매 • 시공/유지관리	• 민간기술개발/공공역할 • 생태계/건설당사자

Ⅱ 일반사항

1. 개념

(1) 스마트 건설기술

① 기존의 건설기술에 첨단 스마트기술을 융복합시킨 기술
- 스마트기술: 스마트공법, 스마트장비, 스마트시스템 등

② 건설공사의 생산성, 안전성, 품질 등의 획기적 개선
- 최우선 목표는 공사기간 단축, 인력투입 절감, 현장 안전성 제고 등

③ 건설 전 단계의 디지털화, 자동화, 제조업화 추구
- 건설정보의 생성, 축적, 검색 등의 활용 극대화
- 업역·단계별 정보 분절에 의한 생산성 저하 해소

④ 궁극의 목표는 건설산업의 발전과 이미지 개선
- 인력·경험 의존적 산업 → 지식·첨단 산업

(2) 스마트기술

① ICT를 비롯한 다양한 분야의 진보된 기술
- 기술개발에 장기간 고비용 지출 필요

② 정보 수집·가공·활용 등과 관련된 ICT 관련 기술

③ 건설생산에 적용 가능한 최신의 전기전자·기계장치 등의 기술

④ 기타 국가차원에서 개발 및 선도하는 것이 바람직한 원천기술

2. 필요성

2.1 4차 산업혁명 시대 도래

[산업혁명 변천사(史)]

1차	• 1760년대(18세기 후반 이후), 증기기관(영국) 출현, 가내 수공업 → 공장 공업 • 공업화(1차 산업 → 2차 산업) 및 도시화 유발, 도시 공장노동자 증가
2차	• 1870대(19세기 후반 이후), 증기기관 사용 확산(철도·선박 부문), 전기 등장 • 내연기관(석탄가스 및 석유) 출현, 경공업 → 중화학공업(화학·전기·석유·철강)
3차	• 1960년대(20세기 후반 이후), 2차산업 고도화(부분 자동화 생산) • 컴퓨터 출현 및 통신기술 혁신, 인터넷 및 정보화시대 등장
4차	• 2010년대(21세기 초반 이후), 인터넷 기반 제조업 혁신, 완전 자동화 생산 • 신재생 대체에너지 비중 증대, 사물인터넷·가상현실·인공지능 기반산업 증가 • 공유와 연결 중시, 개인소유 → 공유, 스마트도시 출현, 기술융복합 시대

(1) 사회 분위기 변모

① 사유가 아닌 공유(Uberization)[23] 시스템

② 정보의 분절 아닌 연결(Connectivity) 중시

(2) 첨단 ICT 발전

① 전 산업에 걸쳐 ICT 융복합에 의한 생산성 혁신 요구

② 초연결·초융합·초지능에 의한 데이터 기술 진보

③ 사물인터넷(IoT), 인공지능(AI), 가상·증강 현실, 클라우드, 모바일 부문 등

(3) 건설 패러다임의 전환 요구

① 전통적 생산방식 개선 필요

  • 노동집약적·현장의존적 생산, 공급자 위주의 산업, 참여주체 간 정보 단절

② 자동화·고객맞춤형 건설생산, 참여주체간 정보공유 지향

2.2 기능인력 시장의 변모

(1) 기능인력 고령화

① 신규인력 진입 감소

② 기능인력 평균연령 지속적 증가

③ 건설성수기 단순·숙련 기능인력 부족 심화

(2) 근로시간 및 임금

① 주 52시간 근로제도 확대

② 근로 가능일 지속적 감소 추세

③ 최저임금 지속적 상승, 건설사 수익성 감소

---

23) Uberization(우버化): 차량과 승객을 바로 연결해주는 모바일-차량 공유서비스 '우버(Uber)'에서 나온 신조어, 소비자와 공급자가 중개자 없이 인터넷 플랫폼에서 직접 만날 수 있는 공유경제시스템을 일컫는다.

(3) 외국 인력 의존도 심화

① 단순작업에 국한

② 의사소통 제한, 생산성 저하

③ 불법 거주 양산. 치안 악영향 초래

(4) 노동시장 요구

① 근로시간 및 최저임금

② 현장 인력·장비 수급 개입

③ 현장 공사관리 모니터링

④ 참여 노동단체 간 경쟁 심화

2.3 건설 안전성 제고

(1) 높은 재해율 개선

① 타 산업 대비 높은 수준의 재해율 개선

• 재해율 및 사고 사망 만인율 등

② 건설사·건설엔지니어링사 행정제제 위주의 정책 한계 인식

③ 적정 공사비 및 공사기간에 대한 공감대 형성

④ 발주자 책임 강화 등의 개념 도입

(2) 안전기술 혁신

① 유해위험 요인 원천 차단기술 필요

② 장비에 안전 자율운행 성능

③ 안전보호구 센서에 의한 작업자 동선 모니터링

④ 시설물 모니터링 기술 부문 등

2.4 국내외 시장 변화

(1) 국내시장

① 신규 건설물량 지속적 감소, 건설수요 성숙기 영향

② 건설사업 재편 불가피

③ 고난이도·고정밀 요구사업 점진적 증가

• 도심인프라 재정비, 노후시설 개선 등

④ 고도의 건설기술 혁신 불가피

(2) 해외시장

① 단순 도급공사 탈피 불가피

• 저임금 국가 대비 가격 경쟁력 저하 및 수익성 하락 고려

② 고부가가치 부문 진출 불가피
   • EPC, PPP, PMC 부문 등
③ 선진국 대비 첨단기술 열세 극복
   • 국내 ICT 및 우수인력 활용, 고부가가치 부문 기술경쟁력 구비

2.5 트렌드 변화

(1) 메가트렌드 변화

> 〈"메가트렌드" 유래〉
> • "트렌드"는 일정기간 반복적으로 나타나는 시대적 흐름을 말하며, "메가트렌드"는 미래를 변화시킬 만한 거대한(Mega) 시대적 흐름(Trend)으로서 '트렌드'보다 규모 및 기간 면에서 큰 변화요인을 의미한다.
> • 존 나이스비트(John Naisbitt)가 1982년 출판한 〈메가트렌드 Megatrend〉라는 책에서 언급한 용어이다.
> • 당시 미래를 변화시킬 메가트렌드로서 지식·서비스 사회, 글로벌 경제, 분권화, 네트워크 조직사회 등을 지적하고 3F[24]가 21세기의 기업경쟁력을 주도하는 키워드라고 전망하였다.

① 저출산·고령화 + 대도시 집중
② 융복합 기술 발전 + 저성장시대
③ 지구기후변화 + 지속가능성장 요구
④ 저성장시대 + 글로벌 경쟁 등

(2) 건설기술 트렌드 변화
① 데이터 기반 기술력
   • 계약당사자 간 정보 단절, 경험 의존적 기술 및 시행착오 반복 배제
   • 빅데이터 기반 정보 공유·유통, 시뮬레이션 및 분석 기술 제고
② 고부가가치 융복합 기술
   • 고유영역의 기술 중심 배제, 건설단계별 정보 분절 방지
   • 단순 반복적 저수익 기술 지양
   • 기술융합 활성화, 건설 全단계 통합, 고부가가치 기술에 집중
③ 고객지향 기술
   • 공급자 중심의 기술 배제, 비숙련공에 의한 자동화 건설기술 지향
   • 3D 기반 고객 안내, 생산과정에 수요자 참여 증대

---

24) 3F: 상상(Fiction), 감성(Feeling), 여성성(Female)

Ⅲ 요소기술

1. 정보통신기술(ICT)[25]

▶ ICT는 인터넷, 웹플랫폼, 스마트기기 등의 부문으로 구분한다.

▶ 건설부문의 주요기술은 IoT, AI, 빅데이터, 클라우드 등이다.

인터넷	• 전자우편(e-mail), 원격컴퓨터연결(telnet), 파일전송(FTP), 유즈넷 뉴스(Usenet News), 정보검색(Gopher), 하이퍼텍스트 정보열람(WWW) • 대화·토론, 전자게시판, 온라인게임, 실시간 화상·음성방송 등
웹플랫폼	• 웹(Web, World Wide Web의 준말)은 인터넷 상에서 문자–영상–음향–비디오정보를 한꺼번에 제공하는 멀티미디어 서비스 체계 • 웹기반 플랫폼에는 하드웨어 플랫폼, 소프트웨어 플랫폼, **클라우드 플랫폼**, **빅데이터 플랫폼** 등이 있다.
스마트기기	• 본 기능 외에 응용 프로그램으로 기능을 변경·확장할 수 있는 기기. 인터넷 및 웹플랫폼 기반의 기기를 총칭한다. • 적용부문: 통신, 차량 및 가전제품, 각종 시설물

(1) 사물인터넷(IoT: Internet of Thing)

① 모든 사물을 연결하는 지능형 인프라 및 서비스 기술의 총칭

- 사람–사물, 사물–사물 간 정보 교류 및 소통[26]

② RFID 보급 이후 유래된 용어, 1999년 미국의 케빈 애슈턴(Kevin Ashton)

③ IoT 구성: 센싱, 네트워크 인프라, IoT 인터페이스 등

Sensing	• 사물 간 인식을 가능하게 하는 기술, 수동·능동형 센싱 • 열, 빛, 온도, 압력, 소리 등의 물리적 양이나 변화를 감지·구분·계측하여 일정 신호로 알려 주는 기술
네트워크 인프라	• 정보 수집·처리·송신 관련기술 • 유선(이더넷, BcN), 근거리무선(WLAN), 5G 이동통신 등
IoT 인터페이스	• 인터페이스(Interface)는 사물의 경계가 되는 부분과 그 경계에서의 통신 및 접속이 가능하도록 하는 매개체 • 하드웨어·소프트웨어·사용자 인터페이스 등으로 구분

(2) 인공지능(AI: Artificial Intelligence)

① 컴퓨터에 인간지능 상당의 성능을 부여하는 컴퓨터공학 및 정보기술

- 인간의 학습, 추론, 지각, 이해 등의 능력을 컴퓨터 프로그램化

② 컴퓨터 및 정보기술 분야에 폭넓게 실용화 가속

③ 빅데이터 기술과 더불어 ICT 주도 기술로 급부상

---

25) ICT(Information & Community Technology): 컴퓨터에 의한 정보기술과 통신기술이 접목·응용된 디지털 기반의 제품이나 서비스. ICT는 스마트기기(스마트폰, 태블릿PC), 웹플랫폼(SNS), 네트워크서비스(클라우드컴퓨팅) 등으로 구분한다.

26) 좁은 의미에서는 "Internet으로 사물(Thing) 간 지능적 연결이 가능한 통신기술"만을 의미한다.

[인공지능 세부기술]

신경망 (rtificial Neural Net)	• 컴퓨터 문제해결 기능에 수학이 아닌 인간두뇌를 모방한 방식 • 두뇌 뉴런(Neuron)의 연결망 구조에서 유래 • AI체계에 학습능력(머신러닝)[27]을 가능하게 하는 기술
딥러닝 (Deep Learning)	• 머신러닝 및 기존 신경망 기술에서 진화한 AI 표현학습 분야의 대표기술 • 1980년대 다층신경망 제안에서 비롯, 딥러닝 등장으로 머신러닝 실용성 강화, 인공지능 영역 확장 • 콘볼루션신경망+순환신경망 결합, '표현학습+복잡추론'으로 진화 예상 • 음성·이미지 인식, 오류탐지, 로봇, 보건의료, 인공위성 영상 분야 적용 가능
로봇공학 (Robot Engineering)	• 로봇에 기계·전기·전자·컴퓨터·생체공학을 융합시킨 공학 • ICT 및 기계제어 기술의 발전으로 산업용에서 가정용, 국방용, 의료용, 오락용, 교육용으로 활용 증대 • Sensor, Actuator[28], 조작·제어, 인지·교감, 자율주행, 물체인식, 위치인식 등의 기술과 융합
퍼지이론 (Fuzzy Theory)	• 애매한 상황의 다수 문제에 대한 두뇌 판단과정을 퍼지집합의 수학적 사고로 접근하는 이론 • 1965년 퍼지집합(이진법 논리로부터 소속함수를 도출하는 수학적 표현)이론에 기초 • 가전제품, 자동제어 분야에 널리 응용
전문가시스템 (Expert System)	• 전문인력의 작업을 대체하기 위한 컴퓨터 시스템 • 구조계산, 의사진단, 광물매장량 평가, 화합물구조 추정, 손해배상 보험료 판정 분야에 적용
증명이론 (Proof Theory)	• 기존 사실을 수학적·논리적으로 추론·증명하는 기술 • AI 기반, 영상·음성을 추론·증명하여 문장으로 변환하는 기술 • 여러 분야의 인공지능에 사용하는 필수 기술

(3) 빅데이터 기술

① 데이터를 수집·축적·분석하여 새로운 가치를 창출하는 기술

  • 데이터베이스 능력을 초월하는 방대한 정형·비정형데이터 집적물 대상

② 빅데이터의 3가지 특징(3V)

  • 방대한 분량(Volume), 빠른 변화속도(Velocity), 데이터 다양성(Variety)[29]

③ 분석기술

  • Text Mining, Opinion Mining

  • Social Network Analytic, Cluster Analysis(群集分析) 등

---

27) 머신러닝(Machane Learning): 컴퓨터가 프로그램의 논리나 규칙을 바탕으로 학습하는 수학적 알고리즘. 경험적 데이터를 기반으로 학습 및 예측하고 스스로 성능을 향상시키는 시스템과 이를 위한 알고리즘을 연구·구축하는 기술을 통칭한다.

28) Actuator: 시스템을 움직이거나 제어하는 데 쓰이는 기계장치. 즉 전기나 유압·압축공기 등을 이용하는 원동 구동장치를 두루 일컫는 용어이다.

29) 빅데이터의 대상은 정형·비정형 데이터를 망라한다. 정형데이터는 숫자데이터(Numeric Data), 비정형데이터는 문서, 책, 잡지, 의료기록, 음성·영상 정보, 온라인 생성정보(이메일, 블로그, SNS) 등을 의미한다.

④ 표현기술

　• 분석 데이터의 의미와 가치를 시각적(그래픽)으로 표현하는 기술

　• 통계기법과 수치해석기법을 지원하는 프로그래밍 언어("R") 사용

⑤ 활용사례 : 상품추천, 독감예보, 범죄예방시스템 구축, 질병치료체계 구축,
지능형 교통안내시스템, 유권자 맞춤형 선거전략 등

(4) 클라우드(Cloud) 컴퓨팅

① 인터넷 서버에 데이터 저장하여 사용할 수 있는 컴퓨팅 환경

② 1990년대 이후 다양한 인터넷 단말기기의 등장과 더불어 출현

③ 클라우드 서비스 모델 유형: SaaS, PaaS, IaaS 등

SaaS	• Software as a Service • 제공자 소유·운영 소프트웨어를 웹브라우저 등을 통해 이용하는 서비스 • 사례: 구글 'G Suite', 네이버의 'Works Mobile' 서비스
PaaS	• Platform as a Service • 개발자의 하드웨어와 소프트웨어 환경을 이용하기 위한 서비스 • 사례: MS사 'Azure' 서비스
IaaS	• Infrastructure as a Service • 가상환경의 HW서버, 네트워크, 저장장치, 전력인프라 이용 서비스 • 사례: 아마존의 'AWS' 서비스

2. 핵심 스마트기술

(1) BIM(Building Information Modeling)

① 스마트건설 구현을 위한 핵심요소

　• 스마트건설 최우선 과제로서 건설생산의 탈현장(OSC), 건설자동화 지향

② 3차원 기반의 시설물 생애주기 정보관리시스템

③ 시설물 형상·속성 정보 디지털 모델링화

④ 정보의 통합·활용, 건설생산성 획기적 제고

⑤ 활성화 및 선진화 로드맵[30] 이행 필요

　• 정부 로드맵: 2025까지 활성화, 2030까지 선진화 목표

(2) 로봇·자동장비

① 열악한 인력 작업환경 극복

② 단순·반복 작업의 효율 증대

③ 유해·위험 작업으로부터 안전보건 확보 가능

　• 위해가스, 열화상 자동감지

④ 라이다(LiDar)[31], 360° 카메라, IoT 센서 장착

---

30) 국토부 고시 "BIM 기반 건설산업 디지털 전환 로드맵" 참조

31) 레이저 펄스 발사빔으로 거리를 측정하거나 물체를 형상화하는 기술. 이 외에도 기술진보에 따라 속도, 운동방향,
온도, 주변 대기물질 분석 및 농도측정 등의 용도로 활용 가능하다.

(3) 드론(Dron)

① 무선 전파 유도에 의해 비행 및 조종이 가능한 비행체
  • 자율비행장치, 사진 및 동영상 카메라, 3D 스캐너 등 장착
② 3D 지형정보 수집, 현장 인원·장비 위치 추적
③ 작업 전·중·후 장비 및 인원 모니터링
④ 고층부 외벽마감 검측 및 열화상태 점검

(4) VR·AR(Virtual Reality & Augment Reality)

① 가상·현실 공간에 디지털정보를 대입시키는 기술
  • 컴퓨터 사용, 공간·디지털 정보 시각화
② 공간과 정보의 조합 및 상호작용에 따라 기술 구분
  • VR, AR, MR, XR, SR 등

[현실유형]

가상현실 VR(Virtual Reality)	• 가상공간에서 디지털정보 제공하는 기술 • 헤드셋형 단말기 착용
증강현실 AR(Augment Reality)	• 현실공간에서 실시간 가상정보를 합성시키는 기술 • 안경형 디바이스(디스플레이 장치) 사용
혼합현실 MR(Mixed Reality)	• 현실공간의 객체가 가상현실의 객체와 상호작용 • 현실공간에 가상물체를 배치하거나 현실물체 주변에 가상공간을 구성시키는 기술, 홀로렌즈 디바이스 사용
확장현실 XR(eXtended Reality)	• 현실공간의 가상물체를 오감 인식시키는 초실감형 기술 • VR, AR, MR을 통합한 형태의 정보 제공 기술 • 현실·가상 공간 결합, 사용자·미디어 상호작용 기술 제공
대체현실 SR(Substitutational Reality)	• HW없이 스마트기기에 광범위하게 적용 가능한 기술 • 뇌 자극에 의한 오감인지 기술

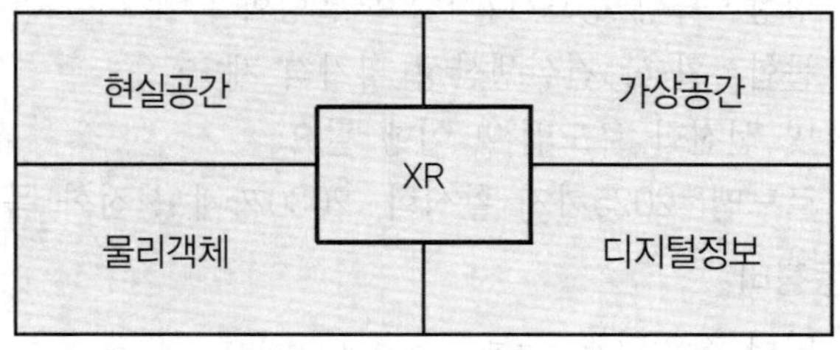

[XR 확장모델 개념]

③ 건설계획, 공정·기성 점검, 현장 안전관리 등에 활용
④ 디바이스·콘텐츠 기술진보32)와 더불어 현장 적용 증대 예상

---

32) 디바이스 성능의 몰입도, 고해상도(픽셀), 이를 실무에 적용시킬 수 있는 콘텐츠 등의 기술을 말한다.

3. 기타 스마트기술

(1) 영상인식(Vision Recognition)

① 영상데이터에서 특정정보를 획득하는 기술
- 이미지 영상에서 사물이나 특징을 식별하는 기술

② 영상데이터 픽셀값 패턴으로 객체인식, 인간 이상의 객체 인식능력 가능
- 컴퓨터 그래픽과 인공지능을 융합한 기술

③ 광학인식, 패턴·그레디언트 매칭, 안면인식, 번호판 매칭, 장면변화 감지
- 공장자동화, 톨부스(tollbooth) 모니터링, 보안감시시스템 분야에 적용

(2) 센서(Sensor)

① 측정 대상물의 물리·화학·생물학적 측정량을 전기신호로 변환하는 장치
- 온도, 소리, 빛, 이동, 속도, 가속도, 압력, 습도, 혈당, 이온 등

② 데이터 수집 목적에 따라 다양한 센서 사용
- 광센서, 온도센서, 자기센서, 복합센서, 기타 센서 등

③ 정보수집 효율을 높이기 위한 가장 기초적인 기술분야

④ AI, IoT, 드론, 로봇, 자율주행차, 빅데이터, 3D 프린팅 등과 융복합

(3) 디지털 트윈(digital twin)[33]

① 현실모델(물리적 트윈)을 3D 가상모델(디지털 트윈)로 구현
- 3D 이미지 유형: 워킹뷰, 항공뷰 등

물리적 트윈	현실세계의 객체, 현실공간의 아날로그 실물(사물 및 생물)
디지털 트윈	컴퓨터상의 가상세계 디지털 객체

② 가상모델에 다양한 목적의 모의시험 시도
- 생산 전 가상결과 예측·분석, 문제점 파악
- 공동주택 예비입주자에게 검증된 가상의 3D 이미지 제공

③ 문제점 발견 시 물리적 트윈에 피드백, 그 결과 재검증
- 시공여건 중 안전검증 및 돌발사고 예방
- 유지·보수 시점 파악·개선, 생산성 향상, 장비 최적화 방안 모색

④ 첨단 스마트기술과 결합·진보, 현실·가상 세계의 유기적 동기화 지향
- '현실세계-가상세계'의 쌍둥이 개체가 서로의 변화 동기화

---

33) 2002년 기본개념 등장, 2010년부터 NASA에서 '디지털 트윈'이란 용어를 사용하기 시작하였고, 2017년 GE사가 생산과정에 '디지털 트윈 모델'을 적용함으로써 일반화되기 시작한 기술이다. 우주항공 및 제조산업에서 비롯되었지만 건설, 헬스케어, 에너지, 국방, 도시설계 등의 다양한 분야에도 활용되고 있다.

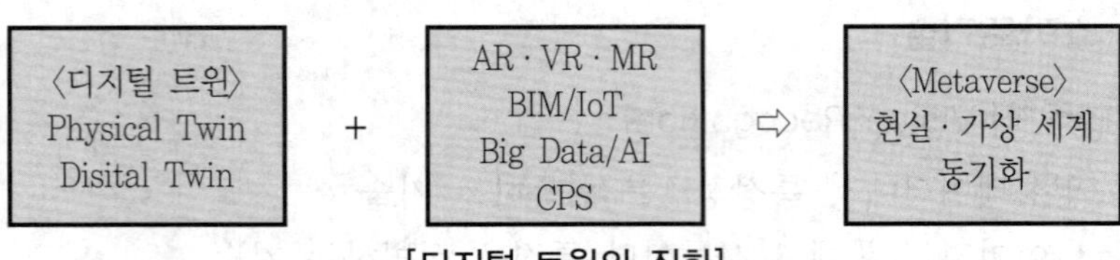

[디지털 트윈의 진화]

- CPS: Cyber-Physical System, 가상물리시스템
- Metaverse: 가상·추상 "Meta"와 현실세계 "Universe"의 합성어

Ⅳ 단계별 적용방안

▶ 정부의 Road Map에 근거하여 건설 프로세스별 적용방안을 안내한다.

1. 계획 및 설계

(1) 계획단계

① 시공사 프리콘 서비스 참여
- 3D BIM 기반의 설계 검토 및 보완

③ AR·VR 기술 활용
- AR: 실제 건축대지 환경에 가상 건축이미지 대입, 건축영향 사전검토
- VR: 가상시공 화상으로 기설계안의 시공성·안전성 사전검토

(2) 드론 기반 지형·지반 모델링 자동화

① 카메라, 레이저 스캔장치, 비파괴 조사장치, 센서 등 결합

② 측량과 시추 결과를 연계, 지반강도·지질상태 정밀 추정

③ 신속·정확한 지형정보 구축, 설계 생산성 향상

④ 접근 곤란지역(극한지, 재난지역) 현장조사 용이

(3) BIM 자동설계

① 3D BIM 설계, 2D 설계 지양

② 프로젝트 완료 시 BIM 라이브러리 자동 생성

③ 자체 설계 해석 및 검토
- 구조 및 에너지 설계, 설계 적법성, 설계기준 적합성 등

④ 사례 축적 후 인식·학습, AI기반 BIM 설계 자동화 구현

2. 계약·구매 및 조달

① IoT·RFID 기술 융합

② 전략적 수주체계 확보

　③ 자재, 장비, 인력정보 실시간 활용

　④ 조달에 소요되는 시간 및 비용 절감

3. 시공

(1) 건설기계 자동화

　① 작업계획에 따라 건설기계 자율이동 및 작업

　② 운전자에게 장비의 위치, 자세, 작업범위 정보 제공

　③ 작업 진행상황 실시간 확인

　④ 각종 센서, 제어기, GPS 수신장치 탑재

(2) 건설기계 통합 운영

　① AI 활용, 최적 공사계획 수립 및 건설기계 통합 운영

　② 현장 내 건설기계 실시간으로 통합 관리

　③ 건설기계 간 시·공간 간섭 배제

　④ 센서 및 IoT 이용, 실시간 공사정보 관제 반영

(3) 정밀시공 제어 및 자동화

　① 건축부재 자동화 생산

　② OSC(Off-Site Construction) 적용 확대

　③ 조립 시 부재 위치 정밀제어

　④ 접합부 자동 시공, 로봇 활용 증대

(4) 안전관리

　① 위험요인 사전 도출 및 제거

　② 취약공종 및 작업자 위험요인 정보 실시간 획득

　③ 작업 패턴 및 사례에 대한 빅데이터 축적 및 분석

　④ ICT 기반 드론, 센서, 각종 스마트 착용장비 등 이용

(5) 공정·품질 관리

　① 사업목적·제약조건에 따라 맞춤형 공사관리 방법 도출

　② 가상시공 활용, 조건·환경변화에 따라 공사관리 최적화

　　• 스마트 글래스(AR용), 스마트 헬멧(VR용) 착용

　③ 드론·로봇 취득정보 연계, 실시간 공정 진행 파악

　　• 현장측량, 작업량 확인, 작업자 및 장비 동선, 사진기록 등

　④ 주요공종의 시공간섭 확인

　⑤ BIM 기반 AI 기술 활용

4. 유지관리

(1) 시설물 모니터링

① 대용량 통신 네트워크 확보, 신속·정밀한 정보수집 고려
② 초연결 IoT에 의한 연결성·안정성 강화
③ 위험상황 실시간 전달 및 대피 안내: 스마트센서 및 지능형 CCTV 사용
④ IoT 센서 기반 모니터링, 저전력 소모형 무선센서 사용

(2) 진단 및 빅데이터 구축

① 접촉, 또는 비접촉 방식으로 시설물 진단
② 카메라와 실험장비를 장착한 다기능 드론 사용
③ 드론-로봇 결합체에 의한 자율탐색 및 진단
④ 비정형 데이터 정형화 및 표준화
  • 상태평가, 안전성평가, 종합평가, 안전등급 판정 등의 데이터
⑤ 건설관련 데이터 통합, 빅데이터 구축
  • 설계, 시공, 감리, 준공, 유지보수, 진단 등의 데이터 통합

(3) 최적 유지관리 의사결정

① 점검 및 진단 후 안전등급 부여
② 안전등급에 따라 최적 유지관리안 도출
  • 시설물의 보수, 보강, 사용중단, 해체 등에 대한 의견 제시
③ 빅데이터, AI, 시설물 3D 모델(디지털 트윈) 기술 적용

[요약: 단계별 적용 가능한 스마트 건설기술]

단계	구분	기술
계획·설계	계획/평가	BIM, AR·VR, 빅데이터, AI
	측량	드론, 영상인식
	설계	BIM, 빅데이터
시공	토공사	BIM, 드론, 로봇, 자동장비, 자율주행, IoT, 센서, 빅데이터
	골조공사	BIM, 로봇, 자동장비, 3D 프린팅
	마감공사	BIM, 로봇, 자동장비
	자재관리	BIM, 영상인식
	공정·기성	BIM, AR·VR, 드론, 로봇, 자동장비, 영상인식
	현장안전	AR·VR, IoT, 빅데이터
유지관리	점검·진단	드론, 로봇, 자동장비, 자율주행, IoT, 센서, 빅데이터
	계획	BIM, 빅데이터, 디지털 트윈

Ⅴ 활성화 방안

▶ 정부의 로드맵 이행방안에 근거하여 활성화 방안을 안내한다.

1. 민간 기술개발 유도

▶ '제도개선＋기술혁신'의 가치를 공유하고, 민간의 자발적 기술개발 여건을 조성한다.

(1) 제도 개선

① 대형공사에 스마트 건설기술 적용 유도

② 성과에 대한 인센티브 제공, 공사비 절감 및 공기단축 등

③ 관련 건설기준 정비

- 표준시방서(KCS), 설계기준(KDS), 비용 산출기준 등

④ 스마트 건설기술 도입을 위한 대가·안전기준 마련

(2) 스마트 신기술 개발 촉진

① 시험시공(Test Bed) 현장여건 제공

② 초기 소요비용 금융지원

③ 건설신기술 항목에 스마트 건설기술 포함

(3) 혁신 공감대 형성

① 홍보행사 정례화

- 토론회, 국제 컨퍼런스, 경진대회, 공모전 등

② 우수사례집 배포, 성과 확산

③ 관람 및 체험공간 마련

2. 공공역할 강화

(1) 핵심기술 개발

① 건설 프로세스별 핵심기술 선정 및 개발

- 프로세스별 기술개발 범위 한정

설계·시공	BIM 플랫폼 구축, 건설자동화·로봇, 모듈러·가상시공
유지관리	IoT·빅데이터 기반 최적 유지관리, 시설물 손상탐지, 수명 자동예측

② 핵심기술 대상 R&D사업 집중 투자, 국가주도의 체계적 접근 필요

- 기대효과 달성을 위한 투자비용 및 추진기간 계획 수립·이행

③ 민관 상시협의체 운영, 정보공유 및 역할 분담

(2) BIM 확산여건 조성

① 공공사업 전반에 BIM 활용 의무화, 단계적 확대

- '설계도서 작성기준' 정비 및 가이드라인 제시

　② 개방형 플랫폼 구축, 클라우드 기반 통합시스템 구축
　　• BIM 라이브러리 콘텐츠 확대 및 온라인 무상 제공
　③ BIM 경진대회 개최
　　• BIM 기술향상 및 전문가 육성 유도

(3) 공공기관 사업 주도
　① 시범사업 선제적 추진, 성과 공유
　② 발주청 역량강화: 워크숍, 자료 공유
　③ 의무 교육과정 운영, 지자체 및 공공기관 사업관리 직원 대상

3. 스마트 생태계 구축

(1) 스마트건설 지원센터 운영
　① 저변 확대 위한 인프라 확보
　　• 지원센터 설립 및 전문인력 구비
　② 스마트 건설기술 기반 조성
　　• 시장동향 조사·분석, 개발 및 보급
　③ 생존율 제고 위한 창업지원
　　• 기술, 법률, 경영, 자금 등 맞춤형 지원
　④ 아이디어 검증 및 현장 도입 지원
　　• 시제품 제작 및 Test Bed 부문 등

(2) 전문가 양성
　① 대학교육 및 재교육 분야의 교육체계 개편
　② 교육훈련기관 지정 및 운영제도 개선
　③ 교육과정 개발 및 운영 내실화
　④ 대학생에게 교육 선택기회 제공
　　• 대학–사회교육기관 간 학점 교환 협약 유도

(3) 지식 플랫폼 구축
　① 건설사업 관련 특정정보 민간 제공, 서비스 고도화
　　• 건설사업정보시스템, GIS기반 시설물안전성정보 등
　② 지식 플랫폼 구축, 일반인 정보접근성 제고
　③ 민간 부가가치 창출 지원
　　• 규제 샌드박스[34] 적용, 정보 활용성 제고

---

34) 규제 샌드박스: 일정 기간·지역 내에서 기존 규제를 면제·유예함으로써 사업속도를 높이고자 하는 제도

(4) 관련부처 간 협조사항

① 건설자동화 분야: 건설기계, 로봇, 장비 등의 기술개발

② 대학 스마트 건설인재 배출: 건설관련 학과의 교과과정 개편

③ 건설기술인 교육기관 교육과정: 스마트 건설기술 전문인력 양성

④ 핵심 R&D 추진 협조

- 기술성 평가 및 예비타당성 조사, 관련 ICT 기술 분야 등의 지원

4. 건설 당사자별 역할

(1) 발주기관

① 발주사업에 스마트 건설기술 활용 적극 검토

② 입찰 시 스마트 건설기술 활용취지 명시

- 활용목적, 적용 대상 및 범위, 적용효과 등

③ 해당기술의 평가, 심의 관리, 조정 능력 구비

④ 적용대상기술의 등록 및 성과 데이터 기록 유지

(2) 수급인

① 발주기관 요구기술 우선 반영

② 적용범위 내에서 개선기술 제안

③ 적용기술의 활용계획 및 결과보고

④ 계획 대비 성과 보고

Ⅵ 결론

1. 4차 산업혁명시대에서 건설산업의 생산성을 높이기 위하여 기존 건설기술에 대한 첨단기술의 융복합은 건설산업계의 중차대한 과제이다.

2. 건설 관련 종사자는 스마트 건설기술의 개념과 요소기술, 단계별 적용 및 활성화 방안 등에 대한 이해가 우선되어야 한다.

0000   디지털 트윈(Digital Twin)

I 개요

① 디지털 트윈(Digital Twin)은 현실세계에 존재하는 물리적 객체와 동일한 쌍둥이 모델을 컴퓨터 가상공간에 구현하여 다양한 시뮬레이션 환경을 제공하는 스마트 기술이다.

② 건설 분야에서는 가상의 3D 트윈모델을 이용하여 다양한 시뮬레이션으로 문제점을 예측하여 건설과정을 최적화하는 도구로 활용 가능하다.

일반사항	➡	활용방안
• 개념 • 요소기술		• 계획 · 설계 단계 • 공사/유지관리 단계

II 일반사항

1. 개념

① 현실세계의 물리적 객체에 대한 정보를 3D 모델링
- 현실세계: 물리적 객체를 오감으로 확인할 수 있는 세계
- 물리적 객체: 실제로 존재하는 사물 및 생물체

② 컴퓨터 가상공간에 트윈모델 객체 출력

③ 시뮬레이션 목적에 따라 관련 데이터 입력

④ 시뮬레이션 결과값 분석 및 피드백
- 문제점 파악 및 적정 조치 강구

2. 요소기술

(1) 드론(Dron)

① 지형 및 공간 정보를 수집하기 위한 비행체

② 각종 스마트 장비 장착
- 카메라, 레이저 스캐너, 각종 센서 등

③ 피사체 상부에서 3D 트윈 모델 구축에 사용

(2) 사물인식기술(IoT)

① 대상 객체와 스마트 측정기기에 센서 부착

② 정형 · 비정형 데이터 수집

③ 시뮬레이션에 필요한 실시간 데이터 수집용으로 사용

(3) 클라우드(Cloud)

① 데이터의 대용량 저장 기술

② 텍스트, 음향, 동영상, 이미지 등

③ 대용량 데이터 저장 비용 저렴

④ 인공지능 구동에 필요한 데이터 저장

(4) 빅데이터/인공지능

① 인공지능 알고리즘 오픈소스화

② 빅데치터 초고속 병렬처리 가능

• 고속 CPU 병렬화, 처리시간 단축

③ 인공지능에 의한 시뮬레이션 자율적 · 지능적 처리

④ 시뮬레이션에 의한 예측 및 최적화 맞춤형 모델 제시

Ⅲ 활용방안

1. 계획 및 설계 단계

① 건축대지 지형 · 지반 3D 모델링, 드론 사용

• 카메라, 레이저 스캐너, 각종 센서 장착

② 공사 중 · 후의 시설물 영향 사전 시뮬레이션

③ 교통, 바람길, 건설공해, 일조권, 조망권 등

④ 문제점 피드백, 인허가 및 설계 조건 등에 반영

⑤ 건설계획 및 설계 최적화

2. 공사단계

① 현장 및 주변 3D 모델링

• 건축현장(터파기현장, 공사 중 건물) 지하층, 1층, 지붕층, 기준층 등

② 투입공종, 공법, 작업자 조건에서 시뮬레이션

③ 공정간섭, 위험 작업구역 파악

④ 인원 · 장비 동선, 공정순서, 안전관리 최적화

3. 유지관리 단계

① 완성 시설물 3차원 트윈모델 구축

② 가상의 재난상황으로 시뮬레이션

③ 시설물 및 재실자 문제점 파악

④ 최적 유지관리안 도출

• 시설물 예방적 유지관리안, 최단 피난동선 등

0000 | OSC(Off-Site Construction)

Ⅰ 개요

① OSC는 '脫현장건설' 개념으로 현장 이외(脫現場)의 장소(공장)에서 생산하여 현장으로 운송 후 최소한의 조립·접합으로 시설물을 완성시키는 건설방식이다.

② Prefabricated Construction, Modular Construction 등을 포함하는 개념으로 4차 산업혁명 시대에 탄생한 용어이다.

일반사항	➡	활성화 방안
• 개념 • 필요성		• 설계/생산·시공 단계 • 정책 지원

Ⅱ 일반사항

1. 개념

① 건축물의 부재 등을 공장생산 하여 현장에서 단순 조립하여 완성

② 공장생산품은 부재, 부품, 기계설비 유닛 등으로 구분

- 부재는 구조·비구조 부재와 볼륨·비볼륨 부재로 재구분

볼륨 부재	화장실, 기계실, 계단실 등
비볼륨 부재	구조부재, 외장재 부재, 내부 파티션, 덕트, 파이프라인 등

③ 공장 선조립, 공업화 건축, 모듈화 건축 등의 의미 포함

2. 필요성

(1) 건축 생산성 향상

① 단순작업의 기계화 도입

② 자동화 생산기술 융합

③ 기능인력의 저숙련·고령화 대비

④ 스마트팩토링 및 탈현장생산 구현

(2) 기술집약적 생산

① 인력 의존방식 탈피

② 건축물 및 노동시장 변화에 탄력적 대응

③ 유능한 신규 기술인력 유입 유도

④ 대외 기술경쟁력 구비

(3) 가치사슬의 통합 · 효율화

　① 전통적 수직 생산구조 개선
　　• 기획 – 설계 – 시공 – 유지관리 등
　② 가치사슬(Value Chain)의 수직적 통합
　③ '설계 – 제작 – 물류 – 시공' 단계의 일원화
　④ 긴급 수요물량에 신축적 대응 가능

Ⅲ 활성화 방안

1. 설계단계

　① 제작 및 시공 효율 고려
　② 표준 모듈 BIM 라이브러리 구축
　③ 접합부 설계기술 및 표준상세 개발
　④ 내화 · 차음 · 단열 성능에 대한 표준설계안 마련

2. 생산 및 시공 단계

　① 생산 – 현장설치 프로세스의 최적화
　② 공급 – 수요 변화에 대한 가변성 제고, 스마트 생산라인 구축
　③ 접합부 성능향상공법 개발
　④ 현장설치에 대한 안전 · 품질 기준 확립

3. 정책 지원

　① 모듈러 건축(공업화 건축) 장려 및 지원 강화
　② 생산공장 인증시스템 개발
　③ 신수요 기술 · 기능 인력에 대한 교육훈련시스템 마련
　④ 실증사업에 의한 공공 발주물량 확대 및 해외 진출 지원 등

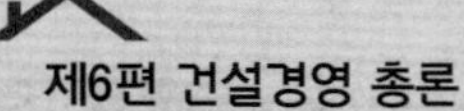

02 건설계획 · 설계

6211 IBS 건축물(Intelligent Building System)

I 개요

1. 인텔리전트빌딩(Intelligent+Building)은 정보통신기능, 사무자동화기능, 빌딩자동화 기능을 갖추고 쾌적성, 안전성, 안락성을 확보한 고기능의 첨단 종합건축물을 말한다.

2. IBS는 설비요소의 비중으로 공사비가 대폭 증가하게 되므로, 사용기간 동안 사무 생산성의 향상과 유지관리비가 절감됨으로써 생애주기비용(LCC)이 적게 들도록 계획하여야 한다.

도입효과	➡	건축계획	➡	문제점/대책
• 건축주/사용자 • 사회적 측면		• 공간/면적/천장고 • 바닥/설비/방재		• 진부화/기술/법/역기능 • LCC/VE/정부/CM/공간

II 도입효과

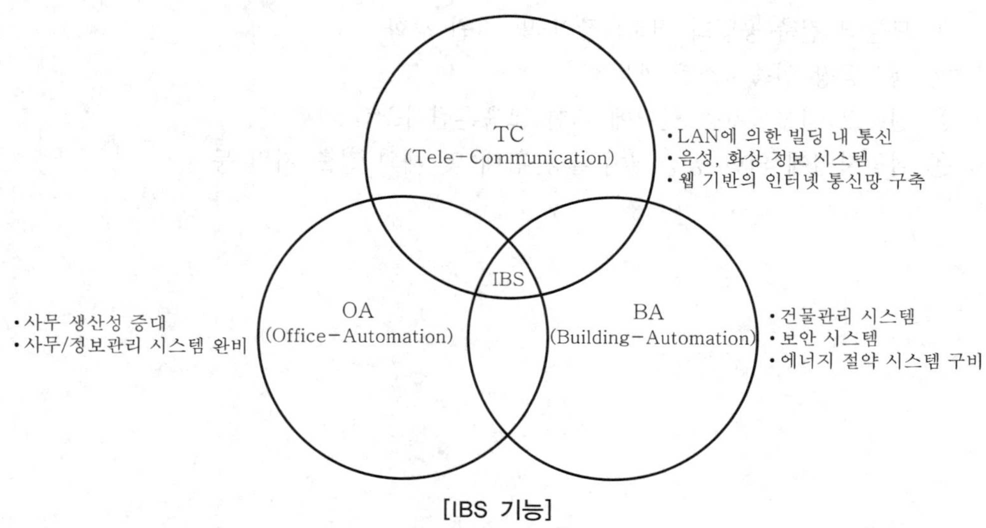

[IBS 기능]

1. 건축주

　① 장수명(長壽命) 건물로 설계, 시공
　② 유지비 절감
　　• 에너지 절약, 빌딩 운영비, 설비의 갱신비용 절감
　③ 효율적 건물관리 용이
　④ 임대수입의 증대 기대

2. 사용자(임차인)

　① 쾌적한 사무환경으로 사무생산성 향상
　② 공간활용의 융통성을 확보하여 공간운영비 절약
　③ 보안 시스템에 의한 사용자 개인의 Security(보안) 확보

3. 사회적 측면

　① 교통난과 도시집중 해소
　　• 우수한 정보통신망 증대
　② BA, OA, TC 관련 산업의 수요 증대
　③ 독창적 디자인으로 건물의 예술성 확보
　④ 대중화에 기여할 경우 보급 증대 예상

Ⅲ 건축계획

　① 공간 구성의 융통성 고려
　② 1인당 점유면적 ≥ 8m²/인
　③ 천장고 ≥ 2.6~4.5m
　　• 천장고의 여유공간 확보
　④ 바닥의 적재하중 ≥ 500~600kg/m²
　⑤ 추가적인 설비 고려
　　• 충분한 전원용량과 전기실의 여유공간 확보
　⑥ 건물의 방재 시스템 강화
　　• 내진설계, 내화성 확보
　　• 대피공간의 확보 등

Ⅳ 문제점 및 대책

1. 문제점

① 첨단설비의 진부화
- 갱신비용 증대

② IBS 관련기술 취약

③ 관계법령의 지원 미흡

④ 인간에 대한 역기능적 요소 내재
- 전자파, 정보시설 신뢰성, 인간성 상실 등

2. 대책

① LCC에 의한 투자비 분석

② VE 기법에 의한 사업비 절감 노력

③ 정부의 세제, 금융지원 시행

④ IBS 관련 산업기술의 국산화 육성

⑤ 유해전자파 방지시스템 개발

⑥ 시공자의 종합건설능력 구비

⑦ CM에 의한 발주자의 전문성 보완

⑧ '지속가능한 개발' 여건 확보

⑨ 건물 내 Informal 공간(휴게공간, 녹지공간) 확보

6212　장수명 주택(長壽命住宅)

I　개요

① 국내의 경제성장과 더불어 주택의 보급률은 양적으로 정점에 이르고 있으나 주택의 질적인 성능은 미흡한 실정이다.

② 질적 측면에서 국내의 공동주택은 수명이 짧고 획일적인 평면구성과 유지보수 및 리모델링이 곤란하므로 '지속가능한 개발'의 실현을 위한 주택의 장수명화가 중요한 과제로 대두되고 있다.

개념/필요성	➡	장애요인	➡	장수명화
• 장기간/내구성/용이성 • 지속/폐기물/재고/경관		• 인식/한계/미확립 • 모호성/정책미비		• 고내구성/가변성/갱신성 • 유지관리용이성/활성화 방안

II　개념과 필요성

1. 개념

① 주택의 기능과 성능을 발휘하며 장기간 사용이 가능한 주택

② 물리적 측면의 내구성과 사회적 · 기능적 측면의 내구성이 확보된 주택

③ 리모델링과 유지관리 용이성(Maintainability)이 고려된 주택

2. 필요성

(1) 지속가능한 개발(Sustainable Development)의 실현

① 지구환경의 지속가능성 지향

② 주택 신축에 소요되는 천연자원과 에너지 절약

③ 재건축 폐기물 억제, 환경 부하량 저감

(2) 주택의 경제성 · 재고량 확보

① 장기간 사용으로 소유자의 자산가치 향상

② 고품질 주택 재고의 실현으로 국가적 차원의 주택난 해소

(3) 도시경관 안정화

① 빈번한 변화에 의한 불안정한 도시분위기 지양

② 단지, 지구, 도시단위의 고유경관 형성 가능

③ 거주지에 대한 주거자의 애착심 유발

(4) 거주자의 다양성과 변화요구 수용

    ① 거주자의 개성적 삶의 영위 고려

    ② 자발적 주거환경 개선 유도

Ⅲ 개발 장애요인

1. 개념과 인식 미흡

    ① 양적인 주택 보급에만 치중

    ② 분양성 위주로 주택 공급

2. 벽식구조 시스템의 한계

    ① 벽식구조는 경제성에 치중

    ② LCC 측면에서 경제성 미흡

3. 기술기반 미확립

    ① 내외장 부품의 건식화·부품화 미흡

      • 벽식구조의 내외벽은 RC조, 건식화·부품화 적용여건 불리

    ② 구조체 매입부품의 내구성 단명

      • 배관, 배선재 등

    ③ 내외장재와 구조체의 접합방식 측면

      • 매입식으로 앵커와 용접접합 적용, 일체식 접합으로 분리·교체·점검 곤란

4. 공용·전용 부분의 모호성

    ① 리모델링, 유지관리 시 책임구분 모호

    ② 공용설비 부분(수직 배관)이 주호 내의 전용부분에 배치

5. 정책 미비

    ① 현재 리모델링을 고려한 설계기준만 고시·공표

    ② 업계에서 활용가능한 기준과 지원제도 미비

Ⅳ 주택의 장수명화 방안

1. 구조체의 고내구성 확보

① 기본적으로 구조체의 안전성, 내진성, 차음성능 구비
② 철근콘크리트(RC)조의 철근피복두께 확보
③ 철골(S)조의 방식처리, 방·내화피복마감 철저
④ 구조체의 수밀성과 방수성 확보

2. 공간구성의 가변성 확보

(1) 기본방향

① 주호 내에서 다양한 공간구성이 가능하도록 설계
② 사회변화와 거주자의 요구변화를 수용하도록 설계
③ 구조 시스템은 평면구성의 용이성을 고려하여 실 배치 변화형으로 설계

(2) 물 사용공간 부문

① 타부분 가변성이 저해되지 않도록 배치
② 공간고정, 부분고정, 이동가능 등 고려
③ MC 설계법 활용

(3) 천장고·층고치수의 가변성 고려

① 보의 형태 검토-층고절감형, 중공형 보
② 설비배관, 배선의 가변성 고려
 • 2중바닥, 2중벽, 2중천장에 의한 수납 가변공간 확보
③ 배관, 배선의 설치공간
 • 바닥의 방통부분, 벽체의 하부, 천장부분
④ 설비부분: Zoning하여 일정부분에만 배치

(4) 칸막이벽의 가변성 확보

① 인서트의 매입과 천장 내부의 보강위치 지정
② 재배치 원칙 설정

(5) 외벽의 가변성 확보

① 실배치 가변성을 고려하여 크기와 위치 설정
② 외장재의 재료, 구법, 형태 등에 부품화 적용

3. Infill 갱신성 확보

▶ 기본적으로 내외장, 설비부분을 분리하여 설계 · 시공한다.

(1) 골조 Support(Skeleton)와 Infill의 분리기준 확립

① 수명이 긴 것과 짧은 것으로 구분

② 의사결정 주체: 집단 또는 개인으로 구분

③ 이용형태: 전용과 공용으로 구분하여 전용이 공용부분을 해치지 않도록 해야 함

(2) 시공순서와 갱신시기 조절이 가능하도록 시공

① 수명이 긴 부품을 먼저 시공

② 수명이 짧은 부품 교체 시 수명이 긴 부품과 갱신시기가 일치되도록 고려

(3) 해체, 탈 · 부착성 확보

① 구조체＋내외장접합

② 구조체＋설비설치: 교체, 해체가 곤란한 앵커와 용접을 지양

• 가급적 볼트와 Screw 접합이 가능하도록 시공

③ 건식구법 지향: 건식공법과 부품화된 재료사용, 보수 및 교환성 고려

④ 배선 시스템의 탈 · 부착성 제고

• 노출형 콘센트, 걸레받이 콘센트, 돌림대 등

• One-Touch형 배관, 배선 연결제품의 개발 및 적용

4. 유지관리용이성 확보(점검 · 보수 · 교환)

① 공용부분의 유지관리 용이성 제고, 구조체 영향 최소화

• 수명, 등급, 수선 사이클에 따라 관리

② 공용배관의 수직 샤프트와 수평배관공간 고려

• 점검구의 여유공간 확보

③ 전용배관과 배선

• 구조체 또는 방통매입 배제

• 2중벽, 노출배관, 배선로에 설치

④ 유지관리이력 기록 유지

⑤ 장기수선계획 수립

5. 활성화 방안

(1) 장수명 주택의 방향 구체화

① 생활, 문화 등의 특성 고려

② 국내 발전모델 제시

• 모델설계 및 시범건설 실시

(2) 설계수법과 요소기술 개발
   ① 내구성, 가변성, 갱신성, 유지관리 용이성 충족
   ② 기술개발의 방향 제시
     • 정부와 업체 간 Consortium 구성
     • 모델설계와 시범적인 건설을 실시하여 모범안 제시
   ③ 관련 제도의 정비 및 보완
   ④ 사회적 합의 형성, 일관성 있는 정책 추진

(3) 정부의 역할
   ① 기술개발과 건설여건 조성, 국가적 차원의 기준 제정
   ② 기준에 입각한 제도적 지원방안 전개
   ③ 실행업체에 인센티브 제공
     • 초기 건축비에 대한 추가적인 부담 보상
     • 용적률에 보너스 혜택, 융자와 세제상의 혜택 부여, 관련기술 인정제도 실시

(4) 업체의 역할
   ① 장수명 주택의 구체적 요소기술 개발, 적용
   ② 전략 차원에서의 장수명 주택 건설에 적극 참여

Ⅴ 결론

1. 기존 공동주택의 문제점

   ① 수명 이전의 재건축
     • 자원과 에너지의 낭비초래, 쓰레기 대량배출
   ② 공간가변성 부족, 부재와 부품 갱신 곤란
   ③ 단지형 공동주택의 고층화로 용적률 여유공간 축소

2. 장수명 주택의 도입

   ① 건물-단지-지구-도시 단위로 안정적 경관 형성
   ② 정책 방향 수립, 제도를 개선 · 정비함으로써 장수명 주택의 활성화 모색

6213 | 친환경 건축물

I 개요

1 1992년 리우환경회의 이후 참여국들은 '환경적으로 건전하고 지속가능한 개발(ESSD)[35]'을 발전목표로 정하고 환경부하가 큰 건설업계에서 다양한 방안을 강구하고 있다.

2 건축물은 건설, 사용 및 폐기과정에서 에너지와 자원을 다량 소비하고 오염물질과 폐기물을 많이 발생시키므로 설계단계부터 환경부하량의 저감노력이 필요하다.

3 환경 친화적인 건설산업을 육성하기 위해서는 친환경적인 공법과 기술의 사용장려, 입찰시 가점부여, 환경전문인력의 확보, 환경복원사업의 활성화, 환경관리 규제의 개선 등이 강구되어야 한다.

필요성/환경경영시스템	➡	구비요건	➡	육성방안
• 필요성 • 환경경영시스템 구축		• 대지조성/에너지/생활용수 • 건축재료/폐기물 배출		• 친환경 기술/입찰제도/전문인력 • 환경복원사업/환경관리/인증제도

II 필요성 및 환경경영시스템

1. 필요성

① 인위적인 개발 영향 최소화, 기존의 생태환경 보호

② 장기적 안목에서의 대지 이용가치 증대

③ 부존자원의 절약 및 효율적 이용

   • 폐기물 발생량 저감 및 재이용률 증대

   • 에너지 소비와 오염물질의 배출 저감

④ 쾌적한 주거환경의 조성 및 환경 관련 국제협약의 충실한 이행

2. 환경경영시스템 구축

(1) 자발적 환경시스템 구비

   ① 기존의 수동적 환경관리에서 탈피

   ② 사후처리 위주의 기술개발과 투자활동에서 탈피

   ③ 국제규격의 환경경영요건 충족, ISO 14000

---

35) 1992년 리우환경선언 이후에 등장한 용어로 Environmentally Sound and Sustainable Development의 약자이며, '환경적으로 건전한 지속적인 개발'이란 뜻이다. 즉, 미래의 후손들이 자신들의 욕구를 충족시킬 수 있도록 그 능력과 여건을 저해하지 않으면서도 현세대의 욕구를 충족시키는 개발로 정의된다.

(2) 지속가능한 환경개발 지향

① 경제적 수익성과 환경적으로 지속가능한 개발 지향

② 자주적으로 환경기준을 설정하여 운용

③ 건설산업의 ESSD 개념 확립

Ⅲ 구비요건

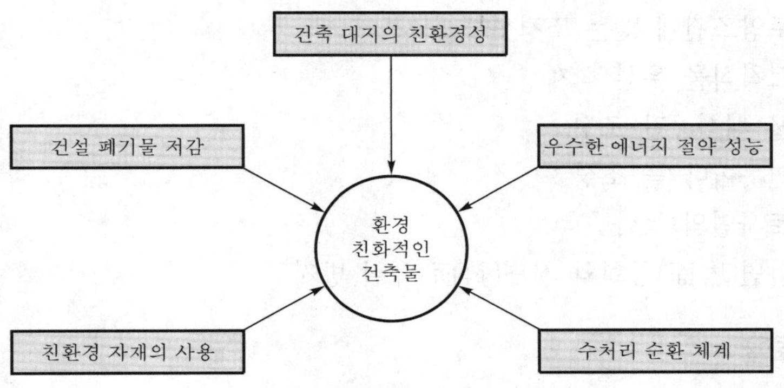

[친환경 건축물 구비요건]

1. 대지조성

(1) 기존 생태환경 보존

① 인공 조경면적 최소화

• 토종식물 보존, 토착종의 생태환경을 우선적으로 고려

② 기존의 경관 고려, 토공사 면적 최소화

(2) 건물위치

① 보행자 편이(便易)를 최우선적으로 배려

• 대중교통의 접근성 제고

② 건물배치 시 인접대지의 일조권 간섭 최소화

(3) 건축대지의 접근성 확보

① 자재반입 차량 및 작업자의 대지접근성 확보

② 부지 내 작업자용 주차시설 확보

(4) 불필요한 부지 정리와 정지(整地) 방지

① 토착식물의 보호 목적

② 정리 · 정지 면적의 최소화 방안 강구

(5) 대지 내 생태환경 조성

① 식물 생육조건 확보
- 대지 내 포장면적을 최소한으로 제한
- 표토의 재사용율 증대
- 표토를 조경용으로 우선 사용

② 녹지공간 조성
- 외부 녹지와의 생태적 연결 고려
- 인접도로의 소음차단, 겨울철에는 방풍림 효과 발휘
- 토양조건에 맞는 조경식물 식재
- 토착식물 우선 식재

③ 생물 서식공간 조성
- 연못이나 늪 조성

④ 절토사면의 녹화
- 암면(岩面)풍화와 사면(斜面)유실 방지

2. 에너지 효율

(1) 에너지 설비기능

① 관련설비의 에너지 효율 극대화
② 고효율의 조명기구와 냉·난방기 자재 사용
③ 냉·난방 기기, 배관, 덕트의 단열성능 강화, 에너지 손실 최소화

(2) 에너지의 연료부문

① 주방·난방 연료
- 청정 에너지인 LNG 연료 사용, CO_2 배출량 저감

② 대체 에너지 활용
- 화석연료 사용 최소화
- 태양열, 태양광, 지열, 풍력 등의 사용 증대

(3) 건축물의 외피부위

① 개구부의 열손실 방지, 기밀성과 단열성 확보
- 창문
  - 단열창호와 단열셔터 사용, 북측에는 이중창이나 복층유리 사용
  - 창의 크기와 위치는 주간조명, 단열, 환기 등을 고려하여 결정
- 출입구에는 전실 설치, 열적완충공간 확보

② 외벽의 단열강화
- 우각부의 열교방지를 위해 열관통부위 단열보강
- 색채에 의한 냉·난방 효과 고려

③ 옥상면의 열교방지 및 일사차폐
- 적정 단열두께 확보
- 방수층의 일사노출 방지
  – 보호층 설치, 옥상정원 설치, 최상층의 실온 안정화

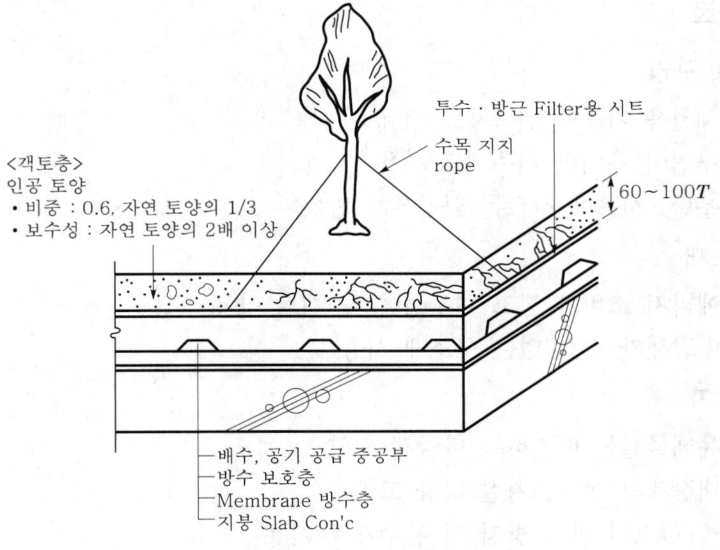

[옥상정원 설치단면도]

④ 지중면에 접하는 부위의 단열성능 확보
⑤ 효율적인 환기 시스템 구비
- 자연환기와 국부적 환기 고려
- 실내공기질과 온도 적정 유지

3. 생활용수

(1) 물 사용량 절약

① 절수기구 사용
- 욕실과 주방에 절수감지 센서 설치
- 옥상냉각탑의 물 비산과 증발 방지

② 중수, 우수의 이용 증대
- 상수도관과 중수도관을 구분하여 배관
  – 중수는 식수 이외의 용도(청소용, 관개용 등)로 적극 사용
- 우수의 채집·저수 시스템 설치, 조경 관개용으로 활용

(2) 하수 부하량의 저감

① 자연방류 유도

② 가급적 중력식 시스템으로 하수처리

- 펌프식 하수 시스템 지양

③ 인도에 빗물침투성 포장

- 다공질 콘크리트 등으로 포장

4. 건축재료

(1) 재료 구입

① 재활용 가능한 건축재료 사용

② 구입이 용이한 건축재료 사용

③ 운반·사용에 따르는 환경부하 방지

(2) 구조재

① 에너지 소비가 적고 내구성이 큰 재료 사용

② 마감재가 필요 없는 구조재 사용

(3) 마감재

① 유해물질을 배출하는 마감재 지양

② 내장재의 실내공기질 영향 고려

- VOCs의 발산 방지 및 흡수재료 사용

③ 외장재의 오존층 파괴물질의 사용금지, 프레온 가스[36]의 사용제한

④ 유지보수가 쉽고 폐기물 발생이 적은 마감재 사용

5. 폐기물 배출

① 폐기물의 분리수거 및 보관시설 구비

- 재활용 가능한 폐기물의 혼합배출 방지

② 처리시설과 연계하여 재이용률 증대

③ 지정폐기물(폐유, 소각 부적물 등) 처리경로의 투명성 제고

---

36) 염화불화탄소(CFCs: Chloro Fluoro Carbons)와 이의 대체물질인 수소화불화탄소(HCFCs: Hydro Chloro Fluoro Carbons)를 말한다.

Ⅳ　친환경 건설산업의 육성방안

1. 친환경 기술

(1) 생태환경보호 설계의 의무화

① 동물이동로 배려

- Over Bridge, Culvert Box, Fish Way 등

② 차광판, 동물침입방지막 설계 등

(2) 친환경 자재 · 공법 적용

① 중수도 설치, 절수기 설치

② 투수콘크리트 포장, 천연페인트 도장, 옥상녹화 등

③ 석면, 라돈을 사용한 자재의 사용금지

④ 저공해형 해체공법 적용

- 소음, 진동, 비산먼지 발생이 적은 공법 적용: 컷팅 방식, 팽창압공법 등

(3) 건자재 인증제도 활성화

① 환경마크가 있는 재료사용 의무화

② 천연골재자원의 절약 및 순환골재의 순환사용 장려

- 도로공사의 노반재, 기층재 골재로 순환골재 우선 사용 의무화

2. 입찰제도

① 친환경 설계안에 대한 가점 부여

② 해체 수반공사의 PQ 심사: 환경보전계획, 폐기물처리, 재활용계획 등

③ ISO 14000 인증 시 인센티브 제공

3. 환경 전문인력

① 관련 국가자격시험 활성화: 기사, 산업기사, 기술사의 적정 인원 선발

② 대학 교육과정 확대

③ 환경관리자의 현장배치 의무화

4. 환경복원사업

① 신규사업량 대비, 환경 복구 · 복원 사업량 할당

② 환경복원사업의 체계적 유인책 개발

5. 환경관리

① 환경관리비용 현실화

② 환경오염 방지시설의 종류와 설치기준 확립

③ 환경관리 우수·불량 업체의 관리 강화
- 우수업체: 입찰 시 가점 부여 및 벌점 경감
- 불량업체: PQ 신인도 감점 시 현장수에 따라 차등·적용

6. 인증제도

① 환경 관련부처의 상호 중복적용 단일화
② 국토교통부, 지식경제부, 환경부, 각종 학회 등

6214 　녹색건축인증제도(GSEED[37])

I 개요

① 녹색건축인증제도는 건축물의 생애주기(Life Cycle) 동안 지속가능한 개발 측면에서 기여 요소를 평가하여 성능등급을 인증하는 제도이다.

② 본 제도는 '녹색건축물 조성지원법', '녹색건축인증에 관한 규칙', '녹색건축인증기준' 등에 근거하고 있다.

도입 배경	➡	인증제도	➡	활성화 정책
• 국제환경협약/범지구적 • 해외/국내 인증제도		• 적용대상/인증 구분 • 인증절차/평가 관점·항목		• 녹색건축설계/의무 완화 • 세제 감면/금융 지원

II 도입 배경

1. 국제환경협약 대응

[주요 국제환경협약 연혁별 규제항목]

환경협약	시행	규제항목
비엔나협약 (몬트리올의정서)	1989.01.01.	• 2003~2004년: CFC-13 등 10개 품목 20% 삭감 • 2005~2006년: 프레온, 할론 50% 삭감, 메틸클로로포롬 30%, 메틸브로마이트 20% 삭감 • 2007~2009년: 프레온 85% 삭감 • 2010~2013년: 프레온, 하론, 사염화탄소 전폐, 메틸클로로포롬 70% 삭감 • 2014~2015년: 메틸클로로포롬, 메틸브로마이트 전폐
바젤협약	1992.05.05.	2003년부터 유해폐기물의 국가 간 이동 및 발생 억제
기후변화협약 (교토의정서)	2005.02.16.	• 2008년부터 온실가스평균 5.2% 감축 – 대상가스: CO_2, CH_4, N_2O, PFCs, HFCs, SF_6
파리협약	2021.01.01.	• 2021년 이후 발효, 종료시점 없음 • 최종적으로 CO_2 순배출량 '0' 목표

① 몬트리올의정서(1988.09.22.): 오존가스 통제

② 바젤협약(1992.05.05.): 유해폐기물 통제

③ 교토의정서(2005.02.15.): 온실가스 통제

④ 파리협약(2015.12.12.): 온실가스 단계적 감축, 이산화탄소 배출량 '0' 목표

---

37) GSEED: Green Standard for Energy and Environmental Design

2. 범지구적 동향 고려

① 자원의 3R(Reduce, Reuse, Recycle) 운동 동참

② Zero Energy · Pollution · Emission 지향

③ Amenity Zone 형성, 건축 · 환경의 Wellbeing 추구

3. 해외 인증제도 실태 반영

① 미국 LEED(Leadership in Energy and Environmental Design)

② 영국 BREEAM(Building Research Establishment Environmental Assessment Method)

③ 일본 CASBEE(Comprehensive Assessment System for Built Environment Efficiency) 등

4. 국내 인증제도의 합리적 조정

(1) 기존 제도의 유사 · 중복성 해소

① '친환경건축물 인증기준'에 의한 친환경인증제도

② '주택성능등급 인정 및 관리기준'에 의한 주택성능등급표시제도 등

[국내 인증제도 연혁[38]]

2002.01.01.	친환경건축물인증제도 세부시행지침 제정, 시행
2006.01.09.	주택성능등급 인정 및 관리기준 제정, 시행
2012.07.01.	양 기준의 인증 · 인정사항 상호인정[39]
2013.06.28.	'녹색건축 인증기준' 제정, 시행
2013.07.16.	'주택성능등급 인정 및 관리기준' 폐지

• 항목명은 상이, 실제내용은 상당부분 유사

[인증제도별 평가항목]

친환경건축물인증제도	토지이용, 교통, 에너지, 재료 · 자원, 수자원, 환경오염, 유지관리, 생태환경, 실내환경 등
주택성능등급표시제도	차음, 구조, 친환경, 생활환경, 화재소방 등 5개 부문

(2) 조정 효과

① 건축 관련업 · 학계의 환경기술 및 연구활동 진흥

• 우수한 건축물 생산 및 주거환경 조성 유도

② 친환경가치에 대한 국민인식 향상

• 국민에게 합리적인 건축물 선택기준 제시

---

38) 종전의 '친환경건축물인증기준(2011.12.30. 고시)'을 '녹색건축인증기준'으로 개정, '녹색건축물조성지원법(2012.2.22. 고시)' 제정시 '주택성능인증제도'를 흡수 · 통합하였다(기존 근거법령 '건축법 제65조'와 '주택법 제21조의2' 등은 삭제). 이에 따라 '친환경건축물 인증기준 및 친환경건축물 인증에 관한 규칙'은 '녹색건축인증기준 및 녹색건축인증에 관한 규칙'으로 변경되었다(전부개정, 2013.6.28. 고시 · 시행).

39) 친환경건축물예비인증서에 의하여 주택성능등급 인정서를, 주택성능등급인정서에 의하여 친환경건축물예비인증서 발급이 가능하다.

Ⅲ 인증제도

1. 적용대상 건축물

(1) 공통 적용

① 건축물의 정의

> **건축법 제2조(정의)**
> ① 이 법에서 사용하는 용어의 뜻은 다음과 같다.
> 2. "건축물"이란 토지에 정착(定着)하는 공작물 중 지붕과 기둥 또는 벽이 있는 것과 이에 딸린 시설물,
>   지하나 고가(高架)의 공작물에 설치하는 사무소 · 공연장 · 점포 · 차고 · 창고, 그밖에 대통령령으로
>   정하는 것을 말한다.

② 단독주택을 비롯한 29개 용도의 건축물[40]

③ 신축건축물, 기존건축물, 리모델링건축물 등

(2) 의무 적용[41]

▶ 공통 적용대상 중 다음 기준에 <u>모두</u> 해당하는 건축물

① 공공기관 소유의 건축물

공공기관	공공기관의 운영에 관한 법률
지방공사/지방공단	지방공기업법
국공립학교	초중등교육법/고등교육법

② 신축 · 재축 · 증축 건축물

③ '연면적 $\geq 3,000m^2$'의 건축물

④ '에너지 절약계획서' 제출대상 건축물[42]

2. 인증 구분

(1) 예비인증 및 본인증

① 신청시기에 따라 예비인증과 본인증으로 구분

② 예비인증은 설계도면 및 부속서류에 따라 심사

③ 본인증은 준공도면, 현장심사 등에 따라 심사

구분	예비인증	본인증
신청시기	• 건축허가 · 신고, 사업계획 승인 후 • 예비인증 생략 후 본인증 가능	• 사용승인, 사용검사 확인 후 • 인증 의무대상은 사전신청 가능
평가자료	설계도면 및 부속서류[43] 등	준공도면, 지정서류, 현장심사
유효기간	발급~사용승인(검사)일	• 인증서 발급일부터 5년간, 이후는 갱신

---

40) '건축법 시행령' 제3조의5, 별표1 참조
41) '녹색건축물 조성지원법' 시행령 제11조의3 참조
42) '녹색건축물 조성지원법' 시행령 제10조 참조
43) '녹색건축인증기준' 2013.06.28. 시행, 제2조 및 별표13 참조

(2) 인증등급[44]

① 총 4개 등급으로 구분

② 최우수, 우수, 우량, 일반 등

- 각각 그린 1등급, 그린 2등급, 그린 3등급, 그린 4등급으로 구분

(3) 용도별 인증

① 신축 주거용·비주거용 건축물

② 신축 단독주택

③ 기존 주거용·비주거용 건축물

④ 그린 리모델링 주거용·비주거용 건축물 등

3. 인증절차

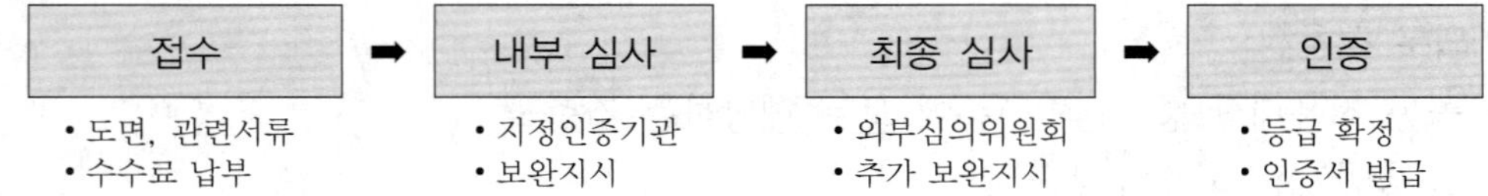

(1) 신청서 접수

① 신청인: 건축주 및 건축물소유자, 사업주체 또는 시공자

- 시공자의 경우 건축주 또는 건축물소유자 동의 후 신청

② 도면, 허가 및 공사 관련 제반서류, 자체평가서 등

③ 소정의 수수료 납부

(2) 내부 심사

① 제출서류의 적합성 평가, 누락 서류, 오기재 사항 등

② 미비사항 발견 시 보완 요구, 재접수 조치

(3) 최종 심사

① 외부 전문가를 활용한 인증심의위원회 개최

- 기술사 및 특급기술자 참여

② 신청자 요구등급의 타당성 평가

- 예비인증은 서류심사, 본인증은 서류심사와 현장심사 병행

③ 필요시 미비사항 보완 요구

(4) 인증

① 심사결과를 종합하여 최종 인증등급 확정

② 신청자에게 녹색건축인증서 교부 및 명판 제공

---

44) '녹색건축인증기준' 2013.06.28. 시행, 제3조 및 별표12 참조

4. 평가 관점

(1) 에너지 절감

① 에너지 요구량 저감기술(Passive) 적용

② 신재생 에너지 생산기술(Active) 도입

(2) **자연환경 보존**

① 환경파괴 최소화 공간 조성

② 환경부하량 저감재료 및 공법 적용

③ 수자원 절약

(3) **쾌적한 인문 · 생태 환경 조성**

① 사회적 편의성 향상기능 적용

② 생태조화 외피 및 Landscape 구현

③ Wellbeing 실내 · 외 공간 구현: 빛, 열, 소리, 공기 환경 등

5. **평가항목**[45]

(1) **기본배점(1~10점) 항목**[46]

① 토지 이용 및 교통

② 에너지 및 환경오염

③ 재료 및 자원

④ 물순환 관리

⑤ 기타 항목: 유지관리, 생태환경, 실내환경

[배점 세부항목]

구분	내용
토지 이용 및 교통	• 기존 대지의 생태학적 가치, 과도한 지하개발 지양 • 토공사 절성토량 최소화, 일조권 간섭 방지대책의 타당성 • 단지 내 보행자 전용도로 조성과 외부보행자 전용도로와의 연결 • 대중교통의 근접성, 자전거주차장 및 자전거도로의 적합성 • 생활편의시설의 접근성
에너지 및 환경오염	• 에너지 성능, 에너지 모니터링 및 관리지원 장치 • 신 · 재생에너지 이용, 저탄소 에너지원 기술의 적용 • 오존층 보호를 위한 특정물질의 사용 금지
재료 및 자원	• 환경성선언 제품(EPD)의 사용, 저탄소 자재의 사용 • 자원순환 자재의 사용, 유해물질 저감 자재의 사용 • 녹색건축자재의 적용 비율, 재활용가능자원의 보관시설 설치
물순환 관리	• 빗물관리, 빗물 및 유출지하수 이용 • 절수형 기기 사용, 물 사용량 모니터링

---

45) '녹색건축 인증 기준', 국토교통부고시 제2019-764호 참조

46) 세부항목별 1~12점 부여, 고배점 항목은 에너지성능(12), 생태면적률(10), 실내공기질 관련(6) 등이다.

유지관리	• 건설현장의 환경관리 계획, 운영·유지관리 문서 및 매뉴얼 제공 • 사용자 매뉴얼 제공, 녹색건축인증 관련 정보제공
생태환경	• 연계된 녹지축 조성, 자연지반 녹지율 • 생태면적률, 비오톱 조성
실내환경	• 실내공기 오염물질 저방출 제품의 적용 • 자연 환기성능 확보, 단위세대 환기성능 확보 • 자동온도조절장치 설치 수준 • 경량·중량 충격음 차단성능, 세대 간 경계벽의 차음성능 • 교통소음(도로, 철도)에 대한 실내·외 소음도, 화장실 급배수 소음

(2) 비배점 항목(주택성능등급 표시항목)[47]

① 구조 및 편의시설

② 주거 안전성

③ 수리 용이성

[비배점 세부항목]

구조 및 편의시설	• 내구성, 가변성 • 단위세대·공용공간의 사회적 약자 배려 • 커뮤니티센터 및 시설공간의 조성 수준 • 홈네트워크 종합시스템
주거 안전성	• 방범안전 콘텐츠 • 감지 및 경보설비, 제연설비, 내화성능 • 수평피난거리, 복도 및 계단 유효너비, 피난설비
수리 용이성	전용·공용 부분

(3) 가산점 항목

① 기본항목에 대한 설계 혁신성(1~5점)

[대상 기본항목]

토지이용·교통	대안적 교통 관련 시설의 설치
에너지·환경오염	제로에너지건축물, 외피 열교방지
재료·자원	건축물 전과정 평가, 기존 건축물의 주요구조부 재사용
물순환 관리	중수도 및 하·폐수처리수 재이용
유지관리	녹색 건설현장 환경관리 수행
생태환경	표토재활용 비율

② 녹색건축전문가의 설계참여 등 평가

---

47) '주택성능분야(15개 항목)'는 녹색건축인증 평가 시 '주택건설기준 등에 관한 규칙 별지 제1호서식' "공동주택성능
등급 인증서"에만 표시하고 인증평가를 위한 배점은 부여하지 않는다.

Ⅳ 활성화 정책[48]

1. 녹색건축설계 유도

① 에너지 절감형 건축설계

② 관련 인증요건 구비

- 녹색건축인증, 에너지효율 등급인증, 제로에너지건축물 인증 등

③ 재활용 건축자재 사용률 제고

2. 의무 완화

① 에너지 절약계획서 제출의무 면제

② 각종 에너지 소비절감 의무 완화

- 차양설치, 단열재, 방습재, 지능형계량기
- 고효율 냉난방기·조명장치 등의 설치기준 완화

③ 용적률 및 건축물 최고높이 상향 적용 등

3. 세제 감면[49]

① 취득세, 지방세, 재산세 감면

② 환경개선부담금 경감

- 최우수(그린 1등급): 50%
- 우수(그린 2등급): 40%
- 우량(그린 3등급): 30%
- 일반(그린 4등급): 20%

4. 금융 지원[50]

① 신재생 에너지 적용 주택 금융 지원

- 단독주택/공동주택/임대용 보금자리주택, 그린빌리지[51] 등
- 국가·지자체 건물, '전력사용량 ≥ 550kWh'인 단독주택 제외

② 비주택 건물 지원사업 및 시범보급사업

- 단위용량당 보조금 정액설정 지원

③ 에너지 관리공단 신재생 에너지센터 운영

- 신재생 에너지원별 보조금 지원단가 매년 공고

---

48) '녹색건축물조성지원법' 시행령 제11조, '건축물의 에너지절약 설계기준' 제16~17조 별표9 등 참조
49) '지방세특례제한법' 시행령 제24조, '환경개선비용부담법' 시행규칙 제3조 및 별표, 녹색건축인증기준과 부합화 필요조항 참조
50) '신에너지 및 재생 에너지 개발·이용·보급 촉진법' 제27조 및 '신재생 에너지 설비의 지원 등에 관한 규정' 참조
51) 동일 마을(최소 행정구역 단위) 10가구 이상의 주택

6215 | 유엔기후변화협약

Ⅰ 개요

1. 유엔기후변화협약(UNFCCC)[52]은 온실가스 배출제한을 목표로 당사국총회(COP)[53]에서 합의한 지구 기후변화 방지에 대한 협약이다.

2. 1992년 리우협약을 시작으로 교토의정서(COP3) 및 파리협약이 체결되어 2100년까지 지구 표면온도의 상승을 2℃ 이내로 제한하는 것을 목표로 한다.

지구 기후변화	➡	협약내용	➡	건설산업 대응
• 요인 • 영향		• 교토의정서 • 파리협약		• 향후 영향 • 대응방안

Ⅱ 지구 기후변화

1. 기후변화 요인

▶ 화석연료의 배출가스가 온난화의 주요인으로 세계 각국이 인식하고 있다.

① 이산화탄소(CO_2)

② 이산화질소(NO_2)

③ 프레온가스: 불화탄소(PFCs), 수소불화탄소(HFCs), 불화유황(FS_6)

2. 기후변화 영향

▶ 배출가스 저감 목적은 온난화에 의한 기후변화의 영향을 방지하는 데 있다.

① 지구 지표온도 상승, 혹한 유발

② 가뭄, 홍수, 식수 부족 등 유발

③ 해수면 상승, 녹지대 사막화

④ 영구동토층(凍土層) 해빙 등 자연재해 다발

---

52) UNFCCC: 'United Nations Framework Convention on Climate Change'의 약어

53) 당사국총회(COP: Conference of the Parties): 기후변화협약 관련 최고 의사결정기구로 협약에 가입한 국가(당사국, Party)들이 협약의 이행방법 등 주요 사안들을 전반적으로 검토하기 위해 1년에 1회 개최하는 회의이다. 1995년 3월 제1차 당사국총회(독일 베를린)를 시작으로 제3차 당사국총회(1997년 12월 일본 교토)에서 교토의정서(Kyoto Protocol)를 채택하였다.

Ⅲ 협약내용

1. 교토의정서

[협약 일지]

1992. 06.	브라질 리우데자네이루에서 유엔 환경회의 개최
1993. 12.	우리나라 기후변화협약 가입
1997. 12.	일본 교토 COP3에서 리우회의 부속사항으로 교토의정서 채택
2005. 02.	교토의정서 공식 발효
2012. 11.	제18차 당사국총회(카타르 도하)에서 2차 의무이행기간 설정

(1) 1차 의무이행: 2008~2012년

　① 의무이행국[54]: 호주, 캐나다, 미국, 일본, EU 회원국 등 37개국

　② 각국 의회 승인, 법적구속력 구비

　③ 온실가스 감축목표: 1990년 수준보다 평균 5.2% 이상 감축

(2) 2차 의무이행: 2013~2020년

　① 의무이행국[55]: 호주, 스위스, 유럽연합 등 37개국

　② 정부 차원의 약속으로 법적구속력 없음

　③ 온실가스 감축목표: 1990년에 비해 25~40% 감축

(3) 교토 메커니즘

　① 청정개발제도(CDM: Cleen Development Mechanism)

　　• 선진국이 개도국에서 온실가스 저감사업을 수행하여 온실가스 저감량을 자국 실적으로 인정

　② 배출권 거래제도(ET: Emission Trading)

　　• 할당된 온실가스 추가감축분을 다른 나라 배출권으로 거래할 수 있는 제도

　③ 공동이행제도

　　• 의무국 간 공동의 온실가스 감축사업 인정

　④ '흡수원-배출량' 상계제도

　　• 온실가스 흡수량과 탄소배출량을 상계한 배출량 실적 인정

---

54) 한국은 제3차 당사국총회에서 기후변화협약상 개발도상국으로 분류되어 의무대상국에서 제외되었고, 미국은 자국의 산업보호를 목적으로 2001년 탈퇴하였다.

55) 전 세계 온실가스 배출량의 절반 이상을 차지하는 미국·러시아·일본·캐나다 등 주요 국가들이 불참한 반면 개발도상국으로 분류된 우리나라는 자발적으로 온실가스 감축에 동참하였다.

2. 파리협약(Paris Agreement)

[협약 일지]

2011. 11.	• 남아프리카공화국 더반 COP17에서 신기후협약 제정 합의 • COP17: 17번째 당사국 총회(Conference of the Parties)
2015. 12. 12	• 파리 COP21(2015. 11. 30.~12. 11)에서 신기후협약 채택, 195개국 참여 • 2020년 이후에 적용될 유엔기후변화협약 제시 • 종료 시점이 없는 협약, 2021. 1.부터 발효, 이전의 교토의정서 대체

(1) 기온상승 제한 목표

① 지표면 온도 상승 시 생물 멸종 확률 증가
- 1.6℃ 상승 시 18%, 2.2℃ 상승 시 24%, 2.9℃ 상승 시 35% 멸종

② 산업화 이전과 비교하여 상승제한 목표 제시
- 최소 상승제한 목표 ≤ 2.0℃, 최대 상승제한 목표 ≤ 1.5℃

③ 최종적으로 CO_2 순배출량 "0" 목표
- 당사국 자체적으로 온실가스 배출 목표 설정 및 실천 합의

(2) 실천방안

① 국가별 자발적 탄소감축량 제시
- 특정년도 배출량 대비방식: 선진국 적용
- BAU 대비방식[56]: 한국 및 개발도상국 적용

② 국제탄소시장 개설, 탄소배출권 거래 활성화

③ 국제공동기구에 의한 협약이행 주기적(5년 단위) 점검

④ 온실가스 감축 및 기후변화 적응에 대한 공동 노력

⑤ 개발도상국에 대한 재원·기술 지원
- 선진국은 의무적 지원, 이외 국가는 자발적 기여 권장

(3) 교토의정서와의 차이점[57]

구분	교토의정서	파리협약
범위	온실가스 감축에 초점	• 온실가스 감축 포함 포괄적 대응 • 적응, 재정·기술지원, 역량 강화, 투명성
대상국가	• 37개 선진국 및 EU 연합국 • 美·日·캐나다·러시아·뉴질랜드 불참	• 선진·개도국 모두 포함 • 미국 중도 탈퇴 후 재가입
목표설정	하향식(Top-Down)	상향식(Bottom-Up)
적용시기	• 1차 공약기간: 2008~2012년 • 2차 공약기간: 2013~2020년	2021년 이후 발효

---

56) BAU(Business As Usual): 온실가스 저감 노력을 하지 않았을 경우의 예상 배출량과 대비하는 방식이다. 우리
나라는 협약국들의 묵인하에 2016년 6월에 2030년까지 BAU 대비 37%(순수감축량 32.5%＋국제탄소시장거래
량 4.5%)의 온실가스 감축목표량을 유엔(당시 사무총장 반기문)에 제시하였다.

57) 환경부·외교부 공동 보도자료(2016. 04. 22.) 참조

① 온실가스 감축에 초점을 둔 교토의정서보다 포괄적 범위 협약
② 감축대상국가에 선진국 및 개발도상국 모두로 확대
③ 협약국이 감축목표량을 유엔에 제출하는 상향식 목표
④ 교토의정서 종료 다음 해부터 적용

Ⅳ 건설산업 대응

1. 향후 영향

(1) 환경규제 강화

① 탄소세 부과
② 탄소배출 쿼터제 도입
③ 건설생산비 할증
- 에너지 다소비 자재(철강자재, 시멘트)
- 건설기계의 화석연료 내연기관 등의 영향

(2) 탄소배출권 시장 형성

① 국내외 거래 활성화
② 탄소배출권 시세형성
③ 탄소배출권의 톤 단위 거래가격 형성

(3) 환경기술 도약

① 탄소 회수 및 저장기술
② 저탄소 에너지 절약기술
③ 화석연료 대체기술
④ 숲 산업 청정생산기술 지향

(4) '친환경＝지속가능성' 의식 증대

① 환경적으로 건전하고 지속가능한 개발(ESSD)[58] 지향
② 사업 초기단계부터 생애주기 환경영향 검토
③ LCA(Life Cycle Accessment) 도입 확대

---

58) 저자 注: ESSD(Environmentally Sound & Sustainable Development)는 리우 유엔환경선언문에 인용되면서 비롯된 국제적 유행어이다. 이 용어는 '미래 세대의 필요를 충족시키기 위한 잠재력을 훼손하지 않으면서 현재의 필요를 충족시키는 발전'을 의미한다.

2. 대응방안

(1) 민·관 공동대응

① 탄소배출할당량 합리적 결정

② 산업체–정부–국민 의식 간 균형치 도출

③ 합의 도출 후 총력 추진

④ 탄소 감축비용 절감을 위한 공동대응 제도화

⑤ 국제관계에서 역할 선도

(2) 산업체 환경경영시스템 확립

① 환경친화적 경영목표 설정

② 목표달성을 위한 경영활동 전개

③ ISO 14000 인증제도 적극 활용

(3) 환경산업 육성

① 친환경공법 및 기술 촉진

- CO_2 포집·저장기술(CCS)[59] 등

② 친환경설계, ISO 14000 인증업체에게 인센티브 부여

③ 건설폐기물 재활용 의무규정 강화

④ 환경복원산업 활성화 촉진

(4) 에너지 효율 증대

① 건축물 단열성능 강화, 냉난방 부하량 저감

② 녹색건축물 인증제도 발전·적용

③ 제로에너지하우스 개념 정착

④ BEMS(건물에너지 관리시스템) 구비

Ⅴ 결론

1 유엔기후변화협약은 지구 전체가 공동체라는 입장에서 차별화된 책임[60]에 대한 선진국 실천의지가 확고할 때 전 당사국의 실효성 있는 추진을 기대할 수 있다.

2 2017년 미국의 탈퇴 선언에도 불구하고 장기적 관점에서 당사국 전체의 분위기가 기후변화협약을 무시할 수 없을 것이므로 국내 합의기반을 바탕으로 국제시장에서 우위를 선점하는 자세가 절실한 시점이다.

---

59) CCS(Carbon dioxide Capture and Storage): 이산화탄소 의무감축 동향에 따라 산업계 재편과 신시장 가능성 측면에서 관심 높은 환경산업이다.

60) 기후변화협약의 원칙으로 선진국은 기후 변화가 인류생존을 위협하는 수준까지 이른 데 대한 상당한 책임을 주도적으로 지고, 나머지 당사국인 개발도상국에게 일부 책임이 있음을 밝히고 있다.

6216 　기술영향평가(TA: Technology Assessment)

I　개요

1. 기술영향평가는 '과학기술발전의 영향을 사전에 평가 · 진단하여 부정적 영향을 최소화하고 긍정적 영향을 최대화할 수 있는 대안을 제시함으로써 과학기술의 변화를 사회가 수용할 수 있는 바람직한 방향으로 유도하려는 시도'이다.

2. 기술영향평가(TA)제도는 2001년 과학기술기본법에 근거하고 있으며, 2003년에 처음으로 시범 실시되어 그 결과물이 2004년도에 보고서[61]로 제출된 바 있으나 활용이 미흡한 실정이다.

부정적 영향	주요기능	관련규정
• 인간/사회 • 환경	• 과학기술정책 지원/조기경보 • 인식 · 의사결정/조사 · 발굴 · 개발	• 영향 · 수준 평가 • 평가 범위 · 절차

II　기술개발의 부정적 영향

1. 인간

① 건강, 안전: 소음, 진동, 배기가스

② 심리, 문화, 풍속: Privacy 침해, 인간소외감, 문화 획일성

2. 사회

① 도시 과밀, 교통 정체

② 전력 부족, 전파 방해

③ 실직, 구인난

3. 환경

① 자연 파괴: 대기 · 수질 오염

② 천연자원 고갈

---

61) 나노 기술(NT), 바이오 기술(BT), 정보 기술(IT) 등이 상호유기적으로 융합하여 전혀 다른 형태와 가능성으로 발현되는 기술에 관한 내용을 담고 있는 NBIT 융합 기술에 대한 기술영향평가보고서를 말한다.

Ⅲ 주요기능

1. 과학기술정책 지원 기능

▶ 과학기술의 발전을 위한 폭넓은 정보를 제공하여 평가 수행주체[62]의 의사결정 기능을 강화시킨다.

(1) 중·단기 정책

① 기술의 통제
② 대체기술의 개발
③ 기술평가를 통한 제언

(2) 장기 정책

① 개발가능한 기술의 발굴
② 검토기술의 대안에 관한 정보 제공

2. 조기경보 기능

① 기술의 부정적 영향
② 예상치 못한 결과나 가능한 문제점에 대한 정보 제공

3. 인식 및 의사결정 기능

① 과학기술자의 사회적 책임감 증진
② 기술 관련 집단의 기술개발에 대한 전략 수립 지원

4. 조사·발굴·개발 기능

① 유익·우수성의 조사, 발굴, 개발
② 신기술의 사회적 수용 촉진

Ⅳ 관련규정

1. 기술영향 및 기술수준 평가[63]

① 경제, 사회, 문화, 윤리, 환경 등에 미치는 영향을 사전평가

• 그 결과를 정책에 반영

② 국가적 핵심기술에 대한 기술수준 평가

• 해당 기술수준의 향상을 위한 시책을 세워 추진

---

62) 기술영향 평가주체: 기술영향평가의 패러다임에 따라 정부부처, 의회의원, 기술전문가, 시민단체, 산업체, 사용자 등, 현재 우리나라는 과학기술부 산하의 한국과학기술기획평가원이 기술영향평가와 기술수준평가를 하도록 규정되어 있다.

63) 과학기술기본법 제14조

2. 평가범위 및 절차[64]

(1) 기술영향 평가대상

① 국민생활의 편익증진 및 관련사업의 발전에 미치는 영향

② 새로운 과학기술이 경제 · 사회 · 문화 · 윤리 및 환경에 미치는 영향

③ 해당기술의 부작용 방지방안

④ 해당기술이 성별 등 특성에 미치는 영향

(2) 기술영향평가의 절차

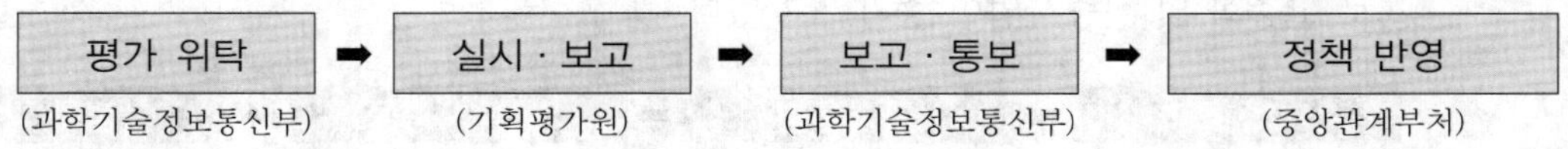

① 과학기술정보통신부장관이 한국과학기술기획평가원(이하 '기획평가원')에 위탁

② 기획평가원은 기술영향평가 실시 · 보고

  • 민간전문가와 시민단체 참여확대, 일반국민 의견을 수렴하여 실시

  • 기획평가원은 평가결과를 과학기술부장관에게 보고

③ 보고내용은 운영위원회에 보고하여 관계 중앙행정기관의 장에게 통보

④ 관계 기관장은 통보내용을 정책 반영, 부정적 영향 최소화 대책 추진

---

64) 과학기술기본법 시행령 제23조 참조

0000 모듈러 건축

I 개요

1 모듈러 건축은 공장제작한 유닛을 현장으로 운송 · 설치하여 건축물을 조성하는 공법이며, 주택법상[65] '공업화주택'으로 일부 규정되어 있다.

2 국내외적으로 현장생산의 대안으로 관심이 높아짐에 따라 국내에서는 공공주택을 중심으로 고층화 및 실증사업이 증가하고 있다.

기대 효과	➡	공법유형	➡	제작 · 시공	➡	활성화 방안
• 공사관리 측면 • 사회 · 기술적 측면		• 적층/In-Fill • Hybrid 공법		• 공장제작/운송 • 양중/현장시공		• 건설산업/건설정책 • 사업자 역량강화

II 기대효과

1. 공사관리 측면

① 공기단축
  • 습숙효과, 현장 생산요소 생략, 현장 단순조립
② 원가절감
  • 공장 대량생산, 공기단축에 의한 간접비 절감
③ 품질 및 안전
  • 균일한 품질 및 구조안정성 확보, 인력작업 최소화
④ 친환경 건축
  • 자재낭비 최소화, 폐기물 발생량 저감, 현장 건설공해 저감

2. 사회 · 기술적 측면

① 부동산 공급 부족에 신속 대응
  • 대량생산에 의한 물량공급 가능
② 다양한 건축수요에 신축 대응
  • 주말주택, 재난지역 긴급구호주택, 음압병실, 국제스포츠 선수 숙박실
  • 남북경협지역 주택 및 향후의 통일주택 수요에 적용 가능, 비축용 공공임시주거시설 등
  • 신규 주거단지 내 임시교실 용도 등

---

65) 주택법 제51조, 주택건설기준 등에 관한 규정 제61조의2, 주택건설기준 등에 관한 규칙 제13조 및 별표6 참조

③ 건축기술의 제조업화(Off-Site Construction, OSC)

　　• 건축생산성 향상, 미세먼지 저감, 국제경쟁력 제고 등

④ 인력시장 변화

　　• 기능인력 고령화 및 저숙련도, 외국인력 증가, 주52시간 근로제 등

⑤ 건설과정의 탄소배출 저감

Ⅲ 공법유형

1. 적층공법

(1) Unit Box 공법

① 단층형 유닛모듈을 입방체로 적층

　　• 상부하중을 '기둥 – 보'가 부담

② 4~5층 이하의 저층형에 적용

③ 학교, 군막사, 기숙사 등

④ 2003년부터 국내 수요에 적용

⑤ 공장완성률 70~80%

(2) Panel Rising 공법

① 패널형 부재를 공장제작, 모듈하중을 벽면체가 부담

② 현장에서 벽체, 천장, 바닥 등 조립

③ 단독주택에 적합

④ 공장완성률 ≤ 35%

2. In-Fill 공법

① 단층형 유닛모듈 공장제작, 고층화 가능

② 유닛모듈은 패널 접합만으로 자립하도록 제작

③ 패널 간 접합은 철물이나 초강력접착제 사용

④ 현장시공 골조에 유닛모듈 삽입 · 고정

⑤ 인필 숙련공 소요, 현장-공장 간 긴밀한 협조 필수

3. Hybrid 공법

▶ 적층공법과 인필공법을 조합한 공법이다.

(1) Core-(In-Fill) 공법

① RC Core 중심으로 유닛모듈 설치

② 프레임 방식으로 압축력 부담

③ 코어는 수평력과 구조안정성 제공

④ 유닛모듈은 RC코어 벽체의 기설치 Cast-in-Plate에 Tie 연결

⑤ 유닛모듈 벽체 모서리에 수직하중 전달용 기둥 설치

(2) Podium 공법

① 저층부(1~2층) 현장 골조(S·RC조)로 포디엄(토대, 주춧대) 구축

② 포디엄 기둥은 6~8m 간격으로 격자 설치

③ 상부층 코어에 유닛모듈 연결·설치

④ 모듈 내력벽은 포디엄 보에 맞추어 배열

Ⅳ 제작 및 시공

1. 공장 제작

① 설계도서 검토 및 확인

- 현장시공 설계도면·시방서, 공장 제작·조립도 등

② 제작도에 따라 모듈부재 제작

- 벽 패널: 2200×600×(25/30/50/75)mm, 외단열시스템 도입
- 천장 패널: 2400×(300/600)×(25/40/50/60/75)mm
- 패널 접합철물 및 접착제 확인

③ 조립도에 따라 모듈부재 조립

- 하부구조 조립, 바닥판(데크플레이트) 설치
- 벽체 조립, 배관·배선·빌트인 기능공사, 문·창문 외장공사
- 화장실 유닛 설치, 천장패널 조립

④ 제작 완성검사: 건축, 전기, 설비, 통신 등

2. 운송

① 운송 관련법규 확인

- 운송제한 사항: 적재물 최대 폭·높이·길이 등

② 차량 선정

- 모듈 크기 및 중량, 필요시 전용 무진동트럭 운용

③ 적재 및 모듈 고정, 상차 중 변형·손상 방지

④ 운행경로 파악: 공장상차 – 도로주행 – 현장대기 – 현장하차

- 도로 폭, 굴곡, 속도방지턱, 통과높이 등

⑤ 규정속도 준수, 우천에 의한 적재물 오염 방지

- 운송 중 유닛모듈 변형(비틀림·처짐) 방지

3. 양중

① 양중장비 및 양중위치 선정
- 모듈 크기 및 무게 확인
- 양중 높이, 거리, 최대 · 최저 양중능력, 지장물 등 파악

② 양중량 파악
- 장비별 사이클타임, 일일 설치개수, 설치순서, 양중 소요일수 등

③ 사전준비 사항
- 작업자 · 운전자 · 유도원 안전교육, 임시 도로점용 신청

④ 양중 시 변형 방지
- 양중단위: 전용 소운반장치(Moving Jig) + 유닛모듈
- 필요시 전용 Balance Beam 사용

4. 현장시공

(1) 사전 준비사항

① 연결부위 설계도서 확인

② 현장 시공요소 확인
- 기초, 내 · 외장, 지붕, 공통 설비(기계, 전기, 통신)
- 선행공사 시공정밀도 상태, 모듈 현장조립 요소 등

③ 설치위치 표시, 먹매김 등

④ 연결구 설치상태, 앵커볼트, 베이스 플레이트 등

⑤ 설치 중 우수대책 강구

(2) 모듈 설치

① 모듈 파손 여부 확인, 반입검사 실시

② 적층 모듈의 수직 · 수평도 검사

③ 유닛모듈 설치
- 양중기 · 지게차 현장 소운반, 무빙지그 이용 미세조정
- 골조 슬래브에 앵커볼트 고정, '모듈+모듈'은 볼트 · 너트로 조립

④ 작업공간 간섭 방지 : 건축, 전기, 기계, 통신 등

⑤ 우천 및 습식공사로 인한 마감재 오염 유의

Ⅴ 활성화 방안

〈현황 및 문제점〉
- 기존 공법 대비 비경제적
- 품질 신뢰도 미흡
- 적용 건물 제한적
- 공업화 생산기반 취약
  : 가동 중인 공장, 수작업 환경
- 고층화 기술 미흡

1. 건설산업

(1) 건설 제조업화

① Off-Site Construction(OSC)[66] 사업모델 지향

② 숙련공 수요 최소화, 공장생산의 자동화 · 로봇화

(2) 관련 산업 육성

① 모듈러 자재 · 부재 · 장비 · 건설 산업

② 규모의 경제 여건 마련, 'Open Platform' 형성

• 복수의 공급자 · 수요자가 참여, 검증된 유닛모델의 선택성 제고

③ 모듈러 전문인력 양성

2. 건설정책

(1) 발주방식 및 업역 개선

① '설계-제작-시공' 부문의 협업 여건 조성

② 전기, 정보통신, 소방설비 부문의 분리발주체계 개선

③ '모듈러 건축' 업역 명확화

(2) 공업화주택 인정제도 개선

① 건축물 인정범위 확대

② 인정범위 확대, 모듈러 건축물의 다양화 및 시장확대 유도

• 기존 인정대상: 단독주택 및 공동주택

• 확대 인정대상: 긴급주택, 통일주택, 주말주택, 기타 비주거형 건축물, 옥탑구조물 및 리모델링 분야 등

• 명칭 변경 고려: "공업화주택" ⟶ "모듈러 건축물"

③ 녹색건축인증제도와 연계 · 발전 모색

(3) 실증사업 및 민간부문 확대

① 공공부문 실증사업을 통한 성과 확인

② 공공발주 물량에 의무비율 할당

③ 성공사례 축적 및 홍보 강화

④ 민간참여자 인센티브 제공: 건폐율 · 용적률 완화, 세금 감면, 금융 지원 등

(4) 모듈러 세부기준 마련

① MC(Modular Coordination) 설계기준(KDS) 확립

② 표준시방(KCS) 및 전문시방 정비

③ 감리업무세부지침

---

66) 현장생산(On-Site Construction)에 대한 상대적 용어

④ 모듈러 자재·부재·시공 성능기준 제시
  • 관련 KS규격 제정, 차음·내화·방수 성능인정 기준 등
⑤ 유지관리 기준 및 매뉴얼 개발

(5) 관련산업 육성

① 모듈 제작공장의 거점화
② 신생업체 진입장벽 해소
  • 시공실적 완화, 시제품 기피현상 제거 등
③ 금융·세제 지원 강화
④ 공공 발주량 배정 확대

3. 사업자 역량강화

(1) 설계사업자

① 3D 기반 BIM 설계능력 구비
② 유형별 설계사례 축적: Unit Box, Panel Rising, In-Fill, Hybrid 등

(2) 제작 및 건설사업자

① '제작-설치'의 자동화 생산기반 확보, D_fMa 방식 도입
  • D_fMa 방식: '모듈러생산+AI'에 의한 설계 자동화
② 공정관리 능력 제고
  • '제작~현장설치' 중 대기시간 최소화, JIT 방식 도입
③ 설계 검토능력 구비, 재시공 요소 사전제거
④ 작업인력의 전문능력 확보
  • 고용안정화에 의한 시공경험 및 습숙효과 축적
⑤ 모듈러 품질관리지침 및 체크리스트 개발

Ⅵ 결론

1 공공부문의 모듈러 건축 실증사업 물량이 증가하면서 고층화 기술을 확보할 경우 국내외 시장에서 새로운 활로를 찾을 것으로 기대된다.

2 모듈화 건축이 활성화되려면 정부의 의지와 역할이 필수적이며, 이를 수용하기 위한 모듈러 관련 사업자의 역량강화가 부대되어야 할 것이다.

tip 공업화주택의 성능 및 생산 기준(주택건설기준 등에 관한 규칙 별표6)

성능기준	구조안전성	• 구조부분: '건축물의 구조기준 등에 관한 규칙' 상의 설계기준에 적합할 것 • 접합부: 벽·바닥·지붕판의 접합부는 구조설계·공사시방상의 안전성을 확보할 것
	내화·방화성	• 구조부분은 내화성능이 있을 것 • 내부마감재는 방화성능을 충족할 것
	환기·기밀성	• 환기성능: 개구부의 면적과 부엌·욕실·화장실의 배기설비·환기설비는 설치기준에 적합할 것 • 기밀성능: 창호는 KS(KS L ISO 9972)의 창호 성능시험 기준을 충족할 것
	열환경성	• 단열성능: '건축물의 설비기준 등에 관한 규칙'의 열손실방지기준을 충족할 것 • 결로방지성능: 접합부의 표면온도와 실내외 온도차이비율(TDR)은 0.20 이하일 것
	내구성	• 방청·방부성능: 철근피복두께 확보, 철재 및 접합철물은 방청처리, 목재는 방부 및 방충처리를 할 것 • 방수·배수성능: 지붕·차양, 외벽마감재, 물 사용부위 내장재
	음환경성	• 세대 간 경계벽 소음차단성능은 구조기준에 적합할 것 • 바닥충격음 차단성능: 경량충격음, 중량충격음
생산기준	생산설비	• 배합·성형·양생시설, 야적장 • 운송시설: 이동식크레인, 기타 운반설비 • 용지 $\geq 5,000\sim10,000\text{m}^2$ • 환경공해·산업재해 방지시설
	품질관리	• 품질시험시설: 시험실, 시험기구 • 품질관리지침, 시험·검사자료 관리지침 • 품질관리 전담자 등

참고문헌

1. 공업화건축 활성화 방안, 유일한, 건설관리학회, 2013.04.
2. 모듈러건축 활성화를 위한 오픈 플랫폼 사업화 모델, 지반휴 외
3. 조립식 및 모듈화 관련 연구 동향, 최진욱, 2015.06.
4. DSM을 활용한 모듈러건축 설계단계에서의 제작 및 시공정보 반영 및 재시공 감소방안, 현호상 외, 건축시공학회, 2019.02.
5. 모듈러 건설방식의 공사비 절감 기대효과, 한국건설산업연구원
6. 글로벌 리서치 동향 – 모듈러 건축 해외시장 동향(영국), 조봉호, 2014.08.
7. 주거시설로서 모듈러건축 활용화 방안, 김지현 외, 한국주거학회, 2013.06.
8. 유닛모듈러 공법에서의 모듈 운반작업 분석, 김균태, 대한건축학회, 2018.10.27.
9. 모듈러 공사시방서 개선방안에 관한 연구, 윤종식 외, 한국건설관리학회, 2017.05.
10. 모듈러 건축 활성화를 위한 제도 개선 모색, 황은경 외, 대한건축학외, 2017.10.25.
11. 모듈러 공법의 시공 프로세스 기반 시공오차 관리 의사결정 모델, 신현규 외, 한국건설관리학회, 2017.11.
12. 한국의 공업화건축공법 도입 활용과정 분석을 통한 3D프린팅 기술개발방향성 연구, 이성민 외, 한국공간구조학회지, 2017.12.
13. 도면검토를 통한 유닛모듈러주택의 문제점 유형 분류, 이유리 외, 한국건설기술연구원, 2014.
14. 모듈러 건축의 단열과 기밀 계획, 이정재, 2014.05.
15. 모듈러 건축물의 공장제작 및 현장 시공계획, 정찬우 외, 2017.03.
16. In-Fill공법을 활용한 유닛모듈러 건축의 고층화, 이동형 외, 대한건축학회, 2014.03.
17. 모듈러 건축 활성화를 위한 영향요인 비교분석, 강환희 외
18. 모듈러 주거시설의 단위유닛 제작품질 확보를 위한 공장제작도서 개선 연구, 황현준 외, 한국주거학회, 2016.12.
19. 공업화주택 인정제도 활성화를 위한 국외제도 분석, 이종호, 2019.12.

6221 | 공사시방서

I 개요

① 시방서(示方書, Specification)는 설계 · 제조 · 시공 등 도면으로 나타낼 수 없는 사항을 규정한 문서이다.

② '건설기술진흥법'에서는 표준시방서, 전문시방서, 공사시방서 등으로 분류 · 정의하고 있다.

③ 공사시방서는 발주자와 설계자의 요구조건을 실현하기 위한 품질기준으로 설계자가 작성하는 설계도서이며, 계약도서에 포함되는 문서이다.

분류	➡	공사시방서 일반	➡	작성
• 일반적 분류 • 건설기술진흥법		• 역할/관련규정 • 유의사항		• 절차/방식/주요내용 • 작성방법/기술시방

II 시방서 분류

1. 일반적 분류

분류기준		분류 및 정의
내용	일반시방서	비기술적인 사항을 규정한 시방서
	기술시방서	공사 전반에 걸친 기술적 사항을 규정한 시방서
작성방법	표준시방서	모든 공사의 공통적 사항을 규정한 시방서
	특기시방서	공사의 특징에 따라 특기사항 등을 규정한 시방서
	공사시방서	특정공사를 위해 작성되는 시방서
	가이드시방서	공사시방서를 작성하는 데 지침이 되는 시방서
서술방법	공법 · 자재시방서	특정자재(또는 설비)의 종류, 유형, 치수, 설치방법, 시험 및 검사항목 등을 명시한 시방서
	성능시방서	제품 자체보다는 단지 제품의 성능만이 설명되는 시방서
기타 특성	약술시방서	설계자가 사업주에게 설명용으로 작성하는 시방서
	자재업자시방서	시방서 작성 시 또는 자재 구입 시 자재의 사용 및 시공지식에 대한 정보자료로 활용토록 자재 생산업자가 작성하는 시방서
	규격시방서	자재 및 시공방법에 대한 표준규격으로서 공사시방서 작성 시 활용하는 시방서
제한 정도	폐쇄형시방서	재료, 공법 또는 공정에 대해 제한된 항목을 기술한 시방서
	개방형시방서	일정한 요구기준을 만족하면 이를 허용하는 시방서

2. 건설기술진흥법

(1) 표준시방서

① 시설물 안전, 공사시행의 적정성, 품질확보 등을 위한 표준적인 시공기준
- 발주청, 설계 등 용역업자가 공사시방서를 작성하는 경우에 활용하기 위한 시공기준

② 일반시방서 또는 공통시방서
- 표준화된 공사에 두루 쓰이는 시방서
- 동법 시행령 제65조 제6항에 규정

(2) 전문시방서

① 시설물별 표준시방서를 기본으로 모든 공종을 대상으로 하는 시방서
- 특정공사의 시공, 공사시방서의 작성에 활용하기 위한 종합적인 시공기준

② 당해공사에서만 필요로 하는 공법이나 기술, 재료에 대한 사항 기술

③ 동법 시행령 제65조 제7항에 규정

(3) 공사시방서

① 표준시방서 및 전문시방서를 기본으로 작성

② 공사의 특수성, 지역여건, 공사방법 등 고려

③ 기본설계 및 실시설계도면에 구체적으로 표시할 수 없는 내용
- 공사수행을 위한 시공방법, 자재의 성능·규격 및 공법, 품질시험 및 검사
- 품질관리, 안전관리, 환경관리 등에 관한 사항 기술

④ 동법 시행규칙 제40조 제1항에 규정

Ⅲ 공사시방서 일반

1. 역할

① 계약문서에 포함되는 설계도서, 계약적 구속력 보유
- 설계도서 해석 시 최우선 순위

② 도면 표기가 어려운 설계의도 지시

③ 설계의도의 실현수단 지시
- 시공방법, 자재성능·규격 및 공법 등

④ 공사품질의 시험 및 검사방법 지시

⑤ 공사목적물의 명칭·구조·수량 명시, 건물의 성능 규정 및 지시

⑥ 공사감독자 및 수급인
- 사전준비, 시공 중·후의 점검용 지침서

⑦ 발주자와 수급인의 책임범위와 한계 명시

2. 관련규정

(1) 건축법

① 설계도서의 범위[67]

- 공사용 도면, 구조계산서, 시방서(공사시방서)
- 기타: 건축설비계산, 토질 및 지질 관계 서류, 기타 공사에 필요한 서류

② 설계자의 설계도서 작성의무[68]

- 설계자는 '설계도서작성기준'에 따르도록 규정
- '설계도서작성기준'은 건설교통부장관이 고시

(2) 설계도서 작성기준[69]

① 작성주체 건축사

② 공사시방서의 작성내용, 작성근거, 작성 시 고려사항 규정

(3) 건설기술진흥법[70]

① 설계자의 설계도서 작성의무 명시

② 표준시방서, 전문시방서, 공사시방서의 정의

③ 공사시방서는 표준시방서, 전문시방서에 따라 작성할 것

④ 공사의 특수성, 지역여건, 공사방법 등을 고려할 것

3. 유의사항

(1) 문장

① 간결하고 알기 쉽게 기술할 것

② 정확한 문법으로 직설적으로 기재할 것, 예측적 기술 금지

③ 긍정문, 서술형, 명령형으로 쓸 것

④ 주어, 목적어, 술어가 일치할 것, 목적어 누락 방지

⑤ 빠짐없이 기재하되 반복하지 말 것

⑥ 불가능한 항목, 모순항목이 없을 것

⑦ 발주자와 시공자의 책임한계가 명확하도록 작성할 것

⑧ 불가능한 사항을 제시하지 말 것

(2) 용어 사용원칙

① 일관성 유지: 문법의 형태와 용어의 일관성을 유지할 것

② 명확하고 간결하게 표현할 것

③ 시공자를 유일한 대상자로 하되 예외 시에만 설계자, 감리자 표시

④ 공인용어 사용, 특수용어는 용어 정의 후 사용할 것

---

67) 건축법 제2조(정의), 동법 시행규칙 제1조의 2(설계도서의 범위)에 규정되어 있음
68) 건축법 제23조 제2항
69) 국토부고시 제2016−1025호, 2016.12.30. 시행
70) 건설기술진흥법 시행령 제65조 및 동법 시행규칙 제40조 참조

(3) 시방용어 적용순서

▶ ① > ② > ③ > ④ 순으로 시방용어를 적용한다.

① 관련법규, 법률용어사전에 정의·사용되는 용어

② KS규격에서 정의된 용어

③ 각 전문 분야별 '기술용어사전'에서 정의된 용어

④ 한글맞춤법(교육부), 외래어맞춤법(교육부), 기본 외래어 용어집(국립국어연구원), 국어대사전, 법령입안심사기준(법제처) 등에 명시된 용어

(4) 약어 사용원칙

① 원칙적으로 약어 사용금지

② 사용가능한 약어

- KS규격에 규정된 약어, 건설업계에서 제정된 협약어, 사전 등에 수록된 약어 등

③ 기술용어의 약어

- 도면, 공정표에 자주 사용되는 일반적인 약어는 사용 가능

(5) 참조규격의 표현과 기재

① '일반사항' 항목

- 표현방식 예 KS F 4009 레디믹스트콘크리트
- 규격(KS)＋규격번호(F 4009)＋규격명(레디믹스트콘크리트)을 모두 기재

② '재료'/'시공' 항목

- 표현방식 예 KS F 4009
- 규격(KS)＋규격 번호(F 4009)만을 기재

③ 기재순서

- 국내규격 → 외국규격 순
- 동일규격 내에서는 발행기관의 알파벳 순으로 기술

(6) 문장부호 사용

① 문장 끝에는 반드시 온점(.) 사용

② 하나의 어구가 띄어서 쓰여질 경우 쉼표반점(,) 사용

③ 열거단위가 대등·밀접할 경우 가운뎃점(·) 사용

④ 이음표는 물결표(~) 사용

⑤ 느낌표(!), 물음표(?)는 사용금지

(7) 기타

① 단위의 사용

- KS규격에서 규정한 SI 단위계 사용

② 자재와 인력시장의 정보 반영

- 재료구입의 용이성, 숙련공의 확보를 위한 지역적 특성 고려

Ⅳ 공사시방서 작성

1. 작성절차

(1) 사전조사
① 설계용역계약 검토
- 도면, 용역계약조건
- 건축주의 요구품질과 조건 파악

② 공사특성 조사
- 공사의 난이도와 규모
- 공사예정지와 주변현황 조사

(2) 시방서 형식 결정
① 공법시방
② 성능시방
③ 혼합형식 등으로 시방서의 작성형식 결정

(3) 자료수집
① 도면상의 요구조건
② 재료선정사항
③ 법률적 요구사항 등 수집
④ 특정재료와 공법 내용
- 제조사의 카탈로그, 기술편람 등

(4) 시방서 작성
① 재료선정 내용
② 공법, 설치방법
③ 시공정밀도기준 명시
- 제작정밀도, 시공정밀도기준
- 해당기술의 기준, 표준지침서, 시험대상작업의 규정
- 허용수준과 판정기준, 품질검사방법과 횟수, 시기 등 명시

(5) 편집, 교정, 제본
① 설계 및 시방기준 내용과 대조
② 계약조건, 건축주 의사 반영정도 파악
③ 관련법규의 저촉 여부 검증
④ 오탈자 교정
⑤ 작성된 시방서를 책으로 제본, 계약도면 및 시방서 작성 완료

2. 작성방식

(1) 표준시방서 기본방식

① 발주자가 전문시방서 미보유 시 적용

② 표준시방서의 내용을 발췌 · 편집 · 수정 · 보완하여 공사시방 구성

③ 시설물별 공사특성, 지역여건에 따라 표준시방서 편집 · 작성

④ 공사시방서 작성요령(국토해양부 · 건설기술연구원, 1999. 11.)에 따라 작성

(2) 전문시방서 기본방식

① 발주자가 자체의 전문시방서를 보유하고 있을 경우에 적용

- LH, 한국도로공사 등

② 전문시방서를 기본으로 한 '공사시방서 작성방법'에 준하여 작성

- '공사시방서 작성요령'의 부록으로 규정

3. 주요 작성내용

(1) 표준시방서 기본방식

① 개별공사의 특성 반영

- 개별공사의 요구품질과 성능, 기타 공사수행에 필요한 내용 기록

② 표준시방서상의 표시성능 수정

- 부족한 성능 보완, 불필요한 성능 제거

③ 재료와 시공방법이 다수일 경우

- 필요사항만을 선택하여 기재
- 시공자에게 선택권 부여 시 다수의 재료와 시공방법 제시

④ 각 시설물별 표준시방서의 기술기준(記述基準)이 다를 경우

- 토목공사표준일반시방서, 건축공사표준시방서, 콘크리트표준시방서 등
- 공사의 특성과 지역여건을 고려하여 적합한 기준 적용

(2) 시방 일반조건

① 행정상 요구사항과 조건, 관련 기관 · 발주자의 요구사항 등

② 가설물 규정

③ 의사전달방법

④ 품질보증 내용

⑤ 공사계약의 범위 등을 기재

(3) 공사의 기술적 요건 규정

① 설계도면에 표시한 내용: 시설물의 위치, 형태, 치수, 구조상세

② 시공과정에 대한 내용: 시공용 기자재, 허용오차, 시공방법, 시공상태, 이행절차 등

(4) 시공상세도면의 목록

① 시공자가 공사진행단계마다 작성해야 하는 목록

② 도면, 도해, 설명서, 성능, 관련 시험자료 등

(5) 품질시험과 검사사항

① 시험대상의 샘플링과 검사기준

② 판정기준의 제시

　• 공법상의 정밀도와 마무리 정밀도에 대한 허용오차기준 제시

(6) 기타

① 설계도면 보완내용

② 공사범위, 공사정도(精度), 규모, 배치 등의 보완내용 제시

4. 작성(= 記述)방법

(1) 도면 · 시방서 중복기재 지양

① 시방서에만 기술할 내용

　• 도면에 표시하기 불편한 내용, 상세하게 표기하고자 하는 내용

② 치수는 가능한 도면에 표시

③ 도면과 연관성이 있도록 기술

　• 안내가 필요한 부분은 관련 도면에 '시방서 참조'로 표기

(2) 사용자재

① 성능, 규격, 시험, 검사사항 기술

② 특정상표, 상호 지시 금지

　• 특히 디자인 · 형태, 특정 원산지와 생산 · 공급자 지정 금지

③ 자재 수급상 불가피할 경우 예외

　• 입찰준비문서에 명시되었을 경우, '이와 동등한 것'으로 표기되어 있을 경우

(3) 설계도면 부합화

① 용어의 사용

　• 설계의도와 도면상의 용어 일치

② 공사수준

　• 도면상의 수준과 시방서상의 공사수준 일치

(4) 표준규격 인용

① 국내입찰 대상공사

　• KS규격을 우선적으로 인용

② 국제입찰 대상공사

　• 국제표준 인용

　• 국제표준 없을 경우 국내 기술법령과 공인표준 또는 건축규정 준용

③ KS규격 인용 시
　• 공란으로 남아 있는 기준을 그대로 인용하지 말 것
④ 외국규격 인용 시
　• 인용내용 상충 방지, 성능시방이 가능할 경우 국산화 유도

(5) 성능시방 지향

① 제품, 시공품의 요구성능만을 제시
② 제품종류와 시공방법을 시공자가 선택하도록 기술
③ 도면과 공법, 자재시방의 지나친 간섭 배제

(6) 기타

① 기계 · 전기 · 통신 설비공사의 시방서
② 사전에 건축설계도면을 검토한 다음에 작성

5. 기술시방(技術示方) 작성방법

(1) 절(Section)의 크기

기술방법	작성 예	적용
대분류	제4장 토공사 1. 일반사항 2. 재료 3. 시공	소규모공사에서 시방을 자서하게 기술한 필요가 없을 경우에 적용
중분류	제4장 토공사 4-6 비탈면 보호공 1. 일반사항 2. 재료 3. 시공	일반적으로 많이 사용
소분류	제4장 토공사 4-6 비탈면보호공 4-6-2 격자블록공 1. 일반사항 2. 재료 3. 시공	대규모공사에서 시방을 자서하게 기술할 필요가 있을 경우에 적용

(2) 절의 내용 구성

① '1. 일반사항'

• 적용범위	• 시스템 허용오차	• 현장수량 검측
• 관련 시방절	• 제출물	• 작업의 연속성
• 참조규격	• 공사기록서류	• 공정계획
• 지급자재	• 품질보증	• 타공정과의 협력사항
• 용어의 정의	• 운반, 보관, 취급	• 유지관리 장비 및 자재
• 시스템 설명	• 공사환경 요구사항	• 여유자재

② '2. 재료'

• 재료의 특성	• 배합, 조립, 마감	• 구성품
• 조립허용오차	• 장비의 특성, 성능, 가동법	• 자재품질관리
• 부속재료		

③ '3. 시공'

• 시공조건	• 시공허용오차	• 현장 뒷정리
• 작업준비	• 보수 및 재시공	• 시운전
• 시공기준	• 현장품질관리	• 완성품 관리
• 공사간 간섭	• 제조업자 현장지원	

(3) 절 내용의 번호 체계

```
4-6 비탈면 보호공
 1. 일반사항
 1.1
  1.1.1
   (1)
    ① (생략가능)
    가.
     (가)
      ㉮ (생략가능)
 2. 재료
 3. 시공
```

6222 | 성능시방과 공법시방

I 시방서의 정의

1. 시방서는 설계도의 지도서로 도면에 표시하기 어려운 자재, 시공방법을 표현하여 설계자가 발주자의 요구품질을 시공자에게 지시하기 위한 설계도서이다.
2. 시방서의 종류에는 표준시방서, 전문시방서, 공사시방서가 있으며, 이들 시방서는 작성형식에 따라 성능시방과 공법시방으로 구분한다.

기재내용	➡	성능·공법 시방
• 설계의도, 실현수단/성능 • 시험검사/명칭, 구조, 수량		• 성능시방서 • 공법시방서

II 기재내용

① 도면표기가 어려운 설계의도와 설계의도의 실현수단 지시
② 공사목적물의 성능 규정, 지시
③ 시험 및 검사방법 지시
④ 공사목적물의 명칭, 구조, 수량 등 명시

〈설계도면〉
• 자재, 부재, 구조체의 위치
• 시설물의 치수, 현장제작물 크기
• 공사에 관한 도학적 내용 등을 표현한 도서
• 구조부, 장비에 관한 사항
• 연결부상세 및 도형내용

III 성능·공법 시방 비교

[성능시방과 공법시방 비교표]

구분	성능시방	공법시방
기재내용	공사목적물의 성능, 기능	설계의도 실현수단
기술력요구	시공자	설계·발주자
표시범위	• 공사목적물의 전부 또는 일부 • 구조내력과 성능	요구성능의 공법(성능실현수단)
적용대상공사	• 신공법, 신소재 적용공사 • 대규모 복합공종	• 중소규모공사 • 기존의 공법과 재료사용공사
특징	• 향후 시방주류 예상 • 인도 시, 지시성능 확인 후 인도	시공법의 지도적 요소가 다분

1. 성능시방서

① 공사목적물의 성능 표시
- 공사목적물의 전부 또는 일부의 성능 대상

② 향후 시방의 주류가 될 것으로 예상
- 건축생산 System 변화에 부응

③ 공사목적물 인도 시 지시성능의 확인·검사 필요

④ 구조내력과 성능을 기본적으로 명시

2. 공법시방서

① 설계의도를 실현하기 위한 공사방법을 구체적으로 지시

② 건축생산 System의 변화에 능동적 대응 곤란

③ 설계자의 요구성능(품질기준)과 이를 실현하기 위한 수단 제시

④ 설계자의 시공법에 대한 지도적 요소 다분

⑤ 발주자, 설계자의 전문기술력 필요
- 기술력이 미흡 시 시공성 결여로 공사비 상승 우려

6223 LCC 분석

I 개요

① LCC(Life Cycle Cost, 생애주기비용)는 건설 시설물의 생애 전반에 걸쳐 발생하는 비용의 총합으로 초기투자비와 유지관리비로 구분한다.

② LCC 분석은 VE 개념과 더불어 시설물의 기획단계에서 최적의 초기투자비 규모에 대한 경제성 판단에 유용한 도구로 활용할 수 있다.

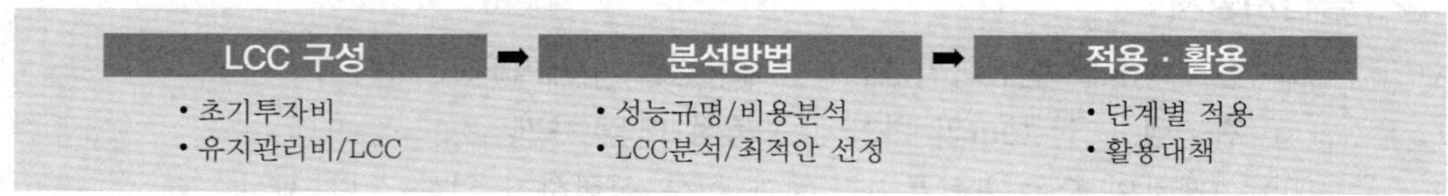

II LCC 구성

1. 초기투자비(C_1)

① 사업 초기에 발생하는 비용, 즉 설계 및 시공에 투입되는 비용

② 사업 초기부터 준공에 이르기까지의 사업비, 견적 가능 비용

③ 현재가치로 견적 가능한 비용

④ 일반적으로 초기투자비–유지관리비는 반비례 관계

2. 유지관리비(C_2)

① 준공 이후 시설물 폐기에 이르기까지 발생하는 비용

② 시설물 사용 비용, 성능 유지비, 해체비 등 포함

③ 분석 시점에서 예측하는 미래가치 비용

④ 비용분석을 위한 신뢰성 높은 자료 및 기법 필요

3. LCC(생애주기비용)

① 초기투자비와 유지관리비의 총합, $LCC = C_1 + C_2$

② LCC가 최저인 대안을 최적안으로 채용

③ 여러 대안 중 최적안 판단 도구로 활용

④ 최적 투자비(총사업비), 최적 설계안 등의 분석에 유용

Ⅲ 분석방법

1. 시설물 성능 규명

(1) 성능항목(건축물)

① 구조성능: 유지관리용이성, 공간가변성

② 차음성능: 층간소음 및 외부소음 등의 차단성능

③ 에너지 효율: 유지관리비에 가장 큰 영향을 미치는 성능

④ 방재성능: 자연재해 및 화재로부터 안전을 보장하는 성능

⑤ 기타 성능: 시설물 사용 특성상 필요하다고 판단하는 이외의 성능

(2) 요구조건 파악

① 사용자 요구조건

② 사회적 요구조건

③ 법률적 요구조건 등

2. 비용 분석

[초기투자비-유지관리비 특성 비교]

초기투자비	유지관리비
견적비용	예측비용
용역비: 대가기준 적용	시설물 사용기간의 비용 예측, 물가·이자율 적용
공사비: 산출물량에 단가 적용, 품셈·실적 단가 적용	사용기간에 따라 공사비의 3~5배 발생
현재가치(Present Value)로 평가	미래가치(Future Value)로 평가

(1) 초기투자비

① 기획 소요비용: 사업구상, 타당성조사, 사업계획 등의 기획 비용

② 지반조사, 기본설계, 실시설계, 각종 검토용역 비용

③ 공사비, 감리용역비 등의 공사단계에 발생하는 비용

(2) 유지관리비

① 운전비: 시설물 사용에 소요되는 비용

② 수선비: 단기·장기 수선비

③ 갱신(리모델링)비

④ 해체비 등

3. LCC 산정 및 최적안 선정

(1) 현가분석법(現價分析法, Present Value Method)

① 비목별 미래 지출 비용 예측

② 현재가치 환산, 미래 예측비용에 복리이자율 적용

③ 현재가치(P) 환산식

- 산정식 $P=\dfrac{F}{(1+r)^i}$

　　　　여기서, F: 미래가치

　　　　　　　　r: 할인 이자율(Ratio, 복리)

　　　　　　　　i: 현재로부터 비용 발생시점까지의 기간

(2) **연가분석법(年價分析法, Annual Value Method)**

① 단위기간별 비교적 일정하게 발생하는 비용에 적용

② 시설물 단위사용기간의 평균적 발생 비용 산출

③ 현재가치 환산식

- 산정식 $P=\displaystyle\sum_{i=0}^{n}\dfrac{A}{(1+r)^i}$

　　　　여기서, A: 일정기간 동안 반복적을 발생하는 평균적인 매래의 비용

　　　　　　　　n: 시설물의 내용연수

(3) **최적안 선정**

① 대안별 LCC 비교

② 최저의 LCC 대안 고찰 → 최적안 선정

③ 최적안의 초기투자비 결정, 사업비 예산에 반영

Ⅳ 적용 및 활용

1. 단계별 적용

(1) 기획

① 시설물 투자안별 경제성 분석

② 타당성분석 단계에서 LCC 산출, 최적안 선정

(2) 설계

① 기본설계 및 실시설계 단계별 VE 활동 전개

- 시설물 성능(가치) $V=\dfrac{Function}{Cost}$

　　　　여기서, $Cost$: LCC

② 설계안별 LCC 산출

③ 가치(V)가 가장 높은 설계 대안 선정

- $Cost$가 가장 적고, $Function$이 가장 큰 대안

(3) 시공

① 원가절감 항목에 대한 설계의 경제성 분석

② 시공자 주도로 설계검토

③ 원가절감안에 대한 발주자 승인 요청

④ 설계변경 반영 후 설계품질 실현

(4) 유지관리

① 사업비에 대한 사후평가 실시

② 유지관리비 예산에 대한 경제성 분석

- 구조물 보강공사로서 장기수선비 지출 시 적용

③ 최적 유지관리비 지출안 선정 및 적용

④ 초기단계의 예측비용과 실제 발생비용 비교 · 분석

⑤ 시설물별 · 비목별 LCC 자료 축적, 차기 Project에 반영

3. 활용대책

〈적용 시 문제점〉
- 표준모델 및 매뉴얼 부족
- 발주자, 설계자, 시공자 이해 부족
- 구체적 정보수집과 체계적 연구 곤란
- 건축물 성능지수의 계량화 곤란
- LCC 분석의 비용, 노력, 시간 과다 소요
- LCC 분석능력 및 해석능력 부족

(1) 건설정보 통합

① 시설물 이력관리 Data 축적

② 유사 시설물별 유지관리 이력 구분

③ 건설정보의 수평 · 수직적 공유체계 확립 → BIM 설계

(2) 발주자

① LCC에 대한 이해 필요

② LCC에 의한 최적 총사업비(초기투자비) 선정

③ 설계 VE에 의한 최적 설계안 선정 → 수정설계에 반영

(3) 시공자

① 시공자 주도의 시공 VE 활동 전개

② 기술개발보상제도 적극 활용

③ 유지관리용이성 및 공간가변성 적극 검토

④ 발주자 승인 후 설계변경 및 시공

(4) CM 제도 활용

① 기획단계에서 발주자의 전문성 보완

② 설계단계 LCC 분석 시 발주자 의견 적극 반영

③ 시공자 VE 대안에 대한 검토의견 제시
④ 시공책임형 CM에 의한 프리콘 서비스 여건 마련

Ⅴ 결론

① LCC 분석은 선택 가능한 대안 중 최적안을 선정하기 위한 신개념의 경제성 분석 활동이다.
② LCC 기법에 의한 투자안의 경제성 분석은 발주자의 이해 및 수용이 절대적이므로 신뢰도 높은 분석에 기반한 대안 제시 능력이 전제되어야 할 것이다.

6224 건설 VE(가치공학, Value Engineering)

I 개요

① 건설 VE는 건설생산활동에서 최저의 LCC로 필요한 기능을 확실히 달성하기 위해 제품·서비스의 기능분석에 쏟는 조직적인 노력이다.

② 건설 VE 활동은 기업의 이익을 확대하고 원가절감과 품질 향상을 위한 Know-How를 축적시키며 당해 Project의 생산활동을 합리화하는 부수효과를 기대할 수 있다.

적용대상	→	개념	→	전개방법	→	활성화 방안
• 제품/제품 이외 • 우선대상 공종		• 가치 산식/VE 사고방식 • 필요성/기대효과		• 대상 선정/분석 • 평가, 검증/제안/실시		• 사내 / 현장 VE • 제도적/파트너링

II 적용대상

1. 제품

① 건설재료, 건설부재, 건축물
② 생산수단, 공법, 시방, 공정, 운반 등

2. 제품 이외

① 생산설비, 가설물, 시공기계
② 일반관리, 관리체계, 사무절차, 회의

3. 우선대상 공종

① 공사금액, 단가가 큰 공종
② 실행예산과 공사업자의 견적이 일치하지 않는 공종
③ 관리 Loss가 큰 공종
④ 동일 패턴의 반복공종
⑤ 제약이 많은 공종
⑥ 관습적 행동비율이 높은 공종 등

Ⅲ VE 개념

1. 가치(價値) 산식

① $V = \dfrac{F}{C}$

② $C = F + P_i$

여기서, V: 사용 가치, F: 필수 기능 비용, C: LCC 현상 비용

P_i: 개선 가능 비용(Cost Down 여지가 있는 비용)

2. VE 사고방식

(1) 고정관념 제거

① 문제의식과 목적의식을 갖고 고정관념에서 탈피

② 창조적 생활태도 지속적 견지

(2) 사용자 중심적 사고

① 발주자(=건설 수요자)의 판단에 의한 가치 제공

② 소비자 지향주의적 사고

(3) 기능 중심적 사고

① 불필요한 기능은 제거하고 필수기능만을 유지

② 주관적이고 비과학적인 설계착상을 변경하여 현상비용 절감

(4) 조직적 노력 투입

① 활동계획에 의한 체계적인 실천을 위해 노력

② 개인이나 부서보다 팀으로서의 노력 중시

③ 개인·부서만의 이익이 아닌 전사적 이익 추구

3. VE 필요성

① 고객의 요구품질 확보
- 건설품질 ≥ 고객의 요구품질

② 원가절감
- 품질, 기능, 비용의 최적 조합으로 비용절감 실현

③ 건설공사의 이익 확보
- 원가절감 노력으로 공사이익 증대

④ 정부 대형공사의 효율화
- 예산절감과 국민편익 증대

⑤ 현업 개선효과 기대
- 고정관념에서 탈피, 조직적인 의사결정 지향, 소수의 경험·지식 의존에서 탈피

4. 기대효과

① 기업이익의 감소현상 타파

② VE 활동에 대한 Know-How 축적

③ 구성원의 의식 전환: 원가의식, 품질개선의식 제고

④ 설계변경에 의한 원가절감 및 사무개선효과 기대: 업무효율화

Ⅳ 전개방법

1. 대상 선정

① 원가절감 효과, 노력의 투입정도, 현장조직의 능력, 계약조건 등 고려

② 우선적용대상 선정

- VE 활동의 착수순위 결정, 원가개선 목표를 구체적으로 계량화

2. 기능·가치 분석

(1) 기능분석

① 적용대상 항목의 기능을 정의, 평가, 분석

② 기존의 원가를 기본 기능과 2차 기능 비용으로 분석

③ 불필요한 과잉비용은 제거하여 원가절감

(2) 가치분석

① 가치산식 $\left(V = \dfrac{F}{C} \right)$ 적용, 가치(V)가 작은 항목 확인

② '$C = F + P_i$' 적용, 원가절감 여지(P_i)가 큰 항목 파악

이윤		이윤	
일반관리비		불필요한 과잉 비용	
경비	기능분석	2차 기능	설계 착상에 의한 기능
외주비	→		고객 요구 기능
노무비			사회적·법적 요구 기능
재료비		기본 기능	
[종래의 Cost]		[기능 중심의 Cost]	

3. 아이디어 발상 및 평가·검증

(1) Brain Storming 기법 활용

① 다른 멤버의 아이디어 비판 금지

② 자유분방한 분위기 조성

③ 아이디어의 많은 양 추구: 질보다 양이 중요

④ 다수의 아이디어를 조합하여 개선된 아이디어 도출

⑤ 도출된 아이디어의 기록 유지

(2) 평가 및 검증

① 도출된 아이디어를 개략적으로 평가, 실현가능성 여부 파악

② 아이디어의 장단점, 구성원가, 시험능력의 유무 등을 상세하게 평가

③ Simulation을 비롯한 각종 시험기법으로 아이디어 검증

4. 제안(Proposal)

▶ 상세평가하여 최적 아이디어를 제안서에 기재하여 발주자 또는 설계자에게 제안한다.

① 기존안과 개선안의 차이점 명시

② 원가절감의 기대효과 내용

③ 공정, 품질, 비용, 안전성 측면의 부수효과

④ 아이디어의 장단점, 주의사항 등을 제안서에 기재

5. 실시 / Follow Up

(1) 실시 전

① 설계자, 시공자, 발주자 등의 동의가 필요

• 동의과정에서 대립부분 조정

② 조정사항을 수정설계에 반영

③ 실시일정을 수립하고 개선안에 대한 교육 실시

(2) 실시 중

① 문제점이 돌출될 경우에는 전문가에게 협조 의뢰

② 실시계획에 따라 진행일정 관리

(3) 실시 후

① 제안사항에 의한 개선실적을 분석하여 결과 평가

② 추가개선 여부를 검토하고 실적내용 Database화

Ⅴ 활성화 방안

1. 사내 활성화

① 최고경영자의 역할

• VE 활동의 필요성 인식, 지원노력 필요

② 현장여건에 적합한 VE 방식 적용
  • 설계 VE, 시공 VE, 간이 VE 방식 등
③ VE 관리체계 확립
  • 제안제도 활성화, VE 실적의 반복활용 증대, 외주 시 VE 계약조항 명시
  • 구성원에 대한 VE 교육과 VE 리더 양성

2. 현장 VE 활성화

① 현장 VE의 동기부여
② VE 활동계획 수립
  • 추진일정 및 목표금액 설정, 현장소장의 솔선수범 필요
③ VE 지원체계 활용
  • 본사 VE팀의 정보지원체계 확립, VE 리더요원의 정기교육 실시
④ VE 활동평가
  • 자체 및 본사의 평가 후 포상 · 독려

3. 제도적 방안

① 기술개발보상제도 활성화
  • 공공부문의 건설공사에 적용, 공사비 절감과 공기단축
  • 절감액의 70%를 시공자에게 보상
  • 시공자에 대한 실질보상을 증대하여 VE 활동 유도
② 공공부문의 입찰 시
  • VE 실적에 따라 인센티브(가점 부여) 증대
③ 발주자 전문성 확보
  • 능력 있는 CM과 감리자 채용
  • 발주자, 설계자, 시공자의 VE 활동 지원

4. Partnering Work Shop 활성화

① VE 아이디어 도출
② VE 우선 대상 순위 결정
③ 발주자, 설계자, 시공자의 Partnership 형성
④ 궁극적으로 Pre-Construction 서비스 유도

03 건설계약

6300 건설계약 일반

Ⅰ 개요

① 건설사업을 영위하기 위한 건설계약에는 용역계약, 공사계약, 자원조달계약 등이 있으며, 모든 건설업무는 계약에 의해 시작 및 종결된다.

② 건설계약 일반사항, 건설보증, 도급·하도급공사의 대금지급 등에 대한 내용을 설명한다.

일반사항	➡	건설보증	➡	공사대금 지급
• 계약원칙/계약유형 • 공사계약당사자/표준계약서		• 건설보증 유형 • 지급보증/이행보증		• 도급공사대금 • 하도급공사대금

Ⅱ 일반사항

1. 계약원칙

▶ 계약원칙에는 공정성의 원칙과 신의성실의 원칙이 있다.

▶ 관련법령

> **건설산업기본법 제22조(건설공사에 관한 도급계약의 원칙)**
> ① 계약당사자는 대등한 입장에서 합의에 따라 공정하게 계약을 체결하고 신의를 지켜 성실하게 계약을 이행하여야 한다.
>
> **국가계약법 제5조(계약의 원칙)**
> ① 계약은 서로 대등한 입장에서 당사자의 합의에 따라 체결되어야 하며, 당사자는 계약의 내용을 신의성실의 원칙에 따라 이행하여야 한다.

(1) 공정성의 원칙

① 계약체결의 기본원칙으로 계약의 성립·체결과 연관

② 계약은 당사자 간의 합의로 성립, 유효한 합의는 계약준수를 전제

③ 계약당사자의 법적지위는 계약상 상호대등

④ 정부는 공정한 계약을 유도하기 위해 표준계약서를 규정 및 권장

⑤ 일방에게 현저하게 불공정한 내용은 무효

> **건설산업기본법 제22조(건설공사에 관한 도급계약의 원칙)**
> ⑤ 일방에게 현저하게 **불공정한 계약내용은 무효**로 한다. 〈신설 2013.8.6.〉
>   1. 계약금액과 공사내용의 변경을 이유 없이 불인정하거나 부담을 전가하는 경우
>   2. 계약 당시 예측 곤란한 내용의 책임을 전가하는 내용
>   3. 도급계약의 형태, 건설공사의 내용 등 관련된 모든 사정에 비추어 계약체결 당시 예상하기 어려운 내용에 대하여 상대방에게 책임을 전가하는 경우
>   4. 계약내용 해석이 엇갈릴 때 일방 의사대로 정하여 정당한 이익을 침해한 경우
>   5. 계약불이행 손해배상책임을 과도하게 경감·가중하여 정당한 이익 침해 시
>   6. 「민법」등 관계법령 상의 권리를 이유 없이 배제·제한하는 경우

(2) 신의성실의 원칙

① 계약이행의 기본 원칙
② 계약상 우월적 지위 당사자는 본 계약을 왜곡하지 않을 것
③ 계약상대방 신뢰에 반하지 않도록 성의 있게 행동할 것
④ 불공정성 내용은 원천무효이므로 적용 제외

2. 계약유형

▶ 건설계약은 용역계약, 공사계약, 자원조달계약 등으로 구분한다.
▶ 자원조달계약은 근로계약, 건설기계대여계약, 자재납품계약으로 세분한다.

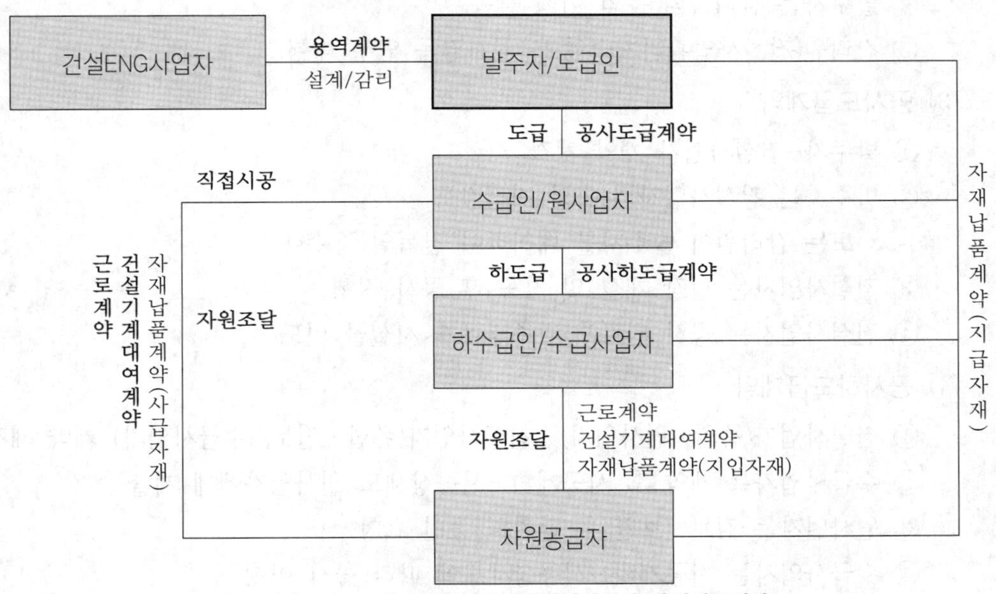

[건설계약 유형]

[계약당사자별 계약유형]

계약당사자	갑 : 을[71]	계약유형	비고
A. 발주자/도급인	A : B	설계용역계약(갑)	발주청(국가, 지자체, 공공기관) 또는 민간발주자(개인, 법인사업자)
	A : C	감리용역계약(갑)	
	A : D	공사도급계약(갑)	
B. 설계자	A : B	설계용역계약(을)	건설엔지니어링사업자
C. 감리자	A : C	감리용역계약(을)	
D. 건설사(1)	A : D	공사도급계약(을)	건설사업자 및 주택건설사업자
	D : E	공사하도급계약(갑)	
E. 건설사(2)	D : E	공사하도급계약(을)	건설사업자

(1) 설계용역계약

① 발주자 – 설계용역사(설계자) 계약 체결

② 공공발주자(발주청)는 공사규모에 따라 조달청 경유

③ 설계자는 설계도서를 작성하여 발주자에게 납기 내 제출

④ 발주자는 설계도서의 검수 및 인수

(2) 감리(건설사업관리)용역계약

① 발주자 – 건설기술용역사 계약 체결

② 발주자는 감리자의 용역 이행 감독

③ 감리원(건설사업관리기술인)은 공사감독 업무 대행

(3) 공사도급계약

① 발주자 – 건설사업자 계약 체결

② 발주자는 건설사업자의 공사 직접감독

- 또는 감리원이 발주자를 대리하여 감독업무 수행

③ 건설사업자는 현장 개설 및 착공 후 공사 진행

④ 건설사업자는 공사 완료후 발주자에게 시설물 인도

(4) 공사하도급계약

① 건설사업자(종합, 원사업자) – 건설사업자(종합 · 전문, 수급사업자) 계약 체결

② 수급사업자는 계약 후 시공계획 · 시공상세도 원사업자에게 제출

③ 원사업자는 검토 · 보완 후 감리원 승인 요청

④ 수급사업자는 시공계획 · 시공상세도에 따라 공사 이행

---

71) 계약당사자의 대명사로서 '갑-을'의 표기는 **"갑질 문화"**가 사회문제로 떠올랐던 2010년대를 계기로 표준계약 문서에서 사라졌다. 계약상 '우월한 지위의 행사'에 대한 부정적 이미지 연상이 그 원인으로 보인다.

(5) 건설자원 조달계약

① 건설사업자－기능인력 근로계약 체결

② 건설사업자－건설기계대여사업자 건설기계대여계약 체결

③ 건설사업자－자재제조업자 자재납품계약 체결

④ 조달 주체는 계약체결 후 현장에 건설자원 조달

3. 공사계약당사자

[공사 계약당사자 명칭]

계약 구분	계약당사자	계약 용어
공사도급계약	(갑) 발주자	도급인(≠원도급자)
	(을) 종합·전문 건설사업자	수급인(＝원수급인)
공사하도급계약	(갑) 종합건설사업자	원사업자(≠하도급자)
	(을) 전문·종합 건설사업자	수급사업자(＝하수급인)

(1) 공사도급계약

① 도급인: 도급하는 자 → '발주자'만이 해당

- '도급받는 자'인 '종합건설사업자'를 "원도급자"로 호칭하지 말 것
- '원도급자' 용어는 '하도급자'의 상대어이나 '하도급자' 용어가 법률상 없으므로 존재할 의미가 없음

② 수급인(원수급인): 도급받는 자 → '종합' 또는 '전문' 건설사업자

- '원수급인'은 발주자 관점에서 '하수급인'의 상대어로 호칭할 수 있음

(2) 공사하도급계약

① 원사업자: 하도급하는 자 → '종합건설사업자'만이 해당

- 발주자 서면 승인 시 '전문건설사업자'도 예외적으로 하도급 허용
- 논리상 '하도급하는 자'는 '하도급자'이나 현행법(하도급법)은 '원사업자'로 규정

② 수급사업자: 하도급 받는 자 → '전문' 또는 '종합' 건설사업자

- '수급사업자'는 발주자 관점에서 "하수급인"으로 호칭할 수 있음

③ 수급자의 재하도급 원칙적으로 금지

- 원사업자 및 발주자 서면 승인 시 예외적으로 재하도급 허용

(3) 사용금지 용어

① 하도급자: 현행법(하도급법)상 '원사업자'

② 청부(원청부, 하청부): 도급(원도급, 하도급)으로 순화 표기

- 현행법상 '청부' 관련 계약 용어는 없으므로 굳이 사용할 명분 없음

③ 위 용어는 법률용어와 상충 및 혼란 야기 → 사용금지[72]

---

72) 건설분야의 연구보고서 및 논문, 건설신문사, 건설관련 하위법령(민법, 건설산업기본법 제외), 그리고 '표준국어대사전'조차도 혼동하는 부분이므로 조속한 시정이 필요한 실정이다.

4. 표준계약서

[정부 소관부처별 표준계약서 종류]

소관부처	표준계약서	
국토교통부 (건설산업기본법, 건축법, 주택법)	민간건설공사 표준도급계약서 주택건설공사 감리용역 표준계약서 건축물의 공사감리표준계약서	건축물의 설계표준계약서 건축공사 표준계약서
기획재정부 (국가계약법 > 계약예규)	공사계약 일반조건 용역계약 일반조건	
공정거래위원회 (하도급법)	소방시설공사업종 표준하도급계약서 기계업종 표준하도급계약서 건설업종 표준하도급계약서	조경식재업종 표준하도급계약서 전기공사업종 표준하도급계약서 건설자재업종 표준하도급계약서
고용노동부 근로기준정책과	표준근로계약서(5종)	

① 계약원칙과 관계법령에 근거한 계약서 표준양식

② 공정계약 체결, 신의성실 이행 유도

③ 정부 소관부처별 표준양식 개정 및 고시

④ 권장사항이나 적극 활용 필요, 불공정 행위 시비에 대비

Ⅲ 건설보증

1. 건설보증 유형

1.1 입찰 · 계약 단계

(1) 입찰보증

① 낙찰자 계약체결을 담보하는 보증, 입찰자가 발주자에게 제출

② 보증금액: 통상 공사예정가액의 5% 이상

③ 국가계약법 §9, 영§37 · 38, 규칙§43 · 55, 계약예규 입찰유의서 §7 등에 근거

(2) 계약이행보증

① 계약이행을 담보하기 위한 보증, 계약불이행 시 금전으로 보상

② 보증금액: 통상 계약금액의 10%~20%, 2011. 1. 1 이후 입찰공고분은 15%

③ 국가계약법 §12, 영§50~52, 규칙§51 · 55 · 66,
　　공사계약일반조건 §7 · 8에 근거

(3) 공사이행보증

① 공공발주공사 계약이행을 담보하는 보증, 금전보상 아닌 준공책임 보증

② 보증금액은 계약금액의 40~50%

　　③ 국가계약법시행령 영§2·52, 규칙§66,
　　　정부입찰계약집행기준 제11장 등 참조

(4) 도급·하도급 공사대금 지급보증

　　① 수급인 부도 등으로 대금지급 곤란할 경우를 담보하는 보증
　　② 하도급계약 시 수급인이 의무적으로 담보하는 보증
　　　• 또는 민간 도급계약 시 발주자가 담보하는 보증
　　③ 하도급법에 따라 보증대상 및 보증금액 결정
　　④ 하도급대금직불 동의 시 지급보증의무 면제

(5) 건설기계대여대금 지급보증[73]

　　① 기계임차인이 대여업자에게 대금지급 의무 보증
　　② 현장별 보증
　　③ 투입공종 착수 이전까지 임차인이 발주자·임대인에게 제출
　　④ 소규모 공사인 경우 면제
　　　• 도급금액 < 1억 원, 공사기간 ≤ 5개월
　　　• 하도급금액 < 5천만 원, 하도급공사기간 ≤ 3개월, 임차료 < 400만 원

1.2 공사단계

(1) 선급금보증

　　① 계약불이행 시 선급금 반환을 담보하는 보증
　　② 계약 후 공사 전 공사계약조건에 따라 선급금을 지급한 경우에 적용
　　③ 계약예규 정부입찰계약집행기준 §33·34

(2) 하자보수보증

　　① 공사준공 후 하자보수를 책임지는 보증
　　② 장기간의 보증기간과 가변적 상황을 고려할 때 발주자에게 필수적 보증
　　③ 보증금액: 통상 계약금액의 3%, 보증기간: 공종별 1~10년
　　④ 국가계약법 §17·18 영§60·62, 규칙§52·55·70·별표1·72,
　　　공사계약일반조건 §33·34

1.3 기타 보증

(1) 사업이행보증

　　① 민간투자사업의 이행을 담보하기 위한 보증
　　② SOC 시설의 민간투자사업에 참여하는 조합원이나 법인에게 적용
　　③ 관련근거: 민간투자법

---

73) 건설산업기본법 §68의3(건설기계 대여대금 지급·보증)

(2) 시공보증

① 재개발·재건축사업 진행 전 조합원분에 적용, 일반분양분은 주택분양보증

② 정비사업조합 등 사업주체 발주공사의 계약이행을 보증

③ 재건축, 재개발조합원의 안정적 입주를 지원하기 위한 보증

④ '도시 및 주거환경 정비법'에 근거

(3) 분양보증

① 상가 등 건축물 분양자의 분양 보증

② 분양사업자 파산 고려, 건축물 준공이나 납부한 분양대금 반환 보증

③ '건축물의 분양에 관한 법률'에 근거

2. 지급보증

▶ 건설계약에서 도급 및 하도급 계약당사자는 상호주의 원칙에 따라 각자의 계약이행 의무를 상호보증한다.

▶ 수급인은 도급거래에서 계약이행보증 이후 도급인에게 지급보증을 요청할 수 있으며, 하도급거래에서는 지급보증 이후 하수급인에게 계약이행보증을 요구할 수 있다.[74]

▶ 건설계약의 이행 및 지급보증체계는 다음과 같다.

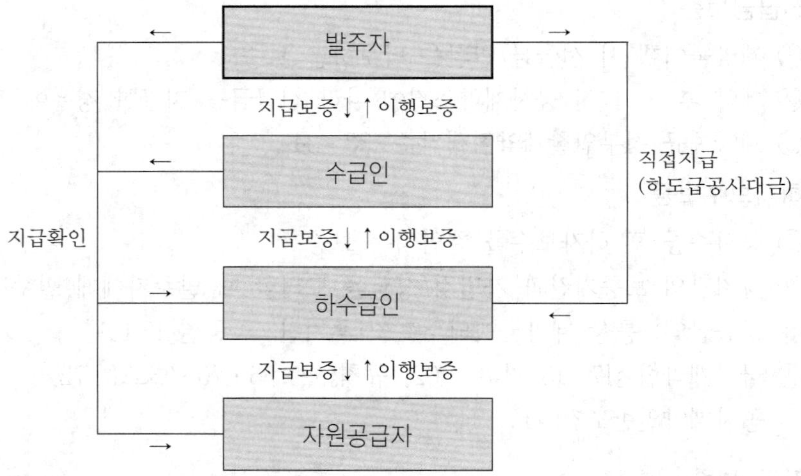

① 계약당사자 "갑"이 계약상대자 "을"에게 대금의 지급을 보증하는 행위

② 지급보증 유형: 도급공사대금·하도급공사대금·건설기계대여대금 지급보증 등

③ 지급보증 면제대상: 공공발주기관

- 하도급거래 지급보증 절차

---

74) 건설산업기본법 §22의2① 및 §34의2① 참조

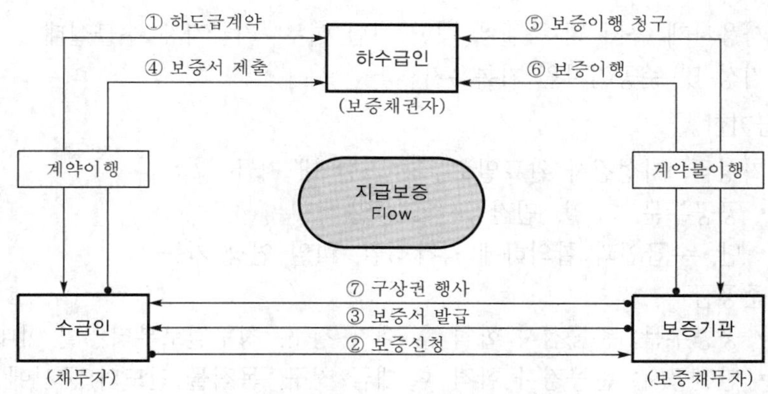

[하도급거래 지급보증 절차]

3. 이행보증

① 계약당사자 "을"이 계약상대자 "갑"에 대하여 계약이행을 보증하는 행위

② 보증이행 유형: 계약이행보증, 공사이행보증, 대여이행보증 등

③ 계약이행보증: 보증사고 발생 시 보증기관이 보증금 지급 보증

④ 공사이행보증: 보증사고 발생 시 보증기관이 중단공사의 완공 보증

⑤ 하도급공사 계약이행보증 절차

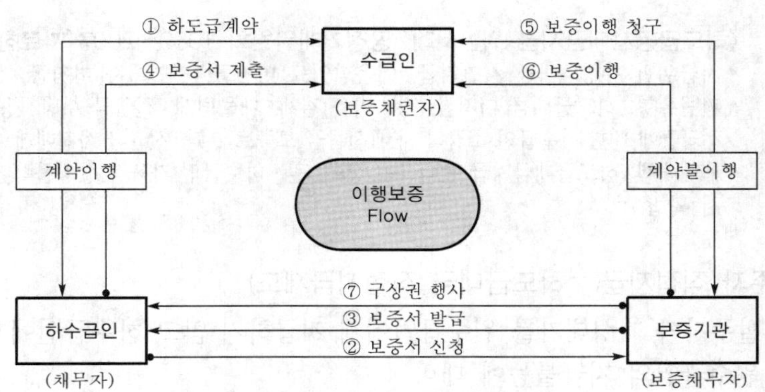

[하도급공사 계약이행보증 절차]

Ⅳ. 공사대금 지급

1. 도급 공사대금[75]

(1) 기성 · 준공검사

① 발주자 또는 감리원이 공사부분에 대한 설계도서 부합 여부 검사

---

[75] 공사계약일반조건(기획재정부계약예규 제324호, 2016.12.30.) 및 민간공사표준계약서(국토교통부고시 제2015-750호, 2015.10.19.) 참조

② 사용자재 규격 및 품질에 대한 시험 여부, 지급자재 수불실태
③ 기성 및 준공검사원 기록유지

(2) 지급기한

① 기성금: 기성검사 완료일로부터 기한 내 지급
- 공공부문 ≤ 5일, 민간공사 ≤ 14일
- 단, 수급인과 합의하에 각각 5일, 14일 연장 가능

② 준공금
- 공공부문: 준공검사 합격 후 대가 청구, 청구일로부터 5일 이내에 지급
- 민간공사: 준공검사 합격 후 대금 청구, 목적물 인도와 등시에 지급

2. 하도급 공사대금

(1) 지급기한

① 계약서에 명시된 지급기일
- 원사업자가 발주자로부터 기성금 및 준공금의 수령 여부와 무관

② 하도급공사 목적물 인수일로부터 60일 이내

③ 원사업자가 기성금 및 준공금 수령일로부터 15일 이내

④ 수급사업자에게 어음 결제 시 할인료 추가 지급

> **〈하도급공사대금지급 위반사례, 공정거래위원회 1989~2007 자료참조〉**
> - 지급위반 유형: 대금 지연지급, 어음할인료 미지급, 지연이자 미지급, 선급금 미지급
> - 편법유형: 하도급대금 미지급, 장기어음 결제, 대물변제, 선급금 부당사용, 하도급대금 지연지급, 선급금에 대한 하수급인 소극적 자세(선급금 보증료 부담, 선급금 사전배제 요구수용, 선급금 미신청)
> - 폐해대책: 하도급대금지급 관리감독 강화, 원·하수급인 자율적 상생협력 강화, 하도급 공정거래질서 확립 등

(2) 발주자 직접지급(=하도급대금 직접지급제도)

① 발주자가 기성대가를 원수급인에게 지급하지 않고 하수급인에게 직접지급하는 제도

② 원수급인의 지급불능에 대비
- 원칙적으로 계약 본질에 위배되는 사항이나 하수급인 보호, 발주자 2차 피해를 미연에 방지하기 위한 제도

③ 발주자 **재량적 직접지급 요건**
- 발주자 재량으로 하도급대금의 직접지급을 결정할 수 있는 경우

> **건설산업기본법 제35조(하도급대금의 직접지급)**
> ① 발주자는 다음 각 호의 어느 하나에 해당하는 경우에는 하수급인이 시공한 부분에 해당하는 하도급대금을 하수급인에게 직접 지급할 수 있다. 이 경우 발주자의 수급인에 대한 대금 지급채무는 하수급인에게 지급한 한도에서 소멸한 것으로 본다. 〈개정 2013.3.23.〉
> 1. 공공발주자가 하수급인 보호를 위해 필요하다고 인정하는 경우
>   - 수급인이 하도급대금 지급을 1회 이상 지체한 경우
>   - 예정가격 대비 82% 미달하는 금액으로 도급계약을 체결한 경우
> 2. 파산 등 하도급대금을 지급할 수 없는 명백한 사유가 있다고 발주자가 인정하는 경우

④ 발주자 **의무적 직접지급 요건**

- 발주자가 반드시 수급사업자에게 직접지급해야 하는 경우

> **건설산업기본법 제35조(하도급대금의 직접지급)**
> ② 발주자는 다음 각 호의 어느 하나에 해당하는 경우에는 하수급인이 시공한 부분에 해당하는 하도급대금을 하수급인에게 직접 지급하여야 한다. 〈개정 2012.12.18., 2014.5.14.〉
> 1. 발주자-수급인, 또는 발주자-수급인-하수급인이 직접지급과 지급방법·절차를 합의한 경우
> 2. 하도급 대금지급을 명하는 확정판결을 받은 경우
> 3. 하도급대금지급 2회 이상 지체한 경우로서 하수급인이 발주자에게 직접지급을 요청한 경우
> 4. 수급인의 지급정지, 파산, 그밖에 유사사유가 있거나 건설업 등록 취소로 수급인이 하도급대금을 지급할 수 없게 된 경우로서 하수급인이 발주자에게 하도급대금의 직접지급을 요청한 경우
> 5. 지급보증서 미교부 사실을 발주자가 확인하거나 하수급인이 발주자에게 직접지급을 요청한 경우
> 6. 공공공사 예정가격 70% 미달금액의 도급계약에서 하수급인이 발주자에게 직접지급을 요청한 경우

(3) 원사업자 공사노임 직불

① 수급사업자의 건설노무자 임금을 원사업자가 직접지불

- 임금 체불 방지, 원사업자 2차 피해 예방 목적

② 수급인은 매월 모든 근로자 노무비 청구내역을 발주자에게 제출

- 수급사업자 노무비 전용계좌 이체내역 등 증빙서류 구비

③ 발주자는 청구내역 확인

- 청구일로부터 5일 이내 수급인 노무비 전용 계좌에 노무비 입금
- 발주자가 전월 노무비지급내역에서 미지급 여부 확인
- 미지급 시 해당사항 지방고용노동청에 통보

④ 원사업자는 노무비 입금일로부터 2일 내에 수급사업자 전용 계좌로 노무비 입금

(4) 발주자 하도급대금 지급확인(공공부문)

① 발주자 도급공사대금 지급

② 수급인은 도급공사대금 수령 후 15일내 하도급대금 지급하고 5일 이내 발주자에게 지급사실 통보

③ 하수급인은 대금수령 후 5일 이내 발주자에게 수령사실 통보

④ 발주자는 위반사항 확인 시 시정조치 강구

- 국토관리청 및 고용노동부에 행정처분 요청

Ⅴ 결론

1 건설계약은 계약당사자가 자신의 역할과 권한을 문서화하는 행위로서 상호의 목적을 원만하게 달성하기 위한 단초를 제공한다.

2 계약당사자는 클레임과 분쟁 소지가 없도록 계약원칙에 따라 관계법령을 준수하는 성실한 자세가 필요하다.

참고문헌

1. 건설공사 도급계약서(공공), 국토교통부
2. 건설산업기본법, 국토교통부
3. 국가를 당사자로 하는 계약에 관한 법률/계약예규, 기획재정부
4. 민간건설공사 표준도급계약서, 기획재정부
5. 표준하도급계약서, 공정거래위원회
6. 하도급거래 공정화에 관한 법률, 공정거래위원회

6311 성능발주

Ⅰ 개요

1. 성능발주는 발주자가 설계도서를 쓰지 않고 완성공사물의 요구성능만을 표시하여 발주하고, 시공자는 재료·공법을 자유로이 선택하여 발주자의 요구성능을 실현하는 건설공사의 발주방식이다.
2. 건설시장에서 생산의 합리화를 위해 향후 바람직한 발주방식이 될 것으로 전망되며, 시공자의 상당한 기술수준이 필요하다.

Ⅱ 성립 배경

① 신기술, 신공법, 신재료의 급격한 발전
② 시공자의 능력을 최대한 반영
③ 제조업자(재료)와 시공자의 기술을 최적 활용
④ 건축물의 성능 등급화

Ⅲ 특징 및 형태

1. 특징

① 수급자의 창조적 시공 기대, 시공자의 기술 향상
② 설계자와 시공자의 관계 개선
③ 건물성능의 표시와 확인 곤란
④ 시공자의 기술력 판단능력 필요
⑤ 공사비 증대 우려

2. 형태

① 자재 제조사와 시공자의 제안을 대폭 채택하는 방식
② 설계도서상 건설부위의 성능 또는 설비의 요구성능을 표시하는 방식
③ 대안발주 방식
  • 발주자가 허용하는 범위에서 입찰자의 대안제시가 가능한 발주방식
④ 형식발주 방식
  • 카탈로그상에 요구성능을 다수 제시하여 선택성을 부여한 발주방식

6312 | 공공부문 민자조달

I 개요

① 사회기반시설은 국민의 생산활동과 소비활동을 직·간접적으로 지원해 주는 자본으로서, 경제활동의 기초가 되며 재화·서비스의 생산에 간접적으로 공헌하는 산업기반시설(＝사회간접자본, SOC: Social Overhead Capital)과 국민 삶의 질과 관련된 생활기반시설을 포함하는 국가·지방자치단체의 산업 및 생활기반시설을 포함한다.

② 종전(1994~2004년)에는 '민자유치촉진법'에 의거하여 1종 시설물[76]은 BTO, BOT 방식을, 2종 시설물[77]은 BOO 방식 등을 적용하여 왔으나 현행의 '민간투자법'[78]에서는 시설구분 없이 다양한 투자방식이 허용됨에 따라 교육·복지·문화시설 등의 생활기반시설에 BTL 방식을 새롭게 도입·적용하고 있다.

필요성	➡	민간자본 투자방식	➡	개선방향
• 정부, 지자체 • 건설업체		• BTO/BOO/BOT • BTL/기타		• 발주기관/민간사업자 • 사후평가/CM 능력배양

II 필요성

1. 정부와 지방자치단체

① 사회기반시설의 적시 공급

② 정부 부족재원의 확보

③ 전산업의 물류비용 경감

④ 국민의 삶의 질 향상

⑤ 작고 효율적인 정부의 구현

- 민간부문의 효율성 도입으로 시설물의 흑자운영 도모
- 정부부문에 아웃소싱(Outsourcing)[79] 개념 적용

---

76) 공중의 이용 편의와 안전을 도모하기 위해 특별히 관리할 필요가 있거나 구조상 유지관리에 있어 고도의 기술이 필요하다고 인정되는 시설물(시설물안전법 §2, 영 별표1에 규정)

77) 1종 시설물 외의 시설물로서 '시설물의 안전관리에 관한 특별법 시행령 별표1'에서 규정하는 시설물

78) '사회간접자본시설에 대한 민간투자법'의 약칭으로 '민자유치촉진법'이 전신이며, 2005년부터는 '사회기반시설에 대한 민간투자법'으로 명칭이 변경되었다.

79) 기업이 경쟁력이 없는 특정 업무나 기능을 외부의 전문업체에 위탁하여 처리하는 방식으로, 관리비용을 줄이고 핵심사업에 주력함으로써 생산성과 효율성을 높이고자 하는 목적으로 적용하고 있다.

2. 건설업체

① 대외 경쟁력 향상

② 업체의 Engineering 향상 기회 부여

- 고부가가치 부문의 능력 향상으로 사업수익성 제고

③ 건설경기의 부양효과 기대

④ 재래식 사업의 수익성 한계 극복

- 저부가가치부문 시공 위주의 수주방식 탈피
- 설계, 시공, 운영·유지관리 부문으로 업역 확대, 고부가가치화 지향

Ⅲ 민간자본 투자방식[80]

▶ 프로젝트 발굴방식: 정부에서 대상사업을 고시하거나 민간업체에서 대상사업을 제안한다.

▶ 실시협약 사항: 총사업비, 시설 사용기간, 사용료 등의 사업시행 조건을 협약한다.

Project 발굴, 선정	➡	계획, 설계, 시공	➡	소유, 운영
• 정부, 지자체고시 사업 • 민간제안 사업 • 정부공모사업 등으로 선정		• 사업계획서 작성, 제출, 검토 • 협의대상자 지정(다수) • 사업자 지정, 실시협약 체결 • 실시계획, 설계, 공사시행		• 민간사업자: 투자비＋이윤 회수 • 정부: 계약이행 감독, 일정기간 후 소유권, 운영권 회수

1. BTO 방식(Build-Transfer Operate, 수익형 민자사업)

① 민간사업자가 공사목적물 설계·시공 후 정부에 소유권 이양

② 약정기간 동안 시설물 운영으로 투자원리금 회수

③ 적용사업: 주로 1종 시설물에 적용

- 도로, 철도, 항만, 공항, 댐 등의 사회기반시설물 등

④ 특성

- 시공자 금융부담 가중
- 수익성 작은 반면 공공편익에 기여한 업체 이미지 제고
- 공익사업에 적합

2. BOO 방식(Build Own Operate)

① 민간사업자가 턴키 방식으로 Project를 개발하여 소유권을 갖고 운영하는 형태

② 향후 정부에 소유권을 기부하거나 판매

③ 주로 제2종 시설에 적용

- 전원, 가스공급시설, 전산망, 유통단지시설 등에 적용

---

80) '민간투자사업 기본계획(기획재정부공고 제2017-99호)' 제2편 민간투자사업 추진 일반지침 §3 참조

④ 특성
- 가장 적극적인 민자유치 수단
- 시공자의 수익성이 가장 높은 형태
- 공공성보다는 시장성이 높은 사업에 적용
- 정부에 의한 운영통제 필요

3. BOT 방식(Build-Own-Transfer)

① SOC 시설물 준공 후 일정기간 동안 사업시행자에게 소유권 인정
② 일정기간이 만료되면 소유권이 국가 또는 지방자치단체에 귀속

4. BTL 방식(Build-Transfer-Lease, 임대형 민자사업)[81]

① 사업시행자가 시설을 준공한 후 일정기간 동안 리스료를 받고 운영권을 정부에 임대하는 형태
② 임대기간 만료 시 시설물의 운영권을 국가 또는 지방자치단체에 이전
③ 사회·복지시설 적용 가능
- 민간사업자가 직접 관리운영하기 어렵거나 최종수요자에게 사용료를 부과하기 어려운 시설물에 대한 민자사업에 적극 활용 가능
- 국·공립학교, 군인관사, 공공건설 임대주택, 보육시설, 노인의료복지시설, 자연휴양림, 수목원, 문화시설 등

5. 기타 방식

① ROT 방식(Rehabilitate-Operate-Transfer)
- 국가 또는 지방자치단체 소유의 기존 시설을 정비한 사업시행자에게 일정기간 동안 운영권을 부여하는 투자방식
② ROO 방식(Rehabilitate-Own-Operate)
- 기존 시설을 정비한 사업시행자에게 당해시설의 소유권을 제시하는 투자방식

Ⅳ 개선방향

1. 공공발주자

(1) 사전계획 철저

① 수요분석 철저: LCC 측면에서 국책사업의 경제성 검토

---

81) BTL 방식: 2005년 정부의 '종합투자계획'의 일환으로 경기를 부양하고, 시중의 여유 자금의 투자원을 제공하며 정부의 재정 운용의 효율성을 증대하기 위한 새로운 민간투자방식의 대안으로 기대되고 있다.

② 재무분석능력 확보: 적정 공사비 규모 파악

③ 유지관리의 효용 · 비용분석

- 폐기비용, 사회적 비용 파악

(2) 관련 법규 및 제도 개선

① 명확한 사업기준 확립

② 다양한 투자방식의 적용기준 확립

(3) 다양한 민간투자재원 확보

① 자금력 있는 중소건설업체 및 민간투자자 모집 활성화

② 인프라펀드(Infra Fund)[82] 투자재원 활성화

③ 금융기관의 프로젝트 파이낸싱(Project Financing)

- 프로젝트의 사업성만을 담보로 하여 금융기관으로부터 사업자금 모집

- 사업 종료 후 발생하는 수익을 지분율에 따라 투자자에게 지불하는 금융기법

④ 기관투자자의 투자재원 확보

- 보험사, 연 · 기금, 공제조합 등의 기관투자자 재원 활용

⑤ 외자유치 등의 확보 모색

(4) 기타

① 사업자 선정의 공정성 확보

- 수익성이 높은 사업일수록 공정하게 처리

② 시설물의 사후관리 철저

- 일반대중의 공공성 침해 없도록 지도 · 감독

2. 민간사업자(사업시행자)

(1) 종합건설 능력 구비

① Engineering+Construction 기술 보유

② LCC 분석, VE 제안, 시공성 분석 등의 설계검토 능력 구비

(2) 내실 경영기반 확보

① 흑자운영으로 투자비와 이윤을 회수할 수 있는 능력 보유

② 민간투자사업의 노하우 축적 필요

3. 사후평가제도 도입

① 비경제적 Project 배제

② 일시적 정치논리 배제

---

82) 사회기반시설 사업에 대한 출자와 융자, 채권 매입 등을 담당하는 투 · 융자 회사를 말하며 투자자들이 주주로
참여하는 뮤추얼펀드의 일종이다. 이는 기업의 주식이나 채권에 투자하는 일반 뮤추얼펀드와는 달리 사회간접자
본만을 투자대상으로 하여 사회기반시설의 민간투자를 활성화하는 역할을 한다.

③ 프로젝트 · 정책실명제 실시
- 정책입안자, 담당공무원, 설계 · 감리 · 시공자를 실명으로 기록 · 관리
- 공공사업의 효율화를 제고하기 위해 필요

④ 운영기관의 공공성 유지정도 평가 · 감독

4. 건설사업관리(CM) 능력 배양

① 중요시설물의 전 사업과정 최적화
- 사업 초기단계부터 분야별 전문가 의견 적극 반영

② 전문가에 의한 합리적 사업관리 도모
- 저비용, 고효율적인 SOC 시설의 건설 및 운용 지향

Ⅴ 결론

1. 사회기반시설의 민간투자는 정부의 재정지출을 최소화하고 민간부문의 효율성을 도입하여 작고 효율적인 정부를 구현하기 위해 적극적으로 도입되고 있다.

2. 대상사업의 검토단계부터 철저한 수요 및 재무적인 타당성 분석이 있어야 하며, 사업자 선정과정에서 투명성을 확보하는 것이 무엇보다 중요하다.

3. 또한 운영과정에서 시설물의 공공성과 수익성의 균형을 도모하여 운영자의 적정 수익과 이용주체의 삶의 질이 향상되도록 해당 프로젝트의 전 과정에 대한 철저한 관리능력이 축적 · 발휘되어야 할 것이다.

6313　신기술지정제도

I　개요

1. 민간업체의 기술개발의욕을 고취시켜서 국내 건설기술의 발전을 도모하고 국가경쟁력을 제고하기 위하여 국내의 건설업체나 개인이 개발한 신기술과 신공법을 지정하여 보호해 주는 제도이다.

2. '건설기술진흥법' 상의 신기술 지정대상과 지정요건은 2001년도에 일부 개정되었으며, 관련 업무는 한국건설교통기술평가원에서 담당하고 있다.

도입취지	➡	신기술 지정	➡	문제점/대책
• 기술개발/건설기술 발전 • 건설시장 개방/기술경쟁력		• 대상/요건 • 내용/절차 · 효력		• 실적/의욕/인식/서류 • 유도/상향/평가/능력

II　도입취지

① 민간건설업체의 기술개발 의욕고취
② 국내 건설기술의 발전
③ 건설시장 개방에 대응
④ 국제기술경쟁력 향상

III　신기술 지정

1. 지정 대상

① 국내에서 개발한 건설 신기술
② 외국기술을 도입하여 개량한 건설기술

2. 지정 요건

(1) 신규성

① 새롭게 개발된 기술일 것
  • 기존 기술과 유사기술인지를 심층비교하여 신규성 증명
② 외국기술 개량
  • 독창적인 국산화 정도와 기술적 독립성 증명

③ 개량기술
  • 기술적 독창성과 자립도의 제시가 가능한 기술

(2) 진보성

① 진보된 기술의 원리 규명
② 신기술 효과를 정량적으로 제시
③ 진보된 기술의 객관적 검증자료 제시
④ 신기술의 경제성 증명

(3) 현장적용성

① 건설현장에 적용할 가치 제시
② 현장적용 시 환경오염 문제가 없을 것 등

3. 지정내용

① 건설공사의 계획, 조사, 설계, 감리, 시공, 안전점검사항
② 시설물 유지, 보수, 철거관리 및 운용
③ 물자의 구매, 조달
④ 시험, 평가, 자문, 지도
⑤ 건설장비 시운전
⑥ 건설공사 감리
⑦ 건설사업관리(CM)

4. 절차 및 효력

① 신청서 → 관보공고 / 의견조회 → 예비심사 → 위원회 심사 → 지정 · 고시 / 지정증 교부
② 신기술 사용료 수입: 해당공사비의 5% 이내, 2~5년간 보호
  • 신기술로 공비가 절감되면 절감액의 70% 보상 가능

Ⅳ 문제점과 대책

1. 문제점

① 신기술 활용실적 미흡
② 건설업체의 기술개발 투자의욕 미흡
③ 인식 부족, 신청서류 복잡

2. 대책

① 건설업체의 기술개발투자 유도

② 기술사용료의 상향조정

③ 신기술평가 System 개발

④ 업체의 Engineering 능력 배양

⑤ 신기술에 의한 원가절감 시 인센티브 부여

- 신기술 활용을 적극 권장, 활용실적 우수업체에는 입찰 시 가점 부여

6314 공동도급계약

I 개요

1 공동도급은 2인 이상이 공동수급체를 구성하여 도급받는 형식으로 공동수급자는 상호협약하여 협정서 작성 후 자금, 기술, 자재, 인력을 공동으로 제공하여 계약을 이행한다.
2 공동도급 이행방식에는 공동이행방식, 분담이행방식, 주계약자관리방식 등이 있다.

필요성/공동수급체	➡	계약유형	➡	문제점/개선방안
• 필요성 • 공동수급체		• 공동/분담 이행 • 주계약자관리		• 연고/보완/운영부족 • 발주/주계약/협정/외국

II 필요성 및 공동수급체

1. 필요성

① 발주자에 대한 신뢰감 증대
② 구성원[83] 간 상호보완적 역할 수행
③ 수급자의 능력제고
  • 인력, 기술, 건설기자재, 금융 등
④ 건설 프로젝트의 위험 분산
⑤ 공사현장의 지리적 조건 충족

2. 공동수급체

① 구성원의 자격과 수는 입찰공고 시 제시
② 공동이행방식의 구성원과 주계약자의 자격요건
  • 공동도급공사에 필요한 면허 · 허가 · 등록 · 신고 등의 자격요건 모두 충족
③ 주계약자 이외의 구성원과 분담이행방식 구성원의 자격요건
  • 분담공사에 필요한 자격요건(면허 · 허가 · 등록 · 신고)만 충족

III 계약유형

▶ 공동이행방식, 주계약자관리방식, 분담이행방식으로 구분한다.
▶ 참여업체의 업종에 따라 건설업자 간의 공동도급과 비건설업자와의 공동도급으로 구분한다.
▶ 참여업체의 건설업역에 따라 설계업자와 시공업자와의 공동도급 등으로 구분한다.

---

83) 여기서 구성원이란 참여업체 내의 조직 구성원이 아닌 공동수급체를 형성하는 참여업체를 말한다.

1. 공동이행방식(Joint Venture)

(1) 정의
① 공동수급체의 각 구성원이 자금과 인원, 기자재 등 출자
② 공동계산으로 공사를 이행하는 방식

(2) 출자금 및 출자지분
① 현금 이외의 출자는 구성원의 협의하에 시가로 평가하여 산정
② 출자지분은 다른 구성원에게 이전 불가
③ 출자비율의 변경
- 구성원 중 파산, 해산, 부도 시 구성원 연명으로 변경 요청 가능
- 발주자와의 계약변경으로 계약금액이 증감되었을 경우

(3) 공동수급자 책임한계
① 계약상 의무이행사항은 구성원이 연대책임
② 구성원은 입찰 및 계약이행 이전에 탈퇴 불가
- 파산, 해산, 부도 등으로 구성원의 일부가 탈퇴 시 잔존구성원이 계약이행
③ 하자담보책임
- 공동수급체 해산 이후에 발생한 하자는 공동수급자가 연대하여 책임

(4) 손익 배분
① 공사손익액은 출자비율에 따라 배당하거나 분담
② 클레임 제기비용 등은 출자지분에 따라 배분

(5) 특징
① 융자력 증대, 기술확충, 위험분산, 신용증대
② 업무 혼란, 구성원 상호이해 상충, 하자책임 불분명

2. 분담이행방식(Consortium)

(1) 정의
① 공동수급자가 분담공사에 대해서만 계약이행 및 손익계산
② 공동경비는 공동분담

(2) 특징
① 기술확충, 조직낭비 배제, 부실시공 방지
② 선의경쟁 유도, 책임한계 명확

3. 주계약자관리방식

(1) 정의

① 공동수급체 구성원 중 주계약자(주관사, Lead Company) 선정
② 주계약자가 전체 건설공사의 수행을 종합적으로 주도
- 도급받은 공사를 계획 · 관리 및 조정
③ 주계약자는 공동수급체의 대표자
- 종합건설업자와 전문건설업자가 공동수급 시 종합건설업자가 주계약자

(2) 주계약자 책임과 권한

① 다른 구성원의 이행사항에 대하여 발주자에게 연대책임
- Claim 및 공사책임 등
② 공동수급체[84]를 대표하여 재산관리 및 대금 청구권한 보유
③ 계약이행 후 다른 구성원의 공사실적 50%를 추가로 인정받음

(3) 특징

① 공사진척, 의사결정, 대 발주처 관련 업무(문서연락, 대금청구)가 신속
② 구성원 간 의사소통 원활, 발주처와의 신뢰감 확보
③ 주계약자의 의사결정 독단, 공사대금의 일방적 남용 우려

Ⅳ 문제점 및 개선방안

1. 문제점

① 연고 참여
- 지역업체의 의무적 참여, 명목상의 공동도급(Paper Joint) 발생 빈번
- 구성원 간의 시공능력 격차 현저, 지방중소업체 하도급 종속 우려
② 공동수급체 구성원 간의 보완관계 미비
③ 공동도급 운영기술 부족

2. 개선방안

(1) 발주자의 역할

① 공동수급체의 상호보완 가능성 심사
② 공사 중 실질참여 여부 감독 · 확인
③ 필요시 도급계약서에 이행의무사항 제시

---

84) 공동수급체란 건설공사를 공동으로 이행하기 위한 2인 이상의 수급인이 공동수급협정서를 작성하여 결성한 조합 조직(국토해양부 고시 제2000-81호 공동도급운영기준 제2조 용어의 정의)으로, 국내법상 법인격이 부여되지 않고 있다.

(2) 주계약자 대표자격 강화(주계약자관리방식)

　① 시공경험, 기술능력, 경영상태

　② 기술개발, 신공법 등을 종합하여 검토

(3) 공동수급표준협정서의 구체화

　① 구성원 체계

　② 운영, 권한, 책임 등 명시

(4) 외국업체와 Joint Venture

　① 선진기술의 전수(傳受) 기대, Engineering 능력 향상

　② 대외 경쟁력 축적

(5) 책임소재의 명확화(공동이행방식)

　① 하자발생, 재해, 공사범위

　② 책임한계의 명문화

6315 실비정산식계약

I 개요

1 총액산정이 곤란한 공사의 계약방식으로, 발주자는 시공자에게 투입실비와 일정보수를 보장하고, 시공자는 성실시공으로 경제적인 품질시공을 유도하기 위한 도급계약방식이다.

2 도급금액의 산정방식에는 실비 · 비율보수가산식, 한정실비 · 비율보수가산식, 실비 · 준동율보수가산식, 실비 · 정액보수가산식 등이 있다.

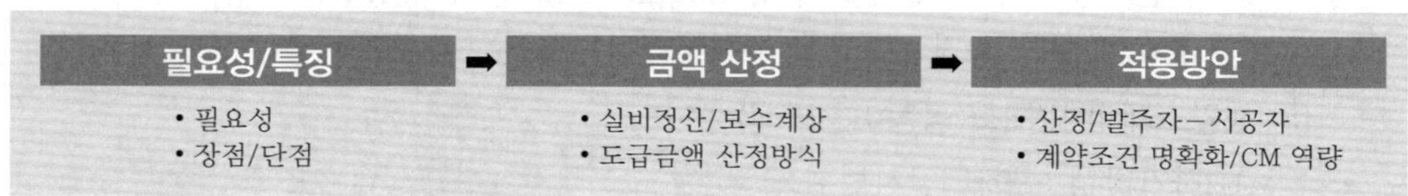

II 필요성 및 특징

1. 필요성

① 설계작업 착수 후 조기착공이 불가피할 경우
② 설계 · 시공상 변경 가능성으로 공사비의 총액산출이 곤란할 경우
③ 발주자가 양질의 공사를 원할 경우
④ 첨단 · 복합공사와 같이 공사과정을 예측하기 곤란할 경우에 유용

2. 장점

① 직영공사 수준의 우량시공 기대
② 시공자는 실비와 이윤 보장
③ 시공자의 양심적인 시공 기대
④ 발주자는 직영보다 현장관리 용이

3. 단점

① 공기지연 우려
② 공사비 절감노력 결여 우려
③ 계약분쟁 소지 내재
④ 상호신뢰가 필수적 관건

Ⅲ　도급금액 산정

<table>
<tr><td>실비정산액</td><td>+</td><td>보수계상액</td><td>=</td><td>도급금액</td></tr>
</table>

- A: 전액 실비
- A': 한정 실비
- f: 비율 보수
- f': 체감비율 보수
- F: 정액 보수
- F': 체감정액 보수

1. 실비정산

① 전액 실비(A)
- 투입된 실제 공사비 모두 인정

② 한정 실비(A')
- 일정한도 이내의 실비만 인정

2. 보수계상

① 비율 보수(f)
- 인정된 실비에 약정 비율의 보수액 적용

② 체감비율 보수(f')
- 실비가 일정한도 초과 시 보수율 체감

③ 정액 보수(F)
- 공사실비의 규모에 관계없이 일정액의 보수 계상

④ 체감정액 보수(F')
- 일정한도를 초과하는 실비 단위별로 정액 보수 체감

3. 도급금액 산정방식

(1) 실비 · 비율 보수가산식

① 산정식: $A + A \cdot f$
② 시공자의 양심적인 시공과 원가절감 노력이 없으면 발주자에게 불리
③ 시공자는 안정적 공사이익 확보

(2) 한정실비 · 비율 보수가산식

① 산정식: $A' + A' \cdot f$
② 정산된 실비는 일정한도 내에서 한정하여 인정
③ 보수액은 약정된 보수비율을 적용하는 방식
④ 시공자의 원가절감 노력 유도, 발주자의 비용부담 경감

(3) 실비ㆍ준동률 보수가산식

① 산정식: $A+A \cdot f'$ 또는 $A+F'$

② 정산된 실비는 전액 인정

③ 보수액은 체감비율이나 체감정액식으로 산정

④ 시공자의 원가절감 노력 기대

(4) 실비ㆍ정액 보수가산식

① 산정식: $A+F$

② 정산된 공사 실비에 일정액의 보수만을 지불하는 방식

③ 잦은 설계변경 시 시공자 수용 곤란

④ 사전에 명확한 공사규모와 공사범위의 확정 필요

Ⅳ 적용방안

1. 도급금액의 산정

① 합리적 기준안 마련

② 실비정산, 보수율 수준, 체감방식 등

2. 발주자 – 시공자

① 상호신뢰 기반조성

② 발주자는 시공자의 적정 이윤 보장

③ 시공자는 발주자의 입장에서 성실시공, 원가절감, 품질시공

3. 계약조건 명확화

① Claim 발생 여지 최소화

② Claim 발생 시 분쟁 해결조항 계약서 명시

- 조정 및 중재 관련 조항, 소송은 지양

4. 건설사업관리 역량 확보

① 기획, 설계단계부터 VE 활동 실시

- 원가절감 및 공사품질 확보

② 일괄발주공사에서 공기단축

- Fast Track Construction 수행

6316 공기단축형 계약(Cost Plus Time)

I 개요

1 공기단축형 계약(Cost Plus Time)은 입·낙찰 시 공사가격(Cost)에 공사기간(Time) 요소를 계량화하여 통합된 환산가격으로 낙찰자를 선정하는 신개념의 계약방식이다.

2 아직 국내에 도입되지 않았지만 SOC(사회기반시설)와 다중이용시설물의 긴급보수공사에서 특히 유용할 것으로 기대된다.

개념/기대효과	➡	필요성	➡	도입방안
• 일명/입찰/낙찰/환산 • 다양화/공정/편익/경쟁력		• 가격/내역입찰 • 일괄입찰/공정관리		• 장기대형공사/내역입찰제 • 발주자/제도적/적용대상

II 개념 및 기대효과

1. 개념

① 일명 Cost Plus Time 또는 A+B 방식

② 입찰자는 공사비용과 공사수행기간을 함께 제시

③ 발주자는 통합환산금액이 최저인 입찰자를 낙찰자로 선정

④ 통합환산금액의 산식

- 통합환산금액 $= A + (B \times UTV)$

$$여기서,\ A: 입찰가격$$
$$B: 입찰자의\ 공사기간\ 예정치$$
$$UTV(\text{Unit Time Value}): 원/일$$

2. 기대효과

① 발주방식의 다양화
- 가격 위주의 입찰방식에서 탈피
- 입찰·낙찰 과정에서 공사기간의 중요성 반영

② 국내의 공정관리 여건을 획기적으로 개선
- CPM 기법의 활용기술 확대

③ 공공시설물의 사회적 편익 증대
- 다중이용시설에 대한 신설, 유지보수의 효율성 제고로 건설수요자의 편익 증대

④ 국내 건설업체의 국제경쟁력 제고
- 공기단축을 위한 적극적인 기술개발과 원가절감 노력 기대

Ⅲ 필요성

▶ 다음과 같은 국내 건설시장의 한계를 극복하기 위하여 공기단축형 계약제도가 필요하다.

1. 가격 위주의 입찰제도

(1) 덤핑에 의한 저가낙찰

① 시장질서 교란

② 부실시공 우려

- 부실시공은 건설수요자(발주자 및 시설이용자)의 피해로 귀착

(2) 담합에 의한 고가낙찰

① 입찰자격이 있는 소수업체의 불공정 경쟁행위 우려

② 입찰자의 담합행위는 발주자의 사업비 부담으로 연결

2. 내역입찰제 한계

① 발주자가 물량내역서 제시

- 시공자에게 물량산출의 자율권이 없음

② 입찰자는 낙찰률을 고려하여 투찰가격 결정

- 낙찰 목적상 실제공사비용의 반영 곤란, 부실시공 우려

3. 일괄입찰제도 한계

▶ 설계 · 시공병행방식(Fast Track Method)에 의한 공기단축 여건이 미흡하다.

① 공정관리 및 성과측정기준의 적용여건 미흡

② 발주자의 예정공기산정기준 부재(不在)

③ 장기계속공사의 계속비계약여건 미흡

- 연차 · 차수별 계약으로 예산범위 내에서만 기성금 지급
- 예산배정과 확보 불확실, 계속비계약 적용사례의 부진

4. 공정관리능력 부족

① 공정관리 전담조직과 인력 부족

- CPM 기법의 현장 활용도 저조

② 공정관리업무의 전산화 미흡

Ⅳ 국내 도입방안

1. 장기대형공사 입찰

① 주요공사부터 계속비예산 확보
- 장기계속계약보다 계속비계약 비중 증대, 예산확보 필요
- 1년 이상의 대형 주요공사에 우선적으로 적용

② 공기단축의 보상 현실화

③ 일괄입찰에 대한 운영기준과 절차 확립

2. 내역입찰제 개선

▶ 입찰자의 물량 및 단가 결정에 대한 자율권 부여

① 원가 이하의 투찰가격 방지

② 입찰자가 산출내역서를 직접 작성
- 순수내역입찰제 적극 활용

③ 입찰자에게 신기술과 신공법에 의한 공기단축기회 부여

3. 발주자의 기획능력 제고

(1) 철저한 사전조사 및 계획

① 사용자 입장에서의 편익과 비용부담 파악

② 사업계획의 수립과 실행을 연계

③ 사업 중의 불확실성과 변경사항 최소화
- 사업초기부터 건설사업의 Risk에 적극 대응

(2) 발주자의 전문성 보완

① 전문가 집단에 의한 사업의 일관성 확보

② 고도의 전문가지식으로 효율적 사업관리 도모

③ 사업초기에 CM 용역 발주

4. 제도적 방안

▶ 공기단축형 계약의 운영기준 및 절차를 개발하여 계약예규 등에 명시한다.

① 예정공기산정기준 확립
- 입찰자에게 공기산정에 대한 가이드라인 제시

② 공사기간의 단위시간당 가치(UTV) 산정기준 확립
- 시설물별 기준 설정
- UTV: Cost+Benefit로 구성
- Cost: 공사로 인한 불편비용과 공기지연 시 발주자 피해액
- Benefit: 공기단축과 시설물의 조기사용으로 인한 발주자의 이익과 사회편익

5. 적용대상 공사

① 공기단축효과가 명백한 공사
② 시설물의 조기사용으로 인한 이익이 큰 공사
③ 공사로 인한 이용자 손실비용이 큰 보수공사
  • 교량, 댐, 도로, 터널공사 등
④ 공기지연이 우려되는 긴급시설물공사 등

0000   통합 프로젝트 수행방식: IPD

I 개요

1. IPD(Integrated Project Delivery)는 프로젝트 초기에 주요 참여자가 협업조직을 구성하여 리스크와 성과를 공유하는 프로젝트 수행방식으로 2007년 미국에서 비롯되었다.

2. IPD의 출현 배경 및 특징, 국내 도입을 위한 제도적 기반 마련 및 참여자 역량강화 등에 대하여 설명한다.

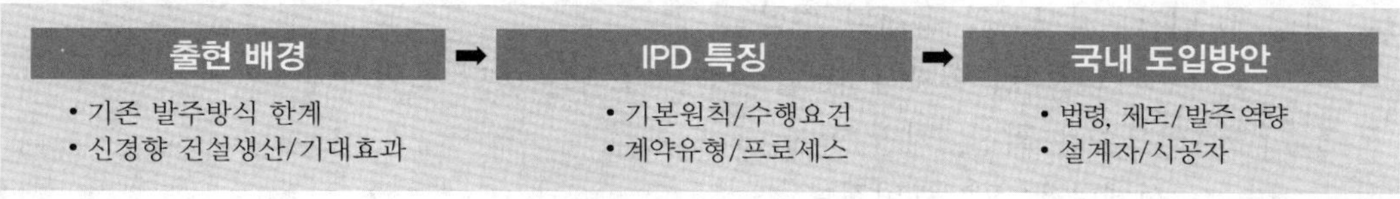

II 출현 배경

▶ 기존의 비효율 생산을 개선하고 발주방식의 다양화를 꾀하기 위해 출현하였다.

1. 기존 발주방식의 한계

(1) 쌍방계약

① 프로세스 단계별 쌍방계약 체결
- 주로 설계 · 시공 분리발주(Design-Bid-Build, DBB)방식 적용
- 용역계약, 공사도급계약, 공사하도급계약, 자원조달계약 등으로 구분

② 공동목표 수립 불가능, 계약당사자의 수익개념 배치
- '수익 : 비용'의 대립 구조, 일방의 원가절감은 상대의 수익감소

③ 공정 룰(Rule) 적용여건 곤란, 불공정계약 상존
- 사업능력에 따라 계약적 강자와 약자 발생
- 불공정거래 금지제도의 효과 미흡

(2) 프로젝트 단계별 계약

① '기획 – 설계 – 시공 · 감리' 단계별 계약 체결

② 초기단계의 협업 부재

③ 정보 생성과정 공유 불가, 분절된 정보 전달체계

④ 관련정보의 입체적 이해 곤란
- 발주자의 사업의도 및 배경, 설계자의 설계의도 등

⑤ 공사 중 빈번한 설계변경 및 재시공 발생

2. 신경향의 건설생산 등장

① 린 건설(Lean Construction) 개념 확산
   - 기존 발주방식에 대한 낭비요소 인식
② 원·하수급인의 파트너링(Partnering) 공동도급 방식
   - 주계약자(종합건설사)와 전문건설사가 참여하는 제한적 협업
③ Pre-Construction Service 사례 등장
   - 설계단계에 시공자(종합건설사) 참여, 프리콘 서비스 제공
   - 시공책임형 CM에 시범적용 및 확대 예정
④ 민간투자사업의 축적된 경험
   - BTL(임대형 민자사업) 합사(合숨)조직을 통한 협력사례
⑤ BIM 활용 확산, 기반 형성
   - 설계단계: 3D 도면정보
   - 시공단계: 4D(일정) 및 5D(비용) 정보 등

3. IPD 기대효과

▶ 다자간 협업방식으로서 IPD는 다음과 같은 효과를 기대할 수 있다.

(1) 리스크 저감 및 성과 증대

① 프로젝트 초기에 주요 관계자 참여
   - 발주자, 설계자, 시공자, 협력사
   - 목표와 비전 공유, 공동목표에 조기 집중
② 공유문화 형성, 상호의견 존중·신뢰
   - 협력적 관계 중시, 비협력적일 경우 팀웍 붕괴
③ BIM 최적 활용, 건축물 생산과정의 체계적 정보관리
   - 기획, 설계, 시공, 유지관리 등의 관련 정보 집적·활용
④ 프로젝트 수행성과의 합리적 배분

(2) 설계 완성도 제고

① 설계단계에 시공사 참여, 종합·전문건설사
② 시공경험과 지식을 설계에 최적 반영
③ 설계의 시공성 확보
④ 시공단계의 설계변경 및 공사비 증액 예방

(3) 건설사 기술 향상

① 프로젝트에 우수한 기술력의 업체 참여
② 양질의 사업수행 경험과 신인도의 중요성 인식
③ 고부가가치 부문에 대한 건설사의 기술경쟁 유도

④ 선정업체는 안정적인 수익사업 수주

⑤ 건설사의 기술경쟁력 제고

(4) 다자간 상생협력

① 협업을 통한 발주자의 사업목표 달성

② 완성도(시공성) 높은 설계품질 확보, 설계능력 향상

③ 사업성과에 대한 안정 수익기반 확보

④ 문서 의존적 의사소통 한계 개선, 원활한 의사소통

- Big Room 회의, 3D BIM 정보 공유 및 활용

⑤ 상호 신뢰 및 존중

- 상생협업의 지속가능성 제고, 차기 프로젝트에 피드백

Ⅲ IPD 특징

1. 기본원칙

▶ AIA[85]에서 제시하는 IPD 기본원칙을 정리 · 소개한다.

(1) 주요 관계자 빠른 참여

① 기획 및 설계단계에 주요 관계자 조기 투입

- 발주자, 엔지니어 컨설턴트, 설계자, 시공자, 협력사 등

② 집합적 · 협력적 · 공개적 단일팀 구성

③ 구성원 간 상호존중 및 신뢰 구축

(2) 초기단계에 목표 설정

① 기획 및 설계단계에 프로젝트의 목표 결정

② 프로젝트 특성 및 발주자의 사업계획 및 의도 고려

- 기타 시공사의 공사일정, 예산규모, 현장여건, 협업능력 등

③ 목표에 따른 운영기준 및 절차의 명확화

(3) 개방적 의사소통(Open Communication)

① 참여주체별, 공종별 의견수렴

② 설계안 및 비용 검토안 공유

③ 생성된 문서 · 도면의 접근성 보장

---

85) American Institute of Architecture, 미국건축사협회

(4) 첨단기술 활용

① 문서관리시스템

② BIM에 의한 도면정보: 3D/4D/5D

③ 적산·견적산출시스템

④ 각종 ICT 분야 기술 등 활용

2. 수행요건

▶ IPD(Pure IPD) 요건의 수용 정도에 따라 적합한 계약방식을 적용한다.

(1) 통합적 단일계약(Single Agreement)

① 쌍방계약 배제, 다자간 다중계약 체결

• 쌍방계약: 설계용역계약, 공사도급계약, 공사하도급계약 등

② 참여팀원은 수평적 파트너 관계 형성

③ 공동목표 수립, 참여자별 목표가 아닌 프로젝트의 전체 가치 중시

④ 궁극 목표는 프로젝트 전체의 가치 제고

(2) 리스크·보상 공유(Risk/Reward Share)

① IPD 예산＝비용(Cost)＋이익(Profit)＋예비비(Contingency)

② 예비비가 남을 경우 보상 공유(Reward Share)

③ 예비비 부족 시 리스크 공유(Risk Share)

④ 이익(Profit)의 공유비율은 계약 시 협의

⑤ 공유체계는 상호개방 및 협업체계에 필수적 요소

(3) 공동 책임(Liability Waiver)

① 특정 참여자만의 책임(Liability)을 면제(Waiver)

② 참여자로 인한 결과는 공동책임, '갑 : 을'의 책임 구분 배제

③ 사업결과를 참여자가 공동으로 책임 분담

④ 고의적 행위의 결과는 예외

(4) 합의식 의사결정(Decision-Making Consensus

① 프로젝트 단계별 잠재 리스크의 사전 제거에 적용

② '상호 존중·신뢰 원칙'에 따라 만장일치(Consensus)로 의사결정

③ 원활한 의사소통과 상호 신뢰기반이 절대적

④ 신뢰기반 미흡 시 역기능 발생

3. 계약유형

▶ AIA 및 Consensus DOCS[86] 300시리즈에서 개발한 표준계약을 안내한다.

---

86) 미국건설협회(AGC, Associated General Contractors of America)를 비롯한 40여 건설유관단체가 참여하여 제공하는 문서양식, 'DOCS'는 "DOCUMENTS"의 약어를 의미한다.

(1) 과도적 계약방식(Transitional Form)

① 설계시공분리계약 방식에 적용 가능

② 설계단계에 시공자 참여

③ 시공자는 GMP 서비스 제안

④ 협력을 통한 작은 혁신 기대

(2) 다중 계약방식(Multi-party Agreement, MPA)

① '발주자-설계자-시공자'의 다자간 계약

• IPD 개념의 협업 극대화

② MPA 계약에 따라 위험과 보상을 분배

③ 원·하도급계약 독립적 체결, 시공책임 명확화 도모

(3) 특수법인 방식(Single Purpose Contact)

① 발주자가 단일목적법인(Single Purpose Entity, SPE)과 계약하는 방식

• SPE는 발주자를 제외한 프로젝트 참여자로 구성

• 국내 민자사업의 특수목적회사(SPC, Special Purpose Company)와 유사[87]

② 계약에 따라 SPE 조직이 프로젝트를 책임 관리

③ SPE 구성원은 법인 목적에 따라 협력하여 업무수행

• 구성원 간 결과에 대한 상호책임 전가 배제

④ 프로젝트 전반에 대한 발주자의 관리역량 필요

4. IPD 프로세스

	Predesign	schematic Design	Design Development	Construction Document	Agency Permit/Bidding	Construction	Closeout
기존 Process	what			How	Who	Realize	
Owner Designer	ResignConsultant			Agency	Constructor / Trade Constructor		

	Conceptualization	Criteria Design	Detailed Design	Implementation Document	Agency Coord /Final Buyout	Construction	Closeout
IDP Process	what	How / Who					
Owner Designer Design	Consultant / Agency / Constructor	Trade enstructor					

[건설사업 프로세스]

---

87) 민자사업의 투자자가 우선협상대상자로 선정되기 위해 설립하는 특수목적회사. 건설사(설계＋시공), 재무투자자(금융기관), 시설물유지관리사 등으로 구성되며, 설계, 자금조달, 건설, 운영 등의 업무를 일괄 담당한다.

(1) 기존 방식

프로세스 단계	설계내용
Predesign(PD)	설계용역업 발주, 프로젝트 기획
Schematic Design(SD)	• 디자인 개념설정, 연관분야 기본시스템 계획 • 연관분야: 구조, 기계, 전기, 토목, 조경분야 등
Design Development(DD)	• 계획설계 구체화 및 다각적 검토 • 연관분야 시스템의 확정(자재·장비·용량) 및 설계도서 작성
Construction Document(CD)	입찰·계약·공사용 실시설계 작성

① Predesign, SD, DD, CD 등 4단계
② CD단계에서 사업수행방식 결정
③ 부동산 경기를 고려하여 기획 및 설계기간 최소화

(2) IPD 방식

프로세스 단계	설계내용
Conceptualization	• 대상건축물에 대한 개념 계획, 성능목표 설정 • 주요 참여자의 아이디어 및 의견 확보
Criteria Design	• 디자인 개념 설정, 기본시스템 계획 • 환경영향분석 등 주요 단서 평가·시험 및 선정
Detailed Design	• 모든 연관분야의 주요 디자인 결정, 시공협력사 참여 • CD단계의 결정사항 수행, 업무량에 따른 기간 소요
Implementation Document	• 설계의도 구체화를 위한 도서작성 • 기존 CD단계보다 업무기간 대폭 축소

① Conceptualization, Criteria Design, Detailed Design, Implementation Document 등
　4단계 구분
② 초기단계에 참여자 협력관계 형성
③ 기획 및 설계 소요시간 증가
④ 시공단계의 리스크 예방으로 전 사업기간 단축

Ⅳ 국내 도입방안

1. 법령 및 제도

▶ 현 제도에서 적용 가능한 협업방식을 채용하면서 점진적 보완을 꾀한다.
① 현 협업생산제도의 활성화
　• CM at Risk방식, Pre-Construction Service, Partnering 등
② IPD 대상사업에 대한 법 제도 확립
　• 시범사례 축적, 점진적 제도 보완·정비·확대 추진

③ 순수 기술경쟁 입낙찰제도의 법적요건 확립, 가격경쟁 완전 배제

④ 다자간 다중계약제도의 합리적 운용기준[88] 마련

  • 쌍방계약제도의 경직성 개선, 계약제도의 다양화 지향

  • 리스크 책임 및 이익분배에 대한 공동이익

⑤ BIM 설계 가이드라인 업그레이드, 현행 2D기반 설계→3D

2. 발주 역량

① 가장 중요한 IPD 요소

② 발주역량 강화, 프로젝트 및 참여업무에 대한 전문성 및 관리능력 구비

③ 린 건설 및 공급사슬관리(SCM)[89] 개념 활용

  • 린 건설: 건설사업 전 과정의 최적화, 낭비요소 제거

  • SCM: '기획–설계–시공–유지관리' 흐름의 효율화

④ 공유문화 존중, 동료의식 고취, 성과에 대한 합리적 분배

⑤ 역량과 사안에 따라 IPD 리더의 선임 및 운용

  • IPD 조직의 탄력적 운용, 발주자 독단 배제

3. 설계자

① 참여의견 해석 및 신속한 반영 능력 제고

  • 발주자의 사업의도, 시공자의 시공성 분석 등

② 프로젝트 설계환경 이해

  • 프로젝트 특성, 건설기준, 제반 관련법규, 프로젝트 참여자 정보 등

③ 3D 기반 BIM 설계능력 확보

  • BIM 설계능력 배양 및 전문가 양성

④ 원만한 의사소통 능력 구비

  • 발주 및 공사과정에 대한 폭넓은 이해 기반

4. 시공자

① 시공능력에 대한 신뢰성 확보

  • 계약대상자 요건 충족, 성공적 사업이행실적 보유 등

② Pre–Construction Service 역량 구비

  • 고도의 시공능력 및 설계 해석능력

---

88) IPD에서 시공사의 협력사 선정은 수의계약이 불가피하므로 공정거래법상 특혜 시비나 일감 몰아주기 등의 시비에서 공정성과 투명성을 불식시키기 위한 '합리적 운용기준'을 의미한다.

89) 공급사슬관리(SCM, Supply Chain Management): 공급사슬 프로세스(공급망)에서 불확실성과 리스크 제거하고 각종 리드타임을 축소함으로써 고객 서비스 수준을 높이기 위한 관리를 말한다. 기존의 '생산단계별 최적화'에 머물렀던 개념을 '생산흐름의 효율화'로 진일보시킨 개념이다.

③ Partnering 관계의 협력사 확보
- 상생협력 강화, 기술 · 재무 · 교육적 지원

④ 협력사의 시공능력 및 리스크 대응능력 확보
- 협력시공 실적, 기능인력 · 장비 · 신기술 보유, 재무건전성, 신인도 등

⑤ BIM 3D 설계정보 활용, 체계적인 정보흐름 유지
- 4D 및 5D에 의한 일정 · 비용 관리

Ⅴ 결론

① 건설환경의 변화와 더불어 새로운 발주방식의 일환으로 IPD에 대한 해외사례의 연구가 진행되어 왔으며, 국내 도입이 불가피한 실정이다.

② IPD의 성공적 도입을 위해서는 발주자의 인식전환과 역량강화가 가장 중요하며, 국내 실정을 고려한 계약방식의 채용 및 정착을 위한 계약제도의 개선이 필요하다.

tip IPD 관련용어

No.	용어 명	Key Word
1	CM at Risk(시공책임형 CM)	종합건설사 업역, 프리콘 서비스
2	Pre-Construction Service	시공자 설계 참여, 제한적 IPD
3	Partnering 공사수행방식	'종합건설사+전문건설사' 협업, 제한적 협업시스템
4	Lean Construction	건설 프로세스에서 낭비요인 제거, 프로세스 최적화
5	Building Information Modeling	의사소통, 3D/4D/5D, IPD 수단
6	건설계약 유형	용역 · 공사 계약
7	건설사업 프로세스	공공 · 민간 부문의 차이
8	Value Chain	고부가가치 업역 참여
9	Supply Chain Management	건설생산 공급체계, 안정적 조달, 조달체계 혁신
10	GMP 계약/Cost & Fee 계약	건설용역대가, 위험 · 보상 공유, 실비정산식 대가

참고문헌

1. 통발주방식(IPD)의 국내활성화를 위한 기초 연구(미국 IPD 사례를 중심으로), 정진학, 안용한
2. IPD 계약은 IPD 프로젝트의 필수조건인가(국내외 사례조사를 통하여), 유승은, 김태완, 유정호
3. 국내 건설산업의 IPD 도입을 위한 재해석, 김우영
4. IPD(원칙과 적용을 위한 도구), 김종훈(제일모직)
5. 건설사 관점에서의 IPD 도입시 고려사항, 윤수원(포스코)
6. BIM 건설정보 상호운용성 개선에 관한 연구, 오정근, 하란
7. IPD 도입을 위한 시공사 사례분석 및 방안, 황경훈, 전승호, 이준서, 이주호
8. 국내 건설업에서의 효율적인 BIM 활용을 위한 통합 프로젝트 발주방식 도입의 중점 저해요인 해결방안에 관한 연구, 장민욱, 심운준, 안용선
9. 통합적 프로젝트 수행방식을 위한 계약유형의 분석, 신규철
10. 한국형 IPD 도입 방향, 신은영, 강태경, 이유섭
11. 맞춤설계 설계변경 업무지원을 위한 IPD 도입에 관한 연구, 송원상, 정성호, 이기석 외
12. IPD · Modular · BIM 연계를 통한 건설 생산성 향상방안, 박광재, 이현수, 박문서, 이광표
13. 업무시설 BIM 4D · 5D 적용사례(삼성 GEC 적용사례를 중심으로), 박동천
14. 건설 생산성 향상을 위한 BIM의 활용방안, 김용비, 김상범
15. 건설산업 IPD 도입의 필요성 및 과제, 김재준(한양대학교)
16. 국내 공공건설부문 IPD 도입을 위한 예비 연구, 김윤정, 이유미, 신태흠, 김예상
17. 효율적 BIM 운영을 위한 프로젝트 발주방식의 새로운 패러다임 : IPD, 김예상
18. 국내건설사의 IPD 대비 방향에 대한 제언, 정연석, 오원규
19. SWOT 분석을 통한 IPD의 국내 적용방안, 이재섭 외 5
20. 국내 Lean 건설과 IPD 도입을 위한 BIM 설계, 전현우, 안재호, 박현수
21. IPD 도입을 위한 국내 건설기술자의 인식 분석, 송설민, 김예상, 진상윤, 권순욱

0000 | 투자개발형 민관협력사업

I 개요

① 투자개발형 민관협력사업(PPP: Public−Private Partnership)은 정부 및 공기업 등의 공공기관과 민간기업이 해외시장에 협력하여 진출하는 사업을 의미한다.

② 기존의 상대국인 중남미, 동남아시아, 아프리카에 이어 선진외국에 대한 도시재생 및 신공항 등의 수요에 적극 대응하는 정부−기업의 파트너십 형성이 절실한 실정이다.

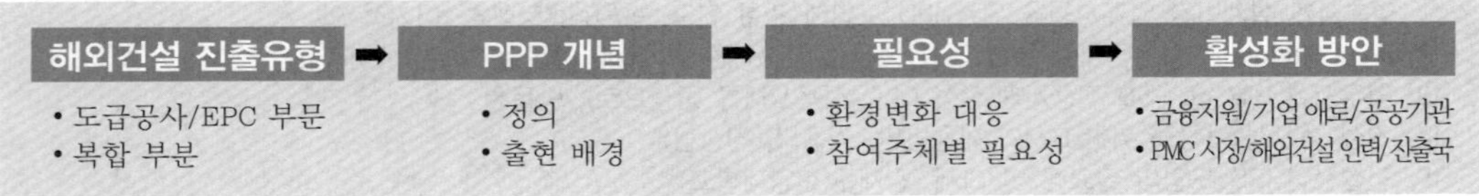

II 해외건설 진출유형

1. 도급공사

① 단순 도급공사 위주로 해외시장 참여

② 국내기업의 해외 가격경쟁력 취약

③ 출혈경쟁 시 수익성 악화

④ 엔지니어링 분야와 연계 진출 필요

2. EPC 부문

① 도급형 설계−구매−시공 부문

- EPC: Engineering(설계) Procurement(구매) Construction(시공)

② 단순 도급공사형보다 개선된 진출방식

③ 점차 경쟁여건 심화, 수익성 하락

④ 고도화 부문 선별 진출 필요

3. 복합 부문

① 고부가가치 엔지니어링이 주도하는 부문, CM/PM 등

② 기획−설계−시공−운영 등 전 부문에 대한 엔지니어링 능력 요구

③ 역량에 따라 참여 형태 다양

- PPP사업, PMC사업, 발주자 대행형 또는 발주자 자문형
- 파트너십 유형: 정부−건설기업, 정부−공기업−건설기업, 공기업−건설기업 등

④ 대외원조사업, 국내개발경험, 외교역량 등 복합적 노력 필요

Ⅲ PPP 개념

1. 정의

　　① 개발도상국 개발지원을 위한 민관협력체제
　　② 인프라시설 건설 및 운영 서비스 제공
　　　　• 자금조달, 설계 및 시공, 운전 등
　　③ 공적개발원조 자금 및 민간자본 참여
　　　　• 정부 및 공공기관 협력으로 수익 창출 유도

2. 출현 배경

　　① OECD 가입 및 국제위상 상승, 수원국 탈피, 공여국으로 탈바꿈
　　　　• 개발도상국에 대한 공적개발원조(ODA)[90] 공여
　　② 국내 인프라 개발에 대한 경험, 기술, 지식 축적
　　　　• 각종 민자유치사업 경험: BTO, BOO, BTL 등
　　　　• 도로, 교통, 항만, 공항, 도시개발 분야
　　③ 개도국의 높은 경제성장에 대한 선진국 참여
　　　　• 도시인구 급증, 인프라 수요 증가
　　④ 해외시장 단순 도급사업의 수익구조 악화 등
　　　　• 인도 및 중국 등의 저임금 영향
　　　　• 단순 공사 및 EPC분야 등의 도급사업 수익성 하락

Ⅳ PPP 사업의 필요성

1. 건설 환경변화에 대응

　　(1) 국내 개발경험 축적
　　　　① 국제공항, 수자원 개발
　　　　② 지하철, 고속철도, 고속도로
　　　　③ 신도시 개발, 도시재생
　　　　④ 원자력 · 화력 발전 및 신재생에너지 개발 부문 등

　　(2) 해외 건설시장 공략
　　　　① 단순 도급공사 탈피
　　　　　　• 인도, 중국 등 저가경쟁 지양
　　　　② 고부가가치 부문 공략 불가피
　　　　　　• 기획–운영 부문 진입 강화 및 기존 EPC 업역 특화 필요
　　　　③ 대외 엔지니어링 경쟁력 제고

---

90) 공적개발원조(ODA): Official Development Assistance

(3) 대외 영향력 확대

① 공적개발원조(ODA) 확대 및 개발참여 여건 성숙
  • 무상원조 및 유상원조
② 원조제공 사업과 건설 및 운영 사업 연계 가능
  • 상대국(수원국)에게 완성도 높은 건설서비스 제공
③ 정부-공공기관-민간기업 등 파트너십 발휘
  • 정부의 상대국에 대한 G2G 여건 활용

2. 참여 주체별 필요성

(1) 정부 및 공기업

① 원조 공여국 역할 확대
  • 공정개발원조사업 확대 및 효율성 증진
  • 유·무상 원조사업의 완성도 제고
② 국내 고도의 발주사업 경험 축적
③ 민간기업 해외진출 안내 및 촉진
④ 고부가가치산업에 대한 대외경쟁력 구비

(2) 국내 건설기업

① 내수시장의 건설수요 한계
  • 신규 건설물량의 정체 및 감소
② 해외진출 리스크 경감
  • 정부·해외공관에 의한 현지 리스크 최소화
③ 건설기술의 Package화
  • 기획, 설계, 시공, 운영(O&M) 全 단계 서비스 제공능력 구비
④ 국제사회에 대한 책임의식(CSR)[91] 고양, 기업의 대외신인도 제고
  • 상대국 경제발전 및 복리증진에 기여

(3) 개발도상국

① 경제·사회 발전을 위한 인프라 수요 발생
② 선진 기술 및 노하우에 의한 개발능력 확보
③ 취약 환경 및 노동조건 개선
④ 성장환경의 지속가능성 확보

---

91) 책임의식(CSR): Corporate Social Responsivility

Ⅴ 활성화 방안

1. 금융지원 강화

(1) 금융지원 우대
① 지원 대상과 규모 확대
② 금리 및 수수료 인하
③ 금융지원 경쟁력 제고

(2) 저신용국 금융지원
① 낮은 국가신용도의 개발도상국 진출 시 적용
② 기금 조성 및 사업수주 지원
③ 사업발굴, 금융협상 역량 강화

(3) 수출입은행 기능 강화
① 타당성 분석 서비스 제공
② 유상원조국 진출 시 선제적 금융지원
③ 국내기업 수주촉진 지원

2. 기업 애로 지원

(1) 법률 컨설팅 지원
① 공기지연 클레임
② 손해배상 및 지체상금 분쟁 등
③ 법률지원 강화, 분쟁발생에 대비
④ 컨설팅 매뉴얼화, 진출 기업에 제공

(2) 사업 타당성조사 지원
① 발주처 요청사업 기획 지원, ODA(공적개발원조) 사업 등
② 민간기업 제안형 개발사업: 제안서 작성 지원
③ 대규모 사업 참여 적극 유도

(3) 성과지향 집중지원
① 신규 핵심 프로젝트 발굴 강화
② 사업 규모, 중요도 등 고려
③ 지원업체의 수주 가능성 제고

3. 공공기관 역할 강화

(1) 공공기관 개발자(Developer) 역할 수행
① 대규모 인프라에 대한 주도적 경험에 근거
② 공항, 철도, 신도시 개발 부문 유경험

③ 국제적 대외신인도 활용, 개발·운영 분야

④ 공기업과 민간기업 역할 분담

⑤ 투자금융 이용역량 강화

- 다자개발은행(MDB), 해외인프라 도시개발공사(KIND) 등

(2) 분야별 수주역량 평가

① 부처별 인프라 분야 구분

- 국토부, 해수부, 산업부, 환경부 등

② 분야별 공기업 수주 점검

③ 결과 분석 및 해결능력 구비

④ 부처별 성과평가 및 기록유지

4. PM시장 활성화

① 설계, 시공, 감리 업역 탈피

② 기획/운영 등 고부가가치 부문 진출

③ 공공기관 민간에 PM 발주

- 시범사업 후 세부지침 개발 및 검증
- 사업자 선정기준, 대가, 표준계약 등

④ 비건설기관에 대한 PM 발주 장려

- 건설전문기관은 대규모사업에 자문형 PM 도입(PMC)

⑤ PM 발주실적 증대

- 공적개발원조 활용, 국내실적 대외홍보 강화

5. 해외 건설인력 양성

(1) 중장기 인력양성계획 수립

① 투자개발사업 전문가과정 개설, 법률·계약 부문 포함

- 연 220시간 이상 교육과정 계획 중

② 맞춤형 전문과정 개발 및 제공

③ 비대면 환경 고려, 온라인 진행

(2) 주재관 사전교육

① 현지 공관원 교육 프로그램 개발, "해외건설 지원과정" 등

② 수주지원 및 기업 애로 해소

③ 이용자 만족도 평가 의무화, 형식적 지원 차단

6. 해외진출 저변 확대

(1) 선진 외국시장 진출

① 상대국에 대한 외교적 노력 선행 필요
- 상대국에 대한 국내업체 투자 연계[92]

② 현지 민관 네트워크 지원조직 필요
- KOTRA, 해외건설협회, KIND, 수출입은행 등 참여
- 진출기업에 사업발굴에 필요한 현지의 정책·제도·시장전망 정보 지원

③ 선진외국 진출 성공사례 축적

④ 저개발국가 일변도에서 탈피, 진출국 다변화 모색
- 현재 중남미, 동남아시아, 아프리카 순

(2) 개발도상국 공략

① 대외경제협력기금(EDCF)

② 다자개발은행(MDB 등 활용

③ G2G(정부간 계약) 강화, 후속사업 연계 모색
- 경제혁신 파트너십 프로그램 활용
- 우즈백, 인도네시아, 케냐, 페루 등 진출 사례 확대

④ 스마트시티 수요국 진출 강화
- 베트남, 태국, 인도네시아, 터키 등

Ⅵ 결론

1. PPP 사업은 국내의 축적된 다양한 경험과 지식을 기반으로 해외 고부가가치 부문에 참여하여 내수시장의 한계를 극복할 수 있는 사업이다.

2. 해외건설시장에서 경쟁우위 부문의 점유율을 선점하려면 정부를 비롯한 공기업, 금융기관, 건설사업자 및 건설엔지니어링사업자 등의 긴밀한 파트너십 형성과 사례 축적이 시급한 과제이다.

---

92) 2021년 제2차 한미 인프라 워킹그룹회의를 개최하여 제3국에 공동진출하거나 미국시장 진출에 대한 협력을 논의하고 이때 국내기업(삼성전자, 현대차, SK하이닉스 등)이 현지에 대규모 플랜트 투자계획을 제안하도록 한 사례가 있다.

0000 | PMC(Project Management Consultancy)

I 개요

1 PMC는 전문가 조직의 경험과 지식을 바탕으로 발주자의 프로젝트 전반을 종합적으로 관리하는 엔지니어링 업무영역이다.

2 국내외 건설시장의 환경변화와 더불어 엔지니어링산업의 고부가가치 신성장 동력으로서 PMC에 대한 관심이 높아지고 있다.

II 필요성

1. 국내 건설시장 성숙

① 건설 시설물 소요량 축적

② 건설 신규물량 감소

③ EPS[93] 부문 기술력 향상

④ 건설 신수요 창출 필요

2. 해외시장 고부가가치 부문 공략

① 저수익-고비용 건설업역 탈피

  • 저가 수주경쟁 및 단순 도급형 EPS 지양

② 기획 및 운영 부문 참여 강화

③ 건설사업의 수익성 및 생산성 제고

④ 고수익 부문에 대한 대외경쟁력 구비

3. 건설산업 이미지 제고

① 기술집약적 산업 지향

② 엔지니어링 경쟁력 향상

③ 우량 일자리 창출, 유능한 젊은 인력 유도

④ 발주자에게 고급 건설서비스 제공

---

93) EPS: 'Engineering(설계) Procurement(구매) Construction(시공)'의 약어

Ⅲ 계약 및 주요 업무

1. PMC 용역계약

① '발주자 – 엔지니어링사업자' 계약 체결
② 계약서상 업무범위 명시
③ 계약에 따라 업무수행

2. 단계별 업무

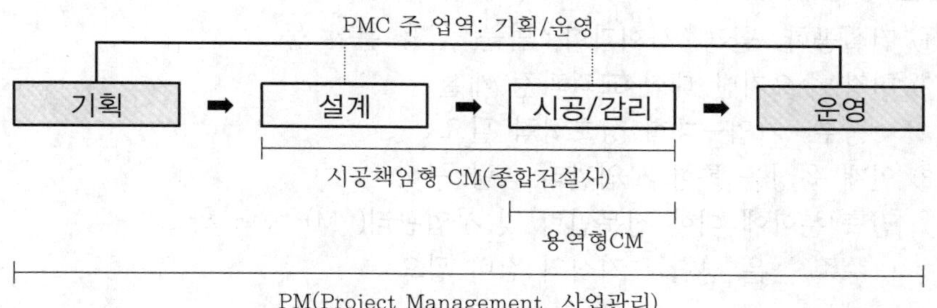

[PMC 업무 영역]

(1) 기획단계

① 발주자 요구사항 검토
 • 발주자 요구사항 상세분석 후 계약이행
 • 기술, 품질, 문서 등 관련 요구사항
② 타당성조사 검토 및 반영
③ 법적 고려사항 파악
④ 사업계획 수립 및 보고

(2) EPC단계

① CM 용역 활동 감독
 • 용역형 및 시공책임형 CM 용역업무
② 공사관리 부문별 통제
 • 공정, 원가, 품질, 안전, 환경 등의 부문

(3) 운영 및 유지관리 단계

① 시운전 입회 및 확인
② 유지관리 지침안 검토 및 반영
③ 시설물 운영 노하우 전수

Ⅳ 도입 및 활성화 방안

1. 관련법령 정비

① 엔지니어링업 명칭
② 업무 범위 및 지침, 범용 PM 절차서 등 개발
③ 참여자격 요건
④ 표준계약서 양식 마련

2. 전문인력 양성 및 확보

① 건설공학, 환경, 사회과학, 법률, 금융 분야 등
② 현장 수요기반 대학 교과과정 개설
  • 정부-기업-대학 상호협력 필요
③ 인재 육성을 통한 사업관리 역량 구비
④ 진출 분야에 대한 전문인력 및 사업관리(PM) 능력 확보
  • 수준 높은 경험과 지식의 겸비 필요

3. 공종 다변화

① 도시개발사업, 플랜트사업, 대형 건축사업 등
② 플랜트 및 토목 편중 해소
③ 건축분야 진출 확대

4. 시범사업 추진

① 국내 시범사업 발주
② 건설기업 실적 및 경험 축적, 엔지니어링 역량 강화
③ 해외시장 진출요건 구비

Ⅴ 결론

1 PMC는 기획·운영 단계를 타깃으로 하는 고부가가치 업역으로서 글로벌 선진기업은 2017년을 전후하여 시장을 선점한 상태에서 국내 기업의 참여는 아직 저조한 실정이다.

2 엔지니어링 역량에 의한 건설 강국으로 거듭나려면 고수익·저비용의 PMC 시장을 적극 공략하기 위한 정부와 엔지니어링 업계의 강도 높은 접근 노력이 요구된다.

참고문헌 출전

1. 해외 PMC/CM시장 진출을 위한 건설산업 이슈 점검 간담회, 박희대, 한국건설산업연구원, 2015
2. 해외 PMC시장 경쟁력에 대한 국내외의 인식차이 분석, 장우식 외, 한국건설관리학회 논문집, 2017
3. IPA를 활용한 해외 건축사업 PMC 분야 단계별 업무역량 분석, 하성욱 외, 한국건설관리학회 논문집, 2015
4. 대한건설경제신문 최근 관련기사, 2019.1.~2021.11.

6321 입찰참가자격 사전심사(PQ: Pre-Qualification)

I 개요

① 입찰참가자격 사전심사는 입찰자의 경영상태와 공사이행능력을 종합평가하여 적격자만 입찰에 참여시키는 제도이다.

② 입찰 전에 실시하여 최저가낙찰제에 의한 부실공사를 방지하기 위한 제도로 '국가를 당사자로 하는 계약에 관한 법률(=국가계약법 시행령 제13조)'에 규정되어 있다.

심사방법	➡	문제점/개선
• 대상공사 • 항목, 배점기준		• 변별/경직성/담합 • 배점/심사기준 능력

II 심사방법

1. 대상공사[94]

① 단위공사의 추정가격이 200억 원 이상의 18개 공종

② 추정가격이 300억 원 이상의 공사

• 2012년부터 100억 원 이상으로 확대

③ 일괄 · 대안입찰공사 등이 대상

2. 심사항목 및 배점기준

▶ 사전심사는 경영상태 부문과 기술적 공사이행능력 부문으로 구분하여 심사한다.

▶ 경영상태 부문의 적격자에 한하여 기술적 공사이행능력 부문을 심사한다.

(1) 경영상태(신용평가등급) 심사기준

① 등급요건

신용평가방법＼추정가격	500억 원 이상	500억 원 미만
회사채	BB^{++}	BB^{-}
기업어음	B^{+}	B^{0}
기업신용평가등급	BB^{++}	BB^{-}

② 적격자는 평가방법 중 유효기간 내에서 가장 최근의 등급이 등급요건 이상일 것

---

94) 국가계약법 시행령 제13조(입찰참가자격 사전심사)

(2) 기술적 공사이행능력 심사

① 배점기준

심사분야	배점한도	심사항목
시공경험	40	• 동종·유사 공사실적 • 전공종 실적합계
기술능력	45	• 기술자 보유현황 • 신기술 개발·활용실적 • 기술개발투자비율 등
시공평가결과	10	• 시공경험평가결과
지역업체참여도	5	• 지역업체의 지분율
신인도	±3	• 성실성, 하도급협력 • 재해, 제재처분 • 부실벌점 유무 등
계	100	

② 심사항목의 배점은 추정가격 규모에 따라 상이
  • 200억 원 이상과 200억 원 미만으로 구분
③ 적격자는 평점 90점 이상

Ⅲ 문제점 및 개선

1. 문제점

① PQ 심사의 변별력 부족
② 심사항목별 배점기준의 경직성
③ 담합 우려

2. 개선사항

(1) 탄력적 배점 적용

① 공사규모가 클수록 시공경험 배점 상향 적용
  • 동일·유사공사 실적의 배점을 높게 적용
  • 기술능력 항목의 배점을 하향조정하여 적용
② 경영상태 평가항목의 조정
  • 재무항목 다원화
  • 비재무항목 추가: 신용평가등급, 회계감사의견서, 영업기간 등

(2) 심사기준과 능력 확보

① 설계, 기술능력 평가기준 정립
② 내역심사기준과 심사능력 확보

　(3) 업체의 체질 개선

　　① Soft 기술능력 개발

　　② 기술개발투자 증대, 시장개방에 따른 대외 경쟁력 향상

　　③ 전문하도급업체의 육성, 계열화

　(4) 담합방지

　　① 담합업체 처벌기준 강화

　　② 공정 경쟁률의 준수 유도

---

tip　담합(Conference)

1. 정의
입찰(Bidding) 시 경쟁자 간에 미리 낙찰자를 정하여 놓고, 예정가격에 매우 가까운 가격으로 입찰하는 행위를 말한다.

2. 원인과 폐해
① 입찰자가 소수일 경우 담합 우려
　• PQ 심사 후 적격업체 사이의 나눠먹기식 행태(行態)에서 비롯된다.
　• 적격업자 선정 후 입찰 전까지의 시간적 여유에서 담합이 발생한다.
② 최적격자 선정 곤란
　• 적격업자끼리의 의도적인 행동으로 발주자의 최적격자 선정행위가 차단된다.
③ 업계의 불신감 조장, 건전한 발전 저해
④ 발주자의 사업비용 증대
⑤ 공정한 경쟁정신에 위배

3. 방지대책
① 입찰, 계약 사무의 합리화
　• BIM 활성화
　　−건설 정보 통합: 발주자, 일반 이용자, 건설업체 정보
　　−통합 정보에 의한 전자 상거래 실시: 전자 입찰, 계약
　• 조달체계의 투명성 제고, 담합 소지 제거
② 담합업체의 제재 강화
　• 담합으로 인한 부당 이득 환수
　• 해당업체에 벌점 부과 및 제명조치

6322 일괄입찰 (Turn-key 발주)

I 개요

1 건설 서비스의 Package화에 따라 설계와 시공을 일괄하여 발주하는 방식이 국가를 당사자로 하는 공사계약을 중심으로 증가 추세이다.

2 일괄발주는 발주자, 시공자에게 많은 장점이 있으나 국내 건설업체 및 입찰제도상의 문제로 개선방안이 요구되고 있다.

특징	➡	문제점	➡	개선방안
• 발주자 입장 • 시공자 입장		• 건설업체 • 입찰제도		• 낙찰자/위원/대형 · 특수 공사 • 공동도급/CM 능력/기준

II 특징

1. 발주자 입장

① 책임한계 명확

② 노력 최소화

③ 공사비 절감 기대

2. 시공자 입장

① 단계별 발주 가능

② 창의적 기술개발 가능

③ 의사소통 원활

④ 수급인이 설계용역 발주

III 문제점

1. 국내 건설업체

① 실적 위주의 Dumping 성행

② 단순시공 위주의 발주방식이 대부분

③ 담합 성행

④ 원 · 하도급 계열화 미흡

2. 입찰제도

　　① 심의위원회의 공정성과 전문성 미흡
　　② 설계·견적 기간 부족
　　③ 대상공사의 획일적 적용
　　④ 과다 설계로 인한 공사비 증가
　　⑤ 낙찰자 선정방식 미흡
　　⑥ 실시설계와 시공병행(Fast Track)의 적용여건 미흡

Ⅳ 개선방안

1. 낙찰자 선정방식 개선

　　① PQ 심사, 평가항목 비중을 합리적으로 조정
　　② 설계 평가비중 조정
　　　　• 과도한 설계비 지출 방지
　　　　• 설계점수 하향조정, 가격과 시공능력 배점 상향조정
　　③ 평가 시스템 강화
　　　　• 1단계: PQ 심사
　　　　• 2단계: 실시설계 적격자의 선정·평가
　　　　• 3단계: PQ+설계·입찰가격 종합평가

2. 평가위원 명부 보완

　　① 전문분야별 충분한 위원 확보
　　　　• 논문실적, 프로젝트 경력, 심의경력 등 참고
　　② 명부의 지속적인 Update 관리
　　③ 신기술, 신공법의 평가능력 제고

3. 대형·특수 공사

　　① 현행: 공사계약 일반조건 준용
　　② 입찰안내서, 심의안내서 등의 별도항목 필요

4. 공동도급 활성화

　　① 분담이행방식 활성화
　　② 대형 시공업체와 소규모 용역업체 공동참여 유도

5. 발주기관의 사업관리능력 제고

　① 프로젝트의 심의 · 관리능력 제고

　② 민간부문의 CM 능력 적극 활용

　　• 고난도 기술이 요구되는 프로젝트 부문

　　• CM의 기술력과 관리능력 적극 활용

6. 대상공사 심의기준 개선

　① 공사규모, 공사금액에 따른 획일적 적용 지양

　② 고난도, 고기술성이 요구되는 공사를 대상으로 발주

　　• 민간의 창의적 기술력이 필요한 공사에 적용

7. Fast Track 활성화

기본설계	실시설계	시공	: 현행방식
기본설계	실시설계		
		시공　← 공기단축 →	: Fast Track

　① 연차 · 차수별 계약 및 예산집행 지양

　② 계속비예산 증대

　③ 기술개발보상제도 적극 활용

　④ 공종별 실시설계 · 시공운용 및 계약절차 기준 마련

6323 대안입찰제

Ⅰ 정의

1. 대안입찰제는 발주된 설계도서상의 대체가능 공종에 대해 동등 이상의 기능과 효과를 가진 대안의 제출이 허용되는 입찰제이다.
2. 대안입찰의 성립요건은 원안의 예정가격보다 유리하고 당초의 예정공기를 초과하지 않는 설계와 공법이어야 한다.

입찰 및 낙찰자	➡	기대효과
• 공고/대안설계/대안심의 • 최저가/대안입찰		• 공공사업비/부실 • 기술능력/신기술

Ⅱ 입찰 및 낙찰자 선정

1. 입찰

① 입찰공고 → 참가신청 → 입찰서류 수령
② 대안설계 → 입찰서 제출 → 낙찰자 선정 → 계약
③ 대안심의 후 계약까지 80일 소요

2. 낙찰자 선정

① 원안입찰 중 최저가 입찰자
② 대안입찰 중 ① 이하 금액의 입찰자
⎱ 중에서 낙찰자 선정

Ⅲ 기대효과

① 공공사업비 절감
② 부실시공 예방
　• 입찰과정에서 입찰자의 기술력 검증
③ 건설기술자의 기술능력 제고
　• 설계경쟁을 통하여 공사의 품질향상 도모
　• 설계·시공상의 기술능력 개발 유도
④ 신기술의 적용성 증대 및 Know-How 축적 가능

> **tip** 　**대안입찰**

1. 입찰방식의 의의
- 1975년 4월에 도입된 제도로서 원안입찰과 함께 입찰자의 의사에 따라 대안 설계서에 따른 대안입찰서 제출이 허용되는 입찰제도이다.
- 대안설계는 원안설계 공종 중에서 대체 가능한 공종에 대해 기본 방침의 변경 없이 원안설계 이상의 기능과 효과를 가진 신공법, 신기술, 공기 단축이 반영된 설계로 원안설계서상의 가격보다 낮고, 공사기간이 원안보다 초과하지 않는 방법으로 시공할 수 있는 설계라야 한다.
- 원안입찰만 하면 내역입찰, 동시입찰하면 대안입찰이다.
- 내역입찰과 턴키 입찰의 중간적인 입찰제도로, 원안부분은 내역입찰식, 대안입찰부분은 턴키 입찰방식이 된다.
- 내역입찰과 턴키 입찰의 중간 형태로 일명 Semi Turn-Key라고 한다.
- 공사비, 공기, 공사 품질: 대안이 원안보다 유리할 경우 입찰이 허용된다.

2. 입찰방식의 종류
- 총액입찰: '추정가격 < 100억 원인 소규모공사에 적용
- 내역입찰: '추정가격 ≥ 100억 원인 공사 중 대안·턴키 입찰을 제외한 모든 공사에 적용
- 대안입찰: '추정가격 ≥ 300억 원인 공사에서 대안설계가 가능한 공종이 있는 공사에 적용
- 일괄입찰: '추정가격 ≥ 300억 원인 공사에 적용

6324 ｜ 내역입찰제

I 개요

① 내역입찰제는 총액입찰의 문제점을 해결하고 건설시장 개방에 따른 기술개발 촉진 및 입찰질서 확립을 위해 도입된 제도이다.

② 내역입찰은 입찰자로 하여금 총액을 기재한 입찰서에 단가가 기입된 물량내역서를 첨부하여 제출하는 방식이다.

필요성/적용대상	→	문제점/개선방향
• 기술개발/견적/질서/총액 • 추정 100억/대안입찰 제외		• 다종/전산화/중소/기간/품셈 • 전산화/중소/기간/전문/실적

II 필요성 및 적용대상

① 건설시장 개방에 따른 기술개발 제고

② 견적능력 배양

③ 입찰질서 확립, Dumping 방지

④ 총액입찰 문제점 개선

　• 설계변경 곤란, 물가변동의 반영 곤란, 기성고 지불기준 불명확 등

⑤ 추정가격이 100억 원 이상이고, 대안·일괄입찰을 제외한 모든 공사에 적용

III 문제점 및 개선방향

1. 문제점

① 건축공사 내역이 다종다양: 단가작성 방대

② 단가산정의 전산화 미흡

③ 중소건설업체의 견적능력 부족

④ 견적기간 확보 필요

⑤ 현행 품셈제도의 한계: 자재, 노무단가의 시장가격 반영 미흡

2. 개선방향

① 견적업무의 전산화

② 중소업체의 견적능력 배양

③ 견적기간 확보

④ 적산사제도 도입, 견적업무 전문화

⑤ 시장표준단가의 적용기반 확보

---

tip 내역입찰

• 입찰 시 총액을 기재한 입찰서에 산출 내역서를 첨부하는 입찰

• 추정가격＝설계가격－부가세－관급 자재

• 입찰순서: 입찰공고 → 참가신청 → 설계도면, 공사시방서, 현장 설명, 물량 내역서 수령 → 물량 내역서에 단가 기재 → 산출 내역서 작성 → 입찰서 제출

※ 현장 설명 불참 시 입찰 무효처리: 국가계약법 시행규칙 제44조 5호

6325 | 순수내역입찰제

I 개요

① 현행 입·낙찰제도의 불합리성을 보완하기 위하여 최고가치낙찰제와 더불어 순수내역입찰제의 도입이 본격적으로 거론되고 있다.

② 순수내역입찰제는 입찰자가 물량내역을 산출하여 단가를 적용한 다음 입찰금액을 산정하는 방식으로 2010년부터 연차적으로 확대·실시되고 있다.

③ 추정가격이 300억 원 이상인 공사에 대하여 제한적으로 적용되고 있다.[95]

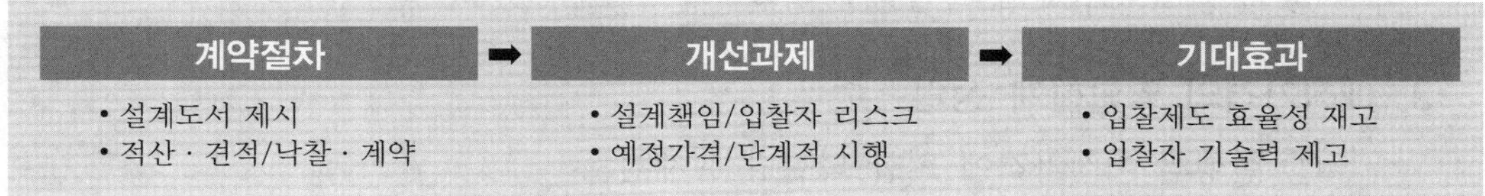

II 계약절차

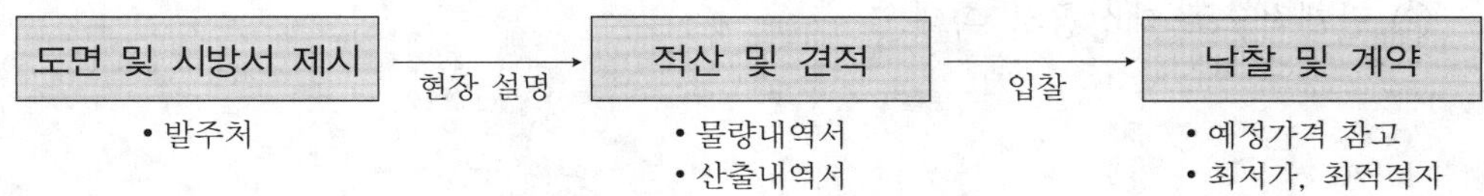

1. 설계도서 제시

① 발주처는 도면과 시방서를 작성하여 입찰자에게 제시

② 물량내역은 구조체의 주요공종만 제시

③ 현장설명

2. 적산 및 견적

① 입찰자의 기술력과 자원을 바탕으로 적합한 재료와 공법 채용

② 설계도서를 근거로 입찰자가 직접 물량내역서 작성

③ 물량내역에 단가를 적용하여 산출내역서 작성하여 입찰

3. 낙찰 및 계약

① 발주처는 입찰가의 적정성 검토

　• 예정가격은 참고자료로만 활용(결정자료가 아님)

② 최저가 또는 적격심사하여 낙찰자 선정 후 계약체결

---

95) 국가계약법 영§14(공사의 입찰) 참조

Ⅲ 개선과제

1. 설계도서상의 책임한계 명확화

① 발주처의 책임회피 방지
② 모호한 표현으로 인한 Claim 발생 예방

2. 입찰자의 Risk 부담 고려

① 입찰자수의 급감현상 경계
② 올바른 가격경쟁의 변질 방지
③ 특정 소수업체의 독점현상 방지

3. 예정가격의 역할한계 정립

① 현행의 예정가격에 의한 낙찰방식 재검토
② 예정가격은 공사가능금액의 참고자료로만 활용

4. 단계적 시행

① 시범사업을 통하여 문제점 보완
② 단계적으로 대상공사 확대

Ⅳ 기대효과

1. 입찰제도의 효율성 제고

(1) 기존 제도의 문제점 보완

① 최저가 낙찰방식의 과도한 저가입찰 근절
② 적격 낙찰제도의 입찰자 난립현상 개선

(2) 실제공사비 절감

① 불필요한 설계변경을 사전 배제
② 선정업체의 책임시공 기대

(3) 기타

① 형식적 입찰서류작업 간소화
② 실적공사비의 기초자료 축적

2. 입찰자 기술력 제고

(1) 입찰자의 기술력 향상

① 설계도서 검토능력

② 적산·견적능력

③ 신기술, 신공법 보유 및 활용 유도

(2) 탄력적 공사이행

① 문제 발생 시 책임감을 갖고 대응

② 계약 후 변경에 대한 모든 책임은 입찰자가 감수

---

tip 순수내역입찰제 관련법령

■ 국가계약법 시행령

제14조 (공사의 입찰)

① 각 중앙관서의 장 또는 계약담당공무원은 공사를 입찰에 부치려는 때에는 다음 각 호의 서류(이하 "입찰관련서류"라 한다)를 작성하여야 한다. 다만, 공사의 특성을 고려하여 필요하다고 인정하는 경우에는 입찰에 참가하려는 자에게 제2호의 물량내역서를 직접 작성하게 할 수 있다. 〈개정 2010.7.21.〉

② 각 중앙관서의 장 또는 계약담당공무원은 입찰관련서류를 입찰에 참가하려는 자에게 열람하게 하고 교부(제1항 제1호의 설계서는 교부를 요구한 경우에 한정한다)하여야 한다. 다만, 제1항 각 호 외의 부분 단서에 따라 입찰에 참가하려는 자에게 물량내역서를 작성하게 하는 경우에는 그러하지 아니하다. 〈신설 2010.7.21.〉

⑦ 제6항 제1호의 산출내역서는 다음 각 호의 방법으로 작성하여야 한다. 다만, 제1항 각 호 외의 부분 단서에 따라 입찰에 참가하려는 자에게 물량내역서를 작성하게 하는 경우에는 직접 작성한 물량내역서에 단가를 적는다. 〈개정 2010.7.21.〉

1. 추정가격이 300억 원 미만인 공사: 제2항 본문에 따라 교부받은 물량내역서에 단가를 적는다.

2. 추정가격이 300억 원 이상인 공사: 제2항 본문에 따라 교부받은 물량내역서를 참고하여 입찰참가자가 직접 물량내역서를 작성하여 단가를 적고, 교부받은 물량내역서와 직접 작성한 물량내역서 간에 차이가 있으면 제6항 제2호의 공종별 입찰금액 사유서에 그 차이에 대한 사유를 적는다.

■ 계약예규 제112호, 2012.09.22., "5. 최저가낙찰제의 입찰금액 적정성 심사기준"

제2조 (정의)

13. "순수내역입찰"이란 시행령 제14조 제1항 각 호 외의 부분 단서에 따라 발주기관이 확정한 설계서 범위 내에서 입찰참가자가 직접 물량내역을 작성하여 단가를 적는 입찰을 말한다.

제2조의 2 (적용방법 등)

② 계약담당공무원은 시행령 제14조 제1항 각 호 외의 부분 단서에 따라 공사의 특성을 고려하여 순수내역입찰을 하고자 할 경우, 다음 각 호에 해당하는 때에 적용할 수 있다.

1. 공사의 난이도가 높거나 신기술이 적용되는 공종 등이 포함된 공사

2. 제1호에 준하는 공사로 발주기관이 공사의 특성을 고려하여 필요하다고 인정하는 공사

6326 　적격심사낙찰제

I 　개요

① 공공공사의 입찰비리를 막고 투명성을 높이기 위해 입찰참가업체의 시공능력, 기술력, 재무구조 등을 토대로 선정한 우수업체 중 가장 낮은 공사가격을 제시한 업체를 최종낙찰자로 선정하는 제도이다.

② 적격심사제는 부실공사를 방지하기 위해 1995년 7월부터 도입하였으나 변별력 부족으로 '운찰제'[96] 현상 등의 부작용이 심각하여 점차 최저낙찰제로 대체되고 있으나, 이 또한 논란이 많은 실정이다.

주요내용	➡	필요성/개선방안
• 심사대상/심사항목 • 배점기준/심사절차		• 적격/덤핑/부실/대외 • 공정/변별/하도급/최저가

II 　주요내용

1. 심사대상

　　① 200억 원 이상 300억 원 미만의 PQ 대상 공사
　　② 300억 원 미만의 모든 공사

2. 심사항목

(1) 공사수행능력의 적정성

▶ PQ 심사항목과 동일하며, PQ 심사대상은 PQ 점수를 적용한다.

평가항목	평가내용
시공경험	최근의 동종, 유사공사 실적
기술능력	기술자 보유현황, 신기술 개발 및 활용실적, 기술개발투자비율 등
시공평가결과	건기법 제36조에 의한 시공평가결과
경영상태	신용평가등급에 의한 평가
신인도	가점과 감점항목을 가감

---

96) 운찰제: 낙찰자 선정의 투명성을 강조하다 보니 모든 심사기준이 계량화되어 비가격 요소의 변별력이 부족하게 되었고, 복수 예정가격 및 낙찰 하한율의 존재로 인하여 운찰제(運札制)라는 비난을 받게 되었다. 즉, 대다수의 입찰자가 공사이행능력에서 만점을 받고 공사예정가격에 따라 낙찰자 선정이 좌우됨을 일컫는 말이다.

(2) 기타 심사항목

　① 자재 및 인력 조달가격의 적정성

　② 하도급 관리계획의 적정성

　③ 수행결격 여부 등

3. 배점기준[97]

공사규모 (추정가격: P)	입찰가격 점수	공사수행능력						f	g	h	비 고
		a	b	c	d	e	계				
200억 ≤ P < 300억 (PQ 대상공사)	30	12	12	2	14	±1.2	40	16	14	−	
100억 ≤ P < 300억	30	12	12	2	14	±1.2	40	16	14	−	
50억 ≤ P < 100억	50	15	−	−	15	±0.9	30	10	10	−	
10억 ≤ P < 50억	70	15	−	−	15	−	30	−	−	−10	
3억 ≤ P < 10억	80	10	−	−	10	−	20	−	−	−10	
2억 ≤ P < 3억	90	5	−	−	5	−	10	−	−	−10	
P < 2억	90	−	−	−	10	+2	10	−	−	−10	

* 여기서, a: 시공경험　b: 기술능력　c: 시공평가결과　d: 경영상태　e: 신인도
　　　f: 하도급 관리계획의 적정성　g: 자재 및 인력 조달가격　h: 수행결격 여부

　① 공사규모는 300억 원 미만으로 7개 구간으로 구분

　② 입찰가격 점수는 공사규모가 작아질수록 높게 배정

　③ 공사수행능력 중, 기술능력과 시공평가결과에 대한 배점은 100억 원 이상에만 적용

　④ 50억 원 미만의 공사

　　• 신인도, 자재 및 인력조달의 적정성 등의 배점 미적용

　　• '수행결격 여부'는 반영

4. 심사절차

　① 배점 항목별의 점수를 합산하여 예상종합평점 산정

　② 공사규모별 예상종합평점을 적격 통과점수와 비교

　　• 추정가격 100억 원 이상인 공사는 92점, 100억 원 미만일 경우에는 95점 이상

　③ 예상종합평점이 적격 통과점수 이상인 최저가 입찰자를 적격심사 대상자로 선정

　④ 적격심사 대상자를 상대로 적격여부 종합평가

　　• 입찰자에게 하도급관리계획서, 자재 및 인력조달가격 평가서류, 기술자보유 확인서류 등을 제출하게 하여 낙찰예정자 선정

　⑤ 부적격 판정 시 차순위 입찰자에 대하여 동일방법으로 심사하여 낙찰자 선정

---

97) 적격심사기준, 회계예규 2200.04−149−27, 2010.11.30 참조

Ⅲ 필요성 및 개선방안

1. 필요성

① 공사수행능력을 갖춘 적격업체 선정

② 덤핑 방지: 비가격 요소와 공사수행능력을 종합적으로 고려

③ 부실공사 방지

④ 대외경쟁력 확보

2. 개선방안

① 공정한 심사기준과 능력 확보

② 이행능력 평가항목의 변별력 확보: 운찰제현상 방지

③ 하도급 계열화 촉진방안 마련

④ 최저가낙찰제의 점진적 확대 적용

6327 종합심사낙찰제

I 개요

1. 종합심사낙찰제는 공공부문의 낙찰자 선정과정에서 입찰참가자의 전문성을 유도하고 최저가낙찰제의 폐해를 개선하기 위한 제도이다.
2. 2016년부터 300억 원 이상의 대형공사에 적용하며 관련규정은 계약예규에 명시되어 있다.

도입 취지	➡	종합심사항목	➡	적용과제
• 저가수주/담합 근절 • 운찰요소 배제		• 공사수행능력/입찰금액 • 사회적 책임		• 적정 낙찰가/중견 · 중소업체 • 발주자 재량권 확대

II 도입 취지

1. 저가수주 방지

① 표준시장단가의 불합리성 차단
② 낙찰만을 위한 과도한 저가 투찰행위 근절

2. 담합 근절

① 최저가낙찰제 저가심의제도의 폐단 방지
② 담합으로 인한 예산부담 경감

3. 운찰(運札)요소 배제

① 특정구간 투찰집중현상 예방
② 입찰금액 심사의 변별력 확보
③ 유능력 입찰자 탈락 방지 등

III 종합심사항목

1. 공사수행능력

① 시공실적
② 매출액 비중
③ 배치기술자 역량
④ 공공공사 시공평가 점수
⑤ 규모별 시공역량

2. 입찰금액

① 균형가격, 투찰가격, 예정가격을 고려하여 종합평가

> **〈균형가격〉**
> **1. 개요**
> - 공공부문의 입찰금액 종합심사에서 입찰자의 투찰가격을 평가하기 위한 기준가격이다.
> - 2016년 1월부터 전면 시행하는 종합심사낙찰제 심사기준에 명시되어 있다.
>
> **2. 산정방식**
>
> 균형가격＝(입찰금액－배제대상 입찰금액)÷대상자 수
>
> - 입찰금액: 부적격 입찰금액 제외, 제외대상은 심사기준에 구체적으로 명시
> - 배제대상 입찰금액
>   - 상위 40%: PQ 대상일 경우 담합 폐해 고려, 하위 20%: 실행 이하의 덤핑 투찰 방지
> - 대상자 수: 총 입찰참여자에서 다음 해당자 제외
>   - 입찰금액 부적격자, 입찰금액 상하위 배제 대상자 등
>
> **3. 투찰가격 심사**
> - 균형가격＝투찰가격일 경우에 해당, 배점 최고한도까지 만점 부여
> - 균형가격 미달·초과: 감점 적용, 초과 시 미달의 경우보다 감점량 할증

② 가격산출의 적정성 평가, 감점 적용

③ 단가 및 하도급계획 심사점수 산정

3. 사회적 책임

① 건설인력 고용실적

② 공정거래행위

③ 건설안전능력 등

Ⅳ 적용과제

1. 적정 낙찰가 유도

① 덤핑－담합 구간 사이에서 낙찰가 유도

② 투찰가격 평가의 변별력 강화

③ 만점자 및 동점자 과다현상 방지

④ 실행가능 투찰행위 유도

2. 중견·중소업체 배려

① 공동도급 시 실적 할증, 지분률 무관

② 지역업체 참여 시 가점 부여, 의무적 참여 유도 배제

3. 발주자 재량권 확대

① 획일적 중앙발주 한계 보완

② 공사특성 반영

③ 공사수행 능력평가에 발주기관에게 재량권 부여

④ 재량권에 따른 책임의식 고취 등

6328 최고가치낙찰제

I 개요

1. 최고가치낙찰제는 LCC 관점에서 발주자에게 최고의 가치를 제공할 수 있는 입찰자에게 공사를 낙찰시키는 제도이다.
2. 초기투자비의 경제성에만 치중하던 종전의 낙찰제도를 개선하여 건설수요자의 생애주기 비용을 절감함으로써 시설물의 투자 효율성을 극대화하기 위해 도입되었다.
3. 적격심사제와 최저가낙찰제의 폐해(운찰제)를 보완하기 위한 최종적인 낙찰제로 점진적 도입이 필요하다.

정의/필요성	➡	도입 과제
• 정의 • 필요성		• 낙찰방식/조달시스템 • 시범사업 후 적극 도입

II 정의 및 필요성

1. 정의

① 최저의 LCC로 발주자의 요구를 충족하는 가치
② 가치의 검토 수단 : LCC 분석기법, VE 등
③ 사업초기에 LCC에 의한 최고가치로 경제성을 검토하여 낙찰자 선정

2. 필요성

① 선진외국의 도입사례 증가
  • 영국, 미국, 일본 등
② 비용에 대한 인식의 전환
  • 최저의 시공비 → 최저의 LCC
③ 입찰 · 낙찰 제도의 다양화
  • 공사규모, 특성, 중요성을 고려하여 융통성 있게 적용
④ 발주 및 시공자의 능력 향상
  • 발주기관의 기술능력 제고, 시공자의 공사품질 향상 및 기술개발 유도

Ⅲ 도입 과제

1. 낙찰방식의 시스템적 접근

① 단순한 낙찰자 선정방식 지양

② 발주자, 시공자의 상호능력기반 필요

- 조달조직, LCC 산정, 낙찰자 선정, 낙찰 후 성과측정 등

2. 조달시스템 혁신

① LCC DB 구축

② 발주자의 심사능력 구비

③ 입찰자의 견적능력 구비

④ VE, LCC 분석능력 향상

3. Pilot Project(시범사업) 후 적극 도입

① 적용대상 검토

② 시범운용 후 철저한 준비

6331 | 파트너링(Partnering) 공사수행방식

I 개요

1. 파트너링 공사수행방식은 공사참여자의 가용자원을 최대한 활용함으로써 계약에 의한 공사수행의 한계를 개선하기 위한 계약당사자 간의 협약이다.

2. 운영방식에는 협약기간에 따라 단위사업별 프로젝트 파트너링과 연속 프로젝트를 대상으로 하는 전략적 파트너링이 있으며, 협약의 구속력에 따라 계약 · 비계약 방식이 있다.

3. 국내 적용은 프로젝트 파트너링에서 전략적 파트너링, 비계약 파트너링에서 계약 파트너링의 운영방식으로 점진적 확대가 필요하다.

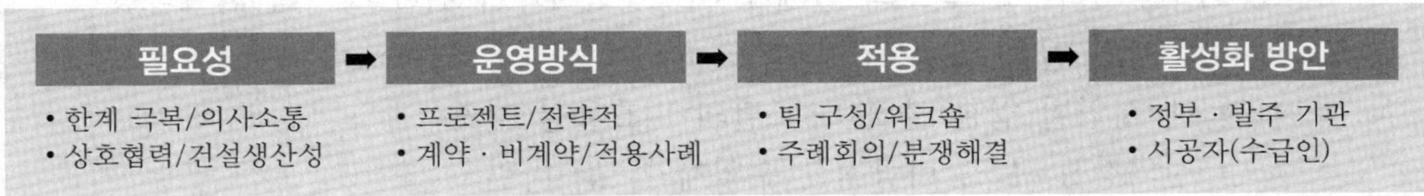

II 필요성

1. 계약제도의 한계 극복

① 계약당사자 간 대립관계 개선

② 계약상대에 대한 리스크 전가 지양

2. 참여자 의사소통

① 협약에 따라 의사소통 채널 확보

• 워크숍, 주례회의, 피드백 활동 등

② 클레임 · 분쟁요인 조기발견 및 해결

• 문제 제기 시 단계별 해결기구 가동

3. 상호협력 증대

① 팀원 각자의 임무숙지 및 공유

② 문제 발생 시 상대입장에서 해결 노력

③ 상호 부정적 이미지 개선

4. 건설생산성 향상

① 공사참여자별 가용자원 최대 활용

② 실질협력에 기반한 원가절감

③ 저비용, 고효율, 무결점 지향

Ⅲ 운영방식

1. 프로젝트 파트너링

① 프로젝트 단위의 파트너링 형태
- 특정·개별사업에 대한 한시적 동맹관계 협약

② 협력 증진과 분쟁 방지를 위한 공식적 관계와 절차 규명

③ 프로젝트의 공통임무와 행동규범 합의 및 존중

④ 계약당사자 간 기여와 협력, 의사소통 중시

2. 전략적 파트너링

① 다수·연속 프로젝트의 관계유지를 지속시키기 위한 장기적 파트너링

② 발주자의 건설 조달시간 단축
- 매 사업별 입찰 불필요, 조달의 비효율성 제거
- 선의경쟁 유도, 바람직한 수의계약여건 마련
- 공급사슬(Supply Chain)에 의한 파트너링 지향

③ 수급인의 사업계획 수립 용이, 생산 및 주문량 예측 가능

④ 지식·정보 공유, 성과에 대한 지속적 피드백 유지

3. 계약·비계약적 파트너링

① 비계약 파트너링
- 도입 초기의 파트너링 유형, 파트너링 협약서만으로 운영, 미국 방식

② 계약 파트너링
- 비계약방식의 한계 보완
- 계약서에 협약사항의 구속사항 명시, 영국·호주 방식

4. 적용사례

① BTL

② 프리콘서비스

③ IPD

④ 공동도급

Ⅳ 파트너링 적용

1. 팀(협의체) 구성

(1) 팀원의 범위

① 발주자와 수급인이 협의 결정

② 발주자: PM, CM·감리단장

③ 수급인: 현장소장, 관계기술자

④ 기타: 주요 하수급인 현장소장, 자원공급자, 지역주민대표 등

(2) 파트너링리더(Partnering Leader)[98]

① 발주자−수급인 각 1명 선임

② 파트너링 협약 주도

- 협약서(Charter, 헌장, 선언서) 작성
- 협약서에 대한 팀원 교육 및 상부 보고

③ 협의체 운영

- 과정개발 및 일정계획 수립
- 과정·결과 모니터링, 피드백 사항의 추적 확인(Feedback Survey)

④ 리더별 주요협력대상

- 발주자 리더: 지역사회, 수급인 리더: 하수급인 및 자원공급자

⑤ 프로젝트 종료 및 평가 등

(3) 퍼실리테이터(Facilitator)[99]

① 파트너링 조직능력 및 건설지식 보유자 선정

- 건설업계 출신으로 파트너링 목적 숙지, 분쟁해결능력 보유자일 것
- '발주자 − 원·하수급인' 중립적 역할 수행

② 파트너링리더에 조력

- 워크숍 의제 선정 및 진행
- 협약서, 분쟁해결 방안 등의 작성에 조력

③ 클레임·분쟁 예방

- 리스크 요인 사전공유 및 대응전략 강구

④ 워크숍 및 분쟁해결 회의 주재

⑤ 팀원의 수평적 상생문화 조성 등의 역할 수행

2. 워크숍

▶ 협약, 문제해결 방안, 파트너링 평가방법, 팀원연락처, 해결계획, 후속전략 등을 협의한다.

(1) 워크숍 유형

▶ 프로젝트의 복잡성 정도에 따라 단순, 중간, 복잡 모델을 적용한다.

① 단순 모델: 착수 워크숍 1회에서 필요사항 모두 결정

② 중간 모델: 착수 워크숍 후 필요시 후속 워크숍 실시

③ 복잡 모델: 프로젝트리더와 퍼실리테이터가 사전에 기획회의 진행

- 착수 워크숍 후 후속 워크숍 정기 실시

---

98) 'Partnering Champion'으로도 표현한다.

99) 조력자(협력자) 또는 중재자 등으로도 해석되지만 분쟁해결자로서의 'Arbitrator'와 의미상 혼동이 예상되어 외래어로 표기한다.

(2) 착수 워크숍

① 파트너링의 공식적인 시작단계, 팀 전원 참여

② 프로젝트 시작, 또는 착수 후 10일 이내 개최

③ 프로젝트 목적, 초기해결대상, 피드백 구조, 문제해결단계 등 협의

④ 협의사항 서약 및 문서화

⑤ 작성문서는 프로젝트 수행준칙으로 활용

(3) 후속 워크숍

① 중간·복잡 모델 선정 시 3~4개월 빈도로 개최

② 문제 발생, 프로젝트 이행단계, 팀원 변경 등 협의

(4) 종료 워크숍

① 프로젝트 완공 직전 이행결과를 평가하기 위한 워크숍

② 팀원을 대상으로 프로젝트 결산을 위한 의견수렴(Close-out Survey)

③ 수렴된 의견을 바탕으로 종합보고서 작성

④ 보고서 작성 후 파트너링 종료 선언

〈Workshop & Seminar〉
- 워크숍은 동등자격의 참여자가 업무에 필요한 기법을 실천적·체험적으로 학습하여 구체적인 성과를 만들어가는 연수방식이다.
- 워크숍은 문제제기, 조언, 해결방법 모색, 해결안 협의 및 실천, 성과평가 순으로 진행한다. 단기성 특정 연수를 워크숍으로 통칭하는 경우가 많다.
- 세미나는 다수의 발표자가 강사의 지도하에 각자의 주제를 발표하고, 상호 토의하여 주제의 완성도를 높이기 위한 회합이다.

3. 주례회의 및 월간 평가

(1) 주례회의

① 문제의 조기발견, 관심사 및 아이디어 발굴을 목적으로 실시

② 수급인은 하수급인 및 자재공급자로부터 문제점 종합, 의제 제시
- 미해결 문제와 새로운 문제에 대한 수행과제 및 마감일 확인
- 지난 주 및 다음 주의 일정과 공사 수행방법 협의

③ 회의내용 반드시 기록 유지

(2) 월간 평가

① 파트너링 진행과정 매월 평가
- Project Goal Feedback Survey 실시

② 5점 척도 평가, 결과 팀원 배부

4. 단계적 분쟁해결

① 해결방안은 착수 워크숍에서 협의 결정
  - 당사자는 발주자와 수급인, 설계팀은 기술적 자문역
  - 하도급 관련문제에는 하수급인 포함
  - 문제에 대하여 상대입장에서 이해하려는 노력과 충분한 설명 필요
② 1~4단계에 걸쳐 당사자 간 파트너가 단계적으로 해결안 협의
③ 이후에는 퍼실리테이터가 조정회의 주관
  - 필요시 분쟁조정전문 퍼실리테이터 선임
④ 조정으로 미해결 시 중재, 소송으로 분쟁해결

Ⅴ 활성화 방안

1. 정부 · 발주 기관

(1) 법적 구속력 부여

① 파트너링 개념 정의, 가이드라인 제시
② 건설산업기본법, 국가를 당사자로 하는 계약에 관한 법률 등

(2) 이익 공유 · 고통 분담에 대한 불평등조항 개선

① 도급 · 하도급계약의 표준일반조건 대상
② 실비보상조건 포함
③ 지체상금에 대응하는 공기단축 보상책 명시
  - 기술개발보상제도에 대한 발주자-수급인 유인책 마련
  - 공사비 절감 시 전액 대금지불, 또는 차기공사 수의계약 기회 부여
④ 클레임 발생 시 파트너링 협약에 의한 해결조항 규정

(3) 발주기관 계약 재량권 부여

① 현행의 중앙집중식 발주방식 개선
② 계약금액 조정, 지체상금, 불가항력 조항의 융통성
③ 입찰진행, 계약서류 작성, 공사관리방식 부문 등

(4) 공공기관의 참여 유도

① 일정규모 이상의 공공부문에 우선 의무 적용
② 성과에 따라 적용 대상 점진적 확대
③ 경영평가에 파트너링 실적 반영

2. 시공자(수급인)

(1) 우수한 협력업체 보유, 하도급계열화

▶ '주계약자형 공동도급제도'의 문제점 해결

① 시공효율 저하

② 책임소재 불분명, 분쟁소지

③ 공동수급체 구성·관리

④ 지속적 상생 유지 곤란 등의 문제점 개선

(2) 불공정 거래관행 근절 및 개선

① 하도급계약 시 표준계약조건 채용

② 관련법령[100]의 하도급거래 권장사항 수렴

〈4대 불공정 하도급 행위〉
- 부당한 하도급대금 결정·감액
- 부당한 발주 취소
- 부당한 반품
- 부당한 기술 유용 등

(3) 원·하 수급인 상생협력 증진

① 하수급인에 대한 기술, 교육, 재정 지원 확대

② 상생협력 우수업체에게 인센티브 제공

---

100) 건설산업기본법, 하도급거래 공정화에 관한 법률, 국가를 당사자로 하는 계약에 관한 법률, 계약예규 등

6332　Fast Track Construction

Ⅰ 개요

1 Fast Track Construction은 실시설계가 완료되는 대로 단계적으로 공사를 발주하여 조기 착공에 의하여 전체공기를 단축하는 기법이다.

2 이 기법은 계속비예산으로 공사를 진행하는 대규모 장기공사의 일괄입찰공사에서 공기단축효과를 기대할 수 있다.

기본설계	실시설계	시공	: 현행방식
기본설계	실시설계		

시공　← 공기단축 →　| : Fast Track

적용대상	➡	문제점	➡	증대방안
• 대규모복합공종 • 단순 · 반복 선형		• 연속성, 보상, 공사 • 설계능력, 시공관리능력		• 정부예산, 집행 • 보상제도, 절차, CM

Ⅱ 적용대상

① 대규모 복합공종의 공사

② 단순 · 반복 선형공사: 도로, 철도, 지하철공사 등

③ 도심지 고층건축물

Ⅲ 적용상 문제점

① 장기계속공사의 연속성 미흡

② 공기단축에 대한 보상 미흡

③ 실시설계 완료 후 공사 발주

④ 설계자의 설계능력 부족

⑤ 수급인의 설계 · 시공 관리능력 부족

Ⅳ 증대방안

① 정부예산 편성
- 장기계속공사의 예산을 계속비예산으로 편성

② 예산집행방식
- 연차 · 차수별 계약에 의한 예산집행 지양

③ 공기단축에 대한 보상제도의 활성화

④ 턴키 운용기준과 절차의 확립

⑤ CM에 의한 건설사업관리

⑥ 턴키 발주 적용대상 확대
- 선형(線形) · 반복 · 단순 공사도 포함

6333 ｜ 계약금액 조정방식

Ⅰ 개요

① 장기간 수행되는 건설공사에서 일정규모 이상의 공사물량과 물가변동이 발생할 경우 계약 당사자의 공평한 부담을 고려하여 계약에 따라 공사금액을 조정한다.

② 물가변동 등에 의한 계약금액의 조정절차와 내용에 대해서는 '국가계약법'에 규정되어 있으므로 계약담당자는 계약조건과 관련법에 따라 계약금액을 조정하여야 한다.

조정대상	➡	물가변동 조정	➡	조정내용	➡	비교
• 물가변동/설계변경 • 기타 변경		• 조정방식/조정요건 • 조정신청/조정기한		• 조정률 산정 • 계약금액 조정		• 품목조정률법 • 지수조정률법

Ⅱ 조정대상

① 물가변동
- 공사계약 체결 후 물가변동 등락폭이 3% 이상이 될 경우 증감조정

② 설계변경
- 공사물량의 증감, 신기술·신공법의 적용
- 10% 이상 증액될 경우 설계자문위원회의 심의가 필요

③ 기타 계약내용의 변경
- 공사기간, 운반거리 등의 변경

Ⅲ 물가변동 조정

1. 조정방식

① 품목조정률 또는 지수조정률에 의한 방식 중 택일

② 2가지 방식의 병용 불가

③ 특정규격의 자재는 품목조정률 적용

④ 품목조정률을 택할 경우 반드시 계약서에 명시

2. 조정요건

(1) 조정기준일 요건

① 계약 체결일로부터 90일이 초과된 후일 것

② 직전 조정기준일로부터 90일 이상이 경과할 것

③ 천재지변, 원자재 가격 급등 시에는 90일 이내에서도 가능

④ 특정규격의 자재가격 변동이 15/100 이상 시

- 90일 이전이라도 조정신청 가능(단품 슬라이딩 제도)

(2) 조정률 기준

① 입찰일 기준, 계약체결일 아님

② 품목조정률, 지수조정률 공히 3/100 이상 증감될 때 조정신청 가능

3. 조정신청

① 증액 조정신청

- 시공자가 발주기관에 신청
- 계약금액 조정내역서를 첨부하여 제출

② 시공자가 조정신청을 하지 않을 경우

- 하수급인이 발주자에게 통보하여 시공자가 신청하도록 함

4. 계약금액 조정기한

① 발주자는 청구일로부터 30일 이내에 조정

② 예산배정이 지연될 경우

- 시공자와 협의하여 조정기한 연장

③ 예산 부족 시

- 공사량을 조정하여 대가 지급

Ⅳ 조정내용(물가변동 시)

1. 조정률 산정

(1) 품목조정률

① 품목조정률 $= \dfrac{\text{각 품목} \cdot \text{비목수량} \times \text{등락폭}}{\text{계약금액}}$

② 등락폭 $=$ 계약단가 $\times$ 등락률

③ 등락률 $= \dfrac{\text{물가변동 당시가격} - \text{입찰 당시가격}}{\text{입찰 당시가격}}$

(2) 지수조정률

　① 비목의 구분: A~Z(대문자)

　② 계수산정

　　• 산출내역서상의 금액을 기준으로 비목별 가중치 산정

　　• a~z(소문자)로 구분

　③ 지수산정

　　• 비목군별 개별지수를 산정: 기준통계치 적용

　④ 지수조정률(K)

$$K = \sum 계수 \times \frac{물가변동시점의\ 지수}{변동\ 전\ 지수}$$

2. 계약금액 조정

　① 예정공정표 기준

　② 공기지연 항목

　　• 발주자의 귀책사유, 천재지변, 불가항력적 요인

　③ 시공자 귀책사유로 인한 지연공사 제외

　④ 조정금액 = 조정대상금액 ×(1 ± 조정률)

Ⅴ　조정방식 비교

1. 품목조정률법

　① 물가변동률을 당해 비목별로 적용

　② 모든 비목별 등락률을 산정하므로 계산 복잡

　③ 구성비목이 적거나 조정횟수가 적은 경우에 적합

　④ 소규모, 단순공종의 공사에 유용

2. 지수조정률법

　① 평균가격지수를 포괄적으로 적용

　② 물가변동내역이 실제대로 반영되기 곤란

　③ 구성비목이 많거나 조정횟수가 많은 경우에 적합

　④ 장기, 복합공종의 대규모 공사에 유용

6334 기술개발보상제도

Ⅰ 개요

1. 기술개발보상제도는 국내 공공공사에 대한 효율화로 사업비용을 절감하기 위한 제도로서 새로운 기술, 공법, 기자재로 공사비의 절감과 공기단축이 인정되면 절감액의 70%를 시공자에게 보상하는 제도이다.

2. 본 제도를 활성화시키기 위해서는 보상액의 증액, 보상액과 지급방법의 제도화, 설계변경 절차의 간소화, 인식전환과 기술력의 보강, 기술개발과 보상의 분리 등 개선을 위한 다양한 노력이 요구되고 있다.

3. 기술개발보상제도에 관한 내용은 '국가계약법'의 시행령 제65조 4~5항에 규정되어 있다.

필요성	➡	문제점	➡	활성화
• 공공건설/기업 • VE 기법/대외		• 보상혜택/보상방법 • 위험부담/계약제도/공사비		• 보상혜택/제도화 • 간소화/인식 전환

Ⅱ 필요성

① 공공건설공사의 생산성 향상 및 예산 절감
② 기업의 신기술 개발의욕 확대
③ VE 기법의 국내 정착
   • 공사비 절감, 기술개발능력 향상
④ 대외 경쟁력 제고

Ⅲ 문제점

1. 실질적 보상혜택 미흡

① 설계비용 손실위험: 변경안 미채택 시
② 변경안이 채택되더라도 손실위험부담에 비해 보상액 미흡

2. 보상방법과 절차 미흡

① 설계변경 시 감소물량에는 계약단가 적용
② 물량증감 시 최초단가 변경 불가
③ 보상시기와 방법 및 절차에 관한 규정 미흡

3. 계약자 위험부담

① 설계변경 시 공기지연 위험
- 지연 시 지체상금 부담 위험

② 보상절차 복잡
- 별도의 상당한 시간과 노력 소요

4. 계약제도 미흡

(1) 설계 · 시공 분리계약

① 설계가 시공 전에 완료
- 효과적인 설계 VE 활동시간 부족

② 시공현장에 설계자 부재

③ 시공 중 설계변경 시 외부 설계용역기관에 의뢰
- 시공자에게 설계변경을 위한 비용부담과 소요시간 필요

(2) 시공자의 설계참여 배제

① 설계단계에서 시공자의 설계능력 배제

② 시공자의 설계기술부족 유발

5. 공사비 절감효과 불균형

① 발주자 위주의 도급계약 영향

② 공사비 절감 시 시공자 이익규모 미흡
- 발주자는 원가절감 효과 100% 귀속, 시공자는 절감액에 대한 공사이익금 감소

Ⅳ　활성화 방안

1. 보상혜택 확대

① 보상액 수준 상향조정

② 유사공사 입찰 시 가산점 부여
- 보상과 가산점 동시 부여

2. 보상방법의 제도화

① 설계변경 시 소요비용 전액 인정

② 보상액 산정방법 제도화 시급

③ 기술개발과 보상 분리
- 신기술이 아니라도 공사비 절감액이 보상되도록 제도화

3. 설계변경 절차 간소화

① 시공 중 설계변경
- 발주자 재량으로 처리

② 전문 Consultant, CM의 의견서로 처리
- 시공단계에서의 설계변경은 가설공사, 토공사 등의 비구조공사가 대부분

4. 인식 전환

① 국제규격의 최저가낙찰방식에 대비
② 기술력에 의한 공사비 절감노력을 적극 유도
③ 공사비 절감을 위한 기술개발 유도
- 기업의 생존 필수조건으로 인식 유도

V 결론

1 기술개발보상제도는 수주기업의 원가절감노력과 기술개발을 유도하여 정부의 예산절감을 위해 도입된 제도이다.

2 기술개발보상제도를 활성화하기 위해서는 기업의 시공 VE 활동능력을 향상시키고 정부의 운용실적을 증대하기 위한 실질적 노력이 필요하다.

04 공사관리

6400 | 공사관리 일반

I 개요

1 모든 산업의 근간인 제조업에 생산관리가 있다면 건설산업의 생산관리에 해당하는 것이 바로 공사관리라고 할 수 있다.

2 공사관리의 이론적 기초로서 관리와 공사관리, 공사관리 주체와 객체 등에 대하여 고찰하고 부문별 관리활동을 설명한다.

공사관리 이론	➡	부문별 공사관리
• 관리/공사관리 • 주체/객체/부문		• 공정 · 원가 관리 • 품질/안전/환경 관리

II 공사관리 이론

1. 관리(管理, Management)

(1) 정의[101]

① 목적을 달성하기 위한 계획, 실행, 점검, 조치 등의 반복활동

② 경영(Business Administration)의 하위 개념

③ 관리는 경영목적을 달성하기 위한 수단적 기능

• 경영은 사업목적을 결정하는 기능

(2) 관리활동

▶ 관리활동(관리 사이클) 이론에는 PDS, POSDCORB, PDCA 등이 있다.[102]

▶ PDCA(데밍 사이클) 관리활동은 다음과 같다.

① 계획(Plan): 사전에 목표달성에 필요한 단계적 유효 실행을 구상하는 것

② 실행(Do): 계획에 의거, 자원을 투입하여 계획 실행

③ 점검(Check): 계획과 실행을 비교 · 분석 · 평가

④ 조치(Action): 실행 미흡 시 원인분석 후 조치 강구

---

101) "경영학원론", 정복규 · 김석회, 1984, p.49 참조
102) PDS: Plan-Do-See, POSDCORB: Planning-Organizing-Staffing-Directing-CoORding-Budgting

2. 공사관리[103]

▶ 공사관리는 건설자원(3M)의 투입과 투입과정을 관리하는 행위이다.

- 3M은 노무인력(Man), 건설기계(Machine), 자재(Material)
- 공사관리활동을 경영학 이론에 근거하여 계획(Plan), 실행(Do), 점검(Check), 조치 (Action), 피드백(Feedback) 등으로 구분·설명한다.

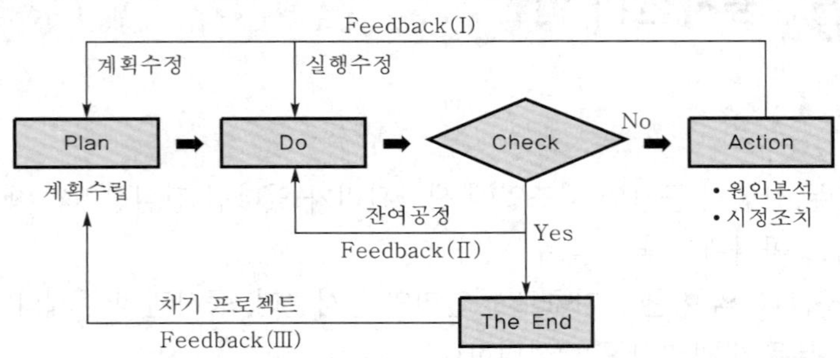

[공사관리 사이클 흐름도]

(1) 공사계획(Plan)

① 시공자(수급·하수급인) 공사 착수 전 시공계획 수립

② 감리·발주자 검토 및 승인

③ 시공계획서 작성항목[104]

• 현장조직표	• 공사 세부공정표
• 주요공정의 시공절차 및 방법	• 시공일정
• 주요장비 동원계획	• 주요자재 및 인력투입계획
• 주요설비사양 및 반입계획	• 품질관리대책
• 안전대책 및 환경대책 등	• 지장물 처리계획과 교통처리대책

(2) 공사실행(Do)

① 시공계획대로 건설자원 투입, 공사진행

② 투입자원의 적정성 파악, 부적합 사항 제거

- 투입인력 숙련도, 장비성능, 자재품질 등의 적정성 파악
- 신규작업자 난공종 등은 공사 전 교육실시
- 건설기계 검교정 및 유해위험성 파악
- 반입자재 규격 확인, 비규격품은 공인기관 시험 확인

③ 작업팀 간 공정간섭 방지, 순서에 맞는 공사진행 유도

---

103) 정부지침이나 기업체 매뉴얼 등에는 공사관리 하위개념으로 '시공관리' 항목을 두고 있으나 두 용어는 같은 의미로 사용하는 것이 내용상 혼란이 없으며 명확하다.

104) 건설사업관리업무지침 §57

(3) 공사점검(Check)

　① 진행공사의 세부공종별, 일정 주기별 실행의 적정성 점검

　② 설계도서 및 시공계획서에 근거, 시험 및 적부판정

(4) 공사조치(Action, Act)

　① 적합사항: 잔여공정 완료시까지 실행과 점검 반복

　② 부적합 사항: 원인분석 후 기실행 수정 및 계획 변경조치

　③ 조치 후 반드시 추적 확인, 적정성 재점검할 것

[공사관리 사이클 요약]

계획 (Plan)	• 목표를 달성하기 위하여 관리계획을 수립하는 단계 • 중점관리대상을 선정하여 계획에 반영 • 문제점이 높은 공종은 예방대책을 미리 강구
실행 (Do)	• 계획에 따라 작업 및 관리 활동 실행 • 설계도면, 공사시방서, 시공상세도에 근거, 적합성 수시 확인 • 참여 주체별 업무분장에 따라 역할 수행 • 중점관리 대상공종에 특히 유의
점검 (Check)	• 현 사이클 공정이 완료 후 후속 공정이 착수 전에 점검 • 이전단계의 신뢰도에 따라 점검 빈도를 신축적으로 적용 • 점검 시 공사 관계자는 모두 입회
조치 (Action)	• 점검결과 기준 미흡 시 원인분석, 만회·수정 대책 강구 • 경미한 사항은 수정, 중대한 결함은 재시공 조치 • 조치 후 반드시 추적 확인, 적정성을 재점검

(5) 피드백 활동

　① Feedback Ⅰ

　　• 공사결과가 미흡할 경우의 교정적 피드백 활동

　　• 담당 공사자와 감리자의 책임 부분

　② Feedback Ⅱ

　　• 공사결과가 적합하고 잔여공정이 있는 경우의 피드백 활동

　　• 해당공정이 소진될 때까지 실행과 점검을 반복시키기 위한 피드백

　　• 공정담당자 책임 업무

　③ Feedback Ⅲ

　　• 단위현장공사가 완전히 끝났을 때의 피드백 활동

　　• 당해 프로젝트에서 축적된 성공·실패 사례를 차기 프로젝트에 피드백

　　• 특히, 현장책임자(감리단장, 현장소장)에게 중요한 피드백 활동

3. 공사관리 주체

① 공사관리 주체는 공사관리자

② 공사관리자는 건설인력 중 '관리자' 그룹 의미

- 공사관리자 소속: 발주기관, 감리社(건설사업관리社), 수급·하수급社

③ 공사관리자는 관리자와 기술자 개념을 포괄한 인력

[건설인력 유형]

건설인력 유형		비고
관리자 (공사관리 주체)	행정관리자(인문계)	• 작업계획, 안내, 지도, 확인
	기술관리자(공학계기술자)	• 대부분 상용직
작업자 (공사관리 객체)	단순근로자(일용근로자)	• 직접 작업 수행
	숙련근로자(기능자)	• 대부분 일용직

4. 공사관리 객체

▶ 공사관리는 **건설자원 조달**과 **투입과정의 적정성**을 관리한다.

▶ 건설자원 조달대상은 건설인력(작업자), 건설장비, 건설자재 등이다.

(1) 건설인력

① 장비를 다루거나 자재를 사용하여 직접 공사를 수행하는 인력

- 건설업체와 근로계약 체결 후 현장 투입
- 십장(什長) 지휘 아래 작업팀 구성, 대부분 비정규직 일용근로자

② 단순근로자(단순공), 숙련근로자(숙련공, 기공), 조·반장, 십장 등으로 구분

③ 대부분 단순근로자, 숙련도 공인국가자격: 기능사, 기능장 등

④ 현장 투입 전 조달인력의 적정성 확인

- 숙련도는 공사관리 전 부문에 미치는 영향 막중
- 적격 여부 사전확인, 미흡 시 품질교육 후 현장 투입

(2) 건설장비

① 건설사 주문에 따라 현장에 투입하는 자원

- 건설업체와 임대차계약 체결 후 현장 투입

② 제원에 따라 대·소형, 작업범위에 따라 전용·범용장비로 구분

③ 투입 후 인력 안전과 직결, 안전관리 주 대상

(3) 건설자재

① 구조물 실체를 형성하는 데 사용하는 건설자원

② 건설사와 하도급계약 또는 물품계약에 따라 현장에 조달

③ 조달주체에 따라 지급자재(관급자재), 사급자재, 지입자재 등으로 구분

④ 국가표준(KS)으로 관리, 투입 전 반입검사 실시
- 불량품의 공사투입 원천 배제

⑤ 현장반입 후 보관상태 관리

(4) 자원 투입과정

① 자원 투입과정의 적정성 관리
- 설계도서, 관련 규정, 지침, 사전교육 등에 근거하여 자원투입

② 관련규정에 근거, 적정성 판단
- 법령, 표준(표준시방, 구조기준, KS 규정), 도서(설계도서, 매뉴얼) 등

③ 교육, 안내, 입회, 확인, 점검, 검측, 시험, 검사 등의 활동 수행

④ 적정 투입과정 관리계획에 반영

5. 공사관리 부문

▶ 공정, 원가, 품질, 안전, 환경 등 5개 부문으로 분류한다.

구분	Plan	Do	Check	Action
공정관리	예정공정표 작성	경제적 시공속도	진도 체크	공기만회 공기변경
원가관리	실행예산 편성	경제적 시공속도	기성고 체크	원가절감 예산변경
품질관리	품질관리계획	견실시공 품질관리비 지출	품질 시험·검사	보정·재시공 품질계획 수정
안전관리	안전관리계획	안전시공 안전관리비 지출	안전점검	안전조치 시설보완
환경관리	환경관리계획	친환경시공 환경관리비 지출	환경점검	환경조치 자재·공법적 조치

(1) 자발적 관리부문

① 공정관리, 원가관리 부문

② 건설사 생존과 직결
- 관리 부실 시 금전적 손해 불가피
- 지정공기 미준수, 실행예산 초과지출 시 공사손실 우려

③ 전략적 접근 필요, 경쟁사보다 비교경쟁우위 필요

(2) 강제적 관리부문

① 품질관리, 안전관리, 환경관리 부문

② 건설사 신인도에 영향을 미치는 관리 부문

③ 관련법에 따라 규제
- 건설기술진흥법, 산업안전보건법, 각종 환경보전법 등

④ 준법적 접근 필요
- 관련법령 미준수 시 행정처분 등 불이익 부과

Ⅲ 부문별 공사관리

1. 공정 · 원가 관리

(1) 계획

① 공사원가 내에서 실행예산 편성
② 계약공기 내에서 예정공정표 작성

(2) 실행

① 경제적 시공속도 유지
② 시공속도 과속-직접공사비 상승
③ 시공속도 지연-간접공사비 상승
④ 직 · 간접공사비 합이 최저가 되도록 공정 진행

(3) 점검

① 주기적으로 공사진척도와 기성고 실적 점검
② 점검시점의 성과측정, 잔여기간 성과예측
③ 일정-비용 통합관리시스템(EVMS) 활용
  • 일정 · 원가차이, 공기 · 원가수행지수 파악

(4) 조치

① 성과측정 결과 분석
② 예정치 이하이면 공기 및 원가 만회대책 강구
③ 대책의 적정성 추적 확인

2. 품질관리

(1) 계획

① 품질관리계획 수립
② 설계도서, 현장여건, 관련규정 고려
③ 품질 관련규정: 각종 법령, 표준, 도서 등

구분	명칭	작성주체	주요내용
법령	건설기술진흥법	국토교통부	부실공사 방지, 품질관리 의무 · 벌칙
	건설공사품질관리업무지침	국토교통부	품질관리 및 품질시험 규정
	건설사업관리자업무수행지침	국토교통부	단계별 품질관리 활동
표준	표준시방서	국토교통부	공종별 표준시방
	KS 규격	지식경제부	건자재의 품질규격 및 시험방법
	ISO 9001/KS A 9001	지식경제부	건설사 · 용역사 품질경영 시스템

구분	명칭	작성주체	주요내용
도서	설계도서	설계용역사	발주자 요구품질 → 설계의도
	시공상세도	전문건설업체	설계의도 → 시공품질
	시공계획서	종합·전문건설업체	설계의도 → 시공품질
	자재공급승인원	종합건설업체	시공품질 → 자재품질
	제조사특기시방서	자재제조업체	자재품질 → 시공품질

(2) 실행

① 설계도서 및 계획에 따라 공사진행
- 교육, 안내, 입회, 확인 실시

② 난공사, 하자 우려공종 등은 사전교육 실시

③ 주요 공사부위 사진 및 문서 기록유지

(3) 점검

① 진행단계별 품질점검

② 선행 하자공정 방치 시 후속품질에 연쇄 영향

③ 현 공정 완료한 다음 후속공정 착수 전 시험 및 검사 실시

④ 품질신뢰도에 따라 검사빈도 신축적으로 적용

(4) 조치

① 품질 미흡 시 원인분석 후 만회대책 강구

② 경미한 하자는 품질 수정, 중대결함은 재시공 조치

③ 수정 및 재시공 사항은 반드시 재검사, 조치의 적정성 추적·확인

3. 안전관리

▶ 안전이란 위험이 생기거나 사고가 날 염려가 없는 상태이다.

▶ 공사 중 작업자 안전 확보, 재해 방지를 위한 조직적 관리활동이다.

▶ 계획 수립, 공사기간 동안 실행−점검−조치 등의 활동을 반복한다.

(1) 계획

① 건설사(수급인)는 안전관리계획 및 유해위험방지계획 수립

② 안전관리계획서 작성항목[105]

• 건설공사 개요	• 안전관리 조직
• 공정별 안전점검	• 공사장 주변 안전관리
• 통행안전시설, 교통소통	• 안전관리비 집행
• 안전교육, 비상시 긴급조치	• 공종별 안전관리

③ 감독자 확인, 착공 전까지 발주자 승인

④ 안전 관련규정

---

105) 건축기술진흥법 시행규칙 §58관련 별표7 참조

구분	명칭	작성주체	주요내용
법령	건설기술진흥법	국토교통부	건설공사의 품질, 안전, 환경관리
	산업안전보건법	고용노동부	산업현장의 안전 및 보건관리
표준	표준시방서	국토교통부	공종별 표준시방
	KS 규격	지식경제부	건자재의 품질규격 및 시험방법
	ISO 45001/KS Q ISO 45001	지식경제부	시공사 및 용역사의 품질경영 시스템
도서	안전관리계획서	시공사	안전관리 대상, 공종별 안전관리
	유해위험방지계획서	시공사	
	건설공사안전관리 매뉴얼	국토교통부	건설 참여자별 안전관리 지침

(2) 실행

① 안전관리계획에 따라 업무수행

② 공사 중 안전관리자 담당 업무[106]

- 안전관리계획서 검토·이행
- 안전관리비 집행 및 확인
- 적격자재 사용 여부 확인
- 작업진행 상황의 관찰 및 지도
- 안전사고 시 비상동원 및 응급조치
- 안전관리 시설·장비 지원·확인
- 안전사고 보고, 안전교육 실시
- 수급인, 하수급인 협의체 회의

③ 매일 공사 착수 전 작업자 대상 안전교육 실시

- 공법·시공상세도에 따른 시공순서 및 기술상 주의사항 포함

(3) 점검

① 매일 자체 안전점검 실시

② 법규에 따라 정기 안전점검 실시, 필요시 정밀 안전점검 실시

③ 준공·임시사용 직전에 정기 안전점검 수준 이상으로 점검 실시

④ 1년 이상 방치공사는 재개 전 반드시 안전점검 실시

(4) 조치

① 점검결과 지적사항에 대한 안전대책 강구

② 안전관리 전담자 역량 강화

③ 신규참여자 현장 안전교육 강화

④ 안전가시설 적소 설치확인 등

4. 환경관리

- 환경은 생물에게 직간접으로 영향을 주는 자연적 조건이나 사회적 상황
- 환경관리는 건설공해 악영향을 최소화하기 위한 조직적인 관리활동
- 소음·진동, 비산먼지, 지하수·토양오염, 건설폐기물, 교통장애 등 관리
- 환경관리비는 계약내역서에 포함, 완료시점에서 실비정산

---

106) 건설기술진흥법 시행령 §102(안전관리조직의 구성 및 직무) 참조

(1) 계획
　　① 착공 전 환경관리계획 수립
　　② 공종별 건설공해 요소 파악
　　③ 건설공해 방지시설의 설치 및 운용계획 포함

(2) 실행
　　① 계획에 따라 환경관리 업무 수행
　　② 건설공해 방지시설의 설치 및 운용

(3) 점검
　　① 일일, 주간단위로 환경점검 실시
　　② 점검표에 따라 업무내용 수시 · 정기 점검

(4) 조치
　　① 점검결과 개선이 필요한 부분의 대책 강구
　　② 조치사례 기록유지 등

Ⅳ 결론

1. 공사관리는 건설사업의 생산성과 직결되는 업무로서 이론적 기반을 잘 이해하여 지속가능한 생산성 향상을 도모하는 자세가 필요하다.
2. 특히, 공사관리 부문별 특성을 고려한 건설기업의 경쟁력과 대외 신인도를 제고하기 위하여 건설산업에 적합한 과학적 관리모델 구축이 시급한 실정이다.

6411 작업분류체계(WBS : Work Breakdown Structure)

I 개요

① 작업분류체계는 작업(Work)의 내용을 정의하고 전체의 작업을 관리가능한 하부 단위까지 계층적으로 분할(Breakdown)하여 공사 관련자료를 집계 및 요약될 수 있도록 한 체계(Structure)이다.

② WBS는 공사관리를 위한 기본여건을 제공하여 지정공기 안에 목표예산을 실현시키고 성과를 분석하며 일련자료를 체계적으로 축적할 수 있는 기반이 된다.

③ 원가분류체계(CBS) 및 조직분류체계(OBS) 등과 상호호환성이 있도록 분류한다.

필요성	➡	분류방법
• 작업 정의/집계, 보고 • 공사자료 관리 · 축적		• 분류체계/분할단위 기준 • 유의사항

II 필요성

1. 작업 정의(Activity Define)

① 공사에 필요한 작업내용 파악

② 작업내용을 최하위 단계까지 정의

③ 전체작업과 단위작업의 관계를 알기 쉽게 표현

  • 분할작업을 네트워크 형태로 표시하여 선 · 후 · 병행 관계의 파악을 용이하게 함

2. 집계 · 보고 용이성 제공

① 순차적 일정 및 원가집계 가능

② 요약 및 보고체계 확립

3. 공사자료 관리 · 축적

① 일정 · 원가에 대한 실적 Data의 수집과 성과분석 가능

② 표준화된 작업분류체계에 따른 자료축적 용이

③ 축적자료는 유사 Project에 유용하게 활용

  • 결과의 내용이 Feedback 되도록 함

Ⅲ 분류방법

1. 분류체계

① 관리목적에 적합하도록 표준화
② 일반적으로 4단계 분류

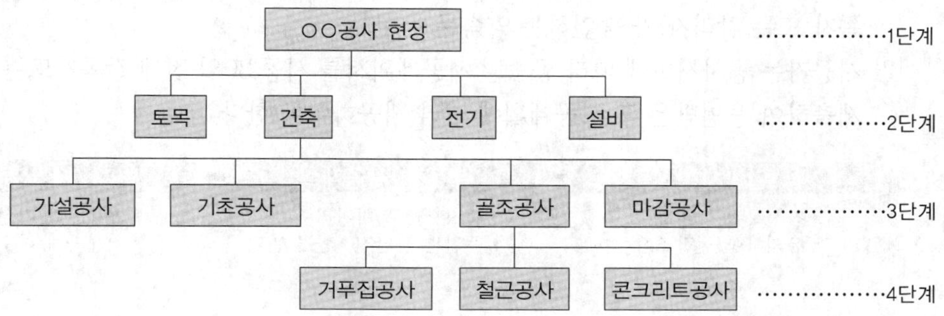

2. 분할단위 기준

① 작업단위, 관리단위를 기준으로 분할
② 기술분야 및 공종별 분류: 건축, 토목, 전기, 설비 등
③ 책임관리 분야별 분류: 직영, 하도급공사 등
④ 구조물별 분류: 본사동, 부속 건물동 등 건물의 동단위 분류
⑤ 장소·위치별 분류
  • 작업량과 공사기간에 따라 공구별, 층별로 분류
  • 최종 하위단계에서의 작업여건 고려
  • 작업장소, 위치에 따른 작업성과 시공성의 격차 고려

3. 유의사항

① 최종작업과 전체공사와의 관계를 명확히 할 것
② 하위단계에서 상위단계로 일정과 비용의 집계가 가능할 것
③ 요소작업단위(Activity)가 중복되거나 누락되지 않을 것
④ 실작업 물량과 투입인력을 관리할 수 있을 것

6412 ㅣ 시공계획서

Ⅰ 개요

① 시공계획서는 공사관리를 위해 시공자(수급인 또는 하수급인)가 작성하고 발주자(공사감독자 또는 감리자)가 승인하는 약속문서이다.

② 시공자는 공사시방에 따라 공종별 시공계획서를 시공 30일 전에 감독자또는 감리자에게 제출하여 승인받은 후 시공계획에 따라 시공하여야 한다.

일반사항	➡	부문별 시공계획	➡	자원조달계획
• 작성목적/예비조사 • 유의사항/현장조직		• 공정관리/원가관리 • 품질관리/안전·환경 관리		• 기능인력/건설장비 • 건설자재/하수급자

Ⅱ 일반사항

1. 작성목적

(1) 공정 · 원가 부문

① 계약공기 준수 → 공기지연 예방

② 공사 손실 예방

③ 기간－비용의 전략적 관리 → 공기단축 및 원가절감 지향

(2) 품질 · 안전 및 환경 부문

① 공공성 관리부문 선제적 관리

- 하자, 유해위험, 민원 등의 사전예방

② 부문별 법령상 의무 준법적 이행

- 품질관리계획 및 품질시험계획, 안전관리계획 및 유해위험방지계획
- 기타 각종 건설공해 방지대책 이행

③ 건설 참여기업의 신인도 제고

(3) 참여자 간 의사소통

① 계획서 내용 관계자 공유, 공사관리의 기본문서 역할

② 협력사－시공사－감리사－감독자 상호 이해

③ 계획에 근거한 업무 협조 및 확인

(4) 과학적 공사관리 수행

① PDCA Cycle에 의한 관리활동 전개

② 계획(P, Plan) → 시행착오 사전예방

③ 실행(D, Do) → 계획에 따라 공사 진행

④ 점검(C, Check) → 계획-실행 주기적 비교·평가

⑤ 조치(A, Act) → 미흡한 부분에 대한 조치 강구

- 실패·성공 사례 축적 → 관리역량 업데이트

2. 예비조사

(1) 계약문서

① 설계도서: 설계도면, 공사시방서, 현장설명서, 물량내역서 등

② 계약서: 공사계약 일반조건 및 특수조건, 공사기간, 공사금액 등

(2) 현장여건

① 대지의 지형, 지질, 지장물(지상 및 지중) 상황

② 기상, 현장 접근성(교통), 인접 주민 상황

③ 기타 인·허가 조건 등

3. 작성 시 유의사항

① 기존의 시공경험 최대한 활용할 것

② 신기술·신공법에 대한 적용성 검토가 충분할 것

③ 공사참여자 간 의사소통 도구가 되도록 할 것

④ 계획-실적 대비가 가능할 것

⑤ 검토·승인 소요기간을 고려하여 작성할 것

4. 현장조직

(1) 현장대리인(현장소장)

① 건설기술인 배치기준[107]의 충족 및 리더십(Leadership) 겸비 필요

〈건설기술인 배치기준〉
- 해당공종에 상응한 유자격자
- 계약당사자 간 자격조정 가능
- 착수와 동시 배치
- 배치 후 현장이탈 금지
- 발주자 판단에 따라 교체 가능
- 발주자 승낙에 따라 중복 배치

② 계약조건에 따라 선임 후 계약상대자에게 통지

- 공사계약일반조건 및 민간건설공사 표준도급계약서 등

③ 계약문서와 공사감독자 지시에 따라 현장업무 총괄

---

107) 건설산업기본법 §40(건설기술인의 배치기준) 참조

[현장대리인 vs. 현장소장]

현장대리인	• 법령에 따라 현장에 배치된 관련공종 분야의 유자격 건설기술인 • 당사자 계약조건에 따라 선임, 발주자 요청에 따라 교체 대상 • 현장의 건설공사 진행 및 결과에 대하여 법률적 책임 부담(안전사고 및 벌점 등)
현장소장	• 건설사 본사 발령에 의해 현장에 파견된 관리자, 실질적 현장 총괄책임자 • 현장대리인 역할 겸임 가능, 유자격자가 아닐 경우 별도의 현장대리인 선임 • 계약문서상 규정 없으므로 건설관련 자격과 무관, 관리직 출신도 가능 • 자원조달 및 자금지출 업무 주도(자재, 노무·장비, 하도급대금 등)

④ 시공사의 현장 책임자로서 Line & Staff 조직 총괄 지휘

(2) Line(명령직계) 조직

① 현장조직상 공사팀, 공무팀, 관리팀 등
② 현장소장의 명에 따라 기술업무 수행 → 명령직계조직
③ 일정-비용 관련업무 수행
④ 업무성과는 공사실적에 영향, 미흡 시 공기지연 및 공사손실 초래

(3) Staff(참모) 조직

① 현장조직상 품질관리팀, 안전관리팀, 환경관리팀 등
② 품질-안전-환경 측면에서 현장소장 보좌 → 참모조직
③ 법령 및 계약조건에 따라 현장배치
  • 품질관리기술인, 안전관리기술인 등
④ 업무성과는 시공사 신인도에 영향
  • 미흡 시 품질하자, 안전사고, 민원발생 등 초래

Ⅲ 부문별 시공계획

[시공계획서 작성항목]

건설사업관리 업무수행지침 § 61		KCS 101010(1.8)	
• 현장조직표	• 주요자재·인력투입	• 공사개요	• 품질/안전/환경
• 공사 세부공정표	• 주요설비 사양·반입	• 현장조직표	• 교통 관리/가설계획
• 주요공정 절차·방법	• 품질관리대책	• 주요장비·주요자재 반입	• 수목 가이식장
• 시공일정	• 안전·환경 대책	• 인력동원/긴급시 체제	• 관계기관 협의·민원 처리
• 주요장비 동원	• 지장물·교통 처리	• 공정예정표	• 기타 발주자 지정 사항

1. 공정관리

① 작업분류체계에 의하여 시공순서와 일정계획 수립
  • 주요공정의 시공절차 및 방법, 중간점검일(Milestone) 등
  • 전체·세부 공종별 공정 계획
③ 계약조건, 자원조달·현장여건 고려
④ 예정 공정표의 작성: 지정공기 고려, CPM 기법 적용

2. 원가관리

① 실행예산 편성, 공정계획 및 조달여건 고려
② 공정계획 기간별 공사비 투입계획 수립
③ 예산－실행 대비가 가능하도록 작성

3. 품질관리

① 관련법령에 따라 품질관리계획 또는 품질시험계획 수립[108]
② 총괄계획과 공종별계획으로 구분
  • 총괄계획: 현장개설 시 착공 전 작성
  • 공종별계획: 해당공종업체 현장투입 전 작성·제출 및 승인
③ 계획수립 후 발주자 승인, 발주자는 인허가기관에 사본 제출

〈품질관리계획서 작성항목〉

• 일반사항	• 리더십	• 성과관리
• 적용범위·인용표준	• 기획	• 개선
• 용어 정의	• 지원	
• 조직 상황	• 운용	

[품질시험계획서 작성항목]

개요	공사명, 시공자, 현장대리인
시험계획	공종, 시험 종목, 시험계획 물량, 시험빈도, 계획시험 횟수, 기타
시험시설	장비명, 규격, 단위, 수량, 시험실 배치평면도, 기타
품질관리자 배치계획	성명, 등급, 품질관리 업무수행기간, 기술자 자격·학력 및 경력, 기타

4. 안전·환경 관리

① 안전관리계획 또는 유해위험방지계획 수립
② 건설공해 방지대책 수립 및 신고
③ 계획수립 후 발주자 승인, 발주자는 인허가기관에 사본 제출

Ⅳ 자원조달 계획

1. 기능인력

① 공종·공정별 투입 시기·인원, 외국인 투입 공종·인원수
  • 국내외 인력 조달여건 고려, 특수·고숙련 공종에 대한 인력수급 대책
② 작업 난이도별 품질·안전 교육, 신규참여자 교육
③ 급여, 피복 및 개인보호구 지급

---

108) 품질관리계획: 건설기술진흥법 규칙§①관련 별표1, 품질시험계획: 같은 법 영§89②관련 별표9 참조

④ 외국인 근로자: 근로계약, 고용허가서, 보험 가입, 고용변동 신고 등
⑤ IT 근태관리시스템 선정: RFID, QR코드, Bluetooth 시스템 등

2. 건설장비

① 공종별 투입 장비 제원·시기 및 대수
② 건설기계 임대차 계약 및 상호보증
  • 상호보증: 임차료 지급보증 및 대여 이행보증
③ 장비 운용: 조종원, 신호수, 장비별 작업 및 고장 대책 등
  • 건설공해 방지대책 및 과 연계
④ 고위험건설기계 작업계획 → 안전관리계획과 연계

> 〈고위험 건설기계별 사망사고 건수, 2020~2022, 고용노동부〉
> 트럭(66) 굴착기(63) 고소작업대(62) 이동식크레인(34) 콘크리트펌프카(12) 항타기·항발기(8) 지게차(6) 로더(6) 롤러(5)

  • 트럭, 굴착기, 고소작업대, 이동식크레인, 콘크리트펌프카
  • 항타기·항발기, 지게차, 로더, 롤러 등

3. 건설자재

① 주요 자재별 현장 반입 시기 및 물량, 지급자재 포함
② JIT자재 및 현장야적 자재 구분, Lead Time 및 야적장 확보
③ 품귀 유발 품목에 대한 수급대책 마련
  • 콘크리트 및 철근, PC 제품, 강구조재 등

4. 하수급자

① CP공종 하수급업체 투입계획, 필요시 예비업체 복수 수배
② 다단계 하도급 방지대책 강구
③ 시공상세도 작성 공종 파악

Ⅴ 결론

1 시공계획서는 체계적 공사관리의 시발점이 되므로 형식적 작성을 배제함으로써 공사참여자 간의 의사소통 문서가 되어야 한다.
2 작성주체는 수급인 또는 하수급인이며 작성 후 검토 및 승인 소요 일정을 고려하여 시공계획서의 완성도를 높여야 할 것이다.

6413 시공상세도

Ⅰ 개요

1️⃣ 시공상세도는 시공자가 현장 여건에 맞는 시공 방법·순서 등을 구체적으로 표시하는 도면으로 감리·감독자 검토·승인 후 시공에 반영한다.

2️⃣ 시공상세도 작성과 승인 관련규정은 건설기술진흥법, 표준시방서 등에 명시되어 있다.

일반사항	➡	시공상세도 작성
• 작성목적/작성대상 • 작성유형		• 작성원칙/작성방법 • 검토 및 승인

Ⅱ 일반사항

1. 작성목적[109]

① 설계의도의 명확화

② 공사의 오류, 누락 방지

③ 공사의 품질 및 안전성 확보

④ 공사관계자 및 주변 거주민과의 마찰로 인한 공기지연 예방

2. 작성대상[110]

① 가설구조물 구조시공상세도: 비계, 동바리, 거푸집 등

② 강구조·PC 부재 제작·설치도, 내화상세도

③ 철근배근도, 스페이서(측·저면) 및 바체어 배치도

④ 커튼월, 창호틀, 천장틀 등의 비구조체 제작·설치도

⑤ 건축·전기·기계 등의 비구조요소 설치도 등

> **〈공사감독자 승인대상〉**
> **'건설공사 사업관리방식 검토기준 및 업무수행지침' §135**
> • 비계, 동바리, 거푸집 및 가교, 가도 등의 설치상세도 및 구조계산서
> • 구조물의 모따기 상세도, 옹벽, 측구 등 구조물의 연장 끝부분 처리도
> • 배수관, 암거, 교량용 날개벽 등의 설치위치 및 연장도
> • 철근배근도의 정·부철근 유효간격, 철근피복두께(측·저면)유지용 스페이서, Chair-Bar 위치·설치방법 및 가공
> • 철근 겹이음길이 및 위치의 시방서 규정 준수여부 확인
> • 그 밖에 규격, 치수, 연장 등이 불명확하여 시공에 어려움이 예상되는 부위의 각종 상세도면

---

109) KCS 101010(1.9.1) 참조
110) '건설공사 사업관리방식 검토기준 및 업무수행지침' §135 참조

> 〈책임구조기술자 확인대상〉
> **KDS 411005(6.2 시공상세도의 구조안전 확인)**
> • 구조체: 배근시공도, 제작·설치도(강구조 접합부 포함), 내화상세도
> • 부구조체: 커튼월·외장재·유리구조·창호틀·천정틀·돌붙임골조 시공도면과 제작·설치도
> • 건축 비구조요소: 설치상세도(구조적합성과 구조안전의 확인이 필요한 경우만 해당)
> • 건축설비: 기계·전기 비구조요소의 설치상세도
> • 가설구조물 구조시공상세도, 건설가치공학(VE) 구조설계도서, 기타 구조안전 확인

3. 작성유형

(1) 시공도(설치도)

① 현장시공에 적용하는 도면

② 철근배근도, 강구조설치도, PC설치도 등

(2) 가공도(제작도, 공작도, 생산도)

① 공장에서 사용하는 가공용 도면

② 강구조 공작도, 철근 가공도, PC 생산도 등

Ⅲ 시공상세도 작성

1. 작성원칙

(1) 작성근거

① 설계도서

② 관련규정: 법령, 공사시방, 표준시방

③ 공종별 시공계획

④ 현장여건 등

(2) 일반원칙

① 공종별·형식별 세부사항 명시, 동일 규격의 도면용지 사용

② 간결·명료하게 작성

③ 정확한 치수 기입, 길이 단위는 'mm'

④ 유의사항 주석으로 기재, 해당도면의 특기사항 수록

⑤ 보이는 부분 실선, 숨겨진 부분은 파선 등으로 표시

2. 작성방법

① 주요 시공부위: 공사수행에 용이한 축적 적용

② 자재 사용: 현장시공, 구입 가능한 크기·길이의 자재 적용

③ 표와 그림: 조립도, 설치도면, 기타 시공방법 표시

④ 표기내용

- 시방서 요구사항 종합적 반영, 부위별 재료명칭, 시공 및 마감상태

3. 검토 및 승인

(1) 절차

① 필요시 전문기술자 검토·확인

- 이후 감리자 및 발주자의 승인 절차 필요

② 감리원은 7일 이내 검토 및 확인

③ 주요구조부의 시공상세도 검토 시 설계자 의견 반영

④ 승인 후 현장시공에 반영

- 승인된 시공상세도는 준공 시 발주청에 보고[111]

(2) 검토사항

① 설계도서 및 관련규정 반영 여부

② 기능인·기술인의 이해도

③ 실제 시공 가능성 및 안전성

④ 수치 정확성

⑤ 제도의 품질, 선명성, 도면 작성 표준과의 부합 등

---

111) 건설공사 사업관리방식 검토기준 및 업무수행지침 §91③ 참조

6414 시공도와 제작도

I 개요

① 시공도는 시공자가 공사에 필요한 내용 중 설계도면의 미비사항(Detail)을 현장실측에 맞추어 보완함으로써 시공이 용이하도록 그린 상세도면이며, 제작도는 공장제작자가 설계도면과 시공도의 내용을 반영하여 재료를 가공하거나 부재를 제작하기 위하여 길이·모양·치수 등을 상세하게 나타낸 공작도면이다.

② 시공도와 제작도는 제작 및 시공초기단계부터 공사품질을 확보하기 위하여 설계도면과 시공여건을 반영하여 작성한다.

필요성/도면 유형	➡	시공도	➡	제작도
• 시공/전달/제작/생산성 • 계약/제작/시공/약식		• 구조시공도 • 마감시공도		• 철근공작도 • 강구조공작도

II 필요성 및 유형

1. 필요성

① 시공기준 및 지표 마련
② 설계자의 정확한 의도 전달과 재시공 방지
③ 제작단계에서 제품정도 향상
④ 건축물의 공업화 생산으로 건축생산성 향상
⑤ 시공자와 제작자의 Engineering 능력 향상과 기술개발 촉진으로 Claim 방지

2. 도면 유형

① 설계도면: 계약도면, 약식도면, 준공도면
② 제작도면: 제작도, 공작도, 가공도
③ 시공도면: 시공도, 설치도, 배근도, 시공상세도

III 시공도

1. 구조시공도

① 기초 Pile 시공·배치·평면상세도
② 기초·기둥중심도
③ 기둥·보·벽 층별 배근상세도
④ 개구부 및 단면상세도, PC 구조 접합상세도

2. 마감시공도

① 내외부 재료 마감상세도
② 타일나누기 마감상세도
③ 부위별 방수 마감상세도
④ 창호 마감상세도
⑤ 천장 마감상세도

Ⅳ 제작도

▶ 제작도와 동일한 의미로 '공작도', '생산도면' 등의 용어가 병용되고 있다.

1. 철근공작도

▶ 철근시공상세도는 가공도와 조립도로 구성되며 가공도를 공작도라고도 한다.
① 기초철근상세도
  • 기초와 기둥, 기둥과 지중보, 벽과 바닥판의 주근과의 연결 및 정착관계 표시
② 기둥·벽상세도
  • 기둥과 벽의 철근이음위치, 변화부의 구부림, 띠근지름, 굵기, 형상, 길이, 배치간격, 기호 등 표시
③ 보·바닥상세도
  • 주근과 늑근의 지름, 형상, 간격, 수량, 길이, 기호
  • Bent근의 구부림 높이, 수평, 경사, 마구리 길이, 보와 작은 보의 정착관계 등 표시

2. 강구조공작도

① 앵커볼트 설치위치
② 각 관통구멍 상세
③ 고장력볼트 이음부위
④ 용접방법과 위치
⑤ 현치도: 공작도 승인 후 현치도 작성
  • 주각부 접합부분, 주근의 Duct 관통부분, 현장 Erection, Camber 검토사항 표시

6421 실행예산

I 개요

① 건설공사의 실행예산은 수급인이 도급받은 공사를 실제로 수행하는 데 필요한 예산을 상세하게 기재한 문서이다.

② 편성된 실행예산은 집행 실적과 대비하여 건설공사의 성과를 측정하는 자료로 활용된다.

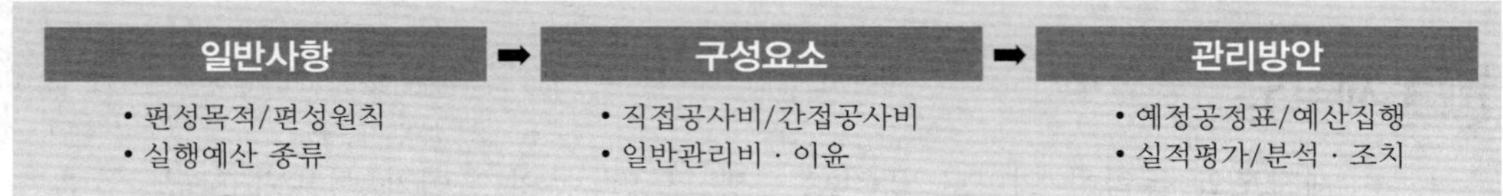

II 일반사항

1. 편성목적

(1) 공사비 예산 확보

① 공사 전 공사비 규모 예측

② 공사비 규모에 따라 조달방안 모색, 내부 또는 금융 조달 등

③ 공사의 안정적 진행여건 마련

(2) 공사비 효율적 집행

① 공사 전 공종별 공사비 배분

② 실행예산에 따라 공사비 집행 → 목표원가 개념

- 목표원가: 공사현황–사업성과를 고려하여 달성해야 할 원가

③ 공사진행 현황 파악, 공정–원가 연계

④ 예산집행 후 성과평가 및 책임소재 규명 → 투명성 확보

(3) 원가 경쟁력 제고

① 지출된 실행예산에 대한 원가 분석

② 예산 대비 증감액 산정 → 표준원가 개념

- 현 공사조건에서 달성 가능한 가장 효율적인 공사비 수준

③ 원가차이 분석 및 조치: 원가절감안 또는 변경예산안 등 마련

④ 잔여공정 및 차기 프로젝트에 피드백 → 원가경쟁력 제고

(4) 공사 과정별 의사결정 지원

① 공사비 자금조달 방안 구상

② 공사비 적정 지출 규모 판단

③ 공사실적(사업성과) 평가

④ 원가절감안 또는 변경예산안 마련

⑤ 원가관리 과정별 개선안 제시, 예측–집행–평가–피드백 등

- 오류 방지 및 선진적 관리방안 도출

2. 편성원칙

① 현실성: 편성시점의 자원조달 여건 반영

② 구체성: 비용항목이 구체적일 것

③ 완전성: 소요비용 중복·누락 방지

④ 유연성: 자원조달의 여건 변화 고려

⑤ 투명성: 편성과정이 투명할 것

3. 실행예산 종류

[실행예산의 종류]

분류기준	종류
편성시기	가 실행예산, 본 실행예산, 변경 실행예산
지출유형	직접비, 간접비
공종	토목, 건축, 전기, 기타 설비
공사단계	기초공사, 골조공사, 마감공사 등

(1) 가 실행예산

① 설계 전 추정 공사비로 편성하는 예산

- 공사 규모와 범위에 근거하여 총공사비 추정

② 또는 본예산 편성 전 선집행이 불가피할 경우 긴급 편성

③ 적시 편성이 관건, 추후 본예산에서 유동적으로 수정 가능

④ 편성목적에 따라 다양한 의사결정 자료로 활용

- 사업예산 추정, 사업기간 단축, 공사 수주, 공사비 협상, 자금조달 등

⑤ 기초자료의 정확성, 경험과 노하우, 유동적 사고 등 필요

(2) 본 실행예산

① 상세설계에 근거하여 물량 및 단가 산정(적산·견적)

- 물량 누락 방지, 단가의 현실성 필요

② 구체적으로 공사비 항목 명시

- 직접공사비, 간접공사비, 일반관리비, 이윤 등

③ 예비비 설정, 설계변경 및 물가변동에 대비

④ 공사비 예산 확정, 하도급 발주, 예산 집행의 기준으로 활용

⑤ 정기적으로 예산 검토, 차이분석 및 조치 피드백

- 예산–집행 실적 비교 → 공사실적·원가차이 분석 및 평가
- 평가에 따라 필요시 공기단축 및 원가절감 방안 조치

(3) 변경 실행예산

　① 변경 사유 발생으로 조정하는 실행예산

　　• 설계변경, 물가변동, 공사지연, 안전·품질 조치 등

　② 변경에 대한 타당성 확보, 관련부서 간 협의 후 승인

　　• 과실 사유일 경우 책임 규명 및 조치

　③ 필요시 예비비 선지출 후 정산

　④ 실행예산 이력관리 및 예산초과 방지

Ⅲ 구성요소

〈비목별〉 재료비 노무비 외주비 경 비	〈공종별〉 건축공사비 토목공사비 설비공사비 전기공사비	순공사원가 직접공사비 +간접공사비	총공사원가	총공사비	계약금액 (도급금액)
		일반관리비			
			이윤		
				공사손해보험료	
					부가가치세

[실행예산의 구성]

1. 직접공사비

(1) 특징

　① 공사목적물과 직접 관련된 공사비

　② 공사비는 업종별·주력분야[112]별 산정

　　• 주력분야 단위는 다시 세분하여 주력분야로 재구분

> 〈주력분야 업종〉
> • 도장·습식·방수·석공사업 중 습식공사는 타일, 미장, 조적, 뿜칠, 단열 등이다.
> • '타일공사'만을 전문으로 영업하는 건설사업자는 '도장·습식·방수·석공사업' 중 주력분야는 '습식·방수공사업'이며 습식공사 중 타일공사만을 담당한다.

　③ 공사 물량에 비례

　④ 총공사비에서 큰 비중 → 주로 원가절감 대상

　⑤ 재료비, 노무비, 경비 등으로 구성

---

112) 주력분야: 건설산업기본법상 전문공사업운 14개 업종이며 주력분야는 27개 공종이나 주력분야가 복합공종일 경우 하도급 발주단위는 좀더 세분될 수도 있다.

(2) 산출방법

　① 설계도면에 근거하여 물량 산출(적산)

　② 적산 물량에 단가(일위대가 및 표준품셈)를 적용하여 공사비 견적

　③ 현장특성(지역, 지형, 기후 등), 물가변동, 시장상황 등 추가 고려

2. 간접공사비

(1) 특징

　① 공사목적물과 간접 관련된 공사비

　② 직접 공사를 위한 지원활동 소요비용

　③ 공사기간에 따라 변동

　④ 공종별 직접 배분 곤란, 직접공사비 비중에 따라 안분계산

　⑤ 법정경비 포함, 원가절감 곤란

　　• 법정경비 항목: 건강보험료, 환경보존비, 안전관리비 등

(2) 산출방법

　① 직접공사비에 일정 비율 적용

　② 법령, 계약조건, 공사의 종류, 규모, 기간 등에 따라 적용비율 상이

3. 일반관리비 및 이윤

(1) 일반관리비

　① 건설사업자 본사의 현장 지원비용의 성격

〈일반관리비 구성〉
• 사무실 임차료	• 감가상각비
• 본사 급여	• 보험료
• 통신비	• 접대비
• 여비교통비	

　② 공사실적과 관계 없이 고정적으로 발생

　③ 순공사비에 일정 비용을 적용하여 산정

　④ 순공사비 = 직접공사비 + 간접공사비

(2) 이윤

　① 공사원가에 일정 비율을 적용하여 산정

　② 공사원가 = 직접공사비 + 간접공사비 + 일반관리비

Ⅳ 관리방안

1. 예정 공정표 작성

    ① X, Y축에 각각 공종 및 일정 명시
    ② 공종별 일정 및 실행예산(직접공사비) 배분
    ③ 기간별 공사금액 산정 및 예정 공정률 표시
    ④ S-Curve 작도, 관리 상·하한선 및 마일스톤 명시

2. 예산 집행

    ① 계약조건 주기에 따라 기성금 산정
      • 기성검사 후 산정, 과기성 방지
    ② 공종별 투입 물량 및 누계 공사금액 산정
      • 공사금액＝투입 물량×예산 단가
    ③ 전체 및 공종별 공정 지연 여부 파악

3. 실적 평가

    ① 예산 집행 후 실적 평가, 공정-원가 연계
    ② 예정-실적 공정 대비 실행예산 투입액 분석 → 공정차이 파악
      • 실행예산 투입액＝투입물량×예산단가
    ③ 실행예산-실투입비 비교 → 원가차이 파악
      • 실투입비＝투입물량×투입단가
    ④ 공종별 선지급·미지급 기성금 반영

4. 분석 및 조치

    (1) 차이 분석

      ① 공정·원가 차이 분석
      ② 대상 공종별 지연 및 과속 원인 파악
      ③ 자원조달상 원인: 기능인력-자재-장비 등의 조달 원인
      ④ 기타 원인: 기성금 미지급·선지급 과다, 협력사 경영악화, 기후 등

    (2) 조치 강구

      ① 공기지연 공종 → 공기만회 대책 강구
      ② 원가차이 공종 → 과기성 방지, 미지급 기성금 지불 또는 원가절감안 마련
      ③ 조치 후 후속공정에 피드백, 문제점 재발 방지

Ⅴ 결론

1. 실행예산은 예산을 효율적으로 관리하기 위한 필수적인 도구로서 목표원가 및 표준원가의 의미에 맞도록 편성 시 원칙을 준수하고 정기적으로 활용 및 업데이트하여야 한다.
2. 신속한 의사결정 도구로서 실행예산의 기능을 높이려면 프로젝트의 규모와 중요성에 걸맞는 '실행예산시스템'을 도입하여 적극 활용할 필요가 있다.

[실행예산시스템의 기대효과]

편성 · 관리	• 공종별, 자재별, 인건비별 세부적 항목으로 예산 편성 • 항목 관계의 시각화 → 전체 예산구조 파악 용이 / 비상시 예산변경 및 변경내역 추적
예산 집행	• 실시간 실투입비 입력 및 예산 비교 / 예산−실적 비교 → 예산편차 분석, 원인 파악 • 지출 요청에 대한 승인 절차 자동화, 비용 지출 효율적 관리
현황 보고	• 예산집행 현황 정기적 보고 → 공사진행 상황 파악, 문제점 조기 발견 • 실투입비−예산 비교 분석, 원가절감안 도출 / 다양한 맞춤형 보고서 제공
예산 분석	• 과거 데이터 기반 미래 예산 예측, 예산편차 최소화 • 예산편차 발생 시 원인 분석 및 문제 해결 / 성과 분석 및 피드백 자료 제공
기타 기능	• 스마트폰이나 태블릿 PC 연계 / ERP, PMIS 등 기존 시스템과 연동, 데이터 통합관리 • 강력한 예산정보 보안 기능 제공

6422 | 건설공사 원가절감

I 개요

① 건설공사의 원가절감은 건설사업자의 사업성과와 수주경쟁력에 영향을 미치는 요소로서 기술개발의 촉진요소이기도 하다.

② 공사비를 절감하려면 원가절감 요소를 파악하여 효율적인 관리도구에 의해 효율적으로 접근하는 노력이 필요하다.

일반사항	➡	절감방안
• 필요성/절감요소 • 우선대상 공종		• 설계단계/공정−원가통합관리 • 품질관리 활동

II 일반사항

1. 필요성

① 원가에 대한 구성원의 의식 개선

② 고유의 원가절감 노하우 축적

③ 신기술 개발과 시공능력 향상 의지 제고

④ 공사업체의 수주경쟁력 향상

⑤ 궁극적으로 공사이익 증대 및 손실 저감

2. 원가절감 요소

① 공사관리가 부실한 곳

② 비능률적인 작업

③ 재작업 및 하자빈도가 높은 공종

④ 과잉 설계 · 시방안

⑤ 건설자원 정보의 부족

3. 우선대상 공종

① 공사수량이 많은 공종: 거푸집, 가설공사

② 공사기간이 긴 공종: 기준층 골조공사

③ 하자 발생빈도가 높은 공종: 방수공사, 타일공사

④ 복잡 · 난해한 공종: 지하 골조공사

⑤ 반복적 개선 효과가 큰 공종, 기준층 마감공종 등

Ⅲ 원가절감 방안

		관리 미숙	공정-원가 통합관리	관리능력 제고
공사원가	절감요소	낮은 작업능률	표준화	능률 향상
		재시공	TQC 활동	재시공 방지
		시장정보 부족	Data 관리	시장정보 파악
		여분의 운반	JIT	운반 최소화
		과잉 설계	설계 VE	최적 설계
	필수(기본) 원가			

〈절감 Tool〉　〈기대효과〉

[원가절감 요소와 Tool]

1. 설계단계

① 설계안에 대한 시공성 분석
② Partnering 협력 강화, 설계 단계부터 협업시스템 가동
　• Pre-Construction 서비스 접목 고려
③ 기본·실시 설계 단계별 VE 검토, LCC기반 설계안에 대한 경제성 분석

2. 공정-원가 통합관리

① 실행예산 조기 편성
② 적정 공기에 의한 공정계획 수립
③ 주기적인 진도점검
　• Mile Stone에 의한 공기지연 방지 → 간접비 절감
④ 기성고에 의한 성과 측정
　• 일정-비용 차이 도출·분석 → 낭비요인 조기 발견 및 조치
⑤ 후속공정에 피드백, 낭비요인 재발 방지

3. 품질관리 활동

① TQC 활동 전개 → 구성원의 전사적 품질관리 유도
　• 하자 방지에 의한 재시공 예방
② JIT 개념 확대 → 현장 야적 및 소운반 최소화
③ 작업표준 확립 및 매뉴얼화 → 작업능률 제고에 의한 원가절감
④ 웹기반 공사관리시스템(PMIS) 도입 및 적극 활용

6430 공정관리 일반

I 개요

1. 공사관리의 대상은 공정·품질·원가·안전·환경 부문으로 분류하며, 이 중에서 공정관리는 건설 Project의 성패를 가름하는 매우 중요한 부문이다.
2. 공정관리는 주어진 공사기간 내에 적절한 건설자원(5M)을 투입하여 요구품질을 충족하면서 경제적이고 안전하게 공사를 완성하기 위한 관리과정이다.
3. 공정관리의 절차는 다른 부문과 마찬가지로 계획(Plan)−실시(Do)−평가(Check)−조치(Action) 등의 관리 Cycle에 따라 순환과정을 반복한다.

목표	➡	절차
• 공정 합리화/공기 준수·단축 • 건설자원 가동률/의사소통		• 계획/진행 • 점검/조치

II 공정관리 목표

1. 공정 합리화

① 공정간섭 방지
② CP−Sub CP 구분 관리
③ 공사 흐름 규명 → 선후행 공정 간 연계성 파악
④ 공정별 소요기간 최적 산정

2. 공기 준수 및 단축

① 계약상 지정공기 준수 → 고객 신뢰도 제고
② 공기단축에 의한 간접비 절감 → 원가경쟁력 제고
③ 공기 준수·단축에 의한 수주경쟁력 제고

3. 건설자원 가동률 증대

① 건설자원 효율적 배분
   • 인력·장비·자재 등의 투입 규모와 시기 최적 결정
② CP공종에 필요한 Lead Time 확보
③ 유휴 건설자원 발생 방지 → 시공능률 향상
   • 작업 인원·장비의 대기시간 배제

4. 참여자 간 의사소통

① 예정공정표, 주간·월간 공정실적 등에 근거
② 발주자, 감리자, 시공자 간 원활한 의사소통
③ 현황 보유에 의한 참여자 간 긴밀한 협력 유도
④ 문제 발생 시 신속 대처

Ⅲ 공정관리 절차(Cycle)

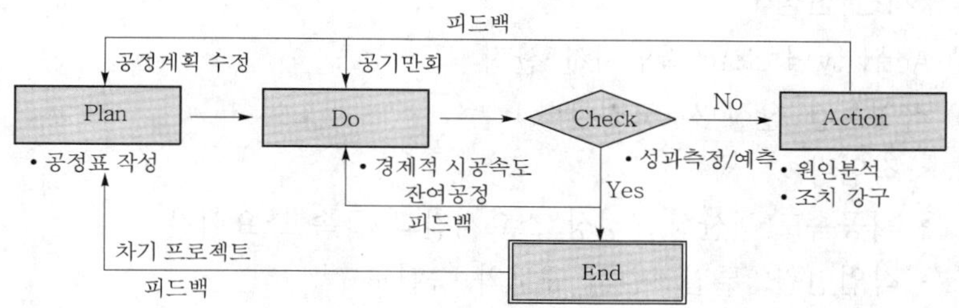

1. 공정계획(Plan)

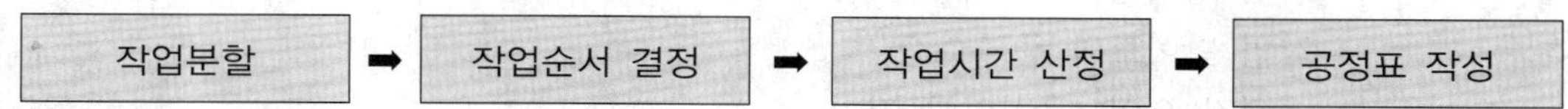

(1) 작업분할

① 공사를 수행하기에 적합하도록 단위작업(Activity)으로 공사 분할

Activity 유형	Activity 내용
생산 Activity	• 건설자원을 투입하여 생산활동을 수행하는 Activity • 설계도면과 시방서에 규정된 일로 작업내용이 명확
자원 Activity	• 생산 Activity의 착수를 위한 자원(5M)의 조달에 관련된 Activity • 인원, 자재, 장비 등의 조달에 관련된 일
관리 Activity	• 공사의 원만한 진행을 위한 관리적 업무와 관련된 일 • 계획, 검사, 평가, 분석 등에 관련된 일

② 작업분할기준
　• 작업원에 의해 수행되거나 관리자에 의해 관리가 되는 실질적인 단위
③ WBS(Work Breakdown Structure) 도입
　• 공정표는 관리목적에 따라 요약공정표, 상세공정표, 세부공정표 등으로 계층화
　• WBS 도입은 관리단계로 계층화된 공정표의 작성을 위하여 필수적
　• WBS에 의하여 작업(Activity)을 세분화하거나 집약화

(2) 작업순서 결정

① 작업순서의 결정은 공정표 작성의 기초
② Activity(작업분할의 결과물) 간의 상호관계를 규명하고 작업순서 결정

③ 작업순서 결정요인

절차요인	작업 수행상 기술적으로 선·후행 절차가 명확한 작업으로, 선행작업이 완료되어야만 후행작업이 가능
자재요인	작업에 투입되는 자재의 특성상 부득이 선·후행으로 구분하여야 하는 작업
안전요인	안전한 작업의 진행을 위하여 선·후행 순서를 구분하거나 동시진행을 위하여 추가적인 안전시설 작업이 필요한 Activity
품질요인	작업품질을 고려하여 선·후행 공정을 구분하여야 하는 작업

④ 공종 간 연계 확립, 공종별 작업공간을 고려하여 순서 결정

(3) 작업시간 산정

① Activity별 소요 작업시간 산정

② 작업시간 산정 시 고려사항

- 작업량
- 시공속도(생산성): 정상 소요시간과 급속 소요시간
- 작업인원: 투입인원의 규모와 숙련도
- 작업공간: 고소 및 지하위치, 작업장 공간확보와 지리적 위치
- 작업 경제성: 정상비용과 급속비용
- 작업 난이도와 품질수준
- 계절적 요인: 우기와 동절기
- 불확실성에 의한 비작업일[113]: 노사분규, 악천후, 지질상태 등

③ Activity별 인원, 자재, 장비를 합리적으로 조합하여 적정 작업시간 산정

(4) 공정표 작성

① Network 공정표 작성, PERT, CPM 기법 적용

② 작업순서에 Activity별 소요 작업시간과 자원배당 내용 표시

③ 주공정 작업(=Critical Path: CP공정)을 파악하여 전체공기 산정

④ Activity별 착수시기 파악

⑤ Sub-CP상의 여유시간 범위 내에서 자원을 효율적으로 배당(Leveling)

2. 공정진행(Do)

① 인력·장비·자재를 현장투입하여 공정진행

② 병행공정 간의 공정간섭과 마찰 방지

- 공정계획상의 착수시기와 완료시기에 맞추어서 공사자원 투입

③ 자원활용의 연속성과 경제성 확보

- 선·후행 공정 간 대기시간 최소화

---

113) 비작업일(非作業日)이란 불확실성 요인에 의하여 작업이 불가능하게 되는 일수로, Claim이 제기될 경우 시공자가 보상받을 수 있는 요인이 된다. 반면 특정 지역에서 나타나는 기후를 잘못 예측하여 산정된 작업시간에 대해서는 시공자가 전적으로 책임을 져야 한다.

④ 공사 요구품질을 충족하여 재시공 방지

⑤ 안전한 공사진행으로 공사중단 방지

3. 진도점검(Check)

① 공정표상의 계획과 실제내용을 비교하여 공정 지연과 과속 여부 파악

② 일일, 주간, 월간, 분기, 반기, 년도 단위로 진도점검

③ 중간관리일(Milestone)을 지정하여 전체공정의 진행상황(진도율) 점검

④ 비용과 일정을 통합관리, 목표원가와 지정공기 준수 달성

- EVMS(Earned Value Management System) 적정 활용

4. 공정조치(Action)

▶ 진도 Check 결과 공정지연 상태일 경우 원인을 분석하여 작업순서 또는 작업기간을 조정하여 지연공기를 만회한다.

(1) 작업순서의 조정에 의한 공기만회

▶ 동일한 작업이라도 작업순서의 조정만으로도 지연공정을 만회할 수 있으므로 각 Activity의 특성을 고려하여 다음의 공사진행방식을 효율적으로 적용한다.

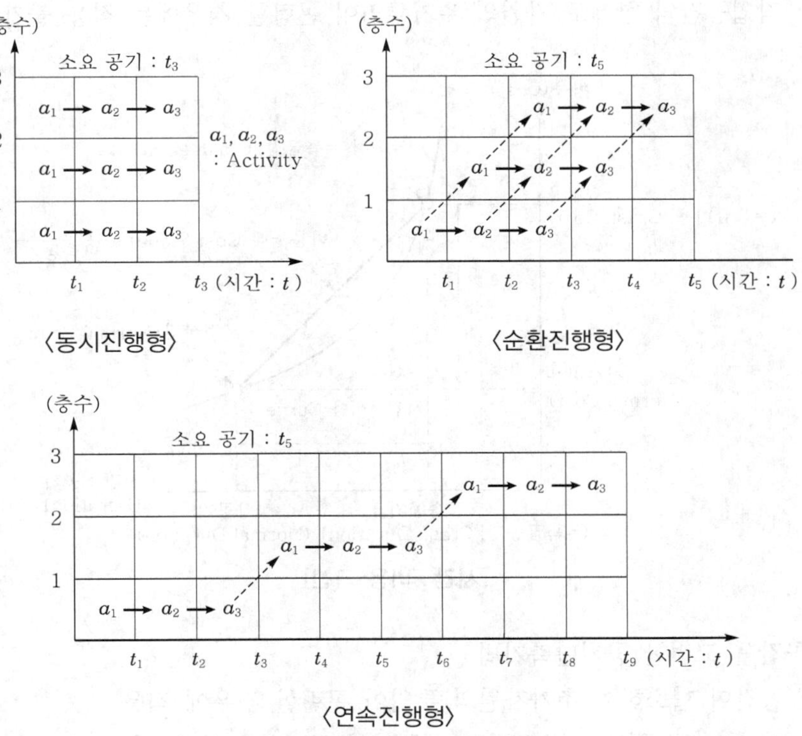

[공사진행방식의 유형]

① 동시진행(Simultaneous Proceeding)방식

- 각 층마다 동시에 작업을 진행하는 방식
- 작업공간이 확보되고 많은 자원을 투입할 수 있을 때 적용 가능
- 공사진행이 가장 빠른 방식

② 순환진행(Flow Line Proceeding)방식

- 각 Activity의 작업조가 팀을 이루어서 규칙적으로 반복진행하는 방식
- 작은 규모로 자원을 효율적으로 활용할 수 있으므로 경제적
- 진행속도는 동시진행방식보다 느리고 연속진행방식보다 우수

③ 연속진행(Successive Proceeding)방식

- 아래층이 끝나야 위층을 진행할 수 있는 공정에 적합한 방식
- 공사의 진행속도가 가장 완만

(2) 작업시간의 조정에 의한 공기만회

① MCX(Minimum Cost Expediting) 기법

- 비용추가에 의한 공기만회가 허용될 경우에 적용
- 시간－비용곡선을 이용하여 급속비용과 정상비용의 범위 내에서 공기단축으로 인한 추가비용이 최소가 되는 수준으로 작업시간 조정
- 작업공간의 한계로 자원의 추가투입이 곤란할 경우에는 적용 불가

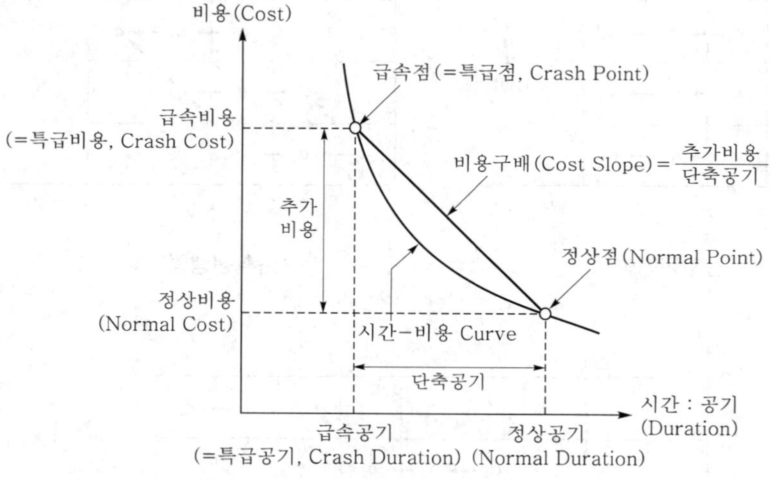

[시간－비용 곡선]

② 공간을 고려한 공기단축기법

- 공간이 협소하여 추가자원의 투입이 곤란할 경우에 적용
- Activity별 공간 사용유형을 분류하여 공기단축 요소 파악

Ⅳ 결론

1 공정관리는 관리 Cycle(P-D-C-A)에 따라 계획을 수립하고, 계획에 따라 건설자원을 투입하며, 계획과 실적을 대비하여 지연요소가 발견되면 공기만회를 위한 조치를 강구한다.

2 현장 관리책임자는 계획단계부터 공정관리 Tool을 활용할 수 있는 능력을 구비하여야 할 것이며, 세부공종이 완료될 때마다 비용과 공정을 통합관리하는 체계를 확립함으로써 공기와 원가에 대한 책임의식을 제고할 필요가 있다.

6431 ┃ 공정관리기법

Ⅰ 개요

① 건설 Project의 공정관리기법은 공정표 작성방식에 따라 Chart 방식과 Network 방식으로 구분한다.

② Network 공정관리는 작업공정의 전체를 연관하여 작업활동의 상호 의존관계와 작업순서를 그물망형(網型)의 Diagram으로 표시하고 부분적인 작업(Activity) 활동을 통합관리하는 방식이다.

③ Network 공정관리기법에는 PERT와 CPM 기법이 있으며, 공정표를 작성할 때에는 일정한 원칙에 따라 작성순서를 준수하여야 한다.

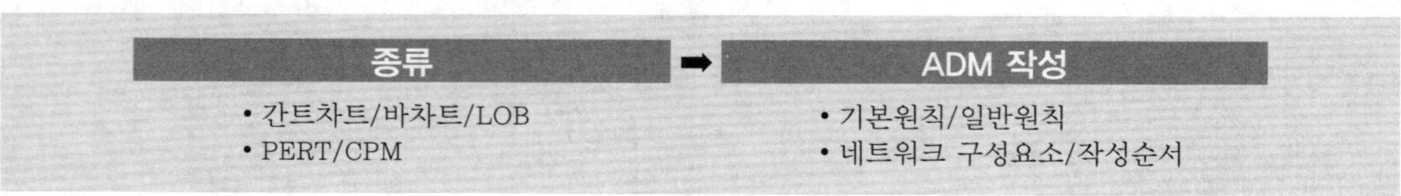

Ⅱ 종류

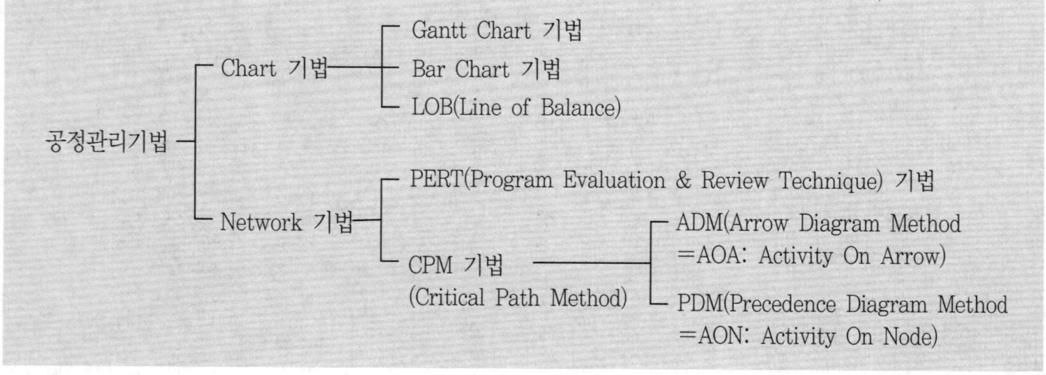

1. Gantt Chart 기법

(1) 도입 배경

① 1900년대 초 F. W. Taylor의 표준시간의 설정에 의한 과학적 공정관리 방식에서 비롯

② Henry L. Gantt가 1910년 제1차 세계 대전 중 미육군 Frankford 병기국에서 병기생산 과정에 처음으로 도입

(2) 정의 및 특징

① 도표상의 세로축에 작업(Activity) 열거

• 가로축에 횡선식 막대 그래프로 작업기간을 도식적으로 표현하는 기법

② 유용성
  - 각 작업의 소요 작업기간을 백분율로 표시하여 특정시점의 진척률 파악 유용
  - 작성·이해 용이
③ 단점
  - 작업 선·후 관계가 불명확하고 작업 간 연관성 파악이 어려워서 중점관리 곤란
  - 작업순서나 일정계획의 변경, 문제점의 사전예측 곤란, 통제기능 미약
  - 자원배당과 진도점검 기능 부족, 최적안 선택 불가능

(3) 표현방법

작성일자: 2018.　.　.

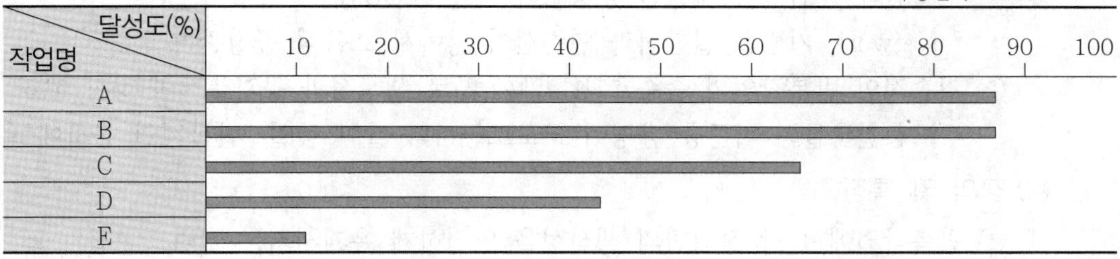

작업명 \ 달성도(%)	10	20	30	40	50	60	70	80	90	100
A										
B										
C										
D										
E										

[Gantt Chart]

① 각 Activity별 작업공정을 타임스케일(Time Scale)상의 막대도표로 표시
② 작업시작, 작업기간, 작업완료점을 막대그림으로 표시
③ 계획과 실제 추진실적의 비교를 도표로 표현
④ 계획량은 절대수치로 표시, 달성률은 백분율에 의해 시각적으로 표시

2. Bar Chart 기법

(1) 도입 배경
  ① Gantt Chart의 결점을 일부 보완·수정한 공정관리기법
  ② 세부공종별 공사비 및 가중치, 전체 달성도 등 명시

(2) 특징

공사명 : ○○공사
작성자 : 심영보

예정공사 : ....
실행공사 : ....
작성일자 : 2018. 10. 1.

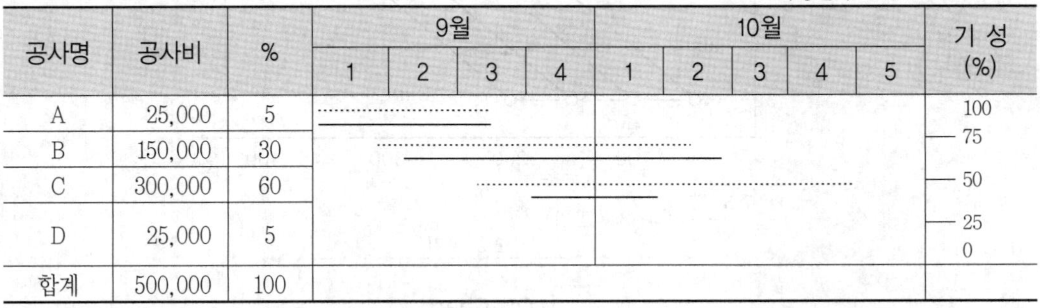

공사명	공사비	%	9월 1	9월 2	9월 3	9월 4	10월 1	10월 2	10월 3	10월 4	10월 5	기성 (%)
A	25,000	5										100
B	150,000	30										75
C	300,000	60										50
D	25,000	5										25
합계	500,000	100										0

[Bar Chart]

① 횡축에 작업기간 표시
② 각 작업의 소요일수 파악 가능
③ Gantt Chart 기법처럼 타공정에 영향을 주는 작업(CP: Critical Path) 표시 곤란

3. LOB(Line of Balance), LSM(Linear Scheduling Method)

(1) 도입 배경

① 선형적이고 반복적인 공사에서 Network 공정관리기법을 개선시킨 기법
- 결합점과 연결선(Arrow)의 수가 많아져서 효율적인 공정관리가 곤란하므로, 이를 개선하기 위하여 개발된 공정관리기법이 LOB임
- Network 기법은 결합점과 연결선이 많아서 효율적 공정관리 곤란

② 지속적인 반복작업의 습숙효과(習熟效果)로 생산성과 공사품질의 향상 고려
- 고층건축물의 기준층 공정이나 도로공사와 같이 동일·반복적인 공사에 유용

(2) 정의 및 특징

① 반복작업에서 각 작업팀의 생산성을 일정하게 유지시키는 기법
- 최초 Activity 투입자원은 후속단위의 동일작업에 재투입됨을 가정

② 도표상에서 마지막 반복작업의 완료시점 확인, 전체공사기간을 쉽게 산정

③ 생산성의 발산(發散, Diverge)과 수렴(收斂, Converge)
- 후행작업이 선행작업의 기울기보다 작으면 작업진행에 따라 두 직선은 발산
- 즉, 공정진행에 따라 선·후행 작업 시간간격 확대
- 후행작업이 선행작업의 기울기보다 크면 작업단위의 증가에 따라 수렴, 공정간섭 발생

④ 전체공사의 주공정선은 생산성 기울기가 작은 작업에 의존

(3) 표현방법

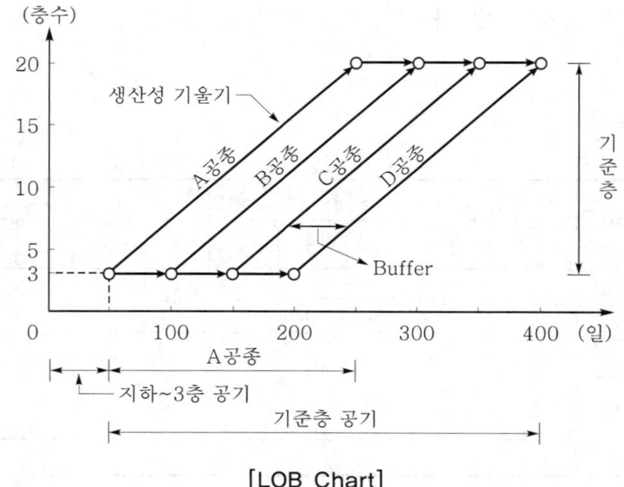

[LOB Chart]

① 세로축에는 단위작업의 반복되는 수(작업수량, 층수)
② 가로축에는 단위작업별 공사기간
③ 작업진행은 직선으로 표현, 생산성은 기울기로 표시

4. PERT(Program Evaluation & Review Technique) 기법

(1) 도입 배경

① 1956년 미해군의 Polaris 잠수함 건조를 위한 새로운 공정관리기법의 필요성 대두
② 1958년 9월 Polaris Missile에 적용, 실용성 인정
③ Polaris 잠수함의 건조를 당초계획보다 2년 단축
  • 1962년부터 미정부의 주요 신규사업에 PERT 기법 전면 적용
④ 이후 민간기업에도 Project 관리기법으로 확대 적용

(2) 정의 및 특징

① 미경험공사의 Activity에서 소요시간을 3점으로 추정하여 예정시간 산정
  • 3점 추정은 경험과 현장조사에 의존
② 3점 소요시간의 추정
  • 낙관적 시간(Optimistic Time: T_o, a)
  • 정상적 시간(Most Likely Time: T_m, m)
  • 비관적 시간(Pessimistic Time: T_p, b)
③ 예상 소요시간(Expected Time: T_e)과 표준편차(σ)의 산정

$$T_e = \frac{a + 4m + b}{6}$$

$$\sigma = \frac{b - a}{6}$$

④ 문제점
  • 결합점에 이르는 경로가 증가할수록 실제 소요시간과의 오차 증가
  • 3점 시간 추정이 불확실 시 공사기간 신뢰도 저하

(3) 표현방법

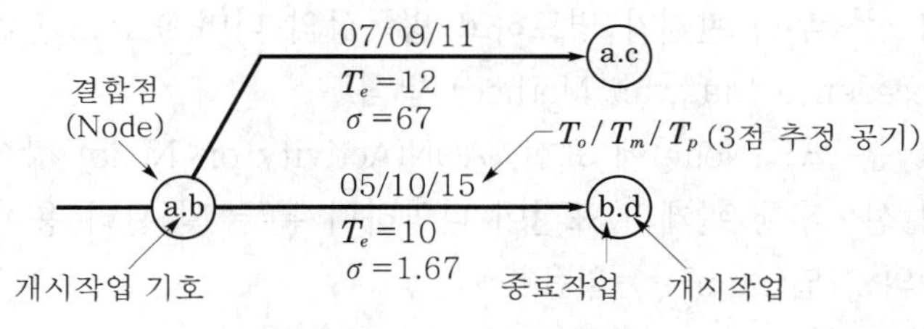

[PERT Diagram]

① 연결점은 번호와 기호로 표시되며 작업의 착수와 완료시점
② 화살표상에 소요시간의 추정치(a, m, b)와 예상 소요시간(T_e) 표시

5. CPM(Critical Path Method) 기법

(1) 도입 배경

① 1956년 미국 Dupont社와 Remington社가 Plant 건설관리를 위하여 공동 연구·개발
② 1957년에 시험적용하여 원가절감효과 검증, 건설업계에서도 도입·적용

(2) 정의

① 작업 소요시간과 작업순서에 의하여 공사기간의 최장경로(CP: Critical Path)를 파악하여, 이를 중점관리하는 공정관리기법
② 소요시간 추정
- 공사비내역서와 과거의 수행실적을 토대로 1점 추정
- 공사가 소요공기 이내에 100% 완료될 수 있음을 전제

(3) Activity와 소요시간 표현기법

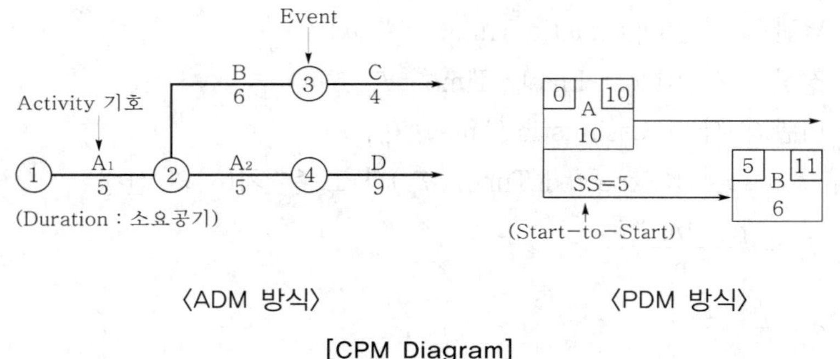

① ADM(Activity Diagram Method) 방식
- Activity는 화살표 위에 표현하므로 AOA(Activity on Arrow) 방식
- 결합점은 현행공정의 종료점이면서 후행공정의 시작점이므로 'I-J(Initial-Junction) 방식'
- 작업의 선·후행 관계가 명료하고 명목상의 더미(Dummy) 존재
② PDM(Precedence Diagram Method) 방식
- Activity는 노드(Node)에 표현, AON(Activity on Node) 방식
- 작업의 선·후행 관계의 표현이 다양하며 분류 및 관리 용이
- 명목상의 작업(Dummy) 없음
- 시간적 독해 난이

Ⅲ Network 공정표(ADM) 작성

1. 기본원칙

(1) 공정원칙

① 모든 활동(Activity)은 독립적이지만 상호관련성으로 반드시 완료

② 모든 작업은 순서에 따라 배열

③ 모든 활동이 수행·완료되어야만 전체공사가 완료

(2) 단계(Event)원칙

① 작업의 중간에 임의로 활동연결 금지

- 반드시 단계와 단계를 연결

② 개시점과 종료점은 단계·결합점(Event)으로 연결

③ 모든 단계(결합점)는 선행활동과 후행활동의 중간에 위치

- 최초개시점과 최종종료점 제외

(3) 활동(Activity)원칙

① Event 간에는 반드시 1개의 활동(Activity)만이 존재

② Event 간에 여러 개의 활동이 동시에 시공되는 경우 명목활동 도입

- 논리·유기적 관계를 확보하기 위한 명목활동으로 Dummy 사용

③ 최초활동과 최종활동을 제외한 모든 활동은 선행단계와 후행단계 보유

④ 선행활동이 완료되어야만 후행활동 개시

(4) 연결원칙

① 각 결합점은 모두 연결

② Activity 간의 연결은 화살표

③ 화살표는 좌에서 우로 표시

④ 일방향으로 표시하여야 하며 회송 불가

2. 일반원칙

① 화살선의 교차 방지

- 부득이할 경우 수직활동만이 교차 허용

② 불필요한 명목활동 제거

- 반드시 논리적·유기적 표현이 필요할 때에만 사용

③ 화살선의 역진(逆進)과 회송(回送) 금지

- 활동을 표시하는 화살선은 좌에서 우측으로만 진행

④ 최초·최종 결합점(단계) 단일화

- 복수 활동이 동시에 개시·종료 시 명목활동을 도입하여 인식하기 쉽도록 단일화

⑤ 활동의 분할
- 활동 중간에 추가활동 있을 경우 기존 활동을 분할하여 추가활동 연결
- 단계원칙에 따라 활동중간에 활동을 추가하지 말 것

3. Network 구성요소

(1) Event(결합점), Node(마디, 段階)

① 각 작업의 개시점과 종료점을 나타내며 식별용 번호 부여
- 화살선 후단결합점은 작업시작, 화살선 선단결합점은 작업완료를 의미

② CPM에서는 'Event', PERT에서는 'Node'

(2) 작업활동(Activity, Job)

① Project를 구성하는 단위작업으로 실제로 이루어지는 작업활동
- 모든 계산 및 분석작업의 기본, 작업시간과 투입자원(5M)을 필요로 함

② CPM에서는 Activity, PERT에서는 Job

③ 화살선(Arrow) 위에 표시

(3) 명목상 활동(Dummy)

① 작업의 상호 간 유기적인 연관성과 분할 등 표시
- 시간과 자원의 소요가 없음

② 실제 작업진행이 아니고 2개 이상의 작업순서만을 표현
- Numbering Dummy: 결합점과 결합점 사이의 중복을 피하기 위하여 사용
- Logical Dummy: 논리관계를 표현, 작업의 선후관계를 규정하기 위해 사용

③ 점선(------>)으로 표시하며, CPM 기법 중 ADM(I - J 방식) 방식에서만 표시

(4) 작업경로(Path)

① 2개 이상의 작업활동(Activity)이 연결되는 작업의 진행경로

② 시작점과 종료점 간의 경로

③ Long Path
- 임의의 두 결합점에서 소요시간이 가장 긴 Path

④ Critical Path(CP)
- 공사기간을 결정하는 경로
  - 최초작업으로부터 최종작업에 이르는 경로 중에서 시간적으로 가장 긴 경로
- 주공정선으로 공정관리상 가장 중요한 경로, CP에 의해 공기의 지연과 단축이 좌우
- 여유시간이 없음(Float Time=0, Total Float=0)
- CP는 굵은 선이나 두 줄로 표시

(5) 여유시간(Float, Slack)

① PERT에서의 여유시간: Slack(S)

- 공사의 최종단계에서 완료예정일을 변경하지 않는 범위 내에서 각 결합점(단계)에 허용할 수 있는 시간적 여유
  - 正餘裕(Positive Slack): $S > 0$
  - 零餘裕(Zero Slack): $S = 0$
  - 負餘裕(Negative Slack): $S < 0$

② CPM에서의 여유시간: Float(F)

- 전체공기에 영향을 주지 않는 한도 내에서 공기영향 없이 작업의 착수와 완료를 늦게 할 수 있는 여유시간

Float의 종류	의미
총여유시간	• Total Float: TF = LFT − EFT • 가장 늦게 마쳐도 되는 시간과 가장 일찍 마칠 수 있는 시간의 차이
자유여유시간	• Free Float: FF = 후행의 EST − EFT • 현 공정을 가장 일찍 완료하고 후행공정을 가장 일찍 시작하여도 생기는 여유시간으로, FF 상태에서는 자유롭게 작업을 쉬게 할 수 있음
간섭여유시간	• Interfering Float, Dependent Float: DF = TF − FF • 총여유시간과 자유여유시간의 차이
독립여유시간	• Independenct Float: INDF = 후행의 EST − LFT • 현 공정을 가장 늦게 완료하고 후행 공정을 가장 일찍 시작하여도 생기는 여유시간

(6) 작업시간(Activity Time)

▶ 작업시간은 작업의 착수와 종료, 빠름과 늦음에 따라 다음과 같이 구분하며 작업의 소요시간(Duration)과는 구별된다.

빠름·늦음 ＼ 개시·종료	가장 빠른 시간(Earliest Time)	가장 늦은 시간(Latest Time)
개시시간(Start Time)	EST(Earliest Start Time)	LST(Latest Start Time)
종료시간(Finish Time)	EFT(Earliest Finish Time)	LFT(Latest Finish Time)

① EST(Earliest Start Time): 작업을 시작하는 가장 빠른 시간

② EFT(Earliest Finish Time): 작업을 완료하는 가장 빠른 시간

③ LST(Latest Start Time): 작업을 시작하여야 하는 가장 늦은 한계시간

④ LFT(Latest Finish Time): 작업을 완료하여야 하는 가장 늦은 한계시간

4. 작성순서

(1) 예비검토

① 계약서, 설계도면, 공사시방서 등에 의한 계약조건 파악

② 현장여건을 고려하여 공사조건 파악

③ 기타 공사의 규제조건 등을 파악하기 위하여 모든 자료를 수집·정리·분석

(2) 작업분할

① 적산과 공사수행을 Network상으로 표현

- 전체공사를 단위별 요소작업(Activity)으로 분할

② Activity는 세분화·집약화

- 자원분배와 진도점검이 가능하고 상호관련성이 고려될 것

(3) 작업순서 결정

① Activity(작업 분할의 결과물)간의 상호관계를 규명하여 작업순서 결정

② 기술적·자재·안전·품질 등의 결정요인 고려

③ 공종 간 연계성과 공종별 작업공간을 고려하여 선·후행 공정 결정

(4) 작업기간(Duration) 산정

① Activity별 소요 작업시간 산정

② 작업량, 작업조, 장비 생산성, 투입자원(5M) 배당, 공사환경, 품질 및 경제성 고려

③ Activity별로 인원, 자재, 장비를 합리적으로 조합하여 적정 작업시간 산정

(5) 공정표 작성

① PERT/CPM 기법을 이용하여 Network 공정표 작성

② 작업 순서에 따라 소요작업시간을 공정표에 표시

③ 주공정 작업(=Critical Path: CP 공정)을 파악하여 전체공기 산정

④ Activity별 착수시기 파악

⑤ Sub-CP상의 여유시간 범위 내에서 자원을 효율적으로 배당(Leveling)

Ⅳ 결론

① 공정관리는 공사의 특성과 관리목적에 따라 적절한 기법을 선정하여 공정계획을 수립하여야 한다.

① Network 공정표를 작성할 때에는 구성요소를 정확하게 이해하고 기본원칙과 관행적인 일반원칙 및 작성순서에 따라 이해하기 쉽고 Feedback이 가능하도록 작성한다.

6432 공기와 시공속도

I 개요

1. 계약서에 명시된 공사기간과 주어진 실행예산 내에서 발주자가 요구하는 양질의 공사품질을 실현하기 위해서는 공기와 시공속도에 대한 현장관리자의 이해가 필요하고, 이를 바탕으로 한 공정관리가 뒷받침되어야 한다.
2. 공정계획단계에서 공기를 최적화하여 기성고 및 진도점검에 반영하고, 실행단계에서 경제적 시공속도를 유지하는 일이 매우 중요하다.

영향요소	➡	최적화	➡	관리방안
• 계약당사자/시공 • 공사자원		• 공기 최적화 • 경제적 시공속도		• 진도점검 • 일정−비용 통합관리

II 영향요소

1. 계약당사자 요소

① 발주자의 공사 촉진
② 시공자의 기술력
③ 설계자의 설계품질

2. 시공요소

① 공사의 품질수준
② 시공성, 공사난이도
③ 시공정밀도

3. 공사자원(인력, 장비, 자재) 요소

① 공정관리자의 관리능력
  • 공정계획 · 실시 · 통제 · 조치능력
② 자원조달 능력
③ 조달자원의 양부(良否)
  • 기능공 숙련도, 납품자재 품질, 장비 작업효율 등

Ⅲ 공기와 시공속도의 최적화

1. 공기의 최적화

▶ 지정공기 이내에서 총공사비가 최소가 되는 시점을 고찰한다.

① 공사비를 고정비(=간접비)와 변동비(=직접비)로 분류

② 공사기간을 고려하여 고정비와 간접비의 변화수준 파악

- 공기가 길어지면 간접비의 증대로 총공사비 증가

- 공기가 짧아지면 직접비의 증가로 총공사비 증가

③ 고정비와 변동비의 합이 최저가가 되는 시점 고찰

④ 총공사비의 최저시점을 지정공기와 비교

- 지정공기보다 길 경우 공기단축 방안을 강구하여 공기조정

2. 경제적 시공속도 파악

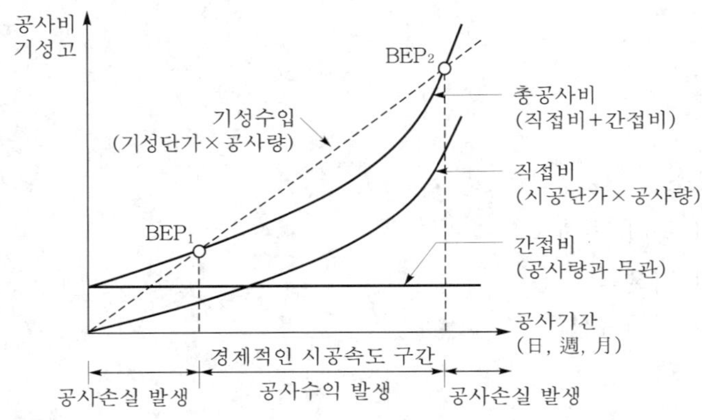

[시공속도의 손익분기점 관계]

▶ 단위기간(일일, 주간, 월간 등) 동안의 공사량이 손익분기점 이상이 되는 경제적인 시공속도를 파악한다.

① 손익분기점 파악(BEP: Break Even Point)

② 공사량 < BEP: 공사손실이 발생하는 비경제적 시공속도

③ 공사량 > BEP: 공사이익이 발생하는 경제적 시공속도

④ 시공속도가 지나치게 빠를 경우

- 공기단축으로 간접비 부담 경감

- 돌관작업에 의한 공사품질의 저하와 야간수당 등으로 총공사비 증가

Ⅳ 관리방안

▶ 공기와 시공속도를 최적으로 관리하기 위해서는 지정공기 내에서 최적공기를 산정하고 경제적 시공속도를 파악하여 진도 및 기성고 관리에 반영한다.

최적공기 산정 ➡ 경제적 시공속도 유지 ➡ 진도 및 기성고 점검 ➡ 진도 만회대책 강구

1. 진도점검

① 공사기간별로 예정진도율을 부여하여 진도곡선 작도
② 진도곡선에 대하여 허용한계(상·하한) 설정
③ 일정한 주기로 진도를 측정하여 실적진도의 허용한계 이탈 여부 분석
④ 상한선 이탈 시
　• 시공속도가 과속상태이므로 비경제적 요소 제거
⑤ 하한선 이탈 시
　• 시공속도가 완만하여 공기지체가 우려, 지연요인을 분석하여 조치 강구

2. 일정-비용 통합관리

▶ EVMS(Earned Value Management System)에 의한 통합관리로 공기와 시공속도를 효율적으로 관리한다.

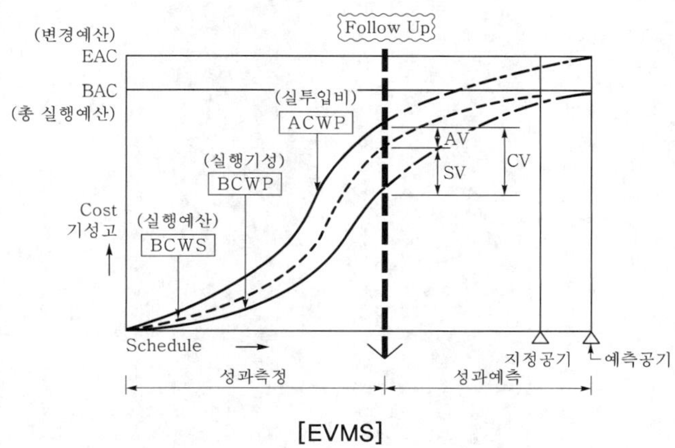

[EVMS]

① Network 공정상의 Activity별로 일정 계획
② 산출내역서(실행예산)를 근거로 소요금액 배분, 기성관리기준선(BCWS) 작성
③ 측정시점에서의 실행기성(BCWP)과 실투입기성(ACWP) 파악
　• 공사량에 예산단가와 실투입단가 적용
④ 비용차이와 일정차이 분석
　• BCWP와 ACWP를 BCWS와 비교

⑤ 비용차이일 경우
- 원인분석(공기과속, 투입단가 상승) 후 원가절감 대책 강구
⑥ 일정차이일 경우
- 공기지체요인 분석 후 공기촉진 및 만회대책 강구
⑦ 잔여공기의 성과예측
- 성과측정 추세를 유지할 경우 잔여공기 동안 지정공기와 목표예산을 달성할 수 있는 지 예측
- 공기지연이나 예산초과가 예상될 경우 사전조치 강구

6433　공정마찰

I　개요

1. 건축공사는 제한된 작업공간에서 여러 공종이 복합적으로 진행되므로 선·후행 공정 또는 인접공정 간 상호조정이 미흡하면 간섭이 발생한다.
2. 공정간섭은 공사효율과 품질을 저하시키고 안전사고와 작업자 간의 마찰이 우려되므로 건축공사의 특수성과 간섭원인을 고려하여 공정계획에 반영하는 노력이 필요하다.

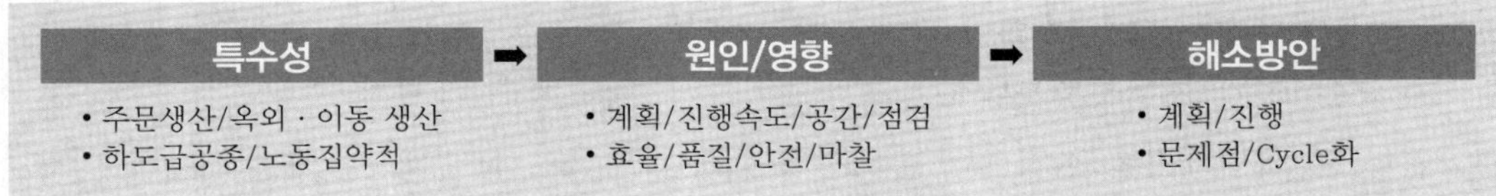

II　건축공사의 특수성

1. 수주에 의한 주문생산

① 적정 공사기간 확보 곤란
② 공정 진행에 발주자의 영향이 큼
③ 공기촉진 요구 시 돌관공사 불가피

2. 옥외 이동생산

① 타산업보다 기계화 시공여건 열악
② 자재와 장비의 잦은 이동, 작업동선 중복

3. 하도급공종 복잡, 노동집약적

① 다수의 하도급업체 투입
② 작업공간이 중복되어 공정간섭 발생
③ 투입인원에 비해 작업공간 부족

III　원인 및 영향

1. 원인

(1) 공정계획 미흡

① 적정 공기 미확보
• 절대공기 부족

② 형식적인 공정표 작성

③ 건설자원 조달계획 미흡
- 자재, 인원, 자금, 장비 등

(2) 공사 진행속도 불균형

① 선행공정 지연

② 후속공정 조기투입

③ 양중부하 집중

(3) 작업공간 미확보

① 자재 선입고량 과다

② 현장 정리정돈 불량

③ 작업폐기물 적치

(4) 공사 체크 미흡

① 주공정선(CP: Critical Path) 점검 미흡

② 중간관리일(Milestone) 점검 미흡

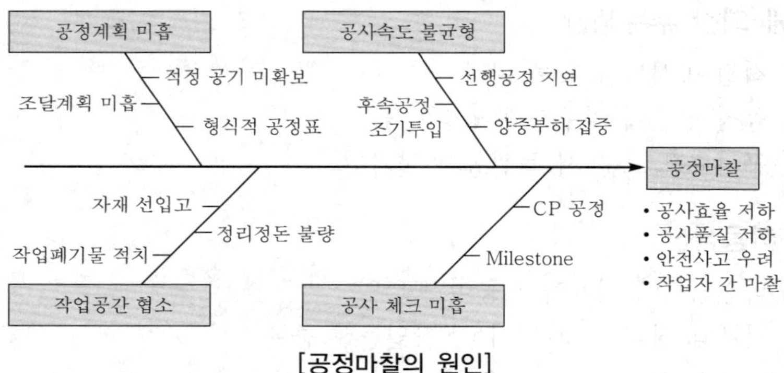

[공정마찰의 원인]

2. 영향

(1) 공사효율 저하

① 인접공정과 작업동선이 중복

② 작업 대기시간 증가

③ 작업 투입시간 대비 공사량 감소

(2) 공사품질 저하

① 안정된 작업공간 미확보

② 작업 바탕면의 요구품질 유지 곤란

③ 완성작업 부위의 오염 · 파손

(3) 안전사고 우려

① 작업장 분위기 산만

② 소운반 이동경로 중복

③ 작업장 환경의 불안정상태 유발

(4) 작업자 간 마찰 우려

① 인접작업 공간 잠식

② 양중순서 및 이동로 통행순서 경쟁

Ⅳ 해소방안

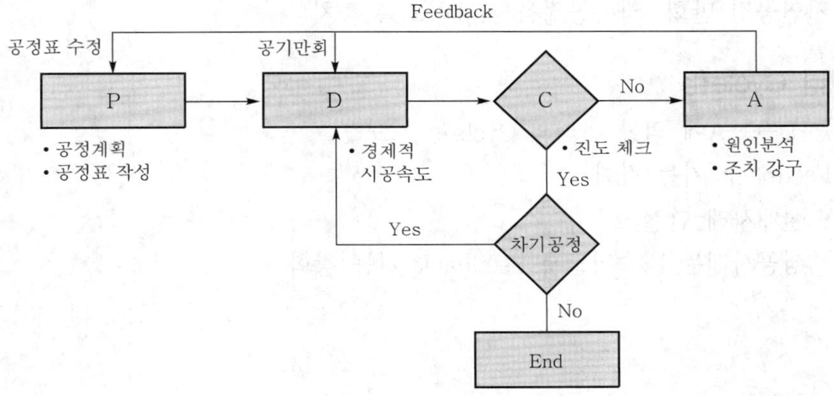

[공정관리 Cycle]

1. 공정계획

① 최적 공기 확보

② 중간관리일(Milestone) 지정

③ 주요공종의 중점관리계획 수립

④ 자원배당, 균배도 작성

2. 공사진행

① 선·후행 공정 간 적정 Buffer 유지

② 양중효율 제고

　• 불요불급자재의 선입고 방지

　• 후속공정자재 조기입고 방지

③ 주요공정의 중점관리 철저

④ 일일작업 후 정리·정돈 철저

3. 문제점 조기발견 및 조치 강구

(1) 문제점 조기발견

① 공정 체크 철저

② 일일, 주간, 월간단위로 진도점검

③ 간섭공정, 지연공정, 과속공정 등 조기발견

(2) 조치 강구

① 문제점의 원인분석

- 공정간섭 및 공기지연 원인 등

② 공정마찰 요인을 수시 조정

- 협력업체의 주간·수시 회의 활용

③ 선·후행 공정의 적정 Buffer 확보

④ 지연공정 만회, 과속공정을 자제하도록 조치

4. 공정관리 Cycle化

① P-D-C-A에 의한 관리의 Cycle化 도모

② Feedback 기능 강화

- 실패사례 단절

- 성공사례는 지속되도록 Feedback 기능 강화

6434 진도점검

Ⅰ 개요

1. 건설공사의 진도점검은 공사진행에 따라 일정기간단위로 진척도를 측정하여 예정공정과 비교함으로써 지연공정과 과속공정을 조기에 발견하여 조치하기 위한 관리과정이다.
2. 일반적으로 공사진행은 초기에는 완만하고 중기에는 빠르다가 후반기에는 완만하지만, 계절과 자원투입여건에 따라 다양한 양상을 나타낸다.

진도곡선	➡	진도검검 방법
• 오목 · 볼록형 • 굴곡형/S형		• S-Curve 방식 • EVMS 방식

Ⅱ 진도곡선 유형

1. 오목 · 볼록형

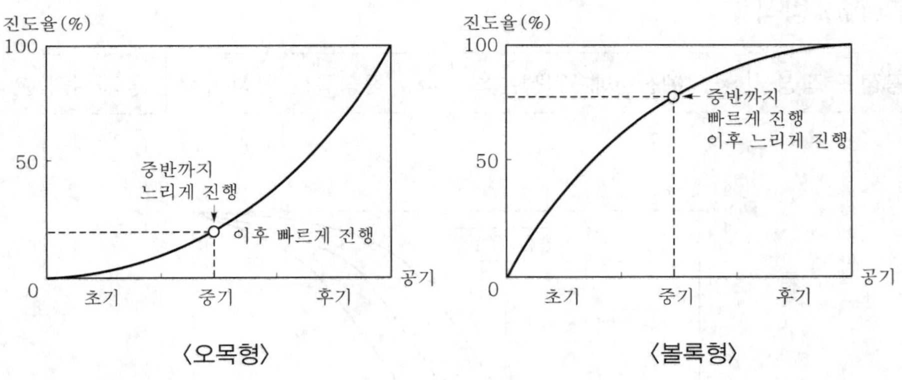

[오목 · 블록형 진도곡선]

① 공사초기부터 진행이 빠르면 공정곡선은 볼록형
② 공사초기에 늦어지다가 후기에 돌관공사 등으로 공사촉진 시 오목형

2. 굴곡형

① 공사도중 중지시점에서 굴곡 형성
② 공사중단과 재개 반복 시 굴곡도 증가
③ 투입자원의 조달이 문제일 경우
  • 공기지체 및 공사손실 우려

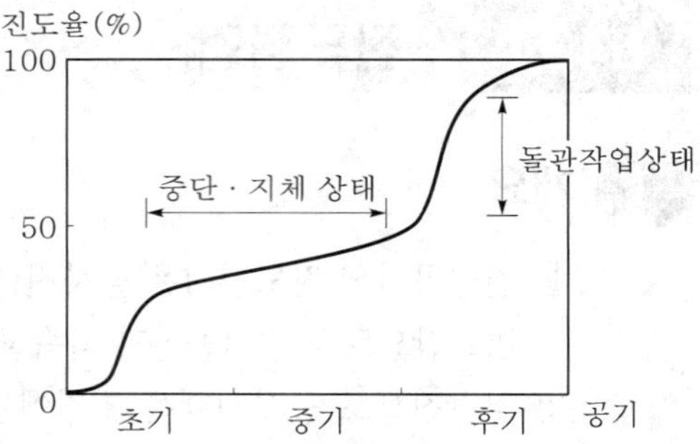

[굴곡형 진도곡선]

3. S형

① 공사초기와 후반기에는 시공속도 완만
  • 중기에는 빠르게 진행
② 가장 바람직한 유형
  • '바나나 곡선'이라고도 함
③ 대부분이 S형 진도곡선

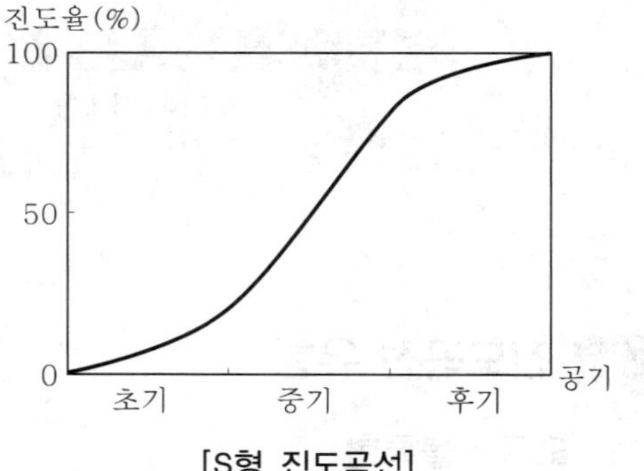

[S형 진도곡선]

Ⅲ 진도점검 방법

1. S-Curve 방식

공정표 작성 ➡ 예산분배, 일정분석 ➡ 공정곡선 작성 ➡ 공사실적 분석

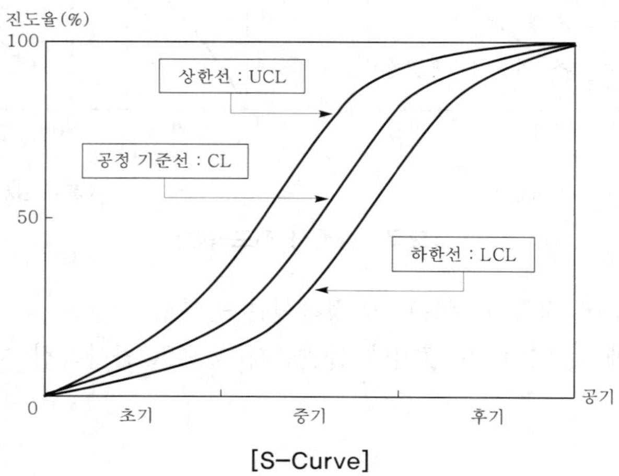

[S-Curve]

(1) 공정표 작성

　① CPM Network 공정표 작성

　② 각 Activity별 소요공기 산정

　③ 각 Activity별 자원배당 및 Leveling

(2) 예산분배 및 일정분석

　① 실행예산을 근거로 각 Activity별 예산 분배

　② 공정표 일정 분석, 착수 및 종료시점의 빠른 시점(ET)과 늦은 시점(LT) 분석

　　• ET(EST, EFT: Earliest Time)

　　• LT(LST, LFT: Latest Time)

(3) 공정곡선 작성

　① 각 Activity별 분석일정(착수일과 종료일)과 예산분배내용을 토대로 공정곡선 작성

　　• 기준 상·하한선과 기준공정선 작성

　② 공정기준 상한선(UCL: Upper Center Line)

　　• 작업착수와 종료일을 ET 일정으로 작성

　　• 착수일 = EST

　　• 종료일 = EST + Activity별 소요공기(Duration)

　③ 공정기준 하한선(LCL: Lower Center Line)

　　• 작업착수와 종료일을 LT 일정으로 작성

　　• 착수일 = LST

　　• 종료일 = LST + Activity별 소요공기

　④ 공정기준선(CL: Center Line)

　　• 상·하한선의 중간지점에 기준선 작성

　　• 착수일 = EST + (TF × 0.5)

　　• 종료일 = 착수일 + Activity별 소요공기

(4) 공사실적 분석

　① 각 Activity별로 공사실적을 종합하여 실시공정 파악

　② 진도측정시점에서 실시공정과 예정공정 비교

　③ 실시진도가 기준 상·하한선에 근접할 경우 즉시 대책 수립

　④ 실시진도가 UCL을 초과하였을 경우

　　• 시공속도를 늦추어서 경제적인 시공이 되도록 조치

　⑤ 실시진도가 LCL 이하일 경우

　　• 진도가 지연상태이므로 돌관공사 불가피

　　• 최소비용에 의한 공기단축 방안(MCX)을 강구하여 지연공기 만회

2. EVMS에 의한 진도점검

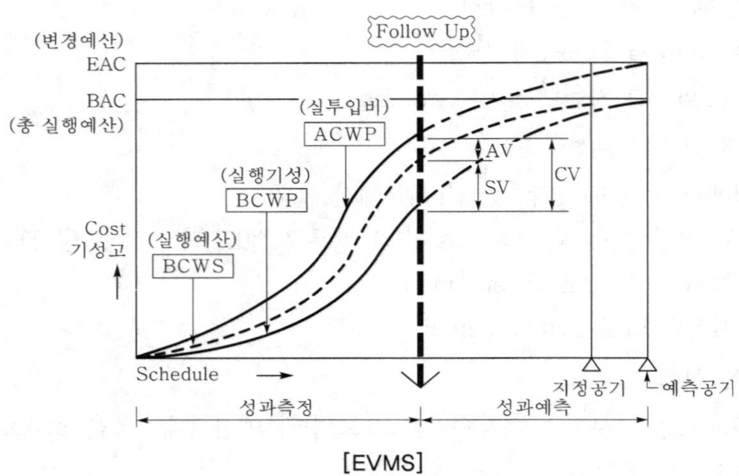

(1) 기준진도 작성(S-Curve)

① X축: Schedule 표시(지정공기)

② Y축: 누계기성, 실행예산 표시

③ 공사착수에서 지정공기까지 실행예산의 투입예정곡선 작도
- 예정기성(BCWS)=실행예산단가×실행견적량

(2) 진도측정(Monitering)

▶ 진도 주기별로 공사물량을 파악하여 기성고를 측정한다.

① 실행기성(BCWP)=실행예산단가×공사물량

② 실투입비(ACWP)=실투입단가×공사물량

(3) 성과평가 및 예측(Forecast)

▶ 진도 측정내용을 고려하여 성과를 평가하고 잔여기간 중의 원가와 일정을 예측한다.

① 계획대비 실적평가
- 비용차이(CV)=BCWP−ACWP
  - 'CV < 0'이면 실행단가의 상승으로 예산이 초과집행된 상태
- 일정차이(SV)=BCWP−BCWS
  - 'SV > 0'이면 공사지체로 인한 예산의 미집행 상태로 평가

② 실적대비 예측
- 비용예측: 변경예산(EAC) 규모 예측
- 일정예측: 잔여공기의 지체 및 단축 여부 예측

(4) 원가 및 공정조치

 ① 예산초과 시

  • 원가절감 방안을 강구하여 실행예산범위에서 공사진행

  • 실행예산 초과가 불가피한 경우 변경예산을 작성하여 승인

 ② 공기지체 시

  • 잔여기간 중 지체공기를 만회하도록 공정 재점검

  • MCX 기법 채용 적극 검토

Ⅳ 결론

1. 건설공사의 진도점검은 공정관리의 Cycle(P-D-C-A)상에서 볼 때 Check(C) 및 Ac-tion(A)에 해당하는 중요한 단계로, 공사가 목표대로 진행되는지를 점검하여 문제점을 조기에 조치하는 관리과정이다.

2. 진도점검 중 공기지연이 감지되면 즉시 만회대책을 강구하여 지연요소가 누적되지 않도록 함은 물론 재발 방지를 위하여 원인분석 후 Feedback이 되도록 하여야 한다.

3. 성공적인 진도관리를 하려면 Network 공정관리기법에 의한 일정분석과 합리적인 실행예산의 편성, 진도점검기법의 충분한 숙지 등으로 과학적인 공정관리가 되어야 한다.

6435 | 공정 리스크

I 개요

① 공정 리스크는 공사과정의 불안정으로 공기가 지연될 가능성을 말한다.

② 초고층건축물 현장을 중심으로 공정 리스크 발생요인 및 관리방안에 대하여 설명한다.

발생요인	→	관리방안
• 기술적 요인 • 관리적 요인		• 공정 프로세스/요인분석 • 대응방안/자료축적 · 지침개발

II 발생요인

1. 기술적 요인

① 양중부하량 과다

② 고층부 풍하중 가중

③ 건물의 수직도, 부등축소관리 난이

④ 마감 공사층의 지수(止水) 미흡

⑤ 커튼월 관리능력 부족

　• 전문건설사의 시험, 제작, 시공능력 등

2. 관리적 요인

① 설계검토 능력 부족

② 부적격업체(자재, 전문시공) 선정

③ 공정관리능력 부족

④ 시공경험 · 지식 부족

III 관리방안

1. 공정 프로세스 규명

① 전체 공기상 주요공종(CP) 선정

　• 지하토공사, 골조공사(RC, S), 커튼월공사 등

② 설계도서상 채용공법과 재료 고려

③ 공사시방, 표준시방, 특기시방 참조

④ 착공 전과 시공단계 등으로 구분하여 규명

2. 요인분석

(1) 분석방법

① 공정단계별 리스크 파악

② 유경험자, 또는 전문가 의견 수렴

③ 파악된 리스크 요인의 중요도 분석

- Data 분석기법 활용(AHP, FMEA 기법 등)

(2) 착공 전 요인

① 도면 불일치, 부적합한 공법·자재 선정

② 부적격 하수급업체 선정, 실행예산 초과, 저가낙찰 등

③ 자재시황 판단 오류

(3) 시공단계 요인

① 불량자재 반입, 야적공간 부족

② 양중 효율 저하

③ 협력업체 부도

④ 작업자 숙련도 미흡

⑤ 협력업체 간 공정간섭

3. 대응방안

(1) 착공 전 검토사항

① 설계도서 검토 철저

- 도면, 시방서, 공법·자재 적정성 및 시공성

② 견실업체 선정

- 실행예산 범위 내에서 적정 가격으로 낙찰자 선정

③ Long Lead Time 요소

- 커튼월 제작, 설계, Mock-Up Test 일정
- PC·강구조 부재 주문, 제작, 반입, 설치 등의 일정

(2) 시공·양중계획 수립

① 협력업체

- 시공계획서와 시공상세도에 공정 리스크 요인 반영

② 수급인(종합건설사) 검토

- 공정 리스크 반영 여부 검토 후 승인 요청
- 골조·마감공사의 양중계획 수립

③ 감독자(감리자)

- 기한 내에 시공계획서, 시공상세도 종합검토 후 승인
- 공정, 원가, 품질, 안전, 환경관리 측면에서 검토

(3) 공사진행 및 점검
① 시공계획에 따라 공사진행
② 주기적으로 공기지연 여부 점검
③ 공기지연 시 원인분석 및 피드백
- 신규 리스크일 경우 차기 사이클 공정에 반영
④ 지속적으로 공정 개선
- 잔여공정(기준층)에 반영, 공기단축 도모

4. 자료축적 및 지침개발
① 대응 방안의 적정성 평가
② 실적자료의 기록 및 축적
③ 주요 공종별 리스크 관리지침 개발 및 보급
- 지하공사, 골조공사, 커튼월공사 등

Ⅳ 결론

1 공정 리스크 관리 목적은 주요 공종별 프로세스를 규명하고 리스크 인자를 파악하여 대응 방안을 강구함으로써 공기지연을 방지하는 데 있다.

2 공정 리스크 대응방안은 착공 전, 시공단계에 반드시 반영하고 그 실적을 평가·축적하여 지침으로 활용하여 리스크 관리의 지속가능성을 확보하여야 한다.

3 대규모 프로젝트의 발주자는 Pre-Construction 측면에서 직접 감독, 또는 능력 있는 용역자 선정으로 공정 리스크를 적극 관리할 필요가 있다.

6436　최소비용 공기단축기법(MCX: Minimum Cost Expedition)

I　개요

① 공기단축은 작업순서나 작업기간을 조정하며, 최소한의 비용증가가 허용될 경우 시간과 비용의 함수관계를 파악하여 단축방안을 강구한다.

② MCX 공기단축기법은 주공정선(CP)상의 단축 가능한 작업활동(Activity)을 대상으로 비용부담이 적은 작업활동부터 공기를 단축시키는 방법이다.

시간-비용 함수관계	➡	MCX 기법
• 직접공사비 • 간접공사비		• 비용구배/단축일 산정 • 공사비 재산정

II　시간-비용 함수관계

1. 직접공사비

① 정상공기보다 짧아질 경우 급속공기에 이를 때까지 큰 폭으로 증가
- 돌관작업으로 인한 인건비와 작업환경 유지를 위한 비용 추가 발생

② 정상공기보다 길어지면 비용 감소효과가 거의 소멸
- 장기공사도 최소한의 임금과 장비임차료 수준 영향

③ 급속점에 도달하면 공사자원을 많이 투입하여도 공기단축효과 소멸
- 작업공간의 한계상황에서는 인원과 장비의 추가투입 곤란

2. 간접공사비

① 직접공사비 투입이 없어도 발생하는 고정비
- 현장관리자의 급여, 각종 임차장비비 등

② 공기단축에 따라 간접공사비는 감소

③ 공기가 지연되면 기간에 비례하여 간접공사비 증가

III　MCX 공기단축기법

1. 비용구배 산정

① CPM Network 공정표 작성

② 주공정선(CP)상에서 공기조정 불가능작업 제외

③ 공기조정 가능작업의 비용구배를 산정하여 표 작성

$$\bullet\ \text{비용구배(Cost Slope)} = \frac{\text{급속비용} - \text{정상비용}}{\text{정상공기} - \text{급속공기}} = \frac{\text{추가비용}}{\text{단축공기}}$$

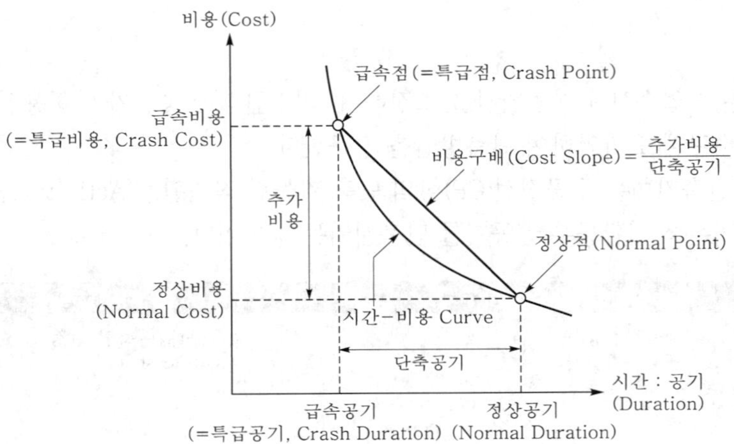

[비용구배: Cost Slope]

2. 공기단축일 산정

① 비용구배가 작은 활동부터 CP 공정 단축
② 급속기간에 도달하거나 새로운 CP가 생길 때까지 단축
③ 새로운 CP도 비용구배를 산정하여 공기 단축
④ 이상의 과정을 매회 반복하면서 새로운 공사기간과 비용을 계산하여 표 작성
 • '시간-비용' 곡선 작성
⑤ 더 이상 단축할 수 없는 특급점까지 단축 반복

3. 공사비 재산정

① 직접공사비=정상비용(Nomal Cost)+추가비용(Extra Cost)
② Extra Cost = Σ(각 작업의 단축일 수×Cost Slope)
③ 총공사비
 • 공기단축에 의한 간접공사비 감소요인이 있을 경우 감액하여 총공사비 재산정

Ⅳ 결론

1 MCX 기법은 공정을 계획하거나 수정할 경우 매우 유용하게 활용될 수 있는 CPM의 핵심기법으로 공기가 조정되면 수정공정표를 작성하여 공정계획에 반영한다.
2 MCX 기법은 공기단축기법의 하나에 불과하므로 공사의 작업순서와 작업공간의 개념을 도입하여 상황에 적절한 기법이 적용되어야 한다.

6437 | 원가-공정 통합관리

I 개요

1 EVMS는 일정시점의 Earned Value(기성고, 旣成高)에 의해 진도측정과 투입원가의 적정성을 분석하여 일정관리와 원가통제에 반영하기 위한 성과측정 관리기법이다.

2 비용과 일정의 통합관리는 지정공기 내에 목표원가의 실현을 지향하므로 건설현장의 생산성을 향상시키는 유용한 방식이다.

3 건설기술진흥법[114])에서는 총공사비 500억 원 이상인 공사일 경우 세부공종이 완료될 때마다 투입비용과 기간에 대하여 계획과 실적을 비교·관리하도록 규정하고 있다.

기대효과	적용방법	고려사항
• 통합관리/WBS • 공사관리/책임의식	• 분류체계/일정·비용 계획 • 진도 측정·평가·예측/조치	• 적용여건 • 관리단계

II 기대효과

1. 비용·공정 통합관리

① 원가관리, 공정관리의 연계성 추구
② 원가집행과 공기진행에 관한 현황평가와 추후 예측

2. 표준분류체계 활용

① WBS, CBS
② 분류체계 간 호환성 확보

3. 과학적 공사관리 구현

① 성과측정
  • 지연공정과 실적부진 여부 평가, 원인분석 후 만회대책 강구
② 성과예측
  • 최종공기와 총공사비에 대한 영향을 예측하여 향후의 공사진행에 반영

4. 책임의식 고취

① 분석내용에 대한 책임소재 규명 가능
② 성과에 따라 인사고과(人事考課)의 반영자료로 활용

---

114) 건설기술진흥법 영§77(공사의 관리) 제2항 참조

Ⅲ 적용방법

1. Project 분류체계 확립(업무 정의: Scope)

① WBS(Work Break-Down Structure) 확립
② 작업의 최소관리단위 정의
③ 원가분류체계(CBS), 조직분류체계(OBS)와의 호환성 고려

2. '일정-비용'계획

① Activity 정의·조정 후 각 Activity별로 소요기간 산정
② 지정공기를 고려하여 CPM 공정표 작성
③ 원가관리의 목표와 기준이 되도록 실행예산 편성
 • CBS 체계에 따라 작성
④ 작업단위별 예산편성 후 기간별로 예산할당
⑤ 기준진도 작성(S-Curve)

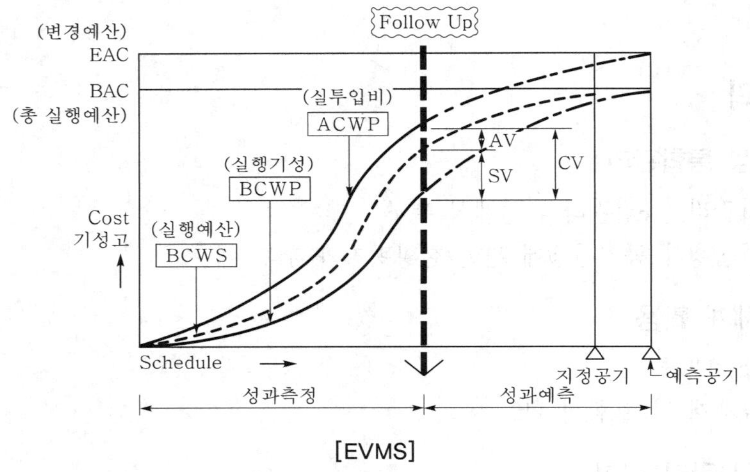

[EVMS]

 • X축: Schedule 표시(지정공기)
 • Y축: 누계기성, 총실행예산 표시
 • 공사착수에서 지정공기일까지 실행예산 투입예정곡선(Cost Base Line, BCWP) 작도

3. 진도 측정 · 평가 · 예측

(1) 비용 산정

▶ 일정기간 간격으로 기성고를 측정하여 다음 사항을 확인한다.
① 실행예산(BCWS) = 예산단가×실행견적량
② 실행기성(BCWP) = 예산단가×실투입량(공사물량)
③ 실투입비(ACWP) = 실투입단가×공사물량

(2) 계획대비 실적평가

① 비용차이(CV)＝BCWP－ACWP

- 'CV < 0' 이면 실행단가의 상승으로 예산이 초과집행된 상태

② 일정차이(SV)＝BCWP－BCWS

- 'SV < 0' 이면 공사지체로 인한 예산의 미집행 상태

(3) 실적대비 예측

① 비용예측, 변경예산(EAC) 예측

② 일정예측, 잔여공기 예측

4. 비용-일정 조치

(1) 예산초과(CV < 0, CPI < 1)

① 원가절감 방안 강구

- 실행예산 범위에서 공사완료 방안 모색

② 실행예산의 초과가 불가피한 경우

- 변경예산 작성, 본사 승인조치

③ 원가수행지수(CPI) = BCWP/ACWP

(2) 공기지체(SV < 0, SPI < 1)

① 잔여기간 중에 지체공기 만회대책 강구

② MCX[115] 기법의 채용 적극 검토

③ 공기수행지수(SPI) = BCWP/BCWS

CPI		
	• 예산양호 • 공기지체	• 예산양호 • 공기양호
1	• 예산초과 • 공기지체	• 예산초과 • 공기양호
O	1	→ SPI

[CPI · SPI 분석]

Ⅳ 적용 시 고려사항

1. 적용여건

① WBS, CBS, OBS 호환성 확보

② 예측치에 따른 조직구성원의 책임의식 고취

- 책임관리, 책임경영 풍토 조성

③ 기타 필수사항

- Project 정보관리체계의 구축, PMIS 등
- EVMS의 절차, 지침서 개발
- 주기적 진도점검(Follow Up), 과학적 공사관리

---

115) MCX(Minimum Cost Expedition): 최소의 추가비용으로 공기단축을 모색하는 CPM 기법, 계산공기가 지정공기
보다 길거나 공기만회가 필요할 때 적용한다.

2. 관리단계

① 합리적인 실행예산 편성, 최초 · 변경 예산 등
② 성과에 대한 조치 강구 후 적용 여부 철저 확인
③ CPM 기법 숙지 활용

---

tip EVMS 관련용어 정의

- **EVMS(Earned Value Management System)**
  - 건설 프로젝트의 원가집행과 공기진행 현황을 관리하여 현황평가와 추후 예측을 함으로써 지정공기 내에 목표한 예산으로 공사를 완료하기 위한 비용과 공정의 통합관리체계이다.
- **실행예산(BCWS: Budget Cost of Work Schedule)**
  - 계약금액의 공사원가 내에서 현장의 공사여건을 고려하여 공사 전에 작성하는 목표원가로, 원가관리계획의 기준이 된다.
- **실행기성(BCWP: Budget Cost of Work Performed)**
- **실투입비(Actual Cost of Work Performed)**
- **총실행예산(BAC: Budget at Completion)**
  - 각 작업항목(Activity) 실행예산의 합
- **변경실행예산(EAC ; Estimate at Completion)**
  - 실투입비를 고려하여 예측된 총실행예산의 변경 금액
- **회계차이(AV: Accounting Variance)**
  - AV = BCWS − ACWP
  - 실행과 실투입비와의 차이로 실행예산의 초과, 미달 여부를 파악
- **비용차이(CV: Cost Variance)**
  - CV = BCWP − ACWP
  - 실투입비의 예산초과 여부를 파악하기 위한 수치
- **일정차이(SV: Schedule Variance)**
  - SV = BCWP − BCWS
  - 원가 측면에서 공사진척도를 평가하여 공정상태를 파악하기 위한 수치
- **실행 공정률(PC: Percent Complete)**
  - PC = (BCWP/BAC) 〈 100%
  - BAC 대비 실행기성의 집행률을 나타내는 공사수행비율
- **원가수행지수(CPI: Cost Performance Index)**
  - CPI = BCWP/ACWP
  - 실투입비의 원가초과 여부를 파악하기 위한 지수
- **공기수행지수(SPI: Schedule Performance Index)**
  - SPI = BCWP/BCWS
  - 완료공사에 대한 공정관리의 효율성을 평가하기 위한 지수

※ **저자 注**: 일부 도서에서는 위의 '차이'로 표기한 'Variance'를 '분산'으로 표시하는 예가 있으나 분산(分散, Dispersion)은 통계학에서 '관찰된 자료의 흩어진 정도'를 나타내는 용어이므로 原價分散은 비용차이, 工期分散은 일정차이로 표기하는 것이 정확하다.

6440 ｜ 품질관리 일반

I 개요

① 건설공사 품질관리는 발주자의 요구품질을 실현하기 위한 계획, 시공, 점검, 조치 등의 일련의 과정이다.

② 품질관리 문제점으로는 건설업의 특수성, 인식부족, 기술자의 배타성, 공정·설계상의 문제 등이 있다.

③ 문제점을 개선하기 위해서는 현장의 품질관리여건의 개선, TQM/VE 활동, 품질관리 기법의 적절한 활용, 구성원 품질교육 등이 필요하다.

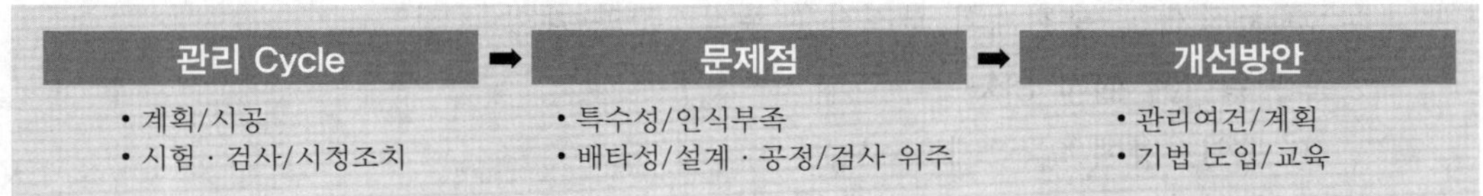

II 품질관리 Cycle

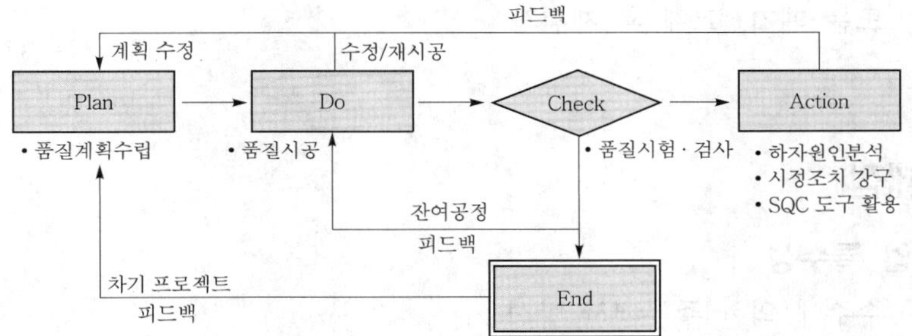

1. 계획단계(Plan)

① 발주자와 설계자가 요구하는 품질수준을 시공계획에 반영

② 품질특성, 품질표준, 작업표준 정의

③ 중점관리항목 선정
   • 하자가 많은 공종을 선정하여 집중관리

④ 품질관리계획서 작성
   • 계획·실행의 대비가 가능하도록 작성

2. 시공단계(Do)

① 시공계획, 품질관리계획에 따라 정밀시공

② 작업표준, 작업절차 준수

③ 수정시공, 재시공 사항은 철저한 추적관리

3. 시험 · 검사 단계(Check)

① 자재 및 공장제작 부재의 품질, 시공정밀도 검사
② 시험 · 검사 기준 숙지 및 준수
③ 허용오차 범위에서 합부판정
④ 시험 · 검사 자료 축적

4. 시정조치(Action)

(1) 이상원인에 의한 결함

① 시공상 결함 또는 품질기준의 적정성 여부를 검토하여 시정조치
② 시공결함은 재시공 조치
③ 품질기준, 품질계획 부적절은 품질기준과 계획 수정

(2) 우연원인에 의한 하자

① 동일시방에 의해 계속 시공
② 공사감독 강화
③ 자재품질과 기능공의 숙련도 확보

(3) 불합격 판정 후의 조치

① 하자보정, 재시공
② 또는 폐기, 교체 후 재검사

Ⅲ 문제점

1. 건설업 특수성

① 수주에 의한 주문생산 방식
  • 작업표준, 규격설정 곤란
② 옥외이동 생산방식
  • 기구 · 기계의 사용여건 열악
③ 높은 하도급 의존도
  • 하도급업체의 시공능력에 따라 시공품질 상이
④ 노동집약적 생산방식
  • 기능공 숙련도의 품질영향이 큼

2. 품질관리 인식 부족

① 품질검사를 품질관리로 오해
② 품질관리를 담당자에게만 의존
③ 적정한 품질관리비용 지출 기피
④ 검사 위주의 품질관리

3. 현장기술자의 배타성

① 품질개선을 위한 요구나 시도 거부
② 경험의존적 품질관리
③ 관리과정보다 결과 중시
④ 부서 간 협력의지 부족

4. 설계 · 공정상 문제

① 잦은 설계변경
- 공법 · 사용재료의 적정성 검토 부실
② 무리한 공정계획
- 공기준수에 치중, 품질관리에 대한 관심이 상대적으로 미흡
- 돌관공사 시 시공품질 저하 우려

5. 검사 위주의 품질관리

① 공사 중 입회활동 미흡
② 공사단계별 검측활동 위주
③ 수정 · 재시공 시 시공 · 비용 할증 불가피

Ⅳ 개선방안

1. 품질관리 여건 개선

(1) 건설표준화 증대

① 건설기술 부문
- 설계, 자재, 시공의 표준화
② 건설관리 부문
- 공정, 품질, 원가, 안전, 환경관리 부문의 표준화

(2) 건설 생산방식 개선

① 공장제작 비중 증대
② 현장 조립화와 생력화(Labor Saving) 시공여건 추구

2. 계획에 의한 공사진행

(1) 시공자

① 품질시공 방안을 계획서로 작성하여 발주자에게 제출
② 발주자와 설계자의 요구품질을 계획서에 반영

③ 품질관리비의 적정 지출
④ 품질관리 · 시험계획서 작성

(2) 발주자

① 시공과정에서 계획의 실천 여부 확인
② 또는 감리원/CM에 의한 시공품질 감독

3. 과학적 관리기법(Tool) 도입

(1) VE 기법

① 설계단계부터 시공품질 확보
② 설계와 시방의 적정성 검토 및 개선
③ 시공단계에서 공사비 절감과 품질 향상

(2) TQC[116](Total Quality Control, 전사적 품질관리(全社的 品質管理))

① 자발적 활동에 의한 기술경쟁력 향상
② 신뢰성에 따른 품질보증
③ 결과중시에서 과정중시로 의식 전환
④ 창조적인 활동 기대, 작업자의 주인의식 고취 및 참여의식 향상
⑤ 부서 간 협력에 의한 문제 개선

(3) SQC(Statistical Quality Control, 통계적 품질관리)

① 통계적 원리와 기법을 품질관리 Tool로 활용
② 파레트도, 히스토그램, 특성요인도, 관리도, 산포도, 체크시트, 층별 등

4. 품질관리 교육

(1) 품질담당자 교육

① 품질관리의 중요성
② 품질시험 요령
③ 각종 품질관리기법 등

(2) 현장 신규참여자 교육

① 개별 또는 작업반별 실시
② 작업절차, 도면 · 시방서 내용 숙지

---

116) 1956년 경영학자 파이겐바움(A. V. Feigenbaum)이 Harvard Business Review 誌上에서 발표 · 주창된 이론으로 '전사적 품질관리란 소비자가 만족할 수 있는 품질의 제품을 가장 경제적으로 생산하거나 서비스할 수 있도록 사내 전 조직이 품질개발, 품질유지, 품질개선에 쏟는 노력'이라고 정의한다.

6441 품질관리계획

I 개요

1 공사관리 중 품질관리는 발주자가 가장 큰 관심을 갖는 부문이므로 각종 법령, 표준, 도서 등의 형태로 품질을 관리하도록 규정하고 있다.

2 품질관리계획 대상공사, 계획현황, 그리고 이론적 기초내용으로서 부문별 공사관리활동 을 소개한다.

계획현황	➡	항목별 계획	➡	활용방안
• 계획대상/현황 • 문제점		• 자원조달/관리활동 • 공사 · 공무/문서 기록 · 유지		• 공사 전/중 • 공사 후

II 품질관리계획 현황

1. 계획대상 [117]

(1) '감독권한대행 건설사업관리' 대상공사

① 총공사비 ≥ 500억 원

② 관급자재비 포함, 토지보상비 제외한 금액

(2) 다중이용건축물 공사

① 건축법(시행령 제2조)상 다중이용건축물

② 바닥연면적 ≥ 3만m^2

(3) 기타

① 계약조건으로 작성의무를 명시한 경우

② 총공사비 · 바닥연면적에 미달하더라도 대상에 포함

2. 계획현황

(1) 도급공사

① 공사수급인 작성, 발주자에게 제출

② 발주자 검토 후 착공신고서에 첨부, 인허가청에 제출

③ 인허가청 등 기관은 현장점검 시 기준서로 활용, 계획이행 계도 및 확인

---

117) 건설기술진흥법 영§89① 참조

(2) 하도급공사

① 하수급인 작성, 수급인에게 제출

② 수급인 검토 · 보완 후 감독원(=감리원)에게 승인 요청

③ 감독원 검토 · 승인, 이후 해당공종 착수

- 필요시 감독원 보완지시 및 확인, 승인 전 공사착수 시 임의시공 책임부담

④ 수급인 및 감독원은 공사과정에서 이행 여부 점검 · 확인

3. 문제점

(1) 나열식 항목

① 관련법령 '건설기술진흥법' · 지침상 26개 항목 열거

② 중복된 항목 다수, 항목별 상호관련성 파악 곤란

③ 품질전담자 포함, 관계자 간 의사전달수단 미흡

(2) 형식적 작성

① 의무대상공사에만 집중

② 비대상공사는 상대적 소홀

③ 전문업자에게 문서작성 위탁, 실무담당자 의견 소외

④ ISO 문서의 생소한 용어 상투적 사용, 방침—목표, 시험—검사

(3) 참여주체별 역할 모호

① 관리 책임주체는 공사수급인

② 관리 실행주체는 공사하수급인

③ 실행 · 책임 주체별 역할분담 모호

④ 계약적 약자에게 품질역할 전가

Ⅲ 항목별 계획 [118]

▶ 현행 '건설공사 품질관리 업무지침'상의 항목을 자원조달, 품질관리 활동, 공무, 문서관리 등의 4개 부문으로 재분류하여 설명한다.

---

118) 국토부고시 제2020-720호, 건설공사 품질관리 업무지침 제7조 제1항 관련 별표1 '품질관리계획서 작성기준'

[품질관리계획 작성항목]

01. 일반사항
02. 적용범위 및 인용표준
03. 용어 정의
04. 조직 상황
　　4.1 건설공사의 정보
　　4.2 이해관계자의 요구와 기대관리
　　4.3 프로세스 관리
05. 리더십
　　5.1 품질방침
　　5.2 책임 및 권한
06. 기획
　　6.1 리스크 및 기회관리
　　6.2 품질목표관리
　　6.3 품질관리계획의 변경관리
07. 지원
　　7.1 자원관리
　　7.2 모니터링 자원 및 측정자원의 관리
　　7.3 조직의 지식관리
　　7.4 역량/적격성관리
　　7.5 의사소통관리
　　7.6 문서화된 정보 및 정보의 관리

08. 운용
　　8.1 건설공사 요구사항 검토 및 준비
　　8.2 건설공사 요구사항 변경
　　8.3 설계관리
　　8.4 기자재 구매 관리
　　8.5 외부에서 제공되는 프로세스관리
　　8.6 공사관리
　　8.7 중점품질관리
　　8.8 식별 및 추적관리
　　8.9 고객 또는 외부공급자의 재산관리
　　8.10 보존관리
　　8.11 검사 및 시험, 모니터링
　　8.12 부적합 공사의 관리
　　8.13 공사준공 및 인계
09. 성과관리
　　9.1 고객만족
　　9.2 분석 및 평가
　　9.3 내부심사
　　9.4 경영검토
10. 개선
　　10.1 부적합 및 시정조치
　　10.2 지속적 개선

1. 자원조달 계획

(1) 품질 인력 · 환경

① 품질관리 전담자 배치
- 전담자 요건: 자격, 학력, 교육이수, 도면 · 법령 이해

② 현장규모, 공사 특성 · 난이도 · 중요도 고려

③ 품질시험실, 시험기구 구비계획
- 시험실 면적, 시험기구 종류 및 보유 수량

(2) 자재수급

① 대상 자재별 규격, 수량, 납기, 검사기준 제시

② 반입검사 및 기록

③ 부적합품 처리기준

④ 사용 및 수불, 장기 보관안 등 계획

(3) 지급자재

① 지급자재 대상 품목
- 규격, 수량, 납기, 검사기준 등

② 인수검사 및 부적합품 처리기준

③ 자재수불, 잉여자재 처리

④ 자재보관 계획 등

(4) 하도급조달

① 도급공사 입찰 시 하도급 계획

② 도급 및 하도급계약 후 하도급 통보

- 현장투입일, 공사완료 예정일 명시

③ 인력 숙련도 및 작업반 규모

- 관리자 및 작업자 소요인력, 작업반 수

④ 하수급인 지입자재별 시험 · 검사방법

2. 품질관리 활동

(1) 실행계획

① 교육훈련

- 품질관리 전담자 법정교육
- 공사참여자 현장교육 및 기록 유지, 보고

② 의사소통

- 자재 및 공사의 부적합 사항 소통
- 개선의견 접수 및 반영
- 결과에 대한 문서처리 등

③ 중점품질관리

- 대상공종 선정 및 관리절차

(2) 점검계획

① 품질시험 · 검사계획 수립

- 자재, 공장제작 부재, 현장시공 품질에 대한 시험 · 검사
- 감독원 입회시기 및 방법, 합부 판정기준

② 시험 · 검사 · 측정기구 구비

- 기구명칭, 수량, 검교정 주기 및 방법

③ 자체 품질점검 계획

- 점검자 선정, 점검시기, 기준, 범위, 주기

(3) 조치

① 자재 및 공사품질의 식별 · 추적

- 식별대상 선정 · 방법

② 부적합사항 조치

- 자재, 공정, 공사결과 등에 대한 부적합사항
- 협의 조치사항(보완시공, 재시공)의 이행 및 적정성 판단

(4) 피드백

① 품질 데이터 수집 · 분석 · 피드백

- 감독원 만족도, 부적합 사항 발생빈도

- 내외부 점검결과의 자료분석
② 시정 및 예방 조치 피드백
③ 성공 · 실패 사례 피드백
- 성공사례 지속, 실패사례 단절을 위한 피드백

3. 공사 · 공무

(1) 업무분장

① 현장공사관리 조직원 각자에게 품질 관련 업무분장
- 품질, 공사, 공무, 관리팀 등의 조직원 대상
② 품질관리활동 관련 업무의 조직원별 분장
③ 분장업무에 대한 책임 · 의무 명시
④ 조직원별 업무성과 점검 및 평가

(2) 공사준비

① 사전검토사항
- 인허가청 요구사항, 계약문서, 설계도서, 관련 규정 및 규격
② 인허가청 요구사항
- 검토시기 · 방법, 책임자 지정, 상충 · 모호사항 해결
③ 현장표지판 설치, 가설시설물 설치, 측량기준점 보호
④ 현지여건 조사
- 대지 내 여건, 주변여건 등

(3) 공정 · 안전 · 환경 관리

① 품질에 영향을 미치는 타 공사관리 부문 계획
② 공사품질을 전제로 한 공정 · 안전 · 환경 관리안
③ 예정공정표, 세부공종별 시공계획서, 시공상세도 참조
④ 부진공정 만회대책, 수정공정계획 등

(4) 준공 · 인계

① 공조 · 소방설비 등의 시운전 계획 및 절차
② 준공검사 및 잔손보기
- 준공도면 검토 및 제출, 준공표지(머릿돌) 설치
③ 기록물 인계계획
- 인수인계계획, 본사 이관, 발주자 인계 문서목록 등

4. 문서 기록 및 유지

(1) 관리대장 유지

① 표준서식 적용, 대상문서, 내 · 외부 생성문서 등
- 수발신자, 날짜, 문서제목

- 작성, 검토, 승인, 등록, 배포, 개정, 폐기사항 등 기재
- 유효본 검색 및 활용 계획

② 품질목표 및 방침 설정

(2) 품질문서

① 관련규정 의거, 문서기록 및 유지
- 건설기술진흥법, 건설공사 품질관리 업무지침, 건설사업관리 업무지침 등

② 품질시험·검사 성과표, 검측대장

(3) 설계도서

① 설계계획, 입력기준 및 출력
② 설계 타당성 검토 및 검증, 설계의 경제성·안전성[119] 등

(4) 계약문서

① 계약문서 요약
- 공사명, 공사금액, 공사기간, 공사위치, 계약당사자 등

② 계약변경 문서
- 변경요청 및 처리절차 등 계획

Ⅳ 활용방안

1. 공사 전

▶ 공사 전 품질 관련규정의 반영 여부를 검토한다.

(1) 관련법령

① 건설기술진흥법
② 건설사업관리 업무수행지침
③ 건설공사 품질관리 업무지침 등

(2) 품질표준

① KS규격
② 각종 표준시방서
③ ISO 인증규격

(3) 품질도서

① 설계도면
② 시공상세도
③ 공사시방서

---

119) 건설기술진흥법 시행령 제75조 등 참조

④ 시공계획서

⑤ 기타

- 제작매뉴얼, 자재사용승인서, 제조사 특기시방 등

2. 공사 중

① 품질계획 내용 사전교육

- 대상공종: 난이한 공종, 중점관리공종
- 대상인력: 현장 신규참여자

② 공사 입회, 안내, 점검, 확인

- 부적격 자원(자재, 인력) 발견 시 장외 반출

3. 공사 후

① 계획에 따라 시험 및 검사 실시

② 기준에 따라 판정

③ 시험 · 검사빈도 합리적 조정

- 성과부진: 빈도 상향조정
- 성과우수: 빈도 유지 및 하향조정

④ 품질 실패사례 피드백

- 차기 유사한 프로젝트에 예방대책 피드백

Ⅴ 결론

1 건설공사의 품질관리는 국가에서 법령으로 엄격하게 관여하는 부문으로 준법적인 관리의 식이 필요하다.

2 품질관리계획의 실행력을 높이려면 법령상 작성항목을 합리적으로 조정하고 이에 따라 실행, 점검, 조치 등의 후속행위가 이어지도록 하고, 특히 피드백 활동을 통하여 지속적으로 품질관리 수준을 높여 나가야 할 것이다.

6442 통계적 품질관리(SQC : Statistical Quality Control)

I 개요

① 품질결함의 예방은 주관적인 판단의 배제와 객관성 높은 판단에 의한 통계적 품질관리가 필요하다.

② 시공품질은 작업자의 숙련도와 작업환경 등에 따라 산포(散布, Dispersion)가 있으므로 품질결함의 원인과 결과에 대한 데이터를 통계적으로 파악하여 예방조치를 강구하는 과학적인 관리도구가 있어야 한다.

③ 통계적 품질관리[120]를 위한 관리도구에는 파레트도, 히스토그램, 특성요인도, 관리도, 산포도, 체크시트, 층별 등이 있다.

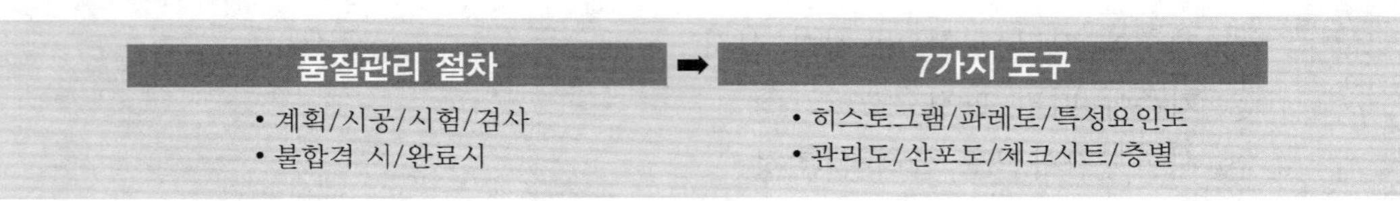

II 품질관리 절차

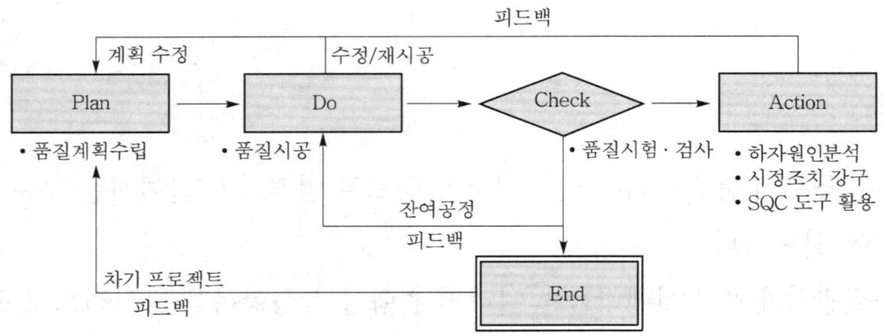

① 품질관리계획 수립

② 품질시공, 품질관리비 적정 지출

③ 시험 · 검사 실시

④ 불합격 시 원인분석 및 조치 강구, SQC 도구 활용

　• 품질수정, 또는 재시공, 필요시 품질관리계획 수정

⑤ 공사 완료시 차기 프로젝트에 품질성과 피드백

---

120) 미국의 품질관리 학자인 데밍(W. E. Deeming)은 '통계적 품질관리란 유용하고 시장성 있는 제품을 가장 경제적으로 생산할 수 있도록 생산의 모든 단계에 통계적 원리와 기법을 응용하는 것'이라고 정의하였다.

Ⅲ SQC의 7가지 도구

1. Histogram

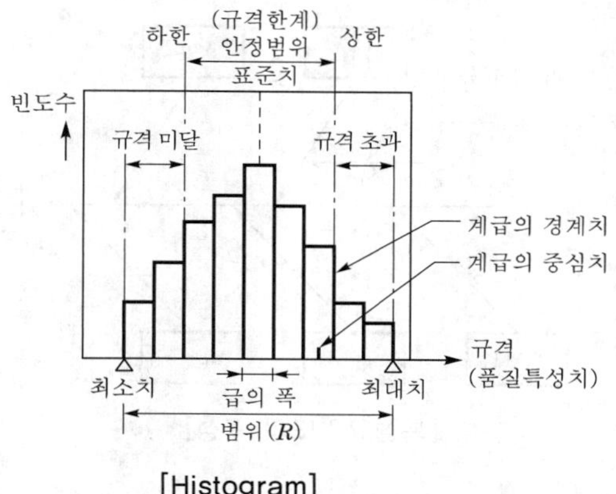

[Histogram]

① 공사, 제품 등의 품질이 만족상태에 있는지를 판단하는 데 사용
② 작성순서

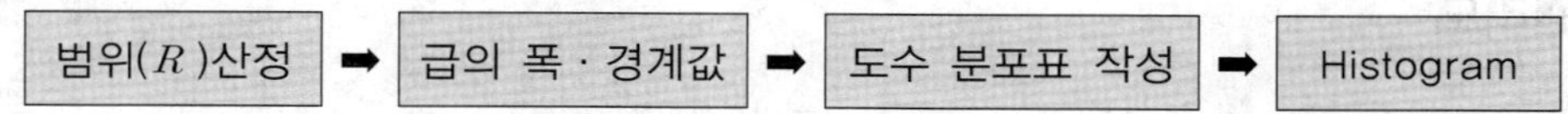

③ R＝최댓값－최솟값
④ 품질의 안정, 불안정 판정

2. Pareto Diagram

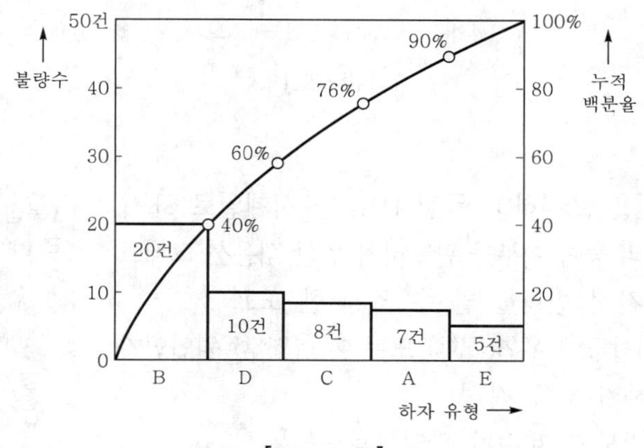

[Pareto도]

① 불량품, 결점, 고장 발생건수를 현상 원인별로 분류하고 문제크기 순으로 나열
② 시정조치의 우선순위를 판단하는 데 사용
  • X축: 하자, 불량항목
  • Y축: 불량횟수 표시

3. 특성요인도(Fish Bone Diagram)

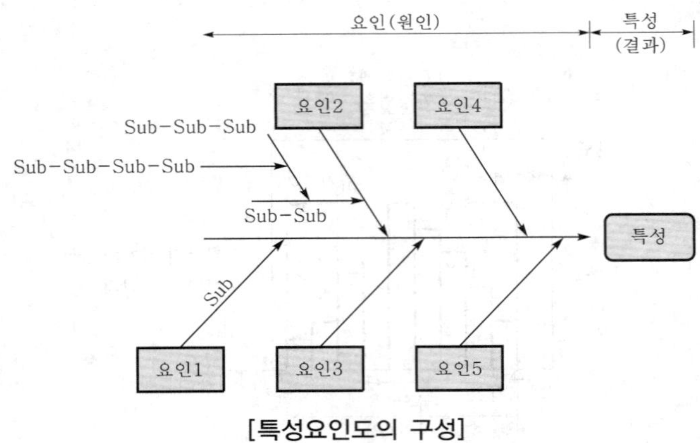

[특성요인도의 구성]

① 품질특성(결과)과 요인의 관계를 수형상(樹形狀)으로 도식화한 그림
② 공정 중 발생한 문제점의 원인을 분석하기 위한 도구로 사용

4. 관리도

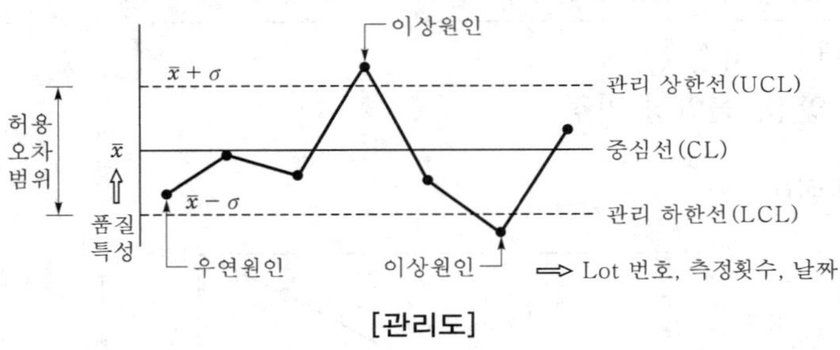

[관리도]

(1) 정의

① 관리한계선을 표시하고 품질 Data를 시계열로 표시
  • 관리기준의 충족 여부를 판단하기 위한 꺾은선 그래프
② Data의 시간적 변화를 알 수 있게 한 도표
  • 관리선 이탈값이 우연(偶然) 또는 이상(異常) 원인인가를 확인하기 위해 작성
③ 계량치 관리도와 계수치 관리도로 구분

<복잡한 원인분석방법>
BS(Brain Stomming)법 활용
– 자유분방한 분위기 조성
– 비판 금지
– 많은 양 추구
– 조합, 개선
– 도출된 아이디어의 기록 유지

(2) 계량(計量)치 관리도

① 연속추정이 가능한 Data에 적용(강도, 크기 등의 값)
② X 관리도: 측정치 개개의 관리를 위한 관리도
③ $\bar{X}$ 관리도: 데이터의 평균값을 나타내는 관리도
④ R 관리도: 데이터의 범위를 나타내는 관리도

(3) 계수(計數)치 관리도

① 연속 추정이 불가능한 데이터 값에 적용(불량수, 결점수 등)

② P 관리도: 불량률 관리도

③ Pn 관리도: 불량개수 관리도

5. 산포도

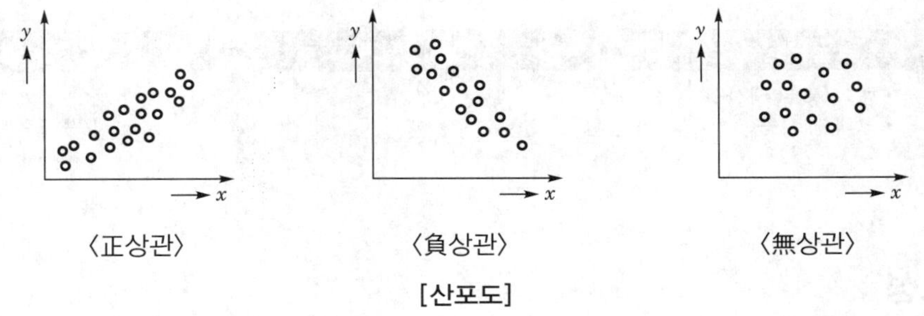

[산포도]

① 서로 대응관계에 있는 측정치 간의 상호관계를 나타낸 상관도

② 문제의 인식과 상관분석에 의해 작업개선 및 품질관리에 활용

③ 상관관계 유형: (+)正상관, (−)負상관, (0)無상관 등

6. Check Sheet

① 불량의 분포를 알기 쉽게 한 표

② 불량수, 결점수 등 셀 수 있는 Data를 항목별로 분류하여 집중분포항목 파악

③ Check Sheet 유형

- 기록용 체크시트: 데이터의 불량상태 기록
- 점검용 체크시트: 작업, 기계정비, 불량, 안전사고 예방용

7. 층별

① Grouping: Data를 요인별로 그룹화

② 전체 Data 내에서 분명치 않은 것의 명확화

- 또는 층별 그룹 사이의 상이점 파악 가능

---

tip SQC 7가지 도구

- **Histogram**: 품질상태의 만족 여부 판단, 안정 · 불안정 상태 파악
- **Pareto Diagram**: 문제점(하자, 불량)에 대한 시정조치의 우선순위 판단
- **특성요인도**: 문제점의 원인분석
- **관리도**: 관계값에 의해 이상 · 우연원인 판단
- **산포도**: 측정치 간의 상호관계 파악 正, 負, 無 상관 여부
- **Check Sheet**: 불량항목별 집중도 파악
- **층별**: Data를 요인별로 Grouping하여 분명치 않은 것을 명확화

6443 TQM (Total Quality Management)

I 개요

1. 품질경영은 경영자를 포함한 모든 구성원이 참여하여 수요자 만족을 위해 실시하는 품질 개선활동이다.
2. TQM은 제품품질 향상, 수요자 만족, Zero Defect 달성을 목표로 한다.

필요성	➡	TQM 3단계	➡	활성화 방안
• 대외/풍토/생산성 • 고객/재시공		• QC/QA • QV		• 계약/설계 단계 • 시공 이후

II 필요성

① 품질을 통한 대외 경쟁력 확보
② 새로운 경영풍토 조성
③ 건설생산성 향상
④ 제품을 통한 고객 서비스 향상
⑤ 품질비용 절감, 재시공 방지

III TQM 3단계

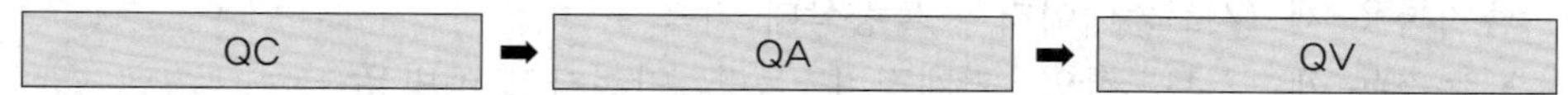

1. 품질관리(QC: Quality Control)

① 설계도서 명시규격을 만족하는 공사관리 수단
② 품질관리방법
  • 설계도에 명확한 품질기준 제시, 품질관리부서 운영
  • 설계품질과 시공품질이 계약조건에 부합하는지 검토
  • 견본채취 → 품질시험 → 시험성적표 작성 → 품질검사 등

2. 품질보증, 품질감리(QA: Quality Assurance)

① 품질관리의 결과가 관할 규정, 시방서에 일치되는지를 확인하는 제반 행위
② 품질감리 유형
  • 수급자: 외주업체, 하수급자의 품질관리 감독 · 확인
  • 감리자: 수급자의 품질관리 감독 · 확인, 설계 · 시공품질 승인, 재시공 여부 결정
③ 시공환경, 품질관리상 문제점은 차기공정에 Feedback

3. 품질인증(QV: Quality Verification)

① 품질보증과정의 적정성을 검사·실험하여 인정받는 활동

② 품질을 제3자에 의해 객관적으로 증명하기 위해 과학적 실험·검사로 품질인증

③ 고객에 대한 품질 확신 부여

- 관련규정 위배가 의심되거나 시공자·감리자 간 품질 이견(異見) 시

④ 품질인증 대상

- 공사품질, 자재품질, 특수공법, 장비성능, 제원 등

Ⅳ 활성화 방안

1. 계약단계

① 설계·시공 일괄발주 방식 지향

- 기획, 설계단계부터 TQM 활동 개시

② 계약당사자의 Partnering 공사수행 방식 도입

- 설계자, 시공자, 발주자의 Partnership에 의한 품질경영효과 증대

2. 설계단계

① Constructability Program에 의한 시공성 분석

- 구성원의 시공경험과 지식을 최적화, 건설공사의 품질경영 도모

② 설계 VE 활동

- 설계품질 제고, 품질향상 및 원가절감효과 극대화

3. 시공 이후

① QC, QA 활동에 의한 품질관리 및 품질감리

② 제3자에 의하여 품질경영 시스템 인증

- 품질경영인증으로 대외신인도 제고

③ ISO 9000시리즈의 인증 획득

설계·개발	제조·설치	검사 시행	서비스
		← ISO 9003 →	
	← ISO 9002		
← ISO 9001			

6444　품질관리비

I 개요

1 건설공사의 품질관리비는 발주자의 관점에서 건설공사의 품질을 확보하기 위해 산정하는 법정경비이다.

2 건설기술진흥법[121]에는 품질관리비 산출 및 사용기준을 명시하고 있다.

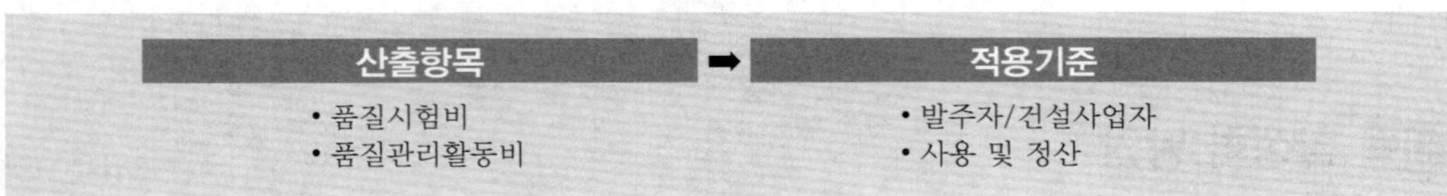

II 산출항목

▶ 품질관리비는 품질시험비와 품질관리활동비로 구분하여 산출한다.

1. 품질시험비

(1) 품질시험비

〈품질시험비 항목〉

a. 인건비	b. 공공요금	c. 재료비
d. 장비손료	e. 시설비용·검교정비	f. 차량유지비

① 인건비(a): 국토부고시 산출단위량×조사·공표 임금단가

② 공공요금(b): 국토부 관보고시 산출단위량×정부고시 공공요금

③ 재료비(c): 인건비의 1%

④ 장비손료(d): 인건비의 1%

⑤ 시설비용·검교정비(e): 품질시험비(a+b+c+d)의 3%

⑥ 차량유지비(f): 실비 계상

(2) 품질관리활동비

① 품질관리건설기술인 인건비: 조사·공표 임금단가 적용

② 품질관련문서 작성·유지 비용

- 품질관리계획서, 품질시험계획서, 품질관리절차서, 부적격보고서
- 위 문서 개정 작업비, 문서관리 비용 등

---

121) 건설기술진흥법 규칙§53①관련 별표6 참조

③ 품질관련 교육비: 품질관리건설기술인 인건비의 1%
④ 품질검사비: 품질시험비의 1%
⑤ 기타 발주자 인정 비용 ≤ (①+②+③+④)×1%

Ⅲ 적용기준

1. 발주자

① 입찰 전 품질관리비 산출
② 품질관리비와 산출근거 설계도서에 명시
③ 입찰공고 시 품질관리비 관련내용 제시

> 〈품질관리비 관련내용〉
> • 설계도서에 명시된 품질관리비
> • 입찰금액에 조정 없이 반영해야 한다는 내용 / 품질관리 활동실적에 따라 정산한다는 내용

2. 건설사업자

① 입찰금액에 품질관리비 조정 없이 포함
② 누락사항은 감리자 및 발주자와 협의 후 설계도서에 반영
③ 설계도서 검토 후 품질관리계획 또는 품질시험계획 후 품질관리 실시
④ 적정 품질시험 인력 현장 배치, 발주자와 협의 필요

3. 사용 및 정산

① 산출기준에 따른 용도대로 지출
　• 발주자 및 인허가청이 인정하는 경우 예외
② 지출 후 사용명세서 및 증명서류 보관 및 제시
③ 품질관리 활동실적에 따라 정산, 발주자 또는 감리자 확인 필요

6451 안전관리계획

I 개요

① 건설사업자는 건설기술진흥법에서 규정하는 고위험 공사를 시행하는 경우 안전관리계획을 수립하고 착공 전에 발주자에게 제출하여 승인을 받아야 한다.

② 안전관리계획은 총괄 안전관리계획과 공종별 세부 안전관리계획으로 구분하여 수립한다.

일반사항	➡	총괄안전관리계획	➡	공종별 안전관리계획
• 대상 공사 • 계획서 작성 · 승인		• 건설공사 개요/현장특성 • 현장운영/비상시 긴급조치		• 공종별 계획 • 타워크레인 사용공사

II 일반사항

1. 대상 공사[122]

(1) 고소작업 공사

① 시설물안전법상 1종 · 2종 시설물 건설공사

② 10층 ≤ 건축물 < 16층

③ 10층 이상 리모델링 및 해체 공사

(2) 고위험 공사

① 지하 10m 이상의 굴착공사

② 폭발물 사용공사+(일반시설물 ≤ 20m, 양축(養畜)시설 ≤ 100m)

③ 고위험 장비 사용 공사

• 천공기 높이 ≥ 10m, 항타 · 항발기, 타워크레인 등

(3) 기타 공사

① 고위험 가설구조물 사용공사, 구조안전성 확인 대상[123]

• 비계 ≥ 31m, 시스템거푸집 ≥ 5m, 브래킷 비계, 흙막이 지보공 높이 ≥ 2m

② 기타 발주자 · 인허가청이 인정하는 건설공사

2. 계획서 작성 · 승인

(1) 건설사업자 작성

① 총괄 안전관리계획과 공종별 세부안전관리계획으로 구분

• 총괄: 착공 전까지, 공종별: 해당공종 착공 전까지

---

122) 건설기술진흥법 영§98 참조
123) 건설기술진흥법 영§101의2① 참조

② 작성 후 공사감독자·감리자의 검토·확인 받을 것

③ 착공 전 발주청에 승인 요청

- 발주청이 아닐 경우 발주자가 인허가기관에 승인 요청

④ 필요시 계획서 수정·보완 후 재제출

- 발주청·인허가기관의 검토결과 또는 국토부 시정명령 등에 따라 수정·보완

(2) 발주청·인허가기관 승인

① 계획서 접수 및 건설안전점검기관에 검토 의뢰

- 1·2종 시설물은 국토안전관리원

② 검토결과 판정: 적정, 조건부 적정, 부적정 등

- 적정·조건부 적정 → 건설사업자에게 승인서 발급
- 조건부 적정: 보완이 필요한 사유 제시, 부적정: 계획 변경 조치

③ 건설사업자에게 검토결과 통보, 계획서 접수일로부터 20일 이내

④ 국토부에 계획서 사본과 검토결과 제출, 건설사업자 통보일로부터 7일 이내

⑤ 국토부 시정명령 요청 접수 시 조치 후 관련자료 제출

- 시정명령에 따라 계획서 수정·보완 조치
- 조치 완료 후 7일 이내에 국토부에 수정자료 제출

(3) 국토교통부 검토

① 발주청·인허가기관으로부터 안전관리계획서 및 검토결과 접수

② 계획서 검토결과의 적정성 검토

> **건설공사 안전관리 업무수행 지침 §56(적정성 검토대상)**
> 1. 발주청·인허가기관이 검토결과에 대하여 부실 우려가 있다고 인정하여 검토를 의뢰하는 경우
> 2. 건설사고가 자주 발생하여 국토부가 종합정보망을 통해 연 1회 이상 공개한 공종이 포함된 경우
> 3. 건설사고 현장의 시공자가 타 현장의 안전관리계획 또는 안전점검결과를 제출한 경우
> 4. 건설사고 현장의 안전관리계획을 검토하거나 안전점검을 실시한 건설안전점검기관이 타 현장의 안전관리계획 또는 안점검결과를 제출한 경우
> 5. 안전관리계획 또는 안전점검 적정성 검토 결과 "부적정" 통보를 받은 시공자나 건설안전점검기관이 타 현장의 안전관리계획 또는 안전점검결과를 제출한 경우

③ 필요시 발주청·인허가기관에게 시정명령 조치 요청

④ 조치결과 접수 및 확인

Ⅲ 총괄 안전관리계획

1. 건설공사 개요

① 공사 개략 파악에 필요한 내용

② 위치도, 공사 개요, 전체 공정표, 설계도서 등

2. 현장특성 분석

(1) 현장여건 분석

① 주변 지장물

② 지반조건: 지질 특성, 지하수위, 시추주상도 등

③ 현장시공 조건

④ 주변 교통여건 및 환경요소

(2) 시공단계 위험요소 저감대책

① 핵심관리, 일반관리, 시공 중 발굴공종 등으로 구분

② 위험요소, 위험성 및 저감대책 마련

(3) 공사장 주변 안전

① 공사 중 지하매설물 방호

② 인접 시설물·지반 보호, 지반침하 등에 대한 계측계획

(4) 통행 안전시설 및 교통

① 공사장 주변의 교통대책

② 교통안전시설물

③ 교통사고 예방대책

④ 현장 차량운행, 교통신호수 배치, 교통시설물 점검

3. 현장운영

(1) 안전관리 조직

① 공사관리조직 업무분장

② 시공안전 및 주변안전에 대한 점검·확인 업무

③ 비상시 담당업무 별도 구분·작성

(2) 공정별 안전점검 계획

① 점검 실시계획 수립

- 자체·정기 안전점검의 시기, 내용, 점검 공정표, 체크리스트 등

② 실시간 모니터링장비 설치·운영 계획

(3) 안전관리비 집행계획

① 안전관리비 항목 계상

② 산출·집행 계획

(4) 안전교육 계획

① 교육계획표

② 교육 종류 및 내용

③ 교육관리 등

(5) 이행보고 계획

　① 감독관 허가 공정

　② 계획 승인권자 등에 대한 보고 계획

4. 비상시 긴급조치

(1) 비상사태 및 조치 계획

　① 사고, 재난, 기상이변 등

　② 내 · 외부 비상연락망

　③ 비상 동원조직

　④ 경보체계

　⑤ 응급 조치 · 복구

(2) 건축공사 화재

　① 대피로 확보

　② 비상대피 훈련 등

Ⅳ 공종별 안전관리계획

1. 공종별 계획

(1) 공종 분류

　① 가설 · 해체 공사

　② 굴착 · 발파 및 성토 · 절토 공사

　③ 콘크리트공사 및 강구조물공사

　④ 타워크레인 사용공사

　⑤ 건축설비공사 등

(2) 계획내용

▶ 타워크레인 사용공사를 제외한 공종별 계획

　① 자재 · 장비 개요, 시공상세도면

　② 안전시공 절차 및 주의사항

　③ 안전점검계획표, 안전점검표

　④ 안전성 계산서 등

2. 타워크레인 사용공사

(1) 운영계획

　① 안전작업 절차, 주의사항

　② 관리자, 신호수 배치

③ 타워크레인 간 충돌 방지, 기초 · 브레이싱 설치 상세도

④ 설치 · 운용 계획

(2) **점검계획**

① 점검시기

② 체크리스트

③ 검사업체 선정

(3) **임대업체 선정계획**

① 저가 · 재임대 방지방안

② 조종사, 설치 · 해체원 운영

③ 발주자 협의시기, 내용, 방법

(4) **기타**

① 타워크레인 안전성 계산서 검토

② 비상 대피훈련

V 결론

1 안전관리계획서는 건설사업자, 발주자, 검토 전문기관, 국토부 등이 관계되는 문서이므로 작성 및 검토 과정에서 관계자 간 긴밀한 협력이 필요하다.

2 건설사업자는 승인받은 안전관리계획서에 근거하여 고위험 작업에 임하고 감리자는 공사 과정에 계획내용이 간과되지 않도록 적극 살펴야 할 것이다.

6452 재해율

Ⅰ 개요

1 건설업은 다른 산업과는 달리 생산방식의 특수성으로 노동집약적인 공종이 많으므로 제조업, 광업에 이어 재해율이 높은 산업이다.

2 건설공사의 재해의 발생정도를 표시하는 통계지표로는 재해율, 도수율, 강도율, 천인율 등이 있으며, 재해율은 재해 발생률을 나타내는 지표로 활용한다.

3 재해율은 근로자수에 대한 재해자수의 백분율로 산정하며, 재해율 산정과 활용에 관한 내용은 '산업안전보건법'에 규정되어 있다.

산업재해 통계지표	➡	산정방법	➡	재해율 적용
• 재해율/도수율/강도율 • 천인율/이환율		• 환산 재해율/재해자수 • 상시근로자수		• 건설업체 • 법규정

Ⅱ 산업재해 통계지표

1. 재해율(환산재해율, 換算災害率)

① 재해율 $= \dfrac{재해자수}{근로자수} \times 100$

② 전체 근로자 중 재해 근로자의 비중(백분율)

③ 재해자수에는 요양 중의 사망자 수 포함

2. 도수율(度數率)

① 도수율 $= \dfrac{재해건수}{연\ 근로자의\ 총근로시간수} \times 1,000,000$

② 1인이 100만 시간 작업 시의 재해 발생건수

- 즉, 연 근로시간 백만 시간당 재해로 잃어버린 근로일수를 의미

3. 강도율(强度率)

① 강도율 $= \dfrac{총근로\ 손실일수}{총근로일수} \times 1,000$

② 총근로 손실일수: 신체 장애자의 등급별 손실일수

- 사망 시 손실일수, 부상자 · 직업병자의 손실일수 합산

③ 1,000시간당 작업 중의 재해로 인한 근로 손실일수

- 재해의 경중(輕重)과 강도의 정도를 나타내는 척도

4. 천인율(연천인율, 年千人率)

① 천인율 $= \dfrac{\text{재해자수}}{\text{근로자수}} \times 1,000$

② 대상 근로자 1,000명당 재해자수의 비율, 재해율의 10배 수치

5. 이환율(罹患率, Prevalence Rate)

① 이환율 $= \dfrac{\text{직업병자수}}{\text{연근로자수}} \times 1,000$

② 연 근로자수에 대한 직업병자 발생수의 비율, 즉 질병 발생율

Ⅲ 산정방법[124]

1. 환산재해율 산식

▶ 환산재해율 $= \dfrac{\text{환산재해자수}}{\text{상시근로자수}} \times 100$

2. 환산재해자수

(1) 대상

① 국내 건설현장에서 산업재해를 입은 연간 근로자수의 합계
② 하수급업체의 근로자 포함
③ '재해조사표' 제출년도를 기준으로 산정

(2) 사망자 발생 시

① 가중치 10배수 부여
- 사망자 1인을 10인으로 산정

② 재해 발생시기와 사망시기가 다를 경우
- 3월 이전의 사망은 전년도의 재해자로 산정

③ 재해 발생보고 지연 시
- 보고시점의 연도 재해자로 산정

④ 사업주의 법위반이 아닌 사망자일 경우
- 가중치 미부여
- 교통사고, 개인지병, 방화, 천재지변, 작업시간 이외의 사망자 등

⑤ 공동도급일 경우(공동이행 방식)
- 재해자수는 출자비율에 따라 분배

---

124) 산업안전보건법 시행규칙 별표1: '건설업체 산업재해발생률 산정기준' 참조

3. 상시근로자수

① 상시근로자수 $= \dfrac{\text{연간 국내 공사실적액} \times \text{노무비율}}{\text{건설업 월평균 임금} \times 12}$

② 연간 국내 공사실적액
- 건설업체 단체에서 산정한 업체별 실적액을 합산하여 산정

③ 노무비율
- 매년 노동부장관이 고시하는 건설공사 노무비율 적용, 하도급 노무비율은 제외
- '산업재해보상법' 제62조 제2항에 근거

④ 건설업 월평균 임금
- 매년 노동부장관이 고시하는 건설업 월평균 임금 적용
- '고용보험법 시행령' 제69조 5항 규정에 의거

Ⅳ 재해율 적용

1. 건설업체

① 사업장별 안전성적의 비교
- 최근과 과년도, 당 현장과 타 현장을 비교하는 지표로 활용

② 과거와 현재 비교, 미래 예측

③ 안전관리의 목표지수로 활용

④ 유사재해의 재발 방지를 위한 자료로 활용

2. 법규정

(1) 재해율 공표

① 산업재해 예방목적으로 재해율 공표

② 재해 발생건수, 재해율, 재해율 상·하위업체의 순위 등

(2) 공표 대상사업장의 분류

① 상위사업자
- 연간 재해율이 규모별 동종업종의 평균재해율 이하인 사업자 중 상위 10% 이내의 사업자, 모범사업자로 공표

② 중대재해 발생사업장
- 1인 이상 사망자 발생
- 3월 이상의 요양 부상자가 동시에 2인 이상이 발생
- 부상자 또는 직업병 환자가 동시에 10인 이상 발생하였을 경우에 해당

③ 보고의무 해태사업장
  • 산업재해 발생보고를 최근 3년 이내에 2회 이상 해태한 사업장
④ 중대 산업사고 발생사업장
  • 위험물의 누출·화재·폭발로 근로자나 인근지역에 피해를 끼치게 된 사업장

(3) 재해율이 높을 경우
① 시공능력평가 시 감액 반영
② 동종업종 평균재해율의 2배 이상 시
  • 안전관리자의 증원·교체 명령
③ 중대재해 발생사업장일 경우
  • 안전진단 실시 명령
④ PQ 심사에서 감점 부여
⑤ 동종업종 규모별 평균재해율보다 높을 경우
  • 안전보건 개선계획 수립대상 사업장으로 명령

(4) 재해율이 낮을 경우
① PQ 심사에서 가점 부여
② 산업안전 자율관리업체로 인정
  • 유해·위험방지계획서의 자체심사권 부여
  • 시공 시 현장의 안전확인검사 면제

Ⅴ 결론

1 건설현장의 재해통계는 재해 유형의 조사 및 분석, 안전성적의 평가자료 수집, 재해의 예방대책 강구 등을 위하여 실시하며, 그중에서 재해율은 활용도가 가장 높은 통계자료이다.
2 건설현장의 과학적인 안전관리를 위해서는 능력 있는 안전관리자의 양성 및 배치가 중요하고 재해율과 더불어 재해로 인한 인적·물적 손실을 나타내는 지표를 보조적으로 활용하여 재해에 대한 경각심과 예방노력을 제고하여야 할 것이다.

6453 클린사업장(Clean Site)

I 개요

① 건설업은 노동집약적이고 중층의 하도급 구조, 옥외이동 생산방식 등 근로여건이 열악하여 3D 사업장이란 인식으로 신규인력의 진입을 기대하기 어려운 실정이다.

② Clean 사업장은 작업환경이 상대적으로 열악한 소규모사업장(Site)을 대상으로 3D 요인을 제거하여 근로여건을 개선한 현장으로 산업재해를 예방하고 구인난을 근본적으로 해소할 수 있는 대안으로 제시되고 있다.

③ Clean 사업장의 인정은 노동부가 주관하고 있으며, Clean 3D 기준을 충족하는 사업장에게 시설자금을 지원하고 있다.

사업목표	➡	조성방안	➡	확대방안
• 맞춤형/지원대상 • 사업장 인정		• 위험/유해 요인 제거 • 공정 개선		• 인정제도 활성화 • 성공사례 홍보

II Clean 3D 사업목표

① 노사가 요구하는 맞춤형 시설의 개선과 서비스 제공
- 3D(Difficult, Dirty, Dangerous)가 없는 안전하고 건강한 일터 조성

② 사업 지원대상과 지원규모
- 50인 미만의 소규모 건설 및 제조사업장
- 1개 사업장별 2,000~4,000만 원 무상지원

③ Clean 사업장 인정 Flow

III 조성방안

1. 위험요인 제거(Clean Danger)

① 협착
- 위험기계에 덮개와 방호장치 설치

② 화재 및 폭발
- 인화물질과 위험물의 용기보관대 설치

③ 감전
- 불량 배선 교체, 정격용량의 배선설치, 접지장치 확인

④ 추락·낙하
  • 2m 높이 이상인 장소에는 추락·낙하 위험 방지시설 설치
⑤ 충돌·흡입
  • 낙하물이 우려되는 장소에서는 안전모와 방진마스크 착용

2. 유해요인 제거(Clean Dirtiness)

① 조명 부족
  • 채광, 조명 부족에 의한 어두움 방지, 조도 150lx 이상 확보
② 소음
  • 프레스, 파쇄기, 연마기 소음 저감, 작업장 내 소음을 85dB 미만으로 유지
③ 분진
  • 차륜 부착토사와 연마·암파쇄 작업 시 분진 발생 저감
  • 옥내 분진량을 $10mg/m^3$ 이하로 관리
  • 현장진입로에는 세륜장 설치
④ 고온
  • 작업장 온도 20.7℃ 이하로 유지, 고온환경 개선
⑤ 악취·다습
  • 강제 환기장치 설치

3. 공정 개선(Clean Difficulty)

① 중량물 인력운반, 상·하차설비 구비
② 공구·자재 방치, 정리함에 정돈
③ 수동공구 사용, 전동공구로 대체
④ 작업대 미설치, 작업대와 작업발판을 설치하여 위험환경 개선

Ⅳ 확대방안

1. 인정제도 활성화

① 인정사업장 인센티브 부여, 법정보험료 할인혜택
② 정부예산 점진적 확대, 지원대상과 지원규모 확대, 예산증액 필요
③ 대규모 사업장, Clean 사업장 요건충족 의무화

2. 성공사례 홍보

① 안전교육 자료로 적극 활용
  • 건설현장의 안전교육과 방송매체를 이용한 안전교육 자료로 활용
② 취업기피 사업장에 우수인력이 흡인되도록 적극 홍보
③ 건설업에 대한 3D 인식 종식(終熄), 개선사례 홍보

6454 | 산업안전보건관리비

I 개요

① 산업안전보건관리비는 건설현장에서 산업재해 및 건강장해 예방을 위하여 법령에 따라 산정하는 비용으로 발주자는 상당액 이상을 반드시 도급금액에 포함해야 한다.

② 산업안전보건관리비의 산정 및 사용 기준에 대하여 설명한다.

산정기준	➡	사용 및 정산
• 적용대상 • 비용 산정		• 사용항목 • 사용 및 제한

II 산정기준

1. 적용대상

(1) 총공사금액 기준[125]

① 일반도급 공사: '총공사금액 ≥ 2천만 원'인 건설공사

② 단가계약 공사: 개별 단위공사의 총공사금액 ≥ 2천만 원, 추정계약금액(×)

③ 분리발주 공사: 개별공사의 총공사금액 ≥ 2천만 원

(2) 공종 분류기준[126]

[공종별 적용대상]

건축공사	• 종합공사업종 중 '건축공사업' 공사 • 종합공사업 공사와 분리 발주된 전문공사업 공사
토목공사	• 종합공사업종 중 '토목공사업' 및 '산업·환경설비공사업' 공사 • '건축공사' 외의 시설물공사인 전문공사업 공사
중건설공사	• 종합공사업종 중 토목공사업 및 산업·환경설비공사업 공사로서 다음의 부대공사 • 고제방댐공사, 발전시설공사, 터널신설공사 등
특수건설공사	• 종합공사업종 중 '조경공사업' 공사 • 종합공사업 공사와 분리 발주된 전기/정보통신/소방시설/국가유산수리 등의 공사

---

125) '건설업 산업안전보건관리비 계상 및 사용기준' §3(적용범위), 고용노동부고시 제2024-53호, 2024.09.09. / '건설공사발주자의 산업안전보건업무 가이드북', 고용노동부, 2024. 10. 참조
126) '같은 기준' 별표5 참조

① 기존 법령별 공사업종의 공사를 4개 공종으로 재분류

[기존 법령별 공사업종]

건설산업기본법	종합공사업(토목/건축/토목 · 건축/산업 · 환경설비/조경 등 5종), 전문공사업(14종)
기타 4개 법령	전기공사업법(전기공사업), 정보통신공사업법(정보통신공사업) 소방시설공사업법(소방시설공사업), 국가유산수리법(국가유산수리업) 등

② 건축공사, 토목공사, 중건설공사, 특수건설공사 등

③ 안전보건관리비 비율 및 보건관리자 선임기준에 적용

(3) 산업안전보건관리비 계상 의무

① 공공발주자와 민간발주자로 구분

② 공공발주자 → 예정가격 산정 시 계상

③ 민간발주사 → 사업계획 수립 시 도급금액 또는 사업비에 계상

2. 비용 산정

▶ 계상 대상액에 공종 · 대상액 구간별로 비율 및 기초액을 구분 적용하여 산정한다.

(1) 계상 대상액(P)[127]

① 계상 대상액(P) = 직접재료비 + 간접재료비 + 직접노무비

- 공사비 내역 구분이 곤란한 경우: P = 총공사금액 × 70%

② 지급재료가 있을 경우 지급재료비 포함 여부에 따라 계상 대상액 구분

② 지급재료비(포함): P_1 = 직접재료비 + 간접재료비 + 직접노무비

③ 지급재료비(제외): P_2 = (직접재료비 + 간접재료비 + 직접노무비) − 지급재료비

(2) 적용 비율(R) 및 기초액(B)[128]

① 공종 · 대상액 구간별 적용 비율 구분

[대상액별 적용 비율 및 기초금액]

대상액 구간별 적용 / 공종	2천만 ≤ P < 5억 %	5억 ≤ P < 50억 %	5억 ≤ P < 50억 기초액(원)	P ≥ 50억 %	보건관리자 선임대상공사(%)
건축공사	3.11	2.28	4,325,000	2.37	2.64
토목공사	3.15	2.53	3,300,000	2.60	2.73
중건설공사	3.64	3.05	2,975,000	3.11	3.39
특수건설공사	2.07	1.59	2,450,000	1.64	1.78

② '5억 ≤ P < 50억'일 경우 비율과 기초액 동시 적용

---

127) '같은 기준' §4① 참조
128) '같은 기준' 별표1

③ 대상액 및 상시근로자 수가 일정 규모 이상이면 보건관리자 선임[129]

[보건관리자 선임기준]

사업장의 상시근로자 수	보건관리자의 수	보건관리자 자격
건축공사업(종합) ≥ 800억원 토목공사업(종합) ≥ 1,000억원 또는 상시근로자 ≥ 600명	1명 이상일 것, 1,400억원 증가 또는 상시근로자 600명 추가마다 1명씩 증원	산업보건지도사, 의사, 간호사 산업위생관리산업기사, 대기환경산업기사 인간공학기사, 산업보건/산업위생분야 학위자

(3) 산업안전보건관리비(C) 산정

① 지급재료비가 없을 경우: $C = P \times R$, 또는 $C = P \times R + B$

② 지급재료비가 있을 경우 C_1, C_2 중 낮은 값 이상으로 산정

- $C_1 = P_1 \times R$, 또는 $C_1 = P_1 + R + B$
- $C_2 = P_2 \times R \times 1.2$, 또는 $C_2 = (P_2 \times R + B) \times 1.2$ ← 지급재료비 제외 시 할증계수 적용

③ '2,000만 ≤ P < 5억', 'P ≥ 50억' 구간

- 지급재료비가 없을 경우: $C = P \times R$
- 지급재료비가 있을 경우: $C_1 = P_1 \times R$, $C_2 = (P_2 \times R) \times 1.2$

  C_1, C_2 중 작은 값 이상으로 계상

④ '5억 ≤ P < 50억' 구간

- 지급재료비가 없을 경우: $C = P \times R + B$
- 지급재료비가 있을 경우: $C_1 = P_1 \times R + B$, $C_2 = (P_2 \times R + B) \times 1.2$

  C_1, C_2 중 작은 값 이상으로 계상

〈산업안전보건관리비 산정 예시〉

직접재료비 15억(지급재료비 10억 포함), 간접재료비 5억, 직접노무비 12억, 간접노무비 3억

- $P_1 = 15 + 5 + 12 = 22$억, $P_2 = 15 + 5 + 12 - 10 = 12$억
- $C_1 = 22억 \times 2.28\% + 4,325,000 = 54,485,000$원, $C_2 = (12억 \times 2.28\% + 4,325,000) \times 1.2 = 38,022,000$원
- 산업안전보건관리비 산정액 38,022,000원(C_1, C_2 중 적은 금액으로 산정)

⑤ 설계변경 시 산업안전보건관리비 변경 조정

- 변경액 = 변경 전 산업안전보건관리비 + 증감액
- 증감액 = 변경 전 산업안전보건관리비 × 증감률
- 증감률 = (변경 후 대상액 − 변경 전 대상액)/변경 전 대상액

---

129) '산업안전보건법' 영§20①관련 [별표5] 참조

Ⅲ 사용 및 정산

1. 사용항목

    ① 안전 · 보건관리자 임금

       • 전담자(전액), 비전담자(임금 · 출장비 1/2), 조 · 반장(임금 1/10)

       • 재해예방업무 전담자(임금 전액: 작업지휘자, 유도자, 신호자)

    ② 안전시설비(C/10 이내), 안전보건진단비, 안전보건교육비

    ③ 개인보호구

    ④ 건강장해예방비

    ⑤ 유해위험 요인 개선비(C/10 이내)

2. 사용 및 제한

(1) 공정률별 사용기준[130)]

[공사 진척도에 따른 사용기준]

공정률(%)	50 ≤ % < 70	70 ≤ % < 90	% ≥ 90
사용 기준	50% 이상	70% 이상	90% 이상

    ① 공정률별 최소 지출액 규정

    ② 기성 공정률에 따라 산업안전보건관리비 지출

    ③ 안전보건관리비 외의 지출 제한

(2) 사용내역 확인

    ① 매 6개월마다 1회 이상 발주자 · 감리자 확인

       • 6개월 이내 공사 종료 시 종료 시 확인

    ② 필요시 발주자 · 감리자 및 근로감독관 수시 확인

    ③ 기술지도에 대한 '계약 – 실시 – 개선' 여부 확인

    ④ 목적 외 사용액 및 미사용액 정산, 계약금액에서 감액 또는 반환

(3) 실행예산 편성 · 집행

    ① '공사금액 ≥ 4천만원'일 경우 의무 적용

    ② 발주자 계상액 이상의 산업안전보건관리비 실행예산 편성

    ③ 지출 시 안전관리자 참관

    ④ 사용내역서 기재 및 비치

---

130) '같은 기준' 별표3 참조

Ⅳ 결론

1 산업안전보건관리비는 발주자가 의무적으로 산정하고 시공자가 목적대로 지출 사용 후 정산해야 하는 법정경비이다.

2 사용과정에서 형식적 지출을 지양하고 근로자의 실질적인 안전과 보건을 확보함으로써 건설현장의 재해를 줄여 나가야 할 것이다.

[안전관리비 vs. 산업안전보건관리비]

구분	안전관리비(건설기술진흥법 §63)	산업안전관리비(산업안전보건법 §72)
정의	건설공사의 안전관리에 필요한 비용	현장근로자의 안전과 보건을 위하여 사용하는 비용
금액 산정	각 항목별 실비(견적)금액 적용	공사 금액별 정액 요율 적용
사용기준	국토부고시 '건설공사 안전관리 업무수행 지침' 별표7	고용노동부고시 '건설업 산업안전보건관리비 계상·사용기준'
사용항목	• 안전관리계획 작성·검토 비용/안전점검 비용 • 발파·굴착공사 주변의 건축물 피해방지대책 비용 • 주변 통행안전시설 설치·유지관리비, 신호수 비용 • 공사시행 중 시설물의 구조적 안전성 확보 비용	• 안전관리자·보건관리자 임금 • 안전시설비/보호구/안전보건진단비/안전보건 교육비 • 건강장해 예방비/건설재해예방 전문지도기관의 대가 • 유해·위험 요인 개선비

6460 환경관리 일반

I 개요

1 건설현장은 공사 중 각종 공해가 발생하므로 관련규정을 준수하여 공사장 주변의 민원을 예방하기 위한 환경관리가 필요하다.

2 건설현장의 일반적인 환경관리에 대하여 필요성, 관리 대상·방안 등을 안내한다.

환경관리 필요성	➡	환경관리 대상	➡	환경관리 방안
• 자연환경/생활환경 보전 • 환경관리 효과		• 대기질/수질/소음진동 • 토양보전/생태·문화재		• 환경관리계획/환경관리조직 • 환경점검 및 피드백

II 환경관리 필요성

1. 자연환경 보전

① 자연경관 보전

② 동·식물 생태환경 보전

③ 녹·수생 서식환경 보전 등

2. 생활환경 보전

① 대기질·수질 보전

② 지하수·토양 보전

③ 소음·진동 및 폐기물 발생 억제

3. 환경관리 효과

① 환경민원 예방

② 지속가능한 건설환경 조성

③ 환경관리비 증대 방지

④ 친환경건설 실현

III 환경관리 대상

1. 대기질 환경

(1) 비산먼지 방지

① 비산먼지 발생사업 신고사항 준수

② 발생 억제시설의 관리
　　• 세륜시설 및 방진벽, 분진막 등
③ 토사 운반차량 적재함 덮개 및 적재상태 점검
④ 현장 주변의 청결상태 유지 및 살수차량 운용

(2) 악취물질 관리

① 현장 내 소각 금지
② 폐기물 처리업자에 의한 적법 처리

2. 수질 환경

① 폐수 오염물질 허용치 이내로 관리
② 수질 오염방지시설의 설치 및 운영, 오수·분뇨 정화시설 등
③ 하수도 손상에 의한 토양·지하수 오염 방지

3. 소음·진동

(1) 발파작업

① 시험발파 후 저감방안 강구
② 작업계획에 따라 저감대책 실시
③ 폭약 사용·보관 신고

(2) 생활·교통 소음

① 야간·휴일 작업 시 소음영향 고려
② 현장 출입차량의 운행속도 제한
③ 방음·차음벽의 설치 및 관리
④ 대형 건설기계의 방음·차음 조치

4. 토양 보전

(1) 표토 이용·보존

① 표토 수집·보관 후 재활용, 식재용 토양 등
② 비탈면 녹화 및 피복 처리상태 관리

(2) 토양 유실 방지

① 절토·성토지 우수영향 방지
② 가배수로·침사지 및 법면부 덮개 설치 등
③ 우기 토사 채취·운반 제한

5. 생태·문화재 환경

(1) 식생환경

① 가설도로, 가설물 설치 시 식생환경 훼손 최소화
② 과도한 지형 변경 및 수목 벌채 금지
③ 조경 시 자연수목 최대한 활용·이식

(2) 동물서식 환경

　① 수생 및 육상용 이동로 단절 방지

　② 필요시 대체 이동로 인공 설치

(3) 기타 환경

　① 문화재 훼손 방지

　② 환경영향평가 협의사항 이행 등

Ⅳ 환경관리 방안

1. 환경관리 계획

(1) 준수사항

　① 환경관리시설 설치 예정지 사전 조사

　② 관련 법령상 이행사항 검토

　　• 대기·토양, 물, 소음진동, 건설폐기물 등의 관련법 검토

　③ 환경관리계획서 작성 및 제출

　　• 환경관리비 산정 및 사용 계획 포함

　④ 건설현장의 환경관리, 주변환경에 대한 배려 등

(2) 주요계획

　① 환경오염방지시설의 설치 및 운영

　② 건설공해 저감대책

　　• 비산먼지, 소음·진동, 지하수·토양 오염, 건설폐기물, 교통장해 등

　③ 친환경 건설 기법

　④ 천연자원 사용 저감

　⑤ 친환경 건설 교육 등

2. 환경관리 조직

　① 환경관리 전담자 선임

　② 총괄책임자: 현장소장

　③ 관리감독자: 공사팀장

　④ 관리책임자: 협력업체 대표 등 협의체 구성

3. 환경점검 및 피드백

　① 점검표에 따라 주기적 점검

　② 중점관리사항 지정 및 집중 관리

　③ 관리실적 기록유지 및 피드백 등

6461 건설공해

I 개요

1. 건설과정에서 발생하는 각종 공해는 현장 근로자는 물론 인접 주민들의 생활환경을 크게 저해하므로 사전대책이 강구되어야 한다.
2. 건설공해에 대하여 특징, 주요 원인별 방지대책을 설명한다.

특징	→	발생원별 대책
• 발생기간/복합유형 • 예측가능/파급영향		• 소음 · 진동/비산분진/지하수 · 토양 • 건설폐기물/교통공해

II 특징

1. 발생기간

① 공사기간 동안 집중 발생
② 공사 종료와 동시에 공해 소멸

2. 복합유형

① 비산먼지, 소음 · 진동
② 토양 · 지하수 오염
③ 건설폐기물 및 교통공해 등

3. 예측가능

① 시공계획에 의해 공해 유형 예측 가능
② 사용 장비 · 기구
③ 공사의 종류
④ 적용공법 등

4. 파급영향

① 인접 주민 · 시설물 피해
  • 불안감, 청력 손상, 스트레스, 수면 방해, 교통 혼잡, 호흡기 질환
  • 주변 환경오염, 인접시설물 균열 등
② 공해방지시설 투자비 부담
③ 민원발생 시 해결 난해, 장기간 미해결 시 공기지연 우려

Ⅲ 발생원별 대책

1. 소음 및 진동

(1) 발생 원인

① 지하 터파기공사: 굴착기, 암파쇄 장비, 잔토 운반차량, 발파음

② 기초 말뚝공사: 지반천공기(Pile Driver) 항타음

③ 콘크리트공사: 트럭애지테이터, 콘크리트펌프

④ 마감공사: 회전절단기, 연마기, 스프레이건, 공기압축기(Air Compressor)

(2) 방지대책

① 공법 채용: 저소음 · 저진동 공법

② 작업시간: 새벽 · 심야 시간, 휴일공사 지양

③ 방지시설: 소음 · 진동원에 근접하여 저감장치 설치, 방음 · 방진 장치 등

④ 소음원 처리: 건설기계는 인접시설물과 최대한 이격 배치

- 적정용량의 기계 선정, 대용량 기계 사용 최소화

2. 비산분진

(1) 발생 원인

① 해체물 분진, 잔토 현장 내 야적

② 현장 출입차량 타이어 부착 토사

③ 콘크리트 및 용접불꽃 비산

④ 폐목 · 폐아스팔트 발생, 분무 도료 비산

(2) 방지대책

① 토사 운반차량 적재함 덮개 설치, 출입구에 세륜시설 설치

- 자동식, 수조식, 측면살수식 등

② 인근 도로 살수 및 청소요원 배치

③ 공사 중 건축물 외벽선에 비산분진방지망 설치

④ 공사장 내 도료: 작업차량 도로 우선 포장

⑤ 도료 · 용접 작업 시 방풍시설 설치 후 작업

3. 지하수 · 토양 오염

(1) 발생 원인

① 지하수공으로 오염물질 유입

② 안정액, 고결재, 폐유 등 지중 유입 → 지하수 및 토양 오염

(2) 방지대책

① 지하수공 이용 후 폐공 밀봉 처리

② 안정액은 침전 처리 후 방류
③ 폐유 등 '산업폐기물처리법'에 따라 적법 위탁처리

4. 건설폐기물

(1) 발생 원인

① 해체현장의 철거 폐자재
② 잔토, 안정액 슬러지
③ 골조공사 잔재물: 거푸집 조각, 철근 토막, 폐콘크리트, 강재류 등
④ 마감재 포장지, 파손품, 폐모르타르, 유리 · 합성수지류 잔재물
⑤ 기타 전기 · 설비공사 및 생활쓰레기 등

(2) 방지대책

① 건설폐기물 재활용 촉진, 특히 폐콘크리트 적극 재활용
  • 폐기물 혼합배출 금지, 재활용물과 위탁처리물로 분리 배출
② 폐기물 발생량 억제 및 감량화
③ 폐기물 처리 · 처분장 입지 지원
④ 경제적 재생기술의 연구 및 개발

5. 교통 공해

(1) 발생 원인

① 공사차량 집중 운행
② 잔토 적재 및 트럭 애지테이터 차량, 현장 기능인력 보유차량 등
③ 도심지 교통흐름 장애, 도로파손 유발, 불법 노상주차 남발

(2) 방지대책

① 작업시간 분산 조정
② 러시아워 운행 지양
③ 진입로 부근에 차량 유도원 배치
④ 현장 출입인원용 주차면적 확보 등

6462 건설폐기물

Ⅰ 개요

① 건설폐기물은 건설사업장에서 발생하는 모든 폐기물로 법령상으로는 공사 시작일로부터 완료한 때까지 발생한 5톤 이상의 배출물을 의미한다.

② 건설폐기물 처리에 따라 환경 및 자원 관리 측면에서 그 영향이 달라지므로 발생량의 저감과 재활용 이용률을 높여 나가야 한다.

정의/종류	➡	처리/재활용
• 정의 • 건설폐기물의 종류		• 배출/분리 수거 • 재활용 방안

Ⅱ 정의 및 종류

1. 정의[131]

(1) 건설폐기물

① 토목·건축 공사 등의 건설공사에서 발생하는 폐기물

② 착공일로부터 완공 때까지 발생한 폐기물

③ 건설현장에서 발생하는 5톤 이상의 사업장폐기물

④ 사업장폐기물에 생활폐기물 및 지정폐기물은 제외

(2) 사업장폐기물

① 법령에 따라 배출시설을 설치·운영하는 사업장

② '폐기물관리법'에 따라 사업장폐기물 사업장 규정

〈배출시설 사업장 유형 및 관련법〉
- 공공폐수처리시설: 물환경보전법
- 지정폐기물 배출: 폐기물관리법
- 공공하수처리시설: 하수도법
- 300kg ≤ 일평균 폐기물: 폐기물관리법
- 분뇨처리시설: 하수도법
- 건설공사 폐기물 ≥ 5톤: 폐기물관리법
- 가축분뇨공공처리시설: 가축분뇨법
- 작업폐기물 ≥ 5톤: 폐기물관리법
- 폐기물처리업자 설치시설: 폐기물관리법

③ '건설공사 폐기물 ≥ 5톤'일 경우 사업장폐기물로 분류

---

131) '건설폐기물의 재활용촉진에 관한 법률(이하 "건설폐기물법") §2 및 '폐기물관리법' §2 참조

(2) 생활폐기물

① 사업장폐기물 외의 폐기물

② 현장사무실 및 식당에서 배출하는 폐기물 등

(3) 지정폐기물

① 사업장폐기물 중 주변환경 오염이 우려되는 물질

- 또는 인체에 이해를 줄 수 있는 해로운 물질

② 오니류: '수분함량 < 95%'이거나 '고형물함량 ≥ 5%'인 것

③ 폐유, 폐페인트 및 폐래커, 폐석면 등

2. 건설폐기물의 종류[132]

(1) 건설폐토석

① 혼합건설폐기물에서 분리 · 선별한 흙, 모래, 자갈

② 건설폐기물 중간처리 과정에서 발생한 흙, 모래, 자갈

③ 자연상태의 토석 제외

(2) 가연성 건설폐기물

① 폐목재: '임목폐기물(나무 뿌리 · 가지) ≥ 5톤' 제외

② 폐합성수지

③ 폐섬유

④ 폐벽지 등

(3) 불연성 건설폐기물

① 폐콘크리트, 폐아스팔트콘크리트

② 폐벽돌, 폐블록, 폐기와

③ 건설오니: 준설공사, 터파기, 지하구조물공사, 세륜장 등에서 발생

④ 폐금속류

⑤ 폐유리, 폐타일, 폐도자기 등

(4) 가연성 · 불연성 건설폐기물

① 폐보드재 및 폐패널재

② 혼합건설폐기물: 불연성 건설폐기물 제외 중량≤5%

(5) 기타 건설폐기물

① 위 이외의 건설폐기물

② 생활폐기물과 지정폐기물은 제외

---

132) '건설폐기물법' 영§2관련 별표1 참조

Ⅲ 처리 및 재활용

1. 배출 및 분리 수거

(1) 배출기준[133]

① 종류별 구분 배출

② 재활용 가능성, 소각 가능성, 매립 필요성 등으로 재구분

③ 배출된 건설폐기물은 중간처리업자에게 위탁 처리

④ 중간처리업자는 수집 · 운반 및 보관, 중간처리 및 최종처리 담당

- 중간처리: 소각, 중화, 파쇄, 고형화, 재활용
- 최종처리: 매립

(2) 현장 분리 수거

① 가연물: 목재, 종이, 천

② 소각 부적물: 플라스틱, 루핑, 시트방수재, 스티로폼

③ 불연물: 콘크리트, 모르타르, 벽돌, 잔토

④ 금속류: 강관, 동관, 알루미늄새시, 못, 철근 등으로 분리 수거

2. 재활용 방안[134]

[재활용 원칙] 폐기물관리법 §13의2

〈재활용 조건〉

- 비산먼지, 악취가 발생하거나 휘발성유기화합물, 대기오염물질 등이 배출되어 생활환경에 위해를 미치지 아니할 것
- 침출수(浸出水)나 중금속 등 유해물질이 유출되어 토양, 수생태계 또는 지하수를 오염시키지 아니할 것
- 소음 또는 진동이 발생하여 사람에게 피해를 주지 아니할 것
- 중금속 등 유해물질을 제거하거나 안정화, 재활용제품이나 원료로 사용과정에서 사람 · 환경에 위해를 미치지 아니할 것

〈재활용 금지〉

- 폐석면, 의료폐기물
- 폴리클로리네이티드비페닐(PCBs) 농도가 규정 이상 들어있는 폐기물
- 폐유독물 등 인체 · 환경에 위해가 매우 높을 것으로 우려되는 폐기물

(1) 폐콘크리트

① 폐콘크리트 및 폐아스팔트콘크리트 분리 배출

② 파쇄 및 분쇄 → 분리 및 선별 → 순환골재 생산

③ 도로 보조기층재 또는 재생 아스팔트콘크리트용으로 재활용

---

133) '건설폐기물법' §13 및 '폐기물관리법' §13 참조
134) 한국폐기물협회(http://www.kwaste.or.kr/), '건설폐기물 종류별 처리방법' 참조

(2) 건설오니

　① 건설오니 분리 배출

　② 중간처리: 매립장 반입 → 매립용으로 활용

　③ 최종처리: 탈수·건조 → 성·복토용 활용

(3) 폐목재

　① 폐목재 분리 배출

　② 중간처리: 재활용이 불가능한 것 → 소각장 소각

　③ 재활용 신고: 파쇄 후 재활용

　　• 조경용 토피재, 우드칩, 퇴비, 합판용으로 재활용

　　• 또는 RDF 생산공정 → 고형연료 생산 → 난방용 연료로 재활용

(4) 혼합건설폐기물

　① 혼합건설폐기물 분리 수거

　② 중간처리: 파쇄 및 분쇄 → 분리·선별

　③ 선별 후 재활용·소각 및 매립 처리 등

6463 ｜ 환경관리비

Ⅰ 개요

① 환경관리비는 건설현장의 환경관리에 사용하는 경비로 환경훼손과 오염을 방지하기 위해 발주자가 부담하는 법정경비에 해당한다.
② 산업안전보건관리비의 산정 및 사용 기준에 대하여 설명한다.

산출기준	➡	사용 및 정산
• 환경보전비 • 폐기물 처리 · 재활용		• 사용계획 • 지출 및 정산

Ⅱ 산출기준[135]

1. 환경보전비

▶ 직접공사비와 간접공사비로 구분하되 일식단가(총계방식)일 경우에는 세부품목이나 비목에 대한 단가산출서 및 수량산출서 등을 작성해야 한다.

[환경보존비 구성요소]

직접공사비	손료	환경오염 방지시설의 상각률 · 수리율, 표준품셈 등 적용
	공공요금	정부 고시하는 전력 및 상수도 요금
	재료비	정부공인 물가조사기관의 조사 · 공표 가격
	노무비	대한건설협회 · 한국엔지니어링협회 조사 · 공표 노임단가
간접공사비		공종별(토목 · 건축) 최저요율 적용 재개발 재건축 공사 0.7%, 신축 건축공사 0.3%, 기타 건축공사 0.5%

(1) 직접공사비

① 환경오염방지시설의 설치 · 운영 · 철거 등의 소요비용

[환경오염방지시설 유형]

시설	종류	관련법령
비산먼지 방지시설	세륜시설, 살수시설, 살수차량, 방진덮개, 방진벽, 방진망, 방진막, 진공청소기, 간이칸막이, 이송설비 분진억제시설, 집진시설, 기계식 청소장비	대기환경보전법
소음진동 방지시설	방음벽, 방음막, 소음기, 방음덮개, 방음터널, 방음숲, 방음언덕, 흡음장치, 탄성지지시설, 제진시설, 방진구시설, 방진고무, 배관진동절연장치	소음진동관리법
폐기물 처리시설	소각시설, 쓰레기슈트, 폐자재 수거박스, 폐기물 보관시설, 건설폐기물 처리시설, 기타 법정 규정 준수를 위한 시설	건설폐기물법 폐기물관리법
수질오염 방지시설	오폐수처리시설, 가배수로, 임시용측구, 절토 · 성토면 비닐덮개, 침사 · 응집시설, 오염방지막, 오일펜스, 유화제, 흡착포, 단독정화조, 이동식화장실	물환경보전법/지하수법 하수도법/화학물질관리법

---

135) 건설기술진흥법 규칙§61③관련 별표8 참조

② 손료, 공공요금, 재료비, 노무비 등으로 구성
③ 표준시장단가, 표준품셈, 견적 등에 따라 산출
④ 발주자·감리자 확인 후 추가 지출 및 설계변경 가능

(2) 간접공사비
① 직접공사비에 포함되지 않은 경비항목으로 구성

〈간접공사비 항목〉
- 시험검사비
- 점검비
- 교육·지도·훈련비
- 인허가비
- 안내표지 설치·철거비
- 환경관리비 사용계획서 작성비

② 간접공사비 ≥ 직접공사비×공종별 최저요율
③ 시급한 환경오염방지시설의 설치비용으로 전용 가능
- 환경피해 예방을 위해 발주자가 인정한 경우에만 적용

2. 폐기물 처리 및 재활용비

▶ 건설폐기물 처리용역을 분리 발주하는 경우의 용역비용은 제외한다.
① 건설공사현장과 폐기물처리업체의 처리비용으로 구분
② 건설공사현장의 분리, 선별, 운반, 상차 등의 비용
③ 폐기물처리업체의 수집, 운반, 보관, 중간처리, 최종처리비 등의 비용
④ 기타 공사현장에서 지출하는 폐기물 재활용 비용
⑤ 기본적으로 철거구조물 실측, 발생량 예측, 설계도서 등에 의해 산출
- 또는 운반거리, 폐기물 특성·상태, 지역 여건, 공인조사기관 조사·공표 가격 등을 고려하여 처리비용 산출

Ⅲ 사용 및 정산[136)]

1. 사용계획

① '환경관리비의 사용계획서' 작성 및 제출
- 최초의 환경오염방지시설 설치 전까지 제출
② 발주자 및 감리자는 사용계획 확인
③ 변경 사유 발생 시 변경 이행 전 변경 사용계획서 제출 및 확인

2. 지출 및 정산

① 사용계획에 따라 환경관리비 적정 지출
② 발주자 및 감리자는 환경관리비 사용내역 수시 확인
③ 환경관리비 중 간접공사비의 사용내역 확인
- 발주자·감리자는 기성 및 준공 검사 시 사용내역 확인
④ 목적 외 사용 또는 미사용 금액은 정산

---

136) '환경관리비의 산출기준 및 관리에 관한 지침' 참조, 국토교통부고시 제2018-528호, 2019. 1. 1. 시행

6471 건설 기능인력

I 개요

☑ 건설인력은 기능인력과 기술인력으로 양분되며 기능인력을 공사를 담당하는 인력이다.

☑ 최근 저출산·고령화 현상으로 건설생산성의 저하가 우려되고 있으므로 안정적인 수급 대책이 절실한 실정이다.

부족 원인/문제점	➡	수급 안정대책
• 부족 원인 • 문제점		• 기존 기능인력/신규인력 • 외국인력/건설생산의 생력화

II 부족 원인과 문제점

1. 부족 원인

(1) 기능인력 노령화

① 기존 인력의 평균연령 증가

② 노령인력의 건설생산성 저하

(2) 신규인력 진입 기피

① 직업전망(Vision) 불투명

• 저임금, 조직 내 승진기회 불리

② 고용시장 불안정

• 건설경기의 침체

• 일용노무자의 월평균 근로일수 불균일

③ 작업환경 열악

• 건설업이 3D 산업으로 인식

(3) 기능인력의 수요 증가

• 인력수급에 비하여 상대적으로 인력수요량 증가

(4) 유출인력 복귀 저조

① 건설경기 침체

② 일시 이탈된 인력의 복귀율 저조

(5) 기능인력의 수요시기 및 지역 편중

① 건설성수기에 기능인력의 수요 편중

• 동절기, 장마철의 건설비수기에는 유휴인력 증가

② 일부지역에 건설인력 수요 집중

• 수해복구사업, 신도시 건설지역 등

2. 문제점

(1) 인건비의 상승

　① 건설공사 이익 급감

　② 정상적인 건설경영 수지 위협

(2) 현장운영 곤란

　① 중소 전문건설업체의 타격이 특히 심각

　　• 상대적 처우능력 불리로 인력 유지 곤란

　② 건설성수기에 현장 포기사태 발생 우려

(3) 공사품질 저하, 산재발생 우려

　① 고령자의 피로

　② 미숙련공의 불필요한 행동에 기인

Ⅲ 수급 안정대책

1. 기존 기능인력

(1) 단순 기능인력

　① 현장별 고용관리책임자 운영

　② 일용근로자의 근로경력 전산관리

　③ 복지수혜 보장

　　• 고용보험, 국민연금, 건강보험 가입혜택 부여

(2) 숙련 기능인력

　① 개인별 ID-Card 부여

　　• 기능인의 사회적 지위와 경력 인정

　　• 직업에 대한 자긍심과 만족감 고취

　　• 건설업 비하의식과 사회적 편견 개선

　② 기능장의 창업 지원

　　• 전문건설 부문의 창업진출을 적극 지원

　　• 창업 시 자본금규모 경감, 세제 및 금융지원제도 검토

　　• 실내건축, 미장, 방수, 석공, 도장, 조적, 창호공사 부문 등에 우선적용

　③ 기능인력 등급제 실시

(3) 구인·구직 센터 운용

　① 사업주 및 건설업단체가 주도하여 구인·구직 활동 지원

　② 전국적인 기능인력 전산망 구축과 운용

　　• 지역 및 공사시기의 편차에 의한 인력수급의 불균형 해소

　③ 기능인력 등급관리

　　• 숙련도와 경력에 따라 적정 인력이 채용되도록 관리

2. 신규인력

(1) 실업계 고교 출신자

① 기능사 유자격자의 취업 적극 안내

② 근로여건 개선

- 적정 보수 및 복지혜택 확대

③ 전공 외 부문으로 인력 유출방지

(2) 직업훈련학교 활성화

① 노동부 주관으로 이수자 배출 확대

② 단기숙련공 양성과정 및 고급숙련공 과정의 활성화

③ 기능장, 숙련공을 실기강사로 활용

④ 훈련비 지원

- 국고, 고용보험기금, 사업주부담 등으로 지원

⑤ 우선대상 부문

- 타일, 미장, 조적, 방수 등

(3) 병역미필자

① 건설업 기능요원으로 일정기간 근무 시 병역기간으로 인정

② 병무 및 노무 관련 기관의 적극적인 검토·수용 필요

3. 외국인력

① 안정적인 국내 체류여건 제공

- 불법체류로 인한 불안정 요인 개선

② 고용자에 대한 국내 근로기준 충족

- 국내인과 같은 근로여건, 최저생계비, 복지혜택 부여

③ 언어소통자 및 기능보유자 활용, 체류기간 연장 시 적극 검토·반영

4. 건설생산의 생력화(省力化, Labor Saving)

(1) OSC-모듈러 생산

① 건설의 제조업화 지향

② 공장생산 비중 증대, 공장생산 비중 ≥ 70%

③ 모듈치수에 의한 공장생산

④ 현장 조립공정 최소화 → 기능인력 수요 절감

(2) 스마트건설기술 활성화

① IPD 제도에 의한 발주제도 개선

- 설계단계에서의 법률적 협업환경 마련

② 3D BIM 정착 및 발전

③ '기존 건설기술-ICT' 융·복합화

④ 노동집약적 건설생산 → 기술집약적 건설생산

(3) 시공 Process의 대기시간 개선

① 공정 간 불필요한 대기인력 제거
- 선·후행 공정에 대한 정확한 상호이해 필요
- Lead Time의 적절 활용, 후행공정의 대기인력 방지

② 공정간섭 예방, 병행공정 인력효율 저하 방지

③ PMIS에 의한 공사 관련자의 의사소통 개선
- IT 기술의 적극 활용: Web 기반에 근거한 실시간 정보 공유
- 출장빈도와 통신비 절감, 신속한 업무처리 가능

(4) 다기능 인력의 양성 및 활용

① 기능 및 직종의 통합
- 작업대기시간 제거, 기능인력 절감

② 단순기능인력 간의 의사소통과 선·후행 직종 간의 대기시간 불필요

③ 다기능자 인력활용 증대, 고용안정 및 처우개선 용이

(5) 자재기능 증대와 복합화

① 인력절감효과
- 기능인력의 수요를 자재성능 증대로 대체
- 자재비 비중이 크지만 인건비 절감으로 원가절감 실현

② 고성능자재 개발촉진
- 자재성능을 높여서 인력투입요소 제거
- 고성능콘크리트: 고유동성으로 다짐작업인력 절감

③ 자재성능 복합화
- 복합성능으로 공정의 단순화
- 바닥재+거푸집성능: 합성 Deck 바닥, Half Slab
- 내화피복+마감성능: 멤브레인 내화피복재(천정마감+내화피복), 내화도료(도장마감 +내화피복) 등

Ⅳ 결론

1 건설 기능인력의 부족 및 노령화 현상은 당장의 건설생산성을 위협하는 요인이므로 기능 인력의 안정적인 수급대책은 매우 시급한 과제이다.

2 우선 '기능인력등급제도'를 적극 활용하여 기존의 가용인력을 최대한 활용하는 한편, 중장 기적으로는 스마트건설시스템에 의한 건설생산체계의 변화를 모색해야 할 것이다.

6472 | 기계화 시공

I 개요

1 건축생산은 옥외이동 생산방식으로 하도급공정이 복잡하고 노동집약적이며, 공종이 다종 다양하기 때문에 건축현장의 균일한 생산성을 확보하기 위해서는 기계화 시공의 필요성이 절실하게 요구되고 있다.

2 건설공사 기계화 시공의 문제점으로는 적정 기계의 선정 곤란, 초기투자비 부담, 사용상 제약, 건설공해, 운용의 비연속성, 유지관리비 부담 등이 있다.

3 기계화 시공의 적용성을 증대하기 위해서는 시공여건의 조성, 과학적인 장비운용, 기계성능의 향상이 필요하다.

필요성/문제점	➡	개선대책	➡	개발방향
• 필요성 • 문제점		• 시공여건/장비운용 • 기계성능/로봇화		• 초인간형/도시형 기계 • 환경친화형 기계

II 필요성 및 문제점

1. 필요성

① 공기단축 도모
② 균일한 품질 확보
③ 시공효율 향상
④ 생력화 시공: 건설기능인력 부족에 대처
⑤ 위험공사의 투입인원 저감 등

2. 문제점

(1) 건설기계 도입

① 적정 건설기계의 선정 곤란
  • 다양한 기계별 작업실적 Data 필요
② 초기투자비 과다

(2) 건설기계 운용

① 도심지 사용 제약, 도심 통행시간 제약
② 교통장애 유발
  • 레미콘 차량, 잔토 운반차량의 집중 운행
  • 펌프카, 굴삭기, 대형 트레일러, Truck Crane 등의 도심 이동

③ 건설공해 유발
- 기계소음 발생: 기계작동 및 작업 시 소음 발생 동반
- 매연, 진동 등이 발생되어 민원 유발

④ 기계사용의 비연속성
- 공종 간 사용시기 중첩
- 연속사용 곤란
- 공종이 복잡하고 장마철과 동절기에 공사 단절

(3) 건설기계 유지관리

① 일정규모의 고정비 부담 불가피
- 리스 임차료, 정비비용, 기사운용비용 등

② 불규칙한 운전 부대비용 발생
- 이동 및 운전 부대비용이 현장여건에 따라 불규칙하게 발생

③ 진부화(陳腐化)
- 新기종이 출시될 경우 기존 기계의 경제성 저하
- 교체에 따른 비용부담과 기존 기계의 낮은 작업성 고려

Ⅲ 개선대책

1. 시공여건 조성

(1) 탈현장건설(OSC) 지향

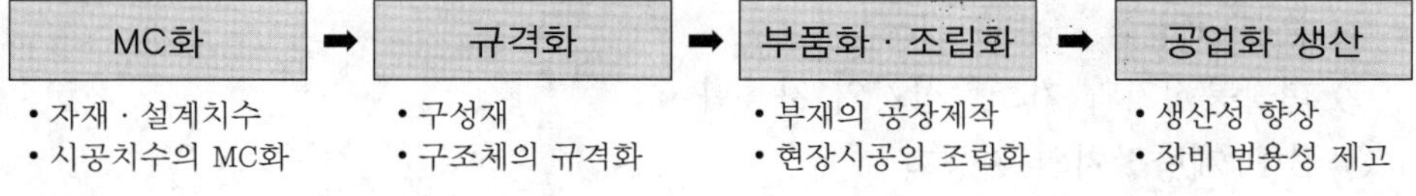

① 건설생산의 제조업化
② 공장생산 비중 ≥ 70%
③ 모듈러공법 적용
④ 생산 가동일수 증대

(2) 설계의 표준화

① 골조공사의 PC화
② 마감공사의 건식화
③ 바닥 시스템의 Unit화 설계 지향

(3) 자재 측면

① MC화, 건식화, 경량화로 기계의 사용성 증대
② CAM(Computer Aided Manufacturing)化
- 강구조부재의 공장가공환경 개선

(4) 시공 측면

① 반복시공성 증대

② 공종, 공정별 작업 단순화

2. 과학적인 장비운용

(1) 사용계획 수립 및 운용

① 공종별, 시기별 사용계획 수립

② 사용계획에 따라 부하량 조정 후 운용(자원배당기법 활용)

(2) 사용방식 검토

① 사용빈도가 많은 기계

- 임차사용보다는 자가보유
- 범용성보다는 전용성이 높은 장비를 운용하는 것이 경제적

② 사용빈도가 적은 기계

- 장비의 활용성 측면에서 임차사용
- 전용성이 큰 장비보다 범용장비가 경제적

3. 기계성능 향상

(1) 도시형 소형기계 개발

① 도심통행이 가능할 것

② 저진동, 저소음기계 지향

(2) 자동화 성능 확대

① 품질 균일화, 생력화 도모

② 현장용접기와 가스압접기의 자동화

③ B/P 계량장치의 자동화

- 골재의 함수율을 자동으로 계량하여 배합

④ 콘크리트 타설장비의 자동화

- CPB에 의한 초고층 건물의 타설능력 향상

4. Robot화

① 위험개소 작업부문을 우선적으로 Robot화

- 작업환경을 개선하여 안전사고 방지

② 기능공 부족과 노령화에 대비

Ⅳ 개발방향

1. 초인간형 기계

▶ 인간능력으로 불가능한 작업을 수행하도록 한다.
① 대형부재의 신속운반과 이동·설치에 활용
② 고효율성 구비
③ 무인화 및 자동 로봇화 지향

2. 도시형 기계

① 저소음, 저진동형 기계 개발
② 안전성 제고
③ 협소공간에서 작업 용이성 개선

3. 환경친화형 기계

① 사용과정에서 환경 영향 최소화
② 에너지 절약형
③ 안전성 확보
④ 저소음·저진동형 기계 지향

6473 로봇화 시공

I 개요

① 건설 로봇화는 원격조정, 센서에 의한 자료수집, 공사단계별 작업진행, 수치제어, 자동화 장치에 의한 작업수행능력을 갖춘 기계로 인력을 대신하여 시공하는 방식이다.

② 건설생산에서는 단순·반복적인 선형(線形)작업에만 부분적으로 적용되고 있는 실정으로, 생산성을 높이고 노무절감과 대외 경쟁력을 확보하기 위해서는 로봇 적용에 따른 문제점의 파악과 향후의 개발방향 설정이 매우 중요한 과제이다.

로봇의 요구성능	➡	로봇화 적용	➡	문제점/개발방향
• 자체작업/감지 • 단순/제어/내구성		• 적용대상 • 적용부문		• 이동/복잡/중량/점상/초기/실적 • 설계/건설기술/차세대 요구성능

II 로봇의 요구성능

① 자체작업 능력
② 감지능력(Sensor)
③ 단순한 소프트웨어
④ 하드웨어의 제어능력
⑤ 노출부위의 내구성
   • 열, 오염물질, 충격 등에 견디는 성능

III 로봇화 적용

1. 적용대상

① 노동집약화가 높은 공종
② 노동인력 수급이 취약한 공종
③ 고기능이 요구되는 공종: 용접작업
④ 정밀도가 요구되는 공종: 콘크리트 표면마무리, 바닥정지작업 등
⑤ 반복성, 단순성이 높은 공종
⑥ 작업환경이 열악한 공종: 유해작업, 위험작업공종 등

2. 적용부문

(1) 토공사

① NATM Tunnel 굴착공사

② Pneumatic Caisson 굴착공사

③ 바닥정지작업

④ 지하수 배수 및 계측관리

(2) 철근콘크리트공사

① 콘크리트의 타설작업: Concrete Distributor, CPB

② Shot-Crete 작업

③ 철근배근, 철근용접이음

④ 콘크리트 바닥의 표면마무리

(3) 강구조공사

① 강구조세우기 작업

② 기둥·보의 용접, 내화피복 뿜칠

③ 용접부의 비파괴검사

(4) 마감공사

① Block 조적

② 커튼월 설치

③ 외부도장, 타일부착, 타일들뜸 검진 등

④ Clean Room 검진작업 등

Ⅳ 문제점 및 개발방향

1. 문제점

① 이동생산방식에 대한 표준화 및 규격화 미흡

② 공종이 복잡하고 수작업(手作業) 고유 부분

③ 취급자재 중량 및 용적

④ 대부분의 점상작업, 부분적인 선형작업

⑤ 초기구입비 부담

⑥ 로봇화 시공실적 미흡

2. 개발방향

(1) 로봇화 지향 설계

① 로봇이 작업하기 쉬운 구법으로 설계

② 건설 Process를 공업화 지향적으로 설계

③ CAD를 활용하여 자동설계 시스템 구성

(2) 로봇화 건설기술 개발

① 설계, 재료, 시공기술 등의 전 분야 대상

② 건설기술개발을 위한 산·학·연의 공동연구 필요

(3) 차세대 요구성능 충족

▶ 건설로봇의 단순한 성능을 개선하기 위해 다음과 같은 성능이 요구된다.

① 다기능형 로봇

- 전용성보다 범용성 제고
- 다수의 전용로봇과 거대한 자동화 설비 배제

② 인공지능 구비

- 스스로 학습하여 작업능력 제어
- 퍼지 이론[137]에 의한 로봇의 제어능력 개선

③ 시각정보 처리능력 및 이동능력 구비

- 고성능 센서(감지) 기능 구비
  - 외부환경, 작업환경을 감지하여 제어장치에 전달하는 기능
- 장애물인식, 이동능력 구비
  - 주행식, 보행식 등의 다양한 이동장치

④ 동력공급장치 개선

- 전기 유압 모터에 의한 동력 제공
- 무선동력(배터리 용량) 개선

---

137) 퍼지 이론(fuzzy 理論): 사물을 흑이나 백 또는 참과 거짓으로 나누는 것이 아니라 그 중간 존재를 수학적으로 파악하려고 하는 집합이론으로, 시스템 제어나 컴퓨터 등 여러 분야에 응용되고 있다.

6474 공사용 자재 직접구매제도

I 개요

1. 공사용 자재 직접구매제도는 공공기관(발주청)이 공사와 분리하여 공사 소요자재를 건설현장에 직접 조달하는 제도이다.

2. 중소기업 제품의 공공구매를 확대하기 위한 본 제도는 공공건설현장에 관련규정에 따라 적용되고 있다.

도입 현황	➡	문제점/과제
• 목적/관련규정/적용대상 • 구매방식/업무흐름		• 제도/공사관리 측면 • 조달계약 전/품질관리/납기관리

II 도입 현황

1. 도입 목적

(1) 수직적 · 중층 생산구조 개선

① '도급 – 하도급 – 재하도급' 생산구조

② 타산업보다 생산성 비효율 초래

③ 공사발주에서 자재조달 제외

④ 저품질 자재납품 강요 근절

(2) 중소 자재업자 보호 · 육성

① 중소 자재업자 생산자재 구매촉진 및 판로 지원

② 과도한 납품단가 인하압력 근절

• 중소 자재업자에 대한 대형 건설사 거래관행, 적정 이윤 보장

③ 불리한 거래대금 지급조건 개선

④ 중소 자재업자 간 과당경쟁 지양, 수주기회 증대

⑤ 궁극적으로 중소자재업의 경쟁력 향상과 경영 안정 도모

2. 관련규정

(1) 법령(법, 시행령, 시행규칙)

① 중소기업제품 구매촉진 및 판로지원에 관한 법률(약칭: 판로지원법)

② 소관부처: 중소벤처기업부

(2) 행정규칙(중소벤처기업부 고시 · 훈령)

① 중소기업 제품 공공구매제도 운영요령(중소벤처기업부 고시)

② 공사용 자재 직접구매 대상품목 지정내역(중소벤처기업부 고시)

3. 적용대상[138]

(1) 대상 공사

① 종합공사업종 '추정가격 ≥ 40억원'

 • 토목, 건축, 토목 · 건축, 산업환경설비, 조경 등 5개 공사업종

② 전문공사업종 '추정가격 ≥ 3억원'

 • 14개 전문공사업종 및 전기 · 정보통신 · 소방설비 공사업종 등

(2) 대상품목

① 매년 중소벤처기업부에서 대상품목 선정 · 고시

 • 2024년 현재 356개 품목

② 대상품목 중 '추정가격 ≥ 4천만 원'이면 직접구매 대상

③ '추정가격 ≥ 1천만 원'일 때 직접구매 대상인 품목

 • 우선구매 품목 또는 특별 규격 · 표시 지정 품목 등

(3) 직접구매 예외[139]

① 재난 관련공사로서 시급한 발주가 인정되는 경우

② 국방 · 국가안보 저해 우려가 인정되는 경우

③ 기타 '발주청–지방중소벤처기업청' 협의 품목

〈협의에 의한 예외 가능 품목〉

• 도서 · 벽지 지역 공사	• 원자재 가격파동 품목
• 품질확보 곤란 및 공사비용 증가 우려 품목	• 입주자의 자재 선호도가 낮은 품목
• 납기지연이 우려되는 품목	• 턴키공사용으로 부적합한 품목 등

4. 구매방식

(1) 위탁구매

① 수요기관이 조달청에 지급자재 구매를 위탁하는 방식

 • 수요기관: 정부, 준정부(지자체), 공기업 등의 공공발주기관

② '물품금액 ≥ 2억 2천만 원'일 때 적용

 • 국제규범(WTO 및 국가별 FTA 협정), 정부(기획재정부) 고시금액[140]에 근거

---

138) '판로지원법' 법§12, 영§11②, '중소기업자간 경쟁제품 및 공사용자재 직접구매대상품목 지정내역' 중소벤처기업부고시 제2024–8호 시행 2024. 2. 16. 참조

139) '중소기업제품 공공구매제도 운영요령' §22의2, 중소벤처기업부고시 제2024. 3. 4. 시행 2024. 3. 4. 참조

140) '국가를 당사자로 하는 계약에 관한 법률 등의 기획재정부장관이 정하는 고시금액', 기획재정부고시 제2022–32호, 시행 2023. 1. 1.

③ 중소기업자 간 경쟁제품[141] 선정 및 구매

(2) 자체구매

① 수요기관이 자체적으로 지급자재를 구매·조달하는 방식

② '물품가격 < 2억 2천만 원'일 때 적용

③ 또는 위탁구매 예외품목일 경우 수요기관에서 자체구매

- 구매전문성 및 품질확보상 필요한 품목
- 긴급구매품, 사전공모품, 수요기관 고유 사업용품 등

5. 지급자재 업무흐름

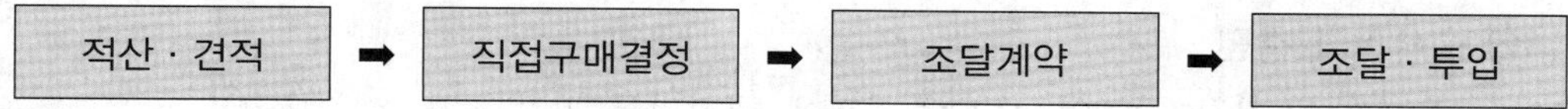

(1) 물량적산 및 견적

① 설계도서 검토 및 확인

② 수량산출 및 견적

③ 발주자 주도

(2) 직접구매 결정

① 직접구매 대상 여부 확인

② 직접구매 예외신청 및 협의

③ 발주기관, 중소기업청 참여

(3) 조달계약

① 자체구매·위탁구매 등의 조달방법 판단

② 위탁구매품의 조달일정 제시

③ 직접구매 입찰 및 낙찰자 선정·계약

④ 발주기관, 조달청, 중소기업청, 자재제조업체 참여

(4) 조달 및 투입

① 조달계약, 공정계획, 자재 조달시기 및 주문량 확인

② 시기별 주문량 생산, 현장반입

③ 반입검사, 공사투입

④ 하자보수, 물량정산

---

141) 판로지원법 §6① 참조, 중소제조업자가 직접 생산한 제품으로 중소기업청에서 판로확대가 필요하다고 인정하는 제품

Ⅲ 문제점 및 과제

1. 문제점

(1) 제도 측면

① 발주자 · 시공자 재량권 제한
② 공사특성 이해 및 반영 한계, 자재품목 제한
③ 예외 인정기준 불명확
④ 조정협의회 진행의 투명성, 공정성 결여
⑤ 공사용 자재 조달특성 반영 미흡

(2) 공사관리 측면

① 과도한 지급자재 업무, 발주기관에 행정업무 가중
② 하자 책임소재 불명확
③ 납품업자 제재 방안 미흡
④ 저품질 마감자재 및 납기지연 우려
⑤ 원가상승, 조달효율 저하에 의한 공기지연 우려

2. 개선과제

(1) 조달계약 전

① 계약주체 조정의견 수렴
  - 발주자(수요기관), 수급인, 하수급인 등
  - 공사 및 자재조달 특수성 고려
  - 대상품목과 예외품목에 계약주체별 의견 수렴
  - 최종수요자(입주자)의 미관 · 품질 · 안전성능 요구조건 반영
② 품목지정 투명 · 공정성 확보
  - 품목지정협의회 합리적 운영
  - 무자격공급업자 검증 시스템 강화

(2) 품질관리

① 반입 전 · 후 품질 책임소재 명문화
② 반입검사에 의한 관리책임 규명
③ 투입자재 입 · 출고 관리
  - 용역 · 공사 계약주체에 따라 명확한 입 · 출고 업무분장
  - 도급인(발주자), 감리자(건설사업관리자), 수급인, 또는 하수급인 등

(3) 납기관리

[조달유형]

자재유형		공급경로
전용자재	ETO(Engineer to Order)	주문 – 설계 – 생산 – 공급
	MTO(Make to Order)	주문 – 기설계생산 – 공급
	ATO(Assemble to Order)	주문 – 기부품조립 – 공급
범용자재	MTO(Make to Ordef)	주문 – 기생산자재 공급

① 자재유형별 공급경로 고려, 적시 조달
  - 전용자재
    - 주문생산 자재(ETO/MTO): 실제소요량＋할증량＋하자보수 예비량 확보
    - 조립자재(ATO): 조립 소요시간 확보
  - 범용자재
    - MTO: 품귀현상 대비, 적정 재고량 확보 및 단품 슬라이딩 적용 고려
② 납품 물량 · 장소 · 시기의 적정성 확보
  - 현장 도착 · 설치시기에 대한 자재공급업자의 계약책임 구분
  - 부속자재의 예비물량 확보
③ 조달특성 반영
  - 계약특성: 조달주체, 공급경로, 최종수요자 요구수준
  - 현장특성: 자재업체 책임한계(현장반입, 현장설치), 분할납품 빈도, 부속자재 수요, 검수조건 등

Ⅳ 결론

⑴ 공사용 자재 직접구매제도는 중소자재업체를 지원하기 위하여 도급공사에서 자재부분을 분리시킨 제도이다.

⑵ 도입초기의 문제점으로는 수요기관 담당자의 과도한 업무가중과 조달과정의 비효율성으로 납기지연과 하자책임 불분명 등이 지적되고 있다.

⑶ 본 제도가 정착되려면 조달계약 전 계약주체의 조정의견 수렴, 품목지정 과정의 투명성과 공정성을 확보하고 반입 전 · 후로 책임소재의 명문화와 계약주체 간 합리적 업무분장이 중요한 과제이다.

⑷ 끝으로 납기관리과정에서 적시조달을 실현하기 위한 전 과정의 과학적인 업무접근(공급사슬관리)이 필요하다.

6475 ｜ 콘크리트용 골재 수급

I 개요

1. 콘크리트용 골재는 건설생산의 기반인 주요자원으로서 적기수급이 원활하지 못할 경우 공사진행과 공사원가에 막대한 영향을 미친다.

2. 건설공사의 성수기 때마다 반복되는 골재부족현상의 구조적 원인은 수요시기와 지역이 편중되는 유통원인 외에도 수요량 증가에 반하여 하천골재의 고갈, 신규 골재원의 개발제한 등으로 공급여건의 악화에 기인한다.

3. 골재의 부족현상은 레미콘의 공급난과 공사품질 저하를 초래하므로 경제적이고도 안정적인 콘크리트 생산기반을 확보하기 위한 유통구조의 개선과 골재원별 공급대책 및 신규 골재원의 확보가 필요하고 장기수요 측면에서는 골재 수요량을 절감하기 위한 설계 및 시공방안이 강구되어야 할 것이다.

부족 원인/문제점	➡	안정대책
• 하천골재/시기 · 지역/신규 골재원 • 레미콘 공급 부족/불량 레미콘 유통		• 유통구조 개선/골재원별 공급방안 • 환경 · 공해 대책/수요 절감대책

II 부족 원인과 문제점

1. 부족 원인(수급 불안정 원인)

(1) 하천 골재원 고갈

① 하천골재의 지속적 채취로 자원 부존량 고갈

② 채취 가능지역이 엄격하게 제한

- 환경보존 관련법이 강화되고 있는 추세

(2) 수요시기 편중 및 지역 집중

① 수요시기 편중

- 한중 · 서중기의 혹한과 강우로 공사시기 편중
- 공공부문의 발주시기와 건설성수기가 겹칠 경우 일시적인 공급부족현상 발생
- 봄, 초여름에 수요량 편중
- 여름철 홍수피해지역에서 장마철 이전으로 공사 독려

② 수요지역 집중

- 신도시 건설, 대도시 권역 등에 수요 집중
- 수해복구지역의 골재수요 집중

(3) 신규 골재원의 개발 제한

① 환경규제 강화

② 주민의 민원제기와 환경단체의 문제 제기

③ 골재채취 관련법의 중복적용 등으로 신규 골재원 확보 곤란

2. 문제점

(1) 레미콘 공급물량 부족

① 공사기간의 연장 불가피

② 공기연장으로 인한 공사비(간접비) 증가, 공사채산성 악화

③ 긴급공사의 완료시기 차질, 수해복구현장 복구공사 지연 시 피해재발 우려

④ 레미콘 공급가격의 앙등, 직접공사비 증가

(2) 불량 레미콘 유통

① 골재부족량을 보충하기 위한 불량골재의 무분별한 사용 우려

- 입도·입형이 불량한 골재를 사용할 경우 슬럼프와 시공성 저하

② 수입골재의 품질관리 소홀

③ 정상적인 골재의 품질관리 소홀 우려

- 레미콘 공장은 납품량 충족에만 치중

Ⅲ 수급 안정대책

1. 유통구조 개선

(1) 골재원별 부존량 실태조사

- 하천골재, 바다골재, 산림골재, 수입골재 등

(2) 연차별, 지역별 수요 및 공급량 예측

① 공공부문의 공사발주시기 및 예정량 고려

② 민간부문의 건설경기 추이 고려

(3) 골재수급 전담반 운용

① 중앙정부와 지자체의 협조체계 확립

② 골재채취 관련법의 적용성 검토

2. 골재원별 공급방안

(1) 하천골재

① 중요공사에 한정사용 제한

- 공공부문에서 순환골재의 사용 선도
- 소요량이 상당한 도로공사의 보조기층재로 순환골재 적극 활용

② 해사와 혼합사용 장려

- 하천골재 수요절감, 해사의 염분농도 저감

(2) 해사 사용량 확보

① 해사 채취지역의 다변화

- 충청권 해사의 공급량 확보 필요

② 해사 품질확보

- 세척기술과 경제적인 제염제의 개발 필요

③ 세척시설의 확보

- 수변지역[142] 적극 활용

(3) 산림골재의 공급량 및 품질 확보

① 레미콘사의 석산개발 지원

② 쇄석, 쇄사의 품질기준 정립 및 적용 강화

- 불량 레미콘의 유통 근절
- KS규격(부순 골재)의 인증 및 관리 강화

(4) 수입골재

① 원산지 표시의무 부여

② 골재품질을 검증 후 유통하도록 조치

3. 환경 · 공해 대책 강구

① 골재 운반 시

- 교통장애, 매연 발생 방지: 석산진입로 확보, 과적 금지

② 석산 개발 시

- 비산먼지, 소음공해 방지대책 강구

③ 해사 세척 시

- 염분에 의한 하천오염 방지, 수변지역 최대한 활용

4. 수요 절감대책

(1) 골재의 순환사용 증대

① 폐콘크리트를 파쇄하여 순환골재로 사용

---

142) 수변구역(水邊區域, Buffer Zone) 제도: 하천생태계와 육상생태계를 연결하는 수변지역을 보호 · 복원함으로써 건강한 생태계와 맑은 물의 확보를 위하여 도입한 제도로, 수변구역 설정범위는 상수원 수계에 직접적인 영향을 미칠 수 있는 호소 · 하천 경계로부터 양안 300m~1km 이내 지역으로 하여 오염원의 입지를 제한하고 있다.

② 재생처리기술 확보
- 골재에 부착된 Mortar의 분리기술
- 순환골재의 입도조정기술 등 개발, 순환골재의 품질 향상
③ 효율적 재생처리 장비의 개발 및 보급 촉진
④ 순환골재 사용 촉진
- 공공부문부터 단계적으로 순환골재 사용량 증대
- 점진적으로 민간부문의 의무사용 비율 제시

(2) 콘크리트의 고강도화 · 고내구화

① 콘크리트 부재의 고강도화로 골재수요량 절감
② 고강도콘크리트의 요소기술 확보
③ 배합재의 개선, 배합기술의 확보, 타설장비의 개선 및 수화율 증대

(3) 구조물의 장수명화

① 건축물의 장수명화로 신축건물의 수요 원천 저감
② 재건축에 수반되는 폐기물 발생을 억제하여 환경부하량 저감
③ 건축물의 리모델링과 유지관리 용이성을 향상시켜서 건물수명 연장

(4) 리모델링 산업 활성화

① 무분별한 재건축 관행 지양, 자원의 낭비적 요소 저감
② 유지관리지침에 의한 효율적인 건물관리안 제시
③ RC 구조물의 보수 · 보강기술 향상

Ⅳ 결론

1. 골재수요가 적었던 과거에는 경제적인 양질의 골재확보가 쉬웠으나 사용량이 급증하면서 비용가중은 물론 건설 성수기 때마다 전국적인 골재부족현상이 발생하여 건설공사의 심각한 차질을 초래하고 있다.

2. 골재부족현상의 근본적인 원인은 골재수요량의 증가에 있으므로 유통구조의 개선에 의하여 부존자원을 효율적으로 사용하는 한편, 대체골재 및 수요절감 기술을 확보하여 만성적인 골재부족현상을 개선하여야 한다.

3. 또한 자원의 순환사용 차원에서 순환골재를 활용함으로써 골재 채취에 의한 환경공해와 환경파괴를 최소화 해야 하며, 산업부산물을 이용한 인공골재 개발을 위하여 산 · 학 · 연의 지속적인 연구노력이 있어야 할 것이다.

6476 적시생산방식(JIT: Just-In-Time System)

Ⅰ 정의

[1] 적시생산방식이란 건설생산현장의 공정에 맞추어서 공장에서 부재를 제작 · 운반하여 현장에서 적시에 조립 · 시공하는 생산방식이다.

[2] JIT는 도심지에서 공장제작부재를 많이 사용하는 강구조 및 PC 공사현장에서 특히 유용한 방식이다.

필요성	➡	적용방안
• 도심지 근접시공/시공 합리화 • 건설정보 최적 활용		• 공업화 생산/부재의 부품화 • 건축재료/현장시공

Ⅱ 필요성

1. 도심지 근접시공

① 공사장 협소
② Stock Yard 공간 부족

2. 시공 합리화

① 공장부재 생산
② 현장조립 시공
③ 린 건설 실현

3. 건설정보의 최적 활용

① 설계도서 정보
② 현장 실측 · 시공정보

Ⅲ 적용방안

1. 공업화 생산

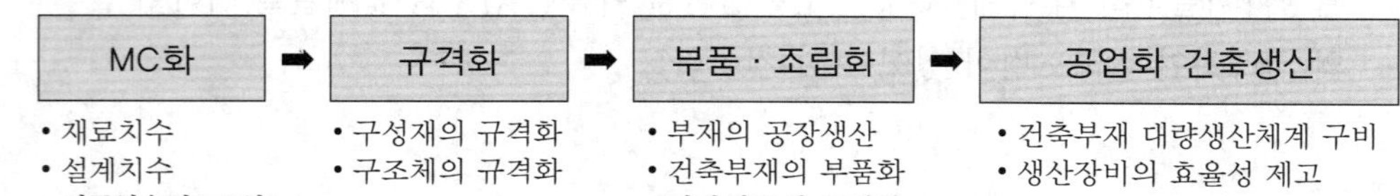

2. 부재의 부품화

① 골조공사의 PC화
② 마감공사의 건식화
③ 바닥 시스템의 Unit화 설계

3. 건축재료

① 전천후 시공을 위한 건식화
② 운반 및 취급의 용이성을 위한 경량화

4. 현장시공

① 반복 시공성 증대, Cycle 공정에 의한 시공성 증대
  • 요소기술의 복합화, System화로 인력 절감
② 공정 · 공종 단순화, 기계화, Robot화 지향
③ 공장-현장 간 실시간 정보교환체계 확립

05 시설물 유지관리

6500 ┃ 시설물 유지관리 일반

I 개요

1 사용목적에 따라 건설한 시설물은 사용기간 중 요구성능을 유지하기 위한 적시 적절한 관리가 필요하다.

2 시설물 유지관리의 양부는 공공안전과 직결되므로 법령으로 의무사항을 규정하고 있다.

시설물	➡	유지관리	➡	시설물 유지관리
• 시설물 분류 • 시설물 요구성능		• 중요성/관리방식 • 관리수준/관련법령		• 초기점검/정기 · 정밀 안전점검 • 긴급안전점검/정밀안전진단

II 시설물

1. 시설물 분류[143]

▶ '시설물의 안전 및 유지관리에 관한 특별법(이하 "시설물안전법")'의 적용을 받는 시설물 중에서 제1종 · 제2종 · 3종에 해당하는 건축물은 아래와 같다.

> "시설물"은 교량 · 터널 · 항만 · 댐 · 건축물 등의 구조물과 그 부대시설로서 제1종시설물, 제2종시설물 및 제3종시설물로 분류한다.
> **〈부대시설 범위〉**
> • 공통: 옹벽, 절토사면, 아파트: 경비실, 관리동, 일반건축물: 부속동, 부속주차장
> • 건축설비, 소방설비, 승강기설비, 전기설비 등은 제외(별도의 법령에서 규정)

(1) 제1종시설물

▶ 공동주택을 제외한 건축물로서 주상복합건물을 포함한다.

① 층수 ≥ 21층, 또는 연면적 ≥ 5만m^2[144]

② 철도역시설 · 관람장 ≥ 연면적 3만m^2

③ 지하도상가(지하보도 포함) ≥ 연면적 1만m^2

---

143) 제1종 · 제2종 시설물은 '시설물안전법' 제2조(정의) 및 시행령 제4조 별표1, 제3종시설물은 같은 시행령 제5조 제1항 별표1의2를 참조할 것

144) 건축물 지하층은 층수에서 제외하지만 연면적에는 동별로 포함시킨다.

(2) 제2종시설물

▶ 제1종시설물 외의 다음에 해당하는 건축물

① 공동주택 ≥ 16층

② 공동주택 이외의 건축물 ≥ 16층, 또는 연면적 $3만m^2$
  • '주상복합건물'은 공동주택 이외의 건축물로 분류[145]

③ 다중이용건축물
  • 문화 · 집회 / 종교 / 판매 / 여객 / 의료 / 노유자 / 수련 / 운동 / 관광숙박 · 관광휴게 용도

> 〈다중이용건축물〉: '건축법' 시행령 제2조(정의) 참조
> 가. "바닥연면적 ≥ $5천m^2$"인 다음 용도의 건축물
>   • 문화 및 집회시설(동물원 · 식물원 제외) / 종교시설 / 판매시설
>   • 운수시설 중 여객용 / 의료시설 중 종합병원 / 숙박시설 중 관광숙박시설
> 나. 16층 이상인 건축물

(3) 제3종시설물

▶ 준공 후 15년 이상이 경과한 건축물로서 연 1회 이상의 실태조사를 통하여 지정권자(중앙 정부 및 지자체)가 인정하는 제1종 및 제2종 이외의 시설물(건축물)을 대상으로 한다.

① 소규모 공동주택
  • 아파트 ≤ 15층, 연립주택 · 기숙사 연면적 > $660m^2$

② 공동주택 외의 소규모 건축물
  • 용도별 층수 및 연면적에 따라 분류[146]

> – 11층 이상 16층 미만 또는 연면적 $5천m^2$ 이상 $3만m^2$ 미만인 건축물
>   (동 · 식물 및 자원순환 관련 시설 제외)
> – 연면적 $1천m^2$ 이상 $5천m^2$ 미만인 문화 및 집회시설, 종교시설, 판매시설, 운수시설, 의료시설,
>   교육연구시설, 노유자시설, 수련시설, 운동시설, 숙박시설, 위락시설, 관광 휴게시설, 장례시설
> – '$500m^2$ ≤ 연면적 < $1천m^2$'인 문화 · 집회시설(공연장 및 집회장만 해당), 종교시설 및 운동시설
> – '$300m^2$ ≤ 연면적 < $1천m^2$'인 위락시설 및 관광휴게시설
> – '연면적 ≥ $1천m^2$'인 공공업무시설, '연면적 < $5천m^2$'인 지하도상가

③ 기타, 지정권자가 인정하는 시설물

2. 시설물 요구성능

▶ 시설물은 사용기간 동안 다음의 요구성능을 발휘하여야 한다.

(1) 안전성능

① 손상 · 붕괴에 저항하는 시설물의 구조성능
② 외관상 결함정도, 내 · 외부 작용하중 영향으로부터 안전할 것

---

145) 주상복합건축물이 21층 이상일 경우 제1종시설물로 분류된다.
146) 시설물안전법 시행령 제5조 제1항 관련 별표1의2 참조

(2) 사용성능

① 사용연한 동안 사용자에게 제공할 수 있는 편의성의 정도

② 계획·설계상 사용목적을 만족하기 위한 시설물의 성능

(3) 미관 및 경관 성능 등

① 개체적 존재로서 조형미가 있을 것

② 사회적 존재로서 주변 환경과 조화할 것

(4) 내구성능

① 외부 환경조건에 견디는 시설물의 성능

② 재료적 성질 변화로 인한 손상에 저항하는 성능

③ 구조안전성, 사용성, 미관·경관성 등에 대한 내구성이 있을 것

〈"건축 3요소"와 "건축물 요구성능"의 개념 차이〉
1. 건축 3요소 : 구조, 기능, 미
 • 건축물은 구조적으로 견고하고 기능적으로 편리하며 미관은 아름다워야 한다.
 • 튼튼하지만 불편하거나 볼품이 없어서는 안 되며, 편리하고 아름답지만 튼튼하지 못해서도 안 된다.
 • 따라서 건축의 설계·시공은 구조·기능·미 등이 모두 충족되어야 한다는 의미이다.
2. 시설물(건축물) 요구성능 : 구조안전성, 사용성, 미관성, 내구성
 • '건축 3요소'의 의미를 발전시킨 개념이다.
 • '구조'는 "구조안전성", '기능'은 "사용성", '미관'은 "미관 및 경관성" 등의 의미에 "내구성"을 추가하여 '건축 3요소'의 개념을 확대한 것으로 볼 수 있다.

Ⅲ 유지관리

1. 중요성

① 시설물의 요구성능 유지

 • 안전성능, 사용성능, 미관·경관 성능, 내구성능 등

② 재해손실의 예방, 보전, 축소

③ 경제적 유지관리

2. 관리방식

(1) 예방보전

① 시설물의 열화상태를 예측한 뒤 예방적 처리를 실시하는 유지관리 방식

② 시설물의 기능과 성능을 상시 점검 및 파악

③ 중요도가 높은 시설물, 또는 특정부위 등에 적용

(2) 사후보전

① 열화현상이 현저하게 나타나는 시점에서 조치를 취하는 방식

② 중요도가 낮은 시설물이나 특정부위에 적용

③ 보전비용 부족, 점검체계 미비 시 불가피

3. 관리수준

▶ 중요도와 점검환경에 따라 예방 · 사후 · 관찰 · 간접점검 수준으로 구분한다.

[유지관리수준 유형]

예방유지관리	예방보전 관점에서 관리, '외관조사+재료시험' 실시
사후유지관리	사후보전 관점에서 관리
관찰유지관리	예방보전 관점, 외관조사에 근거하여 관리
간접점검유지관리	사후보전 관점, 초기점검 이후 정기점검 없이 관리

(1) 예방유지관리

① 예방보전을 바탕으로 하는 최상위 수준의 유지관리

② 시설물 요구성능을 수시 · 정기 점검하여 열화현상에 대비

③ 중요도가 높고 계속적 관찰이 필요한 경우 채용

• 외관조사, 현장시험, 재료시험, 상태 · 안전성 · 종합평가 실시

④ 열화현상 적극 사전 모니터링, 필요시 구조물 내외부에 센서 설치

(2) 사후유지관리

① 사후보전을 바탕으로 하는 유지관리

② 열화 이후에 대책을 마련하여도 큰 영향이 없을 경우 채용

③ 중요도가 낮은 구조물이나 구조부위에 적용

(3) 관찰유지관리

① 외관조사 위주의 유지관리

② 지속적 외관조사에 의해 제3자의 안전성 확보

(4) 간접점검유지관리

① 초기점검 이후 정기점검 없이 수행하는 유지관리

② 간접점검만으로 점검이 가능한 부위에 적용, 지하구조물, 기초 등

③ 천재 · 지반침하 · 구조물사고 발생 시 정밀점검 필요

4. 관련법령

▶ 시설물 요구성능에 대한 점검활동의 관련법령은 다음과 같다.

[관련법령] *( )은 약칭

건설기술진흥법	초기점검(시설물안전법상 정밀안전점검 수준)
시설물의 안전 및 유지관리에 관한 특별법(시설물안전법)	• 정기안전점검, 긴급안전점검, 정밀안전점검, 정밀안전진단 • 상태평가, 안전성평가, 성능평가 등
건축물관리법	정기 · 긴급 · 노후건축물 점검, 안전진단
공동주택관리법	안전점검
초고층 및 지하연계 복합건축물 재난관리에 관한 특별법(초고층관리법)	통합안전점검
재난 및 안전관리 기본법(재난안전법)	정기 · 수시 · 긴급 안전점검

(1) 건설기술진흥법

① 공사 중 기성부분(시설 및 가설물)의 안전점검 사항 규정

② 안전점검(자체 · 정기 · 정밀 · 방치공사), 초기점검 등으로 분류

[건설기술진흥법상 안전점검 유형]

자체안전점검	• 수급 · 하수급 협의체가 자체안전점검표에 따라 매일 실시 • 안전총괄책임자 총괄, 안전관리책임자 지휘
정기안전점검	• 전문기관 주체, 공사 종류 및 횟수 고려하여 육안조사 실시 • 1차 : 기초타설 전, 2차 : 골조 초 · 중기, 3차 : 골조 말기 • 리모델링 및 해체공사는 2차례(총공정의 초 · 중기, 말기) 실시
정밀안전점검	• 정기안전점검 후 기능적 · 물리적 결함 시 실시 • 육안검사와 구조계산 · 내하력시험 병행 후 상태 · 안전성 평가 • 평가 후 보수 · 보강 등 조치 강구
방치공사 안전점검	• 1년 이상 방치공사의 재개 전 "정기안전점검" 수준으로 실시 • 조치 강구 후 공사 재개
초기점검	• 준공 직전 '시설물안전법'상의 "정밀안전점검" 수준으로 실시 • 준공 전, 또는 발주자 승인 후 준공 3개월 이내 실시

③ 육안조사 및 상태평가

④ 구조계산 · 내하력시험 후 안전성평가 실시

⑤ 초기점검은 제1 · 2종 시설물에 대하여 실시

(2) 시설물안전법

▶ 완공시설물의 안전과 유지관리에 관하여 규정하며 다른 법률에 우선한다.

[법령별 차이점 비교]

구분	건설기술진흥법	시설물안전법
적용대상	기성 부분	완공 시설물
적용시기	시공 중	준공 이후

① 제1종 · 제2종 · 제3종 시설물의 지정

• 준공 이후의 시설물에 적용, 주 시설물에 부대시설 포함

② 안전점검등[147]의 유지관리 활동 구분
- 안전점검등 = 안전점검 + 긴급안전점검 + 정밀안전점검
- 안전점검 = 정기안전점검 + 정밀안전점검
- 과업내용: 현장조사, 재료시험, 상태평가, 안전성평가, 종합평가 등

③ 안전등급 지정
- 과업 수행 후 안전등급 지정, 안전등급에 따라 점검ㆍ진단 주기 적용

[안전등급 지정기준]

A(우수)	문제점이 없는 최상의 상태
B(양호)	• 보조부재에 경미한 결함 발생, 기능발휘에 지장 없음 • 내구성 증진을 위한 일부 보수가 필요한 상태
C(보통)	• 주요부재 경미한 결함, 보조부재 광범위한 결함, 시설물 안전 지장 없음 • 주요부재 내구성ㆍ기능성 보수, 보조부재 간단한 보강 등이 필요한 상태
D(미흡)	• 주요부재 결함 • 긴급 보수ㆍ보강이 필요하고 사용제한 여부를 결정하여야 하는 상태
E(불량)	• 주요부재 심각한 결함, 시설물의 안전에 위험 • 즉각 사용금지 및 보강ㆍ개축이 필요한 상태

④ 시설물 성능평가 의무 규정
- 시설물 성능유지를 위해 안전성능ㆍ내구성능ㆍ사용성능 등을 평가
- 건축물은 제1종 및 제2종 시설물 중에서 "공항청사"만이 해당

⑤ 유지관리 이력 기록 유지, 시설물통합정보관리체계(FMS)[148] 이용
- 유지관리 완료일로부터 30일 내 입력 및 제출[149]

(3) 공동주택관리법

▶ 15층 이하의 공동주택으로서 제1종ㆍ제2종ㆍ제3종 시설물에 해당하지 않는 건축물을 대상으로 한다(법 제34조).

① 사용검사일로부터 30년이 경과하거나

② 안전등급[150]이 C등급 이하일 때 적용
- 안전등급: A(우수), B(양호), C(보통), D(미흡), E(불량)

③ 매 반기마다 안전점검 실시

④ 점검 후 위해 우려 시 안전조치 강구

---

147) "안전점검등"이란 '시설물의 안전 및 유지관리 실시 등에 관한 지침' 제2조(용어의 정의)에 따라 안전점검, 긴급안전점검, 정밀안전진단 등을 의미하며 여기에서 "안전점검"은 '시설물안전법' 제2조(용어의 정의)에 따라 정기안전점검과 정밀안전점검을 의미한다.
148) FMS(Facility Management System): 제1종ㆍ제2종ㆍ제3종 시설물의 유지관리 이력을 입력시키기 위해 2003년 1월 2일에 구축한 전산시스템을 말한다.
149) 위의 지침 제54조(유지관리 결과보고서 작성 및 제출) 참조
150) '재난 및 안전관리 기본법 시행령' 제34조의2 제1항 참조

(4) 초고층관리법

▶ 초고층 및 지하연계 복합건축물의 사용에 필요한 관련 시설을 대상으로 주변 지역과 연계적 재난관리체계를 확립하기 위해 정기검사 규정을 명시하고 있다.

　① 재난의 체계적 예방 · 대비 · 대응 · 지원 등
　　• 사전재난영향성검토, 재난예방 및 피해경감계획, 통합안전점검 실시
　② 관리주체가 관리기관에 통합안전점검 신청
　　• 관리기관: 시 · 도 또는 시 · 군 · 구 등에 설치된 재난안전대책본부
　③ 대상시설에 대한 통합안전점검 실시, 관리기관이 관계기관과 협의하여 점검
　　• 관계기관: 대상시설[151]의 관리를 위임받은 공공기관

[통합안전점검 대상시설]

고압가스 제조 · 저장 · 판매 시설	'고압가스 안전관리법' 제16조의2
특정가스사용시설	'도시가스사업법' 제17조
전기사업 · 자가용전기 · 건축물전기 설비	'전기안전관리법' 제11조
승강기	'승강기 안전관리법' 제32조
보일러 및 압력용기	'에너지이용 합리화법' 제39조
어린이놀이시설	'어린이놀이시설 안전관리법' 제12조

(5) 건축물관리법

▶ 2020. 05. 01.부터 시행, 다른 법률에 관련 규정이 없을 경우에 적용한다.

▶ 다른 법령이 시설물의 구조안전성과 내구성 위주인 것과는 달리 사용성과 미관성 부문을 포함하여 점검한다.

　① 건축물 안전확보를 위한 점검 및 조치 규정
　　• 점검: 정기정검, 긴급점검, 노후건축물점검, 안전진단 등
　　• 조치: 기존 건축물의 화재안전성능 보강, 사용제한 등
　② 사용가치의 유지 · 향상
　　• 사용가치: 건축물의 편리 · 쾌적 · 미관(사용성, 미관성)
　③ 건축물 생애기간 동안 과학적 · 체계적 관리
　　• 관리 범위: 유지, 점검, 보수, 보강, 해체
　　• 건축물 생애이력정보체계 구축 및 생애관리대장 유지

(6) 재난안전법

▶ 국가적 재난예방, 재난피해 최소화 등을 관리하기 위한 법령이다.

　① 국가핵심기반[152]의 지정 및 관리

---

151) '초고층관리법' 제13조 참조
152) 종전 명칭은 '국가기반시설'이며 에너지, 정보통신, 교통수송, 보건의료 등 국가경제, 국민의 안전 · 건강 및 정부의 핵심기능에 중대한 영향을 미칠 수 있는 시설, 정보기술시스템 및 자산 등을 말한다. 이전의 시설 중심 개념에서 시스템 및 시설 이외의 자산을 추가하였다.

② 특정관리대상지역 지정 및 관리

> **〈지정요건〉**
> • 자연재난 피해 위험이 높거나 피해가 우려되는 지역
> • 위험지역, 공공시설지역, 산업시설구역, 기타 재난관리책임기관 인정지역

③ 정기 · 수시 안전점검, 안전등급에 따라 실시

• 안전등급: A(우수), B(양호), C(보통), D(미흡), E(불량)

[안전점검 기준, 영 제34조의2 참조]

정기안전점검	A~C등급 : 반기별 1회 이상, D등급 : 월 1회 이상, E등급 : 월 2회 이상
수시안전점검	재난관리책임기관이 인정하는 경우

④ 긴급안전점검 실시

• 사회적 · 계절적 재난에 대하여 대응 및 예방대책이 필요할 경우 실시

⑤ 정밀안전진단[153], 긴급안전점검 결과에 따라 실시

Ⅲ 시설물 유지관리

▶ 예방유지관리를 위한 제1종 · 제2종 · 제3종 시설물의 점검 · 진단 활동은 다음과 같으며, 초기점검은 유지관리 초기치를 확보하기 위해 실시하는 점을 고려하여 포함하였다.

[안전점검 및 안전진단 유형]

건설기술진흥법	초기점검	• 제1종 · 제2종 시설물 • 준공검사[154] 직전에 유지관리 목적으로 실시
시설물안전법	정기안전점검	• 제1종 · 제2종 · 제3종 시설물 • 안전등급에 따라 연 2~3회 실시
	정밀안전점검	• 제1종 · 제2종 시설물 • 안전등급에 따라 2~4년마다 실시
	긴급안전점검	재난 · 재해가 우려되거나 발생 시 실시
	정밀안전진단	• 제1종시설물 • 안전등급에 따라 4~6년마다 실시

1. 초기점검

(1) 대상 및 시기

① 신축구조물: 제1종 · 제2종 시설물의 준공 또는 임시사용 전

• 불가피할 경우 발주자 승인 후 준공(임시사용) 후 3개월 이내에 실시

② 기존구조물: 최초의 정기점검을 초기점검으로 간주

---

153) '시설물안전법' 적용 대상이 아닌 시설에 한하여 '재난안전법'에 따라 안전조치를 강구한다.
154) 준공 또는 사용승인(임시사용승인 포함) 등을 이하에서 "준공"으로 표기한다.

(2) 목적

① 유지관리 중점사항 파악

② 문제점 발생 및 붕괴 유발 부재, 또는 문제점 발생 우려부위 파악

③ '시설물안전법'의 안전점검 등의 초기치 제공

④ 점검결과에 따라 유지관리 수준 결정

- 예방유지관리, 사후유지관리, 관찰유지관리, 간접점검유지관리 등

'건설기술관리법 > 건설공사 안전관리 업무수행 지침'

제25조(초기점검의 실시)

① 시공자는 영 제98조제1항제1호에 따른 건설공사(제1종 및 제2종시설물)를 준공(임시사용 포함) 하기 전에 문제점 발생부위 및 붕괴유발부재 또는 문제점 발생 가능성이 높은 부위 등의 중점유지관리사항을 파악하고 향후 점검·진단시 구조물에 대한 안전성평가의 기준이 되는 초기치를 확보하기 위하여 「시설물의 안전점검 및 정밀안전진단 실시 등에 관한 지침」에 따른 정밀점검 수준의 초기점검을 실시하여야 한다.

② 초기점검에는 별표 3에 따른 기본조사 이외에 공사목적물의 외관을 자세히 조사하는 구조물 전체에 대한 외관조사망도 작성과 초기치를 구하기 위하여 필요한 별표 3의 추가조사 항목이 포함되어야 한다.

③ 초기점검은 준공 전에 완료되어야 한다. 다만, 준공 전에 점검을 완료하기 곤란한 공사의 경우에는 발주자의 승인을 얻어 준공 후 3개월 이내에 실시할 수 있다.

---

2. 정기안전점검

'시설물안전법 > 시설물의 안전 및 유지관리 실시 등에 관한 지침'

제9조(정기안전점검 수행방법)

① 정기안전점검은 경험과 기술을 갖춘 사람에 의한 세심한 외관조사 수준의 점검으로서 시설물의 기능적 상태를 판단하고 시설물이 현재의 사용요건을 계속 만족시키고 있는지 확인하기 위한 관찰로 이루어진다.

② 제1항에 의한 점검자는 시설물의 전반적인 외관형태를 관찰하여 중대한 결함을 발견할 수 있도록 세심한 주의를 기울여야 한다.

③ 점검자 및 관리주체는 정기안전점검 실시결과 중대한 결함이 있는 경우에는 법 제22조에 따라 즉시 관계행정기관의 장에게 통보하여야 한다.

④ 관리주체는 정기안전점검 실시결과 필요할 경우 결함의 정도에 따라 긴급안전점검 또는 정밀안전진단을 실시하는 등 필요한 조치를 취하여야 한다.

---

(1) 대상 시설물

① 제1종시설물

② 제2종시설물

③ 제3종시설물

(2) 목적

① 시설물의 기능적 상태 판단

② 시설물의 현 사용요건 충족 여부 확인

③ 현장 외관조사를 통하여 시설물의 외관을 전반적으로 관찰

④ 긴급안전점검 및 정밀안전진단 결정, 중대결함 발견 시 정도에 따라 판단

⑤ 제3종시설물에 한해 상태평가 및 안전등급 지정
- 제1종·제2종: 책임기술자 소견으로 시설물 상태(양호/보통/불량) 지정
- 제3종: 평가매뉴얼에 따라 안전등급(A~E) 지정

(3) 시기 및 빈도

- 최초 안전등급 지정 전까지의 시설물 포함
- 제3종시설물은 지정일 기준으로 다음 반기부터 반기별 1회 이상 실시

① 안전등급 A·B·C 등급: 반기별 1회 이상
② 안전등급 D·E등급: 연 3회 이상
- 해빙기·우기·동절기[155] 각각 1회 이상 포함, 연 3회 이상일 것
③ 다른 점검 및 진단시기와 중복될 경우 생략 가능

3. 정밀안전점검

(1) 대상

① 제1종시설물: 정기적으로 실시
② 제2종시설물: 정기적으로 실시
③ 필요시 제3종시설물 포함

(2) 목적

① 최초 및 이전 상태와의 변화 확인
- 이전 결함의 진전 및 신규발생 파악, 이전 상태평가 결과와 비교·검토
② 면밀한 현장 외관조사 및 간단한 재료시험(측정·시험) 실시
③ 내진설계 확인 및 상태평가
- 중대결함 판단 시 안전성평가, 주요결함부의 외관조사망도 작성
④ 광범위한 결함발생 시 정밀안전진단 실시
⑤ 상태평가 및 필요시 안전성평가 실시, 상태평가에 따라 안전등급 지정

(3) 시기 및 빈도

① 최초 점검: 준공일 기준으로 4년 이내
② 이후의 점검
- 등급별 점검주기 적용, 전회차 정밀안전점검 완료일 기준

[정밀안전점검 주기]

안전등급	건축물	기타 시설물
A 등급	4년	3년
B·C 등급	3년	2년
D·E 등급	2년	1년

③ 또는 정밀안전진단 실시한 경우 그 완료일로부터 점검주기 적용

---

155) 해빙기: 2·3월 / 우기: 5·6월 / 동절기: 11·12월

4. 긴급안전점검

(1) 목적

① 재난·재해의 발생 및 우려 시 '정밀안전점검' 수준으로 실시
② 물리적·기능적 결함의 신속한 발견, 현장조사와 간단한 재료시험 실시
③ 필요시 안전성평가 후 신속한 보수·보강 방법 제시

(2) 유형

① 손상점검
- 재해·사고에 의한 구조적 손상 긴급파악
- 긴급한 사용제한 및 사용금지 여부 판단
- 보수·보강의 긴급성, 보강규모 및 작업량 결정
- 필요시 안전성평가 실시

② 특별점검
- 기초침하, 세굴 등의 결함이 의심될 경우 실시
- 사용제한 중인 시설물의 사용 여부 판단
- 점검시기는 결함의 심각성을 고려하여 결정

5. 정밀안전진단

(1) 대상

① 제1종시설물: 정기적으로 실시
② 제2종·제3종 시설물은 필요시 실시, 정기·긴급 안전점검 결과에 따라 판단

(2) 목적

① 기존 점검결과에 근거하여 실시
- 긴급안전점검 결과 재난 발생, 재해 우려 시 실시
② 현장조사 및 정밀 재료시험 실시
- 물리적·기능적 결함 및 위험요인 구체적 파악
③ 상태평가: 부재·시설물 단위로 실시
- 콘크리트 및 강재의 내구성 평가
④ 안전성 평가: 내하력 및 구조안전성
- 내진설계 대상시설물은 내진성능 및 사용성 평가
⑤ 종합평가: 안전상태에 대한 종합의견, 안전등급(A~E) 지정
- 안전등급에 따라 보수·보강, 내진보강, 유지관리 방안 제시

(3) 빈도 및 주기

① 최초 진단: 준공일 기준으로 10년 경과 후 1년 이내

② 진단 주기: 전회 진단완료일 기준, 안전등급에 따라 주기적으로 실시

[안전등급별 진단 주기]

A 등급	6년
B·C 등급	5년
D·E 등급	4년

③ 정기·긴급안전점검 후 필요시 실시

- 재해 및 재난 예방과 안전성 확보 등이 필요할 경우 적용

Ⅳ 결론

① 준공 이후의 시설물에 대한 안전성과 내구성은 시설물안전법 등의 관련법령에 따라 안전점검과 안전진단을 통하여 의무사항을 엄격하게 규정하고 있다.

② 시설물의 관리주체는 관련 법령을 숙지하고 예방보전 위주의 유지관리활동을 전개함으로써 시설물 생애기간 동안 성능 유지에 만전을 기하여야 할 것이다.

tip　건설단계별 점검·진단 관련법령

건설기술 진흥법	자체안전점검	건설사업자 주체, 매일 실시
	정기안전점검	전문기관 주체, 공사 종류 및 횟수 고려하여 실시
	정밀안전점검	정기안전점검 후 보수·보강 등이 필요할 경우 실시
	방치공사 안전점검	1년 이상 방치시설물의 공사재개 전 실시
	초기점검	준공 직전 정밀점검 수준으로 실시
산업안전 보건법	종합진단	안전 및 보건 진단
	안전진단	재해·사고 발생원인 파악 / 작업조건, 작업방법 평가, 유해위험요인 측정 분석 / 안전보호장구 적정성 평가
	보건진단	작업환경 유해성, 유해물질의 사용·보관·저장·표시 등의 적정성 평가, 근로자 건강 유지·증진, 관리상태 점검

* '건설기술진흥법'이 공사 중의 기성부분에 대한 안전인 반면 '산업안전보건법'은 공사 전·중 유해위험환경에 대한 작업인원의 예방적 안전과 보건 등의 규정에 중점을 두고 있다.

6501 시설물 인도

I 개요

1. 공사가 완료되면 공사 및 용역 계약당사자는 그동안의 계약이행 과정을 마무리하고 이후의 사용과 유지관리 및 하자보수 등이 원만하도록 상호협력하여야 한다.

2. 즉, 시공자[156]는 계약도서에 명시되어 있는 공사 목적물을 발주청[157]에게 인도하며, 발주자는 요구품질의 충족 여부를 점검·확인하고 시공자로부터 시설물과 함께 이력관리에 필요한 제반서류를 인수한다. 한편, 건설사업관리기술자(감리원)[158]은 시운전, 준공검사, 인수·인계사항을 검토·확인하여 인도 후의 원활한 사용과 유지관리를 도모함으로써 감리용역을 종료하게 된다.

3. 시설물 인도에 필요한 사항을 '건설사업관리 업무수행지침(이하 '지침')'에 근거하여 안내한다.

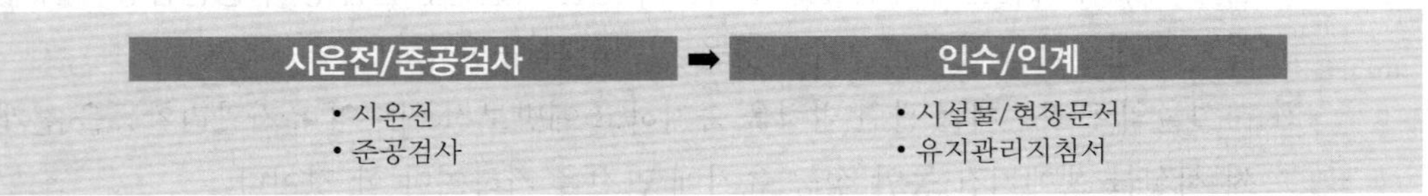

II 시운전과 준공검사

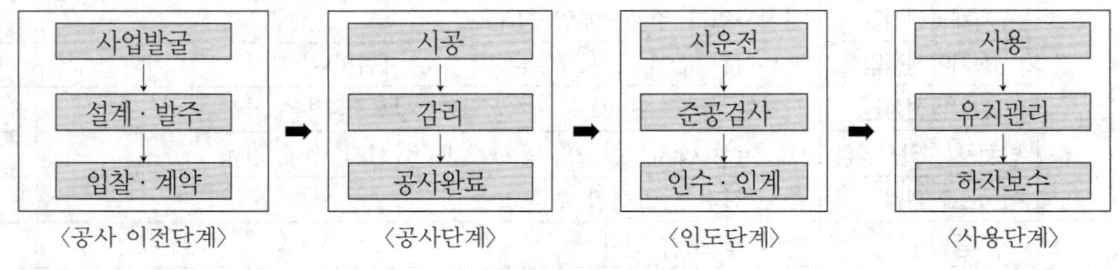

[시설물 인도 절차]

1. 시운전(지침 제104조)

(1) 계획서 작성

① 시운전 일정, 항목, 종류, 절차

② 시험장비의 확보 및 보정

---

156) 건설산업기본법 §2⑤의 규정에 의한 건설업자 및 '주택법'에 의한 주택건설사업에 등록한 자로서 당해공사를 도급받은 건설업자

157) 건설기술진흥원 법 §2에서 정의하는 공공부문의 건설공사 발주기관: 정부, 지자체, 준정부기관, 지방공사 등

158) 국토교통부고시 제2015-473호 '건설공사사업관리 검토기준 및 업무수행지침' 제2조 제5호 참조, 이하에서는 '감리자'와 '건설사업관리기술자'를 통일한 개념으로 표현한다.

③ 설비기구의 사용계획
④ 운전 및 검사요원의 선임 등

(2) 계획서 제출

① 시공자
- 시운전 30일 전까지 감리원에게 계획서 제출

② 감리원
- 시운전 20일 전까지 계획서를 검토·확정하여 발주자에게 제출

(3) 시운전 실시

① 시운전 절차에 따라 실시
- 기기점검, 예비운전, 시운전, 성능보장운전, 검수, 운전인수

② 감리원 입회하에 시공자 주도로 시운전 실시

③ 시운전 후 성과품 작성·제출
- 시공자가 작성하여 감리원에게 제출
- 운전개시, 가동절차 및 방법, 점검항목, 운전지침, 성능시험성적서 등

④ 감리원은 성과품을 검토 후 발주자에게 인계

2. 준공검사

▶ 감독권한대행 건설사업관리기술자의 업무내용을 기준으로 설명한다.

(1) 준공검사 절차(지침 제102조)

① 시공자 '준공검사원' 작성, 감리원에게 제출

② 감리자 '건설사업관리조서' 작성, 소속용역사에 지체없이 제출
- 준공검사원
- 주요자재 검사·수불부
- 매몰부분의 감리원 검사기록 및 사진
- 품질시험·검사 성과총괄표
- 발생 정리부 등 첨부

③ 소속용역사는 준공검사자 임명 및 발주청 보고
- 준공검사원 접수 3일 안에 2명 이상 검사자 임명, 즉시 발주청 보고
- 또는 발주청 협의하에 책임건설사업관리기술자를 검사원으로 임명

④ 준공검사 실시
- 검사자는 임명 통지 후 8일 내에 검사 완료
- 발주청 소속직원은 준공검사에 입회, 필요시 인수·유지 관리기관 동참
- 검사 완료 후 3일 내에 '검사조서' 작성 및 소속사에 보고
- 소속사는 신속하게 검토 후 지체없이 발주청에 통보

(2) 준공검사 내용(지침 제103조)

① 설계도서대로 시공되었는지 여부

② 현장상주기술자가 비치한 제기록에 대한 검토

- 사후 검사가 곤란한 부위(매몰부위 등)에 대한 자료 포함

③ 폐품 또는 발생물 유무 및 처리의 적정성

④ 지급자재 사용의 적부, 잉여자재 유무 및 처리의 적정성

⑤ 제반설비 제거 및 원상복구 정리 상황

⑥ 건설사업관리기술자의 준공검사원에 대한 검토의견서

⑦ 기타 발주청이 요구한 사항 등

(3) 예비준공검사 실시(지침 제104조 제5~9항)

① 기한 내 준공가능 여부, 미진사항의 사전보완 목적

② 주요공사 완료 후 현장정리단계에서 준공 2개월 전에 실시

③ 단순 소규모공사는 발주청과 협의 후 생략가능

④ 시공자는 지적사항을 완전보완하여 감리원 확인 후 준공검사원 제출

(4) 불합격공사의 조치

① 검사자는 불합격사항을 소속용역사에 지체없이 보고

② 시공자는 용역사의 지시에 따라 보완시공 및 재시공

③ 검사자는 보완·재시공 사항 재검사 및 확인

Ⅲ 인수 및 인계사항(지침 제110조)

1. 시설물

(1) 인수·인계계획서

① 예비준공검사 후 14일 이내에 시공자가 작성하여 감리원에게 제출

② 작성내용

- 공사개요
- 운영지침
  - 시설물 규격·기능점검, 기능점검 절차, 테스트 장비의 확보·보정
  - 기자재 운전지침서, 제작도면절차서
- 시운전 결과 보고서, 예비준공검사 결과

③ 검토

- 감리원이 7일 이내에 검토·확정 후 발주청 및 시공자에게 통보

(2) 인수·인계 실시

① 준공검사 후 지적사항을 완료하고 14일 이내에 실시

② 감리원은 계획서에 따라 인수·인계되도록 입회

③ 인수인계서 내용은 준공검사의 결과 포함

2. 현장문서

(1) 당사자 및 시기

① 감리원이 인수·인계자료 작성, 발주청에 인계
② 감리용역 준공 후 14일 이내에 실시

(2) 인수·인계자료

▶ 감리원은 다음 서류를 포함하여 인계할 문서에 대하여 발주청과 협의하여야 한다.
① 준공사진첩, 준공도면, 건축물대장
② 품질시험·검사성과총괄표
③ 기자재 구매서류
④ 시설물 인수·인계서 등

(3) 인수·인계자료의 보존

① 보존기한: 시설물이 존속 시까지 보존
② 보존의무자: 인수·인계 당사자 쌍방

3. 유지관리지침서(지침 제108조)

(1) 작성자 및 인수·인계 시기

① 감리원이 작성
② 공사준공 후 14일 이내에 발주청에 인계

(2) 작성내용

① 시설물의 규격 및 기능설명서
② 시설물 유지관리기구에 대한 의견서
③ 시설물 유지관리지침
④ 기타 특기사항 등

6502 　건축물 유지관리

I 개요

① 완공 이후의 건축물은 용도에 대한 공공에 미치는 영향이 다양하므로 법령으로 최소한의 유지관리 의무를 규정하고 있다.

② '시설물의 안전 및 유지관리에 관한 특별법(약칭: 시설물안전법)'에 근거하여 건축물에 대한 제반규정을 안내한다.

조사/시험	➡	건축물 평가	➡	판정/조치
• 정기/정밀 안전점검 • 정밀안전진단		• 상태평가/안전성평가 • 종합평가		• 안전등급 판정 • 보수보강 제안

II 조사 및 시험

1. 정기안전점검

(1) 현장조사 항목

① 구조물 변경 및 조건 변동사항
- 평면, 입면, 단면, 용도, 구조부재 등의 변경
- 기초 및 지반조건, 주변 환경조건 등의 변동

② 구조물 및 부재의 상태
- 부등침하, 편심, 집중하중, 과적, 진동·충격, 이상 체감 등

③ 콘크리트·강 구조체의 열화

RC구조물	• 균열상태: 위치, 유형·형상, 폭·길이, 진행, 누수여부 • 표면열화: 박리, 박락, 층분리, 백화, 누수, 철근노출
강구조물	균열, 도장, 내화피복, 부식, 접합부, 변형·변위 상태

④ 외벽마감재 상태(치장벽돌, 타일, 석재)
- 균열, 연결철물, 붙임모르타르, 변형·변위

⑤ 보수·보강 실태조사 및 기록

(2) 현장조사 방법

① 육안 및 간단한 측정기기 사용

② 유지보수 관련자료 파악

③ 매 반기 실시, 건축물의 수평·수직·중요도에 따라 점검단위 구분 가능

④ 점검사항 기록 및 개략도면 작성

⑤ 이상부위 사진기록, 전·후 비교가능한 방향에서 촬영

2. 정밀안전점검

(1) 현장조사 항목

① 기본적으로 정기안전점검 항목 포함

② 주요 구조부재 규격 확인

③ 콘크리트 강도 비파괴검사

④ 콘크리트 탄산화 깊이

⑤ 구조계산서에 근거한 내진·내풍설계 적용여부 확인

(2) 현장조사 방법

① 점검부위 선정, 이전의 점검·진단 결과에 근거

- 구조조건 변경 시 내력 재계산 및 안전성평가 추가 선택

② 면밀한 육안조사 및 간단한 비파괴시험 실시

- 필요시 마감재 제거 후 실시

③ 중대결함[159] 발견 시 적법 조치

〈중대결함 범위〉
- 기둥·보·내력벽의 내력손상
- 염해·중성화에 따른 내력손실
- 조립구조체 연결부실로 인한 내력상실
- 주요 구조부재의 변형·균열 심화
- 지반침하 및 이로 인한 활동균열
- 누수·부식에 의한 구조물 기능상실

④ 긴급보수 및 사용제한 판단 시 정밀안전진단 조치

⑤ 점검사항 기록 및 개략도면 표시 후 분석·평가 실시

- 이상 발견사항은 정기점검사항과 동일한 요령으로 사진기록

(3) 재료시험

① 변위·변형조사: 건축물 및 부재의 기울기 평가

② 부재의 규격조사: 콘크리트 및 강재의 규격조사

③ 콘크리트 반발경도시험, 외관상 건전부위와 불량부위 비교

④ 콘크리트 탄산화 깊이 측정: 현장측정, 탄산화속도계수 산정

⑤ 기타 항목(선택과업)

- 콘크리트 코어강도시험, 염화물함유량 시험
- 강재접합부 균열·언더컷, 강재·접합부 부식, 내화피복 손상, 강재 강도

3. 정밀안전진단

(1) 사전조사

① 설계도서 검토, 외관조사 및 간단한 시험으로 건축물 개황 조사

② 정밀조사 범위 및 방법 결정, 진단 상세계획 수립

③ 이전 점검·진단 시 주 감시대상 파악

---

159) '시설물 안전 및 유지관리 실시 세부지침' 시설물편 6.1.4 참조

(2) 정밀조사 항목

① 이전 점검 · 진단 후의 변화량

② 철근 배근 · 부식, 강구조 접합부 상태

③ 구조부재 내력

④ 구조물 공간좌표 등

(3) **조사방법**

① 구조물 표본층 · 평면, 대상 부재 · 부위 선정

② 정밀 육안조사 및 정밀 계측

• 결함 · 손상 · 열화의 위치, 유형, 크기, 원인, 시기 등

③ 재료시험

• 콘크리트 비파괴강도시험, 필요시 코어강도시험

• 강재 강도시험, 용접부 비파괴검사, 기타 시료시험 등

④ 지반조사, 진동량 측정, 재하시험

(4) **재료시험**

▶ 정밀안전점검의 시험항목을 기본으로 하고 다음 항목을 추가한다.

① 콘크리트 비파괴강도: 초음파법

② 철근탐사: 배근상태, 피복두께

③ 철근부식도

④ 강재용접부 결함: 자분탐상, 염료침투탐상

Ⅲ 건축물 평가

▶ 내구성에 대한 상태평가, 구조내력에 대한 안전성평가, 상태평가 및 안전성평가의 결과에 기반하여 종합평가를 실시한다.

1. 상태평가

▶ 안전점검 등의 재료시험 및 외관조사에 의해 발견된 부재의 결함, 손상, 열화 등의 상태변화를 근거로 한다.

(1) **평가기준**

① 골조 유형별 평가항목 구분

• RC조, S조, SRC조, PC조, 조적조 등

• 평가항목은 현장조사 및 시험 항목과 동일

② 부재 평가점수의 평균값 산정

• 단위부재의 측정결과에 대한 평균값

③ 부재 대푯값은 측정부재 전체의 평균값

④ 항목별 등급 및 점수 부여

- 항목: 박리, 박락, 층분리, 누수, 백태, 철근노출 등
- 부재 대푯값에 등급(a~e)별 점수(1~9) 부여

(2) 판정방법

① 시설물별 평가기준 및 매뉴얼에 따라 실시[160]

- 건축물 특성 및 제반 여건 고려

② 정량적·객관적으로 측정 및 평가, 외관조사 및 재료시험에 근거

③ 부재·표본층·건축물 등의 단위로 평가 및 소견 명시

[평가결과에 대한 판정절차]

평가단계	평가방법
부재	• 개별부재별 결함정도에 따라 점수 부여, 평가항목 중요도 반영 • 부재단위(벽·기둥·보·슬래브)별 평가항목의 점수 종합, 결과 판정
표본층	• 각 평가항목 및 부재의 중요도 고려 • 층 단위의 점수를 종합 후 결과 판정
건축물	• 상기 1, 2단계 및 각 층의 중요도 고려 • 전체 건축물의 평가점수를 종합하여 결과 판정

2. 안전성평가

▶ 정밀안전진단 시, 또는 정밀안전점검이나 긴급안전점검 시 일부 부재에 대하여 선택과업으로 실시한다.

(1) 구조물 평가기준

[안전성 등급 판정기준]

등급	평가점수		평가내용	
	범위	대푯값	구조물 내력	구조물 상태
A	0≤x<2	1	설계목표치 만족	문제점 거의 없는 최상상태
B	2≤x<4	3	설계목표치 만족	손상경미, 대체로 양호상태
C	4≤x<6	5	부분적으로 부족	안전성 확보, 보통상태
D	6≤x<8	7	전반적으로 부족	안전성 확보 곤란, 불량상태
E	8≤x<10	9	전반적으로 부족 현저	붕괴 우려, 심각상태

① 안전성 수준을 5단계(A~E)로 구분

② 등급별 평가점수 범위 및 대푯값 부여

③ 구조물 내력의 평가점수에 따라 등급 판정

---

160) 제1종·제2종 시설물: '시설물 안전 및 유지관리 실시 세부지침(시설물편)'의 "상태평가 기준 및 절차", 제3종시설물은 '제3종시설물 안전등급 평가 매뉴얼'의 "체크리스트 점검항목 평가방법"을 적용한다.

(2) 부재내력 평가기준

① 부재별 구조해석 후 안전율(SF, 내력비) 산정

- SF(안전율, %)=(부재강도÷소요강도)×100

② 안전율 구간을 5단계(a~e)로 구분 후 대푯값(1~9) 부여

③ 안전율 산정값(SF)에 대한 대푯값 적용

등급	평가내용	대푯값	비고
a	100 ≤ SF	1	
b	100 ≤ SF	3	경미한 손상 있음
c	90 ≤ SF 〈 100	5	
d	75 ≤ SF 〈 90	7	
e	SF 〈 75	9	

(3) 판정방법

① 안전성 평가결과에 근거하여 판정

② 평가항목 · 부재 · 층별 · 중요도 등 고려

③ 부재단위, 층단위, 건축물단위 순으로 실시

단위	판정방법
부재단위	• 상태평가 항목별 결과 검토 · 반영, 부재 치수 · 적용하중, 절점 · 지지점 등의 평가 • 구조 응력해석 또는 재하시험 대상부재의 단면내력 검토 및 안전율에 따라 부재 단위별로 • 평가점수 부여하여 안전성평가 결과 판정
층단위	부재중요도를 고려해 층단위 평가점수를 종합하여 안전성 평가결과 판정
전체단위	• 상기 1, 2단계 및 각 층의 중요도 고려 • 전체 건축물의 평가점수를 종합하여 안전성평가 결과 판정

3. 종합평가

(1) 평가기준

등급	평가점수	
	범위	대푯값
A	0 ≤ x < 2	1
B	2 ≤ x < 4	3
C	4 ≤ x < 6	5
D	6 ≤ x < 8	7
E	8 ≤ x < 10	9

① 상태평가와 안전성평가 종합적으로 비교 · 검토

- 상태평가만 할 경우 상태평가를 종합평가의 결과로 갈음

② 상태 · 안전성 평가의 관련 분야 전문가 소견 종합

③ 종합평가 책임기술자[161]의 소견 첨부, 판단 근거 포함
④ 건축물 종합평가 기준

(2) 판정방법

① 연산프로그램에 선행 평가자료 입력
② 표본층별 대표등급 및 대상부재의 평가점수 연산
③ 건축물 전체에 대한 평가등급의 연산 출력
  • 상태평가등급, 안전성평가등급, 종합평가등급 등

Ⅳ 판정 및 조치

1. 안전등급 판정

▶ 책임기술자는 종합평가 결과에 따라 안전등급을 지정(판정)한다.

(O : 필수, △ : 선택, × : 없음)

평가 및 등급 / 안전점검등	평가유형			안전등급
	상태평가	안전성평가	종합평가	
정기안전점검	O	×	O	O(제3종)
정밀안전점검	O	△	O	O
정밀안전진단	O	O	O	O

① 종합평가 결과에 따라 안전등급 지정
  • 제3종시설물은 상태평가를 종합평가로 갈음하여 안전등급 지정
② 등급 상향 시 분명한 사유에 근거하여 조정, 보수·보강 조치 이력 확인 등
③ 안전등급 구분(A~E)

등급	건축물 상태		
	주요부재	보조부재	건축물 전체
A(우수)	-	-	문제점 없음, 최상
B(양호)	-	경미한 결함 일부 내구성 보수 필요	기능발휘 지장 없음
C(보통)	경미한 결함 내구성·기능성 보수필요	광범위한 결함 간단한 보강 필요	안전 지장 없음
D(미흡)	결함 긴급 보수·보강 필요	-	사용제한 검토
E(불량)	심각한 결함 보강·개축 필요	-	안전 위험 즉각 사용금지

---

161) 책임기술자의 자격: '시설물의 안전 및 유지관리에 관한 특별법 시행령' 제9조 참조, 책임기술자는 기술자격·
교육·경력 요건을 모두 갖추어야 한다.

2. 보수 · 보강 제안

▶ 내구성능을 회복 · 향상시키기 위한 보수안과 내하력 · 강성의 역학적 성능을 회복 · 향상시키기 위한 보강안을 제안한다.

(1) 선행 평가자료 검토

① 상태평가, 안전성평가, 종합평가 등의 자료 검토

② 결함의 종류 및 정도, 구조물의 중요도, 사용환경

(2) 필요성 판단

① 보수: 결함 · 손상의 허용한계 이탈 여부

② 보강: 부재 최소안전율(규정치) 만족 여부 등을 검토 후 판단

③ 보수보다는 보강의 필요성을 우선적으로 검토

(3) 보수 · 보강 수준 결정

▶ 구조물 관점의 위험도와 비용 측면의 경제성 종합하여 현상유지, 성능회복, 성능개선, 개축 중 하나를 선택한다.

① 결함진행의 억제를 위한 현상유지

② 실용상 지장이 없는 수준의 성능회복

③ 초기수준 이상의 성능개선

④ 결함부위 철거 후 초기수준으로 개축 등

(4) 재료 · 공법 선정

① 보수 · 보강 수준에 근거하여 선정

② 구조적 안전성 검토

• 보조부재보다 주부재의 안전성을 우선적으로 검토

③ 경제성 검토

• 다수의 대안 중 건축주의 부담능력 등 고려

(5) 우선순위 결정

① 보수보다는 보강

② 보조부재보다는 주부재

③ 중요도가 높은 부재

④ 심각성이 큰 결함부위

⑤ 낮은 평가등급의 부위 · 건축물

V 결론

① 건축물의 공공성을 고려할 때 구조안전성능 및 내구성능의 유지관리는 매우 중요하므로 현장조사 및 평가에 근거한 합리적이고도 적시적절한 조치가 후속되어야 한다.

② 시설물 관리주체는 '시설물안전법' 이외에도 관련법령에는 공동주택관리법, 초고층관리법, 건축물관리법, 재난안전법 등의 규정을 보완적으로 숙지하여 건축물의 생애이력을 면밀하게 관리하여야 할 것이다.

---

tip 연관학습 과제

1. 강구조물의 노후화 조사항목 및 평가방법, 보수 · 보강공법
   - 내구성 · 안전성 조사항목＋보수 · 보강공법
2. 철근콘크리트 건축물의 내구성 및 구조안전성 조사항목별 평가방법, 보수 · 보강공법
   - 내구성 조사항목＋보수공법, 안전성 조사항목＋보강공법

6503 시설물 통합관리시스템(FMS: Facility Management System)

I 개요

1 건설공사를 통하여 구축된 각종 시설물은 사용단계에서 적절한 유지관리로 시설물의 효용을 증진·유지하고 재해와 재난으로부터 안전하여야 한다.

2 FMS는 일정규모 이상의 시설물을 효율적으로 유지관리하기 위하여 Web에 기반한 정보관리시스템이다.

적용/목적	➡	구성요소
• 적용대상 • FMS의 목적		• HW·SW/Data Base • 시스템 사용자

II 적용 및 목적

1. 적용대상

(1) 관련규정

① '시설물 안전관리에 관한 특별법'에 규정

② 도로, 교량 외 7개 항목의 토목·건축 시설물

(2) 대상 건축물

구분	1종 시설물	2종 시설물
공동주택	21층 이상	16층 이상, 20층 이하
기타	21층 이상 또는 연면적 $\geq 50,000\text{m}^2$	• 16층 이상 또는 연면적 $\geq 30,000\text{m}^2$ • 다중이용시설 $\geq 5,000\text{m}^2$ • 지하상가 $\geq 5,000\text{m}^2$

2. FMS의 목적

(1) 시설물의 공공안전성 확보

① 이용자 수가 많을수록 공공의 안전성 중요시

② 층수가 높을수록 건축물의 안전성 비중 증대

(2) 효율적이고 과학적인 유지관리

① 정보의 접근성 향상

② P-D-C-A에 의한 과학적인 관리

③ Feedback System으로 추적관리

(3) 관련기관 간의 정보 공유

　① 회원 시스템을 구축하여 회원 간 정보 공유

　② 국가, 지자체, 관리주체 등의 정보교환 용이

(4) 생애주기(Life Cycle) 정보 통합관리

　① 시설물의 설계, 시공, 감리정보

　② 점검, 진단, 보수·보강 이력

　③ 각종 사고이력 등 통합관리

Ⅲ 구성요소

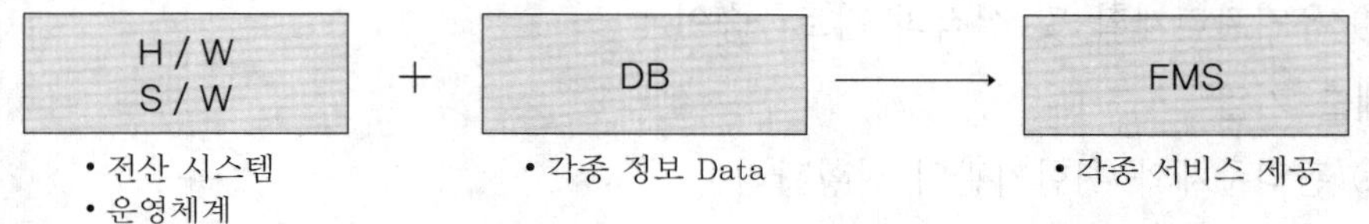

1. H/W 및 S/W

　① 전산 시스템: 중앙처리장치, 저장장치 등

　② 통신장비

　③ 구동용 Program

2. Data Base

(1) 주요정보 내용

　① 시설물 기본 정보: 설계·시공·감리에 관련된 초기 입력자료

　② 안전관리정보

　　• 점검, 보수·보강과 관련된 정보

　③ LCC 정보

　　• '초기비용＋유지관리비' 정보

　④ 사고사례 정보

　　• 사고유형, 원인, 수습 등의 정보

　⑤ 지리 정보(GIS)

　　• 시설물 위치정보 시스템과 연계

(2) 연계 정보

　① 시설물 관련업계 정보

　　• 안전진단기관, 유지관리업체

② 각종 보고서 및 기술정보
- 설계도서, 감리보고서, 점검·진단보고서, 기타 유지관리 기술정보 등

3. 시스템 사용자

(1) 관리 주체
① 시설물관리대장을 작성하여 입력
② 유지관리계획·실적 보고
③ 보수·보강이력 보고

(2) 취합 기관
① 관할 관리주체
② 시설물관리대장의 현황관리
③ 유지관리계획 및 실적의 검토·승인

(3) 제출 기관
① 관리주체와 취합기관의 현황관리
② 유지관리 현황관리

(4) 기타
① 안전진단 전문기관
② 안전진단 전문기관의 심사기관 등

6504　건축물 리모델링(Remodeling)

I　개요

① 최근 건축 관련 산업은 수주물량 감소로 건설경기가 침체 일로에 있으며, 이에 따라 새로운 시대적 요구에 대응하는 건축산업의 발전방향이 모색되고 있다.

② 리모델링은 기존건물의 구조적, 기능적, 미관적, 환경적 성능 또는 에너지 성능을 개선하여 거주자의 생산성과 쾌적성 및 건강을 향상시킴으로써 건물의 가치를 상승시키고 경제성을 높이는 건축행위이다.

③ 이하에서는 리모델링 공사의 성능개선 종류 및 리모델링을 통하여 기대할 수 있는 파급효과에 대하여 기술한다.

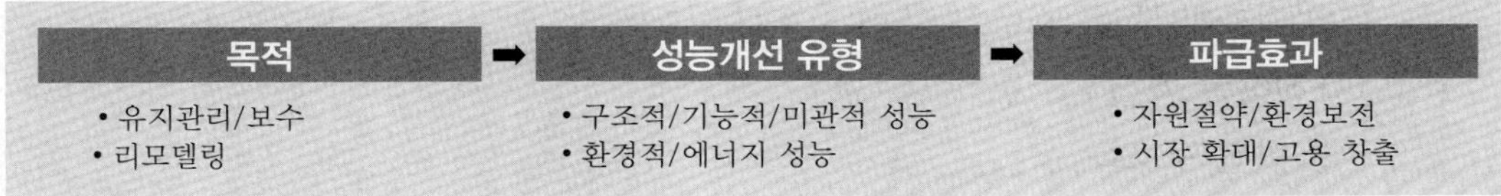

II　목적

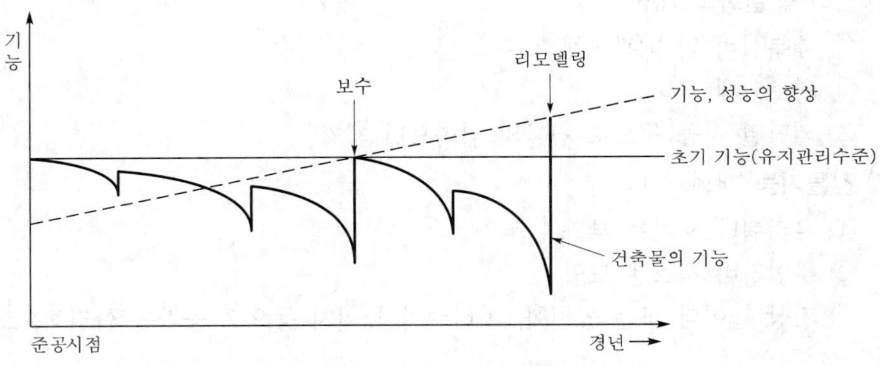

[건물의 수명과 리모델링]

1. 유지관리

① 건축물의 청소 및 일상적인 점검

② 초기성능 유지

2. 보수

① 수리 · 수선 시행

② 준공시점의 수준까지 건물기능 회복

3. 리모델링

① 사회적 요구수준의 변화에 부응
② 건축물의 기능 및 성능 향상

Ⅲ 성능개선 유형

1. 구조적 성능

(1) 건축물의 안전성 확보

① 신설기둥, 슬래브 및 내력벽 시공
② 콘크리트의 균열 보수 · 보강 처리
③ 기초의 Underpinning

(2) 내진성능 개선

① 면진 구조화
② 브레이스 증설
③ 강판보강 및 탄소섬유 시트 보강으로 기존 건물의 내진성능 개선

2. 기능적 성능

(1) 물리적 열화의 개선

① 내부설비 및 배관교체
② 창호교체
③ 외단열 시공 등으로 건물의 열화요인 제거

(2) 건물기능 개선

① 유비쿼터스 기능 부과
② 무인경비 시스템 도입
③ 지상 놀이터 또는 공원화, 지하주차장 설치 등으로 공간을 합리적으로 사용

3. 미관적 성능

(1) 외관성능 향상

① 커튼월 외벽 시공
② 창호를 통한 태양광 시스템 도입
③ 예술적 기능을 부과, 사회적 부가가치 증대

(2) 건물 내부의 형태 및 마감상태

① 비내력벽 제거, 실내공간을 합리적으로 사용
② 친환경 자재 사용, 실내공기 오염물질 최소화

4. 환경적 성능

(1) 열·빛·공기·음환경의 개선

① 단열재의 보수·보강, 단열성능 향상

② 일조권 확보

③ 조경 및 수림대 확보, 실외소음 차단

(2) 지역·지구환경 개선

① 불량 노후주거 밀집지역의 환경 개선

② 열병합발전소와 연계하여 지역난방 시스템 확대

5. 에너지 성능

(1) 건축물의 경제성 향상

① 에너지절약을 통한 LCC 감소

② 태양열, 지열 등 친환경 에너지를 적극적으로 활용

③ 심야전기의 활용을 통한 빙축열 시스템 도입

(2) 설비 시스템 개선

① 중수도 시스템 설비 구축

② 절전형 설비 및 등기구 설치

③ 태양광 에너지 활용

Ⅳ 파급효과 및 활성화 방안

1. 자원절약

(1) 건설부문의 에너지 소비 절감

① 국가 경제 발전에 기여

② 석유자원 절약에 기여

(2) 건물수명 연장

① 건축물 장수명화로 투입자원 절약

② 자원 리사이클 주기 증대

2. 환경보전

(1) 탄산가스 배출 저감

① 지구 환경보전에 기여

② 국제기후변화협약 발효에 따른 국가적 부담감 해소

(2) 각종 폐기물 억제

   ① 자원 재활용 증대

   ② 폐기물 발생 근본적 억제

3. 시장 확대

   ① 신축중심의 건설업에서 유지관리, 리모델링으로 확대

   ② 건설업 업역의 다변화에 부응

   ③ EC화에 의한 고부가가치 창출

   ④ 다양한 건설활동을 통하여 국가경제에 기여

   ⑤ 지속적인 수주물량의 확보가 가능

4. 고용 창출

   ① 새로운 일자리 창출 기대

   ② 건설인력의 변화

   ③ 리모델링 기술능력 향상

   ④ 우수한 기술인력 양성

5. 활성화 방안

   ① 법적 제약요소의 개선

   ② 금융 및 조세 지원

   ③ 건설업체의 업역분담 및 특성화

   ④ 정부의 선도적 역할 등 필요

6505 건축물 해체공사[162)

Ⅰ 개요

1. 기존 구조물의 해체는 작업자의 안전, 환경오염, 건설공해, 자원재활용 등의 측면에서 중요한 의미가 있는 공종이다.
2. 해체공사에 대하여 관련 공법, 해체작업 방법, 분별해체 등에 대하여 설명한다.

해체공법	→	해체작업	→	분별해체공사
• 공법 종류 • 공법 선정		• 사전조사/사전조치 • 전기기계/마감재/구조체		• 대상해체물/분별해체 절차 • 폐석면 분별해체

Ⅱ 해체공법

1. 공법 종류

▶ 해체공법은 단독 적용사례보다 2~3개의 공법을 조합하는 경우가 많다.

(1) 타격공법

① 강구 타격공법
- 크레인에 중량물의 강구(鋼球, Steel Ball) 장착
- 강구의 수평·수직 이동충격으로 구조물을 해체하는 공법
- 해체비용 저렴, 작업능률 우수, 소음·진동 발생, 여유공간 필요

② 브레이커 타격공법
- 브레이커해머의 타격력으로 구조체를 해체하는 공법
- 핸드브레이커, 대형 브레이커(파워쇼벨에 장착) 사용
- 소음·분진 발생에 취약

(2) 절단공법

① 절단용 톱을 이용하여 구조체를 직선상으로 절단하는 공법
- 또는 초고압($3,000 \sim 4,500 \text{kg/cm}^2$)·초고속의 물을 분사하여 절단

② 다이아몬드와이어소, 원형 회전톱, 워터제트 등의 장비 사용

③ 저소음·저진동공법, 해체물 운반 용이, 분진 발생 방지
- 워터제트공법은 소음 발생이 큼

④ 절단물의 2차 파쇄 필요, 전력 및 용수 공급 필요

---

162) KCS 418501(해체공사 및 자원 재활용 일반사항) 참조

　(3) 압쇄공법

　　① 파워쇼벨에 압쇄장치를 탑재하여 구조물을 압쇄하는 공법

　　② 절단공법과 병행하여 사용

　　③ 소음, 진동, 분진 발생, 파편비산 방지

　(4) 폭파공법

　　① 구조물의 중요지점에 폭약 설치

　　② 구조물의 안정화를 깨뜨려서 자체중량에 의한 붕괴를 유도하는 공법

　　③ 고층구조물의 신속한 해체 가능

　　④ 파쇄물 낙하, 비산, 충돌 등 우려

　　⑤ 인접건물 이격거리 고려, 붕괴 방향 제어

　(5) 기타 공법

　　① 전도공법

　　② 팽창압공법

　　③ 전기발열공법 등

2. 공법 선정

　　① 구조안정성 검토

　　　• 해체장비와 해체물 적재하중 및 충격하중에 대한 구조안정성

　　　• 내장재 해체 후 구체 노후성

　　　• 슬래브 내하력, 타구조체 접합 여부, 커튼월 설치 여부 등

　　② 시공성, 안전성, 경제성

　　③ 폐기물 처리 용이성

　　④ 건설공해: 소음, 진동, 비산먼지, 파편비산 발생정도 등을 고려

Ⅲ 해체 작업

1. 사전조사

　(1) 대상 구조물

　　① 형태, 규모

　　② 위치, 구조, 부재단면의 크기 및 강도

　(2) 해체물

　　① 반출로 및 처리장 확보

　　② 파쇄물 형태, 반출방법

(3) 작업환경

　① 주변 환경조건, 도로 및 인접구조물

　② 해체시기, 작업공간

　③ 시공성, 안정대책, 장비사용료

2. 사전조치

(1) 안전 · 보건 조치

　① 각종 설비관 공급 폐쇄

　　• 급수관, 가스관 전선 전류 등 공급 폐쇄, 전기설비 잔류전하 방전 조치

　② 구조체 낙하위험물 제거

　③ 해충방제

　④ 안전통로, 낙하물 방지망 설치

(2) 공해 방지조치

　① 오수 · 오물 · 악취 방지

　　• 위생기구 세척, 정화조 · 배수조 잔류물에 의한 악취 · 오염 방지

　② 비산분진 방지대책 강구

　③ 가설울타리, 방음 · 방진막 설치

3. 전기 · 기계설비 해체

▶ 전기 및 기계설비는 분별해체[163]한다.

(1) 전기설비

　① 램프류, 소형 2차 전지

　② 전기기기, 단열재

　③ 배관류, 전선류 순으로 해체

(2) 기계설비

　① 배관 및 덕트

　② 기기류, 보온재

　③ 정화조, 조립식 욕조

　④ 위생도기류 순으로 해체

4. 마감재 해체

▶ 내외장재 및 지붕 · 옥상 방수재 등은 분별해체를 원칙으로 한다.

---

163) 재활용이 가능한 건설폐기물과 인체에 유해한 지정폐기물이 다른 해체물과 혼합되지 않도록 해체하는 것을 말한다.

(1) 내외장재

① 목제, 창호 새시(강제, 알루미늄제, 스테인리스스틸제 등)

② 석고보드, ALC 패널

③ 벽, 천장재, 경량철골 순으로 해체

(2) 지붕 · 옥상 방수재

① 지붕재

- 금속판재, 기와, 금속바탕재 순으로 해체

② 옥상 방수재

- 누름콘크리트, 단열재, 방수 시트재 순으로 해체

5. 구조체 해체

(1) 분별해체물

① 콘크리트, 철근

② 강구조, 목재 순으로 해체

(2) 해체작업

① 시공계획 수순에 따라 진행

② 바닥 · 보 구조물 보강조치

- 장비 충격하중, 해체물 적재 고려

③ 파쇄해체

- 상층부터 1개층씩 진행
- 장스팬 구간 과하중 방지, 복수의 중기 집중배치 배제
- 캔틸레버 돌출부 선해체, 또는 적정 지지

④ 외주부 전도해체

- 1개층 이하 단위로 전도해체
- 1회 전도량: 1~2스팬
- 말단부 절단 및 기둥 전도지점 결함부 설치 시 사전에 전도 방지조치 강구

⑤ 부재해체

- 해체단위별 형상, 치수, 질량 등 사전검토
- 해체물은 크레인으로 양중하여 지상에서 분별해체

(3) 지하구조물 해체

① 사전 안전대책 강구

- 화약류 발파 대비

② 흙에 접한 부재: 외벽 및 기초

- 지반진동에 의한 지반침하와 주변구조물 변형 유의
- 신축공사 병행 시 작업순서 유의

(4) 기초ㆍ말뚝해체

① 기초 및 PHC 말뚝 분별해체, 소음ㆍ진동 고려

② 말뚝 인발 후 모래 충전

③ 파쇄작업 시 진동 영향에 유의

Ⅳ 분별해체공사

1. 대상 해체물

(1) 지정폐기물

① 주변환경을 오염시키거나 인체에 해로운 폐기물질

② 폐석면이 함유된 폐기물

(2) 재활용 폐기물

① 단순가공 후 재사용 폐기물

- 원형 그대로 본래, 또는 다른 용도로 재사용할 수 있는 폐기물

② 재생가공이용, 직접재생이용 등이 가능한 폐기물

- 종이, 금속, 유리, 합성수지, 섬유, 고무류

③ 지반에 재활용이 가능한 폐기물

- 토질 개선, 성토재, 복토재, 도로기층재, 채움재 등

④ 에너지 회수가 가능한 폐기물 등

2. 분별해체 절차

① 생활폐기물 분리 제거

② 지정폐기물 해체 및 제거, 석면지도 참조

③ 건축설비ㆍ기기, 내ㆍ외장재 분별해체

④ 지붕마감재, 옥상방수층 분별해체

⑤ 구조체 해체 등의 순으로 진행

3. 폐석면 분별해체

(1) 사전조사

① 석면조사기관 선정[164]

② 석면 함유 및 배출부위 조사

③ 배출량 산정

---

164) 고용노동부 지정기관, 산업안전보건법 §38의2에 근거

④ 석면지도[165] 작성
* 석면지도: 건축물의 천장, 바닥, 벽면, 배관, 담장 등에 대하여 석면함유물질의 위치, 면적 및 상태 등을 표시한 지도

(2) 작업기준
① 경고표지 설치, 석면취급 및 해체작업장의 경고표지
* 작업자 방진마스크(공인1급품) 착용
* 탈의·갱의·샤워 등을 위한 위생실 설치
② 창문 등 개구부 밀폐, 인근공간과 격리
* 실외일 경우 석면 비산 방지용 포집장치 가동
③ 석면부위에 물 또는 습윤제 분사, 습식 작업환경 조성
* 습윤제(Wetting Agent): 물의 흡습성을 높이기 위한 약액
④ 바닥에 불침투성 습윤천 보양, 석면 잔재물 분산 방지
⑤ 해체물 지정폐기물로 위탁처리 철저, 비닐용기에 밀봉하여 위탁처리할 것

(3) 금지사항
① 원형톱 사용금지, 분진포집장치가 있는 것 사용
② 석면 잔재물 제거 시 압축공기 사용금지
③ 건식청소 금지, 빗자루 사용 등

V 결론

[1] 해체공사는 재건축공사 전에 이루어지는 경우가 많으므로 면밀한 시공계획에 따라 해체물을 적법하게 처리하여야 한다.

[2] 해체공사 중에는 건설공해로 인한 민원을 예방하고 작업자의 안전보건을 확보하기 위한 세심한 주의가 요구된다.

---

165) 석면안전관리법 규칙 §25관련 별표3, '건축물석면지도의 작성기준 및 방법' 참조

부록

Professional Engineer Building Construction

차 례

A 가설공사

B 최근 기출문제

A. 가설공사

0000 | 비계공사

I 개요

① 비계는 공사용 작업발판과 가설통로 및 안전가시설을 설치하기 위한 가설구조물이다.
② 비계의 필요성과 유형을 살펴보고 강관비계와 시스템비계를 중심으로 건설기준과 안전작
업지침에 근거하여 설치기준, 점검 및 보수, 해체 등을 설명한다.

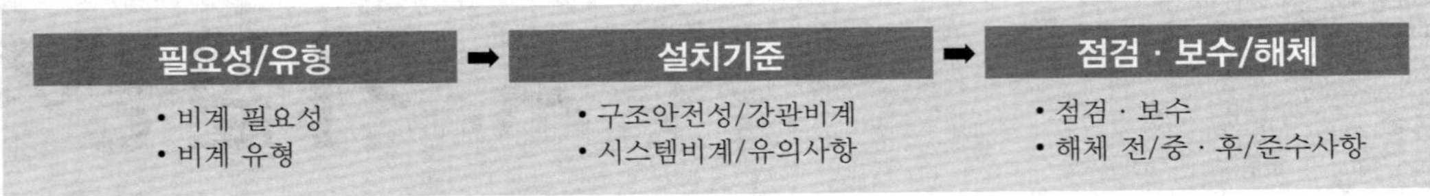

II 필요성 및 유형

1. 비계 필요성

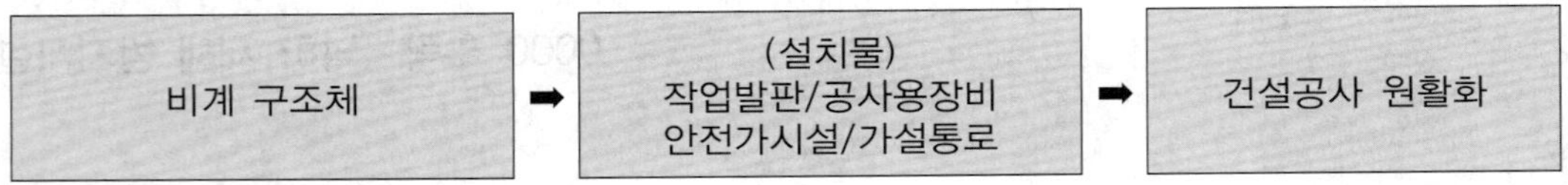

(1) 작업발판 및 공사용 장비 설치

① 통로 및 작업공간용 작업발판 필요
② 비계구조의 장선에 작업발판 부착
③ 허용하중 내에서 자재적재, 작업수행 및 수평통로 이용
④ 간이크레인 및 콘크리트 타설장비(압송관) 등의 설치
　• 운반하중에 의한 전도모멘트 추가 고려 필요[1]

(2) 안전가시설 설치

① 작업자 상해방지용 시설 필요
　• 추락, 낙하, 비산, 비래 등의 방지
② 비계에 안전가시설 부착 및 고정
　• 안전난간대, 안전로프, 낙하물방지망, 수직보호망 등
③ 안전가시설 설치에 의한 고소작업 안전성 확보

(3) 가설통로 설치

① 작업수행 중 이동통로 필요
② 비계구조에 가설통로 설치
　• 수평이동로: 작업발판, 경사이동로: 경사로, 가설계단, 가설사다리 등
③ 비계구조 내에서 작업자 이동성 및 안전성 확보

---

1) KDS 216000 비계 및 안전시설물 설계기준 '3.2 비계 (2)' 참조

(4) 건설공사 원활화

    ① 철근콘크리트 구조의 거푸집 및 철근 조립

    ② 강구조 용접 및 고장력볼트 접합

    ③ 내·외장 마감재 부착

    ④ 외벽 도장

    ⑤ 기타 고소작업 공종 등

2. 비계유형

고정식비계 (조립식비계)	강관비계	• 비계기둥+띠장+장선+가새, 외부용 비계 • 외장마감, 거푸집 조립, 압송관 고정 등의 용도
	강관틀비계	• 주틀+교차가새+띠장틀, 주로 실내용 비계 • 실내마감용 작업발판 및 높은 층고의 동바리 용도
	시스템비계	• 수직재+수평재+가새, 외부비계용 • 안전성 및 조립·해체 용이
이동식비계	이동식비계	• 강관틀비계+바퀴, 주로 실내용 • 이동·제동 장치가 있는 강관틀비계
	말비계	• 지주부재+보조부재 • 천장과 벽면의 내장마감용
	달비계	• 로프로 작업대를 지지·이동시키는 비계 • 곤돌라형, 작업의자형
	달대비계	• 강구조에 걸어 놓도록 한 비계 • 보용, 기둥용, 빌드스테이지형, 기둥형, 스카이행거형

(1) 고정식비계

    ① 강관부재를 조립하여 고소작업대로 사용할 수 있도록 한 비계

      • 강관비계, 강관틀비계, 시스템비계 등

    ② 공장생산품 강관부재 사용

    ③ 강관부재의 구성: 기둥(수직재), 띠장(수평재), 장선, 가새 등

    ④ 구조체에 연결·고정(벽이음, 벽연결) 필요

    ⑤ 비계에 작업발판, 가설통로, 안전가시설 설치

(2) 이동식비계

    ① 작업부위로 이동시킬 수 있도록 한 비계

    ② 이동식비계, 말비계, 달비계, 달대비계 등

Ⅲ 설치기준

▶ 강관비계와 시스템비계를 중심으로 안내한다.

1. 구조안전성 사전확인[2]

(1) 대상 비계구조물

① 비계 높이 ≥ 31m

② 브래킷 비계

③ 작업발판 일체형 거푸집

④ 작업발판 및 안전시설 일체식 외부 가설구조물 ≥ 10m

⑤ 기타 가설구조물

- 현장 제작 – 조립 – 설치용 복합형 가설구조물
- '거푸집 · 동바리 높이 ≥ 5m' 등

(2) 확인 절차

① 시공사 의뢰, 관계전문가 확인

> 〈관계전문가 요건: 건설기술진흥법 영§101의2②〉
> ② 관계전문가는 「기술사법」에 따라 등록되어 있는 기술사로서 다음 각 호의 요건을 갖추어야 한다.
> 1. 「기술사법 시행령」 별표 2의2에 따른 건축구조, 토목구조, 토질 및 기초와 건설기계 직무 범위 중 공사감독자 또는 건설사업관리기술인이 해당 가설구조물의 구조적 안전성을 확인하기에 적합하다고 인정하는 직무 범위의 기술사일 것
> 2. 해당 가설구조물 공사의 건설사업자나 주택건설등록업자에게 고용되지 않은 기술사일 것

② 확인 후 시공상세도면 및 구조계산서 제출

③ 공사감독자 및 건설사업관리기술인 검토 및 승인

④ 시공사는 승인사항에 따라 비계 설치

2. 강관비계

▶ 구성요소: 비계기둥, 띠장, 장선, 가새, 벽이음재 등으로 구분한다.

(1) 비계기둥

① 하부 기초의 지지력 확보, 침하방지

- 연약지반일 경우 다짐 및 깔목 설치, 또는 콘크리트 포장
- 깔목: 소요폭 이상×두께 45T
- 최하단부 밑둥잡이 설치, 인접 비계기둥 간 받침철물 연결 및 고정

② 기둥간격: 띠장방향 ≤ 1.85m, 장선방향 ≤ 1.5m

- 기둥사이 면적(1.85×1.5m)의 허용하중 ≤ 4kN(400kg)
- 기둥 본당 작용하중 ≤ 7kN(700kg)

③ 비계부재 교차부 결속 및 고정, 전용철물 사용

- 기둥 – 기둥, 기둥 – 띠장, 가새 – 기둥 · 띠장

④ '비계기둥 높이 > 31m'일 경우 '하부~31m 높이' 구간 기둥보강

⑤ '기둥 – 구조물' 간격 ≤ 300m

---

2) 건설기술진흥법 시행령 §101의2(가설구조물의 구조적 안전성 확인)① 참조

(2) 띠장

① 비계기둥 교차부에 클램프 균일장력으로 체결
- 조임토크 ≥ 300~350kgf.cm

② 수직간격 ≤ 2.0m, 작업자 보행성 고려

③ 이음 시 전용 이음철물(강관조인트) 사용
- 겹침이음 시 띠장(강관) 이격거리(순간격) ≤ 100mm

④ 동일평면상 엇갈림 이음, 엇갈림 간격 ≥ 300mm

(3) 장선

① 비계 내·외측 '기둥+띠장' 교차부에 고정
- 또는 기둥이나 띠장에 고정

② 장선 설치간격 ≤ 1.85m
- 부득이한 경우 띠장에 작업발판 지지용 철물 설치

③ 장선재 길이 ≥ 작업발판 폭+100~200mm, 작업발판의 내민길이 고려
- 띠장면 돌출길이 ≥ 50mm, 수직보호망 설치 고려

(4) 가새

① 교차가새[3]와 수평가새 설치, 비계구조 일체화
- 교차가새: 비계 외면에 "X" 형태로 설치
- 수평가새는 벽이음 위치의 내·외 수평면 비계 결속

② 교차가새 설치각도 40~60°

③ 매 10m마다 교차가새 배치, 교차부에 회전형 클램프 결속

④ 벽이음 부착높이의 매 스팬마다 수평가새 설치

(5) 벽이음재

① 영구구조체 벽에 가설비계 연결, 작용하중에 대한 안전성 확보

② 기둥–띠장 결속부를 구조체에 직각 설치
- 강관, 클램프, 앵커 및 벽연결용 철물 등 사용

③ 수직·수평 간격 ≤ 5m, 비계 최상단과 양단부 포함

④ 설치방식[4] 선정, 결속조건과 구조체면의 특성 고려

[벽이음 방식]

박스형 (Box Ties)	연결 위치의 건물기둥에 사각형 틀 조립 후 비계 연결
립형 (Lip Ties)	• 박스형 벽이음 적용이 불가능할 경우 적용 • 강관과 클램프를 갈고리 형태로 조립하여 건물에 결속
관통형 (Through Ties)	• 건물 개구부 내부의 바닥과 천정을 강관서포트로 지지 • 강관서포트에 개구부를 가로지르는 강관을 클램프로 결속
창틀용 (Reveal Ties)	• 앵커설치 곤란, 구조물 성능확인 불가, 창틀에 벽이음 할 수 없는 경우에 적용 • 창틀면에 강관·쐐기·잭을 지지 후 비계구조물을 결속하는 방식

---

[3] 비계기둥과 띠장을 일체화하고 도괴 저항력을 증대시키기 위해 비계 외면에 "X"형으로 설치하는 가새, 한국산업안전보건공단 '강관비계 안전작업 지침' 참조
[4] KCS 216005 비계공사 일반사항 '3.3 벽이음재' 참조

3. 시스템비계

▶ 구성요소: 수직재, 수평재, 가새, 벽연결재 등으로 구분한다.

(1) 수직재

① 수직재 기초의 하부지지력 확보, 필요시 침하방지 조치
- 연약지반일 경우 다짐 및 깔목 지지, 또는 콘크리트 포장

② 수직재 밑둥에 받침철물(잭베이스) 밀착·고정
- 받침철물 내 겹침길이 ≥ 받침철물 길이의 1/3

③ 기둥의 수직·수평 상태 유지, 잭베이스 조절 및 확인
- 경사바닥일 경우 받침철물의 바닥면 수평 유지

④ 상·하 수직재 연결 시 전용조인트 사용, 탈락 및 절손 방지

(2) 수평재

① 수직재와 직교 설치·고정

② 체결 후 유동방지, 망치로 2~3회 타격·확인

③ 안전난간대 높이 ≥ 작업발판에서 0.9m
- 1.2m 이상일 경우의 수직간격 ≤ 0.6m

(3) 가새 및 벽연결재

① 제조사 매뉴얼·조립도에 따라 설치, 또는 전문가 구조검토에 따라 설치

② 교차가새 설치각 40~60°

③ 설치간격: 시공여건 고려, 구조검토 후 적용

④ 벽연결재 설치는 제조사 기준 적용
- 수직재-수평재 교차부에서 비계면에 대해 직각 유지

4. 유의사항

(1) 자재 및 인원

① 구성품은 KS인증[5] 및 공사감독자 승인품 사용

② 조립·해체 작업자는 유자격 기능인일 것
- 산업안전보건법상 기능습득교육 이수자

③ 조립 전 구조, 강도, 기능 및 재료의 결함 유무 검토

④ 사전영향 검토 후 일부 부재 제거

⑤ 시공 전 해체 시기 및 범위 등 작업자 교육

(2) 작업안전

① 가설통로의 조도 확보, 개인용 조명기구 휴대

② 가설전선 접촉 방지, 이설 및 절연 방호

③ 해빙기 대책 강구, 동결지반 위 비계 설치금지

---

5) KS F 8002(강관비계용 부재), KS D 3566(일반구조용 탄소강관), KS D 3506(용융아연도금 강판 및 강대) 등

④ 비계 도괴 및 비계기둥 좌굴 방지조치 강구, 벽연결용 철물 설치
⑤ 기상 불안정 시 작업중지

(3) 시공 중·후

① 시공계획 및 시공상세도에 따라 공사진행
② 공종, 공사규모, 시공부위에 따라 설치 및 유지관리
③ 비계 설치·사용 중 수평이동 및 변경금지
④ 작업발판 과하중 방지, 작업자에게 최대적재하중 안내

Ⅳ 점검·보수 및 해체

1. 점검·보수

(1) 점검·보수 시기

① 비계 조립·해체, 작업발판 위 작업 전 점검
② 기상상태 악화 등에 의한 작업중단 후 재개 전 점검
③ 비계 구조변경 후 작업 착수 전 점검
④ 불량부위 점검 시 즉시 보수

(2) 비계 조립상태 점검

① 비계 연결부·접속부 풀림 유무
② 이음·조임 철물의 손상 및 부식 여부
③ 비계기둥 침하·변형·변위, 또는 흔들림 유무
④ 경사지일 경우 밑받침철물의 수평 및 고정 상태

(3) 안전 작업상태 점검

① 안전가시설 손상여부 및 부착·걸림 상태
• 작업발판, 가설통로, 안전난간대, 추락방지망, 낙하물방지망 등
② 비계 내 지정통로 설치 및 이용 상태
③ 작업자 배치상태, 동일 수직면에서 상하 동시작업 금지
④ 작업발판 하중 부하량, 최대적재하중 초과금지

2. 해체

(1) 해체 전

① 작업계획서 작성 및 계획내용 구두안내 및 게시
② 결함부위 점검 및 복구 선행
• 비계, 벽연결재, 가새, 안전난간 설치상태 점검
• 미흡 시 보강 및 확인 선행
③ 도괴, 낙하, 추락 방지조치 점검 및 보완
• 도괴 방지용 임시가새 및 버팀목 보강, 낙하물방지망, 추락방지망 등

④ 악천후 시 작업중지

⑤ 작업자별 개인 안전보호구 착용 점검, 안전모 및 안전대 등

(2) 해체 중·후

① 해체계획에 따라 상단부터 순차적으로 작업 수행

- 공사감독자 승인 후 관리감독자 지휘하에 진행
- 수평부재 → 수직부재 → 벽이음재/가새 順

> 〈시스템비계 해체순서〉
> − 상단 안전난간 → 상단 작업발판 및 가설계단 → 상단 수평재 및 하단 안전난간
> − 하단 작업발판 및 가설계단 → 수직재 해체, 이상의 순서 반복
> − 벽연결재는 지지대 선설치 후 해체

- 벽이음 및 가새는 가능한 나중에 해체

② 2명 이상의 공동작업 수행, 작업자 외 출입통제

- 해체 작업자 외 출입금지, 해당 내용 입구에 게시

③ 비계 위 해체물 적재금지

④ 해체 중 구조체 마감손상 방지

⑤ 장비에 의한 해체물 운반, 인력하역 시 달포대 등 사용

Ⅴ 결론

① 비계는 고소작업의 안전과 효율에 큰 영향을 미치므로 조립도에 따라 견고하게 설치하고 본 공사 전 점검 및 보수를 빈틈없이 하여야 한다.

② 이를 위하여 설치기준 숙지, 작업발판 작업수칙, 안전가시설의 적소 설치 등에 관한 높은 인식이 필요하다.

tip "비계공사" 관련규정

법령	• 산업안전보건기준에 관한 규칙(안전보건규칙), 고용노동부령, 2022.8.10. 시행 • 방호장치 안전인증 고시, 고용노동부고시 제2021-22호, 2021.3.11. 시행 • 방호장치 자율안전기준 고시, 고용노동부고시 제2022-70호, 2022. 8. 30. 시행
건설기준	• KDS 216000 비계 및 안전시설물 설계기준 • KCS 210000 가설공사 • KCS 216000 비계공사 • KCS 216005 비계공사 일반사항 • KCS 216010 비계
작업지침	• 가설공사 표준안전 작업지침, 고용노동부고시 제2020-3호, 2020.1.16. 시행 • 강관비계 안전작업지침, KOSHA GUIDE C-30-2020, 한국산업안전보건공단 • 시스템비계 안전작업지침, KOSHA GUIDE C-32-2020, 한국산업안전보건공단

0000 | 작업발판 및 가설통로

I 개요

1 작업발판 및 가설통로는 주로 강관비계에 설치되어 작업공간과 이동공간을 제공하는 가시설물이다.

2 표준시방(KCS) 및 관련지침에 따라 작업발판과 가설통로의 설치기준 및 사용수칙 등을 안내한다.

작업발판	→	가설통로
• 제작유형 • 설치/사용 수칙		• 가설통로 유형/선정 • 가설경사로/가설계단/사다리

II 작업발판

〈작업발판의 필요성〉
- 안전한 작업공간 확보
- 자재 운반 및 적재
- 작업 중 추락 · 낙하 위험방지
- 고소 작업효율 증대

['작업발판'의 정의]

방호장치 안전인증 고시	제35조(정의) 4. "작업발판"이란 비계 등에서 작업자의 통로 및 작업공간으로 사용되는 발판으로서 다음 각 목과 같다. 　가. "작업대"란 비계용 강관에 설치할 수 있는 걸침고리가 용접 또는 리벳 등에 의하여 발판에 일체화되어 제작된 작업발판을 말한다. 　나. "통로용 작업발판"이란 작업대와 달리 걸침고리가 없는 작업발판을 말한다.
KOSHA GUIDE C-08-2015 작업발판 설치 및 사용 안전지침	3. 용어의 정의 • "작업발판'이라 함은 높은 곳에서 추락이나 발이 빠질 위험이 있는 장소에 근로자가 안전하게 작업할 수 있는 공간과 자재운반 등 안전하게 이동할 수 있는 공간을 확보하기 위해 설치해 높은 발판을 말한다. • "작업대"란 비계용 강관에 설치할 수 있는 걸침고리가 용접 또는 리벳 등에 의하여 발판에 일체화되어 제작된 작업발판을 말한다. • "통로용 작업발판"이란 작업대와 달리 걸침고리가 없는 작업발판을 말한다.
KCS 216015 작업발판 및 통로	1.3 용어의 정의 • 작업발판: 높이가 2m 이상인 고소작업 시 근로자가 안전하게 작업 및 이동할 수 있는 공간확보를 위해 설치하는 발판
KS F 8012 작업발판	3. 종류 • 작업발판의 종류: a) 통로용 작업발판 b) 계단발판 c) 작업대

(1) 작업대

① 일체식 구조로 공장제작

- 제작품의 성능은 인증기준 이상일 것

② 내부식성 재질의 금속재 사용

- 아연도금 강재 또는 알루미늄 재질, 주로 아연도금 강재 사용

③ 바닥재, 수평재, 보재, 걸침고리 등으로 구성

- 바닥재(유공강판) 두께 ≥ 1.1mm, 걸침고리는 이탈방지 구조

④ 생산모듈 규격: 너비 ≥ 240mm, 길이 ≤ 1,850mm, 제한하중 ≤ 300kg

- 너비(250, 400, 500)mm×길이(610, 914, 1,219, 1,524, 1,829)mm
- 단위재 질량 '400×1,829mm' → 13.1kg

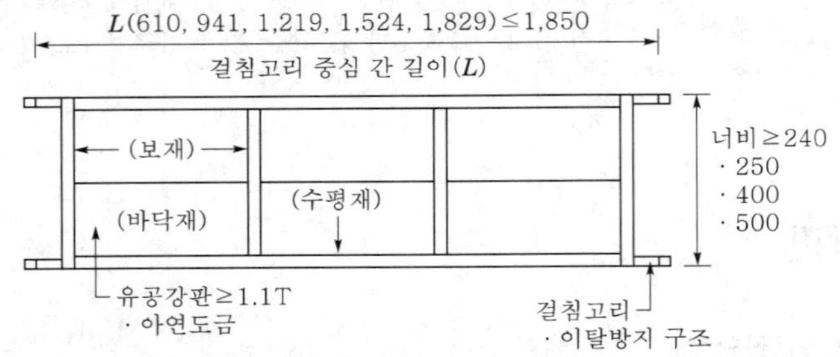

[작업대 구조]

(2) 통로용 작업발판

① 작업용 발판과 동일재질의 공장제작품 사용

② 바닥재, 수평재, 보재 등으로 구성

③ 제작모듈: 너비 ≥ 200mm, 길이 ≥ 2,000mm[6]

- 너비(250, 400, 500)mm×길이(2,000, 3,000, 4,000)mm
- 단위재 질량 '400×3,000' → 20.6kg

④ 지점거리에 따라 1종과 2종으로 구분[7]

- 1종: 2점 지점간 거리 1,800±50mm
- 2종: 1종 이외의 것, 지점간 거리=발판길이×90%

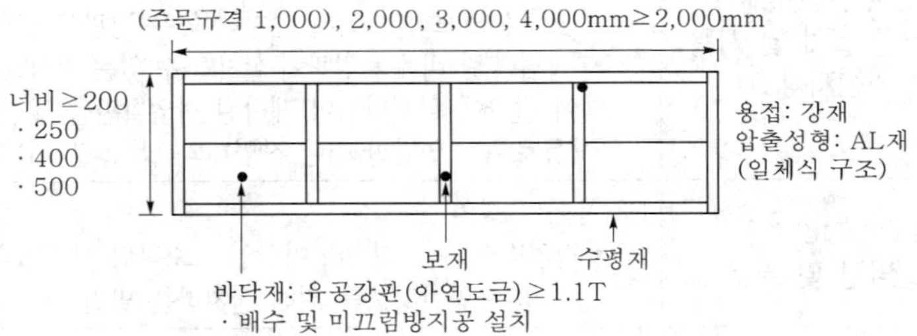

[통로용 작업발판 구조]

---

6) KS F 8012 작업발판 '4.2.1 통로용 작업발판' 참조

7) '방호장치 안전인증 고시' §36관련 별표19 참조, '방호장치 안전인증 고시'에서 'KS F 8012'의 통로용 작업발판의 규격(2,000mm)은 1종, 이외의 규격은 2종으로 간주한다.

2. 작업발판 설치

(1) 설치장소

① 비계 가시설: 강관비계, 시스템비계, 이동식비계 등

② 시스템동바리, 시스템거푸집(작업발판 일체형 거푸집)[8]

③ 지면이나 구조물 바닥 등

(2) 설치기준

① 발판 걸침고리 비계장선에 고정·지지

- 통로용 발판은 철선으로 고정, 발판 표면에 철선노출 방지
- 발판은 2개 이상의 장선에 걸침·고정

② 발판 폭: 400mm(자재적재 시 600mm) 이상, 1,500mm 이하

- 맞댐이음 적용, 모듈재 이음 틈새 ≤ 30mm

③ 발끝막이판 설치, 높이 ≥ 100mm, 비계기둥 내측 양단에 설치

④ 발판 이용자 안전조치 강구

[안전조치 유형]

추락·낙하 재해	추락방호망, 낙하물방지망, 안전난간대 등 설치
전도(넘어짐)	발판 위 돌출물 방지, 발판고정용 못, 철선, 볼트 등
미끄럼	바닥재 천공구 설치, 우수 배수 및 미끄럼방지 고려

3. 사용수칙

① 발판 사용 전 이상 유무 점검

② 부적합 사항은 반드시 개선 후 사용

③ 관련지침에 따라 작업발판 재사용

- 관련지침: '재사용 가설기자재 성능기준에 관한 지침'

④ 안전 사용수칙 통로 게시

- 최대적재 하중과 수량, 작업자 준수사항 등

Ⅲ 가설통로

1. 가설통로 유형[9]

▶ 가설통로는 경사각에 따라 경사로, 가설계단, 이동식사다리 등으로 구분한다.

---

8) 작업발판일체형 거푸집: 갱폼, 슬립폼, 클라이밍폼, 터널라이닝폼, ACS Form 등
9) 계단과 사다리의 중간형인 "발판사다리"는 적용사례와 형상 유추가 곤란하고 '한국산업안전보건공단' 2015년도 지침에만 명시되어 있는 점, "고정식사다리"는 영구존치형인 점 등을 고려하여 가설통로에서 제외하였다. 반면, KS F 8012 '작업발판'의 종류에 있는 "계단발판"은 "일체형 가설계단"으로 구분하였다.

[가설통로별 경사각]

기준 통로 유형	KCS*	지침** 경사각 범위	지침** 권장 경사각	지침***	지침****
경사로	$A \leq 30°$	$0° < A \leq 20°$	$0° < A \leq 10°$	$0° < A \leq 30°$	–
가설계단	–	$20° < A \leq 45°$	$30° < A \leq 38°$	$30° < A \leq 60°$	–
발판사다리	–	$45° < A \leq 75°$	$45° < A \leq 60°$	–	–
사다리	–	$75° < A \leq 90°$	–	$60° < A \leq 90°$	–
이동식사다리	–	$A \leq 75°$	–	$A \leq 75°$	$A \leq 75°$
고정식사다리	–	$A \leq 90°$	–	–	–

*KCS 216015(작업발판 및 통로), 2022.2.23., 국토교통부
**작업장의 통로 및 계단 설치에 관한 기술지침, 2015.11., 한국산업안전보건공단
***가설계단의 설치 및 사용 안전보건작업 지침, 2012.8., 한국산업안전보건공단
****사다리 안전보건작업 지침, 2012.8., 한국산업안전보건공단

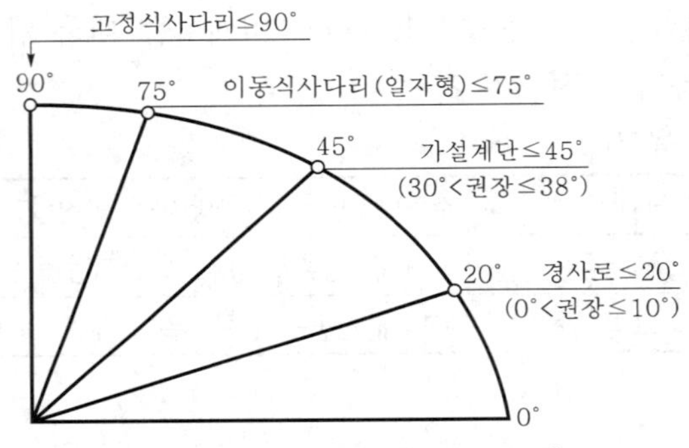

[경사도에 따른 가설통로 구분]

(1) 경사로

① 경사각 20° 이하의 가설통로
② 지지기둥, 보, 장선, 발판널, 미끄럼막이, 계단참, 안전난간 등으로 구성

(2) 가설계단

① 경사각 45° 이하의 가설통로, 일체형과 조립형으로 구분
② 지지대, 디딤판, 계단참, 안전난간 등으로 구성

(3) 이동식사다리

① 경사각 75° 이하의 가설통로
② 일자형과 A형으로 구분

2. 가설통로 선정

(1) 선정 시 고려사항

① 이동 효율 및 빈도
② 가용공간 및 설치장소
③ 지면과 통로바닥 높이 차이
④ 설비·공구 운반 및 비상시 이동

⑤ 재해 방지시설의 설치

〈가설통로의 필요성〉
• 작업장 수직 · 수평 이동
• 통행 중 추락 · 낙하 위험방지
• 고소통행 효율 증대
• 경사도별 안전통로 확보

[재해 방지시설 유형]

추락재해	안전난간대 설치, 발판고정
낙하물 상해	낙하물방지망 설치, 안전모 착용
넘어짐	돌출물 제거, 과다한 경사각 지양, 통로 폭 개선
미끌어짐	안전화 착용, 미끄럼막이 및 미끄럼 방지장치 설치

(2) 선정 우선순위

① 바닥이나 지면 직접 이용

② 승강기나 승강장치 이용

③ 경사로 및 계단

④ 사다리

3. 가설경사로

(1) 설치기준

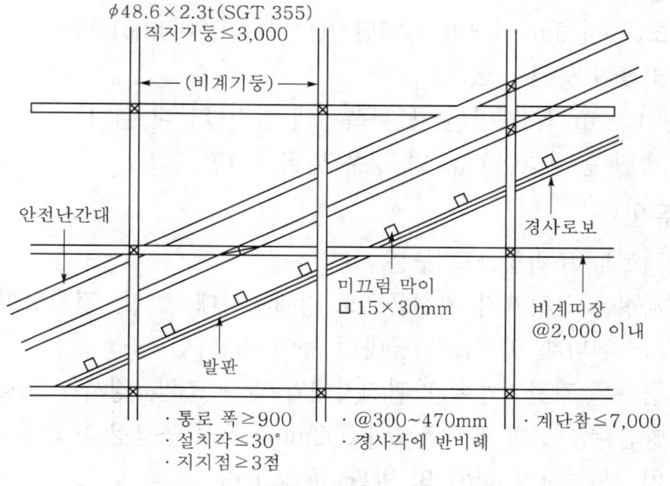

[가설경사로 설치기준]

① 지지기둥 간격 ≤ 3,000mm, 통로 폭 ≥ 900mm,

② 비계기둥이나 장선에 경사로보 연결 · 고정

③ 장선간격 ≤ 1,800mm, 발판에 3점 이상 지지하여 보에 연결

④ 발판 경사각 ≤ 30°, 틈새 ≤ 30mm

• 장선 2곳 이상에 발판 고정, 발판이음은 맞댐이음 적용

- 발판 끝단 돌출길이 ≤ 장선으로부터 200mm
- 미끄럼막이재 단면 15×30mm, 간격 300~470mm, 경사각에 반비례
- '경사각 < 15°'이고 미끄럼방지장치를 설치하면 미끄럼막이 생략 가능

⑤ 수직높이 7m 이내마다 계단참 설치

- '계단참＋경사로' 이음부의 단차 방지

(2) 사용수칙

① 사용 전 재해방지 선조치

② 경사로 바닥 및 상부 장애물 제거, 자재 적재 및 돌출물(못, 철선) 등

- '경사로－작업발판' 접속부: 2m 높이 이내에 장애물이 없을 것

③ 개인 안전보호구 필수 착용

④ 경사로에서 이동식사다리 사용금지

⑤ 손상된 곳은 즉시 보수할 것

4. 가설계단

(1) 설치기준

① 경사각 범위: 20~45°

② 발판(디딤판) 규격

- 폭 ≥ 350mm[10], 너비 ≥ 180, 높이 ≤ 240, 상·하 발판 겹침길이 ≥ 10mm

③ 계단 높이 ≤ 3,000mm

- 초과 시 3m 이내마다 계단참(너비 ≥ 1,200mm) 설치

④ 머리높이 공간 ≥ 2.3m

⑤ '높이 ≥ 1m'의 개방된 계단 측면에 안전난간대 설치

- '측면 틈새 ≥ 30mm'인 경우 발끝막이판 설치

(2) 설치유형

① 일체형과 조립형으로 구분

② 일체형은 공장제작 기성품으로 강관지지대, 발판, 걸침고리 등으로 구성

- 시스템비계 및 시스템동바리 등에 적용

③ 조립형은 강관비계에 강관지지대와 발판 조립, 경사각 조절 가능

- 발판 폭: 일반 통행용 ≥ 1,000mm, 동시 통행용 ≥ 1,200mm

④ 설치 시 경사각 범위 및 발판 규격 고려

일체형	• I형(경사각 45°), Z형(경사각 54°)으로 구분[11] • 발판: 너비 ≥ 180mm, 수직높이 ≤ 240mm
조립형	• 경사각 30~60° • 발판: 너비 ≥ 230mm, 수직높이 ≤ 230mm

---

10) 통로 폭(=발판 폭): 양측 손잡이·지주 사이의 순간격, 가설계단에서 '발판 너비≠발판 폭'에 유의할 것

11) I형 및 Z형은 상하단 걸침부의 발판 유무에 따라 구분, Z형의 경사각 54°는 '발판사다리'로 구분하여야 하나 여기에서는 일단 한국산업안전보건공단의 'KOSHA GUIDE(C-11-2012)' 내용을 인용하였다.

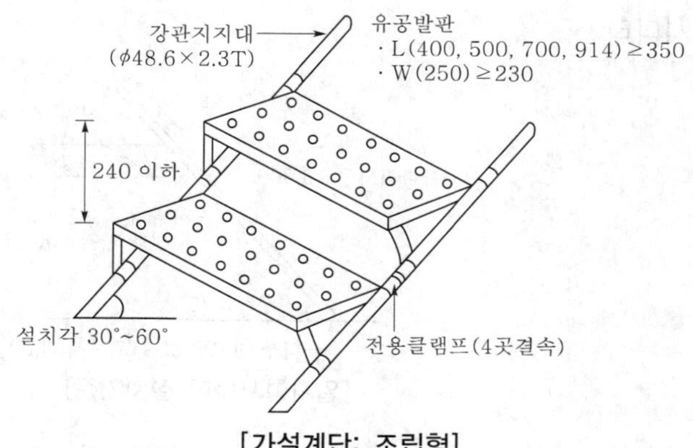

[가설계단: 조립형]

(3) 설치기준

① 계단 지지대는 비계에 고정

② 발판 너비와 높이 균일간격 유지, 조정 필요시 첫단·끝단에서 높이 조정

③ 디딤판 상시상태 유지 및 미끄럼 방지 조치

- 발판 구멍으로 공구 등의 낙하 방지
- 발판 끝부분 및 계단참 표면의 미끄럼 방지

④ 안전수칙 준수 및 감독

- 작업 전 안전수칙 안내, 작업 중 이행여부 확인, 작업자 개인보호구 착용
- 관계 작업자 외 출입금지, 외부인 출입금지 설비, 필요시 감시자 배치

(4) 사용 전 점검사항

① 재료의 규격품 여부 및 결함 유무

② 발판 설치상태의 양부, 발판의 변형, 부식, 손상여부

③ 접속부 및 연결부 이상 유무

④ 발판 위 적재물 및 방치물 유무

⑤ 안전방호시설의 설치 및 정리정돈 상태 등

5. 사다리

▶ 고정식사다리는 시설물·장비에 영구존치되므로 공사용 사다리에서 제외한다.

[사다리 유형]

고정식사다리	• '경사각 ≤ 90°'로 설치하여 구조물에 영구존치시키는 사다리 • 집수정, 고가수조, 펜트하우스, 타워크레인 등의 점검 및 이동용 • 버팀대, 디딤대, 등받이울[12] 등으로 구성
이동식사다리	• 인력으로 이동 및 사용, 기성품의 알루미늄 합금제 사다리 • 설치형상에 따라 일자형, A형으로 구분[13], A형사다리만이 경작업용[14] 가능

---

12) '등받이울' 저자 注: 구조물에 고정시킨 90° 사다리 지지체에 3점 이상의 신체접촉을 유도함으로써 추락재해를 방지하려는 안전설치물

13) 접이각과 길이를 조절함으로써 일자형이나 A형 변환이 모두 가능한 것을 많이 사용한다.

14) 경작업: 큰 힘이 들지 않는 작업. 조경수목 정지, 드릴링, 줄자측정 등의 경미한 손작업을 일컫는다.

(1) 일자형사다리

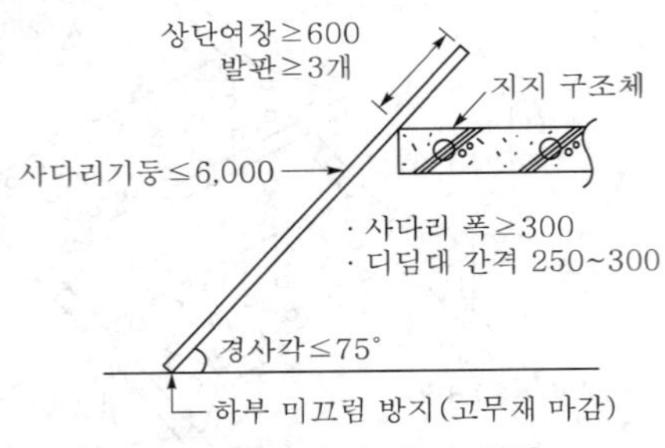

[일자형사다리 설치기준]

① 길이 ≤ 6m, 여장 ≥ '벽면상부+600mm', 설치 각 ≤ 75°
  • 연장사다리: 길이 ≤ 15m, 잠금쇠 등으로 고정 후 사용[15]
② 폭≥300mm, 발받침대 수직간격 250~350mm
③ 버팀대 하부 받침금지, 미끄럼 방지조치
④ 평탄·견고한 곳에 설치, 이음 사용금지, 출입문 앞 설치금지
  • 사다리 측면경사각 ≤ 16°, 견고하게 수평조절 후 사용
⑤ 상하부 이동용으로만 사용, 작업용도 금지

(2) A형사다리

① 접이·연장식일 경우 각도·길이 고정 후 사용, 벌어짐에 의한 추락방지
② 고소작업대·비계 설치가 어려운 협소한 곳에 적용
③ 평탄·견고한 곳에 버팀대 고정
④ 또는 2인 1조 작업, 경작업만 가능
⑤ 작업높이 < 3.5m, 작업자 위치: 상부발판 3개 이상 유지할 것

[작업높이별 추락방지 수칙]

1.2m ≤ 작업높이 < 2.0m	최상부 발판 작업금지
2.0m ≤ 작업높이 < 3.5m	최상부 2개단의 디딤대에서 작업금지, 안전대 착용

(3) 제작 및 설치 수칙

① 적합한 크기와 용도일 것
② 발판 수직간격 ≤ 400mm, 일정간격 유지
③ 발판 미끄러짐 방지
④ 사다리 폭 ≥ 300mm, 벽 이격 ≥ 150mm
⑤ 전도, 추락재해 예방구조일 것

---

15) KCS 216015 '3.4 사다리' 참조

(4) 사용수칙

    ① 사전점검 후 사용

    ② 사용불가한 것 즉시 장외 반출

    ③ 통로나 개구부 앞 설치금지

    ④ 개인 안전보호구 착용

    ⑤ 10kg 이상의 중량물 취급금지

Ⅳ 결론

1. 작업발판과 가설통로가 이용자에게 고소작업과 현장 내 통행 등의 효율을 증대시키려면 이용자의 안전성 확보가 전제되어야 한다.
2. 이를 위한 이용자의 개인보호구 착용, 추락·낙하 재해방지용 안전가시설 설치, 안전수칙 교육 및 게시 등의 노력이 필요하다.

tip "작업발판 및 가설통로" 관련규정

공통	• 산업안전보건기준에 관한 규칙 • 가설공사 표준안전 작업지침 • KCS 217005 안전시설공사 일반사항 • KCS 216015 작업발판 및 통로	고용노동부
작업발판	작업발판의 성능기준 및 시험방법	고용노동부
	작업발판 설치 및 사용안전 지침	한국산업안전보건공단
가설통로	• 작업장의 통로 및 계단 설치에 관한 기술지침 • 가설계단의 설치 및 사용 안전보건작업 지침 • 사다리 안전보건작업 지침 • 이동식사다리의 제작과 사용에 관한 기술지침 • 고정식사다리의 제작에 관한 기술지침	한국산업안전보건공단
	이동식사다리 안전작업지침	고용노동부/한국산업안전보건공단

0000 추락·낙하물 재해 방지시설

I 개요

1 추락 및 낙하물에 의한 재해는 건설현장의 안전을 위협하는 가장 큰 요인이다.
2 추락 및 낙하물 재해를 방지하기 위한 안전가시설의 설치기준과 준수사항에 대하여 살펴본다.

추락재해 ➡	낙하물재해
• 추락방호망/수직형추락방호망 • 안전난간/개구부덮개/안전대 부착설비	• 낙하물방지망/방호선반 • 수직형보호망/낙하물투하설비

II 추락재해 방지시설

[추락재해 방지시설 유형]

추락방호망	• 인원의 추락재해 방지용 보호망 • 구성재: 방망, 그물코, 테두리로프, 재봉사, 달기로프
수직형추락방호망	• 추락 위험장소 접근방지용 보호망 • 보호망 유형: 메시시트형, 그물망형, 밴드형 등
안전난간	• 가설통로 및 개구부 주변에 설치하는 추락 방지시설 • 구성재: 난간기둥, 상부난간대, 중간난간대, 발끝막이판
개구부덮개	• 바닥개구부의 인원·장비 추락·낙하 방지용 덮개 • 구성재: 판재(합판, 강판, 강판망), 각재, 앵글, 철근
안전대 부착설비	• 작업자 안전대의 로프를 지지시키는 설비 • 구성재: 구조체, 전용철물, 지지로프, 안전대 걸이

1. 추락방호망

(1) 재료

▶ 방망, 그물코, 테두리로프, 재봉사, 달기로프 등으로 구성되며, 필요에 따라 재봉사 생략이 가능하다.

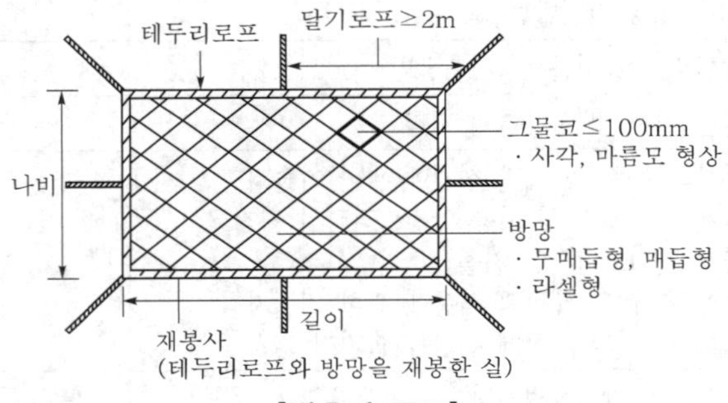

[방호망 구조]

① 방망: 그물코 편성에 따라 무매듭방망, 매듭방망, 라셀방망 등으로 구분
② 그물코: 사각, 마름모 형상, 매듭간 중심거리 ≤ 100mm
　• '그물코 ≤ 20mm'이면 낙하물방지망 기능 겸용 가능
③ 테두리로프: 그물코를 꿰어 방망 결속, '로프-방망'은 재봉사로 고정
④ 달기로프 길이 ≥ 2m
　• 1개소 지지점에 2개의 달기로프일 경우 1m 이상일 것
⑤ '방호장치 안전인증 기준'에 적합한 것 사용

(2) 설치기준

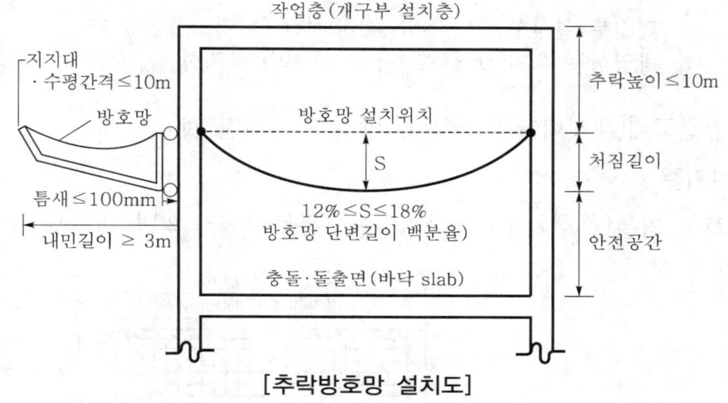

[추락방호망 설치도]

① 지지대 수평간격 ≤ 10m, 구조체에 브래킷 및 앵커 고정
　• 지지점 인장력 및 지지대 휨강도 ≥ 6kN
② '작업면-방호망(추락높이)' ≤ 10m, 작업면에서 최대한 가까울 것
③ 중앙부 처짐(S): 방호망 단변에 대한 백분율 상하한 12% ≤ S ≤ 18%
　• 처짐공간 내에 충돌물(바닥, 돌출물) 방지
④ 달기로프의 지지점 결속 등간격 ≤ 3m
　• 방호망 길이 및 너비가 3m 초과 시 매 3m 이내마다 결속
⑤ 방호망 단변 내민길이 ≥ 3m
　• 방호망-지지대 사이 ≤ 100mm, 겹침이음 길이 ≥ 750mm

(3) 현장 품질관리
① 설치 후 1년 이내 최초검사, 이후 6개월 이내마다 정기검사
② 추락사고 발생 후 성능 확인검사, 손상 및 결함 있는 것 즉시 교체
③ 낙하물 발생 시 즉시 제거
④ 자외선, 기름, 유해가스 없는 건조한 곳에 보관, 열기 근처 보관금지

2. 수직형 추락방호망

(1) 구조 및 재료(KS F 8084)

① 그물코 중심간격: 메시시트형 ≤ 12mm, 그물망형 ≤ 100mm, 밴드형 ≤ 370mm

② 방망 단부에 테두리로프 보강 구조
- 밴드형은 외곽밴드를 테두리로프로 간주

③ 방망 규격: 수직높이(나비) ≥ 1,500mm, 길이 ≤ 5,000mm
- 발코니 '치켜올림부 ≥ 300mm'일 경우 방망나비 ≥ 1,200mm

④ 방망 섬유재
- 재질: 나일론, 폴리에틸렌, 폴리에스테르, 폴리프로필렌

〈방망 성능항목〉
- 방망사 인장하중
- 테두리로프 및 연결부 인장하중 ≥ 14.7kN
- 연결부 설치하중 2,400N, 130시간 후 감소율 ≤ 20%
- 방염성능 요건(잔염, 잔진, 탄화거리) 충족할 것

⑤ 연결고리(래칫버클): 내식성, 방청 처리재일 것

(2) 설치기준

▶ 발코니, 커튼월 설치부위, 작업발판−통로의 끝, 외벽 개구부 등에 설치

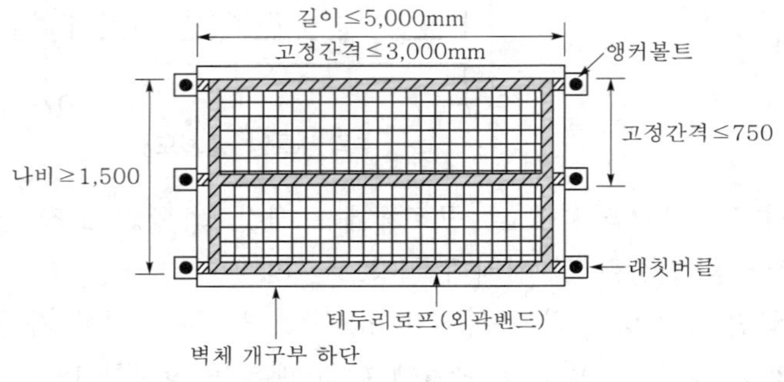

[수직형 추락방호망]

① 구조물 벽체·기둥에 고정, 앵커·래칫버클(Ratchet Buckle) 이용
② 달기로프 수직 고정간격 ≤ 750mm, 바닥 길이방향 고정간격 ≤ 3,000mm
③ 달기로프 양끝 인장 및 고정, 정격인장하중 ≥ 240kg(2,400N)

〈설치순서〉
- 드릴 천공, 홀 수직간격 ≤ 750mm
- 앵커볼트 삽입, 앵커볼트에 래칫버클 고정
- 달기로프에 정격인장하중 도입하여 래칫버클에 체결
- 바닥 길이방향의 테두리보 고정 ≤ 매3,000mm, 해체는 설치의 역순

④ 방망 인장·고정 상태 정기점검 및 보정, 래칫버클 이용
- 48시간 경과 후 달기로프 재인장 및 고정, 정격 설치하중 도입

(3) 관리기준

① 설치 전 구조체 양생 확인, 설치 후 중량물 지지 금지
- 화기 사용장소는 회피할 것

② 주변에서 용접 시 불꽃 비산방지 조치, 용접 후 손상여부 확인

③ 자재 반입 시 일시 해체할 경우 추후 즉시 복원

④ 방망 및 연결부 파손된 것 사용금지

⑤ 장력 이완여부 정기점검, 손상된 것은 즉시 폐기할 것

　• 최초설치 후 3개월 이내 점검, 이후 정기점검

3. 안전난간

▶ 난간기둥, 상부난간대, 중간대, 발끝막이판(폭목) 등으로 구성된다.

(1) 설치위치

① 작업발판 가장자리

② 가설통로: 가설경사로, 가설계단

③ 바닥 개구부 및 단부

④ 계단실: 비계기둥 안쪽에 설치

(2) 사용자재

▶ KS규격 및 '방호장치 안전인증 기준' 적합품을 사용한다.

① 난간기둥용 강관, $\varnothing 34.0 \times 2.3T$, KS F 8017(안전난간 기둥)

　• 이동식 비계용 난간틀, KS F 8011(이동식 강관비계용 부재)

② 수평난간대 강관, $\varnothing 27.2 \times 2.3T$, KS F 8002(강관비계용 부재)

③ 강관용·강구조용·이음용 등의 클램프, KS F 8013(조임철물)

④ 발끝막이판 높이 ≥ 100mm

(3) 설치기준

① 난간기둥 간격 ≤ 2,000mm, 난간대 부담하중 ≥ 100kg/본

　• 난간기둥 간격 ≤ 250mm 인 경우 중간난간대 생략 가능

② 상부난간대 높이 ≥ 900mm, 상부난간대 회전 방지

③ 중간난간대 수직간격 ≤ 600mm[16)

　• '난간높이 ≤ 1,200mm'일 경우 중간 위치에 설치

　• 상부난간대－중간난간대－바닥면 평행상태 유지

④ 발끝막이판 높이 ≥ 100mm

⑤ 구성부재 견고하게 설치, 탈락 및 미끄러짐 방지

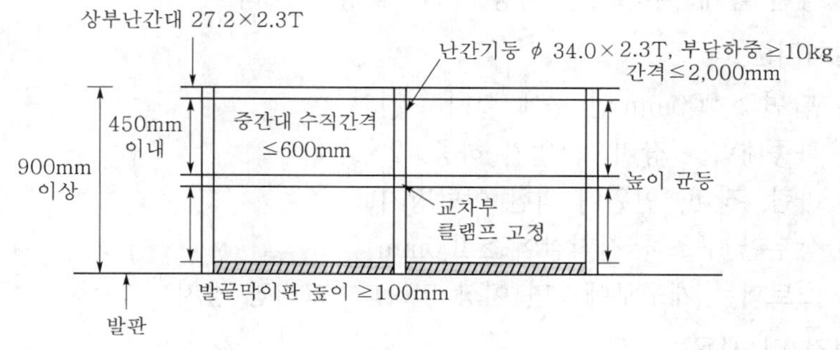

[안전난간]

---

16) '상부난간대－발판' 사이에 방망을 설치할 경우 중간대와 발끝막이판의 설치를 생략할 수 있다.

(4) 사용수칙

① 타 용도 사용금지, 자재운반용 걸이 등

- 기타: 안전대 · 지지 로프, 서포트, 벽연결, 작업발판 등의 지지점

② 자재하중 부하, 작업자 승강 금지

③ 돌출단부에 의한 상해를 방지할 것

- 단부는 반드시 외부 지향, 또는 마개 설치

4. 개구부 덮개

▶ 작업자 및 장비 등의 추락을 방지하기 위한 판재 또는 강판망 소재의 안전가시설이다.

(1) 구조 및 자재

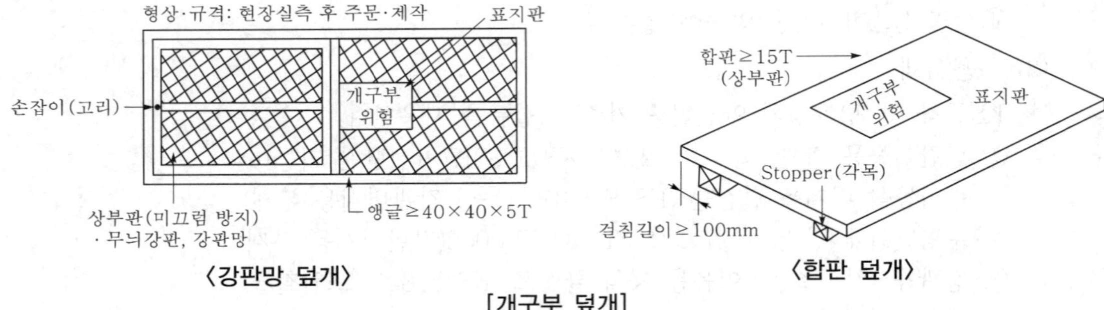

① 개구부 크기 및 용도에 따라 다양한 형상과 재질 적용

- 사각형, 원형, 다각형 등 주문 제작 가능
- 덮개 요구강도에 따라 합판, 메탈망, 철근격자망 강판 등 사용

② 합판 덮개: 상부판과 스토퍼로 구성

- 상부판용 합판 ≥ 12T, 스토퍼용 각목 ≥ 45×45mm

③ 메탈망 덮개: 메탈망＋앵글(40×40×5T)

- 자재 승강용 등에 적용, 개폐식(해치형) 적용 가능

④ 철근격자망 덮개: 이형철근 ≥ D10, 격자간격 ≤ 100mm

- 후타설 개구부에 적용, 선타설부 돌출철근에 연결하여 격자망 구성

⑤ 강판 덮개: 무늬강판 사용, 미끄럼 방지 고려

(2) 설치기준

① '단변 ≥ 200mm'인 곳에 설치

② 하중내력 ≥ 장비 · 작업자 하중×2

③ 바람, 장비, 인원에 의한 이탈방지

④ 상부판 구조물 걸침길이 ≥ 100mm

⑤ 스토퍼는 개구부에 2면 이상 밀착, 미끄러짐 방지

(3) 점검 및 사용

① 식별용 표지판 설치

- '추락주의', '개구부 주의' 위험표지판 등, 형광페인트 사용

② 덮개 위 자재적재 금지

③ 개구부 주변 정리정돈 철저

④ 주변 작업 시 안전대 착용

⑤ 덮개의 임의제거 금지

- 작업 진행상 일시 해체하는 경우 작업종료 후 즉시 원상복구

5. 안전대 부착설비

▶ 2m 이상의 고소작업 및 가설통로 이용 시 안전대 부착용 걸이대를 설치한다.

(1) 걸이대 유형

① 구조체 걸이대: 전용철물이나 부재 인양고리 이용

② 강관 걸이대: 강관 사용규격 $\varnothing 48.6 \times 2.4T$

③ 로프 걸이대: 전용 지지로프

(2) 설치기준

① 부착설비는 벨트보다 높은 곳일 것

- 걸이대 높이 ≥ (바닥~안전대)×2

② 강관걸이대: 높이 ≥ 1,200mm, 수평간격 ≤ 7,000mm

- 안전난간대 지지 엄금, 반드시 전용 걸이대 설치 및 사용

③ 로프걸이대 인장강도 ≥ 14,700N

Ⅲ 낙하물재해 방지시설

[낙하물재해 방지시설 유형]

낙하물방지망	• 낙하물 재해 방지용 보호망 • 구성재: 방망, 지지재, 방지망 긴결재
방호선반	• 낙하물 재해 방지용 선반, 개구부 • 외부비계용, 리프트 주변용, 출입구용, 가설통로용
수직보호망	• 낙하물 및 비산먼지 방지용 수직 보호망 • 구성재: 방망, 지지재, 고정긴결재
낙하물 투하설비	낙하물을 안전하게 떨어뜨리기 위한 설비

1. 낙하물방지망

(1) 자재(KS F 8083, 8082)

① 방지망 그물코 크기 ≤ 20mm

② 강관 지지재: KS F 8002, '방호장치 자율안전 기준' 적합품

③ 방지망 긴결재: 전용 클램프 사용

(2) 설치

▶ 강관비계 또는 외벽부에 설치하고, 추락방지 겸용 시 추락방지망 설치기준을 준수한다.

[설치 방식]

강관비계 설치	• 방지망, 하부지지대, 강관연결재, 클램프 사용 • 지지대·연결재–방지망 결속, 중저층 건물에 적용
건물외벽 설치	• 브래킷, 하부지지대, 강관·와이어로프 연결재, 클램프 사용 • 상하브래킷–지지대·연결재–방지망 결속, 고층건물에 적용

① 수직 설치간격 ≤ 10m, 또는 매 3개 층

　• 첫 단 설치높이는 가능한 낮은 위치일 것 → 근로자 방호

② 하부지지대 내민길이(수평투영면 폭) ≥ 2m

　• 외벽 설치 시 지지점 허용 인장하중 100kgf

③ 20° ≤ 지지대 수평경사각 ≤ 30°, 연결재 로프 인장력 ≥ 15kN

④ 벽–지지구조체 틈새 ≤ 250mm

⑤ 방지망 겹침이음 길이 ≥ 150~300mm[17], 이음부위 틈새방지

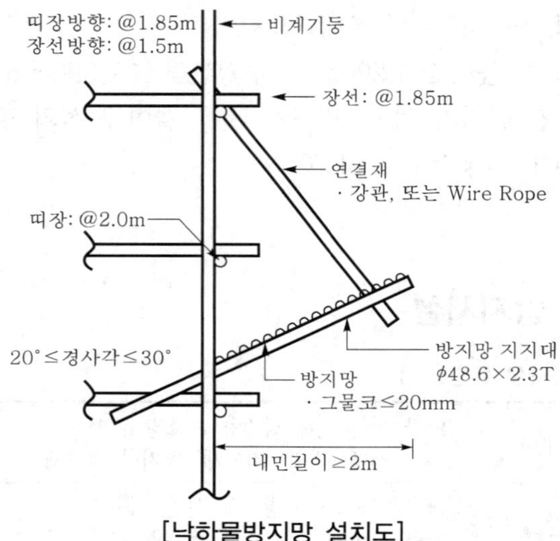

[낙하물방지망 설치도]

(3) 유지관리

　① 설치 후 매 3개월 이내마다 정기검사 실시

　② 적재물 발생 시 즉시 제거

　③ 용접 시 불꽃 비산방지, 작업 후 손상여부 점검

　④ '강도손실 ≥ 30%'일 경우 폐기

2. 방호선반

▶ KS F 8016 및 '방호장치 자율안전기준' 적합품을 사용한다.

---

17) 'KCS 217015 3.1.1'에서는 150mm, KOSHA-GUIDE(C-26-2017)에서는 300mm 이상으로 규정하고 있다.

(1) 설치장소

① 외부비계

② 출입구

③ 인화(人貨)공용 리프트 주변

④ 가설통로 상부

- 빈번한 통로 첫 단에 낙하물방지망 대신 방호선반 설치

(2) **구성재료**

① 바닥판: 선반 바닥용 아연도금 유공강판, 천공구 ≤ Ø12mm

② 선반틀: 바닥판 지지용 틀, 낙하물 적재, 바닥판 조립용 "ㄷ"형강

③ 보재: 선반 바닥틀의 외부지지 고정용

- 강관 ≥ Ø25×2.1T, 또는 와이어로프 Ø9mm

④ 가새: 선반 바닥틀 보강용, 강관 ≥ Ø25×2.1T

⑤ 상·하 브래킷: 선반 바닥틀의 상·하부 고정용, 강판 ≥ 4.5T

(3) **설치기준**

① 틈새 및 탈락 방지, 지지대에 견고하게 고정

- 풍압, 진동, 충격 등 고려

② 설치위치 ≤ 지상에서 10m

③ 지지대 내민길이 ≥ 1,200mm, 20° ≤ 경사각 ≤ 30°

④ 선반 끝단에 방호벽 설치

- 수평면으로부터 600mm 높이 이상의 방호벽 설치

⑤ 벽연결재 보강, 낙하물 하중 고려

- 방호선반 하부 양측에 낙하물방지망 설치

3. **수직보호망**

▶ 작업장소에서 외부로 물체가 낙하·비래하는 것을 방지하기 위한 가시설이다.

(1) **자재**

① KS F 8081 및 성능기준 충족 자재 사용

- 구성재료: 섬유망, 긴결재

② 난연성 및 방염가공한 합성섬유망 사용

③ 고정용 긴결재 인장강도 ≥ 981N, 방청 처리재 사용

- 플라스틱재는 동절기에 절손 및 파손되지 않는 것 사용

④ 부분 파손되거나 보수 불가능한 것 사용금지

(2) **시공**

① 외측 비계기둥−띠장 간격대로 제작 및 설치

② 구조체 긴결간격 ≤ 350mm

- 긴결재는 외력에 풀리지 않을 것

③ 지지재 수평간격 ≤ 1,850mm
④ 강풍·반복외력과 동절기 손상방지, 강풍 예상 시 벽연결재 보강
⑤ 단부 및 모서리 틈새방지

(3) 설치 후 점검
① 설치 후 매 3개월마다 정기검사
  • 마모 및 손상된 경우 즉시 교체 및 보수·보강
② 연결재 연결상태, 매 1개월 점검
③ 악천후 시 수직보호망, 지지재 이상 유무
④ 인접장소에서 용접 시 손상 유무
  • 일시 제거 시 즉시 복원여부

4. 낙하물 투하설비

① 고소 투하물체의 비산방지
  • 3m 높이 이상의 장소에서 물체를 투하할 경우 설치
② '투하설비-구조물'이 분리되지 않도록 견고하게 연결
③ 이음부 겹침길이 확보, 낙하물 누출방지
④ 최하부에 표지판 및 울타리 설치, 관계자 이외 출입금지

Ⅴ 결론

1 안전관리자는 추락 및 낙하물 방지시설물이 상호보완적으로 기능하도록 배치 및 설치 과정에서 관련기준이 준수되도록 확인하고 설치 후 기능 손상이 없도록 관리하여야 한다.
2 한편 공사관계자는 작업 및 통로 이용 시 개인보호구의 착용 및 안전가시설의 사용수칙을 준수하도록 교육 및 안내하고 위험개소별 표지판 설치 등에도 힘써야 할 것이다.

tip	"추락·낙하물 재해 방지시설" 관련규정
법령	• 산업안전보건기준에 관한 규칙(안전보건규칙), 고용노동부령, 2024.12.29. 시행 • 방호장치 안전인증 고시, 고용노동부고시 제2021-22호, 2021.3.11. 시행 • 방호장치 자율안전기준 고시, 고용노동부고시 제2022-70호, 2022. 8. 30. 시행
건설기준	• KCS 217010 추락재해 방지시설 • KCS 217015 낙하물재해 방지시설
작업지침	• 추락재해방지 표준안전작업지침, 고용노동부고시 제2020-8호, 2020.1.16. 시행 • 추락방호망 설치지침, KOSHA GUIDE C-31-2017, 한국산업안전보건공단 • 수직형 추락방망 설치 기술지침, KOSHA GUIDE C-110-2018, 한국산업안전보건공단 • 낙하물 방지망 설치지침, KOSHA GUIDE C-26-2017, 한국산업안전보건공단 • 낙하물 방호선반 설치지침, KOSHA GUIDE C-27-2011, 한국산업안전보건공단

B. 최근 기출문제

• 제127회~제136회 기출문제

[편별 출제 문항수]

(단위: 개)

편 \ 회	127	128	129	130	131	132	133	134	135	136	계	%
1	2	6	4	4	5	2	2	3	2	2	32	10.3
2	3	6	5	5	4	1	2	4	3	4	37	11.9
3	3	2	4	1	3	5	5	3	3	5	34	11.0
4	8	7	8	10	10	8	6	9	10	9	85	27.4
5	5	4	2	4	3	5	3	5	4	5	40	12.9
6	10	6	8	7	6	10	13	7	9	6	82	26.5
계	31	31	31	31	31	31	31	31	31	31	310	100

제127회 건축시공기술사 (2022. 04. 16. 시행)

 **1교시**

※ 다음 문제 중 10문제를 선택하여 설명하시오. (각 25점)

1. 일식도급(General Contract)
2. DFS(Design for Safety
3. 건설기술진흥법상 안전관리비
4. 경량충격음과 중량충격음
5. 품질관리 7가지 도구
6. 슬러리월공사 중 가이드월(Guid Wall)
7. 서브머지드 아크 용접
8. PEB 시스템(Pre-Engineered Building System)
9. 철골부재 스캘럽(Scallop)
10. 저탄소 콘크리트(Low Carbon Concrete)
11. GFRC(Glass Fiber Reinforced Concrete)
12. 공동주택의 비난방 부위 결로방지 방안
13. 콘크리트 공사 표준 습윤양생 기간

2교시

※ 다음 문제 중 4문제를 선택하여 설명하시오. (각 25점)

1. 건설사업관리(CM) 계약의 유형과 주요업무에 대하여 설명하시오.
2. 연약지반을 관통하는 말뚝 항타 시 지지력감소 원인과 대책에 대하여 설명하시오.
3. 콘크리트 내구성 저하 요인에 대하어 설명하시오.
4. 초고층 공동주택에서 콘크리트 타설 시 고려사항과 콘크리트 압송장비(CPB: Concrete Placing Boom) 운용방법에 대하여 설명하시오.
5. 밀폐공간에서 도막방수 시공 시, 작업 전(前) 과정의 안전관리 절차에 대하여 설명하시오.
6. 신재생에너지의 정의 및 특징, 종류, 장단점에 대하여 설명하시오.

3교시

※ 다음 문제 중 4문제를 선택하여 설명하시오. (각 25점)

1. 건축물 에너지효율등급 인증제도의 인증기준과 등급에 대하여 설명하시오.
2. 설계의 경제성 검토(설계VE: Value Engineering)에 대하여 실시대상공사, 실시시기 및 횟수, 업무절차를 설명하시오.
3. 도심지 건축공사 시공계획 수립 시 Tower Crane 기종선정, 대수산정, 설치 시 검토사항에 대하여 설명하시오.
4. 최근 데크플레이트 적용 슬래브의 붕괴 사고가 자주 발생하고 있다. 데크플레이트의 붕괴 원인과 시공 시 유의사항에 대하여 설명하시오.
5. 철골공사의 내화페인트의 특성, 시공순서별 품질관리 주요사항, 내화페인트 선정 시 고려사항, 시공시 유의사항에 대하여 설명하시오.
6. 외벽의 이중외피 시스템(Double Skin System)의 구성과 친환경 성능에 대하여 설명하시오.

4교시

※ 다음 문제 중 4문제를 선택하여 설명하시오. (각 25점)

1. 건축공사 표준시방서 상 건축공사의 현장관리 항목에 대하여 설명하시오.
2. 비산먼지 발생을 억제하기 위한 시설의 설치 및 필요한 조치에 관한 기준에 대하여 설명하시오.
3. 콘크리트 구조물에 발생하는 균열의 유형별 종류, 원인, 보수·보강 대책에 대하여 설명하시오.
4. 초고층 건축시공 시 서중콘크리트 시공관리의 문제점 및 대책에 대하여 설명하시오.
5. SRC구조의 강재기둥과 철근콘크리트 보의 접합 방법과 각각의 장단점에 대하여 설명하시오.
6. 건축공사의 단열재 시공 시 주의사항과 시공부위에 따른 단열공법의 특징에 대하여 설명하시오. ♣

제128회 건축시공기술사 (2022. 07. 02. 시행)

1교시

※ 다음 문제 중 10문제를 선택하여 설명하시오. (각 10점)

1. 건축물관리법 상 해체계획서
2. TS볼트(Torque Shear Bolt)
3. 건설산업의 ESG(Environmental, Social, and Governance) 경영
4. 어스앵커(Earth Anchor)의 홀(Hole) 방수
5. 실링방수의 백업재 및 본드 브레이커
6. 슬러리월 시공시 안정액의 기능
7. 콘크리트용 혼화제(混和劑)
8. 콘크리트의 최소 피복두께
9. 콘크리트의 스케일링(Scaling), 동해(凍害)
10. 철골공사에서 철골부재 현장 반입시 검사항목
11. 데크플레이트(Deck Plate) 슬래브공법
12. 장애물 없는 생활환경 인증(Barrier Free)
13. 소방관 진입창

2교시

※ 다음 문제 중 4문제를 선택하여 설명하시오. (각 25점)

1. 지반조사의 목적과 조사단계별 내용 및 방법을 설명하시오.
2. 콘크리트공사의 거푸집 존치기간, 거푸집 해체 시 준수사항과 동바리 재설치 시 준수사항에 대하여 설명하시오.
3. 건축물의 철근콘크리트공사 중 익스펜션 죠인트(Expansion Joint)를 시공해야 할 주요 부위와 설치위치, 형태에 관하여 설명하시오.
4. 고장력 볼트 접합공법의 종류와 특성, 조임검사 방법 및 시공시 유의사항에 대하여 설명하시오.
5. 중대재해처벌에 관한 법률에 따른 중대산업재해의 정의와 사업주, 경영책임자 등의 안전보건확보의무 및 처벌사항에 대하여 설명하시오.
6. 방수공사에서 부위별 하자 발생원인 및 대책에 대하여 설명하시오.

3교시

※ 다음 문제 중 4문제를 선택하여 설명하시오. (각 25점)

1. 건축물의 말뚝기초공사에서 발생하는 말뚝 파손원인 및 방지대책에 대하여 설명하시오.
2. 콘크리트 탄산화 과정과 탄산화 측정방법 및 탄산화 저감대책에 대하여 설명하시오.
3. 지하구조물에 미치는 부력의 영향 및 부상방지 공법에 대하여 설명하시오.
4. 공동주택의 외기에 면한 창호주위, 발코니, 화장실 누수의 원인 및 대책에 대하여 설명하시오.
5. 철골공사에서 내화구조 성능기준과 내화피복의 종류 및 검사방법, 시공시 유의사항에 대하여 설명하시오.
6. 스마트 건설기술의 종류와 건설단계별 적용방안에 대하여 설명하시오.

4교시

※ 다음 문제 중 4문제를 선택하여 설명하시오. (각 25점)

1. 지하굴착공사에 사용되는 계측기의 종류와 용도, 위치선정에 대하여 설명하시오.
2. 굳지 않은 콘크리트의 블리딩에 의해 발생하는 문제점과 저감대책을 설명하시오.
3. 철골공사 현장용접시 고려사항과 검사방법(용접 전, 중, 후)에 대하여 설명하시오.
4. PC(Precast Concrete)공법의 종류와 접합부 요구성능 및 접합부 시공시 유의사항을 설명하시오.
5. 철골공사에서 앵커볼트 매입방법의 종류와 주각부 시공시 고려사항에 대하여 설명하시오.
6. 물가변동으로 인한 계약금액 조정방법(품목조정률, 지수조정률)을 비교하여 설명하시오. ♣

제129회 건축시공기술사 (2023. 02. 04. 시행)

 **1교시**

※ 다음 문제 중 10문제를 선택하여 설명하시오.　(각 10점)

1. 건설소송에서 기성고 비율
2. 건설프로젝트의 SCM(Supply Chain Management)
3. 굳지 않은 콘크리트의 단위수량 시험방법
4. 양방향 재하시험
5. 부력방지용 인장파일(Micro Pile)공법
6. 언더피닝(Underpinning)
7. 건축공사 중 금속의 부식
8. 저방사 유리(Low Emissive Glass)
9. 팽창콘크리트
10. 갱폼 인양용 안전고리
11. 초고층공사의 매립철물(Embeded Plate)
12. 철골세우기 자립도 및 검토대상 건축물
13. 철강 제품의 품질확인서(Mill Sheet)

2교시

※ 다음 문제 중 4문제를 선택하여 설명하시오.　(각 25점)

1. 한중콘크리트 타설 시 주의사항과 양생방법에 대하여 설명하시오.
2. 지하주차장 슬래브(Slab) 균열 발생원인 및 방지대책에 대하여 설명하시오.
3. 철골공사의 철골제작도(Shop Drawing) 작성 시 시공과 안전을 위하여 반영되어야 할 사항에 대하여 설명하시오.
4. ESG경영의 3가지 주요 구성별로 건설관리 측면에서의 적용방안에 대하여 설명하시오.
5. 재건정비사업과 재개발정비사업의 특성을 비교하고, 건설사업관리 측면에서의 문제점 및 대응방향에 대하여 설명하시오.
6. 장수명 주택 인증의 세부 평가항목 및 방법에 대하여 설명하시오.

3교시

※ 다음 문제 중 4문제를 선택하여 설명하시오.　(각 25점)

1. 콘크리트 타설 시 거푸집에 대한 고려하중과 측압 특성 및 측압 증가 요인에 대하여 설명하시오.
2. 공사현장 철골 정밀도 검사기준(관리허용차) 및 수직도 관리방안에 대하여 설명하시오.
3. 건축물 지하 터파기 시 지하수에 대한 검토사항과 차수공법 및 배수공법에 대하여 설명하시오.
4. 건설현장의 안전시설(추락방망, 안전난간, 안전대 부착설비, 낙하물 방지망, 낙하물 방호선반, 수직보호망 등)의 기준 및 설치 방법에 대하여 설명하시오.
5. 국토교통부 가이드라인에 의한 적정 공사기간 산정방법에 대하여 설명하시오.
6. 시공책임형 건설사업관리(CM at Risk)의 정의, 한계점 및 개선방안, 적용확대방안에 대하여 설명하시오.

4교시

※ 다음 문제 중 4문제를 선택하여 설명하시오.　(각 25점)

1. 초고층 철근콘크리트 건축공사에서의 Column Shortening 발생 시 문제점과 그 해결방법에 대하여 설명하시오.
2. 용접결함의 원인과 대책, 비파괴 검사 방법, 용접결함 부위 보완방법에 대하여 설명하시오.
3. 실링(Sealing)방수에서 실링재의 종류, 백업(Back Up)재, 본드 브레이커(Bond Breaker), 마스킹 테이프(Masking Tape)의 역할과 시공순서별 주의사항에 대하여 설명하시오.
4. 탄소중립·녹색성장기본법에 대비한 건설업 온실가스 저감방안을 ①자재생산 및 운송단계, ②현장시공단계, ③건물 운영단계 및 철거단계로 나누어 설명하시오.
5. 가설공사에 대한 내용 중 공통가설공사 시설의 종류와 설치기준에 대하여 설명하시오.
6. 커튼월 조인트의 유형과 누수원인 및 방지대책에 대하여 설명하시오.

제130회 건축시공기술사 (2023. 05. 20. 시행)

⏰ 1교시

※ 다음 문제 중 10문제를 선택하여 설명하시오. (각 10점)

1. 시스템 비계 설치 기준
2. BIM(Building Information Modeling)의 활성화 방안
3. 말뚝공사의 부마찰력
4. 석면해체 사전허가제도
5. 액상화 현상
6. 강우 시 콘크리트 타설
7. 잔골재율이 콘크리트에 미치는 영향
8. 철골공사의 엔드탭(End Tab)
9. 설계 경제성 평가(VE)의 원칙과 수행시기 및 효과
10. 국내 기술형 입찰제도의 종류와 특징
11. 굳지 않은 콘크리트의 재료분리 현상
12. 철골공사의 내화피복공법
13. 철골공사 주각부 시공 시 유의사항

⏰ 2교시

※ 다음 문제 중 4문제를 선택하여 설명하시오. (각 25점)

1. 안전관리 계획수립의 기준 및 절차에 대하여 설명하시오.
2. 데크 플레이트 상부의 콘크리트 균열발생 원인과 대책에 대하여 설명하시오.
3. 공동주택 바닥충격음 차단성능의 등급기준과 층간소음저감을 위한 완충재 설치 전·후 확인사항, 경량기포콘크리트 및 방바닥 미장 타설 전·후 확인사항에 대하여 설명하시오.
4. 건축물 벽체에 발생하는 결로의 종류, 발생원인 및 방지대책에 대하여 설명하시오.
5. 항타기·항발기의 조립 및 해체 시 점검사항과 무너짐방지 준수사항에 대하여 설명하시오.
6. 거푸집 및 동바리의 안전성 검토에 대하여 설명하시오.

⏰ 3교시

※ 다음 문제 중 4문제를 선택하여 설명하시오. (각 25점)

1. 콘크리트 타설 시 압송관 막힘에 대하여 설명하시오.
2. 콘크리트 균열 보수공법의 적용 및 시공방법에 대하여 설명하시오.
3. 갱폼 작업 시 안전사고 예방대책에 대하여 설명하시오.
4. 철골공사 방청도장 시공 시 유의사항 및 방청도장 제외부분에 대하여 설명하시오.
5. 흙막이 공사에서 H-Pile+토류판 흙막이공법의 시공순서 및 시공 시 유의사항에 대하여 설명하시오.
6. 공동주택 욕실 벽체에 시공한 도기질 타일의 하자발생 원인 및 대책에 대하여 설명하시오.

⏰ 4교시

※ 다음 문제 중 4문제를 선택하여 설명하시오. (각 25점)

1. 고층 건축물 거푸집공사에 사용되는 대형 시스템 거푸집(System Form) 공법을 분류하고, 특징 및 문제점에 대하여 설명하시오.
2. 도장공사의 하자 유형(들뜸, 백화, 균열, 부풀어오름)에 대한 원인 및 방지대책을 쓰고, 도장작업 전·중·후 확인사항에 대하여 설명하시오.
3. 콘크리트 이음의 종류 및 방법에 대하여 설명하시오.
4. 콘크리트 재료 중 하나인 골재의 부족현상에 대한 대책에 대하여 설명하시오.
5. 철골도장면 표면처리 검사에 포함되어야 할 검사사항과 부위별 검사기준 및 조치사항에 대하여 설명하시오.
6. 순수내역입찰제의 대상 및 계약절차와 장·단점에 대하여 설명하시오.

제131회 건축시공기술사 (2023. 08. 26. 시행)

⏰ 1교시

※ 다음 문제 중 10문제를 선택하여 설명하시오. (각 10점)

1. 흙의 압밀현상(consolidation)
2. LCC(Life cycle cost)에서 현재가치화법
3. '기후위기 대응을 위한 탄소중립·녹색성장 기본법'상의 탄소중립도시와 녹색건축물의 정의
4. 지하층 마감공사에서 결로수 처리를 위한 지하 이중벽 구조
5. 커튼월 공사 시 시공단계의 유의사항
6. 철근의 부동태 피막 파괴 시 영향
7. PC(precast concrete) 접합부의 요구 성능과 현장 접합시공 시 유의사항
8. 철골공사에서 내화피복공사의 공법별 검사
9. 가설공사비의 구성
10. PEB(pre-engineered building system)
11. '중대재해 처벌 등에 관한 법률'상의 중대산업재해와 중대시민재해
12. 골재의 함수상태(4가지)
13. 철근콘크리트보의 유효높이(effective depth) 확보의 중요성

⏰ 2교시

※ 다음 문제 중 4문제를 선택하여 설명하시오. (각 25점)

1. 철골제작 검사계획(Inspect test Plan)의 검사 및 시험에 대하여 설명하시오.
2. 건설현장에서 로봇의 공종별 활용방안에 대하여 설명하시오.
3. 무량판 구조에서 취약부위인 기둥 접합부 전단철근(전단보강근)의 배근을 누락시공시 발생하는 문제점과 제도적 방지대책을 설명하시오.
4. 흙막이 굴착 시 주변지반의 침하원인 및 방지대책에 대하여 설명하시오.
5. 클레임의 정의와 처리절차[①협의②조정③중재④소송]에 대하여 설명하시오.
6. 어스앵커 시공의 기준 및 주의사항을 천공 → 앵커의 삽입 → 그라우트혼입과 주입 → 긴장과 정착의 4단계로 구분하여 설명하시오.

⏰ 3교시

※ 다음 문제 중 4문제를 선택하여 설명하시오. (각 25점)

1. 우기철 부력을 받는 구조물의 부상 방지대책에 대하여 설명하시오.
2. 철골구조 건축물 시공 시 철골 세우기 정밀도(한계허용치)와 세우기 장비 선정 시 고려사항 및 세우기 작업 시 유의사항에 대하여 설명하시오.
3. 철근이음과 관련된 다음 사항에 대하여 설명하시오.
   (1) 철근 이음위치 결정 시 유의사항 (2) 철근 이음방식 중 기계식 이음 방법의 종류
   (3) 기둥과 보에서 철근이음 시 적정한 위치와 부적정한 위치
4. 굳지 않은 콘크리트의 재료분리 현상 및 방지대책에 대하여 설명하시오.
5. 장스팬 철근콘크리트 슬래브 처짐의 원인과 방지대책에 대하여 설명하시오.
6. 건설공사와 관련하여 발생하는 공해의 종류와 방지대책에 대하여 설명하시오.

⏰ 4교시

※ 다음 문제 중 4문제를 선택하여 설명하시오. (각 25점)

1. 철골공사 접합부에 대하여 다음을 설명하시오.
   (1) 용접결함 및 보수방법 (2) 고력볼트의 조임검사
2. 도막 방수공법 시공 및 품질관리 방안에 대하여 설명하시오.
3. 콘크리트 공사 후 시간경과에 따라 나타나는 균열을 경화 전, 경화 후 및 내구성 균열로 구분하여 균열의 원인 및 대책에 대하여 설명하시오.
4. 알루미늄 창호의 부식원인과 대책에 대하여 설명하시오.
5. 최근 건설현장이 고층화, 대형화됨에 따라 거푸집의 안정성 검토가 중요시 되고 있다. 거푸집 설치 시 안정성 검토 절차, 거푸집의 붕괴 원인 및 방지대책에 대해서 설명하시오.
6. 건축물의 지하공사 중에 흙막이와 주변지반, 인접건물 등에 대한 계측관리에 대하여 설명하시오.

제132회 건축시공기술사 (2024. 01. 27. 시행)

1교시

※ 다음 문제 중 10문제를 선택하여 설명하시오. (각 10점)

1. 건축물 축조 시 건축기준의 허용오차
2. 건설 신기술 선정 시 차수별 심사기준
3. 연돌효과(Stack Effect)의 원인과 개선방안
4. 건설 사업장의 위험성 평가 절차
5. 가설공사의 잭서포트(Jack Support)
6. 용접부 비파괴 검사 중 침투탐상 검사 시 유의사항
7. 지진에 대응하는 면진구조 계획 시 고려사항
8. 건설공사에서 전과정평가(Life Cycle Assessment)
9. 데크플레이트(Deck Plate) 걸침길이와 시공 시 유의사항
10. 유리공사의 요구성능 및 저방사(Low-e)유리의 특성
11. 지하 안전 영향 평가 분류 및 평가 항목
12. 현장 배합 시 잔골재의 표면수율
13. 보 철근 조립 시 피복두께 및 이음위치

2교시

※ 다음 문제 중 4문제를 선택하여 설명하시오. (각 25점)

1. 철근콘크리트 공사의 거푸집 중 유로폼의 개요, 장단점, 구성품, 설치방법 및 시공 시 유의사항을 설명하시오.
2. 건설현장에서의 임시소방시설 설치기준에 대하여 설명하시오.
3. VE(Value Engineering)의 정의 및 수행 시점별 효과와 추진절차에 대하여 설명하시오.
4. 건축공사 설계변경 사유와 계약금액 조정의 처리 절차에 대하여 설명하시오.
5. 타일공사의 오픈타임(Open Time) 및 하자 원인과 방지 대책에 대하여 설명하시오.
6. 건설공사 유해위험방지 계획서 제출 절차 및 작성내용과 제출 대상에 대하여 설명하시오.

3교시

※ 다음 문제 중 4문제를 선택하여 설명하시오. (각 25점)

1. 한중콘크리트 타설 전 현장 점검사항과 초기 동해 방지 대책에 대하여 설명하시오.
2. 현장타설 콘크리트 말뚝공법별 특징 및 중점 품질관리 사항에 대하여 설명하시오.
3. 복합방수공법의 특성 및 시공 시 유의사항에 대하여 설명하시오.
4. 운반 시간이 초과된 콘크리트의 문제점과 현장관리 대책에 대하여 설명하시오.
5. 조적조의 백화 현상 및 방지대책에 대하여 설명하시오.
6. BIM을 활용한 3D, 4D, 5D 중 4D 모델 활용의 장점과 고려사항을 설명하시오.

4교시

※ 다음 문제 중 4문제를 선택하여 설명하시오. (각 25점)

1. 고강도 콘크리트의 폭렬 현상 중 폭렬에 미치는 영향인자와 폭렬 현상의 발생원인과 대책에 대하여 설명하시오.
2. 건설공사의 안전관리비와 산업안전보건관리비를 비교 설명하시오.
3. 초고층 공사 시 코어 선행공법의 장점과 공종별(거푸집 설치, 거푸집 탈형, 클라이밍) 점검사항에 대하여 설명하시오.
4. 지붕층 방수공사 시공 계획 시 고려사항에 대하여 설명하시오.
5. 타워크레인의 설치, 운전, 해체 시 유의사항에 대하여 설명하시오.
6. 철근콘크리트 건축물의 균열 원인과 방지 대책에 대하여 설명하시오.

제133회 건축시공기술사 (2024. 05. 18. 시행)

 **1교시**

※ 총 13문제 중 10문제를 선택하여 설명하시오. (각 10점)

1. 철골부재 중 윈드컬럼(Wind Column)
2. BIM 협업
3. EVM(Earned Value Management)에서 SPI(Schedule Performance Index)와 CPI(Cost Performance Index)
4. 유리의 구성요소 중 단열 간봉
5. 타일공사에서 오픈타임(Open Time)과 가사시간
6. 타워크레인 인상(Telescoping) 시 안전점검 사항
7. 초평탄 콘크리트
8. 콘크리트 자기수축(Autogeneous Shrinkage)
9. 수중 콘크리트
10. 민간 투자사업의 추진 방식 중 수익형과 임대형
11. 건설공사비 지수
12. 철골 세우기 중 기둥 수직도의 허용오차 범위
13. 신기술 활용평가 항목

 **2교시**

※ 총 6문제 중 4문제를 선택하여 설명하시오. (각 25점)

1. BF(Barrier Free) 인증제도의 인증 대상 및 등급 인증 절차에 대하여 설명하시오.
2. 스마트 안전장비 지원사업과 건설현장 스마트 안전관리 주요 요소기술 및 단계별 적용방안에 대하여 설명하시오.
3. 건설엔지니어링 종합심사낙찰제의 입찰 평가 방식과 평가 방법에 대하여 설명하시오.
4. 벽돌공사에서 수직 및 수평 신축줄눈 구성 방법과 균열 방지대책에 대하여 설명하시오.
5. 콘크리트공사에서 다음 항목에 대하여 설명하시오.
   ① 적용 부위 및 구성 재료에 따른 거푸집의 종류, ② 동바리의 종류, ③ 거푸집과 동바리의 해체 시기 및 검토 사항
6. 고내구성 콘크리트의 적용대상과 피복두께 및 시공 시 고려해야 할 사항에 대하여 설명하시오.

 **3교시**

※ 총 6문제 중 4문제를 선택하여 설명하시오. (각 25점)

1. 주택 건설공사에서 감리자의 업무 착수 준비사항 및 현지여건 조사에 대하여 설명하시오.
2. 건축물의 해체 공사계획 수립에 대하여 설명하시오.
3. 커튼월 발음 현상과 이종 금속 부식 방지대책에 대하여 설명하시오.
4. 흙막이 배면의 차수 공법 중 주입 압력(저압, 고압)에 대한 약액 주입공법의 종류와 효과에 대하여 설명하시오.
5. 콘크리트의 균열 조사, 보수 · 보강 방법 및 방지대책에 대하여 설명하시오.
6. 철골공사 주각부 시공 시 앵커 매입방법과 고름질(Pading)에 대하여 설명하시오.

4교시

※ 총 6문제 중 4문제를 선택하여 설명하시오. (각 25점)

1. 커튼월공사에서 시공 과정 검사 항목 및 검사방법, 커튼월 유리 설치 시 주의사항에 대하여 설명하시오.
2. 지하구조물의 부상 방지를 위한 공법을 설명하고, 부위별 계측 대상 및 측정방법에 대하여 설명하시오.
3. 모듈러공법의 종류 및 장점, 단점에 대하여 설명하시오.
4. PC공사의 PC부재 시공계획, 생산, 현장조립 시 유의점, 접합공법의 요구성능 및 종류별 특징에 대하여 설명하시오.
5. '건설기술진흥법'상 건설사업관리를 시행하여야 하는 건설공사의 종류와 건설사업관리의 주요업무 내용에 대하여 설명하시오.
6. '중대재해 처벌 등에 관한 법률'과 '산업안전보건법'에서 각각 정의 하는 법 이행의 의무 주체, 의무 내용 및 재해에 대하여 비교 설명하시오.

제134회 건축시공기술사 (2024. 07. 27. 시행)

 **1교시**

※ 총 13문제 중 10문제를 선택하여 설명하시오. (각 10점)

1. 콘크리트 펌프 압송 시 막힘현상
2. '산업안전보건법'에 따른 건설업 사업장 휴게시설 설치·관리기준
3. 공공 건설공사의 공사기간 산정기준
4. 건설산업지식정보망(KISCON)의 건설공사대장
5. 시스템비계
6. 수지미장
7. 조적조 백화현상
8. 철근의 기계적 이음
9. 철골공사의 고력볼트 시공기준
10. 철골공사의 가우징(Gouging)
11. 철골공사의 스터드볼트(Stud Bolt)
12. 공동주택 바닥충격음
13. 물가변동으로 인한 계약금액의 조정요건 및 예외규정

 **2교시**

※ 총 6문제 중 4문제를 선택하여 설명하시오. (각 25점)

1. 석면해체·제거 작업 전 준비사항, 작업절차, 작업 시 유의사항에 대하여 설명하시오.
2. Top Down 공법 시공 시 사용되는 Slab거푸집 공법에 대하여 설명하시오.
3. 건축물 부상방지를 위한 공법별 특징과 중점관리대책에 대하여 설명하시오.
4. 서중콘크리트 시공 시 문제점과 품질관리방안에 대하여 설명하시오.
5. 커튼월(Curtain Wall) 패스너(Fastener)의 기능 및 조립 시 유의사항에 대하여 설명하시오.
6. 거푸집 및 동바리공사의 시공계획서 포함사항, 구조적 안전성 확인 대상, 해체 시 유의사항에 대하여 설명하시오.

 **3교시**

※ 총 6문제 중 4문제를 선택하여 설명하시오. (각 25점)

1. 기성콘크리트 말뚝 시공 시 말뚝파손의 원인 및 대책에 대하여 설명하시오.
2. 준공된 철근콘크리트 구조물의 균열 발생 원인, 보수·보강 공법, 보수·보강 후 품질검사 방법을 설명하시오.
3. 건축물 강구조공사 시 공장제작과 현장시공의 정밀도 관리기준 중 아래의 내용에 대하여 설명하시오.
   1) 관리허용차와 한계허용차 2) 제품 관련 정밀도 3) 공사현장 설치공사 정밀도
4. 지붕층 방수공사 시 고려사항 및 시공하자 발생원인과 방지대책에 대하여 설명하시오.
5. 건축물 해체의 신고·허가대상 및 절차에 대하여 설명하시오.
6. 물질안전보건자료(MSDS: Material Safty Data Sheet)의 개요, 작성 시 포함내용, 교육의 시기 및 내용, 작업공정별 관리요령에 포함되어야 할 사항에 대하여 설명하시오.

 **4교시**

※ 6문제 중 4문제를 선택하여 설명하시오. (각 25점)

1. 콘크리트 타설 중 국지성 집중호우 시 조치사항 및 현장 안전대책에 대하여 설명하시오.
2. 타워크레인의 종류, 기종선정 시 주의사항, 조립·해체 시 유의사항에 대하여 설명하시오.
3. 지하수위가 높은 지하공사 시 지하수위 저하공법과 지수 및 차수공법에 대하여 설명하시오.
4. 콘크리트 타설 시 고려해야 할 거푸집 측압의 특성, 증가요인, 측정방법에 대하여 설명하시오.
5. 공동주택 결로 발생의 원인, 방지대책 및 시공상 유의사항에 대하여 설명하시오.
6. 해양콘크리트의 염해 대책과 시공 시 유의사항에 대하여 설명하시오.

제135회 건축시공기술사 (2025. 02. 09. 시행)

⏰ 1교시

※ 총 13문제 중 10문제를 선택하여 설명하시오. (각 10점)

1. 제로에너지건축물(Zero Energy Building)
2. 산업안전보건관리비의 공사 진척(공정률)에 따른 사용기준
3. 낙하물방지망 설치기준
4. 건축물 기초공사 버림(밑창)콘크리트
5. 철근 가스압접
6. 고강도 콘크리트 폭렬현상
7. 확대머리(Head Bar) 이형철근
8. 철근부식방지를 위한 품질관리방안
9. 철골공사 주각부 앵커볼트(Anchor Bolt) 시공방법
10. 충전형합성기둥 및 매입형합성기둥
11. 타일의 접착력 검사방법
12. 석재 앵커긴결공법
13. 건설사업관리(Construction Management)와 종합사업관리(Program Management)

⏰ 2교시

※ 총 6문제 중 4문제를 선택하여 설명하시오. (각 25점)

1. 스마트 안전관리 시스템 개념과 스마트 안전장비 종류 및 현장 적용 방안에 대하여 설명하시오.
2. 도심지 흙막이공법이 적용되는 지하층 외벽구조체 공사에서 설계적인 측면과 시공적인 측면에서 검토할 사항에 대하여 설명하시오.
3. 철골철근콘크리트공사에서 데크플레이트 시공 시 사고발생 원인과 예방대책에 대하여 설명하시오.
4. 창호공사 시공 중에 발생 가능한 하자의 유형 및 방지 대책에 대하여 설명하시오.
5. 커튼월 설치에 따른 요구성능과 누수원인 및 대책에 대하여 설명하시오.
6. 건축물 해체공사 시 사전조사 사항 및 공해 방지 대책에 대하여 설명하시오.

⏰ 3교시

※ 총 6문제 중 4문제를 선택하여 설명하시오. (각 25점)

1. 건축물의 준공 전(前) 이행하여야 할 업무에 대하여 설명하시오.
2. PHC파일 공사 시 말뚝재하시험 종류와 특징, 시공 시 유의사항에 대하여 설명하시오.
3. 환경친화형 콘크리트(Eco-Concrete) 중에 환경부하 저감형 콘크리트 및 생물대응형 콘크리트의 특징에 대하여 설명하시오.
4. 철골세우기 공사의 세우기 과정과 유의사항에 대하여 설명하시오.
5. 건축공사 설계변경의 원인과 유의사항, 설계변경으로 인한 계약금액 조정에 대하여 설명하시오.
6. 건축물 에너지관리시스템(BEMS: Building Energe Management System)의 개념, 주요 기능 및 활용 저변 확대를 위한 방안에 대하여 설명하시오.

⏰ 4교시

※ 총 6문제 중 4문제를 선택하여 설명하시오. (각 25점)

1. 건축공사에서 공통가설공사의 주요 항목 및 계획 시 유의사항, 문제점 및 합리화 방안에 대하여 설명하시오.
2. 한중콘크리트의 적용범위, 양생 시 품질관리, 시공 시 유의사항에 대하여 설명하시오.
3. 내화피복 뿜칠공법의 종류와 시공 시 주의사항 및 품질관리 사항에 대하여 설명하시오.
4. 공동주택 단열공사 시 단열이음공법의 종류와 시공방법 및 결로 취약 부위별 시공 시 중점관리사항에 대하여 설명하시오.
5. 초고층 건축물 양중계획 수립절차, 검토사항, 양중기계 배치계획에 대하여 설명하시오.
6. BIM(Building Information Modeling)을 활용한 프리컨스트럭션(Pre-Construction) 적용에 대하여 설명하시오.

제136회 건축시공기술사 (2025. 05. 17. 시행)

 **1교시**

※ 총 13문제 중 10문제를 선택하여 설명하시오. (각 10점)

1. 건설사업관리정보시스템(PMIS: Project Management Information System)
2. 공통가설공사와 직접가설공사의 정의 및 주요항목
3. 지질주상도(시추주상도)를 통해 확인할 수 있는 사항
4. 하도급대금 연동제
5. 프리캐스트 콘크리트 공사에서의 충전 콘크리트 (Infilled Concrete)
6. 철근의 프리패브(Pre-fab)공법
7. 건축물의 제진장치
8. 철골공사의 전단연결재(Shear Connector)
9. 철골공사 Splice Plate
10. 옥상녹화 방수공사
11. 배력철근과 온도철근
12. SSG(Structural Sealant Glazing)공법의 구조용 실런트 (Structural Sealant) 줄눈 시공 시 검토항목
13. 철골용접 전 예열

 **2교시**

※ 총 6문제 중 4문제를 선택하여 설명하시오. (각 25점)

1. 커튼월 공사에서 Mock-up Test 효과, 성능시험 항목 및 방법에 대하여 설명하시오.
2. 철골공사에서 용접결함 원인 및 방지대책에 대하여 설명하시오.
3. 철근이음 방법 중 기계적 이음과 관련하여, 다음을 설명하시오.
   (1) 기계적 이음의 종류별 개념(이음방법), 적용부위, 장점 및 단점
   (2) 기계적 이음의 품질관리 시험기준
4. 철근콘크리트조 지하주차장에서 균열과 누수가 발생하는 원인과 방지대책 및 보수방안에 대하여 설명하시오.
5. 가설공사 중 강관비계 및 시스템 비계의 구조와 조립작업 시 준수사항에 대하여 설명하시오.
6. 건축물 해체공사 시 발생 가능한 사고유형과 방지대책에 대하여 설명하시오.

 **3교시**

※ 총 6문제 중 4문제를 선택하여 설명하시오. (각 25점)

1. 커튼월의 결로발생 원인과 대책에 대하여 설명하시오.
2. PC공법의 종류를 나열하고, PC부재의 운반 및 반입관리, 부재조립과 접합관리 방안을 설명하시오.
3. 철근콘크리트 구조의 수직부재와 수평부재의 콘크리트 설계기준강도가 서로 상이한 경우 분리 타설하는 방법과 시공 시 유의사항에 대하여 설명하시오.
4. 공동주택 층간소음 사후 확인제도(바닥충격음 성능검사)에 대하여 설명하고, 성능기준 미달 시 보완시공 방안에 대하여 설명하시오.
5. 공동도급의 유형을 설명하고, 주계약자 관리방식의 장단점과 활성화 방안에 대하여 설명하시오.
6. 콘크리트 공사 중 현장양생공시체를 제작하는 목적과 양생방법에 대하여 설명하시오.

4교시

※ 총 6문제 중 4문제를 선택하여 설명하시오. (각 25점)

1. 타일공법의 종류별 특징과 타일공사의 하자발생 원인 및 방지대책에 대하여 설명하시오.
2. 공동주택의 갱폼(Gang Form) 제작 시 세부 검토사항과 설치 시 유의사항에 대하여 설명하세요.
3. 콘크리트공사 표준시방서 중 일반콘크리트와 한중콘크리트의 품질확보방안을 설명하시오.
4. 도심지 지하 흙막이 공사시 고려해야 하는 계측기의 종류 및 계측항목, 설치위치에 대하여 설명하시오.
5. 설계VE(Value Engineering)의 검토업무 절차 및 VEP(Value Engineering Proposal)와 VECP(Value Engineering Change Proposal)의 차이점에 대하여 설명하시오.
6. 안전관리계획서를 수립해야 하는 건설공사의 종류 및 수립기준과 승인절차에 대하여 설명하시오.

MEMO

MEMO

MEMO

MEMO

MEMO

9관왕 한방 합격의 비밀!

국내 최초 융복합 기술사 강의

21년 대형건설사 재직기간 중 9관왕 달성

715회 품질·안전·장비점검 수행

진정성을 가진 현장 중심의 꽉찬 칠판강의

9관왕 원장 직강 중심의 열정강의

136회
토목시공기술사 수석합격 (64.50점)
건축시공기술사 수석합격 (66.58점)
건설안전기술사 한방합격 5관왕 달성

경이로운 합격률과 대기록

1. 대한민국 기술사 5관왕 (★★★★★) 4명 배출

2. 대한민국 기술사 4관왕 7명 배출

3. 대한민국 기술사 3관왕 6명 배출

4. 건축시공기술사 23명 수강생 중 19명 한방 합격 대기록 **(82.6%)**

5. 건축시공기술사 **수석합격** 다수 배출 (67.25)

6. 토목시공기술사 **수석합격** 연속 배출 2명 (비전공자 66.70, 66.50)

7. 건설안전기술사 **수석합격자** 다수 배출 (68.08)

8. 건설안전기술사 한방 **100%** 합격 다수 배출

9. S건설 9연속 **100%** 한방 합격

www.hongpe.com

네이버카페 홍종철기술사학원

T. 02 6012 8207

저 자 약 력

심영보

- 경희대학교 정경대학 경영학과 졸업
- 서울시립대학교 도시과학대학원(건축공학 전공) 졸업
- 현, ㈜재용엔지니어링 대표
- 건설기술교육원 외래교수
- 건축시공기술사

SMART
건축시공기술사

2005. 11. 9.	초 판 1쇄 발행
2006. 1. 9.	초 판 2쇄 발행
2007. 1. 2.	1차 개정증보 1판 1쇄 발행
2010. 1. 12.	2차 개정증보 2판 1쇄 발행
2011. 4. 14.	3차 개정증보 3판 1쇄 발행
2012. 2. 10.	4차 개정증보 4판 1쇄 발행
2014. 1. 10.	5차 개정증보 5판 1쇄 발행
2015. 5. 29.	5차 개정증보 5판 2쇄 발행
2016. 3. 10.	5차 개정증보 5판 3쇄 발행
2017. 3. 10.	5차 개정증보 5판 4쇄 발행
2017. 7. 5.	5차 개정증보 5판 5쇄 발행
2018. 1. 23.	6차 개정증보 6판 1쇄 발행
2019. 4. 10.	7차 개정증보 7판 1쇄 발행
2021. 3. 26.	8차 개정증보 8판 1쇄 발행
2025. 7. 30.	**9차 개정증보 9판 1쇄 발행**

지은이 | 심영보
펴낸이 | 이종춘
펴낸곳 | **BM** ㈜도서출판 **성안당**

주소 | 04032 서울시 마포구 양화로 127 첨단빌딩 3층(출판기획 R&D 센터)
10881 경기도 파주시 문발로 112 파주 출판 문화도시(제작 및 물류)

전화 | 02) 3142-0036
031) 950-6300
팩스 | 031) 955-0510
등록 | 1973. 2. 1. 제406-2005-000046호
출판사 홈페이지 | www.cyber.co.kr
ISBN | 978-89-315-6978-0 (13540)
정가 | **95,000원**

이 책을 만든 사람들

기획 | 최옥현
진행 | 오영미
교정·교열 | 오영미
전산편집 | 전채영, 오정은
표지 디자인 | 박원석
홍보 | 김계향, 임진성, 김주승, 최정민
국제부 | 이선민, 조혜란
마케팅 | 구본철, 차정욱, 오영일, 나진호, 강호묵
마케팅 지원 | 장상범
제작 | 김유석